# 物理現象の
# 数学的諸原理

― 現代数理物理学入門 ―

新井朝雄 著

$$i\hbar\frac{d\Psi(t)}{dt} = H\Psi(t)$$

$$d_M F = 0, \quad \delta_M F = j$$

$$\frac{dp(\tau)}{d\tau} = \mathcal{F}(\tau)$$

$$\frac{d}{dt}\frac{\partial L(t)}{\partial \dot{q}_a(t)} - \frac{\partial L(t)}{\partial q_a(t)} = 0, \quad a=1,\cdots,$$

共立出版

## ギリシャ文字一覧表

| | | | |
|---|---|---|---|
| $A, \alpha$ | アルファ | $N, \nu$ | ニュー |
| $B, \beta$ | ベータ | $\Xi, \xi$ | グザイ |
| $\Gamma, \gamma$ | ガンマ | $O, o$ | オミクロン |
| $\Delta, \delta$ | デルタ | $\Pi, \pi, \varpi$ | パイ |
| $E, \epsilon, \varepsilon$ | イプシロン | $P, \rho, \varrho$ | ロー |
| $Z, \zeta$ | ゼータ | $\Sigma, \sigma, \varsigma$ | シグマ |
| $H, \eta$ | イータ | $T, \tau$ | タウ |
| $\Theta, \theta, \vartheta$ | シータ(テータ) | $\Upsilon, \upsilon$ | ウプシロン |
| $I, \iota$ | イオタ | $\Phi, \phi, \varphi$ | ファイ |
| $K, \kappa$ | カッパ | $X, \chi$ | カイ |
| $\Lambda, \lambda$ | ラムダ | $\Psi, \psi$ | プサイ |
| $M, \mu$ | ミュー | $\Omega, \omega$ | オメガ |

## 筆記体文字(スクリプト文字)一覧表

| | | | |
|---|---|---|---|
| A | $\mathcal{A}$ | N | $\mathcal{N}$ |
| B | $\mathcal{B}$ | O | $\mathcal{O}$ |
| C | $\mathcal{C}$ | P | $\mathcal{P}$ |
| D | $\mathcal{D}$ | Q | $\mathcal{Q}$ |
| E | $\mathcal{E}$ | R | $\mathcal{R}$ |
| F | $\mathcal{F}$ | S | $\mathcal{S}$ |
| G | $\mathcal{G}$ | T | $\mathcal{T}$ |
| H | $\mathcal{H}$ | U | $\mathcal{U}$ |
| I | $\mathcal{I}$ | V | $\mathcal{V}$ |
| J | $\mathcal{J}$ | W | $\mathcal{W}$ |
| K | $\mathcal{K}$ | X | $\mathcal{X}$ |
| L | $\mathcal{L}$ | Y | $\mathcal{Y}$ |
| M | $\mathcal{M}$ | Z | $\mathcal{Z}$ |

# まえがき

　物理現象の本質を探究し，数学と物理学をより高次の次元で統合・発展させる数理科学——現代数理物理学の基本的特徴を一言で述べるとすればこのようになるであろうか．だが，筆者の考える数理物理学は，いま述べた意味での数理科学としての側面だけでなく，厳密な学としての自然哲学，さらには数学，自然科学，芸術の統合をも射程にいれた新しい総合学の基礎を提供するものである．本書は，こうした，より広義の意味での現代数理物理学への前奏的入門書である．

　自然哲学的な側面や数理物理学に対する筆者の根本的思想については序章にやや詳しく述べた．ここでは，本文の内容について若干のコメントをしておく．

　まず，予備知識としては，大学の理工系1，2年で学ぶ程度の微分積分学および行列論，線形代数学に関する知識があればよい．これ以外に必要となる数学については，独立した章あるいは付録として論述した．

　本書の叙述の基本的方針のひとつは，古典力学から量子力学まですべてにわたって，その基本原理を定式化するにあたっては，座標から自由な方式——これを筆者は絶対的アプローチと呼ぶ——をとることであった[1]．本書に特徴的な点があるとすれば，これがまず，その第一点である．

　絶対的アプローチは，単に数学的な見通しをよくするにとどまらず，物理現象の本質を究めるという意味では，必然的であり，不可欠のものである（この理由については序章を参照されたい．本文でもいくつかの箇所で敷衍してある）．だが，そのためには，どうしても抽象的にならざるをえない（この理由についても序章を参照）．しかし，逆に，本書を読破することにより，数学および数理物理学における抽象の高次の意味が体験的にわかるはずである（と願う）．

　いま述べた考え方に従って，まず，第1章〜第3章においてベクトル解析の

---

[1] ただし，本書の入門的性格と紙数の都合上，解析力学の章（5章）は妥協せざるをえなかった．

初歩を，また，その自然な延長として，第6章において，テンソル場の理論をそれぞれ，絶対的アプローチで論述する．この場合，代数的構造と計量的構造を峻別して記述し，しかる後に，それらがいかに調和的・有機的に融合して，数学的理念界の特定の領域を形成するか，その存在風景がよく"見える"ように叙述を試みた．

古典物理学——ニュートン力学，電磁気学，相対性理論——の数学的理念の中枢をなすのは，ベクトル解析の理念である．この理念が種々様々に"分節"しながら，諸現象へと向かっていかに"下降"していくか，その構造・有り様を論述したのが第4章（ニュートン力学），第5章（解析力学），第7章（電磁気学），第8章（相対性理論）である．相対性理論に対しては絶対的アプローチによる公理論的定式化を試みた．これは筆者が最も力を注いだ点のひとつである．この方法によって，従来になく，相対性理論の数学的構造，その物理的および哲学的含意が明晰にされたと信ずる．

相対性理論とともに現代物理学の根幹のひとつをなす量子力学の数理は，古典物理学のそれよりもはるかに抽象的になる．量子力学が対象とする現象領域の根元的理念を司るのは，無限次元ヒルベルト空間とそこで働く線形作用素たちである．第9章において，これらの対象が形成する数学的理念界の領域の一部を論述し，それが量子力学のコンテクストではどのように現れるかを第10章に記述した．量子力学についても，絶対的アプローチによる公理論的定式化がなされている．これによって，ある種の代数的構造の無限次元ヒルベルト空間表現として量子力学の本質がとらえられることが示される．

本書の出版にあたり，共立出版株式会社の吉村修司氏には企画の段階で，また，同社の赤城 圭氏には校正の段階でたいへんお世話になった．ここに心から感謝したい．

2003年1月，札幌の寓居にて

新井朝雄

# 目 次

第 0 章　数理物理学とは何か　　1

第 1 章　ベクトルとテンソル　　10
  1.1　ベクトル空間　　10
  1.2　線形写像　　26
  1.3　アファイン空間　　37
  1.4　テンソル　　43
  1.5　高階のテンソルとベクトル空間の向き　　50
  1.6　線形作用素の行列式　　58
  1.7　線形作用素の固有値と固有ベクトル　　61

第 2 章　計量ベクトル空間　　67
  2.1　定義と例　　67
  2.2　直交系と直交補空間　　71
  2.3　内積空間の基本的性質　　72
  2.4　有限次元の計量ベクトル空間　　75
  2.5　共役作用素，対称作用素，反対称作用素　　97
  2.6　内積空間における位相的概念　　99
  2.7　ユークリッド空間とミンコフスキー空間　　109
  2.8　参考：位相空間　　111

第 3 章　ベクトル空間上の解析学　　117
  3.1　ベクトル空間上のベクトル値関数　　117
  3.2　1 変数のベクトル値関数——曲線　　120
  3.3　スカラー場　　130

## 第4章 ニュートン力学の数学的原理 143

- 4.1 物理的空間と時間に関する古典的概念 .......... 143
- 4.2 ニュートンの運動方程式 .................. 145
- 4.3 質点系と力の場の例 .................... 163
- 4.4 ニュートンの運動方程式からのいくつかの一般的帰結 .... 179
- 4.5 ケプラーの法則を現象させる力――万有引力への道 .... 193
- 4.6 万有引力のもとでの2点系の運動――2体問題 ...... 199
- 4.7 ニュートンの運動方程式の解空間の構造――対称性 .... 204

## 第5章 解析力学への道 222

- 5.1 自由度と一般化座標 .................... 222
- 5.2 ラグランジュ方程式 .................... 228
- 5.3 変分原理 .......................... 240
- 5.4 ハミルトニアンと運動方程式の正準形 ........... 249

## 第6章 数学的間奏 I ――テンソル場の理論 260

- 6.1 反対称共変テンソル場 = 微分形式 ............. 260
- 6.2 外微分作用素 ........................ 262
- 6.3 ポアンカレの補題 ..................... 267
- 6.4 3次元ユークリッドベクトル空間における外微分作用素 .. 270
- 6.5 余微分作用素とラプラス–ベルトラーミ作用素 ....... 275
- 6.6 微分形式の積分 ...................... 280

## 第7章 マクスウェル方程式,ゲージ場,ミンコフスキー時空 286

- 7.1 はじめに――歴史的,物理的背景の素描 .......... 286
- 7.2 電磁現象の基礎方程式 ................... 290
- 7.3 電磁場が従う2階の偏微分方程式 ............. 299
- 7.4 電磁波の存在 ........................ 301
- 7.5 電磁ポテンシャル ..................... 309
- 7.6 ゲージ対称性 ........................ 311
- 7.7 物質場とゲージ場 ..................... 316
- 7.8 マクスウェル理論の4次元的定式化――新しい時空概念 .. 328

## 第 8 章　相対性理論の数学的基礎　　337

- 8.1　はじめに　　337
- 8.2　ミンコフスキーベクトル空間の幾何学　　338
- 8.3　ローレンツ座標系　　346
- 8.4　ローレンツ写像群　　349
- 8.5　特殊相対性理論の幾何学的基礎　　354
- 8.6　相対論的力学の原理　　366
- 8.7　固有時の反転と反粒子　　382
- 8.8　光的粒子と虚粒子　　385
- 8.9　実粒子の分裂・融合および散乱　　388
- 8.10　一般相対性理論　　393

## 第 9 章　数学的間奏 II ── ヒルベルト空間上の線形作用素論　　399

- 9.1　ヒルベルト空間に関わる基本的概念　　399
- 9.2　正射影定理　　408
- 9.3　ヒルベルト空間上の線形作用素　　411
- 9.4　内積空間の完備化　　422
- 9.5　共役作用素　　426
- 9.6　閉作用素　　428
- 9.7　数域，レゾルヴェント，スペクトル　　431
- 9.8　エルミート作用素，対称作用素，自己共役作用素　　434
- 9.9　作用素値汎関数とスペクトル定理　　439
- 9.10　強連続 1 パラメータユニタリ群　　454

## 第 10 章　量子力学の数学的原理　　461

- 10.1　はじめに ── 物理的背景　　461
- 10.2　量子力学の公理系　　463
- 10.3　スピンと量子的粒子の 2 つの族　　470
- 10.4　正準交換関係の表現と物理量　　473
- 10.5　正準反交換関係　　478
- 10.6　CCR，CAR および代数の表現としての量子力学　　481
- 10.7　CCR の表現の同値性と非同値性　　481
- 10.8　CCR の表現の非有界性と不確定性関係　　483

|       |                           |     |
|-------|---------------------------|-----|
| 10.9  | 量子調和振動子 .................... | 486 |

## 付録 A　集合論の基礎事項　494
   A.1　基本的概念 ................................... 494
   A.2　直積 ........................................ 495
   A.3　同値関係と商集合 ............................... 497
   A.4　写像 ........................................ 498
   A.5　写像の分類 ................................... 499
   A.6　集合の対等と濃度 ............................... 501

## 付録 B　3 角関数と双曲線関数　502
   B.1　指数関数と 3 角関数 ............................ 502
   B.2　双曲線関数 .................................... 503

## 付録 C　円錐曲線　506
   C.1　楕円 ........................................ 507
   C.2　双曲線 ...................................... 513
   C.3　放物線 ...................................... 514
   C.4　円錐曲線の統一形 ............................... 516

**あとがき　517**

**演習問題解答　521**

**索　引　549**

# 序

## 数理物理学とは何か

数理物理学の歴史的系譜の素描およびその性格と意義について序論的叙述を試みる[1].

今日，私たちがユークリッド幾何学と呼ぶ，数学の一領域の最初の礎(いしずえ)を築いたのは，古代ギリシアの七賢人のひとりでミレトス学派（イオニア哲学派）の始祖，タレス（紀元前 640 頃–546 頃，ギリシア）であるとされる．もちろん，タレスが登場する前から，数の計算や形，大きさ，位置の測定に関する経験的な知識は存在し，それは，古代のエジプト，バビロニア，カルデアの文化・文明を中核として蓄積されてきた．ちなみに，現在知られている世界最古の数学書は，エジプトの神官アーメスの筆になる『パピルス』（紀元前 1650 年頃）である．だが，そうした古代の"数学"あるいは"幾何学"は，ユークリッド幾何学の観点からいえば，内的・有機的連関性のない，いわば"マニュアル的例題集"にとどまるものであった．このゆえにタレス以前の"幾何学"は"経験的幾何学"と呼ばれる．とはいえ，『パピルス』の表題，すなわち，『正確な計算，存在するすべてのものおよび暗黒なすべてのものを，知識へ導く指針』には，単なる実用性を超えて，数学を学ぶことの精神的な意義が密かに込められているようでもあり，興味深い．

タレスは，古代のエジプト，バビロニア，カルデア文化の精華の頂点の1つを

---

[1] この章の叙述——エッセイ——は，筆者の哲学的見解の一端を表したものであって，あくまで私説である．また，歴史的素描といっても，通常の意味での歴史を語ろうとするものではなく——それは数学史や科学史の書物に譲る——，筆者の目的は，数学あるいは数理物理学の"現場"における研究から得られた経験を通して，歴史的"事実"や伝承に現れている精神的な意味を考察することにある．歴史的な事柄および人名の引用は，ヒース『ギリシア数学史』（共立出版），カジョリ『初等数学史』（共立出版），伊東俊太郎ほか編『科学史技術史事典』（引文堂），『岩波 西洋人名辞典』（増補版，岩波書店，1981）等による．また，古代ギリシアの哲学者たちの思想のより詳しい内容については，たとえば，廣川洋一『ソクラテス以前の哲学者』（講談社学術文庫 1306，講談社），ディオゲネス・ラエルティオス『ギリシア哲学者列伝 上中下』（岩波文庫青 663，岩波書店），コンフォード『ソクラテス以前以後』（岩波文庫 青 683-1，岩波書店），日下部吉信 編訳『初期ギリシア自然哲学者断片集 1〜3』（ちくま学芸文庫，筑摩書房）を参照．

なす，この経験的幾何学を新たな次元へともたらす．すなわち，タレスは，実測という，つねに誤差を伴う物質的・感覚的知覚に依拠することなく，幾何学的諸法則は純理論的・論理的に認識されうることを示したのであった．この方法によれば，たとえば，ピラミッドの高さを，直接実測することなしに，他の実測可能なデータから，簡単に推測することができる．タレスの幾何学はそれまでの経験的幾何学と対比して語られるときには論証幾何学あるいは理論幾何学と呼ばれる．だが，今日的観点からは，まさに，それは，ユークリッド幾何学の最初の萌芽であった．

タレスには，人類の精神史上，それまでになかった新しい精神あるいは思考の発現が見られる．簡単にいえば，通常の感覚や悟性には隠されている事実や法則——幾何学的諸法則はまさにそのような例である——を見抜く精神・思考である．この種の思考を筆者は躍動的思考と呼ぶ[2]．これは人間の精神の中に現れる最も高次の思考の範疇に属する．真の科学的思考は，この範疇の思考型の1つである．これとは対照的に，通常の思考——感覚や悟性にしばられた思考——を悟性的あるいは静的思考と呼ぶ．この範疇の思考にとどまる限り，事物の内的・理念的関連は見えない．静的思考の次元では世界は分断されたままである．だが，躍動的思考は，この分断を克服し，高次の次元で世界を1つの統一体として体験する道へと人を導く．

タレスが自らの精神のうちに躍動する高次の思考を純粋に展開することによって，幾何学的諸法則がおのずと明らかになることを示したのは，人類の精神史上，実に画期的で偉大な出来事であったといわなければならない[3]．タレス的方法の人間的意義と価値は次の点にある．すなわち，人間の精神のうちに働く高次の思考の存在の直観およびこれを発動させることにより，統一性と調和と美を有する概念世界の現象的写しとして，外的自然をその根本から，普遍的かつ統一的・有機的な形で明晰に認識することの可能性を示唆した点である．純粋理論としての幾何学の創始を通して，これがなされたことに注目するならば，タレスは，数理物

---

[2] 拙著「数学，自然科学，抽象芸術」（堀田真紀子 編『抽象芸術の誕生』，北海道大学言語文化部研究報告叢書 41(2000), pp. 211-259).

[3] これを実感するには，次の例が役に立つかもしれない．たとえば，ユークリッド幾何学における「いかなる3角形についても，その内角の和が2直角である」という定理は，3角形を感覚的にいくら眺めていてもそれだけでは決して明らかにされないであろうし，仮に何億個の具体的な3角形——実際には3角形もどき（感覚界・物質界には真の3角形は存在しえない）——について，実測によってそうなっているらしいことがわかったとしても（測定にはつねに誤差が伴う），それは証明にはならないということ．だが，高次の思考＝躍動的思考あるいは高次の直観はこの法則をただちに把握するのである．この種の高次の思考を自らの精神のうちに発動しえない人にとっては，タレスの所行は奇蹟のように映るにちがいない．タレスが賢人と称された所以であろう．

理学の鼻祖ともいえるかもしれない．理論幾何学は，現象界＝外的自然への応用としては，"形の物理学"と考えることができるからである．

タレス的精神は，ピュタゴラス（紀元前 570 頃–497 頃，ギリシア）に至って，一段と先鋭化される[4]．ピュタゴラスは，単に卓越した数学者であっただけでなく，偉大な哲学者・宗教家でもあった．南イタリアのクロトンにおいて修道的学院を営み，「万物は数からなる」というテーゼのもとに，数論，幾何学，天文学，音楽を研究した．ピュタゴラス学派にとっては，これらの学問は別々のものではなく，自然・宇宙の認識・観照のための基礎として1つの統一体をなすものであった．ここに，数理物理学の理想的な形の1つの具現が見られる．

ピュタゴラス学派の音楽研究は，今日，ピュタゴラス音階と呼ばれる音階の発見に始まるとされる．これは後のヨーロッパ音楽の基礎となった音階という意味でも重要な発見であった[5]．音階の発見は，現代的な言い方をすれば，音の空間におけるある種のシンメトリーの発見である．これも通常の意識や感覚には見えないものであり，躍動的思考の範疇に属する数理物理学的思考を発動させることにより，はじめて見出すことが可能となる対象の1つである．実際，音階は，所与の外的自然の中には，通常，現れてはいない．つまり，"隠されている"．だが，数理物理学的精神はこのベールを取り払うのである．

ピュタゴラス学派は「天球の音楽」について語り，研究したと伝えられる[6]．これは，もちろん，感覚的に知覚される音を用いて奏される音楽——通常の意味での音楽——のことではなく，浄化された魂と高次の精神によってのみ "聴く" ことが可能な，高度に精神的な "宇宙音楽" のことである．

ピュタゴラスの思想の真に独創的な点の1つは，まったく新しい世界観への道を拓いたことである．すなわち，上述のテーゼが示唆するように，世界＝現象界の原理ないし根拠を感覚的・物質的自然の中に求めるのではなく，数をその基本的存在構成要素とする形而上的次元から現象界を統一的に精神的に把握する道である．この，つねに浮動してやまない，無常な感覚界・物質界にあって，数学において確立される認識は，人間が手にしうる認識のうちで最も直接的かつ最も確実

---

[4] ただし，歴史的・外面的には，ピュタゴラスの哲学は，タレスに始まるイオニア哲学派の流れとは独立なものとされる．ピュタゴラスおよびその学派は南イタリアで活動したので，イタリア哲学と呼ばれた．

[5] もちろん，ヨーロッパ音楽だけが音楽であるわけではないが，あの偉大なヨハン・セバスティアン・バッハ（1685–1750，独）の音楽が暗示されるように，ヨーロッパ音楽は，通常の感覚や悟性には隠されている，より高次の美と現実あるいは存在の深みを通常の感覚や意識にも予感される形で——しかも普遍性を志向しつつ——取り出し，展開してみせたのである．

[6] この側面に関する詳しい文献学的研究が，たとえば，S. K. ヘニンガー Jr. 『天球の音楽』（平凡社，1990）に見られる．

なものであり，時間・空間を超越しているという意味で絶対的・普遍的・永遠的である．しかも，この数学によって得られる認識を通して物質的自然が原理的な観点から見事に解明されるという厳粛な事実．数学の，この性格を深く洞察するならば，ピュタゴラス的世界観へと行き着くのはある意味で必然的でさえある[7]．ピュタゴラス学派にあっては，学問と生きることが一体のものであった点にも注目しなければならない．すなわち，数学による透徹した認識の修行を通して，魂を浄化し，魂に内在する未発の諸力を引き出し，最終的には解脱を目指すのである．これは「天球の音楽」への道でもある．

ピュタゴラスの学問と思想は，古今東西の中でも最も傑出した哲学者のひとりプラトン（紀元前 427-347，ギリシア）によって受け継がれ，師ソクラテス（紀元前 470(469)-399，ギリシア）の偉大な精神と合流し，人類の精神史上，最も崇高な思想・哲学の 1 つへと発展する．プラトンはアテネの北西郊外にある聖域アカデメイアに学園を創設し（紀元前 387 年頃），哲学，数学（数論，幾何学），天文学の研究を推進した[8]．学園の入り口には，「幾何学を知らざる者入るべからず」という標語が掲げられていたという．これは，プラトンが，数学を哲学研究の予備的学問として重要視したことを物語る．この学園からはテアイテトス，エウドクソス，ヘラクレイデスなどの優れた数学者・天文学者が輩出した．万学の祖といわれるアリストテレス（紀元前 384-322，ギリシア）も学園アカデメイアの出身である．

先述のピュタゴラスのテーゼは，プラトンにあっては，「現象界はイデア＝理念の感覚的・物質的現れ，表現である」という，より普遍的な形をとる．有名なイデア説である[9]．イデア説に象徴される存在の究極的実相を単なる理論としてではなく，実存的に体験し，自らを存在の根源に"じかづけ"すること——これは禅と同様である——，これがプラトン哲学の根本義である．このような営為は同時に，師ソクラテスが情熱を傾けて説いた魂の救済，人格の完成，真の自己認識

---

[7] ただし，感覚界・物質界が唯一の"現実"であるという先入観——仏教的にいえば妄想・妄念——に囚われなければの話である．十分に適切な比喩とはいいがたいが，感覚界・物質界というのは，水に浮かぶ氷塊のようなものである．この比喩では，水は精神的・形而上的領域である．水を見ることができなければ，氷塊を唯一の実在と思うであろう．その場合は妄念に囚われたことになる．この種の認識に関して，深い示唆に満ちた叙述が，たとえば，道元禅師の『正法眼蔵』の「山水経」の巻に見られる．

[8] 今日，学術機関の呼称として使われるアカデミーは，プラトンの学園アカデメイアに由来する．アカデメイアは約 900 年間存続した．

[9] 近代になって，天才的詩人・文豪にして自然科学者でもあったゲーテ（1749-1832，独）も同様のテーゼを言明した：「理念と呼ばれるものは，つねに現象としてあらわれるものであり，だからあらゆる現象の法則としてわれわれの前に登場するものである．」——ゲーテ『自然と象徴-自然科学論集』（高橋義人 編訳，前田富士男 訳，冨山房），p.114.

──禅的にいえば己事究明──への道でもある．そのためには，まず，個人的な恣意，わがまま，あるいは好き嫌いがまったく通用せず，対象そのものに語らせるのでなければ対象の本性を引き出すことができない学問である数学を予備的に学ぶことを入門者に課す必要があった．高次の精神的世界に上昇するには低次の自己を捨てねばならない．これが，学園アカデメイアの入り口に掲げられたという，上述の標語の意味である．

プラトンのイデア説は，歴史上，さまざまに誤解，曲解されてきた．いうまでもなく，イデアを何か感覚的・物質的なものとして表象するならば，誤ることになる．イデアは通常の感覚や分析的悟性，言い換えれば，静的思考ではつかむことはできない．イデアは，人間にとっては，概念や理念の形式として，内面（魂，精神）に姿を見せるが，これらを悟性的・静的に捉えているうちは，イデアの真の在り方は隠されたままである[10]．だが，現代的な意味での数理物理学を学習あるいは研究し，この行為を通して，魂の中に眠る諸力を開発することにより，イデア説が示唆する，存在の究極的実相を実存的に体験する道の入り口に立つことは可能である．ピュタゴラス，プラトンの方法を現代的なコンテクストに甦らせるのである．これによって，プラトン，仏教，東洋哲学の諸派が説くように，自然，宇宙，世界をより高次の次元から精神的に観ることが可能となる道の出発点に立つことができる．本書は，哲学的には，この道への予備的修行の場の1つを提供しようとするものである．

タレスに始まるギリシア数学は，ピュタゴラス学派，プラトン学派等による探究を経て熟成し，ついにユークリッド（紀元前300年頃）の壮大な『原論』へと結実する[11]．これは人類の精神史において真に偉大な出来事の1つである．なぜなら，『原論』によってはじめて数学の体系が──数論と幾何学という限定された範囲とはいえ──感覚界から完全に独立したものとして，それ自体として把握さ

---

[10] たとえば，数学の定理を，論理的にではなく，まったき明証性のもとにじかに把握するときの意識状態に注意を向けるとよい．「私が考える」のではなく，「私の中で何かが発動し，思考する」という状態を体験するならば，ここに人間と宇宙の関わりの秘密の一端が開示されると同時にイデア体験の1つをもつことになる．イデアとは，ある意味では，万有を貫く思考そのものであり，現象とはこの思考の"表現"の一形式なのである．数学の諸定理の証明を論理的に追う段階は，認識の初歩的段階にすぎない．1つの定理ないし関連する諸事実に何度も繰り返し思考を集中させることにより，より高次の思考と直観を発動させる──実際には受け取る──能力が開発され，やがてはいま述べたような根源的な体験へと至ることが可能になる．ここでは，イデア論を展開する余裕はないので，より詳しくは，たとえば，藤沢令夫『プラトンの哲学』（岩波新書，岩波書店）を参照．この書は，プラトン哲学への優れた案内書でもある．プラトン哲学について語った──筆者の知る限りでの──最も美しく含蓄のある文章としてアラン『プラトンに関する十一章』［たとえば，筑摩世界文學大系3『プラトン』（筑摩書房）］を推薦する．
[11] 今日，ユークリッド幾何学と呼ばれる数学の集大成であり，数論も含む．邦訳書として『ユークリッド原論』（中村幸四郎ほか 訳・解説，縮刷版，共立出版）がある．

れたからである．この認識の成就の意義と価値はいくら強調してもしすぎることはない[12]．これは，今日にいうところの公理論的方法の創始によって可能となった．数学における公理論的方法とは，一連の命題をこれ以上遡行できない原事実として認め，これらを公理系として設定し，そこから，厳密な論理に従って，純理論的にすべての数学的事実を論理的・演繹的に導く方法である．『原論』は，現代数学では常識となっている公理論的方法の最初の雛形を与えたのである．

だが，公理系とは何か．常識的な見方は，公理系を理論の前提となる単なる約束ごとあるいは"ルール"として捉える．確かに，純論理的にはその通りである．だが，この見方だけにとどまるならば，真相の一部しか見ていないことになるし，公理系の"意味"について語ったことにはならない．公理系には，少なくとも2つのカテゴリーがあるように見える．1つはまさにいま述べた見解がそのまま妥当するような公理系であり，もう1つは，ユークリッド幾何学の公理系のように，この現象界に現れている理法から"抽出された"公理系であって，現象との関連においては，人間の恣意的な設定・変更を許さないものである[13]．数理物理学にとって重要なのは，もちろん，後者の意味での公理系である．これは，プラトン哲学の観点からいえば，現象の元型的理念のことである．元型的という意味は，これ以上，より高位，あるいは，より根源的な理念に遡行できないことを指す[14]．元型的理念は，そこから先が絶対無となる地点に位置しているということができる．いわば，絶対無の一歩手前ということ[15]．

20世紀の数学の精神は，カントール（1845–1918，独）によって創始された集合論の理念を積極的に展開することを通して，いま言及した意味での元型的理念

---

[12] この点からいえば，『原論』が，後代になって，聖書につぐベストセラーになったとか，後の学問の規範を与えたといったことは外面的・末梢的なことにすぎない．
[13] ユークリッド幾何学の公理系における「平行線の公理」を別の公理で置き換えることにより，「非ユークリッド幾何学」の公理系が得られる．だが，この場合，後者の公理系に対応する現象領域は，ユークリッド幾何学の現象領域とは異なる．
[14] この観点は，筆者の知る限り，ここで初めて提唱されるものである．これは，井筒俊彦教授の，真言密教における両界マンダラ——胎蔵界マンダラと金剛界マンダラ——に関する説，すなわち，マンダラは存在界全体の「元型」的「本質」構造の形象図であるとする解釈から着想を得たものである．より詳しくは，井筒俊彦『意識と本質』（岩波文庫 青 185-2，岩波書店，または『井筒俊彦著作集 6』，中央公論社）のⅩ章を参照．この照応関係でいえば，数学における元型的理念としての諸公理系は，マンダラの中心に位する大日如来をとりまく，諸仏諸尊である．ただし，数学にあっては，大日如来に照応するものは現れてはいない（これは，原理的にそうならざるをえない）．
[15] 形而上的次元の存在については，この種の言い方はすべて比喩的あるいは象徴的にならざるをえないことをここで注意しておきたい．通常の言葉は，基本的に感覚界・物質界に適合するものだからである．なお，ここでいう絶対無とは，日常的な意味での有無における無ではない（これは相対的な無にすぎない）．絶対無とは，そこからすべての存在が分節的に展開してくるところの存在の究極の一点であり，構造的な意味での始源である．マンダラとの照応でいえば，絶対無とは大日如来のことであり，キリスト教のコンテクストでは，ヨハネ福音書の冒頭にいうところのコトバ（ロゴス）である（「はじめにコトバありき」）．

をいくつか把握するに至った．現象のカテゴリーに応じて，数学の元型的理念が存在する[16]．こうした，元型的理念に基礎をおく抽象的・普遍的方法によって，数学に飛躍的な進歩がもたらされたことは周知の通りである．この経緯は，逆に見れば，数学にとって，より高次の理念，そして最終的には元型的理念の把握がいかに重要であるかを示す．物理現象との関連においては，この探究はまさに数理物理学によってなされるのである．

　数理物理学的精神は，現象的次元から，その源になるより根源的な理念や元型的理念の探索へと向かい，逆に，元型的理念あるいは根源的理念から，より下位の諸理念や諸概念が無限的に分節し，展開してくる様を現象的レヴェルまで精神的な仕方で追跡しようとする．この双方向の精神的運動と観照のただなかにおいて，言語を絶する荘厳で壮麗な真理と美，さらには存在の真の現実について何かが体験される．この体験を経ると世界はまったく新たな相貌のもとに現前することになる．

　数理物理学の歴史における第2のエポックは，ニュートン（1642–1727，英）によってもたらされる．その画期的成果は『自然哲学の数学的諸原理』（通称，『プリンキピア』）（1687年）という著書にまとめられた[17]．このエポックを可能にしたのは，微分・積分の概念の発見であった．これによって，物体の運動を記述することが可能となったからである[18]．ニュートン力学の偉大な点の1つは，本書の4章で詳述するように，運動の原理を微分方程式の形で捉えたという点にある．これは，微分方程式の解として，運動を捉えるということである．したがって，微分方程式の解をすべて知ることにより，運動の可能形態を——少なくとも原理的には——すべて認識できることになる．

　ところで，微分の概念は感覚的対応物をもたない[19]．したがって，微分の概念

---

[16] 具体的な例をあげるならば，体，環，代数，群あるいはベクトル空間，距離空間，位相空間の理念．この種の根源的理念はすべて公理系によって特徴づけられる．
[17] 邦訳は『世界の名著 26　ニュートン』（中央公論社）に収められている．
[18] 古代ギリシアにおいて，運動の存在を否定するために，エレアのゼノン（紀元前 490 頃–430 頃）によって提出されたとされるパラドックス（『アキレスは亀に追いつけない』「飛ぶ矢はとまっている」等）は，別にパラドックスでも何でもなく——もちろん，ゼノンの命題をどう解釈するかにもよるが，素直に受け取るならば——有限の論理をもってしては，運動を記述できないことを述べているにすぎない．1つの方法でもって，ある事柄が記述できないからといって，それが存在しないと結論することはできない．古代ギリシアの自然哲学者たちの限界は，少なくとも運動の問題に関する限り，有限論理にとどまったという点にある．ニュートンと，もうひとりの微分・積分の発見者ライプニッツ（1646–1716，独）によって，この限界が超えられる（微分・積分の基礎となる極限の概念は，論理という観点からいえば，"無限論理" の1つの表現形式である）．ここに至るまで，実に2千年近い時が経過した．
[19] よく知られているように，1実変数の実数値関数を曲線として表象するとき，曲線上の任意の点における微分係数は，その点を通る接線の傾きとして表象される．だが，接線の傾きそのものは，感覚的実在として知覚表象されるものではない（ただし，通常なされるように，イメージとしての矢線

をその概念形式とする存在は，感覚知覚的には観察不可能な領域＝超感覚的・形而上的領域に存在することになる．ゆえに，微分方程式を運動の原理とするニュートン力学は，哲学的には，外的自然界＝現象界を超感覚的・形而上的根拠から解明するという構造をもつ．この場合，現象界は何ら実体をもたないということになる．こうして，ニュートン力学を形而上学的観点から捉えた場合，それは，仏教的世界観と深く呼応するものであることが確認される[20]．

ニュートン力学のさらなる数理物理学的展開は，多くの数学者，数理物理学者によってなされた．中でも解析力学の創始者にして，ある意味での大成者であるラグランジュ（1736–1813，伊）およびラグランジュの解析力学をさらに発展させたハミルトン（1805–1865，アイルランド）は特筆すべきである．こうした展開は，単に既存の数学の領域を拡大し豊かにしたのみならず，多様体論や量子力学といった新しい数学や新しい物理理論の創造の萌芽をも準備したという点で注目に値する．

19世紀の後半になると，マクスウェル（1831–1879，英）によって電気と磁気の物理学，すなわち，電磁気学が確立され，同時に光の電磁波説が唱えられる．アインシュタイン（1879–1955，独）は，マクスウェルの理論とニュートン力学を統合する形でまったく新しい物理学理論を創造した．世にいうアインシュタインの特殊相対性理論である（1905年）．これは20世紀の革命的物理学理論の1つとなった．特殊相対性理論も数理物理学的思考に負うところが大きい．

特殊相対性理論のより根源的な理念を探る研究は，ミンコフスキー（1864–1909，露）によってなされ，その結果，今日，彼の名を冠して呼ばれる空間理念——ミンコフスキー空間の理念——が明るみに出された．これも数理物理学的方法の重要な成果の1つである．

特殊相対性理論は，アインシュタイン自らによって，より普遍的な形式に拡張され，一般相対性理論として結実する（1913〜1916年）．一般相対性理論の根源的理念は，19世紀の半ばに，すでにリーマン（1826–1866，独）によって見出されていた．すなわち，リーマン多様体である（ただし，一般相対性理論の場合，正確には擬リーマン多様体）．このあたりの数理物理学的・精神史的ダイナミクスはたいへん興味深い．

---

を用いて表象することは可能）．多くの人にとって微分の概念を理解するのが困難な理由の1つがここにある．

[20] 仏教の世界観が凝縮された形で表されている『般若心経』にいう「色即是空　空即是色」との対応でいえば，「色」⟷ 現象界，「空」⟷ 超感覚的・形而上的世界．

相対性理論とならぶ，20世紀におけるもう1つの革命的物理学理論は量子力学である．その最初の形態は，ハイゼンベルク（1901–1976, 独）とシュレーディンガー（1887–1961, オーストリア）によって与えられた（前者は1925年，後者は1926年）．これらも数理物理学的探究の成果としての色彩が濃い．20世紀最大の数学者のひとりフォン・ノイマン（1903–1957, ハンガリー）によって本格的に開始された，量子力学の数理物理学的探究は，ヒルベルト空間論とその上の線形作用素論，作用素代数の理論，超関数論など新しい数学の創始へと発展し，20世紀における数理物理学あるいは数学の大きな潮流をいくつか形成した．さらに，1950年代から始まる量子場の数理物理学的研究は，数学のほぼ全域を陰に陽に巻き込む形で多くの数学の分野の発展に寄与した．それはいまも続いている．特に，無限次元解析学，位相的場の理論，量子群，非可換幾何学のような新しい数学の創造とその近年における展開には眼をみはるものがある．

　現在，数学と物理学は，緊密に刺激しあいながら，新しい諸領域を開拓しつつ生き生きと発展している．筆者の希望は，再び，ピュタゴラス–プラトン的な意味での総合学——数学，自然科学，芸術，哲学の統合——が現代的な形で志向されることである．これは，極度に専門分化され，物質的生活のみに奉仕する奴隷になってしまう傾向のある諸科学を人間の精神生活の向上のために救済する道でもある．本書がそのための一助となれば，著者としてこれにまさる喜びはない．

# 1

# ベクトルとテンソル

　数学における元型的理念の1つである線形構造を担う集合を線形空間またはベクトル空間と呼び，その要素をベクトルという．ベクトル空間は自らの自律的・拡大的展開の1つとしてテンソル空間——その要素をテンソルという——と呼ばれる空間を生み出す（これもまたベクトル空間）．ベクトル空間には（したがって，テンソル空間にも）有限次元と無限次元のものがある．いずれも物理現象の現出においてその理念的基礎を司るものである．この章では，ベクトル空間とテンソル空間の代数的な側面について基礎的事項を論述する．

## 1.1　ベクトル空間

　ベクトルの概念の萌芽は，物体に働く力（電気力や磁気力などを含む）や物体の速度，加速度といった，"大きさ"と"向き"をもつ量の中に見出される．これらの，いわば，感覚的で素朴な量概念をその具象的実現の一形態として与える純粋抽象概念が，現代的な意味でのベクトルの概念である．それは，線形構造と呼ばれる構造——以下の定義1.1に述べる性質によって規定される——をもつ集合の元（要素）として把握される．線形構造を有する集合に総称的な名を付与して，これを線形空間またはベクトル空間と呼ぶのである．

### 1.1.1　ベクトル空間の公理系と例

　以下では，次の標準的な記号を用いる：

　　$\mathbb{N}$：自然数全体の集合，　$\mathbb{R}$：実数全体の集合，　$\mathbb{C}$：複素数全体の集合．

$\mathbb{K}$ は $\mathbb{R}$ または $\mathbb{C}$ を表すとする．

【定義 1.1】 以下の性質 (I)，(II) をもつ集合 $V$ を $\mathbb{K}$ 上の**ベクトル空間** (vector space) または**線形空間** (linear space),その元を**ベクトル**と呼ぶ.$\mathbb{K}$ をベクトル空間 $V$ の**係数体** (field of scalars) といい,$\mathbb{K}$ の元を**スカラー** (scalar) と呼ぶ[1].

(I) 任意の 2 つの元 $u, v \in V$ に対して,$V$ の 1 つの元 $u + v$ ——これを $u$ と $v$ の**和** (sum) と呼ぶ——が定まり,次の (I.1)〜(I.4) が成り立つ.

(I.1) (**交換法則**) $u + v = v + u, \quad u, v \in V$.

(I.2) (**結合法則**) $u + (v + w) = (u + v) + w, \quad u, v, w \in V$.

(I.3) (**零ベクトルの存在**) $u + 0_V = u, \quad u \in V$ となる元 $0_V \in V$ がある.ベクトル $0_V$ を**零ベクトル** (zero vector) あるいは**ゼロベクトル**という.

(I.4) (**逆ベクトルの存在**) 各 $u \in V$ に対して,$u + (-u) = 0_V$ となるベクトル $-u \in V$ が存在する.これを $u$ の**逆ベクトル** (inverse vector) と呼ぶ.

$V$ の任意の 2 つの元の組 $(u, v)$ に元 $u + v$ を対応させる演算を $V$ の**加法** (addition) という.

(II) 任意の元 $u \in V$ と任意の $\alpha \in \mathbb{K}$ に対して,$V$ の 1 つの元 $\alpha u$——これを $u$ の $\alpha$ 倍 ($u$ の**スカラー倍** (scalar multiple))という——が定まり,次の (II.1), (II.2) が成り立つ ($\alpha, \beta \in \mathbb{K}, u \in V$ は任意):

(II.1) (**スカラーの結合法則**) $\alpha(\beta u) = (\alpha\beta)u$.

(II.2) $1u = u$.

さらに,次が成り立つ:

(II.3) (**分配法則**) すべての $\alpha, \beta \in \mathbb{K}, u, v \in V$ に対して,

$$\alpha(u + v) = \alpha u + \alpha v,$$
$$(\alpha + \beta)u = \alpha u + \beta u.$$

$\mathbb{K}$ の元 $\alpha$ と $u \in V$ に対して,ベクトル $\alpha u \in V$ を対応させる演算を**スカラー乗法** (scalar multiplication) または**スカラー倍**と呼ぶ.

上の定義に述べられた性質 (I), (II) を**ベクトル空間の公理系** (axioms) という.

---

[1] 「線形空間」を「線型空間」と書く場合もある.

$\mathbb{K} = \mathbb{R}$ のとき,$V$ を**実ベクトル空間** (real vector space),$\mathbb{K} = \mathbb{C}$ のとき,$V$ を**複素ベクトル空間** (comlex vector space) という.

零ベクトル $0_V$ について,それがベクトル空間 $V$ の零ベクトルであることが文脈から明らかな場合には,$0_V$ を単に $0$ と記す.ベクトル空間の零ベクトルは幾何学的には**原点** (origin) と呼ばれる.

$V$ を $\mathbb{K}$ 上のベクトル空間とする.次の性質が証明される(演習問題 1):(i) ベクトル空間 $V$ の零ベクトルおよび各 $u \in V$ の逆ベクトルはそれぞれ,唯 1 つである.(ii) すべての $u \in V$ に対して,$0u = 0_V$.(iii) すべての $\alpha \in \mathbb{K}$ と $u \in V$ に対して,$(-\alpha)u = -\alpha u$.

各 $n \geq 3$ と $n$ 個の任意のベクトル $u_1, \cdots, u_n \in V$ に対して,和 $\sum_{j=1}^{n} u_j := u_1 + \cdots + u_n$ を次のように帰納的に定義する[2]:

$$\sum_{j=1}^{n} u_j := \left( \sum_{j=1}^{n-1} u_j \right) + u_n$$

和に関する交換法則と結合法則により,$u_1, \cdots, u_n$ の任意の並べ換え $u_{i_1}, \cdots, u_{i_n}$ に対して,$\sum_{j=1}^{n} u_j = \sum_{j=1}^{n} u_{i_j}$ が成立する.したがって,有限個のベクトルを加える順序は任意でよい.

ベクトル $u \in V$ と $v \in V$ の**差** (difference) $u - v$ を

$$u - v := u + (-v) \tag{1.1}$$

によって定義する.

以上によって,ベクトル空間というのは,それに属する任意の元どうしの和と差の演算および任意の元に対するスカラー倍の演算が定義され,これらについて"自然な"演算規則が成立するような集合であることがわかる.

定義 1.1 で特徴づけられる抽象的・普遍的理念としてのベクトル空間は**抽象ベクトル空間** (abstract vector space) とも呼ばれる.抽象ベクトル空間の構造が具体的な対象――数の組や関数等――を用いて実現されたものが具象的なベクトル空間である(以下の例を参照).

抽象ベクトル空間の理論はベクトル空間の公理系の定める構造が内蔵する普遍

---

[2] 「$A := B$」は「$A$ を $B$ によって定義する」ということを指示する記法である(このことを $A \stackrel{\text{def}}{=} B$ と記す場合もある).これは,等号が定義であることを強調したいときに用いられる.ちなみに,これと並んでよく使う論理記号として,「$A \Longrightarrow B$」(「$A$ ならば $B$」という意味),「$A \Longleftrightarrow B$」(「$A$ ならば $B$ かつ $B$ ならば $A$」($A$ と $B$ は同値)という意味) がある.

的諸性質を探究するものである．これは，象徴的にいえば，あらゆる個別的・具象的ベクトル空間の"上位"に存在する理念的階層に関する探究である．この理念的階層の在り方（諸定理）は，すべての個別的・具象的ベクトル空間に適用される．この意味において，この普遍的認識方法は極めて強力である．

次の諸例によって，具象的ベクトル空間の多様さの一端が示唆される．

■ **例 1.1** ■ $n \in \mathbb{N}$ とし，$\mathbb{K}$ の $n$ 個の直積集合[3]

$$\mathbb{K}^n := \underbrace{\mathbb{K} \times \cdots \times \mathbb{K}}_{n \text{ 個}} = \{x = (x_1, \cdots, x_n) \mid x_i \in \mathbb{K}, i = 1, \cdots, n\}$$

の任意の2つの元 $x = (x_1, \cdots, x_n), y = (y_1, \cdots, y_n)$ の和とスカラー倍 $\alpha x$ $(\alpha \in \mathbb{K})$ を

$$x + y := (x_1 + y_1, \cdots, x_n + y_n), \quad \alpha x := (\alpha x_1, \cdots, \alpha x_n)$$

によって定義すれば，$\mathbb{K}^n$ は $\mathbb{K}$ 上のベクトル空間である．この場合，零ベクトルと $x \in \mathbb{K}^n$ の逆元は次のようになる：

$$0_{\mathbb{K}^n} = (0, \cdots, 0) \text{ (すべての成分が 0)}$$
$$-x = (-x_1, \cdots, -x_n), \quad x \in \mathbb{K}^n.$$

$\mathbb{R}^n$ は実ベクトル空間，$\mathbb{C}^n$ は複素ベクトル空間である．$\mathbb{R}^1 = \mathbb{R}$ は実数の集合で通常の乗法と加法を考えたものである．ベクトル空間としての $\mathbb{K}^n$ の元を $n$ 次元の**数ベクトル**と呼び，$\mathbb{K}^n$ を **$n$ 次元数ベクトル空間**という．ベクトル $x = (x_1, \cdots, x_n) \in \mathbb{K}^n$ における $x_i$ を $x$ の**第 $i$ 成分**（$i$-th component）という．

ベクトル空間としての $\mathbb{R}^n$, $\mathbb{C}^n$ をそれぞれ，**実 $n$ 次元数ベクトル空間**, **複素 $n$ 次元数ベクトル空間**と呼ぶ．なお，文献によっては，$\mathbb{R}^n$ を **$n$ 次元実座標空間**（$n$-dimensional real coordinate space），$\mathbb{C}^n$ を **$n$ 次元複素座標空間**（$n$-dimensional complex coordinate space）と呼ぶ場合もある．この場合，ベクトル $x = (x_1, \cdots, x_n) \in \mathbb{K}^n$ における $x_i$ を $x$ の**第 $i$ 座標**（$i$-th coordinate）ともいう．

■ **例 1.2** ■ $n, m \in \mathbb{N}$ に対して，$nm$ 個の数の組 $A = (A_{ij})_{i=1,\cdots,n; j=1,\cdots,m} \subset \mathbb{K}^{nm}$ を **$n \times m$ 行列**（matrix）あるいは $n$ 行 $m$ 列の行列という．$A_{ij}$ は $A$ の**行列要素**または**行列成分**と呼ばれる．成分を指定するときは，$A_{ij}$ を $A$ の $(i, j)$ 成分という．$n$ を行の次数，$m$ を列の次数という．行と列の次数が文脈から明らかなときは，単に $A = (A_{ij})$ のように書く．$\mathbb{K} = \mathbb{R}$ のとき，$A$ を**実行列**，$\mathbb{K} = \mathbb{C}$ のとき，$A$ を**複素行列**という．$n \times m$ 行列の全体を $\mathsf{M}_{nm}(\mathbb{K})$ で表す．$\mathsf{M}_n(\mathbb{K}) := \mathsf{M}_{nn}(\mathbb{K})$ とおき，この集合の元を $n$ 次の（正方）行列という．

---

[3] 直積集合の概念については付録 A を参照．

2つの対象 $a, b$ に対して,

$$a = b \text{ ならば } \delta_{ab} = 1; \quad a \neq b \text{ ならば } \delta_{ab} = 0 \tag{1.2}$$

を満たす記号を**クロネッカーのデルタ**という[4].

$(I_n)_{ij} = \delta_{ij}, i, j = 1, \cdots, n$, を満たす $n$ 次正方行列 $I_n$ を **$n$ 次の単位行列**という. 任意の $A = (A_{ij}), B = (B_{ij}) \in \mathsf{M}_{nm}(\mathbb{K})$ に対して, 和 $A + B \in \mathsf{M}_{nm}(\mathbb{K})$ とスカラー倍 $\alpha A \in \mathsf{M}_{nm}(\mathbb{K})$ $(\alpha \in \mathbb{K})$ が

$$A + B := (A_{ij} + B_{ij}), \quad \alpha A := (\alpha A_{ij})$$

によって定義される. これらの和とスカラー倍によって $\mathsf{M}_{nm}(\mathbb{K})$ は $\mathbb{K}$ 上のベクトル空間である. ゼロベクトルはすべての成分が $0$ の行列 $O$ ——これを**零行列**という——であり, $A$ の逆ベクトルは $(-1)A = (-A_{ij})$ である.

2つの行列 $A = (A_{ij}), B = (B_{ij}) \in \mathsf{M}_n(\mathbb{K})$ に対して, これらの積 $AB \in \mathsf{M}_n(\mathbb{K})$ が

$$(AB)_{ij} := \sum_{k=1}^{n} A_{ik} B_{kj}, \quad i, j = 1, \cdots, n$$

によって定義される. 容易にわかるように, 任意の $A \in \mathsf{M}_n(\mathbb{K})$ に対して, $AI_n = I_n A = A$.

■**例1.3**■ 集合 $X$ から $\mathbb{K}$ への写像——**$X$ 上の $\mathbb{K}$-値関数** ($\mathbb{K}$-valued function)——の全体を $\mathsf{Map}(X; \mathbb{K})$ で表す[5]. 任意の $f, g \in \mathsf{Map}(X; \mathbb{K})$ と $\alpha \in \mathbb{K}$ に対して, 和 $f + g$ とスカラー倍 $\alpha f$ を

$$(f + g)(x) := f(x) + g(x), \quad (\alpha f)(x) := \alpha f(x) \quad x \in X, \tag{1.3}$$

によって定義すれば, $\mathsf{Map}(X; \mathbb{K})$ はこれらの和とスカラー倍に関して $\mathbb{K}$ 上のベクトル空間になる. この場合, ゼロベクトルは, すべての $x \in X$ に対して, $\hat{0}(x) = 0$ となる写像 $\hat{0}$ ——**零写像** (zero-mapping) という——であり, $f \in \mathsf{Map}(X; \mathbb{K})$ の逆ベクトルは $(-1)f$ である. 通常, $\hat{0}$ も $0$ と記す.

■**例1.4**■ 実数 $a, b \in \mathbb{R}$ $(a < b)$ に対して, $\mathbb{R}$ の閉区間 $[a, b] := \{t | a \leq t \leq b\}$ 上の $\mathbb{K}$-値連続関数の全体を $C_{\mathbb{K}}[a, b]$ と記す. $C_{\mathbb{K}}[a, b]$ は関数の和とスカラー倍 ($X = [a, b]$ の場合の (1.3)) で $\mathbb{K}$ 上のベクトル空間になる. 通常, $C_{\mathbb{C}}[a, b] = C[a, b]$ と記す.

■**例1.5**■ $n \in \mathbb{N}$ または $n = \infty$ (可算無限) とする. 開区間 $(a, b)$ 上の $\mathbb{K}$-値関

---

[4] Leopold Kronecker, 1823–1891. ドイツの数学者で代数的整数論の建設者の一人.
[5] 写像の概念については付録 A を参照.

数で $n$ 回微分可能かつ $n$ 階の導関数が連続であるようなものの全体を $C_{\mathbb{K}}^n(a,b)$ と表す．$C_{\mathbb{K}}^n(a,b)$ は関数の和とスカラー倍によって $\mathbb{K}$ 上のベクトル空間になる．便宜上，$C_{\mathbb{K}}^0(a,b) := C_{\mathbb{K}}(a,b)$ とおく．

■**例 1.6** ■（例 1.3 の一般化）　$X$ を集合とし，$V$ を $\mathbb{K}$ 上のベクトル空間とする．$X$ から $V$ への写像——$X$ 上の **$V$-値ベクトル場** ($V$-valued vector field) または **$V$-値関数** ($V$-valued function)——の全体を $\mathsf{Map}(X;V)$ で表す．任意の $f,g \in \mathsf{Map}(X;V)$ と $\alpha \in \mathbb{K}$ に対して，和 $f+g$ とスカラー倍 $\alpha f$ を

$$(f+g)(x) := f(x) + g(x), \quad (\alpha f)(x) := \alpha f(x), \quad x \in X \tag{1.4}$$

によって定義すれば，$\mathsf{Map}(X;V)$ はこれらの和とスカラー倍に関して $\mathbb{K}$ 上のベクトル空間になる．この場合，零ベクトルは，すべての $x \in X$ に対して，$0(x) = 0_V$ となる写像 $0$——**零写像**という——であり，$f \in \mathsf{Map}(X;V)$ の逆ベクトルは $(-1)f$ である．

■**例 1.7** ■　$V_1, \cdots, V_n (n \geq 2)$ を $\mathbb{K}$ 上のベクトル空間とし，これらの直積集合 $V = V_1 \times \cdots \times V_n = \{u = (u_1, \cdots, u_n) \mid u_i \in V_i, i = 1, \cdots, n\}$ を考える．$V$ の任意の 2 つの元 $u, v$ に対して，和 $u+v$ とスカラー倍 $au$ ($a \in \mathbb{K}$) を

$$u + v := (u_1 + v_1, \cdots, u_n + v_n), \quad au := (au_1, \cdots, au_n)$$

によって定義する．$V$ は，これらの和とスカラー乗法で $\mathbb{K}$ 上のベクトル空間になる．このベクトル空間を $V_1, \cdots, V_n$ の**直和** (direct sum) と呼び，記号的に $V_1 \oplus \cdots \oplus V_n$ あるいは $\bigoplus_{i=1}^n V_i$ のように表す．

### 1.1.2　部分空間と基底

以下，ベクトル空間といえば，特に断らない限り，$\mathbb{K}$ 上のベクトル空間を指す．

$V$ をベクトル空間，$W$ を $V$ の空でない部分集合とする ($W \subset V$)．任意の $u, v \in W$ と $a, b \in \mathbb{K}$ に対して，$au + bv \in W$ が成立するとき——このことを「$W$ は $V$ の和とスカラー倍で閉じている」という——，$W$ を $V$ の**線形部分空間** (linear subspace) または単に**部分空間** (subspace) と呼ぶ．

$V$ の部分空間は，$V$ の加法とスカラー倍でベクトル空間になる．

$V$ 自体および $\{0_V\}$ は $V$ の部分空間である．これらを $V$ の**自明な部分空間**という．

■**例 1.8** ■　任意の $k = 1, \cdots, n-1$ に対して，$\mathbb{R}^n$ の部分集合 $\{(x_1, x_2, \cdots, x_k, 0, \cdots, 0) \mid x_i \in \mathbb{R}, i = 1, \cdots, k\}$ は $\mathbb{R}^n$ の部分空間である．

■ 例 1.9 ■ $n$ 次の単項式を $p_n$ とする：$p_n(t) = t^n$, $t \in \mathbb{R}$ $(n = 0, 1, 2, \cdots)$. 閉区間 $[a, b]$ 上の高々 $n$ 次の多項式の全体

$$\mathsf{P}_n := \left\{ \sum_{i=0}^{n} a_i p_i \,\middle|\, a_i \in \mathbb{K}, i = 1, \cdots, n \right\}$$

は $C_\mathbb{K}[a, b]$ の部分空間である．

ベクトル $u_1, \cdots, u_k \in V$ に対して，$\sum_{i=1}^{k} a_i u_i$ $(a_i \in \mathbb{K})$ という形のベクトルを $u_1, \cdots, u_k$ の **1 次結合** (linear combination) または**線形結合**という．

$V$ をベクトル空間とし，$D$ を $V$ の空でない部分集合とする．このとき，$D$ の元の線形結合の全体からなる部分集合

$$\mathcal{L}(D) := \left\{ \sum_{i=1}^{k} a_i u_i \,\middle|\, k \in \mathbb{N}, u_i \in D, a_i \in \mathbb{K}, i = 1, \cdots, k \right\}$$

は $V$ の部分空間になる．これを **$D$ によって生成される部分空間** (subspace generated by $D$) という．$D$ が有限集合，すなわち，有限個の元からなる集合のとき，部分空間 $\mathcal{L}(D)$ は**有限生成**であるという．

$D \subset V$ に対して，$V = \mathcal{L}(D)$ が成り立つとき，**$V$ は $D$ によって生成される**という．

【定義 1.2】 $V$ のベクトル $u_1, \cdots, u_k$ について，$a_1 u_1 + \cdots + a_k u_k = 0$ $(a_i \in \mathbb{K}, i = 1, \cdots, k)$ となるのが $a_i = 0, i = 1, \cdots, k$ のときに限るとき，$u_1, \cdots, u_k$ は**線形独立** (linearly independent) または **1 次独立**であるという．部分集合 $\{u_i\}_{i=1}^{k}$ が線形独立であるとは，$u_1, \cdots, u_k$ が線形独立のときをいう．

$u_1, \cdots, u_k$ が線形独立でないとき，これらは**線形従属** (linearly dependent) または **1 次従属**であるという．

線形独立な集合の任意の空でない部分集合は線形独立である（演習問題 2）．

■ 例 1.10 ■ 数ベクトル空間 $\mathbb{K}^n$ において，ベクトル $e_i = (0, \cdots, 1, \cdots, 0)$ ($i$ 成分が 1 で他の成分は 0) の集合 $\{e_i\}_{i=1}^{n}$ は線形独立である（演習問題 3）．

■ 例 1.11 ■ 例 1.9 において，任意の $n \in \mathbb{N}$ に対して，$p_0, \cdots, p_n$ は線形独立である（演習問題 4）．

次の補題は線形独立性の概念の重要性の一面を示すものである．

**【補題 1.3】** ベクトル空間 $V$ の任意の有限部分集合 $F \neq \{0\}$ に対して, $F$ の線形独立なベクトルの集合 $F' \subset F$ があって, $\mathcal{L}(F) = \mathcal{L}(F')$ が成り立つ.

**証明** $F$ の元の個数 $\#F$ に関する帰納法で証明しよう[6]. まず, $\#F = 1$ の場合, $F = \{u_1\}$ となるベクトル $u_1 \in V (u_1 \neq 0)$ がある. したがって, $F' = \{u_1\} = F$ とすれば, $F'$ は線形独立であり, $\mathcal{L}(F) = \mathcal{L}(F')$ が成り立つ.

与えられた有限部分集合の元の個数が $n$ 以下のとき, 主張が成り立つとしよう. そこで, $F$ を $(n+1)$ 個の元からなる部分集合とする. $F$ の任意の元を $u \neq 0$ として, $G = F \setminus \{u\}$ とすれば, $F = G \cup \{u\}$ であり, $\#G = n$ であるから, 帰納法の仮定により, $G$ の線形独立な部分集合 $G' = \{w_1, \cdots, w_k\} (k \leq n)$ があって, $\mathcal{L}(G) = \mathcal{L}(G')$ が成り立つ. したがって, $\mathcal{L}(F) = \mathcal{L}(G' \cup \{u\})$. もし, $w_1, \cdots, w_k, u$ が線形独立ならば, $F' = G' \cup \{u\}$ とすることにより, $F' \subset F$ であり, $\mathcal{L}(F) = \mathcal{L}(F')$ が成り立つから, 主張は $n+1$ のときも成立する.

$w_1, \cdots, w_k, u$ が線形独立でない場合には, $u = w_{k+1}$ とすれば, ある番号 $i$ があって, $w_i$ は他の $w_j (j \neq i)$ の線形結合として表される (演習問題 5). したがって, $F'' = \{w_1, \cdots, w_{i-1}, w_{i+1}, \cdots, w_{k+1}\}$ とおけば, $\mathcal{L}(F) = \mathcal{L}(F'')$. 集合 $F''$ の元の個数は $k$ であり, $k \leq n$ であるから, 帰納法の仮定により, 線形独立な集合 $E \subset F''$ があって, $\mathcal{L}(F'') = \mathcal{L}(E)$ が成り立つ. $E \subset F$ であるから, 主張は $n+1$ のときも成り立つ. ∎

補題 1.3 は, 有限生成の部分空間の任意の元は, その中の線形独立なベクトルの線形結合によって表されることを意味する. そこで, 次の定義を設ける.

**【定義 1.4】**

(i) 線形独立な集合 $E = \{e_i\}_{i=1}^n$ があって $V = \mathcal{L}(E)$ が成り立つとき, $E$ を $V$ の**基底** (basis) または単に**底**と呼ぶ. $V$ の基底 $\{e_i\}_{i=1}^n$ を $(e_i)_{i=1}^n$ あるいは単に $(e_i)$ のようにも表す.

(ii) $V$ の有限部分集合 $D$ で $\mathcal{L}(D) = V$ となるものが存在するとき, $V$ は**有限次元** (finite dimensional) であるという. 有限次元でないベクトル空間は**無限次元** (infinite dimensional) であるという.

■ **例 1.12** ■ 数ベクトル空間 $\mathbb{K}^n$ において, $\{e_i\}_{i=1}^n$ は基底である (例 1.10). 実

---

[6] 一般に, 有限集合 $S$ の元の個数を $\#S$ で表す. $S$ が無限集合の場合は, この記号によって, $S$ の濃度を表す.

際，任意の $x = (x_1, \cdots, x_n) \in \mathbb{K}^n$ は $x = \sum_{i=1}^n x_i e_i$ と表される．$\{e_i\}_{i=1}^n$ を $\mathbb{K}^n$ の**標準基底** (standard basis) という．

■ **例1.13** ■ 例1.9において，$p_0, \cdots, p_n$ はベクトル空間 $\mathrm{P}_n$ の基底である．

【**定理1.5**】 $E = (e_i)_{i=1}^n$ を $V$ の基底とする．このとき，任意の $u \in V$ に対して，$n$ 個の数の組 $(u^1, \cdots, u^n) \in \mathbb{K}^n$ が唯1つ定まり，

$$u = \sum_{i=1}^n u^i e_i \tag{1.5}$$

と表される[7]．

**証明** 仮定により，$V = \mathcal{L}(E)$ であるから，任意の $u \in V$ は $e_1, \cdots, e_n$ の線形結合として表される．すなわち，(1.5) を満たす $u^i \in \mathbb{K}$ が存在する．そのような $u^i$ の組の一意性を示すために，別に $u = \sum_{i=1}^n a^i e_i$ $(a^i \in \mathbb{K})$ と表されたとする．このとき，$\sum_{i=1}^n u^i e_i = \sum_{i=1}^n a^i e_i$ であるから，$\sum_{i=1}^n (u^i - a^i) e_i = 0$．$(e_i)_{i=1}^n$ は線形独立であるから，$u^i - a^i = 0$, すなわち，$u^i = a^i$ $(i = 1, \cdots, n)$ でなければならない． ∎

(1.5) をベクトル $u \in V$ の基底 $E$ による**展開** (expansion) と呼び，$u^1, \cdots, u^n$ を**展開係数**という．展開係数の組 $(u^1, \cdots, u^n) \in \mathbb{K}^n$ をベクトル $u$ の，基底 $E$ に関する**座標表示**または**成分表示**と呼ぶ．

基底による，ベクトルの展開は，幾何学的には，座標系の概念と関連している．

【**定義1.6**】 $V$ と基底 $E$ の組 $(V; E)$ を $V$ における**線形座標系** (linear coordinate system) または**直線座標系**という．しばしば単に**座標系** (coordinate system) ともいう．

$E = (e_i)_{i=1}^n$ のとき，ベクトル $e_i$ から生成される1次元部分空間 $\mathcal{L}(\{ae_i \mid a \in \mathbb{K}\})$ を**第 $i$ 座標軸** ($i$-th axis of coordinates) と呼ぶ．

$V$ に基底を1つ定めることを「$V$ に線形座標系を定める」という．

線形座標系というのは，要するに，$V$ の点を数の組——これが座標に他ならない——として表す方法である．だが，同一の点を座標で表す方法（成分表示）は，

---

[7] ここでの「$u^i$」は「$u$ の $i$ 乗」ではなく，$u$ の上つきの添え字である（だいたい，ベクトルの冪乗は，この段階では定義されていない！）．このように添え字をつける便宜的理由は後に明らかになる．

基底の取り方の数だけ存在する．ゆえに，本質的観点からいえば，$V$ の点の座標表示はあくまで便宜的，相対的なものである．この側面については，以下の 1.1.5 項でさらに詳しく論じる．

### 1.1.3 部分アファイン空間

部分空間の概念に関連して，ベクトル空間における基本的な幾何学的概念を定義しておこう．

**【定義 1.7】** $W$ を $V$ の部分空間とし，任意の $a \in V$ に対して，部分集合 $W + a$ を

$$W + a := \{w + a \mid w \in W\} \tag{1.6}$$

によって定義する．これを**ベクトル $a$ による $W$ の平行移動** (parallel translation) と呼び，この型の部分集合を $V$ の**部分アファイン空間** (affine subspace) という[8]．

部分アファイン空間というのは，部分空間とこれに含まれる任意の部分集合を純幾何学的対象として，すなわち，それらがおかれている"位置"には依存しない性質を有する対象として捉えるための概念である（次の例を参照）．

■ **例 1.14** ■ (i) $V$ のベクトル $u \neq 0$ に対して，$u$ から生成される部分空間 $\ell_u = \{\alpha u \mid \alpha \in \mathbb{K}\}$ と $a \in V$ から決まるアファイン部分空間 $\ell_u + a$ を，$a$ を通り，$u$ と平行な**直線** (straight line) と呼ぶ．

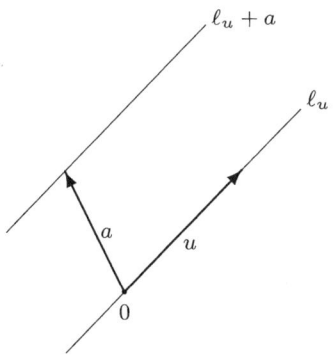

図 1.1　直線とその平行移動（実ベクトル空間の場合）

---

[8] 普遍空間概念としてのアファイン空間については 1.3 節で論述する．

(ii) 2つのベクトル $u, v \in V$ から決まる部分集合 $\{(1-t)u+tv \in V \mid 0 \leq t \leq 1\}$ を $u$ と $v$ を結ぶ**線分** (segment) と呼ぶ．これは，アファイン部分空間 $\ell_{v-u} + u$ の部分集合である．

(iii) $u, v$ を $V$ の線形独立なベクトルとする．これらのベクトルから生成される部分空間 $S_{u,v} = \{\alpha u + \beta v \mid \alpha, \beta \in \mathbb{K}\}$ とベクトル $a \in V$ から決まるアファイン部分空間 $S_{u,v} + a$ を，$a$ を通り，$S_{u,v}$ に平行な**平面** (plane) と呼ぶ．

### 1.1.4　基底の存在とベクトル空間の次元

次の定理は，一般の有限次元ベクトル空間の基底の存在と基底を構成するベクトルの個数の不変性に関するものである．

**【定理 1.8】** $V \neq \{0\}$ が有限次元ベクトル空間ならば，$V$ はつねに基底をもち，どの基底の元の個数も同じである．

この定理を証明するために，次の事実に注目する．

**【補題 1.9】** $D_1, D_2$ を $V$ の線形独立なベクトルの有限集合とし，$\mathcal{L}(D_1) = \mathcal{L}(D_2)$ が成り立つとする．このとき，$\#D_1 = \#D_2$．

**証明**　$V$ の線形独立なベクトルの有限集合 $F_1, F_2$ について，$\mathcal{L}(F_1) = \mathcal{L}(F_2)$ が成り立つとき，$F_1 \sim F_2$ と書くことにする．このとき，容易にわかるように，$F_1 \sim F_2$ かつ $F_2 \sim F_3$（$F_3$ も線形独立なベクトルの有限集合）ならば $F_1 \sim F_3$ である．$D_1 = \{u_1, \cdots, u_n\}$, $D_2 = \{v_1, \cdots, v_m\}$ とする．仮定から，$D_1 \sim D_2$．しかし，$\{u_1, \cdots, u_{n-1}\} \sim D_2$ ではない（$\because$ もし，$\{u_1, \cdots, u_{n-1}\} \sim D_2$ ならば，$D_2 \sim D_1$ によって，$\{u_1, \cdots, u_{n-1}\} \sim D_1$．しかし，このとき，$u_n$ が $u_1, \cdots, u_{n-1}$ の線形結合で表されることになり，$D_1$ の線形独立性と矛盾）．したがって，ある $v_j$ が存在して，$v_j$ は $u_1, \cdots, u_{n-1}$ の線形結合で表されない．ゆえに，$D_1' := \{u_1, \cdots, u_{n-1}, v_j\}$ は線形独立である．他方，仮定から，$v_j$ は $u_1, \cdots, u_n$ の線形結合で表されるから，$v_j = \sum_{i=1}^n a_i u_i$ と書ける（$a_i \in \mathbb{K}$）．この場合，もし，$a_n = 0$ ならば，$D_1'$ が線形従属になるから矛盾．したがって，$a_n \neq 0$．ゆえに，
$$u_n = \frac{1}{a_n} v_j - \sum_{i=1}^{n-1} \frac{a_i}{a_n} u_i.$$
これは，$u_n \in \mathcal{L}(D_1')$ を意味するから，$D_1 \sim D_1'$．したがって，$D_1' \sim D_2$．そこ

で，今度は，$D_1$ の代わりに $D_1'$ について上の手続きを行えば，$v_i \neq v_j$ が存在して，$D_2' = \{u_1, \cdots, u_{n-2}, v_j, v_i\} \sim D_2$ となる．以下，同様の操作を繰り返せば，$D_2$ の中の $n$ 個の相異なる元 $v_{j_1}, \cdots, v_{j_n}$ があって，$\{v_{j_1}, \cdots, v_{j_n}\} \sim D_2 \cdots (*)$ でなければならないことが結論される（したがって，また，$n \leq m$）．これは，集合の等式 $\{v_{j_1}, \cdots, v_{j_n}\} = D_2$ を意味する（∵ もし，そうでないとすると，$v_k$ で $v_k \notin \{v_{j_1}, \cdots, v_{j_n}\}$ となる元があるが，$(*)$ によって，$v_k$ は $v_{j_1}, \cdots, v_{j_n}$ の線形結合で表されるから，$D_2$ の線形独立性と矛盾する）．ゆえに $n = m$. すなわち，$\#D_1 = \#D_2$. ∎

**定理 1.8 の証明** 仮定により，有限部分集合 $D \subset V$ があって，$\mathcal{L}(D) = V$ が成り立つ．補題 1.3 によって，$D$ の部分集合 $E$ で線形独立かつ $\mathcal{L}(D) = \mathcal{L}(E)$ を満たすものが存在する．したがって，$V = \mathcal{L}(E)$ となるから，$E$ は $V$ の基底である．ゆえに，$V$ は基底をもつ．

$E'$ を $V$ の任意の基底とすれば，$\mathcal{L}(E) = V = \mathcal{L}(E')$ であるから，補題 1.9 により，$\#E = \#E'$. ∎

定理 1.8 に基づいて，次の定義が可能となる．

**【定義 1.10】** $V$ をベクトル空間とする．

(i) $V = \{0\}$ のとき，$V$ は **0 次元**であるといい，$\dim V = 0$ と記す．

(ii) $V$ が有限次元で，$n$ 個 $(n \in \mathbb{N})$ の元からなる基底をもつとき，$V$ は **$n$ 次元**であるといい，$\dim V = n$ と記す．

(iii) $V$ が無限次元のとき，$\dim V = \infty$ と記す．

ベクトル空間の次元性の特徴づけについては，演習問題 6 を参照せよ．

■ **例 1.15** ■　$\dim \mathbb{K}^n = n$.

■ **例 1.16** ■　$\dim \mathsf{P}_n = n + 1$.

■ **例 1.17** ■　$C_\mathbb{K}[a,b]$ は無限次元である．実際，すべての $n \in \mathbb{N}$ に対して，$\{p_0, \cdots, p_n\} \subset C_\mathbb{K}[a,b]$ は線形独立である（例 1.11）．したがって，$C_\mathbb{K}[a,b]$ は無限次元（演習問題 6(ii) を応用せよ）．

■ **例 1.18** ■　$V, W$ を $\mathbb{K}$ 上の有限次元ベクトル空間とし，$\dim V = n, \dim W = m$ と

おく．$V$ の基底を $(e_i)_{i=1}^n$，$W$ の基底を $(f_j)_{j=1}^m$ とする．このとき，$\{(e_i, 0), (0, f_j) \mid i = 1, \cdots, n, j = 1, \cdots, m\}$ は $V \oplus W$ の基底である．実際，$V \oplus W$ の任意のベクトル $(v, w)$ は，$v = \sum_{i=1}^n v^i e_i, w = \sum_{j=1}^m w^j f_j$ と展開するとき，$(v, w) = \sum_{i=1}^n v^i (e_i, 0) + \sum_{j=1}^m w^j (0, f_j)$ となる（$\{(e_i, 0), (0, f_j) \mid i = 1, \cdots, n, j = 1, \cdots, m\}$ の線形独立性を示すのは容易）．ゆえに，$\dim V \oplus W = n + m = \dim V + \dim W$．

同様の考察は，3個以上のベクトル空間の直和 $\bigoplus_{i=1}^n V_i$（$V_i$ は有限次元ベクトル空間）についてもなされ，$\dim \bigoplus_{i=1}^n V_i = \sum_{i=1}^n \dim V_i$ が成立することがわかる．

■ **例 1.19** ■ $\mathbb{K}$ の元を成分にもつ数列 $\{a_n\}_{n=1}^\infty \subset \mathbb{K}$ の全体 $\mathbb{K}^\infty := \{a = \{a_n\}_{n=1}^\infty \mid a_n \in \mathbb{K}, n \in \mathbb{N}\}$ は数列の和 $a + b := \{a_n + b_n\}_{n=1}^\infty$ $(a, b \in \mathbb{K}^\infty)$ とスカラー倍 $\alpha a := \{\alpha a_n\}_{n=1}^\infty$ $(\alpha \in \mathbb{K})$ に関して $\mathbb{K}$ 上のベクトル空間になる．$e^{(n)} = \{0, \cdots, 0, \overset{n\text{番目}}{1}, 0, \cdots\}$（$n$ 番目の成分が 1 で他の成分は 0 の数列）とおくと，任意の $N \in \mathbb{N}$ に対して，ベクトルの組 $(e^{(n)})_{n=1}^N$ は線形独立である（証明は例 1.10 の場合と同様）．したがって，$\mathbb{K}^\infty$ は無限次元である．

次の定理は，有限次元ベクトル空間の基底の構成に関する重要な事実である．

**【定理 1.11】** $U$ を $V$ の $m$ 次元部分空間 $(m < \infty)$，$u_1, \cdots, u_l (l \in \mathbb{N})$ を $U$ に属する線形独立なベクトルの集合とする．このとき，$l \leq m$ であり，もし，$l < m$ ならば，$(m - l)$ 個のベクトル $u_{l+1}, \cdots, u_m$ で $(u_i)_{i=1}^m$ が $U$ の基底になるものが存在する．

**証明** $l \leq m$ は演習問題 6(i) の応用から容易に導かれる．$l = m$ ならば，$u_1, \cdots, u_l$ が $U$ の基底の1つである．$l < m$ としよう．このとき，$\{u_1, \cdots, u_l\}$ は $U$ の基底ではないから，$u_1, \cdots, u_l$ の線形結合で表せないベクトルが $U$ の中に存在する．その1つを $u_{l+1}$ とすれば，$u_{l+1} \neq 0$ であり，$u_1, \cdots, u_l, u_{l+1}$ は線形独立である（$\because \sum_{i=1}^{l+1} a_i u_i = 0$ $(a_i \in \mathbb{K})$ とする．もし，$a_{l+1} \neq 0$ とすると $u_{l+1} = -\sum_{i=1}^l (a_i/a_{l+1}) u_l$ と書けるから，$u_{l+1}$ の取り方に矛盾．したがって，$a_{l+1} = 0$．すると $\sum_{i=1}^l a_i u_i = 0$ であるから，$\{u_1, \cdots, u_l\}$ の線形独立性により，$a_i = 0, i = 1, \cdots, l$．したがって，$a_i = 0$ $(i = 1, \cdots, l+1)$）．$m = l + 1$ ならば，$u_1, \cdots, u_l, u_{l+1}$ は $U$ の基底である．$l + 1 < m$ ならば，上と同様にして，$u_1, \cdots, u_l, u_{l+1}, u_{l+2}$ が線形独立になる $u_{l+2} \in U$ があることがわかる．$l + 2 = m$ ならば $u_1, \cdots, u_l, u_{l+1}, u_{l+2}$ は $U$ の基底である．以下，同様にして，同じ手続きを繰り返せば，$r = m - l$ とするとき，$r$ 個のベクトル $u_{l+1}, \cdots, u_{l+r} \in U$

で $u_1, \cdots, u_l, u_{l+1}, u_{l+2}, \cdots, u_{l+r}$ が $U$ の基底になるものがとれる. ∎

$M$ を $V$ の部分空間とする. $M$ に含まれる部分空間 $M_1, M_2$ で $M_1 \cap M_2 = \{0\}$ かつ任意の $u \in M$ に対して, $u_1 \in M_1, u_2 \in M_2$ が存在して, $u = u_1 + u_2$ と表されるとき, $M$ は $M_1$ と $M_2$ の**直和** (direct sum) であるといい, 記号的に $M = M_1 \dotplus M_2 \cdots (*)$ と記す. このような場合, $M$ は $M_1$ と $M_2$ の直和に分解されるといい, $(*)$ という型の表現を $M$ の**直和分解**という[9].

**【定理 1.12】** $M \subset V$ を有限次元部分空間, $M = M_1 \dotplus M_2$ とする ($M_1, M_2 \subset M$ は部分空間). このとき, $\dim M = \dim M_1 + \dim M_2$.

**証明** $m_i = \dim M_i, i = 1, 2,$ とし, $M_1$ の基底を $e_1, \cdots, e_{m_1}$, $M_2$ の基底を $f_1, \cdots, f_{m_2}$ とする. このとき, $E := (e_1, \cdots, e_{m_1}, f_1, \cdots, f_{m_2})$ は線形独立である[10]. これと $M = M_1 \dotplus M_2$ によって, $E$ は $M$ の基底である. したがって, $\dim M = m_1 + m_2 = \dim M_1 + \dim M_2$. ∎

次の定理は, 有限次元ベクトル空間はつねに直和分解可能であることを語る.

**【定理 1.13】** $\dim V < \infty$ とし, $M$ を $V$ の任意の部分空間とする. このとき, $V$ の部分空間 $M'$ で $V = M \dotplus M'$ となるものが存在する.

**証明** $M = \{0\}$ または $M = V$ の場合はぞれぞれ, $M' = V$, $M' = \{0\}$ とすればよいから, $M \neq \{0\}, V$ の場合について証明する. $\dim M = m, \dim V = n$ とし, $M$ の基底を $u_1, \cdots, u_m$ とすれば, 定理 1.11 によって, $u_{m+1}, \cdots, u_n \in V$ で $(u_j)_{j=1}^n$ が $V$ の基底となるものが存在する. そこで, $M' := \mathcal{L}(\{u_j\}_{j=m+1}^n)$ とすれば, $M \cap M' = \{0\}$ であり ($u_1, \cdots, u_n$ の線形独立性から従う), したがって, $V = M \dotplus M'$ となる. ∎

### 1.1.5 基底の変換

すでに注意したように, $V$ のベクトルの座標表示は, 普遍的な観点からは, 便

---
[9] ここでの直和は, 例 1.7 における直和の概念とは異なるものである. ただし, 後に 1.2.3 項で導入する同型の概念を用いると, $M_1 \dotplus M_2$ と $M_1 \oplus M_2$ は自然な仕方で同型であることがわかる (1.2.3 項における例 1.24 を参照).
[10] $\because a_i, b_j \in \mathbb{K}$ として, $\sum_{i=1}^{m_1} a_i e_i + \sum_{j=1}^{m_2} b_j f_j = 0$ とすれば, $\sum_{i=1}^{m_1} a_i e_i = -\sum_{j=1}^{m_2} b_j f_j$. 左辺は $M_1$ の元であり, 右辺は $M_2$ の元であるから, 両辺とも $M_1 \cap M_2$ の元である. 仮定により, $M_1 \cap M_2 = \{0\}$ であるから, $\sum_{i=1}^{m_1} a_i e_i = 0, \sum_{j=1}^{m_2} b_j f_j = 0$ でなければならない. したがって, $a_i = 0, b_j = 0$.

宜的・相対的なものであるが，ベクトル空間の理論を具体的な問題に応用する場合には，有効であり強力でありうる．たとえば，ユークリッド幾何学の問題を解析的に解く手段を与える解析幾何学はこの方法の例である．

線形座標系の定義からわかるように，ベクトルの座標表示（成分表示）は，それを定義する基底の取り方に依存する．そこで，基底を変えたとき，言い換えれば，線形座標系を変えたとき，各ベクトルの成分表示がどのように変わるかを一般的な仕方で見ておく必要がある．

まず，基底の変換（座標系の変換）がどのように表されるかを調べる．

$\dim V = n \in \mathbb{N}$ とし，$E = (e_i)_{i=1}^n, F = (f_i)_{i=1}^n$ を $V$ の 2 つの基底とする．

**基底の変換の構造**

基底 $E$ に関する，ベクトル $f_j$ の成分表示を $(P_j^1, \cdots, P_j^n) \in \mathbb{K}^n$ とすれば，

$$f_j = \sum_{i=1}^n P_j^i e_i. \tag{1.7}$$

同様に，基底 $F$ に関する，ベクトル $e_i$ の成分表示を $(Q_i^1, \cdots, Q_i^n)$ とすれば，

$$e_i = \sum_{j=1}^n Q_i^j f_j. \tag{1.8}$$

これを (1.7) に代入すると $f_j = \sum_{i,k=1}^n P_j^i Q_i^k f_k$. したがって，$f_1, \cdots, f_n$ の線形独立性により，$\sum_{i=1}^n P_j^i Q_i^k = \delta_j^k$. ただし，$\delta_j^k := \delta_{kj}$（クロネッカーのデルタ）．したがって，$(i,j)$ 成分が $P_j^i, Q_j^i$ である $n$ 次の行列をそれぞれ，$P = (P_j^i), Q = (Q_j^i)$ とすれば，$QP = I_n$（$I_n$ は $n$ 次の単位行列）が成り立つ[11]．したがって，$P, Q$ は正則であって

$$P = Q^{-1}, \quad Q = P^{-1} \tag{1.9}$$

が成り立つ．ただし，$P^{-1}$ は $P$ の逆行列を表す[12]．

(1.7), (1.8) は 2 つの基底 $E, F$ の間の関係を与える．それらを司る行列 $P, Q$ は正則であって，互いに逆の関係にあること，すなわち，(1.9) が成り立つことがわかった．

---

[11] 通常，行列 $A$ の $(i,j)$ 成分は $A_{ij}$ と書かれるが（例 1.2），これは単に便宜上の問題にすぎない．
[12] 一般に $n$ 次の行列 $A$ が**正則** (regular) であるとは，$AB = I_n, BA = I_n \cdots (*)$ となる，$n$ 次の行列 $B$ が存在するときをいう．この場合，$B$ を $A$ の**逆行列**と呼び，$B = A^{-1}$ と表す．実は，$AB = I_n \iff BA = I_n$ が証明できるので（行列論の本を参照），$A$ が正則であることを示すには $(*)$ のうちどちらか一方の式を証明すればよい．

行列 $P$ を基底の変換 $E \mapsto F$ に対する**底変換の行列**という．したがって，行列 $Q$ は基底の変換：$F \mapsto E$ に対する底変換の行列である．

線形座標系の観点からは，$P$ を線形座標系 $(V;E)$ から線形座標系 $(V;F)$ への**座標系の変換行列**と呼ぶ．

上とは逆に，任意の $n$ 次の正則行列 $P$ が与えられたとき，基底 $E = (e_i)$ に対して，ベクトルの組 $F = (f_1,\cdots,f_n)$ を (1.7) によって定義すれば，$F$ は $V$ の基底になる．実際，スカラー $a_1,\cdots,a_n \in \mathbb{K}$ が $\sum_{j=1}^n a_j f_j = 0$ を満たすとすれば，$\sum_{i=1}^n \left(\sum_{j=1}^n a_j P_j^i\right) e_i = 0$. したがって，$\sum_{j=1}^n a_j P_j^i = 0$. 両辺に $(P^{-1})_i^k$ をかけて $i$ について，$1$ から $n$ まで加えて，$(P^{-1}P)_j^k = \delta_j^k$ を使えば，$a_k = 0, k = 1,\cdots,n,$ を得る．ゆえに，$F$ は線形独立である．

以上から，底変換の行列と $n$ 次の正則行列は 1 対 1 に対応することがわかる．

**基底の変換に伴う，ベクトルの成分の変換**

任意のベクトル $u \in V$ は

$$u = \sum_{i=1}^n u^i e_i = \sum_{i=1}^n v^i f_i \tag{1.10}$$

という 2 通りの展開をもつ．(1.8) を (1.10) に代入すると，$\sum_{i=1}^n \sum_{j=1}^n u^j Q_j^i f_i = \sum_{i=1}^n v^i f_i$. したがって，

$$v^i = \sum_{j=1}^n Q_j^i u^j = \sum_{j=1}^n (P^{-1})_j^i u^j. \tag{1.11}$$

これが，基底の変換：$E \mapsto F$（座標系の変換：$(V;E) \to (V;F)$）に伴う，ベクトル $u \in V$ の成分表示の変換である．

**!注意 1.1** 誤解はあるまいと思うが，念のために述べておくと，座標系の変換というのは，ベクトルの成分表示を変えるだけであって，ベクトル自体を変えるものではない（これは (1.10) を見れば明らか）．すなわち，座標系の変換，あるいは同じことだが基底の変換というのは $V$ 上の写像ではない．

ところで，上に示したように，基底の取り方は無数にある．したがって，ベクトルの成分表示の仕方も無数に存在し，そのどれもがいわば "同等の権利" をもつ．したがって，成分表示を用いる形式では，成分表示によらない，絶対的・普遍的な性質が見えにくい．ゆえに，ベクトル空間が有する絶対的・普遍的本質を探究するには，成分表示に頼る方法は賢明な方法とはいえない．ベクトルの成分表示というのは，抽象的なベクトルが数ベクトルとして具現化する 1 つの形式であり，それは，いわば，ベ

クトルの"仮の姿"であり，まったく便宜的・相対的なものである．そうした，ベクトルの仮の姿に捉われるとより本源的・本質的なもの，あるいは真の姿に到達できない恐れがある．成分表示に頼る旧式のベクトル解析が"わかりにくい"理由の1つは——ただし，"具象的"という意味では"とっつきやすく"見えるのだが——，単なる計算技術に終始して，その根底にある普遍的・理念的本質が明晰に提示されていない点にあるように思われる．

## 1.2 線形写像

この節では，ベクトル空間からベクトル空間への写像の自然なクラスの1つを考察する[13]．

### 1.2.1 定義と基本概念

$V, W$ を $\mathbb{K}$ 上のベクトル空間とする (有限次元であるとは限らない)．

【定義 1.14】 写像 $T : V \to W$ が，任意の $a, b \in \mathbb{K}$ と $u, v \in V$ に対して

$$T(au + bv) = aT(u) + bT(v) \tag{1.12}$$

を満たすとき，$T$ を $V$ から $W$ への**線形写像** (linear mapping) または**線形作用素** (linear operator) あるいは**線形演算子**という．性質 (1.12) を写像の**線形性** (linearity) という．$T(u) = Tu$ とも記す．

■ 例 1.20 ■ 任意の $u \in V$ に対して，$I_V(u) := u$ によって定義される写像 $I_V : V \to V$ を $V$ 上の**恒等写像** (identity mapping) という．これは線形である．

■ 例 1.21 ■ $M = (M_{ij})_{i,j=1,\cdots,n}$ を $n$ 次の行列とする ($M_{ij} \in \mathbb{K}$)．これから写像 $\hat{M} : \mathbb{K}^n \to \mathbb{K}^n; x \mapsto \hat{M}x$ を

$$(\hat{M}x)_i := \sum_{j=1}^{n} M_{ij} x_j, \quad x = (x_1, \cdots, x_n) \in \mathbb{K}^n$$

によって定義する．これは線形写像である．$\hat{M}$ を**行列 $M$ から定まる線形作用素**といい，通常，これも単に $M$ と記す場合が多い．

$T : V \to W$ を線形写像としよう．

---
[13] 一般の写像の概念については付録 A を参照．

(1.12) において，$a = b = 0$ の場合を考えると，
$$T(0_V) = 0_W \tag{1.13}$$
が成り立つ．つまり，線形写像はゼロベクトルをゼロベクトルに写す．

$V$ の部分集合
$$\ker T := \{u \in V \mid T(u) = 0\} \tag{1.14}$$
を $T$ の**核** (kernel) という．$T$ の線形性を使うと，$\ker T$ は $V$ の部分空間であることがわかる．

また，$V$ に対する $T$ の像
$$\mathrm{Ran}(T) := T(V) := \{T(u) \mid u \in V\} \tag{1.15}$$
を $T$ の**値域** (range) という．これは $W$ の部分空間になる．$T$ の値域の次元
$$\mathrm{rank}\, T := \dim T(V) \tag{1.16}$$
を $T$ の**階数** (rank) という．

### 【定理 1.15】

(i) 線形写像 $T : V \to W$ が単射であるための必要十分条件は $\ker T = \{0_V\}$ となることである．

(ii) $T$ が単射であるとき，逆写像 $T^{-1}$ は $T(V)$ から $V$ への線形写像であり，単射である．

**証明** (i) (必要性) $T$ は単射であるとする．$u \in \ker T$ とすれば，$Tu = 0_W$．一方，(1.13) によって，$0_W = T0_V$．したがって，$Tu = T0_V$．$T$ の単射性により，$u = 0_V$．ゆえに，$\ker T = \{0_V\}$．

(十分性) $\ker T = \{0_V\}$ とする．$Tu = Tv$ $(u, v \in V)$ とすれば，$T$ の線形性により，$T(u - v) = 0$．したがって，$u - v \in \ker T$．ゆえに，$u - v = 0_V$，すなわち，$u = v$．よって，$T$ は単射．

(ii) $T$ の単射性により，任意の $w_1, w_2 \in T(V)$ に対して，$Tu_1 = w_1, Tu_2 = w_2$ を満たす $u_1, u_2 \in V$ がそれぞれ，唯 1 つある．したがって，任意の $a, b \in \mathbb{K}$ に対して，$aTu_1 + bTu_2 = aw_1 + bw_2$．左辺は，$T$ の線形性によって，$T(au_1 + bu_2)$ に等しい．したがって，$T^{-1}(aw_1 + bw_2) = au_1 + bu_2 = aT^{-1}w_1 + bT^{-1}w_2$．ゆえに，$T^{-1}$ は線形である．$T^{-1}$ の単射性は容易にわかる．■

**【定理 1.16】** $V$ が有限次元のとき，任意の線形写像 $T: V \to W$ に対して，

$$\dim V = \dim \ker T + \operatorname{rank} T \tag{1.17}$$

が成り立つ．

**証明** $\dim V = n, \dim \ker T = k$ とする．$\ker T$ の基底を $e_1, \cdots, e_k$ とする．

まず，$k = n$ の場合を考える．このとき，$(e_i)_{i=1}^n$ は $V$ の基底であるから，任意の $u \in V$ は $u = \sum_{i=1}^n u^i e_i$ と展開できる ($u^i \in \mathbb{K}$)．したがって，$Tu = 0$ が成り立つ ($\because Te_i = 0, i = 1, \cdots, k$)．ゆえに，$T(V) = \{0\}$ であるから，$\dim T(V) = 0$．したがって，(1.17) が成り立つ．

次に，$k < n$ の場合を考える．この場合,定理 1.11 によって,ベクトル $e_{k+1}, \cdots, e_n$ が存在して，$(e_i)_{i=1}^n$ が $V$ の基底になるようにとれる．したがって，任意の $u \in V$ は $u = u_1 + u_2$ と書ける．ただし，$u_1 = \sum_{i=1}^k u^i e_i \in \ker T, u_2 = \sum_{i=k+1}^n u^i e_i$．$Tu_1 = 0$ であるから，$Tu = Tu_2 = \sum_{i=k+1}^n u^i Te_i$．一方，$(Te_i)_{i=k+1}^n$ は線形独立である ($\because \sum_{i=k+1}^n a_i Te_i = 0$ ($a_i \in \mathbb{K}$) とすれば，$T$ の線形性により，$T(\sum_{i=k+1}^n a_i e_i) = 0$．これは，$\sum_{i=k+1}^n a_i e_i \in \ker T$ を意味する．したがって，$\sum_{i=k+1}^n a_i e_i = \sum_{i=1}^k b_i e_i$ と書ける．ところが，$(e_i)_{i=1}^n$ は線形独立であるから，$a_i = 0 \, (i = k+1, \cdots, n), b_i = 0 \, (i = 1, \cdots, k)$ でなければならない)．したがって，$(Te_i)_{i=k+1}^n$ は $T(V)$ の基底になる．ゆえに，$\dim T(V) = n - k$．よって，(1.17) が成り立つ． ■

### 1.2.2 線形写像の積

$V, W, X$ を $\mathbb{K}$ 上のベクトル空間，$T: V \to W, S: W \to X$ を線形写像とする．このとき，合成写像 $S \circ T: V \to X$ は線形である[14]．そこで

$$ST := S \circ T \tag{1.18}$$

を定義し，これを $T$ と $S$ の**積**と呼ぶ．同様に，$V_1, \cdots, V_{n+1}$ を $\mathbb{K}$ 上のベクトル空間とし，$T_i: V_i \to V_{i+1} (i = 1, \cdots, n)$ を線形写像とするとき，これらの合成写像

$$T_n \cdots T_1 := T_n \circ T_{n-1} \circ \cdots \circ T_1: V_1 \to V_{n+1} \tag{1.19}$$

は線形である．この線形写像を $T_1, \cdots, T_n$ の**積**という．

---

[14] 合成写像については付録 A の A.4 節を参照．

### 1.2.3 ベクトル空間の同型

ベクトル空間を分類する概念を導入する．

**【定義 1.17】** 線形写像 $T: V \to W$ が全単射であるとき，$T$ を $V$ から $W$ への**同型写像** (isomorphism) と呼ぶ．

同形写像 $T: V \to W$ の逆写像 $T^{-1}$ は $W$ から $V$ への同型写像になる．したがって，次の定義が可能である．

**【定義 1.18】** $V$ から $W$ への同型写像が存在するとき，$V$ と $W$ は**同型** (isomorphic) であるという．このことを記号的に $V \cong W$ と表す．

同型写像で互いにうつりあう 2 つのベクトル空間は集合的には対等であり，かつそれらの線形構造は同型写像のもとで保存されるので，同型なベクトル空間たちはすべて，ベクトル空間としては，本質的に同じものとみなせる．ただし，それらを同じものとみなす仕方（同一視する仕方），すなわち，どういう同型写像のもとで同じとみなすかということは一意的ではない．これが同型ということの意味である．

しかし，ベクトル空間どうしの同型には大きく分けて 2 つの型があることを注意しておく．

1 つは，同型がベクトル空間の基底の取り方に依存するような場合である（たとえば，以下の例 1.23）．この種の同型は，まさに，基底の取り方に対する依存性のために，ベクトル空間を特殊な観点から眺めた同型と解釈されるので特殊的・相対的である．この型の同型を**相対的同型**と呼ぶ[15]．

もう 1 つの同型の型は，基底の取り方によらない同型であって（たとえば，以下の例 1.24），もちろん，この型の同型のほうが重要である．この型の同型を**普遍的同型**あるいは**標準的同型**または**絶対的同型**と呼ぶ[16]．

■ **例 1.22** ■ $V$ 上の恒等写像 $I_V$（例 1.20）は同型写像である．

■ **例 1.23** ■ $\dim V = n$ として，$V$ の基底 $E = (e_i)_{i=1}^n$ を 1 つ選んで固定する．このとき，任意の $u \in V$ は $u = \sum_{i=1}^n u^i e_i$ ($u^i \in \mathbb{K}$) と展開される．したがって，

---
[15] この用語は標準的でない．筆者がここで試みに導入するものである．
[16] 最後の呼称は標準的ではなく，筆者によるものである．

写像 $i_E : V \to \mathbb{K}^n$ を

$$i_E(u) := (u^1, \cdots, u^n), \quad u \in V$$

によって定義できる．このとき，$i_E$ は同型写像である．したがって，$V \cong \mathbb{K}^n$．この同型では，$i$ 番目の基底ベクトル $e_i$ に対して，$\mathbb{K}^n$ の標準基底の $i$ 番目のベクトル $\boldsymbol{e}_i$ が対応する：$i_E(e_i) = \boldsymbol{e}_i$, $i = 1, \cdots, n$．この同型は基底の取り方に依存していることに注意．これは要するに，描像的にいえば，$V$ の中に，座標軸を設定して，座標軸に対するベクトルの"投影"を通してベクトルを"眺める"ということである．

【定理 1.19】 $T : V \to W$ を同型写像，$S : W \to X$（$X$ はベクトル空間）を同型写像とすれば，$ST : V \to X$ も同型写像である．

証明 $A = ST$ とおき，写像 $B : X \to V$ を $B = T^{-1}S^{-1}$ によって定義する．このとき，$AB = I_X, BA = I_V$．したがって，付録 A の定理 A.6 によって，$A$ は全単射． ■

【定理 1.20】 $V, W$ が有限次元で，同型ならば，$\dim V = \dim W$．

証明 仮定により，同型写像 $T : V \to W$ が存在する．$\ker T = \{0\}, T(V) = W$ であるから，定理 1.16 より，$\dim V = \dim T(V) = \dim W$． ■

【定理 1.21】 $\dim V = \dim W < \infty$，$T : V \to W$ を線形写像とする．このとき，$T$ が全射であるか，または単射のどちらかであれば，$T$ は同型写像である．

証明 $T$ が全射の場合，$\dim T(V) = \dim W = \dim V$．これと定理 1.16 により，$\dim \ker T = 0$．したがって，$\ker T = \{0\}$．ゆえに，定理 1.15(i) によって，$T$ は単射である．よって，$T$ は全単射である．

$T$ が単射の場合には，$\ker T = \{0\}$（定理 1.15(i)）であるから，定理 1.16 により，$\dim V = \dim T(V)$．したがって，$\dim W = \dim T(V)$．これと演習問題 6(iii) によって $W = T(V)$．ゆえに，$T$ は全射である．よって，$T$ は全単射である． ■

次の定理は，ベクトル空間の同型に関する基本的定理である．

【定理 1.22】 $\dim V = \dim W = n < \infty$ とし，$(e_i)_{i=1}^n$, $(f_i)_{i=1}^n$ をそれぞれ，$V, W$ の基底とする．このとき，同型写像 $T : V \to W$ で $T(e_i) = f_i$, $i = 1, \cdots, n$, を満たすものが唯 1 つ存在する．したがって，特に，$V$ と $W$ は同型である．

**証明** 任意の $u \in V$ は $u = \sum_{i=1}^n u^i e_i$ ($u^i \in \mathbb{K}$) と展開できるから，写像 $T : V \to W$ を $T(u) = \sum_{i=1}^n u^i f_i$ によって定義できる．これは線形かつ全単射であり，$T(e_i) = f_i, i = 1, \cdots, n$, を満たす．一意性の証明も容易である． ∎

**!注意 1.2** 定理 1.22 における同型は，その特性が固定された基底を用いて表されているが，結果的にそれが絶対的同型になる場合もありうる．次の例を参照．

■**例 1.24**■ $M_1, M_2$ を $V$ の有限次元部分空間で $M_1 \cap M_2 = \{0\}$ とする．このとき，同型写像 $T : M_1 \dotplus M_2 \to M_1 \oplus M_2$ で $T(u+v) = (u, v), u \in M_1, v \in M_2$ を満たすものが唯 1 つ存在する（演習問題 7）．これは基底の取り方によらないので絶対的な同型である．通常，この意味で $M_1 \dotplus M_2 = M_1 \oplus M_2$ と書く．

### 1.2.4 線形写像の行列表示

$V, W$ を $\mathbb{K}$ 上の有限次元ベクトル空間とし，$\dim V = n, \dim W = m$ とする．$V, W$ のそれぞれに基底を 1 つ固定し，それらを $E = (e_i)_{i=1}^n \subset V, F = (w_j)_{j=1}^m \subset W$ とする．$T : V \to W$ を線形写像としよう．このとき，$Te_i \in W$ であるから，

$$Te_i = \sum_{j=1}^m T_i^j w_j$$

を満たす数 $T_i^j \in \mathbb{K}$ が存在する．したがって，任意の $u = \sum_{i=1}^n u^i e_i$ に対して，

$$Tu = \sum_{i=1}^n \sum_{j=1}^m T_i^j u^i w_j.$$

ゆえに，$Tu$ の，基底 $F = (w_j)_{j=1}^m$ に関する第 $j$ 成分 $(Tu)^j$ は

$$(Tu)^j = \sum_{i=1}^n T_i^j u^i$$

で与えられる．そこで，$(j, i)$ 成分が $T_i^j$ である行列を

$$\hat{T} := (T_i^j)_{j=1,\cdots,m, i=1,\cdots,n}$$

によって定義すれば,
$$i_F(Tu) = \hat{T}i_E(u).$$
ただし,$i_E$ は例 1.23 における,$V$ から $\mathbb{K}^n$ への同型写像である.$i_F$ についても同様.ゆえに,
$$T = i_F^{-1}\hat{T}i_E. \tag{1.20}$$
基底 $E, F$ を固定し,$V, W$ をそれぞれ,同型写像 $i_E, i_F$ のもとで $\mathbb{K}^n, \mathbb{K}^m$ と同一視すれば,$T$ は行列 $\hat{T}$ による,$\mathbb{K}^n$ から $\mathbb{K}^m$ への線形写像と同一視できる.行列 $\hat{T}$ を $T$ の**行列表示** (matrix representation) と呼ぶ.

いうまでもなく,$T$ の行列表示は基底の取り方に依存している.

### 1.2.5 線形写像の空間

ベクトル空間 $V, W$ に対して,$V$ から $W$ への線形写像の全体を $\mathcal{L}(V, W)$ で表す:
$$\mathcal{L}(V, W) := \{T : V \to W \mid T \text{ は線形}\}. \tag{1.21}$$
特に,$V = W$ の場合,
$$\mathcal{L}(V) := \mathcal{L}(V, V) \tag{1.22}$$
とおく.$\mathcal{L}(V)$ の元は,$V$ 上の**自己準同型写像** (endomorphism) とも呼ばれる[17].

任意の $T, S \in \mathcal{L}(V, W)$ に対して,和 $T + S$ およびスカラー倍 $aT$ ($a \in \mathbb{K}$) を
$$(T + S)(u) := T(u) + S(u), \quad (aT)(u) := aT(u), \quad u \in V,$$
によって定義すれば,$T + S, aT \in \mathcal{L}(V, W)$ である.$\mathcal{L}(V, W)$ はこの和とスカラー倍に関して,$\mathbb{K}$ 上のベクトル空間になる.零ベクトルは,$V$ のすべての元を $W$ の零ベクトルにうつす写像——**零写像**——であり,$T$ の逆ベクトルは $(-1)T$ である.

### 1.2.6 双対空間

$\mathbb{K}$ 上のベクトル空間 $V$ から $\mathbb{K}$ への線形写像,すなわち,$\mathcal{L}(V, \mathbb{K})$ の元を $V$ 上の**線形汎関数** (linear functional) または **1 次形式** (linear form) という[18].$V$ 上の線形汎関数の全体

---

[17] $\mathcal{L}(V) = \text{End}(V)$ と書かれる場合もある.
[18] **線形形式**ともいう.

$$V^* := \mathcal{L}(V, \mathbb{K}) \tag{1.23}$$

を $V$ の**双対空間** (dual space) と呼ぶ．$\mathbb{K} = \mathbb{R}$ のとき，$V^*$ の元を**実線形汎関数** (real linear functional)，$\mathbb{K} = \mathbb{C}$ のとき，$V^*$ の元を**複素線形汎関数** (complex linear functional) という．

いま，$\dim V = n < \infty$ とし，$E = (e_i)_{i=1}^n$ を $V$ の基底とする．したがって，任意の $u \in V$ は $u = \sum_{i=1}^n u^i e_i$ と展開される ($u^i \in \mathbb{K}$)．そこで，写像 $f^i : V \to \mathbb{K}$ を

$$f^i(u) := u^i, \quad u \in V \tag{1.24}$$

によって定義すれば，$f^i \in V^*$ であって，

$$f^i(e_j) = \delta^i_j, \quad i, j = 1, \cdots, n \tag{1.25}$$

が成り立つ．

【補題 1.23】 $(f^i)_{i=1}^n$ は $V^*$ において線形独立である．

**証明** $\sum_{i=1}^n a_i f^i = 0$ とすれば，任意の $u \in V$ に対して，$\sum_{i=1}^n a_i f^i(u) = 0$. 特に，$u = e_j$ とすれば，(1.25) によって，$a_j = 0 \, (j = 1, \cdots, n)$ が得られる．ゆえに題意が成立する． ∎

任意の $\phi \in V^*$ と $u \in V$ に対して，

$$\phi(u) = \sum_{i=1}^n u^i \phi(e_i) = \sum_{i=1}^n f^i(u) \phi(e_i)$$

が成り立つから，$\phi_i = \phi(e_i) \in \mathbb{K}$ とおけば，

$$\phi = \sum_{i=1}^n \phi_i f^i$$

が成り立つ．よって，$V^* = \mathcal{L}((f^i)_{i=1}^n)$ であるから，補題 1.23 によって，$(f^i)_{i=1}^n$ は $V^*$ の基底である．この基底を $E$ の**双対基底** (dual basis) という．

いま述べた事実から

$$\dim V^* = \dim V \tag{1.26}$$

がわかる．

■ **例 1.25** ■ $\mathbb{K}^n$ の標準基底 $(e_i)_{i=1}^n$ の双対基底 $(f^i)_{i=1}^n$ は $f^i(x_1, \cdots, x_n) = x_i$ を満たすものである．すなわち，$f^i \in (\mathbb{K}^n)^*$ は $\mathbb{K}^n$ 上の座標関数である．

## 1.2.7 基底の変換に伴う双対基底の変換

$V$ の基底の変換のもとで，双対基底および $V^*$ の元の双対基底による成分表示がどのように変換するかを一応見ておく．

$\bar{E} = (\bar{e}_i)_i$ を $V$ の基底として，基底の変換: $E \mapsto \bar{E}$ の行列を $P = (P^i_j)$ とする[19]．したがって，

$$\bar{e}_i = \sum_{j=1}^{n} P^j_i e_j.$$

$\bar{E}$ の双対基底を $(\bar{f}^i)$ としよう．このとき，任意の $u \in V$ に対して，$u = \sum_{i=1}^{n} u^i e_i = \sum_{i=1}^{n} \bar{u}^i \bar{e}_i$ と展開すれば，ベクトルの成分表示の変換規則 (1.11) を用いることにより，

$$f^i(u) = u^i = \sum_{j=1}^{n} P^i_j \bar{u}^j = \sum_{j=1}^{n} P^i_j \bar{f}^j(u)$$

を得る．これはすべての $u \in V$ に対して成り立つから，写像の等式

$$f^i = \sum_{j=1}^{n} P^i_j \bar{f}^j \tag{1.27}$$

が得られる．式 (1.27) は，$V$ の基底の変換 $E \to \bar{E}$ から誘導される，双対基底の変換則を表す式である．

任意の $\omega \in V^*$ は

$$\omega = \sum_{i=1}^{n} \omega_i f^i = \sum_{j=1}^{n} \bar{\omega}_j \bar{f}^j \tag{1.28}$$

と 2 通りに展開できる．これに (1.27) を代入すれば，$\sum_{j=1} \left( \sum_{i=1}^{n} \omega_i P^i_j \right) \bar{f}^j = \sum_{j=1}^{n} \bar{\omega}_j \bar{f}^j$．したがって，

$$\bar{\omega}_j = \sum_{i=1}^{n} P^i_j \omega_i. \tag{1.29}$$

これが $V$ の基底の変換: $(e_i) \to (\bar{e}_i)$ に伴う，$V^*$ のベクトルの成分の変換を表す式である．

**!注意 1.3** (1.29) を見ればわかるように，双対基底に関する $\omega \in V^*$ の成分は基底の変換: $(e_i) \mapsto (\bar{e}_i)$ と同じ仕方で変換する．このため，通常，$V^*$ の元は**共変ベクトル**と呼ばれる．これとは対照的に，(1.11) に基づいて，$V$ の元は**反変ベクトル**と呼ばれる．しかし，私見によれば，このような名称は，教育的見地からは，あまり適切なものとはいえない（特に初学者にとっては）．なぜなら，座標系の変換において

---

[19] 本書では，特に断らない限り，文字 $A$ にバーをつけたもの $\bar{A}$ も 1 つの記号として使用する．

はベクトルが変わるわけではないからである．ここでいう"共変"とか"反変"は基底の変換（座標系の変換）に伴うベクトルの成分の変換の仕方に言及するものであることを肝に命じておく必要がある．本質的観点からいえば，共変ベクトルや反変ベクトルという名称は，単なる符丁でしかなく，$V$ に同伴するベクトル空間 $V^*$ のベクトルと $V$ のベクトルを区別するために使われる便宜的なものにすぎない．名称に捉われないように留意されたい（ただし，基底の変換に伴う成分表示の変換の式を覚えるのには役立つ名称かもしれない）．

### 1.2.8　第 2 双対空間

$V^*$ もベクトル空間であるから，$V^*$ の双対空間

$$V^{**} := (V^*)^* = \mathcal{L}(V^*, \mathbb{K}) \tag{1.30}$$

が考えられる．これを $V$ の**第 2 双対空間** (second dual space) という．

任意の $u \in V$ に対して，写像 $\iota_u : V^* \to \mathbb{K}$ を

$$\iota_u(\phi) := \phi(u), \quad \phi \in V^*, \tag{1.31}$$

によって定義すれば，$\iota_u \in V^{**}$ である．これから，写像 $\iota : V \to V^{**}$ が

$$\iota(u) := \iota_u, \quad u \in V, \tag{1.32}$$

によって定義される．

<u>$V$ が有限次元の場合</u> を考えよう．このとき，$\dim V = \dim V^* = \dim V^{**}$ であり，$\ker \iota = \{0\}$ がわかるので（証明せよ），定理 1.21 によって，$\iota$ は同型写像である．よって，$V$ と $V^{**}$ は同型である．**この同型は基底の取り方によらない普遍的・絶対的なものである**．この事実に基づいて，通常，$u \in V$ と $\iota_u \in V^{**}$ を同一視して，$V = V^{**}$ と記す．

この同型の観点からは，$V$ と $V^*$ の役割は相互的なものであることがわかる．そこで，$\phi(u) (\phi \in V^*, u \in V)$ を $\langle \phi, u \rangle$ あるいは $\langle u, \phi \rangle$，$u(\phi)$ と記すことも多い：

$$\phi(u) = \langle \phi, u \rangle = \langle u, \phi \rangle = u(\phi).$$

この $\langle \cdot, \cdot \rangle$ を $V$ と $V^*$ の**双対性を表すスカラー積**という．

### 1.2.9　線形写像のトレース

$\dim V = n < \infty$ とし，$T \in \mathcal{L}(V)$ とする．$(e_i)_{i=1}^n$ を $V$ の任意の基底とし，

$(\phi^i)_{i=1}^n$ をその双対基底とする．このとき，スカラー $\operatorname{tr} T$ を

$$\operatorname{tr} T := \sum_{i=1}^n \phi^i(Te_i) \tag{1.33}$$

によって定義する．この定義は基底の取り方に依存しているように見えるが実はそうではないことが次のようにして示される．

$(\bar{e}_i)_{i=1}^n$ を $V$ の別の任意の基底とし，その双対基底を $(\bar{\phi}^i)_{i=1}^n$ とする．このとき，基底の変換 $(e_i) \mapsto (\bar{e}_i)$ の行列を $P = (P_j^i)$ とし，$Q = P^{-1}$ とすれば，$\bar{\phi}^i = \sum_{j=1}^n Q_j^i \phi^j$，$\bar{e}_i = \sum_{j=1}^n P_i^j e_j$ と表される（1.1.5 項と 1.2.7 項を参照）．したがって，

$$\sum_{i=1}^n \bar{\phi}^i(T\bar{e}_i) = \sum_{i=1}^n Q_k^i P_i^l \phi^k(Te_l) = \sum_{k,l=1}^n (PQ)_k^l \phi^k(Te_l) = \sum_{k=1}^n \phi^k(Te_k).$$

よって，(1.33) の右辺は基底の取り方によらず，$T$ だけから決まる量である．

**【定義 1.24】** $T \in \mathcal{L}(V)$ に対して，スカラー量 $\operatorname{tr} T$ を $T$ の**トレース** (trace) と呼ぶ．

$V$ の基底 $(e_i)_{i=1}^n$ を固定し，この基底に関する $T$ の行列表示を $(T_j^i)$ とすれば，$Te_i = \sum_{j=1}^n T_i^j e_j$ であるから

$$\operatorname{tr} T = \sum_{i=1}^n T_i^i \tag{1.34}$$

となる．これは，$T$ の行列表示を用いた，$\operatorname{tr} T$ に対する表式である．この公式は，具体的な $T$ のトレースを計算する場合に有用である．

■ **例 1.26** ■ $n$ 次正方行列 $M = (M_{ij})$ から定まる線形作用素 $\hat{M} : \mathbb{K}^n \to \mathbb{K}^n$ について

$$\operatorname{tr} \hat{M} = \sum_{i=1}^n M_{ii}$$

が成り立つ（$\because$ $\mathbb{K}^n$ の標準基底に関する $\hat{M}$ の行列表示は $M$）．

次の命題はトレースの基本的性質に関するものである．

**【命題 1.25】** $T, S \in \mathcal{L}(V), \alpha, \beta \in \mathbb{K}$ とする．次の (i), (ii) が成り立つ．

(i) $\operatorname{tr}(\alpha T + \beta S) = \alpha \operatorname{tr} T + \beta \operatorname{tr} S$.

(ii) $\operatorname{tr}(TS) = \operatorname{tr}(ST)$.

**証明** (i) 定義 (1.33) から容易にわかる．

(ii) (1.34) を用いると

$$\operatorname{tr}(TS) = \sum_{i=1}^{n}(TS)_i^i = \sum_{i=1}^{n}\sum_{j=1}^{n}T_j^i S_i^j = \sum_{i=1}^{n}\sum_{j=1}^{n}S_i^j T_j^i = \sum_{j=1}^{n}(ST)_j^j = \operatorname{tr}(ST).$$

∎

## 1.3 アファイン空間

後に"物理的時間"や"物理的空間"の概念を厳密に認識する上で重要な役割を演じることになる数学的空間概念を導入しておく．

### 1.3.1 定義と例

ユークリッド幾何学が展開される空間の中に現れている普遍的構造を，計量的性質（点どうしの距離に関わる性質）は捨象して，追求していくと，次に述べるアファイン空間という普遍的空間概念へと至る．

【定義 1.26】 $\mathcal{A}$ を空でない集合，$V$ をベクトル空間とする．$V$ の各元 $u$ に対して，写像 $T_u : \mathcal{A} \to \mathcal{A}$ が定義されていて，次の条件 (A.1), (A.2) が満たされるとき，$\mathcal{A}$ を**アファイン空間** (affine space)，$V$ をその**基準ベクトル空間** (standard vector space) という：

(A.1) 任意の $u, v \in V$ に対して，$T_u \circ T_v = T_{u+v}$.

(A.2) $\mathcal{A}$ の任意の 2 点 $P, Q$ に対して，$T_u(P) = Q$ となるベクトル $u \in V$ が唯 1 つ存在する．

写像 $T_u$ をベクトル $u$ による，$\mathcal{A}$ 上の**平行移動** (parallel translation) と呼ぶ．$\dim V = n$ のとき，$\mathcal{A}$ は $n$ 次元であるといい，$\dim \mathcal{A} = n$ と書く．

上の定義において，点 $T_u(P)$ は，描像的には，点 $P$ をベクトル $u$ だけ平行移

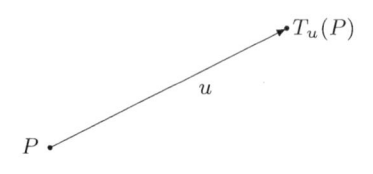

**図 1.2** 平行移動

動して得られる点を意味する．この描像に対応して，

$$T_u(P) = P + u$$

と書き，これを $P \in \mathcal{A}$ と $u \in V$ の**和**という場合がある．

アファイン空間とは，平たく粗くいえば，ベクトルによる，点の平行移動が定義されているような点集合のことである．別の言い方をすれば，アファイン空間というのは，点集合であって，2点の $P, Q$ の間に差 $Q - P$ がベクトルとして定義されているような点集合と見ることもできる．この観点では，$P, Q$ に対して，(A.2) によって定まるベクトル $u$ が $Q - P$ である．以下でこの記法を用いる．

アファイン空間 $\mathcal{A}$ の基準ベクトル空間が $V$ であることを明示したいときは，$\mathcal{A} = \mathcal{A}(V)$ と記す．

アファイン空間の定義 1.26 から出てくる基本的な事実を列挙しておく．

(i) 零ベクトル 0 による平行移動 $T_0$ は $\mathcal{A}$ 上の恒等写像 $I_\mathcal{A}$ ($I_\mathcal{A}(P) := P, P \in \mathcal{A}$) である（これは上述の描像と整合的である）：

$$T_0 = I_\mathcal{A}. \tag{1.35}$$

実際，任意の $P \in \mathcal{A}$ に対して，性質 (A.2) によって，$T_u(P) = P$ となる $u \in V$ があるから，(A.1) を用いると，$T_0(P) = T_0(T_u(P)) = T_{0+u}(P) = T_u(P) = P = I_\mathcal{A}(P)$. したがって，$T_0 = I_\mathcal{A}$.

(ii) **各 $u \in V$ に対して，$T_u$ は全単射である．**実際，(A.1) において，$v = -u$ とすれば，$T_u \circ T_{-u} = T_0 = I_\mathcal{A}$. したがって，任意の $P \in \mathcal{A}$ に対して，$P' = T_{-u}(P)$ とおけば，$T_u(P') = P$. ゆえに，$T_u$ は全射である．ま

た，$T_u(P) = T_u(Q)(P, Q \in \mathcal{A})$ とすれば，$T_{-u}(T_u(P)) = T_{-u}(T_u(Q))$.
(A.1) によって，左辺は $T_0(P)$ に等しく，右辺は $T_0(Q)$ に等しい．ゆえに，
(1.35) によって，$P = Q$ が出る．したがって，$T_u$ は単射である．

■ **例 1.27** ■ $\mathbb{K}^n$ を単に $\mathbb{K}$ の直積集合と考えた場合（線形構造は考えないということ），これを記号 $\mathcal{K}^n$ で表し，**$n$ 次元数空間**と呼ぶ．任意の $n$ 次元数ベクトル $x = (x_1, \cdots, x_n) \in \mathbb{K}^n$ に対して，写像 $T_x : \mathcal{K}^n \to \mathcal{K}^n$ を

$$T_x(P) = (p_1 + x_1, \cdots, p_n + x_n), \quad P = (p_1, \cdots, p_n) \in \mathcal{K}^n$$

によって定義すれば，$T_x$ は $\mathcal{K}^n$ 上の平行移動を定める．したがって，$\mathcal{K}^n$ は $\mathbb{K}^n$ を基準ベクトル空間とするアフィン空間である．

■ **例 1.28** ■ $V$ を $\mathbb{K}$ 上のベクトル空間とする．$V$ の任意の元 $u$ に対して，写像 $T_u : V \to V$ を $T_u(v) = u + v$, $v \in V$ によって定義する．この写像は点集合としての $V$ の平行移動を与える．したがって，点集合としての $V$ はベクトル空間 $V$ を基準ベクトル空間とするアフィン空間である．$V$ をアフィン空間と見るとき，$V$ の元を**点**と呼ぶ．

## 1.3.2 有向線分，束縛ベクトル，位置ベクトル

$\mathcal{A}$ をアフィン空間，$V$ をその基準ベクトル空間とする．したがって，(A.2) によって，任意の 2 点 $P, Q \in \mathcal{A}$ に対して，$T_u(P) = Q$ となるベクトル $u \in V$ が唯 1 つある．このベクトルを $Q{-}P$ で表す（$Q{-}P \in V$）．したがって，$P + (Q-P) = Q$ が成り立つ．

区間 $[0, 1] \subset \mathbb{R}$ から $\mathcal{A}$ への写像 $\gamma : [0, 1] \to \mathcal{A}$ を

$$\gamma(t) := P + t(Q - P), \quad t \in [0, 1]$$

によって定義し，これを始点が $P$，終点が $Q$ の**有向線分** (oriented segment) と呼び，記号的に $\overrightarrow{PQ}$ で表す．

各点 $P \in \mathcal{A}$ に対して，$P$ を始点とする有向線分の全体を $V_P$ とする：

$$V_P := \{\overrightarrow{PQ} \mid Q \in \mathcal{A}\}$$

$V_P$ の 2 つの元 $\overrightarrow{PQ}, \overrightarrow{PQ'}$ に対して，和とスカラー倍を

$$\overrightarrow{PQ} + \overrightarrow{PQ'} := \overrightarrow{PS}, \quad a\overrightarrow{PQ} := \overrightarrow{PQ_a}$$

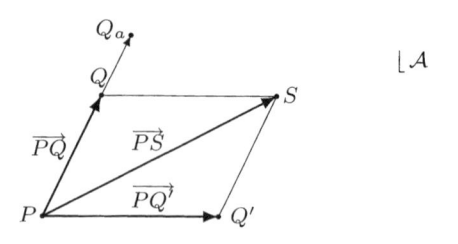

**図 1.3** 有向線分の和とスカラー倍

によって定義する．ただし，$S := P + (Q - P) + (Q' - P)$, $Q_a := P + a(Q - P)$. このとき，$V_P$ はベクトル空間になる．写像 $f_P : V_P \to V$ を $f_P(\overrightarrow{PQ}) := Q - P$ によって定義すれば，$f_P$ は同型写像である．これは基底の取り方によらない絶対的同型である．したがって，この意味で $V_P$ と $V$ を同一視することができる．$V_P$ の元を点 $P$ を始点とする**束縛ベクトル** (fixed vector) という．また，$V_P$ の元 $\overrightarrow{PQ}$ を点 $P$ に関する点 $Q$ の**位置ベクトル** (position vector) と呼ぶ．位置ベクトル（束縛ベクトル）としての $\overrightarrow{PQ}$ は $V$ の元 $Q - P$ と同一視される．**以下，この同一視を用いる．**

**！注意 1.4** $\mathcal{A}$ における有向線分全体の集合を $\mathcal{S}$ とする．$\mathcal{A}$ の 2 つの有向線分 $\overrightarrow{PQ}$, $\overrightarrow{P'Q'}$ について，関係 $\overrightarrow{PQ} \sim \overrightarrow{P'Q'}$ を「$Q - P = Q' - P'$ が成り立つこと」によって定義すれば，これは $\mathcal{S}$ における同値関係になる．したがって，この関係による商集合 $\widetilde{\mathcal{S}} := \mathcal{S}/\sim$ が存在する[20]．写像 $T_\mathcal{A} : \widetilde{\mathcal{S}} \to V$ を $T_\mathcal{A}([\overrightarrow{PQ}]) := Q - P$（$[\overrightarrow{PQ}]$ は $\overrightarrow{PQ}$ の同値類）によって定義すれば，これは全単射である．ゆえに，任意の $[\overrightarrow{PQ}]$, $[\overrightarrow{P'Q'}] \in \widetilde{\mathcal{S}}$ に対して，和 $[\overrightarrow{PQ}] + [\overrightarrow{P'Q'}] \in \widetilde{\mathcal{S}}$ とスカラー倍 $a[\overrightarrow{PQ}] \in \widetilde{\mathcal{S}}$ ($a \in \mathbb{K}$) を

$$[\overrightarrow{PQ}] + [\overrightarrow{P'Q'}] := T_\mathcal{A}^{-1}((Q - P) + (Q' - P')), \quad a[\overrightarrow{PQ}] := T_\mathcal{A}^{-1}(a(Q - P))$$

によって定義することができ，これらの和とスカラー倍に関して，$\widetilde{\mathcal{S}}$ はベクトル空間になる．ベクトル空間 $\widetilde{\mathcal{S}}$ の元を**幾何学的ベクトル**または**自由ベクトル**と呼ぶ．これは，有向線分で表される任意の 2 つのベクトルはそれらの始点が一致するように適当に平行移動して，ベクトル的に加えることができる，という描像に対する数学的に厳密な定式化である．

たとえば，ユークリッド幾何学をベクトルを用いて考察する際に使われるベクトルは，幾何学的ベクトルである．

---

[20] 商集合については，付録 A を参照．

### 1.3.3 アファイン座標系

$\dim \mathcal{A} = n$ とし，1点 $O \in \mathcal{A}$ と $V$ の基底 $e_1, \cdots, e_n$ が与えられたとき，点 $O$ に関する点 $P$ の位置ベクトル $\overrightarrow{OP}$ は

$$\overrightarrow{OP} = \sum_{i=1}^{n} x^i e_i$$

と一意的に表される $(x^i \in \mathbb{K})$．点 $O$ と基底 $e_1, \cdots, e_n$ の組 $(O; e_1, \cdots, e_n)$ を**アファイン座標系**または**線形座標系**と呼び，$(x^1, \cdots, x^n)$ をこの線形座標系における点 $P$ の**座標**という．

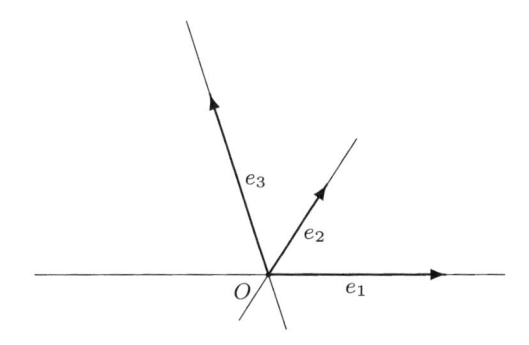

図 1.4 アファイン座標系

### 1.3.4 アファイン空間の同型

**【定義 1.27】** $\mathcal{A}, \mathcal{A}'$ をアファイン空間，$V, V'$ をそれぞれの基準ベクトル空間とする．写像 $F : \mathcal{A} \to \mathcal{A}'$ に対して，線形写像 $T_F : V \to V'$ が存在して，すべての $P \in \mathcal{A}$ と $u \in V$ に対して，

$$F(P + u) = F(P) + T_F(u)$$

が成り立つとき，$F$ を**アファイン写像** (affine mapping) と呼ぶ．

特に，$F$ が全単射であるとき，$F$ を**アファイン同型写像** (affine isomorphism) または**アファイン変換** (affine transformation) という．

$\mathcal{A}$ から $\mathcal{A}'$ へのアファイン同型写像が存在するとき，$\mathcal{A}$ と $\mathcal{A}'$ は**アファイン同型**であるという．この場合，$\mathcal{A} \cong \mathcal{A}'$ と記す．

【定理 1.28】 任意の $n$ 次元アファイン空間はアファイン空間 $\mathcal{K}^n$ とアファイン同型である．

**証明** $\mathcal{A}$ を $n$ 次元アファイン空間とし，$V$ をその基準ベクトル空間とする．$\{e_i\}_{i=1}^n$ を $V$ の基底とし，$\mathcal{A}$ に 1 点 $O$ を固定する．任意の $P \in \mathcal{A}$ に対して，$P - O$ は $V$ のベクトルであるから，$P - O = \sum_{i=1}^n x_P^i e_i$ と展開できる $(x_P^i \in \mathbb{K})$．そこで，写像 $F : \mathcal{A} \to \mathcal{K}^n$ を

$$F(P) := (x_P^1, \cdots, x_P^n)$$

によって定義する．したがって，任意の $u = \sum_{i=1}^n u^i e_i \in V$ に対して，$(P+u) - O = (P - O) + u = \sum_{i=1}^n (x_P^i + u^i) e_i$ であるから，

$$F(P + u) = (x_P^1 + u^1, \cdots, x_P^n + u^n).$$

いま，$T_F : V \to \mathbb{K}^n$ を $T_F(u) = (u^1, \cdots, u^n)$ によって定義すれば，$T_F$ は同型写像であり，

$$F(P) + T_F(u) = (x_P^1 + u^1, \cdots, x_P^n + u^n).$$

したがって，$F(P + u) = F(P) + T_F(u)$，$P \in \mathcal{A}, u \in V$ が成立する．$F$ が全単射であることは容易にわかる． ∎

**!注意 1.5** 定理 1.28 にいうアファイン同型は，$V$ の基底の取り方と $\mathcal{A}$ における基準点 $O$ の定め方に依存している．

【定理 1.29】 ベクトル空間 $V$ と $W$ は同型であるとする．このとき，$\mathcal{A}(V)$ と $\mathcal{A}(W)$ はアファイン同型である．

**証明** $T : V \to W$ を同型写像とする．$\mathcal{A}(V), \mathcal{A}(W)$ の中に 1 点をとり，それぞれ，$O_V, O_W$ とする．写像 $f : \mathcal{A}(V) \to \mathcal{A}(W)$ を $f(P) := O_W + T(P - O_V)$，$P \in \mathcal{A}(V)$ によって定義する．これはアファイン変換である． ∎

**!注意 1.6** 定理 1.29 にいうアファイン同型は $\mathcal{A}(V)$ と $\mathcal{A}(W)$ における基準点 $O_V, O_W$ の定め方に依存している．

## 1.3.5 アファイン部分空間

アファイン空間 $\mathcal{A}$ の中に任意に 1 点 $P$ を固定し，$V$ の部分空間 $W$ を 1 つ与え

るとき，
$$\mathcal{B}_W := \{X \in \mathcal{A} \mid X - P \in W\}$$
は $W$ を基準ベクトル空間とするアファイン空間になる．このようなアファイン空間を $\mathcal{A}$ の**部分アファイン空間** (affine subspace) と呼ぶ．

1 次元部分アファイン空間を**直線**，2 次元部分アファイン空間を**平面**と呼ぶ．$\dim \mathcal{A} = n$ のとき，$(n-1)$ 次元アファイン部分空間を**超平面** (hyperplane) という．

0 次元アファイン部分空間は唯 1 つの点だけを要素とする集合である．

したがって，たとえば，直線 $l$ は，$a \in V$ を 0 でないベクトルとして，
$$l = \{X \mid X - P = \lambda a, \lambda \in \mathbb{K}\}$$
という形に表される．$P \in l$ である．そこで，この $l$ を**点 $P$ を通る直線**と呼ぶ．

$\dim \mathcal{A} = n$ のとき，アファイン座標系 $(O; e_1, \cdots, e_n)$ について，
$$l_i := \{X \mid X - O = \lambda e_i, \lambda \in \mathbb{K}\}$$
によって与えられる $n$ 個の直線 $l_1, \cdots, l_n$ をこの座標系の**座標軸**という．

**【定義 1.30】** $V$ の部分空間 $V_1, V_2$ を基準ベクトル空間とする部分アファイン空間 $\mathcal{B}_{V_1}$ と $\mathcal{B}_{V_2}$ は，$V_1 = V_2$ であるとき，**平行**であるという．

■ **例 1.29** ■ $P, Q \in \mathcal{A}$ とし，$a, b \in V \setminus \{0\}$ するとき，2 つの直線 $l_1 = \{X \mid X - P = \lambda a, \lambda \in \mathbb{K}\}$ と $l_2 = \{X \mid X - Q = \lambda b, \lambda \in \mathbb{K}\}$ は $a$ と $b$ が線形従属のとき，かつこのときに限り平行である．

## 1.4 テンソル

$\mathbb{K}$ 上のベクトル空間がいくつか与えられたとき，これらから別のベクトル空間をつくる 1 つの方法として，直和の概念があった（例 1.7）．これは，和という演算の理念をベクトル空間のコンテクスト（脈絡，文脈）で実現したものの 1 つと見ることができる．では，数学におけるもう 1 つの重要な基本的演算の 1 つである積の理念をベクトル空間のコンテクストで実現したら何が生み出されるであろうか．この着想を突き詰めていくことにより見出されるのがテンソルである．

### 1.4.1 定義と基本的事実

$V, W$ を $\mathbb{K}$ 上のベクトル空間, $V^*, W^*$ をそれぞれ, $V, W$ の双対空間とする. 任意の $u \in V$ と $v \in W$ に対して, 写像 $u \otimes v : V^* \times W^* \to \mathbb{K}$ を

$$(u \otimes v)(\phi, \psi) := \phi(u)\psi(v), \quad \phi \in V^*, \psi \in W^* \tag{1.36}$$

によって定義できる. 例 1.3 の記法を使えば, $u \otimes v \in \mathsf{Map}(V^* \times W^*; \mathbb{K})$ である. この型の写像によって生成される部分空間

$$V \otimes W := \mathcal{L}(\{u \otimes v \mid u \in V, v \in W\}) \tag{1.37}$$

を $V$ と $W$ の**代数的テンソル積**または単に**テンソル積**と呼び, その元を**テンソル**という. ベクトル空間 $V \otimes W$ のゼロベクトル $0_V \otimes 0_W$ （以後, これも単に 0 と記す）を**ゼロテンソル**という.

任意の $u_i \in V, w_j \in W$, $a_i, b_j \in \mathbb{K}$ ($i = 1, \cdots, n, j = 1, \cdots, m$) とすべての $\phi \in V^*, \psi \in W^*$ に対して, (1.36) と $\phi, \psi$ の線形性を用いると, $(\sum_{i=1}^n a_i u_i) \otimes (\sum_{j=1}^m b_j w_j)(\phi, \psi) = \sum_{i=1}^n \sum_{j=1}^m a_i b_j \phi(u_i) \psi(w_j)$. 一方, 右辺は $(\sum_{i=1}^n \sum_{j=1}^m a_i b_j (u_i \otimes w_j))(\phi, \psi)$ と書ける. したがって, 写像の等式

$$\left(\sum_{i=1}^n a_i u_i\right) \otimes \left(\sum_{j=1}^m b_j w_j\right) = \sum_{i=1}^n \sum_{j=1}^m a_i b_j (u_i \otimes w_j) \tag{1.38}$$

が導かれる. これはテンソルの計算で基本となる性質であり, **テンソルの双線形性**と呼ばれる.

テンソル積 $V \otimes W$ の基底については次の事実がある.

**【定理 1.31】** $\dim V = n < \infty, \dim W = m < \infty$ とし, $(e_i)_{i=1}^n, (w_i)_{i=1}^m$ をそれぞれ, $V, W$ の任意の基底とする. このとき, $(e_i \otimes w_j)_{i=1,\cdots,n; j=1,\cdots,m}$ は $V \otimes W$ の基底である. したがって, 特に, $\dim V \otimes W = nm$ である.

**証明** $(\phi^i)_{i=1}^n \subset V^*$ を $(e_i)_{i=1}^n$ の双対基底, $(\psi^j)_{j=1}^m \subset W^*$ を $(w_j)_{j=1}^m$ の双対基底とする. 任意の $u \in V, v \in W$ を $u = \sum_{i=1}^n u^i e_i, v = \sum_{j=1}^m v^j w_j$ と展開する. このとき, (1.38) の応用により,

$$u \otimes v = \sum_{i=1}^n \sum_{j=1}^m u^i v^j (e_i \otimes w_j).$$

これは, $u \otimes v$ が $e_i \otimes w_j$ $(i=1,\cdots,n; j=1,\cdots,m)$ の線形結合で表されることを意味する. したがって, $V \otimes W$ の任意の元も $e_i \otimes w_j$ $(i=1,\cdots,n; j=1,\cdots,m)$ の線形結合で表される. すなわち, $V \otimes W = \mathcal{L}((e_i \otimes w_j)_{i=1,\cdots,n; j=1,\cdots,m})$. ゆえに, あとは, $(e_i \otimes w_j)_{i=1,\cdots,n; j=1,\cdots,m}$ が線形独立であることを示せばよい. そこで, $\sum_{i=1}^{n} \sum_{j=1}^{m} a_{ij} e_i \otimes w_j = 0 \cdots (*)$ とする. 元 $(\phi^k, \psi^l) \in V^* \times W^*$ における, $(*)$ の値を計算すれば, $\phi^k(e_i) = \delta_i^k, \psi^l(w_j) = \delta_j^l$ を用いることにより, $a_{kl} = 0$ が導かれる. ゆえに, $(e_i \otimes w_j)_{i,j}$ は線形独立である. ∎

### 1.4.2 成分表示

定理 1.31 によって, $n$ 次元ベクトル空間 $V$ の中に基底 $(e_i)_{i=1}^{n}$ を 1 つ定め, $m$ 次元ベクトル空間 $W$ の中に基底 $(w_j)_{j=1}^{m}$ を 1 つ定め, $V \otimes W$ の任意の元を基底 $(e_i \otimes w_j)_{i,j}$ に関して成分表示することが可能になる. これが実際, どういう形をとるか見ておこう. 任意の $T \in V \otimes W$ は

$$T = \sum_{i=1}^{n} \sum_{j=1}^{m} T^{ij} e_i \otimes w_j \tag{1.39}$$

と展開できる $(T^{ij} \in \mathbb{K})$. ここに現れた $nm$ 個の数の組 $(T^{ij})_{i,j}$ をテンソル $T$ の, 基底 $(e_i \otimes w_j)_{i,j}$ に関する**成分表示**という.

■**例 1.30**■ $T = u \otimes v$ $(u \in V, v \in W)$ のときは, 定理 1.31 の証明から, $T^{ij} = u^i v^j$ である.

以後, 主に $V \otimes V$ を考える ($V \otimes W$ の場合も同様). $V$ の基底の変換 (座標系の変換): $(e_i)_{i=1}^{n} \to (\bar{e}_i)_{i=1}^{n}$ を考え, これに対する底変換の行列を $P = (P_j^i)$ とする. このとき, $e_i = \sum_{j=1}^{n} (P^{-1})_i^j \bar{e}_j$ であるから (双対空間の項を参照), これを (1.39) に代入すれば,

$$T = \sum_{k,l=1}^{n} \bar{T}^{kl} \bar{e}_k \otimes \bar{e}_l \tag{1.40}$$

が得られる. ただし,

$$\bar{T}^{kl} := \sum_{i,j=1}^{n} (P^{-1})_i^k (P^{-1})_j^l T^{ij}. \tag{1.41}$$

!**注意 1.7** (1.41) から, $T \in V \otimes V$ の成分の変換の仕方は, $V$ の基底のそれとは, いわば, "反対向き" であることが見てとれる (基底の変換 $(e_i) \to (\bar{e}_i)$ は行列 $P$ が

司るが, $T$ の成分の変換 $(T^{ij}) \to (\bar{T}^{ij})$ は逆行列 $P^{-1}$ が司っている). このゆえに, $V \otimes V$ の元を **2 階反変テンソル** (contravariant tensor of second rank) と呼ぶ場合が多い. だが, ここでも注意しなければならないのは, "反変" という修飾語は, 基底の変換に対する, テンソル成分の変換の仕方に言及するものであって, "テンソルが反変する" わけではない, ということである.

$V$ の代わりに $V^*$ をとれば, $V^*$ のテンソル積 $V^* \otimes V^*$ が得られる. このベクトル空間の元を $V$ 上の **2 階共変テンソル** (covariant tensor) と呼ぶ[21].

### 1.4.3　対称テンソルと反対称テンソル

**【定義 1.32】** $T \in V \otimes V$ とする.

(i) 任意の $\phi, \psi \in V^*$ に対して, $T(\phi, \psi) = T(\psi, \phi)$ が成り立つとき, $T$ は**対称** (symmetric) であるという. このような元を $V$ に同伴する **2 階対称反変テンソル**または単に **2 階対称テンソル**と呼ぶ. $V$ に同伴する, 2 階対称反変テンソルの全体を $\bigotimes_s^2 V$ で表す.

(ii) 任意の $\phi, \psi \in V^*$ に対して, $T(\phi, \psi) = -T(\psi, \phi)$ が成り立つとき, $T$ は**反対称** (antisymmetric) であるという[22]. このようなテンソルを $V$ に同伴する **2 階反対称反変テンソル**または単に **2 階反対称テンソル**という.

2 つの元 $u, v \in V$ から

$$u \vee v := \frac{u \otimes v + v \otimes u}{\sqrt{2}} \tag{1.42}$$

を定義する. これは 2 階対称テンソルである.

任意の $u, v \in V$ に対して, $u \wedge v \in V \otimes V$ を

$$u \wedge v := \frac{u \otimes v - v \otimes u}{\sqrt{2}} \tag{1.43}$$

によって定義し, これを $u$ と $v$ の**外積** (exterior product) と呼ぶ. 容易にわかるように, $u \wedge v$ は 2 階反対称テンソルである.

定義 (1.43) からただちにわかるように, すべての $u \in V$ に対して

$$u \wedge u = 0 \tag{1.44}$$

---

[21] この名称についても, 注意 1.7 と同様な注意があてはまる. つまり, "共変" という修飾語は, $V$ の基底の変換に対して, $V^* \otimes V^*$ の元の成分が基底の変換と同様な仕方でなされるという事実に言及するものであって, "テンソルが共に変わる" わけではない !

[22] **交代**または**歪対称**ともいう.

が成り立つ．

外積に関する次の事実は基本的である．

**【命題 1.33】** $u, v \in V$ とする．

(i) $\dim V < \infty$ とする．$u \wedge v = 0$ かつ $v \neq 0$ ならば，定数 $a \in \mathbb{K}$ が存在して，$u = av$ と表される．

(ii) 逆に，$u = av$ $(a \in \mathbb{K})$ ならば，$u \wedge v = 0$．

**証明** (i) 仮定により，任意の $\phi, \psi \in V^*$ に対して，$\phi(u)\psi(v) = \phi(v)\psi(u)$．$v \neq 0$ であるから，$\psi_0(v) \neq 0$ となるベクトル $\psi_0 \in V^*$ がある．したがって，$a = \psi_0(u)/\psi_0(v)$ とおけば，$\phi(u - av) = 0, \phi \in V^*$．これは $\iota_{u-av}(\phi) = 0, \phi \in V^*$ を意味する (1.2.8 項を参照)．$\dim V < \infty$ であるから，$u - av = 0$，すなわち，$u = av$ が従う．

(ii) (1.44) による． ∎

2 階反対称テンソルの全体を $\bigwedge^2 V$ で表す:

$$\bigwedge\nolimits^2 V := \{T \in V \otimes V \mid T \text{ は反対称}\}. \tag{1.45}$$

なお，$\bigwedge^2 V = \bigwedge^2(V)$ と記す場合もある．

**【補題 1.34】**

(i) $\bigotimes_s^2 V$ および $\bigwedge^2 V$ は $V \otimes V$ の部分空間である．

(ii) $\bigotimes_s^2 V$ と $\bigwedge^2 V$ の共通部分はゼロテンソルだけである:
$$\left(\bigotimes\nolimits_s^2 V\right) \cap \left(\bigwedge\nolimits^2 V\right) = \{0\}.$$

**証明** (i) 任意の $T, S \in V \otimes V$ と $a, b \in \mathbb{K}$ に対して，$(aT + bS)(\phi, \psi) = aT(\phi, \psi) + bS(\phi, \psi), \phi, \psi \in V^*$ に注意すれば，「$T, S \in \bigotimes_s^2 V$ ならば $aT + bS \in \bigotimes_s^2 V$」および「$T, S \in \bigwedge^2 V$ ならば $aT + bS \in \bigwedge^2 V$」であることが確かめられる．

(ii) $T \in \left(\bigotimes_s^2 V\right) \cap \left(\bigwedge^2 V\right)$ とすれば，任意の $\psi, \phi \in V^*$ に対して，対称性により，$T(\phi, \psi) = T(\psi, \phi)$．一方，反対称性は $T(\psi, \phi) = -T(\phi, \psi)$ を意味するから，$T(\phi, \psi) = -T(\phi, \psi)$．したがって，$2T(\phi, \psi) = 0$．これは $T = 0$ を意味する．よって，題意が成立する． ∎

(1.43) と (1.42) の両辺を加えることにより，

$$u \otimes v = \frac{1}{\sqrt{2}}(u \wedge v + v \vee u) \tag{1.46}$$

と表される．これは，テンソル $u \otimes v$ の，対称テンソルと反対称テンソルへの分解を表す式と考えられる．実は，この型の分解は一般の 2 階テンソルに対しても成り立つ．

**【定理 1.35】** $V \otimes V$ の任意の元は対称テンソルと反対称テンソルの和として一意的に表される．すなわち，任意の $T \in V \otimes V$ に対して，対称テンソル $T_+ \in \bigotimes_\mathrm{s}^2 V$ と反対称テンソル $T_- \in \bigwedge^2 V$ が唯 1 つ存在し，

$$T = T_+ + T_- \tag{1.47}$$

と表示される．

**証明** 写像 $T_\pm : V^* \times V^* \to \mathbb{K}$ を

$$T_+(\phi, \psi) := \frac{T(\phi, \psi) + T(\psi, \phi)}{2}, \ T_-(\phi, \psi) := \frac{T(\phi, \psi) - T(\psi, \phi)}{2}, \ \phi, \psi \in V^*$$

によって定義する．容易にわかるように，$T_\pm \in V \otimes V$ であり，(1.47) が成り立つ．$T_+$ の対称性，$T_-$ の反対称性も簡単に示される．一意性を示そう．別に対称テンソル $T'_+$ と反対称テンソル $T'_-$ があって，$T = T'_+ + T'_-$ と表されたとしよう．したがって，$T_+ - T'_+ = T'_- - T_-$．左辺は対称テンソルであり，右辺は反対称テンソルであるから，補題 1.34 によって，それらはゼロテンソルでなければならない．したがって，$T_+ = T'_+, T_- = T'_-$． ∎

上と同様に，$V^*$ に同伴する，テンソル積 $V^* \otimes V^*$ や 2 階対称テンソルの空間 $\bigotimes_\mathrm{s}^2 V^*$ および 2 階反対称テンソルの空間 $\bigwedge^2 V^*$ が定義される．$V^* \otimes V^*$ の元を $V$ 上の **2 階共変テンソル**，$\bigotimes_\mathrm{s}^2 V^*$ の元を $V$ 上の **2 階対称共変テンソル**，$\bigwedge^2 V^*$ の元を $V$ 上の **2 階反対称共変テンソル**という．

### 1.4.4 対称テンソルおよび反対称テンソルの空間の構造

**【定理 1.36】** $\dim V = n < \infty$ とし，$(e_i)_{i=1}^n$ を $V$ の基底とする．

(i) $E_\mathrm{sym} := \{e_i \vee e_j \mid i \leq j, i, j = 1, \cdots, n\}$ は $\bigotimes_\mathrm{s}^2 V$ の基底である．したがって，$\dim \bigotimes_\mathrm{s}^2 V = (n+1)n/2$ である．

(ii) $E_{\mathrm{asym}} := \{e_i \wedge e_j \mid i < j\}$ は $\bigwedge^2 V$ の基底である. したがって, $\dim \bigwedge^2 V = n(n-1)/2$ である.

**証明** $T$ を $V \otimes V$ の任意の元とすれば, $T = \sum_{i,j=1}^n T^{ij} e_i \otimes e_j$ という形に書ける ($T^{ij} \in \mathbb{K}$). $f_i = \sum_{j=1}^n T^{ij} e_j$ とおけば, $T = \sum_{i=1}^n e_i \otimes f_i$. (1.46) によって, $T_- := (1/\sqrt{2}) \sum_i e_i \wedge f_i, T_+ := (1/\sqrt{2}) \sum_i e_i \vee f_i$ とおけば, $T = T_+ + T_-$ $\cdots$ $(*)$ と書ける. $T_+$ は対称であり, $T_-$ は反対称である.

(i) $T$ は対称であるとしよう. このとき, $T - T_+$ も対称である. だが, これは, $(*)$ によって, 反対称テンソル $T_-$ に等しい. したがって, 補題 1.34 によって, $T_- = 0$ かつ

$$T = T_+ = \frac{1}{\sqrt{2}} \sum_{i,j=1}^n T^{ij} e_i \vee e_j = \frac{1}{\sqrt{2}} \sum_{i<j}^n (T^{ij} + T^{ji}) e_i \vee e_j + \frac{1}{\sqrt{2}} \sum_{i=1}^n T^{ii} e_i \vee e_i.$$

これは, $\bigotimes_s^2 V = \mathcal{L}(E_{\mathrm{sym}})$ を意味する. そこで, $E_{\mathrm{sym}}$ が線形独立であることを示せば $E_{\mathrm{sym}}$ が $\bigotimes_s^2 V$ の基底であることがわかる. $\sum_{i \leq j} a_{ij} e_i \vee e_j = 0$ ($a_{ij} \in \mathbb{K}$) としよう. したがって,

$$\sum_{i=1}^n \sqrt{2} a_{ii} e_i \otimes e_i + \sum_{i<j} \frac{1}{\sqrt{2}} a_{ij} e_i \otimes e_j + \sum_{j<i} \frac{1}{\sqrt{2}} a_{ji} e_i \otimes e_j = 0.$$

すでに見たように, $(e_i \otimes e_j)_{i,j=1}^n$ は $V \otimes V$ の基底であるから, $a_{ij} = 0$, $i \leq j$ が従う. ゆえに, $E_{\mathrm{sym}}$ が線形独立である. 基底 $E_{\mathrm{sym}}$ の元の個数 $\#E_{\mathrm{sym}}$ については, $\#E_{\mathrm{sym}} = n + {}_nC_2 = (n+1)n/2$ となる.

(ii) $T$ は反対称であるとしよう. このとき, $T - T_-$ も反対称である. だが, これは, $(*)$ によって, 対称テンソル $T_+$ に等しい. したがって, 補題 1.34 によって, $T_+ = 0$ かつ

$$T = T_- = \frac{1}{\sqrt{2}} \sum_{i,j=1}^n T^{ij} e_i \wedge e_j = \frac{1}{\sqrt{2}} \sum_{i<j}^n (T^{ij} - T^{ji}) e_i \wedge e_j.$$

これは, $\bigwedge^2 V = \mathcal{L}(E_{\mathrm{asym}})$ を意味する. そこで, $E_{\mathrm{asym}}$ が線形独立であることを示せばよい. $\sum_{i<j} b_{ij} e_i \wedge e_j = 0$ ($b_{ij} \in \mathbb{K}$) としよう. したがって,

$$\sum_{i<j} \frac{1}{\sqrt{2}} b_{ij} e_i \otimes e_j - \sum_{j<i} \frac{1}{\sqrt{2}} b_{ji} e_i \otimes e_j = 0.$$

$(e_i \otimes e_j)_{i,j=1}^n$ は $V \otimes V$ の基底であるから, $b_{ij} = 0$, $i < j$ が従う. ゆえに, $E_{\mathrm{asym}}$ は線形独立である. また, $\#E_{\mathrm{asym}} = {}_nC_2 = n(n-1)/2$ となる. ∎

### 1.4.5 2階テンソルの縮約

$u, v \in V, \phi \in V^*$ に対して，$\phi(u \otimes v) \in V$ および $(u \otimes v)\phi \in V$ を

$$\phi(u \otimes v) := \phi(u)v, \quad (u \otimes v)\phi := \phi(v)u \tag{1.48}$$

によって定義する．これらを $\phi$ とテンソル $u \otimes v$ の**縮約** (contraction) と呼ぶ．(1.48) は，各 $\phi \in V^*$ を $V \otimes V$ から $V$ への線形写像と見ることができることを示している．

## 1.5 高階のテンソルとベクトル空間の向き

### 1.5.1 高階のテンソル

2階テンソルの定義のアイデアは一般化できる．$V_1, \cdots, V_p$ $(p \geq 1)$ を $\mathbb{K}$ 上のベクトル空間として，各 $u_i \in V_i$ $(i = 1, \cdots, p)$ に対して写像 $u_1 \otimes \cdots \otimes u_p : Y := V_1^* \times \cdots \times V_p^* \to \mathbb{K}$ を

$$(u_1 \otimes \cdots \otimes u_p)(\phi_1, \cdots, \phi_p) := \phi_1(u_1) \cdots \phi_p(u_p), \quad (\phi_1, \cdots, \phi_p) \in Y \tag{1.49}$$

によって定義する．これは $\mathrm{Map}(Y; \mathbb{K})$ の元であるから，その部分空間として

$$\bigotimes_{i=1}^p V_i := V_1 \otimes \cdots \otimes V_p := \mathcal{L}(\{u_1 \otimes \cdots \otimes u_p \mid u_i \in V_i, i = 1, \cdots, p\}) \tag{1.50}$$

が定義される．このベクトル空間を $V_1, \cdots, V_p$ の**テンソル積**といい，その元を **$p$ 階テンソル**と呼ぶ．したがって，$V$ の元は 1 階のテンソルとみなせる．

$u_1 \otimes \cdots \otimes u_p$ $(u_i \in V)$ という形のテンソルを **$p$ 階の単テンソル**と呼ぶ．

定理 1.31 の証明と同様にして，次の基本的事実が証明される．

**【定理 1.37】** $\dim V_i = n_i < \infty$ とし $(e_l^{(i)})_{l=1}^{n_i}$ を $V_i$ の基底とすれば，$\{e_{l_1}^{(1)} \otimes \cdots \otimes e_{l_p}^{(p)} \mid l_i = 1, \cdots, n_i, i = 1, \cdots, p\}$ は $\bigotimes_{i=1}^p V_i$ の基底である．したがって，特に，$\dim \bigotimes_{i=1}^p V_i = n_1 \cdots n_p$.

以後，主に，$V_i = V, i = 1, \cdots, p,$ の場合を考える．この場合，$\bigotimes_{i=1}^p V = \underbrace{V \otimes \cdots \otimes V}_{p \text{ 個}}$ を $V$ の **$p$ 重テンソル積**と呼び，単に $\bigotimes^p V$ と記す．注意 1.7 と同様の理由から，$\bigotimes^p V$ の元を **$p$ 階反変テンソル**ともいう．

1.5 高階のテンソルとベクトル空間の向き　51

単テンソル $T = u_1 \otimes \cdots \otimes u_p \in \bigotimes^p V, S = v_1 \otimes \cdots \otimes v_q \in \bigotimes^q V$ ($p, q \in \mathbb{N}, u_i, v_j \in V$) に対して，$(p+q)$ 階テンソル $T \otimes S$ を

$$T \otimes S := u_1 \otimes \cdots \otimes u_p \otimes v_1 \otimes \cdots \otimes v_q \tag{1.51}$$

によって定義する．任意の $T \in \bigotimes^p V, S \in \bigotimes^q V$ に対しては，$T = \sum_i a_i T_i, S = \sum_j b_j S_j$ ($a_i, b_j \in \mathbb{K}$, $T_i, S_j$ は単テンソルでいずれも有限項の和) と表されるから，

$$T \otimes S := \sum_{i,j} a_i b_j T_i \otimes S_j \tag{1.52}$$

と定義する．右辺は，$T, S$ を単テンソルの和で表す仕方によらず定まる[23]．したがって，$T \otimes S$ は確かに意味をもつ (well-defined).

### 1.5.2　対称テンソルと反対称テンソル

$p$ 階テンソルについても対称なものと反対称なものを定義することができる．

1 から $p$ までの自然数の集合 $\mathsf{N}_p := \{1, \cdots, p\}$ 上の全単射 $\sigma : \mathsf{N}_p \to \mathsf{N}_p$ を $p$ 文字 $1, \cdots, p$ の**置換** (permutation) と呼ぶ．$\sigma$ の逆写像 $\sigma^{-1}$ を $\sigma$ の**逆置換** (inverse permutation) という．$p$ 文字の置換の全体を $\mathsf{S}_p$ で表す．2 つの置換 $\sigma, \tau \in \mathsf{S}_p$ の積 $\sigma\tau$ を $\sigma\tau := \sigma \circ \tau$ （合成写像）によって定義できる．

相異なる数 $i, j \in \mathsf{N}_p$ に対して，$\sigma(i) = j, \sigma(j) = i, \sigma(k) = k, k \neq i, j$ を満たす置換を $i$ と $j$ の**互換** (transposition) という．

線形代数学でよく知られているように，任意の置換 $\sigma$ はいくつかの互換の積として表され，積の個数の偶奇は $\sigma$ を表示する互換の選び方によらない[24]．$\sigma$ が偶数個の互換の積で表されるとき，$\sigma$ を**偶置換** (even permutation) と呼び，奇数個の互換

---

[23] $T \in \bigotimes^p V, S \in \bigotimes^q V$ がそれぞれ，$T = \sum_{i=1}^k a_i T_i = \sum_{j=1}^l a'_j T'_j, S = \sum_{i=1}^m b_i S_i = \sum_{j=1}^n b'_j S'_j$ ($T_i, T'_j$ は $p$ 階の単テンソル，$S_i, S'_j$ は $q$ 階の単テンソル，$a_i, a'_j, b_i, b'_j \in \mathbb{K}$) と 2 通りに表されたとき，$\sum_{i=1}^k \sum_{j=1}^m a_i b_j T_i \otimes S_j = \sum_{i=1}^l \sum_{j=1}^n a'_i b'_j T'_i \otimes S'_j \cdots (*)$ を示せばよい．実際，$M = \mathcal{L}(\{T_i, T'_j \mid i = 1, \cdots, k, j = 1, \cdots, l\})$, $N = \mathcal{L}(\{S_i, S'_j \mid i = 1, \cdots, m, j = 1, \cdots, n\})$ とし，$M, N$ の基底をそれぞれ，$(E_\alpha)_{\alpha=1}^r, (F_\beta)_{\beta=1}^s$ ($r, s \in \mathbb{N}$) とすれば，$T_i = \sum_{\alpha=1}^r T_{i\alpha} E_\alpha, T'_i = \sum_{\alpha=1}^r T'_{i\alpha} E_\alpha, S_i = \sum_{\beta=1}^s S_{i\beta} F_\beta, S'_i = \sum_{\beta=1}^s S'_{i\beta} F_\beta$ と展開できる ($T_{i\alpha}, T'_{i\alpha}, S_{i\alpha}, S'_{i\alpha} \in \mathbb{K}$). したがって，$\sum_{i=1}^k \sum_{j=1}^m a_i b_j T_i \otimes S_j = \sum_{\alpha, \beta} a_{\alpha\beta} E_\alpha \otimes F_\beta$. ただし，$a_{\alpha\beta} := \left( \sum_{i=1}^k a_i T_{i\alpha} \right) \left( \sum_{j=1}^m b_j S_{j\beta} \right)$. 一方，$T = \sum_{i=1}^k a_i T_i = \sum_{j=1}^l a'_j T'_j$ より，$\sum_{i=1}^k a_i T_{i\alpha} = \sum_{j=1}^l a'_j T'_{j\alpha}$ が従う．同様に，$S = \sum_{i=1}^m b_i S_i = \sum_{j=1}^n b'_j S'_j$ より，$\sum_{i=1}^m b_i S_{i\beta} = \sum_{j=1}^n b'_j S'_{j\beta}$ が成り立つ．したがって，$a_{\alpha\beta} = \left( \sum_{i=1}^l a'_i T'_{i\alpha} \right) \left( \sum_{j=1}^n b'_j S'_{j\beta} \right)$. ゆえに，$(*)$ が導かれる．

[24] たとえば，佐武一郎『線形代数学』（裳華房，1976, 32 版）の p.44, 定理 1 を参照．

の積で表されるとき，$\sigma$ を**奇置換** (odd permutation) という．関数 $\mathrm{sgn}: \mathsf{S}_p \to \mathbb{R}$ を

$$\mathrm{sgn}(\sigma) := \begin{cases} +1 & ;\sigma \text{ が偶置換のとき} \\ -1 & ;\sigma \text{ が奇置換のとき} \end{cases} \tag{1.53}$$

によって定義し，これを**置換の符号** (signature of permutation) と呼ぶ．これについて

$$\mathrm{sgn}(\sigma\tau) = \mathrm{sgn}(\sigma)\mathrm{sgn}(\tau), \quad \mathrm{sgn}(\sigma^{-1}) = \mathrm{sgn}(\sigma), \quad \sigma,\tau \in \mathsf{S}_p \tag{1.54}$$

が成り立つ．

【定義 1.38】 $V$ をベクトル空間，$T \in \bigotimes^p V$ $(p \geq 2)$ とする．

(i) 任意の $\phi_1, \cdots, \phi_p \in V^*$ と任意の $\sigma \in \mathsf{S}_p$ に対して，

$$T(\phi_{\sigma(1)}, \cdots, \phi_{\sigma(p)}) = T(\phi_1, \cdots, \phi_p)$$

を満たすとき，$T$ は**対称**であるといい，$T$ を **$p$ 階対称テンソル**と呼ぶ．

(ii) 任意の $\phi_1, \cdots, \phi_p \in V^*$ と任意の $\sigma \in \mathsf{S}_p$ に対して，

$$T(\phi_{\sigma(1)}, \cdots, \phi_{\sigma(p)}) = \mathrm{sgn}(\sigma) T(\phi_1, \cdots, \phi_p)$$

を満たすとき，$T$ は**反対称**または**交代**であるといい，$T$ を **$p$ 階反対称テンソル**と呼ぶ．

$p$ 階対称テンソルの全体を $\bigotimes_s^p V$ で表し，これを $V$ の **$p$ 重対称テンソル積** ($p$-fold symmetric tensor product) と呼ぶ．

$p$ 階反対称テンソルの全体を $\bigwedge^p V$ で表し，これを $V$ の **$p$ 重反対称テンソル積** ($p$-fold antisymmetric tensor product) と呼ぶ．

$\bigwedge^p V$ の元を **$p$-ベクトル**と呼ぶ．

$p = 0, 1$ の場合，

$$\bigotimes_s^0 V = \mathbb{K}, \quad \bigotimes_s^1 V = V, \quad \bigwedge^0 V := \mathbb{K}, \quad \bigwedge^1 V := V \tag{1.55}$$

と規約する．

集合 $\bigotimes_s^p V$ および $\bigwedge^p V$ が $\bigotimes^p V$ の部分空間になることは $\bigotimes_s^2 V$ と $\bigwedge^2 V$ の場合と同様にして示される．

### 1.5.3 置換作用素

各置換 $\sigma \in \mathsf{S}_p$ に対して，写像 $P_\sigma : \bigotimes^p V \to \bigotimes^p V$ を次のように定義する：
$T = \sum_{i_1=1}^{n_1} \cdots \sum_{i_p=1}^{n_p} a_{i_1 \cdots i_p} u_{i_1}^{(1)} \otimes \cdots \otimes u_{i_p}^{(p)} \in \bigotimes^p V$ ($n_i \in \mathbb{N}, a_{i_1 \cdots i_p} \in \mathbb{K}, u_{i_j}^{(j)} \in V$) に対して

$$P_\sigma(T) := \sum_{i_1=1}^{n_1} \cdots \sum_{i_p=1}^{n_p} a_{i_1 \cdots i_p} u_{i_{\sigma(1)}}^{(\sigma(1))} \otimes \cdots \otimes u_{i_{\sigma(p)}}^{(\sigma(p))}. \tag{1.56}$$

この定義が，$T$ を単テンソルの線形結合で表す仕方によらないことは前脚注において述べた考え方と同様の考え方で示すことができる．$P_\sigma$ が線形であることは容易にわかる．線形作用素 $P_\sigma$ を置換 $\sigma$ に対応する**置換作用素**という．

写像 $\mathcal{S}_p, \mathcal{A}_p : \bigotimes^p V \to \bigotimes^p V$ を

$$\mathcal{S}_p := \frac{1}{p!} \sum_{\sigma \in \mathsf{S}_p} P_\sigma, \tag{1.57}$$

$$\mathcal{A}_p := \frac{1}{p!} \sum_{\sigma \in \mathsf{S}_p} \mathrm{sgn}(\sigma) P_\sigma \tag{1.58}$$

によって定義する．この定義から，特に，任意の $u_i \in V, i = 1, \cdots, p,$ に対して

$$\mathcal{S}_p(u_1 \otimes \cdots \otimes u_p) = \frac{1}{p!} \sum_{\sigma \in \mathsf{S}_p} u_{\sigma(1)} \otimes \cdots \otimes u_{\sigma(p)}, \tag{1.59}$$

$$\mathcal{A}_p(u_1 \otimes \cdots \otimes u_p) = \frac{1}{p!} \sum_{\sigma \in \mathsf{S}_p} \mathrm{sgn}(\sigma) u_{\sigma(1)} \otimes \cdots \otimes u_{\sigma(p)}. \tag{1.60}$$

【補題 1.39】 任意の $T \in \bigotimes^p V$ と $\phi_i \in V^*, i = 1, \cdots, p,$ に対して，

$$\mathcal{S}_p(T)(\phi_1, \cdots, \phi_p) := \frac{1}{p!} \sum_{\sigma \in \mathsf{S}_p} T(\phi_{\sigma(1)}, \cdots, \phi_{\sigma(p)}), \tag{1.61}$$

$$\mathcal{A}_p(T)(\phi_1, \cdots, \phi_p) := \frac{1}{p!} \sum_{\sigma \in \mathsf{S}_p} \mathrm{sgn}(\sigma) T(\phi_{\sigma(1)}, \cdots, \phi_{\sigma(p)}). \tag{1.62}$$

**証明** (1.62) だけを証明する ((1.61) も同様)．$T$ が単テンソルの場合を示せば十分である．$u_i \in V$ とし，$T = u_1 \otimes \cdots \otimes u_p$ とする．(1.60) によって

$$\mathcal{A}_p(T)(\phi_1, \cdots, \phi_p) = \frac{1}{p!} \sum_{\tau \in \mathsf{S}_p} \mathrm{sgn}(\tau) \phi_1(u_{\tau(1)}) \cdots \phi_p(u_{\tau(p)})$$

$$= \frac{1}{p!} \sum_{\tau \in \mathsf{S}_p} \mathrm{sgn}(\tau) \phi_{\tau^{-1}(1)}(u_1) \cdots \phi_{\tau^{-1}(p)}(u_p)$$

$$= \frac{1}{p!} \sum_{\sigma \in \mathsf{S}_p} \mathrm{sgn}(\sigma) T(\phi_{\sigma(1)}, \cdots, \phi_{\sigma(p)}).$$

ここで,最後の等式を得るのに,$\sigma = \tau^{-1}$ と和の変数を置き換え,対応 $\tau \to \tau^{-1}$ が $\mathsf{S}_p$ 上の全単射であること,および $\mathrm{sgn}(\tau) = \mathrm{sgn}(\tau^{-1})$ を用いた. ∎

**【定理 1.40】**

(i) 任意の $T \in \bigotimes^p V$ に対して,$\mathcal{S}_p(T) \in \bigotimes_\mathrm{s}^p V$.

(ii) 任意の $T \in \bigotimes_\mathrm{s}^p V$ に対して,$\mathcal{S}_p(T) = T$.

(iii) 任意の $T \in \bigotimes^p V$ に対して,$\mathcal{A}_p(T) \in \bigwedge^p V$.

(iv) 任意の $T \in \bigwedge^p V$ に対して,$\mathcal{A}_p(T) = T$.

**証明** (iii), (iv) だけを証明する((i), (ii) も同様).

(iii) 任意の $\sigma \in \mathsf{S}_p$ と $\phi_i \in V^*, i = 1, \cdots, p$, に対して,補題 1.39 によって

$$\begin{aligned}
\mathcal{A}_p(T)(\phi_{\sigma(1)}, \cdots, \phi_{\sigma(p)}) &= \frac{1}{p!} \sum_{\tau \in \mathsf{S}_p} \mathrm{sgn}(\tau) T(\phi_{\sigma(\tau(1))}, \cdots, \phi_{\sigma(\tau(p))}) \\
&= \frac{1}{p!} \sum_{\tau \in \mathsf{S}_p} \mathrm{sgn}(\sigma)\mathrm{sgn}(\sigma\tau) T(\phi_{\sigma\tau(1)}, \cdots, \phi_{\sigma\tau(p)}) \\
&= \mathrm{sgn}(\sigma) \mathcal{A}_p(T)(\phi_1, \cdots, \phi_p).
\end{aligned}$$

したがって,$\mathcal{A}_p(T)$ は反対称である.

(iv) $T \in \bigwedge^p V$ とすれば,任意の $\phi_i \in V^*, i = 1, \cdots, p$, に対して

$$\begin{aligned}
\mathcal{A}_p(T)(\phi_1, \cdots, \phi_p) &= \frac{1}{p!} \sum_{\sigma \in \mathsf{S}_p} \mathrm{sgn}(\sigma) T(\phi_{\sigma(1)}, \cdots, \phi_{\sigma(p)}) \\
&= \frac{1}{p!} \sum_{\tau \in \mathsf{S}_p} \mathrm{sgn}(\sigma)\mathrm{sgn}(\sigma) T(\phi_1, \cdots, \phi_p) \\
&= T(\phi_1, \cdots, \phi_p).
\end{aligned}$$

したがって,$\mathcal{A}_p(T) = T$. ∎

上の定理に基づいて,$\mathcal{S}_p$ を $p$ 次の**対称化作用素** (symmetrization operator, symmetrizer),$\mathcal{A}_p$ を $p$ 次の**反対称化作用素** (antisymmerization operator, antisymmetrizer) と呼ぶ.

定理 1.40 から次の事実が知られる：

$$\mathcal{S}_p(\bigotimes^p V) = \bigotimes_{\mathrm{s}}^p V, \tag{1.63}$$

$$\mathcal{A}_p(\bigotimes^p V) = \bigwedge^p V. \tag{1.64}$$

### 1.5.4 反対称テンソルの外積

(1.64) によって次の定義が可能になる．

**【定義 1.41】** 任意の $p, q \in \{0\} \cup \mathbb{N}\,(p+q \geq 1)$ と $T \in \bigwedge^p V, S \in \bigwedge^q V$ に対して，$T \wedge S \in \bigwedge^{p+q} V$ を

$$T \wedge S := \sqrt{\frac{(p+q)!}{p!q!}} \mathcal{A}_{p+q}(T \otimes S)$$

によって定義し，これを $T$ と $S$ の**外積**と呼ぶ[25]．

$T_i \in \bigwedge^{p_i} V\,(p_i \in \mathbb{N}, i = 1, \cdots, n)$ に対して，$T_1, \cdots, T_n$ の外積を

$$T_1 \wedge \cdots \wedge T_n := (T_1 \wedge \cdots \wedge T_{n-1}) \wedge T_n \tag{1.65}$$

によって帰納的に定義する．

■ **例 1.31** ■ $u_i \in V, i = 1, \cdots, p$ とするとき，

$$u_1 \wedge \cdots \wedge u_p = \sqrt{p!} \mathcal{A}_p(u_1 \otimes \cdots \otimes u_p).$$

したがって，任意の置換 $\sigma \in \mathsf{S}_p$ に対して

$$u_{\sigma(1)} \wedge \cdots \wedge u_{\sigma(p)} = \mathrm{sgn}(\sigma) u_1 \wedge \cdots \wedge u_p. \tag{1.66}$$

特に，$i$ と $j$ $(i<j)$ の互換を考え，$u_i = u_j = u$ とおくと，

$$u_1 \wedge \cdots \wedge \overset{i\,\text{番目}}{u} \wedge \cdots \wedge \overset{j\,\text{番目}}{u} \wedge \cdots \wedge u_p = 0 \tag{1.67}$$

が得られる．すなわち，**$V$ の元の外積において，2 つ以上の因子が同じならば，そ**

---

[25] 右辺を $[(p+q)!/p!q!]\mathcal{A}_{p+q}(T \otimes S)$ と定義する流儀もある．しかし，$\mathcal{A}_{p+q}(T \otimes S)$ にかかる定数因子をどう選ぶかは便宜的な事柄にすぎない．

の外積は **0** になる.

**【定理 1.42】** $\dim V = n < \infty$ とする.

(i) $p > n$ ならば $\bigwedge^p V = \{0\}$.

(ii) $1 \leq p \leq n$ のとき,$(e_1, \cdots, e_n)$ を $V$ の基底とすると,$\{e_{i_1} \wedge \cdots \wedge e_{i_p} \mid 1 \leq i_1 < \cdots < i_p \leq n\}$ は $\bigwedge^p V$ の基底であり,

$$\dim \bigwedge^p V = \frac{n!}{p!(n-p)!}.$$

特に,$\dim \bigwedge^n V = 1$.

**証明** (i) $p = 2$ の場合(定理 1.36)と同様にして,$\bigwedge^p V$ の任意の元は $e_{i_1} \wedge \cdots \wedge e_{i_p}$ $(i_j = 1, \cdots, n)$ という単テンソルの線形結合で表される.$p > n$ ならば,$e_{i_1} \wedge \cdots \wedge e_{i_p}$ において,必ず,$e_{i_k} = e_{i_l}$ となる番号 $k, l, k \neq l$ がある.したがって,$e_{i_1} \wedge \cdots \wedge e_{i_p} = 0$(例 1.31 を参照).したがって,題意が成立する.

(ii) $E := \{e_{i_1} \wedge \cdots \wedge e_{i_p} \mid 1 \leq i_1 < \cdots < i_p \leq n\}$ の線形独立性を示せば十分.そこで,$\sum_{i_1 < \cdots < i_p} a_{i_1 \cdots i_p} e_{i_1} \wedge \cdots \wedge e_{i_p} = 0 \cdots (*)$ とする $(a_{i_1 \cdots i_p} \in \mathbb{K})$. $(e_i)_{i=1}^n$ の双対基底を $(f^i)_{i=1}^n$ とし,$1 \leq j_1 < \cdots < j_p \leq n$ を任意にとる.このとき,例 1.31 の最初の式を用いると,$\underbrace{V^* \times \cdots \times V^*}_{p \text{ 個}}$ の点 $(f^{j_1}, \cdots, f^{j_p})$ における $(*)$ の左辺の値は $a_{j_1 \cdots j_p}$ であることがわかる.したがって,$a_{j_1 \cdots j_p} = 0$. ゆえに $E$ は線形独立. ∎

定理 1.42(ii) によって,任意の $T \in \bigwedge^p V$ は

$$T = \sum_{1 \leq i_1 < \cdots < i_p \leq n} T^{i_1 \cdots i_p} e_{i_1} \wedge \cdots \wedge e_{i_p} \tag{1.68}$$

と一意的に表される $(T^{i_1 \cdots i_p} \in \mathbb{K})$.展開係数の組 $\{T^{i_1 \cdots i_p} \mid 1 \leq i_1 < \cdots < i_p \leq n\}$ を基底 $\{e_{i_1} \wedge \cdots \wedge e_{i_p} \mid 1 \leq i_1 < \cdots < i_p \leq n\}$ に関する,反対称テンソル $T$ の**成分**という.

展開 (1.68) における展開係数 $T^{i_1 \cdots i_p}$ は $i_1 < \cdots < i_p$ となる場合だけ定義されている.だが,すべての $i_1, \cdots, i_p$ に対して,$T^{i_1 \cdots i_p}$ を定義しておくと便利であることがわかる.これは次のようにしてなされる.任意の $i_1, \cdots, i_p$ $(i_l =$

$1,\cdots,n, l = 1,\cdots,p$) に対して，$T^{i_1\cdots i_p}$ を次のように定義する：

$$T^{i_1\cdots i_p} := \begin{cases} 0 & ; i_1,\cdots,i_p \text{ の中の少なくとも 2 つが等しいとき} \\ \mathrm{sgn}(\sigma) T^{i_{\sigma(1)}\cdots i_{\sigma(p)}} & ; i_1,\cdots i_p \text{ がすべて互いに異なるとき} \end{cases} \tag{1.69}$$

ただし，$\sigma$ は $i_{\sigma(1)} < \cdots < i_{\sigma(p)}$ となる置換である．このとき，容易にわかるように，$T^{i_1\cdots i_p}$ は $i_1,\cdots,i_p$ の任意の置換に対して反対称である．すなわち

$$T^{i_{\sigma(1)}\cdots i_{\sigma(p)}} = \mathrm{sgn}(\sigma) T^{i_1\cdots i_p}. \tag{1.70}$$

このようにして定義される数の組 $\{T^{i_1\cdots i_p} \mid i_j = 1,\cdots,n, j = 1,\cdots,p\}$ を**テンソル $T$ の成分の反対称化**と呼ぶ．これを用いると $T$ の展開は

$$T = \sum_{i_1,\cdots i_p = 1}^{n} \frac{1}{p!} T^{i_1\cdots i_p} e_{i_1} \wedge \cdots \wedge e_{i_p} \tag{1.71}$$

と書ける．

以後，反対称テンソルの成分についてはつねに反対称化がなされているものとする．

**!注意 1.8** 物理学——ほとんどの場合，$V$ として $\mathbb{R}^n$ を用いての成分表示で議論がなされる——において，"擬ベクトル"と呼ばれる意味のはっきりしない対象が登場することがあるが，これは，実は $\bigwedge^{n-1} V$ の元のことである．本当はテンソルなのであるが，次のような仕方でベクトルと同一視するのである．$\dim \bigwedge^{n-1} V = n$ であり，$E_k := e_1 \wedge \cdots \wedge \hat{e}_k \wedge \cdots \wedge e_n$（$\hat{e}_k$ は $e_k$ を除外することを指示する記号）とおけば，$(E_1,\cdots,E_n)$ は $\bigwedge^{n-1} V$ の基底の 1 つである．したがって，$(n-1)$ 階反対称テンソル $T = \sum_{k=1}^{n} T^k E_k \in \bigwedge^{n-1} V$ に対して，ベクトル $v_T := \sum_{k=1}^{n} T^k e_k \in V$ を対応させることができる．これは $\bigwedge^{n-1} V$ と $V$ の同型を与える．通常の物理でいわれる擬ベクトルの正体は $v_T$ である（成分表示の方法では，座標系の変換をやってみなければ，$(n-1)$ 階反対称テンソルとベクトルの区別はつかない）．

### 1.5.5 実ベクトル空間の向きと基底の正負

$V$ を $\mathbb{R}$ 上の $n$ 次元ベクトル空間（実ベクトル空間）とする．すでに見たように，$\bigwedge^n V$ は 1 次元ベクトル空間である．したがって，任意の 2 つの $\omega \neq 0, \omega' \neq 0 \in \bigwedge^n V$ は 1 次従属であるから，$\omega = a\omega'$ となる $a \neq 0, a \in \mathbb{R}$ が存在する．$a > 0$ のとき，$\omega$ と $\omega'$ は**同じ向き**をもつといい，$a < 0$ ならば，$\omega$ と $\omega'$ は**逆の向き**をもつという．

$\omega$ と $\omega'$ が同じ向きをもつとき，$\omega \sim \omega'$ とすれば，これは $(\bigwedge^n V) \setminus \{0\}$ における同値関係である．この同値関係による商集合を $\bigwedge^n V/\sim$ とする．このとき，$\bigwedge^n V/\sim$ は 2 つの元からなる．すなわち，$\bigwedge^n V/\sim = \{[\omega], [-\omega]\}$．ただし，$\omega \neq 0$ は $\bigwedge^n V$ の任意の元である．この 2 つの元は，感覚描像的には，ベクトル空間の"向き"の違いとして解釈されるものである．そこで，$\bigwedge^n V/\sim$ の元を $V$ の**向き**と呼ぶ．したがって，$V$ には向きが 2 つある．一方の向きを**正の向き**と指定するとき，もう一方の向きを**負の向き**と呼ぶ．正の向きに属する，$\bigwedge^n V$ の元を**正の元**，負の向きに属する，$\bigwedge^n V$ の元を**負の元**という．

順序も考慮した，$V$ の基底 $E = (e_1, \cdots, e_n)$ に対して，$e_1 \wedge \cdots \wedge e_n \in \bigwedge^n V$ が正の元のとき，$E$ を**正の基底**といい，$e_1 \wedge \cdots \wedge e_n \in \bigwedge^n V$ が負の元のとき，$E$ を**負の基底**という．

**!注意 1.9** 物理学において，"擬スカラー"と呼ばれる数が使われるが，その正確な意味は，1 次元ベクトル空間 $\bigwedge^n V$ （物理学では，通常，$n = 3$ または 4 の場合を扱う）の基底を 1 つ固定したときの，その基底による成分表示の成分のことである．ほとんどの物理の教科書では，はじめから座標（直交座標）を設定して議論を進めるので，諸々の量の本源的意味がわかりにくくなっている憾みがある．

## 1.6 線形作用素の行列式

行列論で学ぶように，$n$ 次の行列 $M = (M_{ij})_{i,j=1,\cdots,n} \in \mathsf{M}_n(\mathbb{K})$ に対して定義されるスカラー量

$$\det M := \sum_{\sigma \in \mathsf{S}_n} \mathrm{sgn}(\sigma) M_{1\sigma(1)} \cdots M_{n\sigma(n)} \tag{1.72}$$

は $M$ の**行列式** (determinant) と呼ばれる．

$n$ 次の正方行列は $\mathbb{K}^n$ 上の線形作用素と見ることができた．ここから次のような着想が生まれる．有限次元ベクトル空間 $V$ 上の線形作用素に対して，1 つの数を定める，ある普遍的な対応があって，$V = \mathbb{K}^n$ の場合には，それが行列の行列式になっているという考えである．実際，そのような対応——線形作用素の行列式——が存在することを以下に示す．

$\dim V = n < \infty$ とし，$(e_i)_{i=1}^n$ を $V$ の任意の基底とする．したがって，任意の $\psi \in \bigwedge^n(V)$ は $\psi = \alpha(e_1 \wedge \cdots \wedge e_n)$ $(\alpha \in \mathbb{K})$ と一意的に書ける．そこで，$A \in \mathcal{L}(V)$ に対して，写像 $\bigwedge^n A : \bigwedge^n V \to \bigwedge^n V$ を

$$(\bigwedge{}^n A)(\psi) = \alpha(Ae_1 \wedge Ae_2 \wedge \cdots \wedge Ae_n) \tag{1.73}$$

によって定義する．この定義は基底の選び方によらない．実際，$(e'_i)_{i=1}^n$ を $V$ の別の基底として，$\psi = \alpha'(e'_1 \wedge \cdots \wedge e'_n)$ とすれば，$\alpha(e_1 \wedge \cdots \wedge e_n) = \alpha'(e'_1 \wedge \cdots \wedge e'_n) \cdots (*)$．底変換 $(e_i)_i \mapsto (e'_i)_i$ の行列を $P = (P^i_j)$ とすれば $e'_i = \sum_{j=1}^n P^j_i e_j$ であるから，$(*)$ の右辺は次のように計算される：

$$\begin{aligned}\alpha'(e'_1 \wedge \cdots \wedge e'_n) &= \alpha' \sum_{i_1,\cdots,i_n=1}^n P^{i_1}_1 \cdots P^{i_n}_n (e_{i_1} \wedge \cdots \wedge e_{i_n}) \\ &= \alpha' \sum_{\sigma \in \mathsf{S}_n} \mathrm{sgn}(\sigma) P^{\sigma(1)}_1 \cdots P^{\sigma(n)}_n (e_1 \wedge \cdots \wedge e_n) \\ &= (\alpha' \det P) e_1 \wedge \cdots \wedge e_n.\end{aligned}$$

したがって，$\alpha = (\det P)\alpha'$．これを用いると

$$\begin{aligned}\alpha'(Ae'_1 \wedge \cdots \wedge Ae'_n) &= \sum_{i_1,\cdots,i_n=1}^n \alpha' P^{i_1}_1 \cdots P^{i_n}_n (Ae_{i_1} \wedge \cdots \wedge Ae_{i_n}) \\ &= \alpha' \det P (Ae_1 \wedge \cdots \wedge Ae_n) \\ &= \alpha(Ae_1 \wedge \cdots \wedge Ae_n).\end{aligned}$$

よって，確かに，(1.73) の右辺は $V$ の基底の取り方によらない．定義から明らかなように，$\bigwedge^n A$ は線形作用素である．

任意の $v_1, \cdots, v_n \in V$ に対して

$$\bigwedge{}^n A(v_1 \wedge \cdots \wedge v_n) = Av_1 \wedge \cdots \wedge Av_n \tag{1.74}$$

が成り立つ（演習問題 15）．

次の事実に注意する．

**【補題 1.43】** $W$ を $\mathbb{K}$ 上の 1 次元ベクトル空間とし，$T$ を $W$ 上の線形作用素とする．このとき，定数 $\lambda \in \mathbb{K}$ が存在して，すべての $w \in W$ に対して，$Tw = \lambda w$ が成り立つ．このような $\lambda$ は唯 1 つである．

**証明** $W$ の基底の 1 つを $w_0$ とすれば，$Tw_0 = \lambda w_0$ $(\lambda \in \mathbb{K})$ と一意的に表される．任意の $w \in W$ は $w = \alpha w_0$ $(\alpha \in \mathbb{K})$ と一意的に書けるから，$Tw = \alpha Tw_0 = \alpha \lambda w_0 = \lambda w$．もし，別の定数 $\lambda' \in \mathbb{K}$ があって，$Tw = \lambda' w, w \in W$ ならば，$(\lambda - \lambda')w = 0$．$w \neq 0$ なる $w$ をとれば，$\lambda - \lambda' = 0$． ∎

$\dim \bigwedge^n V = 1$ だから，上の補題から，ただちに次の事実が従う：

**【命題 1.44】** 各 $A \in \mathcal{L}(V)$ に対して，定数 $\lambda(A) \in \mathbb{K}$ が唯 1 つ存在して，すべての $\psi \in \bigwedge^n V$ に対して，

$$\bigwedge^n A(\psi) = \lambda(A)\psi \tag{1.75}$$

が成り立つ．

命題 1.44 にいう定数 $\lambda(A)$ を $A$ の**行列式**と呼び，記号的に $\det A$ で表す．したがって

$$\bigwedge^n A(\psi) = (\det A)\psi, \quad \psi \in \bigwedge^n V. \tag{1.76}$$

(1.74) から，任意の $v_1, \cdots, v_n \in V$ に対して

$$Av_1 \wedge \cdots \wedge Av_n = (\det A)v_1 \wedge \cdots \wedge v_n \tag{1.77}$$

が成り立つ．

線形作用素の行列式の概念が行列の行列式の一般化になっていることは次の例でわかる．

■**例 1.32**■ $M = (M_{ij})$ を $n$ 次の行列とし，$\hat{M} \in \mathcal{L}(\mathbb{K}^n)$ を $(\hat{M}x)_i = \sum_{j=1}^n M_{ij}x_j$, $x = (x_1, \cdots, x_n) \in \mathbb{K}^n$ によって定義する．$\mathbb{K}^n$ の標準基底を $\boldsymbol{e}_1, \cdots, \boldsymbol{e}_n$ とすれば，$\hat{M}\boldsymbol{e}_i = \sum_{j=1}^n M_{ji}\boldsymbol{e}_j$ であるから

$$\begin{aligned}(\det \hat{M})(\boldsymbol{e}_1 \wedge \cdots \wedge \boldsymbol{e}_n) &= \bigwedge^n \hat{M}\boldsymbol{e}_1 \wedge \cdots \wedge \boldsymbol{e}_n \\ &= \sum_{j_1, \cdots, j_n = 1}^n M_{j_1 1}M_{j_2 2}\cdots M_{j_n n}(\boldsymbol{e}_{j_1} \wedge \cdots \wedge \boldsymbol{e}_{j_n}) \\ &= (\det M)\boldsymbol{e}_1 \wedge \cdots \wedge \boldsymbol{e}_n.\end{aligned}$$

したがって，$\det \hat{M} = \det M$．

次の定理は，線形作用素の行列式の基本的性質をまとめたものである．

**【定理 1.45】** $V$ を有限次元ベクトル空間とする．

(i) $\det I_V = 1$.

(ii) $\det(AB) = (\det A)(\det B), \quad A, B \in \mathcal{L}(V)$.

(iii) $A \in \mathcal{L}(V)$ について,$A$ が全単射であるための必要十分条件は $\det A \neq 0$ となることである.この場合,

$$\det A^{-1} = \frac{1}{\det A}. \tag{1.78}$$

**証明** (i) 定義から容易.

(ii) $\bigwedge^n(AB) = (\bigwedge^n A)(\bigwedge^n B)$ が成り立つことと det の定義による.

(iii)(必要性)$A$ が全単射ならば,$A^{-1} \in \mathcal{L}(V)$ である.(1.77) の両辺に $\bigwedge^n A^{-1}$ を作用させると左辺は $v_1 \wedge \cdots \wedge v_n$ となり,右辺は $(\det A)(\det A^{-1})v_1 \wedge \cdots \wedge v_n$ となる.$v_1 \wedge \cdots \wedge v_n \neq 0$ なる $v_1, \cdots, v_n$ は存在するから,$\det A \neq 0$ かつ (1.78) が導かれる.

(十分性)$A$ が単射でないとすると,$\ker A$ の元 $u_1$ で 0 でないものがある.このとき,$u_1, \cdots, u_n$ が $V$ の基底になるような $u_2, \cdots, u_n \in V$ が存在する.すると $\bigwedge^n A(u_1 \wedge \cdots \wedge u_n) = 0$.したがって,$\det A = 0$.ゆえに,$\det A \neq 0$ ならば $A$ は単射.これと定理 1.21 によって,$A$ は全単射.∎

## 1.7 線形作用素の固有値と固有ベクトル

$V$ を複素ベクトル空間とし,$T \in \mathcal{L}(V)$ とする.ゼロでないベクトル $u$ と複素数 $\lambda$ があって,$Tu = \lambda u$ が成り立つとき,$\lambda$ を $T$ の**固有値** (eigenvalue),$u$ を $\lambda$ に属する(対応する),$T$ の**固有ベクトル** (eigenvector)(の 1 つ)という.描像的にいえば,$T$ の固有ベクトルというのは,$T$ を作用させても,ベクトルの "方向" が変わらないようなベクトルのことである.$\lambda \in \mathbb{C}$ が $T$ の固有値のとき,これに属する固有ベクトルは $\ker(T - \lambda)$ ($T - \lambda := T - \lambda I_V$) の元であり,逆に $\ker(T - \lambda)$ の任意のゼロでないベクトルは $\lambda$ に属する固有ベクトルである.そこで,$\ker(T - \lambda)$ を $T$ の固有値 $\lambda$ に属する**固有空間** (eigenspace) と呼ぶ.$T$ の固有値の全体を $\sigma_\mathrm{p}(T)$ で表す.

■ **例 1.33** ■ 任意の $\alpha \in \mathbb{C}$ に対して,定数作用素 $\alpha I_V$(これを単に $\alpha$ とも書く)が定義される.$V$ の任意のゼロでないベクトル $u \in V$ に対して,$(\alpha I_V)(u) = \alpha u$ であるから,$\alpha$ は $\alpha I_V$ の固有値であって,$u$ はこれに属する固有ベクトルである.したがって,$\sigma_\mathrm{p}(\alpha I_V) = \{\alpha\}$ である($V \neq \{0\}$ とする).

■ **例 1.34** ■ $\dim V = 1$ のとき,$V$ の任意の 0 でないベクトル $u$ は $V$ の基底である.したがって,任意の $T \in \mathcal{L}(V)$ に対して,$Tu = \lambda u$ となる $\lambda \in \mathbb{C}$ がある.$T$ の

行列式の定義によって，$\lambda = \det T$ である．したがって，$\dim V = 1$ の場合，任意の $T \in \mathcal{L}(V)$ に対して，$\sigma_{\mathrm{p}}(T) = \{\det T\}$．

**【命題 1.46】** $T \in \mathcal{L}(V)$ の相異なる固有値を $\lambda_1, \cdots, \lambda_k$ とし，各 $\lambda_j$ に属する固有ベクトルを $u_j$ とする．このとき，$u_1, \cdots, u_k$ は線形独立である．

**証明** 仮に $u_1, \cdots, u_k$ は線形従属であるとする．このとき，番号 $i \leq k$ があって，$u_1, \cdots, u_{i-1}$ は線形独立かつ $u_i$ は $u_1, \cdots, u_{i-1}$ の線形結合で表される：$u_i = \sum_{j=1}^{i-1} a_j u_j \cdots (*)$ $(a_j \in \mathbb{C})$ (演習問題 5(ii) を参照)．両辺に $T$ を作用させると $\lambda_i u_i = \sum_{j=1}^{i-1} a_j \lambda_j u_j$．一方，$(*)$ によって，$\lambda_i u_i = \sum_{j=1}^{i-1} \lambda_i a_j u_j$．したがって，$\sum_{j=1}^{i-1} a_j (\lambda_i - \lambda_j) u_j = 0$．$u_1, \cdots, u_{i-1}$ は線形独立であるから，$a_j (\lambda_i - \lambda_j) = 0, j = 1, \cdots, i-1$．しかし，$\lambda_i \neq \lambda_j, j = 1, \cdots, i-1$, であるから，$a_j = 0, j = 1, \cdots, i-1$．これは $u_i = 0$ を導くから矛盾．よって，$u_1, \cdots, u_k$ は線形独立である． ∎

この命題からただちに次の事実が従う．

**【系 1.47】** $\dim V = n < \infty$ ならば，各 $T \in \mathcal{L}(V)$ は高々 $n$ 個の相異なる固有値をもつ．

**!注意 1.10** この系は $T$ の固有値の存在を主張するものではない．固有値の存在については，以下で論じる．

**【補題 1.48】** $\dim V = n \in \mathbb{N}, T \in \mathcal{L}(V), x \in \mathbb{C}$ とする．このとき，$\det(T - x)$ は $x$ の $n$ 次の多項式であり，

$$\det(T - x) = (-1)^n x^n + (-1)^{n-1} (\operatorname{tr} T) x^{n-1} + \cdots + \det T \tag{1.79}$$

という形をもつ．

**証明** $(e_i)_{i=1}^n$ を $V$ の基底とする．このとき，(1.77) によって

$$\det(T - x)(e_1 \wedge \cdots \wedge e_n) = [(T-x)e_1] \wedge [(T-x)e_2] \wedge \cdots \wedge [(T-x)e_n].$$

右辺は

$$f_T(x) := \sum_{k=0}^n (-x)^{n-k} \left( \sum_{i_1, \cdots, i_n = 0, 1; i_1 + \cdots + i_n = k} T^{i_1} e_1 \wedge \cdots \wedge T^{i_n} e_n \right) \tag{1.80}$$

と展開できる．さらに，$T^{i_j}e_j = \sum_{l=1}^n c_{ijl}e_l$ $(c_{ijl} \in \mathbb{C})$ と展開すれば，$f_T(x) = \left(\sum_{k=0}^n (-x)^{n-k} a_k\right) e_1 \wedge \cdots \wedge e_n$ と書けることがわかる $(a_k \in \mathbb{C})$．したがって，$\det(T-x) = \sum_{k=0}^n a_k(-x)^{n-k}$．(1.80) から，$a_0 = 1$．また，$Te_i = \sum_{j=1}^n T_i^j e_j$ とすれば，

$$a_1 e_1 \wedge \cdots \wedge e_n$$
$$= Te_1 \wedge \cdots \wedge e_n + e_1 \wedge Te_2 \wedge \cdots \wedge e_n + \cdots + e_1 \wedge \cdots \wedge Te_n$$
$$= \sum_{i,j=1}^n T_i^j e_1 \wedge e_2 \wedge \overset{i\,\text{番目}}{e_j} \wedge \cdots \wedge e_n$$
$$= \sum_{i,j=1}^n T_i^j \delta_i^j e_1 \wedge e_2 \wedge \cdots \wedge e_n$$
$$= (\operatorname{tr} T) e_1 \wedge \cdots \wedge e_n.$$

ゆえに $a_1 = \operatorname{tr} T$．$a_n e_1 \wedge \cdots \wedge e_n = Te_1 \wedge Te_2 \wedge \cdots \wedge Te_n = (\det T) e_1 \wedge \cdots \wedge e_n$．したがって，$a_n = \det T$． ∎

$x$ の多項式 $\det(T-x)$ を $T$ の**固有多項式**と呼ぶ．この固有多項式の相異なる根の集合を $\mathcal{R}_T$ とする：

$$\mathcal{R}_T := \{x \in \mathbb{C} \mid \det(T-x) = 0\} \tag{1.81}$$

代数学の基本定理によって，$\mathcal{R}_T$ は高々 $n$ 個の元からなる．

【定理 1.49】 $V$ は有限次元であるとし，$T \in \mathcal{L}(V)$ とする．このとき $\sigma_{\mathrm{p}}(T) = \mathcal{R}_T$．

**証明** $\lambda \in \sigma_{\mathrm{p}}(T)$ ならば，$T-\lambda$ は単射でないから，定理 1.45(iii) によって，$\det(T-\lambda) = 0$．したがって，$\lambda \in \mathcal{R}_T$．ゆえに $\sigma_{\mathrm{p}}(T) \subset \mathcal{R}_T$．逆に，$\lambda \in \mathcal{R}_T$ とすれば，$\det(T-\lambda) = 0$ であるから，再び，定理 1.45(iii) によって，$T-\lambda$ は単射でない．したがって，$\lambda \in \sigma_{\mathrm{p}}(T)$． ∎

【系 1.50】 $\dim V = n \in \mathbb{N}$ とし，$T \in \mathcal{L}(V)$ の固有多項式が相異なる $n$ 個の根 $\lambda_1, \cdots, \lambda_n$ をもつとする．このとき，$V$ の基底 $(u_1, \cdots, u_n)$ で $Tu_i = \lambda_i u_i$, $i = 1, \cdots, n$, となるものが存在する．

**証明** 命題 1.46 と定理 1.49 による（$u_i$ として，固有値 $\lambda_i$ に属する $T$ の固有ベクトルをとればよい）． ∎

## 演習問題

$V$ は $\mathbb{K}$ 上のベクトル空間とする.

1. 次の事実を証明せよ.
   (i) ベクトル空間 $V$ の零ベクトルおよび各 $u \in V$ の逆ベクトルはそれぞれ,唯 1 つである.
   (ii) すべての $u \in V$ に対して, $0u = 0_V$.
   (iii) すべての $\alpha \in \mathbb{K}$ と $u \in V$ に対して, $(-\alpha)u = -\alpha u$.

2. $D \subset V$ を線形独立な集合とする.次の (i), (ii) を証明せよ.
   (i) $D$ の各元はゼロベクトルではない.
   (ii) $D$ の任意の空でない部分集合は線形独立である.

3. 例 1.10 の主張を証明せよ.

4. 例 1.11 の主張を証明せよ.

5. $V$ のベクトル $u_1, \cdots, u_n$ が線形従属であるとする ($n \geq 2$).このとき,次の (i), (ii) を証明せよ.
   (i) ある番号 $i$ ($1 \leq i \leq n$) と定数 $a_j \in \mathbb{K}, j \neq i$ が存在して, $u_i = \sum_{j \neq i} a_j u_j$ と表される.
   (ii) $u_1 \neq 0$ ならば,ある番号 $k$ ($2 \leq k \leq n$) があって, $u_1, \cdots, u_{k-1}$ は線形独立であり, $u_k$ は $u_1, \cdots, u_{k-1}$ の線形結合で表される.

6. 次の命題 (i)〜(iii) を証明せよ.
   (i) $\dim V = n \in \mathbb{N}$ であるための必要十分条件は,線形独立な $n$ 個のベクトルが存在し,かつ $(n+1)$ 個のベクトルからなる集合はどれも線形従属であることである.
   (ii) $V$ が無限次元であるための必要十分条件は,任意の $n \in \mathbb{N}$ に対して,線形独立な $n$ 個のベクトルが存在することである.
   (iii) $\dim V = n$ とし, $W$ を $V$ の部分空間とする.このとき, $W$ は有限次元であり, $\dim W \leq n$. もし $\dim W = n$ ならば $W = V$ である.

7. 例 1.24 における同型写像の存在を証明せよ.

8. 任意の $u_i \in V, \phi^i \in V^*$ ($i = 1, \cdots, p$) に対して
$$(u_1 \wedge \cdots \wedge u_p)(\phi^1, \cdots, \phi^p) = \frac{1}{\sqrt{p!}} \det(\phi^i(u_j))_{i,j=1,\cdots,p}$$
を示せ.ただし, $(\phi^i(u_j))_{i,j=1,\cdots,p}$ は $(i,j)$ 成分が $\phi^i(u_j)$ である行列を表し,正方行列 $M$ に対して, $\det M$ は $M$ の行列式を表す.

**9.** 任意の $u_1, \cdots, u_p \in V$ $(p \in \mathbb{N})$ と任意の $\sigma \in \mathsf{S}_p$ に対して
$$\mathcal{A}_p(u_1 \otimes \cdots \otimes u_p) = \mathrm{sgn}(\sigma) \mathcal{A}_p(u_{\sigma(1)} \otimes \cdots \otimes u_{\sigma(p)})$$
が成り立つことを証明せよ．

**10.** 置換作用素 $P_\sigma$ について $P_\sigma P_\tau = P_{\tau\sigma}$, $\sigma, \tau \in \mathsf{S}_p$ を証明せよ（右辺の置換の積の順序に注意：$\sigma\tau$ ではない！）．

**11.** 次の等式を証明せよ．

  (i) $\mathcal{S}_p^2 = \mathcal{S}_p$.

  (ii) $\mathcal{A}_p^2 = \mathcal{A}_p$.

**12.** $T, T' \in \bigwedge^p V$, $S, S' \in \bigwedge^q V$, $R \in \bigwedge^r V$, $a, b \in \mathbb{K}$ とする．次の (i)〜(v) を証明せよ．

  (i) $(aT + bT') \wedge S = a(T \wedge S) + b(T' \wedge S)$.

  (ii) $T \wedge (aS + bS') = a(T \wedge S) + b(T \wedge S')$.

  (iii) $(T \wedge S) \wedge R = T \wedge (S \wedge R)$.

  (iv) $T \wedge S = (-1)^{pq}(S \wedge T)$.

  (v) $p$ が奇数ならば $T \wedge T = 0$.

**13.** $\dim V = n < \infty$ とし，$(e_i)_{i=1}^n$ を $V$ の基底とするとき，$\{\mathcal{S}_p(e_{i_1} \otimes \cdots \otimes e_{i_p}) \mid 1 \leq i_1 \leq i_2 \leq \cdots \leq i_p \leq n\}$ は $\bigotimes_{\mathrm{s}}^p V$ の基底であることを証明せよ．

**14.** $W$ を $V$ の部分空間とする．任意のベクトル $u, v \in V$ に対して，関係 $u \sim v$ を $u - v \in W$ によって定義する[26]．

  (i) この関係は同値関係であることを示せ．

  (ii) $u \sim u', v \sim v'$ $(u, u', v, v' \in V)$ ならば，任意の $\alpha, \beta \in \mathbb{K}$ に対して，$\alpha u + \beta v \sim \alpha u' + \beta v'$ であることを証明せよ．

  (iii) (ii) を用いて，商集合 $V/\sim$ の 2 つの元 $[u], [v]$ $(u, v \in V)$ に対して和 $[u] + [v]$ とスカラー倍 $\alpha[u]$ $(\alpha \in \mathbb{K})$ を
  $$[u] + [v] := [u + v], \quad \alpha[u] := [\alpha u]$$
  によって定義できることを示せ．

  (iv) (iii) の和とスカラー倍に関して，$V/\sim$ はベクトル空間であることを示せ．この場合，ゼロベクトルおよび逆ベクトルは何か．

  (v) $\dim V < \infty$ のとき，$V/\sim$ の基底を構成し，$\dim V/\sim = \dim V - \dim W$ であることを証明せよ．

---

[26] 「関係」の概念については付録 A, A.3 節を参照．

**!注意 1.11** $V/\sim$ を部分空間 $W$ に関する**商ベクトル空間**という.これは,$V$ が自律的に生成するベクトル空間の 1 つのクラスである.

15. 等式 (1.74) を証明せよ.
16. $V$ を $n$ 次元実ベクトル空間とする.$\bigwedge^n V$ の基底を任意に 1 つ固定し,これを $\tau_n$ とする.この基底に関する $S \in \bigwedge^n V \setminus \{0\}$ の成分を $S_n$ とする:$S = S_n \tau_n$.このとき,$S$ と同じ向きに属する任意の $n$ 階反対称テンソル $T \in \bigwedge^n V \setminus \{0\}$ の成分 $T_n$ は $S_n$ と同符号であることを示せ.

# 2

# 計量ベクトル空間

　　　前章では，ベクトル空間の代数的側面だけを議論した．しかし，ベクトル空間は単に代数的構造だけでなく，計量的構造——描像的にいえば，ベクトルの"長さ"あるいは"大きさ"や2つのベクトルの間の"角度"の概念——をもちうる．この章ではベクトル空間の計量的構造に関する基本的な事項を論述する．

## 2.1　定義と例

**【定義 2.1】**　$V$ を $\mathbb{K}$ 上のベクトル空間とする．写像 $g : V \times V \to \mathbb{K}$ が次の条件を満たすとき，$g$ を $V$ 上の**計量** (metric) という．

(g.1)　(**線形性**) 任意の $\alpha, \beta \in \mathbb{K}$ と $u, v, w \in V$ に対して，

$$g(w, \alpha u + \beta v) = \alpha g(w, u) + \beta g(w, v)$$

(g.2)　(**対称性，エルミート性**) 任意の $u, v \in V$ に対して，$g(u,v)^* = g(v,u)$ が成り立つ[1]．

(g.3)　(**非退化性**) $\{v \in V \mid g(u,v) = 0, \ u \in V\} = \{0\}$．

　計量 $g$ をもつ $\mathbb{K}$ 上のベクトル空間 $V$ を $\mathbb{K}$ 上の**計量ベクトル空間** (metric vector space) といい，$(V, g)$ と記す．$\mathbb{K} = \mathbb{R}$ のとき，$(V, g)$ を**実計量ベクトル空間**，$\mathbb{K} = \mathbb{C}$ のとき**複素計量ベクトル空間**という．計量 $g$ が何であるかが了解されているときや一般論においては計量ベクトル空間 $(V, g)$ をしばしば単に $V$ と書く．

**❗注意 2.1**　定義 2.1 はベクトル空間の次元とは独立である．すなわち，定義 2.1 においては，$V$ は有限次元でも無限次元でもよい．

---

[1] 複素数 $z \in \mathbb{C}$ に対して，$z^*$ は $z$ の共役複素数を表す．$z^* = \bar{z}$ とも記す．$\mathbb{K} = \mathbb{R}$ のときは，$g(u,v) \in \mathbb{R}$ であるから，$g(u,v) = g(v,u)$．

**!注意 2.2** $V$ が複素ベクトル空間のとき，$V$ の計量を**エルミート計量** (Hermitian metric) という場合がある．

$g$ を $\mathbb{K}$ 上のベクトル空間 $V$ 上の計量とすると，次のことがわかる：

(g.4) 任意の $u \in V$ に対して，$g(u,0) = 0$（$\because$ (g.1) で $\alpha = \beta = 0$ の場合を考えればよい）．

(g.5) すべての $u \in V$ に対して，$g(u,u)$ は実数である（$\because$ (g.2)）．

(g.6) (g.1) と (g.2) から，

$$g(\alpha u + \beta v, w) = \alpha^* g(u,w) + \beta^* g(v,w), \quad u,v,w \in V, \alpha, \beta \in \mathbb{K} \quad (2.1)$$

が成り立つ．

$\mathbb{K} = \mathbb{R}$ かつ $\dim V < \infty$ のとき，(g.1)，(g.2) と (g.6) から計量 $g$ は，$\bigotimes_s^2 V^*$ の元，すなわち，$V = V^{**}$ 上の 2 階対称共変テンソルであることがわかる．そこで，$V$ が有限次元実ベクトル空間の場合には，$g$ を**計量テンソル** (metric tensor) と呼ぶことがある．

$\mathbb{K}$ 上の計量ベクトル空間 $(V, g)$ において，計量 $g$ を固定して考える場合，しばしば

$$g(u,v) = \langle u, v \rangle \quad (2.2)$$

($u, v \in V$) という記法も用いる．$V$ の計量であることをはっきりさせたい場合には，$\langle u, v \rangle = \langle u, v \rangle_V$ と記す．

各ベクトル $u \in V$ に対して

$$\|u\|_V := \sqrt{|g(u,u)|} = \sqrt{|\langle u, u \rangle_V|} \quad (2.3)$$

によって定義されるスカラー量をベクトル $u$ の**ノルム** (norm) と呼ぶ（ルートの中は絶対値をとることに注意；これは $\langle u, u \rangle = g(u,u)$ がつねに非負とは限らないことによる）．この量は，描像的には，ベクトルの "大きさ" あるいは "長さ" を定義するものである．どの計量ベクトル空間のノルムであるかが文脈から明らかな場合は，単に，$\|u\|_V = \|u\|$ と書く．

任意の $a \in \mathbb{K}$ に対して，

$$\|au\| = |a|\|u\|, \quad u \in V \quad (2.4)$$

が成り立つことは容易にわかる.

(g.1) と (g.6) から,任意の $u, v \in V$ と $\alpha, \beta \in \mathbb{K}$ に対して,

$$g(\alpha u+\beta v, \alpha u+\beta v) = |\alpha|^2 g(u,u) + \alpha^*\beta g(u,v) + \alpha\beta^* g(v,u) + |\beta|^2 g(v,v) \quad (2.5)$$

が成り立つ.これは計量を計算する上での基本となる式である.特に,

$$g(u+v, u+v) = g(u,u) + 2\operatorname{Re} g(u,v) + g(v,v), \quad u, v \in V. \quad (2.6)$$

ただし,複素数 $z$ に対して,$\operatorname{Re} z$ はその実部を表す.

性質 (g.5) によって,計量について次のような分類ができる:

**【定義 2.2】** $V$ を $\mathbb{K}$ 上のベクトル空間とし,$g$ を $V$ 上の計量とする.

(i) すべての $u \in V$ に対して,$g(u, u) \geq 0$ であるとき,$g$ は**正定値** (positive) であるという.

正定値計量は**内積** (inner product) とも呼ばれる(以下の定理 2.7(ii) を参照).内積をもつ,$\mathbb{K}$ 上のベクトル空間を $\mathbb{K}$ 上の**内積空間** (inner product space) または**前ヒルベルト空間** (pre-Hilbert space) という.$\mathbb{K} = \mathbb{R}$ のとき,**実内積空間** (real inner product space),$\mathbb{K} = \mathbb{C}$ の**複素内積空間** (complex inner product space) という.

(ii) $\{u \in V \mid g(u, u) > 0\} \neq \emptyset$ かつ $\{u \in V \mid g(u, u) < 0\} \neq \emptyset$ ならば,$g$ は**不定計量** (indefinite metric) または**不定内積** (indefinte inner product) と呼ばれる.不定計量をもつベクトル空間を**不定計量ベクトル空間** (indefinite metric space) または**不定内積空間** (indefinite inner product space) という.

(iii) すべての $u \in V$ に対して,$g(u, u) \leq 0$ のとき,$g$ は**負定値**であるという.

**!注意 2.3** 本書と異なって,他の教科書や文献によっては,計量という言葉で正定値計量(内積)だけを意味する場合があるから,注意されたい.

**■ 例 2.1 ■** 実 $n$ 次元数ベクトル空間 $\mathbb{R}^n$ の任意の元 $x = (x^1, \cdots, x^n), y = (y^1, \cdots, y^n)$ に対して,

$$g_{\mathbb{R}^n}(x, y) := \sum_{i=1}^{n} x^i y^i$$

とおくと，この $g_{\mathbb{R}^n}$ は，$\mathbb{R}^n$ 上の内積である．これによって，$\mathbb{R}^n$ は実内積空間になる．$g_{\mathbb{R}^n}$ を $\mathbb{R}^n$ の**標準内積** (standard inner product) という．

■ **例 2.2** ■ 実 $(n+1)$ 次元数ベクトル空間 $\mathbb{R}^{n+1}$ の任意の元 $x = (x^0, x^1, \cdots, x^n), y = (y^0, y^1, \cdots, y^n)$ に対して，

$$g_M(x, y) := x^0 y^0 - \sum_{i=1}^n x^i y^i$$

とおくと，この $g_M$ は，$\mathbb{R}^{n+1}$ 上の不定計量である．これによって，$\mathbb{R}^{n+1}$ は不定計量空間になる．$g_M$ を $\mathbb{R}^{n+1}$ の**標準ミンコフスキー計量**または**標準ミンコフスキー内積**という．

■ **例 2.3** ■ 複素 $n$ 次元数ベクトル空間 $\mathbb{C}^n$ の任意の元 $z = (z^1, \cdots, z^n)$, $w = (w^1, \cdots, w^n)$ に対して，

$$g_{\mathbb{C}^n}(z, w) := \sum_{i=1}^n (z^i)^* w^i$$

とおくと，この $g$ は，$\mathbb{C}^n$ 上の内積である．これによって，$\mathbb{C}^n$ は複素内積空間になる．$g_{\mathbb{C}^n}$ を $\mathbb{C}^n$ の**標準内積**という．$(\mathbb{C}^n, g_{\mathbb{C}^n})$ を **$n$ 次元ユニタリ空間** (unitary space) と呼ぶ．

■ **例 2.4** ■ 複素 $(n+1)$ 次元数ベクトル空間 $\mathbb{C}^{n+1}$ の任意の元 $z = (z^0, z^1, \cdots, z^n)$, $w = (w^0, w^1, \cdots, w^n)$ に対して，

$$g_M(z, w) := (z^0)^* w^0 - \sum_{i=1}^n (z^i)^* w^i$$

とおくと，この $g_M$ は，$\mathbb{C}^{n+1}$ 上の不定計量である．これによって，$\mathbb{C}^{n+1}$ は複素不定計量空間になる．$g_M$ を $\mathbb{C}^{n+1}$ の**標準ミンコフスキー計量**または**標準ミンコフスキー内積**という．

■ **例 2.5** ■ 閉区間 $[a, b] \subset \mathbb{R}$ 上の複素数値連続関数の空間 $C[a, b]$（1 章，例 1.4）の任意の元 $f, g$ に対して

$$\langle f, g \rangle := \int_a^b f(t)^* g(t) dt \tag{2.7}$$

を定義すると，この $\langle \cdot, \cdot \rangle$ は $C[a, b]$ の内積である．この内積に関する内積空間としての $C[a, b]$ を $L^2 C[a, b]$ と記す．

## 2.2 直交系と直交補空間

【定義 2.3】 $(V, g)$ を計量ベクトル空間とする．

(i) ベクトル $u \in V$ が $|g(u, u)| = 1$ を満たすとき，$u$ を**単位ベクトル** (unit vector) と呼ぶ．

(ii) 2 つのベクトル $u, v \in V$ が $g(u, v) = 0$ を満たすとき，$u$ と $v$ は**直交する**といい，$u \perp v$ または $v \perp u$ と記す．$V$ の部分集合 $D$ の任意の元と $u$ が直交するとき，$D$ と $u$ は直交するといい，$D \perp u$ または $u \perp D$ のように表す．

(iii) $V \setminus \{0_V\}$ の部分集合 $D$ の任意の異なる 2 つの元 $u, v \in D$ ($u \neq v$) が直交するとき，$D$ は $(V, g)$ の**直交系** (orthogonal system) であるという．直交系 $D$ の任意のベクトルが単位ベクトルのとき，$D$ は**正規直交系** (orthonormal system) であるという．

(iv) $\dim V = n < \infty$ とする．$V$ の基底で正規直交系であるものを**正規直交基底** (othonormal basis) と呼ぶ．$V$ と正規直交基底 $E = (e_1, \cdots, e_n)$ の組 $(V; E)$ を**正規直交座標系**または単に**直交座標系**と呼ぶ．

■ 例 2.6 ■ $\mathbb{R}^n$ の標準基底 $e_1, \cdots, e_n$ は $(\mathbb{R}^n, g_{\mathbb{R}^n})$ の正規直交基底である．

■ 例 2.7 ■ $\mathbb{C}^n$ の標準基底 $e_1, \cdots, e_n$ はユニタリ空間 $(\mathbb{C}^n, g_{\mathbb{C}^n})$ の正規直交基底である．

■ 例 2.8 ■ 不定内積空間 $(\mathbb{R}^{n+1}, g_M)$ において，$(n+1)$ 次元数ベクトル空間 $\mathbb{R}^{n+1}$ の標準基底は正規直交基底である．

■ 例 2.9 ■ 不定内積空間 $(\mathbb{C}^{n+1}, g_M)$ において，$(n+1)$ 次元数ベクトル空間 $\mathbb{C}^{n+1}$ の標準基底は正規直交基底である．

$(u_i)_{i=1}^n$ を計量ベクトル空間 $(V, g)$ の任意の正規直交系とするとき，$(u_i)_{i=1}^n$ は線形独立である ($\because \sum_{i=1}^n a_i u_i = 0$ ($a_i \in \mathbb{K}$) ならば，$g(u_j, \sum_{i=1}^n a_i u_i) = 0$. $g$ の線形性と $(u_i)_{i=1}^n$ の正規直交性により，$a_j g(u_j, u_j) = 0$. $g(u_j, u_j) \neq 0$ であるから，$a_j = 0$)．

【命題 2.4】(ピュタゴラスの定理) $(V, g)$ を計量ベクトル空間とし，$u, v \in V$ を

直交する任意のベクトルとする．このとき

$$g(u+v, u+v) = g(u,u) + g(v,v). \tag{2.8}$$

特に，$V$ が <u>内積空間</u> ならば

$$\|u+v\|^2 = \|u\|^2 + \|v\|^2. \tag{2.9}$$

**証明** (2.6) による． ∎

直交性の概念に同伴する重要な概念の１つを導入しておく．

**【定義 2.5】** $D$ を計量ベクトル空間 $(V,g)$ の部分集合とする．$D$ のすべてのベクトルと直交するベクトルの集合 $D^\perp := \{u \in V \mid g(u,v) = 0, v \in D\}$ を $D$ の**直交補空間** (orthogonal complement) と呼ぶ．

**【命題 2.6】** $D$ を $(V,g)$ の任意の部分集合とする．このとき，$D^\perp$ は部分空間である．

**証明** 任意の $a,b \in \mathbb{K}, u,v \in D^\perp, w \in D$ に対して，$g(au+bv, w) = a^* g(u,w) + b^* g(v,w) = 0 + 0 = 0$．したがって，$au + bv \in D^\perp$． ∎

## 2.3 内積空間の基本的性質

不定内積空間は一般には内積空間よりも扱いにくい．そこで，まず，扱いやすいほうの内積空間の基本的性質を見ておく．

**【定理 2.7】** $V$ を内積空間とする．このとき，次の (i)〜(iv) が成り立つ．

(i) （シュヴァルツの不等式）

$$|\langle u,v \rangle| \leq \|u\| \|v\|, \quad u,v \in V. \tag{2.10}$$

ここで等号が成立するのは，$u,v$ が線形従属のとき，かつこのときに限る．

(ii) （**正定値性**） $u \in V$ が $\|u\| = 0$ を満たすならば $u = 0$．

(iii) （**3角不等式**）

$$\|u+v\| \leq \|u\| + \|v\|, \quad u,v \in V. \tag{2.11}$$

(iv) $V$ の任意の部分集合 $D$ に対して，$D \cap D^{\perp} = \{0\}$.

**証明** (i) まず，$\mathbb{K} = \mathbb{R}$ の場合を考える．このとき，任意の $x \in \mathbb{R}$ に対して，$\|xu+v\|^2 \geq 0$. 左辺は，(2.5) によって，$x^2\|u\|^2 + 2x\langle u,v\rangle + \|v\|^2$ に等しいから，$x^2\|u\|^2 + 2x\langle u,v\rangle + \|v\|^2 \geq 0 \cdots (*)$.

$\|u\| = 0$ ならば，$\|v\|^2 \geq -2x\langle u,v\rangle$. これが任意の $x \in \mathbb{R}$ に対して成り立つためには，$\langle u,v\rangle = 0$ でなければならない．したがって，この場合には，$|\langle u,v\rangle| = 0 = \|u\|\|v\|$ という形で (2.10) が成り立つ．

$\|u\| \neq 0$ としよう．このとき，$(*)$ は

$$\left(x\|u\| + \frac{\langle u,v\rangle}{\|u\|}\right)^2 + \|v\|^2 - \frac{\langle u,v\rangle^2}{\|u\|^2} \geq 0$$

と変形できる．これはすべての $x \in \mathbb{R}$ に対して成り立つから，$x = -\dfrac{\langle u,v\rangle}{\|u\|^2}$ にとれば，$\|v\|^2 - \dfrac{\langle u,v\rangle^2}{\|u\|^2} \geq 0$. したがって，(2.10) が得られる．

次に $\mathbb{K} = \mathbb{C}$ の場合を考える．この場合は，任意の $z \in \mathbb{R}$ に対して，$\|zu+v\|^2 \geq 0$ が成り立つから，(2.5) により，

$$|z|^2\|u\|^2 + z^*\langle u,v\rangle + z\langle v,u\rangle + \|v\|^2 \geq 0.$$

$\langle u,v\rangle = |\langle u,v\rangle|e^{i\theta}$ （極形式）と表し（$\theta \in [0, 2\pi)$），$w = z^*e^{i\theta}$ とおけば，

$$|w|^2\|u\|^2 + (w+w^*)|\langle u,v\rangle| + \|v\|^2 \geq 0.$$

そこで，$x \in \mathbb{R}$ を任意の実数として，$z = xe^{i\theta}$ とすれば，$w = x$ となるから，$x^2\|u\|^2 + 2x|\langle u,v\rangle| + \|v\|^2 \geq 0$. したがって，$\mathbb{K} = \mathbb{R}$ の場合と同様にして，(2.10) を得る．

$u, v$ が線形従属であれば，定数 $a, b \in \mathbb{K}$ があって，$u = av$ または $v = bu$ と表される．いずれの場合でも $|\langle u,v\rangle| = \|u\|\|v\| \cdots (**)$ が成り立つことは容易にわかる．逆に $(**)$ が成り立つとしよう．$v = 0$ のときは，$u, v$ の線形従属性は自明（$v = 0u$）であるから，$v \neq 0$ とする．このとき，$k := \langle v,u\rangle/\|v\|^2$ とおけば，直

接計算により，$\|u - kv\|^2 = 0$ がわかる．したがって，次に証明する (ii) の事実によって，$u = kv$．ゆえに $u, v$ は線形従属．

(ii) (2.10) によって，$\|u\| = 0$ ならば，すべての $v \in V$ に対して，$\langle u, v \rangle = 0$. したがって，(g.2), (g.3) によって，$u = 0$.

(iii) (2.6) と (i) によって

$$\|u + v\|^2 \leq \|u\|^2 + 2\|u\|\|v\| + \|v\|^2 = (\|u\| + \|v\|)^2.$$

ゆえに，(2.11) が得られる．

(iv) $u \in D \cap D^\perp$ ならば $\langle u, u \rangle = 0$. したがって，(ii) により $u = 0$. ∎

**!注意 2.4**　不定内積空間に対しては，定理 2.7 は，一般には成立しない．

■ **例 2.10** ■　不定内積空間 $(\mathbb{R}^{n+1}, g_M)$ においては，

$$\{x \in \mathbb{R}^{n+1} \mid g_M(x, x) = 0\} = \left\{ x \in \mathbb{R}^{n+1} \,\middle|\, (x^0)^2 = \sum_{i=1}^n (x^i)^2 \right\} \neq \{0\}$$

であるから，シュヴァルツの不等式は成立しない．

■ **例 2.11** ■　シュヴァルツの不等式（定理 2.7(i)）を内積空間 $\mathbb{C}^n$ において応用すれば，任意の有限複素数列 $\{a_i\}_{i=1}^n, \{b_i\}_{i=1}^n \subset \mathbb{C}$ $(n \in \mathbb{N})$ に対して

$$\left| \sum_{i=1}^n a_i^* b_i \right|^2 \leq \left( \sum_{i=1}^n |a_i|^2 \right) \left( \sum_{i=1}^n |b_i|^2 \right) \tag{2.12}$$

が得られる．特に，$a_i, b_i$ の代わりに $|a_i|, |b_i|$ をとれば**有限数列に関するコーシー–シュヴァルツの不等式**

$$\left( \sum_{i=1}^n |a_i| |b_i| \right)^2 \leq \left( \sum_{i=1}^n |a_i|^2 \right) \left( \sum_{i=1}^n |b_i|^2 \right) \tag{2.13}$$

が導かれる（$\left| \sum_{i=1}^n a_i^* b_i \right| \leq \sum_{i=1}^n |a_i| |b_i|$ であるから，(2.13) から (2.12) も出る．つまり，(2.12) と (2.13) は同値）．

■ **例 2.12** ■　内積空間 $C_\mathbb{C}[a, b]$ にシュヴァルツの不等式（定理 2.7(i)）を応用すれば，**積分に関するシュヴァルツの不等式**

$$\left( \int_a^b |f(t)||g(t)| dt \right)^2 \leq \left( \int_a^b |f(t)|^2 dt \right) \left( \int_a^b |g(t)|^2 dt \right), \quad f, g \in C[a, b] \tag{2.14}$$

が得られる．

このように種々の具象的な内積空間に抽象的シュヴァルツの不等式を応用することにより，種々の不等式が導かれる．ここに抽象論の威力の一端が見られる．

次の定理は有限次元内積空間の一般論の展開にとって基本的である．

**【定理 2.8】** $(V, g)$ を <u>有限次元内積空間</u> とする．このとき，$(V, g)$ は正規直交基底をもつ．

**証明** $V$ を $n$ 次元内積空間とし，$(e_1, \cdots, e_n)$ をその基底とする．これらのベクトルから正規直交基底が構成されることを示す．まず，$e_1, \cdots, e_n$ の線形独立性と計量の正定値性により，$\|e_1\| \neq 0$．したがって，ベクトル $f_1$ を $f_1 := e_1/\|e_1\|$ によって定義できる．次に，ベクトル $\hat{f}_2$ を $\hat{f}_2 := e_2 - \langle f_1, e_2 \rangle f_1$ によって定義する．このとき，$\langle f_1, \hat{f}_2 \rangle = 0$．また，$\|\hat{f}_2\| \neq 0$（∵ もし，$\|\hat{f}_2\| = 0$ とすれば，計量の正定値性により，$e_2 = (\langle f_1, e_2 \rangle / \|e_1\|) e_1$ となって，$(e_1, e_2)$ の線形独立性に反する）．そこで，$f_2 := \hat{f}_2/\|\hat{f}_2\|$ と定義する．

第 3 段階として，$\hat{f}_3 := e_3 - \langle f_1, e_3 \rangle f_1 - \langle f_2, e_3 \rangle f_2$ とする．このとき，$\hat{f}_2$ の場合と同様にして，$\langle f_i, \hat{f}_3 \rangle = 0, i = 1, 2$ かつ $\|\hat{f}_3\| \neq 0$ が示される．

以下，同様にして，ベクトル $\hat{f}_k, f_k$ を帰納的に次のように定義する：

$$f_1 := \frac{e_1}{\|e_1\|}, \tag{2.15}$$

$$\hat{f}_k = e_k - \sum_{i=1}^{k-1} \langle f_i, e_k \rangle f_i, \tag{2.16}$$

$$f_k = \frac{\hat{f}_k}{\|\hat{f}_k\|}, \quad k = 2, \cdots, n. \tag{2.17}$$

このとき，$(f_i)_{i=1}^n$ は $V$ の正規直交系であることがわかる．また，$\mathcal{L}(\{e_i\}_{i=1}^n) = \mathcal{L}(\{f_i\}_{i=1}^n)$ であるから，$(f_i)_{i=1}^n$ は $V$ の基底にもなっている．∎

線形独立なベクトルの集合 $(e_i)_i$ から，式 (2.15)〜(2.17) によって，正規直交系 $(f_i)_i$ をつくる方法を**グラム–シュミット** (Gram-Schmidt) **の直交化**と呼ぶ．

## 2.4　有限次元の計量ベクトル空間

この節では計量ベクトル空間が有限次元の場合における基礎的事実を論述する．

### 2.4.1 計量の構造

この項を通して, $(V, g)$ を $\mathbb{K}$ 上の任意の計量ベクトル空間とし, $\dim V = n < \infty$ とする. $V$ に基底 $E = (e_1, \cdots, e_n)$ を固定し,

$$g_{ij} := g(e_i, e_j), \quad i, j = 1, \cdots, n \tag{2.18}$$

とおく. このとき, 任意の $u = \sum_{i=1}^n u^i e_i, v = \sum_{i=1}^n v^i e_i$ に対して,

$$g(u, v) = \sum_{i,j=1}^n g_{ij} (u^i)^* v^j \tag{2.19}$$

が成り立つ ($\mathbb{K} = \mathbb{R}$ の場合は, 右辺における $(u^i)^*$ は $u^i$ である). したがって, 計量は, 基底に対する値の組 $\{g_{ij} \mid i, j = 1, \cdots, n\}$ から決まる.

ここで, 行列論におけるある概念を想起しておこう. 各成分が $\mathbb{K}$ の要素である $n$ 次の行列 $A = (A_{ij})_{i,j=1,\cdots,n}$ に対して, その $(i,j)$ 成分が $(A^*)_{ij} = A_{ji}^*$ (右辺は $A_{ji}$ の複素共役) によって定義される行列 $A^*$ を $A$ の**エルミート共役**という ($\mathbb{K} = \mathbb{R}$ の場合は, $A^* = {}^tA$ と書いて, これを $A$ の転置行列という).

$A = A^*$ を満たす行列, すなわち, $(A_{ij})^* = A_{ji}, i,j = 1, \cdots, n$ となる行列 $A$ を**自己随伴（共役）行列** (self-adjoint matrix) と呼ぶ. 自己随伴行列は, $\mathbb{K} = \mathbb{R}$ のとき, **対称行列**, $\mathbb{K} = \mathbb{C}$ のとき, **エルミート行列**と呼ばれる.

【**命題 2.9**】 $g_{ij}$ を $(i,j)$ 成分とする $n$ 次の行列 $\hat{g} := (g_{ij})_{i,j}$ を考える. このとき, $\hat{g}$ は正則な自己随伴行列である.

**証明** $z = (z^1, \cdots, z^n) \in \ker \hat{g}$ とする ($\hat{g}$ を $\mathbb{K}^n$ 上の線形写像とみる；例 1.21 を参照). すなわち, $\hat{g}z = 0$. したがって, $Z = \sum_{i=1}^n z^i e_i$ とおけば, $g(e_i, Z) = 0$. これは, 任意の $u = \sum_{i=1}^n u^i e_i$ に対して, $g(u, Z) = 0$ を意味する. ゆえに, $g$ の非退化性 (g.3) によって, $Z = 0$. これは, $z = 0$ を意味する. よって, $\hat{g}$ は単射であるから, 正則である. 計量のエルミート性により, $g_{ij}^* = g(e_i, e_j)^* = g(e_j, e_i) = g_{ji}$ であるから, $\hat{g}$ は自己随伴である. ∎

$n$ 次の行列 $A = (A_{ij})_{i,j=1,\cdots,n}$ がすべての $z = (z^1, \cdots, z^n) \in \mathbb{K}^n$ に対して $\sum_{i,j=1}^n A_{ij}(z^i)^* z^j \geq 0$ かつ「$\sum_{i,j=1}^n A_{ij}(z^i)^* z^j = 0$ ならば $z = 0$」を満たすとき, $A$ は**正定値** (positive definite) であるという.

$V$ 上の計量の存在については, 次の定理が基本的である.

**【定理 2.10】** $V$ の基底 $(e_i)_{i=1}^n$ を任意に1つ固定する．このとき，任意の $n$ 次の正則自己随伴行列 $A = (A_{ij})_{i,j=1,\cdots,n}$ に対して，

$$g_A(e_i, e_j) = A_{ij}, \quad i,j = 1, \cdots, n \tag{2.20}$$

を満たす計量 $g_A$ が唯1つ存在する．

特に行列 $A$ が正定値ならば，$g_A$ は正定値である．

**証明** 写像 $g_A : V \times V \to \mathbb{K}$ を

$$g_A(u,v) := \sum_{i,j=1}^n A_{ij}(u^i)^* v^j, \quad u = \sum_{i=1}^n u^i e_i, \quad v = \sum_{i=1}^n v^i e_i \in V \tag{2.21}$$

によって定義する．$g_A$ が線形性とエルミート性をもつことは直接計算により，ただちにわかる．非退化性を示すために，$v \in V$ が任意の $u \in V$ に対して，$g_A(u,v) = 0$ を満たすとしよう．したがって，$\sum_{i,j=1}^n A_{ij}(u^i)^* v^j = 0$. $u^i = \delta_k^i$ となる $u$ をとれば，$\sum_{j=1}^n A_{kj} v^j = 0, k = 1, \cdots, n$. $A$ は正則であるから，これは $v^j = 0, j = 1, \cdots, n$, すなわち，$v = 0$ を意味する．ゆえに，$g_A$ は非退化である．よって，$g_A$ は $V$ 上の計量である．$u = e_i, v = e_j$ ならば $u^k = \delta_i^k, v^l = \delta_j^l$ であるから，(2.20) が成立する．

$g_A$ の一意性を示すために，別に計量 $g$ があって，$g(e_i, e_j) = A_{ij}$ を満たすとする．このとき，(2.19) によって，任意の $u, v \in V$ に対して，

$$g(u,v) = \sum_{i,j=1}^n A_{ij}(u^i)^* v^j = g_A(u,v).$$

したがって，$g = g_A$.

行列 $A$ が正定値ならば，任意の $z^i \in \mathbb{K}, i = 1, \cdots, n$, に対して，$\sum_{i,j=1}^n A_{ij}(z^i)^* z^j \geq 0$ であるから，$g_A(u,u) \geq 0, u \in V$, となる．したがって，$g_A$ は正定値である．∎

命題 2.9 と定理 2.10 によって，$V$ 上の計量と $n$ 次の正則自己随伴行列は1対1に対応することがわかる．

定理 2.10 の応用として，次を得る．

**【定理 2.11】** どの有限次元ベクトル空間も必ず正定値計量をもつ．

**証明** $V$ を任意の有限次元ベクトル空間とし，$E = (e_1, \cdots, e_n)$ を $V$ の基底とする．定理 2.10 の $A$ として，正定値行列をとれば，これから定まる計量 $g_A$ は正定値である． ∎

### 2.4.2 ユークリッドベクトル空間

定理 2.11 に基づいて，次の定義が可能である．

**【定義 2.12】** 正定値計量をもつ $n$ 次元実ベクトル空間，すなわち，$n$ 次元実内積空間を **$n$ 次元ユークリッドベクトル空間** (Euclidean vector space) という．

■ **例 2.13** ■ $(\mathbb{R}^n, g_{\mathbb{R}^n})$（例 2.1）は $n$ 次元ユークリッドベクトル空間の標準的な例である．

$V$ を $n$ 次元ユークリッドベクトル空間とするとき，定理 2.7(i) によって，ゼロでない任意のベクトル $u, v \in V$ に対して，$|\langle u, v \rangle| / \|u\| \|v\| \leq 1$ が成り立つから，

$$\cos \theta_{u,v} = \frac{\langle u, v \rangle}{\|u\| \|v\|} \tag{2.22}$$

を満たす数 $\theta_{u,v} \in [0, \pi]$ が唯 1 つ存在する[2]．$\theta_{u,v}$ を **$u$ と $v$ のなす角度**という．

### 2.4.3 ミンコフスキーベクトル空間

定理 2.10 の応用として，不定内積空間のあるクラスを定義できる．$V$ を $(n+1)$ 次元実ベクトル空間とし，基底の 1 つを $(e_0, e_1, \cdots, e_n)$ とする．$(n+1)$ 次の行列 $\eta = (\eta_{\mu\nu})_{\mu,\nu=0,\cdots,n}$ を

$$\eta_{\mu\nu} := \begin{cases} 1 & ; \mu = \nu = 0 \text{ のとき} \\ -1 & ; \mu = \nu = 1, \cdots, n \text{ のとき} \\ 0 & ; \mu \neq \nu \text{ のとき} \end{cases} \tag{2.23}$$

によって定義する．容易にわかるように，$\eta$ は正則な対称行列である．したがって，定理 2.10 によって，$g_\eta(e_\mu, e_\nu) = \eta_{\mu\nu}$ となる計量 $g_\eta$ が存在する．これは不定計量である．

そこで次の定義を設ける．

---

[2] $\cos x \, (x \in \mathbb{R})$ は余弦（コサイン）関数．

【定義 2.13】 $(V,g)$ を $(n+1)$ 次元実計量ベクトル空間とする．$V$ の基底 $(e_0, e_1, \cdots, e_n)$ で $g(e_\mu, e_\nu) = \eta_{\mu\nu}$, $\mu, \nu = 0, \cdots, n$ となるものが存在するならば，$(V,g)$ を **$(n+1)$ 次元ミンコフスキーベクトル空間**という．

$(n+1)$ 次元ミンコフスキーベクトル空間の存在は上に示した通りである．

■ 例 2.14 ■ 不定内積空間 $(\mathbb{R}^{n+1}, g_{\mathrm{M}})$ （例 2.2）は，$(n+1)$ 次元ミンコフスキーベクトル空間の具象的実現の例である．

ミンコフスキーベクトル空間は，後に論述する特殊相対性理論の時空概念の基礎を与える．

### 2.4.4 正規直交基底の性質

計量ベクトル空間 $(V,g)$ の元 $u$ で $g(u,u) \neq 0$ なるものに対して，$\varepsilon(u) \in \mathbb{R}$ を

$$\varepsilon(u) := \frac{g(u,u)}{|g(u,u)|} = \frac{\langle u,u \rangle}{\|u\|^2} \tag{2.24}$$

によって定義し，これを $u$ の**符号** (signature) と呼ぶ．

$g(u,u) > 0$ ならば $\varepsilon(u) = 1$，$g(u,u) < 0$ ならば $\varepsilon(u) = -1$ である．

したがって，$V$ が内積空間ならば，すべての $u \in V \setminus \{0\}$ に対して，$\varepsilon(u) = 1$ である．

【定理 2.14】 $(V,g)$ を $n$ 次元計量ベクトル空間とし，$(e_i)_{i=1}^n$ を正規直交基底とする[3]．このとき，任意の $u, v \in V$ に対して

$$u = \sum_{i=1}^n \varepsilon(e_i) g(e_i, u) e_i, \tag{2.25}$$

$$g(u,v) = \sum_{i=1}^n \varepsilon(e_i) g(u, e_i) g(e_i, v) \tag{2.26}$$

が成り立つ．

**証明** $u = \sum_{i=1}^n u^i e_i \cdots (*)$ と展開できる．$g(e_i, e_j) = \varepsilon(e_i) \delta_{ij}$ を用いると，

$$g(e_i, u) = g\left(e_i, \sum_{j=1}^n u^j e_j\right) = \sum_{j=1}^n u^j g(e_i, e_j) = \varepsilon(e_i) u^i.$$

---

[3] 有限次元不定内積空間の場合にも正規直交基底の存在を証明できる．

これと $\varepsilon(e_i)^2 = 1$ により, $u^i = \varepsilon(e_i)g(e_i, u)$. これを $(*)$ に代入すれば (2.25) を得る.

(2.26) は (2.25) と $g$ の線形性から導かれる. ∎

式 (2.25) を正規直交基底 $(e_i)_{i=1}^n \subset V$ による, $u \in V$ の**展開**と呼ぶ. 性質 (2.26) を**正規直交基底の完全性**という.

**!注意 2.5** <u>$V$ が $n$ 次元内積空間の場合</u>, 任意の正規直交基底 $(e_i)_{i=1}^n$ に対して, $\varepsilon(e_i) = 1$ であるから,

$$u = \sum_{i=1}^n g(e_i, u)e_i = \sum_{i=1}^n \langle e_i, u\rangle e_i, \quad u \in V. \tag{2.27}$$

### 2.4.5 直交分解定理

**【定理 2.15】** $V$ を計量ベクトル空間とし, $D$ を $V$ の有限次元部分空間とする ($V$ は無限次元でもよい). このとき, 各ベクトル $u \in V$ に対して, $u_D \in D$ および $v \in D^\perp$ が存在して

$$u = u_D + v \tag{2.28}$$

と表される.

もし, $V$ が内積空間なら, このような $u_D, v$ の組は唯 1 つである.

**証明** (存在性) $D$ の正規直交基底を $(e_i)_{i=1}^d$ とし ($d := \dim D$), $v := u - \sum_{i=1}^d \varepsilon(e_i)\langle e_i, u\rangle e_i$ とおく. このとき, 直接計算により, $\langle v, e_i\rangle = 0$, $i = 1, \cdots, d$. したがって, $v \in D^\perp$. そこで, $u_D = \sum_{i=1}^d \varepsilon(e_i)\langle e_i, u\rangle e_i$ とおけば, $u_D \in D$ であり, $u = u_D + v$ が成り立つことになる.

(一意性) 別に $u'_D \in D, v' \in D^\perp$ で $u = u'_D + v'$ となるものがあったとすれば, $u'_D + v' = u_D + v$. したがって, $u'_D - u_D = v - v'$. 左辺は $D$ に属し, 右辺は $D^\perp$ に属する. 定理 2.7(iv) によって, $D \cap D^\perp = \{0\}$. したがって, $u'_D - u_D = 0, v - v' = 0$. ∎

$V$ が内積空間の場合, 上の定理にいうベクトル $u_D$ を $u$ の **$D$ 上への正射影**という.

## 2.4.6 同型性

**【定義 2.16】** $(V,g), (W,h)$ を 2 つの $\mathbb{K}$ 上の計量ベクトル空間とする（無限次元でもよい）。もし，同型写像 $T: V \to W$ で計量を保存するもの，すなわち，

$$h(T(u), T(v)) = g(u,v), \quad u, v \in V$$

を満たすものがあるとき，計量ベクトル空間 $(V,g)$ と $(W,h)$ は**計量ベクトル空間として同型**または**計量同型** (metrically isomorphic) であるといい，$(V,g) \cong (W,h)$ または単に $V \cong W$ と記す．この場合，$T$ を**計量同型写像** (metric isomorphism) と呼ぶ．（これも単に計量同型という場合がある．）$\mathbb{K} = \mathbb{R}$ のとき，$T$ を**直交変換** (orthogonal transformation)，$\mathbb{K} = \mathbb{C}$ のとき，$T$ を**ユニタリ変換** (unitary transformation) という．

**❗注意 2.6** $T: V \to W$ が計量同型写像ならば，$T^{-1}: W \to V$ も計量同型である．実際，任意の $w_1, w_2 \in W$ に対して，$g(T^{-1}(w_1), T^{-1}(w_2)) = h(T(T^{-1}w_1), T(T^{-1}w_2)) = h(w_1, w_2)$. ゆえに，計量同型の概念は $V, W$ について対称的であるから，それは確かに意味をもつ．

**【命題 2.17】** $(V,g), (W,h)$ を 2 つの $\mathbb{K}$ 上の計量ベクトル空間とする．$T: V \to W$ を計量同型写像とする．このとき，$D$ が $V$ の正規直交系ならば $T(D) := \{Tu \mid u \in D\}$（$T$ による，$D$ の像）は $W$ の正規直交系である．

$n$ 次元ユークリッドベクトル空間の具象的実現は無数にありうる．しかし，次の定理が成り立つ．

**【定理 2.18】** $n$ 次元ユークリッドベクトル空間はすべて計量同型である．

**証明** $(V,g), (W,h)$ を $n$ 次元ユークリッドベクトル空間とし，それぞれの正規直交基底を $(e_i)_{i=1}^n, (e_i')_{i=1}^n$ とする．このとき，ベクトル空間の同型写像 $T: V \to W$ で $Te_i = e_i', i = 1, \cdots, n$, となるものが存在する（定理 1.22）．すると，任意の $u = \sum_{i=1}^n u^i e_i, v = \sum_{i=1}^n v^i e_i \in V$ に対して，

$$h(T(u), T(v)) = \sum_{i,j=1}^n u^i v^j h(Te_i, Te_j) = \sum_{i,j=1}^n u^i v^j \delta_{ij}$$
$$= \sum_{i,j=1}^n u^i v^j g(e_i, e_j) = g(u,v).$$

したがって，$T$ は計量同型写像である． ∎

定理 2.18 によって，$n$ 次元ユークリッドベクトル空間は，本質的に 1 つであることがわかる．

ミンコフスキーベクトル空間についても同じことがいえる．すなわち，次の定理が成り立つ．

**【定理 2.19】** $(n+1)$ 次元ミンコフスキーベクトル空間はすべて計量同型である．

**証明** $(V,g),(W,h)$ を $(n+1)$ 次元ミンコフスキーベクトル空間とする．したがって，正規直交基底 $(e_\mu)_{\mu=0}^n \subset V, (e'_\mu)_{\mu=0}^n \subset W$ で $g(e_\mu, e_\nu) = h(e'_\mu, e'_\nu) = \eta_{\mu\nu}$ を満たすものがとれる．ベクトル空間の同型写像 $T: V \to W$ で $Te_\mu = e'_\mu, \mu = 0, 1, \cdots, n$，となるものが存在する（定理 1.22）．すると，任意の $u = \sum_{\mu=0}^n u^\mu e_\mu, v = \sum_{\mu=0}^n v^\mu e_\mu \in V$ に対して，

$$h(T(u), T(v)) = \sum_{\mu,\nu=0}^n u^\mu v^\nu h(Te_\mu, Te_\nu) = \sum_{\mu,\nu=0}^n u^\mu v^\nu \eta_{\mu\nu}$$
$$= g(u,v).$$

したがって，$T$ は計量同型写像である． ∎

### 2.4.7 表現定理

$V$ を $\mathbb{K}$ 上の計量ベクトル空間とするとき，任意の $v \in V$ に対して，$F_v : V \to \mathbb{K}$ を

$$F_v(u) := \langle v, u \rangle, \quad u \in V$$

によって定義すれば，$F_v \in V^*$ であることは容易にわかる．これは，$V$ の各元 $v$ に対して，$V^*$ の元 $F_v$ が対応することを意味する．

$V$ が有限次元の場合は，この逆も成り立つ．これを述べたのが次の定理である[4]．

**【定理 2.20】** $V$ を $\mathbb{K}$ 上の有限次元計量ベクトル空間とする．

(i) 各 $F \in V^*$ に対して，ベクトル $v_F \in V$ が存在して，すべての $u \in V$ に対して，

$$F(u) = \langle v_F, u \rangle \tag{2.29}$$

---

[4] この定理の無限次元版も存在する（リースの表現定理）．9 章を参照．

が成り立つ．このような $v_F$ は唯 1 つである．

(ii) $V$ の計量が正定値ならば，$v_F$ のノルムについて

$$\|v_F\| = \sup_{u \in V \setminus \{0\}} \frac{|F(u)|}{\|u\|} \tag{2.30}$$

が成立する．

**証明** (i) $(e_i)_{i=1}^n$ を $V$ の正規直交基底とする．定理 2.14 によって，任意の $u \in V$ は $u = \sum_{i=1}^n \varepsilon(e_i) g(e_i, u) e_i$ と表される．したがって，

$$F(u) = \sum_{i=1}^n \varepsilon(e_i) g(e_i, u) F(e_i) = g\left(\sum_{i=1}^n \varepsilon(e_i) F(e_i)^* e_i, u\right).$$

そこで，

$$v_F := \sum_{i=1}^n \varepsilon(e_i) F(e_i)^* e_i \tag{2.31}$$

とおけば，(2.29) が成り立つ．

(一意性) 別の $w \in V$ があって，$F(u) = \langle w, u \rangle, u \in V$ と表されたとすれば，$\langle w, u \rangle = \langle v_F, u \rangle$．したがって，$\langle w - v_F, u \rangle = 0, u \in V$．計量の非退化性によって，$w - v_F = 0$，すなわち，$w = v_F$ を得る．

(ii) $V$ の計量が正定値ならばシュヴァルツの不等式が成り立つから，$|F(u)| \leq \|v_F\| \|u\|$, $u \in V$．したがって，$|F(u)|/\|u\| \leq \|v_F\|$ $(u \neq 0)$．ゆえに $\sup_{u \in V \setminus \{0\}} |F(u)|/\|u\| \leq \|v_F\| \cdots (*)$．一方，$F(v_F) = \|v_F\|^2$．したがって，$\|v_F\| \neq 0$ ならば，$\|v_F\| = |F(v_F)|/\|v_F\| \leq \sup_{u \in V \setminus \{0\}} |F(u)|/\|u\|$．これと $(*)$ より，(2.30) を得る．$\|v_F\| = 0$ のときは，(2.29) より，$F(u) = 0, u \in V$ であるから，(2.30) は自明的に成り立つ． ∎

**!注意 2.7** 定理 2.20 は $V$ の基底の取り方には無関係である．(2.31) は，定理にいうベクトル $v_F$ の，正規直交基底 $(e_i)_{i=1}^n$ による表示である．

### 2.4.8 双対空間の計量

$(V, g)$ を $\mathbb{K}$ 上の計量ベクトル空間とするとき，$V$ の双対空間 $V^*$ に自然な仕方で計量が誘導されることを示そう．

$(e_i)_{i=1}^n$ を $V$ の基底とし，$(f^i)_{i=1}^n$ をその双対基底とする．したがって，任意の $\psi, \eta \in V^*$ は $\psi = \sum_{i=1}^n \psi_i f^i, \eta = \sum_{i=1}^n \eta_i f^i$ $(\psi_i, \eta_i \in \mathbb{K})$ と展開される．そこ

で写像 $g_* : V^* \times V^* \to \mathbb{K}$ を

$$g_*(\psi, \eta) := \sum_{i,j=1}^{n} (\psi_i)^* \eta_j g(e_i, e_j) \tag{2.32}$$

によって定義する．このとき，$g_*$ が $V^*$ 上の計量であることは容易に確かめられる．よって，$(V^*, g_*)$ は計量ベクトル空間である．計量 $g_*$ を $g$ に**同伴する計量**と呼ぶ．

上の定義から，

$$g_*(f^i, f^j) = g(e_i, e_j) \tag{2.33}$$

が成り立っている．したがって，$(e_i)_{i=1}^n$ が正規直交基底ならば，$(f^i)_{i=1}^n$ は $(V^*, g_*)$ の正規直交基底である．

【定理 2.21】 $(V, g)$ を $\mathbb{R}$ 上の $n$ 次元計量ベクトル空間とする．写像 $i_* : V^* \to V$ を

$$i_*(F) := v_F, \quad F \in V^* \tag{2.34}$$

によって定義する．ただし，$v_F \in V$ は定理 2.20 でその存在が一意的に保証されるベクトルである．このとき，$i_*$ は，$(V^*, g_*)$ から $(V, g)$ への計量同型写像である．

**証明** $i_*$ が同型写像であることは容易に示される．$i_*$ が計量を保存することを示そう．$(e_i)_{i=1}^n$ を $(V, g)$ の正規直交基底とし，$(f^i)_{i=1}^n$ を $(V^*, g_*)$ の双対基底とする．このとき，任意の $F = \sum_{i=1}^n F_i f^i, G = \sum_{i=1}^n G_i f^i \in V^*$ に対して，

$$g_*(F, G) = \sum_{i,j=1}^{n} F_i G_j g_*(f^i, f^j) = \sum_{i,j=1}^{n} F_i G_j g(e_i, e_j) = \sum_{i=1}^{n} F_i G_i \varepsilon(e_i).$$

一方，(2.31) によって，

$$g(v_F, v_G) = \sum_{i,j=1}^{n} \varepsilon(e_i) F_i \varepsilon(e_j) G_j g(e_i, e_j) = \sum_{i=1}^{n} \varepsilon(e_i) F_i G_i.$$

したがって，$g_*(F, G) = g(v_F, v_G) = g(i_*(F), i_*(G))$．ゆえに，$i_*$ は計量を保存する． ∎

**!注意 2.8** $V$ が $\mathbb{C}$ 上の計量ベクトル空間の場合も $i_*$ は全単射である．しかし，反線形である．すなわち，

$$i_*(aF + bG) = a^* i_*(F) + b^* i_*(G), \quad a, b \in \mathbb{C}, F, G \in V^*.$$

$(V, g)$ が有限次元の実計量ベクトル空間であるとき，定理 2.21 によって，$(V, g)$ と $(V^*, g_*)$ は計量同型である．この意味で

$$(V^*, g_*) \cong (V, g) \tag{2.35}$$

と記す．この同型は基底の取り方によらない普遍的なものである．そこで，この同型を $(V^*, g_*)$ と $(V, g)$ の**標準同型** (canonical isomorphism) と呼ぶ．

### 2.4.9 テンソル空間の計量

$(V, g)$ を $n$ 次元計量ベクトル空間とし，$(e_i)_{i=1}^n$ を $V$ の基底とする．任意の $T, S \in \bigotimes^p V$ は

$$T = \sum_{i_1, \cdots, i_p = 1}^n T^{i_1 \cdots i_p} e_{i_1} \otimes \cdots \otimes e_{i_p}, \quad S = \sum_{i_1, \cdots, i_p = 1}^n S^{i_1 \cdots i_p} e_{i_1} \otimes \cdots \otimes e_{i_p}$$

と表される（$T^{i_1 \cdots i_p}, S^{i_1 \cdots i_p}$ はそれぞれ，基底 $(e_{i_1} \otimes \cdots \otimes e_{i_p})_{i_1, \cdots, i_p = 1}^n$ に関する，$T, S$ の成分である）．そこで，写像 $g_p : (\bigotimes^p V) \times (\bigotimes^p V) \to \mathbb{K}$ を

$$g_p(T, S) := \sum_{\substack{i_1, \cdots, i_p = 1 \\ j_1, \cdots, j_p = 1}}^n (T^{i_1 \cdots i_p})^* S^{j_1 \cdots j_p} g(e_{i_1}, e_{j_1}) \cdots g(e_{i_p}, e_{j_p}) \tag{2.36}$$

によって定義する．このとき，$g_p$ が $\bigotimes^p V$ の計量であることは容易に確かめられる．しかも，$g_p$ は基底の取り方によらない．実際，任意の $u_1, \cdots, u_p, v_1, \cdots, v_p \in V$ に対して，

$$g_p(u_1 \otimes \cdots \otimes u_p, v_1 \otimes \cdots \otimes v_p) = g(u_1, v_1) \cdots g(u_p, v_p) \tag{2.37}$$

がわかる[5]．以下，

$$g_p(T, S) = \langle T, S \rangle_{\bigotimes^p V} = \langle T, S \rangle \tag{2.38}$$

のように記す．

(2.37) を用いることにより，任意の $u_j, v_j \in V, j = 1, \cdots, p$ に対して，

$$\langle u_1 \wedge \cdots \wedge u_p, v_1 \wedge \cdots \wedge v_p \rangle = \det(g(u_i, v_j))_{i, j = 1, \cdots, p} \tag{2.39}$$

---

[5] $u = \sum_{i=1}^n u^i e_i, v = \sum_{j=1}^n v^j e_j$ と展開して，左辺を上の定義に従って計算せよ．

が成り立つ（右辺は，$(i,j)$ 成分が $g(u_i, v_j)$ である $p$ 次行列の行列式を表す）（演習問題 1）．特に

$$\langle u \wedge v, u \wedge v \rangle = \langle u, u \rangle \langle v, v \rangle - \langle u, v \rangle \langle v, u \rangle, \quad u, v \in V. \tag{2.40}$$

**【命題 2.22】** $(e_i)_{i=1}^n$ を $V$ の任意の正規直交基底とする．

(i) $\{e_{i_1} \otimes \cdots \otimes e_{i_p} \mid i_1, \cdots, i_p = 1, \cdots, n\}$ は $\bigotimes^p V$ の正規直交基底である．

(ii) $\{e_{i_1} \wedge \cdots \wedge e_{i_p} \mid 1 \leq i_1 < \cdots < i_p \leq n\}$ は $\bigwedge^p V$ の正規直交基底である．

**証明** (i) $\{e_{i_1} \otimes \cdots \otimes e_{i_p} \mid i_1, \cdots, i_p = 1, \cdots, n\}$ が $\bigotimes^p V$ の基底であることは 1 章，定理 1.37 による．正規直交性は (2.37) から出る．

(ii) $\{e_{i_1} \wedge \cdots \wedge e_{i_p} \mid 1 \leq i_1 < \cdots < i_p \leq n\}$ が $\bigwedge^p V$ の基底であることは 1 章，定理 1.42(ii) による．正規直交性は (2.39) から出る． ∎

**【命題 2.23】** 任意の $p \geq 1$ と任意の $T, S \in \bigotimes^p V$ に対して，$\langle T, \mathcal{A}_p(S) \rangle = \langle \mathcal{A}_p(T), S \rangle \cdots (*)$．

**証明** $T = u_1 \otimes \cdots \otimes u_p, S = v_1 \otimes \cdots \otimes v_p \, (u_i, v_i \in V, i = 1, \cdots, p)$ の場合に $(*)$ を示せば十分である．この場合

$$\begin{aligned}
\langle T, \mathcal{A}_p(S) \rangle &= \sum_{\sigma \in S_p} \frac{\operatorname{sgn}(\sigma)}{p!} \langle u_1, v_{\sigma(1)} \rangle \cdots \langle u_p, v_{\sigma(p)} \rangle \\
&= \sum_{\sigma \in S_p} \frac{\operatorname{sgn}(\sigma)}{p!} \langle u_{\sigma^{-1}(1)}, v_1 \rangle \cdots \langle u_{\sigma^{-1}(p)}, v_p \rangle \\
&= \sum_{\sigma \in S_p} \frac{\operatorname{sgn}(\sigma^{-1})}{p!} \langle u_{\sigma^{-1}(1)}, v_1 \rangle \cdots \langle u_{\sigma^{-1}(p)}, v_p \rangle \\
&\quad (\because \operatorname{sgn}(\sigma) = \operatorname{sgn}(\sigma^{-1})) \\
&= \langle \mathcal{A}_p(T), S \rangle.
\end{aligned}$$

∎

**【補題 2.24】** $T \in \bigwedge^p V$ とする．すべての $S \in \bigwedge^p V$ に対して，$\langle T, S \rangle = 0$ ならば，$T = 0$ である．

**証明** 任意の $S' \in \bigotimes^p V$ に対して $\mathcal{A}_p(S') \in \bigwedge^p V$ であるから，$\langle T, \mathcal{A}_p(S') \rangle = 0$. 前命題を左辺に応用し，$\mathcal{A}_p(T) = T$ に注意すれば，$\langle T, S' \rangle = 0$. したがって，$T = 0$. ∎

【補題 2.25】 $0 \leq p \leq n-1$ とする．$T \in \bigwedge^p V$ がすべての $u \in V$ に対して，$T \wedge u = 0$ を満たすならば，$T = 0$ である．

**証明** $(e_i)_{i=1}^n$ を $V$ の基底とし，$T = \sum_{i_1 < \cdots < i_p} T^{i_1 \cdots i_p} e_{i_1} \wedge \cdots \wedge e_{i_p}$ と展開し，$T \wedge u$ と $v_1 \wedge \cdots \wedge v_{p+1} (v_j \in V)$ の計量をとると，

$$
\begin{aligned}
0 &= \sum_{i_1 < \cdots < i_p} (T^{i_1 \cdots i_p})^* \langle e_{i_1} \wedge \cdots \wedge e_{i_p} \wedge u, v_1 \wedge \cdots \wedge v_{p+1} \rangle \\
&= \sum_{i_1 < \cdots < i_p} (T^{i_1 \cdots i_p})^* \sum_{\sigma \in \mathsf{S}_{p+1}} \mathrm{sgn}(\sigma) \langle e_{i_1}, v_{\sigma(1)} \rangle \cdots \langle e_{i_p}, v_{\sigma(p)} \rangle \langle u, v_{\sigma(p+1)} \rangle.
\end{aligned}
$$

したがって，$T' = \sum_{i_1 < \cdots < i_p} (T^{i_1 \cdots i_p})^* \sum_{\sigma \in \mathsf{S}_{p+1}} \mathrm{sgn}(\sigma) \langle e_{i_1}, v_{\sigma(1)} \rangle \cdots \langle e_{i_p}, v_{\sigma(p)} \rangle \times v_{\sigma(p+1)}$ とおけば，$\langle u, T' \rangle_V = 0$. これは，すべての $u \in V$ に対して成り立つから，$T' = 0$. 一方，$T'$ は $\sum_{j=1}^{p+1} a_j v_j$ という形に書け，$v_1, \cdots, v_{p+1}$ は任意の線形独立集合にとれるから，$a_i = 0$ が結論される．これは

$$
\sum_{i_1 < \cdots < i_p} (T^{i_1 \cdots i_p})^* \sum_{\sigma \in \mathsf{S}_p} \mathrm{sgn}(\sigma) \langle e_{i_1}, v_{\sigma(1)} \rangle \cdots \langle e_{i_p}, v_{\sigma(p)} \rangle = 0
$$

を意味する．したがって，$\langle T, v_1 \wedge \cdots \wedge v_p \rangle = 0$. ゆえに，任意の $S \in \bigwedge^p V$ に対して，$\langle T, S \rangle = 0$. よって，$T = 0$. ∎

【命題 2.26】 $1 \leq p \leq n-1$ とする．このとき，各 $T \in \bigwedge^p V$ に対して，線形写像 $F_T : \bigwedge^{p+1} V \to V$ で

$$\langle S, T \wedge u \rangle = \langle F_T(S), u \rangle, \quad u \in V, S \in \bigwedge^{p+1} V \tag{2.41}$$

を満たすものが唯 1 つ存在する．さらに，$T \neq 0$ ならば，$\mathrm{Ran}(F_T) \neq \{0\}$．

**証明** $S \in \bigwedge^{p+1} V$ とし，写像 $f : V \to \mathbb{K}$ を $f(u) := \langle S, T \wedge u \rangle$ によって定義する．このとき，$f \in V^*$. したがって，表現定理（定理 2.20）により，ベクトル $v_{S,T} \in V$ で $f(u) = \langle v_{S,T}, u \rangle_V$ を満たすものが唯 1 つ存在する．そこで，写像 $F_T : \bigwedge^{p+1} V \to V$ を $F_T(S) = v_{S,T}, S \in \bigwedge^{p+1} V$ によって定義すれば，$F_T$ は

線形であり，(2.41) を満たすことがわかる．$F_T$ の一意性は定理 2.20 における一意性の証明と同様にして示される．もし，$\mathrm{Ran}(F_T) = \{0\}$ とすると，すべての $u \in V, S \in \bigwedge^{p+1} V$ に対して，$\langle S, T \wedge u \rangle = 0$．これは $T \wedge u = 0, u \in V$ を意味する．したがって，補題 2.25 によって，$T = 0$ である．ゆえに，$T \neq 0$ ならば，$\mathrm{Ran}(F_T) \neq \{0\}$． ∎

### 2.4.10 幾何学的意味

$V$ がユークリッドベクトル空間の場合に，2 階反対称テンソルと 3 階反対称テンソルの幾何学的意味について簡単にふれておこう．

$u, v \in V$ を線形独立なベクトルとする．このとき，$u, v$ から決まる自然な幾何学的対象は隣接する辺の長さがそれぞれ，$\|u\|, \|v\|$ に等しい平行四辺形である（図 2.1）．

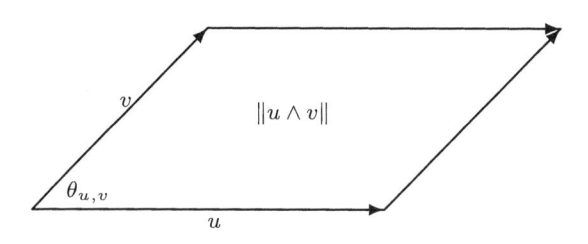

**図 2.1** $u \wedge v$ の幾何学的意味

この平行四辺形の面積を $S$ とすれば

$$S = \|u\| \|v\| \sin \theta_{u,v}$$

が成り立つ．ただし，$\theta_{u,v}$ は $u$ と $v$ のなす角である（図 2.1 参照）．一方，$\langle u, v \rangle = \|u\| \|v\| \cos \theta_{u,v}$ を使えば $S^2 = \|u\|^2 \|v\|^2 - |\langle u, v \rangle|^2$．これと (2.40) により，$S^2 = \|u \wedge v\|^2$，すなわち，

$$S = \|u \wedge v\| \tag{2.42}$$

が得られる．ゆえに，$u \wedge v$ は，その大きさが，ベクトル $u, v$ によってできる平行四辺形の面積に等しいようなテンソル量である．この意味で，$u \wedge v$ を**面ベクトル**という場合がある．

次に，3 階の反対称テンソル $u \wedge v \wedge w$ $(u, v, w \in V)$ の幾何学的意味について考えてみよう．$u, v, w$ は線形独立であるとする．このとき，3 つのベクトル $u, v, w$

に同伴する自然な幾何学的対象は，1つの頂点から出る3稜の長さがそれぞれ，$\|u\|, \|v\|, \|w\|$ に等しい平行6面体である（図2.2）．

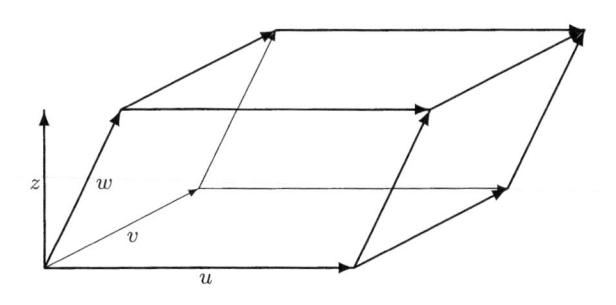

**図 2.2** $u \wedge v \wedge w$ の幾何学的意味

いま，これを $H$ とし，その体積を $L$ とすれば

$$L = \|u \wedge v\| \|z\|.$$

ただし，$z \in V$ は $u, v$ が生成する2次元部分空間 $\mathcal{L}(\{u,v\})$ と直交するベクトルであり，$w - z \in \mathcal{L}(\{u,v\})$ となるものである．したがって，実定数 $\alpha, \beta$ があって

$$w = z + \alpha u + \beta v \tag{$*$}$$

と表すことができる．直交性の条件より

$$\alpha \|u\|^2 + \beta \langle v, u \rangle = \langle w, u \rangle, \quad \alpha \langle v, u \rangle + \beta \|v\|^2 = \langle w, v \rangle.$$

したがって

$$\alpha = \frac{\langle w, u \rangle \|v\|^2 - \langle w, v \rangle \langle v, u \rangle}{\|u \wedge v\|^2}, \quad \beta = \frac{\langle w, v \rangle \|u\|^2 - \langle w, u \rangle \langle u, v \rangle}{\|u \wedge v\|^2}.$$

一方，$z \perp u, z \perp v$ を用いると $(*)$ より $\langle w, z \rangle = \|z\|^2$．この左辺に $z = w - \alpha u - \beta v$ を代入すれば

$$\|z\|^2 = \|w\|^2 - \alpha \langle w, u \rangle - \beta \langle w, v \rangle.$$

これらの事実から，$L^2 = \|u \wedge v \wedge w\|^2$，すなわち

$$L = \|u \wedge v \wedge w\| \tag{2.43}$$

が導かれる．ゆえに，$u \wedge v \wedge w$ のノルムは $H$ の体積に等しい．

## 2.4.11 成分表示に関する注意

$V$ を $n$ 次元実計量ベクトル空間とし,$V^*$ と $V$ の標準的計量同型 (2.35) を成分表示を使って表してみよう.$(e_i)_{i=1}^n$ を $(V, g)$ の正規直交基底,その双対基底を $(f^i)_{i=1}^n$ とする.このとき,すでに見たように——(2.33) の次を参照——,$(f^i)_{i=1}^n$ は $(V^*, g_*)$ の正規直交基底である.

$$\hat{g}^{ij} := g_*(f^i, f^j), \quad \hat{g}_{ij} := g(e_i, e_j) \tag{2.44}$$

とおく(正規直交基底に対する,$g, g_*$ の成分表示には,誤解と混乱を避けるため,^をつける).(2.33) により,

$$\hat{g}^{ij} = \hat{g}_{ij} = \varepsilon(e_i)\delta_{ij}.$$

これを使えば

$$\sum_{k=1}^n \hat{g}^{ik}\hat{g}_{kj} = \delta_j^i, \quad \sum_{k=1}^n \hat{g}_{ik}\hat{g}^{kj} = \delta_i^j \tag{2.45}$$

が得られる.

任意の $F = \sum_{i=1}^n F_i f^i \in V^*$ に対して,

$$F^i := \sum_{j=1}^n \hat{g}^{ij} F_j \tag{2.46}$$

とおけば,

$$i_*(F) = \sum_{i=1}^n F^i e_i. \tag{2.47}$$

つまり,標準同型 (2.35) のもとで,成分表示が $(F_1, \cdots, F_n)$ である $V^*$ のベクトルに対応する $V$ のベクトルの成分表示は $(F^1, \cdots, F^n)$ である.

逆に,任意の $u = \sum_{i=1}^n u^i e_i \in V$ に対して,

$$u_i := \sum_{j=1}^n \hat{g}_{ij} u^j \tag{2.48}$$

とおけば,

$$i_*^{-1}(u) = \sum_{i=1}^n u_i f^i \tag{2.49}$$

である.すなわち,標準同型 (2.35) のもとで,成分表示が $(u^1, \cdots, u^n)$ である $V$ のベクトル $u$ に対応する $V^*$ のベクトルの成分表示は $(u_1, \cdots, u_n)$ である.

以上から，標準同型 (2.35) は，成分表示の形式では，計量テンソルの成分表示による，ベクトルの成分表示の脚（添え字）の上げ下げに対応することがわかる．

**!注意 2.9** 成分表示に頼る，旧式のベクトル解析を学ばれた読者は，この論述によって，ベクトルの成分の添え字の上げ下げの本源的意味を了解されたことと思う．同時に，成分表示の形式では絶対的本質——そもそも本源的な意味で何をやっているのかということ——がわかりにくいことも納得していただけるであろう．

**!注意 2.10** $V$ がユークリッドベクトル空間の場合，$V$ の任意の正規直交基底 $(e_i)_i$ に対して，$g_{ij} = g(e_i, e_j) = \delta_{ij} = g^{ij}$ であるから，標準同型 (2.35) のもとで，成分表示が $(F_1, \cdots, F_n)$ である $V^*$ のベクトル $F$ に対応する $V$ のベクトル $i_*(F)$ の成分表示は $(F_1, \cdots, F_n)$ となり，$F$ と同じ成分表示になる．したがって，$V$ がユークリッドベクトル空間の場合には，正規直交基底による成分表示の添え字の上げ下げは何ら実質的な意味をもたない．この意味で，$(V^*, g_*)$ と $(V, g)$ はまったく同じものとみなすことができる．ユークリッドベクトル空間の場合に，成分表示に頼る，旧式のベクトル解析が添え字の位置を問題にしない根源的理由はここにある．

### 2.4.12 ホッジの $*$ 作用素

$V$ を $n$ 次元実計量ベクトル空間とし，$\bigwedge^n V$ の基底 $\tau_n$ で $|\langle \tau_n, \tau_n \rangle| = 1$ を満たすものを任意に1つ固定する．

**【命題 2.27】** 各 $p = 0, 1, \cdots, n$ に対して，線形作用素 $h_{\tau_n} : \bigwedge^p V \to \bigwedge^{n-p} V$ ですべての $T \in \bigwedge^p V$ と $S \in \bigwedge^{n-p} V$ に対して，

$$T \wedge S = \langle h_{\tau_n}(T), S \rangle \tau_n. \tag{2.50}$$

を満たすものが唯1つ存在する．

**証明** 各 $T \in \bigwedge^p V$ と $S \in \bigwedge^{n-p} V$ に対して，$T \wedge S \in \bigwedge^n V$ であるから，$T \wedge S = \varepsilon(\tau_n)\langle \tau_n, T \wedge S \rangle \tau_n$ と書ける．写像 $f_T : \bigwedge^{n-p} V \to \mathbb{R}$ を $f_T(S) := \varepsilon(\tau_n)\langle \tau_n, T \wedge S \rangle$ によって定義すれば，$f_T$ は線形である．すなわち，$f_T \in (\bigwedge^{n-p} V)^*$．ゆえに，表現定理 2.20 の応用により，$f_T(S) = \langle \chi(T), S \rangle$，$S \in \bigwedge^{n-p} V$ を満たす $\chi(T) \in \bigwedge^{n-p} V$ が唯1つ存在する．対応: $T \to \chi(T)$ は $\bigwedge^p V$ から $\bigwedge^{n-p} V$ への線形写像になる．この写像を $h_{\tau_n}$ で表せば，これが求める作用素である．一意性は容易． ∎

**【定義 2.28】** 命題 2.27 の線形作用素 $h_{\tau_n}$ を $*$ で表し ($* := h_{\tau_n}$), これを**ホッジ $*$ 作用素** (Hodge star-operator) と呼ぶ. したがって, $T \wedge S = \langle *T, S \rangle \tau_n$, $T \in \bigwedge^p V$, $S \in \bigwedge^{n-p} V$.

**!注意 2.11** ホッジ $*$ 作用素は, $V$ の計量と $V$ の向き ($\tau_n$ が属する向き) に依存している. $\tau_n$ と異なる向きに属する正規直交基底 $-\tau_n$ に関しても, 同様にして, ホッジ $*$ 作用素 $*'$ が定義される. だが, 容易にわかるように, $*' = -*$.

ホッジ $*$ 作用素の基本的性質を証明しておこう. まず, 容易にわかるように

$$*\tau_n = 1, \quad *1 = \varepsilon(\tau_n)\tau_n \tag{2.51}$$

が成り立つ (演習問題 5).

$(e_i)_{i=1}^n$ を $V$ の正規直交基底とする. したがって, $\tau_n = \alpha e_1 \wedge \cdots \wedge e_n$ と書ける ($\alpha = \pm 1$).

**【補題 2.29】** 任意の $i_1, \cdots i_p, 1 \le i_1 < \cdots < i_p \le n$ に対して,

$$*(e_{i_1} \wedge \cdots \wedge e_{i_p}) = \varepsilon \alpha \varepsilon(e_{j_1}) \cdots \varepsilon(e_{j_{n-p}}) e_{j_1} \wedge \cdots \wedge e_{j_{n-p}} \tag{2.52}$$

ただし, $i_1, \cdots, i_p, j_1, \cdots, j_{n-p}$ ($j_1 < \cdots < j_{n-p}$) は $1, \cdots, n$ の置換であり, $\varepsilon$ はその符号である.

**証明** $A = *(e_{i_1} \wedge \cdots \wedge e_{i_p})$ とおくと, $A = \sum_{j_1 < \cdots < j_{n-p}} A^{j_1 \cdots j_{n-p}} e_{j_1} \wedge \cdots \wedge e_{j_{n-p}}$ と展開できる. $*$ 作用素の定義によって, $j_1 < \cdots < j_{n-p}, \{i_1, \cdots, i_p\} \cup \{j_1, \cdots, j_{n-p}\} = \{1, \cdots, n\}$ として

$$\langle A, e_{j_1} \wedge \cdots \wedge e_{j_{n-p}} \rangle \tau_n = e_{i_1} \wedge \cdots \wedge e_{i_p} \wedge e_{j_1} \wedge \cdots \wedge e_{j_{n-p}}.$$

左辺は, $\varepsilon(e_{j_1}) \cdots \varepsilon(e_{j_{n-p}}) A^{j_1 \cdots j_{n-p}} \tau_n$ に等しい. 一方, 右辺は $\varepsilon \alpha \tau_n$ に等しい. したがって, $\varepsilon(e_{j_1}) \cdots \varepsilon(e_{j_{n-p}}) A^{j_1 \cdots j_{n-p}} = \varepsilon \alpha$. ∎

**!注意 2.12** $V$ が<u>ユークリッドベクトル空間の場合</u>には, $\varepsilon(e_i) = 1, i = 1, \cdots, n$, であるから,

$$*(e_{i_1} \wedge \cdots \wedge e_{i_p}) = \varepsilon \alpha e_{j_1} \wedge \cdots \wedge e_{j_{n-p}}. \tag{2.53}$$

**【命題 2.30】** 任意の $T \in \bigwedge^p V$ に対して

$$**T = (-1)^{p(n-p)} \varepsilon(\tau_n) T. \tag{2.54}$$

**証明** $T = \sum_{i_1 < \cdots < i_p} T^{i_1 \cdots i_p} e_{i_1} \wedge \cdots \wedge e_{i_p}$ と展開すれば，前補題により

$$*T = \sum_{i_1 < \cdots < i_p} T^{i_1 \cdots i_p} \varepsilon \alpha \varepsilon(e_{j_1}) \cdots \varepsilon(e_{j_{n-p}}) e_{j_1} \wedge \cdots \wedge e_{j_{n-p}}.$$

したがって，また（$\alpha^2 = 1$ にも注意して）

$$**T = \sum_{i_1 < \cdots < i_p} T^{i_1 \cdots i_p} \varepsilon \varepsilon' \varepsilon(e_{j_1}) \cdots \varepsilon(e_{j_{n-p}}) \varepsilon(e_{i_1}) \cdots \varepsilon(e_{i_p}) e_{i_1} \wedge \cdots \wedge e_{i_p}.$$

ただし，$\varepsilon'$ は $1, \cdots, n$ の置換 $j_1, \cdots, j_{n-p}, i_1, \cdots, i_p$ の符号である．$\varepsilon \varepsilon'$ は置換

$$(i_1, \cdots, i_p, j_1, \cdots, j_{n-p}) \mapsto (j_1, \cdots, j_{n-p}, i_1, \cdots, i_p)$$

の符号に等しいから，それは $(-1)^{p(n-p)}$ である．また，

$$\varepsilon(e_{j_1}) \cdots \varepsilon(e_{j_{n-p}}) \varepsilon(e_{i_1}) \cdots \varepsilon(e_{i_p}) = \varepsilon(e_1) \cdots \varepsilon(e_n) = \varepsilon(\tau_n).$$

ゆえに (2.54) が得られる． ∎

**❗注意 2.13** $V$ が<u>ユークリッドベクトル空間の場合</u>には，$\varepsilon(\tau_n) = 1$ であるから，

$$**T = (-1)^{p(n-p)} T. \tag{2.55}$$

**【命題 2.31】** $T, R \in \bigwedge^p V, S \in \bigwedge^{n-p} V, p \leq n$ とする．このとき：

(i) $\langle *T, S \rangle = (-1)^{p(n-p)} \langle T, *S \rangle$.

(ii) $*T \wedge R = *R \wedge T$.

**証明** (i) $\langle *T, S \rangle \tau_n = T \wedge S = (-1)^{p(n-p)} S \wedge T = (-1)^{p(n-p)} \langle *S, T \rangle \tau_n = (-1)^{p(n-p)} \langle T, *S \rangle \tau_n$．ゆえに $\langle *T, S \rangle = (-1)^{p(n-p)} \langle T, *S \rangle$.

(ii) $*T \wedge R = (-1)^{p(n-p)} \varepsilon(\tau_n) \langle T, R \rangle \tau_n = (-1)^{p(n-p)} \varepsilon(\tau_n) \langle R, T \rangle \tau_n = *R \wedge T$. ∎

## 2.4.13　3次元ユークリッドベクトル空間におけるベクトル積

3次元ユークリッドベクトル空間のある特殊構造にふれておこう．

この項では，$V$ を3次元ユークリッドベクトル空間とする．

**【定義 2.32】** 3次元ユークリッドベクトル空間 $V$ の向きを1つ固定し，これに対応するホッジ $*$ 作用素を $*$ とする．任意の $u, v \in V$ に対して，$u \times v \in V$ を

$$u \times v := *(u \wedge v) \qquad (2.56)$$

によって定義し，これを $u$ と $v$ の**ベクトル積** (vector product) と呼ぶ．

**!注意 2.14** $V$ の向きが2つあることに応じて，作用素 $*$ も2種類あるので，ベクトル積も2種類存在する．だが，それらは符号が異なるだけである（注意 2.11）．

定義 (2.56) と外積の反対称性により，

$$u \times v = -v \times u, \quad u, v \in V. \qquad (2.57)$$

**■ 例 2.15 ■** $V$ を3次元ユークリッドベクトル空間とし，$V$ の任意の正規直交基底を $(e_1, e_2, e_3)$ とする．$\bigwedge^3 V$ の $V$ の向きとして，基底 $\tau_3 = e_1 \wedge e_2 \wedge e_3$ が属する同値類をとる．このとき，任意の $u = \sum_{i=1}^{3} u^i e_i \in V$ に対して $(e_1 \wedge e_2) \wedge u = u^3 e_1 \wedge e_2 \wedge e_3$ であり，左辺は $\langle *(e_1 \wedge e_2), u \rangle e_1 \wedge e_2 \wedge e_3$ に等しいから，$u^3 = \langle *(e_1 \wedge e_2), u \rangle$．$u^3 = \langle e_3, u \rangle$ であるから，$\langle *(e_1 \wedge e_2), u \rangle = \langle e_3, u \rangle$．$u \in V$ は任意であったから，これは

$$*(e_1 \wedge e_2) = e_3$$

を意味する．同様にして

$$*(e_2 \wedge e_3) = e_1, \quad *(e_3 \wedge e_1) = e_2$$

が成り立つ．したがって，

$$e_1 \times e_2 = e_3, \quad e_2 \times e_3 = e_1, \quad e_3 \times e_1 = e_2.$$

ゆえに，$u = \sum_{i=1}^{3} u^i e_i, v = \sum_{i=1}^{3} v^i e_i$ とすれば，$u \times v = \sum_{i,j=1}^{3} u^i v^j e_i \times e_j$ であるから

$$u \times v = (u^2 v^3 - u^3 v^2) e_1 + (u^3 v^1 - u^1 v^3) e_2 + (u^1 v^2 - u^2 v^1) e_3 \qquad (2.58)$$

がわかる．ゆえに，基底 $(e_1, e_2, e_3)$ に関する，$u \times v$ の成分表示は $(u^2 v^3 - u^3 v^2, u^3 v^1 - u^1 v^3, u^1 v^2 - u^2 v^1)$ である．これは，物理の教科書などに見られる，旧式のベクトル解析におけるベクトル積の定義に他ならない．こうして，ベクトル積の旧式定義というのは，もっと普遍的な対象 (2.56) の正規直交基底による成分表示にすぎないことがわかる．

## 2.4.14 反対称テンソルの演算積と線形作用素の表現定理

$V$ を $n$ 次元実計量ベクトル空間とし, $p=1,\cdots,n$, とする. 任意の $v \in V$ と $T = u_1 \wedge \cdots \wedge u_p \in \bigwedge^p V$ に対して, **演算積** $vT, Tv \in \bigwedge^{p-1} V$ を

$$vT := \sum_{i=1}^{p}(-1)^{i-1}\langle v, u_i\rangle u_1 \wedge \cdots \wedge \hat{u}_i \wedge \cdots \wedge u_p, \tag{2.59}$$

$$Tv := \sum_{j=0}^{p-1}(-1)^{j}\langle v, u_{p-j}\rangle u_1 \wedge \cdots \wedge \hat{u}_{p-j} \wedge \cdots \wedge u_p \tag{2.60}$$

によって定義する. ただし, $\hat{u}_i, \hat{u}_{p-j}$ はそれぞれ, 和において $u_i, u_{p-j}$ を除くことを指示する記号である. 容易にわかるように

$$vT = (-1)^{p-1} Tv. \tag{2.61}$$

一般の $p$ 階反対称テンソル $T = \sum_{i=1}^{N} T_i \in \bigwedge^p V$ ($T_i$ は $u_1 \wedge \cdots \wedge u_p$ という型のテンソル, $N \in \mathbb{N}$) に対しては,

$$vT := \sum_{i=1}^{N} vT_i \tag{2.62}$$

と定義する.

**【命題 2.33】** 任意の $v \in V, T \in \bigwedge^2 V$ に対して, $vT$ と $v$ は直交する. すなわち, $\langle vT, v \rangle = 0$.

**証明** $T = u_1 \wedge u_2 \ (u_1, u_2 \in V)$ とすれば

$$vT = \langle v, u_1 \rangle u_2 - \langle v, u_2 \rangle u_1.$$

したがって, $\langle vT, v \rangle = \langle u_1, v \rangle \langle u_2, v \rangle - \langle u_2, v \rangle \langle u_1, v \rangle = 0.$ ∎

各 $T \in \bigwedge^2 V$ に対して, 写像 $f_T : V \to V$ を

$$f_T(v) := vT, \quad v \in V$$

によって定義すれば, $f_T$ は線形写像, すなわち, $f_T \in \mathcal{L}(V)$ である. 前命題により $\langle f_T(v), v \rangle = 0, v \in V$, が成り立つ.

次の定理は, いま述べた事実の逆が成立することを示す:

**【定理 2.34】** $f \in \mathcal{L}(V)$ とし,任意の $v \in V$ に対して,$\langle f(v), v \rangle = 0$ が成り立つと仮定する.このとき,2 階反対称テンソル $T \in \bigwedge^2 V$ で $f = f_T$ となるもの,すなわち,

$$f(v) = vT, \quad v \in V \tag{2.63}$$

を満たすものが唯 1 つ存在する.

**証明** $(e_i)_{i=1}^n$ を $V$ の正規直交基底とする.したがって

$$f(v) = \sum_{i=1}^n f_i(v) e_i, \quad f_i(v) = \varepsilon(e_i) \langle e_i, f(v) \rangle$$

と展開できる.$f$ の線形性により,$f_i \in V^*$ である.したがって,表現定理 2.20 により $f_i(v) = \langle w_i, v \rangle, v \in V$,を満たすベクトル $w_i \in V$ が唯 1 つ存在する.したがって,$f(v) = \sum_{i=1}^n \langle w_i, v \rangle e_i \cdots (*)$.直交性の仮定 $\langle f(v), v \rangle = 0$ により,$\sum_{j=1}^n \langle v, w_j \rangle v_j = 0 \cdots (**)$.ただし,$v_j = \langle e_j, v \rangle \in \mathbb{R}$.$v = \sum_{i=1}^n \varepsilon(e_i) v_i e_i$ を $(*)$ に代入すれば,$f(v) = \sum_{i,j=1}^n w_{ij} \varepsilon(e_j) v_j e_i \cdots (\dagger)$,ただし,$w_{ij} := \langle w_i, e_j \rangle$.また,$v = \sum_{i=1}^n \varepsilon(e_i) v_i e_i$ を $(**)$ に代入すれば $\sum_{i,j=1}^n w_{ij} \varepsilon(e_j) v_i v_j = 0$.したがって,$\sum_{i=1}^n w_{ii} \varepsilon(e_i) |v_i|^2 + \sum_{i \neq j} w_{ij} \varepsilon(e_j) v_i v_j = 0$.$v$ は任意であるから,$v_i \in \mathbb{R}$ も任意である.したがって,$w_{ij} \varepsilon(e_j) + w_{ji} \varepsilon(e_i) = 0 \ (i, j = 1, \cdots, n) \cdots (\dagger\dagger)$.そこで,$T := -\sum_{i<j} w_{ij} \varepsilon(e_j) e_i \wedge e_j \in \bigwedge^2 V$ を定義すれば

$$vT = -\sum_{i<j} w_{ij} \varepsilon(e_j) v_i e_j + \sum_{i<j} w_{ij} \varepsilon(e_j) v_j e_i$$
$$= \sum_{j<i} w_{ij} \varepsilon(e_j) v_j e_i + \sum_{i<j} w_{ij} \varepsilon(e_j) v_j e_i \quad (\because (\dagger\dagger))$$
$$= f(v) \ (\because (\dagger) \text{ および } w_{ii} = 0).$$

ゆえに (2.63) が成り立つ.$T$ の一意性については,$vT = vT', v \in V$ となる $T' \in \bigwedge^2 V$ があったとして,$T = T'$ を示せばよい.$T - T' = \sum_{i<j} a^{ij} e_i \wedge e_j$ とすれば,$v(T - T') = 0$ より,

$$\sum_{i<j} a^{ij} v_i e_j - \sum_{i<j} a^{ij} v_j e_i = 0.$$

これは $\sum_{i=1}^n v_i \left( \sum_{i<j} a^{ij} e_j - \sum_{j<i} a^{ji} e_j \right) = 0$ と変形できる.$v_i \in \mathbb{R}$ は任意であるから,各 $i = 1, \cdots, n$ に対して $\sum_{i<j} a^{ij} e_j - \sum_{j<i} a^{ji} e_j = 0$.したがって,$a^{ij} = 0, i < j$.ゆえに $T = T'$. ∎

## 2.5 共役作用素，対称作用素，反対称作用素

有限次元計量ベクトル空間においては，各線形作用素に "自然な" 形で 1 つの線形作用素が同伴している．この側面を簡単に見ておく．

$V, W$ を $\mathbb{K}$ 上の有限次元計量ベクトル空間とし，$T \in \mathcal{L}(V, W)$ ($V$ から $W$ への線形写像) とする．このとき，任意の $w \in W$ に対して，$V$ 上の線形汎関数 $F_w \in V^*$ を $F_w(u) := \langle w, Tu \rangle_W$, $u \in V$ によって定義できる．すると定理 2.20 によって，$F_w(u) = \langle w_T, u \rangle_V$, $u \in V$ を満たすベクトル $w_T \in V$ が唯 1 つ存在する．したがって，対応 : $w \mapsto w_T$ は $W$ から $V$ への写像を定める．この写像を $T^*$ とする：$T^*(w) := w_T$. 任意の $x, y \in W, u \in V$ と $a, b \in \mathbb{K}$ に対して，

$$\langle (ax+by)_T, u \rangle = \langle ax+by, T(u) \rangle = a^* \langle x, Tu \rangle + b^* \langle y, Tu \rangle$$
$$= a^* \langle x_T, u \rangle + b^* \langle y_T, u \rangle = \langle ax_T + by_T, u \rangle.$$

したがって，$(ax+by)_T = ax_T + by_T$. よって，

$$T^*(ax+by) = aT^*(x) + bT^*(y). \tag{2.64}$$

これは $T^*$ が線形であることを示す．ゆえに，$T^* \in \mathcal{L}(W, V)$. $T^*$ を $T$ の**共役写像** (adjoint) または**共役作用素**と呼ぶ[6].

$V = W$ の場合は，$T^* \in \mathcal{L}(V)$ である．

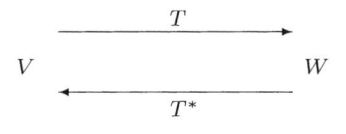

図 2.3 共役写像

■ **例 2.16** ■ $V = \mathbb{K}^n$ で，$n$ 次正方行列 $A$ から定まる線形作用素を $\hat{A}$ とすれば，$(\hat{A})^* = \widehat{(A^*)}$ (行列 $A^*$ から定まる線形作用素).

【**命題 2.35**】 $T, S \in \mathcal{L}(V, W)$ とする．

(i) $(aT + bS)^* = a^* T^* + b^* S^*$, $a, b \in \mathbb{K}$.

---
[6] **随伴作用素**ともいう．

(ii) $(T^*)^* = T$.

(iii) $X$ を有限次元計量ベクトル空間とすれば，任意の $T_1 \in \mathcal{L}(V,W), T_2 \in \mathcal{L}(W,X)$ に対して $(T_2T_1)^* = T_1^*T_2^*$.

**証明** (i) 任意の $u \in V, w \in W$ に対して，$\langle w, (aT+bS)u \rangle = a\langle w, Tu \rangle + b\langle w, Su \rangle = a\langle T^*w, u \rangle + b\langle S^*w, u \rangle = \langle (a^*T^* + b^*S^*)w, u \rangle$. したがって，$(aT+bS)^*w = (a^*T^* + b^*S^*)w$.

(ii) 任意の $v \in V, w \in W$ に対して，$\langle (T^*)^*v, w \rangle_W = \langle v, T^*w \rangle_V = \langle Tv, w \rangle_W$. したがって，$(T^*)^*v = Tv$, $v \in V$. ゆえに $(T^*)^* = T$.

(iii) 任意の $v \in V, x \in X$ に対して，$\langle x, T_2T_1v \rangle_X = \langle T_2^*x, T_1v \rangle_W = \langle T_1^*T_2^*x, v \rangle_V$. これは，$(T_2T_1)^*x = T_1^*T_2^*x$, $x \in V$ を意味するから，$(T_2T_1)^* = T_1^*T_2^*$. ∎

共役作用素の概念を用いると，線形作用素の特殊なクラスを定義できる：

**【定義 2.36】** $V$ を有限次元計量ベクトル空間，$T \in \mathcal{L}(V)$ とする．

(i) $T^* = T$ のとき，$T$ は**対称** (symmetric) であるという．

(ii) $T^* = -T$ のとき，$T$ は**反対称** (antisymmetric) または**歪対称**であるという．

**【命題 2.37】** $V$ を有限次元計量ベクトル空間とする．任意の $T \in \mathcal{L}(V)$ に対して，対称作用素 $T_+$ と反対称作用素 $T_-$ が存在して，

$$T = T_+ + T_- \tag{2.65}$$

と表される．このような $T_\pm$ は唯1つに定まる．

**証明**

$$T_+ := \frac{T+T^*}{2}, \qquad T_- := \frac{T-T^*}{2} \tag{2.66}$$

とおけば，命題 2.35(i), (ii) によって，$T_+$ は対称であり，$T_-$ は反対称である．2 式を加えると，(2.65) が得られる．

（表示の一意性） 別に $V$ 上の対称作用素 $S$ と反対称作用素 $S'$ があって，$T = S + S'$ と表されたとしよう．したがって，$T^* = S^* + S'^* = S - S'$. ゆえに，$T + T^* = 2S, T - T^* = 2S'$. これは，$S = T_+, S' = T_-$ を意味する．∎

表示 (2.65) において，$T_+$ を $T$ の**対称部分**，$T_-$ を $T$ の**反対称部分**と呼ぶ．
対称作用素は次の命題に述べる意味で非常によい性質をもつ．

**【命題 2.38】** $V$ は有限次元複素内積空間とし，$T$ を $V$ 上の対称作用素とする．

(i) $T$ の固有値はすべて実数である．

(ii) $T$ の相異なる固有値に属する固有ベクトルは互いに直交する．

**証明** (i) $\lambda$ を $T$ の固有値とし，$u_\lambda \neq 0$ を固有ベクトルとする：$Tu_\lambda = \lambda u_\lambda \cdots (*)$．両辺と $u_\lambda$ の内積をとると，$\langle u_\lambda, Tu_\lambda \rangle = \lambda \|u_\lambda\|^2$．$T$ の対称性によって左辺は実数（$\because \langle u_\lambda, Tu_\lambda \rangle^* = \langle Tu_\lambda, u_\lambda \rangle = \langle u_\lambda, T^*u_\lambda \rangle = \langle u_\lambda, Tu_\lambda \rangle$）．これと $\|u_\lambda\| > 0$ によって，$\lambda$ は実数でなければならない．

(ii) $\mu \neq \lambda$ を $T$ の固有値として，$(*)$ と $u_\mu$ との内積を考え，$T^* = T, Tu_\mu = \mu u_\mu$ および (i) の結果を使えば，$(\mu - \lambda)\langle u_\mu, u_\lambda \rangle = 0$ が得られる．$\lambda \neq \mu$ であるから，$\langle u_\mu, u_\lambda \rangle = 0$．ゆえに，$u_\mu$ と $u_\lambda$ は直交する． ∎

## 2.6 内積空間における位相的概念

内積空間では，ノルムを用いて，位相的概念，すなわち，点どうしの"近さ"に関わる概念が定義される．この項ではそのような概念のうちで基本的なものだけを取り上げる．

$V$ を $\mathbb{K}$ 上の内積空間とし，その内積とノルムをそれぞれ，$\langle \cdot, \cdot \rangle, \|\cdot\|$ で表す．

### 2.6.1 点列（ベクトル列）の収束と極限

**【定義 2.39】** 自然数全体 $\mathbb{N}$ から $V$ への写像：$\mathbb{N} \ni n \mapsto u_n \in V$ を $V$ の**点列**または**ベクトル列**と呼び，$\{u_n\}_{n=1}^\infty = \{u_n\}_{n \in \mathbb{N}}$ または単に $u_n, \{u_n\}_n$ のように表す．

■ **例 2.17** ■ $u \in V$ を任意に固定し，$\{a_n\}_n \subset \mathbb{K}$ を数列とするとき，$\{a_n u\}_n$ は $V$ の点列である．

**【定義 2.40】** $V$ の点列 $\{u_n\}_n$ とベクトル $u \in V$ について，$\lim_{n \to \infty} \|u_n - u\| = 0$ が成り立つとき，点列 $\{u_n\}_n$ は $u$ に**収束する**といい，このことを記号的に $\lim_{n \to \infty} u_n = u$ または $u_n \to u \ (n \to \infty)$ で表す．$u$ を点列 $\{u_n\}_n$ の**極限** (limit) と呼

ぶ．厳密にいえば，$\lim_{n\to\infty} u_n = u$ であるとは，任意の $\varepsilon > 0$ に対して，番号 $n_0$（$\varepsilon$ に依存しうる）が存在して，$n \geq n_0$ ならば $\|u_n - u\| < \varepsilon$ が成り立つことである．

収束する点列を**収束列** (convergent sequence) と呼ぶ．

**！注意 2.15** 点列の極限は存在すれば，唯 1 つである．実際，点列 $\{u_n\}_n$ が極限を 2 つもつとして，それらを $u, u'$ とすれば，$\|u_n - u\| \to 0, \|u_n - u'\| \to 0 \ (n \to \infty)$ であるから，3 角不等式により，

$$\|u - u'\| = \|(u - u_n) + (u_n - u')\| \leq \|u - u_n\| + \|u_n - u'\| \to 0 \ (n \to \infty).$$

したがって，$\|u - u'\| = 0$．内積の正定値性により，$u = u'$ が結論される．

**！注意 2.16** $V$ が不定計量空間の場合，ベクトル $u \in V$ について $\|u\| = 0$ であっても $u = 0$ とは限らないので，内積空間と同じ仕方で点列の極限を定義することはできない（前注意によって，点列の極限の一意性にとって，ノルムの正定値性は本質的である）．

■ **例 2.18** ■ 例 2.17 において，$\lim_{n\to\infty} a_n = a \in \mathbb{K}$ ならば，$\lim_{n\to\infty} a_n u = au$ である．実際，これは，$\|a_n u - au\| = |a_n - a|\|u\|$ から従う．

■ **例 2.19** ■ $V$ が有限次元で $\dim V = p$ のとき，$e_1, \cdots, e_p$ を正規直交基底とすれば，任意の $u \in V$ は $u = \sum_{i=1}^{p} u^i e_i$ と展開される（$u^i \in \mathbb{K}$）．$\{u_n\}_n$ を $V$ の点列とし，$u_n = \sum_{i=1}^{p} u_n^i e_i$ とする．このとき，$\|u_n - u\|^2 = \sum_{i=1}^{p} |u_n^i - u^i|^2$ であるから，$\{u_n\}_n$ が $u$ に収束することは，$u_n$ の各成分から決まる，点列 $\{u_n^i\}_n$ が $u$ の対応する成分 $u^i$ に収束すること，すなわち，$u_n^i \to u^i \ (n \to \infty), \ i = 1, \cdots, p$ と同値である．

**【命題 2.41】** $\{u_n\}_n, \{v_n\}_n$ を $V$ の収束列とし，

$$\lim_{n\to\infty} u_n = u \in V, \quad \lim_{n\to\infty} v_n = v \in V$$

とする．このとき

(i) $\lim_{n\to\infty} \|u_n\| = \|u\|$．

(ii) $\lim_{n\to\infty} \langle u_n, v_n \rangle = \langle u, v \rangle$．

**証明** (i) 演習問題 3 の不等式によって，$|\|u_n\| - \|u\|| \leq \|u_n - u\| \to 0 \ (n \to \infty)$．

(ii) 恒等式 $\langle u_n, v_n \rangle - \langle u, v \rangle = \langle u_n, v_n - v \rangle + \langle u_n - u, v \rangle$ によって,

$$|\langle u_n, v_n \rangle - \langle u, v \rangle| \leq |\langle u_n, v_n - v \rangle| + |\langle u_n - u, v \rangle|$$
$$\leq \|u_n\| \|v_n - v\| + \|u_n - u\| \|v\|.$$

(i) と仮定により，右辺は，$n \to \infty$ のとき，0 に収束する. ∎

命題 2.41 の性質 (i), (ii) をそれぞれ，**ノルムの連続性**，**内積の連続性**という.
$V$ が有限次元内積空間の場合には，$V$ のベクトル列の収束はベクトル列の，任意の基底に関する各成分の収束に帰着される．すなわち，次の定理が成り立つ.

**【命題 2.42】** $V$ は $p$ 次元内積空間 $(p < \infty)$ であるとし，$\{u_n\}_{n=1}^{\infty} \subset V, u \in V$ とする．

(i) $\lim_{n \to \infty} u_n = u$ ならば，任意の基底 $(e_i)_{i=1}^{p}$ に関する $u_n, u$ の展開 $u_n = \sum_{i=1}^{p} u_n^i e_i$, $u = \sum_{i=1}^{p} u^i e_i$ について，$\lim_{n \to \infty} u_n^i = u^i$, $i = 1, \cdots, p$ が成り立つ．

(ii) ある基底 $(f_i)_{i=1}^{p}$ に関する $u_n, u$ の展開 $u_n = \sum_{i=1}^{p} u_n^i f_i$, $u = \sum_{i=1}^{p} u^i f_i$ について，$\lim_{n \to \infty} u_n^i = u^i$, $i = 1, \cdots, p$ が成り立つならば，$\lim_{n \to \infty} u_n = u$.

**証明** (i) $(e_i)_{i=1}^{p}$ を $V$ の正規直交基底とする．このとき，(2.26) によって，$\|u_n - u\|^2 = \sum_{i=1}^{p} |u_n^i - u^i|^2 \cdots (*)$. したがって，$\lim_{n \to \infty} u_n = u$ ならば，$\lim_{n \to \infty} u_n^j = u^j$ $(j = 1, \cdots, p)$ である．

次に $(\bar{e}_i)_{i=1}^{p}$ を $V$ の任意の基底とし，$u_n = \sum_{i=1}^{p} \bar{u}_n^i \bar{e}_i, u = \sum_{i=1}^{p} \bar{u}^i \bar{e}_i$ とする．$P = (P_j^i)$ を底変換 $(e_i) \to (\bar{e}_i)$ の行列とすれば，$\bar{u}_n^i = \sum_{j=1}^{p} (P^{-1})_j^i u_n^j$ であるから，$\lim_{n \to \infty} \bar{u}_n^i = \sum_{j=1}^{p} (P^{-1})_j^i u^j = \bar{u}^i$. したがって，題意が成立する．

(ii) (i) の後半の証明と同様にして，$V$ の任意の正規直交基底 $(e_i)_i$ に関する $u_n$ の各成分 $u_n^i$ は $u$ の各成分 $u^i$ に収束することが示される．したがって，$(*)$ によって，$\lim_{n \to \infty} u_n = u$ を得る． ∎

## 2.6.2 距離空間としての内積空間

$V$ の任意の 2 つの点 $u, v$ に対して，$d_V(u, v)$ を

$$d_V(u, v) := \|u - v\| \tag{2.67}$$

によって定義し，これを $u$ と $v$ の**距離** (distance) と呼ぶ．

これについて，次の (d.1)〜(d.3) が成り立つことは容易に示される（演習問題 4）：(d.1)（正値性）「すべての $u, v \in V$ に対して $d_V(u,v) \geq 0$」かつ「$d_V(u,v) = 0 \iff u = v$」[7]．(d.2)（対称性）$d_V(u,v) = d_V(v,u),\ u, v \in V$．(d.3)（3角不等式）任意の $u, v, w \in V$ に対して，$d_V(u,v) \leq d_V(u,w) + d(w,v)$．

(d.1)〜(d.3) の背後にある普遍的理念について述べておこう．一般に，空でない集合 $X$ の直積集合 $X \times X$ から実数への写像 $\rho : X \times X \to \mathbb{R}$ が次の ($\rho$.1)〜($\rho$.3) を満たすとき，$\rho$ を $X$ 上の**距離関数** (distance function) または単に**距離**と呼び，$(x, y) \in X \times X$ における $\rho$ の値 $\rho(x, y)$ を**点 $x$ と点 $y$ の距離**という．

($\rho$.1) （正値性）「すべての $x, y \in X$ に対して，$\rho(x,y) \geq 0$」かつ「$\rho(x,y) = 0 \iff x = y$」．

($\rho$.2) （対称性）$\rho(x,y) = \rho(y,x),\ x, y \in X$．

($\rho$.3) （3角不等式）任意の $x, y, z \in X$ に対して，$\rho(x,y) \leq \rho(x,z) + \rho(z,y)$．

集合 $X$ が距離関数 $\rho$ を有するとき，$X$ を**距離空間** (metric space) といい，これを $(X, \rho)$ と表す[8]．

性質 ($\rho$.1)〜($\rho$.3) は，私たちのまわりに広がる空間における2点間の距離についての基本的性質に現れている普遍的理念を定式化したものと見ることができる．特に，性質 ($\rho$.3) は，「3角形の2辺の長さの和は，他の1辺の長さより長い」というユークリッド幾何学における基本定理の抽象的・普遍的フォルムである．「3角不等式」という名称は，このことに由来する．

こうして，内積空間 $V$ は $d_V$ を距離関数とする距離空間と見ることができる．

### 2.6.3 距離空間における開集合と閉集合

$(X, \rho)$ を距離空間とする．距離空間における点列の収束と極限を定義しておく．

【定義 2.43】 $X$ の点列 $\{x_n\}_n$ と点 $x \in X$ について，$\lim_{n \to \infty} \rho(x_n, x) = 0$ が成り立つとき，点列 $\{x_n\}_n$ は $x$ に**収束する**といい，このことを記号的に $\lim_{n \to \infty} x_n = x$ または $x_n \to x\ (n \to \infty)$ で表す．$x$ を点列 $\{x_n\}_n$ の**極限** (limit) と呼ぶ．収束する点列を**収束列** (convergent sequence) と呼ぶ．

---

[7] 命題 $P, Q$ について，「$P \iff Q$」は「$P$ ならば $Q$ かつ $Q$ ならば $P$」を表す記号．
[8] 1つの集合がもちうる距離関数は1つとは限らないので，距離空間は集合と距離関数の組で決まる．

次の事実は，距離空間上の解析学を構築する上で基本的である．

**【命題 2.44】(距離関数の連続性)** $x_n, y_n, x, y \in X (n \in \mathbb{N})$ について，$\lim_{n\to\infty} x_n = x, \lim_{n\to\infty} y_n = y$ ならば，$\lim_{n\to\infty} \rho(x_n, y_n) = \rho(x, y)$．

**証明** 3角不等式 ($\rho$.3) によって，

$$\rho(x_n, y_n) \leq \rho(x_n, x) + \rho(x, y_n) \leq \rho(x_n, x) + \rho(x, y) + \rho(y, y_n).$$

したがって，$\rho(x_n, y_n) - \rho(x, y) \leq \rho(x_n, x) + \rho(y, y_n)$．$(x_n, y_n)$ と $(x, y)$ の役割を入れ換えて考えれば，$\rho(x, y) - \rho(x_n, y_n) \leq \rho(x, x_n) + \rho(y_n, y) = \rho(x_n, x) + \rho(y, y_n)$．ゆえに，$|\rho(x_n, y_n) - \rho(x, y)| \leq \rho(x_n, x) + \rho(y, y_n)$．そこで，$n \to \infty$ とすれば，右辺は，仮定から $0$ に収束するから，主張が示される．∎

**【定義 2.45】** $X$ の部分集合 $D$ に対して，$D$ の収束列の極限となっているような点の全体

$$\bar{D} := \{x \in X \mid \lim_{n\to\infty} x_n = x \text{ となる } x_n \in D \text{ が存在}\} \tag{2.68}$$

を $D$ の**閉包** (closure) と呼ぶ．

$D$ の任意の点 $x$ は，$x_n = x$ の極限とみなせるから，$x \in \bar{D}$．したがって

$$D \subset \bar{D}. \tag{2.69}$$

■ **例 2.20** ■ $X = \mathbb{R}, D = (a, b)$ ならば $\bar{D} = [a, b]$．

正数 $r > 0$ と点 $x \in X$ に対して決まる，$X$ の部分集合

$$B_r(x) := \{y \in X \mid \rho(x, y) < r\}$$

を点 $x$ を中心とする，半径 $r$ の**開球** (open ball) または点 $x$ の **$r$ 近傍** (neighborhood) と呼ぶ．

$X$ の部分集合 $D$ が**開集合** (open set) であるとは，$D$ の各点 $x$ に対して，ある $\delta > 0$ が存在して，$B_\delta(x) \subset D$ となる場合をいう．

**【命題 2.46】** 任意の $r > 0$ と $x \in X$ に対して，$B_r(x)$ は開集合である．

**証明** $x_0 \in B_r(x)$ を任意にとる．$\rho(x_0, x) < r$ であるから，$\rho(x_0, x) < r - \delta$ と

なる $\delta \in (0, r)$ が存在する．このとき，$B_\delta(x_0) \subset B_r(x)$ である．実際，任意の $z \in B_\delta(x_0)$ に対して，$\rho(x, z) \leq \rho(x, x_0) + \rho(x_0, z) < \rho(x, x_0) + \delta < r$. ∎

■ **例 2.21** ■ 内積空間 $V$ の点 $u$ を中心とする，半径 $r > 0$ の開球 $B_r(u) := \{v \in V \mid \|u - v\| < r\}$ は開集合である．

$X$ の部分集合 $F$ について，$F$ の補集合 $F^c = X \setminus F$ が開集合であるとき，$F$ は**閉集合** (closed set) であるという．

■ **例 2.22** ■ 正数 $r > 0$ と点 $x \in X$ に対して決まる，$X$ の部分集合

$$\bar{B}_r(x) := \{y \in X \mid \rho(x, y) \leq r\}$$

を点 $x$ を中心とする，半径 $r$ の**閉球** (closed ball) と呼ぶ．$\bar{B}_r(x)$ は閉集合である．実際，$\bar{B}_r(x)^c = \{y \in X \mid \rho(x, y) > r\}$ であり，これは，命題 2.46 の証明と同様にして開集合であることがわかる．

**【命題 2.47】** 任意の $D \subset X$ に対して，$\bar{D}$ は閉集合である．

**証明** 仮に $\bar{D}^c$ が開集合でないとすれば，点 $x_0 \in \bar{D}^c$ で，任意の $n \in \mathbb{N}$ に対して $B_{1/n}(x_0) \cap \bar{D} \neq \emptyset$ となるものがある．したがって，$x_n \in \bar{D}$ で $\rho(x_n, x_0) < 1/n$ となるものが存在する．$\bar{D}$ の定義から，$\rho(y_n, x_n) < 1/n$ となる $y_n \in D$ がある．したがって $\rho(y_n, x_0) \leq \rho(y_n, x_n) + \rho(x_n, x_0) < 2/n$. ゆえに $\lim_{n \to \infty} \rho(y_n, x_0) = 0$. これは $x_0 \in \bar{D}$ を意味するから矛盾． ∎

### 2.6.4 距離空間上の連続写像と同相の概念

$(X, \rho)$, $(Y, \eta)$ を 2 つの距離空間とする．$D$ を $X$ の開集合とし，$f : D \to Y$ を $D$ から $Y$ の中への写像とする．$x_0 \in D$ とする．任意の $\varepsilon > 0$ に対して，正数 $\delta > 0$ があって，$\rho(x, x_0) < \delta, x \in D$ ならば，$\eta(f(x), f(x_0)) < \varepsilon$ が成り立つとき，$f$ は点 $x_0$ で**連続**であるという．このことを $\lim_{x \to x_0} f(x) = f(x_0)$ と記す．$f$ が $D$ のすべての点で連続であるとき，$f$ は **$D$ 上で連続**であるという．

■ **例 2.23** ■ 恒等写像 $I_X : X \to X$; $I_X(x) = x$, $x \in X$, は連続である．

**【命題 2.48】** $V, W$ を有限次元内積空間とするとき，任意の $T \in \mathcal{L}(V, W)$ は連続である．

**証明** $V$ の正規直交基底を $(v_i)_{i=1}^n$ ($\dim V = n$), $W$ の正規直交基底を $(w_i)_{i=1}^m$ ($\dim W = m$) とする．したがって，任意の $x \in V$ は $x = \sum_{i=1}^n x_i v_i, x_i = \langle v_i, x \rangle$, と展開できる（したがって，$\|x\|^2 = \sum_{i=1}^n |x_i|^2$). ゆえに，$T(x) = \sum_{i=1}^n x_i T(v_i)$. そこで，$T(v_i) = \sum_{j=1}^m T_{ji} w_j$, $T_{ji} := \langle w_j, Tv_i \rangle$, と展開できることに注意すれば $T(x) = \sum_{j=1}^m (\sum_{i=1}^n T_{ji} x_i) w_j$. したがって，

$$\|T(x)\|^2 = \sum_{j=1}^m \left|\sum_{i=1}^n T_{ji} x_i\right|^2$$

$$\leq \sum_{j=1}^m \left|\sum_{i=1}^n |T_{ji}| |x_i|\right|^2$$

$$\leq \sum_{j=1}^m \left(\sum_{i=1}^n |T_{ji}|^2\right)\left(\sum_{i=1}^n |x_i|^2\right)$$

（∵ 和に関するコーシー-シュヴァルツの不等式）

$$= C_T^2 \|x\|^2.$$

ただし，$C_T = \sqrt{\sum_{i,j=1}^n |T_{ij}|^2}$. ゆえに

$$\|T(x)\| \leq C_T \|x\|, \quad x \in V. \tag{2.70}$$

$T$ の線形性を使うと，これから

$$\|T(x) - T(y)\| \leq C_T \|x - y\|, \quad x, y \in V$$

が得られる．これは $T$ の連続性を意味する（$C_T \neq 0$ のとき，任意の $\varepsilon > 0$ に対して，$\delta = \varepsilon/C_T$ ととれば，$\|x - y\| < \delta$ ならば $\|T(x) - T(y)\| < \varepsilon$ が成立する．$C_T = 0$ ならば，$T = 0$ となるので，連続性は自明)．■

**!注意 2.17** $V$ が有限次元でない場合には，上の命題は一般には成立しない．

**【定義 2.49】** $D \subset X$, $F \subset Y$ を開集合とする．全単射な連続写像 $f: D \to F$ で逆写像 $f^{-1}: F \to D$ も連続であるものが存在するとき，$D$ と $F$ は**同相**であるという．この場合，$f$ を $D$ と $F$ との間の**同相写像**という．

2つの開集合 $D, F$ が同相であることの直観的意味は，それぞれの集合における

点どうしの "近さ" の定性的性質がまったく同じとみなせる対応づけが $D$ と $F$ の間に存在するということである．

■ **例 2.24** ■ 内積空間 $V$ において，原点を中心とする半径 $r > 0$ の開球 $B_r := \{u \in V \mid \|u\| < r\}$ を考える．任意の $r, R > 0$ に対して，$B_r$ と $B_R$ は同相である．実際，任意の $u \in B_r$ に対して，$\|Ru/r\| < R$ であるから（すなわち，$Ru/r \in B_R$），写像 $f : B_r \to B_R$ を $f(u) := Ru/r, u \in B_r$ によって定義できる（すなわち，$f = RI_V/r$）．$f$ が全単射であり，$f^{-1} = rI_V/R$ であることは容易にわかる．恒等写像 $I_V$ の連続性により，$f, f^{-1}$ は連続である．ゆえに $f$ は $B_r$ から $B_R$ への同相写像である．

### 2.6.5 完備性

通常の微分積分学を展開する上で基礎となる性質の 1 つとして，実数の完備性がある．これに相当する概念を距離空間において定義する．$(X, \rho)$ を距離空間とする．

【定義 2.50】 $\{x_n\}_{n=1}^{\infty}$ を $X$ の点列とする．もし，$\lim_{n,m \to \infty} \rho(x_n, x_m) = 0$，すなわち，任意の $\varepsilon > 0$ に対して，自然数 $n_0$ があって $n, m \geq n_0$ ならば $\rho(x_n, x_m) < \varepsilon$ が成り立つとき，$\{x_n\}_{n=1}^{\infty}$ は $X$ の**基本列**または**コーシー列**であるという．

【命題 2.51】 $X$ の任意の収束列はコーシー列である．

**証明** $\{x_n\}_{n=1}^{\infty}$ を $X$ の収束列とすれば，$a = \lim_{n \to \infty} x_n \in X$ が存在する．すなわち，任意の $\varepsilon > 0$ に対して，番号 $n_0$ があって，$n \geq n_0$ ならば $\rho(x_n, a) < \varepsilon$．したがって，$n, m \geq n_0$ ならば，3 角不等式によって，$\rho(x_n, x_m) \leq \rho(x_n, a) + \rho(a, x_m) \leq 2\varepsilon$．ゆえに $\{x_n\}_{n=1}^{\infty}$ はコーシー列である． ∎

上の命題の逆は一般には成立しない．すなわち，コーシー列はつねに収束するとは限らない．コーシー列がつねに収束するかしないかは，まさに距離空間の "型" の違いとして把握される．そこで，次の定義を設ける．

【定義 2.52】 $X$ の任意の基本列が収束列であるならば，$X$ は**完備** (complete) であるという．

【定義 2.53】 $\mathbb{K}$ 上の内積空間 $V$ について，距離空間 $(V, d_V)$ （$d_V$ は (2.67) に

よって定義される距離）が完備であるとき，$V$ は**完備**であるという．完備な内積空間を**ヒルベルト空間**という．$\mathbb{K} = \mathbb{R}$ の場合のヒルベルト空間を**実ヒルベルト空間**，$\mathbb{K} = \mathbb{C}$ の場合のヒルベルト空間を**複素ヒルベルト空間**という．

次の事実は基本的である．

**【命題 2.54】** すべての有限次元内積空間は完備，すなわち，ヒルベルト空間である．

**証明** $V$ を有限次元内積空間とし，$V$ の正規直交基底 $(e_j)_{j=1}^N$ を任意に固定する．$\{u_n\}_{n=1}^\infty$ を $V$ の任意のコーシー列としよう．したがって，$\lim_{n,m\to\infty} \|u_n - u_m\| = 0$．ベクトル $u_n$ を $u_n = \sum_{j=1}^N a_j(n) e_j$ と展開する（$a_j(n) := \langle e_j, u_n \rangle$）．このとき，$\|u_n - u_m\|^2 = \sum_{j=1}^N |a_j(n) - a_j(m)|^2$ であるから，各 $j$ に対して $|a_j(n) - a_j(m)| \to 0$ $(m, n \to \infty)$．したがって，$\{a_j(n)\}_{n=1}^\infty$ は $\mathbb{K}$ のコーシー列である．$\mathbb{K}$ は完備であるから，$a_j := \lim_{n\to\infty} a_j(n)$ は存在する．そこで，$u := \sum_{j=1}^N a_j e_j \in V$ とすれば，$\|u_n - u\|^2 = \sum_{j=1}^N |a_j(n) - a_j|^2 \to 0$ $(n \to \infty)$．ゆえに，$\{u_n\}_{n=1}^\infty$ は収束列である． ∎

上の命題の証明では $\mathbb{K}$ の完備性が基礎になっていることに注意しよう．

■ **例 2.25** ■ $n$ 次元ユークリッドベクトル空間 $\mathbb{R}^n$ は完備である．

■ **例 2.26** ■ $n$ 次元ユニタリ空間 $\mathbb{C}^n$ は完備である．

**! 注意 2.18** 無限次元内積空間は必ずしも完備であるとは限らない．無限次元内積空間については 9 章で論じる．

### 2.6.6 有限次元内積空間における位相の同値性

定理 2.11 によって，有限次元ベクトル空間は内積（複数）をもち，これらは異なる正定値自己随伴行列（次数はベクトル空間の次元に等しい）の数だけ存在する．これらの内積の比較に関して次の定理が成立する．

**【定理 2.55】** $V$ を有限次元ベクトル空間として，$g_1, g_2$ を $V$ の任意の 2 つの内積，すなわち，正定値計量とする．このとき，正数 $c, d > 0$ が存在して，すべての $u \in V$ に対して，

$$cg_2(u,u) \leq g_1(u,u) \leq dg_2(u,u) \tag{2.71}$$

が成り立つ.

**証明** $\dim V = p$ とし,内積空間 $(V, g_1)$ の正規直交基底を $e_1, \cdots, e_p$,内積空間 $(V, g_2)$ の正規直交基底を $f_1, \cdots, f_p$ とする.任意の $u \in V$ に対して,$u = \sum_{i=1}^{p} x^i e_i = \sum_{i=1}^{p} y^i f_i$ とすれば,

$$g_1(u,u) = \sum_{i=1}^{p} |x^i|^2, \quad g_2(u,u) = \sum_{i=1}^{p} |y^i|^2.$$

一方,$e_i = \sum_{j=1}^{p} P_i^j f_j$ となる正則行列 $P = (P_i^j)_{j,i}$ (底変換の行列)が存在する.したがって,$y^i = \sum_{j=1}^{p} P_j^i x^j$ と書けるから,

$$|y^i|^2 = \sum_{j,k=1}^{p} (P_j^i)^* P_k^i (x^j)^* x^k$$

$$\leq \left( \sum_{j,k=1}^{p} |(P_j^i)^* P_k^i|^2 \right)^{1/2} \left( \sum_{j,k=1}^{p} |(x^j)^* x^k|^2 \right)^{1/2}$$

($\because$ 和 $\sum_{j,k}$ に関するコーシー–シュヴァルツの不等式)

$$= \left( \sum_{j=1}^{p} |P_j^i|^2 \right) g_1(u,u).$$

したがって,$a = \sum_{j,i=1}^{p} |P_j^i|^2$ とおけば,$g_2(u,u) \leq a g_1(u,u) \cdots (*)$.また,$f_i = \sum_{j=1}^{p} (P^{-1})_i^j e_j$ と書けるから,$(*)$ を導く議論で,$g_1$ と $g_2$ の役割を交換して考えれば,$d = \sum_{i,j=1}^{p} |(P^{-1})_i^j|^2$ として,$g_1(u,u) \leq d g_2(u,u)$ を得る.$a \neq 0$ であるから,$c = 1/a$ として,求める結果を得る. ∎

**⚠注意 2.19** (2.71) は

$$d^{-1} g_1(u,u) \leq g_2(u,u) \leq c^{-1} g_1(u,u) \tag{2.72}$$

と同値であるから,不等式 (2.71) は $g_1, g_2$ について(定数 $c, d$ の不定性を除いて)対称的である.

不等式 (2.71) と (2.72) によって,$V$ の点列が $(V, g_1)$ において収束することと,それが $(V, g_2)$ において収束することは同値であり,部分集合 $D \subset V$ が $(V, g_1)$ の開集合であることと $(V, g_2)$ の開集合であることとは同値である(このことを $(V, g_1)$ の位相と $(V, g_2)$ の位相は同じであるという).したがって,有限次元ベクトル空間では,どの内積について考えても,内積空間の位相的性質は同じである.

### 2.6.7 有限次元不定内積空間の位相

$(V,g)$ を有限次元不定内積空間とする．定理 2.11 で述べた事実に基づいて，ベクトル空間 $V$ の内積 $h$ を任意に固定し，内積空間 $(V,h)$ のノルムを用いて，$(V,g)$ の位相的諸概念（点列の収束，極限，近傍，開集合，閉集合等）を定義する．たとえば，点列 $\{u_n\}_{n=1}^{\infty} \subset V$ が $u \in V$ に収束するとは，$\lim_{n\to\infty} h(u_n - u, u_n - u) = 0 \cdots (*)$ を満たすときをいう（定義）．この定義は，定理 2.55 によって，内積 $h$ の取り方によらない．そこで，$(*)$ であることを $\lim_{n\to\infty} u_n = u$ と表す．

また，$D \subset V$ が $(V,g)$ における開集合であるとは，$D$ が $(V,h)$ における開集合であるとする（定義）．この定義も，内積 $h$ の取り方によらない．

$(V,g)$ の点列の収束が不定計量 $g$ ではどうなるかが問題になるが，これについては次の定理が成り立つ．

**【定理 2.56】** $\dim V = p < \infty$ とする．

(i) $\lim_{n\to\infty} u_n = u$, $\lim_{n\to\infty} v_n = v$ $(u_n, v_n, u, v \in V)$ とする．このとき，

$$\lim_{n\to\infty} g(u_n, v_n) = g(u, v) \tag{2.73}$$

が成り立つ．

(ii) $V$ のある基底 $(f_i)$ で，$u_n = \sum_{i=1}^{p} u_n^i f_i, u = \sum_{i=1}^{p} u^i f_i$ と展開するとき，$\lim_{n\to\infty} u_n^i = u^i$ $(i = 1\cdots, p)$ ならば，$\lim_{n\to\infty} u_n = u$ である．

**証明** (i) $(e_i)$ を $V$ の任意の基底とし，$u_n = \sum_{i=1}^{p} u_n^i e_i, v_n = \sum_{i=1}^{p} v_n^i e_i, u = \sum_{i=1}^{p} u^i e_i, v = \sum_{i=1}^{p} v^i e_i$ と展開する．このとき，

$$g(u_n, v_n) = \sum_{i,j=1}^{p} (u_n^i)^* v_n^j g(e_i, e_j).$$

命題 2.42 によって，$u_n^i \to u^i$, $v_n^i \to v^i$ $(i = 1, \cdots, p)$．したがって，$\lim_{n\to\infty} g(u_n, v_n) = \sum_{i,j=1}^{p} (u^i)^* v^j g(e_i, e_j) = g(u, v)$.

(ii) 命題 2.42(ii) による． ∎

## 2.7 ユークリッド空間とミンコフスキー空間

### 2.7.1 ユークリッド空間

$V$ を $n$ 次元ユークリッドベクトル空間とし，これを基準ベクトル空間とするア

ファイン空間を $\mathcal{A}$ とする。写像 $d_\mathcal{A} : \mathcal{A} \times \mathcal{A} \to \mathbb{R}$ を

$$d_\mathcal{A}(P, Q) := \|Q - P\|_V, \quad (P, Q) \in \mathcal{A} \times \mathcal{A} \tag{2.74}$$

によって定義する．$V$ 上の距離関数 $d_V$ の場合と同様にして，$d_\mathcal{A}$ は $\mathcal{A}$ 上の距離関数であることがわかる[9]．したがって，$\mathcal{A}$ は $d_\mathcal{A}$ を距離とする距離空間である．しかも完備である（演習問題9）．この距離空間を **$n$ 次元ユークリッド空間** (Euclidean space) と呼び，$\mathbb{E}^n$ で表す．

$\mathbb{E}^n$ は距離空間であるから，開集合や閉集合の概念が存在する（ここでは，いまのコンテクスト（脈洛，文脈）におけるそれらの概念を書き下すことはしない）．

**!注意 2.20** この定義では基準ベクトル空間の選び方に任意性があるように見えるが，定理2.18によって，$n$ 次元ユークリッドベクトル空間はすべて同型であるから，$n$ 次元ユークリッド空間はすべてアファイン同型である．この意味で，$n$ 次元ユークリッド空間は本質的に1つしかない．

**!注意 2.21** ユークリッド空間 $\mathbb{E}^n$ は，定義からわかるように，ユークリッドベクトル空間を基準ベクトル空間とするアファイン空間であって，ベクトル空間ではない（つまり，点集合としては，$\mathbb{E}^n$ のどの点も"平等"である）．この概念的区別は認識論的に重要である．

■ **例 2.27** ■ アファイン空間 $\mathcal{R}^n$ の基準ベクトル空間 $\mathbb{R}^n$ を $n$ 次元ユークリッドベクトル空間と見るとき，$\mathcal{R}^n$ は $n$ 次元ユークリッド空間の具体的実現の1つを与える．多くの文献では，通常，ユークリッド空間といえば，このユークリッド空間を指す．本書では，$\mathcal{R}^n$ を上の意味でのユークリッド空間 $\mathbb{E}^n$ ——これは**抽象ユークリッド空間**とでも呼ぶべきもの——と峻別するために，$\mathcal{R}^n$ を**標準的ユークリッド空間**と呼ぶことにする．アファイン空間 $\mathcal{R}^n$ をユークリッド空間として考えることを明確にしたいときは，「ユークリッド空間 $\mathcal{R}^n$」という言い方をする．

$n$ 次元ユークリッド空間 $\mathbb{E}^n$ ——基準ベクトル空間を $V$ とする—— に1点 $O$ を定め，$V_O \cong V$ の正規直交基底 $E = (e_1, \cdots, e_n)$ をとるとき，$(O; E)$ を $\mathbb{E}^n$ の**正規直交座標系** (orthonormal coordinate system) という．

$(O; E)$ を正規直交座標系とするとき，任意の $P \in \mathbb{E}^n$ に対して，$P - O = \sum_{i=1}^n x^i e_i$ $(x^i \in \mathbb{R})$ と展開できる．この場合の座標 $(x^1, \cdots, x^n)$ を点 $P$ の**正

---

[9] $\mathcal{A}$ に1点 $O$ を固定すれば，$d_\mathcal{A}(P, Q) = d_V(P - O, Q - O)$ と書けることに注意．これと $d_V$ の性質を用いれば，主張は容易に証明される．

**規直交座標**という．正規直交座標系 $(O; E)$ では，$O$ と $P$ の距離は

$$d_{\mathcal{A}}(O, P) = \|P - O\| = \sqrt{\sum_{i=1}^{n}(x^i)^2}$$

と表される．

任意の点 $A, B \in \mathbb{E}^n$ に対して，それぞれの正規直交座標を $(a^1, \cdots, a^n), (b^1, \cdots, b^n)$ とすれば，

$$d_{\mathcal{A}}(A, B) = \sqrt{\sum_{i=1}^{n}(a^i - b^i)^2}$$

が成り立つ（$B - A = (B - O) - (A - O)$ を用いよ）．

■ **例 2.28** ■ $\mathbb{E}^n$ の部分集合

$$S_r(P) := \{Q \in \mathbb{E}^n \mid d_{\mathcal{A}}(P, Q) = r\}$$

を点 $P$ を中心とする，半径 $r$ の**球面** (sphere) という．これは閉集合である．

### 2.7.2 ミンコフスキー空間

$(n+1)$ 次元ミンコフスキーベクトル空間を基準ベクトル空間とする，$(n+1)$ 次元アファイン空間を **$(n+1)$ 次元ミンコフスキー空間**といい，これを $\mathbb{M}^{n+1}$ で表す．

■ **例 2.29** ■ アファイン空間 $\mathcal{R}^{n+1}$ の基準ベクトル空間 $\mathbb{R}^{n+1}$ をミンコフスキーベクトル空間 $(\mathbb{R}^{n+1}, g_M)$（例 2.2）としたものは $\mathbb{M}^{n+1}$ の具象的実現の 1 つである．このミンコフスキー空間を $\mathcal{M}^{n+1}$ で表し，**標準的ミンコフスキー空間**と呼ぶ．

ユークリッド空間の場合と同様，すべての $(n+1)$ 次元ミンコフスキー空間はアファイン同型である．

## 2.8 参考：位相空間

$X$ を空でない集合とし，この集合の元を**点**と呼ぶ．$X$ の点どうしの間に何らかの意味での"つながり"あるいは"近さ"を定義する一般的な概念がトポロジー（位相）と呼ばれるものである．厳密には次のように定義される．

**【定義 2.57】** $X$ の部分集合の1つの族 $\mathcal{T}$ が次の3つの性質を満たすとき, $\mathcal{T}$ を $X$ の (1つの) **位相** (topology) あるいは**トポロジー**という：

(T.1) $X, \emptyset \in \mathcal{T}$.

(T.2) $\mathcal{T}$ の任意の有限個の集合の共通部分は $\mathcal{T}$ に属する. すなわち, 任意の $n \in \mathbb{N}$ と任意の $T_1, \cdots, T_n \in \mathcal{T}$ に対して, $\bigcap_{i=1}^{n} T_i \in \mathcal{T}$.

(T.3) $\mathcal{T}$ の任意個（無限濃度も含む）の集合の和集合は $\mathcal{T}$ に属する.

位相 $\mathcal{T}$ をもつ集合 $X$ を**位相空間** (topological space) という. この場合, $\mathcal{T}$ の元を**開集合** (open set) という.

この定義に述べられた開集合の概念は, 距離空間における開集合のもつ普遍的性質を抽象化することにより得られる（以下の例 2.30 を参照）.

**!注意 2.22** 集合 $X$ が有する位相は1つとは限らないので（以下の例 2.32, 例 2.33 を参照）, 位相 $\mathcal{T}$ による位相空間であることを明確にしたい場合には, $(X, \mathcal{T})$ のように記す.

**■ 例 2.30 ■** 距離空間 $(X, \rho)$ における開集合の全体を $\mathcal{O}_X$ とすれば, $\mathcal{O}_X$ は位相である. 証明は次の通り：まず, $X, \emptyset \in \mathcal{O}_X$ は明らか. (T.2) を示すために, $T_1, \cdots, T_n \in \mathcal{O}_X$ を任意にとり, $x \in \bigcap_{i=1}^{n} T_i$ とする. このとき, $x \in T_i, i = 1, \cdots, n$. 他方, $T_i$ は開集合であるから, ある $\delta_i > 0$ が存在して, $\rho(x, y) < \delta_i$ ならば $y \in T_i$. そこで, $\delta = \min\{\delta_1, \cdots, \delta_n\}$ とおけば, $\rho(x, y) < \delta$ のとき $y \in \bigcap_{i=1}^{n} T_i$, したがって, $\bigcap_{i=1}^{n} T_i \in \mathcal{O}_X$. 最後に (T.3) を示す. $T_\alpha \in \mathcal{O}_X$ として, $x \in \bigcup_\alpha T_\alpha$ とする. したがって, ある $\alpha_0$ があって $x \in T_{\alpha_0}$. $T_{\alpha_0}$ は開集合であるから, ある $\delta_0 > 0$ が存在して, $\rho(x, y) < \delta_0$ ならば $y \in T_{\alpha_0} \subset \bigcup_\alpha T_\alpha$. ゆえに $\bigcup_\alpha T_\alpha \in \mathcal{O}_X$. 以上から, 距離空間は $\mathcal{O}_X$ を位相とする位相空間である. 位相 $\mathcal{O}_X$ を**距離位相**という.

**■ 例 2.31 ■** $\mathbb{R}$ の直積空間 $\mathbb{R}^n = \{x = (x_1, \cdots, x_n) \mid x_j \in \mathbb{R}, j = 1, \cdots, n\}$ を考え, $x \in \mathbb{R}^n$ の絶対値（長さまたはノルム）を $|x| := \sqrt{\sum_{i=1}^{n} x_i^2}$ によって定義する. 写像 $\rho_E : \mathbb{R}^n \times \mathbb{R}^n \to [0, \infty)$ を $\rho_E(x, y) := |x - y|, \ x, y \in \mathbb{R}^n$ によって定義すれば, $\rho_E$ は $\mathbb{R}^n$ 上の距離である. これを $\mathbb{R}^n$ 上の**ユークリッド的距離**という. したがって, $(\mathbb{R}^n, \rho_E)$ は距離空間である. ゆえに, 前例によって $\mathbb{R}^n$ は距離 $\rho_E$ から定まる距離位相において位相空間である.

**■ 例 2.32 ■** 集合 $X$ において, $X$ のすべての部分集合からなる集合族 $D := \{A \mid A \subset X\}$ は $X$ の位相の1つである（証明は容易）. この位相を**離散位相**といい, $(X, D)$ を**離散空間**という.

■ **例 2.33** ■ 集合 $X$ において，$X$ と空集合 $\emptyset$ だけからなる集合族 $\{X, \emptyset\}$ は明らかに $X$ の位相の 1 つである．この位相を**密着位相**といい，$(X, \{X, \emptyset\})$ を**密着空間**という．

$(X, \mathcal{T})$ を位相空間とする．部分集合 $A \subset X$ について，$A^c = X \setminus A$ が開集合であるとき，$A$ は**閉集合**であるという．

$X$ の開集合で点 $x \in X$ を含むものを $x$ の**近傍**という．

$X$ の任意の異なる 2 点 $x, y$ に対して，$U(x) \cap V(y) = \emptyset$ となる $x$ の近傍 $U(x)$ と $y$ の近傍 $V(y)$ が存在するとき，$X$ を**ハウスドルフ空間**という[10]．

■ **例 2.34** ■ $(\mathbb{R}^n, \mathcal{O}_{\mathbb{R}^n})$ はハウスドルフ空間である．

【定義 2.58】 $X, Y$ を位相空間とし，$f : X \to Y$ を $X$ から $Y$ への写像とする．

(i) 点 $a \in X$ について，$Y$ における $f(a)$ の任意の近傍 $U$ に対して，$f^{-1}(U) = \{x \in X \mid f(x) \in U\}$ が $a$ の近傍であるとき，$f$ は $a$ で**連続**であるという．$f$ がすべての $x \in X$ で連続であるとき，$f$ は**連続写像**であるという．

(ii) $f$ が連続写像で全単射かつ逆写像 $f^{-1} : Y \to X$ も連続であるとき，$f$ を $X$ から $Y$ への**同相写像**または**位相写像**という．

$X$ から $Y$ への同相写像が存在するとき，$X$ と $Y$ は**同相**であるという．

## 演習問題

1. 式 (2.39) を証明せよ．
2. $V$ を $n$ 次元計量ベクトル空間，$p \in \mathbb{N}$ として，$\mathcal{S}_p$ を $p$ 次の対称化作用素とする．次の (i), (ii) を証明せよ．

    (i) $\mathcal{S}_p^* = \mathcal{S}_p$.
    (ii) $(e_i)_{i=1}^n$ を $V$ の正規直交基底とする．$\mathbf{i} = (i_1, \cdots, i_p), i_1 \leq \cdots \leq i_p$, とおく $(i_k = 1, \cdots, n)$．$l = 1, \cdots, n$ に対して，$\alpha_{\mathbf{i}}(l) := \sum_{k=1}^p \delta_{i_k l}$ ($i_1, \cdots, i_p$ のうち $l$ に等しいものの個数) とおき，
    $$E_{\mathbf{i}} := \frac{\sqrt{p!}}{\sqrt{\alpha_{\mathbf{i}}(1)! \cdots \alpha_{\mathbf{i}}(n)!}} \mathcal{S}_p(e_{i_1} \otimes \cdots \otimes e_{i_p})$$
    を定義する．このとき，$\{E_{\mathbf{i}} \mid 1 \leq i_1 \leq \cdots \leq i_p \leq n\}$ は $\bigotimes_s^p V$ の正規直交基底である．

---

[10] ドイツの数学者 Felix Hausdorff（ハウスドルフ）(1868–1942) による．

**3.** $V$ を内積空間とするとき,任意の $u, v \in V$ に対して

$$|\,\|u\| - \|v\|\,| \leq \|u - v\|$$

が成り立つことを証明せよ.

**4.** 2.6.2 項のはじめに述べた性質 (d.1)〜(d.3) を証明せよ.

**5.** (2.51) を証明せよ.

**6.** $V$ を $n$ 次元実ベクトル空間とし,$(e_i)_{i=1}^n$ をその任意の基底とする.$\varepsilon_i$ を $1$ または $-1$ として,$\bar{e}_i := \varepsilon_i e_i$ とおく.

(i) $(\bar{e}_i)_{i=1}^n$ も $V$ の基底であることを示せ.

(ii) ベクトル $u \in V$ の基底 $(e_i)_{i=1}^n$ に関する座標成分を $(u^1, \cdots, u^n)$,$(\bar{e}_i)_{i=1}^n$ に関するそれを $(\bar{u}^1, \cdots, \bar{u}^n)$ とするとき,$\bar{u}^i = \varepsilon_i u^i, i = 1, \cdots, n$, を示せ.

(iii) $\bigwedge^n V$ の基底として,$\tau_n = e_1 \wedge \cdots \wedge e_n$ をとる.$V$ の基底の変換 $(e_i)_{i=1}^n \mapsto (\bar{e}_i)_{i=1}^n$ から誘導される,$\bigwedge^n V$ の基底の変換は $\tau_n \mapsto \bar{\tau}_n = \bar{e}_1 \wedge \cdots \wedge \bar{e}_n$ である.この基底の変換のもとで,任意の $\Theta \in \bigwedge^n V$ の成分は $\prod_{i=1}^n \varepsilon_i$ 倍になることを示せ.

**❗注意 2.23** この問題における基底の変換 $(e_i) \mapsto (\bar{e}_i)$ は,$(e_i)_{i=1}^n \neq (\bar{e}_i)_{i=1}^n$ のとき,ベクトルの座標成分のいくつかの符号を変える座標変換を与える(描像的にはいくつかの座標軸をこれと反対向きのものに取り換えるということ).物理で現れる基本的な例は次の 2 つである:(a) $V$ がユークリッドベクトル空間(典型的には $\mathbb{R}^3$)で $\varepsilon_i = -1, i = 1, \cdots, n$ の場合;(b) $V$ が $(n+1)$ 次元ミンコフスキーベクトル空間 [典型的には $(\mathbb{R}^4, g_\mathrm{M})$(例 2.2)] で $\varepsilon_0 = 1, \varepsilon_i = -1, i = 1, \cdots, n$ の場合(基底を $(e_\mu)_{\mu=0}^n$ のように書く).これらの場合の座標変換を**空間座標反転**という(これは $V$ 上の写像ではない!).(a), (b) の場合,(iii) によって,空間座標反転のもとで,任意の最高階反対称テンソル $\Theta$ ——(a) の場合は $n$ 階反対称テンソル,(b) の場合は,$(n+1)$ 階反対称テンソル——の成分は $(-1)^n$ 倍になる.したがって,$n$ が奇数ならば,$\Theta$ の成分は符号を変える.物理の教科書でしばしば,3 次元空間座標反転のもとで符号を変えるスカラーを "擬スカラー" と称する場合があるが(この "定義" は意味不明),このスカラーとは,実は,3 階反対称テンソルの成分のことなのである.この例からもわかるように,成分——それは,ベクトルの "影" のようなもの——だけで行うベクトル解析は,かえって事の本質を見えにくくする.それは本源的理解からはほど遠いものである.

**7.** $V$ を有限次元内積空間,$D$ を $V$ の部分空間とするとき,$(D^\perp)^\perp = D$ を示せ.

8. $V$ を $n$ 次元複素内積空間とする．各 $v \in V$ に対して，線形作用素 $b^\dagger(v) : \bigwedge^p V \to \bigwedge^{p+1} V$ $(p = 0, \cdots, n)$ を
$$b^\dagger(v)\psi := \sqrt{p+1}\mathcal{A}_{p+1}(v \otimes \psi), \quad \psi \in \bigwedge^p V$$
によって定義する．

(i) 任意の $u_i \in V$, $i = 1, \cdots, p$, に対して，
$$b^\dagger(v) u_1 \wedge \cdots \wedge u_p = v \wedge u_1 \wedge \cdots \wedge u_p$$
を示せ．

(ii) $b(v) := (b^\dagger(v))^*$ とおく（したがって，$b(v)^* = b^\dagger(v)$）．任意の $u_k \in V$ ($k = 1, \cdots, p$, $p \geq 1$) に対して
$$b(v) u_1 \wedge \cdots \wedge u_p = \sum_{j=1}^p (-1)^{j-1} \langle v, u_j \rangle u_1 \wedge \cdots \wedge \hat{u}_j \wedge \cdots \wedge u_p$$
を示せ．

(iii) 任意の $u, v \in V$ に対して，
$$\{b(u), b^\dagger(v)\} = \langle u, v \rangle, \tag{2.75}$$
$$\{b(u), b(v)\} = 0, \quad \{b^\dagger(u), b^\dagger(v)\} = 0 \tag{2.76}$$
が成り立つことを証明せよ．ただし，$\{A, B\} := AB + BA$（これを $A$ と $B$ に関する**反交換子**という）．

(iv) 任意の $v \in V$ に対して，$b(v)^2 = 0$, $b^\dagger(v)^2 = 0$ を示せ．

(v) $(e_i)_{i=1}^n$ を $V$ の正規直交基底とする．$N := \sum_{i=1}^n b^\dagger(e_i) b(e_i)$ とすれば，任意の $\psi \in \bigwedge^p V$ ($p = 1, \cdots, n$) に対して，$N\psi = p\psi$ であること（すなわち，$N$ は固有値 $p$ をもち，$\bigwedge^p V$ はこの固有値に属する固有空間）を示せ．

**!注意 2.24** (2.75), (2.76) の型の反交換関係——反交換子を用いて表現される代数関係式——を**正準反交換関係** (canonical anti-commutation relations; 通常，CAR と略される) という．これは，量子力学における重要な代数的関係の 1 つである (10 章を参照)．$(e_i)_{i=1}^n$ を $V$ の正規直交基底とし，$b_i = b(e_i)$ とおけば，(2.75), (2.76) より
$$\{b_i, b_j^*\} = \delta_{ij}, \quad \{b_i, b_j\} = 0, \quad \{b_i^*, b_j^*\} = 0, \quad i, j = 1, \cdots, n.$$

9. $V$ をヒルベルト空間（すなわち，完備な内積空間）とし，$V$ を基準ベクトル空間とするアファイン空間 $\mathcal{A}(V)$ の任意の点 $P, Q$ に対して，$d(P, Q) \in [0, \infty)$ を $d(P, Q) := \|P - Q\|$ によって定義する．

   (i) $d$ は $\mathcal{A}(V)$ 上の距離であることを示せ．

   (ii) 距離空間 $(\mathcal{A}(V), d)$ は完備であることを示せ．

   **!注意 2.25** この問題の結果の系として，$n$ 次元ユークリッド空間 $\mathbb{E}^n$ の完備性が従う．

10. $(V, g)$ を $p$ 次元計量ベクトル空間とする．

    (i) $(V, g)$ が内積空間ならば，任意の $u, v \in V$ に対して，
    $$\|u \wedge v\| \leq \|u\| \|v\|$$
    が成り立つことを示せ．

    (ii) $\{u_n\}_{n=1}^\infty \subset V$, $\{v_n\}_{n=1}^\infty \subset V$ について，$\lim_{n\to\infty} u_n = u \in V$, $\lim_{n\to\infty} v_n = v \in V$ が成り立っているとする．このとき，
    $$\lim_{n\to\infty} u_n \wedge v_n = u \wedge v$$
    を示せ．

# 3

# ベクトル空間上の解析学

　　ベクトル空間からベクトル空間への一般の写像（＝ベクトル空間上のベクトル値関数）に関する連続性や微分および積分の概念を定義し，ベクトル空間上の解析学の初歩を叙述する．この解析学の範疇は，古典物理学的現象を現出する数学的理念界の中枢をなすものである．

## 3.1　ベクトル空間上のベクトル値関数

### 3.1.1　極限と連続性

　$V, W$ を $\mathbb{K}$ 上の内積空間とし（有限次元である必要はない），$D \subset V$ を $V$ の部分集合とする．$V$ のノルムを $\|\cdot\|_V$ と記す（$W$ についても同様）[1]．

**【定義 3.1】** $F: D \to W$ とし，$u \in \bar{D}, w \in W$ とする[2]．任意の $\varepsilon > 0$ に対して，正数 $\delta > 0$ が存在して，$\|x - u\|_V < \delta, x \in D$ ならば（$u \in \bar{D}$ より，このような $x \in D$ は必ず存在する），$\|F(x) - w\|_W < \varepsilon$ が成り立つとき，$F$ は点 $u$ において**極限値** $w$ をもつといい，$\lim_{x \to u} F(x) = w$ と書く．この場合，「$\lim_{x \to u} F(x)$ は存在する」ともいう．

　この定義では $u \in V$ は $D$ の点であるとは限らないことに注意．

**【定義 3.2】** $D \subset V$, $F: D \to W$, $u \in D$ とする．$\lim_{x \to u} F(x)$ が存在して $F(u)$ に等しいとき，写像 $F$ は**点 $u$ において連続** (continuous) であるという．$D$ の各点において $F$ が連続であるとき，$F$ は **$D$ で連続**であるという．

■ **例 3.1** ■　$D$ を $m$ 次元ユークリッドベクトル空間 $\mathbb{R}^m$ の部分集合，$i = 1, \cdots, m$

---

[1] どの内積空間のノルムであるかが文脈から明らかな場合には，添え字 $V$ を省略することもある．
[2] $\bar{D}$ は $D$ の閉包を表す；2 章，2.6.3 項を参照．

に対して, $f_i : D \to \mathbb{K}$ を $D$ 上の連続関数とすれば, $f := (f_1, \cdots, f_m) : D \to \mathbb{R}^m; f(x) = (f_1(x), \cdots, f_m(x)), x \in D$ は $D$ で連続である.

写像 $F, G : D \to W$ に対して, 和 $F + G : D \to W$ とスカラー倍 $aF : D \to W$ ($a \in \mathbb{K}$) が定義される (例 1.6 を参照).

写像 $\langle F, G \rangle_W : D \to \mathbb{K}$ を

$$\langle F, G \rangle_W (x) := \langle F(x), G(x) \rangle_W, \quad x \in D$$

によって定義する. この写像を写像 $F$ と $G$ の**内積**と呼ぶ.

$f : D \to \mathbb{K}$ ($D$ 上のスカラー値関数) のとき, 写像 $fF : D \to W$ を

$$(fF)(x) := f(x)F(x), \quad x \in D \tag{3.1}$$

によって定義する. この型の写像を**スカラー値関数とベクトル値関数の積**と呼ぶ.

$f$ が定数関数 $f(x) = a \in \mathbb{K}, x \in D$ ならば $fF = aF$ (スカラー倍) である.

**【定理 3.3】** $u \in \bar{D}$, $F, G : D \to W$, $f : D \to \mathbb{K}$ とし, $\lim_{x \to u} F(x)$, $\lim_{x \to u} G(x)$, $\lim_{x \to u} f(x)$ は存在するとする. このとき, 次の (i)〜(iii) が成り立つ.

(i) $\lim_{x \to u} [F(x) + G(x)] = \lim_{x \to u} F(x) + \lim_{x \to u} G(x)$.

(ii) $\lim_{x \to u} f(x) F(x) = [\lim_{x \to u} f(x)][\lim_{x \to u} F(x)]$.

(iii) $\lim_{x \to u} \langle F, G \rangle_W (x) = \langle \lim_{x \to u} F(x), \lim_{x \to u} G(x) \rangle_W$.

**証明** $\lim_{x \to u} F(x) = w_F$, $\lim_{x \to u} G(x) = w_G$, $\lim_{x \to u} f(x) = a \in \mathbb{K}$ とする.

(i) ノルムに関する 3 角不等式により, 任意の $x \in D$ に対して

$$\|(F + G)(x) - w_F - w_G\| \leq \|F(x) - w_F\| + \|G(x) - w_G\|.$$

これから, 主張が出る.

(ii) 任意の $x \in D$ に対して,

$$\|(fF)(x) - aw_F\| = \|f(x)F(x) - aw_F\| = \|(f(x) - a)F(x) + a(F(x) - w_F)\|.$$

したがって，3角不等式により，

$$\|(fF)(x) - aw_F\| \leq |f(x) - a|\|F(x)\| + |a|\|F(x) - w_F\|.$$

この不等式とノルムの連続性および与えられた条件により，題意が従う．

(iii) これは内積の連続性による． ∎

この定理から次の事実が帰結される．

【系 3.4】 $F, G : D \to W$, $f : D \to \mathbb{K}$ が $D$ で連続ならば，$F+G$, $fF$, $\langle F, G \rangle_W$ も $D$ で連続である．

## 3.1.2 成分表示

$\dim W = n < \infty$ とし，$(w_1, \cdots, w_n)$ を $W$ の基底としよう．このとき，写像 $F : D \to W$ に対して，$F(x) \in W, x \in D$ であるから，

$$F(x) = \sum_{i=1}^n F^i(x) w_i \tag{3.2}$$

と展開できる．ここで，$(F^1(x), \cdots, F^n(x))$ は $F(x)$ の基底 $w_1, \cdots, w_n$ に関する成分表示である．したがって，各 $F^i$ は $D$ から $\mathbb{K}$ への写像（スカラー値関数）を与える．この $F^i$ を**基底 $(w_1, \cdots, w_n)$ に関する $F$ の成分関数**と呼ぶ．もちろん，成分関数は基底の取り方に依存している．各 $i = 1, \cdots, n$ に対して，$F^i$ が $D$ で連続であるとき，成分関数は $D$ で連続であるという．

【定理 3.5】 $F : D \to W$ とする．

(i) ベクトル $u \in D$ について，$\lim_{x \to u} F(x)$ が存在するための必要十分条件は，各 $i = 1, \cdots, n$ に対して，$\lim_{x \to u} F^i(x)$ が存在することである．この場合，

$$\lim_{x \to u} F(x) = \sum_{i=1}^n [\lim_{x \to u} F^i(x)] w_i \tag{3.3}$$

が成り立つ．

(ii) $F : D \to W$ が連続であれば，$W$ の任意の基底に関する成分関数も $D$ で連続である．

(iii) $W$ のある1つの基底に関する成分関数が $D$ で連続であれば $F$ は $D$ で連続である．

**証明** (i)（必要性）$\lim_{x\to u} F(x)$ が存在するとしよう．$(e_1,\cdots,e_n)$ を $W$ の正規直交基底とし，底変換 $(w_i) \to (e_i)$ の行列を $P = (P^i_j)$ とする：$e_i = \sum_{j=1}^n P_i^j w_j$．$F(x)$ の，基底 $(e_i)$ に関する成分を $(\bar{F}^i(x))_i$ とすれば，$F^i(x) = \sum_{j=1}^n P^i_j \bar{F}^j(x)$（1章，1.1.5項を参照）．一方，$\bar{F}^j(x) = \langle e_j, F(x)\rangle$．したがって，定理3.3(iii) によって，$\lim_{x\to u} \bar{F}^j(x)$ は存在する．ゆえに，$\lim_{x\to u} F^i$ も存在する．

（十分性）各 $i = 1,\cdots,n$ に対して，$\lim_{x\to u} F^i(x) = a^i$ が存在すれば，3角不等式を繰り返し使うことにより（演習問題1），$\|F(x) - \sum_{i=1}^n a^i w_i\| \leq \sum_{i=1}^n |F^i(x) - a^i|\|w_i\|$．したがって，$\lim_{x\to u} F(x)$ は存在し，(3.3) が成り立つ．

(ii) (i) から容易に導かれる．

(iii) (i) による． ∎

**【定理 3.6】** $V$ が有限次元ならば（$W$ は有限次元である必要はない），任意の線形写像 $T: V \to W$ は $V$ 上で連続である．

**証明** $T: V \to W$ を線形写像とし，$(e_i)_{i=1}^n$ を $V$ の正規直交基底とすれば，任意の $x \in V$ は $x = \sum_{i=1}^n \langle e_i, x\rangle e_i$ と展開できるから，$T(x) = \sum_{i=1}^n \langle e_i, x\rangle T(e_i)$．内積の連続性により，スカラー値関数：$x \mapsto \langle e_i, x\rangle$，$x \in V$ は連続である．ゆえに，$T$ は連続である． ∎

## 3.2　1変数のベクトル値関数——曲線

$W$ を $\mathbb{K}$ 上の内積空間とする．$W$ は有限次元である必要はないが，有限次元性が必要になる場合には，その都度，それを言明することにする．

### 3.2.1　定義と基本的性質

**【定義 3.7】** $\mathbb{R}$ の閉区間 $[a,b] := \{t \in \mathbb{R} \mid a \leq t \leq b\}$ から $W$ への連続写像 $F: [a,b] \to W$ を点 $F(a)$ と点 $F(b)$ を結ぶ，$W$ の中の**曲線** (curve) と呼ぶ．$F(a)$ を**始点**，$F(b)$ を**終点**という．$F$ の定義域 $[a,b]$ を曲線の**パラメータ（助変数）空間**という．

曲線 $F: [a,b] \to W$ が $F(a) = F(b)$ を満たすとき（つまり，始点と終点が一致するとき），$F$ は**閉曲線** (closed curve) であるという．

曲線 $F : [a,b] \to W$ について，$F$ の像 $F([a,b]) = \{F(t) \mid t \in [a,b]\}$ がベクトル $w_1, w_2 \in W$ を結ぶ線分 $\{(1-s)w_1 + sw_2 \mid s \in [0,1]\}$ に等しく，$F(a) = w_1, F(b) = w_2$ のとき，$F$ を点 $w_1$ から点 $w_2$ へ向かう**直線**という．

**!注意 3.1** この定義に従えば，ベクトル空間 $W$ の中の曲線とは $\mathbb{R}$ の閉区間から $W$ の中への写像 $F$ のことであって，写像の像

$$C_F := \{F(t) \mid t \in [a,b]\} \subset W$$

のことではない．だが，慣習上，$C_F$ も曲線と呼ぶ場合がある（適宜，文脈で判断されたい）．

**【命題 3.8】(一様連続性)** $F : [a,b] \to W$ を曲線とする．このとき，任意の $\varepsilon > 0$ に対して，$\varepsilon$ だけに依存しうる定数 $\delta > 0$ があって，$|t - s| < \delta, t, s \in [a, b]$ ならば，$\|F(t) - F(s)\| < \varepsilon$ が成り立つ．

**証明** 有界閉区間上の実数値連続関数の一様連続性の証明と同様（演習問題 10)[3]． ∎

### 3.2.2 導関数

**【定義 3.9】** 写像 $F : [a,b] \to W$ に対して，1 点 $t \in [a,b]$ を任意に定め，$D = \{h \mid -(t-a) \le h \le b-t, h \ne 0\}$ とし，写像 $G : D \to W$ を

$$G(h) := \frac{F(t+h) - F(t)}{h}$$

によって定義する．もし，$\lim_{h \to 0} G(h) \in W$ が存在するならば，$F$ は **$t$ において微分可能** (differentiable) であるといい，$\lim_{h \to 0} G(h) = F'(t) \in W$ と記し，これを **$t$ における $F$ の微分係数** (differential coefficient) という．すなわち，

$$F'(t) := \lim_{h \to 0} \frac{F(t+h) - F(t)}{h}. \tag{3.4}$$

写像 $F$ が $[a,b]$ のすべての点 $t$ に対して微分係数 $F'(t)$ をもち——このとき，$F$ は $[a,b]$ 上で微分可能であるという——，かつ $F' : [a,b] \to W; t \mapsto F'(t)$ が連続であるとき，曲線 $F$ は**滑らかまたは連続微分可能**であるという．

---
[3] 通常の実数値連続関数の場合については，たとえば，高木貞治『解析概論』（岩波書店，1975，17 刷），p.27，定理 14 の証明を参照．

写像 $F' : [a,b] \to W$ をベクトル値関数 $F$ の**導関数** (derivative) と呼び,

$$F' = \frac{dF}{dt} = \dot{F} \tag{3.5}$$

とも記す[4].

　$[a,b]$ を有限個の閉区間に分割し,その各部分の閉区間で $F$ が滑らかであるとき,$F$ は**区分的に滑らか**であるという.

　以後,特に断らない限り,曲線といえば,区分的に滑らかであるとする.

　ところで,ベクトル空間 $W$ 内の曲線 $F : [a,b] \to W$ の像を値域とする写像の選び方は1つとは限らない.たとえば,連続微分可能な全単射な写像 $h : [c,d] \to [a,b], h'(s) \neq 0, s \in [c,d]$ ($c < d$) に対して,$G(s) := F(h(s))$, $s \in [c,d]$ とおけば,$G$ も曲線であり,$F$ と同じ像をもつ.この場合,$h$ の全単射性と中間値の定理の応用により,次の2つの場合が可能である:(i) $h(c) = a, h(d) = b, h'(s) > 0$, $s \in [c,d]$; (ii) $h(c) = b, h(d) = a, h'(s) < 0$, $s \in [c,d]$.そこで,次の定義を設ける:(i) の場合,曲線 $F$ と曲線 $G$ は**同じ曲線**であるといい(2つの曲線の相等の定義),(ii) の場合,$G$ は **$F$ の向きを変えた曲線**あるいは **$F$ と逆向きの曲線**であるという.

**!注意 3.2**　この定義の"心"は,2つの曲線について,それらの像が同じでも"向き"が違えば異なる曲線とみなすということである.言い換えれば,曲線を,いま定義した相等の意味で,一意的に決定するには,その像とその"向き"という2つの要素が必要であるということ.これは,曲線が点の運動から生成されるというイメージ(描像)に合致したものであって,何も格別難しいことをいっているわけではない.要するに,描像的にいえば,$W$ の点が $W$ の1点 $A$ から出発して,別の点 $B$ まで連続的に運動すれば,それによって1つの曲線 $F$ が生成されることになるが,この曲線を点 $B$ から逆にたどれば $A$ にもどる.後者の運動も1つの曲線 $G$ を生成し,$F$ の像と $G$ の像は一致する.だが,$G$ は $F$ の向きを変えた曲線であり,向きが異なるので,$F$ と同じ曲線とはみなされない[5].

　$W$ をアファイン空間と見るとき,$F'(t)$ は点 $F(t)$ を始点とする束縛ベクトル,すなわち,$W_{F(t)}$ の元である.これを曲線 $F$ の点 $F(t)$ における**接ベクトル** (tangent vector) と呼ぶ(図 3.1).

---

　[4] $\dot{F}$ はニュートン流の記法であり,物理学ではよく用いられる.
　[5] たとえば,点 $w \in$ から $w' \in W$ へ向かう直線 $F(t) = w + t(w' - w), t \in [0,1]$ の向きを変えた直線は $G(s) = w + (1-s)(w' - w), s \in [0,1]$ であり(上の記号で $h(s) = 1 - s$ の場合),これは点 $w'$ から点 $w$ へ向かう直線を表す.

点 $F(t_0)(t_0 \in [a,b])$ を通る直線のうち，点 $F(t_0)$ における微分係数が $F'(t_0)$ のゼロでない定数倍に等しいものを曲線 $F$ の点 $F(t_0)$ における**接線** (tangent line) という．

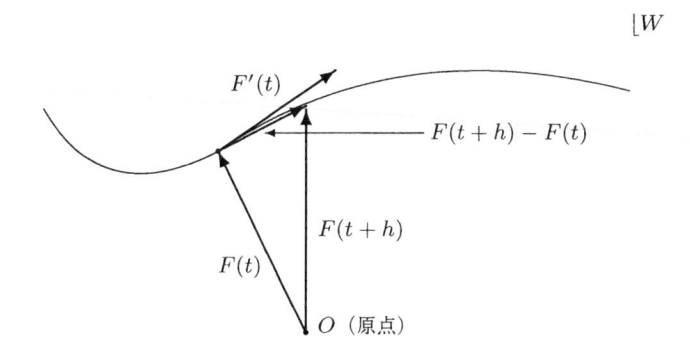

**図 3.1** ベクトル空間 $W$ における曲線の導関数の幾何学的イメージ

$\mathbb{R}$ の原点の近傍で定義された，$W$-値関数 $f$ について，定数 $p > 0$ があって，$\lim_{t \to 0} f(t)/|t|^p = 0$（すなわち，$\lim_{t \to 0} \|f(t)\|_W/|t|^p = 0$）が成り立つとき，$f(t) = o(t^p)$ と記す．したがって，$\lim_{t \to 0} o(t^p)/|t|^p = 0$．

**【定理 3.10】** $F : [a,b] \to W$ が滑らかな曲線ならば，任意の $t \in [a,b], t+h \in [a,b]$ に対して

$$F(t+h) - F(t) = hF'(t) + o(h) \ (h \to 0) \tag{3.6}$$

が成り立つ．

**証明** $A(h) := \dfrac{F(t+h) - F(t)}{h} - F'(t)$ とおけば，$F(t+h) - F(t) = hF'(t) + hA(h)$．$F$ の微分可能性より，$\lim_{h \to 0} A(h) = 0$ であるから，$hA(h) = o(h)$ である． ∎

**【定理 3.11】** $F, G : [a,b] \to W$ を曲線とし，$f : [a,b] \to \mathbb{R}$ は連続であるとする．$F, G, f$ が $t \in [a,b]$ において微分可能ならば，$F+G, fF, \langle F, G \rangle_W$ のいずれも $t$ において微分可能であり，次が成り立つ：

(i) $(F+G)'(t) = F'(t) + G'(t)$.

(ii) $(fF)'(t) = f'(t)F(t) + f(t)F'(t)$.

(iii) $\langle F, G \rangle'_W (t) = \langle F'(t), G(t) \rangle_W + \langle F(t), G'(t) \rangle_W$.

**証明** (i), (ii) の証明は，スカラー値関数の対応する微分法則の証明と同様である．(iii) を証明しよう．$h \in \mathbb{R}$ を定義 3.9 のようにとる．このとき，

$$\frac{\langle F, G \rangle_W (t+h) - \langle F, G \rangle_W (t)}{h}$$
$$= \left\langle \frac{F(t+h) - F(t)}{h}, G(t+h) \right\rangle_W + \left\langle F(t), \frac{G(t+h) - G(t)}{h} \right\rangle_W$$
$$\xrightarrow{h \to 0} \langle F'(t), G(t) \rangle_W + \langle F(t), G'(t) \rangle_W .$$

ここで，条件と内積の連続性を用いた． ∎

【補題 3.12】 $F : [a, b] \to W$ を滑らかな曲線とする．このとき，すべての $t \in [0, b-a]$ に対して

$$\langle F(a+t) - F(a), w \rangle = \int_0^1 t \langle F'(a + \alpha t), w \rangle \, d\alpha. \tag{3.7}$$

**証明** $\alpha \in [0, 1]$ をパラメータとして，$F(a + \alpha t)$ $(t \in [0, b-a])$ を $\alpha$ の関数と見ると，これは $\alpha$ について微分可能であり，

$$\frac{d}{d\alpha} F(a + \alpha t) = t F'(a + \alpha t) \tag{3.8}$$

であることがわかる．したがって，任意の $w \in W$ に対して，内積をとれば，内積の連続性により，$\langle F(a + \alpha t), w \rangle$ は $\alpha$ について微分可能であり，

$$\frac{d}{d\alpha} \langle F(a + \alpha t), w \rangle = t \langle F'(a + \alpha t), w \rangle$$

が成り立つ．両辺を $\alpha$ について，0 から 1 まで積分すれば，(3.7) を得る． ∎

【定理 3.13】 滑らかな曲線 $F : [a, b] \to W$ について，$F'(t) = 0_W$, $t \in [a, b]$ が成り立つならば，$F$ は $[a, b]$ 上で定値である．すなわち，あるベクトル $w_0 \in W$ があって，すべての $t \in [a, b]$ に対して，$F(t) = w_0$.

**証明** 仮定によって，(3.7) の右辺は 0 であるから，$\langle F(a+t) - F(a), w \rangle = 0$. これがすべての $w \in W$ に対して成り立つから，計量の非退化性により，$F(a+t) - F(a) = 0$, すなわち，$F(a+t) = F(a)$. $t \in [0, b-a]$ は任意であるから，題意が成立する． ∎

**【定理 3.14】** 曲線 $F : [a,b] \to W$ が滑らかで各 $t$ に対して $F(t) \neq 0_W$ ならばスカラー値関数 $\|F\|_W : [a,b] \to [0,\infty); t \mapsto \|F(t)\|_W$ は $[a,b]$ で微分可能であり，

$$\frac{d}{dt}\|F(t)\|_W = \frac{\mathrm{Re}\,\langle F(t), F'(t)\rangle_W}{\|F(t)\|_W}. \tag{3.9}$$

ただし，複素数 $z \in \mathbb{C}$ に対して，$\mathrm{Re}\,z$ は $z$ の実部を表す（したがって，$\mathbb{K} = \mathbb{R}$ の場合は，(3.9) の右辺において，Re は要らない）．

**証明** $\|F(t)\|^2 = \langle F(t), F(t)\rangle$ であるから，定理 3.11(iii) によって，$\|F(t)\|^2$ は微分可能であり，

$$\frac{d}{dt}\|F(t)\|^2 = \langle F'(t), F(t)\rangle + \langle F(t), F'(t)\rangle = 2\mathrm{Re}\,\langle F'(t), F(t)\rangle.$$

一方，$\|F(t)\| = \sqrt{\|F(t)\|^2}$ であるから，合成関数の微分法により，$\|F(t)\|$ は微分可能であり，

$$\frac{d}{dt}\|F(t)\| = \frac{1}{2}\frac{1}{\sqrt{\|F(t)\|^2}}\frac{d}{dt}\|F(t)\|^2.$$

ゆえに，(3.9) が得られる． ∎

**【定理 3.15】** $\dim W = n < \infty$ であるとし，$F : [a,b] \to W$ を連続曲線とする．$w_1, \cdots, w_n$ を $W$ の任意の基底とし，

$$F(t) = \sum_{i=1}^{n} F^i(t) w_i$$

と展開する（$F^i$ は基底 $w_1, \cdots, w_n$ に関する，$F$ の成分関数）．このとき，$F$ が $t \in [a,b]$ において微分可能であるための必要十分条件は各 $F^i$ が $t$ において微分可能であることである．この場合，

$$F'(t) = \sum_{i=1}^{n} \frac{dF^i(t)}{dt} w_i$$

が成り立つ．

**証明** 定理 3.5(i) の証明と同様． ∎

写像 $F : [a,b] \to W$ が連続微分可能で $F' : [a,b] \to W$ も連続微分可能であるとき，$F$ は **2 回連続微分可能**であるといい，$F'$ の導関数——$F$ に関する **2 階導関数**という——を

$$\frac{d^2 F(t)}{dt^2} := \frac{d}{dt}F'(t) = \frac{d}{dt}\frac{dF(t)}{dt} \tag{3.10}$$

と記す. これを $F''(t)$ あるいは $\ddot{F}(t)$ と書く場合もある. $F''$ が連続微分可能のとき, $F$ は 3 回連続微分可能であるといい, 3 階導関数が $d^3 F(t)/dt^3 := dF''(t)/dt$ によって定義される. 以下, 同様にして, 任意の $n \in \mathbb{N}, n \geq 2$, に対して, $F$ の $n$ 回連続微分可能性の概念と $n$ 階導関数 $d^n F(t)/dt^n$ が定義される:

$$\frac{d^n F(t)}{dt^n} := \frac{d}{dt}\frac{d^{n-1} F(t)}{dt^{n-1}}.$$

$d^n F(t)/dt^n$ を $F^{(n)}(t)$ とも書く.

### 3.2.3 曲線の積分

$W$ を $N$ 次元内積空間 ($N \in \mathbb{N}$) とし, $(e_i)_{i=1}^N$ を $W$ の正規直交基底とする. 連続曲線 $F : [a,b] \to W$ を $F(t) = \sum_{i=1}^N \langle e_i, F(t) \rangle e_i$ と展開する. 関数 $t \mapsto \langle e_i, F(t) \rangle$ は連続であるから, リーマン積分 $\int_a^b \langle e_i, F(t) \rangle dt$ が定義される[6]. そこで,

$$\int_a^b F(t) dt := \sum_{i=1}^N \left( \int_a^b \langle e_i, F(t) \rangle dt \right) e_i \tag{3.11}$$

という, $W$ のベクトルを定義し, これを $a$ から $b$ にわたる曲線 $F$ の**リーマン積分**あるいは単に**積分**と呼ぶ. このような積分を**ベクトル値積分**という. これは正規直交基底 $(e_i)_{i=1}^N$ の取り方によらない. 実際, $(f_i)_{i=1}^N$ を $W$ の別の正規直交基底とし, 底変換: $(e_i)_{i=1}^N \mapsto (f_i)_{i=1}^N$ の行列を $P = (P_i^j)$ とすれば, $f_i = \sum_{j=1}^N P_i^j e_j$. $\delta_{ij} = \langle f_i, f_j \rangle$ より, $\sum_{k=1}^N \overline{P_i^k} P_j^k = \delta_{ij}$. したがって, $P^* P = I$ ($P^*$ は行列 $P$ のエルミート共役: $(P^*)_j^i := \overline{P_i^j}$). これは $P^{-1} = P^*$ を意味する. ゆえに

$$\sum_{i=1}^N \left( \int_a^b \langle f_i, F(t) \rangle dt \right) f_i = \sum_{k=1}^N \left( \int_a^b \langle e_k, F(t) \rangle dt \right) \sum_{i=1}^N (P_i^k)^* f_i$$

$$= \sum_{k=1}^N \left( \int_a^b \langle e_k, F(t) \rangle dt \right) \sum_{i=1}^N (P^{-1})_k^i f_i$$

$$= \sum_{k=1}^N \left( \int_a^b \langle e_k, F(t) \rangle dt \right) e_k.$$

---

[6] 任意のスカラー値連続関数 $f : [a,b] \to \mathbb{K}$ に対して,

$$\int_a^b f(t) dt := \lim_{n \to \infty} \sum_{i=1}^n f(\xi_i)(t_i - t_{i-1})$$

($\xi_i \in [t_{i-1}, t_i]$). ただし, $t_0, \cdots, t_n$ は $[a,b]$ の分割: $a = t_0 < t_1 < \cdots < t_n = b$ であり, 極限は $\max_{i=1,\cdots,n}(t_i - t_{i-1}) \to 0$ $(n \to \infty)$ となるような仕方でとる. 詳しくは微分積分学の教科書を参照.

$b$ から $a$ にわたる曲線 $F$ の積分は

$$\int_b^a F(t)dt := -\int_a^b F(t)dt \tag{3.12}$$

と定義する．

曲線の積分についても，実数値関数の積分と類似の法則が成り立つ．だが，ここでは，それらを書き下すことはしない．

**【命題 3.16】** $F, G : [a, b] \to W$ を連続曲線とするとき

$$\left\langle \int_a^b F(t)dt, \int_a^b G(t)dt \right\rangle = \int_a^b dt \int_a^b ds \left\langle F(t), G(s) \right\rangle \tag{3.13}$$

が成り立つ．

**証明** (3.11) と $(e_i)$ の正規直交性により

$$\left\langle \int_a^b F(t)dt, \int_a^b G(t)dt \right\rangle = \sum_{i=1}^N \left( \int_a^b \langle F(t), e_i \rangle dt \right) \left( \int_a^b \langle e_i, G(s) \rangle ds \right)$$

これと正規直交基底の完全性から従う式

$$\sum_{i=1}^N \langle F(t), e_i \rangle \langle e_i, G(s) \rangle = \langle F(t), G(s) \rangle$$

を用いれば (3.13) が得られる． ∎

**【命題 3.17】** 任意の $t \in [a, b]$ に対して，

$$\left\| \int_a^t F(s)ds \right\| \leq \int_a^t \|F(s)\|ds. \tag{3.14}$$

**証明** 式 (3.13) で $F = G$ の場合を考え，シュヴァルツの不等式を使えば

$$\left\| \int_a^t F(s)ds \right\|^2 \leq \int_a^t ds \int_a^t ds' \|F(s)\| \|F(s')\|$$
$$= \left( \int_a^t \|F(s)\|ds \right)^2.$$

∎

【定理 3.18】 $F: [a,b] \to W$ を連続曲線とし，$G(t) = \int_a^t F(s)ds$，$t \in [a,b]$ とおく．このとき，$G: [a,b] \to W$ は滑らかな曲線であって，

$$G'(t) = F(t), \quad t \in [a,b]$$

が成り立つ．

**証明** 任意の $t \in [a,b], h \in \mathbb{R} \setminus \{0\}$（ただし，$h + t \in [a,b]$）に対して

$$\frac{G(t+h) - G(t)}{h} - F(t) = \frac{1}{h} \int_t^{t+h} (F(s) - F(t))ds.$$

命題 3.17 を応用すれば，$h > 0$ のとき，

$$\left\| \frac{G(t+h) - G(t)}{h} - F(t) \right\| \leq \frac{1}{h} \int_t^{t+h} \|F(s) - F(t)\| ds.$$

$F$ の一様連続性（命題 3.8）によって，任意の $\varepsilon > 0$ に対して，$\varepsilon$ だけに依存する定数 $\delta > 0$ が存在して，$|t - s| < \delta$ ならば，$\|F(s) - F(t)\| < \varepsilon$．そこで，$|h| < \delta$ ととれば，

$$\frac{1}{h} \int_t^{t+h} \|F(s) - F(t)\| ds \leq \varepsilon.$$

したがって，$\left\| \dfrac{G(t+h) - G(t)}{h} - F(t) \right\| \leq \varepsilon \cdots (*)$．同様にして，$h < 0$ の場合でも $|h| < \delta$ ならば $(*)$ が成り立つ．これは，$G$ が $t$ で微分可能であり，$G'(t) = F(t)$ であることを意味する． ■

【定理 3.19】 $F: [a,b] \to W$ を滑らかな曲線とするとき，任意の $t \in [a,b]$ に対して

$$F(t) - F(a) = \int_a^t F'(s)ds \tag{3.15}$$

が成り立つ．

**証明** $H(t) = \int_a^t F'(s)ds$ とおけば，前定理により，$H'(t) = F'(t)$．したがって，$(H - F)'(t) = 0$，$t \in [a,b]$．ゆえに，定理 3.13 によって，定ベクトル $v_0 \in W$ があって，$H(t) = F(t) + v_0$，$t \in [a,b]$．$H(a) = 0$ であるから，$v_0 = -F(a)$．ゆえに，$F(t) - F(a) = H(t)$． ■

### 3.2.4 曲線の長さ

連続曲線 $F : [a,b] \to W$ に関して，$\|F(t+h) - F(t)\|_W$ $(h > 0)$ は $h$ が十分小さいならば区間 $[t, t+h]$ における曲線 $F$ の像の近似的な長さを与える．一方，$h$ が十分小さければ，(3.6) によって，$F(t+h) - F(t) \approx F'(t)h$ であるから，$\|F(t+h) - F(t)\|_W \approx \|F'(t)\|_W h$. したがって，$[a,b]$ の分割

$$\Pi_n : a = t_0 < t_1 < \cdots < t_n = b$$

を考えると，$\delta_n := \max_{i=1,\cdots,n} |t_i - t_{i-1}|$ が十分小さいとき，$\sum_{i=1}^n \|F'(t_{i-1})\|_W (t_i - t_{i-1})$ は曲線 $F$ の近似的な長さを与えると解釈される．

そこで，連続微分可能な**連続曲線 $F : [a,b] \to W$ の長さ**を

$$L_F := \lim_{\delta_n \to 0} \sum_{i=1}^n \|F'(t_{i-1})\|_W (t_i - t_{i-1}) \tag{3.16}$$

によって定義する．関数：$t \mapsto \|F'(t)\|_W$ は連続であるから，この極限は実際に存在し，

$$L_F = \int_a^b \|F'(t)\|_W \, dt \tag{3.17}$$

が成り立つ．定義から明らかなように，曲線の長さは $W$ の基底の取り方には依存しない絶対的・幾何学的な量である．

■ 例 3.2 ■（**曲線の長さの成分表示**）$W$ が $n$ 次元実内積空間で，$w_1, \cdots, w_n$ を $W$ の基底とし，$F(t) = \sum_{i=1}^n F^i(t) w_i$ と展開すれば，

$$\|F'(t)\|_W = \sqrt{\sum_{i,j=1}^n \dot{F}^i(t) \dot{F}^j(t) g_{ij}}$$

$(g_{ij} := \langle w_i, w_j \rangle_W)$ であるから，

$$L_F = \int_a^b \sqrt{\sum_{i,j=1}^n \dot{F}^i(t) \dot{F}^j(t) g_{ij}} \, dt \tag{3.18}$$

である．特に，$\boldsymbol{w_1, \cdots, w_n}$ が**正規直交基底**ならば，$g_{ij} = \delta_{ij}$ であるから，

$$L_F = \int_a^b \sqrt{\sum_{i=1}^n \dot{F}^i(t)^2} \, dt \tag{3.19}$$

と表示される．

## 3.3 スカラー場

### 3.3.1 微分係数

$V$ を $\mathbb{K}$ 上の内積空間, $D \subset V$ を開集合とする. $V$ のノルムを単に $\|\cdot\|$ と表す. $D$ から $\mathbb{K}$ への写像 $f: D \to \mathbb{K}$ を $D$ 上の**スカラー場**または**スカラー値関数**という. $\mathbb{K} = \mathbb{R}$ の場合, **実スカラー場**, $\mathbb{K} = \mathbb{C}$ の場合, **複素スカラー場**という.

$x \in D$ とすれば, $D$ が開集合であることから, ある $\delta_x > 0$ があって, $\|x - y\| < \delta_x$ ならば, $y \in D$ である. したがって, 特に, $y \in V \setminus \{0\}, |h| < \delta_x / \|y\|, h \in \mathbb{K}$ ならば, $x + hy \in D$ である.

**【定義 3.20】** $f: D \to \mathbb{K}$ とする. $x \in D, y \in V$ を固定したとき,
$$\lim_{h \neq 0, h \to 0} \frac{f(x + hy) - f(x)}{h}$$
が存在するとき, $f$ は点 $x$ において **$y$ 方向に微分可能**であるといい, その極限値を $x$ における **$y$ 方向の微分係数**と呼び, $f'(x, y)$ と記す:
$$f'(x, y) := \lim_{h \neq 0, h \to 0} \frac{f(x + hy) - f(x)}{h}. \tag{3.20}$$

**【定義 3.21】** $f: D \to \mathbb{K}$ について, すべての $x \in D$ と $y \in V$ に対して, $f'(x, y)$ が存在するとき, $f$ は $D$ 上で**微分可能**であるという.

$f$ が $D$ 上で微分可能であって, 任意の $y \in V$ に対して, $f'(x, y)$ が $x$ に関して $D$ 上で連続であるとき, $f$ は $D$ において**連続微分可能**であるという.

次の定理は, 1 変数関数に関する平均値の定理の一般化である.

**【定理 3.22】(平均値の定理)** $f: D \to \mathbb{R}$ (実数値関数) とする. $x \in D, y \in V$ とし, 任意の $t \in [0, 1]$ に対して, $x + ty \in D$ かつ $f'(x + ty, y)$ は存在すると仮定する. このとき, $\theta \in (0, 1)$ が存在して,
$$f(x + y) - f(x) = f'(x + \theta y, y) \tag{3.21}$$
が成り立つ.

**証明** $t \in [0, 1]$ に対して, $g(t) := f(x + ty)$ とおく. このとき, $-t \leq h \leq 1 - t$ に対して, $g(t + h) - g(t) = f(x + ty + hy) - f(x + ty)$. したがって, $g$ は微分

可能であって, $g'(t) = f'(x+ty, y)$ が成り立つ. 実数値関数 $g$ に対する平均値の定理により, $g(1) - g(0) = g'(\theta)$ となる $\theta \in (0,1)$ がある. ゆえに, (3.21) を得る. ∎

次の定理は以下の理論展開の基礎となる.

**【定理 3.23】** $f : D \to \mathbb{K}$ は $D$ 上で連続微分可能であるとする. このとき, 任意の $x \in D$ に対して, $f'(x, y)$ は $y$ について線形である.

**証明** $x \in D, y, z \in V, a \in \mathbb{K}$ とする. まず, $f'(x, ay) = af'(x, y) \cdots (*)$ を示そう. $a = 0$ ならば, $hay = 0$ であるから, $[f(x + hay) - f(x)]/h = 0 (h \in \mathbb{K}, h \neq 0)$. したがって, $h \to 0$ とすれば, $f'(x, ay) = 0 = af'(x, y)$. 次に $a \neq 0$ のときは,

$$\lim_{h \to 0} \frac{f(x + hay) - f(x)}{h} = a \lim_{h \to 0} \frac{f(x + hay) - f(x)}{ha} = af'(x, y).$$

したがって, $(*)$ が成り立つ.

次に, $f'(x, y + z) = f'(x, y) + f'(x, z) \cdots (**)$ を示す. $\mathbb{K} = \mathbb{C}$ の場合は, $f(x) = \operatorname{Re} f(x) + i \operatorname{Im} f(x)$ と書けるから[7], $(**)$ は, $f$ が実数値の場合に対して証明すれば十分である. $|h|$ を十分小として $(h \neq 0)$,

$$\frac{f(x + hy + hz) - f(x)}{h} = \frac{f(x + hy + hz) - f(x + hy)}{h} + \frac{f(x + hy) - f(x)}{h} \tag{3.22}$$

と書く. 平均値の定理と $(*)$ により, $\theta \in (0,1)$ が存在して,

$$\frac{f(x + hy + hz) - f(x + hy)}{h} = f'(x + hy + \theta hz, z).$$

そこで, $f'(x, z)$ の $x$ についての連続性を使えば, $h \to 0$ のとき, 右辺は $f'(x, z)$ に収束する. また, $(f(x + hy) - f(x))/h \to f'(x, y) \ (h \to 0)$. ゆえに $(**)$ が得られる. ∎

定理 3.23 によって, 次の定義が可能となる.

**【定義 3.24】** スカラー場 $f : D \to \mathbb{K}$ が $D$ 上で連続微分可能であるとき, 各 $x \in D$ に対して, 線形写像 $df(x) : V \to \mathbb{K}$ を $df(x)(y) := f'(x, y), \ y \in V$ によって定義する (したがって, $df(x) \in V^*$). $df(x)$ を $x \in D$ における $f$ の

---

[7] 複素数 $z$ に対して, その実部と虚部をそれぞれ, $\operatorname{Re} z, \operatorname{Im} z$ で表す.

微分係数と呼ぶ[8]．写像 $df: D \to V^*$; $D \ni x \mapsto df(x) \in V^*$ を $f$ の**微分形式** (differential form) という．

**!注意 3.3** 定義の仕方から明らかなように，$df(x)$ は $V$ の基底の取り方にはよらない．$V$ が有限次元実内積空間ならば，同型定理によって，$V$ の開集合上のスカラー場の微分係数は $V$ の内積の選び方にも依存しない．

**!注意 3.4** $V$ が不定計量空間であっても，$V$ が有限次元ならば，写像 $f: D \to \mathbb{K}$ ($D \subset V$) に対して，微分可能性，微分係数の概念を上述の場合と同じ形式で定義する．

**【定義 3.25】** $D$ を $V$ の開集合，$a \in V$ とする．もし，すべての $x \in D$ に対して，$x$ と $a$ を結ぶ線分 $\{a + t(x-a) \mid t \in [0,1]\}$ が $D$ に含まれるならば，$D$ は $a$ を中心とする**星型集合** (star-shaped set) であるという．

**【定理 3.26】** $D$ は点 $a \in V$ を中心とする星型集合であるとし，$f: D \to \mathbb{R}$ は連続微分可能であるとする．もし，$df = 0$ ならば，$f$ は $D$ 上で定数である．

**証明** 定義 3.25 によって，任意の $x \in D$ と $t \in [0,1]$ に対して，$a + t(x-a) \in D$ であるから，$df = 0$ と平均値の定理（定理 3.22）によって，$f(x) = f(a)$（定数）．■

### 微分係数 $df(x)$ の幾何学的意味

スカラー場 $f: D \to \mathbb{K}$ は連続微分可能であるとする．$|h| \neq 0$ ($h \in \mathbb{K}$) が十分小さいならば，(3.20) によって，$df(x)(y) \approx [f(x+hy) - f(x)]/h$ であり，$df(x)(y)$ の $y$ についての線形性を使うと $df(x)(hy) \approx f(x+hy) - f(x)$ となる．そこで，$u = hy$ とおけば，$\|u\|$ が十分小さいとき，

$$df(x)(u) \approx f(x+u) - f(x) \quad (\|u\| \approx 0) \tag{3.23}$$

ゆえに，$df(x)$ の $u$ における値 $df(x)(u)$ は，$\|u\|$ が十分小さいとき，点 $x+u$ と点 $x$ における $f$ の値の差に近似的に等しい（図 3.2）．

---

[8] "係数" という呼び方をしているが，もちろん，これは数ではなく，線形写像である．このように，数学では，言葉を拡大して使う場合が多い．だが，数学にあっては，その数学的内容だけが本質的であって，対象の名称は単なる符丁にすぎない（感覚的知覚に対応する形で発見された数学的事実や対象に対しては，感覚界に由来する言葉を用いて命名がなされる場合があるが，これも単なる便宜上の問題にすぎない）．したがって，そのような使い方をしても内容をきちんと把握していさえすれば混乱の恐れはない．数学では対象の名称の字面に捉われてはならない．

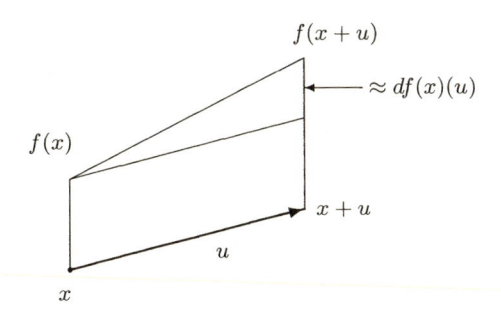

図 **3.2** 微分係数の幾何学的意味

■ **例 3.3** ■ $V$ が有限次元計量ベクトル空間（不定計量でもよい）で $e_1, \cdots, e_n$ を $V$ の基底とすれば，$x = \sum_{i=1}^{n} x^i e_i$ と展開できる（$(x^1, \cdots, x^n) \in \mathbb{R}^n$）．したがって，$f(x)$ は $x^1, \cdots, x^n$ の関数と見ることができる．いま，$f'(x, e_i)$ が存在するとすれば，

$$\begin{aligned}
f'(x, e_i) &= \lim_{h \to 0} \frac{f(x + h e_i) - f(x)}{h} \\
&= \lim_{h \to 0} \frac{f(x^1 e_1 + \cdots + (x^i + h) e_i + \cdots + x^n e_n) - f(x)}{h} \\
&= \frac{\partial}{\partial x^i} f(x).
\end{aligned} \tag{3.24}$$

ただし，右辺は $f(x)$ を座標成分 $x^1, \cdots, x^n$ の関数と見たときの変数 $x^i$ に関する偏微分を表す．逆に，(3.24) の逆をたどれば，$\partial f(x)/\partial x^i$ が存在するとき，$f'(x, e_i)$ が存在することがわかる．これから次のことがわかる：$f$ が $D$ において連続微分可能であるための必要十分条件は，各 $x \in D$ に対して，$\partial f(x)/\partial x^i, i = 1, \cdots, n$ が存在し，かつ $D$ 上で連続であることである．この場合，任意の $y = \sum_{i=1}^{n} y^i e_i \in V$ に対して，$f'(x, y)$ の $y$ についての線形性により，

$$\begin{aligned}
f'(x, y) &= f'\left(x, \sum_{i=1}^{n} y^i e_i\right) = \sum_{i=1}^{n} y^i f'(x, e_i) \\
&= \sum_{i=1}^{n} y^i \frac{\partial}{\partial x^i} f(x) \\
&= \sum_{i=1}^{n} \frac{\partial}{\partial x^i} f(x) \phi^i(y).
\end{aligned}$$

ただし，$(\phi^i)_{i=1}^{n}$ は $(e_i)_{i=1}^{n}$ の双対基底である．したがって，

$$df(x) = \sum_{i=1}^{n} \frac{\partial}{\partial x^i} f(x) \phi^i \tag{3.25}$$

となる.ゆえに,双対基底 $(\phi^i)_{i=1}^n$ に関する $df(x) \in V^*$ の成分表示は

$$\left( \frac{\partial}{\partial x^1} f(x), \cdots, \frac{\partial}{\partial x^n} f(x) \right)$$

である.

基底 $(e_i)$ を 1 つ固定するごとに,$D$ の点 $x$ の展開 $x = \sum_{i=1}^n x^i e_i$ に同伴する形で $D$ 上の**座標関数** $f^i : x \to x^i ; f^i(x) := x^i$ が定義される(これは基底の取り方に依存する).この場合,(3.25) によって

$$df^i(x) = \phi^i, \quad i = 1, \cdots, n \tag{3.26}$$

が成り立つ.つまり,$V$ の基底 $(e_i)$ を 1 つ定めたときに定まる座標関数の微分形式の組は $(e_i)$ の双対基底を与える.そこで,通常,記号の混用であるが,座標関数 $f^i$ を単に $x^i$ と書く.したがって

$$dx^i = \phi^i. \tag{3.27}$$

ただ,くれぐれも,$dx^i$ は座標関数 $x^i$ の微分形式であること,およびこれは $V$ の基底の取り方に依存していることを明晰に意識していてほしい.図式的に書けば次のようになる.

$$V \text{ の基底} : (e_i) \longrightarrow \text{成分表示(座標関数)} : (x^i) \longrightarrow (dx^i)_{i=1}^n : (e_i) \text{ の双対基底} \tag{3.28}$$

**❗注意 3.5** (3.27), (3.28) によって,通常の微分積分学では,単なるシンボルとしてしか意味をもたない記号 $dx^i$ に微分形式として数学的な意味がついたことになる.

### 3.3.2 勾配ベクトル

すでに注意したように,$V$ が有限次元ならば,$V$ の開集合上のスカラー場の微分係数の概念は $V$ の計量の選び方には依存していない.次に計量の選び方に依存しうる——しかし,基底の取り方にはよらない——微分的概念を定義しよう.

**【定理 3.27】** $V$ を有限次元計量ベクトル空間,$D$ は $V$ の開集合,$f : D \to \mathbb{K}$ は連続微分可能とする.このとき,各 $x \in D$ に対して,唯 1 つのベクトル $v_f(x) \in V$ が定まり,

$$f'(x, y) = \langle v_f(x), y \rangle, \quad y \in V \tag{3.29}$$

が成り立つ.

**証明** $x \in D$ を任意に固定するとき，対応 : $y \mapsto f'(x,y)$ は $V^*$ の元である．表現定理（2章，2.4.7項を参照）によって，題意にいう $v_f(x) \in V$ が唯1つ存在する． ∎

定理3.27のベクトル $v_f(x)$ は $D$ から $V$ への写像 $v_f : x \mapsto v_f(x)$ を定める．この写像を $\operatorname{grad} f$ と記し，$f$ の**勾配**または**グラディエント** (gradient) という：

$$f'(x,y) = \langle \operatorname{grad} f(x), y \rangle, \quad x \in D, y \in V. \tag{3.30}$$

したがって，

$$\lim_{h \to 0} \frac{f(x+hy) - f(x)}{h} = \langle \operatorname{grad} f(x), y \rangle, \quad x \in D, y \in V. \tag{3.31}$$

$\operatorname{grad} f(x)$ を $x$ における $f$ の**勾配ベクトル**という．

**❗注意3.6** 定義から明らかなように，$\operatorname{grad} f$ に対する上の定義は $V$ の基底の取り方によらない普遍的なものである．

(3.30) によって，

$$df(x)(y) = \langle \operatorname{grad} f(x), y \rangle, \quad y \in V \tag{3.32}$$

であるから，$\mathbb{K} = \mathbb{R}$ のとき，

$$i_*(df(x)) = \operatorname{grad} f(x). \tag{3.33}$$

ただし，$i_*$ は $V^*$ と $V$ の標準同型である（2章，2.4.8項）．したがって，$x$ における勾配ベクトル $\operatorname{grad} f(x)$ を知ることと $f$ の $x$ における微分係数 $df(x)$ を知ることは同値である．しかし，$df(x) \in V^*$ であり，一方，$\operatorname{grad} f(x) \in V$ であって，後者は $V$ をアファイン空間として見たとき，$x$ を始点とする束縛ベクトルと考えられる．$\operatorname{grad} f(x)$ の幾何学的意味については，この項の最後でふれる．

**【定理3.28】** $V$ を有限次元計量ベクトル空間，$D$ は $V$ の開集合とする．$f : D \to \mathbb{K}$ が連続微分可能ならば，$\operatorname{grad} f : D \to V$ は連続である．

**証明** $(e_i)_{i=1}^n$ を $V$ の正規直交基底とすれば，

$$\operatorname{grad} f(x) = \sum_{i=1}^n \varepsilon(e_i) \langle e_i, \operatorname{grad} f(x) \rangle e_i$$

と展開できる．(3.30) より，$f'(x, e_i) = \langle e_i, \operatorname{grad} f(x)\rangle^*$．これから，

$$\operatorname{grad} f(x) = \sum_{i=1}^{n} \varepsilon(e_i) f'(x, e_i)^* e_i. \tag{3.34}$$

各 $f'(x, e_i)$ は $x$ について連続であるから，$\operatorname{grad} f(x)$ も連続である． ∎

■ 例 3.4 ■ $e_1, \cdots, e_n$ が $V$ の正規直交基底で $\langle e_i, e_j \rangle = \varepsilon(e_i)\delta_{ij}$ を満たすならば，(3.34) と (3.24) より，

$$\operatorname{grad} f(x) = \sum_{i=1}^{n} \varepsilon(e_i) \frac{\partial f(x)^*}{\partial x^i} e_i. \tag{3.35}$$

ただし，$x = \sum_{i=1}^{n} x^i e_i$．したがって，この正規直交基底による，$\operatorname{grad} f(x)$ の成分表示は

$$\left( \varepsilon(e_1) \frac{\partial f(x)^*}{\partial x^1}, \cdots, \varepsilon(e_n) \frac{\partial f(x)^*}{\partial x^n} \right)$$

である．$df(x)$ の成分表示との違いに注意．

**!注意 3.7** $V$ がユークリッドベクトル空間の場合には，$V$ の正規直交基底 $(e_i)_{i=1}^{n}$ による，$\operatorname{grad} f(x)$ の成分表示とその双対基底による，$df(x)$ の成分表示は一致する（∵ $\varepsilon(e_i) = 1$, $f(x)^* = f(x)$）．しかし，これまでの論述から明らかなように，$df(x)$ と $\operatorname{grad} f(x)$ は概念的には異なるものである．座標表示に頼る旧式のベクトル解析ではこの点もまた明晰には認識されにくい．

**【命題 3.29】** $V$ を有限次元計量ベクトル空間，$D$ は $V$ の開集合とする．$f : D \to \mathbb{K}$ は連続微分可能とする．$F : [a, b] \to D$ を滑らかな曲線とし，$g(t) = f(F(t))$, $t \in [a, b]$ とすれば，$g$ は微分可能であり，

$$\frac{dg(t)}{dt} = \langle \operatorname{grad} f(F(t)), \dot{F}(t) \rangle. \tag{3.36}$$

したがって，特に，任意の $t_0, t \in [a, b]$ に対して

$$g(t) - g(t_0) = \int_{t_0}^{t} \langle \operatorname{grad} f(F(s)), \dot{F}(s) \rangle ds. \tag{3.37}$$

**証明** $h \in \mathbb{R} \setminus \{0\}$ として

$$\frac{g(t+h) - g(t)}{h} = \frac{f(F(t+h)) - f(F(t))}{h}.$$

定理 3.10 によって，$F(t+h) = F(t) + \dot{F}(t)h + o(h) = F(t) + h(\dot{F}(t) + r(h))$

($r(h) = o(h)/h$). (3.31) によって,

$$f(x+hy) = f(x) + \langle \operatorname{grad} f(x), y \rangle h + o(h). \tag{3.38}$$

これを応用すれば

$$\frac{f(F(t+h)) - f(F(t))}{h} = \langle \operatorname{grad} f(F(t)), \dot{F}(t) + r(h) \rangle + \frac{o(h)}{h}.$$

そこで, $h \to 0$ とすれば, (3.36) が得られる. (3.36) を $t_0$ から $t$ まで積分すれば (3.37) が得られる. ∎

勾配ベクトル $\operatorname{grad} f(x)$ の幾何学的意味について簡単にふれておこう. 定数 $c \in \mathbb{K}$ に対して, $f$ の値が $c$ となる点 $x \in V$ の集合

$$L_c(f) := \{x \in V \mid f(x) = c\} \tag{3.39}$$

をスカラー場 $f$ の**等位面** (level surface) あるいは**等ポテンシャル面**という. $c$ が $f$ の値域になければ, $L_c(f) = \emptyset$ である (たとえば, $V = \mathbb{R}^2$, $f : \mathbb{R}^2 \to \mathbb{R}$ が土地の起伏を表す関数ならば, $L_c(f)$ は高さ $c$ の等高線を表す). $L_c(f)$ 内の任意の滑らかな曲線を $F(t)$ とする. したがって, $f(F(t)) = c \cdots (*)$. すると, (3.36) によって, $\langle \operatorname{grad} f(F(t)), \dot{F}(t) \rangle = 0$. $\dot{F}(t)$ は曲線 $F$ の点 $F(t)$ における接ベクトルを表すから, 次の幾何学的描像が得られる: 点 $x \in V$ における勾配ベクトル $\operatorname{grad} f(x)$ は, $f$ の等位面内の曲線の点 $x$ における接線と直交するベクトルである.

$V$ が内積空間の場合には, $\operatorname{grad} f(x)$ は, いま述べた幾何学的特性の他にもう1つ興味深い性質を有することが次のようにしてわかる. 任意の $u \in V$ に対して, (3.32) とシュヴァルツの不等式によって,

$$|df(x)(u)| \leq \|\operatorname{grad} f(x)\| \|u\|, \quad x \in D.$$

この場合, 等号が成立するのは, 定理 2.7(i) によって, 定数 $k \in \mathbb{K}, k \neq 0$ があって, $u = k \operatorname{grad} f(x)$ となるときである ($u \neq 0, \operatorname{grad} f(x) \neq 0$ の場合を考える). これは, 幾何学的には次のように解釈されうる. すなわち, 任意の点 $x \in D$ に対して, ベクトル $u \in V \setminus \{0\}$ の方向へのスカラー場 $f$ の増加率 $|df(x)(u)|/\|u\|$ (定理 3.26 のすぐ後の叙述を参照) が最大になるのは $u$ の方向が勾配ベクトル $\operatorname{grad} f(x)$ の方向と同じであるときであるということ, 換言すれば, 点 $x$ から $\operatorname{grad} f(x)$ の方向に平行移動するとき, スカラー場 $f$ の増加率が最大になるということである.

### 3.3.3 ベクトル場の線積分

$V$ は有限次元計量ベクトル空間または内積空間(有限次元である必要はない)とする.$V$ の開集合 $D$ で定義された写像 $X : D \to V$ を $D$ における**ベクトル場** (vector field) と呼ぶ.

【定義3.30】 $X : D \to V; D \ni x \mapsto X(x) \in V$ を連続なベクトル場とする.$C$ を $D$ 内の区分的に滑らかな写像 $F : [a, b] \to D$ によって表される曲線とする.ベクトル場 $X$ の $C$ に沿っての積分——**線積分**ともいう——を

$$\int_C \langle X(x), dx \rangle := \int_a^b \left\langle X(F(t)), \frac{dF(t)}{dt} \right\rangle dt$$

によって定義する[9].

$F : [a, b] \to W$ を 1 つのパラメータ表示とする曲線 $C$ について,$C_{t_1,t_2} := \{F(t) \mid t \in [t_1, t_2]\}$ $(a \le t_1 \le t_2 \le b)$ という型の集合で向きをも考慮したものを曲線 $C$ の**弧**という.これに対応して $\int_{t_1}^{t_2} \|F'(t)\| dt$ を $C_{t_1,t_2}$ の**弧長**という.

弧 $C_{a,t}$ $(t \in [a, b])$ の弧長

$$\tau(t) := \int_a^t \|F'(t)\| dt \tag{3.40}$$

は $t$ の関数と見ることができる.この関数は微分可能であり

$$\tau'(t) = \|F'(t)\|. \tag{3.41}$$

$F'(t) \neq 0, t \in [a, b]$ ならば,$\tau$ は単射である.

$C$ を定義3.30 に述べた性質をもつ曲線とし,$C$ の長さを $L$ とおく:

$$L := \int_a^b \|F'(t)\| dt. \tag{3.42}$$

また $F'(t) \neq 0, t \in [a, b]$ とする.このとき,写像 $\hat{F} : [0, L] \to D$ を

$$\hat{F}(s) := F(\tau^{-1}(s)), \quad s \in [0, L] \tag{3.43}$$

によって定義できる.$\tau^{-1}(0) = a, \tau^{-1}(L) = b$ である.さらに,

$$\frac{d\tau^{-1}(s)}{ds} = \frac{1}{\tau'(\tau^{-1}(s))} = \frac{1}{\|F'(\tau^{-1}(s))\|} > 0$$

したがって,$\hat{F} : [0, L] \to W$ も $C$ のパラメータ表示を与える.

---

[9] 左辺全体を 1 つのシンボルと見る.しばしば,単に $\int_C \langle X, dx \rangle$ のようにも記す.

**【命題 3.31】** $C$ を定義 3.30 のものとする．このとき，線積分 $\int_C \langle X(x), dx \rangle$ は曲線 $C$ のパラメータ表示 $F$ の取り方に無関係である．特に，$F'(t) \neq 0, t \in [a,b]$ ならば，

$$\int_C \langle X(x), dx \rangle = \int_0^L \left\langle X(\hat{F}(s)), \frac{d\hat{F}(s)}{ds} \right\rangle ds. \tag{3.44}$$

**証明** $h : [c,d] \to [a,b]$ を全単射かつ連続微分可能な写像で $h(c) = a, h(d) = b, h'(s) > 0, s \in [c,d]$ を満たすものとし，$G(s) := F(h(s)), s \in [c,d]$ とする．したがって，$G'(s) = h'(s)F'(h(s))$ であり，$t = h(s)$ と変数変換すれば，通常のリーマン積分の変数変換公式により

$$\int_c^d \langle X(G(s)), \dot{G}(s) \rangle ds = \int_a^b \langle X(F(t)), \dot{F}(t) \rangle dt$$

が成り立つ．したがって，第 1 の主張が従う．式 (3.44) は，前半の結果と $\hat{F}$ が $C$ のパラメータ表示であることによる． ∎

### 3.3.4 微分積分学の基本定理

$V$ を $\mathbb{K}$ 上の有限次元計量ベクトル空間，$D \subset V$ を開集合とする．

**【定理 3.32】** $f : D \to \mathbb{K}$ は連続微分可能であるとする．$x_0, x_1 \in D$ として，これらは滑らかな曲線で結ばれるとする．このとき，$x_0$ と $x_1$ を結ぶ，$D$ 内の任意の区分的に滑らかな曲線 $C$ に対して，

$$\int_C \langle \operatorname{grad} f, dx \rangle = f(x_1) - f(x_0). \tag{3.45}$$

**証明** $F : [a,b] \to D$ を題意にいう曲線とする ($F(a) = x_0, F(b) = x_1$)．$g(t) = f(F(t))$ とおくと，$\dot{g}(t) = \langle \operatorname{grad} f(F(t)), \dot{F}(t) \rangle$．したがって，

$$\int_C \langle \operatorname{grad} f, dx \rangle = \int_a^b \dot{g}(t) dt = g(b) - g(a) = f(x_1) - f(x_0).$$

∎

**【系 3.33】** $f : D \to \mathbb{K}$ は連続微分可能であるとする．このとき，$D$ 内の任意の滑らかな閉曲線 $C$ に対して，$\int_C \langle \operatorname{grad} f, dx \rangle = 0$．

**証明** $C$ が閉曲線ならば，前定理の記号では，$x_0 = x_1$ であるから，$f(x_0) = f(x_1)$．したがって，(3.45) の右辺は 0 である． ∎

## 演習問題

$V, W$ は $\mathbb{K}$ 上の内積空間,$D$ を $V$ の開集合とする.

1. 任意のベクトル $u_1, \cdots, u_n \in V$ $(n \in \mathbb{N})$ に対して,
$$\|u_1 + \cdots + u_n\| \leq \sum_{i=1}^{n} \|u_i\|$$
が成り立つことを示せ.

2. 滑らかな曲線 $F : [a,b] \to W$ の点 $F(t_0)$ における接線の方程式を求めよ.

3. $W$ は実内積空間であるとし,$F : [a,b] \to W$ に対して
$$L(t) := \int_a^t \|F'(s)\| ds, \quad t \in [a,b]$$
とおく(これは曲線 $F$ において,点 $F(a)$ から $F(t)$ までの部分の長さ(弧長)を表す).任意の $t \in [a,b]$ に対して,$F'(t) \neq 0$ と仮定する.$\tau = L(t)$ とおく.このとき,$\tau$ は $t$ の単調増加関数で単射である.その逆関数を $h : L([a,b]) \to [a,b]; \tau \mapsto h(\tau)$ とおく.

   (i) $h$ は微分可能であり,$h'(\tau) = 1/\|F'(h(\tau))\|$ であることを示せ.

   (ii) $X(\tau) := F(h(\tau))$ とおく(これは弧長 $\tau$ による曲線 $F$ のパラメータ表示).このとき
$$\frac{dX}{d\tau} = \frac{F'(h(\tau))}{\|F'(h(\tau))\|}$$
を示せ.したがって,特に,$\|dX/d\tau\| = 1$.

   **!注意 3.8** この事実によって,$dX/d\tau$ を**単位接ベクトル**という.

   (iii) $\left\langle \dfrac{d^2X}{d\tau^2}, \dfrac{dX}{d\tau} \right\rangle = 0$ を示せ.

   **!注意 3.9** ベクトル $d^2X(\tau)/d\tau^2$ を点 $X(\tau)$ における曲線 $X$ の**曲率ベクトル**,その大きさ $\kappa(\tau) := \|d^2X(\tau)/d\tau^2\|$ を点 $X(\tau)$ における曲線 $X$ の**曲率**という.$\kappa(\tau) \neq 0$ のとき,その逆数 $1/\kappa(\tau)$ を点 $X(\tau)$ における**曲率半径**という.(iii) は**曲率ベクトルと単位接ベクトルが曲線上の任意の点で直交する**ことを示す.

   (iv) $\tau = L(t)$ のとき
$$\frac{d^2X}{dt^2} = \frac{d^2\tau}{dt^2}\frac{dX}{d\tau} + \left(\frac{d\tau}{dt}\right)^2 \frac{d^2X}{d\tau^2}$$

を示せ.

> **!注意 3.10** 次の章で叙述するように，曲線 $F(t) = X(\tau)$ $(t = h(\tau))$ は，古典力学のコンテクスト（脈絡，文脈）では質点の運動を記述する曲線を表すために使われる．この場合，$dF/dt = dX/dt$, $d^2F/dt^2 = d^2X/dt^2$ はそれぞれ，（**瞬間**）**速度**，（**瞬間**）**加速度**と呼ばれるベクトルを表す．(ii) によって，速度の方向は単位接ベクトルと同じ方向である．(v) は，加速度が単位接ベクトルの方向とこれに垂直な方向に分解（直交分解）できることを示す.

4. $F$ が直線で $F(t) = u_0 + f(t)u_1$ $[u_0, u_1 \in W, u_1 \neq 0$ ($W$ は実内積空間) は定ベクトル，$f: [a,b] \to \mathbb{R}; f'(t) \neq 0, t \in [a,b]]$ と表されるとき，曲率はいたるところ $0$ であることを示せ．

5. 実内積空間 $W$ 内の曲線 $F$ 上の任意の点における曲率が $0$ であるとき，$F$ は直線であることを示せ．

6. $W$ を実内積空間，$(e_1, e_2)$ を $W$ の正規直交系とし，$e_1, e_2$ で生成される 2 次元部分空間を $W_2 = \mathcal{L}(\{e_1, e_2\})$ とおく．$r > 0$ とする．写像 $F: [0, 2\pi] \to W_2$ を $F(t) = r\{(\cos t)e_1 + (\sin t)e_2\}$, $t \in \mathbb{R}$ によって定義する（幾何学的には $W_2$ において，原点を中心とする，半径 $r$ の円を表す）．この曲線の曲率ベクトルおよび曲率半径を求めよ．

7. $f, g: D \to \mathbb{K}$ について
$$d(fg) = (df)g + f\,dg$$
を証明せよ．

8. $V$ を $n$ 次元ユークリッドベクトル空間とし ($n \geq 2$ とする)，$(e_i)_{i=1}^n$ を $V$ の正規直交基底の 1 つとする．$k \in \mathbb{R}$ とする．$x \in V$ を $x = \sum_{i=1}^n x^i e_i$ と展開するとき，ベクトル場 $A: V \setminus \{0\} \to V$ を
$$A(x) := \frac{-x^2}{\|x\|^k}e_1 + \frac{x^1}{\|x\|^k}e_2 + a, \quad x \in V \setminus \{0\}$$
によって定義する．ただし，$a \in V$ は $e_1, e_2$ と直交する定ベクトルである．曲線 $C$ は，$r > 0$ を定数，$b \in \{e_1, e_2\}^\perp$ を定ベクトルとして，$F(t) = r(\cos t)e_1 + r(\sin t)e_2 + b$, $t \in [0, 2\pi]$ で定義されるとする．このとき，線積分 $\int_C \langle A(x), dx \rangle$ を求めよ．

9. $V$ を実内積空間とし，ベクトル場 $X: V \setminus \{0\} \to V$ を $X(x) := kx/\|x\|^\alpha, x \in V \setminus \{0\}$ によって定義する．ただし，$k, \alpha \in \mathbb{R}$ は定数．写像 $F(t) := v + ut, t \in [a, b]$ ($v, u \in V$ は直交する定ベクトルであり，$u \neq 0$ とする) によって表さ

れる曲線（実は直線）を $C$ とする．このとき，次の式を証明せよ．

$$\int_C \langle X(x), dx \rangle = \begin{cases} \frac{k}{2-\alpha} \left\{ (\|v\|^2 + b^2 \|u\|^2)^{(2-\alpha)/2} - (\|v\|^2 + a^2 \|u\|^2)^{(2-\alpha)/2} \right\} & ; \alpha \neq 2 \\ \frac{k}{2} \log \frac{\|v\|^2 + b^2 \|u\|^2}{\|v\|^2 + a^2 \|u\|^2} & ; \alpha = 2 \end{cases}$$

10. 命題 3.8 を次の手順によって証明せよ．

    (i) $V := \sup_{t,s \in [a,b]} \|F(t) - F(s)\|$ とおく（これを $[a,b]$ における $F$ の**振動量**という）．$V < \infty$ を示せ．

    (ii) 点 $p \in [a,b]$ の $r$ 近傍 $C(p,r) := (p-r, p+r) (r > 0)$ における $F$ の振動量を $v(p,r) := \sup_{t,s \in C(p,r) \cap [a,b]} \|F(t) - F(s)\|$ によって定義する．$v(p,r) \leq V$ を示せ．
    
    以下，(iii)〜(vi) まで，$\varepsilon > 0$ を固定し，$\varepsilon \leq V$ の場合を考える．

    (iii) $\rho(p) := \sup\{r > 0 \mid v(p,r) < \varepsilon\}$ とおくとき，$\rho(p) < \infty$ を示せ．

    (iv) $\rho(p) > 0$ を示せ．

    (v) 任意の $p \in [a,b]$ と $q \in C(p, \rho(p)) \cap [a,b]$ に対して，$|\rho(p) - \rho(q)| \leq |p-q|$ を示し，写像 $\rho : [a,b] \to (0, \infty); p \mapsto \rho(p)$ が連続であることを導け．

    (vi) 正数 $\delta > 0$ が存在して，$|t-s| < \delta$ ならば，$\|F(t) - F(s)\| < \varepsilon, t,s \in [a,b]$ が成り立つことを示せ．

    (vii) 命題 3.8 の証明を完結せよ．

11. $V$ を有限次元計量ベクトル空間とする．2 つの写像 $F, G : [a,b] \to V$ $(a < b)$ に対して，$F \wedge G : [a,b] \to \bigwedge^2 V$ を $(F \wedge G)(t) := F(t) \wedge G(t), t \in [a,b]$ によって定義する．次の (i), (ii) を証明せよ．

    (i) $F, G$ が連続ならば，$F \wedge G$ も連続である．

    (ii) $F, G$ が連続微分可能ならば，$F \wedge G$ も連続微分可能であり，
    $$\frac{d}{dt}(F \wedge G)(t) = \dot{F}(t) \wedge G(t) + F(t) \wedge \dot{G}(t), \quad t \in [a,b].$$

# 4

# ニュートン力学の数学的原理

　巨視的な物体の運動の一定の領域を記述するニュートン力学の数学的原理について論述する．

## 4.1　物理的空間と時間に関する古典的概念

　先入観を排して冷静に注意深く考察するならば，私たちが周囲に知覚する諸現象およびそれらが生起する場所としての空間——**物理的空間**と呼ぶ——がそもそも何であるのかは全然自明な問題ではないことがわかる．"時間" についても同様である．振り出しに戻って，私たちはもう一度あらためて，現象とは何か，物理的空間とは何か，時間とは何かを問わなければならない．

　人類の長い経験的事実によれば，"日常的な" 範囲において知覚される諸対象の運動が展開される物理的空間というのは，概念的には，ユークリッド幾何学が成立する空間，すなわち，3次元ユークリッド空間 $\mathbb{E}^3$ として捉えられる[1]．おそらくこれが物理的空間に対する最初の明晰な理念的把握である．しかし，ここで注意しなければならないのは，物理的空間というのは，現象の観測と不可分のものであり，人間にはつねに限定された形で部分的にしか現れないということである．したがって，ユークリッド空間の理念が宇宙全体にわたってそのまま現象しているかどうかについては，さしあたり，判断を保留しなければならない．実は，物理的対象の運動の速さが真空中の光の速さに近いような現象が生起する物理的空間や，巨大な天体のように，非常に大きな質量をもつ物体のまわりの物理的空間に対しては，ユークリッド空間とは別の空間理念がその根本にあることが**相対性理論**によって示される．この場合，ユークリッド空間の理念はいわば2次的な役割

---

[1] $\mathbb{E}^3$ は3次元ユークリッドベクトル空間を基準ベクトル空間とするアファイン空間．2章, 2.7.1項を参照．

にまわるのである[2]．ゆえに，先取りしていえば，人間の側から見た場合，ユークリッド空間の理念の物理的空間への適用は部分的な妥当性をもつだけである．より詳しく述べるならば，次の (i)〜(iii) の条件が満たされる現象に対しては，現象が生起する物理的空間の概念として，十分良い近似で，3次元ユークリッド空間を採用できる：(i) 現象に関わる対象の速さが真空中の光の速さに比べて"十分"小さい，(ii) 現象に関わる対象の質量が"あまり"大きくない，(iii) 現象に関わる長さのスケールが"あまり"小さくない．もちろん，この種の言い方は曖昧さを免れないが，要するに，粗くいえば，少なくとも，私たちが直接知覚することができる"日常的"な現象が生起する物理的空間については，ユークリッド空間の概念が適用されうるということである．こうして，"日常的な"物理的現象を記述するための物理的空間の数学的概念は，（少なくとも局所的には）3次元ユークリッド空間であるという仮説へと至る[3]．物理理論を構築する立場からいえば，この仮説に基づいて展開される物理理論がどの程度まで現実的な妥当性をもつかは先験的には明らかではない[4]．

一方，時間についてはどうであろうか．時間の表象ないし時間に関する意識は外的・物理的現象および内的・心魂的・精神的現象の変化の知覚と結びついている．現象の変化が生じることによって時の経過，すなわち時間を感じる．この意味では，時間とは現象の変化の謂(いい)であるといえよう．時間には，大きく分けて2種類あることに気づく．すなわち，物理的なものと非物理的なものである．前者は，外的現象の知覚の変化に結びついたものであり，後者は内面的——心魂的・精神的——現象の知覚の変化に結びついたものである．いうまでもなく両者は複雑に絡み合っている．ここでは，前者，すなわち，物理的時間だけを問題にし，以後，これを単に時間と呼ぶ[5]．

時間は周期的な運動——たとえば，振り子の運動や天体現象（太陽や月の運行等）——を単位とすることにより，数量化でき，実数によって表される[6]．たとえ

---

[2] これについては8章でやや詳しく論じる．

[3] 「局所的には」というのは，粗くいえば，「物理的空間の各点に対して，その点の"十分近い"範囲では」という意味である．

[4] 認識論的観点から特に強調しておきたいのは，物理的空間にしても次に述べる時間にしても，これらはアプリオリな概念ではないということである．

[5] 本書では，時間に関する哲学的な議論はしない．時間とは何か，という問いは，哲学の難問の1つとされる．だが，これは，結局のところ，存在の謎と不即不離の関係にある．上に示唆したように，時間は感覚的知覚の存在と切り離すことはできない．物理的空間もまた然り．この意味で存在即時間であり，筆者にとっては，道元禅師の『正法眼蔵』の「有時」の巻が存在と時間について根本的な洞察と深い示唆を与えているように思われる．

[6] 現代では，セシウム原子の遷移放射による電磁波の周期を利用して時間の単位（秒）が定められている．

ば，1 周期を 1 秒とするならば，当該の周期的運動が $n$ 周期 ($n \in \mathbb{N}$) なされたとき，$n$ 秒の時間が経過したと定義するのである．この意味での時間を経過時間という．経過時間の概念から時刻の概念が定義される．すなわち，時間を定義するために使われる周期的運動がある位置（状態）にあるときを時刻 0 とし，そこから $t$ 秒（$t > 0$）の時間が経過したときを時刻 $t$ と定めればよい．また，$t$ 秒（$t > 0$）経過したときに時刻 0 となるような時刻を $-t$ の時刻（"負の時刻"）とする．現象が"連続的に"変化すると仮定すれば，時刻もまた連続的に分布するはずである．したがって，有限の経過時間にわたる現象を記述するための時間の概念としては，実数全体の集合 $\mathbb{R}$ の有界閉区間が適切であろうと予想される．また，理論的には無限の時間にわたる運動も考察の対象とするほうがより普遍性があるであろう．さらに，さしあたり，時刻の基準点の取り方は任意であると仮定しよう．こうして，時刻の全体のなす集合としての時間は，概念的には 1 次元ユークリッド空間 $\mathbb{E}^1$ によって表されるという仮説へと至る[7]．

このようにして発見法的に措定される，物理的空間と時間の概念をそれぞれ，古典的な物理的空間概念，古典的な時間概念と呼ぶ．これらの物理的空間概念，時間概念を前提として，物体の運動に関わる理論を展開するのが，以下に詳述するニュートン力学である．この前提の妥当性は，そこから展開される力学理論がどの範囲まで有効かに依存することになる．

次の点を注意しておこう．上述の発見法的議論では，暗黙のうちに時間と空間が"独立"であると仮定されている．だが，ここでもまた先取りしていうならば，この仮定は部分的妥当性しかもたないことが，相対性理論と，この理論が予言する現象の存在によって示される．相対性理論によれば，時間と空間は不可分の一体的存在なのである[8]．こうして，相対性理論によれば，日常的な感覚的知覚に付随して得られる時間とか空間という概念は，実は，本来は不可分の一体的存在が分節して現れた形式であり，時間，空間がそれぞれ，別個で何か普遍的な意味をもつものではないことが示される．この認識論的な意義については 8 章で言及する．

## 4.2 ニュートンの運動方程式

### 4.2.1 物体の運動の概念

前節で述べたように，ニュートン力学においては，物理的空間の概念は 3 次元

---

[7] アフィン空間においては，どの点も"平等"である．
[8] これについては 8 章で詳しく述べる．

ユークリッド空間 $\mathbb{E}^3$ であり,時間の概念は 1 次元ユークリッド空間 $\mathbb{E}^1$ であると仮定される.ところで,数理物理学的観点からは,物理的空間の次元がなぜ 3 であるのかという問いは自然で根源的な問いの 1 つである.もし,この問いに対する何らかの答があるとすれば,それは,前節のような感覚的知覚経験に付随する悟性的思考では見出されないのははじめから明らかである.それは,事物の理念的な関連のうちに求められねばならない.このような関連を探究する方法の 1 つは,物理的空間の次元をはじめから 3 に固定しないで,それをパラメータ化して考察することである.具体的にいえば,$d$ を自然数として,物理的空間は $d$ 次元ユークリッド空間 $\mathbb{E}^d$ で表されるとするのである.これは,つまり,仮に 3 以外の次元をもつユークリッド空間が物理的空間を表すとした場合に,この前提から構成される理論全体が,$d=3$ の場合とどのように異なりうるかをも射程に入れて理論を展開するということである.こうした方法は純理論的に見ても一段と高い普遍性をもつ.

このような観点から,以下では,物理的空間の概念は $d$ 次元ユークリッド空間 $\mathbb{E}^d$ であると仮定する ($d \in \mathbb{N}$).2 章で述べたように,$d$ 次元ユークリッド空間 $\mathbb{E}^d$ は $d$ 次元アファイン空間である.$\mathbb{E}^d$ の基準ベクトル空間を $V$ としよう.ユークリッド空間の定義によって,$V$ は $d$ 次元ユークリッドベクトル空間($d$ 次元実内積空間)である.以下,特に断らない限り,$V$ は抽象的 $d$ 次元ユークリッドベクトル空間を表すものとする.$V$ の内積,ノルムをそれぞれ,$\langle \cdot, \cdot \rangle$,$\|\cdot\|$ で表す.

$\mathbb{E}^d$ の中に 1 点 $O$ を固定すれば,$\mathbb{E}^d$ の任意の点 $P$ は $O + \boldsymbol{x}$ ($\boldsymbol{x} \in V$) と一意的に表される.$\boldsymbol{x}$ は点 $O$ を始点とする点 $P$ の位置ベクトルを表す.この意味で,点 $P$ をベクトル $\boldsymbol{x}$ と同一視することができる ($V_O \cong V$.1 章,1.3 節を参照).この場合,「点 $\boldsymbol{x}$」という言い方をする.この同一視のもとで,物理的空間の概念は $d$ 次元ユークリッドベクトル空間 $V$ であると考えることができる.点 $O$ を定めることは,物理的には空間の点を測るための基準点を定めることに対応する.ただし,特定の座標系は設定されていないことに注意しよう.以下,物理的空間のことを単に空間ともいう.

物理的空間と同様に,時刻全体の集合としての時間 $\mathbb{E}^1$ (1 次元ユークリッド空間)において,時刻の基準点を 1 つ固定することにより,その基準ベクトル空間である 1 次元ユークリッドベクトル空間を時刻を記述する集合として用いることができる.1 次元ユークリッドベクトル空間の 1 次独立なベクトルは定数倍を除いて唯 1 つであり,定数倍の任意性は時間の単位の取り方の任意性に吸収できるから,結局,1 次独立なベクトルを 1 つ固定することにより,時刻のパラメータ

空間として，任意の1次元ユークリッドベクトル空間と同型な $\mathbb{R}$（実数全体）をとっても一般性は失われない．以下，時刻——しばしば時間とも呼ぶ——のパラメータ空間として $\mathbb{R}$ をとり，この意味での $\mathbb{R}$ を**時間軸** (time axis) とも呼ぶ．

さて，物理的現象のうちで最も基本的なのは物体の空間的運動である．だが，物体の空間的運動とは何であろうか．まずは，これを感覚的に観察してみよう．すると，それは，物体が空間の中の場所を刻々と変えていくことである，というふうにいえよう．空間に存在する物体は質量と呼ばれるスカラー量を有する．これは，地球上の人間にとっては，たとえば，"重さ" の感覚として知覚されるものである．物体の広がりは無視して，物体を質量をもつ空間的点存在として扱うとき，これを**質点** (mass point) と呼ぶ．ただし，この扱い方が適切かどうかは物体の性質に依存する[9]．質量が $m > 0$ の質点に対して，しばしば「質点 $m$」という言い方をする．

質点が空間の中を運動するということは，質点の位置が時刻 $t \in \mathbb{R}$ とともに変化するということである．するとこの変化に伴って，質点は，空間内に，ある曲線——直線も含める——を描く．この曲線の像を質点の**軌道** (orbit) と呼ぶ．このことを数学的に表現すれば次のようになる．質点の時刻 $t$ での位置——位置ベクトル——を $\boldsymbol{X}(t) \in V$ とすれば，$V$ の部分集合 $\{\boldsymbol{X}(t) \mid a \leq t \leq b\}\, (a, b \in \mathbb{R}, a < b)$ は時刻 $a$ から時刻 $b$ までに質点が描いた軌道部分を与える．したがって，質点の運動は，純数学的に見ると，各時刻 $t$ にその位置ベクトル $\boldsymbol{X}(t) \in V$ を対応させることである．つまり，これは時間軸 $\mathbb{R}$ から $V$ への写像，すなわち，$V$ の中に値をとる，$\mathbb{R}$ 上のベクトル値関数に他ならない．運動は感覚的には "連続的" であるように見える．したがって，運動を記述する写像は数学的には連続であることを仮定しよう．こうして，質点の運動に関する一般概念が得られる：

**【定義 4.1】** $\mathbb{I}$ を $\mathbb{R}$ 上の区間とする[10]．$\mathbb{I}$ から $V$ への連続な写像 $\boldsymbol{X} : \mathbb{I} \to V$，すなわち，$V$ 内の曲線（3章，3.2節を参照）を $V$ における**運動** (motion) と呼ぶ．

---

[9] たとえば，**剛体** (rigid body) と呼ばれる物体——"物理的力"（これはあとで定義する）が加えられてもまったく変形しない，理想的な物体——はその重心に質量が集中した質点とみなすことができる．
[10] ここでの区間 $\mathbb{I}$ は次の形の集合のどれかを意味する（$a < b, a, b \in \mathbb{R}$ とする）：$\mathbb{I} = [a, b] := \{t \mid a \leq t \leq b\}$（有界閉区間），$\mathbb{I} = [a, b) := \{t \mid a \leq t < b\}$（有界半開区間），$\mathbb{I} = (a, b] := \{t \mid a < t \leq b\}$（有界半開区間），$\mathbb{I} = (a, b) := \{t \mid a < t < b\}$（有界開区間），$\mathbb{I} = (-\infty, a)$, $(-\infty, a]$, $(b, \infty)$, $[b, \infty)$（半無限区間），$\mathbb{I} = (-\infty, \infty) = \mathbb{R}$．

### 4.2.2 瞬間速度の概念

質点の運動の概念を数学的に定式化することができたので（定義 4.1），次に問うべきは，運動を与える写像のできかたを決定するものは何かである．この問題に答える鍵は，物体の位置という概念とならんで，運動に付随するもう 1 つの概念である速さという概念に注目することである．速さというのは，素朴な粗い形では，物体が単位時間あたりに移動する距離のことである．時刻 $t$ から時刻 $t+h$ ($h \in \mathbb{R}$) への位置の変化によって，質点は，$|h|$ が十分小さいとすれば，近似的に $\|\boldsymbol{X}(t+h) - \boldsymbol{X}(t)\|$ の距離を移動する．したがって，この時間間隔における質点の速さは近似的に $\|\boldsymbol{X}(t+h) - \boldsymbol{X}(t)\|/|h|$ である．これを時刻 $t$ と $t+h$ の間における，質点の**平均の速さ** (mean speed) と呼ぶ．運動には向きもあるので，この平均の速さをその大きさとして与えるベクトル

$$\bar{\boldsymbol{v}}_h(t) := \frac{\boldsymbol{X}(t+h) - \boldsymbol{X}(t)}{h} \tag{4.1}$$

を考え，これを時刻 $t$ と $t+h$ の間における，質点の**平均速度** (mean velocity) と呼ぶ．

もし，定ベクトル（時刻 $t$ によらないベクトル）$\boldsymbol{v} \in V$ があって，すべての $t, t+h \in [a,b]$ ($a, b \in \mathbb{R}$) に対して，$\bar{\boldsymbol{v}}_h(t) = \boldsymbol{v}$ が成り立つならば（つまり，時間区間 $[a,b]$ における任意の時刻において単位時間あたりの位置移動が一定であるということ），質点は時間区間 $[a,b]$ において，速度 $\boldsymbol{v}$ の**等速度運動**または**一様運動** (uniform motion) をするという．この場合，(4.1) により，$t=a$ とすれば，$\boldsymbol{X}(a+h) = \boldsymbol{X}(a) + h\boldsymbol{v}$ であるから，あらためて，$t = a+h \in [a,b]$ とおけば，すべての $t \in [a,b]$ に対して，

$$\boldsymbol{X}(t) = \boldsymbol{X}(a) + (t-a)\boldsymbol{v} \tag{4.2}$$

が成立する．この曲線は $V$ における直線を表す．

一般に，運動を表す写像が直線であるとき，この運動を**直線運動** (linear motion) と呼ぶ．

等速度運動は直線運動である．ただし，この逆は成立しない．すなわち，直線運動であっても等速度運動でないものがある（演習問題 1）．(4.2) で表される運動 $\boldsymbol{X}: [a,b] \to V$ を時間 $[a,b]$ における**等速直線運動** (linear uniform motion) と呼ぶ．

ところで，いうまでもなく，等速度運動ではない運動のほうがより一般的である．このような運動を捉えるには，何らかの意味で各時刻における速度といえる

ような概念をつかむ必要がある．そのための鍵となるのは，時刻 $t$ を任意に固定し，そこから"ほんのわずか"しか時間が経過していない部分に注意を向けることである．なぜなら，時刻 $t$ から"微小時間"$h$ ($h \in \mathbb{R}, h \neq 0$) しか経過していなければ，この時間内では，質点は，よほど特異な運動を行うのでない限り，近似的に $\bar{\boldsymbol{v}}_h(t)$ の速度で等速度運動をすると推測されるからである．そして，時刻 $t$ における速度は，$\bar{\boldsymbol{v}}_h(t)$ において，$|h|$ をどんどん小さくしていった極限として与えられるであろうと予想するのである．こうして，私たちは，時刻 $t$ における，位置の**瞬間変化率**

$$\boldsymbol{v}(t) := \lim_{h \to 0} \bar{\boldsymbol{v}}_h(t) \tag{4.3}$$

の概念へと導かれる（ただし，右辺の極限は存在すると仮定する[11]）．これを時刻 $t$ における，質点の**瞬間速度** (instantaneous velocity) と呼ぶ．これに付随して，$\|\boldsymbol{v}(t)\|$ を時刻 $t$ における**瞬間の速さ** (instantaneous speed) と呼ぶ．(4.1) 式を用いると

$$\boldsymbol{v}(t) = \lim_{h \to 0} \frac{\boldsymbol{X}(t+h) - \boldsymbol{X}(t)}{h} \tag{4.4}$$

と書ける．この式を見ると右辺はベクトル値関数 $\boldsymbol{X}: \mathbb{I} \to V$ の導関数であることが見てとれる（第 3 章，3.2.2 項を参照）．すなわち，

$$\boldsymbol{v}(t) = \frac{d\boldsymbol{X}(t)}{dt} = \dot{\boldsymbol{X}}(t) \tag{4.5}$$

ただし，$\dot{\boldsymbol{X}}(t)$ は微分に関するニュートン流の記法である．したがって，瞬間速度の概念が定義されるためには，運動 $\boldsymbol{X}: \mathbb{I} \to V$ は微分可能でなければならない．(4.4) からわかるように，時刻 $t$ の瞬間速度を表すベクトルは，幾何学的には，点 $\boldsymbol{X}(t)$ における曲線 $\boldsymbol{X}$ の接ベクトル（3 章，3.2.2 項を参照）である（図 4.1）．

瞬間速度 $\boldsymbol{v}: \mathbb{I} \to V$ がわかれば，(4.5) を積分することにより，時刻 $t$ における位置ベクトルは

$$\boldsymbol{X}(t) = \boldsymbol{X}(a) + \int_a^t \boldsymbol{v}(s)ds \tag{4.6}$$

というふうに求められる（3 章，定理 3.19 を参照）．これは，瞬間速度がわかれば，位置ベクトルがわかること，したがって，運動の軌道を完全に知ることができることを意味する．

**!注意 4.1** ここでは積分の概念を既知としたが，もし，積分の概念を知らない人が，瞬間速度から位置ベクトルを求めようとすれば，積分の概念を見出すであろうことを

---

[11] もちろん，右辺の極限が存在しないような運動を考えることも可能である．だが，ニュートン力学というのは，この極限が存在するような運動をまず扱うのである．

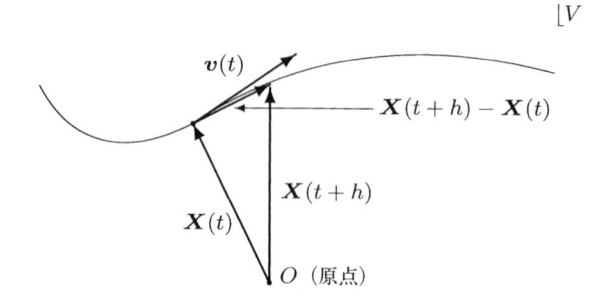

**図 4.1** 瞬間速度の表象

式 (4.6) は示している．こうして，質点の運動の考察から，微分および積分の概念を，互いの逆の演算として，2 つで 1 つの全体を形成する数学的概念として見出すことができる．

### 4.2.3 力の概念

次の問題は，瞬間速度を決める原理を見出すことである．これは質点の瞬間速度を変化させるものは何かという問いへと私たちを向かわせる．結論からいえば，「力 (force)」と呼ばれるものがそのような存在である．では「力」とは何か．これに一言で答えるのは難しい．だが，これも日常的な経験から出発して考えるとよい．たとえば，物を持ち上げたり，押したり，投げたりするとき，私たちは "力" を必要とする．この種の力を分析すると，次のことがわかる：(i) 力には向きと大きさがあるということ．向きの存在は，押す力の強さが同じでも，物を押す向きによって物の動く向きが異なることからわかる．また，大きさの存在は，同じ向きでも押す力の強さによって物体の運動の変化の仕方が異なることからわかる．(ii) 力には，これが働く点（作用する点）——これを**着力点**または**作用点** (point of action) という——があるということである．実際，異なる点に作用する力は大きさと向きは同じでも異なる結果をもたらしうる．こうして，物体に働く力は，3 つの要素，すなわち，向き，大きさ，着力点からなることが推測される．したがって，この場合，たとえば，向きと大きさが等しくても，着力点が異なる力は同じ力でないことになる．

これらの考察からわかるように，力は，その作用の効果のみが感覚的に知覚あるいは観測される存在であって，力そのものは不可視の，原理的な意味で感覚的には知覚されない存在であると考えられる．だが，力に関わる事象を考察するた

めの補助手段として，力を何らかの象徴的な像で表しておくと便利である．そこで，力の3要素に注目して，着力点を始点とする矢線によって力を表す．この場合，矢線の向きは，力が作用する向きを表し，その長さは力の大きさに比例するとする．着力点を通り，矢線の向きと方向が同じ直線を**力の作用線** (line of action) と呼ぶ．

ところで，同一の点に2つ以上の力が働く場合が考えられる．この場合，これらの効果はどのように与えられるであろうか．これに答えるのが次に述べる法則である：

**平行四辺形の法則** (parallelogram law)
同一点に同時に働く2つの力の効果は，おのおのの力の矢線がつくる平行四辺形の対角線を矢線とする力——これを**合力**または**合成力** (resultant force) と呼ぶ——に等しい（図 4.2）．

この法則——**ニュートンの第4法則** (Newton's forth law) あるいは**力の重畳原理** (superposition principle of force) とも呼ばれる—— は実験的事実から帰納されるものである．これは，同一の着力点に働く力を表す矢線がベクトル的に加えられることを示す．

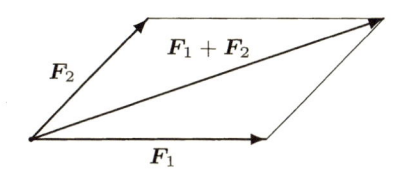

**図 4.2** 力の合成に関する平行四辺形の法則

**!注意 4.2** 着力点が異なる力は一般には合成できない．このような力の合成は連続体の力学理論によって扱われる．

以上の事柄を考慮すると空間 $V$ の点 $x$ を着力点とする力は，点 $x$ を始点とする束縛ベクトルによって表すことができる，という仮説へと導かれる[12]．このベクトルを $F(x)$ のように表す（$F(x) \in V$）．

$V$ の開集合 $D$ の各点 $x$ に力 $F(x) \in V$ が与えられているとき，対応 $F : x \to$

---
[12] 束縛ベクトルについては1章，1.3.2項を参照．

$F(x)$ は $D$ から $V$ への写像,すなわち,$D$ 上のベクトル場を与える[13]. こうして,空間に分布する力はベクトル場として捉えられる (図 4.3)[14].

写像 $F: D \to V$ において,$F(x)$ が点 $x \in D$ にある単位質量 (1kg の質点) に働く力を表すとき,$F$ を $D$ 上の**力の場** (field of force) と呼ぶ.したがって,この場合,点 $x$ に質量 $m$ の質点をおいたとすれば,これに $mF(x)$ の力が働く.慣習上,しばしば,力を表すベクトル場も力の場または**力場**と呼ぶ (適宜,文脈で判断されたい).

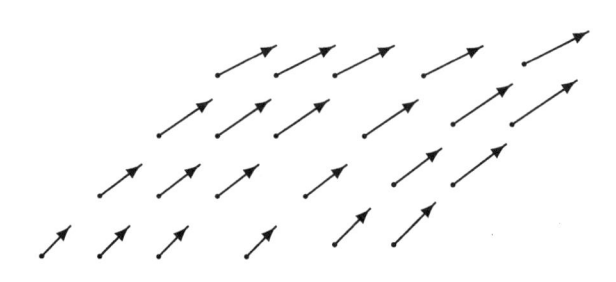

**図 4.3** 力の場のイメージ

力に関して,もう 1 つ重要な性質は,2 つの物体が互いに力を及ぼしあう際の力の在り方である.これは次のように述べられる:

> 2 つの物体があるとし,これらを物体 A,物体 B としよう.このとき,物体 A が物体 B に力を及ぼすとき,物体 B は物体 A に対して,大きさが同じで向きが逆の力を及ぼす.

この性質を**作用–反作用の法則** (law of action and reaction) または**ニュートンの第 3 法則** (Newton's third law) と呼ぶ.この法則も,経験からの帰納によって,一般的に成立するとされるものである.だが,それは,理論的には,ニュートン力学の公理 (仮定) の 1 つとして設定される.

### 4.2.4 ニュートンの運動方程式——1 個の質点からなる系の場合

すでに考察したように,運動する質点の瞬間速度を変える存在は力である.この瞬間速度の変化について次の公理を設ける:

---

[13] ベクトル場については,3 章,3.3.3 項を参照.
[14] 力の具体例については,以下の 4.3 節で叙述する.

**質点の質量が時間的に変化しない場合，瞬間速度の瞬間的変化率はその時刻において質点に働く力に比例する．**

この公理は**ニュートンの運動の法則**（第 2 法則）（Newton's second law）と呼ばれる．これも実際には，実験から，ある程度，推測されるものである．なお，この法則にいう，各時刻 $t$ で質点に作用する力は，時刻 $t$ において，質点に働くすべての力の合力を指す．

いま，質点が $V$ の開集合 $D$ 上のベクトル場 $\boldsymbol{F} : D \to V$ で表される力の作用のもとで $D$ の内部を運動する場合を考えよう．この場合，$D$ を質点の運動の**配位空間**（configuration space）という．このとき，時刻 $t$ での質点の位置は $\boldsymbol{X}(t) \in D$ であるから，質点は時刻 $t$ に，点 $\boldsymbol{X}(t)$ において，$\boldsymbol{F}(\boldsymbol{X}(t))$ の力を受ける．

時刻 $t$ における，瞬間速度の瞬間変化率は

$$\frac{d\boldsymbol{v}(t)}{dt} = \frac{d^2 \boldsymbol{X}(t)}{dt^2} \tag{4.7}$$

である．これを時刻 $t$ における，質点の**加速度**（acceleration）という．

よって，ニュートンの運動の法則にいう比例定数を $1/m$ とすれば，ニュートンの運動の法則は，

$$m \frac{d^2 \boldsymbol{X}(t)}{dt^2} = \boldsymbol{F}(\boldsymbol{X}(t)), \quad t \in \mathbb{I} \tag{4.8}$$

と表される[15]．ここに現れた定数 $m$ は**慣性質量**（inertial mass）と呼ばれる．この命名は次のことに由来する．まず，(4.8) を $\dfrac{d\boldsymbol{v}(t)}{dt} = \dfrac{\boldsymbol{F}(\boldsymbol{X}(t))}{m}$ と書く．この式は，$\boldsymbol{F}$ が与えられたとすれば，$m$ が大きくなればなるほど瞬間速度の瞬間変化率は小さくなることを意味するから，物理的には，瞬間速度は変化しにくくなることを語る．したがって，$m$ は質点がもとの状態にとどまろうとする傾向——これを**慣性**（inertia）という——を表す，質点に固有の量であると解釈されるのである．以下では慣性質量を，単に質量ということにする．

加速度が恒等的に 0 でない運動を**加速運動**という．

以後，瞬間速度を単に**速度**（velocity）ともいう．

方程式 (4.8) は，ベクトル値関数 $\boldsymbol{X} : \mathbb{I} \to V$ に関する 2 階の常微分方程式であることに注意しよう．

これまでは，質点の質量は時間的に変化しないとしたが，より一般的には，質

---

[15] 特に断らない限り，質点の運動 $\boldsymbol{X} : \mathbb{I} \to V$ に対しては，つねに必要なだけの微分可能性は仮定する．他のベクトル値関数についても同様．

量が時刻とともに変化する場合も含むように運動の法則を定式化したほうがよい．そこで，いま，質量は，時刻 $t$ の関数 $m: \mathbb{R} \to (0, \infty); t \mapsto m(t)$ で表されるとする: $m = m(t)$．一般に $m(t)$ と速度ベクトル $\boldsymbol{v}(t)$ の積

$$\boldsymbol{p}(t) := m(t)\boldsymbol{v}(t) \tag{4.9}$$

を**運動量**（momentum）と呼ぶ．これを用いて，方程式 (4.8) を

$$\frac{d\boldsymbol{p}(t)}{dt} = \boldsymbol{F}(\boldsymbol{X}(t)) \tag{4.10}$$

と修正する．つまり，「運動量の瞬間変化率は，その時刻で質点に作用する力に等しい」とするのである．この拡張された方程式を**ニュートンの運動方程式**（Newton's equation of motion）と呼ぶ．(4.10) は，力によって，運動量の瞬間変化率が決まることを示す．ニュートンの運動方程式はニュートン力学の基本原理（公理）の1つである．

(4.10) の左辺は，微分のライプニッツ則（関数の積に関する微分法則）により，$\dfrac{dm(t)}{dt}\boldsymbol{v}(t) + m(t)\dfrac{d\boldsymbol{v}(t)}{dt}$ に等しい．この事実と $\boldsymbol{v}$ の定義 (4.5) によって，(4.10) は

$$m(t)\frac{d^2\boldsymbol{X}(t)}{dt^2} + \frac{dm(t)}{dt}\frac{d\boldsymbol{X}(t)}{dt} = \boldsymbol{F}(\boldsymbol{X}(t)) \tag{4.11}$$

と書き直すことができる．これは，$m, \boldsymbol{F}$ を既知とすれば，ベクトル値関数 $\boldsymbol{X}$ に関する2階の常微分方程式である．この方程式を解くことにより，考察下の質点が，力 $\boldsymbol{F}$ の作用のもとで，どのような運動をするかがわかる．

## 4.2.5 いくつかの注意

ニュートンの運動方程式 (4.11) について，次の問題は基本的である．

(P.1) そもそも微分方程式 (4.11) の解，すなわち，(4.11) を満たすベクトル値関数 $\boldsymbol{X}$ は存在するか．

(P.2) 微分方程式 (4.11) の解が存在するとすれば，それはどのくらいあるか．

(P.3) 微分方程式 (4.11) の解が存在する場合，それが存在する時間区間はどのように与えられるか．

問題 (P.1) は，微分方程式論において，**解の存在の問題**と呼ばれるものである．

これは決して自明な問題ではない．所与の関数 $m$ や $\boldsymbol{F}$ の性質によっては，(4.11) の解が存在しない場合もありうる．

問題 (P.2) の問題意識は次のようなものである．

すでに述べたように，質点の運動は，位置と速度（または運動量）によって完全に指定される．そこで，位置と速度の組 $(\boldsymbol{X}(t), \boldsymbol{v}(t))$ または位置と運動量の組 $(\boldsymbol{X}(t), \boldsymbol{p}(t))$ を考察下の質点系の時刻 $t$ での**状態** (state) と呼ぶ．

運動に関する素朴な感覚的観察によれば，ある時刻 $t_0$ での状態 $(\boldsymbol{X}(t_0), \boldsymbol{v}(t_0))$ （または $(\boldsymbol{X}(t_0), \boldsymbol{p}(t_0))$）が指定されれば，その後の運動は——他の突発的な力が作用しない限り——一意的に決まるように見える．時刻 $t_0$ での状態 $(\boldsymbol{X}(t_0), \boldsymbol{v}(t_0))$ または $(\boldsymbol{X}(t_0), \boldsymbol{p}(t_0))$ を運動の**初期条件** (initial condition) あるいは**初期値** (initial value) という（必要ならば，時刻の原点を取り直すことにより，通常，$t_0 = 0$ にとる）．そこで，初期条件を与えたとき，微分方程式 (4.11) の解は，存在したとすれば，一意的に定まるか，という問題が重要な問題として据えられることになる．この種の問題は常微分方程式論において，**解の一意性の問題**と呼ばれている．これは，解の存在の問題とは一応独立に議論しうるものである．解の一意性の問題において，「初期値を与えたとき」という前提がつくのは次の発見法的理由による．すなわち，2 階の常微分方程式 (4.11) を解くということは，原理的には 2 回積分を行うということである．したがって，解を表す式の中には，積分定数が不定の定ベクトルとして 2 つ現れるはずである．この 2 つの定ベクトルを決定するためには，ベクトルに関する独立な 2 つの条件が必要である．これらの条件として，位置ベクトルと運動量（または速度）に関する初期値の設定が要請されるのである．

解の存在と一意性が成立するとしよう．このとき，初期値を変えるごとに異なる解が得られることになる．これらは，与えられた力のもとで可能な運動のすべてを表す．かくして，1 つの方程式によって，無数の異なる運動が記述される．これこそ，まさに微分方程式を原理とする力学理論の偉大さなのである．

問題 (P.3) は，物理的には，微分方程式 (4.11) の解によって表される質点の運動が存在する時間の長さに関するものである．解の存在の時間が有限の場合，すなわち，ある有限区間 $\mathbb{I}$ があって，(4.11) を満たす写像 $\boldsymbol{X} : \mathbb{I} \to V$ が存在するとき，解（運動）は**時間的に局所的（ローカル）** (local in time) であるという．このような解を**時間的局所解** (local solution in time) と呼ぶ．他方，(4.11) を満たす写像 $\boldsymbol{X} : [t_0, \infty) \to V$ $(t_0 \in \mathbb{R})$ が存在するとき，解（運動）は**時間的に大局的（グローバル）** (global) であるという．このような解を**時間的大局解** (global solution in time) と呼ぶ[16].

問題 (P.1)〜(P.3) に関する一般論は常微分方程式論の教科書に譲る.ここでは,次の点だけを,証明なしで,注意しておこう.力のベクトル場 $\boldsymbol{F}$ と時間依存質量 $m$ がしかるべき条件を満たせば,初期値を1つ与えるごとに,微分方程式 (4.10) の時間的局所解は唯1つ存在することが示される.この意味で,ニュートンの運動方程式を運動生成の基本原理とする力学——**ニュートン力学** (Newtonian mechanics) ——が適用されうる物体(質点)の運動は,時間的に決定論的である.つまり,この場合の物体の運動は,ある時刻での状態,すなわち,位置と運動量(または速度)の組から,その後の任意の時刻での状態が一意的に決定されるという仕方で,初期値から一意的に定まる.こうして,条件付きではあるが,ある時刻での質点系の状態を知ることにより,未来の任意の時刻における系の状態が正確に予言されうる.なお,初期値を与えたとき,時間的大局解が存在し,かつ一意的であるためには,$\boldsymbol{F}$ や $m$ がさらに附加的な条件を満たすことが一般には必要である.

力のベクトル場 $\boldsymbol{F}$ と(時間に依存しうる)質量 $m$ をそれぞれ具体的に1つ与えることにより,質点系の具体的な**モデル** (model) が1つ定まる.このようなモデルの中には,微分方程式 (4.11) を陽に解くことができるもの,すなわち,"よくわかる関数"(多項式,有理関数,指数関数,対数関数,3角関数,楕円関数,その他の特殊関数等)を用いて解 $\boldsymbol{X}(t)$ をあらわに書き下すことができるものが存在する(以下でこのような例をいくつか取り上げる).通常の物理学が扱うのはこのような場合がほとんどである.しかし,だからといって,上記の問題を一般的に考察することが重要でないということにはならない.それどころか,それは原理的見地からしても極めて重要であるといわなければならない.一般論としての常微分方程式の理論や力学系の理論の研究の存在価値と意義の1つがここにある.

### 4.2.6 相空間

写像 $\boldsymbol{X} : \mathbb{I} \to V$ をニュートンの運動方程式 (4.10) に従う運動としよう.このとき,位置 $\boldsymbol{X}(t)$ と運動量 $\boldsymbol{p}(t)$ の組,すなわち,時刻 $t$ での系の状態

$$\phi(t) := (\boldsymbol{X}(t), \boldsymbol{p}(t)) \tag{4.12}$$

は直積空間 $V \times V$ の点である.この点は時刻 $t$ が変化すれば,一般には,$V \times V$ の中を動き,1つの曲線を描く.この曲線は,対応 $\phi : t \mapsto \phi(t)$ によって定義さ

---

[16] 解が存在する時間区間が $(-\infty, t_0]$,$(-\infty, \infty)$ の場合も時間的大局解という.

れる．$\mathbb{I}$から$V \times V$への写像$\phi$で与えられる．したがって，系の状態の時間的推移（時間発展）は，直積空間$V \times V$における運動として捉えることができる．そこで直積空間$V \times V$に名称を付与して，これをニュートンの運動方程式 (4.10) の**相空間** (phase space) と呼び，その元を**相点** (phase point) という．写像$\phi$をニュートンの運動方程式 (4.10) から定まる**相運動** (phase motion) または**相曲線** (phase curve) と呼ぶ．

相運動に対する微分方程式を求めてみよう．まず，$\phi$を$t$で微分し，$d\boldsymbol{X}(t)/dt = \boldsymbol{v}(t) = \boldsymbol{p}(t)/m(t)$を用いると

$$\frac{d\phi(t)}{dt} = \left( \frac{\boldsymbol{p}(t)}{m(t)}, \boldsymbol{F}(\boldsymbol{X}(t)) \right)$$

を得る．そこで，各$t \in \mathbb{R}$に対して，写像$W_t : V \times V \to V \times V$を

$$W_t(\boldsymbol{x}, \boldsymbol{p}) := \left( \frac{\boldsymbol{p}}{m(t)}, \boldsymbol{F}(\boldsymbol{x}) \right), \quad (\boldsymbol{x}, \boldsymbol{p}) \in V \times V \tag{4.13}$$

によって定義すれば，

$$\frac{d\phi(t)}{dt} = W_t(\phi(t)) \tag{4.14}$$

が成立することがわかる．これが求める微分方程式である．これは1階の常微分方程式である．

逆に，微分方程式 (4.14) の解を$\phi(t) = (\boldsymbol{X}(t), \boldsymbol{p}(t))$と表すとき，$\boldsymbol{X}(t)$はニュートンの運動方程式 (4.10) の解であり，$\boldsymbol{p}(t) = m(t)\boldsymbol{v}(t)$であることが容易にわかる．

こうして，ニュートンの運動方程式 (4.10) の解を求める問題は，相運動の微分方程式 (4.14) を解く問題と同等であることがわかる．数学的には，(4.14) のほうが扱いやすい．

(4.14) の左辺の量は，相運動の時刻$t$における速度を表す．これを**相速度** (phase velocity) という．他方，写像$W_t$は時刻$t$における，$V \times V$上のベクトル場を与える．方程式 (4.14) に基づいて，このベクトル場を考察下の質点系に対する**相速度ベクトル場** (vector field of phase velocity) という．

ところで，相速度ベクトル場$W_t$は，定義 (4.13) からわかるように，質点に働く力のベクトル場$\boldsymbol{F}$から決まる．こうして，次のような運動生成の図式が得られる：

$$\text{力のベクトル場 } \boldsymbol{F} \longrightarrow \text{相速度ベクトル場 } W_t$$

⟶ 相速度

⟶ 相運動 (状態の時間発展)

相運動の基本的性質については演習問題2で考察する．

**!注意 4.3** 質点の運動を状態の時間発展として捉えることにより，私たちは，運動の知覚の理念的本性に関して一段と深い認識のレヴェルに達する．この認識は，位置と運動量を別物と見るのではなく，状態という，本来は単一不可分の存在の射影的部分ないし分節形式と捉える．こうして，相空間は運動の普遍的な源の1つであるとみなされうる．

### 4.2.7　力が速度または時間にも依存する場合

これまでの考察では，質点に働く力は，質点の位置だけに依存し，速度や時間によらない場合を考えた．だが，力はこの種のものばかりではない．そこで，もっと一般的には，質点の位置だけでなく，速度や時間にも依存する力が働く場合の運動方程式を取り扱う必要がある．質点の運動が行われる領域（配位空間）を $D$（$V$ の開集合）とすれば，この場合の位置と速度および時刻の組は直積集合 $D \times V \times \mathbb{I}$（$\mathbb{I}$ は $\mathbb{R}$ の区間）の元であるから，そのような力は，数学的には，$D \times V \times \mathbb{I}$ から $V$ への写像として捉えられる．質点 $m$ に働く力が写像 $\boldsymbol{F} : D \times V \times \mathbb{I} \to V$ によって与えられるとすれば，この場合のニュートンの運動方程式は

$$\frac{d\boldsymbol{p}(t)}{dt} = \boldsymbol{F}\left(\boldsymbol{X}(t), \dot{\boldsymbol{X}}(t), t\right) \tag{4.15}$$

という形をとる（$\boldsymbol{X}(t) \in D, \dot{\boldsymbol{X}}(t) \in V, t \in \mathbb{I}$）．この場合にも，4.2.5項で述べた注意が適用される．

### 4.2.8　複数の質点からなる系——多体系

$d$ 次元ユークリッドベクトル空間 $V$ を運動する $n$ 個の質点系——$n$ 点系——を考えよう．$n \geq 2$ のとき，このような質点系を**多体系**（many-body system）という．たとえば，太陽系は多体系と考えることが可能である．

各質点に番号を割り当て，順に $1, 2, \cdots, n$ とする．$i$ 番目の質点の運動を表す写像を $\boldsymbol{X}_i : \mathbb{I} \to V$ とする（$i = 1, \cdots, n$）．$n$ 個の運動 $\boldsymbol{X}_1, \cdots, \boldsymbol{X}_n$ から定まる写像 $\boldsymbol{X} := (\boldsymbol{X}_1, \cdots, \boldsymbol{X}_n) : \mathbb{I} \to V^n = \underbrace{V \times \cdots \times V}_{n \text{ 個}}$（$V$ の $n$ 個の直積）；

$$\boldsymbol{X}(t) = (\boldsymbol{X}_1(t), \cdots, \boldsymbol{X}_n(t)) \in V^n, \quad t \in \mathbb{I}$$

を $n$ 点系の運動と呼ぶ. $\boldsymbol{X}(t)$ を時刻 $t$ における $\boldsymbol{n}$ **点系の配位**という.

$n$ 点系に働く力とは, $V^n \times V^n \times \mathbb{I}$ から $V^n$ への写像 $\boldsymbol{F} : V^n \times V^n \times \mathbb{I} \to V^n$ のことであると定義する.

ここで, 次の点を注意しておく. $n$ 点系に働く力も $V^n \times V^n \times \mathbb{I}$ 全体で定義されるとは限らない. したがって, より正確には, 力は $V^n \times V^n \times \mathbb{I}$ の部分集合から $V_n$ への写像として定義される. しかし, もともとの力が定義されないような点においては, その点における値を適当に定めることにより, 力は $V^n \times V^n \times \mathbb{I}$ から $V^n$ への写像へと拡張される. ただし, この場合, 拡大された写像の連続性や微分可能性等は保証されない. この意味では, はじめから, $V^n \times V^n \times \mathbb{I}$ から $V^n$ への写像として力の概念を定義しても一般性は失われない. 以下では, 特に断らない限り, 必要とあれば, いつでもこのような見方をとるものとする.

点 $(\boldsymbol{x}, \boldsymbol{v}, t) \in V^n \times V^n \times \mathbb{I}$ における $\boldsymbol{F}$ の値 $\boldsymbol{F}(\boldsymbol{x}, \boldsymbol{v}, t) = (\boldsymbol{F}_1(\boldsymbol{x}, \boldsymbol{v}, t), \cdots, \boldsymbol{F}_n(\boldsymbol{x}, \boldsymbol{v}, t)) \in V^n$ の物理的解釈は次の通りである:ベクトル $\boldsymbol{F}_i(\boldsymbol{x}, \boldsymbol{v}, t)$ は, 時刻 $t$ における $n$ 点系の配位が $\boldsymbol{x}$ で, 速度が $\boldsymbol{v}$ であるとき, $i$ 番目の質点に働く力である.

$n$ 点系に働く力 $\boldsymbol{F} : V^n \times V^n \times \mathbb{I} \to V^n$ が与えられたとき, $n$ 点系の運動は, $n$ 個の $V$-値関数についての連立常微分方程式

$$\frac{d\boldsymbol{p}_i(t)}{dt} = \boldsymbol{F}_i\left(\boldsymbol{X}(t), \dot{\boldsymbol{X}}(t), t\right), \quad i = 1, \cdots, n \tag{4.16}$$

に従う. ただし, $\boldsymbol{p}_i(t) := m_i(t)\dot{\boldsymbol{X}}_i(t)$ は $i$ 番目の質点の運動量である ($m_i(t)$ は $i$ 番目の質点の質量). (4.16) を $\boldsymbol{n}$ **点系のニュートンの運動方程式**という.

$\boldsymbol{p}(t) = (\boldsymbol{p}_1(t), \cdots, \boldsymbol{p}_n(t))$ とおけば, (4.16) は (4.15) の形に書ける. 多体系の運動方程式 (4.16) に対しても, 4.2.5 項で述べたのと同様な考察がなされる.

### 4.2.9 重心の運動, 内力

引き続き, 前項の $n$ 点系 ($n \geq 2$) を考察する. この系の**全質量** (total mass) は, 各質点の質量の和

$$M := \sum_{i=1}^{n} m_i \tag{4.17}$$

によって定義される[17]. $n$ 点系には特別の意味をもつ位置ベクトルが存在する.

---

[17] $m_i$ は時刻 $t$ によってもよい.

これは，$X_i$ を質点 $m_i$ の位置ベクトルとするとき，

$$X_{\mathrm{c}} := \frac{\sum_{i=1}^n m_i X_i}{M} \tag{4.18}$$

によって定義されるベクトルである．このベクトルを**質量中心**（center of mass）または**重心**（center of gravity）という．重心の運動について，次の定理は重要である．

**【定理 4.2】** 各 $m_i$ は時刻 $t$ によらないとする．各対 $(i,j)$ $(i \neq j)$ に対して，質点 $m_i$ が質点 $m_j$ から受ける力を $F_{ij} : V^n \to V$ とし，このベクトル場は条件

$$F_{ij} = -F_{ji}, \quad i,j = 1, \cdots, n, i \neq j \tag{4.19}$$

を満たすとし，質点系の運動 $X(t) = (X_1(t), \cdots, X_n(t))$ はニュートンの運動方程式

$$m_i \frac{d^2 X_i(t)}{dt^2} = \sum_{j \neq i} F_{ij}(X_1(t), \cdots, X_n(t)), \quad i = 1, \cdots, n \tag{4.20}$$

に従うとする．このとき，系の重心 $X_{\mathrm{c}}$ は等速直線運動をする．

**証明** 方程式 (4.20) の両辺を $i = 1, \cdots, n$ について加えて，$M$ で割れば

$$\frac{d^2 X_{\mathrm{c}}(t)}{dt^2} = \frac{\sum_{i \neq j} F_{ij}}{M}.$$

一方，右辺は，仮定 $F_{ji} = -F_{ij}$ により，0 になることがわかる．したがって，$d^2 X_{\mathrm{c}}(t)/dt^2 = 0$．これを二度積分すれば，$X_{\mathrm{c}}(t) = a + bt, \quad t \in \mathbb{R}$，を得る．ただし，$a, b \in V$ は定ベクトルである．これは，系の重心が等速直線運動を行うことを意味する． ∎

定理 4.2 の仮定の条件 (4.19) は，次の例に述べる意味で自然なものである．

■**例 4.1** ■ 次のような物理的状況を考えよう．任意の質点 $m_i$ $(i = 1, 2 \cdots, n)$ に対して働く力は $m_i$ 以外の質点 $m_j, j \neq i$ が $m_i$ に及ぼすものだけであるとする．このような場合，当該の質点系には**内力**（internal force）だけが存在するという．このとき，作用–反作用の法則により，$m_i$ が位置 $x_i \in V$ にあるとき，これが位置 $x_j$ にある質点 $m_j$ $(j \neq i)$ から受ける力 $F_{ij}$ および $m_j$ が $m_i$ から受ける力 $F_{ji}$ の方向はともに $x_i - x_j$ の方向であり，向きは互いに逆である．したがって，$F_{ij} = -F_{ji}$

である．また，$\|\boldsymbol{F}_{ij}\| = \|\boldsymbol{F}_{ji}\|$ である（力の大きさは等しい）．こうして，上述の定理を応用すれば，**内力だけの作用のもとにある $n$ 点系の重心は等速直線運動をする**ことがわかる．

ちなみに，力の大きさ $\|F_{ij}\|$ は，空間 $V$ の等方性——空間 $V$ には特別の方向が存在しないということ——により，2 つの質点の距離 $\|\boldsymbol{x}_i - \boldsymbol{x}_j\|$ だけに依存すると仮定できる．これらの考察から，各対 $(i, j)$ $(i \neq j)$ に対して，実数値関数 $\Phi_{ij} : (0, \infty) \to \mathbb{R}$ が存在して，

$$\boldsymbol{F}_{ij} = -\boldsymbol{F}_{ji} = \Phi_{ij}(\|\boldsymbol{x}_i - \boldsymbol{x}_j\|)(\boldsymbol{x}_i - \boldsymbol{x}_j) \tag{4.21}$$

と表される．

### 4.2.10 運動の相対性

2 つの質点 $m_1, m_2$ からなる系（2 点系）を考え，それらの時刻 $t$ における位置ベクトルをそれぞれ，$\boldsymbol{X}_1(t), \boldsymbol{X}_2(t) \in V$ とし，これらは，$n = 2$ の場合の運動方程式 (4.16) に従うとする．この系の運動は，たとえば，質点 $m_1$ が "静止" していて，質点 $m_2$ が運動をするように記述することも可能である．これは次のようにしてなされる．ベクトル

$$\boldsymbol{X}(t) := \boldsymbol{X}_2(t) - \boldsymbol{X}_1(t) \tag{4.22}$$

を導入する．これを質点 $m_1$ に対する質点 $m_2$ の**相対位置ベクトル**（relative position vector）と呼ぶ．これは時刻 $t$ において，質点 $m_1$ から見た質点 $m_2$ の位置を表すベクトルである．したがって，このベクトルは質点 $m_1$ が "静止" している観点から質点 $m_2$ の運動を記述するものである．この運動を質点 $m_1$ に対する，質点 $m_2$ の**相対運動**（relative motion）と呼ぶ．同様に，質点 $m_2$ に対する質点 $m_1$ の相対運動が相対位置ベクトル $\hat{\boldsymbol{X}}(t) := \boldsymbol{X}_1(t) - \boldsymbol{X}_2(t)$ によって記述される．$\boldsymbol{X}(t) = -\hat{\boldsymbol{X}}(t)$ であるから，どちらの記述も互いに同等である．この意味において，2 つの質点の運動は**相対的**（relative）である．つまり，2 つの質点の運動において，"静止" あるいは "非静止" の概念は "絶対的な" 意味をもたない．

考察下の系の時刻 $t$ における重心は

$$\boldsymbol{X}_\mathrm{c}(t) = \frac{m_1 \boldsymbol{X}_1(t) + m_2 \boldsymbol{X}_2(t)}{m_1 + m_2} \tag{4.23}$$

である．(4.22) と (4.23) を $\boldsymbol{X}_1(t)$ と $\boldsymbol{X}_2(t)$ について解けば，

$$\boldsymbol{X}_1(t) = \boldsymbol{X}_\mathrm{c}(t) - \frac{m_2}{m_1 + m_2} \boldsymbol{X}(t), \tag{4.24}$$

$$\boldsymbol{X}_2(t) = \boldsymbol{X}_\mathrm{c}(t) + \frac{m_1}{m_1 + m_2} \boldsymbol{X}(t) \tag{4.25}$$

が得られる．これは，重心と相対位置の運動から，各質点の運動を知ることができることを示す．こうして，2点系の運動は，重心の運動と相対位置の運動という形式を用いても同等に記述できる．

相対運動 $\boldsymbol{X}(t)$ の方程式を求めてみよう．まず，これを $t$ で微分すれば，

$$\dot{\boldsymbol{X}}(t) := \frac{d\boldsymbol{X}(t)}{dt} = \boldsymbol{v}_2(t) - \boldsymbol{v}_1(t) \tag{4.26}$$

となる．ただし，$\boldsymbol{v}_i = \dot{\boldsymbol{X}}_i = d\boldsymbol{X}_i(t)/dt$ $(i=1,2)$ は質点 $m_i$ の速度である．ベクトル $\dot{\boldsymbol{X}}(t)$ を質点 $m_1$ に対する質点 $m_2$ の**相対速度** (relative velocity) と呼ぶ．これは時刻 $t$ において，質点 $m_1$ が "静止" しているとする視点から見た質点 $m_2$ の速度を表す．相対速度 $\dot{\boldsymbol{X}}(t)$ をさらに $t$ で微分し，(4.16) を用いると，

$$\frac{d^2\boldsymbol{X}(t)}{dt^2} = \frac{1}{m_2}\boldsymbol{F}_2(\boldsymbol{X}(t),\dot{\boldsymbol{X}}(t),t) - \frac{1}{m_1}\boldsymbol{F}_1(\boldsymbol{X}(t),\dot{\boldsymbol{X}}(t),t) \tag{4.27}$$

を得る．ただし，$\boldsymbol{X}(t) = (\boldsymbol{X}_1(t),\boldsymbol{X}_2(t)) \in V^2$．

■ **例 4.2** ■ ベクトル場 $\boldsymbol{F}: V \to V$ が存在して，

$$\begin{aligned}\boldsymbol{F}_1(\boldsymbol{x}_1,\boldsymbol{x}_2,\boldsymbol{v}_1,\boldsymbol{v}_2,t) &= -\boldsymbol{F}_2(\boldsymbol{x}_1,\boldsymbol{x}_2,\boldsymbol{v}_1,\boldsymbol{v}_2,t)\\ &= -\boldsymbol{F}(\boldsymbol{x}_2-\boldsymbol{x}_1)\\ &= \boldsymbol{F}(\boldsymbol{x}_1-\boldsymbol{x}_2) \quad (\boldsymbol{x}_1,\boldsymbol{x}_2,\boldsymbol{v}_1,\boldsymbol{v}_2 \in V, t \in \mathbb{I})\end{aligned} \tag{4.28}$$

が成り立つと仮定しよう．このとき，

$$\frac{1}{m_2}\boldsymbol{F}_2(\boldsymbol{X}(t),\dot{\boldsymbol{X}}(t),t) - \frac{1}{m_1}\boldsymbol{F}_1(\boldsymbol{X}(t),\dot{\boldsymbol{X}}(t),t) = \frac{m_1+m_2}{m_1 m_2}\boldsymbol{F}(\boldsymbol{X}(t))$$

と書けるから，

$$\mu := \frac{m_1 m_2}{m_1 + m_2} \tag{4.29}$$

とおけば，運動方程式 (4.27) は，考察下の状況では，

$$\mu\frac{d^2\boldsymbol{X}(t)}{dt^2} = \boldsymbol{F}(\boldsymbol{X}(t)) \tag{4.30}$$

という形をとる．これは，質量 $\mu$ の質点が力 $\boldsymbol{F}$ の作用のもとで運動を行う場合のニュートンの運動方程式に他ならない．こうして，(4.28) を満たす力の作用のもとで運動する2点系――したがって，特に内力だけが存在する2点系 (例 4.1) ――の相対運動は，1個の質点の運動の問題と同等である．(4.29) によって定義されるスカラー量 $\mu$ を2点系の**換算質量** (reduced mass) と呼ぶ．

仮定 (4.28) のもとでは，重心 $\boldsymbol{X}_c(t)$ は等速直線運動をする (定理 4.2 の応用)．よって，この例のクラスの2点系については，運動の問題は，1個の質点の運動の問題に帰着される．

### 4.2.11 ニュートンの運動方程式の両義性とニュートン力学の構造

ニュートンの運動方程式 (4.16) は 2 つの側面をもっている．その 1 つは，$n=1$ の場合にすでに述べたように，力のベクトル場 $\boldsymbol{F}_i$ $(i=1,\cdots,n)$ が与えられたとき，連立常微分方程式 (4.16) を解くことにより，この力のベクトル場での可能な運動を見出すことである．これによって，初期値が与えられれば，解の一意性が成立する限り，この初期値から出発する運動の未来の状態を正確に予言することが可能となる．

しかし，運動においてそもそもいかなる力が関わっているかということは先験的には自明な問題ではない．この難点を克服する方法の 1 つとして，特定の運動が与えられたとき（実験的に精度よく観測されているとき），この運動を可能ならしめる力のベクトル場を見出すために運動方程式 (4.16) を使うということである．実際，$\boldsymbol{X}(t)=(\boldsymbol{X}_1(t),\cdots,\boldsymbol{X}_n(t))\in V^n$ が与えられたとすれば，これを微分することにより，$\boldsymbol{p}_i(t),i=1,\cdots,n$，が求まるので，(4.16) は $\boldsymbol{F}_i,i=1,\cdots,n$ に対する方程式となる．これを解くことにより，$\boldsymbol{F}_i,i=1,\cdots,n$ を求めることができる．これがニュートンの運動方程式のもう 1 つの側面である（次節以降で，この 2 つの側面を例証する）．

ニュートン力学というのは，純数学的に見た場合，ある種の常微分方程式論として閉じることは可能である．だが，物理学の理論としては，そこに留まることはできない．なぜなら，現象として現前する運動を可能ならしめる力を決定することは，観測による他はないからである．しかし，この場合，注意すべき点は，力の決定はニュートンの運動方程式という理念（あるいは所与の運動から，そこに働く力を読みとる何らかの原理）によって初めて可能になるということである．実際，ニュートン力学の構造を精査してみればわかるように，ニュートン力学というのは，上述した，ニュートンの運動方程式の両義性を巧みに使うことにより，先験的には決定しえない力の形を段階的に決定していくという仕方で，物理理論として使える形になっているのである．

## 4.3 質点系と力の場の例

### 4.3.1 力が働かない場合の運動

運動において最も単純な場合は，1 個の質点 $m$ の運動において，力が質点に全然働かない場合である．このような質点は**自由粒子** (free particle) と呼ばれ

る．この場合，(4.10) において $\boldsymbol{F} = 0$ であるから，$\dfrac{d\boldsymbol{p}(t)}{dt} = 0$．したがって，$\boldsymbol{p}(t) = \boldsymbol{p} \cdots (*)$ $(t \in \mathbb{I} \subset \mathbb{R})$．ここで，$\boldsymbol{p} \in V$ は時間によらない定ベクトルである．これは，時刻が変化しても運動量は一定であることを意味する．ゆえに，**質点に力が働かない場合，質点の運動量は保存される**．

質点の質量 $m$ が時間によらないとしよう．このとき，$(*)$ から，$\dfrac{d\boldsymbol{X}(t)}{dt} = \dfrac{\boldsymbol{p}}{m}$ $\cdots (**)$．したがって，速度も保存される．$\boldsymbol{v} = \dfrac{\boldsymbol{p}}{m}$ とおき，微分方程式 $(**)$ を $a$ から $t$ まで積分すれば，(4.2) が得られる．したがって，いまの場合，質点は等速直線運動をする．こうして，**質点に力が働かない場合，時間によらない質量をもつ質点は等速直線運動をする**（これは，静止している場合——$\boldsymbol{v} = 0$ の場合——も含むことに注意）．この性質は，通常，**慣性の法則**（law of inertia）または**ニュートンの第 1 法則**（Newton's first law）と呼ばれる．

逆に，等速直線運動をする質点には力が働いていないことも容易にわかる（式 (4.2) を $t$ について 2 回微分せよ）．

**❗注意 4.4** 物理学の多くの本では，慣性の法則はニュートンの第 2 法則とは独立なものと解釈している．つまり，慣性の法則は第 2 法則に含まれるものとは見ない（上の議論は第 2 法則から慣性の法則が出ることを示している）．その種の本では慣性の法則は，運動を記述する枠としての"慣性座標系"（"慣性系"），すなわち，慣性の法則が成立する座標系を選び出す基準を与えるものであり，これによって第 2 法則が意味づけられるとする立場をとる．しかし，この解釈の難点は次の点にある．そもそも"力が働いていない"ということを先験的にどうやって判定するのかということである．むしろ，事態は逆であって，等速直線運動——これは観測によって確認可能——をもって，"力が働いていない"ことの定義とすべきであろう．本書では，"慣性座標系"なる概念は導入しなくても，ニュートン力学は展開可能であり，むしろ，このほうが事の本質を明晰に認識できることを示す．本書では物理的空間はアファイン空間と仮定しているから，物理的空間のどの点も——互いにベクトルの平行移動で移りあえるという意味で——いわば"平等"であって，それは座標系の設定に先行する絶対空間なのである（座標系の設定および設定された座標系どうしはまったく相対的である）[18]．具体的な問題への応用においては，アファイン空間としてのユークリッド空間 $\mathbb{E}^d$ の基準ベクトル空間 $V$ の原点をどこに設定するかということ，そして，考察下の系において働く力を"もれなく"数え上げ，ニュートンの運動方程式を

---

[18] 筆者が意味する**絶対空間**というのは，他の座標系に対して何らかの意味で"絶対的優位"にあるような"絶対座標系"（通俗的な意味での絶対空間）のことではない．座標系のレヴェルではどこまでいっても相対的であることを免れない．筆者がここでいう**絶対**とは，座標系の設定という，人為的，恣意的，相対的な操作に先行する存在様式のことを指す．

解くということにつきる．この場合，必要があれば適当に座標系を設定する[19]．本書の観点——物理現象の根底を築く普遍的・理念的構造の観照と探究——からすれば，座標系および座標変換の問題は瑣末 (trivial) な問題にすぎない．1 章でも注意したが，そもそも，座標系なる概念は人間が恣意的あるいは便宜的に設定するものであって，自然の本質に属するものではない．このことは，たとえば，ユークリッド幾何学が座標系の設定などとは無関係に成立することからも示唆されることである．本書のこれまでの一般論の記述において，運動が行われる空間としての $d$ 次元ユークリッド空間 $\mathbb{E}^d$ の基準ベクトル空間 $V$ ($d$ 次元の抽象実内積空間 $= d$ 次元ユークリッドベクトル空間) に座標系を設定しないで議論をしてきたのはこのためである．もちろん，一般論を具体的な問題に適用する場合には，すでに言及したように，$V$ の原点を適切に選び，座標系をうまく設定することは重要であり，有効である．これは，解析幾何学が，ユークリッド幾何学の問題を解くのに有効であるのと同断である．だが，これは，いわば問題を解くための方法論に属することであって，あくまでも便宜的な事柄である．しかし，一般法則は，まさにその普遍性を明晰に捉えるために，座標系の設定などとは無関係に認識されねばならない．このことを可能にしてくれるのが，他でもない，抽象ベクトル空間，抽象アファイン空間，抽象内積空間という理念なのである．20 世紀になってからとはいえ，人類がこれらの高次の偉大な理念を把握するに至ったのは，数理物理学的観点からいっても，実に画期的な出来事であったのである．物理学のほとんどの本では，残念ながら，そうした高次の理念を把握する以前の手法（いわば，相対的手法）で書かれているために，現象の根底にある絶対的・本源的存在構造が見えにくいのである．

### 4.3.2 落体の運動を現象させる力の場

地表面の近くで，物体が真空中を落下する場合を考える．落下する物体は鉛直下向きに直線運動を行う．したがって，この運動は 1 次元的である．そこで，$V = \mathbb{R}$ にとり，これを $x$ 軸に対応させる．$V$ の原点を地表面の任意の 1 点に対応させ，$x$ 軸の正の向きを鉛直上向きにとる．物体の時刻 0 での高さを $h$，速度を 0 として，物体を落下させる場合を考えよう（図 4.4）．このような落下運動を**自由落下** (free fall) という．このとき，実験によれば，十分よい精度で，時刻 $t$ での位置 $X(t)$ と速度 $v(t)$ は

$$X(t) = h - \frac{1}{2}gt^2, \quad v(t) = -gt \tag{4.31}$$

---

[19] このアプローチでは，"慣性座標系" でない "加速度系" において現れる，いわゆる "慣性力" も力とみなす．複数の種類の力が働いているとき，どの範囲までの力を取り入れるかで理論的予言の精度（近似）の度合いが決まる．しかし，厳密にいえば，どこまでいっても，これですべての力を数え上げたという保証はない（未知の力がなおもどこかに潜んでいるという可能性は否定できない）．

で与えられる．ここで，$g > 0$ は**重力加速度**（acceleration of gravity）と呼ばれる定数である（中緯度付近で $g \approx 9.8\,\mathrm{m\cdot s^{-2}}$）[20]．これは**ガリレイの落体の法則**と呼ばれる，現象的法則の1つである．

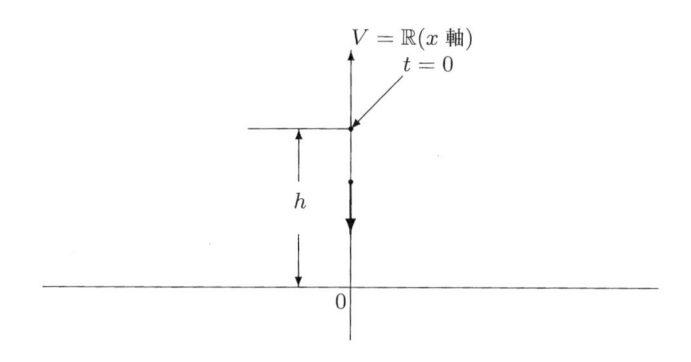

**図 4.4** 落体の運動

落体の法則の重要な意義の1つは，上の式が示すように，落下運動においては，落体の位置および速度は落体の質量（重さ）によらないということである．古代や中世では，重い物体ほど速く落ちると信じられていたことを思えば，この法則の発見がいかに革新的で衝撃的なものであるかが実感されるであろう．これも所与の感覚的現実だけを見ていたのでは物事の真の姿はわからないという教えのよい例の1つである．

(4.31) 式を $t$ について2回微分すると，

$$\frac{d^2 X(t)}{dt^2} = -g \tag{4.32}$$

を得る．これは，$x$ 軸方向の力の場が

$$F(x) = -g,\ x \in \mathbb{R} \tag{4.33}$$

与えられることを示している．したがって，質量 $m$ の物体には大きさが $mg$ の力が鉛直下向きに働く．(4.33) で与えられる力の場——これは定ベクトル場——を地表面付近における，地球の**重力場**（gravitational field）と呼ぶ．

---

[20] 「$A \approx B$」は，$A$ と $B$ が近似的に等しいこと，あるいは $B$ が $A$ の近似値であることを示す記法である．

逆に，地表面付近の重力場の作用のもとで可能な運動は，運動方程式 (4.32) を解くことにより得られる．まず，(4.32) の両辺を積分すれば，

$$\frac{dX(t)}{dt} = -gt + v_0. \tag{4.34}$$

ここで，$v_0 \in \mathbb{R}$ は任意定数であり，時刻 0 での速度を表す（$\dot{X}(0) = v_0$ に注意）．この式を積分すると，

$$X(t) = x_0 + v_0 t - \frac{1}{2}gt^2 \tag{4.35}$$

が得られる．ここで，$x_0 \in \mathbb{R}$ は任意の実定数であり，時刻 0 での位置を表す（$X(0) = x_0$ に注意）．よって，時刻 0 で位置が $x_0$，速度が $v_0$ であるような落下運動における，時刻 $t$ での位置と速度はそれぞれ，(4.35)，(4.34) で与えられる．これが落下運動の一般的法則である．

### 4.3.3 等速円運動を現象させる力の場

$W$ を $V$ の 2 次元部分空間とする．$W$ における点 $w_0$ を中心とする半径 $\rho > 0$ の円とは集合 $\{w \in W \mid \|w - w_0\| = \rho\}$ のことである（定義）．$V$ における等速円運動とは，質点がある点を中心として，そのまわりを一定の速さで円を描く運動のことである．このような運動を可能にする力を求めてみよう．

$e_1, e_2$ を $W$ の正規直交基底とする．いま，質点 $m$ が $W$ の原点を中心とする半径 $\rho > 0$ の円運動をするとし，時刻 $t$ での質点の位置を $\boldsymbol{X}(t) \in W$ とすれば

$$\boldsymbol{X}(t) = X_1(t)e_1 + X_2(t)e_2$$

と展開される．$(X_1(t), X_2(t)) \in \mathbb{R}^2$ は座標系 $(W; (e_1, e_2))$ における位置ベクトル $\boldsymbol{X}(t)$ の成分表示である．仮定により，

$$\|\boldsymbol{X}(t)\|^2 = X_1(t)^2 + X_2(t)^2 = \rho^2.$$

等速円運動であるから，原点 $O$ と点 $\boldsymbol{X}(t)$ を結ぶ線分——**動径**という——が単位時間あたりに回転する角度 $\omega > 0$ は一定であり，これを**等速円運動の角速度**という．円運動をする点が任意の 1 点 $P$ から出発し，一周して点 $P$ にもどってくるのに要する時間 $T$ を**周期**という．したがって，角速度と周期の間には $T\omega = 2\pi$，すなわち，

$$\omega = \frac{2\pi}{T}$$

という関係がある．いま，円運動の回転の向きは反時計回りであるとする．このとき，$\boldsymbol{X}(t)$ の成分 $(X_1(t), X_2(t)) \in \mathbb{R}^2$ は

$$X_1(t) = \rho \cos(\omega t + \theta_0), \quad X_2(t) = \rho \sin(\omega t + \theta_0) \tag{4.36}$$

というパラメータ表示をもつ[21]．ただし，$t = 0$ での位置 $\boldsymbol{X}(0)$ を $\boldsymbol{X}(0) = [\rho \cos(\theta_0)]e_1 + [\rho \sin(\theta_0)]e_2$ とした（$\theta_0 \in [0, 2\pi)$ は定数）．

$\boldsymbol{r}(t) = (X_1(t), X_2(t)) \in \mathbb{R}^2$ とおけば，この $\boldsymbol{r}(t)$ は $\mathbb{R}^2$ において，原点を中心とする半径 $\rho$ の円運動を行う．

3 角関数に関する微分公式

$$\frac{d\cos(\omega t)}{dt} = -\omega \sin(\omega t), \quad \frac{d\sin(\omega t)}{dt} = \omega \cos(\omega t) \tag{4.37}$$

を用いると，この円運動の速度 $\boldsymbol{v}(t) = d\boldsymbol{X}(t)/dt$ は

$$\boldsymbol{v}(t) = [-\rho\omega \sin(\omega t + \theta_0)]e_1 + [\rho\omega \cos(\omega t + \theta_0)]e_2 \tag{4.38}$$

であることがわかる．容易にわかるように，この速度と位置ベクトルの内積は 0 である：

$$\langle \boldsymbol{X}(t), \boldsymbol{v}(t) \rangle = 0, \quad t \in \mathbb{R}. \tag{4.39}$$

すなわち，任意の時刻 $t$ において，速度ベクトルと位置ベクトルは直交する．したがって，**円運動の速度は軌道の接線方向を向いている**（図 4.5）．

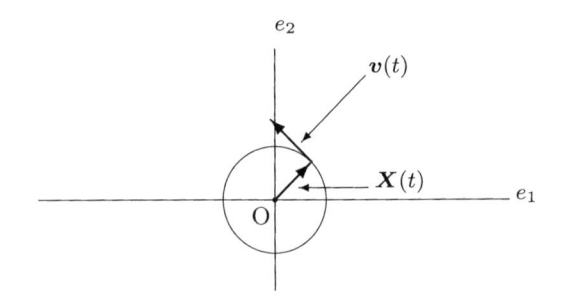

図 4.5 等速円運動

(4.37) を繰り返し用いると

$$\frac{d^2 \boldsymbol{X}(t)}{dt^2} = -\omega^2 \boldsymbol{X}(t) \tag{4.40}$$

---

[21] 3 角関数 $\sin x, \cos x$ については付録 B を参照．

が成り立つことがわかる．したがって，

$$F(x) = -\omega^2 x \tag{4.41}$$

とおけば，これがいまの円運動を実現させる力の場であることがわかる．この力の向きは，点 $x$ において，ベクトル $x$ と逆向き，すなわち，原点に向かう向きである（図 4.6）．

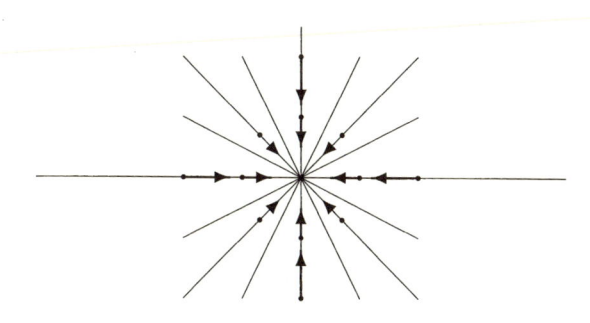

**図 4.6** 力の場 $F(x) = -\omega^2 x$

■ **例 4.3** ■ (**地球を周回する物体の運動**)　ロケットなどの物体を，地表面近くにおいて，円軌道でもって地球を周回させることが可能かどうかを調べよう．地球を球体とみなし，地球の半径を $R_E$ とする[22]．地球の中心を中心とする，半径 $\rho > R_E$ の円運動はこの円運動が決定する平面上の運動と見ることができる．この平面を $\mathbb{R}^2$ とし，$\mathbb{R}^2$ の原点を地球の中心にとる（$V = \mathbb{R}^2$ の場合）．半径 $\rho$ の円運動をさせたい物体（質点）の質量を $m$ とする．このとき，質点が位置 $r$ で地球から受ける力は，(4.33) によって，$-mg r/\|r\| = -mg r/\rho$ である．ここで，半径 $\rho$ の円運動であるという条件 $\|r\| = \rho$ を用いた．したがって，上述の結果により，この力の作用のもとで，角速度が

$$\omega = \sqrt{\frac{g}{\rho}}$$

の円運動が可能である．この場合，速度を $v = (v_x, v_y)$ とすれば，(4.38) によって，

$$v_x = -\rho\omega \sin(\omega t) = -\sqrt{g\rho} \sin\left(\sqrt{\frac{g}{\rho}} t\right), \tag{4.42}$$

$$v_y = \rho\omega \cos(\omega t) = \sqrt{g\rho} \cos\left(\sqrt{\frac{g}{\rho}} t\right) \tag{4.43}$$

---

[22] 添字 "E" は「earth」(地球) の頭文字の意．

である．ただし，$t=0$ において，質点は $x$ 軸上にあるとした（(4.36) において $\theta_0 = 0$ の場合）．したがって，質点の速さ $v = \|\boldsymbol{v}\|$ は

$$v = \sqrt{g\rho} \tag{4.44}$$

である．

物体を地表近くの円軌道に乗せるために軌道の接線方向に対して物体に与えなければならない速度の大きさ（速さ）を**第 1 宇宙速度**（first cosmic velocity）と呼ぶ．式 (4.44) はこの近似値を与える．地球の半径 $R_\mathrm{E}$ として，$R_\mathrm{E} \approx 6378\,\mathrm{km}$（赤道半径）を採用し，$\rho = 6400\,\mathrm{km}$（したがって，地上，約 $22\,\mathrm{km}$ の高さの円運動）とすれば，

$$v \approx \sqrt{9.8 \times 6400000}\,\mathrm{m \cdot s^{-1}} \approx 7.9\,\mathrm{km \cdot s^{-1}}$$

と見積もれる．

### 4.3.4 質量が時間に依存する例——ロケットの打ち上げ

地表から鉛直上向きにロケットを打ち上げることを考える．ロケットはガスを噴射し，その噴射の反作用の力を受けて上昇する力を得る．ロケットはガスを噴射することにより，質量を変化させる．ロケットの運動を，その重心にロケットの全質量が集中した質点の運動として扱う．いま考察するロケットの運動は鉛直方向の直線運動であるとみなす．したがって，この場合の位置ベクトルの空間 $V$ として $V = \mathbb{R}$ ととれる（鉛直方向の直線）．これを $x$ 軸として，鉛直上向きを $x$ 軸の正の向きにとる．原点として鉛直線と地表が交わる点をとる．ロケットの時刻 $t \geq 0$ での質量を $m(t) > 0$，位置を $X(t) \in \mathbb{R}$，速度を $v(t) = dX(t)/dt$，運動量を $p(t) = m(t)v(t)$ とし，$X(0) = 0$，$v(0) = 0$（初期条件）とする．$m(t)$ は人間が調整するので既知関数としてよい．いま，噴出するガスの，ロケットに対する相対速度（地上から見たロケットの速度から，地上から見たガスの噴出速度を引いたもの）を $-u$（向きは $x$ 軸の負の向き；$u > 0$）とし，これは時刻によらないとする（これも人間の側で調整できる）．時刻 $t$ でロケットに働く力 $F$ は地球からの重力 $-m(t)g$ とガスの噴出による反作用の力の和である．後者を $G(t)$ としよう．時刻 $t$ でのロケットの質量の瞬間変化率は $\dot{m}(t)$ であるから，噴射されるガスの運動量の瞬間変化率は $(v(t) - u)\dot{m}(t)$ である．噴射されたガスに対するニュートンの運動方程式 $(-(v(t) - u)\dot{m}(t) = -G(t))$ により，これは $G(t)$ に等しい．したがって，$F(X(t), v(t), t) = -m(t)g + (v(t) - u)\dot{m}(t)$．ゆえに，ロケットの運動方程式は

$$\frac{dp(t)}{dt} = -m(t)g + (v(t) - u)\frac{dm(t)}{dt}$$

となる．これは
$$m(t)\frac{dv(t)}{dt} = -u\frac{dm(t)}{dt} - m(t)g$$
と同値である．この式は
$$\frac{dv(t)}{dt} = -g - u\frac{1}{m(t)}\frac{dm(t)}{dt} = -g - u\frac{d}{dt}\log m(t)$$
と変形できるから，両辺を変数 $t$ について $0$ から $t$ まで積分し，$v(0) = 0$ を考慮すれば，
$$v(t) = u\log\frac{m_0}{m(t)} - gt \tag{4.45}$$
を得る．ただし，$\log x$ $(x > 0)$ は対数関数で，$m_0 := m(0)$ である．この解はいくつかの事実を私たちに告げる：

(i) ロケットが上昇し続けるためには，$v(t) > 0$ でなければならないから
$$m(t) < m_0 e^{-gt/u}, \quad t > 0$$
が必要である．

(ii) 式 $m(t) = m_0 e^{-gt/u}$ を満たす時刻 $t$ でロケットは静止する．

(iii) ある時刻 $t_0 > 0$ から一定の速度 $v > 0$ を保持しながら運動させるためには，質量の時間変化を
$$m(t) = m_0 e^{-v/u} e^{-gt/u}, \quad t \geq t_0,$$
と決めてやればよい．

ロケット工学では $-u\dot{m}(t)$ を**推力**（thrust）と呼ぶ．

### 4.3.5 調和振動子

等速円運動を可能にする力の場 (4.41) に関連して，ここである概念を導入しておこう．

一般に，1 次元空間 $\mathbb{R}$ における運動において，原点からの質点の変位 $x \in \mathbb{R}$ に対して，$k > 0$ を定数として，$-kx$ の力——これは質点を原点に引き戻す力——が働くとき，これを**線形復元力**（linear restoring force）または**フックの法則**（Hooke law) に従う力という[23].「線形」という形容は, 力が $x$ に比例すること ($x$ の 1 次関数であること) の意である.

このような力の例としては, バネで結ばれた 1 個の質点がある.

線形復元力による運動は**調和振動** (harmonic oscillation) または**単振動**と呼ばれ, 調和振動を行う質点を**調和振動子** (harmonic oscillator) という.

この概念は一般の $d$ 次元の場合にも拡張される ($d = 1, 2, 3, \cdots$). すなわち, $\boldsymbol{x} \in V$ ($V$ は $d$ 次元ユークリッドベクトル空間) とするとき, 点 $\boldsymbol{x}$ において働く力が $-k\boldsymbol{x}$ ($k > 0$ は定数) ——これを **$d$ 次元の線形復元力**という—— で与えられる運動に従う質点を **$d$ 次元調和振動子**といい, その運動を **$d$ 次元の調和振動**という.

したがって, (4.41) で与えられる力に従う運動は 2 次元調和振動である. ゆえに, 等速円運動は 2 次元調和振動の一例である.

1 次元調和振動子の可能なすべての運動形態を決定しよう. これは, すなわち, この場合のニュートンの運動方程式

$$m\frac{d^2X(t)}{dt^2} = -kX(t), \quad t \in \mathbb{R} \tag{4.46}$$

の解 $X(t)$ をすべて求めることである ($m > 0$ は調和振動子の質量).

$\mathbb{R}$ 上の 2 回連続微分可能な複素数値関数の全体を $C^2(\mathbb{R})$ とすれば, これは複素ベクトル空間である (1 章, 例 1.4 を参照). 写像 $D : C^2(\mathbb{R}) \to C^1(\mathbb{R})$ を

$$(Df)(t) := \frac{df(t)}{dt}, \quad f \in C^2(\mathbb{R}) \tag{4.47}$$

によって定義する. 微分演算の線形性により, $D$ は線形作用素である. この作用素を用いると (4.46) は

$$(D + i\omega_0)(D - i\omega_0)X(t) = 0$$

と書ける. ただし,

$$\omega_0 := \sqrt{\frac{k}{m}}.$$

そこで, $y(t) = (D - i\omega_0)X(t)$ とおけば, $(D + i\omega_0)y(t) = 0$ であり, これは 1 階の微分方程式 ($y'(t) = -i\omega_0 y(t)$) であるから, 容易に解けて

$$y(t) = ce^{-i\omega_0 t}$$

---

[23] Robert Hooke, 1635–1703. イギリスの科学者.

を得る．ただし，$c \in \mathbb{C}$ は定数である．したがって，$(D - i\omega_0)X(t) = ce^{-i\omega_0 t}$．そこで，$z(t) := X(t)e^{-i\omega_0 t}$ とおけば，

$$z'(t) = ce^{-2i\omega_0 t}$$

となる．したがって，$z(t) = ce^{-2i\omega_0 t}/(-2i\omega_0) + \alpha$ ($\alpha \in \mathbb{C}$ は定数)．$X(t) = z(t)e^{i\omega_0 t}$ であるから，これに $z(t)$ を代入すれば

$$X(t) = \alpha e^{i\omega_0 t} + \beta e^{-i\omega_0 t} \tag{4.48}$$

を得る（$\beta = c/(-2i\omega_0)$ であるが，$c$ は任意定数であったから，$\beta \in \mathbb{C}$ も任意定数である）．

逆に，(4.48) で与えられる関数 $X(t)$ が方程式 (4.46) の解であることも容易にわかる．

だが，いまの場合，$X(\cdot)$ は実関数であるから，$X(t)^* = X(t), t \in \mathbb{R}$ でなければならない．したがって，$a = \alpha^* - \beta$ とおけば，$ae^{-i\omega_0 t} = a^* e^{i\omega_0 t}, t \in \mathbb{R} \cdots (*)$．$t = 0$ とすれば，$a = a^*$．次に $(*)$ の両辺を $t$ で微分して，$t = 0$ とおけば $a = -a^*$．したがって，$a = 0$ でなければならない．ゆえに，$\beta = \alpha^*$．よって，

$$X(t) = \alpha e^{i\omega_0 t} + \alpha^* e^{-i\omega_0 t} \tag{4.49}$$
$$= A\cos(\omega_0 t) + B\sin(\omega_0 t). \tag{4.50}$$

ただし，$A = \alpha + \alpha^*, B = i(\alpha - \alpha^*)$．$\alpha$ は任意の複素定数であったから，$A, B$ は任意の実定数である．以上の議論から，これが求める一般解である．

初期条件と定数 $A, B$ の関係は

$$X(0) = A, \quad \dot{X}(0) = \omega_0 B$$

で与えられる．

一般に，$f(t) = A\cos(at)$ ($A, a$ は 0 でない実定数) という形で時刻 $t$ とともに変位する点の運動は**余弦（コサイン）振動** (cosine oscillation)，$g(t) = B\sin(bt)$ ($B, b$ は 0 でない実定数) という形で時刻 $t$ とともに変位する点の運動は**正弦（サイン）振動** (sine oscillation) と呼ばれる．また，こうした振動の和 $f(t) + g(t)$ を**振動の重ね合わせ** (superposition of oscillations) という．

これらの概念を用いると，式 (4.50) は，$X(t)$ が余弦振動と正弦振動の重ね合わせであることを示している．

## 4.3.6 2次元の線形復元力の場における可能な運動

2次元の線形復元力の場 (4.41) で可能な運動をすべて見出すには微分方程式 (4.40) の一般解を求めればよい．まず，この運動の一般的性質を調べよう．

**【命題 4.3】** $\boldsymbol{X}(t) \in W$ は (4.40) の解であるとする．

(i) 定数 $K$ があって，
$$\|\boldsymbol{v}(t)\|^2 + \omega^2 \|\boldsymbol{X}(t)\|^2 = K, \quad t \in \mathbb{R}. \tag{4.51}$$

(ii) $\boldsymbol{X}(t)$ が円運動を行うならば，それは等速円運動である．

**証明** (i)
$$\frac{d}{dt}\|\boldsymbol{v}(t)\|^2 = 2\langle \boldsymbol{v}(t), \dot{\boldsymbol{v}}(t)\rangle,$$
$$= -2\omega^2 \langle \dot{\boldsymbol{X}}(t), \boldsymbol{X}(t)\rangle \quad (\because (4.40))$$
$$= -\omega^2 \frac{d}{dt}\langle \boldsymbol{X}(t), \boldsymbol{X}(t)\rangle.$$

これは (4.51) を意味する．

(ii) $\boldsymbol{X}(t)$ が円運動を行うならば $\|\boldsymbol{X}(t)\|$ は $t$ によらず一定であるから，(4.51) より，速さ $\|\boldsymbol{v}(t)\|$ も $t$ によらず一定である． ∎

さて，方程式 (4.40) を成分ごとに書くと，
$$\frac{d^2 X_1(t)}{dt^2} = -\omega^2 X_1(t), \tag{4.52}$$
$$\frac{d^2 X_2(t)}{dt^2} = -\omega^2 X_2(t). \tag{4.53}$$

したがって，前項の議論により，
$$X_1(t) = A\cos(\omega t) + B\sin(\omega t), \tag{4.54}$$
$$X_2(t) = C\cos(\omega t) + D\sin(\omega t) \tag{4.55}$$

という一般解が求まる．ただし，$A, B, C, D$ は実定数である．

(4.54), (4.55) によって定義される関数 $X_1(t), X_2(t)$ から決まる，$\mathbb{R}^2$ 内の曲線 $\boldsymbol{r}(t) = (X_1(t), X_2(t))$ の性質を調べよう．

3角関数の周期性により，任意の $t \in \mathbb{R}$ に対して，$\boldsymbol{r}(t+T) = \boldsymbol{r}(t)$ $(T = 2\pi/\omega)$

が成り立つ．したがって，点 $r(t)$ は周期 $T$ の運動をする（つまり，任意の時刻から $T$ 秒たつと同じところにもどってくる）．

しかし，この運動は必ずしも等速円運動とは限らないことが以下のようにしてわかる．

まず，(4.54), (4.55) から，3 角関数を消去し，$X_1(t)$ と $X_2(t)$ との関係を求める．そのためには，(4.54) の両辺に $D$ をかけ，(4.55) の両辺に $B$ をかけ，辺々引くと $DX_1(t) - BX_2(t) = (DA - CB)\cos(\omega t)$. 同様にして，$CX_1(t) - AX_2(t) = (CB - AD)\sin(\omega t)$. したがって，

$$(DX_1(t) - BX_2(t))^2 + (CX_1(t) - AX_2(t))^2 = (AD - BC)^2.$$

そこで，$a = C^2 + D^2, b = A^2 + B^2, h = AC + BD, k = |AD - BC|$ とおけば

$$aX_1(t)^2 - 2hX_1(t)X_2(t) + bX_2(t)^2 = k^2.$$

これから，次の場合分けができる．

(i) $k = 0$ の場合．このときは，$DX_1(t) = BX_2(t), CX_1(t) = AX_2(t)$. したがって，もし，$B \neq 0, D \neq 0$ ならば $r(t)$ は周期的な直線運動をする．

(ii) $k \neq 0$ かつ $a = b, h = 0$ の場合．このときは，$X_1(t)^2 + X_2(t)^2 = k^2/a$ であるから，$r(t)$ は原点を中心とする，半径 $k/\sqrt{a}$ の等速円運動を行う．

(iii) $k \neq 0$ かつ $h \neq 0$ の場合．このときは，コーシー–シュヴァルツの不等式によって，$ab > h^2$. したがって，$r(t)$ は原点を中心とする楕円運動を行う[24].

こうして，2 次元の線形復元力 $\boldsymbol{F}(\boldsymbol{x}) = -\omega^2 \boldsymbol{x}$ によって与えられる力の場は円運動以外の現象も生み出しうることがわかる．このうちのどの現象が実現するかは，初期条件の取り方による．実際，任意定数 $A, B, C, D$ は $t = 0$ の初期条件と結びついている：

$$X_1(0) = A, \ \dot{X}_1(0) = \omega B, \quad X_2(0) = C, \ \dot{X}_2(0) = \omega D.$$

## 4.3.7　速度にも依存する力の例——雨滴の落下運動

雨滴が空気中を落下する場合の運動を考察しよう．雨滴は大きさをもつために，

---

[24] 付録 C, C.1.3 項を参照．

落下するときに空気の抵抗を受ける．この抵抗を表す力は，近似的に速度に比例し，向きは鉛直上向きである．したがって，それは，$-kv(t)$ と表される．ただし，$k > 0$ は定数であり，$v(t) = \dot{X}(t)$ は雨滴の時刻 $t$ の速度（$X(t)$ は位置）を表す（ここでも落下運動の場合と同じ座標系をとる）．したがって，時刻 $t$ において雨滴が受ける力は $-mg - kv(t)$ である．これは速度にも依存する力である．雨滴の運動方程式は

$$m\dot{v}(t) = -mg - kv(t).$$

題意によって，$v(t) > 0$ と仮定してよい．このとき，運動方程式は

$$m\frac{d}{dt}\log(mg + kv(t)) = -k$$

と同等である．したがって，

$$\log(mg + kv(t)) = -\frac{k}{m}t + C.$$

ここで，$C \in \mathbb{R}$ は定数である．これを $v(t)$ について解けば，

$$v(t) = A\exp\left(-\frac{k}{m}t\right) - \frac{mg}{k}$$

を得る．ただし，$A = e^C/k > 0$．時刻 0 の速度を $v(0) = v_0 > 0$ とすれば，$A = v_0 + \frac{mg}{k}$ がわかるので，

$$v(t) = \left(v_0 + \frac{mg}{k}\right)\exp\left(-\frac{k}{m}t\right) - \frac{mg}{k}. \tag{4.56}$$

したがって，これを積分すれば，

$$X(t) = x_0 + \frac{m}{k}\left(v_0 + \frac{mg}{k}\right)\left(1 - \exp\left(-\frac{k}{m}t\right)\right) - \frac{mg}{k}t. \tag{4.57}$$

ただし，$X(0) = x_0 > 0$ とした．

式 (4.56) と (4.57) の物理的意味を考えよう．(4.56) で $t \to \infty$ とすれば，

$$\lim_{t \to \infty} v(t) = -\frac{mg}{k} \tag{4.58}$$

を得る．これは時間が"十分長く"経過すれば，雨滴が等速度に近づく運動を行うことを示す．指数関数 $\exp\left(-\frac{k}{m}t\right)$ は $t > 0$ が増加すれば急激に減少するので，雨滴が近似的に等速度運動に入るのは比較的短時間のうちであると考えられる．もちろん，この時間は雨滴の質量 $m$ と $k$ に依存する．

雨滴の等速度運動における位置変化は (4.57) より，

$$X(t) \sim x_0 + \frac{m}{k}\left(v_0 + \frac{mg}{k}\right) - \frac{mg}{k}t \quad (t \to \infty) \tag{4.59}$$

で与えられる[25]．

### 4.3.8 ケプラーの法則を現象させる力——万有引力

西欧の近代科学の誕生の大きな推進力の1つになったのは，ケプラー (1571–1630, 独) による，太陽系の惑星の運動に関する現象的法則の発見であった．これは次のように述べられる．

**ケプラーの法則**

(K.1) 第1法則．各惑星は太陽を1つの焦点とする楕円軌道を描いて運行する[26]．

(K.2) 第2法則（面積速度一定の法則）．惑星と太陽を結ぶ動径は単位時間内に同一の面積を掃く．

(K.3) 第3法則．惑星の公転周期 $T$ ——惑星が太陽のまわりを一周する時間——の2乗と軌道を与える楕円の長径 $a$ の3乗の比 $T^2/a^3$ は惑星によらず一定である．

ケプラーの法則は，非常に精度のよい経験法則として確立されている．では，この法則性を与える力はいかなるものであろうか．後に示すように，この問題は，ニュートンの運動方程式を使って解くことができ，私たちを万有引力の法則 (law of universal gravitation) へと導く：

**万有引力の法則**

物理的空間のモデル $V$ が3次元ユークリッドベクトル空間であるとしよう．このとき，位置 $\boldsymbol{x}_1 \in V$ と $\boldsymbol{x}_2 \in V$ にある2つの質点の質量をそれぞれ，$m_1, m_2$ とすれば，これらの質点は，大きさが

$$G\frac{m_1 m_2}{\|\boldsymbol{x}_1 - \boldsymbol{x}_2\|^2}$$

---

[25] $\mathbb{R}$ 上の2つの関数 $f(t), g(t)$ について，「$f(t) \sim g(t) \ (t \to \infty)$」 $\stackrel{\text{def}}{\iff}$ 「$\lim_{t\to\infty}|f(t) - g(t)| = 0$」（定義）．
[26] 楕円については付録 C を参照．

の引力で引き合う.力の作用線は,2つの質点を通る直線である.ここで,$G$ は**万有引力定数**と呼ばれる物理定数である ($G = 6.6720 \times 10^{-11}$ N·m$^2$·kg$^{-2}$) [27].

この表式からわかるように,万有引力というのは,その大きさが,2つの質点間の距離の逆2乗に比例する力である.

逆に,万有引力を仮定すれば,ニュートンの運動方程式を解くことにより,ケプラーの法則をその一部として含む,もっと広い現象的法則の領域を見出すことができる.

■**例 4.4** ■ $V$ を $d$ 次元ユークリッドベクトル空間とする(いわゆる "物理的" と称する場合は $d = 1, 2, 3$ の場合である).

(i) **静止した質点が及ぼす万有引力**.点 $\boldsymbol{R} \in V$ に質量 $M > 0$ の質点が静止しているとき,位置 $\boldsymbol{x} \in V$ ($\boldsymbol{x} \neq \boldsymbol{R}$) にある質点 $m$ に質点 $M$ が及ぼす万有引力は

$$\boldsymbol{F}(\boldsymbol{x}) = -G \frac{Mm}{\|\boldsymbol{x} - \boldsymbol{R}\|^2} \frac{\boldsymbol{x} - \boldsymbol{R}}{\|\boldsymbol{x} - \boldsymbol{R}\|}$$

である.

(ii) **$n$ 点系における万有引力**.$V$ の中に $n$ 個の質点がある場合を考える.$i \neq j$ として,$j$ 番目の質点が $i$ 番目の質点に及ぼす万有引力は

$$\boldsymbol{F}_{ij}(\boldsymbol{x}_i, \boldsymbol{x}_j) = -G \frac{m_i m_j}{\|\boldsymbol{x}_i - \boldsymbol{x}_j\|^2} \frac{\boldsymbol{x}_i - \boldsymbol{x}_j}{\|\boldsymbol{x}_i - \boldsymbol{x}_j\|}, \quad \boldsymbol{x}_i, \boldsymbol{x}_j \in V.$$

したがって,万有引力だけを考慮するとき,$i$ 番目の質点へ働く力は

$$\boldsymbol{F}_i(\boldsymbol{x}) = \sum_{j \neq i} \boldsymbol{F}_{ij}(\boldsymbol{x}_i, \boldsymbol{x}_j) = -G m_i \sum_{j \neq i} \frac{m_j}{\|\boldsymbol{x}_i - \boldsymbol{x}_j\|^2} \frac{\boldsymbol{x}_i - \boldsymbol{x}_j}{\|\boldsymbol{x}_i - \boldsymbol{x}_j\|}.$$

■**例 4.5** ■(**地表面付近の重力場**) 地球の半径を $R_\mathrm{E}$,地球の質量を $M_\mathrm{E}$ とするとき,地上 $x > 0$ の高さにある,質量 $m$ の質点に働く万有引力の大きさは

$$F_\mathrm{E}(x) := \frac{G M_\mathrm{E} m}{(R_\mathrm{E} + x)^2} = \frac{G M_\mathrm{E} m}{R_\mathrm{E}^2} \cdot \frac{1}{\left(1 + \frac{x}{R_\mathrm{E}}\right)^2} \tag{4.60}$$

で与えられる(地球を,その中心に質量 $M_\mathrm{E}$ をもつ質点とみなす).

展開式

$$\frac{1}{1+z} = \sum_{n=0}^{\infty} (-1)^n z^n, \quad z \in \mathbb{C}, \quad |z| < 1$$

---

[27] N = kg·m/s$^2$(ニュートン)は力の単位.

——幾何級数展開——を用いると，任意の $0 < t < \sqrt{2} - 1$ に対して，

$$\frac{1}{(1+t)^2} = \frac{1}{1 + 2t + t^2} = \sum_{n=0}^{\infty} (-1)^n (2t + t^2)^n = 1 - 2t + 3t^2 + \cdots$$

(剰余項 $(\cdots)$ は，$t$ について 3 次以上の項) と展開できる．これを (4.60) の右辺に応用すれば，$x < (\sqrt{2} - 1)R_{\mathrm{E}}$ を満たす高さ $x$ に対しては，

$$F_{\mathrm{E}}(x) = \frac{GM_{\mathrm{E}}m}{R_{\mathrm{E}}^2} \left(1 - 2\frac{x}{R_{\mathrm{E}}} + 3\left(\frac{x}{R_{\mathrm{E}}}\right)^2 + \cdots\right) \tag{4.61}$$

という表示が成り立つ．したがって，$x/R_{\mathrm{E}} \ll 1$ を満たす地表付近では十分よい近似で

$$F(x) \approx \frac{GM_{\mathrm{E}}m}{R_{\mathrm{E}}^2}$$

である．そこで，

$$g = GM_{\mathrm{E}}/R_{\mathrm{E}}^2 \tag{4.62}$$

とすれば——これが 4.3.2 項で言及した重力加速度の正体である—— 地表付近では，質点 $m$ は地球から一定の引力 $mg$ を受けることがわかる．この力が落体の法則を現象せしめる力であることはすでに見た通りである (4.3.2 項を参照).

(4.61) の右辺の括弧の第 2 項以下は，$mg$ に対する補正を与える．$x/R_{\mathrm{E}}$ が $\sqrt{2} - 1$ に近くなるにつれて，これらの項も取り入れないと質点に及ぼす地球の引力 (重力) に対するよい近似値は得られない．

(4.62) を $M_{\mathrm{E}}$ について解けば，

$$M_{\mathrm{E}} = \frac{gR_{\mathrm{E}}^2}{G}. \tag{4.63}$$

$g, G$ は実験から，また，$R_{\mathrm{E}}$ は測地と幾何学からわかるので，式 (4.63) から地球の質量を求めることができる．実際，$g \approx 9.8 \mathrm{m \cdot s^{-2}}$, $R_{\mathrm{E}} \approx 6.37 \times 10^6 \mathrm{m}$, $G \approx 6.67 \times 10^{-11} \mathrm{N \cdot m^2 \cdot kg^{-2}}$ を代入すれば，

$$M_{\mathrm{E}} \approx 6 \times 10^{24} \, \mathrm{kg}$$

を得る．

## 4.4 ニュートンの運動方程式からのいくつかの一般的帰結

この節では，ニュートンの運動方程式に従う運動に関する一般的事実を導く．以下の論述では，不必要な複雑さを避け，簡明さを期すために，次のような叙述のスタイルをとる．

1. 写像（関数，ベクトル値関数等）については，特に断らない限り，必要な微分可能性はつねに仮定する．したがって，たとえば，関数 $f$ に対して，$\dfrac{d^n f(t)}{dt^n}$ という表現が出てきたら，$f$ の $n$ 回連続微分可能性は仮定されているとする．

2. 集合 $A$（たとえば，$A = V, V^n$）の全体で定義されないような写像であっても，定義域以外の点に対して，写像の値を適当に付与することによって，$A$ 全体を定義域とする写像に拡張できるので——ただし，この場合，もともとの写像がもっている性質（連続性，微分可能性等）が受け継がれるとは限らない[28]．必要とあらばこのような手続きを行うものとして，以下で考える写像は $A$ 全体で定義されているものとする．もし，どうしても定義域についての明確さが要求されるような場合には，その都度述べることにする．

3. 「力 $\boldsymbol{F}$ のもとでの運動」という言い回しによって，力 $\boldsymbol{F}$ が与えられたときのニュートンの運動方程式から決まる運動のことを指す．

### 4.4.1 保存量の概念

4.3.1 項で見たように，質点に力が働かない場合は，質点の運動量は時間とともに変化しないで一定である．そこで，力の作用が存在する場合にも，時間とともに変わらない量が存在するかどうかを調べるのは自然である．このためにある言葉を定義しておく．前節と同様，$V$ は物理的空間を記述する $d$ 次元実内積空間，すなわち，$d$ 次元ユークリッドベクトル空間であるとする．

**【定義 4.4】** 力 $\boldsymbol{F} : V^n \times V^n \times \mathbb{R} \to V^n$ が作用する $n$ 点系を考え，$\boldsymbol{X} : \mathbb{I} \to V^n$ をニュートンの運動方程式 (4.16) の解とする（$\mathbb{I} \subset \mathbb{R}$）．$A$ を集合とする[29]．写像 $f : V^n \times V^n \times \mathbb{I} \to A$ があって，時刻 $t \in \mathbb{I}$ の $A$-値関数 $f(\boldsymbol{X}(t), \boldsymbol{v}(t), t) \in A$ が $t \in \mathbb{I}$ によらず一定であるとき，$f(\boldsymbol{X}(t), \boldsymbol{v}(t), t)$ を考察下の $n$ 点系の**保存量** (conservative quantity) と呼ぶ．この場合，「量 $f(\boldsymbol{X}(t), \boldsymbol{v}(t), t)$ は保存される」または「$f(\boldsymbol{X}(t), \boldsymbol{v}(t), t)$ について保存則が成り立つ」という言い方をする．

微分可能な量（スカラー，ベクトル，テンソル）$X(t), t \in \mathbb{I}$ が保存量であることを証明するには，$dX(t)/dt = 0, t \in \mathbb{I}$ を示せばよい．なぜなら，この式を定時

---

[28] 例：$V$ の原点にある質点 $M$ が，位置 $\boldsymbol{x} \in V$ にある質点 $m$ に及ぼす万有引力 $\boldsymbol{F}(\boldsymbol{x}) = -GmM\boldsymbol{x}/\|\boldsymbol{x}\|^3$, $\boldsymbol{x} \in V \setminus \{0\}$ は原点 $\boldsymbol{x} = 0$ で意味をもたない．だが，たとえば，$\boldsymbol{F}(0) = 0$ とすることにより，$\boldsymbol{F}$ は $V$ 全体で定義された写像に拡張できる．しかし，この $\boldsymbol{F}$ は原点で連続ではない．

[29] たとえば，$A = \mathbb{R}^k$ ($k = 1, 2, 3, \cdots$).

刻 $t_0 \in \mathbb{I}$ から任意時刻 $t \in \mathbb{I}$ まで積分することにより，$X(t) = X(t_0)$（一定）が得られるからである．

**!注意 4.5** $f(\boldsymbol{X}(t), \boldsymbol{v}(t), t)$ が保存量であれば，任意の $\Phi : A \to A'$（$A'$ は集合）に対して，$\Phi(f(\boldsymbol{X}(t), \boldsymbol{v}(t), t))$ も保存量である．

**■ 例 4.6 ■** 質点に力が働かない場合は，運動量は保存量である（$f(\boldsymbol{v}, t) = m(t)\boldsymbol{v}$ の場合）．これを **1 個の質点からなる系の運動量保存則**という．したがって，この場合，運動量の任意の関数も保存量である．

### 4.4.2 力学的エネルギー保存則

*1 個の質点からなる系*

1 個の質点からなる系を考え，質点の質量 $m$ は時間によらないとする．また，力 $\boldsymbol{F}$ は位置ベクトルだけに依存するとする．すなわち，$\boldsymbol{F} : V \to V$．したがって，この項で考察するのは

$$m\frac{d\boldsymbol{v}(t)}{dt} = \boldsymbol{F}(\boldsymbol{X}(t)), \quad t \in \mathbb{I}, \tag{4.64}$$

というニュートンの運動方程式である（$\boldsymbol{v}(t) := \dot{\boldsymbol{X}}(t)$）．

保存量を一般的に見出すために，まず，スカラー量の保存量を求めてみよう．ベクトルからスカラー量をつくるには，ベクトルどうしの内積をとればよい．そこで，たとえば，$\boldsymbol{v}(t)$ と (4.64) との内積をとり，3 章，定理 3.11(iii) の応用から得られる式

$$\frac{d}{dt}\|\boldsymbol{v}(t)\|^2 = 2\langle \boldsymbol{v}(t), \dot{\boldsymbol{v}}(t) \rangle \tag{4.65}$$

を使えば

$$\frac{m}{2}\frac{d}{dt}\|\boldsymbol{v}(t)\|^2 = \langle \boldsymbol{F}(\boldsymbol{X}(t)), \boldsymbol{v}(t) \rangle.$$

そこで，両辺を $t_0$ から $t$（$t_0, t \in \mathbb{I}$）まで積分すれば

$$\frac{m}{2}\|\boldsymbol{v}(t)\|^2 - \frac{m}{2}\|\boldsymbol{v}(t_0)\|^2 = \int_{t_0}^{t} \langle \boldsymbol{F}(\boldsymbol{X}(s)), \boldsymbol{v}(s) \rangle\, ds \tag{4.66}$$

を得る．

式 (4.66) の左辺に現れた特徴的な量

$$T(t) := \frac{m}{2}\|\boldsymbol{v}(t)\|^2 \tag{4.67}$$

を**運動エネルギー** (kinetic energy) と呼ぶ．

式 (4.66) からは次のことが読みとれる．すなわち，(4.66) の右辺が，もし，$-f(t) + f(t_0)$ という形（$f$ は適当な関数）に書けるならば，

$$T(t) + f(t) = T(t_0) + f(t_0)$$

が成立するので，$T(t) + f(t)$ は保存量になる．そこで，問題は，そのような力のクラスが存在するかどうかである．これを次に考察しよう．

式 (4.66) の右辺の被積分関数が $\boldsymbol{X}$ と $\boldsymbol{F}$ の合成関数であることに注目し，求めるべき $f$ も $\boldsymbol{X}$ とあるスカラー場 $U: V \to \mathbb{R}$ の合成関数であると仮定しよう．すなわち，$f(t) = U(\boldsymbol{X}(t))$ として見るのである．このとき，3 章の命題 3.29 によって，

$$f(t) - f(t_0) = \int_{t_0}^{t} \langle \operatorname{grad} U(\boldsymbol{X}(s)), \boldsymbol{v}(s) \rangle \, ds$$

したがって，

$$\boldsymbol{F} = -\operatorname{grad} U \tag{4.68}$$

ならば，$\int_{t_0}^{t} \langle \boldsymbol{F}(\boldsymbol{X}(s)), \boldsymbol{v}(s) \rangle \, ds = -U(\boldsymbol{X}(t)) + U(\boldsymbol{X}(t_0))$ が成立する．よって，次の定理が得られたことになる．

**【定理 4.5】** (4.68) が成り立つならば，(4.64) の解 $\boldsymbol{X}: \mathbb{I} \to V$ について，

$$E := T(t) + U(\boldsymbol{X}(t)) \tag{4.69}$$

は保存量である．

この定理が成立する力のクラスに名前をつけておくと便利である．

**【定義 4.6】** $D \subset V$ を開集合とする．力 $\boldsymbol{F}: D \to V$ に対して，スカラー場 $U: D \to \mathbb{R}$ があって，(4.68) が成り立つとき，この力を**保存力** (conservative force) と呼ぶ．$U$ のことを力 $\boldsymbol{F}$ の**ポテンシャルエネルギー** (potential energy) あるいは単に**ポテンシャル**という．

式 (4.69) において定義される，運動エネルギーとポテンシャルエネルギーの和 $E$ を**力学的エネルギー** (mechanical energy) という．定理 4.5 は，保存力のもとにおける運動においては力学的エネルギーが保存されることを語る．この事実を**力学的エネルギー保存則** (conservation law of mechanical energy) という．

4.4 ニュートンの運動方程式からのいくつかの一般的帰結　183

■ **例 4.7** ■　線形復元力の場は保存力の場である．実際，$U(\boldsymbol{x}) = k\|\boldsymbol{x}\|^2/2$, $\boldsymbol{x} \in V$ ($k > 0$ は定数) とおけば，$-k\boldsymbol{x} = -\operatorname{grad} U(\boldsymbol{x})$．証明：任意の $\boldsymbol{y} \in V$ と $h \in \mathbb{R} \setminus \{0\}$ に対して，$U(\boldsymbol{x}+h\boldsymbol{y})-U(\boldsymbol{x}) = kh\langle\boldsymbol{x},\boldsymbol{y}\rangle+(kh^2/2)\|\boldsymbol{y}\|^2$ であるから，両辺を $h$ でわり，$h \to 0$ の極限をとれば，$dU(\boldsymbol{x})(\boldsymbol{y}) = \langle k\boldsymbol{x},\boldsymbol{y}\rangle$ を得る．これは $\operatorname{grad} U(\boldsymbol{x}) = k\boldsymbol{x}$ を意味する [$V$ の正規直交基底による成分表示（例 3.4 を参照）を用いて計算してもよい]．したがって，調和振動子のポテンシャルエネルギーは $k\|\boldsymbol{x}\|^2/2$ という形である．

■ **例 4.8** ■　$V$ の原点にある質点 $M$ が生み出す万有引力は保存力である．実際，$\boldsymbol{x} \in V \setminus \{0\}$ に対して
$$U(\boldsymbol{x}) := -G\frac{mM}{\|\boldsymbol{x}\|} + c$$
($c$ は任意の実定数) とおけば，
$$\operatorname{grad} U(\boldsymbol{x}) = G\frac{mM}{\|\boldsymbol{x}\|^2}\frac{\boldsymbol{x}}{\|\boldsymbol{x}\|}.$$

■ **例 4.9** ■　写像 $R:(0,\infty) \to \mathbb{R}$ は連続微分可能な関数で $\int_r^\infty |R(s)|ds < \infty$　($r > 0$) を満たすものとし，
$$\boldsymbol{F}(\boldsymbol{x}) = R(\|\boldsymbol{x}\|)\frac{\boldsymbol{x}}{\|\boldsymbol{x}\|}$$
とおく．この力 $\boldsymbol{F}$ は，各点 $\boldsymbol{x} \in V$ での方向が $\boldsymbol{x}$ と同じで，大きさが $\|\boldsymbol{x}\|$ だけによるような力である．関数 $R$ から
$$U(\boldsymbol{x}) = \int_{\|\boldsymbol{x}\|}^\infty R(s)ds$$
を定義すれば，
$$\operatorname{grad} U(\boldsymbol{x}) = -R(\|\boldsymbol{x}\|)\frac{\boldsymbol{x}}{\|\boldsymbol{x}\|}$$
となるので，
$$\boldsymbol{F} = -\operatorname{grad} U.$$
したがって，$\boldsymbol{F}$ は保存力である．

### $n$ 点系

次に $n$ 点系を考える．この場合の保存力の概念は次のように定義される：

【**定義 4.7**】$\Omega \subset V^n$ を開集合とする．スカラー場 $U:\Omega \to \mathbb{R}$ があって，力 $\boldsymbol{F}:\Omega \to V^n$ が
$$\boldsymbol{F} = -\operatorname{grad} U \tag{4.70}$$

と表されるとき，この力を**保存力**と呼ぶ．$U$ のことを力 $F$ の**ポテンシャルエネルギー**あるいは単に**ポテンシャル**という．

質点 $m_i$ の時刻 $t$ における位置ベクトルを $X_i(t) \in V$ とし，速度ベクトルを $v_i(t) := \dot{X}_i(t)$ とする．

**【定理 4.8】** $\Omega$ を $V^n$ の開集合，$F = (F_1, \cdots, F_n) : \Omega \to V^n$ を保存力とし，そのポテンシャルを $U$ とする．このとき，$n$ 点系のニュートンの運動方程式

$$m_i \frac{d^2 X_i(t)}{dt^2} = F_i(X(t)), \quad i = 1, \cdots, n \tag{4.71}$$

の解 $X = (X_1, \cdots, X_n) : \mathbb{I} \to V^n$ について，**$n$ 点系の力学的エネルギー**

$$\sum_{i=1}^{n} \frac{m_i \|v_i(t)\|^2}{2} + U(X(t)) \tag{4.72}$$

は保存量である．

**証明** 定理 4.5 の証明と同様（演習問題 3）． ∎

■ **例 4.10** ■ 各 $i, j = 1, 2, \cdots, n, i \neq j$ に対して，スカラー場 $U_{ij} : D \to \mathbb{R}$ ($D$ は「$x \in D \Longrightarrow -x \in D$」を満たす，$V$ の開集合）で $U_{ji}(x) = U_{ij}(x) = U_{ij}(-x), x \in D$，を満たすものをとり，

$$\Omega := \{x = (x_1, \cdots, x_n) \in V^n \mid x_i - x_j \in D, i, j = 1, \cdots, n, \ i \neq j\},$$
$$U(x) := \frac{1}{2} \sum_{i \neq j} U_{ij}(x_i - x_j),$$

とおく．$U$ は $\Omega$ 上のスカラー場である．力 $F_i : \Omega \to V$ を

$$F_i(x) := -\sum_{j \neq i} (\operatorname{grad} U_{ij})(x_i - x_j)$$

によって定義し，$F := (F_1, \cdots, F_n) : \Omega \to V^n$ とすれば，

$$F = -\operatorname{grad} U$$

が成り立つ．したがって，$F$ は保存力である．

**具体例**：空間 $V$ における，$n$ 点系の万有引力は，$D = V \setminus \{0\}$ で $U_{ij} : D \to \mathbb{R}$ が

$$U_{ij}(x) = -G \frac{m_i m_j}{\|x\|}, \quad x \in D$$

で与えられる場合である（したがって，$\Omega = \{x = (x_1, \cdots, x_n) \in V \mid x_i \neq x_j, i \neq j, i, j = 1, \cdots, n\}$）．

### 4.4.3 角運動量

再び，1つの質点 $m$ からなる系を考え，その運動を $\boldsymbol{X} : \mathbb{I} \to V$ としよう．空間の次元 $d$ は 2 以上であるとする．点 $\boldsymbol{x}_0 \in V$ を任意に固定し，2 階の反対称テンソル

$$L(t; \boldsymbol{x}_0) := (\boldsymbol{X}(t) - \boldsymbol{x}_0) \wedge \boldsymbol{p}(t) \in \bigwedge\nolimits^2(V) \tag{4.73}$$

を定義し，これを点 $\boldsymbol{x}_0$ のまわりの**軌道角運動量** (angular momentum) と呼ぶ[30]．
特に，原点のまわりの軌道角運動量を $L(t)$ と記す：

$$L(t) := L(t; 0) = \boldsymbol{X}(t) \wedge \boldsymbol{p}(t). \tag{4.74}$$

軌道角運動量 $L(t; \boldsymbol{x}_0)$ は，物理的には，時刻 $t$ における質点の運動を点 $\boldsymbol{x}_0$ のまわりの "瞬時の無限小回転" と見た場合の "回転に関する運動量" の尺度を与える．質点の運動が平面上に限定される場合には，以下で叙述する面積速度に比例する量であることもわかる．

**!注意 4.6** 通常，点 $\boldsymbol{x}_0$ のまわりの軌道角運動量は，配位空間が 3 次元ユークリッドベクトル空間 $\mathbb{R}^3$ の場合に，ベクトル積 $(\boldsymbol{X}(t) - \boldsymbol{x}_0) \times \boldsymbol{p}(t)$ によって定義される．しかし，ベクトル積は，ベクトル空間の向きを 1 つ固定して定義される[31]．しかし，ベクトル空間の向きを固定する理由は，先験的には，特に見出されない．ベクトル積に呼応する量で，ベクトル空間の向きの取り方にも依存しない量ということになれば，2 階の反対称テンソルを考えるのは自然であり，より普遍的である．本書では，軌道角運動量の本性は，2 階の反対称テンソルであると考える．

(4.73) と反対称テンソルの性質によって，

$$(\boldsymbol{X}(t) - \boldsymbol{x}_0) \wedge L(t; \boldsymbol{x}_0) = 0. \tag{4.75}$$

■ **例 4.11** ■ 定点 $\boldsymbol{a} \in V$ を通り，定ベクトル $\boldsymbol{b} \in V$ ($\boldsymbol{b} \neq 0$) に平行な直線の部分集合上の運動は

$$\boldsymbol{X}(t) = \boldsymbol{a} + f(t)\boldsymbol{b}, \quad t \in \mathbb{I} \tag{4.76}$$

という形に表される（演習問題 1(i)）．この場合，$\boldsymbol{p}(t) = m\dot{\boldsymbol{X}}(t) = mf'(t)\boldsymbol{b}$ であるから，任意の $t, t_0 \in \mathbb{I}$ に対して，$(\boldsymbol{X}(t) - \boldsymbol{X}(t_0)) \wedge \boldsymbol{p}(t) = 0$ が成り立つ．したがって，この場合，直線上の任意の点 $\boldsymbol{X}(t_0)$ のまわりの軌道角運動量は 0 である．

---

[30] テンソルについては，1 章，1.4 節を参照．なお，$d = \dim V = 1$ のときは，$\bigwedge\nolimits^2(V) = \{0\}$ であるので定義 (4.73) は実質的な意味をもたない．
[31] 2 章，2.4.13 項を参照．

逆に，点 $\boldsymbol{x}_0$ のまわりの軌道角運動量 $L(t;\boldsymbol{x}_0)$ が 0 であるとしよう．このとき，$(\boldsymbol{X}(t)-\boldsymbol{x}_0)\wedge\dot{\boldsymbol{X}}(t)=0$ であるから，1 章，命題 1.33(i) によって，$\boldsymbol{X}(t)\neq\boldsymbol{x}_0$ なる $t$ に対して，$g(t)\in\mathbb{R}$ が存在して，$\dot{\boldsymbol{X}}(t)=g(t)(\boldsymbol{X}(t)-\boldsymbol{x}_0)$ と書ける．したがって，$g(t)=\langle\dot{\boldsymbol{X}}(t),\boldsymbol{X}(t)-\boldsymbol{x}_0\rangle/\|\boldsymbol{X}(t)-\boldsymbol{x}_0\|^2$ と書けるから，$g(t)$ は $t$ の関数として連続関数である．そこで，演習問題 1(iv) の応用によって，質点は，$\boldsymbol{X}(t)\neq\boldsymbol{x}_0$ なる時刻では，$\boldsymbol{x}_0$ を通る直線の上を運動する．運動の連続性により，$\mathbb{I}$ に属するすべての時刻で直線運動を行う．

この例は，軌道角運動量の "物理的意味" の一部を明らかにするものである．

3 章演習問題 11(ii) と (4.64) および $\boldsymbol{v}(t)\wedge\boldsymbol{p}(t)=0$ により，

$$\frac{dL(t;\boldsymbol{x}_0)}{dt}=(\boldsymbol{X}(t)-\boldsymbol{x}_0)\wedge\boldsymbol{F}(\boldsymbol{X}(t)) \tag{4.77}$$

が成り立つ．右辺に現れたテンソル $(\boldsymbol{X}(t)-\boldsymbol{x}_0)\wedge\boldsymbol{F}(\boldsymbol{X}(t))$ を点 $\boldsymbol{x}_0$ のまわりの**力のモーメント**（moment of force）と呼ぶ．

(4.77) の右辺に注目すると次の重要な結論が得られる．

**【定理 4.9】（軌道角運動量保存則）** 点 $\boldsymbol{x}_0$ のまわりの軌道角運動量が保存されるための必要十分条件は

$$(\boldsymbol{X}(t)-\boldsymbol{x}_0)\wedge\boldsymbol{F}(\boldsymbol{X}(t))=0,\quad t\in\mathbb{I} \tag{4.78}$$

が成り立つことである．

**証明** (4.77) により，$dL(t;\boldsymbol{x}_0)/dt=0$ （軌道角運動量保存）は (4.78) と同等である． ∎

(4.78) を満たす力のクラスについては後で論じることにして，軌道角運動量を保存する運動の性質を調べよう．

**【定理 4.10】** $d\geq 3$ の場合を考え，点 $\boldsymbol{x}_0$ のまわりの軌道角運動量 $L(t;\boldsymbol{x}_0)$ が保存されるとし，$L(t;\boldsymbol{x}_0)=L\neq 0,\ t\in\mathbb{I}$ とする．このとき，$V$ の部分空間 $W_L\neq\{0\}$ で任意の $\boldsymbol{y}\in W_L$ に対して，$\langle\boldsymbol{X}(t)-\boldsymbol{x}_0,\boldsymbol{y}\rangle=0,\ t\in\mathbb{I}$ を満たすもの（すなわち，$\boldsymbol{X}(t)-\boldsymbol{x}_0\perp W_L,\ t\in\mathbb{I}$ となる部分空間 $W_L$）が存在する．

**証明** (4.75) から $(\boldsymbol{X}(t)-\boldsymbol{x}_0)\wedge L=0,\ t\in\mathbb{I}\cdots(*)$. したがって，任意の $\eta\in\bigwedge^3(V)$ に対して，$\langle(\boldsymbol{X}(t)-\boldsymbol{x}_0)\wedge L,\eta\rangle_{\bigwedge^3(V)}=0$. 一方，2 章，命題

2.26 によって, 線形写像 $T_L : \bigwedge^3(V) \to V$ で, $\langle (\boldsymbol{X}(t) - \boldsymbol{x}_0) \wedge L, \eta \rangle_{\bigwedge^3(V)} = \langle \boldsymbol{X}(t) - \boldsymbol{x}_0, T_L(\eta) \rangle_V$, $\eta \in \bigwedge^3(V)$ を満たすものが存在する. したがって, $\langle \boldsymbol{X}(t) - \boldsymbol{x}_0, T_L(\eta) \rangle_V = 0$. そこで, $W_L := \mathrm{Ran}(T_L)$ ($T$ の値域) とおけば, $W_L$ は $V$ の部分空間であって, 任意の $\boldsymbol{y} \in W_L$ に対して, $\langle \boldsymbol{X}(t) - \boldsymbol{x}_0, \boldsymbol{y} \rangle_V = 0$ が成り立つ. 命題 2.26 によって, $L \neq 0$ のとき, $W_L \neq \{0\}$ である. ∎

定理 4.10 は次のことを語る:点 $\boldsymbol{x}_0$ のまわりの軌道角運動量が保存される運動では, 運動の相対位置ベクトル $\boldsymbol{X}(t) - \boldsymbol{x}_0$ は, 運動が行われるすべての時刻にわたって, ある部分空間に直交する.

次元が 3 であるという特殊性の 1 つは次の系に見られる.

**【系 4.11】** $\dim V = 3$ の場合を考える. 点 $\boldsymbol{x}_0$ のまわりの軌道角運動量は保存されるとし, それは 0 でないとする. このとき, すべての $t \in \mathbb{I}$ に対して, 質点の相対位置ベクトル $\boldsymbol{X}(t) - \boldsymbol{x}_0$ は $V$ の中の, 原点を含む同一平面上にある. すなわち, 質点は $V$ の中の, 原点を含む平面上を運動する.

**証明** $\dim V = 3$ の場合は, $\dim \bigwedge^3(V) = 1$ であるから, 定理 4.10 の証明における線形写像 $T_L$ について, $\dim \mathrm{Ran}(T_L) = 1$ が成り立つ. したがって, $\ell := \mathrm{Ran}(T_L)$ は原点を通る直線である. 定理 4.10 によって, 位置ベクトル $\boldsymbol{X}(t) - \boldsymbol{x}_0$ は, $\ell$ と直交するから, それは, $\ell$ の直交補空間 $\ell^\perp$ の中にある. $\ell^\perp$ は 2 次元部分空間であるから, これは幾何学的には原点を含む平面である. ∎

### 4.4.4 動径単位ベクトルによる軌道角運動量の表示

運動 $\boldsymbol{X} : \mathbb{I} \to V$ に対して, $\boldsymbol{X}(t) \neq 0, t \in \mathbb{I}$ と仮定し,

$$r(t) := \|\boldsymbol{X}(t)\|, \quad \boldsymbol{e}(t) := \frac{\boldsymbol{X}(t)}{r(t)}, \quad t \in \mathbb{I} \tag{4.79}$$

とおけば,

$$\boldsymbol{X}(t) = r(t)\boldsymbol{e}(t) \tag{4.80}$$

と書ける. 原点と点 $\boldsymbol{X}(t)$ を結ぶ線分を**動径** (radial) といい, $r(t) > 0$ を**動径の長さ** (radial length) という (これも, 言葉の流用によって, 単に動径という場合が多い). ベクトル $\boldsymbol{e}(t)$ はベクトル $\boldsymbol{X}(t)$ と同じ "向き" にある単位ベクトルであり, **動径単位ベクトル**と呼ばれる.

(4.80) の両辺を $t$ で微分すると,

$$\dot{\boldsymbol{X}}(t) = \dot{r}(t)\boldsymbol{e}(t) + r(t)\dot{\boldsymbol{e}}(t). \tag{4.81}$$

したがって,

$$\boldsymbol{X}(t) \wedge \dot{\boldsymbol{X}}(t) = r(t)^2 \boldsymbol{e}(t) \wedge \dot{\boldsymbol{e}}(t). \tag{4.82}$$

したがって,

$$L(t) = m(t)r(t)^2 \boldsymbol{e}(t) \wedge \dot{\boldsymbol{e}}(t). \tag{4.83}$$

等式 $1 = \|\boldsymbol{e}(t)\|^2 = \langle \boldsymbol{e}(t), \boldsymbol{e}(t) \rangle$ の両辺を微分すれば

$$\langle \dot{\boldsymbol{e}}(t), \boldsymbol{e}(t) \rangle = 0 \tag{4.84}$$

を得る. ゆえに, $\dot{\boldsymbol{e}}(t)$ と $\boldsymbol{e}(t)$ は直交する.

### 4.4.5 面積速度

1 個の質点 $m$ の運動 $\boldsymbol{X} : \mathbb{I} \to V$ を考える. この運動は, $V$ の中の原点を通る平面, すなわち, 2 次元部分空間の中で行われるとし, この 2 次元部分空間を $W$ とする. したがって, すべての $t \in \mathbb{I}$ に対して, $\boldsymbol{X}(t) \in W$. 質点が位置 $\boldsymbol{X}(t) \in W$ から位置 $\boldsymbol{X}(t+h) \in W$ に移ったときの位置移動 $\boldsymbol{X}(t+h) - \boldsymbol{X}(t)$ は, $|h|$ が十分小さければ, 近似的に, ベクトル $\dot{\boldsymbol{X}}(t)h$ で表される (定理 3.10 を参照). したがって, 位置ベクトル $\boldsymbol{X}(t)$ の動径が時間 $h$ の間に掃く面積は近似的に $[|h|\|\dot{\boldsymbol{X}}(t)\|\|\boldsymbol{X}(t)\|\sin\alpha(t)]/2$ で与えられる. ただし, $\alpha(t) \in [0, \pi]$ は

$$\cos\alpha(t) = \frac{\langle \boldsymbol{X}(t), \dot{\boldsymbol{X}}(t) \rangle}{\|\boldsymbol{X}(t)\|\|\dot{\boldsymbol{X}}(t)\|}$$

によって定まる定数である (幾何学的にはベクトル $\boldsymbol{X}(t)$ と $\dot{\boldsymbol{X}}(t)$ がなす角度). したがって, 単位時間あたりに掃く面積は

$$s(t) := \frac{1}{2}\|\dot{\boldsymbol{X}}(t)\|\|\boldsymbol{X}(t)\|\sin\alpha(t) \tag{4.85}$$

である. これを質点の**面積速** (areal speed) と呼ぶ.

他方,

$$\begin{aligned} s(t)^2 &= \frac{1}{4}\|\dot{\boldsymbol{X}}(t)\|^2\|\boldsymbol{X}(t)\|^2 \sin^2\alpha(t) \\ &= \frac{1}{4}\|\dot{\boldsymbol{X}}(t)\|^2\|\boldsymbol{X}(t)\|^2 [1 - \cos^2\alpha(t)] \end{aligned}$$

$$= \frac{1}{4}\{\|\dot{\boldsymbol{X}}(t)\|^2\|\boldsymbol{X}(t)\|^2 - \langle \dot{\boldsymbol{X}}(t), \boldsymbol{X}(t) \rangle^2\}$$
$$= \frac{1}{4}\|\boldsymbol{X}(t) \wedge \dot{\boldsymbol{X}}(t)\|^2.$$

したがって,
$$s(t) = \frac{1}{2}\|\boldsymbol{X}(t) \wedge \dot{\boldsymbol{X}}(t)\|. \tag{4.86}$$

そこで, 2 階の反対称テンソル
$$S(t) := \frac{1}{2}\boldsymbol{X}(t) \wedge \dot{\boldsymbol{X}}(t) \tag{4.87}$$

を導入し, これを運動 $\boldsymbol{X} : \mathbb{I} \to W$ の**面積速度** (areal velocity) と呼ぶ. 面積速度が時刻 $t$ によらず一定のとき,「**面積速度一定の法則**が成り立つ」という.

ケプラーの第 2 法則はこの法則の一例である.

(4.74) によって,
$$L(t) = 2m(t)S(t) \tag{4.88}$$

が成り立つ. すなわち, 軌道角運動量と面積速度は比例する. ゆえに, もし, $m$ が時刻によらなければ,**軌道角運動量保存則と面積速度一定の法則は同等である**.

### 4.4.6 面積速度の極座標表示

2 次元部分空間 $W$ の正規直交基底 $(\boldsymbol{e}_1, \boldsymbol{e}_2)$ を任意に 1 つ固定する. 2 次元座標空間 $\mathbb{R}^2$ の部分集合
$$D_{\mathrm{P}} := (0, \infty) \times [0, 2\pi) \tag{4.89}$$

から $W \setminus \{0\}$ への写像 $\phi : D_{\mathrm{P}} \to W \setminus \{0\}$ を
$$\phi(r, \theta) = (r\cos\theta)\boldsymbol{e}_1 + (r\sin\theta)\boldsymbol{e}_2, \quad r \in (0, \infty),\ \theta \in [0, 2\pi)$$

によって定義する. これは全単射である. 実際, $\phi(r, \theta) = \phi(r', \theta'), (r, \theta), (r', \theta') \in D_{\mathrm{P}}$ とすれば, $\boldsymbol{e}_1, \boldsymbol{e}_2$ の線形独立性により, $r\cos\theta = r'\cos\theta', r\sin\theta = r'\sin\theta'$. 等式 $\sin^2 t + \cos^2 t = 1, t \in \mathbb{R}$, を用いると $r = r'$ が得られる. したがって, $\cos\theta = \cos\theta', \sin\theta = \sin\theta'$. これは $\theta = \theta'$ を意味する. ゆえに, $\phi$ は単射である. 任意の $\boldsymbol{x} \in W \setminus \{0\}$ は, $x = x_1\boldsymbol{e}_1 + x_2\boldsymbol{e}_2$ と展開でき $(x_i \in \mathbb{R}), x_1^2 + x_2^2 = \|\boldsymbol{x}\|^2$ が成り立つ. そこで, $r = \|\boldsymbol{x}\|$ とおけば, $\cos\theta = x_1/r, \sin\theta = x_2/r$ を満たす $\theta \in [0, 2\pi)$ が唯 1 つ存在する. したがって, $\phi(r, \theta) = \boldsymbol{x}$. ゆえに, $\phi$ は全射である. $\phi$ の逆写像 $\phi^{-1} : W \setminus \{0\} \to D_{\mathrm{P}}$ も全単射である. $W$ と $\phi^{-1}$ の組 $(W, \phi^{-1})$ を $W$

の**極座標系** (polar coordinate system) と呼び,$x \in W \setminus \{0\}$ の像 $\phi^{-1}(x) = (r, \theta)$ を $x$ の**極座標**という[32]．この場合，$r = \|x\|$ であり，$\theta$ は動径 $e_1$ と $x$ がなす角度である．

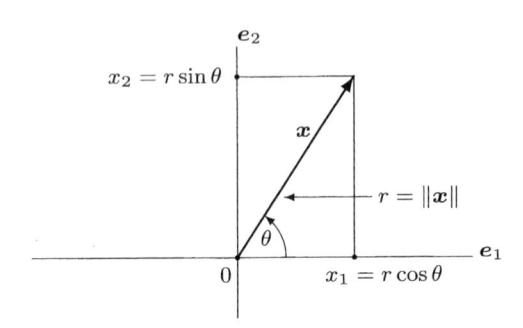

**図 4.7** $W$ における極座標系

さて，動径単位ベクトル $e(t)$ は，極座標では，

$$e(t) = \cos\theta(t) e_1 + \sin\theta(t) e_2 \tag{4.90}$$

と表される．ただし，$\theta : \mathbb{I} \to [0, 2\pi)$．このとき，

$$\dot{e}(t) = -\dot{\theta}(t)\sin\theta(t) e_1 + \dot{\theta}(t)\cos\theta(t) e_2 \tag{4.91}$$

である．一般に，任意の $a, b \in \mathbb{R}$ に対して，$\|ae_1 + be_2\|^2 = a^2 + b^2$ であるから，

$$\|\dot{e}(t)\|^2 = (-\dot{\theta}(t)\sin\theta(t))^2 + (\dot{\theta}(t)\cos\theta(t))^2 = \dot{\theta}(t)^2. \tag{4.92}$$

また，

$$\begin{aligned} e(t) \wedge \dot{e}(t) &= \dot{\theta}(t)\cos^2\theta(t) e_1 \wedge e_2 - \dot{\theta}(t)\sin^2\theta(t) e_2 \wedge e_1 \\ &= \dot{\theta}(t) e_1 \wedge e_2 \end{aligned} \tag{4.93}$$

と計算される．これを (4.82) に代入すれば

$$X(t) \wedge \dot{X}(t) = r(t)^2 \dot{\theta}(t) e_1 \wedge e_2. \tag{4.94}$$

---

[32] 同様にして，$V$ の任意の $k$ 次元部分空間 ($k \geq 2$) に対して，$k$ 次元の極座標系を導入できる．

したがって，面積速度は

$$S(t) = \frac{1}{2}r(t)^2\dot{\theta}(t)\boldsymbol{e}_1 \wedge \boldsymbol{e}_2 \tag{4.95}$$

であり，その大きさ $\|S(t)\|$ は

$$\|S(t)\| = \frac{1}{2}r(t)^2|\dot{\theta}(t)| \tag{4.96}$$

という式で与えられる．式 (4.95), (4.96) をそれぞれ，**面積速度の極表示**，**面積速の極表示**と呼ぶ．

(4.81), (4.92) より，

$$\|\dot{\boldsymbol{X}}(t)\|^2 = \dot{r}(t)^2 + r(t)^2\dot{\theta}(t)^2 \tag{4.97}$$

が成り立つことにも注意しよう．

### 4.4.7 中心力場

原点のまわりの軌道角運動量を保存する力のクラスを導入する．

【定義 4.12】 $V$ を $d$ 次元ユークリッドベクトル空間とする．$V$ 上の実数値関数 $\Phi: V \to \mathbb{R}$ があって，力 $\boldsymbol{F}: V \to V$ が $\boldsymbol{F}(\boldsymbol{x}) = \Phi(\boldsymbol{x})\boldsymbol{x}$ という形に書けるとき，$\boldsymbol{F}$ を**中心力** (central force) という．中心力の場を**中心力場**と呼ぶ．

中心力というのは，幾何学的に言い換えれば，各着力点 $\boldsymbol{x} \in V$ に働く力の向きが $\boldsymbol{x}$ の向きと同じか反対向きであるようなベクトル場のことである．

■ 例 4.12 ■ $V$ における線形復元力は中心力である（$\Phi: V \to \mathbb{R}$ が負の定数の場合である）．

■ 例 4.13 ■ $V$ における原点を中心とする万有引力

$$F(\boldsymbol{x}) := -G\frac{mM\boldsymbol{x}}{\|\boldsymbol{x}\|^3}$$

($m, M$ は正の定数) は中心力である（$\Phi(\boldsymbol{x}) = -GmM/\|\boldsymbol{x}\|^3$ の場合）．

定理 4.9 および定義 4.12 から次の結果を得る．

【系 4.13】 中心力のもとでの運動においては，原点のまわりの軌道角運動量は保存される．

**証明** $\boldsymbol{F}(\boldsymbol{x}) = \Phi(\boldsymbol{x})\boldsymbol{x}$ ならば，$\boldsymbol{F}(\boldsymbol{x}) \wedge \boldsymbol{x} = \Phi(\boldsymbol{x})(\boldsymbol{x} \wedge \boldsymbol{x}) = 0$．したがって，定

理 4.9 により，結論を得る．　∎

**【系 4.14】** 3 次元ユークリッドベクトル空間 $V$ における中心力のもとでの運動は平面上にある．

**証明**　前定理と系 4.11 による．　∎

### 4.4.8　$n$ 点系の場合

$\mathbb{I}$ を $\mathbb{R}$ の区間とし，$n$ 個の質点 $m_1, \cdots, m_n$ の運動を $\boldsymbol{X} = (\boldsymbol{X}_1, \cdots, \boldsymbol{X}_n) : \mathbb{I} \to V^n$ とする．$\boldsymbol{p}_i(t) = m_i \dot{\boldsymbol{X}}_i(t) = m_i \dfrac{d\boldsymbol{X}_i(t)}{dt}$ とするとき，

$$\boldsymbol{P}(t) := \sum_{i=1}^{n} \boldsymbol{p}_i(t) \tag{4.98}$$

を $n$ 点系の**全運動量** (total momentum) という．また，$\boldsymbol{x}_0 \in V$ として，

$$\boldsymbol{J}(t; \boldsymbol{x}_0) := \sum_{i=1}^{n} (\boldsymbol{X}_i(t) - \boldsymbol{x}_0) \wedge \boldsymbol{p}_i(t) \tag{4.99}$$

を点 $\boldsymbol{x}_0$ のまわりの，$n$ **点系の全軌道角運動量** (total angular momentum) と呼ぶ．

**【定理 4.15】（全運動量保存則および全軌道角運動量保存則）**　$\Omega$ を $V^n$ の開集合とし，$n$ 点系の力 $\boldsymbol{F} = (\boldsymbol{F}_1, \cdots, \boldsymbol{F}_n) : \Omega \to V^n$ が次の条件を満たすとする：写像 $\boldsymbol{F}_{ij} : \Omega \to V$ で

$$\boldsymbol{F}_{ii} = 0, \quad \boldsymbol{F}_{ij} = -\boldsymbol{F}_{ji}, \tag{4.100}$$

$$\boldsymbol{F}_{ij} \wedge (\boldsymbol{x}_i - \boldsymbol{x}_j) = 0 \tag{4.101}$$

を満たすものが存在して，

$$\boldsymbol{F}_i = \sum_{j=1}^{n} \boldsymbol{F}_{ij} \tag{4.102}$$

と書ける．このとき，$\boldsymbol{P}(t)$ および $\boldsymbol{J}(t; \boldsymbol{x}_0)$ は保存量である．

**証明**　運動方程式 (4.16) と (4.102) により，

$$\frac{d\boldsymbol{P}}{dt} = \sum_{i=1}^{n} \boldsymbol{F}_i = \sum_{i,j=1}^{n} \boldsymbol{F}_{ij}.$$

(4.100) を使うと右辺は 0 であることがわかる．したがって，$P$ は時間によらない．

同様に，3 章演習問題 11(ii) を応用することにより，

$$\begin{aligned}
\frac{d\boldsymbol{J}(t;x_0)}{dt} &= \sum_{i=1}^{n}(\boldsymbol{X}_i(t) - \boldsymbol{x}_0) \wedge \boldsymbol{F}_i(t) \\
&= \sum_{i,j=1}^{n}(\boldsymbol{X}_i(t) - \boldsymbol{x}_0) \wedge \boldsymbol{F}_{ij} \\
&= \sum_{i,j=1}^{n}(\boldsymbol{X}_j(t) - \boldsymbol{x}_0) \wedge \boldsymbol{F}_{ij} \quad (\because (4.101)) \\
&= -\sum_{i,j=1}^{n}(\boldsymbol{X}_j(t) - \boldsymbol{x}_0) \wedge \boldsymbol{F}_{ji} \quad (\because (4.100)) \\
&= -\frac{d\boldsymbol{J}(t;x_0)}{dt}.
\end{aligned}$$

したがって，$d\boldsymbol{J}(t;x_0)/dt = 0$．ゆえに，$\boldsymbol{J}$ も時間によらない． ∎

■ **例 4.14** ■ $n$ 個の質点系において，任意の 2 つの質点 $m_i, m_j$ に対して，実数値関数 $\Phi_{ij}: V \to \mathbb{R}$ で，$\Phi_{ij}(\boldsymbol{x}) = \Phi_{ij}(-\boldsymbol{x}) = \Phi_{ji}(\boldsymbol{x}), \boldsymbol{x} \in V$ を満たすものが存在して，$m_j$ が $m_i$ に及ぼす力が $\boldsymbol{F}_{ij}(\boldsymbol{x}_1, \cdots, \boldsymbol{x}_n) := \Phi_{ij}(\boldsymbol{x}_i - \boldsymbol{x}_j)(\boldsymbol{x}_i - \boldsymbol{x}_j)$ で与えられるとする．ただし，$\boldsymbol{x}_i, \boldsymbol{x}_j$ は，それぞれ，$m_i, m_j$ の位置ベクトルを表す．この $\boldsymbol{F}_{ij}: V^n \to V$ が条件 (4.100), (4.101) を満たすことは容易にわかる．この場合，

$$\boldsymbol{F}_i(\boldsymbol{x}_1, \cdots, \boldsymbol{x}_n) = \sum_{j=1}^{n} \Phi_{ij}(\boldsymbol{x}_i - \boldsymbol{x}_j)(\boldsymbol{x}_i - \boldsymbol{x}_j)$$

である．したがって，この $n$ 点系では，全運動量および全軌道角運動量は保存される．

$\boldsymbol{F}_{ij}$ の具体的な例としては，$m_j$ が $m_i$ に及ぼす万有引力の場合がある．

## 4.5 ケプラーの法則を現象させる力——万有引力への道

太陽系の惑星の運動に関するケプラーの法則とニュートンの運動方程式を組み合わせることにより，ケプラーの法則を現象せしめている力の形を見出すことができることを示す．

惑星の質量を $m$，太陽の質量を $M$ とする．惑星と太陽の間には内力だけが働くものとし，位置 $\boldsymbol{x}_m \in V$ にある惑星が位置 $\boldsymbol{x}_M \in V$ にある太陽が及ぼす力を $\boldsymbol{F}_{m,M}$ とすれば，例 4.1 によって，それは

$$\boldsymbol{F}_{m,M} = R(\|\boldsymbol{x}_m - \boldsymbol{x}_M\|)\frac{\boldsymbol{x}_m - \boldsymbol{x}_M}{\|\boldsymbol{x}_m - \boldsymbol{x}_M\|}, \quad \boldsymbol{x} \in V \setminus \{0\} \tag{4.103}$$

という形で与えられる．ただし，$R:(0,\infty) \to \mathbb{R}$ は決定されるべき未知関数である．

太陽に対する惑星の相対運動を考え，

$$\boldsymbol{X}(t) = \boldsymbol{X}_m(t) - \boldsymbol{X}_M(t), \quad t \in \mathbb{R} \tag{4.104}$$

とおく（$\boldsymbol{X}_m(t), \boldsymbol{X}_M(t)$ はそれぞれ，時刻 $t$ における惑星と太陽の位置）．また，

$$\boldsymbol{F}(\boldsymbol{x}) := R(\|\boldsymbol{x}\|)\frac{\boldsymbol{x}}{\|\boldsymbol{x}\|}, \quad \boldsymbol{x} \in V \setminus \{0\}, \tag{4.105}$$

$$\mu = \frac{mM}{m+M} \quad (\text{換算質量}) \tag{4.106}$$

とおく（例 4.2 を参照）．このとき，太陽に対する惑星の相対運動の方程式は

$$\mu \frac{d^2 \boldsymbol{X}(t)}{dt^2} = \boldsymbol{F}(\boldsymbol{X}(t)) \tag{4.107}$$

である．したがって，問題は次の補題に帰着される．

**【補題 4.16】** 写像 $\boldsymbol{X}:\mathbb{R} \to V$ について次を仮定する：

(i) （ケプラーの第 1 法則）点 $\boldsymbol{X}(t) \in V, t \in \mathbb{R}$ は，原点を 1 つの焦点とする楕円を描く．この楕円の長半径を $a > 0$，公転周期を $T > 0$ とする．

(ii) （ニュートンの運動方程式）実数値関数 $K:(0,\infty) \to \mathbb{R}$ が存在して，

$$\frac{d^2 \boldsymbol{X}(t)}{dt^2} = K(\|\boldsymbol{X}(t)\|)\frac{\boldsymbol{X}(t)}{\|\boldsymbol{X}(t)\|} \tag{4.108}$$

が成り立つ．

このとき，任意の $t \in \mathbb{R}$ に対して，

$$K(\|\boldsymbol{X}(t)\|) = -\frac{4\pi^2 a^3}{T^2}\frac{1}{\|\boldsymbol{X}(t)\|^2} \tag{4.109}$$

が成立する．

**証明** 点 $\boldsymbol{X}(t)$ が描く楕円軌道が属する 2 次元部分空間を $W$ として，楕円軌道の焦点を $F$ とする．$W$ の中に正規直交基底を 1 つとり，$F$ を原点とする正規直交座標

系 $(F; e_1, e_2)$ をとる.ただし,$e_1, e_2$ の向きは,それぞれ,楕円軌道の長軸,短軸の正の向きと一致するようにとる (図 4.8).$e(t) := \boldsymbol{X}(t)/\|\boldsymbol{X}(t)\|, r(t) := \|\boldsymbol{X}(t)\|$ とし,$\boldsymbol{X}(t)$ の極座標表示を

$$\boldsymbol{X}(t) = [r(t)\cos\theta(t)]e_1 + [r(t)\sin\theta(t)]e_2$$

とする (4.4.6 項を参照) ($\theta : \mathbb{I} \to [0, 2\pi)$).楕円軌道の離心率を $\varepsilon$ とすれば,楕円軌道の方程式は

$$r(t) = \frac{a(1-\varepsilon^2)}{1 - \varepsilon\cos\theta(t)} \tag{4.110}$$

と書ける (付録 C,C.1.2 項を参照).$\dot{\theta}(t) > 0$ として一般性を失わない.

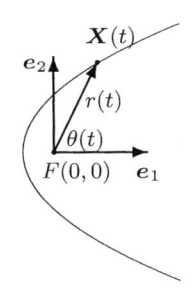

図 4.8 楕円運動の極座標表示

ベクトル場 $K(\|\boldsymbol{x}\|)\boldsymbol{x}/\|\boldsymbol{x}\|$ は中心力であるから,軌道角運動量,したがって,面積速度は保存される (前節,4.4.5 項,系 4.13 を参照).そこで,

$$\frac{1}{2}\boldsymbol{X}(t) \wedge \dot{\boldsymbol{X}}(t) = S_0 \quad (\text{定テンソル}) \tag{4.111}$$

とおく.(4.108) とベクトル $e(t)$ の内積をとれば,

$$K(r(t)) = \langle \ddot{\boldsymbol{X}}(t), e(t) \rangle \tag{4.112}$$

を得る ($\ddot{\boldsymbol{X}}(t) := d^2\boldsymbol{X}(t)/dt^2$).目標は,この式の右辺を $r(t)$ だけを用いて表すことである.そのために,(4.110) と面積速度の一定性 (4.111) を使うのである.
さて,$r(t)^2 = \langle \boldsymbol{X}(t), \boldsymbol{X}(t) \rangle$ であるから,両辺を $t$ で微分することにより

$$\dot{r}(t)r(t) = \langle \dot{\boldsymbol{X}}(t), \boldsymbol{X}(t) \rangle \tag{4.113}$$

が導かれる．この両辺をもう1回，$t$ で微分すれば，
$$\ddot{r}r + \dot{r}^2 = \langle \ddot{\boldsymbol{X}}, \boldsymbol{X} \rangle + \|\dot{\boldsymbol{X}}\|^2$$
を得る．したがって，$\boldsymbol{X}(t) = r(t)\boldsymbol{e}(t)$ に注意すれば，
$$\langle \ddot{\boldsymbol{X}}(t), \boldsymbol{e}(t) \rangle = \ddot{r}(t) + \frac{\dot{r}(t)^2}{r(t)} - \frac{\|\dot{\boldsymbol{X}}(t)\|^2}{r(t)}.$$
ゆえに，
$$K(r(t)) = \ddot{r}(t) + \frac{\dot{r}(t)^2}{r(t)} - \frac{\|\dot{\boldsymbol{X}}(t)\|^2}{r(t)} \tag{4.114}$$
が成り立つ．

一方，(4.111) より，$\|S_0\| = C$ とおけば，
$$4C^2 = \|\dot{\boldsymbol{X}}(t)\|^2 \|\boldsymbol{X}(t)\|^2 - \langle \dot{\boldsymbol{X}}(t), \boldsymbol{X}(t) \rangle^2 = \|\dot{\boldsymbol{X}}(t)\|^2 r(t)^2 - \dot{r}(t)^2 r(t)^2.$$
ここで，(4.113) を用いた．したがって，
$$\|\dot{\boldsymbol{X}}(t)\|^2 = \frac{4C^2}{r(t)^2} + \dot{r}(t)^2 \tag{4.115}$$
が得られる．これを (4.114) の右辺に代入すれば，
$$K(r(t)) = \ddot{r}(t) - \frac{4C^2}{r(t)^3} \tag{4.116}$$
に到達する．ここまでは，軌道が楕円だということは何も使っていない．つまり，この式は，ニュートンの運動方程式 (4.108) を満たす任意の運動に対して成立する．

(4.116) の右辺を $r(t)$ だけを用いて表すために (4.110) を使う．式の表示を簡潔にするために
$$A = a(1 - \varepsilon^2)$$
とおく．(4.110) より，
$$\dot{r}(t) = -\frac{A\varepsilon \dot{\theta}(t) \sin \theta(t)}{(1 - \varepsilon \cos \theta(t))^2} = -\frac{r(t)^2}{A} \varepsilon \dot{\theta}(t) \sin \theta(t).$$
(4.96) から得られる式
$$C = \|S_0\| = \frac{1}{2} r(t)^2 \dot{\theta}(t) \tag{4.117}$$
($\dot{\theta}(t) > 0$ に注意) を用いると
$$\dot{r}(t) = -\frac{2\varepsilon C}{A} \sin \theta(t). \tag{4.118}$$

これから
$$\ddot{r}(t) = -\frac{2\varepsilon C}{A}\dot{\theta}(t)\cos\theta(t).$$
(4.110) を $\varepsilon\cos\theta(t)$ について解くと
$$\varepsilon\cos\theta(t) = 1 - \frac{A}{r(t)}.$$
これを上式に代入し，(4.117) を用いると
$$\ddot{r}(t) = \frac{4C^2}{r(t)^3} - \frac{4C^2}{Ar(t)^2}.$$
この式と (4.116) から
$$K(r(t)) = -\frac{4C^2}{Ar(t)^2} \tag{4.119}$$
を得る．

いま，面積速 $C$ は一定であるから，軌道の周期を $T$ とすれば，$CT$ は楕円の面積 $\pi ab$ に等しい（楕円軌道の $b$ は短半径）．これから
$$C = \frac{\pi ab}{T} \tag{4.120}$$
を得る．そこで，
$$b^2 = a^2(1-\varepsilon^2) = aA \tag{4.121}$$
であることに注意すれば，
$$C^2 = \frac{\pi^2 a^3}{T^2}A.$$
これを (4.119) に代入すれば，(4.109) が得られる．■

補題 4.16 を太陽と惑星の問題に応用しよう．惑星についてケプラーの第 1 法則と運動方程式 (4.107) を仮定する．したがって，補題 4.16 によって
$$R(\|\boldsymbol{X}(t)\|) = -\frac{4\pi^2\mu a^3}{T^2}\frac{1}{\|\boldsymbol{X}(t)\|^2}, \quad t\in\mathbb{R}$$
が得られる．ゆえに，太陽が惑星に及ぼす力 $\boldsymbol{F}_{m,M}$ は
$$k_0 := \frac{4\pi^2 a^3 M}{T^2(m+M)}$$
として
$$\boldsymbol{F}_{m,M} = -k_0 m\frac{1}{\|\boldsymbol{x}_m - \boldsymbol{x}_M\|^2}\frac{\boldsymbol{x}_m - \boldsymbol{x}_M}{\|\boldsymbol{x}_m - \boldsymbol{x}_M\|}$$

と書ける．このことから，まず，太陽と惑星の間には引力が働き，その大きさは距離の 2 乗に逆比例することがわかる．

ケプラーの第 3 法則，すなわち，「$a^3/T^2$ が惑星によらず一定」を仮定すれば，$a^3/T^2$ は $m$ によらない．また，$m/M \ll 1$ とすれば，$k_0$ は近似的に $m$ によらない定数であるとみなせる[33]．したがって，太陽が惑星を引く力は，近似的に，惑星の質量 $m$ に比例する．

ここから，万有引力の法則の定立へと至るには，たとえば，次のような推論を行う．2 つの物体（質点）$m_1, m_2$ について，$m_1$ は $m_2$ に対して，$\boldsymbol{F} = \left(-f(m_1)m_2/r^2\right)\boldsymbol{e}$ の引力を及ぼすとしよう（$m_1, m_2$ は変数と考える）．ただし，$r$ は物体間の距離，$f(m_1) > 0$ は $m_2, r$ に依存しない，$m_1$ の関数，$\boldsymbol{e} \in V$ は力の作用線の方向の単位ベクトルである．$m_1, m_2$ は他から何の影響も受けないとすれば，対称性により，$m_2$ は $m_1$ に対して，$\boldsymbol{F}' = \left(-g(m_2)m_1/r^2\right)\boldsymbol{e}$ という形の引力を及ぼすであろう（$g(m_2) > 0$ は $m_1, r$ によらない，$m_2$ の関数）．作用-反作用の法則により，$\|\boldsymbol{F}\| = \|\boldsymbol{F}'\|$ であるから，$f(m_1)m_2 = g(m_2)m_1$ でなければならない．これは $f(m_1)/m_1 = g(m_2)/m_2$ を意味するが，$m_1, m_2$ は独立変数と考えられるから，これらの比は，質点の質量によらない定数であると考えられる．この定数を $G$ とすれば，$\boldsymbol{F} = \left(-Gm_1m_2/r^2\right)\boldsymbol{e}$ を得る．こうして，任意の 2 つの物体の間に働く普遍的な力——万有引力—— の存在が発見法的に示唆される．

前段の議論は，あくまで発見法的なものであって，証明ではないことを注意しておく．だが，理論の，より根源的な出発点の 1 つを探すという意味では重要な意味をもつ．つまり，今度は議論を逆転させ，上のようにして推測される万有引力の法則を仮定して，諸々の現象が統一的に解明されるかどうかを調べるのである．もし，これがうまくいけば，万有引力の法則は原理の 1 つとしてみなされうる．結果的にいえば，物理的現象のある領域——つまり，これがニュートン力学の適用可能な領域となるものであるが——に対して，万有引力の法則は原理的法則の 1 つとみなしうることが，理論と実験（観測）の一致によって示されてきている[34]．

---

[33] 正の実数 $a$ が 1 に比べて，"非常に"小さいとき，$a \ll 1$ と表す．
[34] たとえば，原子や分子あるいは素粒子といった微視的な対象の性質が本質的に効果をもつ現象に対しては，ニュートン力学の理法と異なる理法がその根底において働く．

## 4.6 万有引力のもとでの2点系の運動——2体問題

この節では,万有引力だけを及ぼし合う,2つの質点からなる系の運動について論じる.前節で見たように,このような系の相対運動の可能態の1つとして楕円運動がある[35].では,他にも可能な運動形態が存在するであろうか.結論からいえば,答は然りである.では,これを具体的に見てみよう.

### 4.6.1 運動方程式とその解法

$\dim V = 3$ とする.2つの質点の質量をそれぞれ,$m_1, m_2$ とし,これらが万有引力だけの作用のもとで運動を行うとする.したがって,時刻 $t$ での質点 $m_i$ の位置を $\boldsymbol{X}_i(t)$ $(i = 1, 2)$ とすれば,運動方程式は,

$$m_1 \frac{d^2 \boldsymbol{X}_1(t)}{dt^2} = -G m_1 m_2 \frac{\boldsymbol{X}_1(t) - \boldsymbol{X}_2(t)}{\|\boldsymbol{X}_1(t) - \boldsymbol{X}_2(t)\|^3}, \tag{4.122}$$

$$m_2 \frac{d^2 \boldsymbol{X}_2(t)}{dt^2} = -G m_1 m_2 \frac{\boldsymbol{X}_2(t) - \boldsymbol{X}_1(t)}{\|\boldsymbol{X}_2(t) - \boldsymbol{X}_1(t)\|^3} \tag{4.123}$$

と書かれる.ただし,$G$ は万有引力定数である.定理 4.2 によって,この系の重心

$$\boldsymbol{z}(t) := \frac{m_1 \boldsymbol{X}_1(t) + m_2 \boldsymbol{X}_2(t)}{m_1 + m_2} \tag{4.124}$$

は等速直線運動をする.すなわち,定ベクトル $\boldsymbol{a}, \boldsymbol{b} \in V$ があって

$$\boldsymbol{z}(t) = \boldsymbol{a} + \boldsymbol{b} t, \quad t \in \mathbb{R} \tag{4.125}$$

と表される.

さて,質点 $m_1, m_2$ の重心に対する相対運動がいかなるものになるか調べよう.重心 $\boldsymbol{z}(t)$ に対する,質点 $m_1$ の相対位置は

$$\boldsymbol{X}(t) := \boldsymbol{X}_1(t) - \boldsymbol{z}(t) = \frac{m_2}{m_1 + m_2}(\boldsymbol{X}_1(t) - \boldsymbol{X}_2(t)) \tag{4.126}$$

同様に,重心 $\boldsymbol{z}(t)$ に対する,質点 $m_2$ の相対位置は

$$\tilde{\boldsymbol{X}}(t) := \boldsymbol{X}_2(t) - \boldsymbol{z}(t) = \frac{m_1}{m_1 + m_2}(\boldsymbol{X}_2(t) - \boldsymbol{X}_1(t)) \tag{4.127}$$

である($\tilde{\boldsymbol{X}}(t)$ は $\boldsymbol{X}(t)$ で質点 $m_1$ と $m_2$ の役割を換えたものである).したがって,$\boldsymbol{X}(t), \tilde{\boldsymbol{X}}(t)$ いずれも,質点 $m_2$ に対する,質点 $m_1$ の相対位置 $\boldsymbol{X}_1(t) - \boldsymbol{X}_2(t)$

---

[35] 前節のはじめと補題 4.16 による.実際,そこでの "太陽" と " 惑星" は数学的には任意の質点でよいことは明らかであろう.

に比例する．したがって，$\boldsymbol{X}(t)$ または $\tilde{\boldsymbol{X}}(t)$ のどちらかを求めれば十分である．ここでは，$\boldsymbol{X}(t)$ を求めてみよう．

(4.125) により，$\ddot{\boldsymbol{z}}(t) = 0$ であるから，

$$\ddot{\boldsymbol{X}}(t) = \ddot{\boldsymbol{X}}_1(t)$$

そこで，(4.122) と (4.126) を使えば，

$$\ddot{\boldsymbol{X}}(t) = -k^2 \frac{\boldsymbol{X}(t)}{\|\boldsymbol{X}(t)\|^3} \tag{4.128}$$

を得る．ただし，

$$k^2 := \frac{Gm_2^3}{(m_1 + m_2)^2}.$$

(4.128) の右辺を与えるベクトル場 $-k^2 \boldsymbol{x}/\|\boldsymbol{x}\|^3$，$\boldsymbol{x} \in V \setminus \{0\}$ は中心力であるから，系 4.13 によって軌道角運動量，したがって，面積速度 $\boldsymbol{X}(t) \wedge \dot{\boldsymbol{X}}(t)/2$ は保存される．

これは，太陽と惑星の運動のコンテクスト（脈絡，文脈）では，ケプラーの第 2 法則が成立することを意味する．

そこで，

$$\frac{1}{2}\boldsymbol{X}(t) \wedge \dot{\boldsymbol{X}}(t) = S_0 \tag{4.129}$$

とおく（$S_0$ は定テンソル）．

系 4.14 によって，$\boldsymbol{X}(t)$ は $V$ の原点を通る平面上にある．この平面を $W$ とし，$W$ に正規直交基底 $(\boldsymbol{e}_1, \boldsymbol{e}_2)$ を 1 つ固定し，極座標を導入すれば

$$\boldsymbol{X}(t) = [r(t)\cos\theta(t)]\boldsymbol{e}_1 + [r(t)\sin\theta(t)]\boldsymbol{e}_2$$

と表される．ただし，$r(t) := \|\boldsymbol{X}(t)\|, \theta : \mathbb{R} \to [0, 2\pi)$．

2 階反対称テンソル $S_0$ と $\ddot{\boldsymbol{X}}$ の演算積（2 章，2.4.14 項を参照）をとれば，(4.129) から，

$$S_0 \ddot{\boldsymbol{X}}(t) = \frac{1}{2}[\boldsymbol{X}(t) \wedge \dot{\boldsymbol{X}}(t)]\ddot{\boldsymbol{X}}(t).$$

左辺は，$S_0 \ddot{\boldsymbol{X}}(t) = \dfrac{d}{dt} S_0 \dot{\boldsymbol{X}}(t)$ に等しい．一方，(4.128) によって，

$$[\boldsymbol{X}(t) \wedge \dot{\boldsymbol{X}}(t)]\ddot{\boldsymbol{X}}(t) = -\frac{k^2}{r(t)^3}[\boldsymbol{X}(t) \wedge \dot{\boldsymbol{X}}(t)]\boldsymbol{X}(t)$$

$$= k^2 \left\{ \frac{\dot{\boldsymbol{X}}(t)}{r(t)} - \frac{\langle \dot{\boldsymbol{X}}(t), \boldsymbol{X}(t)\rangle \boldsymbol{X}(t)}{r(t)^3} \right\}$$

$$= k^2 \left\{ \frac{\dot{\boldsymbol{X}}(t)}{r(t)} - \frac{\dot{r}(t)\boldsymbol{X}(t)}{r(t)^2} \right\} \quad (\because (4.113))$$
$$= k^2 \frac{d}{dt} \frac{\boldsymbol{X}(t)}{r(t)}.$$

したがって, $\dfrac{d}{dt} S_0 \dot{\boldsymbol{X}}(t) = \dfrac{k^2}{2} \dfrac{d}{dt} \dfrac{\boldsymbol{X}(t)}{r(t)}$. これを積分すれば,

$$S_0 \dot{\boldsymbol{X}}(t) = \frac{k^2}{2} \left( \frac{\boldsymbol{X}(t)}{r(t)} + \boldsymbol{c} \right)$$

を得る. ただし, $\boldsymbol{c} \in V$ は定ベクトルである. 両辺と $\boldsymbol{X}(t)$ の内積をとると

$$\langle S_0 \dot{\boldsymbol{X}}(t), \boldsymbol{X}(t) \rangle = \frac{k^2}{2} \left( r(t) + \langle \boldsymbol{c}, \boldsymbol{X}(t) \rangle \right)$$

一方,

$$\langle S_0 \dot{\boldsymbol{X}}(t), \boldsymbol{X}(t) \rangle = \frac{1}{2} \left( -\langle \boldsymbol{X}(t), \dot{\boldsymbol{X}}(t) \rangle^2 + r(t)^2 \|\dot{\boldsymbol{X}}(t)\|^2 \right)$$
$$= 2\|S_0\|^2 \quad (\because (4.115)).$$

ゆえに,

$$r(t) + \langle \boldsymbol{c}, \boldsymbol{X}(t) \rangle = D, \qquad D := \frac{4\|S_0\|^2}{k^2} \tag{4.130}$$

が得られる. これは方程式 (4.128) の解の一般形を与える.

式 (4.130) で与えられる曲線 $\boldsymbol{X} : \mathbb{R} \to V$ の幾何学的意味を考えよう.

$D = 0$ の場合は, 角運動量が 0 であるから, 直線運動をする (質点 $m$ と $M$ を結ぶ方向の直線運動).

$D \neq 0$ かつ $\boldsymbol{c} = 0$ の場合を考えると, $r(t) = D$ であるので, これは円運動である.

次に, $\boldsymbol{c} \neq 0, D \neq 0$ の場合を考える. 運動が行われる平面 $W$ の基底 $(\boldsymbol{e}_1, \boldsymbol{e}_2)$ を $\boldsymbol{c} = -\varepsilon \boldsymbol{e}_1 \, (\varepsilon > 0)$ となるように選ぶ. このとき, $\langle \boldsymbol{c}, \boldsymbol{X}(t) \rangle = -\varepsilon r(t) \cos \theta(t)$ であるから, (4.130) は

$$r(t) = \frac{D}{1 - \varepsilon \cos \theta(t)} \tag{4.131}$$

と表される. これは, 離心率が $\varepsilon$ で, 準線が $\boldsymbol{e}_2$ に平行かつその原点からの距離が

$$d := D/\varepsilon$$

であるような円錐曲線を表す方程式である (付録 C, C.4 節を参照). よって, 質点 $m_1$ は重心 $z$ のまわりを円錐曲線を描いて運動する. $m_2$ についても同様である.

この円錐曲線は，$\varepsilon<1$ のとき楕円，$\varepsilon=1$ のとき放物線，$\varepsilon>1$ のとき双曲線である．ゆえに，万有引力のもとでの運動は，直線，円と合わせて，5種類の運動が可能であることが結論される．実際に，どの運動が起こるかは初期条件の選び方による．なぜなら，$\varepsilon=\|c\|$ であり，$c$ は初期条件の選び方から定まるからである（次の項を参照）．

こうして，2点系は，万有引力のもとで，単に楕円運動だけでなく，放物線や双曲線を描く運動を行うことも可能であることが示される．

楕円運動の場合（$\varepsilon<1$），楕円の長半径を $a$，短半径を $b$ とすれば，

$$a = \frac{\varepsilon d}{1-\varepsilon^2}, \quad b = a\sqrt{1-\varepsilon^2}$$

である．面積速 $\|S_0\| = \sqrt{D}k/2$ は一定であったから，楕円の面積 $\pi ab$ をこれで割れば，楕円運動の周期 $T$ として

$$T = \frac{\pi ab}{\|S_0\|} = \frac{2\pi}{k}a^{3/2}$$

が導かれる．$m_1/m_2 \ll 1$ とすれば $k \approx \sqrt{Gm_2}$ であるので $k$ は近似的に $m_1$ によらない定数である．ゆえに，$m_1$ を惑星，$m_2$ を太陽とすれば，"$a^3/T^2$ は惑星によらず一定である" というケプラーの第3法則が導かれる．この導出からわかるように，ケプラーの第3法則は理論的には近似的な法則である．

### 4.6.2 初期条件と運動形態との対応

最後に，$D \neq 0, c \neq 0$ となる場合において，初期条件と可能な運動形態（楕円，放物線，双曲線）との対応を見ておこう．そのためには，$\varepsilon$ を初期条件 $r(0), \dot{r}(0), \theta(0), \dot{\theta}(0)$ を用いて表せばよい．時間の原点は任意にとれるから，

$$\theta(0) = \pi$$

となるように $t=0$ の基準をとって一般性を失わない．すると，(4.131) から，$r(0) = D/(1+\varepsilon)$．したがって，

$$\varepsilon = \frac{D}{r(0)} - 1.$$

これと (4.130) によって

$$\varepsilon = \frac{4s_0^2}{r(0)k^2} - 1. \tag{4.132}$$

ただし，
$$s_0 := \frac{r(0)^2 \dot{\theta}(0)}{2}$$
は初期時刻での面積速である．この式を用いて，$0 < \varepsilon < 1, \varepsilon = 1, \varepsilon > 1$ という3つの場合の条件を $r(0), \dot{\theta}(0)$ を用いて表すことにより，次の定理に到達する．

**【定理 4.17】** $r(0) > 0, \dot{\theta}(0) \neq 0$ とする．このとき，次が成立する．

(i) $\dfrac{2s_0^2}{r(0)k^2} < 1$ ならば，質点 $m_1$ は，重心 $z(t)$ を焦点の1つとする楕円軌道を描く．

(ii) $\dfrac{2s_0^2}{r(0)k^2} = 1$ ならば，質点 $m_1$ は，重心 $z(t)$ を焦点とする放物線を描く．

(iii) $\dfrac{2s_0^2}{r(0)k^2} > 1$ ならば，質点 $m_1$ は，重心 $z(t)$ を焦点とする双曲線を描く．

**!注意 4.7** 定理4.17は，天体力学もしくは太陽系科学のコンテクストでは，次に述べる意味で，惑星の由来あるいは太陽系のできかたについてのある暗示を含んでいる．もし，太陽系ができる以前の原始的状態において，1つの巨大なガス塊が"ゆっくりと"分裂して惑星と太陽ができたとすれば，惑星を形成する星雲については，初期速度は"十分小さい"と推測されるので，定理4.17(i)の仮定が満たされたと考えられる．したがって，原始においてもニュートンの運動方程式と万有引力の法則が現象生成のための原理として働いていたとすれば，その星雲は原始太陽のまわりを楕円軌道を描きながら運行したであろう．こうして，なぜ，太陽系惑星が楕円軌道を描いて運行するに至ったかという疑問に関して，1つの描像が得られる．実は，この描像は，現代の有力な太陽系起源説の1つとして知られる**微惑星集積模型**の基本的着想である．この模型によれば，1つの巨大なガス塊が原始に存在し，まず，今日の太陽のもとになる原始太陽と星雲の2つに分かれる．次に後者が多数の微小惑星に分裂し，原始太陽のまわりを回転しながら相互に衝突を繰り返して合体成長し，現在見られる惑星に至ったとするものである．

一方，上述の太陽系形成に関する描像が基本的に正しいとすれば，定理4.17(ii), (iii)は次のことを示唆する．もし，太陽のまわりを放物線あるいは双曲線を描いて運行する天体があれば，それは，太陽系以外のところに起源をもつであろうということである．太陽系以外から太陽系に入ってきた物体においては，太陽の近くを通るとき，瞬間角速度 $\dot{\theta}(t)$ が非常に大きい場合がありうる．この場合には，初期条件

$\dfrac{2s_0^2}{r(0)k^2} \geq 1$ が実現される可能性があり，このような物体は以後，放物線または双曲線の軌道に近い軌道を描く運動に転じるであろう．

すでに述べたように，惑星の運動は楕円の現象例の 1 つである．では，天体の世界において，放物線や双曲線は現象しているであろうか．太陽系には惑星の他に彗星と呼ばれる小さな天体が存在する．彗星は惑星のように球形ではなく，ガス状の頭部と一方に伸びた長い尾をもつ姿をしているのが特徴的である．彗星には，太陽を 1 つの焦点とする楕円軌道をもつ**周期彗星**と，双曲線あるいは放物線軌道をもつ**非周期彗星**の 2 つの種類が知られている[36]．こうして，天体という現象領域においては，非周期彗星の軌道が双曲線あるいは放物線の現象例を与える．

## 4.7 ニュートンの運動方程式の解空間の構造——対称性

この節では，ニュートンの運動方程式の解をすべて集めてできる集合——**解空間**——の構造を調べる．ここでの眼目は，ニュートンの運動方程式を陽に解かなくても解空間の構造の解析がある程度可能であること，しかもこの種の考察によって，ニュートン力学のある普遍的な側面が明らかにされることを示すことにある．

簡単のため，$d$ 次元ユークリッドベクトル空間 $V$ の中を 1 個の質点が運動する場合だけを考察する（$n$ 点系の場合も同様の考察が可能）．出発点はニュートンの運動方程式

$$m\frac{d^2 \boldsymbol{X}(t)}{dt^2} = \boldsymbol{F}(\boldsymbol{X}(t)) \tag{4.133}$$

である（$t \in \mathbb{I} \subset \mathbb{R}$，$\mathbb{I}$ は区間）．ここで，$m$ は質点の質量（$t$ によらない），$\boldsymbol{X}(t) \in V$ は時刻 $t$ における質点の位置ベクトル，$\boldsymbol{F}$ は力のベクトル場である．運動方程式 (4.133) の解の全体を $\mathcal{S}_{\boldsymbol{F}}(\mathbb{I})$ としよう．

$$\mathcal{S}_{\boldsymbol{F}}(\mathbb{I}) := \{\boldsymbol{X} : \mathbb{I} \to V \mid \boldsymbol{X}(t) \text{ は (4.133) を満たす}\}. \tag{4.134}$$

これを**ニュートンの運動方程式 (4.133) の解空間**と呼ぶ．

解空間 $\mathcal{S}_{\boldsymbol{F}}(\mathbb{I})$ の構造をより普遍的な形で調べる上での 1 つの視点は，力学系がもちうる対称性と呼ばれる性質に注目することである．そこで，まず，準備として，対称性の理念について簡単にふれる．

---

[36] 英国の天文学者ハレー (1656–1743) が発見した，いわゆる**ハレー彗星**は約 76 年の周期をもつ周期彗星である．

## 4.7.1 対称性と群

自然界において知覚される対象が有する形態には規則的・調和的で美しい印象を受けるものとあまりそうでないものとが見られる．前者の代表的なものとしては，植物の葉や花あるいは雪や鉱物の結晶がある．幾何学の世界では，円，正多角形，正多面体などはたいへん規則的で美しい形をしている．形態の規則性とは何かという問題を追究していくと高次の普遍的理念としての対称性という，ある統一的理念へと導かれる[37]．この観点に立つと，対称性という理念は，通常の意味での形態だけでなく，いわば形の無い対象——たとえば，関数空間，ベクトル空間——をも含む非常に広範囲の対象に対しても適用されるということが知られるのである．ここでは，普遍的理念としての対称性のうち，数学的には群と呼ばれる理念と結びついているものを叙述する．

【定義 4.18】 空でない集合 G が**群** (group) であるとは，G の任意の 2 つの元 $a, b$ に対して G の元 $ab$ が 1 つ定まり——これを $a$ と $b$ の**積**という——，次の性質が満たされるときをいう：

(G.1) (**結合法則**) 任意の $a, b, c \in \mathsf{G}$ に対して，$a(bc) = (ab)c$．

(G.2) (**単位元の存在**) ある元 $e \in \mathsf{G}$ が存在して，すべての $a \in \mathsf{G}$ に対して，$ae = ea = a$ を満たす．$e$ を G の**単位元**という．

(G.3) 各 $a \in \mathsf{G}$ に対して，$a^{-1}a = aa^{-1} = e$ を満たす元 $a^{-1} \in \mathsf{G}$ が存在する．$a^{-1}$ を $a$ の**逆元**という．

性質 (G.1)〜(G.3) を**群の公理**という．

**!注意 4.8** 単位元は唯 1 つであり，各 $a \in \mathsf{G}$ の逆元も唯 1 つである（演習問題 9）．

■ **例 4.15** ■ $\mathsf{M}_n(\mathbb{K})$ を $\mathbb{K}$ の元を行列要素とする $n$ 次行列の全体を表す（1 章，例 1.2 を参照）．$n$ 次の正則行列の全体

$$\mathrm{GL}(n, \mathbb{K}) := \{A \in \mathsf{M}_n(\mathbb{K}) \mid A \text{ は正則}\} \tag{4.135}$$

は行列の積の演算に関して群である．単位元は $n$ 次の単位行列 $I_n$ であり，行列

---

[37] 初等的な発見法的議論については，拙著『対称性の数理』（日本評論社）を参照されたい．だが，以下の論述を理解するには，この発見法的議論は必要ではない．

$A \in \mathrm{GL}(n,\mathbb{K})$ の逆元は逆行列 $A^{-1}$ である．$\mathrm{GL}(n,\mathbb{K})$ は $n$ 次の**一般線形群**と呼ばれる．

■ **例 4.16** ■ $W$ を $\mathbb{K}$ 上のベクトル空間とするとき，任意の $u,v \in W$ に対して，$u \circ v := u+v$ とおくと，対応 $(u,v) \to u \circ v$ は群の公理を満たす（単位元はゼロベクトル，$u \in W$ の逆元は $-u$）．したがって，この積演算に関して，$W$ は群である．この群を**加法群**という．

■ **例 4.17** ■ $\mathbb{K}$ 上の任意のベクトル空間 $W$ に対して，
$$\mathrm{GL}(W) := \{T \in \mathcal{L}(W) \mid T \text{ は全単射}\} \tag{4.136}$$
（$W$ 上の全単射な線形作用素の全体）は，線形作用素の積の演算に関して群である（単位元は恒等作用素 $I_W$，$T \in \mathrm{GL}(W)$ の逆元は $T^{-1}$（逆写像）である）．$\mathrm{GL}(W)$ を **$W$ 上の一般線形群**という．

群においては，2 つの元の積の順序は交換できるとは限らない．そこで次の定義を設ける．

【**定義 4.19**】 群 G の任意の 2 つの元 $a,b$ について $ab=ba$ が成り立つならば，G は**可換**または**アーベリアン**であるという．そうでない場合，G は**非可換**であるという．

■ **例 4.18** ■ 加法群としてのベクトル空間（例 4.16）は可換群である．

■ **例 4.19** ■ $n \geq 2$ ならば $\mathrm{GL}(n,\mathbb{K})$ は非可換である（演習問題 10）．

【**定義 4.20**】 群 G の部分集合 H が G の積に関して群をなすとき，H を G の**部分群** (subgroup) という．

■ **例 4.20** ■ $n$ 次の実直交行列の全体
$$\mathrm{O}(n) := \{T \in \mathsf{M}_n(\mathbb{R}) \mid {}^t T = T^{-1}\}$$
は $\mathrm{GL}(n,\mathbb{R})$ の部分群である[38]．これを $n$ 次の**直交群** (orthogonal group) と呼ぶ．$\mathrm{O}(n)$ の部分集合
$$\mathrm{SO}(n) := \{T \in \mathrm{O}(n) \mid \det T = 1\}$$

---
[38] ${}^t T$ は $T$ の転置行列：$({}^t T)_{ij} := T_{ji}, i,j=1,\cdots,n$．

も部分群である．これを$n$次の**回転群** (rotation group) という．

SO(2) は可換群である．$n \geq 3$ ならば SO($n$) は非可換群である．

■ **例 4.21** ■  $n$次のユニタリ行列の全体

$$U(n) := \{U \in M_n(\mathbb{C}) \mid U^* = U^{-1}\}$$

は GL($n, \mathbb{C}$) の部分群である．これを$n$次の**ユニタリ群**と呼ぶ．特に，1 次のユニタリ群は

$$U(1) = \{e^{i\theta} \mid \theta \in \mathbb{R}\}$$

と表され，可換群である．

U($n$) の部分集合

$$SU(n) := \{U \in U(n) \mid \det U = 1\}$$

も部分群である．これを$n$次の**特殊ユニタリ群**という．

【定義 4.21】 G, H を群とする．

(i) 写像 $\rho : G \to H$ で $\rho(ab) = \rho(a)\rho(b), a, b \in G$ （群構造の保存）を満たすものを**準同型写像**と呼ぶ．

(ii) 全単射な準同型写像 $\rho : G \to H$ を**同型写像**と呼ぶ．

(iii) G から H の同型写像が存在するとき，G と H は**群として同型**であるという．

この定義の "心" は同型な群どうしは群としては同じものとみなすということである．

もう 1 つ重要な概念を定義しておく．

【定義 4.22】 G を群とし，$W$ をベクトル空間とする．写像 $\phi : G \to GL(W)$ が

$$\phi(ab) = \phi(a)\phi(b), \quad a, b \in G$$

を満たすとき，$\phi$ または $\phi(G) = \{\phi(a) \mid a \in G\}$ を G の $W$ 上での**表現** (representation) という．

容易に確かめられるように，群 G の，ベクトル空間 $W$ 上での任意の表現 $\phi$ に

ついて，$\phi(\mathsf{G}) = \{\phi(a) \mid a \in \mathsf{G}\}$ は $\mathrm{GL}(W)$ の部分群である．したがって，群 G をベクトル空間 $W$ 上に表現するということは，G の群構造を $W$ 上の一般線形群の部分群の構造として把握するということになる．

表現の例については以下を参照．

### 4.7.2 変換群と対称性

対称性や幾何学との関連において特に興味があるのは，群の理念が（具象的な）集合上の写像のクラスとして実現する場合である：

**【定義 4.23】** $M$ を空でない集合としよう．

(i) $M$ 上の全単射な写像を $M$ 上の**変換**という．

(ii) $M$ 上の変換からなる集合 T が次の性質 (T.1)，(T.2) を満たすとき，T を $M$ 上の 1 つの**変換群** (transformation group) という．

(T.1) 各 $f \in \mathsf{T}$ に対して，$f^{-1} \in \mathsf{T}$．

(T.2) 任意の $f, g \in \mathsf{T}$ に対して，$fg \in \mathsf{T}$  ($fg := f \circ g$ は $g$ と $f$ の合成写像)．

**!注意 4.9** 変換群 T は必ず恒等写像 $I_M$ を含む（∵ (T.1) と (T.2) によって，$I_M = f \circ f^{-1} \in \mathsf{T}$ ）．

■ **例 4.22** ■ $\mathbb{K}$ の元を行列要素とする行列からなる群はすべて $M = \mathbb{K}^n$ 上の変換群と見ることができる．なぜなら，行列 $A$ は $(Ax)_i := \sum_{j=1}^n A_{ij} x_j, i = 1, \cdots, n, x = (x_i) \in \mathbb{K}^n$ によって，$\mathbb{K}^n$ 上の写像とみなせるからである．たとえば，$\mathrm{GL}(n, \mathbb{R}), \mathrm{O}(n), \mathrm{SO}(n)$ は $\mathbb{R}^n$ 上の変換群であり，$\mathrm{GL}(n, \mathbb{C}), \mathrm{U}(n), \mathrm{SU}(n)$ は $\mathbb{C}^n$ 上の変換群である．

■ **例 4.23** ■ $W$ を $\mathbb{K}$ 上のベクトル空間とし，各 $a \in W$ に対して，$T_a : W \to W$ を
$$T_a(w) := w + a, \quad w \in W$$
によって定義する．このとき，
$$\mathsf{T}_W := \{T_a \mid a \in W\} \tag{4.137}$$
は $W$ 上の変換群である．これを $W$ 上の**並進群**という．

写像 $\rho : W \to \mathsf{T}_W; a \mapsto T_a$ ($\rho(a) := T_a, a \in W$) は群同型であることが容易に

## 4.7 ニュートンの運動方程式の解空間の構造——対称性

わかる.

**具体例**:$\mathsf{T}_{\mathbb{R}^n}$ ($\mathbb{R}^n$ 上の並進群).

■ **例 4.24** ■ $f$ を $M$ 上の変換とし,

$$G_f := \{f^n \mid n \in \mathbb{Z}\} \tag{4.138}$$

とする. ただし, $f^0 := I_M, f^n := \underbrace{f \circ \cdots \circ f}_{n}, f^{-n} := \underbrace{f^{-1} \circ \cdots \circ f^{-1}}_{n}$ ($n \geq 2$).
このとき, $G_f$ は $M$ 上の変換群である.

集合に関する対称性は次のように定義される.

**【定義 4.24】** $M$ を集合とし, $D$ を $M$ の空でない部分集合とする.

(i) $M$ 上のある変換 $f$ に対して, $f(D) = D$ が成り立つとき, $D$ は $f$-対称である, または $f$-対称性をもつという.

(ii) $\mathsf{T}$ を $M$ 上の変換群とする. すべての $f \in \mathsf{T}$ に対して, $D$ が $f$-対称であるとき, $D$ は $\mathsf{T}$-対称である, または $\mathsf{T}$-対称性をもつという.

**!注意 4.10** $D$ が $f$-対称性をもつということは, 例 4.24 によって, 変換群の言葉でいえば, $G_f$-対称性をもつということである.

こうして, 集合 $M$ を 1 つ定め, $M$ 上の変換群を 1 つ指定するごとに 1 つの対称性が定義されることになる.

■ **例 4.25** ■ 2 次元ユークリッド平面 $\mathbb{R}^2$ における円 $\{(x,y) \in \mathbb{R}^2 \mid x^2 + y^2 = a^2\}$ ($a > 0$) は SO(2)-対称である. これを円の回転対称性という.

■ **例 4.26** ■ ベクトル空間 $W$ において ($\dim W = n$ とする), 基底 $(e_i)_{i=1}^n$ を任意に選び,

$$\mathbb{Z}_W := \left\{\sum_{i=1}^n k_i e_i \,\middle|\, k_i \in \mathbb{Z}\right\}$$

という集合を考える. この型の集合を $W$ における**格子空間** (lattice space) という ($\mathbb{Z}_W \cong \mathbb{Z}^n$). $W$ 上の並進群 $\mathsf{T}_W$ の部分集合

$$\mathsf{T}_W^{\mathbb{Z}} := \left\{T_{\sum_{i=1}^n l_i e_i} \,\middle|\, l_i \in \mathbb{Z}, i = 1, \cdots, n\right\}$$

は $W$ 上の変換群である. このとき, $\mathbb{Z}_W$ は $\mathsf{T}_W^{\mathbb{Z}}$-対称である. これを $\mathbb{Z}_W$ の並進対

称性という．

　$Y$ を任意の空でない集合とし，$M$ 上の変換 $f$ に対して，$\mathrm{Map}(M;Y)$（$M$ から $Y$ への写像の全体）上の写像 $T_f : \mathrm{Map}(M;Y) \to \mathrm{Map}(M;Y)$ を

$$(T_f\psi)(x) := \psi(f^{-1}(x)), \quad x \in M, \ \psi \in \mathrm{Map}(M;Y) \tag{4.139}$$

によって定義する．

【命題 4.25】 $\mathsf{T}$ が $M$ 上の変換群ならば，$\hat{\mathsf{T}} := \{T_f \mid f \in \mathsf{T}\}$ は $\mathrm{Map}(M;Y)$ 上の変換群である．

**証明** まず，$f \in \mathsf{T}$ ならば，$T_f$ は全単射であることを示そう．$T_f\psi = T_f\phi$ [($\psi, \phi \in \mathrm{Map}(M;Y)$)] ならば $\psi(f^{-1}(x)) = \phi(f^{-1}(x)), x \in M$. $f$ は全射であるから，$\psi(x') = \phi(x'), x' \in M$. したがって，$\psi = \phi$. ゆえに $T_f$ は単射．任意の $\phi \in \mathrm{Map}(M;Y)$ に対して，$\psi \in \mathrm{Map}(M;Y)$ を $\psi(x) = \phi(f(x)), x \in M$ によって定義すれば，$\psi \in \mathrm{Map}(M;Y)$ であり，$T_f\psi = \phi$ が成り立つ．したがって，$T_f$ は全射であり，$(T_f^{-1}\phi)(x) = \phi(f(x))$ が成り立つ．さらに，任意の $f, g \in \mathsf{T}$ に対して

$$\begin{aligned}(T_f T_g \psi)(x) &= (T_g \psi)(f^{-1}(x)) = \psi(g^{-1}(f^{-1}(x))) \\ &= \psi((g^{-1}f^{-1})(x)) = \psi((fg)^{-1}(x)) \\ &= (T_{fg}\psi)(x), \quad x \in M, \ \psi \in \mathrm{Map}(M;Y).\end{aligned}$$

したがって，

$$T_f T_g = T_{fg}. \tag{4.140}$$

これは，$T_f T_g \in \hat{\mathsf{T}}, T_f^{-1} = T_{f^{-1}} \in \hat{\mathsf{T}}$ を意味するから，題意が証明される．∎

　$Y$ がベクトル空間のときは，集合 $\mathrm{Map}(M;Y)$ はベクトル空間である（1章，例 1.6）．この事実に留意すると次の結果が得られる．

【系 4.26】 $Y$ はベクトル空間であるとする．このとき：

(i) $\hat{\mathsf{T}} := \{T_f \mid f \in \mathsf{T}\}$ は変換群 $\mathsf{T}$ の，$\mathrm{Map}(M;Y)$ 上での表現である．

(ii) $M$ もベクトル空間で，$\mathsf{T}$ が群 $\mathsf{G}$ の表現であるとする．すなわち，表現 $\phi : \mathsf{G} \to \mathrm{GL}(M)$ で $\mathsf{T} = \phi(\mathsf{G})$ となるものが存在するとする．このとき，$T(a) := T_{\phi(a)}$ とおけば，$\{T(a) \mid a \in \mathsf{G}\}$ は $\mathsf{G}$ の表現である．

**証明** (i) 前命題によって，$T_f$ が線形であることさえ確かめればよいが，これは定義 (4.139) から容易にわかる．
(ii) 次の計算による．

$$T(a)T(b) = T_{\phi(a)}T_{\phi(b)} = T_{\phi(a)\phi(b)}$$
$$= T_{\phi(ab)} = T(ab).$$

∎

### 4.7.3 時間並進対称性

さて，ニュートンの運動方程式 (4.133) の解空間 $\mathcal{S}_F(\mathbb{I})$ の構造を調べることに進もう．

いま，写像 $f_a : \mathbb{R} \to \mathbb{R}$ を

$$f_a(t) := t + a, \quad t \in \mathbb{R}$$

によって定義する．$\mathbb{R}$ を時間軸と解釈するとき（ニュートン力学のコンテクスト），$f_a$ を $a$ 秒の**時間並進**という．容易にわかるように，

$$f_0 = I_{\mathbb{R}}, \quad f_a f_b = f_{a+b}, \quad a, b \in \mathbb{R}. \tag{4.141}$$

時間並進の全体 $\{f_a \mid a \in \mathbb{R}\}$ は $\mathbb{R}$ 上の変換群をなす（$f_a^{-1} = f_{-a}$ である）．写像 $\hat{f}_a : \mathsf{Map}(\mathbb{R}; V) \to \mathsf{Map}(\mathbb{R}; V)$ を

$$(\hat{f}_a \boldsymbol{X})(t) := \boldsymbol{X}(f_a^{-1}(t)) = \boldsymbol{X}(t - a), \quad t \in \mathbb{R}, \, \boldsymbol{X} \in \mathsf{Map}(\mathbb{R}; V)$$

と定義すれば，

$$\mathsf{T}_{\text{time}} := \{\hat{f}_a \mid a \in \mathbb{R}\}$$

は，命題 4.25, 系 4.26 によって，$\mathsf{Map}(\mathbb{R}; V)$ 上の変換群であり，1 次元並進群 $\mathbb{R}$ の表現である．

各 $a \in \mathbb{R}$ に対して

$$\mathbb{I} + a := \{t + a \mid t \in \mathbb{I}\}$$

とおく．任意の $\boldsymbol{X} \in \mathcal{S}_F(\mathbb{I})$ に対して，$\boldsymbol{X}_a : \mathbb{I} + a \to V$ を

$$\boldsymbol{X}_a(t) := \boldsymbol{X}(t - a) = \boldsymbol{X}(f_{-a}(t))$$

によって定義する．このとき，容易にわかるように，$\boldsymbol{X}_a \in \mathcal{S}_F(\mathbb{I} + a)$ である．

これは，物理的には次のことを意味する：**時間区間 $\mathbb{I}$ における，質点の任意の運動は，同じの力の場のもとで，時間区間 $\mathbb{I}+a$ でもまったく同じ形で起こりうるということ**．これを運動の**時間並進対称性**という．

上の事実を $\mathbb{I} = \mathbb{R}$ の場合について適用すれば，各 $a \in \mathbb{R}$ に対して，$\mathcal{S}_{\boldsymbol{F}}(\mathbb{R}) \subset \mathsf{Map}(\mathbb{R}; V)$ は $\hat{f}_a$-対称性をもつことがわかる．これを運動の**大局的時間並進対称性**という．

### 4.7.4 時間反転対称性

$\mathbb{I} = \mathbb{R}$ または $[\alpha, \beta]$ の場合を考える．数 $p$ を次のように定義する：$\mathbb{I} = [\alpha, \beta]$ の場合は，$p = (\alpha + \beta)/2$（$\mathbb{I}$ の中点）；$\mathbb{I} = \mathbb{R}$ の場合は任意．写像 $r_p : \mathbb{I} \to \mathbb{I}$ を

$$r_p(t) := 2p - t, \quad t \in \mathbb{I}$$

によって定義する．この写像を時刻 $p$ に関する**時間反転**という．

容易にわかるように，$r_p$ は全単射であり，

$$r_p^2 = I, \quad r_p^{-1} = r_p.$$

したがって，$\{I, r_p\}$ は $\mathbb{I}$ 上の変換群である．これを**時間反転群**という．

写像 $\hat{r}_p : \mathsf{Map}(\mathbb{I}; V) \to \mathsf{Map}(\mathbb{I}; V)$ を

$$(\hat{r}_p \boldsymbol{X})(t) := \boldsymbol{X}(r_p^{-1}(t)) = \boldsymbol{X}(2p - t), \quad t \in \mathbb{I},\ \boldsymbol{X} \in \mathsf{Map}(\mathbb{I}; V)$$

と定義すれば，

$$\mathsf{T}_\mathrm{r} := \{I, \hat{r}_p\}$$

は，$\mathsf{Map}(\mathbb{I}; V)$ 上の変換群である．

曲線 $\hat{r}_p \boldsymbol{X}(t)$ は，物理的には，曲線 $\boldsymbol{X}(t)$ による運動を逆向きにたどる運動を表す．

任意の $\boldsymbol{X} \in \mathcal{S}_{\boldsymbol{F}}(\mathbb{I})$ に対して，$\hat{r}_p \boldsymbol{X} \in \mathcal{S}_{\boldsymbol{F}}(\mathbb{I})$ がわかる．これは，物理的には次のことを意味する：**時間区間 $\mathbb{I}$ においてある運動が実現するならば，それを逆向きにたどる運動も可能であるということ**．これを運動の**時間反転対称性**または**時間的可逆性**という．

**!注意 4.11** ここで定義した時間反転は，上述の，曲線 $\hat{r}_p \boldsymbol{X}(t)$ の意味から明らかなように，SF（空想科学小説）などにありがちな"時間的に過去にさかのぼる"という意味ではない．呼称に囚われないように注意されたい．

**!注意 4.12** 通常の多くの運動において，そのままでは（つまり，なりゆきにまかせているだけでは），当該の運動を逆向きにたどる運動が自動的に生じないのは，逆向きの運動の速度に対する初期条件の設定——ある位置で速度を逆向きすること（$d\hat{r}_p \boldsymbol{X}/dt = -\dot{\boldsymbol{X}}(2p-t)$ に注意）——が自動的に起こることがまれだからである（理想的な振り子の運動とか摩擦のない地面に完全弾性体が真空中を垂直に落下する場合には，逆向きの運動を実現するための初期条件の設定が自動的に起こり，（誤差の範囲で）周期的運動が繰り返されることになる）．いうまでもなく，ある時刻で速度の向きを逆転させるということは，複雑な運動になればなるほど難しい．かくして，ニュートンの運動方程式が時間的可逆性をもつにもかかわらず，なぜ，逆向きの運動が自動的には生じにくいかが理解される．

### 4.7.5　空間的対称性 —— 一般論

各 $A \in \mathrm{GL}(V)$（例 4.17）に対して，写像 $L(A) : \mathsf{Map}(\mathbb{I}; V) \to \mathsf{Map}(\mathbb{I}; V)$ を

$$(L(A)\boldsymbol{X})(t) := A(\boldsymbol{X}(t)), \quad t \in \mathbb{I}, \ \boldsymbol{X} \in \mathsf{Map}(\mathbb{I}; V) \tag{4.142}$$

によって定義する．$A$ の線形性により，$L(A)$ は線形であり，全単射である．

容易にわかるように，任意の $A, B \in \mathrm{GL}(V)$ に対して

$$L(A)L(B) = L(AB). \tag{4.143}$$

したがって，$\{L(A) \mid A \in \mathrm{GL}(V)\}$ は群 $\mathrm{GL}(V)$ の表現である．特に

$$L(A)^{-1} = L(A^{-1}). \tag{4.144}$$

運動 $L(A)\boldsymbol{X}$ は，運動 $\boldsymbol{X}$ の像を $A$ でうつしてできる集合をその像とするような運動である．

力のベクトル場 $\boldsymbol{F}$ に対して，$\boldsymbol{F}_A : V \to V$ を

$$\boldsymbol{F}_A(\boldsymbol{x}) := A(\boldsymbol{F}(A^{-1}\boldsymbol{x})), \quad \boldsymbol{x} \in V \tag{4.145}$$

によって定義する．これを $\boldsymbol{F}$ の **$A$-変換** と呼ぶ．

次の事実に注目しよう：

**【命題 4.27】** $\boldsymbol{X} \in \mathcal{S}_{\boldsymbol{F}}(\mathbb{I})$ ならば $L(A)\boldsymbol{X} \in \mathcal{S}_{\boldsymbol{F}_A}(\mathbb{I})$．さらに

$$L(A)\mathcal{S}_{\boldsymbol{F}}(\mathbb{I}) = \mathcal{S}_{\boldsymbol{F}_A}(\mathbb{I}). \tag{4.146}$$

**証明** $X \in \mathcal{S}_{\boldsymbol{F}}(\mathbb{I})$ としよう．このとき，(4.133) と $A$ の線形性と連続性（命題 2.48）により

$$m\frac{d^2(L(A)\boldsymbol{X})(t)}{dt^2} = A\left(m\frac{d^2\boldsymbol{X}(t)}{dt^2}\right) = A\boldsymbol{F}(\boldsymbol{X}(t)) = A(\boldsymbol{F}(A^{-1}A\boldsymbol{X}(t)))$$
$$= \boldsymbol{F}_A((L(A)\boldsymbol{X})(t)).$$

したがって，$L(A)\boldsymbol{X} \in \mathcal{S}_{\boldsymbol{F}_A}(\mathbb{I})$．これは $L(A)\mathcal{S}_{\boldsymbol{F}}(\mathbb{I}) \subset \mathcal{S}_{\boldsymbol{F}_A}(\mathbb{I})$ を意味する．

逆に，任意の $\boldsymbol{Y} \in \mathcal{S}_{\boldsymbol{F}_A}(\mathbb{I})$ に対して，$\boldsymbol{X}: \mathbb{I} \to V$ を $\boldsymbol{X}(t) = A^{-1}\boldsymbol{Y}(t)$, $t \in \mathbb{I}$ によって定義すれば，前半の結果によって（$A$ の代わりに $A^{-1}$ を考える），$\boldsymbol{X} \in \mathcal{S}_{(\boldsymbol{F}_A)_{A^{-1}}}(\mathbb{I}) = \mathcal{S}_{\boldsymbol{F}}(\mathbb{I})$（$\because (\boldsymbol{F}_A)_{A^{-1}} = \boldsymbol{F}$）であり，$L(A)\boldsymbol{X} = \boldsymbol{Y}$ となる．したがって，(4.146) が成り立つ． ∎

式 (4.146) は次のことを意味する：**力 $\boldsymbol{F}$ のもとで運動 $\boldsymbol{X}$ が可能ならば，力 $\boldsymbol{F}_A$ のもとで運動 $L(A)\boldsymbol{X}$ が可能である**．ニュートン力学的運動に関する，この性質を**運動の空間的並行性**と呼ぶ．

力のベクトル場がある不変性をもてば運動についてもっと強い結果が得られる．

**【定義 4.28】** $\boldsymbol{F}_A = \boldsymbol{F}$ のとき，$\boldsymbol{F}$ は **$A$-不変**または **$A$-対称**であるという．

命題 4.27 からじかに次の事実が従う：

**【定理 4.29】** $\boldsymbol{F}$ が $A$-対称ならば，

$$L(A)\mathcal{S}_{\boldsymbol{F}}(\mathbb{I}) = \mathcal{S}_{\boldsymbol{F}}(\mathbb{I}). \tag{4.147}$$

これは，解空間 $\mathcal{S}_{\boldsymbol{F}}(\mathbb{I})$ が $L(A)$-対称であることを意味する．かくして，力のベクトル場の対称性と解空間の対称性が見事に呼応する．この場合には，力のベクトル場 $\boldsymbol{F}$ のもとで，運動 $\boldsymbol{X}$ が可能ならば，同じ力のもとで運動 $L(A)\boldsymbol{X}$ が可能である．この一般的事実をより具体的なコンテクストで見てみよう．

**空間反転対称性**

写像 $R_V: V \to V$ を

$$R_V(\boldsymbol{x}) := -\boldsymbol{x}, \quad \boldsymbol{x} \in V \tag{4.148}$$

によって定義し，これを $V$ 上の**空間反転** (space inversion) という．$R_V$ は線形

であり
$$R_V^2 = I \tag{4.149}$$
が成り立つ．したがって，
$$G_{R_V} = \{I, R_V\} \tag{4.150}$$
は $V$ 上の変換群であり，$G_{R_V} \subset \mathrm{GL}(V)$ である．この変換群を $V$ 上の**空間反転群**と呼ぶ．

**【定義 4.30】** 写像 $F : V \to V$ が $R_V$-対称のとき，$F$ は**空間反転対称**であるという．

$F$ を $R_V$-変換した場は
$$F_{R_V}(\boldsymbol{x}) = -\boldsymbol{F}(-\boldsymbol{x}) \tag{4.151}$$
となる．したがって
$$\boldsymbol{F} \text{ が空間反転対称} \iff \boldsymbol{F}(-\boldsymbol{x}) = -\boldsymbol{F}(\boldsymbol{x}),\ \boldsymbol{x} \in V \tag{4.152}$$

■ **例 4.27** ■ 次の型のベクトル場は空間反転対称である：
$$\boldsymbol{F}(\boldsymbol{x}) = \Phi(\|\boldsymbol{x}\|)\boldsymbol{x}, \quad \boldsymbol{x} \in V$$
ただし，$\Phi : [0, \infty) \to \mathbb{R}$．

定理 4.29 によって，次の事実が得られる．

**【定理 4.31】** $\boldsymbol{F}$ が空間反転対称ならば，
$$L(R_V)\mathcal{S}_{\boldsymbol{F}}(\mathbb{I}) = \mathcal{S}_{\boldsymbol{F}}(\mathbb{I}). \tag{4.153}$$

これは物理的には次のことを語る：空間反転対称な力のベクトル場 $\boldsymbol{F}$ のもとで，運動 $\boldsymbol{X}$ が可能ならば，同じ力のもとで，それを空間反転した運動 $-\boldsymbol{X}$ も可能である．これを**運動の空間反転対称性**という．

### 回転対称性

GL($V$) の部分集合

$$\mathrm{O}(V) := \{A \in \mathrm{GL}(V) \mid A \text{ は } V \text{ 上の直交変換}\} \tag{4.154}$$

を考える[39]．直交変換の積および逆作用素が直交変換になることを用いると，O($V$) は部分群をなすことがわかる．この部分群を **$V$ 上の直交群** という．これは直交群 O($n$) の一般化である．

空間反転群は O($V$) の部分群である．

O($V$) の部分群として，

$$\mathrm{SO}(V) := \{A \in \mathrm{O}(V) \mid \det A = 1\} \tag{4.155}$$

がある（$\det A$ は線形作用素 $A$ の行列式；1 章，1.6 節を参照）．これが実際に部分群になることは，線形作用素の行列式の性質による．SO($V$) を **$V$ 上の回転群** という．もちろん，これは $n$ 次回転群 SO($n$) の一般化である．

**【定義 4.32】** $\boldsymbol{F} : V \to V$ が，$A \in \mathrm{SO}(V)$ について，$\boldsymbol{F}_A = \boldsymbol{F}$ を満たすとき，$\boldsymbol{F}$ は **$A$-回転対称** であるという．すべての $A \in \mathrm{SO}(V)$ に対して，$\boldsymbol{F}$ が $A$-回転対称であるとき，$\boldsymbol{F}$ は **回転対称** であるという．

定理 4.29 をいまのコンテクストに応用すれば，次の結果を得る．

**【定理 4.33】** ある $A \in \mathrm{SO}(V)$ に対して，$\boldsymbol{F}$ が $A$-回転対称ならば，

$$L(A)\mathcal{S}_{\boldsymbol{F}}(\mathbb{I}) = \mathcal{S}_{\boldsymbol{F}}(\mathbb{I}). \tag{4.156}$$

この定理の物理的意味は次の通り：$A$-回転対称な力のベクトル場 $\boldsymbol{F}$ のもとで，運動 $X$ が可能ならば，同じ力のもとで，それを空間回転した運動 $AX$ も可能である．これを **回転 $A$ に関する，運動の回転対称性** という．

■ **例 4.28** ■ 例 4.27 の場 $\boldsymbol{F}$ は回転対称である（∵ $B \in \mathrm{O}(V)$ ならば $\|B\boldsymbol{x}\|^2 = \|\boldsymbol{x}\|^2$）．

---

[39] $V$ 上の直交変換については，2 章，定義 2.16 を参照．

### 4.7.6 空間並進対称性

各 $a \in V$ に対して,写像 $T_a : V \to V$ を

$$T_a(x) := x + a, \quad x \in V$$

によって定義し,これをベクトル $a$ による,$V$ 上の**空間並進**という. 次の性質は定義からただちにわかる:

$$T_0 = I_V, \quad T_a T_b = T_{a+b}, \quad a, b \in V. \tag{4.157}$$

空間並進の全体 $\{T_a \mid a \in V\}$ は $V$ 上の変換群をなす ($T_a^{-1} = T_{-a}$ である).

写像 $\hat{T}_a : \mathsf{Map}(\mathbb{I}; V) \to \mathsf{Map}(\mathbb{I}; V)$ を

$$(\hat{T}_a X)(t) := T_a X(t) = X(t) + a, \quad t \in \mathbb{I}, \ X \in \mathsf{Map}(\mathbb{I}; V)$$

と定義すれば,

$$\mathsf{T}_{\text{space}} := \{\hat{T}_a \mid a \in V\}$$

は $\mathsf{Map}(\mathbb{I}; V)$ 上の変換群である.これは加法群としての $V$ の表現になっている.

運動 $\hat{T}_a X$ は運動 $X$ をベクトル $a$ だけ平行移動したものである.

さて,$X \in \mathcal{S}_F(\mathbb{I})$ としよう.このとき,$\hat{X}_a = \hat{T}_a X$ とおけば

$$m \frac{d^2}{dt^2} \hat{X}_a(t) = F(\hat{X}_a(t) - a).$$

そこで

$$F_a(x) := F(x - a), \quad x \in V \tag{4.158}$$

によって新しいベクトル場 $F_a$ を導入すれば,

$$m \frac{d^2}{dt^2} \hat{X}_a(t) = F_a(\hat{X}_a(t)). \tag{4.159}$$

したがって,$\hat{X}_a \in \mathcal{S}_{F_a}(\mathbb{I})$. ゆえに

$$\hat{T}_a \mathcal{S}_F(\mathbb{I}) \subset \mathcal{S}_{F_a}(\mathbb{I}).$$

同様にして,任意の $y \in \mathcal{S}_{F_a}(\mathbb{I})$ に対して $y_{-a}(t) = y(t) - a$ とおけば,$y_{-a} \in \mathcal{S}_F(\mathbb{I})$ であって $\hat{T}_a y_{-a} = y$ が成り立つ.よって

$$\hat{T}_a \mathcal{S}_F(\mathbb{I}) = \mathcal{S}_{F_a}(\mathbb{I}). \tag{4.160}$$

ベクトル場 $F_a$ は $F$ のベクトル $a$ による並進と呼ばれる．

性質 (4.160) の物理的意味は次の通りである：**力場 $F$ のもとでの運動 $X(t)$ が可能であるならば，運動 $X(t)$ をベクトル $a$ だけ平行移動してできる運動 $\hat{X}_a(t) = X(t) + a$ は力場 $F_a$ のもとで可能である**．この性質を運動の**空間的並進の並行性**と呼ぶ．

力のベクトル場 $F$ のある集合を導入する．

**【定義 4.34】** ベクトル場 $F : V \to V$ について，$F_a = F$ が成り立つとき，$F$ はベクトル $a$ による**並進対称性**をもつという．

■ **例 4.29** ■ $(e_i)_{i=1}^d$ を $V$ の任意の基底とし，$x = \sum_{i=1}^d x_i e_i$ と表すとき，$x = (x_1, \cdots, x_d) \in \mathbb{R}^d$ とし，$F(x) = \sum_{i=1}^d F_i(x) e_i$ と表すことにする．ベクトル $a = \sum_{i=1}^d a_i e_i$ による並進対称な $F$ をつくるには，各 $F_i$ として周期 $a$ の関数をとればよい（そのような関数は無数にある）．たとえば，$F_i(x) = \sin(2\pi x_1/a_1) \sin(2\pi x_2/a_2) \cdots \sin(2\pi x_d/a_d), i = 1, \cdots, d$．

**!注意 4.13** 容易にわかるように，すべての $a \in V$ に対して，$a$ による並進対称性をもつベクトル場は定ベクトル場しかない．

(4.160) から次の結果が得られる．

**【命題 4.35】** $F$ がベクトル $a$ による並進対称性をもてば，

$$\hat{T}_a \mathcal{S}_F(\mathbb{I}) = \mathcal{S}_F(\mathbb{I}). \tag{4.161}$$

この命題は重要な事柄を語る：**$F$ がベクトル $a$ による並進対称性をもつとき，力場 $F$ のもとで運動 $X(t)$ が可能ならば，同じ力場 $F$ のもとで，それをベクトル $a$ だけ平行移動した運動 $\hat{X}_a(t) = X(t) + a$ も可能である**．この性質を運動の空間的 $a$-**並進対称性**という．

## 演習問題

$V$ は $d$ 次元ユークリッドベクトル空間であるとする．

1. (等速度とは限らない直線運動)
    (i) 定点 $a \in V$ を通り，方向が定ベクトル $b \in V, b \neq 0$ と同じ直線の部分集合上を運動する質点の位置 $X : \mathbb{I} \to V$ は，適当な関数 $f : \mathbb{I} \to \mathbb{R}$ を

用いて，
$$\boldsymbol{X}(t) = \boldsymbol{a} + f(t)\boldsymbol{b}, \quad t \in \mathbb{I} \tag{4.162}$$
という形に表されることを示せ．

(ii) (i) の直線運動が等速度であるのは，$f$ が $t$ の 1 次関数であるとき (i.e., 定数 $c, d \in \mathbb{R}$ があって $f(t) = ct + d$ と表されるとき) かつこのときに限ることを示せ．

(iii) (i) で $g(t) = \dot{f}(t)/f(t)$ ($f(t) \neq 0$ とする) とおけば，(4.162) の $\boldsymbol{X}(t)$ は微分方程式
$$\frac{d\boldsymbol{X}(t)}{dt} = g(t)(\boldsymbol{X}(t) - \boldsymbol{a}) \tag{4.163}$$
を満たすことを示せ．

(iv) 逆に，$g$ を任意の連続関数とするとき，(4.163) に従う運動 $\boldsymbol{X} : \mathbb{I} \to V$ は直線運動であることを示せ．

**!注意 4.14** (ii) から，たとえば，次式によって定義される写像 $\boldsymbol{X} : \mathbb{I} \to V$ は直線運動であるが，等速度運動でない ($n \in \mathbb{N}$)．
$$\boldsymbol{X}(t) = \boldsymbol{a} + t^{n+1}\boldsymbol{b}, \quad t \in \mathbb{I}.$$

2. $\Gamma := V \times V$（相空間）とおく．$W : \Gamma \to \Gamma$ とし，$\Gamma$ における運動 $\phi : \mathbb{R} \to \Gamma$ で微分方程式 $d\phi(t)/dt = W(\phi(t)) \cdots (*)$ を満たすものを考える（例：4.2.6 項で $W_t = W$ が $t$ によらない場合）．この微分方程式の解で $t = 0$ で点 $X \in \Gamma$ にあるものを $\phi(X, t)$ で表す：$d\phi(X, t)/dt = W(\phi(X, t))$, $\phi(X, 0) = X \cdots (**)$．いま，任意の $X \in \Gamma$ に対して，微分方程式 $(**)$ の解はすべての時間 $t \in \mathbb{R}$ にわたって一意的に存在すると仮定する．このとき，各 $t \in \mathbb{R}$ に対して，写像 $\phi_t : \Gamma \to \Gamma$ が $\phi_t(X) := \phi(X, t)$, $X \in \Gamma$ によって定義される．曲線 $\gamma_X : \mathbb{R} \to \Gamma$ を $\gamma_X(t) := \phi(X, t)$ によって定義し，この型の曲線の集合 $\{\gamma_X \mid X \in \Gamma\}$ を微分方程式 $(*)$ が生み出す**流れ**（**相流**）と呼び，その要素を**流線**という．

(i) 任意の $t, s \in \mathbb{R}$ に対して，$\phi_t \phi_s = \phi_{s+t}$ を示せ（左辺は合成写像）．

(ii) 異なる初期値をもつ流線は互いに交わることはないこと，すなわち，$X, Y \in \Gamma, X \neq Y$ ならば $\phi(X, t) \neq \phi(Y, t)$, $t \in \mathbb{R}$ を示せ．

(iii) $\Gamma$ は相流で埋めつくされること，すなわち，$\Gamma = \bigcup_{X \in \Gamma} \{\gamma_X(t) \mid t \in \mathbb{R}\}$ を示せ．

3. 定理 4.8 の証明を与えよ．

以下，$m > 0$ は定数であるとする．

4. $\boldsymbol{a} \neq 0, \boldsymbol{v}_0 \neq 0, \boldsymbol{x}_0$ を $V$ の定ベクトルとし，$\boldsymbol{a}$ と $\boldsymbol{v}_0$ は線形独立であるとする．

(i) ニュートンの運動方程式 $m\dfrac{d^2\boldsymbol{X}(t)}{dt^2} = \boldsymbol{a}$ の解 $\boldsymbol{X}(t)$ で $\boldsymbol{X}(0) = \boldsymbol{x}_0, \dot{\boldsymbol{X}}(0) = \boldsymbol{v}_0$ を満たすものを求めよ．

(ii) 曲線 $\boldsymbol{X}(t) - \boldsymbol{x}_0$ は $\boldsymbol{a}$ と $\boldsymbol{v}_0$ で生成される 2 次元部分空間（平面）——$W$ としよう——の中にあることを示せ．

(iii) $(\boldsymbol{v}_0, \boldsymbol{a})$ を $W$ の基底と見て，$\boldsymbol{X}(t) - \boldsymbol{x}_0 = x_1(t)\boldsymbol{v}_0 + x_2(t)\boldsymbol{a}$ と成分表示するとき，$(x_1(t), x_2(t))$ は $\mathbb{R}^2$ 内の放物線を描くことを示せ．

5. 地表面付近において，高さ $h > 0$ の位置から質量 $m$ の物体（質点）を速さ $v_0 > 0$ で水平に投げるとき，以後の質点の運動の軌道を求めよ．

6. $\boldsymbol{x}_0, \boldsymbol{v}_0 \in V$ を定ベクトルとし，$k \in \mathbb{R}, k \neq 0$ とする．ニュートンの運動方程式 $m\dfrac{d^2\boldsymbol{X}(t)}{dt^2} = k\dfrac{d\boldsymbol{X}(t)}{dt}$ の解で $\boldsymbol{X}(0) = \boldsymbol{x}_0, \dot{\boldsymbol{X}}(0) = \boldsymbol{v}_0$ となるものを求めよ．この曲線は幾何学的にはどういう曲線を表すか．

7. $n \geq 2$ として，$n$ 点系を考える（4.4.8 項）．$M := \sum_{i=1}^n m_i$（全質量），時刻 $t$ における系の重心を $\boldsymbol{X}_c(t)$ とし，$\boldsymbol{L}_c(t; \boldsymbol{x}_0) := (\boldsymbol{X}_c(t) - \boldsymbol{x}_0) \wedge M\dot{\boldsymbol{X}}_c(t)$ ($\boldsymbol{x}_0 \in V$), $\boldsymbol{r}_i(t) := \boldsymbol{X}_i(t) - \boldsymbol{X}_c(t)$（重心に関する相対位置ベクトル），$\boldsymbol{S}(t) := \sum_{i=1}^n \boldsymbol{r}_i(t) \wedge m_i \dot{\boldsymbol{r}}_i(t)$ とおく．このとき，$\boldsymbol{J}(t; \boldsymbol{x}_0) = \boldsymbol{L}_c(t; \boldsymbol{x}_0) + \boldsymbol{S}(t) \cdots (*)$ を示せ．

**! 注意 4.15** $\boldsymbol{L}(t; \boldsymbol{x}_0)$ は，点 $\boldsymbol{x}_0$ のまわりの，重心の軌道角運動量を表す．他方，$\boldsymbol{S}(t)$ は重心のまわりの，質点たちの"回転"の角運動量の総和を表すベクトルと解釈される．しかも，それは，軌道角運動量を測る基準点 $\boldsymbol{x}_0$ の選び方によらないから，質点系に固有の角運動量とみなせる．そこで，$\boldsymbol{S}(t)$ を $n$ 点系の**スピン角運動量**という．力を加えても変形しない理想的な連続物体は**剛体**と呼ばれる．剛体は各部分を無限小分割することにより，$n$ 点系の $n \to \infty$ の極限（連続体極限）とみなせる．$n$ 点系のスピン角運動量の連続体極限として剛体のスピン各運動量が定義される．剛体の場合も $\boldsymbol{x}_0$ のまわりの全軌道角運動量は $(*)$ の形に書ける．

8. (**ヴィリアル定理**[40]) $\boldsymbol{X} : \mathbb{R} \to V$ をニュートンの運動方程式 $m\dfrac{d^2\boldsymbol{X}(t)}{dt^2} = \boldsymbol{F}(\boldsymbol{X}(t))$ の解とする．$T > 0$ に対して，$\sup_{t \in [0,T]} |\langle \dot{\boldsymbol{X}}(t), \boldsymbol{X}(t)\rangle| \leq CT^\alpha$ と仮定する．ただし，$0 \leq \alpha < 1$ とする．$v(t) = \|\dot{\boldsymbol{X}}(t)\|$ とおく．このとき，

$$\lim_{T \to \infty} \left(\frac{1}{T}\int_0^T mv(t)^2 dt + \frac{1}{T}\int_0^T \langle \boldsymbol{F}(\boldsymbol{X}(t)), \boldsymbol{X}(t)\rangle dt\right) = 0$$

を証明せよ．

---

[40] ヴィリアル (virial) という概念は，熱力学の建設に大きな貢献をしたクラウジウス (1822–1888, 独) によって導入された．エネルギーの長時間平均に関わる概念である．

**!注意 4.16** 関数 $f : [0, \infty) \to \mathbb{R}$ に対して，長時間平均 $\bar{f}$ を

$$\bar{f} := \lim_{T \to \infty} \frac{1}{T} \int_0^T f(t)dt$$

によって定義する（ただし，右辺の極限が存在する場合のみ）．$v(t)^2$ および $\langle \boldsymbol{F}(\boldsymbol{X}(t)), \boldsymbol{X}(t) \rangle$ のそれぞれの長時間平均が存在するとすれば，上の結果は

$$\overline{\frac{m}{2}v^2} = -\frac{1}{2}\overline{\langle \boldsymbol{F}(\boldsymbol{X}), \boldsymbol{X} \rangle}$$

と書ける．つまり，運動エネルギーの長時間平均は力と位置ベクトルの内積の長時間平均の $(-1/2)$ 倍に等しい．

9. G を群とする．

    (i) G の単位元は唯 1 つであることを示せ．

    (ii) 任意の $a \in$ G に対して，$a$ の逆元は唯 1 つであることを示せ．

10. $n \geq 2$ ならば群 $\mathrm{GL}(n, \mathbb{K})$ は非可換であることを示せ．

11. 演習問題 2 における写像 $\phi_t : \Gamma \to \Gamma$ の集合 $\mathsf{G}_W := \{\phi_t \mid t \in \mathbb{R}\}$ は $\Gamma$ 上の変換群であることを示せ．

12. $M$ を空でない集合とし，$\mathsf{Map}(M)$ を $M$ 上の写像の全体とする．各 $t \in \mathbb{R}$ に対して $f_t \in \mathsf{Map}(M)$ があって，$f_0 = I_M$（$M$ 上の恒等写像），$f_s f_t = f_{t+s}, s, t \in \mathbb{R}$ を満たしているとする．このとき，$\{f_t \mid t \in \mathbb{R}\}$ は $M$ 上の変換群であることを証明せよ．

# 5

# 解析力学への道

　$d$ 次元ユークリッドベクトル空間 $V$ における質点系の中には，たとえば，球面上の運動のように，$V$ の中の特定の場所においてのみ運動が可能なクラスが存在しうる．このような系は束縛系あるいは拘束系と呼ばれる．この種の運動に関しては，座標系を適切に設定するとニュートンの運動方程式を陽に解くことができたり，たとえ陽に解くことができなくても，解の定性的性質をある程度詳しく解析できる場合がある．この章では，拘束系をも一般的に扱うことができる方法について論述する．基本的な着想は，ニュートンの運動方程式をすべての座標系に通用する普遍的な形に書き直すことである．これが，すなわち，解析力学への第一歩である．この道を追究することにより，ニュートン力学の運動方程式を生み出す，より高次の理念としての変分原理へと到達する．

## 5.1　自由度と一般化座標

　4章では，ニュートン力学の原理的な基礎を絶対的な相において明晰に認識するために，一般法則を叙述するにあたっては，物理的空間の抽象的・普遍的理念形態である $d$ 次元ユークリッド空間には座標を導入しないで論じてきた．ところで，すでに注意したように，力学の具体的諸問題—— これらは抽象的原理の現象例であり，その"具象的表現"あるいは"具象的展開"である——を解く場合には，問題に応じて，適切な座標系——線形座標系とは限らない——を導入したほうが便利な場合がある．場合によっては，問題の解法が劇的に簡単になる場合もありうる[1]．

　質点が運動しうる範囲が空間全体 $V$ ではなく，空間の一部 $M$——たとえば，球面——だけを動くことが許されるような場合などは，いま言及した問題の範疇に属する．そのような質点は $M$ に**束縛されている**といい，このような力学系を**拘**

---

[1] 4.5節，4.6節の議論は，こうした事態の一端を示している．

束系 (constrained system) と呼ぶ．

　拘束系をも含む力学系の範疇における座標の概念は，力学系の自由度という概念と結びついている．一般に，力学系の各時刻での配位——平たくいえば"配置"——を定めるために必要かつ十分な独立変数（パラメータ）の個数 $f$ を力学系の**自由度** (degree of freedom) と呼び，そのような $f$ 個の独立変数の組 $(q_1, \cdots, q_f)$ を**一般化座標** (generalized coordinate) という．運動が行われるすべての時刻にわたって，同じ個数 $f$ の独立変数で系の配位が記述されるとき，この系の自由度は $f$ であるという．

　力学系の配位となりえない空間点の補集合を系の**配位空間** (configuration space) という．たとえば，$V^n$ の部分集合 $M$ に束縛され，$M$ 内だけを運動することが許される質点系の配位空間は $M$ である．自由度 $f$ の系の一般化座標というのは，配位空間の点を $f$ 個のパラメータを用いて表示したものである．この $f$ 個のパラメータのひと組は $f$ 次元数空間 $\mathcal{R}^f$（1 章, 例 1.27）の 1 つの元とみなせる．したがって，一般化座標を定めるということは，数学的には，配位空間から $f$ 次元数空間 $\mathcal{R}^f$ の中への 1 対 1 かつ連続な写像を定めるということに他ならない．この場合，その逆写像も連続であるとするのが自然である．$\mathcal{R}^f$ はユークリッド空間（ユークリッドベクトル空間 $\mathbb{R}^f$ を基準ベクトル空間とするアファイン空間）として距離空間である．連続性はこの距離に関するものである（2 章，2.6 節を参照）．

　以上の発見法的考察に基づいて $n$ 点系の一般化座標を定義しよう．

　$d$ 次元実内積空間（ユークリッドベクトル空間）$V$ の中を運動する $n$ 点系の配位空間は $V^n$ の部分集合 $M$ であるとし，系の自由度を $f$ とする．$M$ の部分集合 $M_\lambda$ ——$\lambda \in \Lambda$；$\Lambda$ は添え字集合[2]——で $f$ 次元数空間 $\mathcal{R}^f$ の開集合 $O_\lambda$ と同相であるようなものが存在して，$M = \bigcup_{\lambda \in \Lambda} M_\lambda$ と表されるとし，$M_\lambda$ から $O_\lambda$ への同相写像を $\phi_\lambda$ とする．このとき，各 $(M_\lambda, \phi_\lambda)$ を $M$ の**座標近傍** (coordinate neighborhood) と呼び，これらをすべて集めたもの $\{(M_\lambda, \phi_\lambda)\}_{\lambda \in \Lambda}$ を $M$ の**座標近傍系** (system of coordinate neighborhoods) という（図 5.1）．

　この場合，任意の点 $P \in M$ に対して，$P \in M_\lambda$ となる $\lambda \in \Lambda$ がある（ただし，このような $\lambda$ は 1 つとは限らない）．したがって，$\phi_\lambda(P)$ は，$P$ ごとに定まる，$f$ 個の実数の組 $\phi_\lambda(P) = (q_1(P), \cdots, q_f(P)) \in \mathcal{R}^f$ で表される．これを点 $P$ の**局所座標** (local coordinate) と呼ぶ．ここで，"局所"という接頭語がついているのは，一般には $M_\lambda = M$ とは限らないからである．各 $i = 1, \cdots, f$ に対

---

[2] たとえば，$\Lambda = \{1, 2, \cdots, N\}$（$N$ は自然数）または $\Lambda = \mathbb{N}$（自然数全体）．

して，対応 $q_i : P \mapsto q_i(P)$ は $M_\lambda$ 上の実数値関数を定める．こうして定まる $f$ 個の関数の組 $(q_1, \cdots, q_f)$ を座標近傍 $(M_\lambda, \phi_\lambda)$ における**局所座標系** (system of local coordinates) と呼ぶ（$q_i$ の形は，もちろん，$\lambda$ に依存する）．

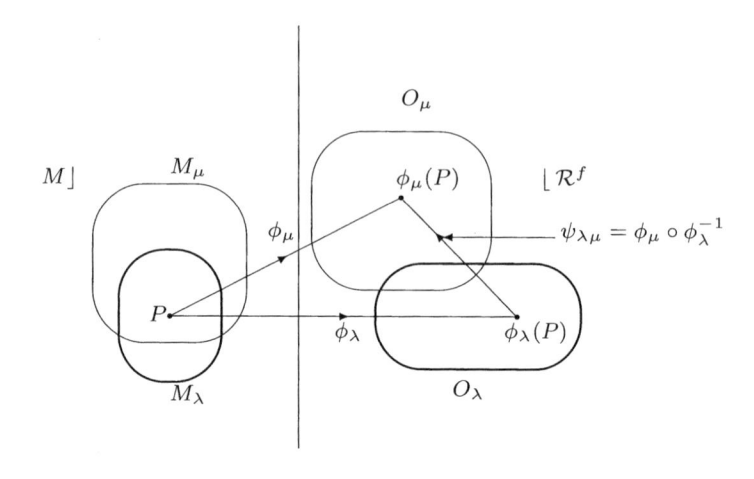

**図 5.1** 配位空間と座標近傍のイメージ

点 $P \in M$ の局所座標を点 $P$ の**一般化座標** (generalized coordinate) と呼び，点 $P$ が属する座標近傍における局所座標系を $P$ のまわりの（局所的）**一般化座標系** (system of generalized coordinates) という．

■ **例 5.1** ■ 自由度が $f = dn$ で $M = V^n$ の場合を考えよう．このような運動を**束縛なしの運動**という．$V$ の中に単位ベクトルからなる基底 $(e_1, \cdots, e_d)$（正規直交系である必要はない）を任意に１つ固定する．

$n = 1$ のときを考える．$V$ の任意の元 $\boldsymbol{x}$ は $\boldsymbol{x} = \sum_{i=1}^{d} q_i(\boldsymbol{x}) e_i$ と展開される（$q_i(\boldsymbol{x}) \in \mathbb{R}$ は展開係数）．したがって，写像 $\phi : V \to \mathcal{R}^d$ を $\phi(\boldsymbol{x}) := (q_1(\boldsymbol{x}), \cdots, q_d(\boldsymbol{x})) \in \mathcal{R}^d, \boldsymbol{x} \in V$ によって定義することができる．この写像 $\phi$ は同相である[3]．したがって，$(V, \phi)$ は $V$ の（１個の座標近傍だけからなる）座標近傍系を与える．対応 $q_i : \boldsymbol{x} \to q_i(\boldsymbol{x})$ から決まる関数の組 $(q_1, \cdots, q_d)$ がその局所座標系である．この例では，座標系 $(q_1, \cdots, q_d)$ を用いて，$V$ のすべての点を表すことができる．このような座標系は**大局的（グローバル）**(global) であるという．この型の座標系は $V$ の**斜交座標系** (oblique coordinates) と呼ばれる．特に，$(e_1, \cdots, e_d)$ が正規直交

---

[3] ２章の内積空間の同型の項を参照．

5.1 自由度と一般化座標　225

系のとき，$(q_1,\cdots,q_d)$ を**直交座標系**（orthogonal coordinates）という[4]．

$n\geq 2$ の場合は，写像 $\phi^{(n)}:V^n\to\mathcal{R}^{dn}=\underbrace{\mathcal{R}^d\times\cdots\times\mathcal{R}^d}_{n\text{ 個}}$ を

$$\phi^{(n)}(\boldsymbol{x}_1,\cdots,\boldsymbol{x}_n):=(\phi(\boldsymbol{x}_1),\cdots,\phi(\boldsymbol{x}_n)),\quad (\boldsymbol{x}_1,\cdots,\boldsymbol{x}_n)\in V^n$$

によって定義すれば，$\phi^{(n)}$ は $V^n$ から $\mathcal{R}^{dn}$ への同相写像である．$(V^n,\phi^{(n)})$ は，$V^n$ の（1 個の座標近傍だけからなる）座標近傍系を与える．$q_{ai}:V^n\to\mathbb{R}$ $(a=1,\cdots,n,i=1,\cdots,d)$ を写像 $q_{ai}(\boldsymbol{x}_1,\cdots,\boldsymbol{x}_n):=\phi(\boldsymbol{x}_a)_i=q_i(\boldsymbol{x}_a)$ によって定義すれば，

$$\phi^{(n)}=(q_{11},\cdots,q_{1d},\cdots,q_{n1},\cdots,q_{nd})$$

と書けるので $(q_{11},\cdots,q_{1d},\cdots,q_{n1},\cdots,q_{nd})$ はいまの場合の大局的座標系になる．

上述の定義に関して若干の注意をしておこう．

(i) なぜ，座標近傍系の概念が必要かというと，1 つの座標近傍だけで，配位空間のすべての点を座標表示（パラメータ表示）できるとは限らないからである（以下の例 5.2(iii)，例 5.3(ii) を参照）．

(ii) $M$ の座標近傍系は一意的であるとは限らない．実際，$\{(M_\lambda,\phi_\lambda)\}_{\lambda\in\Lambda}$ を $M$ の座標近傍系とし，$\phi_\lambda(M_\lambda)$ から $\mathcal{R}^f$ の開集合 $D_\lambda$ への同相写像 $f_\lambda$ が存在するならば，$\{(M_\lambda,f_\lambda\circ\phi_\lambda)\}_{\lambda\in\Lambda}$ も $M$ の座標近傍である．したがって，一般化座標系も一意的ではない．

(iii) $M$ の座標近傍系 $\{(M_\lambda,\phi_\lambda)\}_{\lambda\in\Lambda}$ を 1 つ定めても $M$ の点を一般化座標を用いて表す仕方は，一般には，一意的ではない．実際，$N_{\lambda\mu}:=M_\lambda\cap M_\mu\neq\emptyset$ $(\lambda,\mu\in\Lambda,\lambda\neq\mu)$ が成立する場合には，任意の点 $P\in N_{\lambda\mu}$ に対して，$\phi_\lambda(P)=(q_1,\cdots,q_f)$ と $\phi_\mu(P)=(q_1',\cdots,q_f')$ という 2 つの一般化座標表示があり，これらは一般には異なりうる．つまり，同一の点 $P$ に対して，異なる一般化座標表示がありうる．しかし，これらはある写像によってつながっている．というのは，

$$\psi_{\lambda\mu}:=\phi_\mu\circ\phi_\lambda^{-1}$$

とおけば，

$$(q_1',\cdots,q_f')=\psi_{\lambda\mu}(q_1,\cdots,q_f)$$

---

[4] これは 2 章ですでに言及した．

が成立するからである（図 5.1 を参照）．写像 $\psi_{\lambda\mu}$ は $\phi_\lambda(N_{\lambda\mu}) \subset O_\lambda$ から $\phi_\mu(N_{\lambda\mu}) \subset O_\mu$ への同相写像であり，（局所的）**座標変換**（coordinate transformation）と呼ばれる[5]．

(iv) 具体的な問題においては，配位空間 $M$ の座標近傍系は，通常，次のような手順で構成される．$f$ 次元数空間 $\mathcal{R}^f$ の中の開集合の族 $\{O_\lambda\}_{\lambda\in\Lambda}$ を適当に選び——これは問題に応じて定まる（一意的とは限らない）——，各 $\lambda \in \Lambda$ に対して，写像 $\psi_\lambda : O_\lambda \to M$ で次の条件を満たすものをつくる：(a) 各 $\psi_\lambda$ は単射で連続かつ逆写像 $\psi_\lambda^{-1}$ も連続；(b) $M = \bigcup_{\lambda\in\Lambda}\psi_\lambda(O_\lambda)$．このとき，$M_\lambda := \psi_\lambda(O_\lambda), \phi_\lambda := \psi_\lambda^{-1}$ とすれば，$\{(M_\lambda, \phi_\lambda)\}_{\lambda\in\Lambda}$ は $M$ の座標近傍系を与える（以下の例を参照）．

**!注意 5.1** ここでは，$M$ は $V^n$ の部分集合とした．実は，これはもっと一般的な空間概念の特殊な場合である．実際，（$V$ のことは忘れて）集合 $M$ がハウスドルフ空間（2章，2.8節を参照）であり，上述のような性質をもつとき，$M$ は**位相多様体**（topological manifold）と呼ばれる．座標変換が微分可能であれば，$M$ は**微分可能多様体**（differentiable manifold）といわれる．歴史的に見た場合，解析力学は多様体の理念をはらんでいたのである．

■ **例 5.2** ■ 3次元実内積空間 $\mathbb{R}^3$ において1個の質点からなる力学系を考える：

(i) 質点が $\mathbb{R}^3$ の中の直線 $\ell$ 上に束縛されているとき，系の自由度は 1 である．実際，直線 $\ell$ の方程式を $\boldsymbol{r} = \boldsymbol{a} + (\boldsymbol{b}-\boldsymbol{a})\tau, \tau \in \mathbb{I}$（$\boldsymbol{a}, \boldsymbol{b}$ は $\mathbb{R}^3$ の定ベクトル（$\boldsymbol{a} \neq \boldsymbol{b}$），$\mathbb{I}$ は $\mathbb{R}$ の開区間）とし，写像 $\psi : \mathbb{I} \to \ell$ を $\psi(\tau) := \boldsymbol{a} + (\boldsymbol{b}-\boldsymbol{a})\tau, \tau \in \mathbb{I}$ によって定義すれば，$\psi$ は同相写像であり，

$$\psi^{-1}(\boldsymbol{r}) = \frac{\langle \boldsymbol{b}-\boldsymbol{a}, \boldsymbol{r}-\boldsymbol{a}\rangle}{\|\boldsymbol{b}-\boldsymbol{a}\|^2}, \quad \boldsymbol{r} \in \ell$$

が成り立つ．したがって，$(\ell, \psi^{-1})$ は，配位空間 $\ell$ の座標近傍系になる．したがって，この系の自由度は 1 であり，$\mathbb{I}$ の元 $\tau$ は一般化座標を与える．

(ii) 質点が $\mathbb{R}^3$ の曲線 $\gamma$ 上に束縛されているとき，系の自由度は 1 である．実際，$\gamma$ の方程式を $\boldsymbol{r} = \psi(t), t \in \mathbb{I}$（$\mathbb{I}$ は $\mathbb{R}$ の開区間，$\psi : \mathbb{I} \to \mathbb{R}^3$ は単射連続，$\psi^{-1}$ も連続と仮定）とすれば，$(\gamma, \psi^{-1})$ は配位空間 $\gamma$ の座標近傍系であり，$\mathbb{I}$ の元は一般化座標を与える．したがって，自由度は 1 である．

(iii) 半径 $R > 0$ の円周 $S_R^1 = \{\boldsymbol{r} \in \mathbb{R}^2 \mid \|\boldsymbol{r}\| = R\}$ の上に束縛されている運動——すなわち，配位空間が $S_R^1$ ——を記述するための一般化座標として極座標

---

[5] 本書では，座標変換についても，つねに必要な微分可能性を仮定する．

がとれる．実際,

$$\mathbb{I}_1 = \{\theta \mid 0 < \theta < 2\pi\} = (0, 2\pi) \subset \mathbb{R},$$
$$\mathbb{I}_2 = \{\theta \mid -\pi < \theta < \pi\} = (-\pi, \pi) \subset \mathbb{R},$$

のそれぞれを定義域とする写像 $\psi_j = (\psi_j^{(1)}, \psi_j^{(2)}) : \mathbb{I}_j \to S_R^1 \ (j=1,2)$ を

$$\psi_j^{(1)}(\theta) := R\cos\theta, \quad \psi_j^{(2)}(\theta) := R\sin\theta, \quad \theta \in \mathbb{I}_j$$

によって定義し，$M_j = \psi_j(\mathbb{I}_j), \phi_j = \psi_j^{-1}$ とおけば，$\{(M_j, \phi_j)\}_{j=1,2}$ は $S_R^1$ の座標近傍系であり，$\mathbb{I}_j$ の元 $\theta \in \mathbb{I}_j$ は一般化座標を与える．なお，$S_R^1$ の座標近傍系は，1つの座標近傍だけからなることはない（演習問題 1）．

■ **例 5.3** ■ (i) 質点が $\mathbb{R}^3$ 内の曲面 $S$ 上に束縛されているとき，系の自由度は 2 である．実際，$S$ の方程式を $\boldsymbol{r} = \psi(\tau, \sigma), \tau \in \mathbb{I}_1, \sigma \in \mathbb{I}_2$ ($\mathbb{I}_1, \mathbb{I}_2$ は $\mathbb{R}$ の開区間，$\psi : \mathbb{I}_1 \times \mathbb{I}_2 \to S$ は単射連続，$\psi^{-1}$ も連続と仮定) とすれば，$(S, \psi^{-1})$ は $S$ の座標近傍系であり，$\mathbb{I}_1 \times \mathbb{I}_2 \subset \mathcal{R}^2$ の点 $(\tau, \sigma)$ が一般化座標を与える．したがって，自由度は 2 である．

(ii) 半径 $R > 0$ の球面 $S_R^2 = \{\boldsymbol{r} \in \mathbb{R}^3 \mid \|\boldsymbol{r}\| = R\}$ 上に束縛されている運動——配位空間が $S_R^2$——を記述するための一般化座標として球面極座標がとれる．実際,

$$D_1 = \{(\theta, \phi) \mid 0 < \theta < \pi, 0 < \phi < 2\pi\} = (0, \pi) \times (0, 2\pi) \subset \mathcal{R}^2,$$
$$D_2 = \{(\theta, \phi) \mid \frac{\pi}{2} < \theta < \frac{3\pi}{2}, -\pi < \phi < \pi\} = \left(\frac{\pi}{2}, \frac{3\pi}{2}\right) \times (-\pi, \pi) \subset \mathcal{R}^2,$$

のそれぞれを定義域とする写像 $\psi_j = (\psi_j^{(1)}, \psi_j^{(2)}, \psi_j^{(3)}) : D_j \to S_R^2$ を

$$\psi_j^{(1)}(\theta, \phi) := R\sin\theta\cos\phi, \ \psi_j^{(2)}(\theta, \phi) := R\sin\theta\sin\phi, \ \psi_j^{(3)}(\theta, \phi) := R\cos\theta$$

によって定義し，$M_j = \psi_j(D_j), \phi_j = \psi_j^{-1}$ とおけば，$\{(M_j, \phi_j)\}_{j=1,2}$ は $S_R^2$ の座標近傍系であり，$D_j$ の元 $(\theta, \phi)$ は一般化座標を与える．$S_R^2$ の座標近傍系も 1 つの座標近傍だけからなることはない（演習問題 2）．

■ **例 5.4** ■ 質点が空間 $\mathbb{R}^3$ のどの方向にも動けるとき，系の自由度は 3 である．

■ **例 5.5** ■ 質量がなく，伸び縮みしない固い棒で結ばれた 2 個の質点からなる系の自由度は 5 である．まず，第 1 の質点に注目すると，これは，空間のどの方向にも動くことができるから，3 個の自由度をもつ．この 3 個の自由度を定めると，第 2 の質点は，第 1 の質点の位置を中心として，棒の長さの半径の球面上しか動かないから，この自由度は 2 である．したがって，全体として，$3 + 2 = 5$ の自由度をもつ．

■ 例 5.6 ■ $d$ 次元ユークリッドベクトル空間 $V$ における $n$ 点系において，質点たちが $k$ 個 $(k < dn)$ の独立な関数関係式 $\Phi_j(\boldsymbol{x}) = 0, j = 1, \cdots, k$ $(\Phi_j : V^n \to \mathbb{R})$，に従う束縛を受けながら運動するとき，系の自由度は $f = dn - k$ である．この種の束縛条件を**ホロノミック**な条件という[6]．
**具体例**：$\mathbb{R}^3$ における半径 $R$ の球面上 $S_R^2$ を $n$ 個の質点が運動する場合，$\Phi_j(\boldsymbol{r}_1, \cdots, \boldsymbol{r}_n) = \|\boldsymbol{r}_j\| - R,\ \boldsymbol{r}_j \in \mathbb{R}^3, j = 1, \cdots, n$ とすれば，$\Phi_j(\boldsymbol{r}_1, \cdots, \boldsymbol{r}_n) = 0$ が束縛条件である．したがって，自由度は $3n - n$ である．

## 5.2 ラグランジュ方程式

一般化座標の概念が捉えられたので，自由度が $f$ の質点系のニュートンの運動方程式を一般化座標を用いて表す仕事にとりかかろう．もちろん，ここでも，普遍性を探究する観点に立つので，任意の一般化座標系において成り立つ運動方程式を求めなければならない．

### 5.2.1 一般ラグランジュ方程式

本質的でない煩雑さを避けるために，まず，1 個の質点 $m$ が（時間に依存しうる）力 $\boldsymbol{F} : V \times \mathbb{R} \to V$ の作用のもとで運動する系を考えよう．したがって，運動方程式は

$$m\ddot{\boldsymbol{X}}(t) = \boldsymbol{F}(\boldsymbol{X}(t), t) \tag{5.1}$$

である．$\boldsymbol{e}_1, \cdots, \boldsymbol{e}_d$ を $V$ の任意の基底とし——正規直交系である必要はない——この基底に関する線形座標系の座標を $\boldsymbol{x} = (x_1, \cdots, x_d) \in \mathbb{R}^d$ で表す ($\boldsymbol{x} = \sum_{i=1}^d x_i \boldsymbol{e}_i$)．$\boldsymbol{F}(\boldsymbol{x}, t) = \sum_{i=1}^d F_i(x, t) \boldsymbol{e}_i$ $(F_i : \mathbb{R}^d \times \mathbb{R} \to \mathbb{R})$ および

$$\boldsymbol{X}(t) = \sum_{i=1}^d X_i(t) \boldsymbol{e}_i \tag{5.2}$$

と展開できる ($X_i(t) \in \mathbb{R}$)．いま，

$$X(t) := (X_1(t), \cdots, X_d(t)) \tag{5.3}$$

とおく．したがって，運動方程式 (5.1) を基底 $\boldsymbol{e}_1, \cdots, \boldsymbol{e}_d$ に関する成分表示で書

---

[6] "ホロノミック" というのは "積分可能" を意味するギリシア語 holos に由来する．

けば
$$m\ddot{X}_i(t) = F_i(X(t), t), \quad i = 1, \cdots, d \tag{5.4}$$
となる.

いま,系の自由度は $f$ ($f \leq d$) であるとし,その配位空間を $M \subset V$, $\{(M_\lambda, \phi_\lambda)\}_{\lambda \in \Lambda}$ を $M$ の座標近傍系とする.このとき, $M = \bigcup_{\lambda \in \Lambda} M_\lambda$ であるから,各 $M_\lambda$ での質点の運動を考えれば十分である.そこで, $\lambda \in \Lambda$ を任意に固定し,
$$D_\lambda = \phi_\lambda(M_\lambda) \subset \mathcal{R}^f \tag{5.5}$$
とおく. $D_\lambda$ の点を $q = (q_1, \cdots, q_f)$ のように表す.

任意の $\boldsymbol{x} = \sum_{i=1}^d x_i \boldsymbol{e}_i \in V$ ($x_i \in \mathbb{R}$) に対して,
$$A(\boldsymbol{x}) = (x_1, \cdots, x_d) \tag{5.6}$$
とおけば, $A : V \to \mathbb{R}^d$ は同相な線形写像である.したがって,
$$\psi := A \circ \phi_\lambda^{-1} \tag{5.7}$$
とおけば, $\psi$ は $D_\lambda$ から $\mathbb{R}^d$ への連続な単射であり,その逆写像 $\psi^{-1}$ も連続である.したがって, $\psi = (\psi_1, \cdots, \psi_d)$ と書ける.ただし, $\psi_i : D_\lambda \to \mathbb{R}$ ($i = 1, \cdots, d$) である.

以下, $M_\lambda$ における質点の運動を考える.したがって, $A^{-1}(X(t)) \in M_\lambda$. これが成立する時間 $t$ の属する区間を $I$ とする.ゆえに,
$$q(t) := \psi^{-1}(X(t)) \tag{5.8}$$
とおけば, $q : I \to D_\lambda$ は $M_\lambda$ における運動を一般化座標を用いて表したものであり,
$$X_i(t) = \psi_i(q(t)) = \psi_i(q_1(t), \cdots, q_f(t)), \quad i = 1, \cdots, d \tag{5.9}$$
が成り立つ.

(5.9) を用いて, (5.4) から, $q_\alpha(t)$ ($\alpha = 1, \cdots, f$) が従う方程式を導こう[7]. まず, (5.9) の両辺を $t$ で微分すると,合成関数の微分法により,
$$\dot{X}_i(t) = \sum_{\alpha=1}^f \dot{q}_\alpha(t)(\partial_\alpha \psi_i)(q(t)). \tag{5.10}$$

---
[7] $\psi_i$ の微分可能性については,つねに必要なだけ仮定する.

ただし，$\partial_\alpha \psi_i := \partial \psi_i / \partial q_\alpha$ （$D_\lambda$ 上の実数値関数 $\psi_i$ の変数 $q_\alpha$ に関する偏導関数）．したがって，

$$\ddot{X}_i(t) = \sum_{\alpha=1}^{f} \ddot{q}_\alpha(t)(\partial_\alpha \psi_i)(q(t)) + \sum_{\alpha,\beta=1}^{f} \dot{q}_\alpha(t)\dot{q}_\beta(t)(\partial_\alpha \partial_\beta \psi_i)(q(t)).$$

これを (5.4) に代入すれば，

$$\sum_{\gamma=1}^{f} m\ddot{q}_\gamma(t)(\partial_\gamma \psi_j)(q(t)) + \sum_{\beta,\gamma=1}^{f} m\dot{q}_\gamma(t)\dot{q}_\beta(t)(\partial_\gamma \partial_\beta \psi_j)(q(t)) = \widetilde{F}_j(q(t),t). \tag{5.11}$$

ただし，$\widetilde{F}_j(q,t) := F_j(\psi(q),t)$ （$j = 1, \cdots, d$）．これは，一応，変数 $q(t)$ だけの方程式であるが，左辺は簡潔で美しい形をしていない——これはまだ普遍的本質が顕在化していないということである——という点で (5.11) を一般化座標系における運動方程式の最終的な形とするわけにはいかない．一方，右辺は力と一般化座標系を1つ定めれば決まるので問題はない．左辺も，座標系の取り方によらない量から，一般化座標を1つ定めれば決まるような形になっていればよい．

そこで，そのような量の候補を考えるわけであるが，まずは，それを力学系に同伴するスカラー量の中から選ぶのは自然である．この種の量としては，たとえば，運動エネルギー $T(t) = m\|\dot{\boldsymbol{X}}(t)\|^2/2$ がある．(5.2) によって

$$\dot{\boldsymbol{X}}(t) = \sum_{i=1}^{d} \dot{X}_i(t)\boldsymbol{e}_i \tag{5.12}$$

であるから，座標系 $(\boldsymbol{e}_i)_{i=1}^{d}$ では，

$$T(t) = \sum_{i,j=1}^{d} \frac{m}{2} g_{ij} \dot{X}_i(t) \dot{X}_j(t) \tag{5.13}$$

と表示される．ただし，

$$g_{ij} := \langle \boldsymbol{e}_i, \boldsymbol{e}_j \rangle, \quad i,j = 1, \cdots, d. \tag{5.14}$$

これに (5.10) を代入すれば，

$$T(t) = \sum_{i,j=1}^{d} \sum_{\alpha,\beta=1}^{f} \frac{m}{2} g_{ij} \dot{q}_\alpha(t) \dot{q}_\beta(t) (\partial_\alpha \psi_i)(q(t))(\partial_\beta \psi_j)(q(t)) \tag{5.15}$$

と表される.これが,運動エネルギーの一般化座標での表示である.式 (5.15) は,$T(t)$ が $q_\alpha(t)$ と $\dot{q}_\alpha(t)$ $(\alpha = 1, \cdots, f)$ の関数であることを示す.より正確には,写像 $T_\psi : D_\lambda \times \mathcal{R}^f \to \mathbb{R}$ を

$$T_\psi(q,\xi) := \sum_{i,j=1}^d \sum_{\alpha,\beta=1}^f \frac{m}{2} g_{ij} \xi_\alpha \xi_\beta (\partial_\alpha \psi_i)(q)(\partial_\beta \psi_j)(q),$$
$$(q,\xi) = (q,\xi_1,\cdots,\xi_f) \in D_\lambda \times \mathcal{R}^f \quad (5.16)$$

によって定義すれば,

$$T(t) = T_\psi(q(t), \dot{q}(t)) \quad (5.17)$$

ということである $(\dot{q}(t) := (\dot{q}_1(t), \cdots, \dot{q}_f(t)))$.次の記法を用いる:

$$\frac{\partial T(t)}{\partial q_\alpha(t)} := \left.\frac{\partial T_\psi}{\partial q_\alpha}\right|_{q=q(t),\xi=\dot{q}(t)}, \quad \frac{\partial T(t)}{\partial \dot{q}_\alpha(t)} := \left.\frac{\partial T_\psi}{\partial \xi_\alpha}\right|_{q=q(t),\xi=\dot{q}(t)}.$$

したがって,

$$\frac{\partial T(t)}{\partial q_\alpha(t)} = \sum_{i,j=1}^d \sum_{\beta,\gamma=1}^f m g_{ij} \dot{q}_\beta(t) \dot{q}_\gamma(t) (\partial_\alpha \partial_\beta \psi_i)(q(t))(\partial_\gamma \psi_j)(q(t)), \quad (5.18)$$

$$\frac{\partial T(t)}{\partial \dot{q}_\alpha(t)} = \sum_{i,j=1}^d \sum_{\gamma=1}^f m g_{ij} \dot{q}_\gamma(t) (\partial_\alpha \psi_i)(q(t))(\partial_\gamma \psi_j)(q(t)). \quad (5.19)$$

ここで,$g_{ij}$ の対称性:$g_{ij} = g_{ji}, i,j = 1, \cdots, d$ を用いた.(5.19) の両辺を $t$ で微分し,(5.18) を使えば,

$$\frac{d}{dt} \frac{\partial T(t)}{\partial \dot{q}_\alpha(t)} - \frac{\partial T(t)}{\partial q_\alpha(t)}$$
$$= \sum_{i,j=1}^d \sum_{\gamma=1}^f m g_{ij} \ddot{q}_\gamma(t) (\partial_\alpha \psi_i)(q(t))(\partial_\gamma \psi_j)(q(t))$$
$$+ \sum_{i,j=1}^d \sum_{\beta,\gamma=1}^f m g_{ij} \dot{q}_\gamma(t) \dot{q}_\beta(t) (\partial_\alpha \psi_i)(q(t))(\partial_\beta \partial_\gamma \psi_j)(q(t)) \quad (5.20)$$

が成立することがわかる.一方,(5.11) から,(5.20) の右辺は

$$Q_\alpha(t) := \sum_{i,j=1}^d g_{ij} \widetilde{F}_j(q(t),t)(\partial_\alpha \psi_i)(q(t)) \quad (5.21)$$

に等しいことがわかる．よって，

$$\frac{d}{dt}\frac{\partial T(t)}{\partial \dot{q}_\alpha(t)} - \frac{\partial T(t)}{\partial q_\alpha(t)} = Q_\alpha(t), \quad \alpha = 1, \cdots, f \tag{5.22}$$

という美しい形の方程式が得られる．この方程式は，運動エネルギーと力——これらは座標系の取り方によらない——から，任意の一般化座標系における運動方程式を書き下すことができることを示す．この意味で (5.22) は普遍的な方程式である．方程式 (5.22) を**一般ラグランジュ方程式** (general Lagrange equation) という[8]．

## 5.2.2 保存力のもとでの運動に関するラグランジュ方程式

### 1 個の質点からなる系の場合

力 $\boldsymbol{F}$ が保存力という性質のよい力である場合に (5.22) がどういう形をとるかを調べよう．この場合は，ポテンシャル $U: V \to \mathbb{R}$ が存在して

$$\boldsymbol{F}(\boldsymbol{x}) = -\operatorname{grad} U(\boldsymbol{x})$$

と書ける．関係式

$$\langle \boldsymbol{F}(\boldsymbol{x}), \boldsymbol{e}_i \rangle = \sum_{j=1}^{d} g_{ij} F_j(x)$$

を用いると

$$\sum_{j=1}^{d} g_{ij} F_j(x) = -\langle \operatorname{grad} U(\boldsymbol{x}), \boldsymbol{e}_i \rangle.$$

一方，grad の定義により，

$$\lim_{\varepsilon \to 0} \frac{U(\boldsymbol{x} + \varepsilon \boldsymbol{e}_i) - U(\boldsymbol{x})}{\varepsilon} = \langle \operatorname{grad} U(\boldsymbol{x}), \boldsymbol{e}_i \rangle.$$

したがって，

$$\sum_{j=1}^{d} g_{ij} F_j(x) = -\frac{\partial U(\boldsymbol{x})}{\partial x_i}.$$

ただし，右辺は $U(\boldsymbol{x})$ を $x = (x_1, \cdots, x_d)$ の関数と見たときの，変数 $x_i$ に関す

---

[8] ラグランジュ (Joseph Louis Lagrange, 1763–1813, 伊) は，当時，ヨーロッパ最大の数学者と呼ばれた．解析力学の創始者にして基本的に大成者．

る偏微分を表す．これを用いると，

$$Q_\alpha(t) = \sum_{i,j=1}^{d} g_{ij} \widetilde{F}_j(q(t))(\partial_\alpha \psi_i)(q(t)) = -\frac{\partial U}{\partial q_\alpha(t)}$$

がわかる．ただし，

$$\frac{\partial U}{\partial q_\alpha(t)} := \left.\frac{\partial U(\sum_{i=1}^{d} \psi_i(q) \boldsymbol{e}_i)}{\partial q_\alpha}\right|_{q=q(t)}.$$

したがって，(5.22) は

$$\frac{d}{dt}\frac{\partial T(t)}{\partial \dot{q}_\alpha(t)} - \frac{\partial T(t)}{\partial q_\alpha(t)} = -\frac{\partial U}{\partial q_\alpha(t)} \tag{5.23}$$

という形をとる．そこで，関数

$$L(t) := T(t) - U(\boldsymbol{X}(t)) \tag{5.24}$$

——運動エネルギーとポテンシャルエネルギーの差—— を導入すれば，

$$\frac{d}{dt}\frac{\partial L(t)}{\partial \dot{q}_\alpha(t)} - \frac{\partial L(t)}{\partial q_\alpha(t)} = 0, \quad \alpha = 1,\cdots,f \tag{5.25}$$

を得る．この方程式を**ポテンシャルがある場合のラグランジュ方程式**あるいは単に**ラグランジュ方程式**という．関数 $L(t)$ を**ラグランジュ関数** (Lagrange function) または**ラグランジアン** (Lagrangian) と呼ぶ．こうして，系に働く力が保存力である場合，一般化座標系における運動方程式は，ラグランジュ関数から定まることがわかる．

運動エネルギー $T(t)$ とポテンシャルエネルギー $U(\boldsymbol{X}(t))$ は座標系の取り方によらないから，ラグランジュ関数 $L(t)$ もそうである．したがって，$L(t)$ は力学系に同伴する普遍的対象である．ラグランジュ方程式は，この普遍的存在が質点の運動を生み出し統制する根源的理念であることを私たちに告げる．こうして，私たちは巨視的力学的現象を根底で支える，より高次の普遍的な数学的構造の1つを見出したことになる．

ラグランジュ方程式は，まさにその普遍性によって，応用上も絶大な威力を発揮する．だが，残念ながら，本書ではこのことを詳しく論じる紙数がない．

この項を終えるにあたって，ラグランジュ関数 $L(t)$ の局所座標系での表示をあらわに見ておこう．写像 $\hat{L} : D_\lambda \times \mathcal{R}^f \to \mathbb{R}$ を

$$\hat{L}(q,\xi) := T_\psi(q,\xi) - U\left(\sum_{i=1}^{d} \psi_i(q) \boldsymbol{e}_i\right), \quad (q,\xi) \in D_\lambda \times \mathcal{R}^f \tag{5.26}$$

によって定義すれば，(5.17) と (5.24) によって，

$$L(t) = \hat{L}(q(t), \dot{q}(t)) \tag{5.27}$$

と書ける．

なお，ラグランジュ方程式 (5.25) からも力学的エネルギー保存則を導くことができる．これは演習問題としよう（演習問題 3）．

■ 例 5.7 ■  2 次元平面 $\mathbb{R}^2 = \{(x,y) \mid x, y \in \mathbb{R}\}$ において，原点 $O$ を中心とする長さ $l$ の単振り子（質量 $m$）を考える．$m$ に働く外力は，$y$ 軸の負の向きに働く重力 $mg$ だけである．重力 $mg$ を $Om$ の方向とそれと直交する方向に分解して考えることにより，$m$ に働く合力は $Om$ と直交する方向に $-mg\sin\theta$ であることがわかる（向きは内向き）．

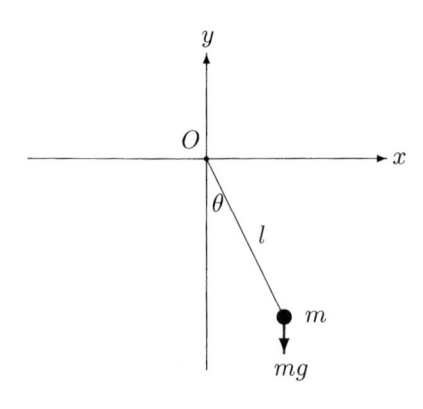

図 5.2 単振り子

ところで，この場合の質点の運動は，円周 $S_l^1$ 上に束縛された運動であり，その自由度は 1 である．図のようにとった $\theta$ が一般化座標を与える．一般化座標を用いると，時刻 $t$ における質点の位置 $(X(t), Y(t))$ は

$$X(t) = l\sin\theta(t), \quad Y(t) = -l\cos\theta(t) \tag{5.28}$$

と表される．したがって

$$\dot{X}(t) = l\dot{\theta}(t)\cos\theta(t), \quad \dot{Y}(t) = l\dot{\theta}(t)\sin\theta(t). \tag{5.29}$$

これから，質点の運動エネルギー $T(t) = \dfrac{m(\dot{X}(t)^2 + \dot{Y}(t)^2)}{2}$ は一般化座標では

$$T(t) = \frac{ml^2\dot{\theta}(t)^2}{2}$$

と計算できる．また，ポテンシャルエネルギー $U$ は

$$U(X(t), Y(t)) = mgY(t) = -mgl\cos\theta(t)$$

である．したがって，ラグランジュ関数は

$$L(t) = \frac{ml^2\dot{\theta}(t)^2}{2} + mgl\cos\theta(t)$$

となるので，

$$\frac{\partial L(t)}{\partial \dot{\theta}(t)} = ml^2\dot{\theta}(t), \quad \frac{\partial L(t)}{\partial \theta(t)} = -mgl\sin\theta(t).$$

ゆえに，ラグランジュ方程式は

$$l\ddot{\theta}(t) + g\sin\theta(t) = 0. \tag{5.30}$$

これが単振り子の運動方程式である．

■ **例 5.8** ■ 質量 $m$ の質点が 2 次元平面 $\mathbb{R}^2$ ($V = \mathbb{R}^2$) の中を，原点からの距離 $\|\boldsymbol{x}\| = \sqrt{x^2 + y^2}$ ($\boldsymbol{x} = (x, y) \in \mathbb{R}^2$) だけに依存するポテンシャル $U(\|\boldsymbol{x}\|)$ ——このようなポテンシャルは**回転対称** (rotation invariant) であるという—— の作用のもとで運動する場合を考え ($U : [0, \infty) \to \mathbb{R}$)，一般化座標として，極座標 $(r, \theta) \in D := (0, \infty) \times [0, 2\pi)$ をとる：

$$x = r\cos\theta, \quad y = r\sin\theta.$$

質点の時刻 $t$ での位置を $\boldsymbol{X}(t) = (X(t), Y(t)) \in \mathbb{R}^2$ とし，対応する極座標を $(r(t), \theta(t))$ とする．このとき，

$$\dot{X}(t) = \dot{r}(t)\cos\theta(t) - r(t)\dot{\theta}(t)\sin\theta(t), \quad \dot{Y}(t) = \dot{r}(t)\sin\theta(t) + r(t)\dot{\theta}(t)\cos\theta(t)$$

であるから，質点の運動エネルギー $T(t) := m\|\dot{\boldsymbol{X}}(t)\|^2/2$ は，極座標では

$$T(t) = \frac{m}{2}\left(\dot{r}(t)^2 + r(t)^2\dot{\theta}(t)^2\right)$$

と表される．したがって，系のラグランジュ関数 $L(t) = T(t) - U(\|\boldsymbol{X}(t)\|)$ は，極座標では

$$L(t) = \frac{m}{2}\left(\dot{r}(t)^2 + r(t)^2\dot{\theta}(t)^2\right) - U(r(t))$$

となる．

写像 $\hat{L} : D \times \mathbb{R}^2 \to \mathbb{R}$ を

$$\hat{L}((r,\theta),(\xi_1,\xi_2)) = \frac{m}{2}\left(\xi_1^2 + r^2\xi_2^2\right) - U(r), \quad (r,\theta) \in D, (\xi_1,\xi_2) \in \mathbb{R}^2 \quad (5.31)$$

によって定義すれば,

$$L(t) = \hat{L}(r(t),\theta(t),\dot{r}(t),\dot{\theta}(t)) \quad (5.32)$$

と表されることにも注意しよう.

### $n$ 点系の場合

1 個の質点系のラグランジュ方程式は,$n$ 点系の場合に拡張される.これを簡単に見ておく.いま,自由度 $f$ の $n$ 点系を考え,その配位空間を $M$ とし,その運動を $\boldsymbol{X} = (\boldsymbol{X}_1,\cdots,\boldsymbol{X}_n) : \mathbb{I} \to M \subset V^n$ とする.系に働く力を $\boldsymbol{F} = (\boldsymbol{F}_1,\cdots,\boldsymbol{F}_n) : V^n \to V^n$ とすれば,運動方程式は

$$m_\nu \ddot{\boldsymbol{X}}_\nu(t) = \boldsymbol{F}_\nu(\boldsymbol{X}(t)), \quad \nu = 1,\cdots,n, \quad t \in \mathbb{I}, \quad (5.33)$$

である.ただし,$m_\nu$ は $\nu$ 番目の質点の質量を表す.この場合の運動エネルギーは

$$T_n(t) := \sum_{\nu=1}^n \frac{m_\nu \|\dot{\boldsymbol{X}}_\nu(t)\|^2}{2} = \sum_{\nu=1}^n \sum_{i,j=1}^d \frac{m_\nu}{2} g_{ij} \dot{X}_{\nu i}(t) \dot{X}_{\nu j}(t) \quad (5.34)$$

である.ここで,第 2 の等号は,$\boldsymbol{x}_\nu = \sum_{i=1}^d x_{\nu i} \boldsymbol{e}_i$ ($x_{\nu i} \in \mathbb{R}$) という展開式を用いた(座標系 $(\boldsymbol{e}_1,\cdots,\boldsymbol{e}_d)$ による,$\boldsymbol{x}_\nu \in V$ の表示).$M$ の任意の座標近傍を $(N,\phi)$ とし,$\phi(N) = D_N \subset \mathcal{R}^f$ とする.

5.2.1 項で導入した写像 $A : V \to \mathbb{R}^d$ を用いて,写像

$$A_n : V^n \to \underbrace{\mathbb{R}^d \times \cdots \times \mathbb{R}^d}_{n \text{ 個}} = \mathbb{R}^{dn}$$

を

$$A_n(\boldsymbol{x}) := (A(\boldsymbol{x}_1),\cdots,A(\boldsymbol{x}_n))$$

によって定義し,$x = A_n(\boldsymbol{x})$ とおく.このとき,

$$\Psi := A_n \circ \phi^{-1}$$

は $D_N$ から $A_n(N)$ への同相写像である.任意の $q = (q_1,\cdots,q_f) \in D_N$ に対して,$\Psi(q) = (\Psi_1(q),\cdots,\Psi_n(q)) \in \mathbb{R}^{dn}$ と書くと,$\Psi_\nu : D_N \to \mathbb{R}^d$ であ

る．したがって，$\Psi_\nu(q) = (\Psi_{\nu 1}(q), \cdots, \Psi_{\nu d}(q))$ と表される（$\Psi_{\nu i} : D_N \to \mathbb{R}$, $\nu = 1, \cdots, n$）．

各 $t \in I$ に対して，
$$q(t) = \Psi^{-1}(X(t))$$
とおけば，これは，$N$ における運動を $D_N$ における一般化座標で表したものであり，
$$X(t) = \Psi(q(t))$$
が成り立つ．したがって，
$$\dot{X}_{\nu i} = \sum_{\alpha=1}^{f} \dot{q}_\alpha(t) \partial_\alpha \Psi_{\nu i}(q(t)).$$

ゆえに，運動エネルギーの局所座標表示は
$$T_n(t) = \sum_{\nu=1}^{n} \sum_{i,j=1}^{d} \sum_{\alpha,\beta=1}^{f} \frac{m_\nu}{2} g_{ij} \dot{q}_\alpha(t) \dot{q}_\beta(t) \partial_\alpha \Psi_{\nu i}(q(t)) \partial_\beta \Psi_{\nu j}(q(t)) \tag{5.35}$$
となる．

質点 $m_\nu$ に働く力 $\boldsymbol{F}_\nu$ を $\boldsymbol{F}_\nu(\boldsymbol{x}) = \sum_{i=1}^{d} F_{\nu i}(x) \boldsymbol{e}_i$ （$\nu = 1, \cdots, n$）と展開し，
$$Q_\alpha^{(n)}(t) := \sum_{\nu=1}^{n} \sum_{i,j=1}^{d} g_{ij} F_{\nu j}(\Psi(q(t)))(\partial_\alpha \Psi_{\nu i})(q(t)) \tag{5.36}$$
を定義する．1 個の質点の場合とまったく同様にして，(5.33) から次の方程式を導くことができる．
$$\frac{d}{dt} \frac{\partial T_n(t)}{\partial \dot{q}_\alpha(t)} - \frac{\partial T_n(t)}{\partial q_\alpha(t)} = Q_\alpha^{(n)}(t), \quad \alpha = 1, \cdots, f. \tag{5.37}$$
これを **$n$ 点系に対する一般ラグランジュ方程式**という．

力 $\boldsymbol{F} : M \to V^n$ が保存力で
$$\boldsymbol{F} = -\operatorname{grad} U^{(n)}$$
と表される場合（$U^{(n)} : M \to \mathbb{R}$），
$$L_n(t) := T_n(t) - U^{(n)}(\boldsymbol{X}(t)) \tag{5.38}$$

を導入すれば，(5.37) は

$$\frac{d}{dt}\frac{\partial L_n(t)}{\partial \dot{q}_\alpha(t)} - \frac{\partial L_n(t)}{\partial q_\alpha(t)} = 0, \quad \alpha = 1, \cdots, f \qquad (5.39)$$

という形になる．これを**保存力に従う $n$ 点系に対するラグランジュ方程式**と呼び，$L_n(t)$ を **$n$ 点系のラグランジュ関数**という．この場合にも，ラグランジュ方程式 (5.39) から，力学的エネルギー保存則を導くことができる（演習問題 7）．

写像 $\hat{L}_n : D_N \times \mathcal{R}^f \to \mathbb{R}$ を

$$\hat{L}_n(q, \xi) := \sum_{\nu=1}^n \sum_{i,j=1}^d \sum_{\alpha,\beta=1}^f \frac{m_\nu}{2} g_{ij} \xi_\alpha \xi_\beta \partial_\alpha \Psi_{\nu i}(q) \partial_\beta \Psi_{\nu j}(q)$$
$$- U\left( \sum_{i=1}^d \Psi_{1i}(q) e_i \cdots, \sum_{i=1}^d \Psi_{ni}(q) e_i \right),$$
$$(q, \xi) \in D_N \times \mathcal{R}^f \qquad (5.40)$$

によって定義すれば，(5.35) と (5.38) によって，

$$L_n(t) = \hat{L}_n(q(t), \dot{q}(t)) \qquad (5.41)$$

と書ける．これが，$n$ 点系のラグランジュ関数の局所座標表示である．

### 5.2.3 ラグランジュ方程式の普遍形

$n$ 点系のラグランジュ関数 $L_n(t)$ の形 (5.41)（$n=1$ の場合は (5.27)）を見ると，それは，写像 $\hat{L}_n$ と $q(\cdot), \dot{q}(\cdot)$ の合成関数で与えられることがわかる．そこで，この構造だけに注目し，これを抽象化することにより，ラグランジュ方程式を特殊な場合として含む，もっと一般の型の方程式の理念へと到達することが可能である．

$\mathcal{D}$ を $\mathcal{R}^f$ の開集合，$\mathbb{I} \subset \mathbb{R}$ を $\mathbb{R}$ の区間とし，$L$ を $\mathcal{D} \times \mathcal{R}^f \times \mathbb{I}$ から $\mathbb{R}$ への写像とする．このとき，写像 $q = (q_1, \cdots, q_f) : \mathbb{I} \to \mathcal{D}$（$\mathcal{D}$ の中の曲線）に関する方程式

$$\frac{d}{dt}\frac{\partial L(q(t), \dot{q}(t), t)}{\partial \dot{q}_\alpha(t)} - \frac{\partial L(q(t), \dot{q}(t), t)}{\partial q_\alpha(t)} = 0, \quad \alpha = 1, \cdots, f \qquad (5.42)$$

を**写像 $L$ から定まる，オイラー (Euler)–ラグランジュ方程式**または単に**写像 $L$ から定まるラグランジュ方程式**という[9]．

---

[9] オイラー (Leonhard Euler, 1707–1783, スイス) は数学全般にわたって独創的な多量の業績を残した天才的数学者．以下の 5.3 節で述べる変分法にも先駆的な寄与をしている．

容易にわかるように，保存力の作用のもとで運動する $n$ 点系に対するラグランジュ方程式 (5.39) は，方程式 (5.42) の 1 つの例である.

方程式 (5.42) は，$f$ 次元空間の中の曲線の生成に関する最も根源的で普遍的な理念の 1 つであると解釈される．この方程式を，1 つの原理として，出発点に据えることにより，極めて普遍的な理論の構築と展開が可能になる．この普遍的な力学の形式を**ラグランジュ形式** (Lagrange formalism) と呼ぶ.

### 5.2.4 循環座標

一般に，関数 $u : \mathcal{D} \times \mathcal{R}^f \times \mathbb{I} \to \mathbb{R}$ があって，ラグランジュ方程式 (5.42) の任意の解 $q(t)$ に対して，$u(q(t), \dot{q}(t), t)$ が $t$ によらず一定のとき，$u(q(t), \dot{q}(t), t)$ は (5.42) の**保存量** (conserved quantity) であるという.

保存量は，方程式の解の形や性質に関する情報をより詳細に得ることに役立つ．なぜなら，$u(q(t), \dot{q}(t), t) = C$（定数）ならば，これは，$q_i(t), \dot{q}_i(t), i = 1, \cdots, f,$ についての 1 つの条件式を与えるからである．したがって，たとえば，どれか 1 つの変数 $q_i(t)$ を他の変数の関数として表せる．この意味で，ラグランジュ方程式 (5.42) の保存量を見出すことは重要な意味をもつ.

この観点から，ラグランジュ方程式 (5.42) をよく見てみよう．すると，もし，$\partial L / \partial q_\alpha = 0$ ならば，
$$\frac{d}{dt}\frac{\partial L(q(t), \dot{q}(t), t)}{\partial \dot{q}_\alpha(t)} = 0$$
が成り立つことはただちにわかる．したがって，この場合，関数 $\dfrac{\partial L(q(t), \dot{q}(t), t)}{\partial \dot{q}_\alpha(t)}$ は (5.42) の保存量である．この事実を概念的に明確に定式化するために次の概念を導入する.

**【定義 5.1】** 写像 $L$ が座標変数 $q_\alpha$ を含まないとき，すなわち，$\partial L / \partial q_\alpha = 0$ のとき，$q_\alpha$ を**循環座標** (cyclic coordinate) と呼ぶ.

この概念を用いると，次の定理が得られたことになる.

**【定理 5.2】** $q_\alpha$ が $L$ の循環座標ならば，
$$\frac{\partial L(q(t), \dot{q}(t), t)}{\partial \dot{q}_\alpha} \tag{5.43}$$
は (5.42) の保存量である.

■ 例 5.9 ■ 例 5.8（2 次元平面における，回転対称なポテンシャルの作用のもとでの運動）の極座標のうち，角変数 $\theta$ は循環座標である（式 (5.31) によって定義される写像 $\hat{L}$ は $\theta$ によらない）．したがって，この運動では，$\partial L(t)/\partial \dot{\theta}(t) = mr(t)^2\dot{\theta}(t)$ は保存量である．これは，すでに学んだように（4.4.6 項を参照），軌道角運動量（または面積速度）の保存則を意味する．こうして，軌道角運動量保存則がラグランジュ形式ではどのような構造と結びついているかが明らかになる．

## 5.3 変分原理

　前節において，力学の最も普遍的な数学的形式の 1 つであるラグランジュ形式を叙述した．しかし，より原理的な観点に立つならば，この段階でも，なおまだ，力学的現象を根本で支える究極的な理念的位階に到達したとはいえない．なぜなら，普遍化されたラグランジュ方程式 (5.42) の "由来" ないし "素性" を明らかにする問題が残されているからである．平たくいえば，そもそも，ラグランジュ方程式 (5.42) とは何なのか，という問題である．換言すれば，ラグランジュ方程式 (5.42) が，いわば，そこから "取り出されてくる"，そのような，さらに高次の構造ないし理念の存在に関する問題である．

　この問題を解く鍵は，微分の逆演算である積分に注目することである．具体的にいえば，ラグランジュ方程式 (5.42) を定める写像 $L : \mathcal{D} \times \mathcal{R}^f \times \mathbb{I} \to \mathbb{R}$ と写像 $q : \mathbb{I} = [a,b] \to \mathcal{D}$（$a, b \in \mathbb{R}$ は，$a < b$ を満たす定数）から定まる積分

$$S_L(q) := \int_a^b L(q(t), \dot{q}(t), t) dt \tag{5.44}$$

を考えてみるのである．念のために注意すれば，ここでの $q$ は，(5.42) に従うとは限らない一般の写像である．ただし，$a, b \in \mathbb{R}$ は固定された任意定数 ($a < b$) である．写像 $q$ を変えれば，$S_L(q)$ も一般には変化するであろう．したがって，対応 $q \mapsto S_L(q)$ は，$\mathbb{I}$ から $\mathcal{D}$ への微分可能な写像全体の集合 $\{q : [a,b] \to \mathcal{D} \mid q$ は微分可能 $\}$ を定義域とする関数を与える．このような関数を**汎関数**（functional）と呼ぶ（この概念の正確な定義は以下で行う）．結論から先にいってしまえば，汎関数 $S_L$ に対する，ある種の条件としてラグランジュ方程式 (5.42) が出てくる．この構造を叙述するのがこの節の目的である．

　汎関数 $S_L$ を写像 $L$ から定まる**作用積分**（action integral）または**作用汎関数**（action functional）という．この命名の由来は次のことによる．ラグランジュ関数はエネルギーの次元をもつ．したがって，$S_L(q)$ を与える積分要素 $L(q(t), \dot{q}(t), t) dt$

は [エネルギー]×[時間] の次元をもつ．この次元は**作用**（action）の次元と呼ばれる．

### 5.3.1 汎関数と変分

$\mathcal{D}$ を $\mathbb{R}^f$ ($f \in \mathbb{N}$) の中の開集合，$a, b \in \mathbb{R}, a < b, k \in \{0\} \cup \mathbb{N}$，とする．閉区間 $[a, b]$ から $\mathcal{D}$ への写像——$[a, b]$ 上の $\mathcal{D}$-値写像—— $u : [a, b] \to \mathcal{D}$ の変数 $t \in [a, b]$ における値 $u(t)$ を $u(t) = (u_1(t), \cdots, u_f(t)) \in \mathcal{D}$ のように表す．各成分関数 $u_\alpha (\alpha = 1, \cdots, f)$ が $[a, b]$ 上で $k$ 回連続微分可能であるとき，$u$ は，$[a, b]$ 上で $k$ 回連続微分可能であるという．ただし，$k = 0$ の場合は単に連続であるという．$[a, b]$ 上の $k$ 回連続微分可能な $\mathcal{D}$-値写像の全体を $C^k([a, b]; \mathcal{D})$ と表す：

$$C^k([a, b]; \mathcal{D}) := \{u : [a, b] \to \mathcal{D} \mid u \text{ は，} [a, b] \text{ 上，} k \text{ 回連続微分可能}\}. \quad (5.45)$$

$C^k([a, b]; \mathcal{D})$ の元を $k$ 回連続微分可能な，$\mathcal{D}$ 内の曲線と呼ぶ．

**【定義 5.3】** 写像 $\Phi : C^k([a, b]; \mathcal{D}) \to \mathbb{R}$ を $C^k([a, b]; \mathcal{D})$ 上の**汎関数**と呼ぶ．

集合 $C^k([a, b]; \mathcal{D})$ は，特定の性質を満たす写像を元とする集合の一例である．そこで，この種の集合の一般概念を定義しておく．

**【定義 5.4】** 集合 $\mathcal{S}$ の元がすべて写像であるとき，$\mathcal{S}$ を**写像空間**（mapping space）または**関数空間**（function space）という．関数空間 $\mathcal{S}$ から $\mathbb{K}$（$\mathbb{K} = \mathbb{R}$ または $\mathbb{C}$）への写像を $\mathcal{S}$ 上の**汎関数**という．

■ **例 5.10** ■ ユークリッド平面 $\mathbb{R}^2$ の中に異なる 2 点 $\boldsymbol{x}_1, \boldsymbol{x}_2 \in \mathbb{R}^2$ を任意に固定する．点 $\boldsymbol{x}_1$ から点 $\boldsymbol{x}_2$ へ至る任意の連続曲線は $\mathbb{R}^2$-値連続写像 $\gamma : [a, b] \to \mathbb{R}^2; \gamma(t) = (x(t), y(t))$ で $\gamma(a) = \boldsymbol{x}_1, \gamma(b) = \boldsymbol{x}_2$ を満たすものによって表される．
$\gamma \in C^1([a, b]; \mathbb{R}^2)$（$f = 2, \mathcal{D} = \mathbb{R}^2$ の場合）としよう．このとき，曲線 $\gamma$ の長さは

$$\ell(\gamma) := \int_a^b \sqrt{\dot{x}(t)^2 + \dot{y}(t)^2} dt$$

である．対応 $\ell : \gamma \to \ell(\gamma)$ は $C^1([a, b]; \mathbb{R}^2)$ 上の汎関数を与える．この汎関数を**曲線長の汎関数**という．

通常の関数について微分の概念が定義されたように，汎関数に対しても，通常

の関数の微分に相当する概念を考えるのは自然である．

$\Phi$ を $C^k([a,b];\mathcal{D})$ 上の汎関数とする．$C^k([a,b];\mathbb{R}^f)$ の部分集合

$$C^{k,0}([a,b];\mathbb{R}^f) := \{u \in C^k([a,b];\mathbb{R}^f) \mid u(a) = u(b) = 0\} \quad (5.46)$$

を導入する．特に，

$$C_{\mathbb{R}}^{k,0}[a,b] := C^{k,0}([a,b];\mathbb{R}^1) \quad (5.47)$$

とおく．

**【補題 5.5】** $u \in C^k([a,b];\mathcal{D})$, $h \in C^{k,0}([a,b];\mathbb{R}^f)$ を任意にとる．このとき，($u$ と $h$ から定まる) 定数 $c_0 > 0$ が存在して，$|\varepsilon| < c_0$ ならば $u + \varepsilon h \in C^k([a,b];\mathcal{D})$ である．

**証明** $h = 0$ のときは，主張は自明であるから，$h \neq 0$ の場合を考える．このとき，$M_h := \sup_{t \in [a,b]} \|h(t)\| \neq 0$ (対応 $t \mapsto \|h(t)\|$ は連続であるから，$M_h < \infty$ である)．集合 $\mathcal{D}$ は開集合であるから，各 $t \in [a,b]$ に対して，$u(t)$ の適当な近傍は $\mathcal{D}$ に含まれる．すなわち，定数 $\delta_t > 0$ があって，$U_t := \{x \in \mathbb{R}^f \mid \|u(t) - x\| < \delta_t\} \subset \mathcal{D}$ が成り立つ．この場合，必要ならば，$\delta_t$ を取り直すことによって，$\{x \in \mathbb{R}^f \mid \|u(t) - x\| = \delta_t\} \subset \mathcal{D}$ として一般性を失わない．したがって，$\delta_t' := \delta_t + \alpha_t$ ($\alpha_t > 0$) として，$\alpha_t$ を十分小さくとれば，$U_t' := \{x \in \mathbb{R}^f \mid \|u(t) - x\| < \delta_t'\} \subset \mathcal{D}$ が成り立つ．明らかに，$U_t \subset U_t'$．$u([a,b]) := \{u(t) \mid t \in [a,b]\}$ とおけば，$u$ の連続性により，$u([a,b])$ は $\mathbb{R}^f$ の有界閉集合である．明らかに，$u([a,b]) \subset \bigcup_{t \in [a,b]} U_t$．$U_t$ は開集合であるから，ボレル–ルベーグ (Borel–Lebesgue) の被覆定理[10]によって，$u([a,b])$ は有限個の $U_t$ で覆える．すなわち，$t_1, \cdots t_n \in [a,b]$ があって，$u([a,b]) \subset \bigcup_{i=1}^n U_{t_i}$．したがって，各 $t \in [a,b]$ に対して，$u(t) \in U_{t_i}$ となる $i$ がある．これは，$\|u(t) - u(t_i)\| < \delta_{t_i}$ を意味する．したがって，

$$\begin{aligned}\|u(t_i) - (u(t) + \varepsilon h(t))\| &\leq \|u(t_i) - u(t)\| + |\varepsilon|\|h(t)\| \\ &\leq \|u(t_i) - u(t)\| + |\varepsilon| M_h \\ &\leq \delta_{t_i} + |\varepsilon| M_h.\end{aligned}$$

---

[10] 「$\mathcal{R}^f$ の有界閉集合 $K$ に対して，$\mathcal{R}^f$ の開集合の族 $\mathcal{O} = \{O_\lambda\}_{\lambda \in \Lambda}$ があって，$K \subset \bigcup_{\lambda \in \Lambda} O_\lambda$ が成り立つならば，有限個の $O_{\lambda_1}, \cdots, O_{\lambda_n} \in \mathcal{O}$ があって，$K \subset \bigcup_{i=1}^n O_{\lambda_i}$ となる」(この性質を $\mathcal{R}^f$ における有界閉集合の**コンパクト性**という)．この定理の証明については，たとえば，伊藤清三『ルベーグ積分入門』(裳華房, 1974, 12 版) の付録, p.258, 定理 1 を参照．

5.3 変 分 原 理   243

そこで, $d_0 := \min\{\delta'_{t_i} - \delta_{t_i} \mid i = 1, \cdots, n\}$ とし, $c_0 := d_0/M_h$ とおけば, $|\varepsilon| < c_0$ ならば, $\delta_{t_i} + |\varepsilon|M_h < \delta'_{t_i}$. したがって, $u(t) + \varepsilon h(t) \in U'_{t_i} \subset \mathcal{D}$. ∎

写像 $u \in C^k([a,b];\mathcal{D})$ と $h \in C^{k,0}([a,b];\mathbb{R}^f)$ および $\varepsilon \in \mathbb{R}$ に対して, $\tilde{u} = u + \varepsilon h$ を考えると, $\tilde{u}(a) = u(a), \tilde{u}(b) = u(b)$ であるから, 写像 $\tilde{u}$ は, $u$ を, 端点での値 $u(a), u(b)$ は固定したまま, 変動させたものであり, この変動のもとでの汎関数 $\Phi$ の"増分"は $\Phi(u + \varepsilon h) - \Phi(u)$ である (補題 5.5 によって, $|\varepsilon|$ を十分小さくとれば, $u + \varepsilon h \in \mathcal{D}$ であるから, この表示は意味をもつ. 以下, この種の注意はいちいちしない).

通常の関数の場合との類推により, 汎関数 $\Phi$ の増分と $\varepsilon$ の比 $[\Phi(u+\varepsilon h)-\Phi(u)]/\varepsilon$ を考え, $\varepsilon \to 0$ とすることにより, 汎関数 $\Phi$ に関する微分的な量が取り出せると予想する. これが以下に述べる変分に対する発見法的アイディアである.

だが, その前に数学的に重要な事実を1つ証明しておく必要がある.

$g$ を $[a,b]$ 上の無限回微分可能な関数とする. もし, 定数 $\delta > 0$ で $\delta < (b-a)/2$ かつ $\{x \in [a,b] \mid g(x) \neq 0\} \subset [a+\delta, b-\delta]$ を満たすものが存在するとき, $g$ は関数空間 $C_0^\infty(a,b)$ に属するという. 平たくいえば, $g \in C_0^\infty(a,b)$ であるとは, $a$ および $b$ の適当な近傍 (これは $g$ ごとに定まる) で 0 となる, $[a,b]$ 上の無限回微分可能な関数のことである.

■ **例 5.11** ■  $\mathbb{R}$ 上の関数 $\rho$ を次のように定義する:

$$\rho(t) := \begin{cases} \exp\left(-\frac{1}{1-t^2}\right) & ; |t| < 1 \text{ のとき} \\ 0 & ; |t| \geq 1 \text{ のとき} \end{cases} \tag{5.48}$$

このとき, 任意の $c > 0$ に対して, $\rho \in C_0^\infty(-1-c, 1+c)$ である. これは, 次のようにして証明される. $\rho$ の $|t| \neq 1$ の領域での無限回微分可能性は容易にわかる. $|t| < 1$ のとき, $\rho'(t) = s(t)\rho(t) \cdots (*)$ と書ける. ただし, $s(t) := (-2t)/(1-t^2)^2$. $\rho$ の $n$ 階導関数 $\rho^{(n)}$ については, $(*)$ と関数の積の微分法 (ライプニッツ則) によって, 各 $n \in \mathbb{N}$ に対して, $n$ 変数の多項式 $P_n$ が存在して, $\rho^{(n)} = P_n(s(t), s'(t), \cdots, s^{(n-1)}(t))\rho(t)$ という形に書けることがわかる. さらに, $s^{(k)}(t) = p(t)(1-t^2)^{-(k+2)}$ ($p(t)$ は $t$ の多項式) という形に表されるが, 任意の $j \in \{0\} \cup \mathbb{N}$ に対して

$$\lim_{|t|<1, t \to \pm 1} \frac{1}{(1-t^2)^j} \exp\left(-\frac{1}{1-t^2}\right) = 0$$

であるから, すべての $n \geq 0$ に対して, $\lim_{|t|<1, t \to \pm 1} \rho^{(n)}(t) = 0$. 一方, $\rho^{(n)}(t) = 0, |t| > 1$ であるから, $\lim_{|t|>1, t \to \pm 1} \rho^{(n)}(t) = 0$. よって, $t = \pm 1$ においても $\rho$ は無

限回微分可能であり, $\rho^{(n)}(\pm 1) = 0$. また, $\{x \in [-1-c, 1+c] \mid \rho(x) \neq 0\} = (-1, 1)$ である. よって, 主張が出る.

$\mathbb{R}$ 上の任意の無限回微分可能な関数 $f$ に対して, $f\rho \in C_0^\infty(-1-c, 1+c)$ であることは容易にわかる. したがって, $C_0^\infty(-1-c, 1+c)$ の元は "十分たくさん" 存在する.

また, 任意の $a, b \in \mathbb{R}, a < b$, に対して, 写像 $\tau : [a, b] \to [-1-c, 1+c]$ を

$$\tau(t) := \frac{2(1+c)}{b-a}(t-a) - 1 - c, \quad t \in [a, b]$$

によって定義すれば, $\tau$ は全単射である. $\tau$ と任意の $g \in C_0^\infty(-1-c, 1+c)$ の合成関数 $g \circ \tau$——$(g \circ \tau)(t) = g(\tau(t)), t \in [a, b]$——は $C_0^\infty(a, b)$ の元である. したがって, $C_0^\infty(a, b)$ の元も "十分たくさん" 存在する. 次に証明する補題 5.6 は, この事実の1つの現れである.

関数空間

$$C_0^\infty((a, b); \mathbb{R}^f) := \{h = (h_1, \cdots, h_f) \mid h_i \in C_0^\infty(a, b), i = 1, \cdots, f\} \quad (5.49)$$

を導入する. 明らかに,

$$C_0^\infty((a, b); \mathbb{R}^f) \subset C^{k,0}([a, b]; \mathbb{R}^f). \quad (5.50)$$

**【補題 5.6】**(変分法の基本補題[11]) $f \in C_\mathbb{R}[a, b]$ ($[a, b]$ 上の実数値連続関数全体) とする. もし, すべての $h \in C_0^\infty(a, b)$ に対して, $\int_a^b f(t)h(t)dt = 0$ ならば, 関数として $f = 0$ である.

**証明** 仮に, $f(t_0) > 0$ となる $t_0 \in (a, b)$ があったとしよう. このとき, $f$ の連続性により, 定数 $\delta > 0$ が存在して ($\delta < \min\{t_0 - a, b - t_0\}$), $|t - t_0| < \delta$ ならば, $f(t) > 0$ が成立する. 上の例によって, $h \in C_0^\infty(a, b)$ で, $h(t) > 0, \forall t \in (t_0 - \delta, t_0 + \delta); h(t) = 0, \forall t \in [a, t_0 - \delta] \cup [t_0 + \delta, b]$ を満たすものがとれる (たとえば, 上の例の $\rho$ を用いて, $h(t) = \rho(\frac{1}{\delta}(t - t_0 + \delta) - 1)$ とすればよい). この $h$ に対して, $0 = \int_a^b f(t)h(t)dt = \int_{t_0-\delta}^{t_0+\delta} f(t)h(t)dt > 0$ ($\because$ $f(t)h(t) > 0, \forall t \in (t_0 - \delta, t_0 + \delta)$). だが, これは矛盾である. したがって, $f(t_0) > 0$ となる $t_0 \in (a, b)$ は存在しない. 同様にして, $f(t_0) < 0$ となる $t_0 \in (a, b)$ も存在しないことがわかる. したがって, $f(t) = 0, \forall t \in (a, b)$. これと $f$ の連続性により, $f(a) = f(b) = 0$ も出る. よって, $f = 0$. ■

---

[11] デュボア・レイモン (du Bois-Reymond, 1831–1889) の補題とも呼ばれる.

**【定義 5.7】** $k \in \{0\} \cup \mathbb{N}$ を固定し, $u \in C^k([a,b]; \mathcal{D})$ とする. 連続写像 $F^{(u)} = (F_1^{(u)}, \cdots, F_f^{(u)}) : [a,b] \to \mathbb{R}^f$ が存在して, すべての $h = (h_1, \cdots, h_f) \in C_0^\infty((a,b); \mathbb{R}^f)$ に対して

$$\lim_{\varepsilon \to 0} \frac{\Phi(u + \varepsilon h) - \Phi(u)}{\varepsilon} = \sum_{i=1}^{f} \int_a^b F_i^{(u)}(t) h_i(t) dt \tag{5.51}$$

が成立するならば, 汎関数 $\Phi$ は点 $u$ で**微分可能**であるという. $\Phi$ がすべての $u \in C^k([a,b]; \mathcal{D})$ で微分可能であるとき, $\Phi$ は単に微分可能であるという. この場合, $F^{(u)}$ を汎関数 $\Phi$ の**第 1 変分** (first variation) と呼び,

$$F^{(u)} = \delta\Phi(u) = (\delta\Phi(u)_1, \cdots, \delta\Phi(u)_f) \tag{5.52}$$

と記す. したがって

$$\lim_{\varepsilon \to 0} \frac{\Phi(u + \varepsilon h) - \Phi(u)}{\varepsilon} = \sum_{i=1}^{f} \int_a^b \delta\Phi(u)_i(t) h_i(t) dt. \tag{5.53}$$

**!注意 5.2** 汎関数 $\Phi$ が微分可能であるとき, その第 1 変分は一意的に定まる (したがって, 上の定義は意味をもつ). 実際, 別に連続写像 $G^{(u)} : [a,b] \to \mathbb{R}^f$ が存在して, すべての $h = (h_1, \cdots, h_f) \in C_0^\infty((a,b); \mathbb{R}^f)$ に対して,

$$\lim_{\varepsilon \to 0} \frac{\Phi(u + \varepsilon h) - \Phi(u)}{\varepsilon} = \sum_{i=1}^{f} \int_a^b G_i^{(u)}(t) h_i(t) dt$$

が成り立つとすれば, $\sum_{i=1}^{f} \int_a^b \left( G_i^{(u)}(t) - F_i^{(u)} \right) h_i(t) dt = 0$. $h$ は任意であるから, 第 $i$ 成分 $h_i$ だけが 0 でないものをとれば, $\int_a^b \left( G_i^{(u)}(t) - F_i^{(u)} \right) h_i(t) dt = 0$. したがって, 補題 5.6 によって, $G_i^{(u)} = F_i^{(u)}$, $i = 1, \cdots, f$. これは $G^{(u)} = F^{(u)}$ を意味する.

第 1 変分の第 $i$ 成分 $F_i^{(u)}$ は, $\mathbb{R}^f = \{(x_1, \cdots, x_f) \mid x_i \in \mathbb{R}, i = 1, \cdots, f\}$ 上の微分可能な関数の変数 $x_i$ に関する, 1 階の偏導関数の概念の無限次元版である.

**【定義 5.8】** 第 1 変分 $\delta\Phi(u)$ の第 $i$ 成分 $\delta\Phi(u)_i$ の, 変数 $t$ における値 $\delta\Phi(u)_i(t)$ を

$$\delta\Phi(u)_i(t) = \frac{\delta\Phi(u)}{\delta u_i(t)} \tag{5.54}$$

のように記し, これを $\Phi$ の $u_i$ に関する**汎導関数** (functional derivative) という.

汎関数 $\Phi$ について, 定数 $C \in \mathbb{R}$ があって, すべての $u \in C^k([a,b]; \mathcal{D})$ に対し

て，$\Phi(u) \geq C$ が成り立つとき，$\Phi$ は**下に有界** (bounded from below) であるという．このとき，
$$\Phi_0 := \inf_{u \in C^k([a,b]; \mathcal{D})} \Phi(u) \tag{5.55}$$
を汎関数 $\Phi$ の**下限**という．

汎関数 $\Phi$ が下に有界で $\Phi_0 = \Phi(u_0)$ を満たす $u_0 \in C^k([a,b]; \mathcal{D})$ が存在するとき，$\Phi$ は**最小値** $\Phi_0$ をもつといい，$u_0$ を $\Phi$ の**最小化曲線**または**最小化関数** (minimizer) という．

一般に，汎関数に関する問題で最も基本的なものの1つは，最小化関数の存在あるいは非存在を証明する問題である．この問題を解くための手段の1つを提供するのが次の定理である．

**【定理 5.9】** $\Phi$ が最小値をもつとき，その最小化関数 $u_0$ に対する第1変分の値は0である：
$$\delta \Phi(u_0) = 0.$$

**証明** 仮定により，任意の $h \in C_0^\infty((a,b); \mathbb{R}^f)$，$\varepsilon \in \mathbb{R}$ に対して，
$$0 \leq \Phi(u_0 + \varepsilon h) - \Phi(u_0). \tag{5.56}$$
したがって，$\varepsilon > 0$ として，両辺を $\varepsilon$ で割って，$\varepsilon \downarrow 0$ とすれば，$0 \leq \int_a^b \delta \Phi(u_0)_i(t) \times h_i(t) dt$．次に $\varepsilon < 0$ として，(5.56) の両辺を $\varepsilon$ で割り，$\varepsilon \uparrow 0$ とすれば，$0 \geq \int_a^b \delta \Phi(u_0)_i(t) h_i(t) dt$．したがって，$\int_a^b \delta \Phi(u_0)_i(t) h_i(t) dt = 0$．これは任意の $h_i \in C_0^\infty((a,b); \mathbb{R}^1)$ に対して成り立つから，補題 5.6 によって，$\delta \Phi(u_0) = 0$ である． ■

上の定理は，汎関数 $\Phi$ の最小化関数 $u$ は $\Phi$ に関する**変分方程式** (variational equation)
$$\delta \Phi(u) = 0 \tag{5.57}$$
の解であることを語る．ただし，この逆は，一般には成立しない（つまり，(5.57) を満たす $u$ が存在したとしても，この $u$ は $\Phi$ の最小化関数とは限らない）．しかし，変分方程式は，汎関数の最小化関数の候補を見出すのに使える．そこで，最小化関数の概念をやや一般化して，次の定義を設ける：

**【定義 5.10】** 変分方程式 (5.57) を満たす曲線 $u$ を汎関数 $\Phi$ の**停留曲線** (stationary curve) または**停留関数** (stationary function) という．

5.3 変分原理　247

**!注意 5.3**　微分積分学で学ぶように，$c,d \in \mathbb{R}, c < d$ として，$f$ を閉区間 $[c,d]$ 上の微分可能な関数とするとき，$f$ は最小値をもつ．この最小値を与える点を $t_0$ とすれば，$f'(t_0) = 0$ が成り立つ．定理 5.9 は，この事実の無限次元版に他ならない．一方，よく知られているように，$f'(t) = 0$ を満たす点 $t$ において，$f$ は最小値をとるとは限らない．そのような点における $f$ の値は，一般に**極値**と呼ばれる．停留関数の概念は，極値概念の無限次元版である．この理由から，停留関数のことを**極値関数**または**極値曲線**という場合もある．

### 5.3.2　変分方程式としてのラグランジュ方程式

(5.44) によって定義される汎関数 $S_L$ の第 1 変分を求めてみよう．まず，任意の $h \in C_0^\infty([a,b]; \mathbb{R}^f)$ と $\varepsilon \in \mathbb{R}$ に対して，

$$\frac{S_L(q+\varepsilon h) - S_L(q)}{\varepsilon} = \frac{1}{\varepsilon}\int_a^b \{L(q(t)+\varepsilon h(t), \dot{q}(t)+\varepsilon \dot{h}(t), t) - L(q(t), \dot{q}(t), t)\}dt.$$

そこで，$x \in \mathcal{D}, y, \xi, \eta \in \mathbb{R}^f$ として，$L$ に対するテイラー展開

$$L(x+\varepsilon y, \xi+\varepsilon\eta, t) - L(x, \xi, t) = \varepsilon\sum_{\alpha=1}^f \left\{\frac{\partial L(x,\xi,t)}{\partial x_\alpha}y_\alpha + \frac{\partial L(x,\xi,t)}{\partial \xi_\alpha}\eta_\alpha\right\} + R_\varepsilon$$

を利用する．ただし，$R_\varepsilon$ は剰余項であり，任意の $\beta \in (0,2)$ に対して，$\lim_{\varepsilon \to 0} R_\varepsilon/\varepsilon^\beta = 0$ を満たす．したがって，

$$\frac{1}{\varepsilon}\{L(q(t)+\varepsilon h(t), \dot{q}(t)+\varepsilon\dot{h}(t), t) - L(q(t), \dot{q}(t), t)\}$$
$$= \sum_{\alpha=1}^f \frac{\partial L(q(t), \dot{q}(t), t)}{\partial q_\alpha(t)}h_\alpha(t) + \sum_{\alpha=1}^f \frac{\partial L(q(t), \dot{q}(t), t)}{\partial \dot{q}_\alpha(t)}\dot{h}_\alpha(t) + \frac{R_\varepsilon}{\varepsilon}$$

ゆえに，

$$\lim_{\varepsilon \to 0}\frac{S_L(q+\varepsilon h) - S_L(q)}{\varepsilon}$$
$$= \int_a^b \sum_{\alpha=1}^f \left\{\frac{\partial L(q(t), \dot{q}(t), t)}{\partial q_\alpha(t)}h_\alpha(t) + \frac{\partial L(q(t), \dot{q}(t), t)}{\partial \dot{q}_\alpha(t)}\dot{h}_\alpha(t)\right\}dt. \quad (5.58)$$

ここで，部分積分と $h(a) = h(b) = 0$ を用いると

$$\int_a^b \frac{\partial L(q(t), \dot{q}(t), t)}{\partial \dot{q}_\alpha(t)}\dot{h}_\alpha(t)dt = -\int_a^b \frac{d}{dt}\frac{\partial L(q(t), \dot{q}(t), t)}{\partial \dot{q}_\alpha(t)}h_\alpha(t)dt$$

したがって，(5.58) の右辺は

$$\int_a^b \sum_{\alpha=1}^f \left\{\frac{\partial L(q(t), \dot{q}(t), t)}{\partial q_\alpha(t)} - \frac{d}{dt}\frac{\partial L(q(t), \dot{q}(t), t)}{\partial \dot{q}_\alpha(t)}\right\}h_\alpha(t)dt$$

に等しい．ゆえに，

$$\delta S_L(q)_\alpha(t) = \frac{\partial L(q(t), \dot{q}(t), t)}{\partial q_\alpha(t)} - \frac{d}{dt}\frac{\partial L(q(t), \dot{q}(t), t)}{\partial \dot{q}_\alpha(t)}, \quad \alpha = 1, \cdots, f. \quad (5.59)$$

したがって，$q$ が変分方程式 $\delta S_L(q) = 0$ の解であることと，それがラグランジュ方程式 (5.42) を満たすことは同値である：

$$\delta S_L(q) = 0 \iff \text{ラグランジュ方程式 (5.42)} \quad (5.60)$$

こうして，ラグランジュ方程式の由来が明らかになるとともに，運動の生成に関する高次の摂理が捉えられたことになる．すなわち，ラグランジュ方程式で記述されるような運動に関しては，作用積分の第 1 変分が 0 になるように運動が決定されるという理法である．これを**ハミルトンの最小作用の原理** (Hamilton's principle of least action) あるいは単に**ハミルトンの原理**と呼ぶ．だが，前者の呼称については，ちょっと注意が必要である．なぜなら，$S_L$ に対する変分方程式の解は，$S_L$ の最小化曲線とは限らないからである．この点は誤解をしないよう注意されたい．

一般に，微分方程式がある汎関数の変分方程式であるとき，その微分方程式によって記述される系には**変分原理** (variational principle) が働いているという．

ハミルトンの原理は変分原理の一例である．

物理学や数学の今日までの研究によって，物理現象や幾何学的事象のいたるところで，変分原理が働いていることが明らかにされてきている．この意味で，変分原理は，物理現象の根底にある，究極的な普遍的理念の 1 つと考えられる．

■ **例 5.12** ■ 例 5.10 の曲線長の汎関数 $\ell$ を最小とする曲線を求めてみよう．この汎関数 $\ell$ は明らかに下に有界である（$\ell(\gamma) \geq 0, \forall \gamma$）．$L : \mathbb{R}^2 \to \mathbb{R}$ を $L(\xi_1, \xi_2) = \sqrt{\xi_1^2 + \xi_2^2}$，$(\xi_1, \xi_2) \in \mathbb{R}^2$ によって定義すれば，$\ell(\gamma) = \int_a^b L(\dot{x}(t), \dot{y}(t)) dt$ と書けるから，$\Phi$ の停留曲線 $\gamma(t) = (x(t), y(t))$ は，(5.60) によって，ラグランジュ方程式

$$\frac{d}{dt}\frac{\partial L(\dot{x}(t), \dot{y}(t))}{\partial \dot{x}(t)} = 0, \quad \frac{d}{dt}\frac{\partial L(\dot{x}(t), \dot{y}(t))}{\partial \dot{y}(t)} = 0$$

の解である．したがって，

$$\frac{d}{dt}\frac{\dot{x}(t)}{\sqrt{\dot{x}(t)^2 + \dot{y}(t)^2}} = 0, \quad \frac{d}{dt}\frac{\dot{y}(t)}{\sqrt{\dot{x}(t)^2 + \dot{y}(t)^2}} = 0.$$

これは，

$$\frac{\dot{x}(t)}{\sqrt{\dot{x}(t)^2 + \dot{y}(t)^2}} = c_1, \quad \frac{\dot{y}(t)}{\sqrt{\dot{x}(t)^2 + \dot{y}(t)^2}} = c_2$$

を導く.ただし, $c_1, c_2$ は定数である.したがって, $c_2\dot{x}(t) = c_1\dot{y}(t)$. ゆえに, $c_2x(t) - c_1y(t) = d$. ただし, $d$ は定数である.そこで, $\hat{c} = (c_2, -c_1)$ とおけば, $\langle \hat{c}, \gamma(t) \rangle_{\mathbb{R}^2} = d$. これは, $\gamma$ が, ベクトル $\hat{c} \in \mathbb{R}^2$ と直交する直線であることを意味する. $\gamma(a) = \boldsymbol{x}_1, \gamma(b) = \boldsymbol{x}_2$ であるから, $\langle \hat{c}, \boldsymbol{x}_1 \rangle_{\mathbb{R}^2} = d = \langle \hat{c}, \boldsymbol{x}_2 \rangle_{\mathbb{R}^2}$. したがって, $\langle \hat{c}, \boldsymbol{x}_2 - \boldsymbol{x}_1 \rangle = 0$. これはベクトル $\hat{c}$ と $\boldsymbol{x}_2 - \boldsymbol{x}_1$ が直交することを示す.よって, $\gamma$ は, $\boldsymbol{x}_1$ と $\boldsymbol{x}_2$ を結ぶ直線である.ゆえに, 曲線長の汎関数 $\ell$ の停留曲線は点 $\boldsymbol{x}_1$ と $\boldsymbol{x}_2$ を結ぶ直線である.いま, これを $\gamma_0$ とおく.

次に, この直線 $\gamma_0$ が実際に $\ell$ を最小にすることを示そう.ベクトル値関数の積分の評価に関する一般的事実(3章, 命題 3.17)により,

$$\left\| \int_a^b \dot{\gamma}(t) dt \right\| \le \int_a^b \|\dot{\gamma}(t)\| dt = \ell(\gamma).$$

一方, $\|\int_a^b \dot{\gamma}(t) dt\| = \|\gamma(b) - \gamma(a)\| = \|\boldsymbol{x}_2 - \boldsymbol{x}_1\|$. したがって,

$$\ell(\gamma) \ge \|\boldsymbol{x}_2 - \boldsymbol{x}_1\| = \ell(\gamma_0).$$

これは, $\gamma_0$ が $\ell$ の最小化曲線であることを示している.

以上から, **ユークリッド平面上の任意の2点を結ぶ曲線のうち, その長さを最小にするものは, その2点を結ぶ直線である**という定理が証明されたことになる.

## 5.4 ハミルトニアンと運動方程式の正準形

### 5.4.1 一般化運動量

普遍化されたラグランジュ方程式 (5.42) を考えよう.この方程式は, 時間変数 $t$ に関して 2 階の常微分方程式である.ところで, 一般的にいって 2 階の常微分方程式よりも, 1 階の常微分方程式のほうが扱いやすく, 理論的にも見通しがよい.そこで, ラグランジュ方程式 (5.42) を適当な従属変数に関する 1 階の常微分方程式で表すことを考えよう.この着想は, ニュートンの運動方程式については, すでに 4 章, 4.2.6 項で展開された.そこでの議論から, 一般化座標で書かれた運動に関しても, 通常の運動量に相当する量を導入するとよいであろうことが示唆される.

そのような量の一般的な定義を見出すために, 5.2.1 項の議論において, $d = f$ という場合, すなわち, 拘束なしの場合を考えてみよう. $(\boldsymbol{e}_1, \cdots, \boldsymbol{e}_d)$ として, $V$ の正規直交系をとり, $\psi = I$ (恒等写像) の場合を考えれば, $\dot{X} = \dot{q}$ であるから,

運動量 $\boldsymbol{p}(t) = m\dot{\boldsymbol{X}}(t)$ は

$$\boldsymbol{p}(t) = \sum_{i=1}^{d} m\dot{X}_i(t)\boldsymbol{e}_i = \sum_{i=1}^{d} m\dot{q}_i(t)\boldsymbol{e}_i$$

と表される．一方，いまの場合，

$$T(t) = \sum_{i=1}^{d} \frac{m\dot{q}_i(t)^2}{2}$$

と表示されるから，

$$\frac{\partial T(t)}{\partial \dot{q}_i(t)} = m\dot{q}_i(t).$$

したがって，(5.24) で定義されるラグランジュ関数 $L(t)$ を用いて，

$$m\dot{q}_i(t) = \frac{\partial L(t)}{\partial \dot{q}_i(t)}$$

と書ける．ゆえに，基底 $(\boldsymbol{e}_1, \cdots, \boldsymbol{e}_d)$ に関する運動量 $\boldsymbol{p}(t)$ の第 $i$ 成分 $m\dot{q}_i(t)$ は $\partial L(t)/\partial \dot{q}_i(t)$ に等しい．

以下，この節では，$L : \mathcal{D} \times \mathcal{R}^f \times \mathbb{I} \to \mathbb{R}$ とし，

$$L(t) := L(q(t), \dot{q}(t), t) \tag{5.61}$$

とおく．前段の議論から，一般の場合には，

$$p_\alpha(t) := \frac{\partial L(t)}{\partial \dot{q}_\alpha(t)}, \quad \alpha = 1, \cdots, f \tag{5.62}$$

が運動量の役割を演じるであろうことが想像される．このようにして定義される $p_\alpha(t)$ の組

$$p(t) := (p_1(t), \cdots, p_f(t)) \tag{5.63}$$

を一般化座標 $q(t) = (q_1(t), \cdots, q_f(t))$ に**共役な運動量** (conjugate momentum) または**一般化運動量** (generalized momentum) と呼ぶ．

方程式 (5.62) は，$\dot{q}$ について解けると仮定する．すなわち，写像

$$v = (v_1, \cdots, v_f) : \mathcal{D} \times \mathcal{R}^f \times \mathbb{I} \to \mathcal{R}^f$$

($\mathbb{I} \subset \mathbb{R}$) が存在して，

$$\dot{q}(t) = v(q(t), p(t), t) \tag{5.64}$$

と表されるとする.

■ **例 5.13** ■ $L(t)$ が (5.24) で与えられる場合を考えよう. このとき, $p_\alpha$ のあらわな表示は, (5.15) から,

$$p_\alpha = \sum_{i,j=1}^{d} \sum_{\beta=1}^{f} m g_{ij} \dot{q}_\beta(t) (\partial_\alpha \psi_i)(q(t))(\partial_\beta \psi_j)(q(t)) \tag{5.65}$$

となる. これから,

$$G_{\alpha\beta}(q) := \sum_{i,j=1}^{d} m g_{ij} (\partial_\alpha \psi_i)(q)(\partial_\beta \psi_j)(q) \tag{5.66}$$

とおき, これから, $f$ 次の正方行列

$$G(q) := (G_{\alpha\beta}(q))_{\alpha,\beta=1,\cdots,f} \tag{5.67}$$

を定義すれば,

$$p(t) = G(q(t))\dot{q}(t) \tag{5.68}$$

と書ける[12]. したがって, もし, 行列 $G(q(t))$ が正則ならば,

$$\dot{q}_\alpha(t) = \sum_{\beta=1}^{f} (G(q(t))^{-1})_{\alpha\beta} p_\beta(t)$$

と表され, 上述の仮定が満たされる.

### 5.4.2 ハミルトニアンと保存則

関数 $L(t)$ を $t$ について微分してみよう. (5.61) から,

$$\frac{dL(t)}{dt} = \sum_{\alpha=1}^{f} \dot{q}_\alpha(t) \frac{\partial L(t)}{\partial q_\alpha(t)} + \sum_{\alpha=1}^{f} \ddot{q}_\alpha(t) \frac{\partial L(t)}{\partial \dot{q}_\alpha(t)} + \frac{\partial L(t)}{\partial t}$$

$$= \frac{d}{dt} \left( \sum_{\alpha=1}^{f} \dot{q}_\alpha(t) \frac{\partial L(t)}{\partial \dot{q}_\alpha(t)} \right) - \sum_{\alpha=1}^{f} \dot{q}_\alpha(t) \left( \frac{d}{dt} \frac{\partial L(t)}{\partial \dot{q}_\alpha(t)} - \frac{\partial L(t)}{\partial q_\alpha(t)} \right) + \frac{\partial L(t)}{\partial t}.$$

したがって, 写像 $\widetilde{H} : \mathcal{D} \times \mathcal{R}^f \times \mathbb{I} \to \mathbb{R}$,

$$\widetilde{H}(q,\xi,t) := \left( \sum_{\alpha=1}^{f} \xi_\alpha \frac{\partial L(q,\xi,t)}{\partial \xi_\alpha} \right) - L(q,\xi,t), \quad (q,\xi,t) \in \mathcal{D} \times \mathcal{R}^f \times \mathbb{I} \tag{5.69}$$

---
[12] $f$ 個の実数の組 $a = (a_1,\cdots,a_f), b = (b_1,\cdots,b_f) \in \mathcal{R}^f$ と $f$ 次の正方行列 $K = (K_{\alpha\beta})_{\alpha\beta=1,\cdots,f}$ について, $b_\alpha = \sum_{\beta=1}^{f} K_{\alpha\beta} a_\beta$ が成り立つとき, $b = Ka$ と記す (記法の定義).

を導入し，
$$\widetilde{H}(t) := \widetilde{H}(q(t), \dot{q}(t), t)$$
とおけば
$$\frac{d\widetilde{H}(t)}{dt} = \sum_{\alpha=1}^{f} \dot{q}_\alpha(t) \left( \frac{d}{dt} \frac{\partial L(t)}{\partial \dot{q}_\alpha(t)} - \frac{\partial L(t)}{\partial q_\alpha(t)} \right) - \frac{\partial L(t)}{\partial t} \quad (5.70)$$
が得られる．したがって，もし，$q(t)$ が $L$ から定まるラグランジュ方程式を満たし，かつ $L$ が $t$ によらないならば（すなわち，$L : \mathcal{D} \times \mathcal{R}^f \to \mathbb{R}$），
$$\frac{d\widetilde{H}(t)}{dt} = 0. \quad (5.71)$$
したがって，$\widetilde{H}(t)$ は $t$ によらない定数，すなわち，運動 $q : \mathbb{I} \to \mathcal{D}$ の保存量である．

そこで，一般に，
$$H(q, p, t) := \widetilde{H}(q, v(q, p, t), t) \quad (5.72)$$
$$= \sum_{\alpha=1}^{f} v_\alpha(q, p, t) p_\alpha - L(q, v(q, p, t), t) \quad (5.73)$$
によって定義される写像 $H : \mathcal{D} \times \mathcal{R}^f \times \mathbb{I} \to \mathbb{R}$ を導入し，これを $L$ に同伴する**ハミルトニアン**（Hamiltonian）または**ハミルトン関数**と呼ぶ[13]．

■ **例 5.14** ■ 前例 5.13 のハミルトニアンを求めてみよう．この場合，$v(q, p, t) = G(q)^{-1} p$, であるから，
$$H(q, p, t) = \sum_{\alpha, \beta=1}^{f} p_\alpha (G(q)^{-1})_{\alpha\beta} p_\beta - T_\psi(q, G(q)^{-1} p) + \hat{U}(q).$$
ただし，
$$\hat{U}(q) := U\left( \sum_{i=1}^{d} \psi_i(q) \boldsymbol{e}_i \right)$$
（$U$ を $q$ の関数と見たときの関数）．したがって，$H(q, p, t)$ は $t$ に依存しない．そこで，$H(q, p) := H(q, p, t)$ とおく．一方，
$$T_\psi(q, G(q)^{-1} p) = \frac{1}{2} \sum_{\alpha, \beta=1}^{f} p_\alpha (G(q)^{-1})_{\alpha\beta} p_\beta. \quad (5.74)$$

---
[13] ハミルトン（William Rowan Hamilton, 1805–1865）はイギリスの数学者，理論物理学者，天文学者．幾何光学の基礎を樹立．ラグランジュと並ぶ解析力学の大家．4元数の発見者としても重要な貢献をした．

したがって，

$$H(q,p) = \frac{1}{2}\sum_{\alpha,\beta=1}^{f} p_\alpha (G(q)^{-1})_{\alpha\beta} p_\beta + \hat{U}(q) = T_\psi(q, G(q)^{-1}p) + \hat{U}(q). \quad (5.75)$$

ただちに見てとれるように，右辺は系の全エネルギーを表す．したがって，**いまの例のハミルトニアンは全エネルギーを一般化座標と一般化運動量を用いて表したものである**．$n$ 点系の場合も同様である．この議論から次のこともわかる．すなわち，保存力のもとでの質点系の運動の場合，そのポテンシャルが $t$ によらなければ，ハミルトニアンも $t$ によらない．

■ **例 5.15** ■ 前例において，特に，$M = M_\lambda = V$（したがって，$f = d$），$D_\lambda = \mathcal{R}^f$, $\psi = I$（恒等写像）の場合を考えよう．このとき，$\partial_\alpha \psi_i = \delta_{\alpha i}$ であるから，$G_{\alpha\beta} = m g_{\alpha\beta}$. したがって，

$$H(q,p) = \frac{1}{2m}\sum_{i,j=1}^{d} (g^{-1})_{ij} p_i p_j + \hat{U}(q). \quad (5.76)$$

$V$ の座標系 $(e_1, \cdots, e_d)$ として，正規直交系をとれば，$g_{ij} = \delta_{ij}$ であるから，

$$H(q,p) = \frac{1}{2m}\sum_{i=1}^{d} p_i^2 + \hat{U}(q). \quad (5.77)$$

例 5.14 によって，保存力のもとでの運動におけるハミルトニアンの物理的な意味が明らかにされたことになる．しかし，一般の写像 $L$ に同伴するハミルトニアンについては，$L$ に対して，何らかの物理的解釈がなされない限り，その物理的意味について語ることはできない[14]．

写像 $L: \mathcal{D} \times \mathcal{R}^f \times \mathbb{I} \to \mathbb{R}$ が変数 $t \in \mathbb{I}$ によらないとき，$L$ を $\mathcal{D} \times \mathcal{R}^f$ から $\mathbb{R}$ への写像とみなし，$L(q,p,t) = L(q,p)$ と記す．

**【定理 5.11】** 写像 $L$ は変数 $t$ によらないとする．このとき，次が成り立つ：

(i) $H(q,p,t)$ は $t$ によらない．これを $H(q,p)$ と書く．

(ii) $q : \mathbb{I} \to \mathcal{D}$ を $L$ から定まるラグランジュ方程式の解とするとき，$H(q(t), p(t))$ は保存量である．

---

[14] 例 5.14 では，$L$ は運動エネルギーとポテンシャルエネルギーの差であり，ハミルトニアンはそれらの和であった．この美しい呼応は，数学における和と差という普遍的理念のもつ深みの一端を示唆している（このような呼応は数学において頻繁に現れる）．

**証明** (i) (5.72) によって，$v_\alpha(q,p,t)$ が $t$ によらないことを示せばよい．一方，$v_\alpha(q,p,t)$ は，方程式

$$p_\alpha = \frac{\partial L(q,\xi,t)}{\partial \xi_\alpha} = \frac{\partial L(q,\xi)}{\partial \xi_\alpha}$$

の解 $\xi$ である．これは，明らかに $t$ によらない．

(ii) (5.71) による． ∎

### 5.4.3 運動方程式の正準型――ハミルトンの運動方程式

次の定理は，普遍化されたラグランジュ方程式と同値な1階の微分方程式系の存在に関するものであり，この節の冒頭に述べた問題に対する1つの解答を与える．

**【定理 5.12】** $q : \mathbb{I} \to \mathcal{D}$ をラグランジュ方程式 (5.42) の解とする．このとき，$\alpha = 1,\cdots,f$ に対して，

$$\frac{dq_\alpha(t)}{dt} = \frac{\partial H(q(t),p(t),t)}{\partial p_\alpha(t)}, \tag{5.78}$$

$$\frac{dp_\alpha(t)}{dt} = -\frac{\partial H(q(t),p(t),t)}{\partial q_\alpha(t)}. \tag{5.79}$$

逆に，$(q(t),p(t))$ が (5.78), (5.79) の解ならば，$q(t)$ はラグランジュ方程式 (5.42) の解であり，

$$p_\alpha(t) = \frac{\partial L(q(t),\dot{q}(t),t)}{\partial \dot{q}_\alpha(t)}, \quad \alpha = 1,\cdots,f, \tag{5.80}$$

が成り立つ．

**証明** 関数 $H = H(q,p,t)$ の $q_\alpha, p_\alpha, t$ に関する偏微分を，それぞれ，$\partial_{q_\alpha} H$, $\partial_{p_\alpha} H$, $\partial_t H$ と表す．$q, p : \mathbb{I} \to \mathcal{R}^f$ とし，$H(t) = H(q(t),p(t),t)$ とおく．この関数の全微分 $dH(t)$ は

$$\begin{aligned}dH(t) = &\sum_{\alpha=1}^{f} \{(\partial_{q_\alpha} H)(q(t),p(t),t)dq_\alpha(t) + (\partial_{p_\alpha} H)(q(t),p(t),t)dp_\alpha(t)\} \\ &+ (\partial_t H)(q(t),p(t),t)dt.\end{aligned} \tag{5.81}$$

一方，$H(t) = \sum_{\alpha=1}^{f} \dot{q}_\alpha(t) p_\alpha(t) - L(q(t),\dot{q}(t),t)$ である．関数 $f, g : \mathbb{I} \to \mathbb{R}$ の積 $fg$ に関する全微分の公式

$$d(fg) = gdf + fdg$$

## 5.4 ハミルトニアンと運動方程式の正準形

を使えば，

$$dH(t) = \sum_{\alpha=1}^{f} \{p_\alpha(t) d\dot{q}_\alpha(t) + \dot{q}_\alpha(t) dp_\alpha(t)\}$$

$$-\sum_{\alpha=1}^{f} \left\{ \frac{\partial L(q(t),\dot{q}(t),t)}{\partial q_\alpha(t)} dq_\alpha(t) + \frac{\partial L(q(t),\dot{q}(t),t)}{\partial \dot{q}_\alpha(t)} d\dot{q}_\alpha(t) \right\}$$

$$-(\partial_t L)(q(t),\dot{q}(t),t) dt. \tag{5.82}$$

さて，$q: \mathbb{I} \to \mathcal{D}$ をラグランジュ方程式 (5.42) の解とする．共役運動量 $p_\alpha$ の定義 (5.62) を使えば，式 (5.82) の右辺における $d\dot{q}_\alpha(t)$ の係数関数は 0 になることがわかる．したがって，

$$dH(t) = \sum_{\alpha=1}^{f} \left\{ \dot{q}_\alpha(t) dp_\alpha(t) - \frac{\partial L(q(t),\dot{q}(t),t)}{\partial q_\alpha(t)} dq_\alpha(t) \right\} - (\partial_t L)(q(t),\dot{q}(t),t) dt.$$

この式と (5.81) を比べれば，

$$\dot{q}_\alpha = (\partial_{p_\alpha} H)(q(t),p(t),t), \quad (\partial_{q_\alpha} H)(q(t),p(t),t) = -\frac{\partial L(q(t),\dot{q}(t),t)}{\partial q_\alpha(t)},$$

$$(\partial_t H)(q(t),p(t),t) = -(\partial_t L)(q(t),\dot{q}(t),t) \tag{5.83}$$

でなければならない．これらの式の 1 番目のものは (5.78) に他ならない．ラグランジュ方程式 (5.42) を用いると，2 番目の式は

$$(\partial_{q_\alpha} H)(q(t),p(t),t) = -\frac{d}{dt} \frac{\partial L(q(t),\dot{q}(t),t)}{\partial \dot{q}_\alpha(t)} = -\dot{p}_\alpha(t)$$

と書き換えられる．したがって，(5.79) を得る．

逆に，$(q(t),p(t))$ は (5.78), (5.79) の解であるとしよう．このとき，(5.81) から，

$$dH(t) = \sum_{\alpha=1}^{f} \{-\dot{p}_\alpha(t) dq_\alpha(t) + \dot{q}_\alpha(t) dp_\alpha(t)\} + \partial_t H(q(t),p(t),t) dt.$$

これと (5.82) から

$$\sum_{\alpha=1}^{f} \left\{ \left( p_\alpha(t) - \frac{\partial L(q(t),\dot{q}(t),t)}{\partial \dot{q}_\alpha(t)} \right) d\dot{q}_\alpha(t) + \left( \dot{p}_\alpha(t) - \frac{\partial L(q(t),\dot{q}(t),t)}{\partial q_\alpha(t)} \right) dq_\alpha(t) \right\}$$

$$-\{(\partial_t L)(q(t),\dot{q}(t),t) + (\partial_t H)(q(t),p(t),t)\} dt = 0.$$

各全微分 $dq_\alpha(t), d\dot{q}_\alpha(t), dt$ の係数関数は 0 でなければならないから，(5.62), $\dot{p}_\alpha(t)-$

$$\frac{\partial L(q(t),\dot{q}(t),t)}{\partial q_\alpha(t)} = 0 \text{ および } (5.83) \text{ が導かれる．これらのうち，はじめの 2 式は}$$
ラグランジュ方程式 (5.42) を与える． ∎

連立常微分方程式 (5.78), (5.79) を**ハミルトンの運動方程式** (Hamilton's equations of motion) または**ハミルトンの正準運動方程式**と呼ぶ．これは，質点系の運動がハミルトニアンから定まることを語る．ハミルトンの運動方程式は，時間に関して 1 階の微分方程式であるから，これで所期の目的は一応達成されたことになる．

■ **例 5.16** ■ 式 (5.75) によって定義されるハミルトニアン $H(q,p)$ に対するハミルトンの運動方程式を求めてみよう．まず，

$$\frac{\partial H(q,p)}{\partial p_\alpha} = \sum_{\beta=1}^{f} (G(q)^{-1})_{\alpha\beta} p_\beta,$$

$$\frac{\partial H(q,p)}{\partial q_\alpha} = \frac{1}{2} \sum_{\beta,\gamma=1}^{f} \frac{\partial (G(q)^{-1})_{\beta\gamma}}{\partial q_\alpha} p_\beta p_\gamma + \frac{\partial \hat{U}(q)}{\partial q_\alpha}.$$

したがって，いまの場合のハミルトンの運動方程式は

$$\dot{q}_\alpha(t) = \sum_{\beta=1}^{f} (G(q(t))^{-1})_{\alpha\beta} p_\beta(t), \tag{5.84}$$

$$\dot{p}_\alpha(t) = -\frac{1}{2} \sum_{\beta,\gamma=1}^{f} \frac{\partial (G(q(t))^{-1})_{\beta\gamma}}{\partial q_\alpha(t)} p_\beta(t) p_\gamma(t) - \frac{\partial \hat{U}(q(t))}{\partial q_\alpha(t)} \tag{5.85}$$

という形をとる．

特殊な場合として，1 個の質点 $m$ からなる系の配位空間が $V$ 全体で（したがって，$f=d$），直交座標系をとった場合（$(e_1,\cdots,e_d)$ が $V$ の正規直交系で，$\psi_i(q) = q_i, i=1,\cdots,d$，$g_{ij} = \delta_{ij}$ となる場合）に (5.84), (5.85) がどういう形になるかを見よう．この場合には，$\partial_\alpha \psi_i = \delta_{\alpha i}$ であるから，(5.66) より，

$$G(q) = m 1_d$$

となる（$1_d$ は $d$ 次の単位行列）．したがって，$G(q)^{-1} = m^{-1} 1_d$．ゆえに，(5.84) は

$$p = m\dot{q} \tag{5.86}$$

という形をとる．いまの場合，

$$(位置) \ \boldsymbol{X}(t) = \sum_{i=1}^{d} q_i(t) \boldsymbol{e}_i, \quad \dot{\boldsymbol{X}}(t) = \sum_{i=1}^{d} \dot{q}_i(t) \boldsymbol{e}_i,$$

(運動量) $\boldsymbol{p}(t) = m\dot{\boldsymbol{X}}(t) = \sum_{i=1}^{d} m\dot{q}_i(t)\boldsymbol{e}_i$

であるから，(5.86) は，

$$\boldsymbol{p}(t) = \sum_{i=1}^{d} p_i(t)\boldsymbol{e}_i$$

と同等である．これは，一般化運動量が，通常の運動量の成分を与えることを示すものである．

また，$\partial (G(q(t))^{-1})_{\beta\gamma}/\partial q_\alpha(t) = 0$ となるから，(5.85) は，

$$\dot{p}_\alpha(t) = -\frac{\partial \hat{U}(q(t))}{\partial q_\alpha(t)}$$

となる．$(\boldsymbol{e}_1, \cdots, \boldsymbol{e}_d)$ の正規直交系性 $(g_{ij} = \delta_{ij})$ により，力のベクトル場 $\boldsymbol{F}(\boldsymbol{x}) = -\mathrm{grad}\, U(\boldsymbol{x}) = \sum_{i=1}^{d} F_i(\boldsymbol{x})\boldsymbol{e}_i$ の成分 $F_i(\boldsymbol{x})$ について

$$F_i(\boldsymbol{x}) = -\frac{\partial \hat{U}(q)}{\partial q_i}$$

が成り立つ（3.3 節を参照）．したがって，

$$\dot{p}_\alpha(t) = F_\alpha(\boldsymbol{X}(t)).$$

これをベクトル方程式の形で書けば，

$$\dot{\boldsymbol{p}}(t) = \boldsymbol{F}(\boldsymbol{X}(t))$$

を得る．こうして，束縛がない運動の場合には，ハミルトンの運動方程式は，ニュートンの運動方程式に一致することがわかる．

### 5.4.4 循環座標

ラグランジュ関数の場合と同様に，ハミルトニアンの場合にも，循環座標なる概念を定義できる．

**【定義 5.13】** ハミルトニアン $H = H(q, p, t)$ が座標 $q_\alpha$ を含まないとき，$q_\alpha$ を $H$ の**循環座標**と呼ぶ．

**【定理 5.14】** $(q(t), p(t))$ はハミルトニアン $H$ から定まるハミルトンの運動方程式 (5.78), (5.79) に従うとする．$q_\alpha$ は $H$ の循環座標とする．このとき，$p_\alpha(t)$ は時間 $t$ によらず一定，すなわち，保存量である．

**証明** 仮定により，$\partial H/\partial q_\alpha = 0$ であるから，(5.79) によって，$\dot{p}_\alpha = 0$．したがって，$p_\alpha(t) = c$（定数）． ∎

## 演習問題

1. 2次元平面 $\mathbb{R}^2$ における半径 $R > 0$ の円周 $S_R^1$（例 5.2(iii)）の座標近傍系は，1つの座標近傍だけからなることはないことを示せ．
2. 3次元空間 $\mathbb{R}^3$ における半径 $R > 0$ の球面 $S_R^2$ の座標近傍系は1つの座標近傍だけからなることはないことを示せ．
3. ラグランジュ方程式 (5.25) から力学的エネルギー保存則を導け．
4. 例 5.7 において，$\theta(t), \dot{\theta}(t)$ を用いて $\ddot{X}(t), \ddot{Y}(t)$ を表せ．
5. 単振り子の運動方程式 (5.30) において，振り子の振幅が"十分小さい"とすれば（$|\theta(t)| \ll 1$），$\sin\theta(t) \approx \theta(t)$ であるから，近似的運動方程式

$$l\ddot{\theta}(t) = -g\theta(t)$$

が得られる．この運動方程式を初期条件 $\theta(0) = \alpha > 0$，$\dot{\theta}(0) = 0$ のもとに解き，この場合の振り子は周期 $T = 2\pi\sqrt{l/g}$，振幅 $\alpha$ の周期運動をすることを示せ．

**!注意 5.4** この近似では，周期は振り子の長さだけにより，振幅に無関係である．これを**振り子の等時性**という[15]．しかし，振り子の振幅が"大きい"場合には振り子の等時性は成立しない．次の問題を参照．

6. 単振り子の運動方程式 (5.30) を近似なしで考える．$\omega = 2\pi/T = \sqrt{g/l}$（振幅が小さい場合の角振動数）とおく．$\theta(0) = \beta \in (0, \pi), \dot{\theta}(0) = 0$ とする．

 (i) 
$$\dot{\theta}(t)^2 = \frac{2g}{l}(\cos\theta(t) - \cos\beta)$$

を示せ．

 (ii) $|\theta(t)| \leq \beta, \quad t \in \mathbb{R}$ を示せ．

 (iii) 定数 $\tau > 0$ を

$$\tau := \frac{1}{\omega}\int_{-\beta}^{\beta} \frac{1}{\sqrt{\sin^2\frac{\beta}{2} - \sin^2\frac{\theta}{2}}} d\theta$$

によって定義する．$0 \leq t \leq \tau/2$ ならば

$$\omega t = -\int_{\beta}^{\theta(t)} \frac{1}{\sqrt{\sin^2\frac{\beta}{2} - \sin^2\frac{\theta}{2}}} \cdot \frac{d\theta}{2}$$

を示せ．

---

[15] 一般に，振動系において，振動周期が振動の振幅に依存しないとき，この系は**等時性**をもつという．

(iv) 振り子は周期 $\tau$, 振幅 $\beta$ の周期運動をすることを示せ.

(v) $\lim_{\beta \to 0} \tau = 2\pi/\omega = T$ を示せ.

**!注意 5.5** (v) は次のことを意味する：近似なしの単振り子の運動の周期は, 振幅が小さい場合には, 近似的な単振り子（演習問題5）の周期 $T$ に近い.

**!注意 5.6** (iii) に現れた型の積分

$$E(x) := \int_\beta^x \frac{1}{\sqrt{\sin^2 \frac{\beta}{2} - \sin^2 \frac{\theta}{2}}} \cdot \frac{d\theta}{2} \quad (|x| \leq \beta)$$

は**第1種の楕円積分**と呼ばれる. これによって関数が1つ定義されていると見る. これを用いると $0 \leq t \leq \tau/2$ ならば $E(\theta(t)) = -\omega t$ であるから, $\theta(t) = E^{-1}(-\omega t)$ と表される（$E^{-1}$ は $E$ の逆関数）.

7. ラグランジュ方程式 (5.39) から, $n$ 点系での力学的エネルギー保存則を導け.

# 6

# 数学的間奏 I——テンソル場の理論

有限次元実計量ベクトル空間に含まれる開集合 $D$ の各点にテンソルを対応させる写像を $D$ 上のテンソル場という．これは特別な場合としてスカラー場（0 階のテンソル場）とベクトル場（1 階のテンソル場）を含む．この章では次の章への数学的準備として，テンソル場の理論の初等的部分を論述する．

## 6.1 反対称共変テンソル場 = 微分形式

### 6.1.1 スカラー場の高階微分

$V$ を $n$ 次元実計量ベクトル空間（不定計量空間でもよい）とし，$D \subset V$ を $V$ の開集合とする．$D$ 上の実数値関数 $F$ についての連続性と微分可能性については，3 章ですでに定義した．ここで，$F$ に対する高階の微分可能性の定義を与えておこう．

$(e_i)_{i=1}^n$ を $V$ の任意の基底とすれば，$V$ の任意の点 $x$ は $x = \sum_{i=1}^n x^i e_i (x^i \in \mathbb{R})$ と一意的に表される．対応 $\iota_V : V \ni x \mapsto (x^1, \cdots, x^n) \in \mathbb{R}^n$ を考えると $V$ と $n$ 次元座標空間 $\mathbb{R}^n$ はベクトル空間同型になる（1 章を参照）．1 章で述べたように，$V, \mathbb{R}^n$ はつねに内積空間とみなせる．このとき，$\iota_V$ は同相写像である（この同相性は $V, \mathbb{R}^n$ の内積の取り方によらない）．したがって，$D$ を定義域とする任意の実数値関数 $F$ は内積空間 $\mathbb{R}^n$ の部分集合 $\iota_V(D)$ 上の実数値関数 $\widetilde{F} : \iota_V(D) \ni (x^1, \cdots, x^n) \mapsto F\left(\sum_{i=1}^n x^i e_i\right)$ とみなせる．関数 $\widetilde{F}$ を「$\iota_V(D)$ 上の関数としての $F$」と呼ぶ（$\widetilde{F}$ は基底の取り方に依存していることに注意）．

【定義 6.1】 $F : D \to \mathbb{R}, k \in \{0\} \cup \mathbb{N} \cup \{\infty\}$ とする．$\widetilde{F}$ が $\iota_V(D)$ 上で $C^k$ 級（$k = 0$ の場合は連続；$k \geq 1$ のとき，$k$ 回連続微分可能）ならば，$F$ は $C^k$ 級であるという．$D$ 上の $C^k$ 級関数の全体を $C^k(D)$ で表す．

**!注意 6.1** この定義――$F$ が $C^k$ 級であることの定義―― は基底 $(e_i)_{i=1}^n$ の取り方によらない. 実際, $V$ の別の基底 $(\bar{e}_i)_{i=1}^n$ をとり, $x = \sum_{i=1}^n \bar{x}^i \bar{e}_i$ とし, $G(\bar{x}^1, \cdots, \bar{x}^n) = F(\sum_{i=1}^n \bar{x}^i \bar{e}_i)$ とおけば, 右辺は $F(x) = \widetilde{F}(x^1, \cdots, x^n)$ に等しいから, $G(\bar{x}^1, \cdots, \bar{x}^n) = \widetilde{F}(x^1, \cdots, x^n)$. 一方, 底変換 : $(e_i) \to (\bar{e}_i)$ の行列を $P = (P^i_j)$ とすれば, $\bar{x}^i = \sum_{j=1}^n (P^{-1})^i_j x^j$. したがって,

$$\widetilde{F}(x^1, \cdots, x^n) = G\left(\sum_{j=1}^n (P^{-1})^1_j x^j, \cdots, \sum_{j=1}^n (P^{-1})^n_j x^j\right).$$

これは, $G$ が $C^k$ 級ならば, $\widetilde{F}$ も $C^k$ 級であることを意味する. 同様に, $\widetilde{F}$ が $C^k$ 級ならば, $G$ も $C^k$ 級であることが示される.

### 6.1.2 微分形式

$V^*$ を $V$ の双対空間とし, $\bigwedge^p V^*$ $(p = 0, 1, \cdots, n)$ によって $V^*$ に関する $p$ 階反対称テンソルの空間を表す. $D$ から $\bigwedge^p V^*$ への写像 $\psi : D \to \bigwedge^p V^*; D \ni x \mapsto \psi(x) \in \bigwedge^p V^*$ を $D$ 上の **$p$ 階反対称共変テンソル場**または $D$ 上の **$p$ 次微分形式**という.

$V$ の任意の基底を $(e_i)_{i=1}^n$ とし, この基底に関する座標関数を $x^i$ ($V$ の任意の点 $x = \sum_{i=1}^n x^i e_i$ に第 $i$ 成分 $x^i$ を対応させる写像) とすれば, 3 章, 3.3 節, 例 3.3 で見たように, $x^i$ の微分形式の組 $(dx^i)_{i=1}^n$ は $(e_i)_{i=1}^n$ の双対基底をなす. したがって,

$$\mathcal{E}_p := \{dx^{i_1} \wedge \cdots \wedge dx^{i_p} \mid 1 \leq i_1 < \cdots < i_p \leq n\} \tag{6.1}$$

は $\bigwedge^p V^*$ の基底を形成する. ゆえに, $D$ 上の任意の $p$ 次微分形式 $\psi$ は

$$\psi(x) = \sum_{i_1 < \cdots < i_p} \psi_{i_1 \cdots i_p}(x) dx^{i_1} \wedge \cdots \wedge dx^{i_p}, \quad x \in D \tag{6.2}$$

$$= \sum_{i_1, \cdots, i_p = 1}^n \frac{1}{p!} \psi_{i_1 \cdots i_p}(x) dx^{i_1} \wedge \cdots \wedge dx^{i_p}, \quad x \in D \tag{6.3}$$

と展開される[1]. 展開係数 $\psi_{i_1 \cdots i_p}(x)$ は基底 $\mathcal{E}_p$ に関するテンソル $\psi(x)$ の成分表示を与える.

**【定義 6.2】** $k \in \{0\} \cup \mathbb{N} \cup \{\infty\}$ とする. $p$ 次微分形式 $\psi$ は, すべての成分関数 $\psi_{i_1 \cdots i_p}, i_1 < \cdots < i_p$, が $C^k$ 級であるとき, $C^k$ 級であるという.

---
[1] 1 章, 1.5 節で注意したように, 反対称テンソルの成分は反対称化されているとする.

$D$ 上の $C^\infty$ 級の $p$ 次微分形式の全体を $A^p(D)$ で表す[2].

## 6.2 外微分作用素

### 6.2.1 共変テンソル場に対する外微分作用素

集合 $A^p(D)$ は,写像の和とスカラー倍に関して,実ベクトル空間である(1章,例 1.6).したがって,直和ベクトル空間

$$A(D) := \bigoplus_{p=0}^{n} A^p(D) = \{(\psi_0, \psi_1, \cdots, \psi_n) \mid \psi_p \in A^p(D), p = 0, \cdots, n\} \tag{6.4}$$

が定義される.ただし,$A^0(D) := C_{\mathbb{R}}^\infty(D) = \{f : D \to \mathbb{R} \mid f \text{ は } C^\infty \text{ 級}\}$($D$ 上の無限回微分可能な実スカラー場).なお,

$$A^1(D) = \{u : D \to V^* \mid u \text{ は無限回微分可能}\} \tag{6.5}$$

は $D$ 上の $C^\infty$ 級**双対ベクトル場**と呼ばれる.

スカラー場 $f \in A^0(D)$ に対して,その微分形式 $df \in A^1(D)$ を対応させる写像 $d : f \to df$ は線形である.そこで,任意の $p = 1, \cdots, n-1$ に対しても,$p$ 次微分形式の"微分"と考えられる写像で $p$ 次微分形式を $(p+1)$ 次微分形式へとうつすものを考えるのは自然である.次の定理はそのような写像の一意的存在に関するものである:

**【定理 6.3】** 次の性質 (d.1)~(d.4) をもつ対象 $d$ が唯 1 つ存在する.

(d.1) 各 $p = 0, \cdots, n$ に対して,$d \in \mathcal{L}(A^p(D), A^{p+1}(D))$ (すなわち,$d$ は $A^p(D)$ から $A^{p+1}(D)$ への線形作用素).ただし,$A^{n+1}(D) := \{0\}$ とする.

(d.2) 任意の $f \in A^0(D)$ に対しては,$df$ は $f$ の微分形式に等しい.

(d.3) 任意の $\psi \in A^p(D)$ $(p = 0, \cdots, n)$ と $\phi \in A^q(D)$ $(0 \leq q \leq n)$ に対して

$$d(\psi \wedge \phi) = (d\psi) \wedge \phi + (-1)^p \psi \wedge d\phi \tag{6.6}$$

---

[2] 各 $k$ に対して,$C^k$ 級の $p$ 次微分形式の全体を考えることができるが,ここでは簡単のため,$C^\infty$ 級の $p$ 次微分形式だけを考える.

(d.4) 任意の $\psi \in A^p(D)$ $(p = 0, 1, \cdots, n)$ に対して，$d(d\psi) = 0$.

**証明** $V$ の任意の基底を $(e_i)_{i=1}^n$ とし，この基底に関する座標関数を $x^i$ とする．このとき，任意の $\psi \in A^p(D)$ は表示 (6.2) をもつ．

(一意性) 定理にいう $d$ が存在したとしよう．このとき，$d$ の線形性と (d.3) によって

$$d\psi = \sum_{i_1 < \cdots < i_p}(d\psi_{i_1\cdots i_p}) \wedge dx^{i_1} \wedge \cdots \wedge dx^{i_p} + \sum_{i_1 < \cdots < i_p} \psi_{i_1\cdots i_p} d(dx^{i_1} \wedge \cdots \wedge dx^{i_p}).$$

(d.3) を繰り返し使うと

$$d(dx^{i_1} \wedge \cdots \wedge dx^{i_p}) = \sum_{k=1}^p (-1)^{k-1} dx^{i_1} \wedge \cdots \wedge d(dx^{i_k}) \wedge \cdots \wedge dx^{i_p}.$$

そこで，(d.4) を用いると，右辺は 0 である．したがって

$$d\psi = \sum_{i_1 < \cdots < i_p}(d\psi_{i_1\cdots i_p}) \wedge dx^{i_1} \wedge \cdots \wedge dx^{i_p}. \tag{6.7}$$

(d.2) により，$d\psi_{i_1\cdots i_p}$ は $\psi_{i_1\cdots i_p}$ の微分形式であるから，$d\psi$ は一意に定まる ($\because$ 別に上記 (d.1)〜(d.4) を満たす線形作用素 $d'$ があったとしても $d'\psi_{i_1\cdots i_p}$ は $\psi_{i_1\cdots i_p}$ の微分形式に等しいから，$d'\psi$ は $d\psi$ に等しい)．

(存在性) 任意の $\psi \in A^p(D)$ に対して，$d\psi \in A^{p+1}(D)$ を (6.7) によって定義する [$d\psi_{i_1\cdots i_p}$ は $\psi_{i_1\cdots i_p}$ の微分形式 (3 章，3.3 節を参照)]．この $d$ が (d.1), (d.2) を満たすことは容易にわかる ($\psi \in A^n(D)$ に対して，$d\psi = 0$ となるのは，$\bigwedge^{n+1} V^* = \{0\}$ による)．

$D$ 上の任意の $C^\infty$ 関数 $f$ と $i_1, \cdots, i_p$ $(i_k = 1, \cdots, n)$ に対して

$$d(fdx^{i_1} \wedge \cdots \wedge dx^{i_p}) = df \wedge dx^{i_1} \wedge \cdots \wedge dx^{i_p}$$

($\because$ $i_k = i_l$ となる相異なる $k, l$ があれば，両辺とも 0 で等号が成立．そうでない場合には，$i_1, \cdots, i_p$ を並べ換えて，$i_1 < \cdots < i_p$ の場合を示せば十分．だが，これは $d$ の定義そのものである)．

$d$ の線形性 (d.1) により，(d.3) は，$f, g \in C^\infty_\mathbb{R}(D)$ として，$\psi(x) = f(x)dx^{i_1} \wedge \cdots \wedge dx^{i_p}, \phi(x) = g(x)dx^{j_1} \wedge \cdots \wedge dx^{j_q}$ の場合について示せば十分である．この場合，$\psi \wedge \phi = f(x)g(x)dx^{i_1} \wedge \cdots \wedge dx^{i_p} \wedge dx^{j_1} \wedge \cdots \wedge dx^{j_q}$ であるから，

$$d(\psi \wedge \phi) = \{d(fg)\} \wedge dx^{i_1} \wedge \cdots \wedge dx^{i_p} \wedge dx^{j_1} \wedge \cdots \wedge dx^{j_q}.$$

一方，$d(fg) = g(df) + fdg$ であり，

$$gdf \wedge dx^{i_1} \wedge \cdots \wedge dx^{i_p} \wedge dx^{j_1} \wedge \cdots \wedge dx^{j_q} = (d\psi) \wedge \phi,$$

$$fdg \wedge dx^{i_1} \wedge \cdots \wedge dx^{i_p} \wedge dx^{j_1} \wedge \cdots \wedge dx^{j_q}$$
$$= (-1)^p f dx^{i_1} \wedge \cdots \wedge dx^{i_p} \wedge dg \wedge dx^{j_1} \wedge \cdots \wedge dx^{j_q}$$
$$= (-1)^p \psi \wedge d\phi.$$

ゆえに (d.3) が成立．

$\psi(x) = f(x)dx^{i_1} \wedge \cdots \wedge dx^{i_p}$ ならば，

$$d\psi = \sum_{j=1}^{n} \frac{\partial f(x)}{\partial x^j} dx^j \wedge dx^{i_1} \wedge \cdots \wedge dx^{i_p}$$

であるから

$$d(d\psi) = \sum_{k=1}^{n}\sum_{j=1}^{n} \frac{\partial^2 f(x)}{\partial x^k \partial x^j} dx^k \wedge dx^j \wedge dx^{i_1} \wedge \cdots \wedge dx^{i_p}$$

一方，$dx^k \wedge dx^j = -dx^j \wedge dx^k$ であり，$\dfrac{\partial^2 f(x)}{\partial x^k \partial x^j} = \dfrac{\partial^2 f(x)}{\partial x^j \partial x^k}$ であるから，上式の右辺は $-d(d\psi)$ に等しい．したがって，$2d(d\psi) = 0$，すなわち，$d(d\psi) = 0$ である． ∎

**【定義 6.4】** 定理 6.3 によってその一意的存在が保証される対象 $d$ を $A(D)$ に伴う**外微分作用素** (exterior differential operator) という．$\psi \in A^p(D)$ に対して，$d\psi$ を $\psi$ の**外微分**という．

**⚠ 注意 6.2** $d$ はそのままでは $A(D)$ 上の線形作用素ではない．だが，$d$ から決まる，$A(D)$ 上の線形作用素が存在する．実際，$\hat{d}: A(D) \to A(D)$ を

$$(\hat{d}\psi)_0 := 0, \tag{6.8}$$
$$(\hat{d}\psi)_p := d\psi_{p-1}, \quad p \geq 1, \ \psi = (\psi_0, \cdots, \psi_n) \in A(D) \tag{6.9}$$

によって定義すれば，$\hat{d}$ は $A(D)$ 上の線形作用素である．これを外微分作用素という場合もある．

**【命題 6.5】** $\psi \in A^p(D)$ を (6.2) のように展開するとき，

$$d\psi = \sum_{j_1 < \cdots < j_{p+1}} \left( \sum_{k=1}^{p+1} (-1)^{k-1} \frac{\partial \psi_{j_1 \cdots \hat{j}_k \cdots j_{p+1}}}{\partial x^{j_k}} \right) dx^{j_1} \wedge \cdots \wedge dx^{j_{p+1}}. \tag{6.10}$$

ただし，$\hat{j}_k$ は $j_k$ を除くことを指示する記号である．

**証明** (6.7) において
$$d\psi_{i_1\cdots i_p} = \sum_{j=1}^{n} \frac{\partial \psi_{i_1\cdots i_p}}{\partial x^j} dx^j$$

であるから
$$d\psi = \sum_{i_1<\cdots<i_p} \sum_{j=1}^{n} \frac{\partial \psi_{i_1\cdots i_p}}{\partial x^j} dx^j \wedge dx^{i_1} \wedge \cdots \wedge dx^{i_p}.$$

右辺に寄与するのは $j, i_1, \cdots, i_p$ $(i_1 < \cdots < i_p)$ が互いに異なる場合である．いま，そのような数の組の集合 $S = \{(j, i_1, \cdots, i_p) \mid j \neq i_1, \cdots, i_p, 1 \leq i_1 < \cdots < i_p \leq n\}$ を考え，関係 $\sim$ を $(j, i_1, \cdots, i_p) \sim (j', i'_1, \cdots, i'_p) \iff \{j, i_1, \cdots, i_p\} = \{j', i'_1, \cdots, i'_p\}$（集合として等しい）によって定義する．容易にわかるように，関係 $\sim$ は $S$ の同値関係である．この関係に関する商集合を $S/\sim$ とすれば

$$d\psi = \sum_{A \in S/\sim} \sum_{(j,i_1,\cdots,i_p) \in A} \frac{\partial \psi_{i_1\cdots i_p}}{\partial x^j} dx^j \wedge dx^{i_1} \wedge \cdots \wedge dx^{i_p}$$

と書き直せる．$(j, i_1, \cdots, i_p)$ の同値類を $A$ とし，$\{j, i_1, \cdots, i_p\} = \{j_1, \cdots, j_{p+1}\}$ $(j_1 < \cdots < j_{p+1})$ とすれば，$A$ は次の元からなる：

$(j_1, j_2, \cdots, j_{p+1}),\ (j_2, j_1, j_3, \cdots, j_{p+1}),\ \cdots,\ (j_k, j_1, \cdots, \hat{j}_k, \cdots, j_{p+1}),$
$\cdots,\ (j_{p+1}, j_1, \cdots, j_p).$

したがって，

$$\sum_{(j,i_1,\cdots,i_p) \in A} \frac{\partial \psi_{i_1\cdots i_p}}{\partial x^j} dx^j \wedge dx^{i_1} \wedge \cdots \wedge dx^{i_p}$$
$$= \sum_{k=1}^{p+1} \frac{\partial \psi_{j_1\cdots \hat{j}_k \cdots j_{p+1}}}{\partial x^{j_k}} dx^{j_k} \wedge dx^{j_1} \wedge \cdots \wedge \widehat{dx^{j_k}} \wedge \cdots \wedge dx^{j_{p+1}}$$
$$= \left( \sum_{k=1}^{p+1} (-1)^{k-1} \frac{\partial \psi_{j_1\cdots \hat{j}_k \cdots j_{p+1}}}{\partial x^{j_k}} \right) dx^{j_1} \wedge \cdots \wedge dx^{j_{p+1}}.$$

ゆえに (6.10) が成立する． ∎

**!注意 6.3** (6.10) の右辺の括弧の中の関数が基底 $\mathcal{E}_{p+1}$ に関する $d\psi$ の成分表示を与える.

■ **例 6.1** ■ $\psi \in A^{n-1}(D)$ とし,

$$\psi = \sum_{i_1 < \cdots < i_{n-1}} \psi_{i_1 \cdots i_{n-1}} dx^{i_1} \wedge \cdots \wedge dx^{i_{n-1}}$$

とすれば, 命題 6.5 を $p = n-1$ の場合に応用することにより,

$$d\psi = \sum_{j=1}^n (-1)^{j-1} \frac{\partial \psi_{1\cdots\hat{j}\cdots n}}{\partial x^j} dx^1 \wedge dx^2 \wedge \cdots \wedge dx^n.$$

たとえば, $\dim V = 3$ ならば $(n=3)$

$$d\psi = \left( \frac{\partial \psi_{23}}{\partial x^1} + \frac{\partial \psi_{31}}{\partial x^2} + \frac{\partial \psi_{12}}{\partial x^3} \right) dx^1 \wedge dx^2 \wedge dx^3.$$

## 6.2.2 反変テンソル場に対する外微分作用素

2 章, 2.4.8 項において, 一般の有限次元実計量ベクトル空間 $V$ に関して, $V^*$ と $V$ の間には標準的な計量同型 $i_* : V^* \to V$ が存在することが示された. $(f^i)_{i=1}^n$ が $V^*$ の正規直交基底であるとき, $(i_* f^i)_{i=1}^n$ は $V$ の正規直交基底である. したがって, 1 章, 定理 1.22 によって, ベクトル空間同型写像 $i_{*,p} : \bigwedge^p V^* \to \bigwedge^p V$ で

$$i_{*,p}(f^{i_1} \wedge \cdots \wedge f^{i_p}) = (i_* f^{i_1}) \wedge \cdots \wedge (i_* f^{i_p}), \quad i_1 < \cdots < i_p \tag{6.11}$$

を満たすものが唯 1 つ存在する. $i_{*,p}$ は計量を保存することも容易にわかる. したがって, $i_{*,p}$ は計量同型である.

$D$ 上の $C^\infty$ 級 $\bigwedge^p(V)$-値写像——これを **反対称 $p$ 階反変テンソル場** という——の全体を $A^p(D;V)$ とする. 写像 $i_{*,p}$ は $A^p(D)$ から $A^p(D;V)$ へのベクトル空間同型とみなせる. そこで, 写像 $\widetilde{d} : A^p(D;V) \to A^{p+1}(D;V)$ を

$$\widetilde{d} := i_{*,p} d i_{*,p}^{-1} \tag{6.12}$$

によって定義する. これは反変テンソル場に対する微分演算——$d$ から自然な仕方で誘導される——を与える. $\widetilde{d}$ を $A(D;V) = \bigoplus_{p=0}^n A^p(D;V)$ における **外微分作用素** という.

$\widetilde{d}$ の具体的な作用を見るために，$(e_i)$ を $V$ の正規直交基底とし，任意の $\psi \in A^p(D;V)$ を

$$\psi(x) = \sum_{i_1 < \cdots < i_p} \psi^{i_1 \cdots i_p}(x) e_{i_1} \wedge \cdots \wedge e_{i_p}$$

と展開するとき，

$$(i_{*,p}^{-1}\psi)(x) = \sum_{i_1 < \cdots < i_p} \varepsilon(e_{i_1}) \cdots \varepsilon(e_{i_p}) \psi^{i_1 \cdots i_p}(x) f^{i_1} \wedge \cdots \wedge f^{i_p} \quad (6.13)$$

であることに注意する．ただし，$(f^i) \subset V^*$ は $(e_i)$ の双対基底である $(i_*(f^i) = \varepsilon(e_i)e_i)$．したがって

$$(di_{*,p}^{-1}\psi)(x) = \sum_{i_1 < \cdots < i_p} \varepsilon(e_{i_1}) \cdots \varepsilon(e_{i_p}) d\psi^{i_1 \cdots i_p}(x) \wedge f^{i_1} \wedge \cdots \wedge f^{i_p}.$$

ゆえに

$$(\widetilde{d}\psi)(x) = \sum_{i_1 < \cdots < i_p} i_*(d\psi^{i_1 \cdots i_p}(x)) \wedge e_{i_1} \wedge \cdots \wedge e_{i_p}$$

$$= \sum_{i_1 < \cdots < i_p} \sum_{j=1}^{n} \varepsilon(e_j) \frac{\partial \psi^{i_1 \cdots i_p}(x)}{\partial x^j} e_j \wedge e_{i_1} \wedge \cdots \wedge e_{i_p}. \quad (6.14)$$

### 6.2.3　ユークリッドベクトル空間の場合の特殊構造

$V$ がユークリッドベクトル空間の場合を考え，$(e_i)_{i=1}^n$ を $V$ の正規直交基底，$(f^i)_{i=1}^n$ をその双対基底とする．この場合，$\varepsilon(e_i) = 1$ であるから，(6.13) によって，テンソル場 $\psi \in A^p(D;V)$ の成分表示 $\psi^{i_1 \cdots i_p}$ と $i_{*,p}^{-1}\psi$ の成分表示は等しい．この性質は $V$ の正規直交基底の取り方に依存しない．したがって，$\psi$ と $i_{*,p}^{-1}\psi$ の同一視はいたって簡単な形をとることになる．言い換えると，正規直交基底を用いた成分表示による解析では，$A^p(D)$ と $A^p(D;V)$ を区別する必要はない．この場合，$\widetilde{d}$ と $d$ も自然に同一視される（$V$ がユークリッドベクトル空間の場合，(6.14) において，$\varepsilon(e_j) = 1, j = 1, \cdots, n$，となるので，成分表示において，$\widetilde{d}$ と $d$ の作用の仕方はまったく同じ）．以下では，ユークリッドベクトル空間においては，この同一視を適宜用いる．

## 6.3　ポアンカレの補題

再び，$V$ は実 $n$ 次元計量ベクトル空間とし，$D$ は $V$ の開集合であるとする．微分形式の基本的なクラスを導入する．

**【定義 6.6】** $D$ 上の $p$ 次微分形式 $\psi \in A^p(D)$ が $d\psi = 0$ を満たすとき，$\psi$ は**閉形式** (closed form) であるという．この場合，$\psi$ は**閉**であるともいう．

**!注意 6.4** $D$ 上の $p$ 次微分形式 $\psi \in A^p(D)$ が閉であることは，言い換えれば，$\psi \in (\ker d) \cap A^p(D)$ ということに他ならない．

■ **例 6.2** ■ 任意の $\phi \in A^p(D)$ に対して，$\psi = d\phi$ は閉形式である（∵ (d.4)）．

**【定義 6.7】** $D$ 上の $p$ 次微分形式 $\psi \in A^p(D)$ に対して，$\phi \in A^{p-1}(D)$ が存在して $\psi = d\phi$ が成り立つとき，$\psi$ は**完全** (exact) または**完全形式** (exact form) であるという．

外微分作用素の性質 (d.4) によって，完全形式はつねに閉形式である．

では，逆に，閉形式は完全であろうか．答は，一般的には否である．反例をあげよう．

■ **例 6.3** ■ $V$ を 2 次元ユークリッドベクトル空間とし，$(e_1, e_2)$ を $V$ の任意の正規直交基底とする．$D = V \setminus \{0\}$ とし，$D$ 上の 1 形式 $A$ を

$$A = \frac{-x^2}{\|x\|^2} dx^1 + \frac{x^1}{\|x\|^2} dx^2$$

とする．ここで，$x = x^1 e_1 + x^2 e_2 \in D$．したがって，$\|x\|^2 = (x^1)^2 + (x^2)^2$．直接計算により（例 6.1 を $n = 2$ として応用せよ），$dA = 0$．すなわち，$A$ は閉形式である．しかし，$A$ は完全ではない．すなわち，$A = d\phi$ となる $\phi \in A^0(D)$ は存在しない．実際，仮にそのような $\phi$ が存在したとすれば，

$$\frac{\partial \phi}{\partial x^1} = \frac{-x^2}{\|x\|^2}, \quad \frac{\partial \phi}{\partial x^2} = \frac{x^1}{\|x\|^2}.$$

これから，$x^2 \neq 0$ なる領域において

$$\phi(x) = -\tan^{-1} \frac{x^1}{x^2} + C.$$

ただし，$C$ は定数である．しかし，右辺の関数は $x^1 \neq 0$ のとき，点 $(x^1, 0) \in \mathbb{R}^2$ で不連続である．これは矛盾．

**!注意 6.5** 上の例で，たとえば，$D_+ = \{x^1 e_1 + x^2 e_2 \mid x^2 > 0, x^1 \in \mathbb{R}\}$，$D_- = \{x^1 e_1 + x^2 e_2 \mid x^2 < 0, x^1 \in \mathbb{R}\}$ を考え，$A_\pm$ をそれぞれ，$D_\pm$ 上に制限した $A$ とすれば，$A_\pm$ は完全な閉形式である．この例では，$D$ 全体で定義された同一の $\phi$ を用いて，$A = d\phi$ と表せないという点が本質的である．

結論からいうと，$D$ 上の閉形式が完全であるか否かは $D$ の形状による．この問題に関しては次の定理が基本的である．

**【定理 6.8】(ポアンカレの補題)**[3] $D$ を $V$ の原点を中心とする星型集合とする (定義 3.25 を参照). このとき，各 $p \geq 1$ について，任意の $p$ 次閉形式は完全である．すなわち，$\psi \in A^p(D)$ が $d\psi = 0$ を満たすならば，$\psi = d\phi$ となる $\phi \in A^{p-1}(D)$ が存在する．

**証明** 仮定により，任意の $x \in D$ と $t \in [0,1]$ に対して，$tx \in D$ である. 定理 3.19 より——$W = \bigwedge^p V^*$, $F : [0,1] \to W$ を $F(t) = t^p \psi(tx) \in W, t \in [0,1]$ ($x \in D$ は固定) として応用——，

$$\psi(x) = \int_0^1 \frac{d}{dt} t^p \psi(tx) dt = \int_0^1 \left\{ pt^{p-1}\psi(tx) + t^p \frac{d}{dt}\psi(tx) \right\} dt.$$

一方，

$$\frac{d}{dt}\psi(tx) = \sum_{j=1}^n x^j \left(\frac{\partial \psi}{\partial x^j}\right)(tx)$$

であり

$$\frac{\partial \psi}{\partial x^j}(x) = \sum_{i_1 < \cdots < i_p} \frac{\partial}{\partial x^j} \psi_{i_1 \cdots i_p}(x) dx^{i_1} \wedge \cdots \wedge dx^{i_p}.$$

$d\psi = 0$ より，$\sum_{k=1}^{p+1}(-1)^{k-1} \partial \psi_{j_1 \cdots \hat{j}_k \cdots j_{p+1}}/\partial x^{j_k} = 0$ であるから

$$\frac{\partial \psi}{\partial x^j} = \sum_{j_2 < \cdots < j_{p+1}} \sum_{l=2}^{p+1} (-1)^l \frac{\partial}{\partial x^{j_l}} \psi_{jj_2 \cdots \hat{j}_l \cdots j_{p+1}} dx^{j_2} \wedge \cdots \wedge dx^{j_{p+1}}.$$

そこで

$$\omega_j := \sum_{i_1 < \cdots < i_{p-1}} \psi_{ji_1 \cdots i_{p-1}} dx^{i_1} \wedge \cdots \wedge dx^{i_{p-1}}$$

とおけば

$$\frac{d}{dt}\psi(tx) = \sum_{j=1}^n x^j (d\omega_j)(tx).$$

$\eta \in A^{p-1}(D)$ を

$$\eta := \sum_{j=1}^n x^j \omega_j.$$

---

[3] Henri Poincaré, 1854–1912. フランスの卓越した数学者，数理物理学者．

によって定義すれば

$$d\eta(x) = \sum_{j=1}^{n} \{dx^j \wedge \omega_j(x) + x^j d\omega_j(x)\}$$
$$= p\psi(x) + \sum_{j=1}^{n} x^j d\omega_j(x).$$

以上をまとめると

$$t^p \frac{d}{dt}\psi(tx) = t^{p-1}(d\eta)(tx) - pt^{p-1}\psi(tx)$$

が導かれるので，$\psi(x) = \int_0^1 t^{p-1}(d\eta)(tx)dt$. そこで，$\phi(x) = \int_0^1 t^{p-2}\eta(tx)dt$ とおけば，$\psi = d\phi$ を得る． ∎

## 6.4　3次元ユークリッドベクトル空間における外微分作用素

後に論述する電磁気学の数理的基礎への応用のコンテクストで重要となる概念を導入しておく．

$V$ を3次元ユークリッドベクトル空間，$D$ を $V$ の開集合とし，向きを1つ固定する．したがって，ホッジ $*$ 作用素が定義できる．

### 6.4.1　回転

写像 $\mathrm{rot} : A^1(D) \to A^1(D)$ を

$$\mathrm{rot} := *d \tag{6.15}$$

によって定義し，**回転** (rotation) と呼ぶ．

ベクトル $\psi \in A^1(D)$ に対する，$\mathrm{rot}$ の像 $\mathrm{rot}\,\psi = *(d\psi)$ を **$\psi$ の回転**という．

$\mathrm{rot}\,\psi$ の成分表示を見てみよう．$(f^i)_{i=1}^3$ を $V^*$ の正規直交基底とし，$V$ の向きは $f^1 \wedge f^2 \wedge f^3$ の同値類から決まるものとする．このとき，例 2.15 により，$*(f^1 \wedge f^2) = f^3, *(f^2 \wedge f^3) = f^1, *(f^3 \wedge f^1) = f^2$.

$$\psi = \sum_{i=1}^{3} \psi_i f^i \tag{6.16}$$

と展開すれば，

$$d\psi = \left(\frac{\partial \psi_2}{\partial x^1} - \frac{\partial \psi_1}{\partial x^2}\right) f^1 \wedge f^2 + \left(\frac{\partial \psi_3}{\partial x^2} - \frac{\partial \psi_2}{\partial x^3}\right) f^2 \wedge f^3$$

$$+ \left(\frac{\partial \psi_1}{\partial x^3} - \frac{\partial \psi_3}{\partial x^1}\right) f^3 \wedge f^1. \tag{6.17}$$

したがって

$$\mathrm{rot}\,\psi = \left(\frac{\partial \psi_3}{\partial x^2} - \frac{\partial \psi_2}{\partial x^3}\right) f^1 + \left(\frac{\partial \psi_1}{\partial x^3} - \frac{\partial \psi_3}{\partial x^1}\right) f^2 + \left(\frac{\partial \psi_2}{\partial x^1} - \frac{\partial \psi_1}{\partial x^2}\right) f^3. \tag{6.18}$$

**!注意 6.6** 旧式のベクトル解析では，$V = \mathbb{R}^3$ として，$\mathrm{rot}\,\psi$ をいきなり (6.18) もしくは成分表示

$$\left(\frac{\partial \psi_3}{\partial x^2} - \frac{\partial \psi_2}{\partial x^3}, \frac{\partial \psi_1}{\partial x^3} - \frac{\partial \psi_3}{\partial x^1}, \frac{\partial \psi_2}{\partial x^1} - \frac{\partial \psi_1}{\partial x^2}\right)$$

によって定義する．だが，これでは，$\mathrm{rot}\,\psi$ の数学的本性はわからない．それに，この定義では，$\mathrm{rot}\,\psi$ が直交座標系（同一の向きに属する正規直交基底）の取り方に依存しないことが全然自明ではない（別途に証明しなければならない）．本書の定義 (6.15) によれば，rot が基底の取り方によらないこと（ただし，向きにはよる）は自明である．しかも，(6.18) は，$\mathrm{rot}\,\psi$ という普遍的対象の正規直交基底による成分表示にすぎないこともわかる．

### 6.4.2 発散

写像 $\mathrm{div}: A^1(D) \to A^0(D)$ を

$$\mathrm{div} := *d* \tag{6.19}$$

によって定義し，**発散** (divergence) と呼ぶ．

ベクトル $\psi \in A^1(D)$ に対する div の像 $\mathrm{div}\,\psi = *(d(*\psi))$ を **$\psi$ の発散**という．

$\mathrm{div}\,\psi$ の成分表示を見るために

$$*f^1 = f^2 \wedge f^3, \quad *f^2 = f^3 \wedge f^1, \quad *f^3 = f^1 \wedge f^2$$

に注意し，$\psi \in A^1(D)$ の展開式 (6.16) を用いると

$$*\psi = \psi_1 f^2 \wedge f^3 + \psi_2 f^3 \wedge f^1 + \psi_3 f^1 \wedge f^2.$$

したがって

$$d * \psi = \left(\sum_{i=1}^{3} \frac{\partial \psi_i}{\partial x^i}\right) f^1 \wedge f^2 \wedge f^3.$$

これと $*(f^1 \wedge f^2 \wedge f^3) = 1$ を用いると

$$\mathrm{div}\,\psi = \sum_{i=1}^{3} \frac{\partial \psi_i}{\partial x^i} \tag{6.20}$$

が得られる.

**!注意 6.7** 発散の概念についても，前注意と同様の指摘があてはまる．すなわち，旧式のベクトル解析では，$V = \mathbb{R}^3$ として，$\operatorname{div} \psi$ をいきなり (6.20) によって定義する．しかし，これでは，rot の場合と同様，$\operatorname{div} \psi$ の数学的本性はやはりわからない．

**!注意 6.8** 発散という演算は，$V$ が任意の有限次元計量ベクトル空間の場合にも，$A^1(D)$ から $A^0(D)$ への線形作用素として，(6.19) によって定義される．

### 6.4.3 回転と発散の幾何学的・物理的意味

3次元ユークリッドベクトル空間 $V$ において正規直交基底 $(e_1, e_2, e_3)$ をとり，この基底による，任意の点 $x \in V$ の座標表示を $(x_1, x_2, x_3)$ とする．すなわち，$x = x_1 e_1 + x_2 e_2 + x_3 e_3$. $D$ を $V$ の開集合とし，$D$ 上のベクトル場 $u: D \to V$ が与えられたとする．これは物理的には，たとえば，水あるいは気体のような流体の流れ(密度×速度)や熱や電気の流れを表す．$u(x) = \sum_{i=1}^{3} u_i(x) e_i$ と展開する．

#### 回転の描像

$D$ の任意の点 $P$ をとり，点 $P$ の位置ベクトルを $x$ とする．図 6.1 のように"微小な"3角形 $PQR$ をとり ($\|r_1\| \ll 1, \|r_2\| \ll 1$)，この3角形の周囲を $P \to Q \to R \to P$ というふうに一周する曲線を $C$ とする．点 $P$ におけるベクトル場 $u$ の値を $u(P) = u(x)$ のように表す．

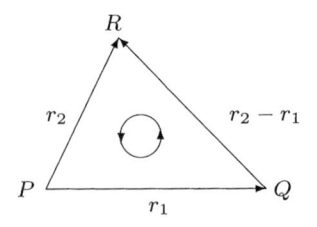

**図 6.1** 3角形 $PQR$ に沿う $u$ の線積分

$C$ に沿っての $u$ の線積分 $\int_C \langle u, dx \rangle$ を考える．これは，近似的に，

$$\int_C \langle u, dx \rangle$$

$$\approx \left\langle \frac{u(P)+u(Q)}{2}, r_1 \right\rangle + \left\langle \frac{u(Q)+u(R)}{2}, r_2 - r_1 \right\rangle + \left\langle \frac{u(R)+u(P)}{2}, (-r_2) \right\rangle$$
$$= \frac{1}{2}\{\langle u(P) - u(R), r_1\rangle + \langle u(Q) - u(P), r_2\rangle\}$$

と見積もることができる. $r_k = \sum_{i=1}^{3}(r_k)_i e_i$ $(k=1,2)$ と展開する. このとき

$$\langle u(P) - u(R), r_1 \rangle = \sum_{i=1}^{3}[u_i(x) - u_i(x+r_2)](r_1)_i$$
$$\approx -\sum_{i,j=1}^{3} \frac{\partial u_i(x)}{\partial x_j}(r_2)_j (r_1)_i.$$

同様に

$$\langle u(Q) - u(P), r_2 \rangle \approx \sum_{i,j=1}^{3} \frac{\partial u_i(x)}{\partial x_j}(r_1)_j (r_2)_i.$$

したがって

$$\int_C \langle u, dx \rangle \approx \frac{1}{2}\sum_{i,j=1}^{3} \frac{\partial u_i}{\partial x_j}[(r_2)_i(r_1)_j - (r_1)_i(r_2)_j]$$
$$= \frac{1}{2}\sum_{i<j}\left(\frac{\partial u_i}{\partial x_j} - \frac{\partial u_j}{\partial x_i}\right)[(r_2)_i(r_1)_j - (r_1)_i(r_2)_j].$$

したがって, $n_C := -r_2 \times r_1 / \|r_2 \times r_1\|, |S_C| = \|r_2 \times r_1\|/2$ とおけば

$$\int_C \langle u, dx \rangle \approx \langle \operatorname{rot} u, n_C \rangle |S_C| \tag{6.21}$$

と書ける. $n_C$ は3角形 $PQR$ に垂直な単位ベクトル (法線単位ベクトル), $|S_C|$ は3角形 $PQR$ の面積である. 詳細は省略するが, 式 (6.21) は, 多角形近似できるような面の周囲として与えられる微小閉曲線 $C$ に対しても成り立つ. ゆえに, $\operatorname{rot} u(x)$ というベクトルは, そのような任意の微小閉曲線 $C$ に沿うベクトル場 $u$ の線積分を, 近似的に, $C$ の面ベクトル $|S_C|n_C$ (そのノルムが面積に等しく, 面に垂直なベクトル) との内積として与えるようなベクトルと解釈することが可能である.

別の解釈については, 演習問題 2 を見よ.

## 発散の描像

点 $x \in D$ を中心とする, 一辺の長さがそれぞれ, $a_1, a_2, a_3$ の非常に"小さい"

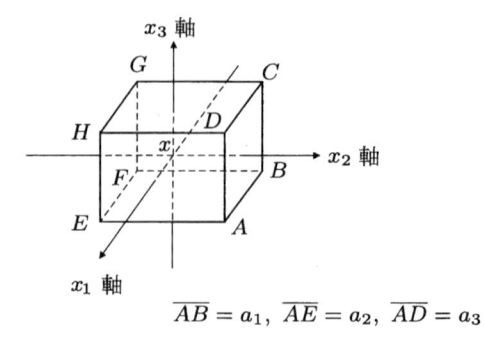

$\overline{AB} = a_1$, $\overline{AE} = a_2$, $\overline{AD} = a_3$

**図 6.2** 微小直方体 $\mathcal{R}_x$

直方体 $\mathcal{R}_x = \{x' = (x'_1, x'_2, x'_3) \mid |x'_i - x_i| \leq a_i/2, i = 1, 2, 3\}$ を考える（図 6.2）.

このとき，$x_1$ 軸の正の向きに向かって出ていく流量（=[面 $ADHE$ から出ていく流量]− [面 $BCGF$ から入る流量]）は近似的に

$$(\langle e_1, u(x + a_1 e_1/2)\rangle - \langle e_1, u(x - a_1 e_1/2)\rangle) a_2 a_3 \approx \frac{\partial u_1(x)}{\partial x_1} |\mathcal{R}_x|.$$

ただし，$|\mathcal{R}_x| := a_1 a_2 a_3$ は $\mathcal{R}_x$ の体積である．同様に，$x_2$ 軸の正の向きに向かって出ていく流量（=[面 $ABCD$ から出ていく流量]− [面 $EFGH$ から入る流量]）は近似的に

$$(\langle e_2, u(x + a_2 e_2/2)\rangle - \langle e_2, u(x - a_2 e_2/2)\rangle) a_1 a_3 \approx \frac{\partial u_2(x)}{\partial x_2} |\mathcal{R}_x|$$

であり，$x_3$ 軸の正の向きに向かって出ていく流量（=[面 $DCGH$ から出ていく流量]− [面 $ABFE$ から入る流量]）は近似的に

$$(\langle e_3, u(x + a_3 e_3/2)\rangle - \langle e_3, u(x - a_3 e_3/2)\rangle) a_1 a_2 \approx \frac{\partial u_3(x)}{\partial x_3} |\mathcal{R}_x|$$

である．したがって，直方体 $\mathcal{R}_x$ から流れ出る総流量を $I(x)$ とすれば

$$I(x) = |\mathcal{R}_x| \operatorname{div} u(x) + o(|\mathcal{R}_x|)$$

という形をとる．一方，$\lim_{|\mathcal{R}_x| \to 0} I(x)/|\mathcal{R}_x|$ は点 $x$ における流出量密度（単位体積あたりの流出量）であると解釈される．容易にわかるように $\lim_{|\mathcal{R}_x| \to 0} I(x)/|\mathcal{R}_x| = \operatorname{div} u(x)$. ゆえに，$\operatorname{div} u(x)$ は点 $x$ における流出量密度を表すと解釈される．

■ **例6.4** ■ 時刻 $t$, 点 $x$ における流体の速度を $v(t,x) \in V$ とし, 点密度（単位体積あたりの質量）を $\rho(t,x)$ とするとき, ベクトル場 $u(t,x) = \rho(t,x)v(t,x)$ は**流束密度**と呼ばれる. これは単位時間に単位断面積を流れる流体の量を表す.

流体がいたるところ生成したり消滅したりすることがないとしよう. このとき, 物理的に見ると, 時刻 $t$ において, 任意の点 $x$ における単位体積あたりの流体の減少量は $-\partial \rho / \partial t$ であり, これは, 上の解釈に従えば, $\operatorname{div} u$ に等しくなければならない. したがって

$$\operatorname{div} u = -\frac{\partial \rho}{\partial t}.$$

この関係式は生成・消滅をしない流体の方程式の基本条件として要請（仮定）される式であって, 通常, **連続の方程式**と呼ばれている.

### 6.4.4 注意

座標系から自由なアプローチをとる現代的なベクトル解析では, $V$ が3次元ユークリッドベクトル空間の場合, $d: A^1(D) \to A^2(D)$ を回転, また, $d: A^2(D) \to A^3(D)$ を発散と呼ぶ場合がある. こちらの定義のほうが $V$ の向きに依存しないのでより普遍的である. しかも, 実は, より自然であることもわかる. 本書では, この点は妥協して, 旧式のベクトル解析の基本的演算 ($\operatorname{rot}, \operatorname{div}$) の本質を現代的ベクトル解析の観点から提示するにとどめた.

### 6.4.5 調和ベクトル場

ベクトル場 $u: D \to V$ について

$$\operatorname{div} u(x) = 0, \quad \operatorname{rot} u(x) = 0, \quad x \in D$$

が成り立つとき, $u$ を**調和ベクトル場**という.

■ **例6.5** ■ $V$ の原点におかれた質量 $m > 0$ の質点が生み出す万有引力の場

$$F(x) := -Gm \frac{x}{\|x\|^3}, \quad x \in V \setminus \{0\}$$

は $V \setminus \{0\}$ 上の調和ベクトル場である.

## 6.5 余微分作用素とラプラス–ベルトラーミ作用素

$V$ は $n$ 次元実計量ベクトル空間, $D$ を $V$ の開集合とする. 外微分作用素 $d$ は $p$ 次微分形式を $(p+1)$ 次微分形式へうつす線形写像であった. そこで, 逆に, $(p+1)$

次微分形式を $p$ 次微分形式にうつす写像で $d$ に同伴するものを探すのは自然である．$\bigwedge^n V^*$ の基底 $\omega_n$ ($|\langle \omega_n, \omega_n \rangle| = 1$) を1つ固定し，これが属する向きに関するホッジ $*$ 作用素を $*$ とする．

**【定義 6.9】** 写像 $\delta : A^p(D) \to A^{p-1}(D)$ を

$$\delta := \begin{cases} (-1)^{np+n+1} * d * & ; p \geq 1 \text{ のとき} \\ 0 & ; p = 0 \text{ のとき} \end{cases} \tag{6.22}$$

によって定義し，これを**余微分作用素** (codifferential operator) という．$\phi \in A^p(D)$ に対する $\delta\phi = (-1)^{np+n+1} * (d(*\phi))$ を $\phi$ の**余微分** (coderivative) という．

余微分作用素の基本的性質は次の定理で与えられる．

**【定理 6.10】**

(i) $\delta^2 = 0$.

(ii) $*\delta d = d\delta *$.

(iii) $\delta d * = *d\delta$.

**証明** $\psi \in A^p(D)$ を任意にとる．

(i) $\delta^2 \psi = (-1)^{n(p-1)+n+1}(-1)^{np+n+1} * d * * d * \psi$. 一方，$\phi = *\psi$ とおけば，$d\phi \in A^{n-p+1}(D)$ であり，$**d\phi = (-1)^{(n-p+1)(p-1)}\varepsilon(\omega_n)d\phi$ である (2章, 命題 2.30 を参照)．よって，$\delta^2 \psi = (-1)^{n(p-1)+n+1}(-1)^{np+n+1}(-1)^{(n-p+1)(p-1)}\varepsilon(\omega_n)*dd\phi = 0$ ($\because d^2 = 0$).

(ii) $*\delta d\psi = (-1)^{n(p+1)+n+1} * *d * d\psi = (-1)^{n(p+1)+n+1}(-1)^{(n-p)p}\varepsilon(\omega_n)d*d\psi$. $(-1)^{(n-p)p}\varepsilon(\omega_n)\psi = **\psi$ および $(-1)^{n(p+1)} = (-1)^{n(n-p)}$ を使えば，$*\delta d\psi = (-1)^{n(p+1)+n+1}d*d**\psi = d\delta*\psi$.

(iii) (ii) より，$*\delta d\psi = d\delta*\psi$. 左から，$*$ を作用させ，$**\delta d\psi = \varepsilon(\omega_n)(-1)^{p(n-p)}\delta d\psi$ に注意すれば，$\varepsilon(\omega_n)(-1)^{p(n-p)}\delta d\psi = *d\delta*\psi$. $\phi = *\psi$ とおくと，$\delta d*\phi = *d\delta\phi$ と書ける．ゆえに，$\delta d* = *d\delta$. ∎

余微分作用素の作用の具体的な成分表示を見てみよう．$(e_i)$ を $V$ の正規直交基底とし，この基底に関する座標関数を $x^i, i = 1, \cdots, n$, とする．$\omega_n = dx^1 \wedge \cdots \wedge dx^n$

とする．任意の $\psi \in A^p(D)$ は (6.2) のように展開できる．このとき，

$$*\psi = \sum_{i_1<\cdots<i_p} \psi_{i_1\cdots i_p}\varepsilon\varepsilon(dx^{j_1})\cdots\varepsilon(dx^{j_{n-p}})dx^{j_1}\wedge\cdots\wedge dx^{j_{n-p}}.$$

ただし，$\varepsilon$ は置換：$(i_1,\cdots,i_p,j_1,\cdots,j_{n-p})\mapsto(1,\cdots,n)$ の符号である（$j_1<\cdots<j_{n-p}$）．したがって

$$d*\psi = \sum_{i_1<\cdots<i_p}\sum_{j=1}^n \frac{\partial\psi_{i_1\cdots i_p}}{\partial x^j}\varepsilon\varepsilon(dx^{j_1})\cdots\varepsilon(dx^{j_{n-p}})dx^j\wedge dx^{j_1}\wedge\cdots\wedge dx^{j_{n-p}}.$$

右辺の和の各項においては，$j\neq j_k, k=1,\cdots,n-p$ の場合のみが寄与しうる（そうでない場合の項は0）．したがって，$(i_1,\cdots,i_p)$ を1つ固定するごとに，$j$ の可能な値は $j=i_1,\cdots,i_p$ である．そこで，$i_1<\cdots<i_p$ を固定し，

$$\eta_l = \frac{\partial\psi_{i_1\cdots i_p}}{\partial x^{i_l}}\varepsilon\varepsilon(dx^{j_1})\cdots\varepsilon(dx^{j_{n-p}})$$
$$\times dx^{i_l}\wedge dx^{j_1}\wedge\cdots\wedge dx^{j_{n-p}}$$

とおく（$l=1,\cdots,p$）．したがって

$$d*\psi = \sum_{i_1<\cdots<i_p}\sum_{l=1}^p \eta_l.$$

いま，$j_1<\cdots<j_{k-1}<i_l<j_k<\cdots<j_{n-p}$ としよう．このとき，

$$\eta_l = (-1)^{k-1}\frac{\partial\psi_{i_1\cdots i_p}}{\partial x^{i_l}}\varepsilon\varepsilon(dx^{j_1})\cdots\varepsilon(dx^{j_{n-p}})$$
$$\times dx^{j_1}\wedge\cdots\wedge dx^{j_{k-1}}\wedge dx^{i_l}\wedge\cdots\wedge dx^{j_{n-p}}.$$

したがって

$$*\eta_l = (-1)^{k-1}\frac{\partial\psi_{i_1\cdots i_p}}{\partial x^{i_l}}\varepsilon'\varepsilon\varepsilon(dx^{i_l})\varepsilon(\omega_n)$$
$$\times dx^{i_1}\wedge\cdots\wedge dx^{i_{l-1}}\wedge \widehat{dx^{i_l}}\wedge\cdots\wedge dx^{i_p}.$$

ただし，$\varepsilon'$ は置換：$(j_1,\cdots,j_{k-1},i_l,\cdots,j_{n-p},i_1,\cdots,\hat{i}_l,\cdots,i_p)\mapsto(1,\cdots,n)$ の符号である．したがって，$\varepsilon'\varepsilon$ は置換:

$$(i_1,\cdots,i_p,j_1,\cdots,j_{n-p})\mapsto(j_1,\cdots,j_{k-1},i_l,\cdots,j_{n-p},i_1,\cdots,\hat{i}_l,\cdots,i_p)$$

の符号であり，

$$\varepsilon'\varepsilon = (-1)^{n-p-k+1}(-1)^{l-1}(-1)^{p(n-p)} = (-1)^{np+n+1}(-1)^k(-1)^{l-1}$$

であることがわかる．ゆえに

$$*\eta_l = -(-1)^{np+n+1}(-1)^{l-1}\frac{\partial \psi_{i_1\cdots i_p}}{\partial x^{i_l}}\varepsilon(dx^{i_l})\varepsilon(\omega_n)$$
$$\times dx^{i_1}\wedge\cdots\wedge dx^{i_{l-1}}\wedge\widehat{dx^{i_l}}\wedge\cdots\wedge dx^{i_p}$$
$$= -(-1)^{np+n+1}\frac{\partial \psi_{i_l i_1\cdots \hat{i}_l\cdots i_p}}{\partial x^{i_l}}\varepsilon(dx^{i_l})\varepsilon(\omega_n)$$
$$\times dx^{i_1}\wedge\cdots\wedge dx^{i_{l-1}}\wedge\widehat{dx^{i_l}}\wedge\cdots\wedge dx^{i_p}.$$

ここで第2の等号を得るのに成分関数 $\psi_{i_1\cdots i_p}$ の添え字に関する反対称性を用いた．以上を整理すれば

$$\delta\psi = -\sum_{j_1<\cdots<j_{p-1}}\left(\sum_{j=1}^n\frac{\partial \psi_{jj_1\cdots j_{p-1}}}{\partial x^j}\varepsilon(dx^j)\right)\varepsilon(\omega_n)dx^{j_1}\wedge\cdots\wedge dx^{j_{p-1}} \quad (6.23)$$

という表式が導かれる．ただし，これは正規直交基底を用いた場合の表示である．

特に，$p=1$ の場合は

$$\delta\psi = -\sum_{j=1}^n\frac{\partial \psi_j}{\partial x^j}\varepsilon(dx^j)\varepsilon(\omega_n), \quad \psi\in A^1(D). \quad (6.24)$$

■ 例6.6 ■　$V$ がユークリッドベクトル空間の場合，$\varepsilon(dx^i)=1, \varepsilon(\omega_n)=1$ であるから

$$\delta\psi = -\sum_{j_1<\cdots<j_{p-1}}\left(\sum_{j=1}^n\frac{\partial \psi_{jj_1\cdots j_{p-1}}}{\partial x^j}\right)dx^{j_1}\wedge\cdots\wedge dx^{j_{p-1}}, \quad \psi\in A^p(D). \quad (6.25)$$

特に，$p=1$ の場合，

$$\delta\psi = -\sum_{j=1}^n\frac{\partial \psi_j}{\partial x^j}, \quad \psi\in A^1(D). \quad (6.26)$$

そこで，**一般次元のユークリッドベクトル空間の場合における発散** $\mathrm{div}\,\psi$ を

$$\mathrm{div}\,\psi := -\delta\psi, \quad \psi\in A^1(D) \quad (6.27)$$

によって定義する（$\psi$ が $D$ 上のベクトル場 $\psi:D\to V$ の場合も同じ形で定義する）．

【定義6.11】　$V$ の向きを1つ固定し，作用素 $\Delta_{\mathrm{LB}}:A^p(D)\to A^p(D)$ を次のように定義する：

$$\Delta_{\mathrm{LB}} := d\delta + \delta d. \quad (6.28)$$

これをラプラス (Laplace)–ベルトラーミ (Beltrami) 作用素と呼ぶ[4].

**!注意 6.9** $A^0(D)$ ($p=0$ の場合) に対するラプラス–ベルトラーミ作用素の形は $\Delta_{\mathrm{LB}} = \delta d$ である ($\because \delta|A^0(D) = 0$).

**【定義 6.12】** $\Delta_{\mathrm{LB}}\psi = 0$ を満たす微分形式 $\psi \in A^p(D)$ を $D$ 上の **$p$ 次調和形式** (harmonic form) という. 特に, 0 次調和形式を**調和関数** (harmonic function) という.

次の事実はラプラス–ベルトラーミ作用素の定義からじかに従う.

**【命題 6.13】** $\psi \in A^p(D)$ が $d\psi = 0, \delta\psi = 0$ を満たすならば, $\psi$ は調和形式である.

ラプラス–ベルトラーミ作用素の作用の具体的な成分表示を見よう. $(e_i)_{i=1}^n$ を $V$ の正規直交基底とし, この基底に関する座標関数を $x^i, i = 1, \cdots, n,$ とする ($x = \sum_{i=1}^n x^i e_i \in V$).

$p \geq 1$ とし, $\psi \in A^p(D)$ が (6.2) で与えられるとすれば, 命題 6.5 と (6.23) によって

$$\delta d\psi = -\sum_{i_1 < \cdots < i_p} \left( \sum_{j=1}^n \frac{\partial^2 \psi_{i_1 \cdots i_p}}{(\partial x^j)^2} \varepsilon(dx^j)\varepsilon(\omega_n) \right) dx^{i_1} \wedge \cdots \wedge dx^{i_p}$$
$$+ \sum_{i_1 < \cdots < i_p} \left( \sum_{j=1}^n \sum_{k=1}^p (-1)^{k-1} \frac{\partial^2 \psi_{j i_1 \cdots \hat{i}_k \cdots i_p}}{\partial x^j \partial x^{i_k}} \varepsilon(dx^j)\varepsilon(\omega_n) \right)$$
$$\times dx^{i_1} \wedge \cdots \wedge dx^{i_p}. \tag{6.29}$$

一方

$$d\delta\psi = -\sum_{i_1 < \cdots < i_p} \left( \sum_{j=1}^n \sum_{k=1}^p (-1)^{k-1} \frac{\partial^2 \psi_{j i_1 \cdots \hat{i}_k \cdots i_p}}{\partial x^j \partial x^{i_k}} \varepsilon(dx^j)\varepsilon(\omega_n) \right)$$
$$\times dx^{i_1} \wedge \cdots \wedge dx^{i_p}. \tag{6.30}$$

---

[4] ラプラス (Pierre Simon Marquis de Laplace, 1749–1827) はフランスの偉大な数学者, 天文学者, 数理物理学者. 天体力学を飛躍的に発展させた. その壮大な著書『天体力学 全5巻』(1799〜1825年) は天体力学の古典といわれる. 太陽系生成のモデルを提示したことでも有名 (いわゆるカント・ラプラス星雲説). その他の理論物理学や確率論でも大きな貢献をした. ベルトラーミ (Eugenio Beltrami, 1835–1900) はイタリアの数学者. 非ユークリッド幾何学の先駆的研究や弾性学において大きな貢献をした.

これは (6.29) の第 2 項と打ち消し合う. ゆえに

$$\Delta_{\mathrm{LB}}\psi = -\sum_{i_1<\cdots<i_p}\left(\sum_{j=1}^n \frac{\partial^2 \psi_{i_1\cdots i_p}}{(\partial x^j)^2}\varepsilon(dx^j)\varepsilon(\omega_n)\right)dx^{i_1}\wedge\cdots\wedge dx^{i_p}. \quad (6.31)$$

物理への応用上重要な場合を 2 つ見ておこう.

(i) $V$ がユークリッドベクトル空間の場合. $\varepsilon(dx^i)=1, \varepsilon(\omega_n)=1$ であるから

$$\Delta_{\mathrm{LB}}\psi = -\Delta\psi, \quad \psi \in A^p(D) \quad (6.32)$$

と書ける. ただし,

$$\Delta := \sum_{j=1}^n \frac{\partial^2}{(\partial x^j)^2} \quad (6.33)$$

であり, $\Delta\psi := \sum_{i_1<\cdots<i_p}(\Delta\psi_{i_1\cdots i_p})dx^{i_1}\wedge\cdots\wedge dx^{i_p}$ と読む. 作用素 $\Delta$ は **$n$ 次元ラプラシアン**と呼ばれる.

(ii) $V$ が $(n+1)$ 次元ミンコフスキーベクトル空間である場合. $V^*$ の正規直交基底 $(dx^i)_{i=0}^n$ として, $\langle dx^0, dx^0\rangle = 1, \langle dx^j, dx^j\rangle = -1, j=1,\cdots,n$, となるものをとり, $\omega_{n+1} = dx^0\wedge\cdots\wedge dx^n$ とする. このとき, $\varepsilon(dx^0)=1, \varepsilon(dx^j)=-1, j=1,\cdots,n, \varepsilon(\omega_{n+1})=(-1)^n$ であるから,

$$\Delta_{\mathrm{LB}}\psi = (-1)^{n+1}\Box\psi, \quad \psi \in A^p(D) \quad (6.34)$$

と書ける. ただし,

$$\Box := \frac{\partial^2}{(\partial x^0)^2} - \sum_{j=1}^n \frac{\partial^2}{(\partial x^j)^2} \quad (6.35)$$

であり, $\Box\psi := \sum_{i_1<\cdots<i_p}(\Box\psi_{i_1\cdots i_p})dx^{i_1}\wedge\cdots\wedge dx^{i_p}$ と読む. 作用素 $\Box$ は **$(n+1)$ 次元ダランベルシアン**と呼ばれる[5].

## 6.6 微分形式の積分

$V$ を $n$ 次元計量ベクトル空間とし, $(e_i)_{i=1}^n$ を $V$ の基底, $(dx^i)_{i=1}^n$ をその双対基底とする $(x=\sum_{i=1}^n x^i e_i \in V)$. $D$ を $V$ の開集合, $\psi$ を $D$ 上の $n$ 次微分形

---

[5] 波動作用素あるいはダランベール作用素（演算子）と呼ばれる場合もある. ダランベール (Jean Le Rond d'Alembert, 1717-1783) はフランスの数理物理学者, 哲学者. 剛体の運動論や解析力学などに寄与. D. ディドロ (1713-1784, 仏) と協力して編集した『百科全書』は有名.

式とする．このとき

$$\psi(x) = f(x^1, \cdots, x^n) dx^1 \wedge \cdots \wedge dx^n, \quad x \in D$$

と展開される．この表示を用いて，$\psi$ の $D$ 上での積分 $\int_D \psi$ を

$$\int_D \psi := \int \cdots \int_{\widetilde{D}} f(x^1, \cdots, x^n) dx^1 \cdots dx^n \tag{6.36}$$

によって定義する．ただし，$\widetilde{D} := \{(x^1, \cdots, x^n) \in \mathbb{R}^n \mid \sum_{i=1}^n x^i e_i \in D\}$ であり，右辺は，関数 $f: \widetilde{D} \to \mathbb{R}$ に関する通常の $n$ 重積分である（もちろん，積分が存在する場合だけを考える）．だが，この積分の定義が意味をもつためには，(6.36) の右辺が $V$ の基底 $(e_i)_{i=1}^n$ の取り方によらないことを示さなければならない（実は向きにはよる）．これは次のようにしてなされる．

$(v_i)_{i=1}^n$ を $V$ の別の基底とし，その双対基底を $(dy^i)_{i=1}^n$ とする（$x = \sum_{i=1}^n y^i v_i$）．底変換：$(e_i) \mapsto (v_i)$ の行列を $P = (P_j^i)$ とする：$v_i = \sum_{j=1}^n P_i^j e_j$, $dx^i = \sum_{j=1}^n P_j^i dy^j$．したがって，$\psi(x) = g(y^1, \cdots, y^n) dy^1 \wedge \cdots \wedge dy^n$ と展開される．$(x^j)$ と $(y^j)$ の関係は $x^i = \sum_{j=1}^n P_j^i y^j \cdots (*)$ で与えられる．このとき，

$$\int \cdots \int_F g(y^1, \cdots, y^n) dy^1 \cdots dy^n = \int \cdots \int_{\widetilde{D}} f(x^1, \cdots, x^n) dx^1 \cdots dx^n \cdots (**)$$

を示せばよい．ただし，$F = \{(y^1, \cdots, y^n) \in \mathbb{R}^n \mid \sum_{i=1}^n y^i v_i \in D\}$．$(*)$ によって，$PF = \widetilde{D}$ である．直接計算により

$$f(x^1, \cdots, x^n) dx^1 \wedge \cdots \wedge dx^n = f(x^1, \cdots, x^n)(\det P) dy^1 \wedge \cdots \wedge dy^n.$$

したがって，$g(y^1, \cdots, y^n) = f(x^1, \cdots, x^n)(\det P) \cdots (***)$．座標変換 $(*)$ と $n$ 重積分の変数変換公式により[6]，

$$\int \cdots \int_{\widetilde{D}} f(x^1, \cdots, x^n) dx^1 \cdots dx^n$$
$$= \int \cdots \int_F f\left(\sum_{j=1}^n P_j^1 y^j, \cdots, \sum_{j=1}^n P_j^n y^j\right) |\det P| dy^1 \cdots dy^n.$$

したがって，$\det P > 0$ ならば，最後の式は，$(***)$ により，$\int \cdots \int_F g \, dy^1 \cdots dy^n$ に等しいので，$(**)$ が成立する．

---

[6] たとえば，スピヴァック『多変数解析学』（東京図書）の §6 を参照．

ところで, $\det P > 0$ であるための必要十分条件は $dx^1 \wedge \cdots \wedge dx^n$ と $dy^1 \wedge \cdots \wedge dy^n$ が同じ向きに属することである($\because dx^1 \wedge \cdots \wedge dx^n = (\det P) dy^1 \wedge \cdots \wedge dy^n$).

以上から, $V$ の向きを 1 つ固定すれば, 積分 $\int_D \psi$ は $V$ の基底の選び方によらず定義されることがわかった.

次に $D$ 上の $p$ 次微分形式 $\phi \in A^p(D)$ $(1 \leq p \leq n-1)$ の積分を定義しよう. $\phi$ を

$$\phi(x) = \sum_{i_1 < i_2 < \cdots < i_p}^{n} \phi_{i_1 \cdots i_p}(x^1, \cdots, x^n) dx^{i_1} \wedge \cdots \wedge dx^{i_p}$$

と展開する $(x = \sum_{i=1}^{n} x^i e_i,\ \phi_{i_1 \cdots i_p} : \widetilde{D} \to \mathbb{R})$. $D$ の部分集合 $S$ で

$$S = \left\{ \sum_{i=1}^{n} u^i(t) e_i \ \middle|\ t = (t_1, \cdots, t_p) \in K \subset \mathbb{R}^p \right\}$$

と表されるものを考える. ただし, $K$ は $\mathbb{R}^p$ の開集合で, 各 $u^i : K \to \mathbb{R}$ は単射で連続微分可能であるとする. このとき, $\phi$ に対して, $K$ 上の $p$ 次微分形式

$$\phi_{\mathbb{R}^p}(t) := \sum_{i_1 < i_2 < \cdots < i_p} \phi_{i_1 \cdots i_p}(u^1(t), \cdots, u^n(t)) \det\left(\frac{\partial u^{i_\alpha}(t)}{\partial t_\beta}\right)_{\alpha, \beta} dt_1 \wedge \cdots \wedge dt_p$$

が定義される. そこで, $\phi$ の $S$ 上での積分を

$$\int_S \phi := \int_K \phi_{\mathbb{R}^p} \tag{6.37}$$

によって定義する. ただし, $\mathbb{R}^p$ にはあらかじめ向きを 1 つ定めておく. この積分が $V$ の基底の取り方によらないことは $n$ 次微分形式の場合と同様にして示される.

■ **例 6.7** ■ $\gamma : (a, b) \to D$ を $D$ 内の曲線とするとき, $D$ 上の 1 次微分形式 $\phi = \sum_{i=1}^{n} \phi_i dx^i$ の $\gamma$ 上での積分 $\int_\gamma \phi$ は

$$\int_\gamma \phi = \int_a^b \sum_{i=1}^{n} \phi_i(\gamma(t)) \dot{\gamma}^i(t) dt$$
$$= \int_a^b \langle \phi(\gamma(t)), \dot{\gamma}(t) \rangle\, dt.$$

最後の式は, ベクトル場 $\phi$ の, 滑らかな曲線 $\gamma$ に沿う線積分に他ならない(3 章, 3.3.3 項を参照).

■ 例 6.8 ■ $V = \mathbb{R}^3$ の場合に, $S = \{(u^1(s,t), u^2(s,t), u^3(s,t)) \mid (s,t) \in K \subset \mathbb{R}^2\}$ は $V$ の中の曲面を表す. $D$ を $\mathbb{R}^3$ の開集合とするとき, 任意の $\phi : D \to \bigwedge^2 V^*$ は

$$\phi = a_3(\boldsymbol{x})dx^1 \wedge dx^2 + a_1(\boldsymbol{x})dx^2 \wedge dx^3 + a_2(\boldsymbol{x})dx^3 \wedge dx^1$$

と表される ($\boldsymbol{x} = (x^1, x^2, x^3) \in \mathbb{R}^3$). いま, $\boldsymbol{a}(\boldsymbol{x}) = (a_1(\boldsymbol{x}), a_2(\boldsymbol{x}), a_3(\boldsymbol{x}))$ とおき, $\boldsymbol{n}(\boldsymbol{x})$ を $S$ の点 $\boldsymbol{x}$ における単位法線ベクトルとする. $S$ 上の関数 $f$ に対して, $\int_S f(\boldsymbol{x}) dS$ によって, $f$ に関する $S$ 上の面積分を表す. 関数 $g = g(s,t)$ の $s, t$ に関する偏微分をそれぞれ, $g_s, g_t$ と記し, 行列 $A$ に対して, $|A|$ は $A$ の行列式を表すとする. よく知られた公式[7]

$$\int_S \langle \boldsymbol{a}(\boldsymbol{x}), \boldsymbol{n}(\boldsymbol{x}) \rangle dS$$
$$= \int_K \left\{ a_1(\boldsymbol{x}) \begin{vmatrix} u_s^2 & u_t^2 \\ u_s^3 & u_t^3 \end{vmatrix} + a_2(\boldsymbol{x}) \begin{vmatrix} u_s^3 & u_t^3 \\ u_s^1 & u_t^1 \end{vmatrix} + a_3(\boldsymbol{x}) \begin{vmatrix} u_s^1 & u_t^1 \\ u_s^2 & u_t^2 \end{vmatrix} \right\} dsdt$$

を使うと

$$\int_S \phi = \int_S \langle \boldsymbol{a}(\boldsymbol{x}), \boldsymbol{n}(\boldsymbol{x}) \rangle dS$$

となることがわかる. つまり, $\mathbb{R}^3$ 上の 2 次微分形式の積分は面積分を表す.

## 演習問題

$V$ をユークリッドベクトル空間, $D$ を $V$ の開集合とする.

1. $\dim V = 3$ とし, $\rho_0$ を実定数とする. このとき, $\operatorname{div} u(x) = \rho_0$ を満たすベクトル場 $u : V \to V$ の例をあげよ.

2. $\dim V = 3$, $\omega \in V$ を定ベクトルとし, $L : V \to V$ を $L(x) = \omega \times x$, $x \in V$ によって定義する. このとき, $\operatorname{rot} L(x) = 2\omega$ を示せ.

!注意 6.10 この問題の物理的解釈 (rot の解釈) の 1 つは次のようなものである. 剛体 (力を加えても変形しない物体) が原点 $O$ を通る軸のまわりに回転しているとし, 回転軸方向のベクトルの 1 つを $\omega \in V \setminus \{0\}$ とする. 剛体の任意の 1 点 $P$ に対する線分 $OP$ と回転軸のなす角度を $\theta$ とすれば, 回転軸から $P$ までの距離は $\overline{OP} \sin \theta$ である. 軸のまわりの点 $P$ の回転の角速度の大きさを $a$ とすれば $a\overline{OP} \sin \theta$ は点 $P$ における, 回転の接線方向の速さになる. これを大きさとして与えるベクトルの 1 つは $a\omega \times x/\|\omega\|$ である ($x = \overrightarrow{OP}$). したがって, $a = \|\omega\|$ にとれば, $L(x) = \omega \times x$ は点 $P$ の回転の接線方向の速度を与

---

[7] 微分積分ないし解析学の教科書を参照.

える．この速度は**線速度**と呼ばれる．この問題によって $L(x) = \frac{\operatorname{rot} L(x)}{2} \times x$．
これを逆に読むことにより，一般のベクトル場 $u$ の回転 $\operatorname{rot} u$ に対して次のような解釈が可能になる：$\operatorname{rot} u(x)$ は，位置 $x$ における線速度が $u(x)$ となるような回転の角速度ベクトルの 2 倍である．

3. $\dim V = 3$ とするとき，ベクトル場 $u : D \to V$ とスカラー場 $f : D \to \mathbb{R}$ について次の諸式を証明せよ．

   (i) $\operatorname{div} \operatorname{rot} u = 0$．

   (ii) $\operatorname{rot} \operatorname{grad} f = 0$．

   (ii) $\operatorname{rot}(\operatorname{rot} u) = \operatorname{grad}(\operatorname{div} u) - \Delta u$．

4. $\dim V = 3$ とする．任意のベクトル $u, v, w \in V$ に対して
$$u \times (v \times w) = \langle u, w \rangle v - \langle u, v \rangle w$$
を証明せよ．

5. $\dim V = 3$, $a \in V$, $f : D \to \mathbb{R}$ とし，$\psi : D \to V$ を $\psi(x) = f(x) a \times x$ によって定義する．ただし，$a \in V$ は定ベクトル．このとき，次の式を証明せよ．

   (i) $\operatorname{rot} \psi(x) = 2f(x)a + \langle \operatorname{grad} f(x), x \rangle a - \langle \operatorname{grad} f(x), a \rangle x$．

   (ii) $\operatorname{div} \psi(x) = \langle \operatorname{grad} f(x), a \times x \rangle$．

6. $\dim V = 3$, $a \in V \setminus \{0\}$ を定ベクトルとし，$D_a = \{x \in V \mid a \times x \neq 0\}$ とおく．

   (i) $D_a$ は開集合であることを示せ．

   (ii) 写像 $\phi : D \to V$ を
   $$\phi(x) = \frac{a \times x}{\|a \times x\|^2}, \quad x \in D$$
   によって定義するとき，$\phi$ は調和ベクトル場であること，すなわち，$\operatorname{rot} \phi(x) = 0$, $\operatorname{div} \phi(x) = 0$ が成り立つことを示せ．

7. $W$ をユークリッドベクトル空間とし，$u : D \to W$ とする．任意の $x \in D$ と $y \in V$ に対して
$$u'(x, y) := \lim_{h \to 0} \frac{u(x + hy) - u(y)}{h}$$
——これを **$u$ の $x$ における，$y$ に関する微分係数**という——が存在すると仮定する．このとき，$u$ は $D$ 上で**微分可能**であるという．この場合，対応：$x \mapsto u'(x, y) \in W$ が $x$ について連続であるとき，$u$ は $D$ において**連続微分可能**であるという．以下，$u$ は $D$ において連続微分可能であるとする．

(i) 各 $x \in D$ に対して,対応 : $y \mapsto u'(x,y)$ は線形であることを示せ.
(i) に従って,各 $x \in D$ に対して,線形写像 $u'(x) : V \to W$ を
$$u'(x)(y) := u'(x,y), \quad y \in V$$
によって定義する.$u'(x) \in \mathcal{L}(V,W)$ を点 $x$ における $u$ の **微分係数** または **導関数** という.

(ii) $V = W$ のとき,
$$\operatorname{tr} u'(x) = \operatorname{div} u(x), \quad x \in D$$
を示せ.

(iii) $V = W$ のとき,任意の $x \in D, y \in V$ に対して,$u'(x)^*(y) = \operatorname{grad}(\langle u(x), y \rangle)$ を示せ.

(iv) $V = W, \dim V = 3$ のとき
$$u'(x)(y) - u'(x)^*(y) = (\operatorname{rot} u(x)) \times y, \quad y \in V$$
を示せ.

**!注意 6.11** 問 (ii), (iv) はそれぞれ,発散,回転の別の特徴づけを与える.これらを発散,回転の定義に用いる場合もある.(iv) は回転が,線形作用素 $u'(x)$ の反対称部分の 2 倍から決まることを示している.また,$\operatorname{tr} u'(x) = \operatorname{tr}(u'(x) + u'(x)^*)/2$ を考慮すると,$u$ の発散は線形作用素 $u'(x)$ の対称部分と結びついていることがわかる.こうして,線形作用素 $u'(x)$ の対称部分と反対称部分はそれぞれ,別の役割を担っていることがわかる.この機構はたいへん興味深く,美しい.

# 7 マクスウェル方程式，ゲージ場，ミンコフスキー時空

電気と磁気に関わる現象，すなわち，電磁現象を根底において支配する方程式（マクスウェル方程式）について叙述し，そこから，より高次の理念的領域へと探索を進める．この探索により，物質場（ば），ゲージ場（ば），ミンコフスキー時空といった新しい存在が見出される．

## 7.1 はじめに──歴史的，物理的背景の素描

電気や磁気の存在は，摩擦電気や磁石の発見を通して，古代ギリシアの時代から知られていた．しかし，電気・磁気──電磁気──に関わる現象についての系統的研究が始まったのはやっと 18 世紀になってからであった．

たとえば，今日，**クーロンの法則** (Coulomb's law) として知られる法則──電気を帯びた静止物体の間に働く電気的力の法則── が確立されるのは 1785~1787 年頃であるとされる[1]．この法則は，3 次元ユークリッドベクトル空間 $V$ の点 $x_1$ に電荷（電気量）$q_1$ の質点 $m_1$ があり，位置 $x_2 \in V$ に電荷 $q_2$ の質点 $m_2$ があり，他には何も存在しないとき（実際的には，他の存在の効果が無視できるとき），質点 $m_1$ が質点 $m_2$ に及ぼす電気的力のベクトルが

$$\boldsymbol{F}_\mathrm{C} = \frac{q_1 q_2}{4\pi\varepsilon_0 \|\boldsymbol{x}_2 - \boldsymbol{x}_1\|^2} \frac{\boldsymbol{x}_2 - \boldsymbol{x}_1}{\|\boldsymbol{x}_2 - \boldsymbol{x}_1\|} \tag{7.1}$$

で与えられることを語るものである．ただし，$\varepsilon_0$ は**真空の誘電率** (dielectric constant) と呼ばれる物理定数である[2]．この型の電気力を**クーロン力**と呼ぶ．これは，見ての通り，距離の逆 2 乗に比例する力である．この点は，万有引力と共通

---
[1] クーロン (1736–1806) はフランスの物理学者．
[2] $\dfrac{1}{4\pi\varepsilon_0} \approx 9 \times 10^9 \,\mathrm{N\cdot m^2/C^2}$．C は電荷の単位（クーロン）．

しており，力の起源に関して，さらに深い相の存在を示唆する．$q_1 q_2 > 0$ ならば $\boldsymbol{F}_\mathrm{C}$ は斥力を表し，$q_1 q_2 < 0$ ならば $\boldsymbol{F}_\mathrm{C}$ は引力を表す．すなわち，正の電荷どうしおよび負の電荷どうしは互いに反発しあい，符号が異なる電荷どうしは引きあう．なお，複数の電荷が存在する場合には，任意の電荷に働く電気力は，他のすべての電荷からのクーロン力のベクトル和で与えられる．

電気力は万有引力よりもはるかに強い．実際，質点 $m_1$ および質点 $m_2$ がともに単位電荷をもつ場合（$q_1 = q_2 = 1\mathrm{C}$ の場合），質点 $m_1$ と質点 $m_2$ の間に働くクーロン力の大きさ $F_\mathrm{C} = \dfrac{1}{4\pi\varepsilon_0 r^2}$ $(r = \|\boldsymbol{x}\|)$ と万有引力の大きさ $F_\mathrm{univ} = \dfrac{G m_1 m_2}{r^2}$ の比は

$$\frac{F_\mathrm{C}}{F_\mathrm{univ}} = \frac{1}{G[m_1][m_2]} \cdot \frac{1}{4\pi\varepsilon_0}$$

$$\approx \frac{10^{11}}{6.67} \times \frac{1}{[m_1][m_2]} \times 9 \times 10^9 \approx \frac{1}{[m_1][m_2]} \times 1.35 \times 10^{20}$$

（$[m_i]$ は質量 $m_i$ の数値を表す）．にもかかわらず，物質界が安定しているのは，物質内の正の電気と負の電気が"うまく"釣り合いを保ち，物質全体としては電気力の効果が打ち消し合うように整えられるためである．

電荷が運動する場合には，クーロンの法則は精確には成立しないことを注意しておく．というのは，電荷が運動すると磁気が生み出され，運動する電荷は磁気から力を受けるからである．この意味で，クーロンの法則は，原理的な法則ではなく，原理的な法則の特殊な現れと見るべきものである．

いま述べたような，電気と磁気の相関関係は，電磁気についての研究の初期の段階では知られておらず，電気と磁気は別物であると考えられた（これは，今日の観点からいえば，静的な——すなわち，時間とともに変動しない——電気や磁気のみを考察していたためである）．こうした，電気と磁気の並行的な取り扱いから，両者が互いに密接に結びついていること，すなわち，電気の変化は磁気を生み出し，逆に磁気の変化は電気を生み出すという**電磁誘導** (electromagnetic induction) の現象を発見し，この型の現象を含む，広範囲にわたる電磁現象——電磁気に関わる現象—— の詳細な研究へと進むのは 19 世紀になってからであり，エルステッド (1777–1851, デンマーク)，アンペール (1775–1836, 仏)，ファラデー (1791–1867, 英)，ヘンリー (1797–1878, 米)，ヴェーバー (1804–1891, 独) など多くの優れた物理学者たちによって，電磁気に関する基本法則が次々に明らかにされていった．

電磁気の研究において基礎となるのは場ばの概念である．空間の中に電荷（一般

には複数）が存在するとき，その電荷のまわりの空間は空虚な空間ではなく，そこに他の電荷がおかれればそれに力が働くような性質をもつ空間に変容している．すなわち，空間には力の場が現れる．この場は**電場** (electric field) または**電界**と呼ばれる力場の一例である．力は，数学的には，ベクトルで表されるから，電場というのは，描像としては，空間の各点にある種のベクトルが分布したものであると想像できる．したがって，電場は，数学的には空間上のベクトル場によって表されると考えられる．実際，たとえば，空間 $V$ の原点におかれた電荷 $q$ が生み出す電場はベクトル場

$$\boldsymbol{E}_\mathrm{C} : V \setminus \{0\} \to V ; \quad \boldsymbol{E}_\mathrm{C}(\boldsymbol{x}) = \frac{q}{4\pi\varepsilon_0 \|\boldsymbol{x}\|^2} \frac{\boldsymbol{x}}{\|\boldsymbol{x}\|}, \, \boldsymbol{x} \in V \setminus \{0\} \qquad (7.2)$$

で与えられる．これを**クーロン場**と呼ぶ．この場の中に，電荷 $Q$ の質点が位置 $\boldsymbol{x}$ におかれたならば，$Q\boldsymbol{E}_\mathrm{C}(\boldsymbol{x})$ の力を受けるのである．

電場を発生させている電荷が加速運動すれば，そのまわりの電場も時間的に変化することが観測される．この実験的事実から，電場は，時刻と空間的位置を変数とするベクトル場，言い換えれば，時間 $\mathbb{R}$ の点と空間 $V$ の点の組からなる集合

$$M := \mathbb{R} \times V = \{(t, \boldsymbol{x}) \mid t \in \mathbb{R}, \boldsymbol{x} \in V\} \quad (\mathbb{R} と V の直積集合) \qquad (7.3)$$

の上に分布するベクトル場であるという描像が得られる．集合 $M$ を**時空** (space-time) と呼ぶ．こうして，より一般的には，電場の数学的概念は時空上の $V$-値ベクトル場であると考えられる．

磁気についても同様の考察がなされうる．たとえば，棒磁石のまわりの空間は，そこに，別の磁石がおかれれば一定の仕方でそれに力が働くような空間に変容している[3]．この種の力場を**磁場** (magnetic field) または**磁界**と呼ぶ．次の観測事実がある：(i) 磁場の中を電荷をもつ物体——**帯電体**——が運動すれば，磁場から力を受ける，(ii) 磁場は電場が変動することによっても発生し，この逆の現象も生起しうる，(iii) 磁石を運動させれば，そのまわりの磁場は時間・空間的に変化し

---

[3] 細い棒磁石では，磁気的性質，すなわち，磁性を表す場所は両端に集中しており，この両端をそれぞれ，**磁極** (magnetic pole) と呼ぶ．磁極は磁気力を生み出す量を担っていると想定し，この量を**磁荷**と呼ぶ．磁荷には正の磁荷と負の磁荷がある．棒磁石の 2 つの磁極の磁荷の大きさは同じで，符号は異なる．十分長く，十分細い棒磁石の磁極は近似的に分離した点磁荷とみなすことができる．磁荷 $M_1, M_2$ の点磁荷が真空中で $r > 0$ の距離を隔てておかれているとき，これらの磁荷の間には，両者を結ぶ直線にそって，大きさが $M_1 M_2/(4\pi\mu_0 r^2)$ の力が働く（$\mu_0$ は真空中の**透磁率**と呼ばれる物理定数）．この力は磁荷の符号が異なれば引力であり，磁荷の符号が同じならば斥力である．これを**静磁気力に関するクーロンの法則**という．これと静電気力に関するクーロンの法則を考慮すると，電気と磁気は"並行的な"存在であることが推測されよう．

うる．こうして，磁気の場合も，磁気力をもたらすベクトルが時空の各点に分布しているという磁場の一般的概念へと導かれる．

電磁誘導の観点からは，電場と磁場は不可分の一体的存在であると考えられる．この一体的存在を**電磁場** (electromagnetic field) と呼ぶ．電場あるいは磁場として個別的に観測されるものは，この一体的存在の分節形態に他ならず，それぞれ別個では絶対的な意味をもたない（ある観測系にとっては磁場は存在し，電場は存在しないが，別の観測系にとっては電場が存在し，磁場が存在しないということが起こりうる）．

上述のような歴史的過程を経て実験的に確立された，電磁現象に関する諸事実を体系的な理論にまとめあげたのがマクスウェル（Maxwell, 1831–1879, 英）であった．驚くべきことに，電磁現象の基本原理は，電場と磁場に関する単純な，しかし，この上なく美しい連立偏微分方程式の形にまとめられる．この方程式は，今日，マクスウェル方程式と呼ばれる．マクスウェル方程式に基づく理論によって，巨視的世界の電磁気に関する物理学，すなわち，古典電磁気学が完成される[4]．

この章の目的は，電磁現象の基本原理であるマクスウェル方程式を出発点として，電磁現象に関わる理念界のさらに高い次元へと探索の歩を進めることである．物理的な議論はしない．これは電磁気学の教科書に委ねる[5]．私たちの探索の目的は一段と美しい理念的領域を体験的に観照することにある．これは，マクスウェル方程式が含意するより高次の理念的内容を数理物理学的思考によって見出してゆくことによって達成されうる．こうした作業により，私たちは，ゲージ場と呼ばれる，より根源的な存在に出会うことになる．このゲージ場は物質の波動的側面を表す物質場と密接に結びついていることも認識される．さらに，ゲージ場の4次元形式は，私たちを新しい時空概念へと導く．これはアインシュタインの特殊相対性理論へと連なるものである．

---

[4] マクスウェルの電磁気学は，原子や素粒子のような微視的対象が関わる電磁現象に対しては破綻する．このような現象は，マクスウェルの電磁気学の量子力学版である**量子電磁力学** (quantum electrodynamics) によって記述される．

[5] 電磁気学の教科書も選択に困るほどたくさん出版されている．どれか1つを選べといわれれば，筆者としては，ファインマン，レイトン，サンズ『ファインマン物理学 III 電磁気学』（岩波書店）を推薦する．

## 7.2 電磁現象の基礎方程式

この節では，電磁現象の生成の仕方を根本で支配する方程式，すなわち，マクスウェル方程式を定式化する．

### 7.2.1 時空の概念

式(7.3)で定義される時空は，$\mathbb{R}$ と $V$ の直和ベクトル空間 $\mathbb{R} \oplus V$ を基準ベクトル空間とするアファイン空間と見られる．実際，$M$ の任意の点 $P = (t_P, \boldsymbol{x}_P)$ と $\mathbb{R} \oplus V$ のベクトル $x = (t, \boldsymbol{x})$ に対して，和（平行移動）$P + x$ を $P + x := (t_P + t, \boldsymbol{x}_P + \boldsymbol{x})$ によって定義すれば，$M$ はアファイン空間の公理を満たす．次元については，$\dim \mathbb{R} \oplus V = \dim \mathbb{R} + \dim V = 4$ であるから（この章では $\dim V = 3$ とする），$M$ は4次元アファイン空間である．そこで，$M$ を**4次元時空**とも呼ぶ．したがって，最も抽象的には，4次元時空とは4次元実ベクトル空間を基準ベクトル空間とするアファイン空間であるというふうに定式化される．$M$ はその具象的な実現の1つなのである．しかし，この段階では，$M$ の計量（基準ベクトル空間 $\mathbb{R} \oplus V$ の計量）は決めないでおく．実は，この章の目的の1つは，電場や磁場が存在する時空である $M$ の計量は，マクスウェルの方程式を4次元形式に書き換えることにより，おのずと明らかになること，そして，これによって，新しい時空構造——時間と空間は独立ではなく，1つの絶対的融合体（時空の未分体あるいは時空未生以前体）に帰一するという構造——が見出されることを示すことなのである．

**！注意 7.1** ニュートン力学においても，もちろん，4次元時空の概念は考えられる．しかし，ニュートン力学の場合には，そもそも初めから時間と空間は独立したものと仮定されているので，時空という概念は単なる便宜的なものである．

### 7.2.2 電磁現象に関わる物理量の数学的本性

この章の第1節で電場や磁場の概念の素描をした．電磁現象を担う基本的な物理的存在としては，電場，磁場に加えて**電荷密度**（単位体積あたりの電荷）——**電気量密度**ともいう——，**電流密度**（単位時間，単位面積あたりを流れる電荷）がある．電磁気学の標準的な教科書では，各時刻における電場，磁場，電流密度は，いずれも，3次元ユークリッドベクトル空間 $\mathbb{R}^3$ 上のベクトル場として，また，電荷密度はスカラー場として捉える（しかも，多くの場合，標準的な直交座標系での成分表示を用いて）．確かに，実用上は，これで十分であるといえるかもしれな

い．だが，磁場，電流密度，電荷密度については，そのように理解するのでは，以下に述べる理由により，その数学的本性が正しく認識されたとはいいがたいのである．そこで，改めて，まず，電磁気学における基本的物理量の数学的定義を述べ，そのあとで若干の注釈を加える．

$\mathbb{I} \subset \mathbb{R}$ を時間を表す区間，$V$ を3次元ユークリッドベクトル空間，$D$ を $V$ の開集合とする．次に述べるコンテクスト（文脈）では，$D$ は電磁気的物理量が存在する空間領域を表す．

(1) **電場**は $\mathbb{I} \times D$ から $V$ への写像である．これを $E$ で表す．すなわち，各時刻 $t$ において，$E(t, \cdot) : D \to V;\ \boldsymbol{x} \mapsto \boldsymbol{E}(t, \boldsymbol{x}) \in V$ は $D$ 上のベクトル場である．

(2) **磁場**は $\mathbb{I} \times D$ から $\bigwedge^2 V$ への写像である．これを $\boldsymbol{B}$ で表す．すなわち，各時刻 $t$ において，$B(t, \cdot) : D \to \bigwedge^2 V;\ \boldsymbol{x} \mapsto \boldsymbol{B}(t, \boldsymbol{x}) \in \bigwedge^2 V$ は $D$ 上の2階反対称反変テンソル場である．

(3) **電荷密度**は $\mathbb{I} \times D$ から $\bigwedge^3 V$ への写像である．これを $\widehat{\varrho}$ で表す．すなわち，各時刻 $t$ において，$\widehat{\varrho}(t, \cdot) : D \to \bigwedge^3 V;\ \boldsymbol{x} \mapsto \widehat{\varrho}(t, \boldsymbol{x}) \in \bigwedge^3 V$ は $D$ 上の3階反対称反変テンソル場である．

(4) **電流密度**は $\mathbb{I} \times D$ から $\bigwedge^2 V$ への写像である．これを $\boldsymbol{J}$ で表す．すなわち，各時刻 $t$ において，$J(t, \cdot) : D \to \bigwedge^2 V;\ \boldsymbol{x} \mapsto \boldsymbol{J}(t, \boldsymbol{x}) \in \bigwedge^2 V$ は $D$ 上の2階反対称反変テンソル場である．

**注釈**

(i) 各時刻における電場を $D$ 上のベクトル場として捉えるのは，7.1節で言及した，電場が電荷に及ぼす力と電場の関係から見て自然なものである．

(ii) 磁場に関する (2) の捉え方は，次に述べる，荷電粒子に働く磁気的力の性質をもとにして磁場を定義する観点からは自然なものであることがわかる．電荷 $q \in \mathbb{R} \setminus \{0\}$ の質点（荷電粒子）を磁場の中におき，それを速度 $\boldsymbol{v}$ で動かしながら，ある点 $P$ を通過させたとする．このとき，荷電粒子に働く力 $\boldsymbol{F}_P(\boldsymbol{v})$ は $q$ に比例し，$\boldsymbol{v}$ について線形であることおよび $\boldsymbol{v}$ と直交することが実験的に確かめられる（比例定数は $P$ によらない）．したがって，このような線形写像に関する表現定理（2章，定理 2.34）により，ある2階反対

称反変テンソル $\boldsymbol{B}_P \in \bigwedge^2 V$ があって

$$F_P(\boldsymbol{v}) = -q\boldsymbol{v}\boldsymbol{B}_P = q\boldsymbol{B}_P\boldsymbol{v}$$

と書ける．ただし，$\boldsymbol{v}\boldsymbol{B}_P$ は $\boldsymbol{v}$ と $\boldsymbol{B}_P$ の演算積（2 章，2.4.14 項）である（右辺のマイナス符号は，正規直交基底による成分表示において，次に言及する標準的な磁場の定義と一致させるための便宜的なもの）．$\boldsymbol{B}_P$ を点 $P$ における**磁束密度**と呼ぶ．点 $P$ を $D$ 内の任意の点と見ることにより，写像 $\boldsymbol{B}: D \to \bigwedge^2 V; P \mapsto \boldsymbol{B}_P$ が得られる．これを $D$ 上の**磁束密度場**または**磁場**と呼ぶ．

次の点も注意しておこう．通常の教科書では，磁場を $V$ のベクトル——$\widetilde{\boldsymbol{B}}_P$ としよう——として捉え，$F_P(\boldsymbol{v})$ を

$$F_P(\boldsymbol{v}) = q\boldsymbol{v} \times \widetilde{\boldsymbol{B}}_P$$

と表す．しかし，これはベクトル積を含むので，$V$ の向きを 1 つ固定することが前提とされる．実は，これは上述の磁場の定義の特殊な場合と見られる．というのは，次の一般的事実があるからである：

$V$ の向きを 1 つ定め，$V$ の正規直交基底 $(e_1, e_2, e_3)$ で $e_i \times e_j = e_k$, $(ijk) = (123), (231), (312)$ となるものを任意に 1 つ固定する．ホッジ $*$ 作用素を $*$ で表す．このとき，任意の $\boldsymbol{T} \in \bigwedge^2 V$ と $\boldsymbol{u} \in V$ の演算積 $\boldsymbol{T}\boldsymbol{u}$ について

$$\boldsymbol{T}\boldsymbol{u} = \boldsymbol{u} \times *\boldsymbol{T}$$

が成り立つ（演習問題 1）．

この命題を上の文脈に応用すれば，$\boldsymbol{B}_P \boldsymbol{v} = \boldsymbol{v} \times *\boldsymbol{B}_P$．そこで，$\widetilde{\boldsymbol{B}}_P = *\boldsymbol{B}_P$ とみなすことにより，標準的な磁場の定義が得られる．

一方，2 階反対称テンソル場として磁場（磁束密度）を定義することは，$V$ の向きには依存しない定義であり，測定に即した磁場（磁束密度）の定義という意味でもより本質的であると解釈される．

(iii) 電気量というのは，原子論的な観点からは，原子を構成する微視的対象である電子や陽子など，電荷を担う素粒子の存在に由来するものである．だが，

現象論的にはそこまで立ち入らず，そういう微視的対象の集団が，空間内に，場所ごとに密にあるいは粗に分布する状態の電気量の密度——電荷密度——を捉えることから始めるのである．いま，$D$ において電気量が分布しているとする．$D$ 内の任意の 1 点 $P$ をとり，これを表すベクトルを $x$ とする．$D$ 内の点 $Q, R, S$ をとり，$u = Q - P, v = R - P, w = S - P \in V$ とおく ($P, Q, R, S$ は相異なるとする)．$D$ は開集合であるから，$\|u\|, \|v\|, \|w\|$ が十分小さければ $PQ, PR, PS$ を稜とする平行六面体 $V_P$ は $D$ に含まれる．$V_P$ の体積は $\|u \wedge v \wedge w\|$ であるから (2 章, 2.4.10 項)，$Q, R, S$ が $P$ が十分近ければ，$V_P$ に含まれる総電気量 $q_P$ は近似的に $c_P\|u \wedge v \wedge w\|$ ($c_P \in \mathbb{R}$ は $P$ ごとに決まる定数) に等しいであろう．そこで，3 階反対称テンソル $\widehat{\varrho}_P$ を $\widehat{\varrho}_P = c_P u \wedge v \wedge w / \|u \wedge v \wedge w\|$ によって定義すれば，$q_P \approx \langle \widehat{\varrho}_P, u \wedge v \wedge w \rangle$ が成り立つ．$(e_1, e_2, e_3)$ を $V$ の任意の正規直交基底とすれば，$\widehat{\varrho}_P = c_P k_P e_1 \wedge e_2 \wedge e_3$ と書ける．ただし，$e_1 \wedge e_2 \wedge e_3$ が $u \wedge v \wedge w$ と同じ向きに属するときは，$k_P = 1$，異なる向きに属するときは，$k_P = -1$ である[6]．したがって，$V$ の向きを 1 つ固定すれば，$\widehat{\varrho}_P$ は $u, v, w$ に依存せず一意的に決まる．そこで，写像 $\widehat{\varrho} : D \to \bigwedge^3 V$ を $\widehat{\varrho}(x) = \widehat{\varrho}_P$ によって定義し，これを電荷密度と解釈するのである．$D$ の任意の領域 $K$ に含まれる総電気量は，3 次微分形式としての電荷密度 $\widehat{\varrho}$ の $K$ 上での積分 $\int_K \widehat{\varrho}$ で与えられる[7]．

(iv) 電気量の分布が流動的であるとき，その流れの中の 1 点 $P$ に，面積が"十分小さい"面 $S$ を想定する．面の表裏はあらかじめ定めておく．単位時間にこの面を裏から表へ通過する電気量 $I_S$ を面 $S$ を貫く電流という．点 $P$ の近傍を流れる電流の向きは第 1 近似的にある単位ベクトル $n$ の向きと同じであるとしよう (図 7.1)．面 $S$ の面積 $|S|$ を一定の大きさ $s_0$ に保って，面 $S$ の傾きを変えると，電流 $I_S$ は面 $S$ が流れに垂直であるとき (このときの面を $S_{\max}$ としよう)，すなわち，面が $n$ と直交するときに最大であり，かつこのときの電流の大きさを $J_P s_0$ とすれば，面 $S$ と面 $S_{\max}$ のなす角度が $\theta$ のときに $S$ を貫く電流の大きさは $I_S = J_P(\cos\theta)s_0 \cdots (*)$ であるこ

---

[6] $\dim \bigwedge^3 V = 1$ であるから，$u \wedge v \wedge w = c(u, v, w) e_1 \wedge e_2 \wedge e_3$ ($c(u, v, w) \in \mathbb{R}$ は $u, v, w$ に依存しうる定数)．したがって，$\|u \wedge v \wedge w\| = |c(u, v, w)|$．これらの事実を使えばよい．

[7] ユークリッドベクトル空間の場合は，$\bigwedge^p V$ と $\bigwedge^p V^*$ は自然な仕方で同一視されるので，$D$ から $\bigwedge^p V$ への写像は $D$ 上の $p$ 次微分形式と同一視される．6 章, 6.2.3 項を参照．以下，ユークリッドベクトル空間の場合には，この同一視はつねに前提されているものとする．

と,かつ $J_P$ は $P$ だけに依存することが知られる(実験的事実).

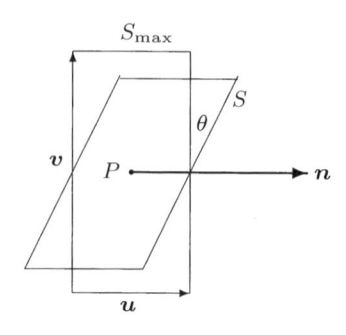

**図 7.1** 電流に関わる描像

式 $(*)$ をテンソルを使って表すために,面 $S_{\max}$ には,ベクトル $u, v \in V$ からつくられる面ベクトル $u \wedge v$ が対応するとする(簡単のため,$u \perp v$ とする).したがって,$u \perp n, v \perp n$ であり,$S_{\max}$ を $\theta$ だけ傾けた面を $S_{u,v}(\theta)$ とすれば,これには面ベクトル $u \wedge w$ が対応する.ただし,$w := (\|v\|\sin\theta)n + (\cos\theta)v$.いまの場合,$s_0 = \|u\|\|v\| = \|u \wedge v\| = \|u \wedge w\|$.容易にわかるように

$$\langle u \wedge v, u \wedge w \rangle = \|u \wedge v\|^2 \cos\theta = s_0^2 \cos\theta.$$

そこで,$\boldsymbol{J}_P := J_P u \wedge v/\|u \wedge v\|$ とおけば,$I_S = \langle \boldsymbol{J}_P, u \wedge w \rangle$ と表される.$\{u/\|u\|, v/\|v\|, n\}$ は $V$ の正規直交基底をなすから,$(u/\|u\|) \times (v/\|v\|) = n$ となるように,$V$ の向きを定めると,$*n = u \wedge v/\|u \wedge v\|$ が成り立つ($\because$ 2章,注意 2.11 と定義 2.32).したがって,$\boldsymbol{J}_P = J_P * n$.$V$ の向きを逆にとれば,$\boldsymbol{J}_P = -J_P * n$.ゆえに,いずれの場合でも,$\boldsymbol{J}_P$ は $u, v$ によらず,$P$ だけから決まる.そこで,$\boldsymbol{J}_P$ を点 $P$ における電流密度と解釈する.写像 $\boldsymbol{J}: D \to \bigwedge^2 V$ を $\boldsymbol{J}(x) = \boldsymbol{J}_P$($x$ は $P$ に対応するベクトル)によって定義すれば,この写像は電流密度場を与える.

電荷密度 $\widehat{\varrho}$(3階反対称テンソル)が速度 $v \in V$ で流れているところでは電流密度は $\boldsymbol{J} = \widehat{\varrho}v$ (演算積)で与えられる.

こうして,電磁現象において,3次元ユークリッドベクトル空間におけるすべての階数の反対称テンソル場の理念が具現していることが見出される.

### 7.2.3 電磁場の基礎方程式——マクスウェル方程式

　以下で扱うテンソル場（スカラー場，ベクトル場を含む）に関しては必要なだけの連続性や微分可能性はつねに仮定する．$D$ を $V$ の開集合とする．$\bigwedge^p V^*$ と $\bigwedge^p V$ $(p=0,1,2,3)$ を写像 $i_{*,p}$ のもとで同一視し，$D$ 上の反変テンソル場の空間 $A(D;V)$ に関する外微分作用素を $d$ とし，余微分作用素を $\delta$ とする（6章を参照）．

　さて，電荷や電流によって電場，磁場が生成され，これらは互いに作用し合いながら，時間的・空間的に変化する．これが電磁現象の定性的な本質である．この変化の仕方を根本において支配する法則を連立偏微分方程式の形で表現したのが**マクスウェル方程式**と呼ばれるものであり，これを普遍的な形で書き表すと次のようになる：

(M.1)　　$\widehat{\varepsilon}_0 \delta \boldsymbol{E} = -\widehat{\varrho},$
(M.2)　　$d\boldsymbol{E} = -\dfrac{\partial \boldsymbol{B}}{\partial t},$
(M.3)　　$d\boldsymbol{B} = 0,$
(M.4)　　$c^2 \widehat{\varepsilon}_0 \delta \boldsymbol{B} = \boldsymbol{J} + \widehat{\varepsilon}_0 \dfrac{\partial \boldsymbol{E}}{\partial t}.$

ここで，$\widehat{\varepsilon}_0$ は3階反対称反変テンソルで $\|\widehat{\varepsilon}_0\| = \varepsilon_0$ となるものであり，**真空の誘電率テンソル**と呼ぶ．$c$ は真空中の光速を表す[8]．(M.4) における $\widehat{\varepsilon}_0 \delta \boldsymbol{B}$ や $\widehat{\varepsilon}_0 \partial \boldsymbol{E}/\partial t$ は演算積を表す（いずれも3階反対称テンソルと1階テンソル（ベクトル）との演算積）．念のために注意しておくと，(M.1) と (M.3) は3階反対称テンソル場に関する等式であり，(M.2) と (M.4) は2階反対称テンソル場に関する等式である．

　ここで，参考のために，マクスウェル方程式の通常の形を書いておこう：

(M.1)′　　$\varepsilon_0 \operatorname{div} \boldsymbol{e} = \varrho,$
(M.2)′　　$\operatorname{rot} \boldsymbol{e} = -\dfrac{\partial \boldsymbol{b}}{\partial t},$
(M.3)′　　$\operatorname{div} \boldsymbol{b} = 0,$
(M.4)′　　$c^2 \varepsilon_0 \operatorname{rot} \boldsymbol{b} = \boldsymbol{j} + \varepsilon_0 \dfrac{\partial \boldsymbol{e}}{\partial t}.$

ここで，$\boldsymbol{e}, \boldsymbol{b}, \boldsymbol{j} : \mathbb{I} \times D \to V$ はそれぞれ，電場，磁場，電流密度を表すベクトル場であり，$\varrho : \mathbb{I} \times D \to \mathbb{R}$ は電荷密度を表すスカラー場である[9]．

---

[8] 実験物理学では，圧力がほとんど0に近い空間領域を真空と呼ぶ（つまり，この意味での真空は現象の現実としての"近似的"真空）．電磁気学で真空という場合には，電磁気的性質をもつ物質が存在しない空間または空間の状態を指す．

[9] rot, div については6章，6.4節を参照．

(M.1)〜(M.4) を満たす $E, B, J, \widehat{\varrho}$ に対して

$$e = E, \quad b = *B, \quad j = *J$$

とおき，$V$ の正規直交基底 $(e_1, e_2, e_3)$ を1つ固定して，$e_1 \wedge e_2 \wedge e_3 \in \bigwedge^3 V$ に関する $\widehat{\varepsilon}_0, \widehat{\varrho}$ の成分をそれぞれ，$\varepsilon_0, \varrho$ とすれば，6章，6.4節，6.5節における事実を用いることにより，$(e, b, j)$ は (M.1)′〜(M.4)′ を満たすことがわかる．

逆に，(M.1)′〜(M.4)′ を満たす $e, b, j, \varrho$ に対して，

$$\widehat{\varepsilon}_0 = \varepsilon_0 e_1 \wedge e_2 \wedge e_3, \quad \widehat{\varrho} = \varrho e_1 \wedge e_2 \wedge e_3$$

および

$$E = e, \quad B = *b, \quad J = *j$$

とおけば，$E, B, J, \widehat{\varrho}$ は (M.1)〜(M.4) を満たすことが示される．

ゆえに，方程式 (M.1)′〜(M.4)′ は，より普遍的な形の方程式 (M.1)〜(M.4) を，$V$ の中に正規直交基底を任意に固定して"眺めた"表示であることがわかる．ただし，(M.1)′〜(M.4)′ は同一の向きに属する正規直交基底の取り方にはよらない（∵ 同じ向きに属する正規直交基底に関する3階反対称テンソルの成分は同一）．

便宜上，$*B$ をベクトル磁場，$*J$ をベクトル電流密度と呼ぶ．

**！注意 7.2** (M1.)〜(M.4) は単に真空中だけでなく，電磁気的性質を有する物質が存在する領域においても成立するとされるものである．ただし，いずれの場合でも，(M.1) における $\widehat{\varrho}$ は，考察する系において存在するすべての電荷——いわゆる分極電荷（束縛電荷）も含む——に関する電荷密度であり，(M.4) における $J$ は考察する系において存在するすべての電流——いわゆる束縛電流も含む——に関する電流密度である（したがって，$\widehat{\varrho}, J$ は物質によっては，$E, B$ にも依存する）．$\widehat{\varrho}, J$ をこの意味での電荷密度，電流密度とせず，物質の束縛をはなれて自由に動かすことができる電荷や電流に関する密度，いわゆる自由電荷密度および自由電流密度の意味でとる場合にはマクスウェル方程式のうち (M.1), (M.4) は若干異なる形をとる（こちらの形式を採用している電磁気学の教科書のほうが多いかもしれない）．この形式では，$B$ を磁束密度と呼び，磁場として，$B$ と密接に関係するベクトル場 $H$，および $E$ と密接に関係する電束と呼ばれる2階反対称テンソル場 $D$ を導入することにより（真空中では，$D = \widehat{\varepsilon}_0 E, H = c^2 \widehat{\varepsilon}_0 B$），(M.1), (M.4) はそれぞれ，

(M.1)″ $\quad dD = \widehat{\rho}_{\text{free}},$

(M.4)″ $\quad dH = J_{\text{free}} + \dfrac{\partial D}{\partial t}$

と表される. ただし, $\widehat{\varrho}_{\text{free}} : \mathbb{I} \times D \to \bigwedge^3 V, \boldsymbol{J}_{\text{free}} : \mathbb{I} \times D \to \bigwedge^2 V$ はそれぞれ, 自由電荷密度, 自由電流密度である. $\boldsymbol{B}$ と $\boldsymbol{E}$ だけで論じる方法——ただし, 直交座標系を用いる——はファインマン, レイトン, サンズ『ファインマン物理学 III 電磁気学』(岩波書店, 1974) の 18 章に詳しい.

方程式 (M.1)～(M.4) はいずれも直観的な物理的内容を表現している: (M.1) は 3 次元空間の中の任意の閉曲面 $S$ を通る電束——電場を仮想的な何らかの実体の流れと見たとき, $S$ から出ていく, その流れの総量——は $S$ の内部にある電荷に比例することを表す. これは**ガウスの法則** (Gauss's law) と呼ばれる[10].

(M.2) は, 磁場の時間的変化が空間内の任意の閉曲線内に起電力を引き起こす, という**ファラデーの電磁誘導の法則** (Faraday's law of electromagnetic induction) を定式化したものである.

(M.3) は単独の磁荷が存在しないことの表式である[11]. (M.4) は, 電場の時間的変化と電流が磁場をどのように形成するかを表す[12].

マクスウェル方程式は, あらゆる電磁現象の生成の仕方を根本で規定する原理である. 電荷密度および電流密度が与えられれば, マクスウェル方程式を解くことにより, この場合にどのような電場および磁場が生じるかがわかる.

マクスウェル方程式は, 電磁現象の根源的理念たるにふさわしく, えも言われぬ美しさをたたえている.

マクスウェル方程式の他に, **電荷の保存則**——電気量は全体としては増減しないという経験的事実——がある. これを式で表せば

$$d\boldsymbol{J}(t, \boldsymbol{x}) = -\frac{\partial \widehat{\varrho}(t, \boldsymbol{x})}{\partial t} \tag{7.4}$$

となる. これを**連続の方程式**という (例 6.4 を参照).

### 7.2.4 電磁場中での荷電粒子の運動

帯電体を質点として扱う場合, これを**荷電粒子** (charged particle) と呼ぶ. 7.1 節で示唆したように, 電場や磁場の中を運動する荷電粒子は電場や磁場から力を受ける. 空間 $V$ の開集合 $D$ 上に電場 $\boldsymbol{E}$ と磁場 $\boldsymbol{B}$ があるとする. $q \in \mathbb{R}$ とし, 写

---

[10] K. F. Gauss, 1777–1855. ドイツの天才的数学者, 物理学者, 天文学者.
[11] たとえば, 棒磁石の 2 つの磁極の磁荷の大きさは同じで, 符号は異なるので全体の磁荷はつねに 0 である.
[12] これらの事柄の詳細については, 電磁気学の教科書, たとえば, ファインマン, レイトン, サンズ『ファインマン物理学 III 電磁気学』(岩波書店) を参照. しかし, 本章を通読する上では, マクスウェル方程式の物理的・直観的内容については, さしあたり, この程度の理解で十分である.

像 $\boldsymbol{F}_{\mathrm{em}} : D \times V \times \mathbb{I} \to V$ ($\mathbb{I} \subset \mathbb{R}$ は時間区間を表す) を

$$\boldsymbol{F}_{\mathrm{em}}(\boldsymbol{x}, \boldsymbol{v}, t) := q\left(\boldsymbol{E}(t, \boldsymbol{x}) + \boldsymbol{B}(t, \boldsymbol{x})\boldsymbol{v}\right), \quad (\boldsymbol{x}, \boldsymbol{v}, t) \in D \times V \times \mathbb{I} \qquad (7.5)$$

によって定義する[13]．この写像を用いると，電荷 $q$ の荷電粒子の時刻 $t \in \mathbb{R}$ での位置を $\boldsymbol{X}(t) \in D$，速度を $\boldsymbol{v}(t) = \dot{\boldsymbol{X}}(t)$ とすれば，時刻 $t$ において荷電粒子が電磁場 $(\boldsymbol{E}, \boldsymbol{B})$ から受ける力は

$$\boldsymbol{F}_{\mathrm{em}}(\boldsymbol{X}(t), \boldsymbol{v}(t), t) = q\left(\boldsymbol{E}(t, \boldsymbol{X}(t)) + \boldsymbol{B}(t, \boldsymbol{X}(t))\boldsymbol{v}(t)\right) \qquad (7.6)$$

で与えられる．これは実験事実からの帰納によって定立される基本法則であり，荷電粒子と電磁場の力学における基本原理の1つであると仮定される．力 $\boldsymbol{F}_{\mathrm{em}}$ は，質点に働く力としては，位置と速度および時刻に依存する力のクラスに属する．

式 (7.6) の右辺第 2 項で表される力 $q\boldsymbol{B}(t, \boldsymbol{X}(t))\boldsymbol{v}(t)$ は，しばしば，**ローレンツ力** (Lorentz force) と呼ばれる[14]．

荷電粒子の質量を $m$ とし，荷電粒子に働く，電磁場 $(\boldsymbol{E}, \boldsymbol{B})$ 以外の力を $\boldsymbol{F}(t)$ とすれば，荷電粒子に対する運動方程式は，ニュートン力学の範疇では，

$$m\frac{d^2\boldsymbol{X}(t)}{dt^2} = \boldsymbol{F}_{\mathrm{em}}(\boldsymbol{X}(t), \boldsymbol{v}(t), t) + \boldsymbol{F}(t) \qquad (7.7)$$

で与えられる．電磁場 $(\boldsymbol{E}, \boldsymbol{B})$ が所与のものとしてわかっていれば，この方程式を解くことにより，この電磁場中での荷電粒子の可能な運動を決定することができる．しかし，荷電粒子の運動により生み出される電磁場も考慮するときは——$\varrho, \boldsymbol{J}$ は $\boldsymbol{X}(t)$ に依存するので——，(7.7) とマクスウェル方程式の連立方程式を解かねばならない（これは一般にはたいへん難しい問題になる）．

**!注意 7.3** 方程式 (7.7) は，荷電粒子の速さが真空中の光速 $c$ に比べて非常に小さい場合によい近似で成立するものである．荷電粒子の速さが $c$ に近い場合にも適用される普遍的な方程式はアインシュタインの相対性理論の枠内で定式化される．この意味で，(7.7) を**荷電粒子に対する非相対論的運動方程式**と呼ぶ．

マクスウェル方程式 (M.1)～(M.4) と質点の運動方程式 (7.7)——およびその $n$ 点系への自然な一般化——の組が古典電磁気学——ただし，上の注意で述べたように，質点は非相対論的とみなす——の原理的基礎方程式である．これを**ニュー**

---

[13] 添え字 "em" は「electromagnetic （電磁的）」の意.
[14] H. A. Lorentz, 1853–1928. オランダの理論物理学者. 電子論やアインシュタイン (Albert Einstein, 1879–1955, 独) の相対性理論へと連なる先駆的研究で有名.

トン–マクスウェル方程式と呼ぶ．巨視的電磁現象のほとんどは，このニュートン–マクスウェル方程式に帰一する．逆に，ニュートン–マクスウェル方程式から導かれる，電磁場や荷電粒子の振る舞いに関する理念的内容の総体——未知のものも含む——が古典電磁気学の射程である．この内容を詳しく論じるには，論述の仕方にもよるが，大部の書物が必要とされる．本書では，ニュートン–マクスウェル方程式が含意する基礎的事実だけを導出するにとどめる．

## 7.3　電磁場が従う2階の偏微分方程式

マクスウェル方程式は1階の連立偏微分方程式である．この連立方程式を解くために，電場と磁場のそれぞれが満たす方程式を導こう．このための考え方自体は，通常の連立1次方程式を解く場合と同様である（つまり，消去法により，1つの未知変数だけに関する方程式を導く）．

まず，基本的な事実を補題としてあげておく．

**【補題 7.1】** $V$ の向きを1つ決め，これに伴うホッジ $*$ 作用素を $*$ とする．このとき，任意の $T \in \bigwedge^3 V$ と $u \in V$ に対して

$$*(Tu) = T_0 u \tag{7.8}$$

ただし，$T_0$ は考察下の向きに属する正規直交基底に関する $T$ の成分を表す（これは向きだけに依存し，正規直交基底の選び方にはよらない）．

**証明**　$e_1, e_2, e_3$ を $V$ の正規直交基底とし，$V$ の向きとして，$e_1 \wedge e_2 \wedge e_3$ の同値類を固定する．したがって，$T = T_0 e_1 \wedge e_2 \wedge e_3$ ($T_0 \in \mathbb{R}$) と展開できる．ゆえに $Tu = T_0(u_1 e_2 \wedge e_3 + u_2 e_3 \wedge e_1 + u_3 e_1 \wedge e_2)$．ただし，$u_i = \langle e_i, u \rangle$（したがって，$u = \sum_{i=1}^{3} u_i e_i$）．これから，$*(Tu) = T_0(u_1 e_1 + u_2 e_2 + u_3 e_3) = T_0 u$．∎

以下，誘電率テンソル $\hat{\varepsilon}_0$ の正規直交基底に関する成分が $\varepsilon_0$ となるように，$V$ の向きを固定する（すなわち，$V$ の正規直交基底 $(e_1, e_2, e_3)$ が考察下の向きに属するということは $\hat{\varepsilon}_0 = \varepsilon_0 e_1 \wedge e_2 \wedge e_3$ と表されるということ）．以下，この向きを正の向きと定める．(M.4) と補題 7.1 によって

$$c^2 \varepsilon_0 \delta \bm{B} = *\bm{J} + \varepsilon_0 \frac{\partial \bm{E}}{\partial t}. \tag{7.9}$$

また，(M.1) の両辺に $*$ を作用させると

$$\varepsilon_0 \delta \boldsymbol{E} = -\varrho. \tag{7.10}$$

ただし，$\varrho$ は $\hat{\varrho}$ の，考察下の向きに属する正規直交基底に関する成分である．

(M.2) の両辺に $\delta$ を作用させ，(7.9) を用いると

$$\delta d \boldsymbol{E} = -\frac{1}{c^2 \varepsilon_0} \frac{\partial}{\partial t} * \boldsymbol{J} - \frac{1}{c^2} \frac{\partial^2 \boldsymbol{E}}{\partial t^2}.$$

そこで，

$$\delta d + d \delta = \Delta_{\mathrm{LB}} \tag{7.11}$$

(ラプラス–ベルトラーミ作用素；6章，6.5節を参照) と (7.10) から従う式

$$d \delta \boldsymbol{E} = -\frac{1}{\varepsilon_0} d \varrho \tag{7.12}$$

を用いると

$$\frac{1}{c^2} \frac{\partial^2 \boldsymbol{E}}{\partial t^2} + \Delta_{\mathrm{LB}} \boldsymbol{E} = -\frac{1}{\varepsilon_0} d \varrho - \frac{1}{c^2 \varepsilon_0} \frac{\partial}{\partial t} * \boldsymbol{J} \tag{7.13}$$

が得られる．

式 (7.9) の両辺に $d$ を作用させ，(M.2) を用いると

$$c^2 \varepsilon_0 d \delta \boldsymbol{B} = d * \boldsymbol{J} - \varepsilon_0 \frac{\partial^2 \boldsymbol{B}}{\partial t^2}.$$

そこで，(7.11) と (M.3) を使えば

$$\frac{1}{c^2} \frac{\partial^2 \boldsymbol{B}}{\partial t^2} + \Delta_{\mathrm{LB}} \boldsymbol{B} = \frac{1}{c^2 \varepsilon_0} d * \boldsymbol{J}. \tag{7.14}$$

6章，6.5節で見たように，$V$ の正規直交基底 $(\boldsymbol{e}_i)_{i=1}^3$ を 1 つ固定し ($\boldsymbol{e}_1 \wedge \boldsymbol{e}_2 \wedge \boldsymbol{e}_3$ は考察下の向きに属するとする)，この基底に関する座標関数を $x^i$ とすれば ($\boldsymbol{x} = \sum_{i=1}^3 x^i \boldsymbol{e}_i$)，

$$\Delta_{\mathrm{LB}} = -\Delta = -\sum_{i=1}^3 \frac{\partial^2}{(\partial x^i)^2}$$

である．ただし，ここでの $\Delta$ は 3 次元ラプラシアンである．したがって，演算子

$$\Box := \frac{1}{c^2} \frac{\partial^2}{\partial t^2} - \Delta \tag{7.15}$$

を導入すれば，この場合，

$$\frac{1}{c^2} \frac{\partial^2}{\partial t^2} + \Delta_{\mathrm{LB}} = \Box \tag{7.16}$$

と書ける．演算子 $\Box$ は **4次元ダランベールシアン**と呼ばれる ($x^0 = ct$ とすれば，6.5 節の 4 次元ダランベールシアンと同じ)．ゆえに，正規直交基底においては，方程式 (7.13) と (7.14) は

$$\Box \boldsymbol{E} = -\frac{1}{\varepsilon_0}d\varrho - \frac{1}{c^2\varepsilon_0}\frac{\partial}{\partial t} * \boldsymbol{J}, \tag{7.17}$$

$$\Box \boldsymbol{B} = \frac{1}{c^2\varepsilon_0}d * \boldsymbol{J} \tag{7.18}$$

という形をとる．これから，電磁場が波動的な性質をもつことが導かれるのであるが，これについては節をあらためて述べることにしよう．

## 7.4 電磁波の存在

この節では，前節で導いた方程式 (7.17) と (7.18) に注目することにより，マクスウェル方程式が含意する重要な物理的結果の1つ，すなわち，電磁場が波動的に伝わる現象の存在——その波動を**電磁波**という——が予言されることについて簡単にふれる．

### 7.4.1 ダランベール波動方程式

電場と磁場が従う 2 階の偏微分方程式 (7.17), (7.18) は特徴的な形をしている (左辺にあるダランベールシアンに注目せよ)．実は，この型の偏微分方程式は，波動論における基礎的な方程式の1つであり，偏微分方程式の重要なクラスの1つを形成する．本書では，残念ながら，波動論を論じる紙数がないが，ここで，その一端にだけふれておこう．

一般に，$v > 0$ を定数として，関数 $F, J : \mathbb{R} \times \mathbb{R}^3 \to \mathbb{C}$ に関する偏微分方程式

$$\left(\frac{1}{v^2}\frac{\partial^2}{\partial t^2} - \Delta\right)F(t, \boldsymbol{x}) = J(t, \boldsymbol{x}), \quad (t, \boldsymbol{x}) \in \mathbb{R} \times \mathbb{R}^3 \tag{7.19}$$

を**ダランベール波動方程式**あるいは単に**波動方程式** (wave equation) と呼ぶ[15]．$J$ が $F$ によらない所与の関数であるとき，$J$ はしばしば**波動源**あるいは単に**源** (source) と呼ばれる．一般に，$J$ は，$F$ に依存する部分 $J_F$ と $F$ によらない部分 $J_0$ の和で表される：$J = J_0 + J_F$．$J_F$ が $F$ について 1 次のとき，(7.19) を**線形波動方程式**といい，$J_F$ が $F$ について 1 次でないとき，(7.19) を**非線形波動方程**

---

[15] より一般的には，関数の $F$ の定義域は $\mathbb{I} \times D$ ($\mathbb{I} \subset \mathbb{R}, D \subset \mathbb{R}^3$) という形をとる．

式と呼ぶ．特に，$J=0$ のときの (7.19) 式

$$\left(\frac{1}{v^2}\frac{\partial^2}{\partial t^2} - \Delta\right) F(t, \boldsymbol{x}) = 0, \quad (t, \boldsymbol{x}) \in \mathbb{R} \times \mathbb{R}^3 \tag{7.20}$$

を**自由なダランベール波動方程式**という．

■ **例 7.1** ■ $m \geq 0, \lambda \in \mathbb{R}$ を定数，$\Phi : [0, \infty) \to \mathbb{C}, J_0 : \mathbb{R} \times \mathbb{R}^3 \to \mathbb{C}$ を与えられた関数とし，$J(t, \boldsymbol{x}) = -m^2 F(t, \boldsymbol{x}) + \lambda \Phi(|F(t, \boldsymbol{x})|) F(t, \boldsymbol{x}) + J_0(t, \boldsymbol{x})$ とすれば，(7.19) は

$$\left(\frac{1}{v^2}\frac{\partial^2}{\partial t^2} - \Delta\right) F(t, \boldsymbol{x}) + m^2 F(t, \boldsymbol{x}) = \lambda \Phi(|F(t, \boldsymbol{x})|) F(t, \boldsymbol{x}) + J_0(t, \boldsymbol{x}) \tag{7.21}$$

という形をとる．この型の方程式を**クライン–ゴルドン** (Klein-Gordon) **方程式**という．$\Phi$ の基本的な例としては，単項式 $\Phi(t) = t^p$ $(p = 0, 1, 2, \cdots)$ がある．この場合，上式の右辺は $|F(t, \boldsymbol{x})|^p F(t, \boldsymbol{x})$ となるので，(7.21) は，$p = 0$ のとき，線形であり，$p \geq 1$ ならば非線形である．クライン–ゴルドン方程式は，たとえば，後に述べる物質の波動論の観点から，中間子の波動場を記述する方程式として登場する．

偏微分方程式 (7.19) が波動方程式と呼ばれるのは，以下で述べるように，それが，波の運動（波動）のある本質を捉えている方程式だからである．

**!注意 7.4** $d$ を任意の自然数とし，(7.19) において，$\Delta$ を $\mathbb{R}^d$ 上のラプラシアンに置き換えて定義される方程式 ($F, J : \mathbb{R} \times \mathbb{R}^d \to \mathbb{C}$ とする) を $\boldsymbol{d+1}$ **次元時空上の（ダランベール）波動方程式**と呼ぶ．

### 7.4.2 自由なダランベール波動方程式の解

波の最も単純な形の1つは正弦関数によって与えられる．このような波を**正弦波** (sinusoidal wave) と呼ぶ．3次元の標準的ユークリッドベクトル空間 $\mathbb{R}^3$ の点 $\boldsymbol{x}$ の座標を $\boldsymbol{x} = (x_1, x_2, x_3)$ と表す（直交座標）．たとえば，$x_1$ 軸の方向に進行する正弦波は

$$S(t, \boldsymbol{x}) = A \sin(kx_1 - \omega t + \delta)$$

と表される（$S$ は $x_2, x_3$ によらない関数と見る）．波が振動する方向は $x_1$ 軸に垂直な方向と解釈する．ここで，$A > 0, k \in \mathbb{R}, \omega > 0, \delta \in \mathbb{R}$ は定数である．$S(t, \boldsymbol{x})$ は位置 $\boldsymbol{x}$，時刻 $t$ での考察下の正弦波の変位を表す．$A$ を**振幅** (amplitude)，$\omega$ を**角振動数** (circular frequency)，$k$ を**波数** (wave number)，$kx_1 - \omega t + \delta$ を**位相** (phase) と呼ぶ．$\delta$ を**初期位相** (initial phase) という．時刻 $t$，位置 $\boldsymbol{x}$ での変

位 $S(t, \boldsymbol{x})$ は，時刻 $t+h$ には，$kx_1 - \omega t + \delta = kx_1' - \omega(t+h) + \delta$ を満たす位置 $x_1'$ に移動する．したがって，$(x_1' - x_1)/h = \omega/k$．ゆえに，波の各変位が移動する速度は一定であり，$\omega/k$ に等しい．この速度を正弦波 $S$ の **位相速度** (phase velocity) といい，その大きさ $\omega/\|k\|$ を **位相の速さ** と呼ぶ．したがって，正弦波 $S$ は，$k > 0$ ならば，$x_1$ 軸の正の向きに進み，$k < 0$ ならば，$x_1$ 軸の負の向きに進む．容易にわかるように，$v = \omega/|k|$ とおけば，$S$ は自由なダランベール波動方程式を満たす．すなわち，

$$\left(\frac{1}{v^2}\frac{\partial^2}{\partial t^2} - \frac{\partial^2}{\partial x_1^2}\right) S(t, \boldsymbol{x}) = 0.$$

同様に，関数 $A\sin(kx_1 + \omega t + \delta)$ によって定義される正弦波も自由なダランベール波動方程式を満たす．この波は，$k > 0$ のとき，$x_1$ 軸の負の向きに進む正弦波を表す．

3次元空間 $\mathbb{R}^3$ の任意の方向——ベクトル $\boldsymbol{k} \in \mathbb{R}^3$ の方向としよう—— に進む正弦波は

$$S_{\boldsymbol{k},\pm}(t, \boldsymbol{x}) := A\sin(\langle \boldsymbol{k}, \boldsymbol{x} \rangle \mp \omega t + \delta_\pm) \tag{7.22}$$

と表される（$\delta_\pm \in \mathbb{R}$ は定数）．この場合，$\boldsymbol{k}$ を **波数ベクトル** (wave vector) という（$A, \omega, \delta_\pm$ についての呼称は上に同じ）．

ベクトル $\boldsymbol{k}$ の向きを $x_1$ 軸の正方向となるように座標系を回転して考えれば，正弦波 $S_{\boldsymbol{k},\pm}$ の位相の速さは $\omega/\|\boldsymbol{k}\|$ であることがわかる．したがって，その位相速度は $\pm\omega\boldsymbol{k}/\|\boldsymbol{k}\|^2$ である．$v = \omega/\|\boldsymbol{k}\|$ とすれば，$S_{\boldsymbol{k},\pm}$ は自由なダランベール方程式を満たすことも容易に示される：

$$\left(\frac{1}{v^2}\frac{\partial^2}{\partial t^2} - \Delta\right) S_{\boldsymbol{k},\pm}(t, \boldsymbol{x}) = 0.$$

こうして，自由なダランベール方程式は，正弦波を解としてもつことがわかる．

なお，$\sin(\theta + \frac{\pi}{2}) = \cos\theta$, $\theta \in \mathbb{R}$ であるから，正弦波は余弦関数を用いても表される．余弦関数で表される波を **余弦波** という場合もある．

正弦波および余弦波を統一的に扱う方法として，正弦波の複素表示がある．実際，

$$\varphi_{\boldsymbol{k},\pm}(t, \boldsymbol{x}) = Ae^{i(\langle \boldsymbol{k}, \boldsymbol{x}\rangle \mp \omega t + \delta_\pm)}$$

とおけば

$$\operatorname{Im}\varphi_{\boldsymbol{k},\pm}(t,\boldsymbol{x}) = S_{\boldsymbol{k},\pm}(t,\boldsymbol{x}), \quad \operatorname{Re}\varphi_{\boldsymbol{k},\pm}(t,\boldsymbol{x}) = A\cos(\langle \boldsymbol{k}, \boldsymbol{x}\rangle \mp \omega t + \delta_\pm).$$

ただし，複素数 $z \in \mathbb{C}$ に対して，$\mathrm{Re}\, z, \mathrm{Im}\, z$ はそれぞれ，$z$ の実部，虚部を表す．$A'_\pm := A e^{i\delta_\pm}$ とおけば，

$$\varphi_{\boldsymbol{k},\pm}(t,\boldsymbol{x}) = A'_\pm e^{i(\langle \boldsymbol{k},\boldsymbol{x}\rangle \mp \omega t)}$$

という，より単純な形に書き直せる．

自由なダランベール波動方程式の特徴の 1 つは次である：

### 【命題 7.2】

(i) $F$ が (7.20) の解であれば，$F^*$（$F$ の複素共役）も (7.20) の解である．

(ii) $F, G$ が (7.20) の解であれば，任意の $a, b \in \mathbb{C}$ に対して，$aF + bG$ も (7.20) の解である．

**証明** (i) は

$$\left\{ \left( \frac{1}{v^2} \frac{\partial^2}{\partial t^2} - \Delta \right) F(t,\boldsymbol{x}) \right\}^* = \left( \frac{1}{v^2} \frac{\partial^2}{\partial t^2} - \Delta \right) F(t,\boldsymbol{x})^*$$

による．(ii) は直接計算による． ∎

命題 7.2(i) は，(7.20) の解の全体の集合が複素共役をとる演算で閉じていることを示す．

$aF + bG$ という形の関数を $F$ と $G$ の**重ね合わせ** (superposition) と呼び，命題 7.2(ii) にいう性質を自由なダランベール波動方程式 (7.20) が有する**重ね合わせの原理**という．これは，**(7.20) の解の全体の集合がベクトル空間になる**ことを意味する．

この性質に注目し，関数 $\varphi_{\boldsymbol{k},\pm}$ を $\boldsymbol{k}$ について重ね合わせることにより，(7.20) の一般解として，

$$F(t,\boldsymbol{x}) = \int_{\mathbb{R}^3} \left( A_+(\boldsymbol{k}) e^{i(\langle \boldsymbol{k},\boldsymbol{x}\rangle - \omega(\boldsymbol{k})t)} + A_-(\boldsymbol{k}) e^{i(\langle \boldsymbol{k},\boldsymbol{x}\rangle + \omega(\boldsymbol{k})t)} \right) d\boldsymbol{k} \quad (7.23)$$

が得られる．ただし，$\omega(\boldsymbol{k}) := v\|\boldsymbol{k}\|$，関数 $A_\pm : \mathbb{R}^3 \to \mathbb{C}$ は連続で

$$\int_{\mathbb{R}^3} |A_\pm(\boldsymbol{k})| \|\boldsymbol{k}\|^2 d\boldsymbol{k} < \infty$$

を満たすとする[16]．

---

[16] 積分条件は，微分演算 $\partial^2/\partial t^2, \partial^2/\partial x_i^2$ と積分 $\int_{\mathbb{R}^3} d\boldsymbol{k}$ が交換できるための十分条件である．積分と微分の交換に関する定理については，解析学の教科書を参照．

自由なダランベール波動方程式の解 $S_{\boldsymbol{k},\pm}$ の形は，(7.23) とは別の一般的な解の形を暗示している．実際，$f,g$ を $\mathbb{R}$ 上の 2 回連続微分可能な任意の関数として，

$$F_{f,g}(t,\boldsymbol{x}) := f(\langle \boldsymbol{k},\boldsymbol{x}\rangle - v\|\boldsymbol{k}\|t) + g(\langle \boldsymbol{k},\boldsymbol{x}\rangle + v\|\boldsymbol{k}\|t) \tag{7.24}$$

とおけば，これは自由なダランベール波動方程式 (7.20) の解であることが直接計算により確かめられる．

一般に，(7.20) の解で，$f(\langle \boldsymbol{k},\boldsymbol{x}\rangle \pm \omega t)$ $(\omega := v\|\boldsymbol{k}\|)$ という型の解を**平面波** (plane wave) と呼ぶ．なぜ，これを平面波と呼ぶかというと，位相 $\langle \boldsymbol{k},\boldsymbol{x}\rangle \pm \omega t$ が定数——たとえば，$a \in \mathbb{R}$ としよう——となるような点 $\boldsymbol{x}$ の集合——これを時刻 $t$ における**波面** (wave front) という——は $\langle \boldsymbol{k},\boldsymbol{x}\rangle = \mp\omega t + a$ ($a$ は定数) を満たす $\boldsymbol{x}$ の集合であるが，これは，$\boldsymbol{k}$ と直交する，$\mathbb{R}^3$ の中の平面を表すからである[17]．$\boldsymbol{k},\omega$ の物理的解釈は正弦波の場合と同様である．平面波というのは，平面で表される波面が，これと垂直な $\boldsymbol{k}$ の方向に一定の速度で移動していく波を表すのである．

### 7.4.3 電磁波の例

(7.17) と (7.18) によって，電場および磁場はいずれもダランベール波動方程式に従う（ただし，この場合は未知関数はテンソル場である）．したがって，前項により，電場および磁場が時刻に依存する場合，それらは波動となりうることが示唆される．電場と磁場が波動として存在するとき，この波動を**電磁波** (electromagnetic wave) と呼ぶ．

電磁波がなぜ生成されるのかを直観的に理解するには次のような考察の過程をふめばよい．静止している帯電体のまわりにできる電場は時間的に変化しない．帯電体が運動をすれば，そのまわりに磁場ができる（帯電体の運動は電流の出現を意味するので，(M.4) によって磁場が生じる）．帯電体が加速度運動をするとき，その加速が"小さい"ならば，まわりの電磁場はある程度まで帯電体の運動に追随して変化することができるだろう．だが，強い加速が続いていけば，やがて，電磁場自体が有する慣性のために電磁場は帯電体の運動に追随しきれなくなって，帯電体のまわりから"振り放される"であろう．この放たれた場が波動として具現

---

[17] $b \in \mathbb{R}$ を定数とし，$\boldsymbol{k} \in \mathbb{R}^3 \setminus \{0\}$ を固定して，$K = \{\boldsymbol{x} \in \mathbb{R}^3 \mid \langle \boldsymbol{k},\boldsymbol{x}\rangle = b\}$ とおけば，これは，$\boldsymbol{k}$ と直交する，$\mathbb{R}^3$ の中の平面である（$\because K_0 := \{\boldsymbol{x} \in \mathbb{R}^3 \mid \langle \boldsymbol{k},\boldsymbol{x}\rangle = 0\}$ は原点を通り，$\boldsymbol{k}$ と直交する平面を表す．一方，$\boldsymbol{x}_0 := b\boldsymbol{k}/\|\boldsymbol{k}\|^2$ とおけば，$\langle \boldsymbol{k},\boldsymbol{x}_0\rangle = b$ であるから，$\boldsymbol{x}_0 \in K$ である．これらの事実を使うと $K = \boldsymbol{x}_0 + K_0 = \{\boldsymbol{x}_0 + \boldsymbol{x} \mid \boldsymbol{x} \in K_0\}$ （$K_0$ を $\boldsymbol{x}_0$ だけ平行移動した集合）と表されることがわかる）．

化した存在が電磁波である．それは，マクスウェル方程式に従って自律的に変化し，時間の経過とともに帯電体から遠ざかるであろう．

いま述べた直観の厳密な定式化は可能であり，それによって，電磁波の存在をかなり一般的な条件のもとで証明することができる．だが，ここでは，具体的な例によって，電磁波が存在することを示すにとどめる．

最も簡単な場合として，真空中（電荷や電流が存在しない空間領域）における電磁波の存在について考察しよう．真空中においては，$\widehat{\varrho}$（全電荷密度）$= 0$, $\boldsymbol{J}$（全電流密度）$= 0$ であるから，マクスウェル方程式は

$$\widehat{\varepsilon}_0 \delta \boldsymbol{E} = 0, \tag{7.25}$$

$$d\boldsymbol{E} = -\frac{\partial \boldsymbol{B}}{\partial t}, \tag{7.26}$$

$$d\boldsymbol{B} = 0, \tag{7.27}$$

$$c^2 \widehat{\varepsilon}_0 \delta \boldsymbol{B} = \widehat{\varepsilon}_0 \frac{\partial \boldsymbol{E}}{\partial t} \tag{7.28}$$

という形をとり，方程式 (7.17), (7.18) は自由なダランベール波動方程式

$$\Box \boldsymbol{E} = 0, \tag{7.29}$$

$$\Box \boldsymbol{B} = 0 \tag{7.30}$$

になる．したがって，テンソル場についての自由なダランベール波動方程式 (7.29), (7.30) の解 ($\boldsymbol{E}, \boldsymbol{B}$) で真空中のマクスウェル方程式 (7.25)〜(7.28) を満たすものをみつければよい．

(7.29), (7.30) と前項の論述から，**真空中の電磁波の位相の速さは真空中の光速 $c$ に等しい**ことがわかる．

**!注意 7.5** もともとのマクスウェル方程式には $c$ は含まれておらず，真空中の電磁波の速度を $v_0$ とすれば，$v_0 = 1/\sqrt{\varepsilon_0 \mu_0}$ ($\mu_0$ は真空中の透磁率) が導かれる．これを計算すると非常によい精度で $c$ とみなせるのである (7.2 節で書き下したマクスウェル方程式 (M.1)〜(M.4) は，もともとのマクスウェル方程式から，$\mu_0 = 1/(\varepsilon_0 c^2)$ を使って，$\mu_0$ を消去したものである)．この事実から，マクスウェルは，光は電磁波の一形態であることを唱えた（光の電磁波説）．電磁波の存在を実験的に最初に確認したのは H. R. ヘルツ (1857–1894, 独) であるとされる (1888 年)．

### 直線偏り平面波

波動方程式 (7.29) の解として，ベクトル型平面波

$$E_{\boldsymbol{k}}(t, \boldsymbol{x}) := \boldsymbol{a} f(\langle \boldsymbol{k}, \boldsymbol{x} \rangle - \omega t) \tag{7.31}$$

を考えるのは自然である．ただし，$f$ は $\mathbb{R}$ 上の 2 回連続微分可能な任意の実数値関数（$f' \not\equiv 0$ とする），$\boldsymbol{a}, \boldsymbol{k} \in V \setminus \{0\}$ は定ベクトルであり，$\omega := c \|\boldsymbol{k}\|$ である．直接計算により

$$\delta E_{\boldsymbol{k}}(t, \boldsymbol{x}) = -\langle \boldsymbol{a}, \boldsymbol{k} \rangle f'(\langle \boldsymbol{k}, \boldsymbol{x} \rangle - \omega t).$$

したがって，$E_{\boldsymbol{k}}$ が (7.25) を満たすためには，

$$\langle \boldsymbol{a}, \boldsymbol{k} \rangle = 0 \tag{7.32}$$

が必要十分条件である．**以下，この項を通して，これを仮定する．**

式 (7.32) は，**電場 $E_{\boldsymbol{k}}$ の進む方向（$\boldsymbol{k}$ の方向）と振動変位の方向（$\boldsymbol{a}$ の方向）が直交していること**を意味する．すなわち，ベクトル場 $E_{\boldsymbol{k}}$ によって表される波は横波であることがわかる[18]．

次に (7.26) を成立させる磁場を求めるために，$dE_{\boldsymbol{k}}$ を計算する．$(e_i)_{i=1}^3$ を $V$ の任意の正規直交基底として，$\boldsymbol{x} = \sum_{i=1}^3 x_i e_i$, $\boldsymbol{k} = \sum_{i=1}^3 k_i e_i$, $\boldsymbol{a} = \sum_{i=1}^3 a_i e_i$ と展開して計算すれば

$$dE_{\boldsymbol{k}} = \boldsymbol{k} \wedge \boldsymbol{a} f'(\langle \boldsymbol{k}, \boldsymbol{x} \rangle - \omega t) = -\frac{\boldsymbol{k} \wedge \boldsymbol{a}}{\omega} \frac{\partial}{\partial t} f(\langle \boldsymbol{k}, \boldsymbol{x} \rangle - \omega t)$$

を得る．したがって，$dE_{\boldsymbol{k}} = -\partial B_{\boldsymbol{k}}/\partial t$ を満たすテンソル場 $B_{\boldsymbol{k}}$ は

$$B_{\boldsymbol{k}}(t, \boldsymbol{x}) = \frac{\boldsymbol{k} \wedge \boldsymbol{a}}{\omega} f(\langle \boldsymbol{k}, \boldsymbol{x} \rangle - \omega t) - \frac{\boldsymbol{k} \wedge \boldsymbol{a}}{\omega} f(\langle \boldsymbol{k}, \boldsymbol{x} \rangle) + B_{\boldsymbol{k}}(0, \boldsymbol{x}) \tag{7.33}$$

で与えられる．そこで，初期条件として，$B_{\boldsymbol{k}}(0, \boldsymbol{x}) = (\boldsymbol{k} \wedge \boldsymbol{a}/\omega) f(\langle \boldsymbol{k}, \boldsymbol{x} \rangle)$ を選べば，

$$B_{\boldsymbol{k}}(t, \boldsymbol{x}) = \frac{\boldsymbol{k} \wedge \boldsymbol{a}}{\omega} f(\langle \boldsymbol{k}, \boldsymbol{x} \rangle - \omega t) \tag{7.34}$$

が得られる．これは (7.26) を満たす．直接計算により，(7.27) も成り立つことがわかる．条件 (7.32) を用いて，$\delta B_{\boldsymbol{k}}$ の計算を変形すれば，$c^2 \delta B_{\boldsymbol{k}} = -\omega \boldsymbol{a} f'(\langle \boldsymbol{k}, \boldsymbol{x} \rangle - \omega t)$ となることが示される．一方，右辺は，$\partial E_{\boldsymbol{k}}/\partial t$ に等しい．ゆえに，(7.28) も成立する．

---

[18] 一般に，波の振動変位の方向が波の進行方向に垂直であるような波を**横波** (transverse wave) と呼ぶ．たとえば，水波には媒質（液体）の物理的な運動を伴う横波成分がある．地球内部を伝わる地震の S 波と呼ばれる波も横波である．他方，波の振動変位の方向と波の進行方向が一致するような波は**縦波** (longitudinal wave) と呼ばれる．この種の波の典型的な例の 1 つは音波である．

以上から，$(\boldsymbol{E}_k, \boldsymbol{B}_k)$ は真空中のマクスウェル方程式を満たす平面波であるので，それは電磁波である．

ベクトル $\boldsymbol{k} \times \boldsymbol{a} = *(\boldsymbol{k} \wedge \boldsymbol{a})$ は $\boldsymbol{k}$ および $\boldsymbol{a}$ と直交するので，ベクトル磁場 $*\boldsymbol{B}_k$ も横波であり，$\boldsymbol{E}_k$ と $*\boldsymbol{B}_k$ は任意の時空点で直交している．

この例では，電磁波の振動変位の方向は一定の方向（電場は $\boldsymbol{a}$ の方向，ベクトル磁場は $\boldsymbol{k} \times \boldsymbol{a}$ の方向）に限られている．このような電磁波を**直線偏り波** (linearly polarized wave) という．

**具体例**：$V$ に正の向きの正規直交基底 $(\boldsymbol{e}_i)_{i=1}^3$ を1つ選び，$\boldsymbol{x} = \sum_{i=1}^3 x_i \boldsymbol{e}_i$ $(\boldsymbol{x} \in V)$ によって，直交座標系 $(x_1, x_2, x_3)$ を導入する．$A > 0, k > 0, \delta \in \mathbb{R}$ を定数とし，上の定式化において，$\boldsymbol{a} = A\boldsymbol{e}_1, \boldsymbol{k} = k\boldsymbol{e}_3, f(s) = \sin(s + \delta)$ の場合を考える．したがって，この場合の電場と磁場を $\boldsymbol{E}_k = E_1 \boldsymbol{e}_1 + E_2 \boldsymbol{e}_2 + E_3 \boldsymbol{e}_3$，$\boldsymbol{B}_k = B_1 \boldsymbol{e}_2 \wedge \boldsymbol{e}_3 + B_2 \boldsymbol{e}_3 \wedge \boldsymbol{e}_1 + B_3 \boldsymbol{e}_1 \wedge \boldsymbol{e}_2$ とすれば，

$$E_1(t, \boldsymbol{x}) = A \sin(kx_3 - \omega t + \delta), \quad E_2 = 0, \quad E_3 = 0,$$
$$B_1 = 0, \quad B_2(t, \boldsymbol{x}) = \frac{kA}{\omega} \sin(kx_3 - \omega t + \delta), \quad B_3 = 0$$

となる．

### 円偏り波

直線偏り波でない平面電磁波も存在しうる．たとえば，$A, k, \delta, \boldsymbol{e}_i$ を前例のものとし，$\boldsymbol{E} = E_1 \boldsymbol{e}_1 + E_2 \boldsymbol{e}_2 + E_3 \boldsymbol{e}_3$，$\boldsymbol{B} = B_1 \boldsymbol{e}_2 \wedge \boldsymbol{e}_3 + B_2 \boldsymbol{e}_3 \wedge \boldsymbol{e}_1 + B_3 \boldsymbol{e}_1 \wedge \boldsymbol{e}_2$ を

$$E_1(t, \boldsymbol{x}) = A \sin(kx_3 - \omega t + \delta), \quad E_2(t, \boldsymbol{x}) = -A \cos(kx_3 - \omega t + \delta),$$
$$E_3 = 0,$$
$$B_1(t, \boldsymbol{x}) = \frac{kA}{\omega} \cos(kx_3 - \omega t + \delta), \quad B_2(t, \boldsymbol{x}) = \frac{kA}{\omega} \sin(kx_3 - \omega t + \delta),$$
$$B_3 = 0$$

によって定義すれば，この $(\boldsymbol{E}, \boldsymbol{B})$ は真空中のマクスウェル方程式を満たす．したがって，それは電磁波である．この電磁波の特徴の1つは次の点にある．任意の $a \in \mathbb{R}$ に対して，$W_a := \{x_1 \boldsymbol{e}_1 + x_2 \boldsymbol{e}_2 + a\boldsymbol{e}_3 \mid x_1, x_2 \in \mathbb{R}\}$ とおくと，これは点 $(0, 0, a)$ を通る $x_1$-$x_2$ 平面に平行な平面である．この平面内での電場の時間変化を観察するとき，$a\boldsymbol{e}_3$ を原点に取り直せば，電場ベクトルは $\boldsymbol{E}' := A \sin(ka - \omega t + \delta)\boldsymbol{e}_1 - A \cos(ka - \omega t + \delta)\boldsymbol{e}_2$ で表される．このベクトルによって表される点は半径

$A$ の円運動を行う（$\|\boldsymbol{E}'\|^2 = [A\sin(ka-\omega t+\delta)]^2 + [-A\cos(ka-\omega t+\delta)]^2 = A^2$ に注意）．ベクトル磁場についても同様．この事実に基づいて，この種の電磁波を**円偏り波** (circularly polarized wave) と呼ぶ．

## 7.5　電磁ポテンシャル

この節では，$D$ は星型集合であるとする．マクスウェル方程式の第3式 (M.3) に注目し，ポアンカレの補題（6章，定理 6.8）を応用すれば，

$$\boldsymbol{B} = d\boldsymbol{A} \tag{7.35}$$

となるベクトル場 $\boldsymbol{A} : \mathbb{I} \times D \to V$ が存在することが結論される[19]．ベクトル場 $\boldsymbol{A}$ を磁場 $\boldsymbol{B}$ に対する**ベクトルポテンシャル** (vector potential) と呼ぶ．

(7.35) を (M.2) に代入すると，

$$d\left(\boldsymbol{E} + \frac{\partial \boldsymbol{A}}{\partial t}\right) = 0$$

が得られる．したがって，再び，ポアンカレの補題によって，

$$\boldsymbol{E} + \frac{\partial \boldsymbol{A}}{\partial t} = -d\phi,$$

すなわち，

$$\boldsymbol{E} = -d\phi - \frac{\partial \boldsymbol{A}}{\partial t} \tag{7.36}$$

を満たすスカラー場 $\phi : \mathbb{I} \times D \to \mathbb{R}$ が存在する（マイナス符号は便宜的なもの）．この $\phi$ を**スカラーポテンシャル**と呼ぶ．

**！注意 7.6**　$V$ はユークリッドベクトル空間であるので，$d\phi = \mathrm{grad}\,\phi$ が成り立つ．

(7.35), (7.36) を (M.1), (M.4) に代入すると，$\boldsymbol{A}, \phi$ に対する方程式

$$\widehat{\varepsilon}_0 \left(\frac{\partial}{\partial t}\delta\boldsymbol{A} + \delta d\phi\right) = \widehat{\varrho}, \tag{7.37}$$

$$\widehat{\varepsilon}_0 \left(\frac{\partial^2 \boldsymbol{A}}{\partial t^2} + c^2 \delta d\boldsymbol{A}\right) = \boldsymbol{J} - \widehat{\varepsilon}_0 d\frac{\partial \phi}{\partial t} \tag{7.38}$$

を得る．

---

[19] すでに注意しておいたように，ユークリッドベクトル空間では，微分形式の理論と反変テンソル場の理論は，まったく並行的である．

逆に，(7.37)，(7.38) を満たすベクトル場 $\boldsymbol{A} : \mathbb{I} \times D \to V$ とスカラー場 $\phi : \mathbb{I} \times D \to \mathbb{R}$ が与えられたとき，$\boldsymbol{B}, \boldsymbol{E}$ をそれぞれ，(7.35)，(7.36) によって定義すれば，$\boldsymbol{B}, \boldsymbol{E}$ はマクウェルの方程式 (M.1)～(M.4) を満たす．

こうして，マクスウェル方程式 (M.1)～(M.4) と (7.35)～(7.38) は同等であることがわかる．

この同等性は，マクスウェル方程式によって記述される電磁場の理論が，電磁場そのものではなく，方程式 (7.37)，(7.38) に従うベクトル場 $\boldsymbol{A}$ とスカラー場 $\phi$ の組 $(\phi, \boldsymbol{A})$ を用いて記述されうることを意味する．この組を**電磁ポテンシャル** (electromagnetic potential) という．

**！注意 7.7** $\boldsymbol{A}$ が時間によらない場合（このとき，磁場は時間によらない），(7.36) は，$\boldsymbol{E} = -\mathrm{grad}\,\phi$ という形をとる．したがって，電荷 $q$ に働く力は $q\boldsymbol{E} = -\mathrm{grad}\,q\phi$ であるから，この場合の電気力は，保存力であって，ポテンシャルエネルギーは $q\phi$ である．$\phi$ を**電位**とも呼ぶ．

■ **例 7.2** ■ $V$ の原点におかれた，電荷 $q$ の荷電粒子がつくる**クーロン電場**

$$\boldsymbol{E}_{\mathrm{C}}(\boldsymbol{x}) = \frac{q}{4\pi\varepsilon_0 \|\boldsymbol{x}\|^2} \frac{\boldsymbol{x}}{\|\boldsymbol{x}\|}, \quad \boldsymbol{x} \in V$$

に対するスカラーポテシシャル $\phi_{\mathrm{C}}$ は定数差を除いて

$$\phi_{\mathrm{C}}(\boldsymbol{x}) = \frac{q}{4\pi\varepsilon_0 \|\boldsymbol{x}\|}$$

で与えられる．これを**クーロンポテンシャル**と呼ぶ．

■ **例 7.3** ■ $(\boldsymbol{e}_i)_{i=1}^3$ を $V$ の正の正規直交基底とする．磁場 $\boldsymbol{B}$ が $\boldsymbol{B}(t) = B_0(t)\boldsymbol{e}_1 \wedge \boldsymbol{e}_2$ という形に表される場合を考えよう．ただし，$B_0$ は $\mathbb{R}$ 上の 2 回連続微分可能な関数とする．この場合のベクトル磁場は $*\boldsymbol{B}(t) = B_0(t)\boldsymbol{e}_3$ で与えられる．これは，各時刻 $t$ ごとに，空間的に一定の大きさで $\boldsymbol{e}_3$ の方向に分布しているベクトル磁場を表す．この磁場に対するベクトルポテンシャルの 1 つとして

$$\boldsymbol{A}(t, \boldsymbol{x}) := -\frac{x_2 B_0(t)}{2}\boldsymbol{e}_1 + \frac{x_1 B_0(t)}{2}\boldsymbol{e}_2$$

がある．ただし，$\boldsymbol{x} = \sum_{i=1}^3 x_i \boldsymbol{e}_i$．$\boldsymbol{A}(t, \boldsymbol{x})$ は $t$ に依存しうるので，この場合，電場が存在し，それは

$$\boldsymbol{E}(t, \boldsymbol{x}) = -\frac{\partial \boldsymbol{A}(t, \boldsymbol{x})}{\partial t} = \frac{x_2 \dot{B}_0(t)}{2}\boldsymbol{e}_1 - \frac{x_1 \dot{B}_0(t)}{2}\boldsymbol{e}_2$$

で与えられる（$\phi = 0$ の場合を考える）．この電場は時間的に変動する磁場 $\boldsymbol{B}(t)$ から誘導されるもので，この種の（恒等的に零でない）電場を**誘導電場**と呼ぶ．マクス

ウェル方程式 (M.4) から，いまの場合（$\delta \boldsymbol{B} = 0$ であるから）

$$*\boldsymbol{J} = -\varepsilon_0 \frac{\partial \boldsymbol{E}(t, \boldsymbol{x})}{\partial t} = -\varepsilon_0 \left( \frac{x_2 \ddot{B}_0(t)}{2} \boldsymbol{e}_1 - \frac{x_1 \ddot{B}_0(t)}{2} \boldsymbol{e}_2 \right)$$

でなければならない．したがって，ベクトル磁場の方向と垂直な平面内に電流が存在しうる．

$B_0(t) = B_0$（定数）のとき，$\boldsymbol{B}$ を**定数磁場**と呼ぶ．この場合には，$\boldsymbol{E}(t, \boldsymbol{x}) = 0$ となるので誘導電場は存在しない．

## 7.6 ゲージ対称性

この節では，電磁ポテンシャルを用いる理論形式の観点にたって電磁場を見直してみる．この節を通して，$D$ は $V$ の星型集合であるとする．

### 7.6.1 ゲージ変換

ベクトルポテンシャル $\boldsymbol{A} : \mathbb{I} \times D \to V$ と任意の $f : \mathbb{I} \times D \to \mathbb{R}$ に対して，$\boldsymbol{A}_f := \boldsymbol{A} + df$ とすれば，$d^2 = 0$ により，$d\boldsymbol{A}_f = d\boldsymbol{A} = \boldsymbol{B}$．したがって，ベクトルポテンシャルは磁場 $\boldsymbol{B}$ から一意的には決まらない．したがって，スカラーポテンシャルも電場 $\boldsymbol{E}$，磁場 $\boldsymbol{B}$ から一意的には定まらない．そこで，同一の電磁場を与える電磁ポテンシャルの任意性の構造がどのようなものかを調べよう．

2つの電磁ポテンシャル $(\phi, \boldsymbol{A}), (\widetilde{\phi}, \widetilde{\boldsymbol{A}})$ が同じ電磁場 $(\boldsymbol{E}, \boldsymbol{B})$ を与えるとしよう．すなわち，

$$\boldsymbol{B} = d\boldsymbol{A} = d\widetilde{\boldsymbol{A}}, \quad \boldsymbol{E} = -d\phi - \frac{\partial \boldsymbol{A}}{\partial t} = -d\widetilde{\phi} - \frac{\partial \widetilde{\boldsymbol{A}}}{\partial t}$$

が成り立つとする．したがって

$$d(\widetilde{\boldsymbol{A}} - \boldsymbol{A}) = 0, \quad \frac{\partial}{\partial t}(\widetilde{\boldsymbol{A}} - \boldsymbol{A}) + d(\widetilde{\phi} - \phi) = 0. \tag{7.39}$$

ポアンカレの補題により，スカラー場 $\Lambda : \mathbb{I} \times D \to \mathbb{R}$ で

$$\widetilde{\boldsymbol{A}} - \boldsymbol{A} = d\Lambda$$

を満たすものが存在する．これを (7.39) の第2式に代入すれば，

$$d\left( \frac{\partial \Lambda}{\partial t} + \widetilde{\phi} - \phi \right) = 0.$$

したがって, $\mathbb{I}$ 上の関数 $C: \mathbb{I} \to \mathbb{R}$ があって

$$\frac{\partial \Lambda}{\partial t} + \widetilde{\phi} - \phi = C.$$

以上から,

$$\widetilde{\bm{A}} = \bm{A} + d\Lambda, \quad \widetilde{\phi} = \phi - \frac{\partial \Lambda}{\partial t} + C. \tag{7.40}$$

逆に, $(\phi, \bm{A})$ が $(\bm{E}, \bm{B})$ に対する電磁ポテンシャルならば, (7.40) によって定義される $(\widetilde{\phi}, \widetilde{\bm{A}})$ は, $(\bm{E}, \bm{B})$ に対する電磁ポテンシャルである ($(\widetilde{\phi}, \widetilde{\bm{A}})$ が方程式 (7.37), (7.38) を満たすことも確かめよ. 電荷密度 $\widehat{\varrho}$ と電流密度 $\bm{J}$ は, $\bm{E}, \bm{B}$ を通してのみ $\bm{A}$ 依存性がありうるので, $(\widetilde{\phi}, \widetilde{\bm{A}})$ に対する電荷密度, 電流密度もそれぞれ, $\widehat{\varrho}, \bm{J}$ であることに注意).

こうして, 同一の電磁場を与える電磁ポテンシャルの任意性は, (7.40) で結ばれる電磁ポテンシャルの範囲に限られることがわかった.

上述の事実を数学的にもっと明晰に捉えるために, 電磁ポテンシャルの集合

$$\mathcal{P}_{\mathrm{em}} := \{(\phi, \bm{A}) \mid \phi : \mathbb{I} \times D \to \mathbb{R}, \bm{A} : \mathbb{I} \times D \to V, (\phi, \bm{A}) \text{ は}$$
$$(7.37), (7.38) \text{ を満たす}\} \tag{7.41}$$

を考え, 各スカラー場 $\Lambda : \mathbb{I} \times D \to \mathbb{R}$ と関数 $C : \mathbb{I} \to \mathbb{R}$ に対して, 写像 $G_{\Lambda,C} : \mathcal{P}_{\mathrm{em}} \to \mathcal{P}_{\mathrm{em}}$ を

$$G_{\Lambda,C}(\phi, \bm{A}) := \left(\phi - \frac{\partial \Lambda}{\partial t} + C, \bm{A} + d\Lambda\right) \tag{7.42}$$

によって定義する. この写像を用いると

$$(\widetilde{\phi}, \widetilde{\bm{A}}) = G_{\Lambda,C}(\phi, \bm{A})$$

と書ける. したがって, 同一の電磁場を与える電磁ポテンシャルの任意性は, 電磁ポテンシャルを 1 つ決めたとき, 写像 $G_{\Lambda,C}$ の取り方の数だけあることになる.

写像 $G_{\Lambda,C}$ を**電磁ポテンシャルのゲージ変換** (gauge transformation) あるいは**第 2 種ゲージ変換**という. ここで, ゲージ (gauge) というのは, 尺度 (ものさし) の意である. ゲージ変換を決めるスカラー場 $\Lambda$ と関数 $C$ がある意味での尺度を与えるのである. $\Lambda$ を**ゲージ関数**あるいは単に**ゲージ**という.

**!注意 7.8** 通常は, ゲージ変換としては, $G_{\Lambda,0}$ ($C = 0$ の場合) を考える.

以上の議論は次のようにまとめられる.

7.6 ゲージ対称性 313

電磁ポテンシャルを用いて記述される電磁場の理論は電磁ポテンシャルのゲージ変換に対して不変である．

この性質を電磁場の理論の**ゲージ不変性** (gauge invariance) あるいは**ゲージ対称性** (gauge symmetry) という．

■ **例 7.4** ■ $(e_i)_{i=1}^3$ を $V$ の正規直交基底とし，$V$ の任意の点 $x \in V$ を $x = \sum_{i=1}^3 x_i e_i$ と表す $(x_i \in \mathbb{R})$．$x_3$ 軸方向の定数磁場 $B = B_0 e_1 \wedge e_2$ ($B_0$ は定数) を与えるベクトルポテンシャルの1つは $A = -\frac{x_2 B_0}{2} e_1 + \frac{x_1 B_0}{2} e_2$ である $(dA = B)$．$\Lambda = -x_1 x_2 B_0 / 2$ とすれば，$\widetilde{A} = A + d\Lambda = -x_2 B_0 e_1$ となる．これは，ゲージ変換によって，ベクトルポテンシャルの成分表示が簡単になる例を与える．

### 7.6.2 同値類としての電磁ポテンシャル

ゲージ変換の本質は次の点にある．すなわち，ゲージ変換は，次に示すように，電磁ポテンシャルの集合に同値関係を誘導するという機構である．

2つの電磁ポテンシャル $(\phi, A), (\phi', A')$ の関係「$(\phi, A) \sim (\phi', A')$」を「ある $\Lambda : \mathbb{I} \times D \to \mathbb{R}$ と関数 $C : \mathbb{I} \to \mathbb{R}$ が存在して $(\phi', A') = G_{\Lambda, C}(\phi, A)$ が成り立つ」という性質によって定義する（平たくいえば，ゲージ変換でうつる2つの電磁ポテンシャルは1つの関係にあるということ）．

**【命題 7.3】** 上の関係 $\sim$ は $\mathcal{P}_{\mathrm{em}}$ における同値関係である．

**証明** $(\phi, A) \sim (\phi, A)$（反射律）は $(\phi, A) = G_{0,0}(\phi, A)$ によってわかる．$(\phi, A) \sim (\phi', A')$ とすれば，$(\phi', A') = G_{\Lambda, C}(\phi, A)$ を満たすスカラー場 $\Lambda$ と $\mathbb{I}$ 上の関数 $C$ があるが，このとき，$(\phi, A) = G_{-\Lambda, -C}(\phi', A')$ となるので，$(\phi', A') \sim (\phi, A)$ である．したがって，対称律が満たされる．さらに，$(\phi, A) \sim (\phi', A'), (\phi', A') \sim (\phi'', A'')$ とすれば，$(\phi', A') = G_{\Lambda, C}(\phi, A), (\phi'', A'') = G_{\Lambda', C'}(\phi', A')$ を満たすスカラー場 $\Lambda, \Lambda'$ と関数 $C, C'$ がある．このとき，$(\phi'', A'') = G_{\Lambda + \Lambda', C + C'}(\phi, A)$ となるから，$(\phi'', A'') \sim (\phi, A)$．∎

命題 7.3 によって，電磁ポテンシャルの集合 $\mathcal{P}_{\mathrm{em}}$ は関係 $\sim$ について，同値類に類別される．このとき，各同値類と電磁場は1対1に対応する．こうして，実は，電磁ポテンシャルの同値類こそが電磁現象の本源的理念であることが洞察される．

### 7.6.3 ゲージ条件

電磁ポテンシャル $(\phi, \boldsymbol{A})$ のゲージ変換 $G_{\Lambda,C}(\phi, \boldsymbol{A}) = (\widetilde{\phi}, \widetilde{\boldsymbol{A}})$ がある条件——これを $F(\widetilde{\phi}, \widetilde{\boldsymbol{A}}) = 0 \cdots (*)$ $(F: \mathbb{R} \times V \to \mathbb{C})$ という形に書こう——を満たすことは，$(\phi, \boldsymbol{A})$ を所与のものとすれば，ゲージ関数 $\Lambda$ と $C$ が方程式 $F(\phi - \partial_t \Lambda + C, \boldsymbol{A} + d\Lambda) = 0 \cdots (**)$ を満たすことと同値である．したがって，$(**)$ を満たす $(\Lambda, C)$ が存在すれば，$(*)$ を満たす電磁ポテンシャル $(\widetilde{\phi}, \widetilde{\boldsymbol{A}})$ が求められることになる．

一般に，電磁ポテンシャルを $(*)$ の型の条件を満たすクラス——このクラスは 1 つとは限らない（$F$ に応じて決まる）——に制限することを**ゲージ固定** (gauge fixing) といい，条件 $(*)$ を**ゲージ条件**という（この呼称は前段で述べた数学的構造による．つまり，電磁ポテンシャルにある制限を課すことはゲージ変換の自由度を狭くすることに対応するからである）．ここでは，ゲージ条件の代表的な例だけをあげよう．

**ローレンツゲージ**

$d\delta + \delta d = \Delta_{\mathrm{LB}}$ と補題 7.1 を用いると，方程式 (7.37)，(7.38) は，次の形に書き換えられる：

$$\left(\frac{1}{c^2}\frac{\partial^2}{\partial t^2} + \Delta_{\mathrm{LB}}\right)\phi - \frac{\partial}{\partial t}\left(-\delta\boldsymbol{A} + \frac{1}{c^2}\frac{\partial \phi}{\partial t}\right) = \frac{\varrho}{\varepsilon_0}, \tag{7.43}$$

$$\left(\frac{1}{c^2}\frac{\partial^2}{\partial t^2} + \Delta_{\mathrm{LB}}\right)\boldsymbol{A} + d\left(-\delta\boldsymbol{A} + \frac{1}{c^2}\frac{\partial \phi}{\partial t}\right) = \frac{*\boldsymbol{J}}{c^2 \varepsilon_0}. \tag{7.44}$$

したがって，もし，

$$-\delta\boldsymbol{A} + \frac{1}{c^2}\frac{\partial \phi}{\partial t} = 0 \tag{7.45}$$

が満たされれば，(7.37)，(7.38) は

$$\left(\frac{1}{c^2}\frac{\partial^2}{\partial t^2} + \Delta_{\mathrm{LB}}\right)\boldsymbol{A} = \frac{*\boldsymbol{J}}{c^2 \varepsilon_0}, \tag{7.46}$$

$$\left(\frac{1}{c^2}\frac{\partial^2}{\partial t^2} + \Delta_{\mathrm{LB}}\right)\phi = \frac{\varrho}{\varepsilon_0} \tag{7.47}$$

という，簡潔な美しい形をとる．これらは波動方程式に他ならない．ゲージ条件 (7.45) を**ローレンツ条件**と呼ぶ．この条件を課すことを「**ローレンツゲージをとる**」という．

**❗注意 7.9** $V$ の正規直交基底 $(\boldsymbol{e}_i)_{i=1}^3$ を任意にとり，$\boldsymbol{x} = \sum_{i=1}^3 x_i \boldsymbol{e}_i$ と展開するとき，(7.16) が成立するから，(7.46)，(7.47) はダランベール波動方程式の形をとる．

ローレンツ条件を課すことが可能であることは次の補題による.

**【補題 7.4】** $(\phi', \boldsymbol{A}')$ を電磁ポテンシャルとするとき,

$$\left(\frac{1}{c^2}\frac{\partial^2}{\partial t^2} + \Delta_{\mathrm{LB}}\right)\Lambda = -\delta\boldsymbol{A}' + \frac{1}{c^2}\frac{\partial \phi'}{\partial t} \tag{7.48}$$

を満たす関数 $\Lambda$ が存在すれば, $(\phi, \boldsymbol{A}) := G_{\Lambda,0}(\phi', \boldsymbol{A}')$ によって定義される電磁ポテンシャルはローレンツ条件を満たす.

**証明** 直接計算により,

$$-\delta\boldsymbol{A} + \frac{1}{c^2}\frac{\partial \phi}{\partial t} = -\delta\boldsymbol{A}' + \frac{1}{c^2}\frac{\partial \phi'}{\partial t} - \left(\frac{1}{c^2}\frac{\partial^2}{\partial t^2} + \Delta_{\mathrm{LB}}\right)\Lambda = 0.$$ ∎

**!注意 7.10** 方程式 (7.48) を満たす $\Lambda$ の存在は, $\boldsymbol{A}', \phi'$ に対する適当な条件のもとで保証される.

ローレンツゲージでもゲージ関数 $\Lambda$ が

$$\left(\frac{1}{c^2}\frac{\partial^2}{\partial t^2} + \Delta_{\mathrm{LB}}\right)\Lambda = 0 \tag{7.49}$$

を満たせば, 電磁場の理論はゲージ変換 $G_{\Lambda,0}$ に対して不変である.

ローレンツゲージでは, $\boldsymbol{J}, \widehat{\varrho}$ が所与の写像であれば, 電磁ポテンシャルは波動方程式 (7.46), (7.47) の解で (7.45) を満たすものである.

**クーロンゲージ**

**【補題 7.5】** 電磁ポテンシャル $(\phi', \boldsymbol{A}')$ に対して

$$\Delta_{\mathrm{LB}}\Lambda = -\delta\boldsymbol{A}' \tag{7.50}$$

を満たす関数 $\Lambda$ が存在すれば, $(\phi, \boldsymbol{A}) := G_{\Lambda,0}(\phi', \boldsymbol{A}')$ によって定義される電磁ポテンシャルは

$$\delta\boldsymbol{A} = 0 \tag{7.51}$$

を満たす.

**証明** $\delta\boldsymbol{A} = \delta\boldsymbol{A}' + \delta d\Lambda = \delta\boldsymbol{A}' + \Delta_{\mathrm{LB}}\Lambda = 0.$ ∎

(7.51) を満たすゲージの取り方を**クーロンゲージ**という．このゲージにおいては，電磁ポテンシャルに対する方程式は

$$\left(\frac{1}{c^2}\frac{\partial^2}{\partial t^2} + \Delta_{\mathrm{LB}}\right)\boldsymbol{A} + \frac{1}{c^2}\frac{\partial}{\partial t}d\phi = \frac{{}^*\boldsymbol{J}}{c^2\varepsilon_0}, \tag{7.52}$$

$$\Delta_{\mathrm{LB}}\phi = \frac{\varrho}{\varepsilon_0} \tag{7.53}$$

という形になる．正規直交基底 $(\boldsymbol{e}_i)_{i=1}^3$ による表示 ($\boldsymbol{x} = \sum_{i=1}^3 x_i \boldsymbol{e}_i$) を用いると $\Delta_{\mathrm{LB}} = -\Delta = -\sum_{i=1}^3 \partial^2/\partial x_i^2$ であるから，(7.53) は

$$-\Delta\phi = \frac{\varrho}{\varepsilon_0} \tag{7.54}$$

と書ける．これは**ポアソンの方程式** (Poisson's equation) と呼ばれるものである[20]．(7.54) の解は，$\varrho$ に対する適当な条件のもとで

$$\phi(t,\boldsymbol{x}) = \frac{1}{4\pi\varepsilon_0}\int_{\mathbb{R}^3}\frac{\varrho(t,\boldsymbol{y})}{\|\boldsymbol{x}-\boldsymbol{y}\|}dy_1 dy_2 dy_3 \tag{7.55}$$

という形で与えられる．ただし，$\boldsymbol{x} = \sum_{i=1}^3 x_i\boldsymbol{e}_i, \boldsymbol{y} = \sum_{i=1}^3 y_i\boldsymbol{e}_i$ である[21]．この式の物理的意味は，スカラーポテンシャル $\phi(t,\boldsymbol{x})$ が，時刻 $t$ において，点 $\boldsymbol{y}$ にある電荷 $\varrho(t,\boldsymbol{y})dy_1 dy_2 dy_3$ が点 $\boldsymbol{x}$ につくるクーロンポテンシャル $\varrho(t,\boldsymbol{y})dy_1 dy_2 dy_3/(4\pi\varepsilon_0 \|\boldsymbol{x}-\boldsymbol{y}\|)$ の重ね合わせで与えられるということである．これが考察下のゲージをクーロンゲージと呼ぶ所以である．(7.55) を (7.52) に代入すれば

$$\Box\boldsymbol{A} = \frac{{}^*\boldsymbol{J}}{c^2\varepsilon_0} + \frac{1}{4\pi\varepsilon_0 c^2}\int_{\mathbb{R}^3}\frac{1}{\|\boldsymbol{x}-\boldsymbol{y}\|^2}\frac{\boldsymbol{x}-\boldsymbol{y}}{\|\boldsymbol{x}-\boldsymbol{y}\|}\frac{\partial\varrho(t,\boldsymbol{y})}{\partial t}dy_1 dy_2 dy_3$$

を得る．

## 7.7 物質場とゲージ場

ゲージ変換 (7.40) を司るスカラー場 $\Lambda$ (ゲージ関数) の物理的意味はマクスウェル理論の範囲内では，さしあたって，明らかではない．次にこの点を解明しよう．そのための鍵となるのは，電磁場は荷電粒子と相互作用をするという基本的事実である．この相互作用の本質を捉えるために，まず，電気の起源について原子論的な考察を行う．

---

[20] Siméon Denis Poisson, 1781–1840. フランスの数理物理学者．
[21] この証明は，残念ながら，省略する．たとえば，クーラン＝ヒルベルト『数理物理学の方法 4』(東京図書) の pp.6–7 を参照．さしあたり，これを認めて読み進まれたい．

### 7.7.1 原子的領域における古典物理学の困難

 周知のように巨視的物質は，その物質特有の原子から構成される．実験によれば，原子の中心には，原子全体の質量とほぼ等しい質量を有する帯電体が存在し，それは**原子核** (atomic nucleus) と呼ばれる．原子核の電荷は正であって**電気素量** (fundamental charge) と呼ばれる電荷単位 $e = 1.602 \times 10^{-19}$C の自然数倍に等しい．この自然数を**原子番号**と呼ぶ．したがって，原子番号が $Z$ の原子の原子核の電荷は $Ze$ である．他方，原子核の周囲には，$-e$ の電荷をもつ**電子** (electron) と呼ばれる対象が存在して，原子核による正電荷を打ち消して，原子全体は電気的に中性——つまり，原子の総電荷は 0 ——になるようにしている（したがって，原子番号 $Z$ の原子が有する電子の "個数" は $Z$ である）．物質どうしをこすると，いわゆる摩擦電気が生じるのは，電子の移動が起こり，原子の電気的に中性な特性が部分的にくずれるからである．このように考えると，電気の起源は，電子や原子核といった微視的対象に求めることができる．

 ちなみに，原子核は**陽子** (proton) および**中性子** (neutron) と呼ばれる存在からなる．陽子の電荷は $e$ で，中性子はその名の通り，電荷をもたない．したがって，原子番号は原子核の陽子の "個数" に等しい．陽子と中性子は原子核の構成要素として，まとめて**核子** (nucleon) と呼ばれる．核子どうしは，**核力**と呼ばれる力によって結びつけられているが，この力を媒介するのが $\pi$ **中間子**と呼ばれる存在である．

 帯電体の基本的要素の1つである電子は，ニュートン力学的な意味では，点粒子，すなわち，荷電粒子として捉えられる．だが，この描像がマクスウェル理論と結合するとき，次に述べる意味で現象的現実との矛盾が生じる．もし，電子がニュートン力学に従う荷電粒子として，原子の中を運動するならば，電子はその加速運動により電磁波を放出し，自らの運動エネルギーをほとんど一瞬（$\approx 10^{-11}$ 秒）のうちに失って，原子核に吸い寄せられてしまうことが理論的に導かれる．これは，運動方程式 (7.7) とマクスウェル方程式を連立させて解くことにより示されるが，その計算をここで行うことは割愛する[22]．いま述べた理論的帰結は，物理的には原子の壊滅を意味し，したがって，巨視的物質が安定に存在するという経験的事実と矛盾する．ここに，ニュートン力学とマクスウェル理論を支柱とする**古典物理学**のある種の限界が露呈する．

 一方，マクスウェル理論によれば，電磁波は波動であるが，実は，この描像は

---
[22] たとえば，朝永振一郎『量子力学 I』（みすず書房，1996）の §16 を参照．

全面的には有効ではないことがいくつかの観測や実験から示唆される．たとえば，黒体と呼ばれる理想的な物体——低温では，ほとんどすべての波長の電磁波を吸収し，高温ではほとんどすべての波長の電磁波を放出する物体——から放射される電磁波のエネルギー密度分布は，古典物理学では，部分的にしか説明ができない（長波長領域でのみ有効）．プランク（1858–1947，独）は，1900年に，黒体放射のエネルギー密度分布に関して，あらゆる波長にわたって実測値と一致する式——**プランクの輻射公式**——を提出したが，これを理論的に基礎づけるために，「原子のような微視的な系の全エネルギーはとびとびの値しかとれない」という**エネルギー量子仮説**を唱えた．これは，電磁波が何か粒子的な性質も有することを示唆する事柄であった．この他に，電磁波が粒子的特性を示す現象の1つとして，**光電効果**と呼ばれるものがある．これは，金属に短波長の光を当てると電子が飛び出してくる現象である．この現象は，「振動数が $\nu$ の光（電磁波）は，$h$ を定数として，エネルギーが $h\nu$ で与えられる点様の存在でもありうる（光のこの現象形式を**光量子**または**光子**（photon）と呼ぶ）」という**光量子仮説**によって見事に説明される（アインシュタイン，1905年）．定数 $h$ は**プランクの定数**と呼ばれる物理定数であり，上に言及したプランクの輻射公式において現れる．こうして，電磁波は，粒子的な側面も有することが示されたのであった．電磁波が観測環境に応じて，波動的ないし粒子的に現象するという性質は，**波動–粒子の2重性**（wave-particle duality）と呼ばれる．この性質の発見は後年（1925〜1926年）の量子力学誕生へと至る重要な契機の1つをなすものであった．

### 7.7.2 物質場の概念

波動である電磁波が "粒子的" にも現象することが可能であるならば，この逆の関係，すなわち，通常は粒子的に現象している電子が "波動的に" 現れることが可能かどうかを検討するのは自然である．そこで，試みに，電子の粒子的描像をいったん白紙にもどして，電子を波動として捉えたらどうなるかを考えてみよう[23]．この観点を歴史的に最初に唱えたのはド・ブロイ（de Broglie，1892–1987，仏）であったとされる．波動としての電子を**電子波**（electron wave）あるいは**電子場**（electron field）と呼ぶ．実際，電子場の物理空間的実在性は電子線の回折の実験

---

[23] 結論からいってしまえば，電磁波や電子の波動–粒子の2重性の解明は，結局，量子力学，さらには量子場の理論によらなければならないのであるが，ここでの目的は，電子の波動的側面だけに注目した場合，そこから何が導かれるかを見ようということである．この点は誤解のないことを願う．

によって示された[24]．この意味での電子場は，電磁場と同様，物理空間的に実在的な波動場であって，電磁場と同じ"位階"に属すると見るのが自然である．

ところで，電子や光子も含めて，物質の微視的な究極の構成要素は総称的に**素粒子** (elementary particle) と呼ばれる．前項で言及した核子やパイ中間子は電子や光子以外の素粒子の基本的な例である．電子の場合と同様，どの素粒子も波動–粒子の2重性を有する．

一般の素粒子についても，ニュートン力学的な意味での粒子的描像をいったん白紙にもどして，それをマクスウェル理論の電磁場と同じ位階に属する波動場と考える観点がありうる．この種の波動場を**物質場** (matter field) という．だが，この意味での物質場からは，特殊な場合を除いて，粒子的な描像を引き出すことは難しい．物質に関する諸現象を全面的かつ統一的に解明するためには，物質場の理論に何らかの修正を施す必要があるのである．これは電磁場に対しても同様である．先取りしていえば，そのような修正を施してできる理論の1つが，今日，**場の量子論** (quantum field theory) あるいは**量子場の理論**と呼ばれるものである．この理論によって，素粒子が有する波動–粒子の2重性は見事に統一される．のみならず，量子場の理念によって，存在のより高次の次元ないし相が開示されるのである．だが，場の量子論は本書の範囲を超えるものであるので，ここではこれ以上立ち入らない[25]．

マクスウェルの電磁場の理論や物質場の理論は，場の量子論との対比において，**古典場の理論** (theory of classical field) と呼ばれる．古典場としての物質場を**古典的物質場**という．

荷電粒子の古典的物質場を単に**荷電物質場** (charged matter field) と呼ぶ．前おきがだいぶ長くなってしまったが，実は，荷電物質場こそ電磁場の理論におけるゲージ変換と深く関わる存在であることが以下のようにして知られるのである．

### 7.7.3 ド・ブロイ場

荷電物質場は，その種類と性質に応じて，時空上の複素スカラー場，ベクトル場，テンソル場あるいはスピノル場と呼ばれる場によって記述される．ここでは，簡単のため，複素スカラー場によって記述される荷電物質場を考え，これを $\Psi$ と

---

[24] C. J. デヴィッソンと G. P. トムソンによって，独立に確かめられた (1927年)．
[25] 場の量子論への初等的入門書として，拙著『多体系と量子場』(岩波書店, 2002) がある．量子場の数理物理学に興味のある読者は，拙著『フォック空間と量子場 [上下]』(日本評論社, 2000) を参照されたい．

する．すなわち，$\Psi$ は $M$ から $\mathbb{C}$ への写像である[26]．

この場が従う方程式を見出すために，運動量が $\boldsymbol{p} \in V$ でエネルギーが $E$ の光量子を波動と見たときの波数ベクトルを $\boldsymbol{k} \in V$，角振動数を $\omega$ とすれば，

$$\boldsymbol{p} = \hbar \boldsymbol{k}, \quad E = \hbar \omega \tag{7.56}$$

が成り立つことに注目しよう．ただし，

$$\hbar := \frac{h}{2\pi}. \tag{7.57}$$

(7.56) を**プランク–アインシュタインの関係式**という．

関係式 (7.56) は，自由な荷電粒子——実質的に他の存在と相互作用をしていないとみなせる荷電粒子——の場合にも成り立つと仮定しよう（ド・ブロイの仮説[27]）．したがって，自由な荷電粒子の質量を $m$ とし，運動量を $\boldsymbol{p}$，エネルギーを $E(\boldsymbol{k})$，対応する波動の波数ベクトルを $\boldsymbol{k}$，角振動数を $\omega(\boldsymbol{k})$ とすれば

$$E(\boldsymbol{k}) = \frac{\|\boldsymbol{p}\|^2}{2m} = \frac{\hbar^2 \|\boldsymbol{k}\|^2}{2m} = \hbar \omega(\boldsymbol{k})$$

が成り立つ．ただし，荷電粒子はニュートン力学的に扱う[28]．自由な荷電粒子に対応する荷電物質場，すなわち，他の古典的物質場と相互作用をしない荷電物質場を**自由な荷電物質場**と呼ぶ．このような場の簡単な例は，

$$\psi_{\boldsymbol{k}}(t, \boldsymbol{x}) = a e^{i\langle \boldsymbol{k}, \boldsymbol{x}\rangle - i\frac{E(\boldsymbol{k})t}{\hbar}}, \quad (t, \boldsymbol{x}) \in M,$$

によって定義される関数 $\psi_{\boldsymbol{k}} : M \to \mathbb{C}$ で与えられる．ただし，$a > 0$ は定数，$i$ は虚数単位である．実際，$\psi_{\boldsymbol{k}}$ は，振幅が $a$，波数ベクトルが $\boldsymbol{k}$ で角振動数が $\omega(\boldsymbol{k}) = E(\boldsymbol{k})/\hbar$ の平面波を表す．容易にわかるように，この波は偏微分方程式

$$i\hbar \frac{\partial \psi_{\boldsymbol{k}}(t, \boldsymbol{x})}{\partial t} = -\frac{\hbar^2}{2m} \Delta \psi_{\boldsymbol{k}}(t, \boldsymbol{x})$$

を満たす．ただし，$V$ に正規直交基底 $(e_i)_{i=1}^3$ を任意に1つとり，この基底による座標関数を $x_i$ とし（$\boldsymbol{x} = \sum_{i=1}^3 x_i e_i \in V$），$\Delta = \sum_{i=1}^3 \partial^2 / \partial x_i^2$ は，この基底に関する，3次元ラプラシアンである．そこで，$\psi_{\boldsymbol{k}}$ を特殊解とするような方程式

$$i\hbar \frac{\partial \Psi(t, \boldsymbol{x})}{\partial t} = -\frac{\hbar^2}{2m} \Delta \Psi(t, \boldsymbol{x}), \quad (t, \boldsymbol{x}) \in M \tag{7.58}$$

---

[26] もちろん，$\Psi : \mathbb{I} \times D \to \mathbb{C}$（$\mathbb{I} \subset \mathbb{R}, D \subset V$）という場合も考えられるが，ここでは，簡単のため，$\Psi$ の定義域は時空全体であるとする．
[27] この場合も含めて，(7.56) を（プランク–）**アインシュタイン–ド・ブロイの関係式**とも呼ぶ．
[28] 後に述べる相対性理論では，$E(\boldsymbol{k}) = \sqrt{c^2 \hbar^2 \boldsymbol{k}^2 + m^2 c^4}$ である（$c$ は真空中の光速）．

を自由な荷電物質場が従う原理的方程式であると仮定する．この方程式を満たす複素スカラー場 $\Psi$ を**自由なド・ブロイ場**と呼び，(7.58) を**自由なド・ブロイ方程式**という．

自由なド・ブロイ方程式の一般解を書き下すために，記号を 1 つ導入する．$f: V \to \mathbb{C}$ を連続関数とする．基底 $(e_i)_{i=1}^3$ によるベクトル $\boldsymbol{x} \in V$ の展開 $\boldsymbol{x} = \sum_{i=1}^3 x^i e_i \ (x^i \in \mathbb{R})$ に応じて，$f$ の $V$ 上の積分を

$$\int_V f(\boldsymbol{x}) d\boldsymbol{x} := \int_{\mathbb{R}^3} f(\boldsymbol{x}) dx^1 dx^2 dx^3$$

によって定義する（右辺は，$\mathbb{R}^3$ 上の通常のリーマン積分．もちろん，それが存在する場合に限る）．これは同一の向きに属する正規直交基底の選び方によらないことがわかる．

さて，結論からいうと，自由なド・ブロイ方程式の一般解は，平面波 $\psi_{\boldsymbol{k}}$ の重ね合わせで与えられる．すなわち，$a: V \to \mathbb{C}$ を

$$\int_V |a(\boldsymbol{k})| \|\boldsymbol{k}\|^2 d\boldsymbol{k} < \infty$$

を満たす任意の連続関数とすれば，

$$\Psi(t, \boldsymbol{x}) = \int_V a(\boldsymbol{k}) \psi_{\boldsymbol{k}}(t, \boldsymbol{x}) d\boldsymbol{k} \tag{7.59}$$

は (7.58) の解であることが直接計算によって確かめられる[29]．

他の場あるいは自らと相互作用を行うド・ブロイ場については，方程式 (7.58) は，たとえば，次の形に修正される：

$$i\hbar \frac{\partial \Psi(t, \boldsymbol{x})}{\partial t} = -\frac{\hbar^2}{2m} \Delta \Psi(t, \boldsymbol{x}) + U(t, \boldsymbol{x}) \Psi(t, \boldsymbol{x}) \\ + \left( \int_V u(\|\boldsymbol{x} - \boldsymbol{y}\|) |\Psi(t, \boldsymbol{y})|^2 d\boldsymbol{y} \right) \Psi(t, \boldsymbol{x}). \tag{7.60}$$

ただし，$U: M \to \mathbb{R}$（物理的には外場——たとえば，スカラーポテンシャル——を表す），$u: (0, \infty) \to \mathbb{R}$ である．この種の場の方程式を**ド・ブロイ方程式**と呼ぶ．右辺第 2 項は，外場 $U$ とド・ブロイ場の相互作用を表し，右辺第 3 項はド・ブロイ場の自己相互作用を表す．この項は，$\Psi$ について非線形であることに注意しよう（他の項は $\Psi$ について 1 次，すなわち，線形である）．この非線形性を強調したいときは，(7.60) を**非線形ド・ブロイ方程式**という．

---

[29] 積分条件は微分演算 $\partial/\partial t$, $\Delta$ と積分 $\int_V d\boldsymbol{k}$ とが交換できる十分条件である．

**!注意 7.11** (7.60) において $u = 0$ の場合，すなわち，非線形項がない場合の式

$$i\hbar\frac{\partial \Psi(t,\boldsymbol{x})}{\partial t} = -\frac{\hbar^2}{2m}\Delta\Psi(t,\boldsymbol{x}) + U(t,\boldsymbol{x})\Psi(t,\boldsymbol{x}), \quad (t,\boldsymbol{x}) \in M \qquad (7.61)$$

——これを**線形ド・ブロイ方程式**という—— とまったく同じ形の偏微分方程式が量子力学において現れる．その場合，その方程式は**シュレーディンガー方程式** (Schrödinger equation) と呼ばれる．だが，線形ド・ブロイ方程式とシュレーディンガー方程式の物理的意味はまったく異なる．シュレーディンガー方程式に従う複素関数は，量子系の状態を表す**状態ベクトル** (state vector) と呼ばれる抽象的対象の 1 つの具現形であって，物理的空間における，何らかの実在的な波を表すものではない（これについては量子力学の章でもう少し詳しく述べる）．他方，すでに述べたように，ド・ブロイ場は，古典的電磁場が物理空間的に実在的な波動であるのと同じ意味で空間的に実在的な波動を表すものである．もちろん，方程式の呼称および物理的解釈は，数学としては，全然本質的な問題ではない．だが，厳密かつ普遍的な自然認識を目指す数理物理学としては，同一の数学的理念（いまの例では 1 つの方程式）が現象としては様々に分節して現れる（異なる物理現象を記述する）その在り方をも明晰に捉えなければならない．

**!注意 7.12** 古典的物質場の理論は，電磁場の理論と同じく，古典物理学的理論であって，量子論ではない．ド・ブロイ方程式にプランクの定数があるのは，単に量子論との対応に関わる便宜的な事柄にすぎない（ド・ブロイ場の量子力学版として，**量子ド・ブロイ場**と呼ばれる対象が存在し，これは (7.58) と同じ形の方程式に従う）．実際，新しいパラメータ $\hat{m} := m/\hbar$ を導入すれば，(7.58) は $\hbar$ を含まない方程式になる．古典場の理論が最初にあるとすれば，これを粒子的描像と結びつけるとき，$m = \hbar\hat{m}$ によって定義される量が対応する量子的粒子の質量となるものである．

### 7.7.4 ド・ブロイ場の密度と連続の方程式

ド・ブロイ場 $\Psi$ は物質を波動と見たときの物質の分布状態を記述するものと解釈される．そこで，

$$\varrho_\Psi(t,\boldsymbol{x}) := |\Psi(t,\boldsymbol{x})|^2 = \Psi(t,\boldsymbol{x})^*\Psi(t,\boldsymbol{x}) \qquad (7.62)$$

は物質の分布密度（単位体積あたりの物質量）を表すと仮定してみる．したがって，時刻 $t$ において，開集合 $D \subset V$ に存在する物質量は $\int_D |\Psi(t,\boldsymbol{x})|^2 d\boldsymbol{x}$ である．この仮定が妥当かどうかを調べるために，$\varrho_\Psi(t,\boldsymbol{x})$ の時間変化を調べてみる．$\varrho_\Psi$ を $t$ で偏微分すれば，

$$\frac{\partial \varrho_\Psi(t,\boldsymbol{x})}{\partial t} = \frac{\partial \Psi(t,\boldsymbol{x})^*}{\partial t}\Psi(t,\boldsymbol{x}) + \Psi(t,\boldsymbol{x})^*\frac{\partial \Psi(t,\boldsymbol{x})}{\partial t}$$

$$= \frac{i}{\hbar}\left\{(-i\hbar)\frac{\partial \Psi(t,\boldsymbol{x})^*}{\partial t}\Psi(t,\boldsymbol{x}) - \Psi(t,\boldsymbol{x})^*(i\hbar)\frac{\partial \Psi(t,\boldsymbol{x})}{\partial t}\right\}.$$
(7.63)

ド・ブロイ方程式 (7.60) の複素共役をとれば

$$-i\hbar\frac{\partial \Psi(t,\boldsymbol{x})^*}{\partial t} = -\frac{\hbar^2}{2m}\Delta \Psi(t,\boldsymbol{x})^* + U(t,\boldsymbol{x})\Psi(t,\boldsymbol{x})^*$$
$$+ \left(\int_V u(\|\boldsymbol{x}-\boldsymbol{y}\|)|\Psi(t,\boldsymbol{y})|^2 d\boldsymbol{y}\right)\Psi(t,\boldsymbol{x})^*. \quad (7.64)$$

これと (7.60) を (7.63) の右辺に代入すれば，$U$ および $u$ を含む項はそれぞれ，打ち消し合って

$$\frac{\partial \varrho_\Psi}{\partial t} = \frac{i\hbar}{2m}\left(\Psi^* \Delta \Psi - (\Delta \Psi^*)\Psi\right)$$
$$= \frac{i\hbar}{2m}\mathrm{div}\,(\Psi^* \mathrm{grad}\,\Psi - (\mathrm{grad}\,\Psi^*)\Psi)$$

が得られる．したがって，ベクトル場

$$\boldsymbol{j}_\Psi := -\frac{i\hbar}{2m}\left(\Psi^* \mathrm{grad}\,\Psi - (\mathrm{grad}\,\Psi^*)\Psi\right) \quad (7.65)$$

を導入すれば

$$\mathrm{div}\,\boldsymbol{j}_\Psi = -\frac{\partial \varrho_\Psi}{\partial t} \quad (7.66)$$

が成り立つ．この方程式は，$\boldsymbol{j}_\Psi$ を物質の流れ密度と解釈すれば，物質分布の時間変化に関する連続の方程式を表す．ゆえに，$|\Psi(t,\boldsymbol{x})|^2$ に関する上述の解釈は自然なものであることがわかる．

物質密度分布を $\int_V |\Psi(t,\boldsymbol{x})|^2 d\boldsymbol{x} = 1$ と規格化すれば，ド・ブロイ場 $\Psi$ の電荷密度は $q\varrho_\Psi(t,\boldsymbol{x})$ によって，また，質量密度は $m\varrho_\Psi(t,\boldsymbol{x})$ によって与えられることになる（全電荷 $q = \int_V q\varrho(t,\boldsymbol{x})d\boldsymbol{x}$，全質量 $m = \int_V m\varrho(t,\boldsymbol{x})d\boldsymbol{x}$）．

### 7.7.5 ド・ブロイ場の大局的ゲージ対称性

$\Phi: M \to \mathbb{C}$ を任意の複素スカラー場としよう．$\Phi$ の各時空点での値 $\Phi(t,\boldsymbol{x})$ は複素数であるから，その偏角

$$\theta_\Phi(t,\boldsymbol{x}) := \arg \Phi(t,\boldsymbol{x}) \quad (7.67)$$

が定義される．これをスカラー場 $\Phi$ の**位相** (phase) と呼ぶ．したがって，

$$\Phi(t,\boldsymbol{x}) = e^{i\theta_\Phi(t,\boldsymbol{x})}|\Phi(t,\boldsymbol{x})| \quad (7.68)$$

と書ける（極形式[30]）．

$M$ 上の複素スカラー場の全体を $\mathcal{F}(M)$ としよう：

$$\mathcal{F}(M) := \{\Phi : M \to \mathbb{C}\}. \tag{7.69}$$

各実数 $\alpha \in \mathbb{R}$ に対して，$\mathcal{F}(M)$ からそれ自身への写像 $\Gamma_\alpha : \mathcal{F}(M) \to \mathcal{F}(M)$ を

$$\Gamma_\alpha(\Phi) := e^{i\alpha}\Phi, \quad \Phi \in \mathcal{F}(M) \tag{7.70}$$

によって定義する．これは複素スカラー場の位相を $\alpha$ だけずらす写像である（$\theta_{\Gamma_\alpha(\Phi)}(t, \boldsymbol{x}) = \theta_\Phi(t, \boldsymbol{x}) + \alpha$ に注意）．そこで，複素スカラー場の位相を1つのゲージ（尺度）と見て，写像 $\Gamma_\alpha$ を**大局的な第1種ゲージ変換**と呼ぶ．この場合，"大局的 (global)" というのは，どの時空点でもいっせいに同じ位相だけずらすことの意である．

大局的な第1種ゲージ変換 $\Gamma_\alpha$ は幾何学的な意味をもつ．よく知られているように，複素平面上の点 $z \in \mathbb{C}$ に対して，$e^{i\alpha}z$ は，$z$ を原点のまわりに角度 $\alpha$ だけ回転して得られる複素数を表す．ところで，複素スカラー場 $\Phi$ というのは，幾何学的には，時空 $M$ の各点 $(t, \boldsymbol{x})$ に1つの複素数 $\Phi(t, \boldsymbol{x})$ が "くっついている" ような存在とみなせる．したがって，対応 $\Phi \to \Gamma_\alpha(\Phi)$ は，時空のすべての点において，場 $\Phi$ の値を一定の角度 $\alpha$ だけ回転する写像と見ることができる．

容易にわかるように，$\Gamma_\alpha$ は全単射であり，集合 $\{\Gamma_\alpha \mid \alpha \in \mathbb{R}\}$ は可換群になる．これを $\mathcal{F}(M)$ 上の **$U(1)$-ゲージ群** ($U(1)$-gauge group) と呼ぶ．これは，並進群 $\mathbb{R}$ の $\mathcal{F}(M)$ 上での表現である[31]．

ド・ブロイ場の方程式 (7.60) の解の全体——解空間——を $\mathcal{D}$ としよう：

$$\mathcal{D} := \{\Psi \in \mathcal{F}(M) \mid \Psi \text{ は (7.60) を満たす}\}. \tag{7.71}$$

**【定義 7.6】** 写像 $T : \mathcal{F}(M) \to \mathcal{F}(M)$ が全単射であり，$T(\mathcal{D}) = \mathcal{D}$ を満たすとき，ド・ブロイ方程式 (7.60) は $T$-対称性をもつという．

容易にわかるように，$\Psi$ が (7.60) の解であるとき，任意の $\alpha$ に対して，$\Gamma_\alpha(\Psi)$ は (7.60) の解である．すなわち，$\Psi \in \mathcal{D} \Longrightarrow \Gamma_\alpha(\Psi) \in \mathcal{D}$．これから，$\Gamma_\alpha(\mathcal{D}) = \mathcal{D}$

---

[30] 複素数 $z \in \mathbb{C}$ は，$z = e^{i \arg z}|z|$ と表される．ここで，$\arg z \in \mathbb{R}$ は $z$ の偏角と呼ばれる数で，幾何学的には，$z = x + iy, x, y \in \mathbb{R}$ とするとき，点 $(x, y) \in \mathbb{R}^2$ と $\mathbb{R}^2$ の原点を結ぶ線分が $x$ 軸の正の向きとなす角度を表す．
[31] 群とその表現の概念については，4章，4.7節を参照．

がわかる.ゆえに,$\mathcal{D}$ は $\Gamma_\alpha$-対称性をもつ.この性質をド・ブロイ方程式 (7.60) の**大局的ゲージ対称性**と呼ぶ.

### 7.7.6 局所的ゲージ対称性とゲージ場

荷電物質場 $\Psi$ の位相をずらす仕方を時空の各点ごとに変えたらどうなるであろうか? この問題を考えるために,写像 $\Theta : M \to \mathbb{R}$ に対して,写像 $\Gamma_\Theta : \mathcal{F}(M) \to \mathcal{F}(M)$ を

$$(\Gamma_\Theta \Phi)(t, \boldsymbol{x}) := e^{i\Theta(t,\boldsymbol{x})} \Phi(t, \boldsymbol{x}), \quad \Phi \in \mathcal{F}(M) \tag{7.72}$$

によって定義する.これを**局所的な第 1 種のゲージ変換**という.この場合,"局所的 (local)" というのは,位相のずらしが時空の各点ごとに異なりうることの意である.位相関数 $\Theta$ が定数関数のときが大局的な第 1 種のゲージ変換である.

$\Theta$ が定数関数でなければ,単純な計算によって,$\Psi$ がド・ブロイの方程式 (7.60) を満たしても,$\Gamma_\Theta(\Psi)$ はド・ブロイの方程式 (7.60) を満たすとは限らないことがわかる.つまり,この場合,$\mathcal{D}$ は $\Gamma_\Theta$-対称でない.

しかし,ここであきらめないで,(7.60) をもとに適当な修正を施すことによって,局所的な第 1 種のゲージ変換に対しても不変となるような理論が構成できないかどうかを検討しよう.これに対する鍵は,

$$\Psi' = \Gamma_\Theta \Psi \tag{7.73}$$

とおくとき,

$$\left(\frac{\partial}{\partial t} - i\frac{\partial \Theta}{\partial t}\right)\Psi' = e^{i\Theta}\frac{\partial \Psi}{\partial t},$$
$$\operatorname{grad}\Psi' - i\Psi'(\operatorname{grad}\Theta) = e^{i\Theta}\operatorname{grad}\Psi$$

が成り立つことに注目することである.これは

$$\left(\hbar\frac{\partial}{\partial t} + i\chi'\right)\Psi' = e^{i\Theta}\left(\hbar\frac{\partial}{\partial t} + i\chi\right)\Psi, \tag{7.74}$$
$$((-i\hbar)\operatorname{grad} - \boldsymbol{a}')\Psi' = e^{i\Theta}((-i\hbar)\operatorname{grad} - \boldsymbol{a})\Psi \tag{7.75}$$

を満たすスカラー場 $\chi, \chi'$ およびベクトル場 $\boldsymbol{a}, \boldsymbol{a}'$ の導入を示唆する.実際,

$$\chi' = \chi - \hbar\frac{\partial \Theta}{\partial t}, \tag{7.76}$$
$$\boldsymbol{a}' = \boldsymbol{a} + \hbar\operatorname{grad}\Theta \tag{7.77}$$

を満たすスカラー場 $\chi, \chi'$ とベクトル場 $\boldsymbol{a}, \boldsymbol{a}'$ を定義すれば，(7.74)，(7.75) は満たされる．

そこで，ド・ブロイ方程式 (7.60) の変形として

$$\left(i\hbar\frac{\partial}{\partial t} - \chi\right)\Psi = -\frac{1}{2m}\Delta_{\boldsymbol{a},\hbar}\Psi + U(t,\boldsymbol{x})\Psi(t,\boldsymbol{x}) \\ + \left(\int_V u(\|\boldsymbol{x}-\boldsymbol{y}\|)|\Psi(t,\boldsymbol{y})|^2 d\boldsymbol{y}\right)\Psi(t,\boldsymbol{x}) \quad (7.78)$$

という形の方程式を考える．ここで，

$$\Delta_{\boldsymbol{a},\hbar}\Psi := \hbar^2\Delta\Psi + (-i\hbar)\mathrm{div}\,(\boldsymbol{a}\Psi) + (-i\hbar)\langle\boldsymbol{a}, \mathrm{grad}\,\Psi\rangle - \|\boldsymbol{a}\|^2\Psi.$$

方程式 (7.78) は，場の変換 $\Psi \to \Psi', \chi \to \chi', \boldsymbol{a} \to \boldsymbol{a}'$ のもとで不変であること，すなわち，

$$\left(i\hbar\frac{\partial}{\partial t} - \chi'\right)\Psi' = -\frac{1}{2m}\Delta_{\boldsymbol{a}',\hbar}\Psi' + U\Psi' \\ + \left(\int_V u(\|\boldsymbol{x}-\boldsymbol{y}\|)|\Psi'(t,\boldsymbol{y})|^2 d\boldsymbol{y}\right)\Psi'$$

が成立することがわかる．

3つ組 $(\Psi, \chi, \boldsymbol{a})$ の変換

$$(\Psi, \chi, \boldsymbol{a}) \to (\Psi', \chi', \boldsymbol{a}')$$

($\Psi', \chi', \boldsymbol{a}'$ はそれぞれ，(7.73)，(7.76)，(7.77) によって定義される) を**局所的ゲージ変換** (local gauge transfirmation) という．**方程式 (7.78) は局所的ゲージ変換のもとで不変な方程式なのである**．この性質を**局所的ゲージ対称性**と呼ぶ．

新たに導入された写像の組 $(\chi, \boldsymbol{a})$ をスカラー場 $\Psi$ に同伴する**ゲージ場**と呼ぶ．ド・ブロイ方程式の変形として導かれた方程式 (7.78) はスカラー場 $\Psi$ とゲージ場の相互作用を記述する．こうして，大局的ゲージ対称性をもつ理論を出発点として，新しい場を導入することにより，局所的ゲージ対称性をもつ理論をつくることができる．

では，ゲージ場 $\chi, \boldsymbol{a}$ は物理的には何を表すのであろうか？ 変換 (7.76)，(7.77) は電磁ポテンシャルに対するゲージ変換 (7.40) と同一の形をしている．対応関係は

$$\Lambda \longleftrightarrow \hbar\Theta, \qquad \phi \longleftrightarrow \chi, \qquad \boldsymbol{A} \longleftrightarrow \boldsymbol{a}$$

である．そこで，$(\chi, \boldsymbol{a})$ を電磁ポテンシャル $(\phi, \boldsymbol{A})$ と同一視するのは自然である．実際，この同一視は正しいことが示される．

こうして，ゲージ変換 (7.40) におけるスカラー関数 $\Lambda$ の意味が明らかになるとともに，**電磁ポテンシャルは荷電物質場に同伴するゲージ場**として捉えられることがわかる．(7.37), (7.38) がいまの場合の**ゲージ場の方程式**である．

ゲージ場が考察下の荷電物質場とだけ相互作用をするとすれば，電荷密度と電流密度は，$q \in \mathbb{R} \setminus \{0\}$ を定数として，

$$q\varrho_\Psi(t, \boldsymbol{x}) = q|\Psi(t, \boldsymbol{x})|^2,$$
$$\boldsymbol{j}_{\Psi, \boldsymbol{A}} = \frac{q}{2m}\{\Psi^*((-i\hbar)\mathrm{grad} - \boldsymbol{A})\Psi - \Psi((-i\hbar)\mathrm{grad} - \boldsymbol{A})\Psi^*\}$$

によって与えられる．この場合，(7.37), (7.38), (7.78) ——ただし，$\chi, \boldsymbol{a}$ を $\phi, \boldsymbol{A}$ で置き換える——から決まる連立偏微分方程式

$$\left(i\hbar \frac{\partial}{\partial t} - \phi\right)\Psi = -\frac{1}{2m}\Delta_{\boldsymbol{A},\hbar}\Psi + U\Psi$$
$$+ \left(\int_V u(\|\boldsymbol{x} - \boldsymbol{y}\|)|\Psi(t, \boldsymbol{y})|^2 d\boldsymbol{y}\right)\Psi, \quad (7.79)$$

$$\frac{\partial}{\partial t}\mathrm{div}\,\boldsymbol{A} + \Delta\phi = -\frac{q\varrho_\Psi}{\varepsilon_0}, \quad (7.80)$$

$$\Box \boldsymbol{A} + \mathrm{grad}\left(\frac{1}{c^2}\frac{\partial \phi}{\partial t} + \mathrm{div}\,\boldsymbol{A}\right) = \frac{\boldsymbol{j}_{\Psi, \boldsymbol{A}}}{c^2 \varepsilon_0} \quad (7.81)$$

が荷電物質場とゲージ場の相互作用を記述する基礎方程式である．この型の方程式を**マクスウェル–ド・ブロイ方程式**という[32]．この連立偏微分方程式もド・ブロイ場の方程式と同様，古典場の方程式である．

以上の議論をまとめると，ド・ブロイ場の理論に対して局所的ゲージ対称性を要求することにより，ゲージ場が導入され，のみならず，ゲージ場とド・ブロイ場の相互作用——言い換えれば力——の形も同時に決定されてしまう，という構造が示されたことになる．これは極めて顕著な構造である[33]．詳細は省略するが，この種の構造はド・ブロイ場以外の荷電物質場ももちうること，およびこれに同伴する，電磁ポテンシャルとは別のゲージ場も存在しうることが示される．こうして，ゲージ対称性は，ある種の古典場どうしの相互作用を決める1つの原理と見ることが可能である．これを**ゲージ対称性の原理**と呼ぶ．この原理を基礎にお

---
[32] マクスウェル–シュレーディンガー方程式と呼ぶ場合もある．
[33] 特定の物理現象について，そこにどういう力が関与するかは，実験と照らし合わせながら推測するのが通常のやりかたである．

く理論は**ゲージ場の理論**と呼ばれる．マクスウェル理論やマクスウェル－ド・ブロイ方程式によって記述される理論はゲージ場の理論の基本的な例である．

今日では，自然界における力学的物理現象をあらしめている力は少なくとも4種類あることが知られている．すなわち，重力，電磁気力，強い力（ハドロンと呼ばれる素粒子の間に働く力），弱い力（ある種の素粒子の崩壊に関わる力）である．現代物理学の最大目標の1つはこれらの諸力を統一的に記述する理論を構築することである．この構築にとって，ゲージ対称性の原理が有効であることが部分的に示されている．ただし，この場合，物質場やゲージ場はもはや古典場ではなく，素粒子を生成・消滅させる機能を有する**量子場**と呼ばれる対象によってとって代わられる[34]．

## 7.8 マクスウェル理論の4次元的定式化——新しい時空概念

この節では，方程式 (7.37)，(7.38) を4次元的に書き換えること，すなわち，それらを4次元時空 $M$ の基準ベクトル空間 $\mathbb{R} \oplus V$ に同伴する対象だけを用いて表すことより，すべての電磁現象を生み出す根源的普遍存在およびニュートン力学的な時空概念とは異なる，真に新しい時空概念が見出されることを示す．

方程式 (7.43) と (7.44) における $c, t$ の現れ方に注目して，新しい変数 $x^0$ を

$$x^0 = ct \tag{7.82}$$

によって導入し

$$\partial_0 := \frac{\partial}{\partial x^0} \tag{7.83}$$

とおく．このとき，(7.43) と (7.44) は

$$\left(\partial_0^2 + \Delta_{\mathrm{LB}}\right)\phi - c\partial_0\left(-\delta \boldsymbol{A} + \frac{1}{c}\partial_0\phi\right) = \frac{\varrho}{\varepsilon_0}, \tag{7.84}$$

$$\left(\partial_0^2 + \Delta_{\mathrm{LB}}\right)\boldsymbol{A} + d\left(-\delta \boldsymbol{A} + \frac{1}{c}\partial_0\phi\right) = \frac{\boldsymbol{j}}{c^2\varepsilon_0} \tag{7.85}$$

と書き直せる．ただし，$\boldsymbol{j} := *\boldsymbol{J}$．

連立方程式 (7.84)，(7.85) が4次元時空 $M$ 上の方程式であるためには，それらが，$M$ の基準ベクトル空間 $\mathbb{R} \oplus V$ の基底の取り方によらないテンソル方程式

---

[34] 拙著『多体系と量子場』（岩波書店，2002）や拙著『フォック空間と量子場［下］』（日本評論社，2000）の8章以降を参照．

でなければならない．そのためには，基準ベクトル空間 $\mathbb{R} \oplus V$ がどのような計量をもてば，(7.84), (7.85) の左辺における微分演算が基底の取り方によらないかを調べる必要がある．このための鍵は，(7.84) および (7.85) に共通に現れている特徴的な形，すなわち，$\partial_0^2 \boldsymbol{A} + \Delta_{\mathrm{LB}} \boldsymbol{A}$, $\partial_0^2 \phi + \Delta_{\mathrm{LB}} \phi$ や $-\delta \boldsymbol{A} + \partial_0 \phi / c$ といった量に注意することである．結論からいってしまえば，$\mathbb{R} \oplus V$ の計量として，

$$G(x, y) := x^0 y^0 - \langle \boldsymbol{x}, \boldsymbol{y} \rangle_V, \quad x = (x^0, \boldsymbol{x}), y = (y^0, \boldsymbol{y}) \in \mathbb{R} \oplus V \tag{7.86}$$

によって定義される写像 $G : (\mathbb{R} \oplus V) \times (\mathbb{R} \oplus V) \to \mathbb{R}$ をとればよいことがわかる（以下でこれを示す）．この写像が実際に計量——不定計量——であることは容易に確かめられる．

計量 $G$ の本性を見抜くために，$(\boldsymbol{e}_1, \boldsymbol{e}_2, \boldsymbol{e}_3)$ を $V$ の任意の正規直交基底として，ベクトル

$$\hat{e}_0 := (1, \boldsymbol{0}) \in \mathbb{R} \oplus V, \tag{7.87}$$

$$\hat{e}_i := (0, \boldsymbol{e}_i) \in \mathbb{R} \oplus V, \quad i = 1, 2, 3, \tag{7.88}$$

を導入する．このとき，$(\hat{e}_\mu)_{\mu=0}^3$ は $\mathbb{R} \oplus V$ の基底であり

$$G(\hat{e}_0, \hat{e}_0) = 1, \tag{7.89}$$

$$G(\hat{e}_i, \hat{e}_i) = -1, \quad i = 1, 2, 3, \tag{7.90}$$

$$G(\hat{e}_\mu, \hat{e}_\nu) = 0, \quad \mu \neq \nu \tag{7.91}$$

が成り立つ．したがって，$G$ を $\mathbb{R} \oplus V$ に付与した計量ベクトル空間

$$W := (\mathbb{R} \oplus V, G) \tag{7.92}$$

は4次元ミンコフスキーベクトル空間であり（2章，2.4.3項を参照），$(\hat{e}_\mu)_{\mu=0}^3$ は $W$ の正規直交基底である[35]．

次に，(7.84), (7.85) が4次元ミンコフスキーベクトル空間 $W$ 上の1階のテンソル方程式であることを示そう．以下では，無用の混乱を避けるため，4次元ミンコフスキーベクトル空間 $W$ 上のテンソル場に関する外微分作用素と余微分作用素

---

[35] この項の議論は，4次元ミンコフスキーベクトル空間を発見する道の1つであると見ることも可能である．ただし，この場合，ベクトル空間の計量は正値である必要はないという，捉われのない柔軟な精神的姿勢が必要である．

をそれぞれ，$d_M, \delta_M$ で表す．正規直交基底 $(\hat{e}_\mu)$ に関する座標関数を $x^\mu$ とする $(x = \sum_{\mu=0}^{3} x^\mu \hat{e}_\mu \in W)$．1階のテンソル場（双対ベクトル場）$\hat{A} : W \to W^*$ を

$$\hat{A}(x) := \frac{\phi(x)}{c} d_M x^0 - \sum_{j=1}^{3} A^j(x) d_M x^j \tag{7.93}$$

によって定義する（右辺第2項の前のマイナス符号に注意）．ただし，$A^j$ は $\boldsymbol{A}$ の，基底 $(\boldsymbol{e}_i)_{i=1}^{3}$ に関する成分である：$\boldsymbol{A}(x) = \sum_{i=1}^{3} A^i(x) \boldsymbol{e}_i$．$\varrho, \boldsymbol{j}$ から決まる双対ベクトル場 $\hat{j} : W \to W^*$ を

$$\hat{j}(x) := \frac{\varrho(x)}{c\varepsilon_0} d_M x^0 - \sum_{k=1}^{3} \frac{j^k(x)}{c^2 \varepsilon_0} d_M x^k \tag{7.94}$$

によって導入する．ただし，$j^k$ はベクトル電流密度場 $\boldsymbol{j}$ の，基底 $(\boldsymbol{e}_k)_{k=1}^{3}$ による成分である：$\boldsymbol{j} = \sum_{k=1}^{3} j^k \boldsymbol{e}_k$．

6章, 6.5節ですでに見たように

$$\partial_0^2 + \Delta_{\mathrm{LB}} = \Delta_{\mathrm{LB}}^{(M)} \tag{7.95}$$

ただし，$\Delta_{\mathrm{LB}}^{(M)}$ は4次元ミンコフスキーベクトル空間 $W$ におけるラプラス–ベルトラーミ作用素を表す．任意の双対ベクトル場 $B = \sum_{\mu=0}^{3} B_\mu d_M x^\mu : W \to W^*$ に対して

$$\delta_M B = \partial_0 B_0 - \sum_{j=1}^{3} \partial_j B_j = \sum_{\mu=0}^{3} \partial^\mu B_\mu. \tag{7.96}$$

ただし，

$$\partial_j := \frac{\partial}{\partial x^j}, \quad \partial^0 = \partial_0, \quad \partial^j = -\partial_j, \quad j = 1, 2, 3. \tag{7.97}$$

（ミンコフスキーベクトル空間の場合，ベクトルや双対ベクトルの成分の添字の上げ下げは実質的な意味をもつことに注意．）したがって

$$\begin{aligned} & d_M \delta_M B \\ &= \partial_0 \left( \delta \left( \sum_{i=1}^{3} B_i dx^i \right) + \partial_0 B_0 \right) d_M x^0 + d \left( \delta \left( \sum_{i=1}^{3} B_i dx^i \right) + \partial_0 B_0 \right). \end{aligned} \tag{7.98}$$

ただし，$d, \delta$ はユークリッドベクトル空間 $V$ に関わる外微分作用素と余微分作用素である．これらの事実を用いると (7.84), (7.85) は，次の1つの式にまとめられることがわかる：

$$\Delta_{\mathrm{LB}}^{(M)} \hat{A} - d_M \delta_M \hat{A} = \hat{j}. \tag{7.99}$$

## 7.8 マクスウェル理論の4次元的定式化——新しい時空概念

$\Delta_{\text{LB}}^{(M)}, \delta_M, d_M$ は，$W$ の向きを1つ定めるとき，基底の取り方によらない演算子（作用素）であるから，式 (7.99) は，$W$ 上の双対ベクトル場に関する普遍的方程式である．

ここまでくれば，見方を逆転させることにより，電磁現象を根本で支える本源的な方程式は，4次元ミンコフスキーベクトル空間上の双対ベクトル場 $A, j: W \to W^*$ に関する方程式

$$\Delta_{\text{LB}}^{(M)} A - d_M \delta_M A = j \tag{7.100}$$

であるという原理的観点に到達する．実際，ここから出発して，マクスウェル方程式が導かれることが次のようにしてわかる．

$A, j$ を方程式 (7.100) の解とし，$A = \sum_{\mu=0}^{3} A_\mu d_M x^\mu$，$j = \sum_{\mu=0}^{3} j_\mu d_M x^\mu$ と展開する．この展開から，

$$\phi := cA_0, \quad \boldsymbol{A} = -\sum_{i=1}^{3} A_i \boldsymbol{e}_i, \quad \varrho := c\varepsilon_0 j_0, \quad \boldsymbol{j} := -c^2 \varepsilon_0 \sum_{i=1}^{3} j_i \boldsymbol{e}_i$$

を定義すれば，上の議論を逆にたどることにより，$\phi, \boldsymbol{A}, \varrho, \boldsymbol{j}$ は方程式 (7.84)，(7.85) を満たすことがわかる．したがって，7.5節で叙述したように，$\phi, \boldsymbol{A}$ から電場および磁場が定義され，これらはマクスウェル方程式の解になる．こうして，方程式 (7.100) を満たす4次元的双対ベクトル場の組 $(A, j)$ から，電磁ポテンシャル，電場，磁場，電荷密度，電流密度が分節的に現れることがわかる．

この機構において，次の点も見逃してはならない．つまり，$A$ や $j$ は，それぞれ，$W$ 上の双対ベクトル場として全一的・単一的存在であるということ．これらから，特殊な基底（座標系）$(\hat{e}_\mu)_{\mu=0}^{3}$ を用いて電場，磁場，電荷密度，電流密度を定義し，単一の方程式である (7.100) を分節的に表示したものが，マクスウェル方程式 (M.1)〜(M.4) に他ならないということである．言い換えれば，マクスウェル方程式 (M.1)〜(M.4) は確かに美しく神々しいが，より高次の観点から見れば，普遍的存在の特殊な分節表式にすぎなかったわけである．

このことは，また，なぜ電場や磁場がそれ自体では絶対的な意味をもたないかを理念的に明晰な形で理解させる．実際，絶対的な意味をもつ電磁場は，方程式 (7.100) を満たす双対ベクトル場 $A$ から決まる2階反対称テンソル

$$F := d_M A \tag{7.101}$$

である．これを**電磁場テンソル**と呼ぶ．これが電場と磁場の統一体であることは

次のようにしてわかる．正規直交基底 $(d_M x^\mu)_{\mu=0}^3$ を用いて

$$F = \sum_{\mu<\nu} F_{\mu\nu} d_M x^\mu \wedge d_M x^\nu$$

と展開すれば

$$F_{\mu\nu} = \partial_\mu A_\nu - \partial_\nu A_\mu.$$

ただし，$A = \sum_{\mu=0}^3 A_\mu d_M x^\mu$．そこで，$\boldsymbol{A} = -\sum_{j=1}^3 A_j \boldsymbol{e}_j, \phi = cA_0$ とし，$\boldsymbol{E} = -d\phi - \partial \boldsymbol{A}/\partial t = \sum_{i=1}^3 E^i \boldsymbol{e}_i$（電場），$\boldsymbol{B} = d\boldsymbol{A} = \sum_{i<j} B^{ij} \boldsymbol{e}_i \wedge \boldsymbol{e}_j$（磁場）とおけば，$F_{0i} = E^i/c$ であり，$F_{ji} = B^{ij}$ が成り立つ（反対称テンソルの成分に関する規約により，$F_{\mu\nu} = -F_{\nu\mu}$ である）．こうして，電場と磁場はそれぞれ別個では絶対的な意味をもたず，相対的な存在にすぎないことがはっきりと示される（$\because$ $F$ の成分表示 $F_{\mu\nu}$ は座標系の取り方に依存する）．

$d_M^2 = 0$, $\delta_M d_M = \Delta_{\mathrm{LB}}^{(M)} - d_M \delta_M$ を用いると，電磁場テンソル $F$ が満たす方程式は

$$d_M F = 0, \quad \delta_M F = j \tag{7.102}$$

という極めて単純な美しい形で与えられることがわかる．

4 次元形式におけるゲージ変換——**4 次元的ゲージ変換**と呼ぼう——は，$\Lambda: W \to \mathbb{R}$ を $W$ 上の実スカラー場として，

$$A \mapsto A - d_M \Lambda$$

という形をとる．電磁ポテンシャルの場合と同様，このゲージ変換でうつりあう双対ベクトル場どうし——いずれも (7.100) を満たすとする——は同値であるという．この同値関係から，同値類が 1 つ決まる（$j$ は 4 次元的ゲージ変換で不変であると仮定する）．

以上の議論から，(7.100) を満たす 4 次元的双対ベクトル場の組 $(A, j)$ の同値類こそ，電磁現象を生み出す根源的普遍存在であるという認識が得られる．双対ベクトル場 $A$ を**電磁的ゲージ場** (electromagnetic gauge field)，双対ベクトル場 $j$ を **4 次元電流密度**と呼ぶ．こうして，すべての電磁現象は 4 次元ミンコフスキーベクトル空間上の電磁的ゲージ場と 4 次元電流密度の組から生成されるという統一的観点が得られる．直接観測される電場と磁場は，電磁場テンソルという統一体に帰一する．

ところで，ここでの考察の収穫はそれに留まらない．というのは，上述の議論は，**電磁現象が展開される時空というのは，4 次元ミンコフスキーベクトル空間**

を基準ベクトル空間とするアファイン空間=4次元ミンコフスキー空間である，ということも同時に示しているからである．こうして，私たちは，ニュートン力学的な時間と空間とは異なる，真に新しい時空の概念へと導かれる．この時空を**ミンコフスキー時空**と呼ぶ．これがいかに画期的なものであるかについては次の章で詳しく論じよう．

## 演習問題

$V$ を3次元ユークリッドベクトル空間とする．$V$ の向きを1つ固定し，$(e_1, e_2, e_3)$ を $V$ の任意の正規直交基底で $e_i \times e_j = e_k$, $(ijk) = (123), (231), (312)$ を満たすものとし，この基底に関する $x \in V$ の座標を $(x_1, x_2, x_3)$ とする：$x = x_1 e_1 + x_2 e_2 + x_3 e_3$.

1. 任意の $T \in \bigwedge^2 V$ と $u \in V$ に対して，$Tu = u \times *T$ を示せ．
2. 磁場 $B : V \to \bigwedge^2 V$ の作用のもとでの荷電粒子の運動を考える：
$$m\frac{d^2 X(t)}{dt^2} = F(X(t)) + qB(X(t))\dot{X}(t).$$
ただし，$m, q$ はそれぞれ，荷電粒子の質量，電荷であり，$F : V \to V$ は磁場以外から受ける力のベクトル場を表す．いま，力は保存力であるとし，そのポテンシャルを $U : V \to \mathbb{R}$ とする：$F(x) = -\mathrm{grad}\, U(x)$. $E(t) = m\|\dot{X}(t)\|^2/2 + U(X(t))$ とおく．このとき，$E(t)$ は $t$ によらず一定であることを証明せよ．

**！注意 7.13** この結果は，全力学的エネルギーは磁場が存在しても保存されること，言い換えれば，磁場は粒子の全力学的エネルギーに影響を与えないことを示す．これは，物理的には，ローレンツ力がつねに粒子の速度ベクトルと直交するので，磁場が粒子に対して仕事をしないことによる．

3. $x_3$ 軸方向に一様なベクトル磁場 $b = Be_3$（$B$ は実定数）がかかっている状況において，この中を電荷 $q$, 質量 $m$ の荷電粒子が運動をする場合を考える．ただし，電荷みずからがつくる電磁場の効果は無視する．したがって，運動方程式は
$$m\frac{d^2 X(t)}{dt^2} = q\dot{X}(t) \times b = qB\dot{X}(t) \times e_3.$$
この運動方程式を次の手順に従って解け．ただし, 位置の初期条件は, $X(0) = 0$ であるとし, $\omega = qB/m$ とおく.
   (i) $X(t) = \sum_{j=1}^{3} X_j(t)e_j$ と展開するとき
$$\ddot{X}_1(t) = \omega \dot{X}_2(t), \quad \ddot{X}_2(t) = -\omega \dot{X}_1(t), \quad \ddot{X}_3(t) = 0$$
を示せ．

(ii) $Z(t) = X_1(t) + iX_2(t) \in \mathbb{C}$ ($i$ は虚数単位) とおくとき，$\ddot{Z}(t) = -i\omega \dot{Z}(t) \cdots (*)$ を示せ．

(iii) $c := \dot{Z}(0)/(i\omega)$ とすれば，$(*)$ の解は
$$Z(t) = c\left(1 - e^{-i\omega t}\right)$$
と表されることを示せ．

(iv) $\boldsymbol{r}(t) = X_1(t)\boldsymbol{e}_1 + X_2(t)\boldsymbol{e}_2$, $\boldsymbol{c} = (\dot{X}_2(0)\boldsymbol{e}_1 - \dot{X}_1(0)\boldsymbol{e}_2)/\omega$, $c = |c|e^{i\alpha}$ ($\alpha \in [0, 2\pi)$ は $c$ の偏角), $\delta = \pi - \alpha$ とおくと
$$\boldsymbol{r}(t) = \boldsymbol{c} + \frac{\|\dot{\boldsymbol{r}}(0)\|}{|\omega|}[\cos(\omega t + \delta)\boldsymbol{e}_1 - \sin(\omega t + \delta)\boldsymbol{e}_2]$$
と表されることを示せ．

**！注意 7.14** これは，$\boldsymbol{r}(t)$ が $x_1$-$x_2$ 平面で，点 $\boldsymbol{c}$ を中心とする半径 $\|\dot{\boldsymbol{r}}(0)\|/|\omega|$，角速度の大きさが $|\omega|$ の等速円運動をすることを意味する．

(v) $\langle \boldsymbol{c}, \dot{\boldsymbol{r}}(0) \rangle = 0$ および $\boldsymbol{c} \times \dot{\boldsymbol{r}}(0) = \|\dot{\boldsymbol{r}}(0)\|^2 \boldsymbol{e}_3/\omega$ を示せ．

(vi) $\boldsymbol{X}(t) = \boldsymbol{r}(t) + \dot{X}_3(0)t\boldsymbol{e}_3$ を示せ．

**！注意 7.15** これから，次のことがわかる：(a) $\dot{X}_3(0) = 0$ のとき，荷電粒子は $x_1$-$x_2$ 平面内で (iv) の等速円運動を行う．(b) $\dot{X}_3(0) \neq 0$ のときは，荷電粒子は $x_3$ 軸を軸とする螺旋運動をする．

**！注意 7.16** $|\omega| = |q||B|/m$ は**サイクロトロン振動数**と呼ばれる．サイクロトロンというのは，荷電粒子を磁場と電極を用いて加速する装置（加速器）．この問題の結果が示すように，磁場に垂直な方向から打ち込んだ荷電粒子 ($\dot{X}_3(0) = 0$ の場合) は円運動を行う．この性質を利用し，かつ磁場中に電極を入れて，荷電粒子を徐々に加速する（何回も円運動をさせる）というのがサイクロトロンの基本的原理である．

4. 半径 $a > 0$ の球内に一様な密度 $\rho_0 > 0$ で電荷が分布しているとする．したがって，全電荷を $q$ とすれば，$q = 4\pi a^3 \rho_0/3$．この球のまわりにできる静電場（時間によらない電場）のスカラーポテンシャル $\phi$ は次の形で与えられることを示せ．

$$\phi(\boldsymbol{x}) = \begin{cases} \dfrac{q}{4\pi\varepsilon_0} \cdot \dfrac{1}{\|\boldsymbol{x}\|} & ; \|\boldsymbol{x}\| > a \text{ のとき} \\ \dfrac{q}{8\pi\varepsilon_0} \cdot \dfrac{3a^2 - \|\boldsymbol{x}\|^2}{a^3} & ; \|\boldsymbol{x}\| \leq a \text{ のとき} \end{cases}$$

!注意 7.17  $\phi(\boldsymbol{x})$ は $\|\boldsymbol{x}\| > a$ ならばクーロンポテンシャルになっていることに注意．したがって，$a \to 0$ の極限（点電荷極限）では，$\phi(\boldsymbol{x})$ は，$V \setminus \{0\}$ において，クーロンポテンシャルに移行する．

5. $\ell_3 = \{(0,0,k_3) \mid k_3 \in \mathbb{R}\}$（$z$ 軸全体）とし，$D = \mathbb{R}^3 \setminus \ell_3$ とおく．

   (i) 2つの連続なベクトル場 $\boldsymbol{e}^{(1)}, \boldsymbol{e}^{(2)} : D \to \mathbb{R}^3$ の組 $(\boldsymbol{e}^{(1)}, \boldsymbol{e}^{(2)})$ で次の性質を満たすものを1つ構成せよ．
   $$\langle \boldsymbol{k}, \boldsymbol{e}^{(r)}(\boldsymbol{k}) \rangle = 0, \quad \langle \boldsymbol{e}^{(r)}(\boldsymbol{k}), \boldsymbol{e}^{(s)}(\boldsymbol{k}) \rangle = \delta_{rs}, \quad \boldsymbol{k} \in D,\ r, s = 1, 2,$$
   $$\boldsymbol{e}^{(1)}(\boldsymbol{k}) \times \boldsymbol{e}^{(2)}(\boldsymbol{k}) = \frac{\boldsymbol{k}}{\|\boldsymbol{k}\|}.$$

   !注意 7.18  各 $\boldsymbol{k} \in D$ に対して，$(\boldsymbol{k}/\|\boldsymbol{k}\|, \boldsymbol{e}^{(1)}(\boldsymbol{k}), \boldsymbol{e}^{(2)}(\boldsymbol{k}))$ は $\mathbb{R}^3$ の正規直交基底である．

   (ii) 各 $r = 1, 2$ に対して，$a^{(r)}$ を $D$ 上の複素数値連続関数とし，各 $\boldsymbol{k} \in D$ に対して，複素ベクトル値関数 $\boldsymbol{u_k} : \mathbb{R} \times D \to \mathbb{C}^3$ を
   $$\boldsymbol{u_k}(t, \boldsymbol{x}) := \sum_{r=1}^{2} \boldsymbol{e}^{(r)}(\boldsymbol{k}) a^{(r)}(\boldsymbol{k}) e^{ic\|\boldsymbol{k}\|t - i\langle \boldsymbol{k}, \boldsymbol{x} \rangle}, \quad (t, \boldsymbol{x}) \in \mathbb{R} \times D$$
   によって定義する（$c$ は真空中の光速）．このとき
   $$\Box \boldsymbol{u_k}(t, \boldsymbol{x}) = 0, \quad \operatorname{div} \boldsymbol{u_k}(t, \boldsymbol{x}) = 0$$
   を示せ．

   (iii) $$\boldsymbol{A_k}(t, \boldsymbol{x}) := \boldsymbol{u_k}(t, \boldsymbol{x}) + \boldsymbol{u_k}(t, \boldsymbol{x})^*$$
   とおく（$\boldsymbol{z} = (z_1, z_2, z_3) \in \mathbb{C}^3$ に対して，$\boldsymbol{z}^* := (z_1^*, z_2^*, z_3^*)$）．このベクトル場 $\boldsymbol{A_k} : \mathbb{R} \times D \to \mathbb{R}^3$ は，真空中でのクーロンゲージにおけるベクトルポテンシャルであることを示せ．

   (iv) ベクトルポテンシャル $\boldsymbol{A_k}$ に対する電場 $\boldsymbol{E_k} : \mathbb{R} \times D \to \mathbb{R}^3$ と磁場 $\boldsymbol{B_k} : \mathbb{R} \times D \to \bigwedge^2 \mathbb{R}^3$ は次で与えられることを示せ．
   $$\boldsymbol{E_k}(t, \boldsymbol{x}) = -ic\|\boldsymbol{k}\|(\boldsymbol{u_k}(t, \boldsymbol{x}) - \boldsymbol{u_k}(t, \boldsymbol{x})^*),$$
   $$\boldsymbol{B_k}(t, \boldsymbol{x}) = -i\boldsymbol{k} \wedge (\boldsymbol{u_k}(t, \boldsymbol{x}) - \boldsymbol{u_k}(t, \boldsymbol{x})^*).$$

   !注意 7.19  これは真空中における平面電磁波の例を与える．$\boldsymbol{E_k}(t, \boldsymbol{x})$ とベクトル磁場 $*\boldsymbol{B_k}(t, \boldsymbol{x})$ は直交していることに注意．

   (v) ベクトル場 $\boldsymbol{A} : \mathbb{R} \times D \to \mathbb{R}^3$ を
   $$\boldsymbol{A}(t, \boldsymbol{x}) := \int_{\mathbb{R}^3} \boldsymbol{A_k}(t, \boldsymbol{x}) d\boldsymbol{k}$$

によって定義する．$\int_{\mathbb{R}^3} \|\boldsymbol{k}\|^2 |a^{(r)}(\boldsymbol{k})| d\boldsymbol{k} < \infty$ $(r=1,2)$ と仮定する．このとき
$$\Box \boldsymbol{A}(t,\boldsymbol{x}) = 0, \quad \mathrm{div}\, \boldsymbol{A}(t,\boldsymbol{x}) = 0$$
を示せ．

**!注意 7.20** この問題における $\boldsymbol{A}$ は真空中での，クーロンゲージにおける，ベクトルポテンシャルの一般形を表す．したがって，これから決まる電場 $\boldsymbol{E}(t,\boldsymbol{x}) = \int_{\mathbb{R}^3} \boldsymbol{E}_{\boldsymbol{k}}(t,\boldsymbol{x}) d\boldsymbol{k}$ と磁場 $\boldsymbol{B}(t,\boldsymbol{x}) = \int_{\mathbb{R}^3} \boldsymbol{B}_{\boldsymbol{k}}(t,\boldsymbol{x}) d\boldsymbol{k}$ は真空中での電磁波の一般形を与える．

# 8

# 相対性理論の数学的基礎

　相対性理論は，巨視的な物理的現象を記述する古典物理学の最も普遍的な形式である．それは，ある極限として，ニュートン力学を含む．相対性理論がニュートン力学に比して真に画期的であるといえる点の1つは，時間と空間に対する革命的ともいえる観点の提示である．すなわち，相対性理論の前提となるのは，時間と空間は，実は，独立ではなく，ある全一的な連続体——これを時空融合体と呼ぶ——の分節形式であるという仮説である．これはすでにマクスウェル理論が内蔵していた構造であった（前章の最後の節を参照）．相対性理論は，便宜上，特殊相対性理論と一般相対性理論という2つの範疇に分けられる．後者は前者のある意味での一般化であるが，前者もそれ自体で1つの独立した理論的範疇と見ることができる．この章の目的は，特殊相対性理論の数学的基礎構造を明らかにし，いくつかの重要な物理的帰結を論じることである．一般相対性理論については，簡単にふれるだけにする．この目的のために，本書では，特殊相対性理論に対して，公理論的な定式化を試みる．しかも，これを座標から自由な絶対的アプローチで行う．この方法によって，特殊相対性理論の数学的構造が普遍的な形で明晰に認識される．ニュートン力学との対比からいえば，特殊相対性理論というのは，質点の力学がマクスウェルの電磁気学と整合的になるように，ニュートン力学を修正・拡張したものである．

## 8.1 はじめに

　前章の最後の節で見たように，マクスウェル理論をより普遍的な形式に書き換えていくことにより，ミンコフスキー時空という新しい時空概念へと導かれた．この章の2節において明らかにされるように，ミンコフスキー時空というのは，ニュートン力学の時空とは根本的に異なるものであり，純理論的な意味においてもニュートン力学とマクスウェル理論は完全には調和しない．マクスウェル理論の美しさと極めて精度の高い現実的有効性を考慮するならば，マクスウェル理論

の基礎にある幾何学的構造のほうがニュートン力学のそれよりも根源的であるとみなすのが自然である．この観点からは，したがって，ニュートン力学は修正される必要がある．端的にいえば，電磁場の方程式がミンコフスキーベクトル空間上のテンソル方程式で与えられるように，質点の運動方程式はミンコフスキーベクトル空間上のテンソル方程式であるように修正されなければならない（スカラーは0階のテンソル，ベクトルは1階のテンソルと考える）．こうした修正によってもたらされる，電磁場と質点に関する統一的な力学理論が**特殊相対性理論** (theory of special relativity) と呼ばれる理論である．それは，歴史的には，1905年にアインシュタインによって提出されたのでアインシュタインの特殊相対性理論と呼ばれる場合もある．特殊相対性理論は，ニュートン力学を特殊な場合——運動に関わる物体の速さが光速 $c$ に比べて十分小さいような場合——として含む．この章では，特殊相対性理論の数学的基礎の初歩的部分を論述する．特殊相対性理論というのは，基本的には，純粋幾何学としてのミンコフスキー空間論をある種の物理的コンテクストで解釈したものである．したがって，まず，ミンコフスキー空間の幾何学の基礎を論じなければならない．

## 8.2 ミンコフスキーベクトル空間の幾何学

以後，4次元ミンコフスキー空間を $\mathbb{M}$ で表し，その基準ベクトル空間＝ミンコフスキーベクトル空間を $V_M$ で表す（ミンコフスキー空間の一般概念については2章，2.4.3項，2.7.2項を参照）．前章における不定計量ベクトル空間 $W = (\mathbb{R} \oplus V, G)$ はミンコフスキーベクトル空間 $V_M$ の具象的実現の1つであり，これを基準ベクトル空間とするアファイン空間 $M = \mathbb{R} \times V$ は $\mathbb{M}$ の具象的実現の一例である．次元が同じミンコフスキー空間はすべてアファイン同型であるから，ミンコフスキー空間について，その任意の具体的実現を用いて論述することも可能である．だが，逆に，抽象的な形で論じたほうがミンコフスキー空間の特定の具象的実現によらない普遍的な構造が明らかになる．それゆえ，ここでは，後者の道をとる．

### 8.2.1 ベクトルの分類

ミンコフスキーベクトル空間 $V_M$ の計量——これは不定内積——を $\langle \cdot, \cdot \rangle$ で表す．ノルム $\| \cdot \|$ は

$$\|x\| = \sqrt{|\langle x, x \rangle|}, \quad x \in V_M \tag{8.1}$$

によって定義される（平方根の中の絶対値に注意）．

4次の実行列 $\eta = (\eta_{\mu\nu})_{\mu,\nu=0,1,2,3}$ を

$$\eta_{00} = 1, \quad \eta_{ii} = -1, \quad i = 1, 2, 3, \tag{8.2}$$

$$\eta_{\mu\nu} = 0, \quad \mu \neq \nu \tag{8.3}$$

によって導入する．ミンコフスキーベクトル空間の定義により，$V_M$ の基底 $(e_\mu)_{\mu=0}^3$ で

$$\langle e_\mu, e_\nu \rangle = \eta_{\mu\nu}, \quad \mu, \nu = 0, 1, 2, 3 \tag{8.4}$$

を満たすものが存在する[1]．この基底は，$V_M$ の正規直交基底の1つである．この基底による，任意のベクトル $x, y \in V_M$ の展開を

$$x = \sum_{\mu=0}^{3} x^\mu e_\mu, \quad y = \sum_{\mu=0}^{3} y^\mu e_\mu \tag{8.5}$$

とすれば，

$$\langle x, y \rangle = x^0 y^0 - \sum_{i=1}^{3} x^i y^i = \sum_{\mu,\nu=0}^{3} \eta_{\mu\nu} x^\mu y^\nu \tag{8.6}$$

である．もちろん，$x, y$ を別の基底によって展開（成分表示）すれば，$\langle x, y \rangle$ は (8.6) の右辺とは異なる表示で与えられる．実際，$(\bar{e}_\mu)_{\mu=0}^3$ を $V_M$ の任意の基底とし，

$$x = \sum_{\mu=0}^{3} \bar{x}^\mu \bar{e}_\mu, \quad y = \sum_{\mu=0}^{3} \bar{y}^\mu \bar{e}_\mu, \tag{8.7}$$

とすれば

$$\langle x, y \rangle = \sum_{\mu,\nu=0}^{3} \bar{g}_{\mu\nu} \bar{x}^\mu \bar{y}^\nu \tag{8.8}$$

となる．ただし，$\bar{g}_{\mu\nu} := \langle \bar{e}_\mu, \bar{e}_\nu \rangle$．

$V_M$ の計量は不定計量であるので，計量の正負に応じて，$V_M$ のベクトルを分類するのは自然である：

---

[1] $V_M = W = (\mathbb{R} \oplus V, G)$ とした場合には，前章の $(\hat{e}_\mu)$ はここで述べた基底の例を与える．

## 【定義 8.1】

(i) $\langle x, x \rangle > 0$ を満たすベクトル $x \in V_M$ を**時間的ベクトル** (time-like vector) という．時間的ベクトルの全体を $V_M^{\mathrm{T}}$ で表す：

$$V_M^{\mathrm{T}} := \{x \in V_M \mid \langle x, x \rangle > 0\}. \tag{8.9}$$

$V_M^{\mathrm{T}}$ を**時間的領域**という．

(ii) $\langle x, x \rangle < 0$ を満たすベクトル $x \in V_M$ を**空間的ベクトル** (space-like vector) という．空間的ベクトルの全体を $V_M^{\mathrm{S}}$ で表す：

$$V_M^{\mathrm{S}} := \{x \in V_M \mid \langle x, x \rangle < 0\}. \tag{8.10}$$

$V_M^{\mathrm{S}}$ を**空間的領域**という．

(iii) $x \neq 0$ で，$\langle x, x \rangle = 0$ を満たすベクトル $x \in V_M$ を**光的ベクトル** (light-like vector) という[2]．光的ベクトルの全体を $V_M^0$ で表す：

$$V_M^0 := \{x \in V_M \mid x \neq 0,\ \langle x, x \rangle = 0\}. \tag{8.11}$$

$V_M^0$ を**光錐** (light cone) という．

**！注意 8.1** ここでの分類に使われた名称（時間的ベクトル，空間的ベクトル，光的ベクトル等）は，特殊相対性理論という物理的コンテクストに由来するものであって，純数学的には，別の名称をつけても一向に差し支えない．

■ **例 8.1** ■ (i) 任意の $x^0 \in \mathbb{R} \setminus \{0\}$ に対して，$x^0 e_0$ は時間的ベクトルである．すなわち，$x^0 e_0 \in V_M^{\mathrm{T}}$．

(ii) 任意の $x^i \in \mathbb{R}$ $(i = 1, 2, 3)$ に対して $((x^1, x^2, x^3) \neq 0$ とする$)$，各 $\sum_{i=1}^{3} x^i e_i$ は空間的ベクトルである．すなわち，$\sum_{i=1}^{3} x^i e_i \in V_M^{\mathrm{S}}$．

(iii) $x = \sum_{\mu=0}^{3} x^\mu e_\mu$ と展開するとき，$x$ が光的ベクトルであるための必要十分条件は $(x^0)^2 = \sum_{i=1}^{3} (x^i)^2$ かつ $(x^0, x^1, x^2, x^3) \neq 0$ が成立することである．

## 【定義 8.2】 $x, y \in V_M$ はともに時間的ベクトルであるとする $(x, y \in V_M^{\mathrm{T}})$．

(i) $\langle x, y \rangle > 0$ を満たすとき，$x$ と $y$ は**順時的**であるという．

(ii) $\langle x, y \rangle < 0$ を満たすとき，$x$ と $y$ は**逆時的**であるという．

---

[2] **ナル（ヌル）ベクトル** (null vector) または**光円錐ベクトル** (light-cone vector) という場合もある．

■ **例 8.2** ■ $x^0, y^0 \in \mathbb{R}\setminus\{0\}$ とする.このとき,2つの時間的ベクトル $x^0 e_0$ と $y^0 e_0$ (例 8.1(i)) は,$x^0 y^0 > 0$ ならば,順時的であり,$x^0 y^0 < 0$ ならば逆時的である.

次の命題は上の定義からただちにわかる.

**【命題 8.3】**

(i) $x \in V_M^T$ ならば,すべての $a \in \mathbb{R} \setminus \{0\}$ に対して,$ax \in V_M^T$ である.

(ii) $x \in V_M^S$ ならば,すべての $a \in \mathbb{R} \setminus \{0\}$ に対して,$ax \in V_M^S$ である.

(iii) $x \in V_M^0$ ならば,すべての $a \in \mathbb{R} \setminus \{0\}$ に対して,$ax \in V_M^0$ である.

**!注意 8.2** $V_M^\#$ (#=T,S,0) はゼロベクトルを含まないから,部分空間ではない.さらに,$x, y \in V_M^\#$ であっても,$ax + by \in V_M^\#$ $(a, b \in \mathbb{R} \setminus \{0\})$ とは限らない(たとえば,$x = y, a = -b$ の場合).

### 8.2.2 時間的ベクトルの基本的性質

次の命題は,時間的ベクトルと直交する,ゼロでないベクトルは必ず空間的ベクトルであることを語る[3].

**【命題 8.4】** $x \in V_M^T$ とする.このとき,$x$ と直交する,ゼロでないベクトルはすべて空間的ベクトルである.すなわち,$\langle x, y \rangle = 0$ かつ $y \neq 0$ ならば $y \in V_M^S$.

**証明** $x = \sum_{\mu=0}^{3} x^\mu e_\mu$, $y = \sum_{\mu=0}^{3} y^\mu e_\mu$ と展開する ($x^\mu, y^\mu \in \mathbb{R}$). $y^0 = 0$ ならば,$y \in V_M^S$ であるから(例8.1(ii)),この場合は,自明.そこで,$y^0 \neq 0$ の場合について証明する.$\langle x, y \rangle = 0$ より,$x^0 y^0 - \sum_{j=1}^{3} x^j y^j = 0$. $\boldsymbol{x} = (x^1, x^2, x^3), \boldsymbol{y} = (y^1, y^2, y^3)$ とおけば,$\boldsymbol{x}, \boldsymbol{y} \in \mathbb{R}^3$ であり,$x^0 y^0 = \langle \boldsymbol{x}, \boldsymbol{y} \rangle_{\mathbb{R}^3} \cdots (*)$ ($\langle \cdot, \cdot \rangle_{\mathbb{R}^3}$ は3次元ユークリッドベクトル空間 $\mathbb{R}^3$ の内積を表す).$x$ は時間的ベクトルであるから,$\langle x, x \rangle > 0$. したがって,$(x^0)^2 - \|\boldsymbol{x}\|_{\mathbb{R}^3}^2 > 0$. ゆえに,$(*)$ により

$$|\langle \boldsymbol{x}, \boldsymbol{y} \rangle_{\mathbb{R}^3}|^2 = (x^0)^2 (y^0)^2 > \|\boldsymbol{x}\|_{\mathbb{R}^3}^2 (y^0)^2.$$

一方,正値内積に関するシュヴァルツの不等式により,

$$|\langle \boldsymbol{x}, \boldsymbol{y} \rangle_{\mathbb{R}^3}|^2 \leq \|\boldsymbol{x}\|_{\mathbb{R}^3}^2 \|\boldsymbol{y}\|_{\mathbb{R}^3}^2.$$

したがって,$(y^0)^2 \|\boldsymbol{x}\|_{\mathbb{R}^3}^2 < \|\boldsymbol{x}\|_{\mathbb{R}^3}^2 \|\boldsymbol{y}\|_{\mathbb{R}^3}^2$. これは,$(y^0)^2 < \|\boldsymbol{y}\|_{\mathbb{R}^3}^2$ を意味するか

---
[3] もちろん,ここでの直交性は,ミンコフスキー内積 $\langle \cdot, \cdot \rangle$ に関するものである.

ら，$y \in V_M^S$ である． ∎

**!注意 8.3** 空間的ベクトルと直交する，ゼロでないベクトルは時間的ベクトルとは限らない．たとえば，$i \neq j$ $(i, j = 1, 2, 3)$ ならば $e_i$ と $e_j$ は直交するが，これらはいずれも空間的ベクトルである．

次に述べる 2 つの定理はミンコフスキーベクトル空間における重要な基本的事実である．

**【定理 8.5】**（逆シュヴァルツ不等式） $x, y \in V_M$ が時間的ベクトルならば

$$|\langle x, y \rangle| \geq \|x\|\|y\|. \tag{8.12}$$

**証明** $t_0 := -\langle x, y \rangle / \|x\|^2$ とすれば，$\langle t_0 x + y, x \rangle = 0$．したがって，命題 8.4 によって，$t_0 x + y$ は空間的ベクトルまたはゼロベクトルである．ゆえに，$\langle t_0 x + y, t_0 x + y \rangle \leq 0$．一方，左辺を計算すれば，

$$\langle t_0 x + y, t_0 x + y \rangle = \|y\|^2 - \frac{\langle x, y \rangle^2}{\|x\|^2}.$$

したがって，(8.12) が得られる． ∎

**【定理 8.6】** $x, y \in V_M^T$ とする．

(i) （逆 3 角不等式） $x, y$ が順時的ならば，$x + y \in V_M^T$ であり

$$\|x\| + \|y\| \leq \|x + y\|. \tag{8.13}$$

(ii) $x, y$ が逆時的ならば，$x - y \in V_M^T$ であり

$$\|x\| + \|y\| \leq \|x - y\|. \tag{8.14}$$

**証明** (i) $\langle x, x \rangle > 0$, $\langle y, y \rangle > 0$, $\langle x, y \rangle > 0$ より，$\langle x+y, x+y \rangle = \|x\|^2 + 2\langle x, y \rangle + \|y\|^2 > 0 \cdots (*)$．したがって，$x + y \in V_M^T$．定理 8.5 と $\langle x, y \rangle > 0$（$x, y$ は順時的という仮定）により，$\langle x, y \rangle \geq \|x\|\|y\|$．したがって，$(*)$ によって

$$\|x + y\|^2 \geq \|x\|^2 + 2\|x\|\|y\| + \|y\|^2 = (\|x\| + \|y\|)^2$$

これは (8.13) を意味する．

(ii) $x, y$ が逆時的ならば，$x, -y$ は順時的であるから，(i) によって，$x - y \in V_M^T$．

(8.13) において，$y$ を $-y$ とすることにより，(8.14) が出る． ∎

定理 8.5 と定理 8.6 は，ミンコフスキー空間の幾何学がユークリッド空間のそれとは根本的に異なること，言い換えれば，非ユークリッド的であることを示す．ミンコフスキー空間においては，私たちが日常的な感覚的知覚——それはユークリッド的である——に即して慣れ親しんでいるいわゆる "常識" なるものは通用しないのである．したがって，感覚的知覚やこれに基づく "常識的な" 見方からすれば，ミンコフスキー空間とこれに基礎をおく特殊相対性理論の結果は "反常識的" あるいは "非常識的" に映る．だが，感覚的常識などに固執していては，自然・宇宙の真の姿を認識し，その深い在り方を経験することはできない．"常識" に囚われないためにも，ミンコフスキー空間はユークリッド空間とは本質的に異なる空間であることを明晰に意識している必要がある．ミンコフスキー空間は，感覚的な世界とただちに "接続する" 在り方をしている理念的領域に属する空間ではない．このような新しい領域で道に迷わず，着実な探索を進めるには，それにふさわしい厳密な思考力と直観力が必要とされる．ともあれ，まずは，先入観を捨て，この新しい世界の法則に慣れることである．

### 8.2.3 双曲角

$x, y \in V_M$ が時間的ベクトルで順時的ならば，(8.12) によって，$\frac{\langle x, y \rangle}{\|x\| \|y\|} \geq 1$ であるから，

$$\cosh \chi_{x,y} = \frac{\langle x, y \rangle}{\|x\| \|y\|} \tag{8.15}$$

を満たす非負の実数 $\chi_{x,y} > 0$ が唯 1 つ存在する．ただし，$\cosh t$ は双曲線余弦関数を表す（付録 B.2 を参照）[4]．$x, y \in V_M^T$ から決まる定数 $\chi_{x,y}$ を $x$ と $y$ の間の**双曲角**という．

定義から明らかなように，双曲角はベクトルの大きさにはよらない．実際，任意の $t, s > 0$ に対して

$$\chi_{tx, sy} = \chi_{x, y}. \tag{8.16}$$

つまり，確かに，双曲角は，2 つのベクトルの "向き" だけから決まる量なのである．だから，"角" と呼ぶのであるが，"角" といっても，ユークリッドベクトル空間におけるベクトルどうしの角とは違うから，別の名称を与えたのである．双曲角という名称を付与した "心" は次の例によって明らかになる．

---

[4] $\cosh t$ は $t$ の偶関数で $\cosh t \geq 1$ かつ $t \geq 0$ で単調増加，$\cosh t \to \infty$（$t \to \infty$）．この事実から，$\chi_{x,y}$ の存在と一意性が従う．

■ 例 8.3 ■（双曲角の幾何学的意味） 簡単のため，$e_0, e_1$ で生成される，$V_M$ の 2 次元部分空間 $W := \mathcal{L}(\{e_0, e_1\})$ を考え，座標系 $(W; (e_0, e_1))$ を設定する．したがって，$W$ の任意のベクトル $x$ は

$$x = x^0 e_0 + x^1 e_1$$

と展開され，$(x^0, x^1) \in \mathbb{R}^2$ は，座標系 $(W; (e_0, e_1))$ における，$x$ の座標表示を与える．いま，$x$ は時間的であるとし，かつ $x^0 > 0$ を満たすとしよう．したがって，$(x^0)^2 - (x^1)^2 = \langle x, x \rangle > 0 \cdots (*)$ である．$e_0$ は時間的ベクトルであり，$\langle e_0, x \rangle = x^0 > 0 \cdots (**)$ であるから，$e_0$ と $x$ は順時的である．したがって，$e_0$ と $x$ の間の双曲角が定義される．これを単に $\chi$ と記す．$\|e_0\| = 1$ に注意すれば，(8.15) と $(**)$ によって，$x^0 = \|x\| \cosh \chi$ を得る．これと $(*)$ によって

$$(x^1)^2 = \|x\|^2 \sinh^2 \chi$$

が導かれる．したがって，$x^1 = \pm \|x\| \sinh \chi$．ゆえに，$x$ の座標 $(x^0, x^1)$ は

$$x^0 = \|x\| \cosh \chi, \quad x^1 = \|x\| \sinh \chi \quad (x^1 \geq 0 \text{ のとき})$$

または

$$x^0 = \|x\| \cosh \chi, \quad x^1 = -\|x\| \sinh \chi \quad (x^1 < 0 \text{ のとき})$$

という形で，双曲角 $\chi$ を用いてパラメータ表示される．

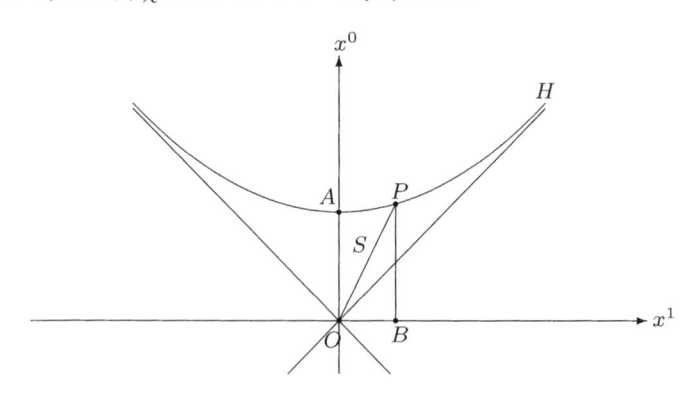

図 8.1 双曲角

図 8.1 のように，$x^0$-$x^1$ 座標平面において，双曲線 $H : (x^0)^2 - (x^1)^2 = 1$ を考えると，$H$ 上の点 $P$ は，$x^1 > 0$ のところでは，$(\cosh \chi, \sinh \chi)$ と表される．$H$ と $x^0$ 軸および線分 $OP$ で囲まれた部分 $OAP$ の面積を $S$ とすれば $S = \chi/2$ であること

がわかる[5]．ゆえに，$H$ 上の点を表すベクトル $x$ と $e_0$ のなす双曲角は，図形 $OAP$ の面積の 2 倍であるという "幾何学的解釈" が得られる．

## 8.2.4　時間的ベクトルに関する分解定理

【定理 8.7】　$e_T$ を任意の時間的な単位ベクトルとする：$e_T \in V_M^T$，$\langle e_T, e_T \rangle = 1$．このとき，任意の $x \in V_M$ に対して，ベクトル $x_S \in V_M^S \cup \{0\}$ で $x_S \perp e_T$ かつ

$$x = x_S + \langle e_T, x \rangle e_T \tag{8.17}$$

を満たすものが唯 1 つ存在する．もし，$x$ が $e_T$ と線形独立ならば，$x_S \in V_M^S$ である．

**証明**　ベクトル $x_S$ を

$$x_S := x - \langle e_T, x \rangle e_T \tag{8.18}$$

によって定義する．容易にわかるように，$x_S$ と $e_T$ は直交する．したがって，命題 8.4 によって，$x_S \in V_M^S \cup \{0\}$．(8.18) を $x$ について解けば (8.17) が得られる．一意性を示すのは容易．$x$ が $e_T$ と線形独立であるとすれば，$x_S \neq 0$ であるから，$x_S$ は空間的ベクトルである． ∎

式 (8.17) は，時間的単位ベクトル $e_T$ を 1 つ定めたとき，$e_T$ と線形独立な任意のベクトル $x \in V_M$ を空間的ベクトルと時間的ベクトルの直和に分解する式である．これと 1 章の定理 1.12 によって，次の事実が得られる．

【系 8.8】　任意の時間的な単位ベクトル $e_T$ に対して，

$$V_M = \{e_T\}^\perp \dotplus \mathcal{L}(\{e_T\}). \tag{8.19}$$

したがって，特に

$$\dim\{e_T\}^\perp = 3. \tag{8.20}$$

【系 8.9】　任意の時間的な単位ベクトル $e_T$ に対して，空間的ベクトル $v_1, v_2, v_3 \in V_M^S$ で $(e_T, v_1, v_2, v_3)$ が $V_M$ の正規直交基底となるものが存在する．

---

[5] $x^1 > 0$ として，$S = \int_0^{x^1} \sqrt{1+t^2} dt - \frac{x^0 x^1}{2}$　（$\frac{x^0 x^1}{2}$ は 3 角形 OPB の面積）．第 1 項の積分は，$t = \sinh s$ と変数変換することにより容易に計算され，$\frac{\chi}{2} + \frac{x^0 x^1}{2}$ に等しいことが示される．したがって，$S = \frac{\chi}{2}$．

**証明** (8.20) により, $\{e_T\}^\perp$ の任意の正規直交基底を $(v_1, v_2, v_3)$ とすれば ($\langle v_i, v_j\rangle = -\delta_{ij}, i, j = 1, 2, 3$), これが求めるものである. ∎

**【系 8.10】** 任意の時間的な単位ベクトル $e_T$ をとり, $\{e_T\}^\perp$ の任意のベクトル $x, y$ に対して, 写像 $g_\perp : \{e_T\}^\perp \times \{e_T\}^\perp \to \mathbb{R}$ を

$$g_\perp(x, y) := -\langle x, y\rangle_{V_M}, \quad x, y \in \{e_T\}^\perp$$

によって定義する. このとき, $g_\perp$ は内積であり, $(\{e_T\}^\perp, g_\perp)$ は 3 次元ユークリッドベクトル空間である.

**証明** $g_\perp$ の双線形性はミンコフスキー内積の双線形性による. $\{e_T\}^\perp$ のベクトル $x$ はゼロでなければ空間的ベクトルであるから, $g_\perp(x, x) > 0$ であって, $g_\perp(x, x) = 0$ となる $x$ はゼロベクトルだけである. したがって, $g_\perp$ は $\{e_T\}^\perp$ の内積である. これと (8.20) により, $(\{e_T\}^\perp, g_\perp)$ は 3 次元ユークリッドベクトル空間である. ∎

**!注意 8.4** 系 8.10 の相対論的なコンテクストにおける物理的解釈の 1 つは次のようなものである (便宜上, 先取りしてここで述べておく). 時間的な単位ベクトル $e_T$ を 1 つ定めることは, $V_M$ の中に, 時間軸を 1 つ設定することである. つまり, $e_T$ のスカラー倍のベクトルは時間を表すベクトルであり, そのスカラーは時刻を表す. このとき, $(\{e_T\}^\perp, g_\perp)$ は時刻 0 における物理的空間としての 3 次元ユークリッド空間を表す. 時刻 $t$ での物理的空間は $te_T + (\{e_T\}^\perp, g_\perp)$ である (これは, 基準ベクトル空間を $(\{e_T\}^\perp, g_\perp)$ とする 3 次元ユークリッド空間). こうして, 抽象的 4 次元ミンコフスキー空間から, 時間と空間が分節的に現れてくる. この意味での時間と空間は, $e_T$ に依拠しているから, 相対的なものであって, 普遍的・絶対的なものではない.

## 8.3 ローレンツ座標系

ミンコフスキー空間に関わる諸問題において計算を行う上で便利な座標系のクラスの 1 つを導入する.

**【定義 8.11】** $V_M$ の基底 $(\bar{e}_\mu)_{\mu=0}^3$ が $\langle \bar{e}_\mu, \bar{e}_\nu\rangle = \eta_{\mu\nu}$, $\mu, \nu = 0, 1, 2, 3$, を満たすとき, これを $V_M$ の**ローレンツ基底**と呼ぶ. ローレンツ基底から定まる座標系

$(V_M; (\bar{e}_\mu)_{\mu=0}^3)$ ——単に座標系 $(\bar{e}_\mu)_{\mu=0}^3$ という言い方もする——を**ローレンツ座標系**という．

**!注意 8.5** 通常の物理の教科書では，ローレンツ座標系のことを（相対論的）**慣性座標系**または単に**慣性系**と呼ぶ．

前節で登場した $(e_\mu)_{\mu=0}^3$ や系 8.9 における $(e_T, v_1, v_2, v_3)$ はローレンツ基底である．

実は，ローレンツ基底（座標系）は無数に存在する．実際，次の定理が成り立つ．

【**定理 8.12**】 $(\bar{e}_\mu)_{\mu=0}^3$ を任意のローレンツ基底，$L = (L^\mu_\nu)_{\mu,\nu=0,1,2,3}$ を 4 次の実行列とし，ベクトル $f_\mu \in V_M$ を

$$f_\mu := \sum_{\nu=0}^3 L^\nu_\mu \bar{e}_\nu \tag{8.21}$$

によって定義する．このとき，$(f_\mu)_{\mu=0}^3$ がローレンツ基底であるための必要十分条件は行列 $L$ が

$$^t L \eta L = \eta \tag{8.22}$$

を満たすことである．ただし $^t L$ は $L$ の転置行列を表す．

**証明** （必要性） $(f_\mu)_{\mu=0}^3$ がローレンツ基底であるとしよう．したがって，$\langle f_\mu, f_\nu \rangle = \eta_{\mu\nu}$．一方，左辺は

$$\langle f_\mu, f_\nu \rangle = \sum_{\alpha,\beta=0}^3 L^\alpha_\mu L^\beta_\nu \langle \bar{e}_\alpha, \bar{e}_\beta \rangle = \sum_{\alpha,\beta=0}^3 L^\alpha_\mu L^\beta_\nu \eta_{\alpha\beta} = (^t L \eta L)_{\mu\nu}.$$

すなわち，

$$\langle f_\mu, f_\nu \rangle = (^t L \eta L)_{\mu\nu}. \tag{8.23}$$

したがって，(8.22) が成立する．

（十分性） (8.22) が成り立てば，(8.23) によって，$\langle f_\mu, f_\nu \rangle = \eta_{\mu\nu}$．したがって，$(f_\mu)_\mu$ はローレンツ基底である． ■

【**定義 8.13**】 関係式 (8.22) を満たす 4 次の実行列 $L$ を**ローレンツ行列**と呼ぶ．ローレンツ行列の全体を $\mathcal{L}$ で表す．

定理8.12は，ローレンツ行列がローレンツ基底どうしの変換——あるいは同じことだが，ローレンツ座標系の座標変換——を司る行列であることを示す．このことをより具体的に見てみよう．

いま，$(\bar{e}_\mu)_\mu, (f_\mu)_\mu$ を任意の2つのローレンツ基底とし，ベクトル $x \in V_M$ を

$$x = \sum_{\mu=0}^{3} \bar{x}^\mu \bar{e}_\mu = \sum_{\mu=0}^{3} x^\mu f_\mu$$

と2通りに表す．つまり，$(\bar{x}^\mu)_\mu$ はローレンツ座標系 $(\bar{e}_\mu)$ における $x$ の座標表示であり，$(x^\mu)_\mu$ はローレンツ座標系 $(f_\mu)$ における $x$ の座標表示である．基底の変換 $(\bar{e}_\mu) \to (f_\mu)$ の行列を $L$ としよう．すなわち，(8.21)が成り立つとする．このとき，定理8.12によって，$L$ はローレンツ行列であり，ベクトル $x$ の2つの座標の間には

$$\bar{x}^\mu = \sum_{\nu=0}^{3} L^\mu_\nu x^\nu \tag{8.24}$$

という関係が成り立つことになる（1章，1.1.5項を参照）．ローレンツ基底の変換 $(\bar{e}_\mu) \to (f_\mu)$ を**ローレンツ座標変換**と呼ぶ（これは $V_M$ 上の写像ではないことに注意）．(8.24)はこの座標変換における座標成分の間の関係式を与える．

**!注意 8.6** ローレンツ座標変換のことを単にローレンツ変換という場合がある．しかし，この術語に関しては，物理と数学では使い方が異なっている場合があるので注意を要する．すなわち，物理では，ほとんどの場合，ローレンツ変換という言葉によって，上の意味でのローレンツ座標変換に伴う座標成分の変換 (8.24) のことを指し，数学では，次節で導入する，$V_M$ の計量を不変にする $V_M$ 上の全単射な線形写像（ローレンツ写像）を指すのが普通である．ミンコフスキー空間の幾何学という観点からは，いうまでもなく，後者のほうが重要である．たとえば，物理系の相対論的な対称性を定義するのは後者である．座標変換というのは，空間の点のパラメータ表示の付け替えにすぎず，便宜的なものであって，本質概念的には "trivial" なことなのだということをここでもまた強調しておきたい．物理のほとんどの教科書は，本書とは異なり，はじめからローレンツ座標系——物理の言い方では "慣性座標系" あるいは "慣性系"——を設定して，座標表示を用いて議論を行うので，ローレンツ座標変換に何か物理的な意味がありそうな書き方をしている場合が見られるが，これは誤解である．座標変換は空間の点のパラメータ表示の付け替えにすぎないわけだから，それによって，幾何学的内容や物理的内容が変わるわけではない（もちろん，外見上の表示は変わりうる）．

!注意 8.7  ユークリッドベクトル空間において，直交座標系以外にもたくさんの有用な座標系（極座標，円柱座標，楕円座標等）がとれるように，ミンコフスキー空間においても，ローレンツ座標系以外の座標系が無数に存在する．ローレンツ座標系の特殊性の1つは，座標成分の変換がローレンツ行列を用いて表されるという点にある．

ローレンツ行列の全体は，単なる行列の集合ではなく，群になっている[6]：

**【定理 8.14】** $\mathcal{L}$ は群である．

**証明**  4次の単位行列 $I_4$ は明らかにローレンツ行列である．任意の $L \in \mathcal{L}$ は正則であることを示そう．(8.22) の両辺の行列式を考えると $(\det {}^t L)(\det \eta)(\det L) = \det \eta$．$\det \eta = -1, \det {}^t L = \det L$ であるから，

$$(\det L)^2 = 1. \tag{8.25}$$

したがって，特に，$\det L \neq 0$ であるから，$L$ は正則である．

$L_1, L_2 \in \mathcal{L}$ ならば，

$${}^t(L_1 L_2) \eta (L_1 L_2) = {}^t L_2 {}^t L_1 \eta L_1 L_2 = {}^t L_2 \eta L_2 = \eta.$$

したがって，$L_1 L_2 \in \mathcal{L}$．

また，(8.22) の左から $({}^t L)^{-1} = {}^t(L^{-1})$ をかけ，右から $L^{-1}$ をかけると $\eta = {}^t(L^{-1}) \eta L^{-1}$ が得られる．したがって，$L^{-1} \in \mathcal{L}$．ゆえに，$\mathcal{L}$ は $\mathrm{GL}(4, \mathbb{R})$ の部分群である．したがって，$\mathcal{L}$ は群である． ∎

**【定義 8.15】** 群 $\mathcal{L}$ を**ローレンツ群**と呼ぶ．

## 8.4 ローレンツ写像群

### 8.4.1 ローレンツ写像

ミンコフスキー空間 $V_M$ 上の幾何学にとって重要な写像のクラスを導入する．$V_M$ 上の線形写像 $\Lambda : V_M \to V_M$ がミンコフスキー内積を保存するとき，すなわち，すべての $x, y \in V_M$ に対して，

$$\langle \Lambda x, \Lambda y \rangle = \langle x, y \rangle \tag{8.26}$$

を満たすとき，$\Lambda$ を**ローレンツ写像**または**ローレンツ変換**と呼ぶ．これは，前節

---

[6] 群については，4章，4.7節を参照．

で定義したローレンツ座標変換とは異なるものであるから注意されたい[7]．本書では，この点に関わる概念的混乱を避けるため，ローレンツ写像という言葉を使うことにする[8]．

性質 (8.26) のことを**ミンコフスキー計量（内積）のローレンツ不変性**ともいう．ローレンツ写像の全体を $\mathcal{L}_M$ と記す：

$$\mathcal{L}_M := \{\Lambda : V_M \to V_M \mid \Lambda \text{ はローレンツ写像}\}. \tag{8.27}$$

ローレンツ写像の基本的性質を見よう．

まず，ミンコフスキー計量のローレンツ不変性から次の命題がただちに従う．

### 【命題 8.16】

(i) $x \in V_M^\mathrm{T}$ ならば，任意の $\Lambda \in \mathcal{L}_M$ に対して，$\Lambda x \in V_M^\mathrm{T}$．すなわち，ローレンツ写像は時間的ベクトルを時間的ベクトルにうつす．

(ii) $x \in V_M^\mathrm{S}$ ならば，任意の $\Lambda \in \mathcal{L}_M$ に対して，$\Lambda x \in V_M^\mathrm{S}$．すなわち，ローレンツ写像は空間的ベクトルを空間的ベクトルにうつす．

(iii) $x \in V_M^0$ ならば，任意の $\Lambda \in \mathcal{L}_M$ に対して，$\Lambda x \in V_M^0$．すなわち，ローレンツ写像は光的ベクトルを光的ベクトルにうつす．

### 【補題 8.17】

(i) 任意の $\Lambda \in \mathcal{L}_M$ は全単射であり，その逆写像 $\Lambda^{-1}$ もローレンツ写像である：$\Lambda^{-1} \in \mathcal{L}_M$．

(ii) 任意の $\Lambda_1, \Lambda_2 \in \mathcal{L}_M$ に対して，それらの積 $\Lambda_1 \Lambda_2$（合成写像）もローレンツ写像である：$\Lambda_1 \Lambda_2 \in \mathcal{L}_M$．

**証明** (i) $x \in \ker \Lambda$ とすれば，$\Lambda x = 0$．(8.26) より，任意の $y \in V_M$ に対して，$\langle x, y \rangle = 0$．これは $x = 0$ を意味する．したがって，$\ker \Lambda = \{0\}$．ゆえに，$\Lambda$ は単射である．有限次元ベクトル空間上の線形な単射は全射でもあるから（1章，定

---

[7] 座標変換というのは，同一のベクトルの，2つの基底による成分表示の間の対応をいうのであって，$V_M$ のベクトルに作用するのではないので $V_M$ 上の写像ではない！
[8] 物理の教科書の中には，写像と座標変換の概念的区別が明確になされていないために，無用の混乱や誤解が引き起こされているように見えるものが散見される．

理 1.21), $\Lambda$ は全単射である. 任意の $x, y \in V_M$ に対して, $u = \Lambda^{-1}x, v = \Lambda^{-1}y$ とおけば, $x = \Lambda u, y = \Lambda v$ であるから, $\langle x, y \rangle = \langle \Lambda u, \Lambda v \rangle = \langle u, v \rangle$. したがって, $\Lambda^{-1}$ はローレンツ写像である.

(ii) 直接計算による. 実際, (8.26) を繰り返し使えば, 任意の $x, y \in V_M$ に対して, $\langle \Lambda_1 \Lambda_2 x, \Lambda_1 \Lambda_2 y \rangle = \langle \Lambda_2 x, \Lambda_2 y \rangle = \langle x, y \rangle$. ∎

補題 8.17 は, $\mathcal{L}_M$ が $V_M$ 上の変換群であることを示す[9]. この変換群を**ローレンツ写像群**と呼ぶ.

**!注意 8.8** 数学では, 通常, ローレンツ写像群のことを**ローレンツ変換群**という. だが, ここでも座標変換との混同を避けるために, この慣習的な言葉の使用は避ける.

### 8.4.2 ローレンツ対称性

【定義 8.18】

(i) $V_M$ の部分集合 $D$ がある $\Lambda \in \mathcal{L}_M$ に対して $\Lambda(D) = D$ を満たすとき——このことを $D$ は $\Lambda$-不変であるという——, $D$ は **$\Lambda$-対称性**をもつという.

(ii) $D$ がすべての $\Lambda \in \mathcal{L}_M$ に対して $\Lambda$-対称性をもつとき, $D$ は**ローレンツ対称性をもつ**, あるいは**ローレンツ対称である**という.

■ **例 8.4** ■ 集合 $V_M^\#(\# = \mathrm{T, S}, 0)$ は任意の $\Lambda \in \mathcal{L}_M$ に対して, $\Lambda$-対称性をもつ.

定数 $k \in \mathbb{R}$ に対して定まる部分集合

$$H_k := \{ x \in V_M \mid \langle x, x \rangle = k \} \tag{8.28}$$

を考える. 明らかに,

$$H_0 = V_M^0 \cup \{0\}. \tag{8.29}$$

$k \neq 0$ のとき, $H_k$ を**双曲的超曲面** (hyperbolic hypersurface) と呼ぶ. 特に, $k > 0$ のとき, $H_k$ を**時間的双曲的超曲面**, $k < 0$ のとき, $H_k$ を**空間的双曲的超曲面**という.

【命題 8.19】 $k \in \mathbb{R}$ を任意に固定する. このとき, $H_k$ はローレンツ対称である.

---
[9] 変換群については, 4章, 4.7.2項を参照.

**証明** $\Lambda(H_k) \subset H_k$ はミンコフスキー内積のローレンツ不変性から明らか．また，任意の $x \in H_k$ に対して，$x' = \Lambda^{-1}x$ とすれば，$x' \in H_k$ であって，$\Lambda x' = x$ であるから，$\Lambda : H_k \to H_k$ は全射である． ∎

### 8.4.3 ローレンツ群との関係

ローレンツ写像群と前節で導入したローレンツ群の関係を述べておこう．

**【補題 8.20】** 任意のローレンツ行列 $L \in \mathcal{L}$ に対して，$\Lambda_L : V_M \to V_M$ を

$$\Lambda_L x := \sum_{\mu,\nu=0}^{3} L^\mu_\nu x^\nu e_\mu, \quad x \in V_M \tag{8.30}$$

によって定義する（$x = \sum_{\nu=0}^{3} x^\nu e_\nu$）．このとき，$\Lambda_L$ はローレンツ写像である．さらに，任意の $L_1, L_2 \in \mathcal{L}$ に対して，

$$\Lambda_{L_1 L_2} = \Lambda_{L_1} \Lambda_{L_2}. \tag{8.31}$$

**!注意 8.9** 写像 $\Lambda_L$ はローレンツ基底 $(e_\mu)_\mu$ の選び方に依存している．

**証明** 任意の $x, y \in V_M$ に対して

$$\langle \Lambda_L x, \Lambda_L y \rangle = \sum_{\mu,\nu=0}^{3} \sum_{\alpha,\beta=0}^{3} L^\mu_\alpha x^\alpha \langle e_\mu, e_\nu \rangle L^\nu_\beta y^\beta = \sum_{\mu,\nu=0}^{3} \sum_{\alpha,\beta=0}^{3} L^\mu_\alpha x^\alpha L^\nu_\beta y^\beta \eta_{\mu\nu}$$

$$= \sum_{\alpha,\beta=0}^{3} \eta_{\alpha\beta} x^\alpha y^\beta = \langle x, y \rangle.$$

ここで，3 番目の等号は，$L$ がローレンツ行列であることによる．したがって，$\Lambda_L$ はローレンツ写像である．(8.31) は定義 (8.30) に即して直接計算することにより導かれる． ∎

補題 8.20 によって，写像 $\rho : \mathcal{L} \to \mathcal{L}_M$ を

$$\rho(L) := \Lambda_L, \quad L \in \mathcal{L} \tag{8.32}$$

によって定義できる．

**【命題 8.21】** $\rho$ は群の同型写像である．したがって，$\mathcal{L}$ と $\mathcal{L}_M$ は群として同型である[10]．

---
[10] 群の同型写像および同型の概念については，4 章，4.7 節を参照．

**証明** 写像 $\rho$ が群の準同型写像であることは，(8.31) からただちにわかる．$\rho$ の単射性を示すために，$\rho(L_1) = \rho(L_2)$ $(L_1, L_2 \in \mathcal{L})$ としよう．したがって，$\Lambda_{L_1} = \Lambda_{L_2}$．すると，任意の $x \in V_M$ に対して，$\sum_{\nu=0}^{3}(L_1)^{\mu}_{\nu} x^{\nu} = \sum_{\nu=0}^{3}(L_2)^{\mu}_{\nu} x^{\nu}$, $\mu = 0, 1, 2, 3$．$x^{\nu} \in \mathbb{R}$ は任意でよいから，これは $(L_1)^{\mu}_{\nu} = (L_2)^{\mu}_{\nu}$, $\mu, \nu = 0, 1, 2, 3$，すなわち，$L_1 = L_2$ を意味する．ゆえに $\rho$ は単射である．最後に $\rho$ の全射性を示そう．そのために，ローレンツ写像 $\Lambda \in \mathcal{L}_M$ を任意にとり，ベクトル $\Lambda e_\mu$ を $\Lambda e_\mu = \sum_{\nu=0}^{3} \Lambda^{\nu}_{\mu} e_\nu$ と展開する．そこで，行列 $L = (\Lambda^{\mu}_{\nu})$ を考える（これは線形写像 $\Lambda$ の，基底 $(e_\mu)$ による行列表示）．このとき，(8.26) は

$$\sum_{\mu,\nu=0}^{3}\sum_{\alpha,\beta=0}^{3} \Lambda^{\alpha}_{\mu} \Lambda^{\beta}_{\nu} \eta_{\alpha\beta} x^{\mu} y^{\nu} = \sum_{\alpha,\beta=0}^{3} \eta_{\alpha\beta} x^{\alpha} y^{\beta}$$

と表される．これは ${}^t L \eta L = \eta$ を意味する．すなわち，$L$ はローレンツ行列である．さらに，$\rho(L) = \Lambda$ も容易にわかる．∎

### 8.4.4 ローレンツ写像群と時間的ベクトル

次の重要な事実を証明しておく．

**【定理 8.22】** $x, y \in V_M$ を時間的ベクトルで $\|x\|_{V_M} = \|y\|_{V_M}$ を満たすものとする．このとき，$y = \Lambda x$ を満たすローレンツ写像 $\Lambda$ が存在する．

**証明** $v_0 = x/\|x\|_{V_M}, u_0 = y/\|y\|_{V_M}$ とおけば，$v_0, u_0$ は時間的な単位ベクトルである．系 8.9 によって，空間的ベクトル $v_1, v_2, v_3$ で $(v_0, v_1, v_2, v_3)$ が $V_M$ のローレンツ基底になるものが存在する．行列 $L = (L^{\nu}_{\mu})$ を $L^{\nu}_{\mu} = \sum_{\alpha=0}^{3} \eta^{\nu\alpha} \langle e_\alpha, v_\mu \rangle$ によって定義する（$\eta^{\mu\nu} := \eta_{\mu\nu}$）．このとき，$L$ はローレンツ行列である．実際，ローレンツ基底 $(e_\mu)$ による $(v_\mu)$ の展開が $v_\mu = \sum_{\alpha=0}^{3} L^{\alpha}_{\mu} e_\alpha$, $v_\nu = \sum_{\beta=0}^{3} L^{\beta}_{\nu} e_\beta$ と書けることに注意し，これを $\eta_{\mu\nu} = \langle v_\mu, v_\nu \rangle$ に代入すれば，$\eta_{\mu\nu} = ({}^t L \eta L)_{\mu\nu}$ が導かれる．さらに，$\rho(L) e_0 = \sum_{\mu,\nu=0}^{3} L^{\mu}_{\nu} e^{\nu}_{0} e_\mu$ と $e^{\nu}_{0} = \delta^{\nu}_{0}$ および $v_0 = \sum_{\mu=0}^{3} L^{\mu}_{0} e_\mu$ を用いることにより，$\rho(L) e_0 = v_0$ がわかる．したがって，$e_0 = \rho(L)^{-1} v_0$．同様にして ($v_0$ の代わりに $u_0$ を考えることにより)，$\rho(K) e_0 = u_0$ となる $K \in \mathcal{L}$ が存在することが示される．ゆえに，$u_0 = \rho(K)\rho(L)^{-1} v_0$．そこで，$\Lambda = \rho(K)\rho(L)^{-1}$ とおけば，命題 8.21 によって，$\Lambda$ はローレンツ写像であり，$y = \Lambda x$ が成り立つことになる．∎

### 8.4.5 ローレンツ不変量

写像 $\phi: V_M \to \mathbb{C}$——$V_M$ 上のスカラー場——がすべての $\Lambda \in \mathcal{L}_M$ に対して

$$\phi(\Lambda x) = \phi(x), \quad x \in V_M$$

を満たすとき，$\phi$ は**ローレンツ不変**であるという．対称性の観点からは，$\phi$ は $\mathcal{L}_M$-対称ということである（4章，4.7節を参照）．

■ **例 8.5** ■ ミンコフスキー内積のローレンツ不変性により，任意の写像 $h: \mathbb{R} \to \mathbb{C}$ に対して，$\phi(x) = h(\langle x, x \rangle)$ によって定義される関数 $\phi$ はローレンツ不変である．

### 8.4.6 ポアンカレ変換群

任意の $\Lambda \in \mathcal{L}_M$ と $a \in V_M$ に対して，写像 $(\Lambda, a): V_M \to V_M$ を

$$(\Lambda, a)x := \Lambda x + a, \quad x \in V_M$$

によって定義する．これを**ポアンカレ変換**という．この写像は $V_M$ の各点をローレンツ写像 $\Lambda$ でうつし，次にそれをベクトル $a$ だけ平行移動するという操作を記述する．ポアンカレ変換の全体

$$\mathcal{P}_M := \{(\Lambda, a) \mid \Lambda \in \mathcal{L}_M, a \in V_M\} \tag{8.33}$$

は $V_M$ 上の変換群になる（確かめよ）．この変換群を**ポアンカレ変換群**と呼ぶ．

## 8.5 特殊相対性理論の幾何学的基礎

この節から，特殊相対性理論の叙述に移る．以下，特殊相対性理論のことを特殊相対論あるいは単に相対論ともいう．

### 8.5.1 基本的公理

特殊相対論における質点の運動に関する基本的公理は次の2つである．

**公理 (R.1)** 質点の運動は，ミンコフスキー空間 $\mathbb{M}$ 内の曲線——これを**運動曲線**または**世界線**と呼ぶ——によって表される[11]．

**公理 (R.2)** 速さの次元をもつ物理定数 $c > 0$ が存在する．

---
[11] 特に断らない限り，曲線に関する必要な微分可能性はつねに仮定される．

質点の運動は 1 次元的であると考えるのは自然であるから，公理 (R.1) は自然な仮定である．

公理 (R.2) は，質点の運動が行われる空間としてのミンコフスキー空間における絶対的な速さの存在を主張するものである．したがって，その速さを担う存在も暗黙のうちに前提されている．ところで，そのような存在とは，後に示すように，光に他ならない．すなわち，公理 (R.2) にいう物理定数 $c$ は真空中における光速と同一視される．この事実を先取りして，以下，$c$ を光速と呼ぶ．

公理 (R.2) は，通常の物理の教科書では，「真空中における光速は，すべての慣性系で同一である」という**光速度不変の原理**として定式化される．しかし，本書のアプローチ——座標をあらかじめ設定しない普遍的・絶対的方法（筆者は，座標を用いる方法を"相対的方法"と呼ぶ）——においては，光速 $c$ は，ミンコフスキー時空によって表される宇宙——仮にミンコフスキー的宇宙と呼ぼう——における絶対的・普遍的物理定数として捉えられる[12]．公理 (R.2) は，さまざまな物質が存在する自然界にあって，光という存在のある種の絶対性を宣言するものと解釈することができる．

アファイン空間としてのミンコフスキー時空 $\mathbb{M}$ の中に 1 点を定め，これを基準ベクトル空間 $V_M$ の原点にとれば，公理 (R.1) にいう質点の運動は，$V_M$ の曲線によって表される．この曲線を

$$\gamma : [\alpha, \beta] \to V_M \; ; \; [\alpha, \beta] \ni s \mapsto \gamma(s) \in V_M \tag{8.34}$$

とする．$\gamma$ は単射かつ連続微分可能であるとし，その逆写像 $\gamma^{-1}$ も連続微分可能であるとする[13]．なお，ここでの $s$ は単なるパラメータであり，"時刻"を表すというわけではない（そもそも，この段階ではまだ"時間"も"物理的空間"もない！）．この曲線の像を $\Gamma$ とする：

$$\Gamma = \{\gamma(s) \mid s \in [\alpha, \beta]\} = \gamma([\alpha, \beta]). \tag{8.35}$$

便宜上，$\Gamma$ も（$\gamma$ から決まる）曲線と呼ぶ場合がある．曲線 $\Gamma$ の中の任意の点 $\gamma(s)$

---

[12] ここでもまた，ニュートン力学的時空概念の場合と同様，ミンコフスキー的宇宙の概念が感覚的現実として現れている宇宙全体にまで何の修正もなしに適用されるかどうかという点については保留しなければならない．結論からいえば，それは修正されなければならない．その修正は一般相対性理論によってなされる．だが，局所的には，ミンコフスキー宇宙の概念に基づく特殊相対論は，マクスウェル理論がそうであるように，十分に高い精度の現実的有効性をもつ．

[13] 以下で考察される $V_M$ の曲線はこの性質をもつとし，必要とあらば，附加的な微分可能性も仮定する．

における曲線 $\gamma$ の接ベクトルは

$$\dot{\gamma}(s) = \frac{d\gamma(s)}{ds} \tag{8.36}$$

で与えられる．

**【定義 8.23】**

(i) すべての $s \in [\alpha, \beta]$ に対して，接ベクトル $\dot{\gamma}(s)$ が時間的ベクトルであるとき，すなわち，$\dot{\gamma}(s) \in V_M^{\mathrm{T}}$ であるとき，$\gamma$ または $\Gamma$ は**いたるところ時間的**であるという．いたるところ時間的な曲線を単に**時間的曲線**と呼ぶ．

(ii) すべての $s \in [\alpha, \beta]$ に対して，接ベクトル $\dot{\gamma}(s)$ が空間的ベクトルであるとき，すなわち，$\dot{\gamma}(s) \in V_M^{\mathrm{S}}$ であるとき，$\gamma$ または $\Gamma$ は**いたるところ空間的**であるという．いたるところ空間的な曲線を単に**空間的曲線**と呼ぶ．

(iii) すべての $s \in [\alpha, \beta]$ に対して，接ベクトル $\dot{\gamma}(s)$ が光的ベクトルであるとき，すなわち，$\dot{\gamma}(s) \in V_M^0$ であるとき，$\gamma$ または $\Gamma$ は**いたるところ光的**であるという．いたるところ光的な曲線を単に**光的曲線**と呼ぶ．

**！注意 8.10** 念のためにいっておけば，$\gamma$ が時間的曲線であるというのは，この曲線上の点に付随する位置ベクトル $\gamma(s)$ が時間的であるという意味ではないから注意されたい．実際，曲線 $\gamma$ が時間的でもベクトル $\gamma(s)$ は時間的ベクトルとは限らない．次の例を参照．空間的曲線，光的曲線についても同じ注意があてはまる．

■ **例 8.6** ■ $a \in V_M$ を任意のベクトル，$f : [\alpha, \beta] \to \mathbb{R}$ を微分可能で $\dot{f}(s) \neq 0, s \in [\alpha, \beta]$ を満たす任意の関数として，$\gamma(s) := f(s)e_0 + a,\ s \in [\alpha, \beta]$ とすれば，$\dot{\gamma}(s) = \dot{f}(s)e_0 \in V_M^{\mathrm{T}}$ であるから，$\gamma$ はいたるところ時間的である．この場合，$\Gamma$ は $V_M$ における線分を表す．

$\gamma(s)$ の計量は，$\langle \gamma(s), \gamma(s) \rangle = f(s)^2 + 2f(s)\langle e_0, a \rangle + \langle a, a \rangle$ である．したがって，たとえば，$a = e_1$ ならば，$\langle \gamma(s), \gamma(s) \rangle = f(s)^2 - 1$．ゆえに，$\gamma(s) = f(s)e_0 + e_1$ のときは，$f(s)^2 < 1$ ならば，$\gamma(s)$ は空間的ベクトルである．

■ **例 8.7** ■ $a, b \in V_M$ を，$b - a$ が時間的ベクトルとなる任意のベクトルとし，$a$ と $b$ を通る直線を $\gamma(s)$ とする：$\gamma(s) = a + s(b - a),\ s \in \mathbb{R}$．したがって，$\dot{\gamma}(s) = b - a$．ゆえに，この $\gamma$ はいたるところ時間的である．

### 8.5.2 時間と空間の発現

ローレンツ座標系 $(\bar{e}_\mu)_\mu$ を任意にとり，$x \in V_M$ の座標を $(\bar{x}^\mu)_{\mu=0}^3 \in \mathbb{R}^4$ とす

る.すなわち,
$$x = \sum_{\mu=0}^{3} \bar{x}^\mu \bar{e}_\mu.$$

点 $x \in V_M$ がミンコフスキーベクトル空間 $V_M$ における質点の運動の配位点(4次元的位置ベクトル)を表すと解釈する場合,$x$ の座標成分を次のように解釈する.まず,各成分 $\bar{x}^\mu$ は長さの次元をもつとする.したがって,$\bar{t} := \bar{x}^0/c$ を定義すれば,公理 (R.2) によって,$\bar{t}$ は時間の次元をもつ.そこで,$\bar{t}$ をローレンツ座標系 $(\bar{e}_\mu)_\mu$ における**座標時間**と呼ぶ.他方,$(\bar{x}^1, \bar{x}^2, \bar{x}^3)$ をローレンツ座標系 $(\bar{e}_\mu)_\mu$ における**空間座標**と呼ぶ.座標時間と空間座標は,ニュートン力学的な時間および空間概念に対応するものであって,特殊相対論的力学現象を日常的あるいはニュートン力学的な言葉で語る(解釈する)際に必要とされる.

だが,ここで,次の点に注意しよう.上に定義した座標時間と空間座標は考えるローレンツ座標系に依存しているということである.しかも,ニュートン力学の場合とは異なり,**座標時間は空間座標と独立していない**こともわかる.実際,別のローレンツ座標系 $(f_\mu)_\mu$ をとり,底変換:$(f_\mu) \mapsto (\bar{e}_\mu)$ の行列(ローレンツ行列)を $L \in \mathcal{L}$ とする:$\bar{e}_\mu = \sum_{\nu=0}^{3} L_\mu^\nu f_\nu$.ローレンツ座標系 $(f_\mu)_\mu$ での $x$ の座標を $(x^\mu)_{\mu=0}^{3}$ とし($x = \sum_{\mu=0}^{3} x^\mu f_\mu$),座標時間を $t = x^0/c$ とすれば,(8.24) によって(そこでの $L$ として $L^{-1}$ を考える)

$$t = L_0^0 \bar{t} + \sum_{i=1}^{3} \frac{L_i^0 \bar{x}^i}{c}, \quad x^i = L_0^i c\bar{t} + \sum_{j=1}^{3} L_j^i \bar{x}^j \tag{8.37}$$

が成り立つ.これは,$L_\mu^0 \neq 0$ ならば——このようなローレンツ行列は無数にある——,新しいローレンツ座標系での時間座標 $t$ は,旧ローレンツ座標系の時間座標 $\bar{t}$ と空間座標 $\bar{x}^j$ の両方に依存することを示す.空間座標についても同様.こうして,座標時間と空間座標——日常的・感覚的な時間と空間の描像に対応する——は特殊相対論においては,それぞれで独立した意味をもたないこと,平たくいえば,"相対的"であるということがわかる.ニュートン力学でも空間的な運動は相対的であった.だが,そこでは時間は,本質的に,すべての運動系に共通のものである.特殊相対論における,運動の相対性は時間も空間もこめてのそれである点が重要で新しい点なのである.

上述の座標時間および空間座標の導入は,哲学的には,時間とか空間というのは,全一的空間としてのミンコフスキー空間にローレンツ座標系をとることにより発現するものであることを示唆する.逆にいえば,ローレンツ座標系をとらな

ければ，時間も空間もないということ（"相対性"の真の哲学的意味はここにあり，それは絶対無へと通じる1つのルートを示唆する）．この意味で時間とか空間というのはミンコフスキー空間のある種の分節形式であると解釈される．分節として現れる時間と空間の絶対無分節的源泉としてのミンコフスキー空間を**時空融合体**と呼ぶ[14]．

### 8.5.3 3次元的速度

以下，$(e_\mu)_\mu$ は任意のローレンツ基底を表すとする．このローレンツ座標系では，運動曲線 $\gamma$ 上の任意の点 $\gamma(s) \in V_M$ は $\gamma(s) = cf(s)e_0 + \sum_{i=1}^{3} x^i(s)e_i$ と表せる．ここで，$(cf(s), x^1(s), x^2(s), x^3(s))$ は $\gamma(s)$ のローレンツ座標系 $(e_\mu)$ での座標表示であり，各成分は $s$ の実数値関数と見ることができる．$\gamma$ の単射性により，関数 $f : [\alpha, \beta] \to \mathbb{R}$ は単射である．$\mathsf{T}_f := f([\alpha, \beta])$ とおき，$\eta(t) := \gamma(f^{-1}(t)), t \in \mathsf{T}_f$ とすれば，$\eta$ は座標時間 $t$ をパラメータとする，$\gamma$ の表示を与える．このとき，$\eta(t) = cte_0 + \sum_{i=1}^{3} \eta^i(t)e_i$ と書ける．ただし，$\eta^i(t) := x^i(f^{-1}(t))$．そこで，あらためて，$\eta$ の名前を付け替えて，これを $\gamma$ とすることにより，$V_M$ における任意の質点の運動の曲線は，ローレンツ座標系 $(e_\mu)$ においては

$$\gamma(t) = cte_0 + \sum_{j=1}^{3} \gamma^j(t)e_j$$

と表すことができる．これは，つまり，運動曲線 $\Gamma$ のパラメータを座標時間 $t$ にとれるということである．$\gamma^1, \gamma^2, \gamma^3$ は当該の運動の軌道の空間座標であり，座標時間 $t$ の関数である．空間座標成分の，座標時間に関する導関数の組 $(\dot{\gamma}^1(t), \dot{\gamma}^2(t), \dot{\gamma}^3(t))$ をローレンツ座標系 $(e_\mu)$ における **3次元的速度**，その大きさ

$$\sqrt{\sum_{j=1}^{3} \dot{\gamma}^j(t)^2}$$

を **3次元的速さ**と呼ぶ．だが，これらの概念は，もちろん，便宜的・相対的な意味しかもたない．

■ **例 8.8** ■ ローレンツ座標系 $(e_\mu)$ では，点 $x = cte_0 + \sum_{i=1}^{3} x^i e_i \in V_M$ が時間的であることは（$\langle x, x \rangle = c^2 t^2 - \sum_{j=1}^{3}(x^j)^2$ に注意すれば）$c^2 t^2 > \sum_{j=1}^{3}(x^j)^2$ と同

---

[14] 通常は，**時空連続体**という言い方がなされるが，この言い方だと時間と空間があってそれが連続的に連なっているというイメージをもちやすい．このイメージはなおも感覚界に束縛されている感を免れない．実際には，ミンコフスキー空間という理念によって，私たちは，時間と空間を超えた，ある絶対的・形而上的領域——そこから時間と空間の概念や表象が立ち現れてくる——に入ることになるのである．

等である．いま，質点は $V_M$ の原点を通り，3次元的速度一定——これを $(v^1, v^2, v^3)$ としよう——の直線運動を行うとする．このような運動を原点を通る等速直線運動という．すなわち，$\gamma^j(t) = v^j t, j = 1, 2, 3$ とする．任意の座標時間 $t \neq 0$ において，質点が時間的領域にあるとすれば，$c^2 t^2 > \sum_{j=1}^{3} (v^j)^2 t^2$．したがって，$v < c$．ただし，$v = \sqrt{\sum_{j=1}^{3} (v^j)^2}$ は3次元的速さである．これは次のことを意味する．$V_M$ の原点を通り，時間的領域を等速直線運動する質点の速さは光速より小さい．

逆に，$V_M$ の原点を通り，$c$ よりも小さい3次元的速さで等速直線運動する質点の位置は時間的領域にある．

### 8.5.4　固有時

**以下では，まず，運動曲線 $\gamma$ がいたるところ時間的である場合を考察する．**

これは次に述べる意味で自然なものである．すでに述べたように，ローレンツ座標系 $(e_\mu)$ では，$\gamma$ は $\eta(t) = cte_0 + \sum_{i=1}^{3} \eta^i(t) e_i$ と表せる．したがって，$\dot{\eta}(t) = ce_0 + \sum_{i=1}^{3} \dot{\eta}^i(t) e_i$．ゆえに，$\dot{\eta}$ が時間的であることと $c^2 > \sum_{i=1}^{3} \dot{\eta}^i(t)^2$ は同値である．これはローレンツ座標系 $(e_\mu)$ における3次元的速さが光速 $c$ より小さいことを意味する．ところで，「ローレンツ座標系 $(e_\mu)$ における3次元的速さが光速 $c$ より小さい」という性質はまさに，私たちが日常的に経験する物体の運動の基本的性質の1つに他ならない．さらに，曲線 $\gamma$ がいたるところ時間的であるという性質はローレンツ座標系の取り方によらない．ゆえに，ニュートン力学的運動の一般化を考察するという観点においては，まずは，$\gamma$ が時間的である場合を論じるのは自然なのである．

曲線 $\Gamma$ から決まる自然なスカラー量は

$$L(\Gamma) := \int_\alpha^\beta \sqrt{\langle \dot{\gamma}(s), \dot{\gamma}(s) \rangle_{V_M}} ds = \int_\alpha^\beta \|\dot{\gamma}(s)\|_{V_M} ds$$

である．このスカラー量を時間的曲線 $\Gamma$ の**ミンコフスキー的長さ**と呼ぶ．これはユークリッド空間内の曲線に対して，そのユークリッド的長さが曲線に固有の量を定めるのと同様である．その定義から明らかなように，$L(\Gamma)$ は $\Gamma$ だけに依存して定まる量であって，座標系の取り方などには依存しない絶対的な量である．また，$\gamma$ の向きを定めれば，$L(\Gamma)$ は $\gamma$ のパラメータ表示にもよらない（3章を参照）．

$L(\Gamma)$ を光速 $c$ で割った量

$$\tau(\Gamma) := \frac{1}{c} L(\Gamma) = \frac{1}{c} \int_\alpha^\beta \|\dot{\gamma}(s)\|_{V_M} ds \tag{8.38}$$

は時間の次元をもつ．これも $\Gamma$ だけに依存して定まる絶対的な量であって，$\gamma$ の

向きを定めれば，$\gamma$ のパラメータ表示にもよらない．

量 $\tau(\Gamma)$ の物理的意味をさぐるために，曲線 $\Gamma$ を描く質点は時計であるとしよう．この時計は運動をしながら時を刻んでいく．時計が時を刻むのも物理的現象であり，刻まれた時間は物理量である．それは，運動している時計に即して決まる量である．$\tau(\Gamma)$ が時間の次元をもつことを考慮すると，$\tau(\Gamma)$ はまさにこの物理量あると解釈される．そこで，$\tau(\Gamma)$ を――運動する質点に即して決まる時間という意味で――**固有時**と呼ぶ．

次の例は，$\tau(\Gamma)$ に対する上記の解釈の妥当性を支持する例の１つである．

■ **例 8.9** ■ 最も簡単な場合として，$V_M$ のローレンツ座標系 $(e_\mu)$ において，座標時刻 $t_0$ から $t_1$ $(t_0 < t_1)$ にわたって，質点が空間座標 $\bm{x}_0 = (x_0^1, x_0^2, x_0^3) \in \mathbb{R}^3$ で表される位置に静止している場合――3次元的速度が0の場合――を考えよう．このときの世界線を $\Gamma_0 = \{\gamma_0(t) \mid t \in [t_0, t_1]\}$ とすれば，それは

$$\gamma_0(t) = cte_0 + \sum_{j=1}^{3} x_0^j e_j, \quad t \in [t_0, t_1]$$

で与えられる．したがって，$\dot{\gamma}_0(t) = ce_0 \in V_M^{\mathrm{T}}$．ゆえに，運動 $\gamma_0(t)$ はいたるところ時間的であり，$\|\dot{\gamma}_0(t)\|^2 = c^2$．(8.38) において $\gamma = \gamma_0$ の場合を考え，いまの結果を代入すれば，

$$\tau(\Gamma_0) = t_1 - t_0 \tag{8.39}$$

を得る．これは次のことを意味する．すなわち，ローレンツ座標系において静止している質点の固有時は，その時計が刻む座標時間間隔に等しい．つまり，固有時は，ローレンツ座標系においては，ニュートン力学的な時間（静止している時計が刻む時間）に一致する．

### 8.5.5 時計の遅れ

公理 (R.1), (R.2) の重要な帰結の１つは，運動する時計の時間の進み方が運動の仕方に応じて異なりうるという性質である．これを，まず，簡単な例で見よう．

■ **例 8.10** ■ 質点がローレンツ座標系において等速直線運動をする場合を考える（この場合の "等速" は，3次元的速度が一定という意味である）．ローレンツ座標系 $(e_\mu)$ において，座標時刻 $t_0$ での空間的位置を $\bm{y}_0 = \sum_{i=1}^{3} y_0^i e_i$，座標時刻 $t_1$ での空間的位置を $\bm{y}_1 = \sum_{i=1}^{3} y_1^i e_i$ とすれば ($\bm{y}_0 \neq \bm{y}_1$ とする)，運動の曲線の方程式は

$$\gamma(t) = tce_0 + \bm{y}_0 + \frac{t - t_0}{t_1 - t_0}(\bm{y}_1 - \bm{y}_0), \quad t \in [t_0, t_1] \ (t_0 < t_1).$$

$c^2 > \|\boldsymbol{y}_1 - \boldsymbol{y}_0\|^2/(t_1-t_0)^2$ を仮定する（この等速直線運動の 3 次元的速さは光速より小さいということ）．$\gamma_0(t)$ を例 8.9 の運動としよう．容易にわかるように

$$\dot{\gamma}(t) = c e_0 + \frac{1}{t_1-t_0}(\boldsymbol{y}_1-\boldsymbol{y}_0).$$

ゆえに，

$$\langle \dot{\gamma}(t), \dot{\gamma}(t) \rangle = c^2 - \frac{\|\boldsymbol{y}_1-\boldsymbol{y}_0\|^2}{(t_1-t_0)^2} > 0.$$

したがって，$\gamma$ はいたるところ時間的であって，$0 < \langle \dot{\gamma}(t), \dot{\gamma}(t) \rangle < c^2$ であるから，

$$\tau(\Gamma) = \frac{1}{c}\int_{t_0}^{t_1} \|\dot{\gamma}(t)\| dt < \frac{1}{c}\int_{t_0}^{t_1} c\, dt = t_1 - t_0.$$

これと (8.39) によって，

$$\tau(\Gamma) < \tau(\Gamma_0) \tag{8.40}$$

を得る．これは，次のことを意味する．すなわち，ローレンツ座標系においては，等速直線運動の任意の 2 点間の固有時は，この 2 点に対応する座標時間間隔よりも小さい．言い換えれば，等速直線運動をする質点の時間の進み方は，それが静止している場合に比べて遅くなることを意味する．この現象は**時計の遅れ**と呼ばれる，より一般的な現象の一例である．なお，表式 (8.40) は座標系（ローレンツ座標系とは限らない）の取り方によらない不等式であることを注意しておく（$L(\Gamma)$ の定義が純幾何学的な量——座標の取り方から独立な量——であることによる）．

■ **例 8.11** ■　$\pi^+$ 中間子と呼ばれる素粒子は，それが静止している場合，時間 $t_\pi \approx 2.6033 \times 10^{-8}$ 秒たつと，ある確率で崩壊（消滅）し，プラス電荷をもつ $\mu$ 中間子 $\mu^+$ と $\mu$-ニュートリノ $\nu_\mu$ と呼ばれる素粒子に遷移する．他方，$\pi^+$ が非常に大きな速さで等速直線運動とみなせる運動をしているとき，崩壊するまでの時間を測るとそれは $t_\pi$ よりも大きいことが観測される．つまり，(8.40) が成立するのである．

**運動する時計の遅れの現象は何も等速直線運動に限らないこと，すなわち，一般の加速度運動においても生起しうることを証明しよう**（以下の定理 8.26）．

　発見法的には，次のような考察が基礎となる．いま，点 $X$ から点 $Y$ に至る別の時間的曲線 $\Gamma'$ をとると，$\Gamma'$ に沿う固有時 $\tau(\Gamma')$ と $\tau(\Gamma)$ は一般には等しくないであろう．これは，3 次元ユークリッド空間で 2 点を結ぶ 2 つの曲線を考えるとき，それらの曲線の長さが一般には等しくないのと同様である．いま述べたことは，物理的には次のことを意味する．すなわち，ローレンツ座標系の座標時間の同じ時刻において出発した 2 個の時計（物体）が別々の運動をして再び出会うとき（つまり，同じローレンツ座標系のある時刻で同じ空間位置に来るとき），それぞれが示す固有時は一般には等しくない．

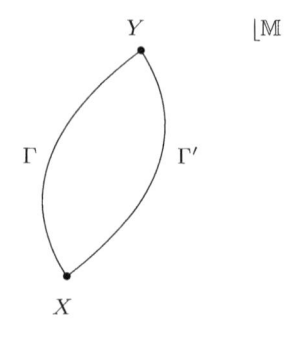

図 8.2  2 つの時間的曲線 $\Gamma, \Gamma'$

**!注意 8.11**  たとえば，地上の任意の 1 点 $P$ と座標時刻 $t_0$ をとり，物体 $A$ はそのまま点 $P$ にとどまり，もう 1 つの物体 $B$ が宇宙旅行をして，座標時刻 $t_1 > t_0$ に点 $P$ にもどってくる状況を考えよう．$A, B$ が "双子" であっても，二人の "年齢" の取り方は一般には異なることになるであろう．これは，いわゆる "双子のパラドックス" と呼ばれるものであるが，別にパラドックスでも何でもなく，以下に証明するように，ミンコフスキー空間における幾何学的法則の必然的帰結である．この理論的帰結の現象的具現は，素粒子や原子時計の運動において，実際の観測によって確認されている．

一般に，$V_M$ の部分集合 $D$ とポアンカレ変換 $(\Lambda, a) \in \mathcal{P}_M$ に対して

$$\Lambda D + a := \{\Lambda x + a \mid x \in D\} \tag{8.41}$$

とおく．これは，つまり，$D$ の各点をローレンツ写像 $\Lambda$ でうつし，それをベクトル $a$ だけ平行移動してできる点の全体である．

$\Gamma$ は時間的曲線であるとする．

**【補題 8.24】** 任意の $\Lambda \in \mathcal{L}_M$ と $a \in V_M$ に対して，$\Lambda\Gamma + a$ はいたるところ時間的曲線であり，

$$\tau(\Lambda\Gamma + a) = \tau(\Gamma) \tag{8.42}$$

が成り立つ．

**証明**  $d(\Lambda\gamma(s) + a)/ds = \Lambda\dot\gamma(s)$ とミンコフスキー内積のローレンツ不変性により，$\Lambda\Gamma + a$ は時間的曲線であり，かつ (8.42) が成立することがわかる．∎

性質 (8.42) を固有時 $\tau(\Gamma)$ の**ポアンカレ対称性**または**ポアンカレ不変性**と呼ぶ. 特に, $\Lambda = I$ (恒等写像) の場合を固有時の**平行移動（並進）不変性**, $a = 0$ の場合を**ローレンツ不変性（対称性）**という.

**【定義 8.25】** $V_M$ の中の直線がいたるところ時間的であるとき, この直線を**時間的直線**と呼ぶ.

■ **例 8.12** ■ 写像 $\gamma : [\alpha, \beta] \to V_M$ を点 $X \in \mathbb{M}$ から点 $Y \in \mathbb{M}$ に至る直線とし, $X, Y$ を表す位置ベクトルをそれぞれ, $x, y$ とすれば

$$\gamma(s) = \frac{\beta - s}{\beta - \alpha} x + \frac{s - \alpha}{\beta - \alpha} y, \quad s \in [\alpha, \beta]$$

と表される. したがって, $\dot{\gamma}(s) = (y - x)/(\beta - \alpha)$. ゆえに, この $\gamma$ が時間的であるための必要十分条件は $y - x$ が時間的であることである.

**【定理 8.26】** $X, Y \in \mathbb{M}$ を任意の点とし, $\Gamma_0$ を $X$ から $Y$ に至る時間的直線, $\Gamma$ を $X$ から $Y$ に至る任意の時間的曲線とする. このとき,

$$\tau(\Gamma_0) \geq \tau(\Gamma). \tag{8.43}$$

等号が成り立つのは $\Gamma = \Gamma_0$ かつこのときに限る.

**証明** $X, Y$ を表す位置ベクトルを $x, y \in V_M$ とする. 固有時の平行移動不変性（補題 8.24）によって, 点 $X$ は原点であるとして一般性を失わない. そこで, $x = \gamma(\alpha) = 0$ とする. $\Gamma_0$ は時間的直線であるから, 例 8.12 によって, $y$ は時間的ベクトルである. したがって, 定理 8.22 により, ローレンツ写像 $\Lambda$ で $\Lambda y = \|y\| e_0$ を満たすものが存在する. したがって, 固有時のローレンツ不変性により, はじめから, $y = k e_0$ ($k > 0$) として一般性を失わない. すなわち, $\gamma(\alpha) = 0, \gamma(\beta) = k e_0$ の場合に (8.43) を示せば十分である. この場合, 例 8.9 より, $\tau(\Gamma_0) = k/c$. 一方, $\gamma(s) = \gamma^0(s) e_0 + \sum_{j=1}^{3} \gamma^j(s) e_j$ と展開すれば,

$$\begin{aligned} \tau(\Gamma) &= \frac{1}{c} \int_\alpha^\beta \sqrt{\dot{\gamma}^0(s)^2 - \sum_{j=1}^{3} \dot{\gamma}^j(s)^2} ds \\ &\leq \frac{1}{c} \int_\alpha^\beta |\dot{\gamma}^0(s)| ds. \end{aligned}$$

$\dot{\gamma}^0(s) \neq 0$ により $\dot{\gamma}^0(s)$ の符号は，$[\alpha, \beta]$ 上で一定で負か正のどちらかである．$\dot{\gamma}^0(s) > 0, s \in [\alpha, \beta]$ ならば，

$$\frac{1}{c}\int_\alpha^\beta |\dot{\gamma}^0(s)|ds = \frac{1}{c}\{\gamma^0(\beta) - \gamma^0(\alpha)\} = \frac{k}{c} = \tau(\Gamma_0).$$

一方，$\dot{\gamma}^0(s) < 0, s \in [\alpha, \beta]$ ならば，$\frac{1}{c}\int_\alpha^\beta |\dot{\gamma}^0(s)|ds = -\frac{k}{c} < 0$ となるので矛盾．よって (8.43) が得られる．

$\tau(\Gamma_0) = \tau(\Gamma)$ の場合を考えよう．このとき，上の計算から，$\dot{\gamma}^j(s) = 0, \quad s \in [\alpha, \beta]$ でなければならない．したがって，$\gamma^j(s) = c_j$ (定数)，$s \in [\alpha, \beta]$．ゆえに $\gamma(s) = \gamma^0(s)e_0 + \sum_{j=1}^3 c_j e_j$．$\gamma(\alpha) = 0$ より，$\gamma^0(\alpha) = 0, c_i = 0$．よって，$\gamma(s) = \gamma^0(s)e_0$．これは $\Gamma = \Gamma_0$ を意味する． ∎

定理 8.26 は物理的には次のことを意味する：時間的直線運動をする時計に比べると，そうでない運動——非直線的時間的運動——をする時計の時の刻み方は遅れる．こうして，4 次元ミンコフスキー空間における質点の任意の時間的運動は，ニュートン力学的な運動とは本質的に異なることが示される．ここで，次の点に注目しよう．すなわち，上の論述がはっきりと示すように，**時計の遅れは，ミンコフスキー空間における純幾何学的な効果であって，力学の原理（運動曲線の生成の仕方を決定する原理）の詳細にはよらない**．

ニュートン力学においては，時間は，空間と物理現象に関わりなく，"一様に流れるもの" と仮定された．だが，特殊相対性理論では，すでに見てきたように，そのような時間の描像は変更を余儀なくされる．しかも，これは，電磁場の理論を自然のより根源的な理念とする観点からは自然なものであった．他方，時間の刻まれ方がそれを刻む時計の運動状態に依存しうるというのは，時間の定義にもどってよく考えてみれば，それほど不自然なことではないことも理解される．というのは，物理的時間を測定するには，時計と呼ばれる装置を用いざるをえないからである．一方，時計の刻み自体も 1 つの物理的運動である．ゆえに，物理的時間がその測定装置の運動に依存するとしても不思議ではない．この観点からは，時間が "一様に流れる" という見方のほうがむしろ不自然であるといわなければなるまい．

**❗注意 8.12** 哲学的含意（筆者の哲学的解釈）．すでに述べたように，特殊相対性理論によれば，日常的・ニュートン力学的な時間と空間は便宜的・相対的なものである．この認識の哲学的な意義は大きく，その含蓄は深い．特殊相対性理論は，日常的・ニュートン力学的な意味での時間と空間の描像ないし表象がある種の分節として

## 8.5 特殊相対性理論の幾何学的基礎

立ち現れてくる永遠不動の絶対的・無分節的源泉をミンコフスキー空間として捉え，力学的現象をミンコフスキー空間の純幾何学的構造——これは座標系の取り方によらない絶対的なもの——の感覚的・物質的現れとして把握する．この意味で，相対性理論は，本来ならば，**絶対性理論**と呼ぶべきものである[15]．特殊相対論においては，時間・空間は，相対的分節形式（座標時間，空間座標）としてのみ語りうる．この点をしっかりと理解することが重要な点の1つである．時間・空間を分節形式として与える大本の絶対的存在は時間でも空間でもなく本来は名がないものである．この意味で，特殊相対論の究極的思想圏では，本源的には時間も空間も消滅する．般若心経的にいえば，「色即是空　空即是色」．だが，本来的に名はないといっても，それでは他者への伝達上，不便であるので，これに仮に名をつけて，時空融合体または時空連続体と呼ぶのである．絶対無分節の時空融合体から，分節的・相対的に時間・空間が現れてくるという構造の認識は，実は，何も新しいことではなく，仏教的な世界観，より一般にはプラトン哲学および東洋哲学に通底する根源的世界観に含まれることである[16]．しかし，"普通"の人がこの深遠な叡智に近づくことは容易ではない．なぜなら，私たちはあまりにも感覚的・物質的世界にどっぷりと浸りきり，感覚的・物質的世界だけが唯一のリアリティ (reality) だと思いこみがちだからである．相対性理論は，この古代からの叡智を限定された範囲ではあるが，物理的理法の側面から明晰な形で再確認するものである．だが，これを可能にしてくれるのが，本書でなされる絶対的アプローチの基礎となる，抽象ベクトル空間，抽象アファイン空間，抽象計量ベクトル空間の理念であることも忘れてはならない．

以上のことに関連して，本書の基調をなす思想に簡単にふれておく（序章も参照）．そもそも，通常の意味での名あるいは言葉は，存在の感覚的知覚的分節（個別的事物の知覚）を指定し，指示する機能をもつにすぎないから，通常の言語でもって大本の無分節体を捉えるのは不可能なのである[17]．禅が不立文字を説く所以である．このことは，私たちの観察が量子力学の領域に進むならば，いっそう顕在化してくる（たとえば，量子的対象は感覚的な言葉では一意的に特徴づけられないという事態）．だが，数学——ただし，座標の設定に先行する絶対的・抽象的・普遍的アプローチ——をもってすれば，存在の根源，絶対無分節的存在への接近は可能である．それは，数学的存在そのものが感覚界・物質界，したがって，

---

[15] この絶対性は，後に言及する質点のエネルギーの絶対的下限が存在するという意味においてもいいうる．だが，ほとんどの教科書でなされるように，相対的・便宜的意味しかもたない座標表示による方法では，この絶対性は見えにくい．

[16] たとえば，道元禅師の『正法眼蔵』の「有時」の巻．こうした哲学に関する，現代の書では，井筒俊彦『意識と本質』[岩波文庫または井筒俊彦著作集6（中央公論社）] が最高峰であると思われる．同著者の《意識の形而上学——『大乗起信論の哲学』》（中央公論社）もたいへん素晴らしい．

[17] より詳しくは，前掲の井筒俊彦教授の著書を参照．

時間・空間を超えて存在する高次の形而上的リアリティであり，存在の絶対無分節体と"直結"する"元型"に帰一するからなのである．本書の目的の1つはまさにこの哲学的観点を，物理的現象の理法の範囲において例証することなのである．

## 8.6　相対論的力学の原理

この節では，相対論的力学の原理，すなわち，ミンコフスキー空間における運動曲線を決定する数学的原理を定式化する．

### 8.6.1　物理量と基本法則に関する公理

特殊相対論における力学原理に関する基本的公理の1つは次である．

> **公理 (R.3)**　物理量はミンコフキーベクトル空間におけるテンソル量（スカラー，ベクトル量を含む）[18]であって，基本法則はテンソルに関する方程式で表される．

**!注意 8.13**　物理量というものは，座標系の取り方には依存しない量であるべきであるから，ミンコフスキー空間における絶対的存在の1クラスを形成するテンソルで表されるとするのは自然である．これが公理 (R.3) の意味である．この公理はミンコフスキーベクトル空間のところを一般の多様体に置き換えて読めば，一般の多様体上の力学 ── 一般相対性理論はこの種の力学系の1つのクラスである ── における物理量および物理的基本法則を表す方程式の公理になるという意味でも普遍的である．

物理のほとんどの教科書では，公理 (R.3) を「すべての慣性座標系において物理法則は同じ形をとる」というふうに表し，これに**特殊相対性原理**という名称を付与する．だが，これは普遍的な定式化とはいえないし，かえって事の本質を見えにくくするものである．なぜなら，それは慣性座標系という特殊な座標系に依拠する仕方で述べられているからである（したがって，いちいちローレンツ座標変換をしてみなければ，ある量が座標系の取り方に独立な量か判定できないこと，さらに，座標系の取り方に依存した特殊な性質と依存しない普遍的な性質を見分けるのが一般には簡単ではない，という欠点がある）．公理 (R.3) は座標系（慣性座標系に限らない）の取り方とは独立なアプリオリな定式化であり，"特殊相対性原理"の本質を明らかにしたものである[19]．

---

[18] スカラーは0階のテンソル，ベクトルは1階のテンソルである．
[19] したがって，本書の立場からいうと"特殊相対性原理"という名称は無用の長物であって，むしろ，

### 8.6.2　4次元速度

公理 (R.3) に従えば，ミンコフスキー空間における質点の運動方程式——運動曲線の生成の仕方を決定する原理——はテンソルに関する方程式でなければならない．座標時間はローレンツ座標系の取り方に依存するので，これを方程式の中に入れるわけにはいかない．すでに見たように，固有時は座標系の取り方によらない．そこで，固有時を運動の変化を測るパラメータに用いることを考える．

以前と同様，曲線 $\gamma : [\alpha, \beta] \to V_M ; [\alpha, \beta] \ni s \mapsto \gamma(s) \in V_M$ をいたるところ時間的な曲線とし，向きを 1 つ固定しておく（これは，つまり，パラメータ表示の変更は向きを変えないように行うということである）．$\Gamma$ 上の 1 点 $\gamma(s_0)$ $(s_0 \in [\alpha, \beta])$ を基準点として，ここから，$\Gamma$ 上の任意の点 $\gamma(s)$ $(s \in [\alpha, \beta])$ に至る固有時 $\tau$ を測り，これを $\tau(s)$ とする．すなわち，

$$\tau(s) = f_\Gamma(s) := \frac{1}{c} \int_{s_0}^{s} \sqrt{\langle \dot\gamma(u), \dot\gamma(u) \rangle}\, du \tag{8.44}$$

とおく．したがって，$s > s_0$ ならば $\tau(s) > 0$，$s < s_0$ ならば $\tau(s) < 0$ である．この対応：$f_\Gamma : [\alpha, \beta] \to \mathbb{R}$ は 1 対 1 であるので，逆に $\tau \in f_\Gamma([\alpha, \beta])$ を与えれば，$\Gamma$ 上の点 $\gamma(s)$ が $s = f_\Gamma^{-1}(\tau)$ として一意的に定まる．そこで $f_\Gamma$ の値域を

$$T_\Gamma := \{f_\Gamma(s) \mid s \in [\alpha, \beta]\} \tag{8.45}$$

とおき，写像 $x : T_\Gamma \to V_M$ を

$$x(\tau) := \gamma\left(f_\Gamma^{-1}(\tau)\right), \quad \tau \in T_\Gamma \tag{8.46}$$

によって定義する．これは，固有時を用いて質点の位置ベクトルを表したものである．$x(\tau)$ の導関数

$$\dot{x}(\tau) = \frac{dx(\tau)}{d\tau} \tag{8.47}$$

を **4 次元速度ベクトル** あるいは単に **4 次元速度** と呼ぶ．これは明らかに座標系の取り方によらない．ただし，$\Gamma$ の向きには依存している．また，$\dot{x}(\tau)$ のミンコフスキーノルム $\|\dot{x}(\tau)\|_{V_M} = \sqrt{|\langle \dot{x}(\tau), \dot{x}(\tau) \rangle|}$ を **4 次元的速さ** と呼ぶ．

(8.44) から

$$\frac{df_\Gamma(s)}{ds} = \frac{1}{c}\sqrt{\langle \dot\gamma(s), \dot\gamma(s) \rangle} \tag{8.48}$$

---

事の本質を覆い隠す可能性さえあると危惧する．公理 (R.3) のほうがはるかに単純明快であろう．

が成り立つ．したがって，

$$s(\tau) = f_\Gamma^{-1}(\tau) \tag{8.49}$$

とおくとき

$$\frac{ds(\tau)}{d\tau} = \frac{1}{f'_\Gamma(s(\tau))} = \frac{c}{\sqrt{\langle \dot{\gamma}(s(\tau)), \dot{\gamma}(s(\tau)) \rangle}}.$$

ゆえに

$$\dot{x}(\tau) = \frac{c}{\sqrt{\langle \dot{\gamma}(s(\tau)), \dot{\gamma}(s(\tau)) \rangle}} \dot{\gamma}(s(\tau)) \tag{8.50}$$

となる．これから，4 次元速度ベクトルの $\tau$ における値 $\dot{x}(\tau)$ は，幾何学的には，$\tau$ に対応する $\Gamma$ の点 $\gamma(s(\tau))$ において，$\Gamma$ に接するベクトルを表すことがわかる．

(8.50) から，

$$\langle \dot{x}(\tau), \dot{x}(\tau) \rangle = c^2 \tag{8.51}$$

が得られる．これは，$\Gamma$ がいたるところ時間的であるとき，**4 次元速度ベクトルは時間的ベクトル**であること，および 4 次元的速さはつねに一定の値 $c$ であることを示す．これは，ミンコフスキー空間における運動——相対論的運動——の特徴的な性質の 1 つである．

■ **例 8.13** ■ $v_0 \in V_M$ を定ベクトルとし，$\dot{x}(\tau) = v_0$ となる場合を考えよう．このような運動を **4 次元的等速度運動**と呼ぶ．この場合，$x(\tau) = x_0 + v_0\tau$ ($x_0 \in V_M$ は定ベクトル)．したがって，$x(\tau)$ から定まる曲線は $V_M$ における直線を表す．したがって，4 次元的等速度運動は直線運動である．この直線運動を **4 次元的等速直線運動**という．

### 8.6.3 加速度ベクトル

4 次元的位置ベクトル $x(\tau)$ の $\tau$ に関する 2 階の導関数

$$a(\tau) := \frac{d^2 x(\tau)}{d\tau^2} = \ddot{x}(\tau) \tag{8.52}$$

を **4 次元加速度ベクトル**という．これはニュートン力学的な空間的加速度概念の一般化である．

次に述べる事実も相対論的力学とニュートン力学的運動の違いを鮮明に印象づける．

**【命題 8.27】** 4 次元速度ベクトルと 4 次元加速度ベクトルは直交する：

$$\langle a(\tau), \dot{x}(\tau) \rangle = 0.$$

**証明** (8.51) の両辺を $\tau$ で微分すればよい. ∎

## 8.6.4 ローレンツ座標系での 4 次元速度の表示

4 次元速度ベクトルが任意のローレンツ座標系 $(e_\mu)$ でにおいてどういう形をとるか見よう. すでに見たように, ローレンツ座標系では, 座標時間 $t \in \mathbb{R}$ を曲線 $\Gamma$ のパラメータとして用いることができる. すなわち,

$$\gamma(t) = cte_0 + \sum_{j=1}^{3} \gamma^j(t) e_j, \quad t \in \mathbb{R} \tag{8.53}$$

とパラメータ表示できる ($\gamma^j : \mathbb{R} \to \mathbb{R}$). したがって,

$$\dot{\gamma}(t) = ce_0 + \sum_{j=1}^{3} v^j(t)\, e_j. \tag{8.54}$$

ここで,

$$v^j(t) := \dot{\gamma}^j(t) \tag{8.55}$$

はローレンツ座標系における 3 次元的速度成分である (8.5.3 項を参照). ゆえに,

$$\langle \dot{\gamma}(t), \dot{\gamma}(t) \rangle = c^2 - v(t)^2. \tag{8.56}$$

ただし,

$$v(t) := \sqrt{\sum_{j=1}^{3} v^j(t)^2} \tag{8.57}$$

は 3 次元的速さである.

いまの場合, 固有時 $\tau$ と座標時間 $t$ の関係は

$$\begin{aligned}\tau &= \frac{1}{c}\int_0^t \sqrt{\langle \dot{\gamma}(t), \dot{\gamma}(t) \rangle} dt \\ &= \int_0^t \sqrt{1 - \frac{v(t)^2}{c^2}} dt\end{aligned} \tag{8.58}$$

である (固有時を測る固定点 $s_0$ の取り方の任意性により, 定数差の任意性はある). したがって,

$$\frac{d\tau(t)}{dt} = \sqrt{1 - \frac{v(t)^2}{c^2}}. \tag{8.59}$$

これと (8.54) より,

$$\dot{x}(\tau) = \frac{dt}{d\tau}\frac{d\gamma(t)}{dt} = \frac{1}{\sqrt{1-\frac{v(t)^2}{c^2}}}\left(ce_0 + \sum_{j=1}^{3}v^j(t)e_j\right). \tag{8.60}$$

ただし,ここでの $\tau$ と $t$ の関係は (8.58) で与えられる.そこで,

$$x(\tau) = x^0(\tau)e_0 + \sum_{j=1}^{3}x^j(\tau)\,e_j \tag{8.61}$$

として,上の式を成分ごとに書けば,

$$\dot{x}^0(\tau) = \frac{c}{\sqrt{1-\frac{v(t)^2}{c^2}}}, \tag{8.62}$$

$$\dot{x}^j(\tau) = \frac{v^j(t)}{\sqrt{1-\frac{v(t)^2}{c^2}}}, \qquad j=1,2,3, \tag{8.63}$$

が得られる.

### 8.6.5 ニュートン近似——非相対論的極限

(8.63) から

$$\lim_{v(t)/c \to 0}\dot{x}^j(\tau) = v^j(t). \tag{8.64}$$

ゆえに,3次元的速さ $v(t)$ が光速 $c$ に比べて十分小さい $(v(t)/c \approx 0)$ ならば

$$\dot{x}(\tau) \approx ce_0 + \sum_{j=1}^{3}v^j(t)e_j \tag{8.65}$$

と近似できる.これは,ローレンツ座標系における3次元的速さが光速に比べて十分小さければ,ローレンツ座標系における4次元速度ベクトルの空間成分はニュートン力学的な3次元的速度ベクトルと近似的に等しいことを示す.この意味で,4次元速度ベクトルは,ニュートン力学的な3次元速度ベクトルをある極限状況として含んでいる.逆にいえば,4次元速度ベクトルはニュートン力学的な3次元速度ベクトルの非自明な4次元的一般化を与える.

ローレンツ座標系における3次元的速さ $v$ が光速 $c$ に比べて十分小さいという条件は,$v/c$ が十分小さいということ,すなわち,$v/c \ll 1$ である.そこで,種々の量に関して,極限 $v/c \to 0$ をとることを当該量の**ニュートン近似**または**非相対**

論的極限と呼ぶ．$v/c \to 0$ を ($v$ が何であるかが了解されているものとして) しばしば単に $c \to \infty$ と書く (数学的には，$c$ をパラメータと見て，$c \to \infty$ とすることである)．式 (8.64) は，ローレンツ座標系における 4 次元速度ベクトルの 3 次元的速度成分が，それぞれ，非相対論的極限において，ニュートン力学的 3 次元速度ベクトルの対応する成分に一致することを示す．

### 8.6.6　4 次元運動量と運動方程式

　ニュートン力学では，エネルギーおよび運動量は位置ベクトルの 1 階の微分だけを含み，2 階以上の微分は含んでいない．さらに，上記の非相対論的極限を考慮すると，相対性理論でも，エネルギーと運動量は $V_M$ の位置ベクトル $x(\tau)$ の固有時に関する 1 階の微分 $\dot{x}(\tau)$ だけをふくむと予想するのは自然である．しかも，公理 (R.3) により，1 次元的なエネルギーと 3 次元的運動量は 1 つの組となって $V_M$ のベクトル (4 次元ベクトル) を形成すると考えられる．このような要請と調和する 4 次元ベクトルは $m > 0$ を定数として，

$$p(\tau) := m \frac{dx(\tau)}{d\tau} = m\dot{x}(\tau) \tag{8.66}$$

という形のベクトルである．これを **4 次元運動量**と呼ぶ．

　後に示すように，定数 $m$ は質点の質量を表すと解釈される．

　4 次元速度ベクトルの性質 (8.51) から 4 次元運動量に関する次の重要な性質が導かれる．

**【命題 8.28】**　すべての $\tau \in T_\Gamma$ に対して

$$\langle p(\tau), p(\tau) \rangle = m^2 c^2. \tag{8.67}$$

■ **例 8.14** ■　任意のローレンツ座標系 $(e_\mu)$ において，$\gamma(t) = cte_0 + \sum_{j=1}^{3} \gamma^j(t) e_j$，$p(\tau) = p^0(\tau) e_0 + \sum_{j=1}^{3} p^j(\tau) e_j$ とすれば，(8.62), (8.63) より

$$p^0(\tau) = \frac{mc}{\sqrt{1 - \frac{v(t)^2}{c^2}}}, \tag{8.68}$$

$$p^j(\tau) = \frac{mv^j(t)}{\sqrt{1 - \frac{v(t)^2}{c^2}}}. \tag{8.69}$$

$p^0(\tau)$ を $p(\tau)$ の第 0 成分，$p^1(\tau), p^2(\tau), p^3(\tau)$ を **3 次元的運動量成分**と呼ぶ．もちろん，これらは相対的な量である (座標系を変えれば，表示は変わる)．

**【命題 8.29】** 任意の時間的単位ベクトル $q \in V_M^{\mathrm{T}}$ に対して

$$|\langle q, p(\tau) \rangle| \geq mc. \tag{8.70}$$

**証明** 逆シュヴァルツの不等式と (8.67) による. ∎

$\Gamma$ 上の質点に働く力を **4 次元的力** と呼び, それは $T_\Gamma$ から $V_M$ への写像で力の次元をもつものであると仮定する[20]. この種の写像を **4 次元力ベクトル** という.

■ **例 8.15** ■ $V_M$ 上のベクトル場 $G : V_M \to V_M$ に対して, $\mathcal{F}(\tau) = G(x(\tau))$ とおけば, これは 4 次元力ベクトルである.

ニュートン力学との類推により, 次の公理をおく.

**公理 (R.4)** 質点の運動方程式は

$$\frac{dp(\tau)}{d\tau} = \mathcal{F}(\tau) \tag{8.71}$$

で与えられる. ここで, $\mathcal{F} : T_\Gamma \to V_M$ は 4 次元力ベクトルである.

方程式 (8.71) は $V_M$ のベクトル (1 階のテンソル) に関する方程式であるから公理 (R.3) を満足する ($\tau$ は座標系の取り方によらないことに注意). なお, 方程式 (8.71) の解で (8.51) を満たすものが力 $\mathcal{F}$ のもとでの可能な運動を表す. この意味で, 相対論的運動方程式は条件つき方程式である. このため, $\mathcal{F}$ の形によっては, (8.71) の解が存在しても, (8.51) は満たされない場合もありうる (演習問題 5 を参照). この点は注意を要する.

**【命題 8.30】** (8.71) に従う運動について, 4 次元力ベクトル $\mathcal{F}$ と 4 次元速度ベクトルは任意の固有時において直交する:

$$\langle \mathcal{F}(\tau), \dot{x}(\tau) \rangle = 0, \quad \tau \in T_\Gamma.$$

**証明** 命題 8.27 と (8.71) による. ∎

■ **例 8.16** ■ 質点に 4 次元的力が働かないとき——このような質点を **自由な質点** または **自由粒子** という——, すなわち, (8.71) で $\mathcal{F} = 0$ の場合を考えてみよう. このとき, $dp(\tau)/d\tau = 0$. したがって, $p(\tau) = p_0 \cdots (*)$ ($p_0 \in V_M$ は定ベクトルで

---

[20] 任意のローレンツ座標系での各成分が力の次元をもつという意味.

$\langle p_0, p_0 \rangle = m^2 c^2$ を満たすとする）．ゆえに，4 次元運動量は保存される．したがって，4 次元速度 $\dot{x}(\tau)$ も一定で $p_0/m$ に等しい．ゆえに，この場合，質点は 4 次元的等速直線運動を行う（例 8.13）．

■ **例 8.17** ■ 4 次元力ベクトル $\mathcal{F}$ が $k \in \mathbb{R}$ をゼロでない定数として

$$\mathcal{F}(\tau) = kx(\tau)$$

で与えられる場合を考えよう．この場合，運動方程式は

$$m \frac{d^2 x(\tau)}{d\tau^2} = kx(\tau). \tag{8.72}$$

この方程式の解 $x(\tau)$ があるとすれば，命題 8.30 によって，$\langle x(\tau), \dot{x}(\tau) \rangle = 0$ でなければならない．左辺は $(1/2) d \langle x(\tau), x(\tau) \rangle / d\tau$ に等しいから，定数 $d_0 \in \mathbb{R}$ があって，

$$\langle x(\tau), x(\tau) \rangle = d_0 \tag{8.73}$$

を得る．これは質点の運動曲線が双曲的超曲面の中にあることを意味する．ただし，これは，運動方程式 (8.72) の解に対する必要条件であるので，この方程式の解の存在を示したわけではない．しかし，(8.73) を利用して，(8.72) の解を見出すことができる．

簡単のため，運動はローレンツ座標系 $(e_\mu)$ において，$e_0$ と $e_1$ で張られる部分空間——これを $e_0$-$e_1$ 平面または $x^0$-$x^1$ 平面と呼ぶ——の中で行われるとし，

$$x(\tau) = \gamma(t) = cte_0 + x^1(t) e_1 \tag{8.74}$$

とする．ただし，$t, x^1(t)$ はそれぞれ，このローレンツ座標系での座標時間と空間座標を表し，固有時 $\tau$ と $t$ の関係は

$$\frac{dt}{d\tau} = \frac{1}{\sqrt{1 - \frac{v(t)^2}{c^2}}}, \quad v(t) := \frac{dx^1(t)}{dt}$$

で与えられる．$\gamma$ はいたるところ時間的であると仮定しているので $c^2 > v(t)^2$ でなければならない．条件 (8.73) から

$$c^2 t^2 - x^1(t)^2 = d_0.$$

したがって，両辺を微分すると $c^2 t - x^1(t) v(t) = 0$ であるから，

$$v(t) = \frac{c^2 t}{x^1(t)} \tag{8.75}$$

($x^1(t) \neq 0$ となる $t$ を考える). これと条件 $1 - \frac{v(t)^2}{c^2} > 0$ より, $x^1(t)^2 - c^2t^2 > 0$, すなわち, $d_0 < 0$ でなければならない. そこで, $d_0 = -\lambda^2$ とおく ($\lambda > 0$). したがって,

$$x^1(t)^2 - c^2t^2 = \lambda^2. \tag{8.76}$$

これは, 曲線 $x(\tau)$ が空間的領域にあり, $x^0$-$x^1$ 平面における双曲線を描くことを意味する. $x^1(t) > 0$ の場合を考えよう. すなわち,

$$x^1(t) = \sqrt{\lambda^2 + c^2t^2} \tag{8.77}$$

とする. (8.75) と (8.76) により

$$\frac{dt}{d\tau} = \frac{1}{\sqrt{1 - \frac{v(t)^2}{c^2}}} = \frac{x^1(t)}{\lambda}.$$

これを用いると

$$\dot{x}(\tau) = \frac{dt}{d\tau}(ce_0 + v(t)e_1) = \frac{x^1(t)}{\lambda}ce_0 + \frac{c^2 t}{\lambda}e_1.$$

同様の計算によって

$$\frac{d^2 x(\tau)}{d\tau^2} = \frac{c^2}{\lambda^2} x(\tau)$$

が得られる. ゆえに, $k = mc^2/\lambda^2$ とすれば, $x^1(t)$ が (8.77) の形のとき, (8.74) によって定義される曲線 $x(\tau)$ は運動方程式 (8.72) の解である.

### 8.6.7 4次元運動量の非相対論的近似

任意のローレンツ座標系 $(e_\mu)$ において, 4次元運動量 $p(\tau)$ の非相対論的極限を考えてみよう. この座標系での $x(\tau)$ の表示を $x(\tau) = cte_0 + \sum_{j=1}^{3} x^j(t)e_j$ とし, $p(\tau)$ の表示を

$$p(\tau) = \sum_{\mu=0}^{3} p^\mu(\tau) e_\mu$$

とする. ただし, $\tau$ と $t$ の関係は (8.58) によって与えられる. このとき, (8.68), (8.69) が成り立つことはすでに見た.

ところで, $|x| < 1$ を満たす任意の実数 $x \in \mathbb{R}$ に対して,

$$\frac{1}{\sqrt{1-x}} = \sum_{n=0}^{\infty} \frac{1 \cdot 3 \cdot 5 \cdots (2n-3) \cdot (2n-1)}{2^n n!} x^n \tag{8.78}$$

$$= 1 + \frac{1}{2}x + \frac{3}{8}x^2 + \cdots \tag{8.79}$$

という級数展開が成り立つ.

これと (8.68), (8.69) を用いると, 4次元運動量 $p(\tau)$ の, ローレンツ座標系 $(e_\mu)$ における成分について,

$$cp^0(\tau) = \frac{mc^2}{\sqrt{1 - \frac{v(t)^2}{c^2}}} = mc^2 + \frac{mv(t)^2}{2} + m\frac{3v(t)^4}{8c^2} + \cdots, \quad (8.80)$$

$$p^j(\tau) = mv^j(t) + \frac{mv(t)^2}{2c^2} v^j(t) + \cdots \quad (j = 1, 2, 3) \quad (8.81)$$

という $v(t)/c$ のべき級数展開が得られる. これを見ると, $cp^0(\tau)$ の展開式 (8.80) の第2項は, $m$ を質点の質量と解釈すれば, ニュートン力学での運動エネルギーを与えることがわかる. 第1項と第3項以降がその相対論的補正項と解釈される. 他方, $p^j(\tau)$ の展開式 (8.81) の第1項はニュートン力学における, 質量 $m$ の質点の運動量であることがわかる. 第2項以降は, ニュートン力学的運動量の相対論的補正項である. これらのことから, 上に導入した定数 $m$ は質点の質量を表し, $cp^0$ はエネルギーを表すものと解釈される. そこで,

$$E(\tau) = cp^0(\tau) \quad (8.82)$$

とおき, これを4次元運動量 $p(\tau)$ のローレンツ座標系 $(e_\mu)$ における**エネルギー成分**と呼ぶ. また, (8.80) に基づいて, $E(\tau) - mc^2$ をこのローレンツ座標系における**運動エネルギー**ということにする.

以上の事実をふまえて, 一般に座標系の取り方に関係なく, 4次元運動量 $p(\tau)$ を**エネルギー運動量ベクトル**とも呼ぶ.

ローレンツ座標系における4次元運動量の上述の解釈によれば, ニュートン力学的な意味でのエネルギーや運動量は, 実は, 4次元運動量という全一的・絶対的存在の分節的現れにすぎないことがわかる. 言い換えれば, ニュートン力学的な意味でのエネルギーや運動量は, 時間, 空間の概念と同様, ローレンツ座標系に依拠して定義される相対的・分節的な量であって絶対的な意味はもたない.

(8.80) と (8.82) によって

$$E(\tau) \geq mc^2 \quad (8.83)$$

が成り立つ (これは, $E(\tau) = c \langle e_0, p(\tau) \rangle$ と命題 8.29 からも出る). いま考えているローレンツ座標系は任意であったから, **不等式 (8.83) は任意のローレンツ座標系で成立する**.

(8.83) の等号が成立するのは，$v(t) = 0$ の場合，すなわち，質点がローレンツ座標系 $(e_\mu)$ で静止している場合であり，かつこのときに限ることがわかる．この場合のエネルギー成分を $E_0$ とすれば

$$E_0 = mc^2 \tag{8.84}$$

となる．$mc^2$ を質量 $m$ の**静止エネルギー**という．

不等式 (8.83) は，質量 $m$ の質点のエネルギーには絶対的な下限（この場合の「絶対的」という意味は「ローレンツ座標系の取り方によらない」という意味）が存在し，それは静止エネルギー $mc^2$ に等しいことを示す．この帰結は，ニュートン力学との対比において，特殊相対性理論がもたらす真に革命的な発見の 1 つである．この意味でも，相対性理論は絶対性理論と呼びうる．

ニュートン力学においては，質点のエネルギーについては，その相対的な差だけが問題であって，任意の定数をエネルギーに加えても引いても何ら物理的な違いはなかった．だが，上述の絶対的下限の存在はこのような任意性を排除するものなのである．実際，$E' = E - \varepsilon < mc^2$ となるように定数 $\varepsilon > 0$ を引いて，$E'$ を質点 $m$ の 4 次元運動量のエネルギー成分とすることはできない（∵ もし，$E'$ が質点 $m$ の 4 次元運動量のエネルギー成分ならば，つねに $E' \geq mc^2$）．また，$E' = E + ck > mc^2$ となるように定数 $ck > 0$ を加えた場合にも $E'$ は質点 $m$ の 4 次元運動量のエネルギー成分にはならない．なぜなら，もし，$p' = p + ke_0$ が質点 $m$ の 4 次元運動量であるとすれば，$\langle p', p' \rangle = m^2 c^2$ でなければならないが，左辺は $m^2 c^2 + 2p^0 k + k^2 > m^2 c^2$ となるからである．

念のために注意しておくと，式 (8.84) は，それ自体で独立した普遍的な意味をもつ式ではなく，ローレンツ座標系で空間運動量成分 $p^j$ がすべて 0 のときに成り立つ式にすぎないということである（すでに注意したように，相対論では，エネルギーと運動量は独立ではないから，エネルギーだけ取り出して云々しても意味がない）．もう一度強調しておけば，エネルギー運動量と質量 $m$ の普遍的な関係式は (8.67) である．この絶対的・普遍的な関係式を，質点の 3 次元的速さが 0 となるようなローレンツ座標系で見たものが (8.84) である．

**!注意 8.14** 静止エネルギーの実験的検証は，たとえば，素粒子の自然崩壊という現象——ある時間がたつとある確率で別の素粒子に遷移する現象——を通してなされる．一例をあげれば，静止している中性のパイ中間子 $\pi^0$ は，自然に崩壊して，2 個の光子 $\gamma$ になる：

$$\pi^0 \to \gamma + \gamma.$$

この場合，2個の光子のエネルギーの和は 135 MeV でこれは $\pi^0$ の静止エネルギーに等しい[21]．この実験的事実は同時に公理 (R.2) における絶対的物理定数 $c$ を真空中の光速と解釈する実験的根拠の1つを与える．

### 8.6.8 エネルギー運動量保存則

2階の反変テンソル場 $L: V_M \to \bigwedge^2(V_M)$ を任意にとり，$\mathcal{K}_L: T_\Gamma \to V_M$ を

$$\mathcal{K}_L(\tau) := L(x(\tau))\dot{x}(\tau)$$

によって定義する（右辺は，テンソル $L(x(\tau))$ とベクトル $\dot{x}(\tau)$ の演算積——2章，2.4.14 項を参照）．

**【補題 8.31】** 任意の固有時 $\tau$ において，$\mathcal{K}_L(\tau)$ は4次元速度ベクトル $\dot{x}(\tau)$ と直交する：

$$\langle \mathcal{K}_L(\tau), \dot{x}(\tau) \rangle = 0. \tag{8.85}$$

**証明** $(v_\mu)$ を $V_M$ の任意の基底とし，$L(x) = \sum_{\mu<\nu} L^{\mu\nu}(x) v_\mu \wedge v_\nu$ と展開すれば（$L^{\mu\nu}(x) \in \mathbb{R}$），

$$\mathcal{K}_L(\tau) = \sum_{\mu<\nu} L^{\mu\nu}(x(\tau))(v_\mu \langle v_\nu, \dot{x}(\tau) \rangle - v_\nu \langle v_\mu, \dot{x}(\tau) \rangle).$$

右辺と $\dot{x}(\tau)$ とのミンコフスキー内積は0であることがわかる．したがって，(8.85) が成り立つ． ∎

上の補題によって，ベクトル $\mathcal{K}_L(\tau)$ は4次元力ベクトルの候補たりうる．そこで，$\mathcal{K}_L$ を**反対称テンソル $L$ から決まる4次元力ベクトル**と呼ぶ．

4次元力ベクトル $\mathcal{K}_L$ の作用のもとでの運動方程式は

$$m\frac{d^2 x(\tau)}{d\tau^2} = \mathcal{K}_L(\tau) \tag{8.86}$$

である．

さて，ベクトル場 $U: V_M \to V_M$ で

$$L = \widetilde{d}U \tag{8.87}$$

を満たすものがあると仮定しよう．ただし，$\widetilde{d}$ は $V_M$ 上の反対称反変テンソル場

---

[21] MeV（メガ電子ボルト，略して"メブ"と読む）はエネルギーの単位．電気素量 $e$ の粒子が 1 V（1 ボルト）の電位差をもつ2点間で加速されるときに得るエネルギーを 1 電子ボルトといい，1 eV と記す．これを用いると 1 MeV $= 10^6$ eV である．

に関する外微分作用素である（ポアンカレの補題により，(8.87) は $\widetilde{dL} = 0$ と同値）．したがって，$U = \sum_{\mu=0}^{3} U^\mu e_\mu$ と展開すれば

$$L = \sum_{\mu,\nu=0}^{3} \partial^\nu U^\mu e_\nu \wedge e_\mu = \sum_{\nu<\mu} (\partial^\nu U^\mu - \partial^\mu U^\nu) e_\nu \wedge e_\mu. \tag{8.88}$$

ただし，$\partial^\nu := \sum_{\alpha=0}^{3} \eta^{\nu\alpha} \partial_\alpha = \sum_{\alpha=0}^{3} \eta^{\nu\alpha} \partial/\partial x^\alpha$．ゆえに

$$\mathcal{K}_L(\tau) = -\sum_{\mu,\nu=0} (\partial^\mu U^\nu - \partial^\nu U^\mu) \dot{x}_\mu e_\nu.$$

一方，

$$\sum_{\mu,\nu=0} \partial^\mu U^\nu \dot{x}_\mu e_\nu = \frac{d}{d\tau} U(x(\tau))$$

であり，

$$\sum_{\mu,\nu=0} \partial^\nu U^\mu \dot{x}_\mu e_\nu = \operatorname{grad} \langle U(x(\tau)), \dot{x}(\tau) \rangle.$$

ただし，右辺はスカラー場 $f : x \mapsto \langle U(x), \dot{x}(\tau) \rangle$ の勾配 $\operatorname{grad} f$ の $x = x(\tau)$ における値を表す．したがって

$$\mathcal{K}_L(\tau) = -\frac{d}{d\tau} U(x(\tau)) + \operatorname{grad} \langle U(x(\tau)), \dot{x}(\tau) \rangle. \tag{8.89}$$

これを運動方程式 (8.86) に代入すれば

$$\frac{d}{d\tau} (p(\tau) + U(x(\tau))) = \operatorname{grad} \langle U(x(\tau)), \dot{x}(\tau) \rangle \tag{8.90}$$

そこで

$$P(\tau) := m\dot{x}(\tau) + U(x(\tau)) = p(\tau) + U(x(\tau)) \tag{8.91}$$

とおけば，運動方程式は

$$\frac{dP(\tau)}{d\tau} = \operatorname{grad} \langle U(x(\tau)), \dot{x}(\tau) \rangle \tag{8.92}$$

と書けることになる．

$P(\tau)$ を**正準エネルギー運動量ベクトル**と呼ぶ[22]．$p(\tau)$ は質点の 4 次元運動量

---

[22] $W_\xi(x) = -\langle U(x), \xi \rangle, x, \xi \in V_M$, とおけば，(8.92) は $dP(\tau)/d\tau = -\operatorname{grad} W_{\dot{x}(\tau)}(x(\tau))$ と書かれる．この式は，ちょうどポテンシャルから導かれる力のもとにおけるニュートンの運動方程式と同じ形をしていることに注意．もちろん，意味は異なる．

ベクトルであり，$U$ は力を与える反対称テンソル場 $L$ をその外微分として与える．
この意味で $U$ を**ポテンシャルエネルギー運動量**という．

相対性理論におけるエネルギー運動量保存則は次のように定式化される．

**【定義 8.32】** 定ベクトル $a \in V_M \setminus \{0\}$ に対して，$\langle P(\tau), a \rangle$ が $\tau$ によらない定数であるとき，$a$ の方向に関して**エネルギー運動量保存則**が成り立つという．

**【定理 8.33】** $a \in V_M \setminus \{0\}$ とする．すべての $s \in \mathbb{R}$ に対して，

$$U(x+sa) = U(x), \quad x \in V_M \tag{8.93}$$

が成り立つならば，$a$ の方向に関してエネルギー運動量保存則が成り立つ．

**証明** 任意のベクトル $\xi \in V_M$ に対して，スカラー場 $F_\xi : V_M \to \mathbb{R}$ を $F_\xi(x) := \langle U(x), \xi \rangle$ によって定義する．(8.92) から

$$\frac{d}{d\tau} \langle P(\tau), a \rangle = \langle \operatorname{grad} F_{\dot{x}(\tau)}(x(\tau)), a \rangle.$$

一方，

$$\begin{aligned}
\langle \operatorname{grad} F_{\dot{x}(\tau)}(x(\tau)), a \rangle &= \lim_{s \to 0} \frac{F_{\dot{x}(\tau)}(x(\tau)+sa) - F_{\dot{x}(\tau)}(x(\tau))}{s} \\
&= \lim_{s \to 0} \frac{\langle U(x(\tau)+sa) - U(x(\tau)), \dot{x}(\tau) \rangle}{s} \\
&= 0 \quad (\because (8.93)).
\end{aligned}$$

したがって，$d\langle P(\tau), a \rangle / d\tau = 0$．ゆえに $\langle P(\tau), a \rangle$ は定数である． ∎

**【定義 8.34】** $a \in V_M$ とする．ベクトル場 $X : V_M \to V_M$ がすべての $s \in \mathbb{R}$ に対して，$X(x+sa) = X(x)$, $x \in V_M$, を満たすとき，$X$ は **$a$ 方向の並進対称性**をもつ，あるいは単に **$a$-並進対称**であるという．

条件 (8.93) は $U$ が $a$-並進対称であるということを表す．

■ **例 8.18** ■ ローレンツ座標系 $(e_\mu)_{\mu=0}^3$ において，$U$ が $e_0$-並進対称である場合——これは $x = \sum_{\mu=0}^3 x^\mu e_\mu$ と展開するとき，$U(x)$ は $x^0$ に依存しないことと同値——のエネルギー運動量保存則は，$\langle P(\tau), e_0 \rangle = p^0(\tau) + U^0(x(\tau))$ が定数になることである ($p(\tau) = \sum_{\mu=0}^3 p^\mu(\tau) e_\mu, U(x) = \sum_{\mu=0}^3 U^\mu(x) e_\mu$ とする)．これは，正準エネルギー運動量ベクトルのエネルギー成分に関する保存則であるので，ニュートン力学

の場合におけるエネルギー保存則の拡張版であると解釈される．

また，$j = 1, 2, 3$ として，$U$ が $e_j$-並進対称である場合——これは，$U(x)$ が $x^j$ に依存しないことと同値——のエネルギー運動量保存則は $p^j(\tau) + U^j(x(\tau))$ が保存するということに他ならない．これは，ニュートン力学の場合における運動量の $j$ 成分の保存則の拡張版であると解釈される．

こうして，**相対性理論においては，ニュートン力学の場合には，別々に考えられたエネルギー保存則と運動量保存則が 1 つの形式（定理 8.33）に統一される**ことが知られる．

### 8.6.9 電磁場テンソルから導かれる力と運動方程式

$(e_\mu)_\mu$ を任意のローレンツ基底とし，$x \in V_M$ を $x = \sum_{\mu=0}^{3} x^\mu e_\mu$ と展開する．$V_\mathbb{E}$ を $e_1, e_2, e_3$ で生成される部分空間とすれば，これは 3 次元ユークリッドベクトル空間とみなせる[23]．質点 $m$ は電荷 $q$ をもつとし，

$$x(\tau) = x^0(\tau)e_0 + \sum_{i=1}^{3} x^i(\tau) e_i$$

と表す．$\boldsymbol{x}(\tau) = \sum_{i=1}^{3} x^i(\tau) e_i$ とおく．時空には電場 $\boldsymbol{E}: V_M \to V_\mathbb{E}$ と磁場 $\boldsymbol{B}: V_M \to \bigwedge^2 V_\mathbb{E}$ が存在するとし，

$$\boldsymbol{E} = \sum_{i=1}^{3} E^i e_i, \quad \boldsymbol{B} = B_1 e_2 \wedge e_3 + B_2 e_3 \wedge e_1 + B_3 e_1 \wedge e_2$$

と展開する（したがって，$*\boldsymbol{B} = B_1 e_1 + B_2 e_2 + B_3 e_3$）．7 章，7.2.4 項で述べたように，非相対論（ニュートン力学）においては，$m$ に働く電気力と磁気力はそれぞれ，$q\boldsymbol{E}(x)$，$q\boldsymbol{B}(x)(d\boldsymbol{x}(t)/dt)$（演算積）である．この法則は相対論的には次のように拡張される．7 章，7.8 節で導入した電磁場テンソル

$$F(x) = \sum_{\mu < \nu} F_{\mu\nu}(x) dx^\mu \wedge dx^\nu$$

を考える．これに対応する反変テンソル場を $\widetilde{F}: V_M \to \bigwedge^2 V_M$ とすれば

$$\widetilde{F}(x) = \sum_{\mu < \nu} F^{\mu\nu}(x) e_\mu \wedge e_\nu$$

である．ただし，$F^{\mu\nu} := \sum_{\alpha,\beta=0}^{3} \eta^{\mu\alpha} \eta^{\nu\beta} F_{\alpha\beta}$ とする[24]．テンソル $q\widetilde{F}$ に対応す

---

[23] 注意 8.4 で述べた，$\{e_0\}^\perp = \mathcal{L}(\{e_i\}_{i=1}^{3})$ と 3 次元ユークリッドベクトル空間の同一視を用いる．

[24] 6 章，6.2.2 項を参照．テンソルの成分の添え字の上げ下げの意味については 2 章，2.4.11 項を参照．

る 4 次元力ベクトルを $\mathcal{K}$ とすれば

$$\mathcal{K} = q\widetilde{F}(x(\tau))\dot{x}(\tau). \tag{8.94}$$

したがって,運動方程式は

$$m\frac{d^2 x(\tau)}{d\tau^2} = q\widetilde{F}(x(\tau))\dot{x}(\tau). \tag{8.95}$$

ローレンツ座標系 $(e_\mu)_{\mu=0}^3$ において,方程式 (8.95) がいかなる姿をとるかを見るために

$$\mathcal{K} = \sum_{\mu=0}^3 K^\mu e_\mu = K^0 e_0 + \boldsymbol{K}$$

($\boldsymbol{K} := \sum_{j=1}^3 K^j e_j$) と展開しよう. このとき

$$K^\mu = q\sum_{\nu=0}^3 F^{\mu\nu}\dot{x}_\nu(\tau).$$

ただし,$x_\nu = \sum_{\alpha=0}^3 \eta_{\nu\alpha}x^\alpha$. したがって,

$$F_{0i} = \frac{E^i}{c}\ (i=1,2,3),\ F_{12} = -B_3,\ F_{23} = -B_1,\ F_{31} = -B_2$$

とすれば

$$K^0 = \sum_{i=1}^3 q\frac{E^i}{c}\dot{x}^i(\tau) = \frac{q}{c}\langle \boldsymbol{E}, \dot{\boldsymbol{x}}(\tau)\rangle_{V_{\mathrm{E}}},$$

$$\boldsymbol{K} = q\left\{\frac{\boldsymbol{E}}{c}\dot{x}^0(\tau) + \dot{\boldsymbol{x}}(\tau) \times *\boldsymbol{B}\right\}.$$

ゆえに,運動方程式 (8.95) を成分ごとに書けば

$$m\frac{d^2 x^0(\tau)}{d\tau^2} = \frac{q}{c}\langle \boldsymbol{E}, \dot{\boldsymbol{x}}(\tau)\rangle_{V_{\mathrm{E}}}, \tag{8.96}$$

$$m\frac{d^2 \boldsymbol{x}(\tau)}{d\tau^2} = q\left\{\frac{\boldsymbol{E}}{c}\dot{x}^0(\tau) + \dot{\boldsymbol{x}}(\tau) \times *\boldsymbol{B}\right\} \tag{8.97}$$

となる. 第 2 の方程式をニュートン力学の場合の方程式と比べてみると次のことがわかる:(i) 速度と加速度は,座標時間に関するものではなく,固有時 $\tau$ に関するものに変更されている. (ii) (8.97) の右辺の第 1 項に $\dot{x}^0(\tau)$ という係数がかかっている. これらが相対論的に修正された点である. 容易にわかるように,非相対論的極限 $c \to \infty$ では,(8.97) は対応するニュートン力学の方程式を与える.

$F$ を与える電磁的ゲージ場を $A$ としよう：$dA = F$. そこで，$A = \sum_{\mu=0}^{3} A_\mu dx^\mu$ と展開し，$\widetilde{A} = \sum_{\mu=0}^{3} A^\mu e_\mu$ とする（$A^\mu := \sum_{\nu=0}^{3} \eta^{\mu\nu} A_\nu$）．したがって，$F$ に対応する反変テンソル場は

$$\widetilde{F}(x) = \widetilde{dA}(x), \quad x \in V_M \tag{8.98}$$

で与えられる．ゆえに，$q\widetilde{A}$ は，ポテンシャルエネルギー運動量の例を与え，いまの場合の正準エネルギー運動量ベクトルは

$$P_A(\tau) := p(\tau) + q\widetilde{A}(x(\tau)) \tag{8.99}$$

である．(8.92) を $U = q\widetilde{A}$ として応用することにより，電磁場 $F$ の作用のもとでの運動方程式は

$$\frac{dP_A(\tau)}{d\tau} = q \operatorname{grad} \langle \widetilde{A}(x(\tau)), \dot{x}(\tau) \rangle \tag{8.100}$$

と書かれる．これが**荷電粒子に対する，電磁的ゲージ場だけを用いて表した相対論的運動方程式**である．こうして，電磁的ゲージ場を本源的対象であるとする視点は，荷電粒子と電磁場の相互作用を記述する場合にも有効であることが確認される．4 次元ベクトル $P_A(\tau)$ を電磁的ゲージ場 $A$ に関する**電磁的 4 次元運動量**と呼ぶ．

## 8.7 固有時の反転と反粒子

質点の運動を表す運動曲線 $\Gamma$ に沿って測られる固有時 $\tau$ の符号は，あらかじめ $\Gamma$ に与えておいた向きによって定まる．その向きの与え方には 2 通りあるが，どちらが他方に優先するという理由はアプリオリにはない．つまり，固有時の向きの取り方は便宜的なものであって，絶対的幾何学的意味をもつものではない．そこで，$\Gamma$ の向きの取り方を逆にした場合に運動がどのように記述されるかを見ておく必要がある．いま，向きを 1 つ固定して固有時 $\tau$ を測り，$\tau = 0$ から $\tau = T > 0$ までの運動を考えよう．これに対して，$\tau = T$ から $\tau = 0$ に向かう運動の固有時（$\tau$ と逆向きの固有時）は $\tau' = T - \tau$ で与えられる．対応：$\tau \mapsto \tau' = T - \tau$ を固有時区間 $[0, T]$ における**固有時の反転**または **$\tau$-反転**と呼ぶ．だが，これはミンコフスキーベクトル空間 $V_M$ 上の写像ではないから，ニュートン力学における時間反転の概念とは異なるものであることに注意しよう[25]．すなわち，これは相対

---

[25] ニュートン力学においては，時刻 $p \in \mathbb{R}$ に関する時間反転は，時空 $\mathbb{R} \times V$（$V$ は $d$ 次元ユークリッドベクトル空間）で考えるならば，各点 $(t, \boldsymbol{x}) \in \mathbb{R} \times V$ を点 $(2p - t, \boldsymbol{x}) \in \mathbb{R} \times V$ にうつす

論的な運動のそれぞれに応じて決まる固有の操作である．

いま，質量 $m$ の質点が時間的曲線 $\Gamma$ を描いて運動を行うとし，その位置ベクトルを $x(\tau)$ とする．このとき，各 $x(\tau)$ に対して $x_\mathrm{r}(\tau) \in V_M$ を

$$x_\mathrm{r}(\tau) := x(\tau') = x(T - \tau) \tag{8.101}$$

によって定義する．写像 $x_\mathrm{r} : [0, T] \to V_M$ を運動曲線 $x(\cdot)$ の **$\tau$-反転**と呼ぶ．最初に指定した向きに応じた固有時 $\tau$ が増大する向きを"過去から未来へ向かう向き"と定義すれば，$\tau' = T - \tau$ は"未来から過去へ向かう向き"に応じた固有時であると解釈される．このとき，$x_\mathrm{r}(\tau)$ は，未来から過去へと向かう運動を $\tau$ の向きで表したものである（$\tau$ が $0$ から $T$ へと向かうとき，$\tau'$ は $T$ から $0$ へと逆行する）．

合成関数の微分法により

$$\dot{x}_\mathrm{r}(\tau) = \frac{dx_\mathrm{r}(\tau)}{d\tau} = -\dot{x}(T - \tau), \tag{8.102}$$

$$\ddot{x}_\mathrm{r}(\tau) = \frac{d^2 x_\mathrm{r}(\tau)}{d\tau^2} = \ddot{x}(T - \tau). \tag{8.103}$$

したがって，特に

$$\langle \dot{x}_\mathrm{r}(\tau), \dot{x}_\mathrm{r}(\tau) \rangle = c^2 > 0$$

であるから，$x_\mathrm{r}$ も時間的運動である．

いま，質点 $m$ は電荷 $q$ をもち，電磁場 $F : V_M \to \bigwedge^2 V_M^*$ のもとで時間的な運動をするとしよう．したがって，運動方程式 (8.95) が成り立つ．(8.102) と (8.103) を用いると

$$m \frac{d^2 x_\mathrm{r}(\tau)}{d\tau^2} = -q \widetilde{F}(x_\mathrm{r}(\tau)) \dot{x}_\mathrm{r}(\tau). \tag{8.104}$$

したがって，運動曲線 $x_\mathrm{r}(\tau)$ は，質量が $m$ で電荷が $-q$（符号が反対）の質点の運動を表す．つまり，質量 $m$，電荷 $q$ の運動には，それを逆にたどる運動が伴うが，この逆の運動は，質量は同じで電荷の符号が反対の質点，すなわち，質量 $m$，電荷 $-q$ の質点によって実現される．これは，電荷 $q$ をもつ粒子には，質量は同じであるが電荷が $-q$ の粒子が同伴し，その $\tau$ の向きの運動（つまり過去から未来へ向かう運動）は，未来から過去へ向かうもとの粒子の運動を表すと解釈されうる．この同伴粒子をもとの粒子の（電荷に関する）**反粒子** (anti-particle) と呼ぶ．こうして，相対性理論は反粒子の存在を予言する．この予言が実際に正しい

---

写像である（4 章，4.7.4 項を参照）．

ことは，宇宙線の観測や加速器の実験によって示されている[26]．たとえば，電子の反粒子は陽電子と呼ばれる素粒子である．この他にも多くの粒子-反粒子の対が存在する．

反粒子の運動 $x_\mathrm{r}(\tau)$ の性質を見るためにその4次元運動量

$$p_\mathrm{r}(\tau) := m\dot{x}_\mathrm{r}(\tau) \tag{8.105}$$

を考えると，(8.102) により

$$p_\mathrm{r}(\tau) = -p(T - \tau). \tag{8.106}$$

したがって，特に

$$\langle p_\mathrm{r}(\tau), p_\mathrm{r}(\tau) \rangle = m^2 c^2. \tag{8.107}$$

ここで次の点に注目しよう．ローレンツ座標系 $(e_\mu)$ において $p(\tau) = (E(\tau)/c)e_0 + \sum_{i=1}^{3} p^i(\tau)e_i$ と展開すれば，(8.106) によって，

$$p_\mathrm{r}(\tau) = -\frac{E(T - \tau)}{c} e_0 - \sum_{i=1}^{3} p^i(T - \tau) e_i$$

であるから，$p_\mathrm{r}(\tau)$ のエネルギー成分は $-E(T - \tau) \leq -mc^2$ であって，これは負のエネルギーである．

**!注意 8.15** $p_\mathrm{r}(\tau)$ のエネルギー成分が負であるからといって，上述の反粒子の運動 $x_\mathrm{r}(\tau)$ が"非物理的"だとする理由は，他に何らかの仮定をおかない限り，ない．これに対する可能な解釈の1つは，負エネルギーをもつ反粒子の運動——もとの粒子の未来から過去への運動——は，現象として顕在化していない，いわば"潜在的次元"における運動であるというものである（現象として顕在化した反粒子の運動においては，ローレンツ座標系におけるエネルギー成分はもちろん正である）．この解釈は相対論的量子力学における基礎方程式の1つである**ディラック方程式**の負エネルギー解についてのファインマンの実に見事という他はない解釈——電子の負のエネルギー状態は過去に向かって運動する電子の状態を表す——に対応するものである[27]．

---

[26] 宇宙線とは，宇宙空間から絶え間なく地球へ降り注いでいる巨大なエネルギーをもつ素粒子の流れ．宇宙線を観測し，宇宙の構造や素粒子の性質を研究する分野は**宇宙線物理学**と呼ばれる．加速器というのは，素粒子どうしを衝突させて，そこに働く力の構造や素粒子の内部構造を調べる実験装置であり，これはたいへん大がかりなものである．日本では，茨城県つくば市にある高エネルギー加速器研究機構 (KEK) が有する加速器が最も規模が大きい．
[27] R. P. Feynman, *Quantum Electrodynamics*, W. A. Benjamin, Inc., Reading Massachusetts, 1962, pp.66–70.

## 8.8 光的粒子と虚粒子

これまでは，質点の運動曲線（世界線）がいたるところ時間的である場合を考察した．だが，そうでない場合を排除する理由は別に存在しない．そこで，この節では，運動曲線 $\gamma$ がいたるところ時間的であるとは限らない場合を考察しよう．

### 8.8.1 運動曲線がいたるところ光的な場合

これは，運動曲線 $\Gamma$（$\gamma(s)$ をそのパラメータ表示とする）の接ベクトル $\dot{\gamma}(s)$ がつねに

$$\langle \dot{\gamma}(s), \dot{\gamma}(s) \rangle = 0 \tag{8.108}$$

を満たすように運動がなされる場合である（この性質はパラメータ $s$ の取り方によらない）．

■ 例 8.19 ■ ローレンツ座標系 $(e_\mu)$ において，原点を通り，$e_0$-$e_1$ 平面を進む光の運動曲線は（$t$ 秒後には $ct$ の距離だけ進むので）$\gamma(t) = cte_0 + cte_1$ と表される．したがって，$\dot{\gamma}(t) = ce_0 + ce_1$ であるから，$\langle \dot{\gamma}(t), \dot{\gamma}(t) \rangle = 0$．ゆえに，光の運動曲線はいたるところ光的である．

(8.108) を満たす運動においては，曲線 $\Gamma$ のミンコフスキー的長さ $L(\Gamma)$ はつねに 0 である．ゆえに，いたるところ時間的である運動の場合に定義した固有時をそのままいまの場合に当てはめると 0 となってしまい，意味のある概念は得られない．これは，4 次元速度ベクトルや 4 次元加速度ベクトルの概念および 4 次元運動量を時間的曲線運動の場合と同じ仕方では定義できないことを意味する．したがって，また，運動方程式は——もしあるとしても——いかなるものになるのかさしあたり不明である．ゆえに，このような運動は，ミンコフスキー空間の運動の中でもある特別のクラスを占めるものと解釈されうる．

ローレンツ座標系 $(e_\mu)$ における $\gamma$ の表示を $\gamma(t) = cte_0 + \sum_{j=1}^{3} \eta^j(t) e_j$ とすれば，条件 (8.108) と $c^2 - v(t)^2 = 0$ は同値である（$v(t) = \sqrt{\sum_{j=1}^{3} \dot{\eta}^j(t)^2}$）．ゆえに，次のことが結論される：**いたるところ光的である運動をローレンツ座標系で観測すると，その 3 次元的速さはつねに光速に等しく，逆にローレンツ座標系における 3 次元的速さがつねに光速に等しいような運動はいたるところ光的な運動である**．この意味で光的な運動を行う対象を **光的粒子** と呼ぶ．

いま得られた事実は，光的粒子が静止した粒子として観測されるローレンツ座標系は存在しないことを意味する．

光的粒子も 4 次元運動量をもつと仮定するのは自然である．数学的には，光的運動曲線 $\Gamma$ 上の各点 $X$ にベクトル $p(X) \in V_M$ を対応させる写像として光的粒子の 4 次元運動量を定義する．点 $X$ を表す位置ベクトルが $\gamma(s)$ であるとき，$p(X) = p(s)$ と記す．時間的曲線運動の場合の拡張として，4 次元運動量 $p(X)$ は点 $X$ における接ベクトルに平行であると仮定する．このとき，(8.108) によって，

$$\langle p(X), p(X) \rangle = 0, \quad X \in \Gamma. \tag{8.109}$$

すなわち，光的粒子の 4 次元運動量は光的ベクトルである．ローレンツ座標系 $(e_\mu)$ において，$p(X) = (E(X)/c)e_0 + \sum_{i=1}^{3} p^i(X)e_i$ と展開するとき，質量をもつ時間的運動の場合と同様，$E(X)$ を**エネルギー成分**，$\boldsymbol{p}(X) = (p^1(X), p^2(X), p^3(X))$ を **3 次元的運動量成分**と呼ぶ．(8.109) によって，

$$E(X)^2 = c^2 \|\boldsymbol{p}(X)\|^2 \tag{8.110}$$

が成り立つ ($\|\boldsymbol{p}(X)\| := \sqrt{\sum_{i=1}^{3} p^i(X)^2}$)．この式を質量 $m$ の質点が時間的運動を行う場合の 4 次元運動量の普遍的関係式 (8.67) と比較することにより，光的粒子の "質量" は 0 であると解釈される．

**!注意 8.16** ミンコフスキー空間を運動する質点（必ずしも時間的な運動とは限らない）に対して，質点の質量をどのように定義するかは自明な問題ではない．光的粒子の場合，すでに言及したように，ローレンツ座標系においては，つねに光速で運動するわけであるから，たとえば，直線運動を考えたとき，3 次元的速度を変える加速はありえない．したがって，ニュートン力学の場合のように慣性質量として光的粒子の質量を定義することはできない．

光的粒子の基本的な例は光子——光（電磁波）の量子——である[28]．振動数が $\nu$ の電磁波は，量子力学的には，エネルギーが $h\nu$（$h$ はプランクの定数）の光子の集まりである．したがって，ローレンツ座標系において，エネルギー $h\nu$ をもつ光子の 3 次元的運動量 $\boldsymbol{p}$ の大きさ $\|\boldsymbol{p}\|$ は，(8.110) から，

$$\|\boldsymbol{p}\| = \frac{h\nu}{c}. \tag{8.111}$$

---

[28] 以前は，ニュートリノと呼ばれる素粒子も光的粒子と考えられていたが，最近の精密な観測——東京大学宇宙線研究所神岡宇宙素粒子研究施設の有する観測装置スーパーカミオカンデを用いた観測——によって，ニュートリノは質量をもつとする説が有力になってきている．

### 8.8.2 虚粒子

次に,運動曲線 $\gamma : [\alpha, \beta] \to V_M$ がいたるところ空間的な場合,すなわち

$$\langle \dot{\gamma}(s), \dot{\gamma}(s) \rangle < 0 \tag{8.112}$$

であるような運動を考えよう.このような運動をローレンツ座標系 $(e_\mu)$ で見るとその **3 次元的速さは光速よりも大きい**.実際,$\gamma(t) = cte_0 + \sum_{j=1}^{3} \gamma^j(t)e_j$ とすれば,$\dot{\gamma}(t) = ce_0 + \sum_{j=1}^{3} v^j(t)e_j$ $(v^j(t) := \dot{\gamma}^j(t))$ であり,$\langle \dot{\gamma}(t), \dot{\gamma}(t) \rangle = c^2 - v(t)^2$ $(v(t)^2 = \sum_{j=1}^{3} v^j(t)^2)$ であるから,

$$c < v(t)$$

が成り立つ.つまり,(8.112) に従う運動を行う質点は超光速で運動を行う.

条件 (8.112) によって,固有時に相当する量 $l$ を

$$l(\Gamma) := \frac{1}{c} \int_\alpha^\beta \sqrt{-\langle \dot{\gamma}(s), \dot{\gamma}(s) \rangle} \, ds \tag{8.113}$$

によって定義できる.$s, s_0 \in [\alpha, \beta]$ に対して,

$$g_\Gamma(s) := \frac{1}{c} \int_{s_0}^s \sqrt{-\langle \dot{\gamma}(u), \dot{\gamma}(u) \rangle} \, du \tag{8.114}$$

とおき,$S_\Gamma := \{g_\Gamma(s) \mid s \in [\alpha, \beta]\}$ とする.写像 $x : S_\Gamma \to V_M$ を

$$x(l) := \gamma(g_\Gamma^{-1}(l)), \quad l \in S_\Gamma \tag{8.115}$$

によって定義できる.要するに,これは,曲線 $\gamma$ をパラメータ $l$ を用いて表したものである.ベクトル $x(l)$ の $l$ に関する導関数

$$\dot{x}(l) = \frac{dx(l)}{dl} \tag{8.116}$$

をいまの場合の **4 次元速度ベクトル**という.

式 (8.51) の導出と同様にして

$$\langle \dot{x}(l), \dot{x}(l) \rangle = -c^2 \tag{8.117}$$

が証明される.これは,**$\Gamma$ がいたるところ空間的であるとき,4 次元速度ベクトルは空間的ベクトルであることを示す.**

いたるところ時間的な曲線の場合のアナロジーによって4次元運動量を

$$p(l) := \mu \dot{x}(l) \qquad (8.118)$$

によって定義する．ただし，$\mu > 0$ は定数であるとする．(8.117) により

$$\langle p(l), p(l) \rangle = -\mu^2 c^2 < 0. \qquad (8.119)$$

これは，いたるところ空間的運動を行う質点の"質量"が $i\mu$ という純虚数であることを示唆する．そこで，このような運動をする質点を**虚粒子**と呼ぶ．このような粒子——それは，すでに述べたように，超光速粒子——は**タキオン**とも呼ばれる．

虚粒子との対比において，4次元運動量が時間的または光的となる質点的存在を**実粒子**と呼ぶ．

## 8.9 実粒子の分裂・融合および散乱

相対性理論の重要な理論的含意の1つとして，素粒子の間の分裂・融合・散乱現象の存在が示唆される．これを簡単に見ておく．この節で粒子として念頭においているのは，基本的には，粒子的描像における素粒子のことである．

### 8.9.1 虚粒子が関与しない場合における実粒子の分裂・融合

4次元運動量が $p_1$ の粒子が分裂して，4次元運動量が $p_2, p_3$ の2つの粒子になったとする．ただし，$p_2$ と $p_3$ は線形独立であるとする．これら3つの粒子はいずれも虚粒子ではないとし（光的粒子であってもよい），$p_2, p_3$ は順時的であるとする．すなわち，$\langle p_2, p_3 \rangle > 0$．1番目，2番目，3番目の粒子の質量をそれぞれ，$m_1, m_2, m_3$（いずれも非負の実定数）とすれば，(8.67)，(8.109) によって

$$\|p_j\|^2 = \langle p_j, p_j \rangle = m_j^2 c^2$$

である．

いま，4次元運動量は分裂の前と後で保存すると仮定しよう（この仮定は，分裂のときに第1の粒子の内的な作用だけが働くとすれば，妥当であると期待される）．すなわち，

$$p_1 = p_2 + p_3$$

## 8.9 実粒子の分裂・融合および散乱

を仮定する．ベクトル $p_2, p_3$ は線形独立で時間的かつ順時的であるから，逆3角不等式 $\|p_1\| > \|p_2\| + \|p_3\|$ が成り立つ（定理 8.6 の応用）．したがって

$$m_1 > m_2 + m_3. \tag{8.120}$$

これは，4次元運動量保存則のもとでは，分裂してできた粒子の質量の和は，はじめの粒子の質量の和よりも小さくなることを示す．したがって，粒子の分裂という現象においては，質量保存則は成立しない．これは相対論が含意する重要な事実の1つであって，たとえば，次の物理的帰結をもたらす：

(i) 質量0の粒子は質量をもつ実粒子に分裂することはない．また，質量をもつ2つの実粒子が融合して質量0の粒子になることはない．

(ii) 上の逆の過程，すなわち，$m_2, m_3$ が融合して $m_1$ になる場合も可能であって，この場合には，全質量は増える．

(iii) はじめの粒子が静止しているローレンツ座標系で上述の分裂を観測したとすれば，分裂してできた2つの粒子の運動エネルギーは $(m_1 - m_2 - m_3)c^2$ に等しい（$\because p_i = (E_i/c)e_0 + \sum_{k=1}^{3} p_i^k e_k (i=1,2,3)$ とすれば，運動量保存則により，$p_1^k = p_2^k + p_3^k, k = 1, 2, 3, \ E_1 = E_2 + E_3$. いまの仮定により，$E_1 = m_1 c^2, p_1^k = 0, k = 1, 2, 3$. 分裂後の系の運動エネルギーを $T$ とすれば，$T = (E_2 - m_2 c^2) + (E_3 - m_3 c^2) = E_2 + E_3 - (m_2 + m_3)c^2 = E_1 - (m_2 + m_3)c^2 = (m_1 - m_2 - m_3)c^2)$．つまり，分裂によって運動エネルギーが得られる．

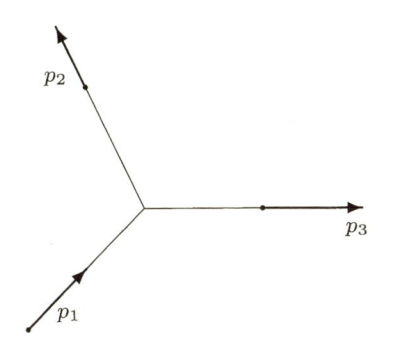

図 8.3 実粒子の分裂

**!注意 8.17** (iii) に述べられた現象的法則は，不幸にして，原子爆弾や原子力発電の開発に応用された．

ニュートン力学では質量の保存は自明なこととされたが，上の事実を考慮すると，質量保存の法則は相対性理論では次のように修正されなければならない：

**質量保存の法則**
 粒子が分裂や融合の過程を起こさない限り，粒子系の質量の和は不変である．

### 8.9.2 虚粒子が関与する場合

前項では，粒子の分裂・融合の過程に虚粒子は関与しない場合を考えた．しかし，この過程に虚粒子が関与する場合には事情がかなり異なってくる．いくつかの場合が考えられる．

**分裂によって生じた粒子の 1 つが虚粒子である場合**
 たとえば，前節の記法で第 1，第 2 の粒子は実粒子であり，第 3 の粒子が虚粒子であるとしよう．したがって，$p_3$ は空間的ベクトルである．この場合には，不等式 (8.120) は成立するとは限らないから，$m_1 = m_2$ であることも可能である（次の例を参照）．そのような場合，第 1 と第 2 の粒子は同一の継続した実粒子であって，虚粒子（第 3 粒子）を放出して，4 次元運動量を $p_1$ から $p_2$ に変えたと解釈するのが自然である．

■ **例 8.20** ■ $\chi$ を 0 でない任意の実数として，ローレンツ座標系 $(e_\mu)$ において

$$p_1 = m_1 c e_0, \quad p_2 = m_1 c[(\cosh\chi)e_0 + (\sinh\chi)e_1],$$
$$p_3 = m_1 c[(1 - \cosh\chi)e_0 - (\sinh\chi)e_1]$$

とおけば，

$$\langle p_1, p_1 \rangle = \langle p_2, p_2 \rangle = m_1^2 c^2, \quad \langle p_3, p_3 \rangle = 2m_1^2 c^2 (1 - \cosh\chi) < 0,$$
$$p_1 = p_2 + p_3$$

が成り立つ．したがって，これらの 4 次元運動量は上述の性質を満たす．なお，この例の虚粒子（第 3 番目の粒子）の質量は $i\sqrt{2(\cosh\chi - 1)}m_1$ である．

ところで，1 個の実粒子が，4 次元運動量を少しずつ変えていくという過程——ただし，他に新たな実粒子は観測されないとする——は，実現象的には，すなわ

ち，通常の観測装置によって観測される現象形式においては，この実粒子に何らかの力が働いて4次元運動量が連続的に変化していく過程として観測されるであろう．上述のことを考慮すると，実粒子の運動量変化を与える1つの源泉として実粒子による虚粒子の放出または吸収が想定されうる．つまり，実粒子は，4次元運動量の小さな虚粒子を次々に放出または吸収しながら4次元運動量を少しずつ変えていく，という過程が1つの可能性——相対論の枠組みでは自然な可能性——として考えられる．この解釈は，次の項で述べる素粒子の散乱現象の存在によって，ある妥当性をもつことが示される．この意味で，虚粒子は，粒子とはいっても，実粒子に働く力の伝達に関わる存在の表現形式の1つであると解釈される．現在の技術では，力の作用の結果は観測することができても，力の作用の伝達そのものを観測することはできない．普通にいわれる物理現象とは，力の作用の結果として現れた感覚的・物質的な知覚的事実であるから，これを観測する，通常の意味での観測は力の作用の伝達そのものを観測しているとはいえない．こうして，虚粒子が通常の仕方では観測されないという事実と上記の解釈は整合的であることがわかる．むしろ，この解釈では，虚粒子が，通常の意味での観測方法では観測されないのは当然の帰結であるというべきであろうか．

### *散乱の過程*

2つの実粒子1と2が接近して——簡単のため，粒子を番号で呼ぶ——，まず，実粒子1が実粒子3と粒子0（実または虚）に分裂し，次に粒子0が実粒子2と融合して実粒子4になったとする．図式的に書けば

$$実粒子1 + 実粒子2 \longrightarrow [実粒子3 + 粒子0] + 実粒子2$$
$$\longrightarrow 実粒子3 + [粒子0 + 実粒子2]$$
$$\longrightarrow 実粒子3 + 実粒子4$$

通常，実現象的に観測されるのは，始状態（実粒子1＋実粒子2）と終状態（実粒子3＋実粒子4）であって，これを実粒子1，2が相互作用をして実粒子3，4に変化したと見る．これは，実粒子の**散乱**と呼ばれる現象の一例である．一般に，粒子が相互作用をして同一または別の粒子に変化する現象を**散乱現象**という．この場合，始状態および終状態における粒子の数は，可能性としては，それぞれ，任意個でよい．

粒子 $j$ の4次元運動量を $p_j$ とする．この分裂と融合の過程で4次元運動量保

存則が成り立つと仮定しよう. したがって,
$$p_1 = p_3 + p_0, \quad p_0 + p_2 = p_4.$$
これは
$$p_1 + p_2 = p_3 + p_4$$
を意味する.

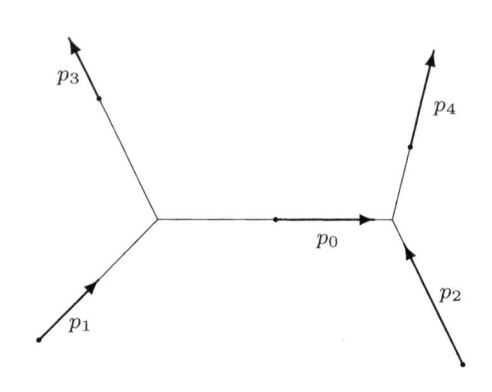

**図 8.4** 2 個の実粒子の散乱

基本的な例をあげておこう.

■ **例 8.21** ■ 粒子 1 が陽子 $p$, 粒子 2 が光子 $\gamma$, 粒子 3 が中性子 $n$, 粒子 4 が正電荷のパイ中間子 $\pi^+$ であれば ($p, \gamma, n, \pi^+$ 等は素粒子を表す標準的な記号), 上の過程は, 陽子に光子があたって, これを中性子に変えるとともに中間子 $\pi^+$ を生み出す現象
$$\gamma + p \to n + \pi^+$$
を 2 段階に分析して表現したものとみなせる. このような現象は実際に実験で観測される.

■ **例 8.22** ■ 粒子 0 が虚粒子であれば, 次のような場合もありうる (前項を参照).

(i) $\|p_1\|^2 = \|p_3\|^2 = m_1^2 c^2, \|p_2\|^2 = \|p_4\|^2 = m_2^2 c^2$. これは, 質量 $m_1, m_2$ の実粒子が接近して力を及ぼし合い, 終状態において他の粒子に変化しないような散乱を行う過程である.

(ii) $\|p_1\|^2 = \|p_4\|^2 = 0, \|p_2\|^2 = \|p_3\|^2 = m^2 c^2 \ (m > 0)$. これは光子 (粒子 1) が質量 $m$ の実粒子 (粒子 2) によって散乱される現象——**コンプトン散乱**という —— を表す.

(iii) $\|p_1\|^2 = \|p_2\|^2 = 0, \|p_3\|^2 = \|p_4\|^2 = m^2c^2$. これは 2 個の光子が質量 $m$ の一対の実粒子をつくりだす過程であり，実粒子の**対生成**と呼ばれる．この場合，つくりだされた実粒子が電荷をもつならば，光子は電荷をもたないので，対生成された 2 個の実粒子の電荷の符号は互いに反対でなければならない（電荷保存の法則）．たとえば，電子と陽電子はそのような対である．

(iv) $\|p_1\|^2 = \|p_2\|^2 = m^2c^2, \|p_3\|^2 = \|p_4\|^2 = 0$. これは質量 $m$ の実粒子の一対が消えて 2 個の光子となる過程であり，実粒子の**対消滅**と呼ばれる．実粒子が電荷をもつ場合には，対消滅が可能であるためには，一対の実粒子の電荷の符号は互いに反対でなければならない．

これらの例が暗示するように，相対性理論は，虚粒子まで射程にいれることにより，素粒子が相互作用を通じて，種々様々に転化する可能性を有することを現象論的に予言するのである．だが，こうした素粒子の相互作用の過程を原理的に叙述するには，相対性理論と量子力学を融合させてできる**相対論的量子場の理論**によらねばならない．

## 8.10　一般相対性理論

特殊相対論的力学を現出させる時空融合体としての 4 次元ミンコフスキー空間は，4 次元アファイン空間でその基準ベクトル空間が 4 次元ミンコフスキーベクトル空間となるものであった．ミンコフスキー空間の特質の 1 つは，それがベクトルによる平行移動の可能な空間であるということである．だが，この性質は宇宙全体にわたって成り立つかどうかは自明ではない．そこで，必ずしもベクトルによる平行移動を許さない，何らかの点集合として，4 次元時空融合体を捉えなおすことができないであろうか，と考えてみる．これが**一般相対性理論**の根底にあるアイディアの 1 つである[29]．

この発想を理解するには，ユークリッド空間とその部分集合について，対比的に考えてみるとわかりやすい．例として，3 次元ユークリッド空間の球面を考えてみよう．この場合，球面上の任意の 1 点の"十分小さい"近傍は平面で近似できる．この平面は接平面と呼ばれる．これは，感覚知覚的には，たとえば，地表の任意の 1 点の"十分近い"範囲では地表面は平らであるように見え，実際，平らであるとしてほとんど不都合を生じない，という経験的事実と対応する．だが，球

---

[29] この理論は，歴史的には，1915 年〜1916 年，アインシュタインによって発表された．

面は全体としては，平らではない．要するに，球面は局所的には平面で近似できるが，大局的（グローバル）には平面ではなく曲がっているということ．当然のことながら，球面の点をユークリッドベクトル空間のベクトルによる平行移動によって球面の点にうつすことはできない．

同様のことを 4 次元時空についても考えてみたらどうなるか，というのが上記の着想である[30]．つまり，4 次元時空融合体は，"非常に大きな"スケールで見た場合，実は，"曲がって"いて，大局的にはミンコフスキー空間にはなっておらず，宇宙の各点の近傍においてのみ 4 次元ミンコフスキー空間によって近似できるような構造をしている，と考えるのである．実際，この考えを数学的に厳密化することにより，ミンコフスキー空間よりもさらに一般的な時空融合体の概念が定義される．この新しい時空概念は，数学的には，**4 次元ローレンツ多様体**と呼ばれる多様体である[31]．

4 次元ローレンツ多様体 $\mathbb{L}$ とは，大まかにいえば，次の (L.1)〜(L.4) を満たすような点集合である：

(L.1) $\mathbb{L}$ はハウスドルフ空間（2 章，2.8 節を参照）であって，$\mathbb{L}$ の各点 $p$ のある近傍はユークリッド座標空間 $\mathbb{R}^4$ の開集合（一般には $p$ ごとに異なりうる）と同相である．

(L.2) $\mathbb{L}$ の各点 $p$ に 4 次元ミンコフスキーベクトル空間 $M_p := (V_p, g_p)$ が付随している（4 次元実ベクトル空間 $V_p$ とミンコフスキー内積 $g_p$ は，一般には $p$ ごとに異なる）．

(L.3) $\mathbb{L}$ の任意の 2 点 $p, q$ を結ぶ曲線 $\gamma(s) \in \mathbb{L}$ ($s \in [a,b]$) に対して，"微分" $\dot{\gamma}(s)$ が点 $\gamma(s)$ におけるミンコフスキーベクトル空間 $M_{\gamma(s)}$ のベクトルとして定義される（$M_p$ は点 $p$ における**接ベクトル空間**と呼ばれる）．

(L.4) 点 $p$ から点 $q$ までの"距離"は $L_{p,q}(\gamma) = \int_a^b \sqrt{|g_{\gamma(s)}(\dot{\gamma}(s), \dot{\gamma}(s))|} ds$ で与えられる[32]．

各 $p \in \mathbb{L}$ に対して，$M_p$ の計量 $g_p$ ——これは $M_p$ 上の 2 階対称共変テンソル——を対応させる写像 $g : p \mapsto g_p$ を $\mathbb{L}$ 上の**計量テンソル場**という．

---

[30] 上の例との対比でいえば，宇宙的に大きなスケールでの 4 次元時空は，たとえば，5 次元ミンコフスキー空間の 4 次元的部分集合であるという想像も可能．
[31] **擬リーマン多様体**または**擬リーマン空間**と呼ばれる多様体の一種．
[32] ローレンツ多様体の数学的に厳密な理論については，たとえば，野水克己『現代微分幾何入門』（裳華房）の 5 章を参照．

## 8.10 一般相対性理論

■ **例 8.23** ■ 4 次元ローレンツ多様体の自明な例は 4 次元ミンコフスキー空間 $\mathbb{M}$ である。この場合、$\mathbb{M}$ の基準ベクトル空間を $V_M$ とすれば、条件 (L.3) によって、$M_p = V_M, p \in \mathbb{M}$ である。したがって、計量テンソル場は場所によらず一定である。ゆえに、確かに、4 次元ローレンツ多様体は 4 次元ミンコフスキー空間の一般化になっている。

一般相対性理論では、計量テンソル場は宇宙における物質の質量とエネルギーの分布から決まるとされる。これを決める方程式が**アインシュタインの場の方程式**である。したがって、物質とエネルギー分布の在り方に応じて、時空構造は異なりうる。

一般に、ローレンツ多様体 $\mathbb{L}$ の任意の 2 点 $p, q$ を結ぶ距離 $L_{p,q}(\gamma)$ は曲線 $\gamma$ の汎関数である。この汎関数の変分を 0 とするような曲線、すなわち、停留曲線は**測地線**と呼ばれる[33]。

4 次元ミンコフスキー空間の場合、時間的運動の測地線は直線であること、かつこの場合の運動は力の働かない運動であることを示すことができる（演習問題 10）。

この事実の一般化として、一般相対性理論では、点 $p \in \mathbb{L}$ を出発し、点 $q \in \mathbb{L}$ へと至る質点の運動は、質点に力が働かない場合には、測地線によって実現されると仮定される。$\mathbb{L}$ における測地線というのは、描像的には $\mathbb{L}$ における "直線" のことである[34]。だが、このような質点の運動を、$\mathbb{L}$ が "曲がっている" ことに気づかず、これを "平坦" であるとみなして観測するならば（これが通常の観測）、あたかもその運動を行う質点には力が働いているように見えるであろう。そして、この力こそ万有引力であると予想するのである。実際、質点の運動方程式である測地線の方程式を計量テンソルに対する適当な仮定のもとで書き換えることにより、この予想のある種の正しさが示される。こうして、従来万有引力と呼ばれていたものは、4 次元時空融合体の "曲がり" ――曲率―― の効果として見かけ上現れるものであるという解釈が確立される。これは要するに万有引力（重力）の起源を幾何学的な構造に帰着させたということである。この意味で一般相対性理論は幾何学的な万有引力の理論といえる[35]。

---

[33] この概念はローレンツ多様体に限らない。
[34] 3 次元ユークリッド空間 $\mathbb{R}^3$ における球面の任意の 2 点 $A, B$ を結ぶ曲線のうちで、$A$ と $B$ の距離が最小または最大になるのは、$A, B$ を通る大円を $A$ と $B$ の間に制限したものである。これが球面の測地線であって、それは球面上での "まっすぐな" 線、すなわち、"直線" である。
[35] 一般相対論的な意味での万有引力は物質の質量とエネルギーが生み出す普遍的な力のクラスであって、ニュートン力学における万有引力は、そうした万有引力のある種の近似形態である。

一般相対性理論の真価が発揮されるのは，天文学や宇宙物理学である．中でも**ブラックホール** (black hole)——そこに入った物質はどんなものでも，そして光さえもその外に出てくることができないような時空領域—— を有する時空の存在の予言は，時空的に大きなスケールにおいても，私たちの"常識"を超える現象が起こりうることを示唆していて興味深い．

## 演習問題

$(e_\mu)_{\mu=0}^3$ をミンコフスキーベクトル空間 $V_M$ の任意のローレンツ基底，$m > 0$ を質点の質量を表す定数とする．

1. $a > 0$ を定数とし，曲線 $\gamma : [\alpha, \beta] \to V_M$ ($\alpha < \beta$) を $\gamma(\chi) := a(\sinh\chi)e_0 + a(\cosh\chi)e_1$, $\chi \in [\alpha, \beta]$ によって定義する．

   (i) $\gamma$ は時間的曲線であることを示せ．

   (ii) 任意の $\chi \in [\alpha, \beta]$ に対して，$\gamma|_{[\alpha, \chi]}$ ($\gamma$ の定義域を $[\alpha, \chi]$ に制限して定義される曲線) の固有時 $\tau(\chi)$ を求めよ．

2. $a, b$ を実定数で $|a| > |b|$ を満たすものとし，曲線 $\gamma : \mathbb{R} \to V_M$ を $\gamma(s) := sae_0 + (1-s)be_1$, $s \in \mathbb{R}$ によって定義する．

   (i) $\gamma$ は時間的直線であることを示せ．

   (ii) 任意の $s \in \mathbb{R}$ に対して，$\gamma|_{[0, s]}$ の固有時 $\tau(s)$ を求めよ．

3. 空間的ベクトル $x, y \in V_M^S$ が $\langle x, y \rangle \leq 0$ を満たすならば，$x + y$ は空間的ベクトルであることを示せ．

4. 線形独立な 2 つの光的ベクトルは直交しないこと ($x, y \in V_M^0$ かつ $x, y$ は線形独立 $\Longrightarrow \langle x, y \rangle \neq 0$) を証明せよ．

5. $F \in V_M$ がゼロでない定ベクトルの場合，微分方程式
$$m \frac{d^2 x(\tau)}{d\tau^2} = F$$
の解 $x(\tau) \in V_M$ で (8.51) を満たすものは存在しないことを示せ．

6. $a \neq 0$ を定数，$f$ を $\mathbb{R}$ 上の実数値関数として，4 次元力ベクトル $\mathcal{F}(\tau)$ が $\mathcal{F}(\tau) = f(\tau)e_0 + ae_1$ という形で与えられる場合の質点の運動を考察する．したがって，運動方程式は
$$m \frac{d^2 x(\tau)}{d\tau^2} = \mathcal{F}(\tau).$$

容易にわかるように
$$\dot{x}(\tau) = \frac{F(\tau)}{m}e_0 + \frac{a\tau}{m}e_1 + v.$$
ただし，$F(\tau) = \int_0^\tau f(s)ds$, $v := \dot{x}(0)$ とおく．ゆえに
$$x(\tau) = \frac{1}{m}\left(\int_0^\tau F(s)ds\right)e_0 + \frac{a\tau^2}{2m}e_1 + v\tau + x(0).$$
この $x(\tau)$ が質点の運動であること，すなわち，$\langle \dot{x}(\tau), \dot{x}(\tau)\rangle = c^2$ を満たすための必要十分条件は
$$\left(\frac{F(\tau)}{m} + v^0\right)^2 = c^2 + \left(\frac{a\tau}{m} + v^1\right)^2$$
であることを示せ．ただし，$v = v^0 e_0 + v^1 e_1$ とする．

7. 曲線
$$x(\tau) = \frac{c^2}{a}\sinh\frac{a\tau}{c}e_0 + \frac{c^2}{a}\left(\cosh\frac{a\tau}{c} - 1\right)e_1$$
を考察する．ただし，$a > 0$ とする．

(i) この運動曲線は時間的であることを示し，$\langle \dot{x}(\tau), \dot{x}(\tau)\rangle = c^2$ が成り立つことを示せ．

(ii) $x(\tau)$ を運動方程式の解として与える 4 次元的力 $\mathcal{F}(\tau)$ を求めよ．

(iii) ローレンツ座標系 $(e_\mu)_{\mu=0}^3$ における座標時間を $t$, 3 次元的速さを $v(t)$ とするとき
$$v(t) = \frac{a|t|}{\sqrt{1 + \frac{a^2 t^2}{c^2}}}$$
であることを示せ．

**！注意 8.18** (iii) から，$t \to \infty$ のとき，$v(t) \sim c$ となる．すなわち，この運動は，座標時間が大きくなると質点の 3 次元的速さが光速に近づくような加速運動である．

8. 質量 $m_1, m_2$ の 2 つの質点が衝突して，質量 $m_3, m_4$ の質点に変化する過程を考える $(m_i \geq 0, i = 1, 2, 3, 4)$. $m_1, m_2$ の 4 次元運動量をそれぞれ，$p_1, p_2$ とし，$m_3, m_4$ の 4 次元運動量をそれぞれ，$p_3, p_4$ とする．衝突の前後で 4 次元運動量および質量の総和は保存されるとする．このとき，$\langle p_3, p_4\rangle = \langle p_1, p_2\rangle + (m_3 m_4 - m_1 m_2)c^2$ を示せ．

**！注意 8.19** $m_1 = m_3 = 0$ ならば，$\langle p_3, p_4\rangle = \langle p_1, p_2\rangle$. すなわち，ミンコフスキー内積は保存される．

9. 前問において，質点 1,3 が光子（したがって，$m_1 = m_3 = 0$），質点 2,4 が質量 $m$ の質点（たとえば，電子）である場合を考える（**コンプトン散乱**）．ローレンツ座標系 $(e_\mu)_\mu$ における衝突前の光子の振動数を $\nu$，衝突後のそれを $\nu'$ とし，衝突前の質点 $m$ は静止しているとする．衝突後の光子の 3 次元運動量の向きが衝突前の光子の 3 次元運動量の向きとなす角度を $\theta$ とする．このとき，

$$\frac{1}{\nu'} = \frac{1}{\nu} + h\left(\frac{1-\cos\theta}{mc^2}\right)$$

が成り立つことを示せ．

**!注意 8.20** $\theta$ を光子の**散乱角**という．これは，入射光子の 4 次元運動量からは一意的には決まらず，確率的に分布する．この確率の計算は量子電磁力学（電子場と量子電磁場との相互作用を扱う場の量子論）によってなされる．

10. $V_M$ の 2 点 $A, B$ をとり，$A, B$ それぞれの位置ベクトルを $a, b \in V_M$ とする．$\gamma : [\alpha, \beta] \to V_M$ を点 $A$ と点 $B$ を結ぶ時間的曲線とする（$\gamma(\alpha) = a, \gamma(\beta) = b$）．$L(\gamma) := \int_\alpha^\beta \sqrt{\langle \dot\gamma(s), \dot\gamma(s) \rangle} ds$ とおく．このとき，汎関数 $L$ の停留曲線はローレンツ座標系 $(e_\mu)_\mu$ において 3 次元的速度が一定の等速直線運動をすること，かつこの停留曲線は $L$ を最小にするものであることを示せ．

# 9

# 数学的間奏II ── ヒルベルト空間上の線形作用素論

本書の最後の主題として量子力学の数学的構造をとりあげる（次の章）．量子力学の数学的本質を明晰に認識するには，相対性理論の場合と同様，座標から自由な絶対的形式によらねばならない．これを可能にしてくれるのが抽象ヒルベルト空間の理念である．この章では，この理念の自律的展開の一端を叙述し，もって次章で論述される公理論的量子力学への準備とする．

## 9.1 ヒルベルト空間に関わる基本的概念

### 9.1.1 無限次元のヒルベルト空間の例

ヒルベルト空間については，すでに2章，2.6.5項でその定義を述べた．すなわち，ヒルベルト空間とは完備な内積空間のことであった．2章での考察においては，有限次元のヒルベルト空間が主であった．だが，量子力学においては，無限次元のヒルベルト空間が基本的に重要である．そこで，まず，無限次元のヒルベルト空間の基本的な例をあげることから始めよう．

■ **例 9.1** ■ 複素数列空間 $\mathbb{C}^\infty := \{a = \{a_n\}_{n=1}^\infty \mid n \in \mathbb{N}, a_n \in \mathbb{C}\}$（複素数列の全体；1章，1.1.4項，例1.19を参照）の部分集合

$$\ell^2 := \left\{ a = \{a_n\}_{n=1}^\infty \in \mathbb{C}^\infty \,\middle|\, \sum_{n=1}^\infty |a_n|^2 < \infty \right\} \tag{9.1}$$

を考える[1]．すなわち，$\ell^2$ は複素数列で各成分の絶対値の2乗の和が収束するものの全体である．この意味で，$\ell^2$ を **2乗総和可能な数列の空間** という．任意の複素数 $z_1, z_2 \in \mathbb{C}$ に対して成り立つ不等式

---

[1] "$\ell^2$" は "エル ツー" または "リトル (little) エル ツー" と読む．

$$|z_1 + z_2|^2 \leq 2(|z_1|^2 + |z_2|^2) \tag{9.2}$$

を用いると $\ell^2$ の任意の 2 つの元 $a, b$ と $\alpha, \beta \in \mathbb{C}$ に対して,

$$\sum_{n=1}^{\infty} |\alpha a_n + \beta b_n|^2 \leq 2 \left( |\alpha|^2 \sum_{n=1}^{\infty} |a_n|^2 + |\beta|^2 \sum_{n=1}^{\infty} |b_n|^2 \right) < \infty$$

であるから, $\alpha a + \beta b \in \ell^2$. したがって, $\ell^2$ は数列の和とスカラー倍に関してベクトル空間になる.

$\ell^2$ は無限次元である. 実際, 第 $n$ 成分が 1 で他の成分はすべて 0 である数列を

$$e^{(n)} = \{0, \cdots, 0, \overset{n \text{ 番目}}{1}, 0, \cdots\} \tag{9.3}$$

とすれば, 任意の $n \in N$ に対して, $(e^{(j)})_{j=1}^n$ は線形独立である ($\because \sum_{j=1}^n a_j e^{(j)} = 0$ ($a_j \in \mathbb{C}$) とすれば左辺は $\{a_1, a_2, \cdots, a_n, 0, 0, \cdots\}$ に等しいから, $a_j = 0, j = 1, \cdots, n$).

任意の複素数 $z_1, z_2 \in \mathbb{C}$ に対して成り立つ不等式

$$|z_1 z_2| \leq \frac{1}{2}(|z_1|^2 + |z_2|^2) \tag{9.4}$$

を用いると $\ell^2$ の任意の 2 つの元 $a, b$ と $\alpha, \beta \in \mathbb{C}$ に対して,

$$\sum_{n=1}^{\infty} |a_n^* b_n| \leq \frac{1}{2} \left( \sum_{n=1}^{\infty} |a_n|^2 + \sum_{n=1}^{\infty} |b_n|^2 \right) < \infty$$

であるので, 数 $\langle a, b \rangle$ を

$$\langle a, b \rangle := \sum_{n=1}^{\infty} a_n^* b_n \tag{9.5}$$

によって定義できる. この対応が $\ell^2$ の内積であることは容易に確かめられる. したがって, $\ell^2$ は内積空間である. (9.5) から, ベクトル $a \in \ell^2$ のノルムの 2 乗は

$$\|a\|^2 = \sum_{n=1}^{\infty} |a_n|^2 \tag{9.6}$$

で与えられる.

$\ell^2$ の完備性を示そう. $\{a(n)\}_{n=1}^{\infty}$ を $\ell^2$ の任意のコーシー列とする. したがって, 任意の $\varepsilon > 0$ に対して, 番号 $N$ が存在して, $n, m \geq N$ ならば, $\|a(n) - a(m)\| < \varepsilon$ が成り立つ. $a(n) = \{a(n)_j\}_{j=1}^{\infty}$ とすれば, $\ell^2$ のノルムの定義により, すべての番号 $k$ に対して

$$\sum_{j=1}^k |a(n)_j - a(m)_j|^2 \leq \|a(n) - a(m)\|^2 < \varepsilon^2, \quad n, m \geq N \cdots (*)$$

したがって，特に，すべての $j$ に対して，$|a(n)_j - a(m)_j| < \varepsilon$, $n, m \geq N$. これは，$j$ を固定するとき，$\mathbb{C}$ の点列 $\{a(n)_j\}_{n=1}^\infty$ が $\mathbb{C}$ におけるコーシー列であることを示している．ゆえに，$\mathbb{C}$ の完備性により，ある $a_j \in \mathbb{C}$ が存在して $\lim_{n\to\infty} a(n)_j = a_j$ となる．そこで，$a = \{a_j\}_{j=1}^\infty$ とおき，これが，実際，$\ell^2$ の元であり，$a(n) \to a$ $(n \to \infty)$ となることを示す．$(*)$ において，はじめに $m \to \infty$ とし，そのあと極限 $k \to \infty$ をとると，$\sum_{j=1}^\infty |a(n)_j - a_j|^2 \leq \varepsilon^2$, $n \geq N \cdots (**)$. これと $|a_j|^2 \leq 2(|a_j - a(n)_j|^2 + |a(n)_j|^2)$ によって，$\sum_{j=1}^\infty |a_j|^2 < \infty$ が出る．したがって，$a \in \ell^2$. そこで，$(**)$ にもどれば，$\|a(n) - a\| \leq \varepsilon$, $n \geq N$. ゆえに，$\{a(n)\}_{n=1}^\infty$ は $a$ に収束する．こうして，$\ell^2$ の完備性が証明される．

■ **例 9.2** ■ $\mathbb{Z}_+ := \{0\} \cup \mathbb{N} = \{0, 1, 2, 3, \cdots\}$ (非負整数全体) とし，$\Gamma = \mathbb{Z}_+$ または $\mathbb{Z}$ とする．このとき，$\ell^2$ の場合と同様にして，$\Gamma$ を添え字集合とする数列 $\{a_n\}_{n\in\Gamma}$ で各成分の絶対値の 2 乗の総和が収束するものの全体

$$\ell^2(\Gamma) := \left\{ a = \{a_n\}_{n\in\Gamma} \in \mathbb{C}^\infty \,\middle|\, \sum_{n\in\Gamma} |a_n|^2 < \infty \right\} \tag{9.7}$$

は，内積

$$\langle a, b \rangle := \sum_{n\in\Gamma} a_n^* b_n \tag{9.8}$$

について，複素ヒルベルト空間になることがわかる．ただし，$\{c_n\}_{n\in\mathbb{Z}_+}, \{d_n\}_{n\in\mathbb{Z}}$ に対して，$\sum_{n\in\mathbb{Z}_+} c_n := \lim_{N\to\infty} \sum_{n=0}^N c_n, \sum_{n\in\mathbb{Z}} d_n := \lim_{N\to\infty} \sum_{n=-N}^N d_n$ である．

■ **例 9.3** ■ (**直和ヒルベルト空間**) $\mathcal{H}_j$ を $\mathbb{K}$ 上のヒルベルト空間とする $(j = 1, \cdots, N; N \geq 2)$．ベクトル空間としての直和 $\mathcal{H} := \bigoplus_{j=1}^N \mathcal{H}_j = \{\Psi = (\Psi_j)_{j=1}^N \mid \Psi_j \in \mathcal{H}_j, j = 1, \cdots, N\}$ (1 章，例 1.7) の任意の 2 つの元 $\Psi, \Phi \in \bigoplus_{j=1}^N \mathcal{H}_j$ に対して，数 $\langle \Psi, \Phi \rangle$ を

$$\langle \Psi, \Phi \rangle := \sum_{j=1}^N \langle \Psi_j, \Phi_j \rangle_{\mathcal{H}_j}$$

によって定義すれば ($\langle \cdot, \cdot \rangle_{\mathcal{H}_j}$ は $\mathcal{H}_j$ の内積)，この対応が $\bigoplus_{j=1}^N \mathcal{H}_j$ の内積であることは容易に確かめられる．さらに，この内積に関して，$\bigoplus_{j=1}^N \mathcal{H}_j$ は完備であること，すなわち，ヒルベルト空間であることが次のようにしてわかる．$\{\Psi^{(n)}\}_{n=1}^\infty$ を $\bigoplus_{j=1}^N \mathcal{H}_j$ のコーシー列とすれば，各成分の列 $\{\Psi_j^{(n)}\}_{n=1}^\infty$ は $\mathcal{H}_j$ のコーシー列である．したがって，$\mathcal{H}_j$ の完備性により，$\lim_{n\to\infty} \Psi_j^{(n)} = \Psi_j$ を満たす $\Psi_j \in \mathcal{H}_j$ が存在する．そこで，$\Psi := (\Psi_j)_{j=1}^N$ とすれば，$\lim_{n\to\infty} \Psi^{(n)} = \Psi$ が示される．ゆえに，$\bigoplus_{j=1}^N \mathcal{H}_j$ の任意のコーシー列は収束列である．ヒルベルト空間としての $\bigoplus_{j=1}^N \mathcal{H}_j$ を $\mathcal{H}_1, \cdots, \mathcal{H}_N$ の**直和ヒルベルト空間**という．

ついでにヒルベルト空間でない内積空間の例もあげておこう．

■ **例 9.4** ■ $\ell^2$ の部分集合

$$\ell_0 := \{a = \{a_n\}_{n=1}^\infty \in \mathbb{C}^\infty \mid \text{ある番号 } n_0 \text{ があって, } n \geq n_0 \text{ ならば } a_n = 0\} \tag{9.9}$$

（条件にいう $n_0$ は $a$ に依存しながら決まる）を考えると，$\ell_0$ は部分空間である．したがって，$\ell_0$ は複素ベクトル空間である．しかも，任意の $n \in \mathbb{N}$ に対して，$e^{(n)} \in \ell_0$ であるから，$\ell_0$ も無限次元である．$\ell_0$ は $\ell^2$ の内積に関して複素内積空間になる．だが，$\ell_0$ はヒルベルト空間ではない．これを証明するには，$\ell_0$ のコーシー列で収束列でないものの存在を示せばよい．$\ell_0$ の点列 $a^{(n)} \in \ell_0$ を次のように定義する：$a_j^{(n)} := 1/j$ ($j \leq n$ のとき)； $a_j^{(n)} := 0$ ($j \geq n+1$ のとき)．視覚的に書けば $a^{(n)} = \{1, 1/2, 1/3, \cdots, 1/n, 0, 0, \cdots\}$．このとき，簡単にわかるように $n > m$ ならば $\|a^{(n)} - a^{(m)}\|^2 = \sum_{j=m+1}^n 1/j^2$．一方，$\sum_{j=1}^\infty 1/j^2 < \infty$ であるから，右辺は $n, m \to \infty$ のとき，$0$ に収束する．$n < m$ のときも同様．したがって，$\{a^{(n)}\}_n$ は $\ell_0$ のコーシー列である．だが，このコーシー列は $\ell_0$ の中に収束しない．実際，仮に，$a \in \ell_0$ があって $\|a^{(n)} - a\| \to 0$ ($n \to \infty$) が成り立つとすれば，容易にわかる不等式 $|a_j^{(n)} - a_j| \leq \|a^{(n)} - a\|$, $j \in \mathbb{N}$ より，$\lim_{n \to \infty} a_j^{(n)} = a_j, j \in \mathbb{N}$．一方，左辺は $1/j$ に等しい．したがって，$a_j = 1/j$, $j \in \mathbb{N}$．だが，これは $a \notin \ell_0$ を意味する．したがって，矛盾．

## 9.1.2 稠密性

**【定義 9.1】** $\mathcal{H}$ を $\mathbb{K}$ 上の内積空間，$D$ を $\mathcal{H}$ の部分集合とする．任意の $\Psi \in \mathcal{H}$ に対して，$D$ の点列 $\{\Psi_n\}_{n=1}^\infty \subset D$ が存在して，$\|\Psi_n - \Psi\| \to 0$ ($n \to \infty$) となるとき（すなわち，$\lim_{n \to \infty} \Psi_n = \Psi$），$D$ は $\mathcal{H}$ で **稠密** (dense) であるという[2]．

■ **例 9.5** ■ 例 9.4 のベクトル空間 $\ell_0$ は $\ell^2$ で稠密である．実際，任意の $a \in \ell^2$ に対して，数列 $a^{(n)} \in \mathbb{C}^\infty$ を $a_j^{(n)} := a_j$ ($j \leq n$ のとき)； $a_j^{(n)} := 0$ ($j \geq n+1$ のとき) によって定義すれば，$a^{(n)} \in \ell_0$ であり，$\|a^{(n)} - a\|^2 = \sum_{j=n+1}^\infty |a_j|^2 \to 0$ ($n \to \infty$)．

**【命題 9.2】** $D$ が $\mathcal{H}$ の稠密な部分集合ならば，$D$ の直交補空間 $D^\perp$ について，$D^\perp = \{0\}$ が成り立つ．

**証明** $\Phi \in D^\perp$ とすれば，任意の $\Psi \in D$ に対して $\langle \Phi, \Psi \rangle = 0$．$D$ は稠密であるから，$\Psi_n \to \Phi$ ($n \to \infty$) となる $\Psi_n \in D$ がとれる．したがって，$\langle \Phi, \Psi_n \rangle = 0$

---

[2] 平たくいえば，$\mathcal{H}$ の任意の元が $D$ の点列で近似できるということ．

であり，$n \to \infty$ とすれば，$\langle \Phi, \Phi \rangle = 0$. ゆえに $\Phi = 0$. これは $D^\perp = \{0\}$ を意味する． ∎

次の事実も重要である．

**【命題 9.3】** $U : \mathcal{H} \to \mathcal{K}$（$\mathcal{K}$ は $\mathbb{K}$ 上の内積空間）をユニタリ変換とする[3]．このとき，$\mathcal{H}$ の任意の稠密な部分空間 $D$ に対して，

$$UD := \{U\Psi \mid \Psi \in D\} \tag{9.10}$$

は $\mathcal{K}$ で稠密な部分空間である．

**証明** 任意の $\Phi \in \mathcal{K}$ に対して，$\Psi = U^{-1}\Phi \in \mathcal{H}$ とおけば $U\Psi = \Phi$．$D$ の稠密性により，$\Psi_n \in D$ で $\Psi_n \to \Psi$ ($n \to \infty$) となるものがある．そこで，$\Phi_n = U\Psi_n \in UD$ とおけば，$U$ のノルム保存性により，$\|\Phi_n - \Phi\| = \|\Psi_n - \Psi\| \to 0$ ($n \to \infty$)．したがって，$UD$ は $\mathcal{K}$ で稠密である． ∎

### 9.1.3 完全正規直交系

内積空間 $\mathcal{H}$ の点列 $\{\Phi_n\}_{n=1}^\infty$ が，ある $\Phi \in \mathcal{H}$ に対して $\left\| \sum_{n=1}^N \Phi_n - \Phi \right\| \to 0$ ($N \to \infty$) となるとき，"無限級数" $\sum_{n=1}^\infty \Phi_n$ は $\Phi$ に収束するといい，$\sum_{n=1}^\infty \Phi_n = \Phi$ と記す．これは，言い換えれば，部分和 $\sum_{n=1}^N \Phi_n$ が，$N \to \infty$ の極限で，$\Phi$ に収束することに他ならない：$\lim_{N \to \infty} \sum_{n=1}^N \Phi_n = \Phi$．ヒルベルト空間の無限級数に関して，次の事実は基本的である．

**【命題 9.4】** $\mathcal{H}$ をヒルベルト空間とし，$\{\Psi_n\}_{n=1}^\infty$ を $\mathcal{H}$ の正規直交系とする．このとき，任意の $\alpha = \{\alpha_n\}_{n=1}^\infty \in \ell^2$ (i.e., $\sum_{n=1}^\infty |\alpha_n|^2 < \infty$) に対して，$\Psi(\alpha) := \sum_{n=1}^\infty \alpha_n \Psi_n$ は収束し，$\|\Psi(\alpha)\|^2 = \sum_{n=1}^\infty |\alpha_n|^2$ が成立する．

**証明** $\Phi_N = \sum_{n=1}^N \alpha_n \Psi_n$ とする．$N > M$ とすれば，

$$\|\Phi_N - \Phi_M\|^2 = \sum_{n=M+1}^N |\alpha_n|^2 \to 0 \quad (N, M \to \infty).$$

$M < N$ の場合も同様である．したがって，$\{\Phi_N\}_{N=1}^\infty$ はコーシー列をなす．ゆえ

---

[3] ユニタリ変換とは内積（正値計量）を保存する全単射な線形作用素のこと（2 章を参照）．

に, $\lim_{N\to\infty} \Phi_N = \sum_{n=1}^{\infty} \alpha_n \Psi_n$ は存在する. ノルムの連続性により, $\|\Psi(\alpha)\|^2 = \lim_{N\to\infty} \|\Phi_N\|^2 = \lim_{N\to\infty} \sum_{n=1}^{N} |\alpha_n|^2$. ∎

**【命題 9.5】**(ベッセルの不等式)[4] $\mathcal{H}$ を内積空間とし, $\{\Psi_n\}_{n=1}^{\infty}$ を $\mathcal{H}$ の正規直交系とする. このとき, 任意の $\Psi \in \mathcal{H}$ に対して,

$$\sum_{n=1}^{\infty} |\langle \Psi_n, \Psi \rangle|^2 \leq \|\Psi\|^2. \tag{9.11}$$

**証明** $\Theta_N := \sum_{n=1}^{N} \langle \Psi_n, \Psi \rangle \Psi_n$, $\Xi_N := \Psi - \Theta_N$ とすれば, $\Psi = \Theta_N + \Xi_N$. 直接の計算により, $\|\Theta_N\|^2 = \sum_{n=1}^{N} |\langle \Psi_n, \Psi \rangle|^2$ であり, これを用いると $\Theta_N$ と $\Xi_N$ は直交することがわかる. したがって, ピタゴラスの定理により, $\|\Psi\|^2 = \|\Theta_N\|^2 + \|\Xi_N\|^2 \geq \|\Theta_N\|^2$. したがって, $\sum_{n=1}^{N} |\langle \Psi_n, \Psi \rangle|^2 \leq \|\Psi\|^2$. そこで, $N \to \infty$ とすれば, (9.11) を得る. ∎

**❗注意 9.1** 上の証明からわかるように, ベッセルの不等式は, $\mathcal{H}$ が内積空間ならば成立する (ヒルベルト空間である必要はない).

以下, 特に断らない限り, $\mathcal{H}$ はヒルベルト空間であるとする.

$\{\Psi_n\}_{n=1}^{\infty}$ を $\mathcal{H}$ の正規直交系とする. このとき, ベッセルの不等式と命題 9.4 によって, $\widetilde{\Psi} := \sum_{n=1}^{\infty} \langle \Psi_n, \Psi \rangle \Psi_n$ は収束する. $\widetilde{\Psi}$ がつねに $\Psi$ に等しければ都合がよいが, そういうわけにはいかない (たとえば, もし, $\Psi \neq 0$ が $\{\Psi_n\}_{n=1}^{\infty}$ と直交するベクトルならば, $\widetilde{\Psi} = 0$ となるので, $\widetilde{\Psi} \neq \Psi$). $\widetilde{\Psi}$ が $\Psi$ に等しいか否かは正規直交系 $\{\Psi_n\}_{n=1}^{\infty}$ の性質による. そこで次の定義を設ける.

**【定義 9.6】** $\{\Psi_n\}_{n=1}^{\infty}$ を $\mathcal{H}$ の正規直交系とする. すべての $\Psi \in \mathcal{H}$ に対して

$$\Psi = \sum_{n=1}^{\infty} \langle \Psi_n, \Psi \rangle \Psi_n \tag{9.12}$$

が成立するならば, $\{\Psi_n\}_{n=1}^{\infty}$ は**完全** (complete) であるという. 完全な正規直交系を**完全正規直交系** (complete orthonormal system; 略して CONS と書く) という. (9.12) を CONS $\{\Psi_n\}_{n=1}^{\infty}$ による, ベクトル $\Psi$ の**展開**と呼ぶ.

**❗注意 9.2** $\mathcal{H}$ が有限次元の場合, その正規直交基底を完全正規直交系と呼ぶ.

■ **例 9.6** ■ $\ell^2$ におけるベクトル列 $\{e^{(n)}\}_{n=1}^{\infty}$ ((9.3) 式) は $\ell^2$ の CONS である. 実

---

[4] Friedrich Wilhelm Bessel, 1784–1846. ドイツの天文学者.

際，$\{e^{(n)}\}_{n=1}^{\infty}$ の正規直交性は容易にわかる．任意の $a \in \ell^2$ に対して，$\langle e^{(n)}, a \rangle = a_n$ に注意すれば，

$$\left\| \sum_{n=1}^{N} \langle e^{(n)}, a \rangle e^{(n)} - a \right\|^2 = \sum_{j=N+1}^{\infty} |a_j|^2 \to 0 \ (N \to \infty).$$

次の定理は CONS の特徴づけを与える（理論上も応用上も重要）．

【定理 9.7】 $\mathcal{H}$ の正規直交系 $D := \{\Psi_n\}_{n=1}^{\infty}$ について，次の条件はすべて互いに同値である．

(i) $\{\Psi_n\}_{n=1}^{\infty}$ は完全である．

(ii) 任意の $\Psi, \Phi \in \mathcal{H}$ に対して

$$\langle \Psi, \Phi \rangle = \sum_{n=1}^{\infty} \langle \Psi, \Psi_n \rangle \langle \Psi_n, \Phi \rangle.$$

右辺は絶対収束する．

(iii) （パーセヴァルの等式） 任意の $\Psi \in \mathcal{H}$ に対して

$$\|\Psi\|^2 = \sum_{n=1}^{\infty} |\langle \Psi, \Psi_n \rangle|^2.$$

(iv) $D^{\perp} = \{0\}$.

**証明** (i)$\Longrightarrow$(ii) [5]: $\Psi = \lim_{N \to \infty} \sum_{n=1}^{N} \langle \Psi_n, \Psi \rangle \Psi_n$, $\Phi = \lim_{N \to \infty} \sum_{k=1}^{N} \langle \Psi_k, \Psi \rangle \Psi_k$ と内積の連続性による．

(ii)$\Longrightarrow$(iii): (ii) で $\Phi = \Psi$ の場合を考えればよい．

(iii)$\Longrightarrow$(iv)：$\Psi \in D^{\perp}$ とすれば，任意の $n \in \mathbb{N}$ に対して，$\langle \Psi_n, \Psi \rangle = 0$. したがって，(iii) により，$\|\Psi\|^2 = 0$. ゆえに $\Psi = 0$.

(iv)$\Longrightarrow$(i): $\widetilde{\Psi} := \sum_{n=1}^{\infty} \langle \Psi_n, \Psi \rangle \Psi_n$ とおく．このとき，任意の $n \in \mathbb{N}$ に対して，

$$\langle \Psi_n, \widetilde{\Psi} - \Psi \rangle = \sum_{k=1}^{\infty} \langle \Psi_k, \Psi \rangle \langle \Psi_n, \Psi_k \rangle - \langle \Psi_n, \Psi \rangle = \langle \Psi_n, \Psi \rangle - \langle \Psi_n, \Psi \rangle = 0.$$

したがって，$\widetilde{\Psi} - \Psi \in D^{\perp} = \{0\}$. ゆえに $\widetilde{\Psi} = \Psi$. よって，$D$ は完全である． ∎

---

[5] 「$A \Longrightarrow B$」は「$A$ ならば $B$」と読む．

## 9.1.4 可分性と完全正規直交系の存在

**【定義 9.8】** 高々可算無限個の元からなる稠密な部分集合をもつヒルベルト空間は**可分** (separable) であるという.

**【定理 9.9】** ヒルベルト空間 $\mathcal{H}$ が可分であるための必要十分条件はそれが完全正規直交系をもつことである.

**証明** $\mathcal{H}$ が無限次元の場合についてだけ証明する.

（必要性）$\mathcal{H}$ は可分であるとし, $D = \{\psi_n\}_{n=1}^{\infty}$ を互いに異なる可算無限個の元からなる稠密な部分集合とする. $D$ の元はすべて 0 でないと仮定して一般性を失わない. $\phi_1 = \psi_1$ とおく. ベクトル $\psi_n (n \geq 2)$ で $\psi_1$ と線形独立となる最初のものを $\psi_{j_2}$ とし, $\phi_2 = \psi_{j_2}$ おく. 次に $\phi_1, \phi_2, \psi_n (n > j_2)$ が線形独立となる最初のベクトルを $\psi_{j_3}$ とし, $\phi_3 = \psi_{j_3}$ とおく. 以下, 同様の手続きを繰り返すことにより, $D$ の部分集合 $D' = \{\phi_n\}_{n=1}^{\infty}$ で任意の $n$ に対して, $\phi_1, \cdots, \phi_n$ が線形独立かつ $\mathcal{L}(D) = \mathcal{L}(D')$ となるものが得られる. $D'$ に対してグラム–シュミットの直交化を行うことにより, 正規直交系 $\{e_n\}_{n=1}^{\infty}$ で $\mathcal{L}(D) = \mathcal{L}(D') = \mathcal{L}(\{e_n\}_{n=1}^{\infty})$ となるものが構成される. $\Psi \in (\{e_n\}_{n=1}^{\infty})^{\perp}$ ならば, $\Psi \in D^{\perp} = \{0\}$ であるから, $\Psi = 0$. ゆえに, 正規直交系 $\{e_n\}_{n=1}^{\infty}$ は完全である.

（十分性）$\{\Psi_n\}_{n=1}^{\infty}$ を $\mathcal{H}$ の CONS とし, $D = \{\sum_{n=1}^{N} q_n \Psi_n \mid q_n$ は $\mathbb{K}$ の有理数, $N \in \mathbb{N}\}$ とおけば, $D$ は可算無限集合である. $\mathbb{K}$ の有理数の集合が $\mathbb{K}$ で稠密であることを使えば $D$ が $\mathcal{H}$ で稠密であることがわかる. ∎

次の定理は 2 つのヒルベルト空間の間のユニタリ変換の存在に関するものであり, 極めて重要な定理の 1 つである.

**【定理 9.10】** $\mathcal{H}, \mathcal{K}$ を可分なヒルベルト空間とし, $\{\Psi_n\}_{n=1}^{\infty}$ を $\mathcal{H}$ の CONS, $\{\Phi_n\}_{n=1}^{\infty}$ を $\mathcal{K}$ の CONS とする. このとき, ユニタリ変換 $U : \mathcal{H} \to \mathcal{K}$ で $U\Psi_n = \Phi_n, n \in \mathbb{N}$ を満たすものが唯 1 つ存在する.

**証明** 任意の $\Psi \in \mathcal{H}$ は $\Psi = \sum_{n=1}^{\infty} \langle \Psi_n, \Psi \rangle \Psi_n$ と展開できる. $\sum_{n=1}^{\infty} |\langle \Psi_n, \Psi \rangle|^2 < \infty$ であるから, 命題 9.4 によって, $\mathcal{K}$ のベクトル $\Theta_{\Psi}$ を $\Theta_{\Psi} := \sum_{n=1}^{\infty} \langle \Psi_n, \Psi \rangle \Phi_n$ によって定義することができる. そこで, 写像 $U : \mathcal{H} \to \mathcal{K}$ を $U\Psi = \Theta_{\Psi}$ によって定義する. これが線形で内積を保存することは容易に確かめられる. 任意の $\Phi \in \mathcal{K}$ に対して, $\Psi := \sum_{n=1}^{\infty} \langle \Phi_n, \Phi \rangle \Psi_n$ とおけば, $U\Psi = \Phi$ となるので $U$ は全射で

ある．よって，$U$ はユニタリである．$U\Psi_n = \Phi_n$ は定義から明らかであろう．一意性は演習問題とする（演習問題1）． ∎

### 9.1.5 ヒルベルト空間の同型

**【定義 9.11】** $\mathcal{H}_1, \mathcal{H}_2$ をヒルベルト空間とする．$\mathcal{H}_1, \mathcal{H}_2$ が計量同型であるとき，すなわち，$\mathcal{H}_1$ から $\mathcal{H}_2$ へのユニタリ変換が存在するとき，$\mathcal{H}_1$ と $\mathcal{H}_2$ は**ヒルベルト空間同型**または単に**同型**であるという．この場合，$\mathcal{H}_1 \cong \mathcal{H}_2$ と記す．

定理 9.10 から次の事実が従う．

**【定理 9.12】**

(i) 各 $N \in \mathbb{N}$ に対して，$\mathbb{K}$ 上の $N$ 次元ヒルベルト空間どうしはすべて同型である．

(ii) $\mathbb{K}$ 上の可分な無限次元ヒルベルト空間どうしはすべて同型である．

**❗注意 9.3** この定理にいう同型は，一般には，基底の取り方に依存する．ただし，結果的に基底の取り方によらないようになっている場合もありうる．

■ **例 9.7** ■ $N \in \mathbb{N}$，$\mathcal{H}$ を $\mathbb{K}$ 上の $N$ 次元ヒルベルト空間とすれば，定理 9.12(i) によって，$\mathcal{H}$ は $\mathbb{K}^N$ に同型である．この同型の内容を具体的に見ておこう．$\{\Psi_n\}_{n=1}^{N}$ を $\mathcal{H}$ の任意の正規直交基底とする．$e_n = (0, \cdots, \overset{n\text{番目}}{1}, \cdots, 0) \in \mathbb{K}^N$ とすれば，$(e_n)_{n=1}^{N}$ は $\mathbb{K}^N$ の正規直交基底である．したがって，定理 9.10 によって，ユニタリ変換 $U: \mathcal{H} \to \mathbb{K}^N$ で $U\Psi_n = e_n$, $n = 1, \cdots, N$ となるものが存在する．ゆえに，任意の $\Psi \in \mathcal{H}$ に対して，展開式 $\Psi = \sum_{n=1}^{N} \langle \Psi_n, \Psi \rangle \Psi_n$ を用いると

$$U\Psi = \sum_{n=1}^{N} \langle \Psi_n, \Psi \rangle e_n = (\langle \Psi_1, \Psi \rangle, \cdots, \langle \Psi_n, \Psi \rangle) \in \mathbb{K}^N.$$

したがって，いまの場合，定理 9.10 にいうユニタリ変換は，$\mathcal{H}$ のベクトルの，正規直交基底による成分表示を $\mathbb{K}^N$ の元として対応させるものであることがわかる．

特に，$N$ 次元ユークリッドベクトル空間は $N$ 次元内積空間としての $\mathbb{R}^N$ に同型であり，$N$ 次元複素ヒルベルト空間は $N$ 次元ユニタリ空間 $\mathbb{C}^N$ に同型である．ただし，この同型は基底の取り方に依存している．

■ **例 9.8** ■ $\mathcal{H}$ を可算無限次元複素ヒルベルト空間とすれば，定理 9.12(ii) によって，$\mathcal{H}$ は $\ell^2$ に同型である．

$\{\Psi_n\}_{n=1}^{\infty}$ を $\mathcal{H}$ の任意の CONS とする．したがって，定理 9.10 によってユニタ

リ変換 $U: \mathcal{H} \to \ell^2$ で $U\Psi_n = e^{(n)}$, $n \in \mathbb{N}$, となるものが存在する. 任意の $\Psi \in \mathcal{H}$ に対して, 展開式 $\Psi = \sum_{n=1}^{\infty} \langle \Psi_n, \Psi \rangle \Psi_n$ を用いると

$$U\Psi = \sum_{n=1}^{\infty} \langle \Psi_n, \Psi \rangle e^{(n)} = \{\langle \Psi_n, \Psi \rangle\}_{n=1}^{\infty} \in \ell^2.$$

## 9.2 正射影定理

ヒルベルト空間 $\mathcal{H}$ の部分空間 $\mathcal{M}$ が閉集合であるとき $\mathcal{M}$ を**閉部分空間**と呼ぶ[6].

■ **例 9.9** ■ $\mathcal{H}$ の任意の有限次元部分空間 $\mathcal{N}$ は閉部分空間である. 実際, $\Psi_n \in \mathcal{N}, \Psi_n \to \Psi \in \mathcal{H}$ $(n \to \infty)$ とすれば, $\{\Psi_n\}_n$ は $\mathcal{H}$ のコーシー列であるから, それは $\mathcal{N}$ のコーシー列でもある. したがって, 2章の命題 2.54 によって, $\Psi \in \mathcal{N}$ である.

■ **例 9.10** ■ $\mathcal{H}$ の任意の部分空間 $D$ の閉包 $\bar{D}$ は閉部分空間である (命題 2.47 の応用).

**【補題 9.13】** $D$ を $\mathcal{H}$ の任意の部分空間とする.

(i) $(\bar{D})^\perp = D^\perp$.

(ii) $D^\perp$ は閉部分空間である.

**証明** (i) $(\bar{D})^\perp \subset D^\perp$ は容易にわかる. 逆に $\Psi \in D^\perp$ としよう. 任意の $\Phi \in \bar{D}$ に対して, $\Phi_n \to \Phi$ $(n \to \infty)$ となる $\Phi_n \in D$ がある. 内積の連続性と $\langle \Psi, \Phi_n \rangle = 0$ により, $\langle \Psi, \Phi \rangle = \lim_{n \to \infty} \langle \Psi, \Phi_n \rangle = 0$. したがって, $\Psi \in (\bar{D})^\perp$. ゆえに $D^\perp \subset (\bar{D})^\perp$.

(ii) $D^\perp$ が部分空間であることはすでに知っているので (2章を参照), その閉性を示す. $\Psi_n \in D^\perp, \Psi_n \to \Psi \in \mathcal{H}$ としよう. 内積の連続性により, 任意の $\Phi \in D$ に対して, $\langle \Phi, \Psi \rangle = \lim_{n \to \infty} \langle \Phi, \Psi_n \rangle = \lim_{n \to \infty} 0 = 0$. したがって, $\Psi \in D^\perp$. ∎

ヒルベルト空間 $\mathcal{H}$ の部分集合 $D$ (部分空間とは限らない) とベクトル $\Psi \in \mathcal{H}$ の**距離**を

$$d(\Psi, D) = \inf\{\|\Psi - \Phi\| \mid \Phi \in D\}$$

---

[6] 閉集合の概念については, 2章, 2.6.3 項を参照.

## 9.2 正射影定理

によって定義する. ノルムの正値性により $d(\Psi, D) \geq 0$. もし, $d(\Psi, D) = \|\Psi - \Theta\|$ となる $\Theta \in D$ があるならば, $\Theta$ を $\Psi$ に対する, $D$ の**最近接元**という.

**【補題 9.14】** $D$ を部分空間とし, $\Psi \in \mathcal{H}$ とする. このとき, 任意の $\Phi, \Theta \in D$ に対して

$$|\langle \Psi - \Phi, \Theta \rangle|^2 \leq \|\Theta\|^2 \left[\|\Psi - \Phi\|^2 - d(\Psi, D)^2\right]. \tag{9.13}$$

**証明** $d = d(\Psi, D)$ とおく. 任意の $\alpha \in \mathbb{K}$ に対して, $\Phi + \alpha \Theta$ は $D$ のベクトルだから $\|\Psi - \Phi - \alpha \Theta\|^2 \geq d^2$. したがって,

$$\|\Psi - \Phi\|^2 - 2\mathrm{Re}\{\alpha \langle \Psi - \Phi, \Theta \rangle\} + |\alpha|^2 \|\Theta\|^2 \geq d^2.$$

特に, $\Theta \neq 0$ として, $\alpha = \langle \Theta, \Psi - \Phi \rangle / \|\Theta\|^2$ とすれば, (9.13) が得られる. (9.13) は明らかに $\Theta = 0$ のときも成り立つ. ∎

**【補題 9.15】** $D$ を部分空間とし, $\Psi \in \mathcal{H}$ とする. このとき, $\Psi$ に対する, $D$ の任意の最近接元を $\Phi$ とすれば, $\Psi - \Phi \in D^\perp$.

**証明** 仮定のもとでは, (9.13) の右辺は $0$ であるから, $\langle \Psi - \Phi, \Theta \rangle = 0$. これがすべての $\Theta \in D$ に対して成り立つから, 題意が成立する. ∎

次に述べる事実は, ヒルベルト空間の幾何学における重要な事実の 1 つである.

**【定理 9.16】** $\mathcal{M}$ をヒルベルト空間 $\mathcal{H}$ の閉部分空間とする. このとき, 各 $\Psi \in \mathcal{H}$ に対して, $\mathcal{M}$ の最近接元 $\Psi_\mathcal{M}$ が唯 1 つ存在し, $\Psi - \Psi_\mathcal{M} \in \mathcal{M}^\perp$ が成り立つ.

**証明** $d = d(\Psi, \mathcal{M})$ とおく. $d$ の定義によって, $d_n := \|\Psi_n - \Psi\| \to d \quad (n \to \infty)$ となる $\Psi_n \in \mathcal{M}$ がとれる. $d_n \geq d$ である. (9.13) の応用により, すべての $\Theta \in \mathcal{M}$ に対して

$$\begin{aligned}
|\langle \Psi_n - \Psi_m, \Theta \rangle| &= |\langle (\Psi_n - \Psi) + (\Psi - \Psi_m), \Theta \rangle| \\
&\leq |\langle \Psi_n - \Psi, \Theta \rangle| + |\langle \Psi - \Psi_m, \Theta \rangle| \\
&\leq \|\Theta\| \left(\sqrt{d_n^2 - d^2} + \sqrt{d_m^2 - d^2}\right).
\end{aligned}$$

そこで, $\Theta = \Psi_n - \Psi_m$ とおけば, $\|\Psi_n - \Psi_m\| \leq \sqrt{d_n^2 - d^2} + \sqrt{d_m^2 - d^2}$ が成り立ち, 右辺は $n, m \to \infty$ のとき, $0$ に収束するから, $\{\Psi_n\}_n$ はコーシー列

であることがわかる．したがって，$\mathcal{H}$ の完備性によって，$\Psi_n \to \Psi_{\mathcal{M}}$ $(n \to \infty)$ となる $\Psi_{\mathcal{M}} \in \mathcal{H}$ がある．$\mathcal{M}$ は閉集合であるから，$\Psi_{\mathcal{M}} \in \mathcal{M}$ でなければならない．ノルムの連続性により，$d_n \to \|\Psi - \Psi_{\mathcal{M}}\|$ $(n \to \infty)$ となる．したがって，$d = \|\Psi - \Psi_{\mathcal{M}}\|$．ゆえに，$\Psi_{\mathcal{M}}$ は $\Psi$ に対する，$\mathcal{M}$ の最近接元である．$\Psi - \Psi_{\mathcal{M}} \in \mathcal{M}^\perp$ という事実は，補題9.15による．

ベクトル $\Psi_{\mathcal{M}}$ の一意性を示そう．$\Phi \in \mathcal{M}$ が $\Psi$ に対する最近接元であるとしよう．恒等式 $\Phi + (\Psi - \Phi) = \Psi = \Psi_{\mathcal{M}} + (\Psi - \Psi_{\mathcal{M}})$ により $\Phi - \Psi_{\mathcal{M}} = (\Psi - \Psi_{\mathcal{M}}) - (\Psi - \Phi)$．左辺は $\mathcal{M}$ の元であり，右辺は，補題9.15によって，$\mathcal{M}^\perp$ の元である．一方，$\mathcal{M} \cap \mathcal{M}^\perp = \{0\}$ であるから，上式の両辺はともに0でなければならない．したがって $\Phi = \Psi_{\mathcal{M}}$．∎

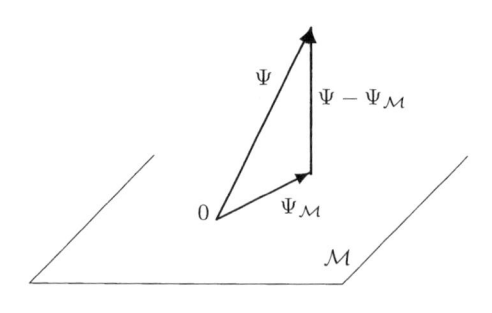

**図 9.1**　正射影

定理9.16にいうベクトル $\Psi_{\mathcal{M}}$ をベクトル $\Psi$ の $\mathcal{M}$ への**正射影** (orthogonal projection) という．

定理9.16から，次の重要な結果が得られる．

**【定理 9.17】**（**正射影定理** (projection theorem)）　$\mathcal{M}$ をヒルベルト空間 $\mathcal{H}$ の閉部分空間とする．このとき，任意の $\Psi \in \mathcal{H}$ は

$$\Psi = \Psi_{\mathcal{M}} + \Psi_{\mathcal{M}^\perp} \tag{9.14}$$

と表される．この表示は次の意味で一意的である：$\Psi_1 \in \mathcal{M}, \Psi_2 \in \mathcal{M}^\perp$ が存在して，$\Psi = \Psi_1 + \Psi_2$ ならば $\Psi_1 = \Psi_{\mathcal{M}}, \Psi_2 = \Psi_{\mathcal{M}^\perp}$．

**証明**　表示 (9.14) の一意性は前定理における一意性の証明と同様である．したがって，(9.14) を証明する．$\Phi_2 = \Psi - \Psi_{\mathcal{M}}$ とおく．このとき，定理9.16により，

$\Phi_2 \in \mathcal{M}^\perp$ であり，$\Psi = \Psi_\mathcal{M} + \Phi_2 \cdots (*)$．補題9.13によって$\mathcal{M}^\perp$も閉部分空間であるから，同様にして，$\Psi = \Psi_{\mathcal{M}^\perp} + \Phi_1 \cdots (**)$ となる $\Phi_1 \in (\mathcal{M}^\perp)^\perp$ がある．このとき，$\langle \Phi_1, \Phi_2 - \Psi_{\mathcal{M}^\perp} \rangle = 0$．一方，$(*)$と$(**)$によって，$\Phi_1 = \Psi_\mathcal{M} + \Phi_2 - \Psi_{\mathcal{M}^\perp}$ であるから，これを代入すれば，$\|\Phi_2 - \Psi_{\mathcal{M}^\perp}\|^2 = 0$ が得られる．したがって，$\Phi_2 = \Psi_{\mathcal{M}^\perp}$．  ∎

定理9.17は，閉部分空間 $\mathcal{M}$ に対して，$\mathcal{H}$ の任意のベクトルが，$\mathcal{M}$ のベクトルと $\mathcal{M}^\perp$ のベクトルの和として一意的に表されることを主張している．(9.14)をベクトル $\Psi \in \mathcal{H}$ の $\mathcal{M}$ に関する**直交分解** (orthogonal decomposition) と呼ぶ．この意味で $\mathcal{H} = \mathcal{M} \oplus \mathcal{M}^\perp$ と書く（厳密にいえば，対応 $\Psi \mapsto (\Psi_\mathcal{M}, \Psi_{\mathcal{M}^\perp})$ によって，$\mathcal{H}$ と $\mathcal{M} \oplus \mathcal{M}^\perp$ が同型であるということ）．

正射影定理の1つの応用として次の事実が得られる．

**【命題9.18】** $\mathcal{H}$ の任意の部分空間 $D$ に対して，$(D^\perp)^\perp = \bar{D}$ である．

**証明** $D \subset (D^\perp)^\perp$ は容易にわかる．したがって，$\bar{D} \subset \overline{(D^\perp)^\perp} = (D^\perp)^\perp$．逆に，$\Psi \in (D^\perp)^\perp$ とすれば，$\Psi = \Psi_{\bar{D}} + \Psi_{\bar{D}^\perp}$ と直交分解できる．$\bar{D}^\perp = D^\perp$ であるから，$\Psi_{\bar{D}^\perp} = \Psi_{D^\perp}$．したがって，$\Psi - \Psi_{\bar{D}} = \Psi_{D^\perp}$．左辺は $(D^\perp)^\perp$ の元であり，右辺は $D^\perp$ の元だから，両辺とも 0 でなければならない．したがって，$\Psi = \Psi_{\bar{D}} \in \bar{D}$．ゆえに，$(D^\perp)^\perp \subset \bar{D}$．  ∎

次の命題は，ヒルベルト空間の部分空間 $D$ について，命題9.2の逆も成り立つことを示す．

**【命題9.19】** $\mathcal{H}$ の部分空間 $D$ について，$D^\perp = \{0\}$ が成り立つならば，$D$ は $\mathcal{H}$ で稠密である．

**証明** 命題9.18によって，$\bar{D} = \{0\}^\perp = \mathcal{H}$．したがって，$D$ は $\mathcal{H}$ で稠密．  ∎

## 9.3 ヒルベルト空間上の線形作用素

ベクトル空間からベクトル空間への線形作用素（写像）についてはすでに1章で基本的な部分は叙述した．そこでは，主にベクトル空間が有限次元の場合を論じた．しかし，後に見るように，量子力学では無限次元のヒルベルト空間を扱わ

なければならない．そこで，無限次元の場合も含む形で線形作用素の一般論を展開しておく必要がある．この節では，この理論の初等的部分を叙述する．

### 9.3.1 基本概念

以下，$\mathcal{H}, \mathcal{K}$ は $\mathbb{K}$ 上のヒルベルト空間であるとする．ヒルベルト空間が無限次元の場合，線形作用素の定義域の問題が重要になる．

【定義 9.20】 $\mathcal{D}$ を $\mathcal{H}$ の部分空間とし，$T \in \mathcal{L}(\mathcal{D}, \mathcal{K})$（ベクトル空間 $\mathcal{D}$ から $\mathcal{K}$ への線形作用素の全体）とする．この場合，$T$ を，**$\mathcal{D}$ を定義域** (domain) **とする**，**$\mathcal{H}$ から $\mathcal{K}$ への線形作用素**と呼び，$\mathcal{D} = D(T)$ と記す．

定義域が $\mathcal{H}$ 全体とは限らない，$\mathcal{H}$ から $\mathcal{K}$ への線形作用素の全体を $\mathsf{L}(\mathcal{H}, \mathcal{K})$ と書く．特に
$$\mathsf{L}(\mathcal{H}) := \mathsf{L}(\mathcal{H}, \mathcal{H}) \tag{9.15}$$
とおく．

**!注意 9.4** $\mathsf{L}(\mathcal{H}, \mathcal{K})$ は $\mathcal{L}(\mathcal{H}, \mathcal{K})$ と異なる（後者は $\mathcal{H}$ 全体を定義域とする，$\mathcal{H}$ から $\mathcal{K}$ への線形写像の全体）．

$\mathsf{L}(\mathcal{H}, \mathcal{K})$ の元を総称的にヒルベルト空間上の線形作用素と呼ぶ．特に $\mathsf{L}(\mathcal{H})$ を——定義域は $\mathcal{H}$ 全体とは限らないが——，便宜的に，$\mathcal{H}$ 上の線形作用素と呼ぶ．

【定義 9.21】（線形作用素の相等） 2つの線形作用素 $T, S \in \mathsf{L}(\mathcal{H}, \mathcal{K})$ が等しいとは，$D(T) = D(S)$（定義域が等しい）かつ $T\Psi = S\Psi$，$\Psi \in D(T)(= D(S))$（ベクトルへの作用が等しい）が成り立つときをいう．この場合，$T = S$ と記す．

**!注意 9.5** 部分空間 $D \subset D(T) \cap D(S)$ があって，任意のベクトル $\Psi \in D$ に対して，$T\Psi = S\Psi$（$D$ のベクトルへの作用が等しい）が成り立っても，$T = S$ とは限らない．

2つの線形作用素 $T, S \in \mathsf{L}(\mathcal{H}, \mathcal{K})$ に対して，その**和** $T + S \in \mathsf{L}(\mathcal{H}, \mathcal{K})$ と**スカラー倍** $\alpha T$（$\alpha \in \mathbb{K}$）を次のように定義する：

$$D(T + S) := D(T) \cap D(S), \tag{9.16}$$
$$(T + S)(\Psi) := T\Psi + S\Psi, \quad \Psi \in D(T + S), \tag{9.17}$$
$$D(\alpha T) := D(T), \tag{9.18}$$

$$(\alpha T)(\Psi) := \alpha(T\Psi), \quad \Psi \in D(\alpha T). \tag{9.19}$$

$\mathcal{M}$ をヒルベルト空間とする．$T \in \mathsf{L}(\mathcal{H},\mathcal{K}), S \in \mathsf{L}(\mathcal{K},\mathcal{M})$ に対して，$ST \in \mathsf{L}(\mathcal{H},\mathcal{M})$ を

$$D(ST) := \{\Psi \in D(T) \mid T\Psi \in D(S)\}, \tag{9.20}$$

$$(ST)(\Psi) := S(T\Psi), \quad \Psi \in D(ST) \tag{9.21}$$

によって定義し，これを $T$ と $S$ の**積**と呼ぶ．

任意複数個の線形作用素 $T_1, \cdots, T_n \in \mathsf{L}(\mathcal{H},\mathcal{K})$ $(n \geq 2)$ の和 $T_1 + \cdots + T_n$ ——これを $\sum_{j=1}^n T_j$ と記す——は次のように定義される：

$$D\left(\sum_{j=1}^n T_j\right) := \bigcap_{j=1}^n D(T_j), \tag{9.22}$$

$$\left(\sum_{j=1}^n T_j\right)(\Psi) := \sum_{j=1}^n T_j\Psi, \quad \Psi \in D\left(\sum_{j=1}^n T_j\right). \tag{9.23}$$

$\mathcal{H}_j, j = 1, \cdots, n+1$，をヒルベルト空間，$T_j \in \mathsf{L}(\mathcal{H}_j, \mathcal{H}_{j+1})$ のとき，積 $T_n \cdots T_1 \in \mathsf{L}(\mathcal{H}_1, \mathcal{H}_{n+1})$ を帰納的に次のように定義する：

$$D(T_n \cdots T_1) := D(T_n(T_{n-1} \cdots T_1)), \tag{9.24}$$

$$(T_n \cdots T_1)(\Psi) := T_n((T_{n-1} \cdots T_1)\Psi), \quad \Psi \in D(T_n \cdots T_1). \tag{9.25}$$

$\mathcal{H}_1 = \cdots = \mathcal{H}_{n+1} = \mathcal{H}$ で $T_1 = T_2 = \cdots = T_n = T$ の場合，

$$\underbrace{T \cdots T}_{n \text{ 個}} = T^n \tag{9.26}$$

と記し，これを $T$ の **$n$ 乗**という．

2 つの線形作用素 $T, S \in \mathsf{L}(\mathcal{H})$ に対して，線形作用素 $[T, S]$ が次のように定義される：

$$D([T, S]) := D(TS) \cap D(ST), \tag{9.27}$$

$$[T, S]\Psi := (TS - ST)\Psi, \quad \Psi \in D([T, S]). \tag{9.28}$$

$[T, S]$ を $T$ と $S$ の**交換子** (commutator) と呼ぶ．定義から，

$$[T, S] = -[S, T] \tag{9.29}$$

であることがただちにわかる．

**!注意 9.6** 交換子は，$\mathcal{H}$ が一般のベクトル空間の場合にもまったく同じ仕方で定義される．交換子の基本的性質については演習問題 15 を参照．

部分空間 $D \subset D(TS) \cap D(ST)$ があって，任意の $\Psi \in D$ に対して，$[T, S]\Psi = 0$ のとき，**$T$ と $S$ は $D$ 上で可換**であるという．

$T$ と $S$ は $D([T, S])$ 上で可換であるとき，**$T$ と $S$ は可換**であるという．

部分空間 $\mathcal{D} \subset \mathcal{H}$ と線形作用素 $C$ があって，$\mathcal{D} \subset D([T, S]) \cap D(C)$ かつ任意の $\Psi \in \mathcal{D}$ に対して

$$[T, S]\Psi = C\Psi$$

が成り立つとき，「$\mathcal{D}$ 上で交換関係 $[T, S] = C$ が成り立つ」という言い方をする．

線形作用素 $A \in \mathsf{L}(\mathcal{H})$ について，部分空間 $\mathcal{D} \subset D(A)$ があって，任意の $\Psi \in \mathcal{D}$ に対して，$A\Psi \in \mathcal{D}$ であるとき——このことを $A\mathcal{D} \subset \mathcal{D}$ と記す——，**$A$ は $\mathcal{D}$ を不変にする**という．

**!注意 9.7** この項で定義した概念は，$\mathcal{H}, \mathcal{K}$ が一般のベクトル空間の場合にも定義される．

### 9.3.2 有界作用素と非有界作用素

ヒルベルト空間上の線形作用素は大きく分けて 2 つに分類される．すなわち，次に定義する有界線形作用素と非有界線形作用素である．

**【定義 9.22】** $T \in \mathsf{L}(\mathcal{H}, \mathcal{K})$ とする．定数 $C > 0$ があって，

$$\|T\Psi\| \leq C\|\Psi\|, \quad \Psi \in D(T) \tag{9.30}$$

が成立するならば，$T$ は**有界** (bounded) であるという．有界でない線形作用素は**非有界** (unbounded) であるという．

線形作用素 $T \in \mathsf{L}(\mathcal{H}, \mathcal{K})$ が有界のとき，(9.30) によって，

$$\|T\| := \sup_{\Psi \neq 0, \Psi \in D(T)} \frac{\|T\Psi\|}{\|\Psi\|} \tag{9.31}$$

は有限である．これを $T$ の**作用素ノルム**あるいは単に**ノルム**という．したがって

$$\|T\Psi\| \leq \|T\|\|\Psi\|, \quad \Psi \in D(T) \tag{9.32}$$

が成立する．

次の定理は，非有界線形作用素の概念は，ヒルベルト空間が無限次元の場合にのみ実質的な意味をもつことを語る．

**【定理 9.23】** $\mathcal{H}, \mathcal{K}$ が有限次元の場合を考える．このとき，すべての $T \in \mathsf{L}(\mathcal{H}, \mathcal{K})$ は有界である．

**証明** $D(T)$ は $\mathcal{H}$ の有限次元部分空間であるから，閉部分空間である（例 9.9）．したがって，証明にあたっては，$D(T) = \mathcal{H}$ として一般性を失わない．$\dim \mathcal{H} = N, \dim \mathcal{K} = M$ とし，$\mathcal{H}, \mathcal{K}$ の正規直交基底を，それぞれ，$\{\Psi_n\}_{n=1}^{N}, \{\Phi_m\}_{m=1}^{M}$ とする．このとき，任意の $\Psi \in \mathcal{H}$ は $\Psi = \sum_{n=1}^{N} \alpha_n \Psi_n, \alpha_n = \langle \Psi_n, \Psi \rangle$，と書ける．したがって，$T\Psi = \sum_{n=1}^{N} \alpha_n T\Psi_n$．一方，$T\Psi_n = \sum_{m=1}^{M} T_{mn} \Phi_m$，$T_{mn} = \langle \Phi_m, T\Psi_n \rangle$ と表される．したがって，$T\Psi = \sum_{m=1}^{M} \left( \sum_{n=1}^{N} T_{mn} \alpha_n \right) \Phi_m$．ゆえに，

$$\|T\Psi\|^2 = \sum_{m=1}^{M} \left| \sum_{n=1}^{N} T_{mn} \alpha_n \right|^2$$
$$\leq \sum_{m=1}^{M} \left( \sum_{n=1}^{N} |T_{mn}|^2 \right) \left( \sum_{n=1}^{N} |\alpha_n|^2 \right)$$
（コーシー – シュヴァルツの不等式）
$$= \left( \sum_{n=1}^{N} \sum_{m=1}^{M} |T_{mn}|^2 \right) \|\Psi\|^2.\quad (\text{パーセヴァルの等式})$$

これは，$T$ が有界であり，$\|T\| \leq \sqrt{\sum_{n=1}^{N} \sum_{m=1}^{M} |T_{mn}|^2}$ が成立することを示している． ∎

**【命題 9.24】(連続性)** $T \in \mathsf{L}(\mathcal{H}, \mathcal{K})$ は有界であるとする．このとき，$\Psi_n, \Psi \in D(T)$ かつ $\Psi_n \to \Psi\ (n \to \infty)$ ならば，$T\Psi_n \to T\Psi\ (n \to \infty)$．

**証明** $T$ の線形性と (9.32) によって $\|T\Psi_n - T\Psi\| \leq \|T\| \|\Psi_n - \Psi\| \to 0\ (n \to \infty)$． ∎

有界線形作用素の重要なクラスの 1 つを定義する．

**【定義 9.25】** $T \in \mathsf{L}(\mathcal{H}, \mathcal{K})$ が内積を保存するとき，すなわち，

$$\langle T\Psi, T\Phi \rangle = \langle \Psi, \Phi \rangle, \quad \Psi, \Phi \in D(T)$$

が成り立つとき，$T$ を**等長線形作用素** (isometry) または**等距離線形作用素**と呼ぶ．

**！注意 9.8** (i) $T \in \mathsf{L}(\mathcal{H}, \mathcal{K})$ が等長線形作用素ならば，明らかに，$T$ は有界であって，$\|T\| = 1$．

(ii) 2 章で導入した概念を用いれば，$T \in \mathsf{L}(\mathcal{H}, \mathcal{K})$ が等長線形作用素であることは，$T$ が $D(T)$ から $\mathrm{Ran}(T)$ への計量同型写像であるということである．

線形作用素が非有界であることの特徴づけは次の命題で与えられる．

**【命題 9.26】** 線形作用素 $T \in \mathsf{L}(\mathcal{H}, \mathcal{K})$ が非有界であるための必要十分条件は，単位ベクトル列 $\{\Psi_n\}_{n=1}^{\infty}$ (i.e., $\|\Psi_n\| = 1, n \in \mathbb{N}$) で $\|T\Psi_n\| \to \infty (n \to \infty)$ となるものが存在することである．

**証明** （必要性） $T$ が非有界ならば，$\sup_{\Psi \in D(T), \Psi \neq 0} \|T\Psi\|/\|\Psi\| = \infty$．これは，$\Phi_n \in D(T) \setminus \{0\}, \|T\Phi_n\|/\|\Phi_n\| \to \infty (n \to \infty)$ となる列 $\{\Phi_n\}_n$ の存在を意味する．そこで，$\Psi_n := \Phi_n / \|\Phi_n\|$ とおけば，これが求める単位ベクトル列である．

（十分性） 題意にいう単位ベクトル列 $\{\Psi_n\}_n \subset D(T)$ があれば，任意の $R > 0$ に対して，番号 $n_0$ があって，$n \geq n_0$ ならば $\|T\Psi_n\| \geq R$．もし，$T$ が有界ならば，$\|T\Psi_n\| \leq \|T\|\|\Psi_n\| = \|T\|$ となるから，$\|T\| \geq R$．しかし，$R$ は任意であったから，これは矛盾である．ゆえに $T$ は非有界． ∎

この命題は，与えられた線形作用素が非有界であることを示すのに使用される．

### 9.3.3 線形作用素の拡大と縮小

定義域がヒルベルト空間全体ではないような線形作用素を扱う際に重要となる概念を定義しておく．2 つの線形作用素 $T, S \in \mathsf{L}(\mathcal{H}, \mathcal{K})$ について，$D(T) \subset D(S)$ かつすべての $\Psi \in D(T)$ に対して，$T\Psi = S\Psi$ が成り立つとき，$S$ は $T$ の**拡大** (extension) あるいは $T$ は $S$ の**制限 (縮小)** (restriction) であるといい，このことを記号的に

$$T \subset S \quad \text{または} \quad S \supset T$$

と表す．この場合，$D(T) \neq D(S)$ ならば，$S$ は $T$ の真の（非自明な）拡大であ

るという.

■ **例 9.11** ■  $T \in \mathsf{L}(\mathcal{H}, \mathcal{K})$ を任意にとる. $D$ を $D(T)$ の部分空間とするとき, $D$ を定義域とする線形作用素 $T_D$ が $T_D \Psi := T\Psi, \Psi \in D$, によって定義される. 明らかに, $T_D \subset T$. 線形作用素 $T_D$ を $T$ の $D$ への**制限**といい, $T_D = T|D$ と記す. $D \neq D(T)$ ならば, $T_D \neq T$ であり, $T$ は $T_D$ の真の拡大である.

2つの線形作用素 $T, S \in \mathsf{L}(\mathcal{H}, \mathcal{K})$ について, $T = S$ であることは, $T \subset S$ かつ $S \subset T$ と同値である.

### 9.3.4 拡大定理

$\mathcal{H}$ から $\mathcal{K}$ への線形作用素 $T$ の定義域 $D(T)$ が $\mathcal{H}$ で稠密なとき, $T$ は**稠密に定義されている** (densely defined) という. 稠密に定義されている有界線形作用素は, ヒルベルト空間全体を定義域とする有界線形作用素に一意的に拡大される. これを述べたのが次の定理であり, これは線形作用素論における基本的な定理の1つである.

**【定理 9.27】(拡大定理)** $T$ を $\mathcal{H}$ から $\mathcal{K}$ への稠密に定義された有界線形作用素とする. このとき, $\mathcal{H}$ 全体を定義域とする, $\mathcal{H}$ から $\mathcal{K}$ への有界線形作用素 $\widetilde{T}$ で

$$T\Psi = \widetilde{T}\Psi, \quad \Psi \in D(T) \tag{9.33}$$

$$\|T\| = \|\widetilde{T}\| \tag{9.34}$$

を満たすものが唯1つ存在する.

**証明** $D(T)$ は稠密だから, 任意の $\Psi \in \mathcal{H}$ に対して, $\Psi_n \to \Psi \ (n \to \infty)$ となる点列 $\{\Psi_n\}_n \subset D(T)$ がとれる. $T$ の有界性により

$$\|T\Psi_n - T\Psi_m\| \leq \|T\| \, \|\Psi_n - \Psi_m\| \to 0 \quad (n, m \to \infty).$$

したがって, $\{T\Psi_n\}_n$ は $\mathcal{K}$ におけるコーシー列である. ゆえに, $\lim_{n\to\infty} T\Psi_n = \Phi$ となる $\Phi \in \mathcal{K}$ が存在する. この場合, 極限 $\Phi$ は, $\Psi$ を近似する $\{\Psi_n\}_n$ の選び方によらない. 実際, $\Psi'_n \to \Psi \ (n \to \infty)$ となるもう1つの点列があったとし, $\lim_{n\to\infty} T\Psi'_n = \Phi'$ とすれば, 3角不等式によって

$$\|\Phi - \Phi'\| \leq \|\Phi - T\Psi_n\| + \|T\Psi_n - T\Psi'_n\| + \|T\Psi'_n - \Phi'\|$$

$$\leq \|\Psi - T\Psi_n\| + \|T\|\|\Psi_n - \Psi_n'\| + \|T\Psi_n' - \Phi'\|$$
$$\to 0 \ (n \to \infty).$$

したがって, $\Phi = \Phi'$. こうして, 各 $\Psi \in \mathcal{H}$ に対してベクトル $\Phi \in \mathcal{K}$ が唯 1 つ定まる. この写像を $\widetilde{T}$ とする: $\widetilde{T}\Psi = \lim_{n\to\infty} T\Psi_n$. $T$ の線形性は $\widetilde{T}$ の線形性を導く. したがって, $\widetilde{T}$ は $\mathcal{H}$ 全体を定義域とする線形作用素である. $\|T\Psi_n\| \leq \|T\|\|\Psi_n\|$ であるから, $n \to \infty$ として, $\|\widetilde{T}\Psi\| \leq \|T\|\|\Psi\|$ を得る. これは, $\widetilde{T}$ が有界であることを示すと同時に, 不等式 $\|\widetilde{T}\| \leq \|T\| \cdots (*)$ も与える. $\Psi \in D(T)$ ならば, $\Psi_n = \Psi$ と選ぶことにより, (9.33) が成り立つ. 線形作用素のノルムの定義から, 任意の $\varepsilon > 0$ に対して, ある単位ベクトル $\Psi \in D(T)$ が存在して, $\|T\| - \varepsilon \leq \|T\Psi\|$. $T \subset \widetilde{T}$ により, $\|T\Psi\| = \|\widetilde{T}\Psi\| \leq \|\widetilde{T}\|$. したがって, $\|T\| - \varepsilon \leq \|\widetilde{T}\|$. $\varepsilon$ は任意であったから $\|T\| \leq \|\widetilde{T}\|$ となる. これと $(*)$ をあわせると (9.34) を得る. ∎

次の定理は理論的にも応用上も重要である.

**【定理 9.28】** $D, F$ をそれぞれ, $\mathcal{H}, \mathcal{K}$ の稠密な部分空間であるとし, $U$ は $D$ から $F$ の上への等長線形作用素であるとする ($\mathrm{Ran}(U) = F$). このとき, $\mathcal{H}$ から $\mathcal{K}$ へのユニタリ変換 $\widetilde{U}$ で $U$ の拡大になっているものが唯 1 つ存在する[7].

**証明** 定理 9.27 により, $\mathcal{H}$ 全体を定義域とする有界線形作用素 $\widetilde{U}$ で $U$ の拡大になっており, $\|\widetilde{U}\| = \|U\| = 1$ を満たすものが存在する. 任意の $\Psi, \Phi \in \mathcal{H}$ に対して, $D$ の稠密性により, $\Psi_n \to \Psi, \Phi_n \to \Phi \ (n \to \infty)$ となる $\Psi_n, \Phi_n \in D$ が存在する. 有界線形作用素の連続性により

$$\langle \widetilde{U}\Psi, \widetilde{U}\Phi \rangle = \lim_{n\to\infty} \langle \widetilde{U}\Psi_n, \widetilde{U}\Phi_n \rangle = \lim_{n\to\infty} \langle U\Psi_n, U\Phi_n \rangle$$
$$= \lim_{n\to\infty} \langle \Psi_n, \Phi_n \rangle = \langle \Psi, \Phi \rangle.$$

ゆえに, $\widetilde{U}$ は内積を保存する.

次に $\widetilde{U}$ の全射性を示そう. 任意の $\eta \in \mathcal{K}$ に対して, $\eta_n \to \eta \ (n \to \infty)$ となる $\eta_n \in F$ が存在する. したがって, $U\Psi_n = \eta_n$ となる $\Psi_n \in D$ が唯 1 つ存在する. $U$ の等長性により, $\|\Psi_n - \Psi_m\| = \|\eta_n - \eta_m\| \to 0 \ (n, m \to \infty)$. したがって, $\{\Psi_n\}_n$ は $\mathcal{H}$ のコーシー列である. $\mathcal{H}$ の完備性により, $\Psi = \lim_{n\to\infty} \Psi_n \in \mathcal{H}$ が存在する. したがって, $\widetilde{U}\Psi = \lim_{n\to\infty} U\Psi_n = \eta$. ゆえに $\widetilde{U}$ は全射である. ∎

---

[7] $\mathcal{H}$ から $\mathcal{K}$ へのユニタリ変換とは $\mathcal{H}$ から $\mathcal{K}$ への計量同型写像のことである (2 章を参照).

## 9.3.5 有界線形作用素の空間

**【定義 9.29】** $\mathcal{H}$ 全体を定義域とする，$\mathcal{H}$ から $\mathcal{K}$ への有界線形作用素の全体を $\mathsf{B}(\mathcal{H}, \mathcal{K})$ と記す．$\mathsf{B}(\mathcal{H}) := \mathsf{B}(\mathcal{H}, \mathcal{H})$ とおく．

任意の $T, S \in \mathsf{B}(\mathcal{H}, \mathcal{K})$ と $\Psi \in \mathcal{H}$ に対して，3角不等式により

$$\|(T+S)\Psi\| \leq \|T\Psi\| + \|S\Psi\| \leq (\|T\| + \|S\|)\|\Psi\|.$$

これは，$T+S$ の有界性および

$$\|T+S\| \leq \|T\| + \|S\| \tag{9.35}$$

を意味する．この不等式を**作用素ノルムに関する3角不等式**という．また，任意の $\alpha \in \mathbb{K}$ に対して，$\alpha T \in \mathsf{B}(\mathcal{H}, \mathcal{K})$ であり

$$\|\alpha T\| = |\alpha|\|T\| \tag{9.36}$$

が成り立つ．ゆえに $\mathsf{B}(\mathcal{H}, \mathcal{K})$ は線形作用素の和とスカラー倍でベクトル空間になる．

$\mathsf{B}(\mathcal{H}, \mathcal{K})$ の点列についていくつかの概念を導入する．

$\mathsf{B}(\mathcal{H}, \mathcal{K})$ の点列 $\{T_n\}_{n=1}^\infty$ について，定数 $C > 0$ があって，$\|T_n\| \leq C$, $n \geq 1$ が成り立つとき (i.e., $\sup_{n \geq 1} \|T_n\| < \infty$)，**点列 $\{T_n\}_{n=1}^\infty$ は有界**であるという．

**【定義 9.30】** $\mathsf{B}(\mathcal{H}, \mathcal{K})$ の点列 $\{T_n\}_{n=1}^\infty$ と $T \in \mathsf{B}(\mathcal{H}, \mathcal{K})$ について，$\lim_{n \to \infty} \|T_n - T\| = 0$ が成り立つとき，$\{T_n\}_n$ は $T$ に**作用素のノルムの意味で収束する**または**一様収束**するといい，記号的に $\text{u-}\lim_{n \to \infty} T_n = T$ と記す．

$\mathsf{B}(\mathcal{H}, \mathcal{K})$ の一様収束する点列を**一様収束列**または単に**収束列**という．

**【定義 9.31】** $\mathsf{B}(\mathcal{H}, \mathcal{K})$ の点列 $\{T_n\}_{n=1}^\infty$ について，任意の $\varepsilon > 0$ に対して，番号 $n_0$ があって，$n, m \geq n_0$ ならば，$\|T_n - T_m\| < \varepsilon$ が成り立つとき，$\{T_n\}_{n=1}^\infty$ を**基本列**または**コーシー列**という．

$\mathsf{B}(\mathcal{H}, \mathcal{K})$ の点列 $\{T_n\}_{n=1}^\infty$ が $T \in \mathsf{B}(\mathcal{H}, \mathcal{K})$ に一様収束するならば，$\{T_n\}_{n=1}^\infty$ はコーシー列である (証明せよ)．

空間 $\mathsf{B}(\mathcal{H}, \mathcal{K})$ の重要な性質の1つを証明しておこう．

**【定理 9.32】** $\mathsf{B}(\mathcal{H},\mathcal{K})$ の任意のコーシー列 $\{T_n\}_{n=1}^{\infty}$ に対して，u-$\lim_{n\to\infty} T_n = T$ を満たす $T \in \mathsf{B}(\mathcal{H},\mathcal{K})$ が唯 1 つ存在する．

**証明** 仮定により，任意の $\varepsilon > 0$ に対して，番号 $n_0$ があって，$n, m \geq n_0$ ならば，$\|T_n - T_m\| < \varepsilon$ が成り立つ．したがって，任意の $\Psi \in \mathcal{H}$ に対して，$\|T_n \Psi - T_m \Psi\| \leq \varepsilon \|\Psi\| \cdots (*)$. これは $\{T_n \Psi\}_{n=1}^{\infty}$ が $\mathcal{K}$ のコーシー列であることを意味する．したがって，$T(\Psi) := \lim_{n\to\infty} T_n \Psi$ が存在する．このとき，$T$ は $\mathcal{H}$ から $\mathcal{K}$ への線形作用素である．ノルムの連続性により，$\|T(\Psi)\| = \lim_{n\to\infty} \|T_n \Psi\| \leq \limsup_{n\to\infty} \|T_n\| \|\Psi\|$. コーシー列は有界である（$\because \|T_n - T_{n_0}\| < \varepsilon,\ n \geq n_0$ であるから，$n \geq n_0$ ならば，3 角不等式により，$\|T_n\| \leq \|T_n - T_{n_0}\| + \|T_{n_0}\| \leq \varepsilon + \|T_{n_0}\|$). すなわち，$C := \sup_{n \geq 1} \|T_n\| < \infty$. したがって，$\|T(\Psi)\| \leq C \|\Psi\|$. ゆえに $T \in \mathsf{B}(\mathcal{H},\mathcal{K})$. $(*)$ で $m \to \infty$ とすれば，ノルムの連続性により，$\|T_n \Psi - T \Psi\| \leq \varepsilon \|\Psi\|,\ n \geq n_0$. これは $\|T_n - T\| \leq \varepsilon,\ n \geq n_0$ を意味する．よって題意が成立. ∎

定理 9.32 にいう，$\mathsf{B}(\mathcal{H},\mathcal{K})$ の性質を $\mathsf{B}(\mathcal{H},\mathcal{K})$ の **完備性** という．

**【命題 9.33】** 任意の $T \in \mathsf{B}(\mathcal{H})$ と $n \in \mathbb{N}$ に対して

$$\|T^n\| \leq \|T\|^n. \tag{9.35}$$

**証明** 任意の $\Psi \in \mathcal{H}$ に対して，$\|T^n \Psi\| = \|T T^{n-1} \Psi\| \leq \|T\| \|T^{n-1} \Psi\| \leq \|T\|^2 \|T^{n-2} \Psi\| \leq \cdots \leq \|T\|^n \|\Psi\|$. したがって，(9.35) が成立. ∎

## 9.3.6 リースの表現定理

ベクトル空間上の線形汎関数の概念はすでに 1 章で定義した．ヒルベルト空間 $\mathcal{H}$ 上の線形汎関数 $F : \mathcal{H} \to \mathbb{K}$ が線形作用素として有界であるとき（i.e., 定数 $C > 0$ があって，$|F(\Psi)| \leq C\|\Psi\|,\ \Psi \in \mathcal{H}$ が成り立つとき）$F$ を **有界線形汎関数** (bounded linear functional) あるいは **連続線形汎関数** (continuous linear functional) と呼ぶ．これは言い換えれば，$F \in \mathsf{B}(\mathcal{H},\mathbb{K})$ ということである．$\mathcal{H}$ 上の有界線形汎関数の全体 $\mathsf{B}(\mathcal{H},\mathbb{K})$ を $\mathcal{H}^*$ で表し，これを $\mathcal{H}$ の **双対空間** (dual space) という．$\mathcal{H}^*$ については，有限次元計量ベクトル空間上の線形汎関数の表現定理は拡張される．すなわち，次の定理が成り立つ：

## 9.3 ヒルベルト空間上の線形作用素

**【定理 9.34】(リースの表現定理)**[8]　各 $F \in \mathcal{H}^*$ に対し，唯 1 つのベクトル $\Phi_F \in \mathcal{H}$ が存在し，$F(\Psi) = \langle \Phi_F, \Psi \rangle$, $\Psi \in \mathcal{H}$ と表される．さらに，$\|F\| = \|\Phi_F\|$ が成り立つ．

この定理を証明するために，有界作用素の核に関する一般的な事実を証明しておく．

**【補題 9.35】**　$T$ を $\mathcal{H}$ 全体を定義域とする，$\mathcal{H}$ から $\mathcal{K}$ への有界線形作用素とする (i.e., $T \in \mathsf{B}(\mathcal{H}, \mathcal{K})$)．このとき，$\ker T$ は $\mathcal{H}$ の閉部分空間である．

**証明**　$\ker T$ が部分空間であることはすでに見た (1 章)．$\ker T$ の閉性を示すために，$\Psi_n \in \ker T, \Psi_n \to \Psi \in \mathcal{H}$ $(n \to \infty)$ とする．このとき，$T$ の連続性により，$T\Psi_n \to T\Psi$ $(n \to \infty)$．一方，$T\Psi_n = 0$ である．したがって，$T\Psi = 0$. ゆえに $\Psi \in \ker T$. ∎

**定理 9.34 の証明**　補題 9.35 によって，$\ker F$ は $\mathcal{H}$ の閉部分空間である．もし，$\ker F = \mathcal{H}$ ならば，すべての $\Psi$ に対して，$F(\Psi) = 0 = \langle 0, \Psi \rangle$ であるから，$\Phi_F = 0$ ととることにより定理の主張は証明される．そこで $\ker F \neq \mathcal{H}$ の場合を考えよう．この場合，正射影定理により，$\mathcal{H} = \ker F \oplus (\ker F)^\perp$ と直交分解でき，$(\ker F)^\perp \neq \{0\}$. したがって，$0$ でないベクトル $\Psi_0 \in (\ker F)^\perp$ が存在する．このとき，$\Phi_F := F(\Psi_0)^* \|\Psi_0\|^{-2} \Psi_0$ が求めるものであることを示そう．まず，$\Psi \in \ker F$ ならば，$F(\Psi) = 0 = \langle \Phi_F, \Psi \rangle$. 次に，$\Psi = \alpha \Psi_0, \alpha \in \mathbb{K}$ ならば

$$F(\Psi) = F(\alpha \Psi_0) = \alpha F(\Psi_0) = \langle F(\Psi_0)^* \|\Psi_0\|^{-2} \Psi_0, \alpha \Psi_0 \rangle = \langle \Phi_F, \Psi \rangle.$$

任意の $\Psi \in \mathcal{H}$ は

$$\Psi = \Psi_1 + \Psi_2, \quad \Psi_1 = \Psi - \frac{F(\Psi)}{F(\Psi_0)} \Psi_0, \ \Psi_2 = \frac{F(\Psi)}{F(\Psi_0)} \Psi_0,$$

と表される．$\Psi_1 \in \ker F$ であり，$\Psi_2$ は $\Psi_0$ の定数倍であるから，すでに示したことにより，$F(\Psi_j) = \langle \Phi_F, \Psi_j \rangle$, $j = 1, 2$. そこで，$F$ と $\langle \Phi_F, \cdot \rangle$ の線形性を使えば，$F(\Psi) = \langle \Phi_F, \Psi \rangle$.

$F(\Psi) = \langle \Phi_F, \Psi \rangle$, $\Psi \in \mathcal{H}$ とシュヴァルツの不等式により，$|F(\Psi)| \leq \|\Phi_F\| \|\Psi\|$.

---

[8] Frigyes Riesz, 1880–1956. ハンガリーの数学者．業績は広範囲にわたり，現代解析学，特に関数解析学の基礎的研究に大きな貢献した．弟の Marcel Riesz(1886–1969) も多くの優れた業績を残した数学者．

したがって，$\|F\| \leq \|\Phi_F\|$. 一方，$\|\Phi_F\|^2 = F(\Phi_F) \leq \|F\|\|\Phi_F\|$. したがって，$\|\Phi_F\| \leq \|F\|$. ゆえに，$\|\Phi_F\| = \|F\|$. ∎

## 9.4 内積空間の完備化

完備でない内積空間も実はヒルベルト空間の稠密な部分空間と見ることができることを証明しよう．

内積空間の点列 $\{\Psi_n\}_{n=1}^\infty$ について，定数 $C>0$ があって，$\|\Psi_n\| \leq C, n \geq 1$ が成り立つとき，点列 $\{\Psi_n\}_{n=1}^\infty$ は**有界**であるという．

コーシー列に関する次の事実は基本的である．

**【補題 9.36】** $\mathcal{H}$ を $\mathbb{K}$ 上の内積空間とする．このとき，$\mathcal{H}$ の任意のコーシー列は有界である．

**証明** $\{\Psi_n\}_{n=1}^\infty$ を $\mathcal{H}$ のコーシー列とすると，任意の $\varepsilon > 0$ に対して，番号 $n_0$ があって，$m, n \geq n_0$ ならば，$\|\Psi_n - \Psi_m\| < \varepsilon$. したがって，$n \geq n_0$ ならば，

$$\|\Psi_n\| \leq \|\Psi_n - \Psi_{n_0}\| + \|\Psi_{n_0}\| < \varepsilon + \|\Psi_{n_0}\|.$$

これから，$\sup_{n \geq 1} \|\Psi_n\| \leq \max\{\|\Psi_1\|, \cdots, \|\Psi_{n_0-1}\|, \varepsilon + \|\Psi_{n_0}\|\} < \infty$. ゆえに，$\{\Psi_n\}_{n=1}^\infty$ は有界である． ∎

**【定理 9.37】** $\mathcal{H}$ を $\mathbb{K}$ 上の内積空間とする．このとき，ヒルベルト空間 $\widetilde{\mathcal{H}}$ と等長線形作用素 $U: \mathcal{H} \to \widetilde{\mathcal{H}}$ で $\mathrm{Ran}(U)$ が $\widetilde{\mathcal{H}}$ で稠密となるものが存在する．

**証明** $\mathsf{C}_\mathcal{H}$ を $\mathcal{H}$ におけるコーシー列（基本列）の全体としよう．2つのコーシー列 $\{\Psi_n\}_n, \{\Phi_n\}_n \in \mathsf{C}_\mathcal{H}$ に対して，関係 $\sim$ を

$$\{\Psi_n\}_n \sim \{\Phi_n\}_n \stackrel{\mathrm{def}}{\iff} \|\Psi_n - \Phi_n\| \to 0 \ (n \to \infty)$$

によって定義する[9]．これが同値関係であることは容易にわかる．この同値関係による同値類の集合 $\mathsf{C}_\mathcal{H}/\sim$ を $\widetilde{\mathcal{H}}$ とし，$\{\Psi_n\}_n$ の属する同値類を $[\{\Psi_n\}]$ で表す．2つの元 $[\{\Psi_n\}], [\{\Phi_n\}]$ の和とスカラー倍を

$$[\{\Psi_n\}] + [\{\Phi_n\}] = [\{\Psi_n + \Phi_n\}], \quad \alpha[\{\Psi_n\}] = [\{\alpha\Psi_n\}], \ \alpha \in \mathbb{K},$$

---
[9] 「$A \stackrel{\mathrm{def}}{\iff} B$」は「$A$ を $B$ によって定義する」ということを意味する記法．

によって定義すれば，$\widetilde{\mathcal{H}}$ はベクトル空間になる．この場合，零ベクトルは $0$ に収束する列の同値類である．任意の $2$ つのコーシー列 $\{\Psi_n\}_n, \{\Phi_n\}_n$ に対し，$\{\langle \Psi_n, \Phi_n \rangle\}_n$ は $\mathbb{K}$ におけるコーシー列をなす．実際，

$$C = \max\{\sup_{n \geq 1} \|\Psi_n\|, \sup_{n \geq 1} \|\Phi_n\|\}$$

とすれば，補題 9.36 によって，これは有限であり，

$$|\langle \Psi_n, \Phi_n \rangle - \langle \Psi_m, \Phi_m \rangle| = |\langle \Psi_n - \Psi_m, \Phi_n \rangle + \langle \Psi_m, \Phi_n - \Phi_m \rangle|$$
$$\leq \|\Psi_n - \Psi_m\|\|\Phi_n\| + \|\Psi_m\|\|\Phi_n - \Phi_m\|$$
$$\leq C(\|\Psi_n - \Psi_m\| + \|\Phi_n - \Phi_m\|)$$
$$\to 0 \ (m, n \to \infty).$$

そこで，$\widetilde{\mathcal{H}}$ の $2$ つの元 $[\{\Psi_n\}], [\{\Phi_n\}]$ に対し，$\langle [\{\Psi_n\}], [\{\Phi_n\}] \rangle_{\widetilde{\mathcal{H}}} \in \mathbb{K}$ を

$$\langle [\{\Psi_n\}], [\{\Phi_n\}] \rangle_{\widetilde{\mathcal{H}}} = \lim_{n \to \infty} \langle \Psi_n, \Phi_n \rangle$$

によって定義する．右辺の極限は同値類の代表元の選び方によらないことがわかる．さらに，$\langle \cdot, \cdot \rangle_{\widetilde{\mathcal{H}}}$ は内積の性質をすべて満たすことも容易に確かめられる．したがって，$\widetilde{\mathcal{H}}$ は内積空間である．

写像 $U : \mathcal{H} \to \widetilde{\mathcal{H}}$ を $U\Psi = [\{\Psi_n\}]$，$(\Psi \in \mathcal{H}, \Psi_n = \Psi, n \geq 1)$，によって定義すれば，これは線形であって，かつ内積を保存する：$\langle U\Psi, U\Phi \rangle_{\widetilde{\mathcal{H}}} = \langle \Psi, \Phi \rangle$，$\Psi, \Phi \in \mathcal{H}$．したがって，$U$ は等長線形作用素である．

写像 $U$ の値域 $\text{Ran}(U)$ が $\widetilde{\mathcal{H}}$ で稠密であることを示そう．$\widetilde{\mathcal{H}}$ の任意の点 $X = [\{\Psi_n\}]$ に対し，$X_n := U\Psi_n$ は $\text{Ran}(U)$ の点であり，$\|X - X_n\|_{\widetilde{\mathcal{H}}} = \lim_{m \to \infty} \|\Psi_m - \Psi_n\|_{\mathcal{H}}$．ところが，$\{\Psi_n\}_n$ はコーシー列であったから，右辺は $n \to \infty$ のとき $0$ に収束する．したがって，$X_n \to X \ (n \to \infty)$．ゆえに，$\text{Ran}(U)$ は $\widetilde{\mathcal{H}}$ で稠密である．

次に $\widetilde{\mathcal{H}}$ が完備であることを示そう．$\{X_n\}_n \in \widetilde{\mathcal{H}}$ をコーシー列とすれば，$\lim_{n,m \to \infty} \|X_n - X_m\|_{\widetilde{\mathcal{H}}} = 0$．上に証明したように，$\text{Ran}(U)$ が $\widetilde{\mathcal{H}}$ で稠密であるから，各 $X_n$ に対して，$\|X_n - U\Psi_n\|_{\widetilde{\mathcal{H}}} \leq 1/n$ となるような $\Psi_n \in \mathcal{H}$ が存在する．3 角不等式によって

$$\|\Psi_n - \Psi_m\|_{\mathcal{H}} = \|U\Psi_n - U\Psi_m\|_{\widetilde{\mathcal{H}}}$$
$$\leq \|U\Psi_n - X_n\|_{\widetilde{\mathcal{H}}} + \|X_n - X_m\|_{\widetilde{\mathcal{H}}} + \|X_m - U\Psi_m\|_{\widetilde{\mathcal{H}}}$$
$$\leq \frac{1}{n} + \|X_n - X_m\|_{\widetilde{\mathcal{H}}} + \frac{1}{m}.$$

したがって，$\lim_{n,m\to\infty}\|\Psi_n - \Psi_m\|_{\mathcal{H}} = 0$, すなわち，$\{\Psi_n\} \in \mathsf{C}_{\mathcal{H}}$. ゆえに $X := [\{\Psi_n\}] \in \widetilde{\mathcal{H}}$. 前段の結果から，$\|U\Psi_n - X\|_{\widetilde{\mathcal{H}}} \to 0\ (n \to \infty)$. 再び，3角不等式により，

$$\|X_n - X\|_{\widetilde{\mathcal{H}}} \leq \|X_n - U\Psi_n\|_{\widetilde{\mathcal{H}}} + \|U\Psi_n - X\|_{\widetilde{\mathcal{H}}}$$
$$\leq \frac{1}{n} + \|U\Psi_n - X\|_{\widetilde{\mathcal{H}}}.$$

したがって，$X_n$ は $X$ に収束する．ゆえに，$\widetilde{\mathcal{H}}$ は完備，すなわち，ヒルベルト空間である． ∎

定理 9.37 にいうヒルベルト空間 $\widetilde{\mathcal{H}}$ を $\mathcal{H}$ の**完備化** (completion) という．

内積空間 $\mathcal{H}$ の完備化は次に述べる意味で一意である．

**【定理 9.38】** 2つのヒルベルト空間 $\mathcal{H}_1, \mathcal{H}_2$ と等長線形作用素 $U_j : \mathcal{H} \to \mathcal{H}_j$ $(j = 1, 2)$ があって，$\mathrm{Ran}(U_j)$ は $\mathcal{H}_j$ で稠密であるとする．このとき，$\mathcal{H}_1$ と $\mathcal{H}_2$ はヒルベルト空間同型である．

**証明** $D_j = \mathrm{Ran}(U_j)$ とおけば，写像 $V := U_2 U_1^{-1} : D_1 \to D_2$ はユニタリ変換である．したがって，定理 9.28 によって，$V$ は $\mathcal{H}_1$ から $\mathcal{H}_2$ へのユニタリ変換に一意的に拡大される．ゆえに題意が成立． ∎

定理 9.37 において，$\mathcal{H}$ と $\mathrm{Ran}(U)$ は計量同型であるから，$\mathcal{H}$ と $\mathrm{Ran}(U)$ を同一視することができる．この意味で $\mathcal{H}$ はその完備化 $\widetilde{\mathcal{H}}$ の稠密な部分空間とみせる．こうして，**どんな内積空間に対しても，それを稠密な部分空間として含むヒルベルト空間が存在する**ことが示されたことになる．

**❢ 注意 9.9** $\mathcal{H}$ がすでに完備であれば，上の証明からわかるように，$\mathrm{Ran}(U) = \widetilde{\mathcal{H}}$ であるので，その完備化は $\mathcal{H}$ と同型である．したがって，$\mathcal{H}$ と $\widetilde{\mathcal{H}}$ は同じものとみなせる．

**■ 例 9.12 ■** $d$ 次元ユークリッド座標空間 $\mathbb{R}^d$ 上の複素数値連続関数の全体を $C(\mathbb{R}^d)$ で表し，集合

$$L^2 C(\mathbb{R}^d) := \left\{ f \in C(\mathbb{R}^d) \,\bigg|\, \int_{\mathbb{R}^d} |f(x)|^2 dx < \infty \right\} \tag{9.36}$$

を導入する（積分はリーマン積分の意味でとる）．2乗総和可能な複素数列の空間 $\ell^2$ の場合と同様にして，$L^2 C(\mathbb{R}^d)$ は複素ベクトル空間であって，任意の $f, g \in L^2 C(\mathbb{R}^d)$

に対して
$$\langle f,g\rangle := \int_{\mathbb{R}^d} f(x)^* g(x) dx \tag{9.37}$$
とすれば，これによって $L^2C(\mathbb{R}^d)$ は内積空間であることがわかる．しかも無限次元である[10]．しかし，$L^2C(\mathbb{R}^d)$ は完備ではない (演習問題 4 を参照)．そこで，$L^2C(\mathbb{R}^d)$ の完備化を考え，これを $L^2(\mathbb{R}^d)$ と記す[11]．

■ **例 9.13** ■ ヒルベルト空間 $L^2(\mathbb{R}^d)$ と関連して，量子力学における基本的な線形作用素の例を紹介しておこう．$F:\mathbb{R}^d \to \mathbb{R}$ を有限個の点 $c_1,\cdots,c_N \in \mathbb{R}^d$ を除いて連続な関数とし，線形作用素 $M_F$ を

$$D(M_F) := \left\{ f \in L^2C(\mathbb{R}^d) \,\bigg|\, \int_{\mathbb{R}^d} |F(x)f(x)|^2 dx < \infty \right\},$$
$$(M_F f)(x) := F(x)f(x), \quad x \in \mathbb{R}^d \setminus \{c_j\}_{j=1}^N,\ f \in D(M_F)$$

によって定義し，これを関数 $F$ による**かけ算作用素**と呼ぶ[12]．

もう 1 つ重要なクラスとして偏微分作用素と呼ばれる線形作用素のクラスがある．各 $j=1,\cdots,d$ に対して，線形作用素 $\partial_j$ を次のように定義する：

$$D(\partial_j) := \bigg\{ f \in C^1(\mathbb{R}^d) \cap L^2C(\mathbb{R}^d) \,\bigg|\, \lim_{|x|\to\infty} f(x) = 0,$$
$$\partial f/\partial x_j \in L^2C(\mathbb{R}^d),\ j=1,\cdots,d \bigg\},$$
$$(\partial_j f)(x) := \frac{\partial f(x)}{\partial x_j}, \quad x=(x_1,\cdots,x_d)\in\mathbb{R}^d,\ f \in D(\partial_j).$$

ただし，$C^1(\mathbb{R}^d)$ は，$\mathbb{R}^d$ 上の 1 回連続微分可能な関数での全体である．

一般に，$\alpha_1,\cdots,\alpha_d$ を非負整数として，$\partial_1^{\alpha_1}\cdots\partial_d^{\alpha_d}$ という型の線形作用素を**偏微分作用素**と呼ぶ．

---

[10] 無限次元性は，たとえば，次のようにして示される．$f_n(x) := |x|^n e^{-x^2},\ n=0,1,2,\cdots$，という関数は $L^2C(\mathbb{R}^d)$ の元であって，任意の $n\in N$ に対して，$f_0,f_1,\cdots,f_n$ は線形独立である(演習問題 5)．

[11] ルベーグ積分をご存知の読者のためにいえば
$$L^2(\mathbb{R}^d) = \left\{ f:\mathbb{R}^d\to\mathbb{C}, \text{ボレル可測} \,\bigg|\, \int_{\mathbb{R}^d} |f(x)|^2 dx < \infty \right\}$$
である (積分は $\mathbb{R}^d$ 上のルベーグ積分の意味でとる)．ただし，$f,g \in L^2(\mathbb{R}^d)$ が等しいとは ($f=g$ と記す)，$\mathbb{R}^d$ 上のルベーグ測度に関してほとんどいたるところの $x$ に対して $f(x)=g(x)$ が成り立つこととする (これは通常の意味での関数の相等の概念よりも弱い概念である)．

[12] ルベーグ積分論を使って，$L^2(\mathbb{R}^d)$ を定義する場合には，定義域 $D(M_F)$ をもっと広くとれる．拙著『ヒルベルト空間と量子力学』(共立出版，1997) を参照．

## 9.5 共役作用素

$\mathcal{H}, \mathcal{K}$ をヒルベルト空間とする．

$T \in \mathsf{L}(\mathcal{H}, \mathcal{K})$ かつ $D(T)$ は $\mathcal{H}$ で稠密であるとする．集合 $D(T^*)$ を次のように定義する：

$$D(T^*) := \{\Phi \in \mathcal{K} \mid \text{あるベクトル } \Theta_\Phi \in \mathcal{H} \text{ が存在して，すべての } \Psi \in D(T)$$
$$\text{に対して } \langle \Phi, T\Psi \rangle_\mathcal{K} = \langle \Theta_\Phi, \Psi \rangle_\mathcal{H} \}. \tag{9.38}$$

$D(T)$ の稠密性により，条件を満たすベクトル $\Theta_\Phi$ は，$\Phi$ に対して一意的に決まる（∵ $\Theta_1, \Theta_2 \in \mathcal{H}$ があって，すべての $\Psi \in D(T)$ に対して，$\langle \Phi, T\Psi \rangle_\mathcal{K} = \langle \Theta_1, \Psi \rangle_\mathcal{H} = \langle \Theta_2, \Psi \rangle_\mathcal{H}$ を満たすとすれば，第 2 の等式より，$\langle \Theta_1 - \Theta_2, \Psi \rangle = 0$．$D(T)$ は稠密であるから，命題 9.2 によって，これは $\Theta_1 - \Theta_2 = 0$，すなわち，$\Theta_1 = \Theta_2$ を意味する）．部分集合 $D(T^*)$ が $\mathcal{K}$ の部分空間であることを示すのは難しくない（演習問題 7(i)）．そこで，$D(T^*)$ を定義域とする写像 $T^* : D(T^*) \to \mathcal{H}$ を

$$T^*\Phi := \Theta_\Phi, \quad \Phi \in D(T^*) \tag{9.39}$$

によって定義する．このとき，$T^*$ は線形である（演習問題 7(ii)）．すなわち，$T^* \in \mathsf{L}(\mathcal{K}, \mathcal{H})$．こうして定義される線形作用素 $T^*$ を $T$ の**共役作用素** (adjoint) と呼ぶ．

$T$ が稠密に定義された線形作用素で $D(T^*)$ も稠密ならば，$T^*$ の共役線形作用素 $(T^*)^*$ も定義される．この場合，

$$(T^*)^* = T^{**}$$

と記す．

**!注意 9.10** 一般に，$D(T)$ が稠密でも $D(T^*)$ は稠密になるとは限らない．

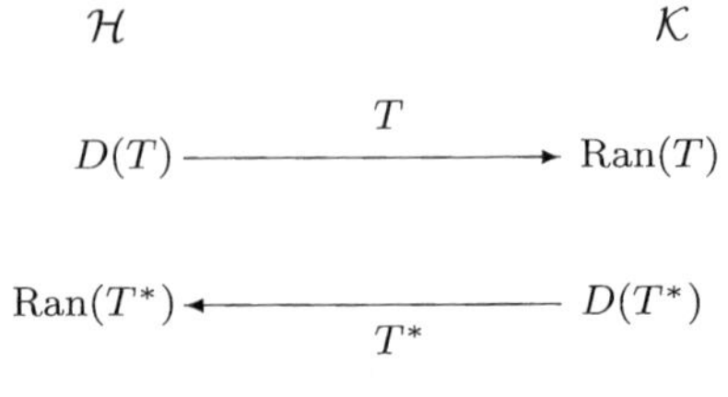

$$\begin{array}{ccc}
\mathcal{H} & & \mathcal{K} \\
D(T) & \xrightarrow{T} & \mathrm{Ran}(T) \\
\mathrm{Ran}(T^*) & \xleftarrow{T^*} & D(T^*)
\end{array}$$

**図 9.2** 共役作用素

次の命題は，稠密に定義された線形作用素の包含関係は，共役をとる演算で逆転することを示す．

**【命題 9.39】** $S, T \in \mathsf{L}(\mathcal{H}, \mathcal{K})$, $S \subset T$ とし，$S$ は稠密に定義されているとする．このとき，$T^* \subset S^*$．

**証明** 任意の $\Psi \in D(T^*)$ と $\Phi \in D(S)$ に対して，$\Phi \in D(T)$ であるから，$\langle T^*\Psi, \Phi \rangle = \langle \Psi, T\Phi \rangle = \langle \Psi, S\Phi \rangle$．最初と最後の相等から，$\Psi \in D(S^*)$ かつ $S^*\Psi = T^*\Psi$ が得られる．ゆえに，$T^* \subset S^*$．  ∎

次の命題は，$T$ が有界の場合に，$T^*$ の特徴づけを与える．

**【命題 9.40】** $T \in \mathsf{B}(\mathcal{H}, \mathcal{K})$ とする．このとき，次の (i)〜(iii) が成り立つ：(i) $T^* \in \mathsf{B}(\mathcal{K}, \mathcal{H})$. (ii) $T^{**} = T$. (iii) $\|T^*\| = \|T\|$.

**証明** (i) すべての $\Psi \in \mathcal{K}, \Phi \in \mathcal{H}$ に対して，$|\langle \Psi, T\Phi \rangle| \leq \|T\|\|\Psi\|\|\Phi\|$. したがって，各 $\Psi$ ごとに定まる写像 $F_\Psi : \Phi \to \langle \Psi, T\Phi \rangle$ は $\mathcal{H}$ 上の有界線形汎関数である．ゆえに，リースの表現定理により，$\langle \Psi, T\Phi \rangle = \langle B_\Psi, \Phi \rangle$, $\Phi \in \mathcal{H}$ および $\|B_\Psi\| = \|F_\Psi\| \leq \|T\|\|\Psi\|$ を満たすベクトル $B_\Psi \in \mathcal{H}$ が唯1つ存在する．これから，対応 $\Psi \to B_\Psi$ によって定義される写像を $B$ とすれば，$B$ は有界な線形作用素であり，$\|B\| \leq \|T\|$ が成立する．$B$ の定義によって，$\langle \Psi, T\Phi \rangle = \langle B\Psi, \Phi \rangle$, $\Psi \in \mathcal{K}, \Phi \in \mathcal{H}$. これは，$\Psi \in D(T^*)$ かつ $T^*\Psi = B\Psi$ であることを示している．ゆえに，$D(T^*) = \mathcal{K}$ であり，$T^*$ は有界である．

(ii) (i) により，任意の $\Psi \in \mathcal{H}, \Phi \in \mathcal{K}$ に対して，$\langle \Phi, T\Psi \rangle = \langle T^*\Phi, \Psi \rangle$ が成り立つ．この式を，$\Psi$ を固定して，任意の $\Phi \in D(T^*) = \mathcal{K}$ に対して成り立つ式と見ると，$\Psi \in D(T^{**}) = \mathcal{H}$ かつ $T\Psi = T^{**}\Psi$ が結論される．ゆえに $T^{**} = T$．

(iii) (i) の議論より $\|T^*\| \leq \|T\|$ がわかる．$T$ は任意でよいから，$T$ の代わりに $T^*$ を考えると，$\|T^{**}\| \leq \|T^*\|$ も成り立つ．そこで (ii) を使えば，求める式を得る．  ∎

線形作用素の和と積に対して共役作用素を対応させる演算——共役演算——について次の命題に述べる事実は基本的である．

**【命題 9.41】** $T, S \in \mathsf{L}(\mathcal{H}, \mathcal{K})$ とし，$D(T), D(S)$ は稠密であるとする．$R \in \mathsf{L}(\mathcal{K}, \mathcal{M})$ とする（$\mathcal{M}$ はヒルベルト空間）．

(i) $D(T+S)$ が稠密ならば, $(T+S)^* \supset T^* + S^*$. 特に, $T, S$ のいずれか が $\mathsf{B}(\mathcal{H}, \mathcal{K})$ の元ならば $(T+S)^* = T^* + S^*$.

(ii) $D(RT)$ が稠密ならば, $(RT)^* \supset T^* R^*$. 特に, $R \in \mathsf{B}(\mathcal{K}, \mathcal{M})$ ならば, $(RT)^* = T^* R^*$.

**証明** (i) 任意の $\Psi \in D(T^* + S^*) = D(T^*) \cap D(S^*)$ と $\Phi \in D(T+S) = D(T) \cap D(S)$ に対して,

$$\langle \Psi, (T+S)\Phi \rangle = \langle \Psi, T\Phi \rangle + \langle \Psi, S\Phi \rangle = \langle T^*\Psi, \Phi \rangle + \langle S^*\Psi, \Phi \rangle$$
$$= \langle (T^* + S^*)\Psi, \Phi \rangle.$$

したがって, $\langle \Psi, (T+S)\Phi \rangle = \langle (T^* + S^*)\Psi, \Phi \rangle$. これは $\Psi \in D((T+S)^*)$ かつ $(T+S)^* \Psi = (T^* + S^*)\Psi$ を意味する. したがって, $T^* + S^* \subset (T+S)^*$.

$T \in \mathsf{B}(\mathcal{H}, \mathcal{K})$ としよう. このとき, $D(T^*) = \mathcal{K}$ であるから, $D(T^* + S^*) = D(S^*)$. したがって, $D((T+S)^*) \subset D(S^*)$ を示せばよい. $\Psi \in D((T+S)^*)$ とすれば, 任意の $\Phi \in D(S) = D(T+S)$ $(\because D(T) = \mathcal{H})$ に対して

$$\langle (T+S)^* \Psi, \Phi \rangle = \langle \Psi, T\Phi \rangle + \langle \Psi, S\Phi \rangle = \langle T^*\Psi, \Phi \rangle + \langle \Psi, S\Phi \rangle.$$

したがって, $\langle \{(T+S)^* - T^*\}\Psi, \Phi \rangle = \langle \Psi, S\Phi \rangle$. これは $\Psi \in D(S^*)$ かつ $S^*\Psi = \{(T+S)^* - T^*\}\Psi$ を意味する.

(ii) 任意の $\Psi \in D(T^* R^*)$ と任意の $\Phi \in D(RT)$ に対して, $\langle \Psi, RT\Phi \rangle = \langle T^* R^* \Psi, \Phi \rangle$. これは, $\Psi \in D((RT)^*)$ かつ $(RT)^* \Psi = T^* R^* \Psi$ を意味する. ゆえに $T^* R^* \subset (RT)^*$.

$D(R) = \mathcal{K}$ で $R$ が有界ならば, $D(R^*) = \mathcal{M}$. したがって, 任意の $\Psi \in D((RT)^*)$ と任意の $\Phi \in D(T)$ に対して, $\langle (RT)^* \Psi, \Phi \rangle = \langle R^* \Psi, T\Phi \rangle$ と変形できる. これは, $R^* \Psi \in D(T^*)$ かつ $T^* R^* \Psi = (RT)^* \Psi$ を意味する. したがって, $\Psi \in D(T^* R^*)$ であるから, 前半とあわせれば $D(T^* R^*) = D((RT)^*)$. ∎

## 9.6 閉作用素

線形作用素の重要なクラスの1つを導入しておく. $T \in \mathsf{L}(\mathcal{H}, \mathcal{K})$ とする.

**【定義 9.42】** $D(T)$ の点列 $\{\Psi_n\}_{n=1}^{\infty}$ について, ベクトル $\Psi \in \mathcal{H}$ と $\Phi \in \mathcal{K}$ が

あって $\Psi_n \to \Psi \in \mathcal{H}, T\Psi_n \to \Phi \in \mathcal{K}$ $(n \to \infty)$ が成り立つとき，$\{\Psi_n\}_{n=1}^\infty$ は **$T$-収束する**という．$(\Psi, \Phi) \in \mathcal{H} \oplus \mathcal{K}$ を $\{\Psi_n\}_{n=1}^\infty$ の **$T$-収束極限**という．

**【定義 9.43】** $T$-収束する任意の点列 $\{\Psi_n\}_{n=1}^\infty \subset D(T)$——その $T$-収束極限を $(\Psi, \Phi)$ とする——に対して，$\Psi \in D(T)$ かつ $T\Psi = \Phi$ が成り立つとき，$T$ は**閉** (closed) であるという．閉な線形作用素を**閉作用素**と呼ぶ．

■ **例 9.14** ■ 任意の $T \in \mathsf{B}(\mathcal{H}, \mathcal{K})$ は閉である．実際，$\{\Psi_n\}_n$ を $T$-収束列とし，その $T$-収束極限を $(\Psi, \Phi)$ とすれば，$\Psi \in D(T) = \mathcal{H}$ は自明であり，$T$ の連続性により，$\Phi = T\Psi$．

**【命題 9.44】** $T \in \mathsf{L}(\mathcal{H}, \mathcal{K})$ は稠密に定義されているとする．このとき，$T^*$ は閉作用素である．

**証明** $\{\Phi_n\}_{n=1}^\infty \subset D(T^*)$ を $T^*$-収束列とし，その $T^*$-収束極限を $(\Phi, \Theta) \in \mathcal{K} \oplus \mathcal{H}$ とする．したがって，任意の $\Psi \in D(T)$ に対して，$\langle \Phi, T\Psi \rangle = \lim_{n \to \infty} \langle \Phi_n, T\Psi \rangle$．一方，$\langle \Phi_n, T\Psi \rangle = \langle T^*\Phi_n, \Psi \rangle$ であり，$T^*\Phi_n \to \Theta$ $(n \to \infty)$ であるから，$\langle \Phi, T\Psi \rangle = \langle \Theta, \Psi \rangle$ が得られる．これは $\Phi \in D(T^*)$ かつ $T^*\Phi = \Theta$ を意味する．ゆえに $T^*$ は閉である． ∎

閉作用素の概念は少し一般化できる．

**【定義 9.45】** $T$-収束する任意の点列 $\{\Psi_n\}_{n=1}^\infty \subset D(T)$ の $T$-収束極限 $(\Psi, \Phi)$ について，$\Psi = 0$ ならば $\Phi = 0$ が成り立つとき，$T$ は**可閉** (closable) であるという．可閉な線形作用素を**可閉作用素**と呼ぶ．

明らかに，閉作用素は可閉である．

次の命題は線形作用素の可閉性に対する十分条件の1つを与える．

**【命題 9.46】** $T$ が稠密に定義されていて，さらに $D(T^*)$ が稠密ならば，$T$ は可閉である．

**証明** $\Psi_n \to 0, T\Psi_n \to \Phi \in \mathcal{K}$ $(n \to \infty)$ とする．このとき，任意の $\Theta \in D(T^*)$ に対して，

$$\langle \Phi, \Theta \rangle = \lim_{n \to \infty} \langle T\Psi_n, \Theta \rangle = \lim_{n \to \infty} \langle \Psi_n, T^*\Theta \rangle = 0.$$

仮定により，$D(T^*)$ は稠密であるから，$\Phi = 0$. したがって，$T$ は可閉. ∎

可閉作用素はつねに閉作用素の拡大——**閉拡大** (closed extension)——をもつことを示そう．

$T$ を可閉作用素とし，$\mathcal{H}$ の部分集合 $D(\bar{T})$ を次のように定義する：

$$D(\bar{T}) := \Big\{ \Psi \in \mathcal{H} \mid T\text{-収束列 } \{\Psi_n\}_{n=1}^{\infty} \subset D(T) \text{ で}$$
$$\Psi_n \to \Psi \ (n \to \infty) \text{ となるものが存在} \Big\}. \quad (9.40)$$

$D(\bar{T})$ が部分空間であることは容易に確かめられる．写像 $\bar{T} : D(\bar{T}) \to \mathcal{K}$ を

$$\bar{T}(\Psi) := \lim_{n \to \infty} T\Psi_n, \quad \Psi \in D(\bar{T}) \quad (9.41)$$

によって定義する．ただし，$\{\Psi_n\}_n$ は $\Psi \in D(\bar{T})$ に対する $T$-収束列である．この定義が意味をもつためには，右辺が，$\Psi \in D(\bar{T})$ に対する $T$-収束列の選び方によらないことを示さなければならない．これは次のようにしてなされる．$\{\Psi'_n\}_n$ を $\Psi$ に対する別の $T$-収束列とし，$\Phi = \lim_{n \to \infty} T\Psi_n, \Phi' = \lim_{n \to \infty} T\Psi'_n$ とすれば，$\{\Psi_n - \Psi'_n\}_n$ は $T$-収束列で，その $T$-収束極限は $(0, \Phi - \Phi')$ である．$T$ の可閉性により，$\Phi - \Phi' = 0$，すなわち，$\Phi' = \Phi$．したがって，確かに定義 (9.41) は意味をもつ（この定義が可能となるために可閉性が使われていることに注意）．$T$ の線形性により，$\bar{T}$ も線形であることがわかる．

$\bar{T}$ を $T$ の**閉包** (closure) と呼ぶ．

【命題 9.47】 $T$ は稠密に定義された可閉作用素であるとする．このとき，$(\bar{T})^* = T^*$．

**証明** $T \subset \bar{T}$（次の定理 9.48(ii) を参照）と命題 9.39 により，$(\bar{T})^* \subset T^*$．そこで，$D(T^*) \subset D((\bar{T})^*)$ を示せばよい．$\Psi \in D(T^*)$，$\Phi \in D(\bar{T})$ とする．したがって，$\Phi_n \to \Phi, T\Phi_n \to \bar{T}\Phi \ (n \to \infty)$ となる $\Phi_n \in D(T)$ が存在する．このとき，

$$\langle T^*\Psi, \Phi \rangle = \lim_{n \to \infty} \langle T^*\Psi, \Phi_n \rangle = \lim_{n \to \infty} \langle \Psi, T\Phi_n \rangle = \langle \Psi, \bar{T}\Phi \rangle.$$

$\Phi \in D(\bar{T})$ は任意であるから，最初と最後の相等は $\Psi \in D((\bar{T})^*)$ かつ $(\bar{T})^*\Psi = T^*\Psi$ を意味する． ∎

【定理 9.48】 $T$ を可閉作用素とする．

(i) $\bar{T}$ は閉作用素である．

(ii) $T \subset \bar{T}$．

(iii) $T \subset S$ となる任意の閉作用素 $S$ に対して，$\bar{T} \subset S$．

**証明** (i) $\{\Psi_n\}_{n=1}^{\infty} \subset D(\bar{T})$ を $\bar{T}$-収束列とし，その $\bar{T}$-収束極限を $(\Psi, \Phi)$ とする．したがって，任意の $\varepsilon > 0$ に対して，番号 $N$ があって，$n \geq N$ ならば $\|\Psi_n - \Psi\| < \varepsilon, \|\bar{T}\Psi_n - \Phi\| < \varepsilon$．$\Psi_n \in D(\bar{T})$ により，$\|\Theta_n - \Psi_n\| < \varepsilon, \|T\Theta_n - \bar{T}\Psi_n\| < \varepsilon$ となる $\Theta_n \in D(T)$ がとれる．3角不等式を使うことにより

$$\|\Theta_n - \Psi\| < 2\varepsilon, \quad \|T\Theta_n - \Phi\| < 2\varepsilon, \quad n \geq N,$$

がわかる．これは，$\lim_{n\to\infty} \Theta_n = \Psi, \lim_{n\to\infty} T\Theta_n = \Phi$ を意味するから，$\Psi \in D(\bar{T})$ かつ $\Phi = \bar{T}\Psi$．ゆえに $\bar{T}$ は閉である．

(ii) 任意の $\Psi \in D(T)$ に対して，$\Psi_n = \Psi, n \in \mathbb{N}$ ととれば，$T\Psi_n = T\Psi$．したがって，$\Psi \in D(\bar{T})$ かつ $\bar{T}\Psi = T\Psi$．ゆえに $T \subset \bar{T}$．

(iii) $\Psi \in D(\bar{T})$ とすれば，$\Psi_n \to \Psi, T\Psi_n \to \bar{T}\Psi \, (n \to \infty)$ となる $\Psi_n \in D(T)$ が存在する．$T \subset S$ より，$S\Psi_n \to \bar{T}\Psi \, (n \to \infty)$．$S$ は閉であるから，$\Psi \in D(S)$ かつ $S\Psi = \bar{T}\Psi$．したがって，$\bar{T} \subset S$． ∎

定理 9.48(iii) は $\bar{T}$ が $T$ の最小の閉拡大であることを示す．こうして，可閉作用素は最小の閉拡大をもち，それはその閉包に等しいことがわかる．

## 9.7 数域，レゾルヴェント，スペクトル

線形作用素を数と関連づける概念を導入する．

$\mathcal{H}$ を複素ヒルベルト空間とし，$T \in \mathsf{L}(\mathcal{H})$ とする．$D(T)$ に属する任意の単位ベクトル $\Psi$ に対して，数 $\langle \Psi, T\Psi \rangle$ をベクトル $\Psi$ に関する $T$ の**期待値**と呼ぶ．$T$ がとりうる期待値の全体

$$\mathsf{N}(T) := \{\langle \Psi, T\Psi \rangle \mid \Psi \in D(T), \|\Psi\| = 1\} \tag{9.42}$$

を $T$ の**数域** (numerical range) と呼ぶ．

$\lambda \in \mathbb{C}$ とする．もし，$T\Psi = \lambda \Psi$ を満たす $\Psi \in D(T), \Psi \neq 0$ が存在するならば，$\lambda$ を $T$ の**固有値** (eigenvalue)，$\Psi$ を $\lambda$ に属する（対応する），$T$ の**固有ベク**

トル (eigenvector) という．$T$ の固有値の全体を $\sigma_{\mathrm{p}}(T)$ で表し，これを $T$ の**点スペクトル** (point spectrum) と呼ぶ．

以下，恒等作用素 $I$ のスカラー倍 $\alpha I$ $(\alpha \in \mathbb{C})$ を単に $\alpha$ と記す．

$\lambda \in \sigma_{\mathrm{p}}(T)$ であることは，$\ker(T - \lambda) \neq \{0\}$ と同値であるから，$T - \lambda$ が単射でないことと同値である．固有値 $\lambda \in \sigma_{\mathrm{p}}(T)$ に属する固有ベクトルの全体は $\ker(T - \lambda) \setminus \{0\}$ に等しい．$\lambda \in \sigma_{\mathrm{p}}(T)$ のとき，$\dim \ker(T - \lambda)$ を $\lambda$ の**多重度** (multiplicity) という．多重度が 1 の固有値は**単純固有値**と呼ばれる．また，多重度が 2 以上の固有値は**縮退している**という．この場合，多重度を**縮退度** (degeneracy) とも呼ぶ．

$\lambda \notin \sigma_{\mathrm{p}}(T)$ のときは，$T - \lambda$ は単射である．この場合，$\mathrm{Ran}(T - \lambda)$ が $\mathcal{H}$ で稠密な場合とそうでない場合に分けられる．そこで，次の定義を設ける：

(i) $T - \lambda$ が単射であり，かつ $\mathrm{Ran}(T - \lambda)$ が $\mathcal{H}$ で稠密でない場合．このような $\lambda$ の全体を $\sigma_{\mathrm{r}}(T)$ と記し，これを $T$ の**剰余スペクトル** (residual spectrum) という．

(ii) $T - \lambda$ が単射かつ $\mathrm{Ran}(T - \lambda)$ が $\mathcal{H}$ で稠密な場合．この場合，稠密に定義された逆線形作用素 $(T - \lambda)^{-1}$ $[D((T - \lambda)^{-1}) := \mathrm{Ran}(T - \lambda)]$ が存在するが，これが有界である場合と非有界の場合に分けられる：

(a) $(T - \lambda)^{-1}$ が有界となるような $\lambda$ の全体を $\varrho(T)$ と記し，これを $T$ の**レゾルヴェント集合** (resolvent set) という．

(b) $(T - \lambda)^{-1}$ が非有界となるような $\lambda$ の全体を $\sigma_{\mathrm{c}}(T)$ と記し，これを $T$ の**連続スペクトル** (continuous spectrum) という．

このようにして，各線形作用素 $T$ に応じて，複素平面は互いに素な集合の和集合として表される：

$$\mathbb{C} = \sigma_{\mathrm{p}}(T) \cup \sigma_{\mathrm{c}}(T) \cup \sigma_{\mathrm{r}}(T) \cup \varrho(T). \tag{9.43}$$

特に，$\varrho(T)$ の補集合

$$\sigma(T) := \varrho(T)^c \tag{9.44}$$

を $T$ の**スペクトル** (spectrum) と呼ぶ．

$\mathcal{H}$ 上のユニタリ作用素 $U$ と $T \in \mathsf{L}(\mathcal{H})$ に対して

$$T_U := UTU^{-1} \tag{9.45}$$

を $U$ による $T$ のユニタリ変換という.

【定理 9.49】（スペクトルのユニタリ不変性） $T \in \mathsf{L}(\mathcal{H})$ とする. このとき, 任意のユニタリ作用素 $U$ に対して, 次が成り立つ：

(i) $\sigma_\mathrm{p}(T_U) = \sigma_\mathrm{p}(T)$ かつ任意の $\lambda \in \sigma_\mathrm{p}(T)$ に対して, $\dim\ker(T - \lambda) = \dim\ker(T_U - \lambda)$.

(ii) $\# = \mathrm{c}, \mathrm{r}$ に対して, $\sigma_\#(T_U) = \sigma_\#(T)$.

**証明** 任意の $\lambda \in \mathbb{C}$ に対して, $T_U - \lambda = U(T - \lambda)U^{-1} \cdots (*)$.

(i) $(*)$ より, $T_U - \lambda$ が単射であることと $T - \lambda$ が単射であることは同値であり, $U\ker(T - \lambda) = \ker(T_U - \lambda)$ が成り立つことがわかる. したがって, $\sigma_\mathrm{p}(T_U) = \sigma(T)$ であり, $\dim\ker(T - \lambda) = \dim\ker(T_U - \lambda), \lambda \in \sigma_\mathrm{p}(T)$ が従う.

(ii) (i) と同様にして, $(*)$ は, 線形作用素 $T_U - \lambda$ と $T - \lambda$ の写像特性が同じであることがわかる. ゆえに題意が従う. ∎

$\mathcal{H}$ が有限次元の場合にはスペクトルの構造は簡単である：

【命題 9.50】 $\mathcal{H}$ を有限次元複素ヒルベルト空間であるとし, $\dim \mathcal{H} = N < \infty$ とおく. このとき, すべての $T \in \mathcal{L}(\mathcal{H})$ に対して, $T$ のスペクトルは空ではなく, かつ固有値だけからなる：$\sigma(T) = \sigma_\mathrm{p}(T) \neq \emptyset$. この場合, $T$ の相異なる固有値の個数は $N$ 以下である.

**証明** $\lambda \notin \sigma_\mathrm{p}(T)$ とすれば, $T - \lambda$ は単射である. これと $\mathcal{H}$ の有限次元性により, $T - \lambda$ は全単射である. $\mathcal{H}$ は有限次元であるから, $(T - \lambda)^{-1}$ は有界. したがって, $\lambda \in \varrho(T)$. ゆえに, $\sigma(T) = \sigma_\mathrm{p}(T)$.

$\sigma_\mathrm{p}(T)$ が空でないことおよび $T$ の相異なる固有値の個数が $N$ 以下であることは 1 章, 定理 1.49 の応用による. ∎

**!注意 9.11** もっと一般に, $T \in \mathsf{B}(\mathcal{H})$ ならば $\sigma(T)$ は $\mathbb{C}$ の空でない有界閉集合であることが証明される[13]. だが, 非有界な線形作用素については, スペクトルが空集合になる場合もある[14].

---

[13] 拙著『ヒルベルト空間と量子力学』（共立出版, 1997）の p.90, 定理 2.23 を参照.
[14] たとえば, 前掲書の p.91, 例 2.26.

## 9.8 エルミート作用素，対称作用素，自己共役作用素

量子力学への応用において重要な役割を担う線形作用素のクラスを導入する．

**【定義 9.51】** $H \in \mathsf{L}(\mathcal{H})$ とする．

(i) すべての $\Psi, \Phi \in D(H)$ に対して，$\langle \Psi, H\Phi \rangle = \langle H\Psi, \Phi \rangle$ が成り立つとき，$H$ を**エルミート作用素**と呼ぶ．

(ii) 稠密な定義域をもつエルミート作用素を**対称作用素** (symmetric operator) と呼ぶ．

(iii) $D(H)$ が稠密で $H = H^*$ が成り立つとき，$H$ は**自己共役** (self-adjoint) であるという．

線形作用素 $H \in \mathsf{L}(\mathcal{H})$ が対称作用素であるとは，「$D(H)$ が稠密かつ $H \subset H^*$」と同値である（証明は容易）．したがって，自己共役作用素は対称作用素の特別な場合である．**一般に対称作用素は自己共役であるとは限らない．**

**!注意 9.12** 文献によっては，エルミート作用素を上のように定義しないで対称作用素の別名として用いる場合があるから注意されたい．通常の物理の文献では，上記の3種の作用素のクラスは明晰に区別されていない（そもそも定義域の概念が欠落している）．

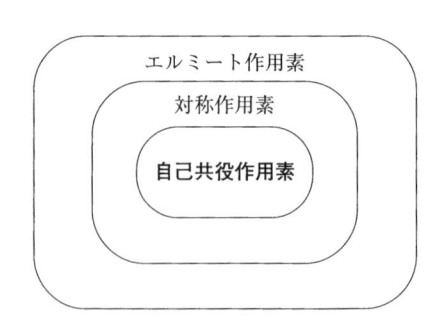

図 9.3 作用素の3つのクラス

命題 9.44 によって，自己共役作用素は閉である．しかし，対称作用素は閉だとは限らない．命題 9.46 によって，**対称作用素は可閉であることはわかる**．さら

に，**対称作用素 $H$ の閉包 $\bar{H}$ は対称**である．実際，$H \subset H^*$ と $H^*$ の閉性により，$\bar{H} \subset H^*$．一方，命題 9.47 によって，$(\bar{H})^* = H^*$．ゆえに，$\bar{H} \subset (\bar{H})^*$．

対称作用素 $H$ に対して，$H \subset \widetilde{H}$ となる自己共役作用素 $\widetilde{H}$ が存在するとき，$\widetilde{H}$ を $H$ の**自己共役拡大** (self-adjoint extension) という．

次の命題は，自己共役作用素は非自明な対称拡大（対称作用素の拡大）をもたないことを語る（これも自己共役作用素の重要な性質の1つ）：

**【命題 9.52】** $H$ を自己共役作用素，$S$ を $H$ の対称拡大，すなわち，$H \subset S$ を満たす対称作用素とすれば，実は $H = S$．

**証明** 仮定と命題 9.39 から，$S^* \subset H^* = H \subset S$．一方，$S$ は対称だから，$S \subset S^*$．よって，$S \subset H \subset S$ であるから，$H = S$． ∎

次に述べる概念も重要である．

**【定義 9.53】** 対称作用素 $H$ の閉包 $\bar{H}$ が自己共役であるとき，$H$ は**本質的に自己共役**であるという．

自己共役作用素の閉包は自分自身に等しいから，自己共役作用素は本質的に自己共役である．

**【命題 9.54】** 対称作用素 $H$ が本質的に自己共役ならば，$H$ は唯1つの自己共役拡大をもち，それは $\bar{H}$ に等しい．

**証明** $S$ を $H$ の任意の自己共役拡大とすれば ($H \subset S$)，$\bar{H} \subset S$．$\bar{H}$ は自己共役であるから，命題 9.52 によって，$S = \bar{H}$． ∎

■ **例 9.15** ■ $M = (M_{ij})_{i,j=1,\cdots,n}$ を $n$ 次の複素正方行列とする．写像 $\hat{M} : \mathbb{C}^n \to \mathbb{C}^n$ を

$$(\hat{M}z)_i := \sum_{j=1}^n M_{ij} z_j, \quad z = (z_1, \cdots, z_n) \in \mathbb{C}^n, \, i = 1, \cdots, n$$

によって定義すれば，$\hat{M}$ は線形作用素である．**$\hat{M}$ が自己共役であるための必要十分条件は $M$ がエルミート行列であること**，すなわち，$M_{ij}^* = M_{ji}, \, i,j = 1, \cdots, n \cdots (*)$ が成り立つことである．実際，$\hat{M}$ が自己共役ならば，任意の $z, w \in \mathbb{C}^n$ に対して，$\langle w, \hat{M}z \rangle = \langle \hat{M}w, z \rangle$ であるから，$\sum_{i,j=1}^n w_i^* M_{ij} z_j = \sum_{i,j=1}^n w_i^* M_{ji}^* z_j \cdots (**)$．

これは $M_{ij} = M_{ji}^*$, $i,j = 1,\cdots,n$ を意味する．逆に，(*) ならば，(**) が成立するから，$M$ は自己共役である．

通常，$\hat{M}$ も単に $M$ と記す．

■ **例 9.16** ■ 任意の $T \in \mathsf{B}(\mathcal{H})$ に対して，$T_1 := (T+T^*)/2, T_2 := (T-T^*)/(2i)$ とおけば，命題 9.40(ii) と命題 9.41(i) によって，$T_1, T_2$ は自己共役である．この場合，
$$T = T_1 + iT_2$$
と書ける．$T_1$ を $T$ の**実部**，$T_2$ を $T$ の**虚部**という[15]．

■ **例 9.17** ■ 任意の $T \in \mathsf{B}(\mathcal{H})$ に対して，$T^*T$ は，命題 9.40(ii) と命題 9.41(ii) によって，自己共役である．

■ **例 9.18** ■ $T \in \mathsf{B}(\mathcal{H})$ を有界な自己共役作用素とするとき，任意の稠密な部分空間 $D$ への $T$ の制限 $T_D := T|D$ は本質的に自己共役であり，$\bar{T}_D = T$．

【**命題 9.55**】 線形作用素 $H \in \mathsf{L}(\mathcal{H})$ がエルミートであるための必要十分条件は，任意の $\Psi \in D(H)$ に対して $\langle\Psi, H\Psi\rangle$ が実数であることである．

**証明** （必要性）$H$ がエルミートならば，任意の $\Psi \in D(H)$ に対して $\langle\Psi, H\Psi\rangle = \langle H\Psi, \Psi\rangle = \langle\Psi, H\Psi\rangle^*$（内積の対称性）．したがって，$\langle\Psi, H\Psi\rangle$ は実数である．

（十分性）これは，次の恒等式を用いればよい（証明は直接計算による）．
$$\langle\Psi, H\Phi\rangle = \frac{1}{4}\big\{\langle\Psi+\Phi, H(\Psi+\Phi)\rangle - \langle\Psi-\Phi, H(\Psi-\Phi)\rangle$$
$$+ i\langle\Psi-i\Phi, H(\Psi-i\Phi)\rangle - i\langle\Psi+i\Phi, H(\Psi+i\Phi)\rangle\big\},$$
$$\Psi, \Phi \in D(H). \tag{9.46}$$

■

任意の線形作用素 $H$ に対して成立する恒等式 (9.46) を $H$ に関する**偏極恒等式** (polarization identity) という．$H = I$（恒等作用素）の場合の (9.46) は単に偏極恒等式と呼ばれる．

エルミート作用素の固有値と固有ベクトルは特徴的な性質をもつ．

【**命題 9.56**】 $H$ をエルミート作用素とする．

---

[15] いうまでもなく，これは，複素数 $z \in \mathbb{C}$ が $z = x + iy$ $(x, y \in \mathbb{R})$ と表されることの作用素版である．

(i) $\sigma_{\mathrm{p}}(H) \subset \mathbb{R}$.

(ii) $\lambda, \mu \in \sigma_{\mathrm{p}}(H)$ かつ $\lambda \neq \mu$ ならば, $\ker(H - \lambda) \perp \ker(H - \mu)$.

**!注意 9.13** (i) はエルミート作用素の固有値は必ず実数であること, (ii) はエルミート作用素の相異なる固有値に属する固有ベクトルは直交する, ということである.

**証明** (i) $\lambda \in \sigma_{\mathrm{p}}(H)$ とし, これに属する固有ベクトルを $\Psi_\lambda$ とすれば, $\langle \Psi_\lambda, H\Psi_\lambda \rangle = \lambda \|\Psi_\lambda\|^2$. 左辺は, 命題 9.55 によって実数であるから, $\lambda \in \mathbb{R}$.

(ii) $\langle \Psi_\lambda, H\Psi_\mu \rangle = \mu \langle \Psi_\lambda, \Psi_\mu \rangle$. 一方, $H$ のエルミート性により, 左辺 $= \langle H\Psi_\lambda, \Psi_\mu \rangle = \lambda \langle \Psi_\lambda, \Psi_\mu \rangle$. したがって, $(\mu - \lambda)\langle \Psi_\lambda, \Psi_\mu \rangle = 0$. したがって, $\langle \Psi_\lambda, \Psi_\mu \rangle = 0$. ∎

**【補題 9.57】** $H$ をエルミート作用素とすれば, 任意の $\lambda \in \mathbb{C}$ と $\Psi \in D(H)$ に対して

$$\|(H - \lambda)\Psi\|^2 = \|(H - \operatorname{Re}\lambda)\Psi\|^2 + |\operatorname{Im}\lambda|^2 \|\Psi\|^2. \tag{9.47}$$

したがって, 特に

$$\|(H - \lambda)\Psi\| \geq |\operatorname{Im}\lambda| \|\Psi\|. \tag{9.48}$$

**証明** $\lambda = a + ib$ ($a = \operatorname{Re}\lambda, b = \operatorname{Im}\lambda$) とおけば

$$\|(H - \lambda)\Psi\|^2 = \|(H - a)\Psi\|^2 + 2\operatorname{Re}\langle (H-a)\Psi, ib\Psi \rangle + |b|^2 \|\Psi\|^2.$$

$\langle (H-a)\Psi, ib\Psi \rangle = ib(\langle H\Psi, \Psi \rangle - a\|\Psi\|^2)$ は純虚数であるから, 上式の右辺第 2 項は 0. ∎

自己共役作用素のスペクトルについては強い性質が導かれる.

**【命題 9.58】** $H$ が自己共役ならば, 次の (i), (ii) が成り立つ.

(i) $\sigma_{\mathrm{r}}(H) = \emptyset$.

(ii) $\sigma(H) \subset \mathbb{R}$.

**証明** (i) $H - \lambda$ が単射となる任意の $\lambda \in \mathbb{C}$ に対して, $\operatorname{Ran}(H - \lambda)$ が稠密であることを示せばよい. そこで, $\Psi \in \operatorname{Ran}(H - \lambda)^\perp$ とする. したがって, すべての $\Phi \in D(H)$ に対して, $\langle \Psi, (H - \lambda)\Phi \rangle = 0$. これは, $\langle \Psi, H\Phi \rangle = \langle \lambda^* \Psi, \Phi \rangle$

を意味する．したがって，$\Psi \in D(H^*)$ かつ $H^*\Psi = \lambda^*\Psi$．一方，仮定により，$H = H^*$ であるから，$\Psi \in D(H)$ かつ $H\Psi = \lambda^*\Psi$．したがって，もし $\Psi \neq 0$ ならば，$\lambda \in \mathbb{R}$（$\because$ 命題 9.56(i)）．しかし，この場合，$\Psi \in \ker(H - \lambda)$ であるが，$H - \lambda$ の単射性により，$\Psi = 0$ となり，矛盾．ゆえに $\Psi = 0$．よって，$\mathrm{Ran}(H - \lambda)^\perp = \{0\}$ であるから，$\mathrm{Ran}(H - \lambda)$ は稠密である．

(ii) $\mathbb{C} \setminus \mathbb{R} \subset \varrho(H)$ を示せばよい．$\lambda \in \mathbb{C} \setminus \mathbb{R}$ とする．補題 9.57 により，$\|(H - \lambda)\Psi\| \geq |\mathrm{Im}\,\lambda|\|\Psi\|, \Psi \in D(H) \cdots (*)$ であるから，$(H - \lambda)\Psi = 0$ ならば，$\Psi = 0$，すなわち，$H - \lambda$ は単射である．任意の $\Phi \in \mathrm{Ran}(H - \lambda)$ に対して，$\Phi = (H - \lambda)\Psi$ となる $\Psi \in D(H)$ があるから，$(*)$ により，$\|(H - \lambda)^{-1}\Phi\| \leq \|\Phi\|/|\mathrm{Im}\,\lambda|$．したがって，$(H - \lambda)^{-1}$ は有界．これと (i) によって，$\lambda \in \varrho(H)$． ∎

**!注意 9.14** 自己共役作用素ではない対称作用素やエルミート作用素のスペクトルは実数体の部分集合とは限らない．

**【補題 9.59】** $H$ を閉対称作用素とする．このとき，任意の $\lambda \in \mathbb{C} \setminus \mathbb{R}$ に対して，$\mathrm{Ran}(H - \lambda)$ は閉集合である．

**証明** $\Phi_n \in \mathrm{Ran}(H - \lambda), \Phi_n \to \Phi \in \mathcal{H}\ (n \to \infty)$ とする．$\Phi \in \mathrm{Ran}(H - \lambda)$ を示せばよい．$\Phi_n = (H - \lambda)\Psi_n$ となる $\Psi_n \in D(H)$ がある．不等式 (9.48) を $\Psi = \Psi_n - \Psi_m$ として応用すれば

$$\|\Psi_n - \Psi_m\| \leq \frac{1}{|\mathrm{Im}\,\lambda|}\|\Phi_n - \Phi_m\| \to 0 \quad (n, m \to \infty).$$

したがって，$\{\Psi_n\}_n$ はコーシー列である．ゆえに，$\Psi_n \to \Psi\ (n \to \infty)$ となる $\Psi \in \mathcal{H}$ がある．$H - \lambda$ は閉であるから（$\because H$ が閉ならば，$H - \lambda$ は閉），$\Psi \in D(H)$ かつ $(H - \lambda)\Psi = \Phi$．ゆえに $\Phi \in \mathrm{Ran}(H - \lambda)$． ∎

**【命題 9.60】** $H$ を閉対称作用素とする．このとき，次の (i), (ii) は同値である：

(i) $H$ は自己共役．

(ii) $\mathrm{Ran}(H \pm i) = \mathcal{H}$．

**証明** (i) $\Longrightarrow$ (ii)．$H$ は自己共役であるとする．$\Phi \in [\mathrm{Ran}(H + i)]^\perp$ としよう．このとき，任意の $\Psi \in D(H)$ に対して，$\langle \Phi, H\Psi \rangle = \langle -i\Phi, \Psi \rangle$．これは $\Phi \in D(H^*)$ かつ $H^*\Phi = -i\Phi$ を意味する．$H^* = H$ であるから，$H\Phi = -i\Phi$．$H$ はエル

ミートであるから，固有値は実数である．したがって，$\Phi = 0$ でなければならない．ゆえに，$[\mathrm{Ran}(H+i)]^\perp = \{0\}$．これは $\mathrm{Ran}(H+i)$ が稠密であることを意味する．これと補題 9.59 をあわせると $\mathrm{Ran}(H+i) = \mathcal{H}$ が出る．同様にして，$\mathrm{Ran}(H-i) = \mathcal{H}$ も導かれる．

(ii) $\Longrightarrow$ (i). $H$ の対称性により，$H \subset H^*$ であるから，(i) を示すには，$D(H^*) \subset D(H)$ を示せばよい．そこで，$\Psi \in D(H^*)$ とする．$\mathrm{Ran}(H-i) = \mathcal{H}$ によって，$(H-i)\Phi = (H^* - i)\Psi$ を満たす $\Phi \in D(H)$ が存在する．$H \subset H^*$ であるから，$(H^* - i)(\Psi - \Phi) = 0$ と変形できる．この式の両辺と任意の $\Theta \in D(H)$ との内積をとれば $\langle \Psi - \Phi, (H+i)\Theta \rangle = 0$ を得る．仮定により，$\mathrm{Ran}(H+i) = \mathcal{H}$ であるから，$\Psi - \Phi = 0$ でなければならない．したがって，$\Psi = \Phi \in D(H)$．よって，$D(H^*) \subset D(H)$. ∎

【定理 9.61】 $H$ を閉対称作用素とする．このとき，$\sigma(H) \subset \mathbb{R}$ ならば $H$ は自己共役である．

証明 $\sigma(H) \subset \mathbb{R}$ より，$\pm i \in \varrho(H)$．したがって，$\mathrm{Ran}(H \pm i)$ は稠密である．補題 9.59 によって，$\mathrm{Ran}(H \pm i) = \mathcal{H}$．ゆえに，命題 9.60 によって，$H$ は自己共役である． ∎

## 9.9 作用素値汎関数とスペクトル定理

### 9.9.1 正射影作用素

$\mathcal{H}$ を複素ヒルベルト空間とする．

【定義 9.62】 $\mathcal{H}$ 上の有界線形作用素 $P \in \mathsf{B}(\mathcal{H})$ が $P = P^*$（自己共役性），$P^2 = P$（べき等性）を満たすとき，$P$ を**正射影作用素** (orthogonal projection) と呼ぶ．

■ 例 9.19 ■ $\mathcal{M}$ を $\mathcal{H}$ の閉部分空間とする．このとき，正射影定理によって，任意の $\Psi \in \mathcal{H}$ に対して，$\mathcal{M}$ 上への正射影 $\Psi_\mathcal{M}$ が唯 1 つ定まる．したがって，対応：$\Psi \to \Psi_\mathcal{M}$ は $\mathcal{H}$ 上の写像を定める．この写像を $P_\mathcal{M}$ と書く：$P_\mathcal{M} \Psi := \Psi_\mathcal{M}$．$\mathcal{M}$ に関する直交分解の一意性を使えば，$P_\mathcal{M}$ が線形であることは容易にわかる．また，$\|P_\mathcal{M} \Psi\| = \|\Psi_\mathcal{M}\| \le \|\Psi\|$ であるから，$P_\mathcal{M}$ は有界で $\|P_\mathcal{M}\| \le 1$．

$P_\mathcal{M} \Psi_\mathcal{M} = \Psi_\mathcal{M}$ であるから，$P_\mathcal{M}^2 \Psi = P_\mathcal{M} \Psi, \Psi \in \mathcal{H}$．したがって，$P_\mathcal{M}^2 = P_\mathcal{M}$.

また，任意の $\Psi$ に対して，$\Psi = \Psi_{\mathcal{M}} + \Psi_{\mathcal{M}^\perp}$（$\mathcal{M}$ に関する直交分解）を使えば，$\langle \Psi, P_{\mathcal{M}} \Psi \rangle = \langle \Psi_{\mathcal{M}}, \Psi_{\mathcal{M}} \rangle \in \mathbb{R}$. したがって，$P_{\mathcal{M}}$ はエルミートである．これと $D(P_{\mathcal{M}}) = \mathcal{H}$ とあわせると，$P_{\mathcal{M}}$ は自己共役であることがわかる．

以上から，$P_{\mathcal{M}}$ は正射影作用素である．$P_{\mathcal{M}}$ を $\mathcal{M}$ 上への**正射影作用素**または**直交射影**という．

$\mathcal{M}$ の CONS を $\{\Psi_n\}_{n=1}^{N}$ とすれば（$N$ は高々可算），任意の $\Psi \in \mathcal{H}$ に対して $P_{\mathcal{M}} \Psi = \sum_{n=1}^{N} \langle \Psi_n, P_{\mathcal{M}} \Psi \rangle \Psi_n$ であるが，$P_{\mathcal{M}}$ の自己共役性と $P_{\mathcal{M}} \Psi_n = \Psi_n$ によって，

$$P_{\mathcal{M}} \Psi = \sum_{n=1}^{N} \langle \Psi_n, \Psi \rangle \Psi_n$$

が得られる．

$P_{\mathcal{M}}$ の定義から，$\Psi \in \mathcal{M}$ ならば $P_{\mathcal{M}} \Psi = \Psi$ であり，$\Phi \in \mathcal{M}^\perp$ ならば $P_{\mathcal{M}} \Phi = 0$ が成り立つ．また

$$P_{\mathcal{M}} + P_{\mathcal{M}^\perp} = I.$$

**【命題 9.63】** $P$ を正射影作用素とする．このとき，次の (i)〜(vi) が成り立つ：

(i) $\Psi \in \mathrm{Ran}(P)$ ならば $P\Psi = \Psi$.

(ii) $\Psi \in \mathrm{Ran}(P)^\perp$ ならば $P\Psi = 0$.

(iii) $\|P\| \leq 1$. もし，$P \neq 0$ ならば $\|P\| = 1$.

(iv) $\mathrm{Ran}(P)$ は閉部分空間である．

(v) $P = P_{\mathrm{Ran}(P)}$.

(vi) $\mathrm{Ran}(P) \neq \{0\}, \mathcal{H}$ ならば $\sigma(P) = \sigma_{\mathrm{p}}(P) = \{0, 1\}$.

**証明** (i) $\Psi \in \mathrm{Ran}(P)$ ならば，$\Psi = P\Phi$ となる $\Phi \in \mathcal{H}$ がある．したがって，$P\Psi = P^2 \Phi = P\Phi = \Psi$.

(ii) $\Psi \in \mathrm{Ran}(P)^\perp$ とすれば，任意の $\Phi \in \mathcal{H}$ に対して，$\langle \Phi, P\Psi \rangle = \langle P\Phi, \Psi \rangle = 0$. したがって，$P\Psi = 0$.

(iii) 任意の $\Psi \in \mathcal{H}$ に対して，$\|P\Psi\|^2 = \langle \Psi, P\Psi \rangle \leq \|\Psi\| \|P\Psi\|$. したがって，

$\|P\Psi\| \leq \|\Psi\|$. これは $\|P\| \leq 1$ を意味する. $P \neq 0$ ならば, $\mathrm{Ran}(P) \neq 0$ であるから, (i) によって, $P\Psi = \Psi$ となる $\Psi \neq 0$ がある. これは $\|\Psi\| \leq \|P\|\|\Psi\|$ を意味するから, $\|P\| \geq 1$. ゆえに $\|P\| = 1$ が導かれる.

(iv) $\Psi_n \in \mathrm{Ran}(P)$, $\Psi_n \to \Psi \in \mathcal{H}$ $(n \to \infty)$ とする. したがって, $P\Psi_n \to P\Psi$ $(n \to \infty)$. 一方, (i) により, $P\Psi_n = \Psi_n$ だから, $\Psi_n \to P\Psi$ $(n \to \infty)$. よって, $\Psi = P\Psi \in \mathrm{Ran}(P)$. ゆえに, $\mathrm{Ran}(P)$ は閉である.

(v) (iv) によって, $\mathrm{Ran}(P)$ は閉部分空間であるので, 任意の $\Psi \in \mathcal{H}$ は, $\Psi = \Psi_{\mathrm{Ran}(P)} + \Psi_{\mathrm{Ran}(P)^\perp}$ と分解される. これと (i), (ii) により, $P\Psi = \Psi_{\mathrm{Ran}(P)} = P_{\mathrm{Ran}(P)}\Psi$. したがって, $P = P_{\mathrm{Ran}(P)}$.

(vi) 条件 $\mathrm{Ran}(P) \neq \{0\}, \mathcal{H}$ と (i), (ii) により, $0, 1 \in \sigma_\mathrm{p}(P)$. $\lambda \neq 0, 1$ とする. $\Psi \in \ker(P - \lambda)$ とすれば, $P\Psi = \lambda\Psi$. したがって, $P^2\Psi = \lambda P\Psi = \lambda^2 \Psi$. 一方, 左辺は, $P$ のべき等性により, $P\Psi = \lambda\Psi$ に等しい. したがって, $\lambda^2 \Psi = \lambda\Psi$. これは $\Psi = 0$ を意味する. ゆえに $P - \lambda$ は単射. 任意の $\Phi \in \mathcal{H}$ に対して, $\Theta = (P + \lambda - 1)\Phi / [\lambda(1 - \lambda)]$ とおくと, $(P - \lambda)\Theta = \Phi$ がわかる. したがって, $P - \lambda$ は全射である. $\|\Theta\| \leq (2 + |\lambda|)\|\Phi\|/[|\lambda||1 - \lambda|]$ であるから, $\|(P - \lambda)^{-1}\Phi\| \leq (2 + |\lambda|)\|\Phi\|/[|\lambda||1 - \lambda|]$. したがって, $(P - \lambda)^{-1}$ は有界. よって, $\lambda \in \varrho(P)$. ■

## 9.9.2 スペクトル族と強スティルチェス積分

$\mathcal{K}$ も複素ヒルベルト空間であるとする. 有界線形作用素の列 $\{T_n\}_n \subset \mathsf{B}(\mathcal{H}, \mathcal{K})$ と $T \in \mathsf{B}(\mathcal{H}, \mathcal{K})$ について, すべての $\Psi \in \mathcal{H}$ に対して, $\lim_{n \to \infty} \|T_n \Psi - T\Psi\| = 0$ が成り立つとき, $\{T_n\}_n$ は $T$ に**強収束する**といい, これを記号的に s-$\lim_{n \to \infty} T_n = T$ と表す. $T$ を $\{T_n\}_n$ の**強極限** (strong limit) と呼ぶ.

**【定義 9.64】** $\{E(\lambda)\}_{\lambda \in \mathbb{R}}$ を $\mathcal{H}$ 上の正射影作用素の族とする. $\{E(\lambda)\}_{\lambda \in \mathbb{R}}$ が

$$E(\lambda)E(\mu) = E(\mu)E(\lambda) = E(\min\{\lambda, \mu\}), \tag{9.49}$$

$$\text{s-}\lim_{\lambda \to \infty} E(\lambda) = I, \quad \text{s-}\lim_{\lambda \to -\infty} E(\lambda) = 0, \tag{9.50}$$

$$E(\lambda + 0) := \text{s-}\lim_{\varepsilon \to +0} E(\lambda + \varepsilon) = E(\lambda), \tag{9.51}$$

を満たすとき, $\{E(\lambda)\}_{\lambda \in \mathbb{R}}$ を**スペクトル族** (spectral family) あるいは**単位の分解** (resolution of identity) と呼ぶ. (9.51) の性質は, $\{E(\lambda)\}_{\lambda \in \mathbb{R}}$ の**右連続性**と呼ばれる.

性質 (9.49) はスペクトル族が可換な正射影作用素の集合であることを示す.

**【補題 9.65】** $\{E(\lambda)\}_{\lambda \in \mathbb{R}}$ をスペクトル族とする.

(i) 任意の $\Psi \in \mathcal{H}$ に対して, $\lambda$ の関数 $\langle \Psi, E(\lambda)\Psi \rangle$ は非負の単調増加関数で右連続である.

(ii) 正の単調減少数列 $\{a_n\}_{n=1}^{\infty}$ で $a_n \to 0 \ (n \to \infty)$ を満たすものを任意にとる. このとき, 強極限
$$E(\lambda - 0) := \text{s-}\lim_{n \to \infty} E(\lambda - a_n)$$
は存在する. これは, $\{a_n\}_{n=1}^{\infty}$ の選び方によらない.

**証明** (i) 任意の $\lambda \in \mathbb{R}$ に対して, $f(\lambda) = \langle \Psi, E(\lambda)\Psi \rangle$ とおく. $f(\lambda) = \|E(\lambda)\Psi\|^2$ と書けるから $f(\lambda) \geq 0, \lambda \in \mathbb{R}$ である. $\lambda > \mu$ とすれば, (9.49) により,

$$\|E(\mu)\Psi\|^2 = \langle \Psi, E(\mu)\Psi \rangle = \langle \Psi, E(\mu)E(\lambda)\Psi \rangle$$
$$= \langle E(\mu)\Psi, E(\lambda)\Psi \rangle \leq \|E(\mu)\Psi\| \|E(\lambda)\Psi\|.$$

したがって, $\|E(\mu)\Psi\| \leq \|E(\lambda)\Psi\|$. 両辺を 2 乗して, $E(\cdot)$ が正射影作用素であることを使えば, $\langle \Psi, E(\mu)\Psi \rangle \leq \langle \Psi, E(\lambda)\Psi \rangle$ を得る. したがって, $f$ は単調増加である. $f$ の右連続性は (9.51) と内積の連続性による.

(ii) $n > m$ とすれば, $\|E(\lambda - a_n)\Psi - E(\lambda - a_m)\Psi\|^2 = f(\lambda - a_n) - f(\lambda - a_m)$. $\{f(\lambda - a_n)\}_n$ は単調増加列で上に有界 ($|f(\lambda)| \leq \|\Psi\|^2$) であるから, $\lim_{n \to \infty} f(\lambda - a_n)$ は存在する. ゆえに, $\lim_{n,m \to \infty} \|E(\lambda - a_n)\Psi - E(\lambda - a_m)\Psi\|^2 = 0$. 同様にして, これは $n < m$ として極限をとる場合にも成り立つ. したがって, $\{E(\lambda - a_n)\Psi\}_n$ はコーシー列であるから, その極限が存在する. これを $E(\lambda - 0)\Psi$ と書く: $E(\lambda - 0)\Psi := \lim_{n \to \infty} E(\lambda - a_n)\Psi$. すると, $E(\lambda - 0)$ は有界線形であることがわかる. $E(\lambda - a_n)$ が正射影作用素であることを使えば, $E(\lambda - 0)$ が正射影作用素であることもわかる (演習問題 10). $E(\lambda - 0)$ が $\{a_n\}_{n=1}^{\infty}$ の取り方によらないことも容易にわかる. ■

この節の目的は, スペクトル族が与えられたとき, これをもとにして, $C(\mathbb{R})$ ($\mathbb{R}$ 上の複素数値連続関数の全体) の部分集合から $\mathsf{L}(\mathcal{H})$ への写像が定義されることを示すことである.

$\{E(\lambda)\}_{\lambda \in \mathbb{R}}$ をスペクトル族とする. 半開区間 $(a, b]$ $(-\infty < a < b < \infty)$ に対

して,
$$E((a,b]) := E(b) - E(a) \tag{9.52}$$
とおく. 便宜上, $E(\emptyset) := 0$, $E(\{\lambda\}) := E(\lambda) - E(\lambda - 0)$, $\lambda \in \mathbb{R}$ とおく.

**【補題 9.66】**

(i) 任意の $a, b \in \mathbb{R}, a < b$ に対して, $E((a, b])$ は正射影作用素である.

(ii) 任意の $a, b, c, d \in \mathbb{R}, a < b, c < d$ に対して, $E((a, b])E((c, d]) = E((a, b] \cap (c, d])$.

**証明** (i) $E((a, b])$ の有界性と自己共役性は容易. べき等性は, $E((a,b])^2 = E(b)^2 - E(b)E(a) - E(b)E(a) + E(a)^2 = E(b) - 2E(a) + E(a) = E(b) - E(a) = E((a, b])$ による.

(ii) $E((a, b])E((c, d]) = E(\min\{a, c\}) - E(\min\{a, d\}) - E(\min\{b, c\}) + E(\min\{b, d\})$ に注意して, 場合分けをすればよい. ∎

有界閉区間 $[a, b]$ を
$$a = t_0 < t_1 < \cdots < t_n = b$$
と分割する. この分割を $\Delta$ とする. $f \in C[a, b]$ ($[a, b]$ 上の複素数値連続関数の全体) を任意にとり,
$$\Sigma_\Delta := \sum_{k=1}^{n} f(t_k)[E(t_k) - E(t_{k-1})] = \sum_{k=1}^{n} f(t_k) E((t_{k-1}, t_k])$$
を考える. したがって, $\Sigma_\Delta \in \mathsf{B}(\mathcal{H})$. $\max_{k=1,\cdots,n} |t_k - t_{k-1}| \to 0$ $(n \to \infty)$ という仕方で分割 $\Delta$ を細分していくことを $\Delta \to 0$ と記す.

**【補題 9.67】** 任意の $\Psi \in \mathcal{H}$ に対して, $\lim_{\Delta \to 0} \Sigma_\Delta \Psi$ は存在し, この極限は分割 $\Delta$ の取り方によらない.

**証明** $\Delta$ の細分割を $\Delta'$ とする:
$$\Delta' : \cdots < t_k = t_{k,0} < t_{k,1} < \cdots < t_{k,m_k} = t_{k+1} = t_{k+1,0} < \cdots.$$
したがって,
$$\Sigma_{\Delta'} := \sum_{k=1}^{n} \sum_{j=1}^{m_k} f(t_{k,j}) E((t_{k,j-1}, t_{k,j}]).$$

ゆえに
$$\Sigma_{\Delta'} - \Sigma_{\Delta} = \sum_{k=1}^{n} \sum_{j=1}^{m_k} [f(t_{k,j}) - f(t_k)] E((t_{k,j-1}, t_{k,j})).$$

補題 9.66 を使うと，任意の $\Psi \in \mathcal{H}$ に対して

$$\|(\Sigma_{\Delta'} - \Sigma_{\Delta})\Psi\|^2 = \sum_{k=1}^{n} \sum_{j=1}^{m_k} |f(t_{k,j}) - f(t_k)|^2 \|E((t_{k,j-1}, t_{k,j}))\Psi\|^2$$
$$= \sum_{k=1}^{n} \sum_{j=1}^{m_k} |f(t_{k,j}) - f(t_k)|^2 \langle \Psi, E((t_{k,j-1}, t_{k,j}))\Psi \rangle.$$

$f$ は一様連続であるから（∵ 有界閉区間上の連続関数は一様連続），任意の $\varepsilon > 0$ に対して，定数 $\delta_\varepsilon > 0$ があって，$|t - s| < \delta_\varepsilon$ ならば $|f(t) - f(s)| < \varepsilon$ となる．そこで，$\max_{k=1,\cdots,n} |t_k - t_{k-1}| < \delta_\varepsilon \cdots (*)$ とする．このとき，$|t_{k,j} - t_k| < \delta_\varepsilon$ であるから，$|f(t_{k,j}) - f(t_k)|^2 \leq \varepsilon^2$．したがって

$$\|(\Sigma_{\Delta'} - \Sigma_{\Delta})\Psi\|^2 \leq \varepsilon^2 \sum_{k=1}^{n} \sum_{j=1}^{m_k} \langle \Psi, E((t_{k,j-1}, t_{k,j}))\Psi \rangle = \varepsilon^2 \langle \Psi, E((a,b])\Psi \rangle.$$

すなわち
$$\|(\Sigma_{\Delta'} - \Sigma_{\Delta})\Psi\| \leq \varepsilon \|E((a,b])\Psi\|. \tag{9.53}$$

分割 $\Delta$ が $(*)$ を満たすことを単に $|\Delta| < \delta_\varepsilon$ と記す．任意の正数 $\varepsilon_1, \varepsilon_2$ をとり，$|\Delta_1| < \delta_{\varepsilon_1}, |\Delta_2| < \delta_{\varepsilon_2}$ を満たす分割をとる．$\Delta_1, \Delta_2$ の分点をあわせて得られる共通の細分割を $\Delta'$ とすれば，(9.53) によって，$\|(\Sigma_{\Delta'} - \Sigma_{\Delta_j})\Psi\| \leq \varepsilon_j \|E((a,b])\Psi\|$，$j = 1, 2$ であるから，3角不等式により

$$\|(\Sigma_{\Delta_1} - \Sigma_{\Delta_2})\Psi\| \leq (\varepsilon_1 + \varepsilon_2) \|E((a,b])\Psi\|. \tag{9.54}$$

いま，0 に収束する任意の正数列 $\{\varepsilon_n\}_{n=1}^\infty$ ($\lim_{n\to\infty} \varepsilon_n = 0$) を考え，$|\Delta_n| < \delta_{\varepsilon_n}$ を満たす分割 $\Delta_n$ をとって，これに対応する和 $\Sigma_{\Delta_n}$ を $\Sigma_n$ と略記すれば，(9.54) によって，任意の $n, p \geq 1$ に対して

$$\|(\Sigma_n - \Sigma_{n+p})\Psi\| \leq (\varepsilon_n + \varepsilon_{n+p}) \|E((a,b])\Psi\|.$$

これはベクトル列 $\{\Sigma_n \Psi\}_n$ が $\mathcal{H}$ のコーシー列であることを示す．したがって，

$\lim_{n\to\infty} \Sigma_n \Psi$ は存在する．この極限が分割の取り方によらないことを示すために，別に $0$ に収束する正数列 $\{\varepsilon'_n\}_n$ をとり，$|\Delta'_n| < \delta_{\varepsilon'_n}$ を満たす任意の分割 $\Delta'_n$ を選び，対応する和 $\Sigma'_n$ をつくれば，(9.54) によって $\|(\Sigma_n - \Sigma'_n)\Psi\| \leq (\varepsilon_n + \varepsilon'_n)\|E((a,b])\Psi\|$ であるから，$\lim_{n\to\infty} \Sigma_n \Psi = \lim_{n\to\infty} \Sigma'_n \Psi$． ∎

補題 9.67 によって，その存在が保証される極限 $\lim_{\Delta \to 0} \Sigma_\Delta \Psi$ を

$$\lim_{\Delta \to 0} \Sigma_\Delta \Psi = \int_a^b f(t) dE(t) \Psi \tag{9.55}$$

と書き，これをスペクトル族 $\{E(\lambda)\}_{\lambda \in \mathbb{R}}$ による連続関数 $f \in C[a,b]$ の**強スティルチェス積分**という[16]．

写像 $T_E(f) : \mathcal{H} \to \mathcal{H}$ を

$$T_E(f)\Psi = \int_a^b f(t) dE(t)\Psi, \quad \Psi \in \mathcal{H} \tag{9.56}$$

によって定義できる．

**【定理 9.68】** $T_E(f) \in \mathsf{B}(\mathcal{H})$ かつ

$$\|T_E(f)\| \leq \|f\|_\infty. \tag{9.57}$$

ただし，$\|f\|_\infty := \sup_{t \in [a,b]} |f(t)|$．

**証明** $T_E(f)$ の線形性は定義と $\Sigma_\Delta$ の線形性から容易にわかる．(9.53) を導いたのと同様にして，

$$\|\Sigma_\Delta \Psi\| \leq \|f\|_\infty \|E((a,b])\Psi\| \leq \|f\|_\infty \|\Psi\|$$

が証明される．そこで，$\Delta \to 0$ とすれば，ノルムの連続性により，$\|T_E(f)\Psi\| \leq \|f\|_\infty \|\Psi\|$ が得られる．したがって，(9.57) が成り立つ． ∎

有界線形作用素 $T_E(f)$ を象徴的に

$$T_E(f) = \int_a^b f(t) dE(t) \tag{9.58}$$

と記す．

---

[16] これは，通常のスティルチェス積分（たとえば，小松勇作『解析概論 [I]』（廣川書店）の §46 を参照）のヒルベルト空間版である．

### 9.9.3 一般化

前項では，$f$ が有界閉区間上の連続関数の場合に有界線形作用素 $T_E(f)$ を定義した．この項では $f$ が無限区間の場合にも $T_E(f)$ に相当する線形作用素が定義できることを示す．

任意の $\Psi \in \mathcal{H}$ に対して

$$\phi(\lambda) := \langle \Psi, E(\lambda)\Psi \rangle = \|E(\lambda)\Psi\|^2$$

とおけば，これは右連続な有界変動関数である．したがって，通常の意味でのスティルチェス積分

$$\int_{[a,b]} f(t)d\phi(t) := \int_a^b f(t)d\phi(t) := \lim_{\Delta \to 0} \sum_{k=1}^n f(t_k)(\phi(t_k) - \phi(t_{k-1})),$$
$$f \in C[a,b]$$

が定義される．積分 $\int_{[a,b]} f(t)d\phi(t)$ を

$$\int_{[a,b]} f(t)d\phi(t) = \int_a^b f(t)d\langle \Psi, E(t)\Psi \rangle = \int_{[a,b]} f(t)d\langle \Psi, E(t)\Psi \rangle$$
$$= \int_{[a,b]} f(t)d\|E(t)\Psi\|^2$$

のように記す．また，

$$\int_{(a,b]} f(t)d\|E(t)\Psi\|^2 := \lim_{\varepsilon \downarrow 0} \int_{[a+\varepsilon,b]} f(t)d\|E(t)\Psi\|^2,$$
$$\int_{[a,b)} f(t)d\|E(t)\Psi\|^2 := \lim_{\varepsilon \downarrow 0} \int_{[a,b-\varepsilon]} f(t)d\|E(t)\Psi\|^2$$

とする．

**【定理 9.69】** 任意の $f \in C[a,b]$ と $\Psi \in \mathcal{H}$ に対して，

$$\|T_E(f)\Psi\|^2 = \int_a^b |f(\lambda)|^2 d\langle \Psi, E(\lambda)\Psi \rangle. \tag{9.59}$$

**証明** 補題 9.67 の証明と同様にして

$$\|T_E(f)\Psi\|^2 = \lim_{\Delta \to 0} \sum_{k=1}^n |f(t_k)|^2 \langle \Psi, E((t_{k-1}, t_k])\Psi \rangle = \int_a^b |f(t)|^2 d\langle \Psi, E(t)\Psi \rangle.$$

$a, b \in \mathbb{R}, a < b$ に対して，関数 $\chi_{[a,b]}$——$[a,b]$ 上の**定義関数**と呼ぶ——を $\chi_{[a,b]}(t) = 1, t \in [a,b]$; $\chi_{[a,b]}(t) = 0, t \notin [a,b]$ によって定義する．

関数 $f \in C(\mathbb{R})$ に対して，線形作用素 $T_E(f)$ を次のように定義する：

$$D(T_E(f)) := \{\Psi \in \mathcal{H} \mid b_n \to \infty \text{ となる任意の単調増大列 } \{b_n\}_n \text{ および}$$
$$a_n \to -\infty \text{ となる任意の単調減少列 } \{a_n\}_n \text{ に対して}$$
$$\lim_{n \to \infty} T_E(\chi_{[a_n, b_n]} f)\Psi \text{ が存在}\} \quad (9.60)$$

$$T_E(f)\Psi := \lim_{n \to \infty} T_E(\chi_{[a_n, b_n]} f)\Psi, \quad \Psi \in D(T_E(f)). \quad (9.61)$$

**❗注意 9.15** $T_E(f)$ はもはや有界であるとは限らない．

対応 $T_E : C(\mathbb{R}) \ni f \to T_E(f)$ は $C(\mathbb{R})$ から $\mathsf{L}(\mathcal{H})$ への写像を与える．この写像 $T_E$ を $E = \{E(\lambda)\}_{\lambda \in \mathbb{R}}$ から決まる**作用素値汎関数**という．

### 9.9.4 作用素値汎関数の性質

まず，線形作用素 $T_E(f)$ の定義域を同定しよう．

**【補題 9.70】** すべての $f \in C(\mathbb{R})$ に対して

$$D_f := \left\{ \Psi \in \mathcal{H} \,\middle|\, \int_{\mathbb{R}} |f(\lambda)|^2 d\langle \Psi, E(\lambda)\Psi \rangle < \infty \right\} \quad (9.62)$$

は $\mathcal{H}$ で稠密な部分空間である．

**証明** 任意の $\Psi_1, \Psi_2 \in \mathcal{H}$ と $\alpha, \beta \in \mathbb{C}$ に対して，

$$\langle \alpha\Psi_1 + \beta\Psi_2, E(\lambda)(\alpha\Psi_1 + \beta\Psi_2)\rangle = \|E(\lambda)(\alpha\Psi_1 + \beta\Psi_2)\|^2$$
$$\leq 2|\alpha|^2 \|E(\lambda)\Psi_1\|^2 + 2|\beta|^2 \|E(\lambda)\Psi_2\|^2.$$

これから，$D_f$ が部分空間であることがわかる．$D_f$ の稠密性を示すために，$E_n := E(n) - E(-n)$, $n \in \mathbb{N}$, とし，任意の $\Psi \in \mathcal{H}$ に対して，$\Psi_n = E_n \Psi$ とおこう．このとき，

$$\langle \Psi_n, E(\lambda)\Psi_n \rangle = \begin{cases} 0 & ; \lambda < -n \\ \langle \Psi, [E(\lambda) - E(-n)]\Psi \rangle & ; -n \leq \lambda \leq n \\ \|\Psi_n\|^2 & ; \lambda > n \end{cases}$$

したがって,
$$\int_{\mathbb{R}} |f(\lambda)|^2 d\langle \Psi_n, E(\lambda)\Psi_n\rangle = \int_{-n}^{n} |f(\lambda)|^2 d\langle \Psi, E(\lambda)\Psi\rangle$$
$$\leq \sup_{\lambda \in [-n,n]} |f(\lambda)|^2 \|\Psi\|^2 < \infty.$$

ゆえに, $\Psi_n \in D_f$. さらに, $\Psi_n \to \Psi \ (n \to \infty)$. よって, $D_f$ は稠密である. ∎

**【命題 9.71】** 任意の $f \in C(\mathbb{R})$ に対して, $D(T_E(f)) = D_f$.

**証明** $\{b_n\}_{n=1}^{\infty}$ を $b_n \to \infty$ となる単調増大列, $\{a_n\}_{n=1}^{\infty}$ を $a_n \to -\infty$ となる単調減少列とし, $T_n := \int_{a_n}^{b_n} f(\lambda) dE(\lambda)$ とおく.

さて, $\Psi \in D(T_E(f))$ とする. $\Psi \in D(T_E(f))$ ならば, $T_E(f)\Psi = \lim_{n\to\infty} T_n\Psi$ であるから, $\|T_n\Psi\| \leq C$ ($C$ は $n$ によらない定数). 一方,
$$\|T_n\Psi\|^2 = \int_{a_n}^{b_n} |f(t)|^2 d\langle\Psi, E(t)\Psi\rangle.$$
したがって, $n \to \infty$ として $\int_{\mathbb{R}} |f(t)|^2 d\langle\Psi, E(t)\Psi\rangle \leq C^2 < \infty$. ゆえに, $\Psi \in D_f$. よって, $D(T_E(f)) \subset D_f$.

逆に $\Psi \in D_f$ としよう. このとき, $n > m$ とすれば
$$\|T_n\Psi - T_m\Psi\| = \left\|\int_{b_m}^{b_n} f(t)dE(t)\Psi + \int_{a_n}^{a_m} f(t)dE(t)\Psi\right\|$$
$$\leq \left\|\int_{b_m}^{b_n} f(t)dE(t)\Psi\right\| + \left\|\int_{a_n}^{a_m} f(t)dE(t)\Psi\right\|$$
$$= \sqrt{\int_{b_m}^{b_n} |f(t)|^2 d\langle\Psi, E(t)\Psi\rangle} + \sqrt{\int_{a_n}^{a_m} |f(t)|^2 d\langle\Psi, E(t)\Psi\rangle}$$
$$\to 0 \quad (n, m \to \infty).$$

$n > m$ のときも同様. したがって, $\{T_n\Psi\}_n$ はコーシー列であるので収束する. ゆえに $\Psi \in D(T_E(f))$. よって, $D_f \subset D(T_E(f))$. ∎

次の定理は作用素値汎関数 $T_E$ の基本的性質を述べたものである.

**【定理 9.72】** $f \in C(\mathbb{R})$ とする. 次の (i)〜(vii) が成立する.

(i) 任意の $\Psi \in D(T_E(f))$ に対して,
$$\|T_E(f)\Psi\|^2 = \int_{\mathbb{R}} |f(\lambda)|^2 d\langle\Psi, E(\lambda)\Psi\rangle. \tag{9.63}$$

(ii) 任意の $\lambda \in \mathbb{R}$ に対して，$E(\lambda)T_E(f) \subset T_E(f)E(\lambda)$ が成り立つ．

(iii) 作用素の等式
$$T_E(f^*) = T_E(f)^* \tag{9.64}$$
が成り立つ．

(iv) $f \in C(\mathbb{R})$ が実数値ならば，$T_E(f)$ は自己共役である．

(v) $f$ が有界ならば $T_E(f)$ は有界であって，
$$\|T_E(f)\| \leq \|f\|_\infty. \tag{9.65}$$

(vi) $g \in C(\mathbb{R})$ のとき，任意の $\Psi \in D(T_E(f)T_E(g)) \cap D(T_E(fg))$ に対して，$T_E(f)T_E(g)\Psi = T_E(fg)\Psi$．

(vii) $|f(\lambda)| = 1$, $\lambda \in \mathbb{R}$ ならば $T_E(f)$ はユニタリである．

**証明** (i) これは定理 9.69 と (9.61) による．

(ii) 任意の $\Psi \in D(T_E(f))$ に対して，スペクトル族の性質によって，
$$\langle E(\lambda)\Psi, E(\mu)E(\lambda)\Psi\rangle = \begin{cases} \langle \Psi, E(\mu)\Psi\rangle & ; \mu \leq \lambda \text{ のとき} \\ \langle \Psi, E(\lambda)\Psi\rangle & ; \mu > \lambda \text{ のとき} \end{cases}$$

となるから，
$$\int_\mathbb{R} |f(\mu)|^2 d\langle E(\lambda)\Psi, E(\mu)E(\lambda)\Psi\rangle = \int_{(-\infty,\lambda]} |f(\mu)|^2 d\langle \Psi, E(\mu)\Psi\rangle$$
$$\leq \int_\mathbb{R} |f(\mu)|^2 d\langle \Psi, E(\mu)\Psi\rangle < \infty.$$

したがって，$E(\lambda)\Psi \in D(T_E(f))$．さらに，任意の $\Phi \in \mathcal{H}$ に対して，
$$\langle \Phi, E(\lambda)T_E(f)\Psi\rangle = \int_\mathbb{R} f(\mu) d\langle E(\lambda)\Phi, E(\mu)\Psi\rangle$$
$$= \int_\mathbb{R} f(\mu) d\langle \Phi, E(\mu)E(\lambda)\Psi\rangle$$
$$= \langle \Phi, T_E(f)E(\lambda)\Psi\rangle.$$

したがって，$E(\lambda)T_E(f)\Psi = T_E(f)E(\lambda)\Psi$．よって，求める結果が得られる．

(iii) $|f(\lambda)| = |f(\lambda)^*|$ であるから，$D(T_E(f)) = D(T_E(f^*))$．任意の $\Psi, \Phi \in$

$D(T_E(f))$ に対して,

$$\langle T_E(f)\Phi, \Psi\rangle = \langle \Psi, T_E(f)\Phi\rangle^* = \int_{\mathbb{R}} f(\lambda)^* d\langle \Phi, E(\lambda)\Psi\rangle$$
$$= \langle \Phi, T_E(f^*)\Psi\rangle.$$

したがって, $\Psi \in D(T_E(f)^*)$ かつ $T_E(f)^*\Psi = T_E(f^*)\Psi$. これは, $T_E(f^*) \subset T_E(f)^*$ を意味する. 逆の関係を示すために, $\Psi \in D(T_E(f)^*)$ としよう. 上で見たように, 任意の $\Phi \in \mathcal{H}$ に対して, $E_n\Phi \in D(T_E(f))$ であり, $E_n\Phi \to \Phi$ $(n\to\infty)$ であるから,

$$\|T_E(f)^*\Psi\| = \lim_{n\to\infty} \|E_n T_E(f)^*\Psi\|$$
$$= \lim_{n\to\infty} \sup_{\|\Phi\|=1} |\langle \Phi, E_n T_E(f)^*\Psi\rangle|$$
$$(\because 一般に, 任意の\ \Theta \in \mathcal{H}\ に対して,$$
$$\|\Theta\| = \sup_{\Xi\in\mathcal{H},\|\Xi\|=1}|\langle \Xi, \Theta\rangle|\ (演習問題\ 13))$$
$$= \lim_{n\to\infty} \sup_{\|\Phi\|=1} |\langle T_E(f) E_n \Phi, \Psi\rangle|$$
$$= \lim_{n\to\infty} \sup_{\|\Phi\|=1} |\langle T_E(f) E_n^2 \Phi, \Psi\rangle| \quad (\because E_n^2 = E_n)$$
$$= \lim_{n\to\infty} \sup_{\|\Phi\|=1} |\langle E_n T_E(f) E_n \Phi, \Psi\rangle| \quad (\because \text{(ii)})$$
$$= \lim_{n\to\infty} \sup_{\|\Phi\|=1} |\langle T_E(f) E_n \Phi, E_n \Psi\rangle|$$
$$= \lim_{n\to\infty} \sup_{\|\Phi\|=1} |\langle \Phi, T_E(f^*) E_n \Psi\rangle|$$
$$(\because E_n\Psi \in D(T_E(f)) = D(T_E(f^*)), T_E(f^*) \subset T_E(f)^*$$
$$および, \text{(ii)}\ を\ f\ の代わりに\ f^*\ に対して適用)$$
$$= \lim_{n\to\infty} \|T_E(f^*) E_n \Psi\|.$$

一方,

$$\langle E_n\Psi, E(\lambda) E_n\Psi\rangle = \begin{cases} \langle \Psi, E_n\Psi\rangle & ;\lambda > n\ のとき \\ \langle \Psi, (E(\lambda) - E(-n))\Psi\rangle & ;-n \leq \lambda \leq n\ のとき \\ 0 & ;\lambda < -n\ のとき \end{cases}$$

であるから

$$\|T_E(f^*) E_n\Psi\|^2 = \int_{-n}^{n} |f(\lambda)|^2 d\langle \Psi, E(\lambda)\Psi\rangle.$$

したがって，

$$\lim_{n\to\infty}\int_{-n}^{n}|f(\lambda)|^2 d\langle\Psi,E(\lambda)\Psi\rangle = \|T_E(f)^*\Psi\|^2 < \infty.$$

これは $\Psi \in D(T_E(f^*))$ を意味する．したがって，$D(T_E(f)^*) = D(T_E(f^*))$ が導かれるので $T_E(f)^* = T_E(f^*)$ が成り立つ．

(iv) $f$ が実数値ならば，$f = f^*$ であるから，(iii) によって，$T_E(f) = T_E(f)^*$．

(v) $f$ が有界ならば，任意の $\Psi \in \mathcal{H}$ に対して

$$\int_{\mathbb{R}}|f(\lambda)|^2 d\langle\Psi,E(\lambda)\Psi\rangle \leq \|f\|_\infty^2 \|\Psi\|^2 < \infty$$

であるから，$\Psi \in D(T_E(f))$．したがって，$D(T_E(f)) = \mathcal{H}$．(9.63) によって，

$$\|T_E(f)\Psi\|^2 \leq \|f\|_\infty^2 \|\Psi\|^2, \quad \Psi \in \mathcal{H}.$$

ゆえに求める結果を得る．

(vi) 任意の $\Phi \in D(T_E(f^*)), \Psi \in D(T_E(f)T_E(g)) \cap D(T_E(fg))$ に対して

$$\langle\Phi, T_E(f)T_E(g)\Psi\rangle = \langle T_E(f^*)\Phi, T_E(g)\Psi\rangle \quad (\because \text{(iii)})$$
$$= \lim_{n\to\infty}\langle T_E(\chi_{[a_n,b_n]}f^*)\Phi, T_E(\chi_{[a_n,b_n]}g)\Psi\rangle$$
$$(\because (9.61) \text{ と内積の連続性})$$
$$= \lim_{n\to\infty}\langle\Phi, T_E(\chi_{[a_n,b_n]}fg)\Psi\rangle = \langle\Phi, T_E(fg)\Psi\rangle.$$

したがって，$D(T_E(f^*))$ は稠密であるから，$T_E(f)T_E(g)\Psi = T_E(fg)\Psi$．

(vii) (v), (vi) より

$$T_E(f)T_E(f^*) = T_E(|f|^2) = T_E(1) = I.$$

同様に $T_E(f^*)T_E(f) = I$．一方，(iii) により，$T_E(f^*) = T_E(f)^*$．したがって，

$$T_E(f)^*T_E(f) = I, \quad T_E(f)T_E(f)^* = I.$$

ゆえに $T_E(f)$ はユニタリである（演習問題14）． ∎

## 9.9.5　$T_E(f)$ のスペクトル

$E = \{E(\lambda)\}_{\lambda\in\mathbb{R}}$ をスペクトル族とする．実数 $a$ に対して，ある正数 $\delta > 0$ が

存在して，$E(a+\delta) = E(a-\delta) \cdots (*)$ が成り立つとき，$a$ を $E$ の**定点**という．$E$ の定点の全体を $C_E$ とすると，$C_E$ は $\mathbb{R}$ の開集合である（$\because a \in C_E$ とし，$(*)$ が成り立つとする．$0 < \delta_0 < \delta$ とし，$\varepsilon_0 = \delta - \delta_0$ とおく．このとき，$|\lambda - a| < \delta_0$ に対して，$\lambda + \varepsilon_0 < a + \delta$ であるから，性質 (9.49) によって，$E(\lambda + \varepsilon_0) = E(a+\delta)E(\lambda+\varepsilon_0) = E(a-\delta)E(\lambda+\varepsilon_0) = E(a-\delta)$．一方，$\lambda - \varepsilon_0 > a - \delta$ であるから，$E(a-\delta) = E(a-\delta)E(\lambda-\varepsilon_0) = E(a+\delta)E(\lambda-\varepsilon_0) = E(\lambda-\varepsilon_0)$．したがって，$E(\lambda+\varepsilon_0) = E(\lambda-\varepsilon_0)$．ゆえに $\lambda \in C_E$）．$C_E$ の補集合

$$\mathrm{supp}\, E := C_E^c = \{\lambda \in \mathbb{R} \mid \lambda \text{ は } E \text{ の定点でない}\} \tag{9.66}$$

を $E$ の**台** (support) という．$C_E$ が開集合であるから，$\mathrm{supp}\, E$ は閉集合である．ここでは証明は省略するが $T_E(f)$ $(f \in C(\mathbb{R}))$ のスペクトルについて

$$\sigma(T_E(f)) = \overline{\{f(\lambda) \mid \lambda \in \mathrm{supp}\, E\}} \tag{9.67}$$

が成り立つ[17]．

### 9.9.6 スペクトル定理

定理 9.72(iv) の応用として，特に，$f(\lambda) = \lambda$, $\lambda \in \mathbb{R}$ の場合を考えると線形作用素 $\int_\mathbb{R} \lambda dE(\lambda)$ は自己共役である．実は，この事実の逆も成り立つ．

**【定理 9.73】**（**スペクトル定理**）　ヒルベルト空間 $\mathcal{H}$ 上の各自己共役作用素 $H$ に対して，

$$H = \int_\mathbb{R} \lambda dE_H(\lambda) \tag{9.68}$$

を満たすスペクトル族 $\{E_H(\lambda)\}_{\lambda \in \mathbb{R}}$ が唯 1 つ存在する．

スペクトル定理はヒルベルト空間論における最も深い定理の 1 つであり，証明は簡単ではない．ここでは，その証明は割愛する[18]．定理 9.73 にいうスペクトル族 $\{E_H(\lambda)\}_{\lambda \in \mathbb{R}}$ を **$H$ のスペクトル族**という．

---

[17] 証明については，新井朝雄・江沢 洋『量子力学の数学的構造 I』（朝倉書店，1999）の p.212, 定理 2.71(ix) を参照．しかし，さしあたり，この事実は認めて，先に進まれたい．この項の目的は，$T_E(f)$ のスペクトルが空集合ではなく，それが $E$ のいかなる性質から決定されているかを注意することにある．

[18] ヒルベルト空間 $\mathcal{H}$ が有限次元の場合の証明については，演習問題 16 を参照．一般の場合については，新井朝雄・江沢 洋『量子力学の数学的構造 I』（朝倉書店，1999）の第 2 章を参照．

【命題 9.74】 $H$ を自己共役作用素,$E_H$ をそのスペクトル族とする.このとき,$\alpha \in \mathbb{R}$ が $H$ の固有値であるための必要十分条件は,零でないベクトル $\Psi \in D(H)$ があって,$E_H(\lambda)\Psi = 0, \lambda \in (-\infty, \alpha), E_H(\mu)\Psi = \Psi, \mu \in [\alpha, \infty)$ が成立することである.この場合,$\Psi$ は固有値 $\alpha$ に属する,$H$ の固有ベクトルである.

**証明** まず,任意の $\varepsilon > 0$ に対して

$$\int_{\mathbb{R}} |\lambda - \alpha|^2 d\|E_H(\lambda)\Psi\|^2 = I_1(\varepsilon) + I_2(\varepsilon) + I_3(\varepsilon),$$

$$I_1(\varepsilon) := \int_{(-\infty, \alpha-\varepsilon]} |\lambda - \alpha|^2 d\|E_H(\lambda)\Psi\|^2,$$

$$I_2(\varepsilon) := \int_{(\alpha-\varepsilon, \alpha+\varepsilon)} |\lambda - \alpha|^2 d\|E_H(\lambda)\Psi\|^2,$$

$$I_3(\varepsilon) := \int_{[\alpha+\varepsilon, \infty)} |\lambda - \alpha|^2 d\|E_H(\lambda)\Psi\|^2$$

と書けることに注意する.

(必要性) $\alpha \in \mathbb{R}$ が $H$ の固有値であるとしよう.したがって,$H\Psi = \alpha\Psi$ を満たす,零でないベクトル $\Psi \in D(H)$ がある.スペクトル定理により,$\|(H - \alpha)\Psi\|^2 = \int_{\mathbb{R}} |\lambda - \alpha|^2 d\|E_H(\lambda)\Psi\|^2 \cdots (*)$ であるから,$I_j(\varepsilon) = 0, j = 1, 2, 3$ である.$I_1(\varepsilon) \geq \varepsilon^2 \|E_H(\alpha - \varepsilon)\Psi\|^2$ であるから,$\|E_H(\alpha - \varepsilon)\Psi\|^2 = 0$.$\varepsilon > 0$ は任意であるから,$E_H(\lambda)\Psi = 0, \lambda \in (-\infty, \alpha)$ が従う.同様に,$I_3(\varepsilon) = 0$ からは $\Psi - E_H(\alpha + \varepsilon)\Psi = 0 \cdots (**)$ が出るので,$E_H(\mu)\Psi = \Psi, \mu \in (\alpha, \infty)$.$(**)$ と $E_H$ の右連続性により,$E_H(\alpha)\Psi = \Psi$ も出る.

(十分性) 題意にいうベクトル $\Psi$ が存在するとしよう.このとき,$I_1(\varepsilon) = 0, I_3(\varepsilon) = 0$ である.一方,

$$\int_{(\alpha-\varepsilon, \alpha+\varepsilon)} |\lambda - \alpha|^2 d\|E_H(\lambda)\Psi\|^2 \leq \varepsilon^2 \|E_H(\alpha+\varepsilon)\Psi\|^2 \to 0 \ (\varepsilon \to 0).$$

したがって,$\int_{\mathbb{R}} |\lambda - \alpha|^2 d\|E_H(\lambda)\Psi\|^2 = 0$.これと $(*)$ によって,$H\Psi = \alpha\Psi$ が導かれる. ∎

### 9.9.7 自己共役作用素の関数

$H$ を自己共役作用素,$\{E_H(\lambda)\}_{\lambda \in \mathbb{R}}$ を $H$ のスペクトル族とする.上述のスペクトル族に関する作用素値汎関数の理論によって,任意の $f \in C(\mathbb{R})$ に対して,線形作用素

$$f(H) := \int_{\mathbb{R}} f(\lambda) dE_H(\lambda) \tag{9.69}$$

が定義される（前の記号でいえば，$f(H) = T_{E_H}(f)$）．

## 9.10　強連続1パラメータユニタリ群

### 9.10.1　ヒルベルト空間値関数の強連続性と強微分可能性の概念

実数体 $\mathbb{R}$ からヒルベルト空間 $\mathcal{H}$ への写像 $\Psi : \mathbb{R} \to \mathcal{H};\ \mathbb{R} \ni t \mapsto \Psi(t) \in \mathcal{H}$ を $\mathbb{R}$ 上の **$\mathcal{H}$ 値関数**という．

すべての $t \in \mathbb{R}$ に対して $\lim_{s \to 0} \|\Psi(t+s) - \Psi(t)\| = 0$ のとき，$\Psi$ は**強連続** (strongly continuous) であるという．

$\mathbb{R}$ 上の $\mathcal{H}$ 値関数 $\Psi'$ が存在して，すべての $t \in \mathbb{R}$ に対して，

$$\lim_{h \to 0} \left\| \frac{\Psi(t+h) - \Psi(t)}{h} - \Psi'(t) \right\| = 0$$

が成り立つとき，$\Psi$ は $\mathbb{R}$ 上で**強微分可能** (strongly differentiable) であるといい，$\Psi'$ を $\Psi$ の**強微分**という．記号的に

$$\Psi'(t) = \frac{d\Psi(t)}{dt} = \frac{d}{dt}\Psi(t)$$

のようにも表す．

$T$ は $\mathbb{R}$ から $\mathsf{B}(\mathcal{H})$ への写像とする（$T : t \mapsto T(t) \in \mathsf{B}(\mathcal{H}), t \in \mathbb{R}$）．

任意の $\Psi \in \mathcal{H}$ に対して，$\mathcal{H}$ 値関数 $t \mapsto T(t)\Psi$ が $\mathbb{R}$ 上で強連続であるとき，$T$ は $\mathbb{R}$ 上で強連続であるという．

### 9.10.2　強連続1パラメータユニタリ群

$\mathcal{H}$ 上のユニタリ作用素の族 $\{U(t)\}_{t \in \mathbb{R}}$ が次の2つの性質をもつとき，これを**強連続1パラメータユニタリ群**という：

(U.1) $U$ は強連続である．

(U.2) （群特性）すべての $t, s \in \mathbb{R}$ に対して，$U(t)U(s) = U(s)U(t) = U(t+s)$．

**!注意 9.16** (U.2) から，$U(0)^2 = U(0)$．$U(0)$ もユニタリであるから，両辺に $U(0)^{-1}$ を作用させれば，$U(0) = I$ を得る．

### 9.10.3　自己共役作用素から定まる強連続1パラメータ群

$H$ を $\mathcal{H}$ 上の自己共役作用素とし，$\{E_H(\lambda)\}_{\lambda \in \mathbb{R}}$ をそのスペクトル族とする．

各 $t \in \mathbb{R}$ に対して, 関数 $u_t \in C(\mathbb{R})$ を $u_t(\lambda) = e^{-it\lambda}$, $\lambda \in \mathbb{R}$ によって定義し, 線形作用素 $e^{-itH}$ を

$$e^{-itH} := u_t(H) = \int_{\mathbb{R}} e^{-it\lambda} dE_H(\lambda) \tag{9.70}$$

によって定義する. $e^{-itH} = \exp(-itH)$ とも記す. $|u_t(\lambda)| = 1, \lambda \in \mathbb{R}$ であるから, 定理 9.72(vii) によって, $e^{-itH}$ はユニタリ作用素である.

$$U_H(t) := e^{-itH}, \quad t \in \mathbb{R} \tag{9.71}$$

とおこう. したがって, 対応 $U_H : t \mapsto U_H(t)$ は $\mathbb{R}$ 上の $\mathsf{B}(\mathcal{H})$ 値関数を与える.

**【定理 9.75】**

(i) $U_H$ は $\mathbb{R}$ 上強連続であり,

$$U_H(t+s) = U_H(t)U_H(s) = U_H(s)U_H(t), \quad s, t \in \mathbb{R}. \tag{9.72}$$

(ii) 任意の $\Psi \in D(H)$ に対して, $U_H(t)\Psi$ は強微分可能かつ $U_H(t)\Psi \in D(H)$ であり,

$$\frac{dU_H(t)\Psi}{dt} = -iU_H(t)H\Psi = -iHU_H(t)\Psi. \tag{9.73}$$

特に,

$$H\Psi = i\lim_{t \to 0} \frac{U_H(t)\Psi - \Psi}{t}. \tag{9.74}$$

**証明** (i) (9.72) は, $u_{t+s} = u_t u_s = u_s u_t$ と定理 9.72(vi) による. (9.72) によって, 任意の $\Psi \in \mathcal{H}$ に対して, $\|U_H(t+\varepsilon)\Psi - U_H(t)\Psi\| = \|U_H(t)(U_H(\varepsilon) - I)\Psi\| = \|(U_H(\varepsilon) - I)\Psi\|(t, \varepsilon \in \mathbb{R})$ であるから, $U_H(t)$ の強連続性を示すには, その $t = 0$ での強連続性を示せばよい.

$$\|U_H(\varepsilon)\Psi - \Psi\|^2 = \int_{\mathbb{R}} F_\varepsilon(\lambda) d\langle \Psi, E_H(\lambda)\Psi \rangle.$$

ただし, $F_\varepsilon(\lambda) = |e^{-i\varepsilon\lambda} - 1|^2$. $\lim_{\varepsilon \to 0} F_\varepsilon(\lambda) = 0$ であるから, 極限 $\lim_{\varepsilon \to 0}$ と積分 $\int_{\mathbb{R}}$ が交換できれば望む結果が得られる. だが, 初等解析学で学ぶように, 極限と積分の交換は一般にはできない. そこで, 次のように進む. 任意の $R > 0$ に対して

$$I_\varepsilon(R) := \int_{(R,\infty)} F_\varepsilon(\lambda) d\langle \Psi, E_H(\lambda)\Psi\rangle,$$

$$J_\varepsilon(R) := \int_{(-\infty,-R)} F_\varepsilon(\lambda) d\langle \Psi, E_H(\lambda)\Psi\rangle,$$

$$K_\varepsilon(R) := \int_{[-R,R]} F_\varepsilon(\lambda) d\langle \Psi, E_H(\lambda)\Psi\rangle$$

とおけば

$$\int_\mathbb{R} F_\varepsilon(\lambda) d\langle \Psi, E_H(\lambda)\Psi\rangle = I_\varepsilon(R) + J_\varepsilon(R) + K_\varepsilon(R).$$

$|F_\varepsilon(\lambda)| \leq 4$ であるから,

$$|I_\varepsilon(R)| \leq 4\langle \Psi, (I - E_H(R))\Psi\rangle, \quad |J_\varepsilon(R)| \leq 4\langle \Psi, E_H(-R)\Psi\rangle.$$

また,

$$|K_\varepsilon(R)| \leq \sup_{|\lambda|\leq R} |F_\varepsilon(\lambda)| \langle \Psi, [E_H(R) - E_H(-R)]\Psi\rangle \leq 2 \sup_{|\lambda|\leq R} |F_\varepsilon(\lambda)| \|\Psi\|.$$

これと容易に示される事実 $\lim_{\varepsilon\to 0} \sup_{|\lambda|\leq R} |F_\varepsilon(\lambda)| = 0$ を使えば,

$$\lim_{\varepsilon\to 0} |K_\varepsilon(R)| = 0.$$

したがって

$$\limsup_{\varepsilon\to 0} \int_\mathbb{R} F_\varepsilon(\lambda) d\langle \Psi, E_H(\lambda)\Psi\rangle \leq 4\langle \Psi, (I - E_H(R))\Psi\rangle + 4\langle \Psi, E_H(-R)\Psi\rangle.$$

そこで, $R \to \infty$ とすれば, 右辺は $0$ に収束するので, $\lim_{\varepsilon\to 0} \|U_H(\varepsilon)\Psi - \Psi\|^2 = 0$ が得られる.

(ii) $\Psi \in D(H)$ とする. このとき, (9.72) によって

$$\left\| \frac{U_H(t+\varepsilon)\Psi - U_H(t)\Psi}{\varepsilon} + iU_H(t)H\Psi \right\|^2 = \int_\mathbb{R} G_\varepsilon(\lambda) d\|E_H(\lambda)\Psi\|^2.$$

ただし, $G_\varepsilon(\lambda) = |\frac{e^{-i\varepsilon\lambda}-1}{\varepsilon} + i\lambda|^2$. 初等的な不等式 $|e^{-ix}-1| \leq |x|, \quad x \in \mathbb{R}$, によって, $G_\varepsilon(\lambda) \leq 4|\lambda|^2$. さらに, 任意の $R>0$ に対して, $\lim_{\varepsilon\to 0} \sup_{|\lambda|\leq |R|} G_\varepsilon(\lambda) = 0$. $\Psi \in D(H)$ であるから, $\int_\mathbb{R} |\lambda|^2 d\|E_H(\lambda)\Psi\|^2 < \infty$. 以上の事実を使うと, (i) と同様にして, $\lim_{\varepsilon\to 0} \int_\mathbb{R} G_\varepsilon(\lambda) d\|E_H(\lambda)\Psi\|^2 = 0$ が示される. ゆえに (9.73) の第 1 の等式が得られる.

任意の $n \in \mathbb{N}$ に対して,定理 9.72(i), (vi) によって,$f(\lambda) = \lambda$ とすれば,

$$\int_{[-n,n]} |\lambda|^2 d\|E_H(\lambda)U_H(t)\Psi\|^2 = \|(f\chi_{[-n,n]}u_t)(H)\Psi\|^2$$
$$= \int_{[-n,n]} |\lambda|^2 d\|E_H(\lambda)\Psi\|^2.$$

したがって,

$$\lim_{n\to\infty} \int_{[-n,n]} |\lambda|^2 d\|E_H(\lambda)U_H(t)\Psi\|^2 = \int_{\mathbb{R}} |\lambda|^2 d\|E_H(\lambda)\Psi\|^2 < \infty.$$

ゆえに,$U_H(t)\Psi \in D(H)$. 等式 $U_H(t)H\Psi = HU_H(t)\Psi$ は定理 9.72(vi) の応用から従う. ■

定理 9.75(i) は,$H$ から定まるユニタリ作用素の族 $\{U_H(t)\}_{t\in\mathbb{R}}$ が強連続 1 パラメータユニタリ群であることを示す.これを **$H$ から生成される強連続 1 パラメータユニタリ群**と呼び,$H$ をその**生成子** (generator) という.

## 演習問題

1. 定理 9.10 におけるユニタリ変換 $U$ の一意性を証明せよ.
2. $a, b, c, d \in \mathbb{R}, a < b, c < d$ とし,写像 $A : [a,b] \to [c,d]$ を

$$A(x) = \frac{d-c}{b-a}(x-a) + c, \quad x \in [a,b]$$

   によって定義する.

   (i) $A$ は全単射であることを示せ.
   (ii) 写像 $U_A : L^2C[a,b] \to L^2C[c,d]$ (2 章,例 2.5 を参照) を

$$(U_A f)(x) := \sqrt{\frac{b-a}{d-c}} f(A^{-1}(x)), \quad f \in L^2C[a,b], x \in [c,d]$$

   によって定義する.このとき,$U_A$ はユニタリであることを示せ.

3. 2 つの内積空間 $\mathcal{H}_1$ と $\mathcal{H}_2$ が計量同型であるとする.このとき,$\mathcal{H}_1$ と $\mathcal{H}_2$ の一方が完備ならば他方も完備であることを示せ.
4. 任意の $a, b \in \mathbb{R}, a < b$ に対して,$L^2C[a,b]$ は完備でないことを示せ.
5. $\mathbb{R}^d$ 上の関数 $f_n$ $(n = 0, 1, 2, \cdots)$ を $f_n(x) := |x|^n e^{-x^2}, x \in \mathbb{R}^d$ によって定義する.

(i) 任意の $n = 0, 1, 2, \cdots,$ に対して, $f_n \in L^2C(\mathbb{R}^d)$ を示せ.

(ii) 任意の $n \in N$ に対して, $f_0, f_1, \cdots, f_n$ は線形独立であることを示せ.

6. $\mathcal{H}$ を内積空間, $\{\Psi_n\}_{n=1}^N$ を $\mathcal{H}$ の正規直交系とし, $\Psi \in \mathcal{H}$ を任意にとる. $z_1, \cdots, z_N \in \mathbb{K}$ に対して, $d(z_1, \cdots, z_N) := \|\Psi - \sum_{n=1}^N z_n \Psi_n\|$ とおく. このとき, $d(z_1, \cdots, z_N)$ を最小にする $z_1, \cdots, z_N$ と $d(z_1, \cdots, d_N)$ の最小値を求めよ.

7. $\mathcal{H}, \mathcal{K}$ をヒルベルト空間とし, $T \in \mathsf{L}(\mathcal{H}, \mathcal{K})$ を稠密に定義された線形作用素とする.

(i) $D(T^*)$ は部分空間であることを示せ.

(ii) $T^*$ は線形であることを示せ.

8. 有界閉区間 $[a, b]$ 上の関数 $\phi_n$ $(n \in \mathbb{Z})$ を

$$\phi_n(x) := \frac{1}{\sqrt{b-a}} e^{2\pi i n(x-a)/(b-a)}, \quad x \in [a, b]$$

によって定義する. $\{\phi_n\}_{n \in \mathbb{Z}}$ は $L^2C[a, b]$ の正規直交系であることを証明せよ.

9. $\mathcal{H}$ をヒルベルト空間, $\{e_n\}_{n=1}^\infty$ を $\mathcal{H}$ の任意の正規直交系とする.

(i) 任意の $\Psi \in \mathcal{H}$ に対して, $\lim_{n \to \infty} \langle e_n, \Psi \rangle = 0$ を示せ.

(ii) $\lim_{n \to \infty} \|e_n - \Psi\| = 0$ となる $\Psi \in \mathcal{H}$ は存在しないことを示せ.

10. $\mathcal{H}$ をヒルベルト空間, $P_n$ を $\mathcal{H}$ 上の正射影作用素とし, $P = \text{s-}\lim_{n \to \infty} P_n$ が存在するとする. このとき, $P$ は正射影作用素であることを証明せよ.

11. $\mathcal{H}$ をヒルベルト空間, $T_n, T \in \mathsf{B}(\mathcal{H})(n = 1, 2, \cdots)$ とし, 任意の $\Psi \in \mathcal{H}$ に対して, $\lim_{n \to \infty} \|T_n \Psi\| = \|T \Psi\|, \lim_{n \to \infty} \langle \Psi, T_n \Psi \rangle = \langle \Psi, T \Psi \rangle$ が成り立つとする. このとき, $\text{s-}\lim_{n \to \infty} T_n = T$ を証明せよ.

12. $\{E(\lambda)\}_{\lambda \in \mathbb{R}}$ をスペクトル族とするとき, $\text{s-}\lim_{\varepsilon \downarrow 0} E(\lambda - \varepsilon) = E(\lambda - 0)$ を示せ. ただし, $E(\lambda - 0)$ は補題 9.65(ii) において定義される作用素である.

13. 任意の $\Theta \in \mathcal{H}$ に対して, $\|\Theta\| = \sup_{\Xi \in \mathcal{H}, \|\Xi\|=1} |\langle \Xi, \Theta \rangle|$ を証明せよ.

14. $U \in \mathsf{B}(\mathcal{H}, \mathcal{K})$ がユニタリであるための必要十分条件は $U^*U = I$, $UU^* = I$ であることを証明せよ.

15. $V$ を $\mathbb{K}$ 上のベクトル空間とし, $\mathcal{D} \subset V$ は部分空間とする. 次の (i)~(iii) を証明せよ.

(i) $A, B, C \in \mathcal{L}(\mathcal{D})$ ならば, $\mathcal{D}$ 上で

$$[A + B, C] = [A, C] + [B, C], \quad [A, B + C] = [A, B] + [A, C].$$

(ii) $A, B \in \mathcal{L}(\mathcal{D})$ ならば,任意の $\alpha \in \mathbb{K}$ に対して, $\mathcal{D}$ 上で
$$[\alpha A, B] = [A, \alpha B] = \alpha[A, B].$$

(iii) $A_j, B_k \in \mathcal{L}(\mathcal{D})$ $(j = 1, \cdots, n; k = 1, \cdots, m)$ ならば,任意の $\alpha_j, \beta_k \in \mathbb{K}$ に対して, $\mathcal{D}$ 上で
$$\left[\sum_{j=1}^{n} \alpha_j A_j, \sum_{k=1}^{m} \beta_k B_k\right] = \sum_{j=1}^{n}\sum_{k=1}^{m} \alpha_j \beta_k [A_j, B_k].$$

16. $\mathcal{H}$ を有限次元複素ヒルベルト空間とし,$\dim \mathcal{H} = N$ とする.$H$ を $\mathcal{H}$ 上の自己共役作用素とする $(D(H) = \mathcal{H})$.

    (i) $H$ のスペクトルは実数の固有値だけからなることを示せ.
    
    (ii) $\sigma_{\mathrm{p}}(H) = \{E_j\}_{j=1}^{r}$ $(r \leq N; E_1 < E_2 < \cdots < E_r)$ とし,$E_j$ の多重度を $m_j$ とすれば $m_1 + \cdots + m_r = N$ であることを示せ.
    
    (iii) $H$ の固有空間 $\ker(H - E_j)$ への正射影作用素を $P_j$ とすれば $P_1 + \cdots + P_r = I$ であることを示せ.
    
    (iv) $H = \sum_{j=1}^{r} E_j P_j$ を示せ.
    
    (v) $\lambda \in \mathbb{R}$ に対して,$E_H(\lambda) := \sum_{E_j \leq \lambda} P_j$ ($\lambda < E_1$ ならば $E_H(\lambda) = 0$ と読む)とおくと,$\{E_H(\lambda)\}_{\lambda \in \mathbb{R}}$ はスペクトル族であることを示せ.
    
    (vi) $H = \int_{\mathbb{R}} \lambda dE_H(\lambda)$ と表されることを示せ.

17. $T \in \mathsf{B}(\mathcal{H})$ とする ($\mathcal{H}$ はヒルベルト空間).

    (i) $N \in \mathbb{N}$ に対して,$e_N(T)$ を
    $$e_N(T) := \sum_{n=0}^{N} \frac{T^n}{n!}$$
    によって定義する.$\{e_N(T)\}_{N=1}^{\infty}$ は $\mathsf{B}(\mathcal{H})$ のコーシー列であることを示せ.
    
    (ii) (i) と $\mathsf{B}(\mathcal{H})$ の完備性によって
    $$e^T := \text{u-}\lim_{N \to \infty} e_N(T) = \text{u-}\lim_{N \to \infty} \sum_{n=0}^{N} \frac{T^n}{n!}$$
    が存在する.これを $e^T = \sum_{n=0}^{\infty} T^n/n!$ と書き,$T$ の**指数作用素**という.
    $$\|e^T\| \leq e^{\|T\|}$$
    を示せ.

(iii) $(e^T)^* = e^{T^*}$ を示せ.

(iv) $T$ と可換な任意の $K \in \mathsf{B}(\mathcal{H})$ に対して
$$e^T e^K = e^K e^T = e^{T+K}$$
を証明せよ.

(v) $e^T$ は全単射であり,$(e^T)^{-1} = e^{-T}$ を示せ.

(vi) $n \in \{0\} \cup \mathbb{N}$ に対して,写像 $\mathrm{ad}_T^n : \mathsf{B}(\mathcal{H}) \to \mathsf{B}(\mathcal{H})$ を帰納的に次のように定義する:
$$\mathrm{ad}_T^0(S) = S, \quad \mathrm{ad}_T(S) := [T, S], \quad \mathrm{ad}_T^n(S) := [T, \mathrm{ad}_T^{n-1}(S)],$$
$S \in \mathsf{B}(\mathcal{H}, \mathcal{K})$.

これについて
$$\|\mathrm{ad}_T^n(S)\| \leq 2^n \|T\|^n \|S\|$$
を示せ.

(vii) 次の等式を証明せよ.
$$e^{tT} S e^{-tT} = \sum_{n=0}^{\infty} \frac{\mathrm{ad}_T^n(S)}{n!} t^n, \quad t \in \mathbb{R}.$$
右辺は作用素ノルムの意味での収束である.

# 10

# 量子力学の数学的原理

  19 世紀の終わりから 20 世紀の初めの約四半世紀にかけて，物理学的探究が原子や分子といった微視的領域に及んだとき，そこでは，ニュートン力学とマクスウェルの電磁気学を支柱とする古典物理学の理法はもはや全面的には有効に働いていないこと，それどころか，古典物理学とは根本的に異なる法則が支配していることが示唆された．この新しい法則を記述する理論として登場したのが量子力学であった [1925 年（ハイゼンベルク），1926 年（シュレーディンガー）]．量子力学の根底にある数学的構造は古典物理学の場合よりもはるかに抽象的である．それは，原子や分子レヴェル以下の微視的領域の原理的な知覚不可能性と微視的存在が現象として現れる際の多重性——1 つの微視的存在（たとえば，電子）に対して巨視的描像が一意的に決まらないこと——と呼応する．この章では，量子力学の基本原理を公理論的に定式化し，そこから導かれるいくつかの普遍的帰結を論じる．

## 10.1  はじめに——物理的背景

  私たちが周囲に知覚する物質が"究極的には"どのような構造を担うものであるかを実験的（化学的，物理的）に追究していくと，原子論的な観点に到達する．これについては，すでに 7 章，7.7 節のはじめに略述した．だが，ここで新しい事態に遭遇する．すなわち，原子や素粒子のような微視的存在は古典力学的な描像から見れば，極めて奇妙で矛盾的な現象の仕方をする，という事実である．たとえば，原子のエネルギー準位は連続的ではなく，離散的である[1]．古典物理学においては，エネルギーは連続的であることを想起するならば，この実験的事実

---

[1] 基本的な例は水素原子——古典力学的描像において，陽子 1 個（原子核）と電子 1 個からなる原子——の主エネルギー準位と呼ばれるエネルギー準位であり，それは，$E_n = -\dfrac{me^4}{2n^2\hbar^2}$, $n = 1, 2, 3, \cdots$, という数列で与えられる．ここで，$m$ は電子の質量，$e$ は基本電荷（電気素量），$\hbar = h/(2\pi)$（$h$ はプランクの定数）．

は実に驚くべきものであって，神秘的でさえあるといえよう．さらに，微視的存在は，ある"環境"——観測装置から決まる，いわば"境界条件"——のもとでは"粒子的に"現象し（例：霧箱と呼ばれる装置の中に現象する素粒子の運動），別の"環境"のもとでは"波動的に"現象する（例：結晶格子を"通過"する電子線の回折現象）．微視的存在のこのような在り方は**波動‑粒子の2重性**と呼ばれる．いうまでもなく，古典物理学的世界では，1つの対象が粒子的かつ波動的という性質をもつことはない．微視的対象というのは，平たくいえば，"環境"（観測）に応じていわば"変幻自在"に姿を変えて現象する存在であって，何も波動的あるいは粒子的に現象するだけでなく，無数の仕方で現象しうる存在であることが示唆される．また，微視的存在に起因する現象は，現象というものが観測と不可分一体のものであることをはっきりと示す．現象は，それが巨視的装置によって観測される限り——そしてこれが通常の意味での現象に他ならないのだが——巨視的である．この意味で量子力学の現象も巨視的である．古典力学的現象の場合も基本的には同じ．ただ，量子力学的現象と古典力学的現象は質が違うのである．この質の違いは現象をあらしめる第一義的な数学的理念の位階の違いに由来する．

1つの微視的存在が無数の仕方で現象しうる性質をここでは仮に微視的存在の**現象的多重性**と呼んでおく[2]．この現象的多重性は，波動‑粒子の2重性に象徴されるように，互いに排反的である場合が可能である．これは微視的存在の現象に関わる基本的に重要な事実の1つである．このことから，ただちに推測されるのは，微視的存在の本性が本質的に効いてくるような現象——**量子的現象**——にあっては古典物理学はもはや有効ではありえないということであり，実際にこの推測は正しいことが知られる[3]．量子的現象にあっては，古典物理学の理念は第二義的な役割へと後退するのである．微視的領域における第一義的理法の探究の過程において，本質的に新しい革命的な理論として登場したのが量子力学である．その第一歩は，ハイゼンベルク（1925年）[4]とシュレーディンガー（1926年）[5]によって与えられた．

量子力学を構成する根源的理念は，以下で詳述するように，無限次元の複素ヒ

---

[2] この命名は標準的なものではなく，筆者が本書で初めて使用するものである．
[3] 古典物理学の破綻について，さらに詳しいことは，新井朝雄・江沢 洋『量子力学の数学的構造 I』（朝倉書店，1999）の序章を参照．
[4] Werner Karl Heisenberg, 1901–1976. ドイツの偉大な理論物理学者．量子力学の基礎的諸問題や場の理論，素粒子論の研究で指導的な役割を演じた．
[5] Erwin Schrödinger, 1887–1961. オーストリアの傑出した理論物理学者．彼の提唱した"量子論"は**波動力学**と呼ばれる．彼の名を冠した国際的数理物理学研究所がウィーンにあり，数理物理学研究の世界的中心地の1つとなっている．インターネットのホームページは「http://www.esi.ac.at」．

ルベルト空間とそこで働く線形作用素たちである．前章の叙述からわかるように，この理念は感覚的・物質的知覚と直接的には接続しないという意味において，古典物理学的理念よりもかなり抽象的である．だが，微視的存在の現象的多重性という新しい現象形態を考慮するとき，そのような現象を統一的な仕方で生成する原理があるとすれば，それが抽象的であるのは極めて自然であり，必然的であるとさえいいうる．

以下では，現象的多重性をもつ存在を総称的に**量子的粒子**と呼ぶが，もちろん，この呼び名は単なる符丁にすぎない．それは決して粒子ではないし，波でもない．量子的粒子は，巨視的な言葉では一義的に規定できない存在なのだ．このような存在を巨視的・感覚的な言葉で無理矢理に語ろうとすれば，互いに排反する概念（たとえば，波と粒子）を用いなければならず，ぎこちないものとならざるをえないのである．ニールス・ボーアは，量子的粒子のもつ，このような性格を**相補的**と呼んだ[6]．この相補性を何ら矛盾なく，明晰に記述するのが量子力学である．こうして，私たちは，量子的粒子と向き合うことにより，存在の新しい次元へと導かれると同時に自然・宇宙の一段と深い在り方を知る．

量子力学を正しく理解するためには，相対性理論の場合にもまして，いわゆる"感覚的常識"などは捨ててかからねばならない．量子力学が関わるのは通常の感覚的知覚世界を超えた世界——しかし，この感覚界・物質界がそこから立ち現れてくる，原理的に不可視の存在領域——だからである．ここでもまた，いっさいの先入観や恣意性を捨て，数学的理念や概念を通して伝達される自然の言葉(ロゴス)に素直に耳を傾けることが必要である．

## 10.2 量子力学の公理系

### 10.2.1 量子力学的状態

量子的粒子からなる系を**量子系**と呼ぶ（たとえば，水素原子1個からなる系）[7]．量子系を記述するにあたっても，古典力学の場合と同様，状態と物理量という概

---

[6] Niels Bohr, 1885–1962. デンマークの物理学者．物理学の世界的巨匠のひとり．いわゆる前期量子論（1913年）によって，量子力学建設の重要な契機の1つをつくった．ボーアの提唱した相補性の理念は，哲学的にも極めて画期的で深遠な内容を含んでいると筆者は考える．相補性については，たとえば，『ニールス・ボーア論文集1』（山本義隆 編訳，岩波書店，岩波文庫 青 940-1）を参照．

[7] 量子的粒子の"個数"に言及する場合，それは，粒子的描像において，という意味である．いうまでもなく，他の描像（たとえば，波動的描像）においては，量子的粒子の"個数"という言い方は意味がない．

念が必要とされる．ただし，量子系と古典力学系では，状態と物理量の概念は根本的に異なる．ニュートン力学にあっては，力学系の状態は質点の位置と運動量の組で指定された．位置と運動量はまた質点系の基本的物理量であるから，ニュートン力学にあっては，物理量の値の指定が即状態の指定でもあった．ところが，量子系においては，状態を1つ指定して同一の物理量（たとえば，電子の"位置"）を複数回測定（観測）する場合，その測定値はつねに同じであるとは限らず，一般には，確率的に分布する．したがって，量子系においては，状態と物理量および物理量の測定値を原理的に区別してかからなければならない[8]．こうして，量子力学の公理論的定式化においては，まず，量子系の状態と物理量を特徴づけることが必要になる．

**公理 (QM.1)** 各量子系 $S$ に対して，複素ヒルベルト空間 $\mathcal{H}_S$ があって，$S$ の状態は，$\mathcal{H}_S$ の零でないベクトルによって表される．ただし，2つの状態 $\Psi, \Phi \in \mathcal{H}_S$ が等しいとは，零でない定数 $\alpha \in \mathbb{C}$ があって $\Psi = \alpha \Phi$ となる場合をいう（**状態の相等原理**）．

公理 (QM.1) にいう複素ヒルベルト空間 $\mathcal{H}_S$ を量子系 $S$ の**状態のヒルベルト空間**といい，状態を表すベクトルを**状態ベクトル** (state vector) という．

公理 (QM.1) において，状態の相等原理として述べた事柄も重要である．この原理の重要な帰結の1つは次である：状態のヒルベルト空間が関数を元とする集合から構成されるとしても（たとえば，$L^2(\mathbb{R}^d)$），その関数は古典物理学的な意味での何らかの波動を表すものではない，ということである．なぜなら，古典的な波動を表す関数 $f$ に対しては，その定数倍 $\alpha f$ （$\alpha \neq 1$）によって表される波動は——振幅が $f$ と異なるので——$f$ によって表される波動とは異なるものだからである[9]．

状態の相等原理の別の重要な帰結は，同種の微視的存在が（粒子的描像から見て）複数集まってできる量子系——**多体量子系**——の状態の在り方（統計性）に関するものである．この側面については，拙著『多体系と量子場』（岩波書店，2002）の1章を参照されたい．

---

[8] もちろん，古典力学でも，厳密にいえば，状態と物理量は区別される．だが，古典力学では，この区別が特に重要な意義をもたないのである．
[9] この意味で，筆者は，かねてより，多くの物理の教科書が，量子系の状態を表す関数を"波動関数"と呼ぶのは（特に初学者にとって）適切でないと考えている（もちろん，その意味がきちんと把握されていれば問題はない）．この点を考慮して，本書では，"波動関数"という言葉は（量子系の状態を表す概念としては）使用しない．

## 10.2 量子力学の公理系

**!注意 10.1** (QM.1) によれば,ベクトル $\Psi \neq 0$ によって表される状態とベクトル $\widetilde{\Psi} := \Psi/\|\Psi\|$ によって表される状態は同じである.一方,$\widetilde{\Psi}$ は単位ベクトルである.したがって,公理 (QM.1) において,状態の特徴づけとして,「量子系 $S$ の状態は $\mathcal{H}_S$ の単位ベクトルによって表される」というふうに定式化してもよい.ただし,この場合,状態の相等原理は次の形をとる:2 つの状態 $\Psi, \Phi \in \mathcal{H}_S$ $(\|\Psi\| = 1 = \|\Phi\|)$ が等しいとは,絶対値が 1 の定数 $\alpha \in \mathbb{C}$ があって $\Psi = \alpha\Phi$ となる場合をいう.

**!注意 10.2** 公理 (QM.1) は数学的にはもっと簡潔に言い表すこともできる.$\mathcal{H}$ を複素ヒルベルト空間とし,任意の $\Psi, \Phi \in \mathcal{H} \setminus \{0\}$ に対して,関係 $\Psi \sim \Phi$ を「ある複素定数 $\alpha \neq 0$ が存在して $\Psi = \alpha\Phi$ が成り立つ」によって定義する.このとき,この関係 $\sim$ は同値関係である (演習問題 1).この同値関係による,ベクトル $\Psi \in \mathcal{H} \setminus \{0\}$ の同値類を $\ell(\Psi)$ とすれば,$\ell(\Psi) = \{\alpha\Psi \mid \alpha \in \mathbb{C} \setminus \{0\}\}$ である.この型の集合を $\mathcal{H}$ における**射線** (ray) という.したがって,商集合 $P(\mathcal{H}) := (\mathcal{H} \setminus \{0\})/\sim$ は $\mathcal{H}$ における射線全体に等しい:$P(\mathcal{H}) = \{\ell(\Psi) \mid \Psi \in \mathcal{H} \setminus \{0\}\}$.$P(\mathcal{H})$ を $\mathcal{H}$ の**射影空間** (projective space) という.ゆえに,公理 (QM.1) は次のように言い換えられる:量子系の状態は,複素ヒルベルト空間の射影空間の元,すなわち,射線によって表される.

### 10.2.2 物理量,観測値,確率解釈

量子系の物理量——**観測量**または**観測可能量** (observable) ともいう——に関する公理は次である.

> **公理 (QM.2)** 量子系 $S$ の物理量は状態のヒルベルト空間 $\mathcal{H}_S$ 上の自己共役作用素によって表される.

この公理の背後にある発見法的な考え方は次のようなものである.量子系の状態がヒルベルト空間の零でないベクトルによって表されるとすれば,このヒルベルト空間で働く写像たち,特に線形作用素たちは,量子的現象を現出させるための何らかの役割を担っているに違いない.すでに述べたように,状態の概念と並んで鍵となるのは物理量の概念である.したがって,線形作用素たちのあるクラスが物理量を表すと推測するのは自然である.一方,物理量たるものは,何らかの数学的構造を通じて,観測値——これは実数値——と結びつくはずである.ところで,線形作用素を数と結びつける自然な構造として期待値とスペクトルがある.物理量を表す線形作用素の 1 つを $T$ とすれば,任意の状態ベクトル $\Psi \in D(T)$ による $T$ の期待値 $\langle\Psi, T\Psi\rangle$ が観測値と結びつくならば,これが実数であることを

要求するのは自然である．したがって，命題 9.55 によって，$T$ はエルミートでなければならない．物理量はその定義域の中に "十分多くの" 状態ベクトルを含むと想定し，$D(T)$ は稠密であると仮定しよう．すると $T$ は対称作用素でなければならない．必要ならば閉包をとることにより，$T$ は閉対称作用素であるとして一般性を失わない．次に $T$ のスペクトルも観測値を表すと考えると，それは，実数の部分集合でなければならない．だが，まさにこの性質をもつ閉対称作用素が自己共役作用素なのである（定理 9.61）．こうして，物理量の候補として自己共役作用素が措定される．しかも，物理量が自己共役作用素で表されるとすれば，スペクトル定理によって，次の公理 (QM.3) で定式化するように，量子的現象の確率解釈がおのずと可能になるのである．ここに見られる，数学的構造と量子的世界の照応は実に見事という他はない．自然の深い叡智をあらためて感じさせる照応の 1 つである．

物理量 $T$ が固有値をもつとき，その固有値に属する固有ベクトルを $T$ の**固有状態** (eigenstate) と呼ぶ．

物理量の中で特別の位置を占めるものがある：

**【定義 10.1】** 量子系 $S$ の全エネルギーを表す自己共役作用素を量子系 $S$ の**ハミルトニアン**という．ハミルトニアンの固有状態を**エネルギー固有状態**または**束縛状態** (bound state) という．

ハミルトニアン $H$ のスペクトルの下限 $E_0(H) := \inf \sigma(H)$ を**最低エネルギー**と呼ぶ．もし，$E_0(H)$ が $H$ の固有値であれば，それに属する固有ベクトルを**基底状態** (ground state) と呼び，$E_0(H)$ を**基底状態エネルギー**という[10]．

**!注意 10.3** ハミルトニアンも含めて，物理量はつねに固有状態をもつとは限らない．基底状態についても同様．

物理量の例については後述する．

次の公理は，物理量をその測定値（観測値）と関連づけるものである．

**公理 (QM.3)** $T$ を量子系 $S$ の任意の物理量とし（したがって，公理 (QM.2) によって，$T$ は $\mathcal{H}_S$ 上の自己共役作用素），これに同伴するスペクトル族を $\{E_T(\lambda)\}_{\lambda \in \mathbb{R}}$ とする．このとき，単位ベクトル $\Psi$ ($\|\Psi\| = 1$) によって表

---

[10] 慣習的には，$H$ が基底状態をもたなくても（つまり，$E_0(H)$ は $H$ の固有値でなくても），$E_0(H)$ を基底状態エネルギーという場合が多い．

される状態において，$T$ を観測したときにその観測値が区間 $(a, b]$ に入る確率は $\|E_T((a,b])\Psi\|^2$ である．また，観測値が 1 点 $\alpha \in \mathbb{R}$ をとる確率は $\|(E_T(\alpha) - E_T(\alpha - 0))\Psi\|^2$ である．

公理 (QM.3) の帰結の 1 つは次である．

**【命題 10.2】** $T$ を量子系 $S$ の任意の物理量とし，$\sigma_\mathrm{p}(T) \neq \emptyset$ とする．単位ベクトル $\Psi$ で表される状態で $T$ を観測したときに，ある値 $\alpha \in \mathbb{R}$ が確率 1 で得られるための必要十分条件は $\alpha \in \sigma_\mathrm{p}(T)$ かつ $\Psi$ が $\alpha$ に属する固有ベクトルであることである．

**証明** $\{a_n\}_{n=1}^{\infty}$ を 0 に収束する単調減少数列とする $(a_n > 0, n \in \mathbb{N})$．

（必要性）公理 (QM.3) と仮定により，$\lim_{n \to \infty} \|E_T((\alpha - a_n, \alpha])\Psi\|^2 = 1$．一方，

$$1 = \|\Psi\|^2 = \|E_T((-\infty, \alpha - a_n])\Psi\|^2 + \|E_T((\alpha - a_n, \alpha])\Psi\|^2 \\ + \|E_T((\alpha, \infty))\Psi\|^2$$

したがって，$\|E_T((-\infty, \alpha))\Psi\|^2 = 0, \|E_T((\alpha, \infty))\Psi\|^2 = 0$．これは $E_T(\lambda)\Psi = 0, \lambda \in (-\infty, \alpha)$ かつ $E_T(\mu)\Psi = \Psi, \mu \in [\alpha, \infty)$ を意味する．ゆえに，命題 9.74 によって，$\alpha \in \sigma_\mathrm{p}(T)$ であり，$\Psi$ は固有値 $\alpha$ に属する固有ベクトルである．

（十分性）$\alpha \in \sigma_\mathrm{p}(T)$ とし，$\Psi$ は $\alpha$ に属する単位固有ベクトルであるとする．命題 9.74 によって，$E_T(\alpha)\Psi = \Psi, E_T(\alpha - a_n)\Psi = 0$．したがって，$\lim_{n \to \infty} \|E_T((\alpha - a_n, \alpha])\Psi\|^2 = \|\Psi\|^2 = 1$． ∎

### 10.2.3　量子動力学

量子系の時間発展（時間変化）——**動力学** (dynamics)——を捉える 1 つの方法は，それを状態の時間発展として見ることである．これについては次の公理を仮定する．

**公理 (QM.4)**　量子系 $S$ のハミルトニアンを $H$ とする．$t_0 \in \mathbb{R}$ を任意に選ぶ．量子系 $S$ の状態ベクトルが時刻 $t_0 \in \mathbb{R}$ において $\Psi_0 \in \mathcal{H}_S \setminus \{0\}$ であるとき，任意の時刻 $t \in \mathbb{R}$ における系の状態ベクトル $\Psi(t) \in \mathcal{H}$ は $\Psi(t) = e^{-i(t-t_0)H/\hbar}\Psi_0$ によって与えられる．ただし，$\hbar$ は，理論的には，

正のパラメータであり，物理的には，プランクの定数 $h$ を $2\pi$ で割ったものである：$\hbar := h/(2\pi)$．この場合，$t_0$ を**初期時刻**，$\Psi_0$ を**初期状態**という．

公理 (QM.4) の内容を一言で述べるならば，要するに，量子系の状態の時間発展は，ハミルトニアン $H$ によって生成される強連続 1 パラメータユニタリ群 $\{e^{-iHt/\hbar}\}_{t\in\mathbb{R}}$ によって決定されるということである．

公理 (QM.4) にいう状態 $\Psi(t)$ の時間変化を微分方程式の形で書けば，定理 9.75(ii) により，

$$i\hbar\frac{d\Psi(t)}{dt} = H\Psi(t), \tag{10.1}$$

$$\Psi(t_0) = \Psi_0 (\text{初期条件}) \tag{10.2}$$

という形になる．ただし，$t$ に関する微分は，強微分の意味でとる．

一般に，$L$ を $\mathcal{H}$ 上の線形作用素とするとき（自己共役とは限らない），$\mathbb{R}$ 上の $\mathcal{H}$ 値関数 $\Phi : \mathbb{R} \to \mathcal{H}$ に対する微分方程式

$$i\hbar\frac{d\Phi(t)}{dt} = L\Phi(t) \tag{10.3}$$

を **$L$ から定まる，$\mathcal{H}$ 上の抽象シュレーディンガー方程式**という．

この用語を使えば，量子系の状態は，ハミルトニアンから定まる，状態のヒルベルト空間上の抽象シュレーディンガー方程式に従う，ということができる．

ハミルトニアン $H$ の固有ベクトル方程式

$$H\Psi = E\Psi \tag{10.4}$$

($E \in \mathbb{R}, \Psi \in D(H)$) を**時間依存しない抽象シュレーディンガー方程式**という場合がある．これは，エネルギー $E$ のエネルギー固有状態が従う方程式である．

■ **例 10.1** ■ $V : \mathbb{R}^N \to \mathbb{R}$ を連続関数とし，ヒルベルト空間 $L^2(\mathbb{R}^N)$ 上の線形作用素 $H_\mathrm{S}$ を

$$H_\mathrm{S} := -\frac{\hbar^2}{2m}\Delta + \hat{V}$$

によって定義する．ただし，$m > 0$ は定数，$\Delta = \sum_{j=1}^N \partial_j^2$（$N$ 次元ラプラシアン），$\hat{V}$ は関数 $V$ によるかけ算作用素を表す（例 9.13 では $M_V$ と書いた）．したがって，写像 $\psi : \mathbb{R} \to L^2C(\mathbb{R}^N) \subset L^2(\mathbb{R}^N); \mathbb{R} \ni t \mapsto \psi(t) \in L^2C(\mathbb{R}^N)$ について，線形作用素 $H_\mathrm{S}$ から定まる，$L^2(\mathbb{R}^N)$ 上のシュレーディンガー方程式は

$$i\hbar\frac{\partial\psi(t,x)}{\partial t} = -\frac{\hbar^2}{2m}\Delta\psi(x,t) + V(x)\psi(x,t) \tag{10.5}$$

という形をとる．ただし，$\psi(t,x) := \psi(t)(x)$ ($\psi(t) \in L^2C(\mathbb{R}^N)$ の $x \in \mathbb{R}^N$ にお

ける値).これが通常の物理の教科書において言及される,いわゆるシュレーディンガー方程式の基本的な形である.本書の観点からいえば,これは,上述した普遍的な抽象シュレーディンガー方程式の特殊な実現である.

この例の量子力学的解釈の1つは次のようなものである.$N = dn\ (d, n \in \mathbb{N})$ とし,$\mathbb{R}^N = \underbrace{\mathbb{R}^d \times \cdots \times \mathbb{R}^d}_{n\ 個}$ と見て,$\mathbb{R}^N$ の点 $x$ を $x = (\boldsymbol{x}_1, \cdots, \boldsymbol{x}_n), \boldsymbol{x}_k \in \mathbb{R}^d$ と表す.このとき,$L^2(\mathbb{R}^N)$ は,$d$ 次元座標空間 $\mathbb{R}^d$ の中に,粒子的描像で見て,$n$ 個の非相対論的量子的粒子(質量 $m$)が存在する量子系の状態のヒルベルト空間を表し,$\boldsymbol{x}_j$ が $j$ 番目の量子的粒子を記述する座標を表す.ただし,この場合の量子的粒子は内的自由度(次節を参照)をもたないとする.時刻 $t$ において,$j$ 番目の量子的粒子が領域 $B_j \subset \mathbb{R}^d$ にある確率は $\int_{B_1 \times \cdots \times B_n} |\psi(t,x)|^2 d\boldsymbol{x}_1 \cdots d\boldsymbol{x}_n$ で与えられる.ただし,$\|\psi(t)\|^2 = \int_{\mathbb{R}^N} |\psi(t,x)|^2 dx = 1$ とする.$V$ はこの系に働く外的な力を生み出すポテンシャルを表す.方程式 (10.5) は,この系の状態の時間発展を決める方程式である.もちろん,$H_S$ が自己共役であれば,$\psi(t) = e^{-iH_S t/\hbar}\psi(0)$ として解が求まる[11].

以上で量子力学の公理系のうち基本となるものが定式化されたことになる.

ところで,量子力学にも,相対論的なものと非相対論的なものとがある.上述の公理系のうち,(QM.1)~(QM.3) は,そのどちらにもあてはまるとされるものである.公理 (QM.4) は,相対論的な場合には,ローレンツ座標系をとった場合の時間発展の形であると解釈しなければならない.この場合,もちろん,$t$ は座標時間である.

### 10.2.4 量子系の同値性

ヒルベルト空間については,計量同型なものは同じものとみなせる.したがって,量子系 $S$ が与えられたとき,この系の状態のヒルベルト空間 $\mathcal{H}_S$ の取り方は計量同型だけの任意性がある.この任意性の意味を考えていくと2つの量子系の同値性という概念へ導かれる.これをまず定義しよう.

一般に,ヒルベルト空間 $\mathcal{H}$ からヒルベルト空間 $\mathcal{K}$ への全単射な線形作用素 $W$ が与えられたとき,写像 $\alpha_W : \mathsf{L}(\mathcal{H}) \to \mathsf{L}(\mathcal{K})$ を

$$\alpha_W(T) := WTW^{-1}, \quad T \in \mathsf{L}(\mathcal{H}) \tag{10.6}$$

によって定義する.容易にわかるように,$\alpha_W$ は線形であり,全単射である.

---

[11] $H_S$ の定義域をもっと広げれば,$V$ に対する適当な条件のもとで,$H_S$ は自己共役であることが証明される.

**【定義 10.3】** 2つの量子系 $S, S'$ を考え，$S, S'$ の物理量の全体をそれぞれ，$\mathcal{O}_S, \mathcal{O}_{S'}$ とする．ユニタリ変換 $U : \mathcal{H}_S \to \mathcal{H}_{S'}$ で $\alpha_U$ が $\mathcal{O}_S$ から $\mathcal{O}_{S'}$ への全単射な写像となるものが存在するとき，量子系 $S$ と $S'$ は同値であるという．

この定義で重要な点は，単に状態のヒルベルト空間の同型性だけでなく，物理量の集合も"同型"であること（つまり，物理量ももれなく1対1に対応すること）を要求していることである．これによって，同値な2つの量子系は物理的に同一の内容をもつことが結論される．なぜなら，物理量の観測値は，最終的には，物理量のスペクトルや物理量の"関数"に関する内積によって表され，線形作用素のスペクトルおよび内積はユニタリ変換のもとで不変であるからである（定理 9.49）．

では，同値な2つの量子系 $S, S'$ において何が違うのであろうか（ただし，この意味での違いは，本質的ではない，見かけの上だけでの違いなのだが）．この問いは実は物理量がどういう原理から決まるかという問題と関わっている．この問題は次節以降で論じる．

## 10.3 スピンと量子的粒子の2つの族

### 10.3.1 スピン

量子的粒子は外的な自由度と内的な自由度をもつ．外的な自由度というのは，量子的粒子を粒子的描像で見た場合の空間的配位に関する自由度のことであり，古典力学的描像における通常の自由度に対応する．内的な自由度というのは，量子的粒子がその空間的配位とは独立な仕方で担っている力学的自由度のことであり，これは質点の古典力学では陽には現れなかった自由度である．

内的な自由度の基本的なものの1つは，内的な"回転"であり，この回転に同伴する角運動量を**スピン角運動量**または単に**スピン**と呼ぶ．具体的にいえば，この内的な"回転"とは，$j$ を非負整数 $(0, 1, 2, \cdots)$ または半奇数 $(1/2, 3/2, 5/2, \cdots)$（半整数という場合もある）として，$(2j+1)$ 次元複素ヒルベルト空間——いま，仮にこれを $\mathcal{V}_{2j+1} \cong \mathbb{C}^{2j+1}$ で表す——におけるユニタリ変換で正規直交基底による，その行列表示の行列式が1となるものを指す．内的回転を行うヒルベルト空間の次元が $(2j+1)$ であるというのは，次の物理的対応による．すなわち，$\mathcal{V}_{2j+1}$ における回転に同伴するスピンの大きさは，$j\hbar$ である．このスピンの大きさをもつ量子的粒子をスピン $j$ の量子的粒子という[12]．さらに，スピン $j$ の量子的粒子

---

[12] 角運動量は，通常，$\hbar$ を単位として測る．

は $(2j+1)$ 個の固有状態——**スピン固有状態**という——をもち，それらに対応する固有値は $-j\hbar, (-j+1)\hbar, \cdots, -\hbar, 0, \hbar, \cdots, j\hbar$ で与えられることが実験的に知られる[13]．これらの固有値は，外的自由度を表す 3 次元空間の任意の方向に関するスピン角運動量成分の固有状態の固有値である．

スピンの存在は，たとえば，アルカリ型原子と呼ばれる原子のエネルギー準位の微細分離構造によって示唆される（これは，電子がスピン 1/2 をもつことの現れ）．スピンは，磁場と相互作用を行い，量子的粒子に磁気的エネルギーあるいは磁気モーメントを付与する．また，これと関連して，ある種の金属に磁場をかけたときにそこに磁化を現象させる働きもする．要するに，大ざっぱにいえば，スピンは量子的効果の一定のクラスを現象させる際に重要な働きを担うということである．

■ **例 10.2** ■ 電子，陽電子，核子（陽子，中性子）のスピンの大きさはそれぞれ，1/2．光子のスピンの大きさは 1，パイ中間子のスピンの大きさは 0 である．

公理 (QM.2) によれば，スピン $j$ の量子的粒子のスピン角運動量は自己共役作用素で表されなければならない．結論からいえば，それは，$\mathcal{V}_{2j+1}$ 上の 3 つの自己共役作用素の組 $(S_1, S_2, S_3)$ で交換関係

$$[S_1, S_2] = i\hbar S_3, \quad [S_2, S_3] = i\hbar S_1, \quad [S_3, S_1] = i\hbar S_2, \quad (10.7)$$

を満たすもので表される．この場合，$S_j$ をスピン角運動量の第 $j$ 成分と呼ぶ．実際，各 $S_k (k = 1, 2, 3)$ の固有値は $(2j+1)$ 個あり，それらは $-j\hbar, (-j+1)\hbar, \cdots, j\hbar$ であることが証明される (演習問題 2) [14]．

任意の $\theta \in \mathbb{R}$ に対して，$U_k(\theta) := e^{i\theta S_k/\hbar}$ とすれば，これは，$\mathcal{V}_{2j+1}$ 上の強連続 1 パラメータユニタリ群であり，物理的には，3 次元空間 $\mathbb{R}^3$ の第 $k$ 軸のまわりの角度 $\theta$ の回転に呼応する内的回転を表す．これが上に言及した内的回転の正確な意味である．

この回転は次の意味で通常の空間的回転とは異なる．いま，$S_3$ の固有値 $m\hbar$ $(m = -j, -j + 1, \cdots, j)$ に属する固有状態を $\psi_m$ とすれば $S_3 \psi_m = m\hbar\psi_m$．このとき，$U_3(\theta)\psi_m = e^{i\theta m}\psi_m$．特に，$\theta = 2\pi$ とすれば $U_3(2\pi)\psi_m = e^{2\pi i m}\psi_m$．したがって，もし，$j$ が半奇数ならば，$m$ も半奇数であるから，$e^{2\pi i m} = e^{i\pi} = -1$．

---

[13] ただし，これは質量が正の量子的粒子について成り立つ事実であり，質量が 0 の量子的粒子についてはあてはまらない．たとえば，光子はスピン 1 であるが，2 個のスピン固有状態しかもたない．
[14] さしあたり，この事実を認めて読み進んでも，量子力学の構造論的な大枠を理解するには差し支えない．

ゆえに，$U_3(2\pi)\psi_m = -\psi_m$. これは外的な角度 $2\pi$ の回転に対応する内的回転において状態 $\psi_m$ の符号が変わることを意味する．他方，通常の空間的回転では $2\pi$ 回転しても何も変化しない．この事実 (3 次元空間 $\mathbb{R}^3$ における回転に関して，変換特性が $\mathbb{R}^3$ のベクトルと異なるということ) に基づいて，$j$ が半奇数のとき，$\mathcal{V}_{2j+1}$ のベクトルを**スピノール** (spinor) と呼ぶ．

■ **例 10.3** ■(スピン 1/2 の場合)　$2 \times 2$ エルミート行列

$$\sigma_1 := \begin{pmatrix} 0 & 1 \\ 1 & 0 \end{pmatrix}, \quad \sigma_2 := \begin{pmatrix} 0 & -i \\ i & 0 \end{pmatrix}, \quad \sigma_3 := \begin{pmatrix} 1 & 0 \\ 0 & -1 \end{pmatrix} \tag{10.8}$$

を用いて，エルミート行列

$$s_j := \frac{\hbar}{2}\sigma_j, \quad j = 1, 2, 3 \tag{10.9}$$

を定義する．容易に確かめられる関係式

$$\sigma_1\sigma_2 = i\sigma_3, \quad \sigma_2\sigma_3 = i\sigma_1, \quad \sigma_3\sigma_1 = i\sigma_2 \tag{10.10}$$

を使えば，$S_k = s_k, k = 1, 2, 3$ として (10.7) が成り立つことがわかる．

容易にわかるように，$\sigma_j$ の固有値は $\pm 1$ であるから，$s_j$ の固有値は $\pm\hbar/2$ であり，これがスピン角運動量の固有値を表す．

行列 $\sigma_1, \sigma_2, \sigma_3$ を**パウリのスピン行列**という[15]．

内的自由度としてスピン $j$ のそれしかもたない場合，外的自由度に対応する状態のヒルベルト空間を $\mathcal{K}$ とすれば，系の状態のヒルベルト空間は $\mathcal{K}$ と $\mathcal{V}_{2j+1}$ のテンソル積 $\mathcal{K} \otimes \mathcal{V}_{2j+1}$ で与えられる (公理)[16]．

## 10.3.2　量子的粒子の 2 つの族——ボソンとフェルミオン

スピンの大きさに応じて，量子的粒子を分類することができる．スピンの大きさが整数の量子的粒子を**ボソン**または**ボース粒子**，スピンの大きさが半奇数の量子的粒子を**フェルミオン**または**フェルミ粒子**と呼ぶ[17]．したがって，電子，陽電

---

[15] Wolfgang Pauli (1900–1958) はスイスの卓越した理論物理学者．電子のスピン理論の創始者．量子論の基礎的研究において優れた業績を残した．特に，「排他原理」の発見は記念碑的である．
[16] 2 つのヒルベルト空間 $\mathcal{H}_1$ と $\mathcal{H}_2$ のテンソル積 $\mathcal{H}_1 \otimes \mathcal{H}_2$ は代数的テンソル積 $\mathcal{H}_1 \otimes_{\mathrm{alg}} \mathcal{H}_2 := \mathcal{L}(\{\psi \otimes \phi \mid \psi \in \mathcal{H}_1, \phi \in \mathcal{H}_2\})$ の集合に，$\langle\psi_1 \otimes \phi_1, \psi_2 \otimes \phi_2\rangle = \langle\psi_1, \psi_2\rangle_{\mathcal{H}_1}\langle\phi_1, \phi_2\rangle_{\mathcal{H}_2}$ によって内積を入れて，この内積に関して，$\mathcal{H}_1 \otimes_{\mathrm{alg}} \mathcal{H}_2$ を完備化して得られるヒルベルト空間．
[17] ボース (Satyenra Nath Bose, 1894–1974) はインドの物理学者．フェルミ (Enrico Fermi, 1901–1954) はイタリアの物理学者．フェルミは理論，実験の両面に優れ，多岐にわたる業績を残した．

子，核子はフェルミオンであり，光子やパイ中間子はボソンである．詳細は割愛するが，ボソンとフェルミオンでは性質が根本的に異なる[18]．

## 10.4 正準交換関係の表現と物理量

### 10.4.1 正準交換関係とその表現

量子的粒子の外的自由度に関わる量子系の物理量の在り方は，ある特徴的な抽象的代数的構造にその源を発する．

積と和およびスカラー倍が定義されるような数学的対象を代数的対象と呼ぶ．

**【定義 10.4】** $n$ は自然数または可算無限とする．代数的対象の組 $\{\{X_j, Y_j\}_{j=1}^n, Z\}$ が次の関係式を満たすとき，**自由度 $n$ の正準交換関係** (canonical commutation relations；CCR と略す) に従うという[19]：

(i) $[X_j, Y_k] = i\hbar \delta_{jk} Z$.

(ii) $[X_j, X_k] = 0, \ [Y_j, Y_k] = 0, \ [X_j, Z] = 0, \ [Y_j, Z] = 0$
  $(j, k = 1, 2, \cdots, n)$.

ただし，$[A, B] := AB - BA$（交換子）．$n < \infty$ の場合の CCR を**有限自由度の CCR**，$n = \infty$ の場合の CCR を**無限自由度の CCR** と呼ぶ．

**【定義 10.5】** $n$ は自然数または可算無限であるとする．複素ヒルベルト空間 $\mathcal{H}$ 上の対称作用素の組 $\{Q_j, P_j\}_{j=1}^n$ と $\mathcal{H}$ で稠密な部分空間 $\mathcal{D}$ について，次の (i), (ii) が成り立つとき，3つ組 $\{\mathcal{H}, \mathcal{D}, \{Q_j, P_j\}_{j=1}^n\}$ を**自由度 $n$ の CCR の表現**と呼ぶ（対応は $X_j \to Q_j; \ Y_j \to P_j; \ Z \to I$）：

(i) $\mathcal{D} \subset \bigcap_{j=1}^n D(Q_j) \cap D(P_j)$ かつ任意の $\psi \in \mathcal{D}$ に対して，$Q_j \psi, P_j \psi \in \mathcal{D}$.

(ii) $\mathcal{D}$ 上で

$$[Q_j, P_k] = i\hbar \delta_{jk}, \tag{10.11}$$

$$[Q_j, Q_k] = 0, \quad [P_j, P_k] = 0, \quad j, k = 1, 2, \cdots, n. \tag{10.12}$$

---

[18] 拙著『多体系と量子場』(岩波書店，2002) を参照．
[19] CCR は，発見者の名にちなんで，**ハイゼンベルクの交換関係**または**ボルン-ハイゼンベルク-ヨルダンの交換関係**とも呼ばれる．

この場合，$\mathcal{H}$ は自由度 $n$ の CCR の表現を担うという．また，$\mathcal{H}$ は CCR の表現空間の 1 つとも呼ばれる．

もし，$Q_j, P_j, j = 1, \cdots, n$ がすべて自己共役ならば，$\{\mathcal{H}, \mathcal{D}, \{Q_j, P_j\}_{j=1}^n\}$ を自由度 $n$ の CCR の**自己共役表現**と呼ぶ．

**！注意 10.4** 純作用素論的には，もっと弱い意味で CCR の表現を考えることがある．たとえば，(i) を $\mathcal{D} \subset \bigcap_{j,k=1}^n [D(Q_j Q_k) \cap D(Q_j P_k) \cap D(P_j Q_k) \cap D(P_j P_k)]$ という条件に弱める場合もある．

次の公理は量子系の物理量の在り方に関するものである．

**公理 (QM.5)** 量子系 $S$ が内的な自由度をもたない場合，状態のヒルベルト空間 $\mathcal{H}_S$ は，CCR の自己共役表現 $\{\mathcal{H}_S, \mathcal{D}, \{Q_j, P_j\}_{j=1}^n\}$ を担い，各 $Q_j, P_j$ は $S$ の物理量であって，$S$ の他の物理量は，$Q_1, \cdots, Q_n, P_1, \cdots, P_n$ の "関数" で自己共役となるもので与えられる．このような量子系は外的自由度 $n$ をもつという．量子系 $S$ は，$n < \infty$ の場合，**有限自由度**，$n = \infty$ の場合，**無限自由度**であるという．

物理量 $Q_j$ と $P_j$ の非可換性は，量子力学にとって本源的な性質である（後の 10.8 節を参照）．しかし，この非可換性のために，$Q_1, \cdots, Q_n, P_1, \cdots, P_n$ の "関数" を一般的に定義することは自明な問題ではない（上の公理で「関数」に引用符 " " をつけたのはそのためである）．だが，この側面については，ここでは議論しない．さしあたり，そのような問題が生じない場合（たとえば，$k, l \in \{0\} \cup \mathbb{N}, \alpha_j, \beta_j \in \mathbb{C}$ として，$\sum_{j=1}^n \alpha_j P_j^k + \sum_{j=1}^n \beta_j Q_j^l$ のように，$(Q_1, \cdots, Q_n)$ と $(P_1, \cdots, P_n)$ が分離されている場合）を念頭においていただければよい．

## 10.4.2　CCR の表現の例

■ **例 10.4** ■ 非負の整数の全体を $\mathbb{Z}_+$ とする：$\mathbb{Z}_+ := \{0\} \cup \mathbb{N}$．ヒルベルト空間 $\ell^2(\mathbb{Z}_+) := \{\psi = \{\psi(n)\}_{n=0}^\infty \subset \mathbb{C} \mid \|\psi\|^2 := \sum_{n=0}^\infty |\psi(n)|^2 < \infty\}$（9 章，例 9.2）において線形作用素 $a$ を次のように定義する：

$$D(a) := \left\{ \psi \in \ell^2(\mathbb{Z}_+) \,\bigg|\, \sum_{n=1}^\infty (n+1)|\psi(n+1)|^2 < \infty \right\}, \quad (10.13)$$

$$(a\psi)(n) := \sqrt{n+1}\psi(n+1), \quad \psi \in D(a). \quad (10.14)$$

$D(a)$ は稠密である．実際，

$$\ell_0(\mathbb{Z}_+) := \{\psi = \{\psi(n)\}_{n\in\mathbb{Z}_+} \mid \text{ある番号 } n_0 \text{ があって } n \geq n_0 \text{ ならば } \psi(n) = 0\} \tag{10.15}$$

とおけば，$\ell_0(\mathbb{Z}_+)$ は稠密であって，$\ell_0(\mathbb{Z}_+) \subset D(a)$．したがって，共役作用素 $a^*$ が定義される．簡単な計算により，次が証明される（演習問題 3）：

$$D(a^*) = \left\{\psi \in \ell^2(\mathbb{Z}_+) \;\middle|\; \sum_{n=1}^{\infty} n|\psi(n-1)|^2 < \infty\right\}, \tag{10.16}$$

$$(a^*\psi)(0) = 0, \quad (a^*\psi)(n) = \sqrt{n}\psi(n-1), \; n \geq 1, \quad \psi \in D(a^*). \tag{10.17}$$

したがって，$a^{\#}\ell_0(\mathbb{Z}_+) \subset \ell_0(\mathbb{Z}_+)$ （$a^{\#}$ は $a$ または $a^*$ を表す）．さらに，直接計算により

$$(a^*a\psi)(n) = n\psi(n), \quad (aa^*\psi)(n) = (n+1)\psi(n), \quad \psi \in \ell_0(\mathbb{Z}_+). \tag{10.18}$$

したがって，$\ell_0(\mathbb{Z}_+)$ 上で

$$[a, a^*] = 1 \tag{10.19}$$

が成り立つ．そこで，実数 $\alpha, \beta$ を

$$\alpha\beta = \frac{1}{2}\hbar$$

を満たす任意のものとし，

$$Q^{\mathrm{H}} := \alpha(a^* + a), \quad P^{\mathrm{H}} := i\beta(a^* - a)$$

を定義すれば，$Q^{\mathrm{H}}, P^{\mathrm{H}}$ は対称作用素であって，$\ell_0(\mathbb{Z}_+)$ 上で

$$[Q^{\mathrm{H}}, P^{\mathrm{H}}] = i\hbar$$

を満たすことがわかる．よって，$\{\ell^2(\mathbb{Z}_+), \ell_0(\mathbb{Z}_+), \{Q^{\mathrm{H}}, P^{\mathrm{H}}\}\}$ は自由度 1 の CCR の表現である．これを CCR の**ハイゼンベルク表現**と呼ぶ．ハイゼンベルクが提出した量子力学（1925 年）は，この CCR の表現による量子力学である．この表現の任意の有限自由度版も存在する（演習問題 4, 5）．

各 $p \in \mathbb{Z}_+$ に対して，$e_p \in \ell_0(\mathbb{Z}_+)$ を

$$e_p(n) := \delta_{pn}, \quad n \in \mathbb{Z}_+ \tag{10.20}$$

によって定義すれば，$\{e_p\}_{p\in\mathbb{Z}_+}$ は $\ell^2(\mathbb{Z}_+)$ の完全正規直交系 (CONS) である（例 9.6 と同様）．

CONS $\{e_p\}_{p\in\mathbb{Z}_+}$ に関する $a, a^*$ の行列表示 ($\mathbb{Z}_+$ を添え字集合とする無限次数の行列) は

$$a_{pp'} := \langle e_p, ae_{p'}\rangle, \quad (a^*)_{pp'} := \langle e_p, a^*e_{p'}\rangle, \ p,p' \in \mathbb{Z}_+$$

で与えられる．したがって

$$a_{pp'} = \sqrt{p+1}\delta_{p+1,p'}, \quad (a^*)_{pp'} = \sqrt{p}\delta_{p-1,p'}.$$

実は，もともとのハイゼンベルクの形式では，無限次元の線形作用素の理念がまだあらわに捉えられていなかったために，無限次数の行列 $\{a_{pp'}\}_{p,p'\in\mathbb{Z}_+}\{(a)^*_{pp'}\}_{p,p'\in\mathbb{Z}_+}$ が用いられた．このため，ハイゼンベルクの量子論は，"行列力学" と呼ばれた．

■**例 10.5** ■ $\mathbb{R}^N$ 上の無限回微分可能な関数 $f$ で，定数 $R_f > 0$ が存在して，$|x| \geq R_f$ ならば $f(x) = 0$ を満たすものの全体を $C_0^\infty(\mathbb{R}^N)$ とする．ヒルベルト空間 $L^2(\mathbb{R}^N)$ において，線形作用素 $Q_j^S, P_j^S$ を

$$Q_j^S := M_{x_j} \ (j \text{ 番目の座標関数 } x_j \text{ によるかけ算作用素}),$$
$$P_j^S := -i\hbar\partial_j$$

によって定義すれば，これらは対称作用素であって，$C_0^\infty(\mathbb{R}^N)$ 上で CCR を満たす．実際，任意の $f \in C_0^\infty(\mathbb{R}^N)$ に対して，

$$(Q_j^S P_k^S f)(x) = x_j(-i\hbar)\partial_k f(x),$$
$$(P_k^S Q_j^S f)(x) = (-i\hbar)(\partial_k(Q_j^S f))(x) = -i\hbar\{\delta_{kj}f(x) + x_j\partial_k f(x)\}.$$

したがって，$Q_j^S P_k^S f - P_k^S Q_j^S f = i\hbar\delta_{kj}f$．すなわち，$C_0^\infty(\mathbb{R}^N)$ 上で

$$[Q_j^S, P_k^S] = i\hbar\delta_{jk}$$

が成り立つ．同様にして，$C_0^\infty(\mathbb{R}^N)$ 上で

$$[Q_j^S, Q_k^S] = 0, \quad [P_j^S, P_k^S] = 0$$

が成り立つことがわかる．この CCR の表現 $\{Q_j^S, P_j^S\}_{j=1,\cdots,N}$ を自由度 $N$ のシュレーディンガー表現と呼ぶ．この場合，$Q_j^S$ を**位置作用素**，$P_j^S$ を**運動量作用素**という．シュレーディンガーが提出した理論 (1926 年) (例 10.1) は，この CCR の表現を用いたものである[20]．実際，例 10.1 におけるハミルトニアンの候補 $H_S$ はシュレーディンガー表現を用いると

$$H_S = \frac{1}{2m}\sum_{j=1}^N (P_j^S)^2 + V(Q_1^S, \cdots, Q_N^S)$$

---

[20] ただし，$\mathbb{R} \times \mathbb{R}^3$ 上のシュレーディンガーの理論は，古典場 (非相対論的電子場) の理論とも解釈されうる．実際，歴史的にはこの種の概念的混乱が見られる．

と表される．

上述の例では，$Q^{\mathrm{H}}, P^{\mathrm{H}}, Q_j^{\mathrm{S}}, P_j^{\mathrm{S}}$ はいずれも非有界作用素である．実は，一般に，任意の CCR の表現 $\{Q_j, P_j\}_{j=1}^n$ に対して，各 $j$ ごとに，$Q_j, P_j$ の少なくとも一方は非有界であることが知られる．この証明は後の 10.8 節で与える．

### 10.4.3 物理量の例

■ 例 10.6 ■ $\left\{\mathcal{H}, \mathcal{D}, \{Q_j, P_j\}_{j=1}^N\right\}$ を CCR の自己共役表現とする．このとき，次の作用素は物理量の候補の例である[21]．

(i) $m_j > 0$ を定数とし，$V$ を $\mathbb{R}^N$ 上の実数値関数とする．このとき，

$$H(Q_1, \cdots, Q_N, P_1, \cdots, P_N) := \sum_{j=1}^N \frac{P_j^2}{2m_j} + V(Q_1, \cdots, Q_N)$$

という形の線形作用素は**非相対論的ハミルトニアン**の候補である．前例で見たように，これをシュレーディンガー表現で表せば，量子力学のシュレーディンガー形式となる．他方，それを自由度 $N$ のハイゼンベルク表現で表せば，量子力学のボルン–ハイゼンベルク–ヨルダン形式を与える．

(ii) 作用素 $L_{jk} := Q_j P_k - Q_k P_j$，$j < k$，は**量子的軌道角運動量の成分を与える**作用素の候補である．

特に，$N = 3$ のとき

$$L_1 := L_{23} = Q_2 P_3 - Q_3 P_2, \quad L_2 := L_{31} = Q_3 P_1 - Q_1 P_3, \quad (10.21)$$
$$L_3 := L_{12} = Q_1 P_2 - Q_2 P_1 \quad (10.22)$$

とすれば，$\mathcal{D}$ 上で次の交換関係が成り立つ (演習問題 7)：

$$[L_1, L_2] = i\hbar L_3, \quad [L_2, L_3] = i\hbar L_1, \quad [L_3, L_1] = i\hbar L_2. \quad (10.23)$$

3 つの作用素の組 $(L_1, L_2, L_3)$ を外的自由度 3 の量子的粒子の**軌道角運動量**と呼ぶ．

すでに見たように，スピン角運動量も (10.23) と同じ型の代数関係式を満たす．そこで，

$$[J_1, J_2] = i\hbar J_3, \quad [J_2, J_3] = i\hbar J_1, \quad [J_3, J_1] = i\hbar J_2, \quad (10.24)$$

---
[21] "候補" という意味は，その自己共役性あるいは自己共役拡大の一意的存在が証明される以前の段階という意味である．

に従う抽象的代数を**角運動量代数**と呼ぶ.

スピン $j$ の量子的粒子のスピン角運動量は角運動量代数の $(2j+1)$ 次元自己共役表現,すなわち,(10.24) を満たす代数的対象 $\{J_k\}_{k=1}^3$ の $(2j+1)$ 次元ユニタリ空間上の自己共役作用素による実現と見られる.また,軌道角運動量は状態のヒルベルト空間上での角運動量代数の実現と見ることが可能である.

一般に,抽象的代数(関係式)をヒルベルト空間上の線形作用素を用いて実現することをその代数(関係式)の**ヒルベルト空間表現**という.

こうして,角運動量代数のヒルベルト空間表現という観点によって,スピン角運動量および軌道角運動量を統一的に理解することができる.

**!注意 10.5** 物理量の候補と目される線形作用素の自己共役性ないし自己共役拡大の一意的存在を証明する問題は,決して自明な問題ではなく,それどころか優れて数学的な問題である.実際,これを詳しく論じたならば,優に一冊の書物が必要とされるほどである[22].

## 10.5 正準反交換関係

CCR と並んで重要な代数関係として,**正準反交換関係** (canonical anticommutation relations; CAR と略す) と呼ばれるものがある.

代数的対象 $X, Y$ に対して,$\{X, Y\} := XY + YX$ とおく.これを $X$ と $Y$ の**反交換子**という.

**【定義 10.6】** $n$ は自然数または可算無限であるとする.複素ヒルベルト空間 $\mathcal{H}$ 上の線形作用素の組 $\{A_j\}_{j=1}^n$ と $\mathcal{H}$ で稠密な部分空間 $\mathcal{D}$ について,次の (i), (ii) が成り立つとき,3つ組 $\{\mathcal{H}, \mathcal{D}, \{A_j\}_{j=1}^n\}$ を**自由度 $n$ の CAR の表現**と呼ぶ.

(i) $\mathcal{D} \subset \bigcap_{j=1}^n D(A_j)$ かつ任意の $\psi \in \mathcal{D}$ に対して,$A_j \psi \in \mathcal{D}$.

(ii) $\mathcal{D}$ 上で

$$\{A_j, A_k^*\} = \delta_{jk}, \tag{10.25}$$

$$\{A_j, A_k\} = 0, \qquad j, k = 1, 2, \cdots, n. \tag{10.26}$$

---

[22] 黒田成俊『スペクトル理論 II』(岩波書店,1979) や M. Reed and B. Simon, Methods of Modern Mathematical Physics Vol.II: Fourier Analysis, Self-Adjointness, Academic Press, 1975 を参照.

この場合，$\mathcal{H}$ は自由度 $n$ の CAR の表現を担うという．また，$\mathcal{H}$ は CAR の表現空間の1つとも呼ばれる．

**！注意 10.6** (10.26) は
$$\{A_j^*, A_k^*\} = 0 \quad (\mathcal{D} \text{ 上}) \tag{10.27}$$
を導く．

次の命題は，CCR の表現と CAR の表現の著しい相違の1つを表す．

**【命題 10.7】** $\{\mathcal{H}, \mathcal{D}, \{A_j\}_{j=1}^n\}$ を CAR の表現とする．このとき，各 $A_j, A_j^*$ は有界線形作用素であり，$\|A_j\| \leq 1, \|A_j^*\| \leq 1$ である．さらに
$$A_j^2 = 0, \quad (A_j^*)^2 = 0. \tag{10.28}$$

**証明** 任意のベクトル $\Psi \in \mathcal{D}$ に (10.25) ($j = k$ の場合) を作用させて得られるベクトルと $\Psi$ の内積をとると，$\|A_j\Psi\|^2 + \|A_j^*\Psi\|^2 = \|\Psi\|^2$ が得られる．したがって，$\|A_j^\#\Psi\| \leq \|\Psi\|$．これは $A_j^\#$ が有界で $\|A_j^\#\| \leq 1$ であることを意味する．(10.28) は (10.26), (10.27) で $j = k$ の場合に他ならない． ∎

**！注意 10.7** 稠密に定義された有界線形作用素に関する拡大定理（9章，定理 9.27）によって，$A_j$ は $\mathcal{H}$ 全体で定義された有界線形作用素 $\widetilde{A}_j$ に一意的に拡大される．この場合，$\{\widetilde{A}_j\}_{j=1}^n$ は自由度 $n$ の CAR の表現である．ゆえに，CAR の表現 $\{A_j\}_{j=1}^n$ においては，はじめから，$A_j \in \mathsf{B}(\mathcal{H})$ として一般性を失わない．

**！注意 10.8** (10.28) が成り立つからといって，$A_j = 0$ と速断してはいけない！（次の例を参照）．

**■ 例 10.7 ■** 2次元ユニタリ空間 $\mathbb{C}^2$ 上の線形作用素 $b$ を
$$b := \begin{pmatrix} 0 & 0 \\ 1 & 0 \end{pmatrix}$$
によって定義する．したがって，
$$b^* = \begin{pmatrix} 0 & 1 \\ 0 & 0 \end{pmatrix}.$$
直接の計算により
$$\{b, b^*\} = 1, \quad b^2 = 0, \quad (b^*)^2 = 0 \tag{10.29}$$
がわかる．したがって，$\{b\}$ は自由度1の CAR の表現である．

パウリのスピン行列 $\sigma_j, j = 1, 2, 3$, を用いると
$$b = \frac{\sigma_1 - i\sigma_2}{2}, \quad b^* = \frac{\sigma_1 + i\sigma_2}{2}$$
と書けることに注意しよう．

作用素
$$N_\mathrm{f} := b^* b$$
と定義すると（下付き字「f」はフェルミオンの意——この例は，スピン $1/2$ の内的自由度を記述するので），これは自己共役であり

$$N_\mathrm{f} = \begin{pmatrix} 1 & 0 \\ 0 & 0 \end{pmatrix}.$$

したがって，$N_\mathrm{f}$ の固有値は $0, 1$ であり，いずれも単純固有値であって，対応する固有ベクトルはそれぞれ，定数倍を除いて，$\psi_0 := (0, 1) = \begin{pmatrix} 0 \\ 1 \end{pmatrix}, \psi_1 := (1, 0) = \begin{pmatrix} 1 \\ 0 \end{pmatrix}$ である：$N_\mathrm{f}\psi_0 = 0, N_\mathrm{f}\psi_1 = \psi_1$．さらに

$$b^* \psi_0 = \psi_1, \quad b\psi_1 = \psi_0.$$

これは，$b$ は $N_\mathrm{f}$ の固有値 1 の固有状態を固有値 0 の固有状態にうつし，$b^*$ はその逆の働きをすることを示す．この事実にちなんで，$b, b^*$ をそれぞれ，**1 自由度のフェルミオン消滅作用素** (annihilation operator), **生成作用素** (creation operator) と呼ぶ．

スピン $1/2$ のスピン角運動量の第 3 成分 $s_3$（例 10.3）は
$$s_3 = \hbar N_\mathrm{f} - \frac{1}{2}\hbar$$
と表される．したがって，$N_\mathrm{f}$ の固有値 1 の固有状態は 3 軸方向のスピン成分の固有値 $\hbar/2$ に属するスピン固有状態であり，$N_\mathrm{f}$ の固有値 0 の固有状態は 3 軸方向のスピン成分の固有値 $-\hbar/2$ に属するスピン固有状態である．$s_3$ の固有値が $\hbar/2$ の固有状態をスピンが上向きの状態，$s_3$ の固有値が $-\hbar/2$ の固有状態をスピンが下向きの状態ということにすれば，作用素 $b$ は上向き状態を下向き状態に，$b^*$ は下向き状態を上向き状態にうつす働きをするといえる．こうして，1 自由度の CAR の表現 $\{b\}$ はスピン $1/2$ の内的自由度と結びついていることがわかる．

(10.29) から容易に導かれる次の交換関係も注目に値する：
$$[N_\mathrm{f}, b] = -b, \quad [N_\mathrm{f}, b^*] = b^*.$$

## 10.6 CCR, CAR および代数の表現としての量子力学

　量子的粒子に関して外的自由度を考慮した場合の量子力学は CCR の表現として捉えられる．これに内的自由度が加わった場合には，状態のヒルベルト空間は内的自由度を表す代数の表現空間にもなっていなければならない．こうして，**量子力学というのは，CCR＋内的自由度を表す代数のヒルベルト空間表現である**という統一的観点が得られる．この観点は，後に述べるように量子的粒子の現象的多重性を自然なものとして捉えることを可能にする．

　「量子力学」という言葉によって，慣習的には，有限自由度の場合の量子力学を指す場合が多い．だが，本書の観点からいえば，公理論的レヴェルで，有限自由度と無限自由度を切り離して考察する理由は特に見出されない．むしろ，両方を一挙に扱ったほうが自然で普遍的かつ統一的である．無限自由度の CCR の表現は，量子的粒子の（粒子的描像における）個数が変化するような量子系によって実現される．このような系においては，量子的粒子の生成・消滅という過程が基本的であって，これを記述するのが**量子場** (quantum field) と呼ばれる理念である．この量子場が無限自由度の CCR の表現を担う．ただし，より厳密にいえば，無限自由度の CCR の表現を担う量子場はボソンを生成・消滅する場であって**ボース場**と呼ばれる．他方，フェルミオンを生成・消滅させる機能をもつ量子場は**フェルミ場**と呼ばれ，こちらは無限自由度の CAR の表現を担う．

　こうして，CCR, CAR（＋内的自由度を表す代数）の表現として量子力学を捉えることにより，粒子的量子力学（有限自由度の量子力学）と場の量子力学，すなわち，量子場の理論は統一的な地平にもたらされる．

**❢注意 10.9**　量子系は，一般に，種々の対称性をもちうるので，この対称性を実現する代数の表現も状態のヒルベルト空間は担っている必要がある．したがって，もっと一般には，量子力学とは CCR, CAR およびその他いくつかの代数の表現である，といったほうがよいかもしれない．

## 10.7　CCR の表現の同値性と非同値性

　10.4 節の例で見たように，CCR の表現は，自由度を 1 つ定めても 1 つには定まらない．それどころか実際には無数に存在する．なぜなら，$\mathcal{H}$ を可分なヒルベルト空間とし，$\{\mathcal{H}, \mathcal{D}, \{Q_j, P_j\}_{j=1}^n\}$ を CCR の表現とすれば，任意の可分なヒルベルト空間 $\mathcal{K}$ に対して，ユニタリ変換 $U : \mathcal{H} \to \mathcal{K}$ が存在し，$\{\mathcal{K}, U\mathcal{D}, \{UQ_jU^{-1}, UP_jU^{-1}\}_{j=1}^n\}$

もCCRの表現になるからである．そこで，無数に存在するCCRの表現を分類する必要がある．そのための鍵となる概念が同値性の概念である．

**【定義 10.8】** $\mathcal{H}, \mathcal{H}'$ を可分なヒルベルト空間とし，$\Pi := \{\mathcal{H}, \mathcal{D}, \{Q_j, P_j\}_{j=1}^n\}$ $\Pi' := \{\mathcal{H}', \mathcal{D}', \{Q'_j, P'_j\}_{j=1}^n\}$ をCCRの表現とする．ユニタリ変換 $U : \mathcal{H} \to \mathcal{H}'$ で $Q'_j = UQ_jU^{-1}, P'_j = UP_jU^{-1}, j = 1, \cdots, n$，となるものが存在するとき，$\Pi$ と $\Pi'$ は**同値**であるという．

外的な自由度が $n$ で内的な自由度をもたない2つの量子系 $S, S'$ を考え，状態のヒルベルト空間をそれぞれ，$\mathcal{H}_S, \mathcal{H}_{S'}$，物理量を生成する，CCRの自己共役表現をそれぞれ $\Pi_S := \{\mathcal{H}_S, \mathcal{D}_S, \{Q_j, P_j\}_{j=1}^n\}$, $\Pi_{S'} := \{\mathcal{H}_{S'}, \mathcal{D}_{S'}, \{Q'_j, P'_j\}_{j=1}^n\}$ とする．このとき，量子系 $S$ と $S'$ が同値になるための必要十分条件は，$\Pi_S$ と $\Pi_{S'}$ が同値になることである．ゆえに，同値なCCRの表現を用いて展開される量子力学は同一の観測結果を与える．

量子力学誕生に際して，ハイゼンベルク流の量子力学とシュレーディンガーの量子力学はその形式が異なるにもかかわらず，同一の観測結果を与えることが示された．当初は，この一致の謎がつかめなかった．だが，フォン・ノイマンによって，CCRのハイゼンベルク表現とシュレーディンガー表現が同値であることが厳密に証明されるに及んで，この謎は解決された．要するに，これら2つの理論の形式上の相違は全然本質的なものではなく，単なる外見上の相違の問題，すなわち，CCRの表現空間の違いにすぎなかったということなのである．

同一の量子系が，同値なCCRの表現の数だけ（外見上）異なる形式によって記述されるという構造は，まさに，量子的粒子の巨視的描像が一義的でなく相補的であること，言い換えれば，量子的粒子の現象の多重性と見事に呼応しているのである．CCRの表現空間は，量子力学のコンテクストでは，量子的粒子に対する特定の描像——それは，観測装置の設定と不可分の関係にあり，表現された $Q_j$ や $P_j$ から定まる物理量に対する描像——に対応している．

たとえば，シュレーディンガー表現の場合には，$Q_j$ には量子的粒子の"位置"という描像（粒子的描像で位置を測るという測定の設定）が呼応しており，ハイゼンベルク表現の場合は，もはや $Q_j$ には何らかの具体的な描像は対応しない．この場合には，後の 10.9 節で証明される，$a^*a$ という物理量の固有値（$n = 0, 1, 2, \cdots$）の離散性に注目すると，エネルギーを離散的に測定するという描像（エネルギー量子の描像）が対応することがわかる．

こうして，フォン・ノイマンによって打ち立てられた，座標から自由なヒルベルト空間形式による量子力学の公理論的定式化がいかに哲学的にも優れているかが明らかになる（図10.1）．

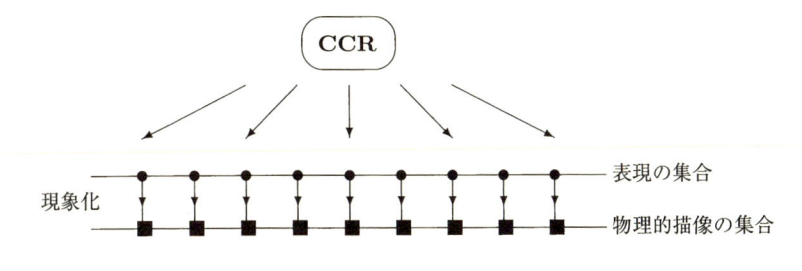

**図10.1** CCR，表現，物理的描像

ところで，CCRの表現は同値なものばかりではない．物理の教科書の中には，有限自由度に限れば，CCRの表現は，同値なものを除いて一意的であると書いてあるものがあるが，これは誤解である．この点は，ここで特に強調しておきたい．実際，シュレーディンガー表現に同値でない——したがって，ハイゼンベルク表現にも同値でない——CCRの表現で，単に数学的というだけでなく，物理的にも興味のあるものが2次元ゲージ量子力学（量子力学的ゲージ理論）において現れる[23]．

## 10.8 CCRの表現の非有界性と不確定性関係

公理 (QM.5) において重要な点の1つは，量子系の物理量を構成する"素材"としてのCCRの表現において現れる作用素 $Q_j, P_j$ の非可換性である．これが物理的に何を含意するかを調べよう．

まず，一般に，ある種の非可換性をもつ線形作用素の対に対しては，そのうちの少なくとも一方は非有界であることを示す．以下，$\mathcal{H}$ を複素ヒルベルト空間とする．

---

[23] たとえば，拙著「ゲージ理論における正準交換関係の表現とアハラノフ–ボーム効果」，荒木不二洋編『数理物理への誘い2』（遊星社，1997）の第7話 (pp.165–190)，拙著「非単連結空間上のゲージ量子力学」，江沢 洋編『数理物理への誘い3』（遊星社，2000）の第6話 (pp.143–164) を参照．さらに詳しくは，A. Arai, Representation-theoretic aspects of two-dimensional quantum systems in singular vector potentials: canonical commutation relations, quantum algebras, and reduction to lattice quantum systems, *Journal of Mathematical Phyisics* Vol. 39, No. 5, 1998, 2476–2498, およびそこに引用されている文献を参照．

**【命題 10.9】** $A, B$ を $\mathcal{H}$ 上の線形作用素とし，$\mathcal{H}$ で稠密な部分空間 $\mathcal{D}$ があって，$\mathcal{D} \subset D(AB) \cap D(BA)$ かつ $\mathcal{D}$ 上で $[A, B] = \lambda$ を満たしているとする．ただし，$\lambda \in \mathbb{C}, \lambda \neq 0$ は定数である．このとき，$A, B$ のうち少なくとも 1 つは非有界である．

**証明** 仮に $A, B$ ともに有界であるとしよう．このとき，拡大定理 (9 章, 定理 9.27) により，有界線形作用素 $\hat{A}, \hat{B} \in \mathsf{B}(\mathcal{H})$ で $A \subset \hat{A}, B \subset \hat{B}$ となるものが存在する．任意の $\Psi \in \mathcal{H}$ に対して，$\Psi_n \to \Psi$ ($n \to \infty$) を満たす $\Psi_n \in \mathcal{D}$ がある．仮定により，$\hat{A}\hat{B}\Psi_n - \hat{B}\hat{A}\Psi_n = \lambda \Psi_n$．有界線形作用素の連続性により，$n \to \infty$ とすれば，$\hat{A}\hat{B}\Psi - \hat{B}\hat{A}\Psi = \lambda \Psi$ を得る．したがって，線形作用素の等式 $\hat{A}\hat{B} - \hat{B}\hat{A} = \lambda \cdots (*)$ が成り立つ．$(*)$ の左から $\hat{A}$ を作用させ，そうして得られる式の左辺の第 2 項を変形するのに $(*)$ を用いれば，$\hat{A}^2\hat{B} - \hat{B}\hat{A}^2 = 2\lambda \hat{A}$ が得られる．以下，同様にして，任意の $n \in \mathbb{N}$ に対して，$\hat{A}^n\hat{B} - \hat{B}\hat{A}^n = n\lambda \hat{A}^{n-1} \cdots (**)$ が導かれる（最終的には数学的帰納法による）．これは，もし，ある $n_0 \geq 1$ に対して，$\hat{A}^{n_0} = 0$ ならば ($(**)$ の左辺で $n = n_0$ とすることにより)，$\hat{A}^{n_0 - 1} = 0$ となる ($\because \lambda \neq 0$)．したがって，また，$\hat{A}^{n_0 - 2} = 0$ となるから，以下，繰り返すことにより，$\hat{A} = 0$ となる．だが，これは $\lambda = 0$ を意味するので矛盾．ゆえに，すべての $n \in \mathbb{N}$ に対して，$\hat{A}^n \neq 0$．$(**)$ のノルムを評価すると $n|\lambda| \|\hat{A}^{n-1}\| \leq 2\|\hat{A}^{n-1}\| \|\hat{A}\| \|\hat{B}\|$．したがって，$n|\lambda| \leq 2\|\hat{A}\| \|\hat{B}\|$．左辺はいくらでも大きくなるから，これは矛盾である． ∎

上の命題からただちに次の重要な一般的事実が得られる．

**【系 10.10】** $\{\mathcal{H}, \mathcal{D}, \{Q_j, P_j\}_{j=1}^n\}$ を自由度 $n$ の CCR の任意の表現とすれば，各 $j = 1, \cdots, n$ に対して，$Q_j, P_j$ の少なくとも一方は非有界である．

次の補題は，2 つのエルミート作用素の非可換性がもたらす重要な不等式の 1 つを述べたものである．

**【補題 10.11】** $A, B$ を $\mathcal{H}$ 上のエルミート作用素とする．このとき，すべての $\Psi \in D(AB) \cap D(BA)$ に対して，不等式

$$\|A\Psi\| \|B\Psi\| \geq \frac{1}{2} |\langle \Psi, [A, B]\Psi \rangle| \tag{10.30}$$

が成立する．

**証明** シュヴァルツの不等式により,

$$\|A\Psi\|\|B\Psi\| \geq |\langle A\Psi, B\Psi \rangle| \geq |\text{Im}\,\langle A\Psi, B\Psi \rangle| = \frac{1}{2}|\langle \Psi, [A,B]\Psi \rangle|. \qquad \blacksquare$$

$A$ を $\mathcal{H}$ 上のエルミート作用素とする. 単位ベクトル $\Psi \in D(A)$ ($\|\Psi\| = 1$) に対して, 数 $(\Delta A)_\Psi$ を

$$(\Delta A)_\Psi := \|(A - \langle \Psi, A\Psi \rangle)\Psi\| \qquad (10.31)$$

によって定義する.

量子力学のコンテクストでは, $A$ が物理量であるとき, $(\Delta A)_\Psi$ を状態 $\Psi$ における, $A$ の**不確定さ**と呼ぶ. この命名の意味は次の意味でとられなければならない. 量 $\langle \Psi, A\Psi \rangle$ は, 状態 $\Psi$ における, 物理量 $A$ の観測値の確率分布における平均値を表す[24]. 量 $(\Delta A)_\Psi$ は, 状態 $\Psi$ における, 物理量 $A$ の観測値の確率分布の平均値からの広がり具合を表す尺度を与えるのである.

容易にわかるように, 単位ベクトル $\Psi \in D(A)$ について, $(\Delta A)_\Psi = 0$ であるための必要十分条件は, $\Psi$ が $A$ の固有ベクトルであることであり, この場合, 平均値はその固有値に等しい. したがって, $A$ の固有状態においては, $A$ の不確定さは $0$ である.

次の定理は, 2 つのエルミート作用素の非可換性がそれぞれの不確定さの非独立性を含意することを示す:

**【定理 10.12】** $A, B$ をエルミート作用素とする. このとき, 任意の単位ベクトル $\Psi \in D(AB) \cap D(BA)$ に対して,

$$(\Delta A)_\Psi (\Delta B)_\Psi \geq \frac{1}{2}|\langle \Psi, [A,B]\Psi \rangle|. \qquad (10.32)$$

**証明** $\hat{A} := A - \langle \Psi, A\Psi \rangle, \hat{B} := B - \langle \Psi, B\Psi \rangle$ とすれば, $[\hat{A}, \hat{B}]\Psi = [A,B]\Psi$. そこで, 補題 10.11 の $A, B$ として, それぞれ, $\hat{A}, \hat{B}$ を考えれば, (10.32) が得られる. $\blacksquare$

この定理からただちに次の結果が得られる.

**【系 10.13】** $A, B$ はエルミート作用素で

$$[A, B] = i\lambda \qquad (10.33)$$

---

[24] この証明には, 確率論を援用しなければならない. 拙著『ヒルベルト空間と量子力学』(共立出版, 1997) の 6 章を参照.

を満たすとする $(\lambda \in \mathbb{R} \setminus \{0\})$. このとき，任意の単位ベクトル $\Psi \in D(AB) \cap D(BA)$ に対して，

$$(\Delta A)_\Psi (\Delta B)_\Psi \geq \frac{1}{2}|\lambda|. \tag{10.34}$$

**【系 10.14】** $\{\mathcal{H}, \mathcal{D}, \{Q_j, P_j\}_{j=1}^n\}$ を CCR の表現とする．このとき，各 $j$ と任意の単位ベクトル $\Psi \in D(Q_j P_j) \cap D(P_j Q_j)$ に対して，

$$(\Delta Q_j)_\Psi (\Delta P_j)_\Psi \geq \frac{\hbar}{2}. \tag{10.35}$$

不等式 (10.34) は**ハイゼンベルクの不確定性関係** (Heisenberg's uncertainty relation) と呼ばれる．この不等式は，$A, B$ が物理量であり，交換関係 (10.33) を満たすとき（したがって，$A$ と $B$ は非可換），$D(AB) \cap D(BA)$ に属する任意の状態 $\Psi$ (ただし，$\|\Psi\| = 1$) に対して，$A$ と $B$ の不確定さの積は一定の限界 $|\lambda|/2$ より小さくなりえないということを示している．したがって，物理量 $A$ の不確定さ $(\Delta A)_\Psi$ が小さい状態 $\Psi$ では，物理量 $B$ の不確定さ $(\Delta B)_\Psi$ は大きくならざるをえないし，その逆も同様である．このことから，物理量 $A$ (たとえば，$x$ 軸方向から入射する電子の $y$ 座標：電子線のスリット通過の実験) の観測値がつねに一定の"ごく狭い"範囲内に確定されるような状態 ($A$ の固有状態に"近い"状態) においては，物理量 $B$ (たとえば，電子の $y$ 軸方向の運動量成分) の観測値は，$A$ の観測値の不確定さと同程度の範囲内には確定されえないことが結論される．$A$ と $B$ の役割を交換しても同様である．ゆえに，(10.33) を満たす物理量の対 $(A, B)$ に関しては，$A, B$ の観測値がともに一定の"ごく狭い"範囲内におさまっているとみなされる状態は存在しないことが結論される[25]．この意味で，(10.33) を満たす $A, B$ の同時観測には原理的な限界がある．ところで，古典力学の場合，複数の物理量の観測に関する，このような原理的限界はなかった．こうして，量子力学が古典力学と本質的に異なる点の 1 つが明らかにされる．

## 10.9 量子調和振動子

最後に量子力学における基本的な例の 1 つを手短に論じておく．4 章，4.3 節で 1 次元調和振動子を議論した．この量子力学版を考える．

---

[25] より正確にいえば，$0 < \delta < \sqrt{|\lambda|/2}$ ならば，$(\Delta A)_\Psi \leq \delta$, $(\Delta B)_\Psi \leq \delta$ (これは，$A, B$ の観測値がほぼ $\delta$ の範囲におさまると解釈される) を満たす状態 $\Psi$ は存在しないということ.

1次元調和振動子のハミルトニアンは，振動子の質量を $m > 0$，バネ定数を $k > 0$，振動子の位置座標および運動量座標をそれぞれ，$x, p \in \mathbb{R}$ とすれば

$$H_{\mathrm{cl}} := \frac{p^2}{2m} + \frac{k}{2}x^2 \tag{10.36}$$

で与えられる（5章，例5.15を参照）[26]。

1次元調和振動子の量子力学版——量子調和振動子——は次のようにしてつくられる．まず，$\{\mathcal{H}, \mathcal{D}, \{Q, P\}\}$ を自由度1のCCRの任意の表現とし，量子力学的ハミルトニアンを

$$H := \frac{P^2}{2m} + \frac{k}{2}Q^2 \tag{10.37}$$

によって定義する．$H$ が対称作用素であることはただちにわかる．公理 (QM.2) によれば，$H$ は自己共役でなければならないが，この問題は簡単ではない．そこで，まず，$H$ の固有値問題を考察する．

CCRの表現として，ハイゼンベルク表現 $\{\ell^2(\mathbb{Z}_+), \ell_0(\mathbb{Z}_+), \{Q^{\mathrm{H}}, P^{\mathrm{H}}\}\}$（例10.4）をとり，記号上の簡潔さを期すため，$Q^{\mathrm{H}} = \hat{q}, P^{\mathrm{H}} = \hat{p}$ とおく．角振動数 $\omega_0 := \sqrt{k/m}$ を導入すると

$$H := \frac{\hat{p}^2}{2m} + \frac{m\omega_0^2}{2}\hat{q}^2 \tag{10.38}$$

と書ける．作用素 $a, a^*$ を用いて，$H$ を表すと，$\ell_0(\mathbb{Z}_+)$ 上で

$$H = C_+(a^*a + aa^*) + C_-((a^*)^2 + a^2).$$

ただし，

$$C_\pm := \frac{m\omega_0^2 \alpha^2}{2} \pm \frac{\beta^2}{2m}.$$

そこで，$C_- = 0$ となるように，$\alpha, \beta$ を選ぶと（$\alpha\beta = \hbar/2$ に注意）

$$\alpha^2 = \frac{\hbar}{2m\omega_0}, \quad \beta^2 = \frac{m\omega_0\hbar}{2}$$

となり，$\ell_0(\mathbb{Z}_+)$ 上で

$$H = \frac{\hbar\omega_0}{2}(a^*a + aa^*) = \hbar\omega_0 a^*a + \frac{\hbar\omega_0}{2}$$

が成り立つことがわかる．ここで，交換関係 (10.19) を用いた．

---

[26] 添え字「cl」は classical（古典的）の意．

例 10.4 の (10.18) の第 1 式によって

$$a^*ae_n = ne_n, \quad n \in \mathbb{Z}_+$$

が成り立つ（$e_n \in \ell^2(\mathbb{Z}_+)$ は (10.20) で定義される）．したがって

$$E_n := \hbar\omega_0 n + \frac{\hbar\omega_0}{2} \tag{10.39}$$

とおけば，

$$He_n = E_n e_n \tag{10.40}$$

が成り立つ．すなわち，$E_n$ は $H$ の固有値である．さらに，$H$ の固有値は $\{E_n\}_{n\in\mathbb{Z}_+}$ でつきる．実際，もし，$H$ が別に固有値 $E \notin \{E_n\}_{n\in\mathbb{Z}_+}$ をもったとし，その固有ベクトルの 1 つを $\psi$ とすれば，$H$ は対称作用素であるから，$\psi \perp e_n, n \in \mathbb{Z}_+$ である．しかし，$\{e_n\}_{n\in\mathbb{Z}_+}$ は CONS であるから，$\psi = 0$ でなければならない．したがって，$H$ は $\{E_n\}_{n\in\mathbb{Z}_+}$ 以外に固有値をもたない．よって

$$\sigma_{\mathrm{p}}(H) = \mathbb{Z}_+. \tag{10.41}$$

この場合，**各固有値 $E_n$ の多重度は 1** であることもわかる．実際，ある $n_0$ に対して，$E_{n_0}$ の多重度が $k \geq 2$ であるとすれば，$\ker(H - E_{n_0})$ の中に $e_{n_0}$ と直交する単位ベクトル $f$ が存在する．したがって，すべての $n \in \mathbb{Z}_+$ に対して，$\langle f, e_n \rangle = 0$．$\{e_n\}_{n\in\mathbb{Z}_+}$ は CONS であるから，$f = 0$．だが，これは矛盾．

以上で $H$ の固有値問題は解けたことになるが，固有値以外のスペクトルの存在の問題と自己共役性の問題が残っている．これについては次の定理が成り立つ．

**【定理 10.15】** $H$ の閉包を $\bar{H}$ とすれば，$\bar{H}$ は自己共役であり

$$\sigma(\bar{H}) = \sigma_{\mathrm{p}}(\bar{H}) = \mathbb{Z}_+ \tag{10.42}$$

が成り立つ．この場合，各固有値の多重度は 1 である．

この定理は次の一般的な事実を $T = \bar{H}$ として応用することにより証明される．

**【補題 10.16】** $\mathcal{H}$ をヒルベルト空間，$T$ を $\mathcal{H}$ 上の閉対称作用素とし，$T$ は可算無限個の固有値 $\lambda_n, n \in \mathbb{Z}_+$ ($\lambda_0 < \lambda_1 < \cdots < \lambda_n < \lambda_{n+1} < \cdots, \lambda_n \to \infty$) を

もつとする．$\lambda_n$ に属する固有ベクトル $\Psi_n$ で $\{\Psi_n\}_{n=0}^\infty$ が $\mathcal{H}$ の CONS となるものがあると仮定する．このとき

$$\sigma(T) = \sigma_{\mathrm{p}}(T) = \{\lambda_n\}_{n \in \mathbb{Z}_+}. \tag{10.43}$$

この場合，各固有値の多重度は $1$ である．さらに，$T$ は自己共役である．

**証明** $\Lambda = \{\lambda_n\}_{n=0}^\infty$ とおく．まず，$\sigma_{\mathrm{p}}(T) = \Lambda \cdots (*)$ および各固有値 $\lambda_n$ の多重度が $1$ であることを示すのは $H$ の固有値 $E_n$ の場合と同様である．

任意の $z \in \mathbb{C} \setminus \Lambda$ が $T$ のレゾルヴェント集合 $\varrho(T)$ に属することを示そう．

$\delta := \inf_{n \in \mathbb{Z}_+} |z - \lambda_n|$ とおけば，$\delta > 0$ である．$\Psi \in \ker(T - z)$ とすれば，$T\Psi = z\Psi$．もし，$\Psi \neq 0$ ならば，$z$ は $T$ の固有値であるので，$(*)$ によって，$z \in \Lambda$ でなければならないが，これは矛盾．したがって，$\Psi = 0$．ゆえに $T - z$ は単射．

次に $(T - z)$ が全射であることを示す．任意の $\Psi \in \mathcal{H}$ に対して，

$$\sum_{n=0}^\infty \frac{|\langle \Psi_n, \Psi \rangle|^2}{|\lambda_n - z|^2} \leq \frac{1}{\delta^2} \sum_{n=0}^\infty |\langle \Psi_n, \Psi \rangle|^2 < \infty$$

であるから，$\Theta = \sum_{n=0}^\infty \langle \Psi_n, \Psi \rangle \Psi_n / (\lambda_n - z)$ は収束し，$\mathcal{H}$ のベクトルを与える．$\Theta_N = \sum_{n=0}^N \langle \Psi_n, \Psi \rangle \Psi_n / (\lambda_n - z)$ とおくと，$\Theta_N \to \Theta$ $(N \to \infty)$．また，$\Theta_N \in D(T)$ であり，

$$T\Theta_N = \sum_{n=0}^N \frac{\lambda_n \langle \Psi_n, \Psi \rangle \Psi_n}{\lambda_n - z}$$
$$= \sum_{n=0}^N \langle \Psi_n, \Psi \rangle \Psi_n + z\Theta_N$$
$$\to \Psi + z\Theta \ (N \to \infty).$$

$T$ は閉であるから，$\Theta \in D(T)$ かつ $T\Theta = \Psi + z\Theta$，すなわち，$(T - z)\Theta = \Psi$．ゆえに $T - z$ は全射である．また

$$\|\Theta\|^2 = \sum_{n=0}^\infty \frac{|\langle \Psi_n, \Psi \rangle|^2}{|\lambda_n - z|^2} \leq \frac{1}{\delta^2} \sum_{n=0}^\infty |\langle \Psi_n, \Psi \rangle|^2 = \frac{\|\Psi\|^2}{\delta^2}$$

であるから，$\|(T - z)^{-1}\Psi\| = \|\Theta\| \leq \|\Psi\|/\delta$．したがって，$(T - z)^{-1}$ は有界．
以上から，$z \in \varrho(T)$．これと $(*)$ によって $(10.43)$ が得られる．

$T$ の自己共役性：(10.43) と定理 9.61 による．または，上の証明によって，特に，$\mathrm{Ran}(T \pm i) = \mathcal{H}$ であることを用いてもよい（命題 9.60 を参照）．■

こうして，1 次元量子調和振動子のスペクトル問題は陽に解かれる．$\bar{H}$ が自己共役なので，あらためて，これを量子調和振動子のハミルトニアンであると定義する．ここで，注目すべき点は，ハミルトニアン $\bar{H}$ のスペクトルの離散性であり，最低エネルギー $E_0 = \hbar\omega_0/2$ が正であるという事実である．これは，古典力学のハミルトニアン $H_\mathrm{cl}$ の値域が連続的で $[0, \infty)$ であること，および最低エネルギーは 0 であるという性質と著しい対照をなす．量子調和振動子のハミルトニアンのスペクトルの離散性は原子のエネルギー準位や電磁輻射場のエネルギーの離散性の理論的モデルの雛形を与える．

量子調和振動子に関する物理的解釈の 1 つは次のようなものである．$\hbar\omega_0$ を 1 個の "量子"（エネルギー量子）と見る．量子が 1 個も存在しない状態はベクトル $e_0$ によって表される．これを**真空状態**と呼ぶ．真空状態での系のエネルギーは $\hbar\omega_0/2$ である．これを**零点エネルギー**という．すると固有値 $E_n$ に属する固有状態 $e_n$ は量子が $n$ 個存在する状態を表すと解釈される．そこで，$e_n$ を **$n$ 量子状態**と呼ぶ．$e_n$ で生成される 1 次元部分空間を **$n$ 量子状態空間**という．一方，任意の $n' \in \mathbb{Z}_+$ に対して，

$$(ae_n)(n') = \sqrt{n'+1}\,e_n(n'+1) = \sqrt{n+1}\,\delta_{n,n'+1},$$
$$(a^*e_n)(n') = \sqrt{n'}\,e_n(n'-1) = \sqrt{n'}\,\delta_{n,n'-1}.$$

したがって，$(ae_n)(n') = 0$, $n' \ne n-1$; $(a^*e_n)(n') = 0$, $n' \ne n+1$ であるから，作用素 $a$ は $n$ 量子状態を $(n-1)$ 量子状態にうつし（$(-1)$ 量子状態はゼロベクトル 0 であるとする），$a^*$ は $n$ 量子状態を $(n+1)$ 量子状態にうつす．つまり，$a$ は量子を 1 つ減らす働きをし，$a^*$ は量子を 1 つ増やす働きをする．そこで，$a$ を**消滅作用素**，$a^*$ を**生成作用素**と呼ぶ．ここで言及した量子は，たとえば，1 モード（角振動数が $\omega_0$）の光子と解釈することも可能である．この解釈では，1 次元量子調和振動子というのは，1 モードの光子の可能な状態（真空状態，1 光子状態，2 光子状態，$\cdots$）を記述するモデルと見られる．

**!注意 10.10** ここでは，CCR のハイゼンベルク表現を用いて考察したが，もちろん，シュレーディンガー表現を用いることも可能であり，同一の結果を与える．表現論の観点からいえば，すでに言及したように，CCR のハイゼンベルク表現とシュレーディンガー表現は同値であるから，どちらの表現を用いても同一の結果が得られ

る．量子調和振動子の場合，ハミルトニアンの固有値を求めるという意味では，上述の議論からわかるように，ハイゼンベルク表現のほうが簡単である．シュレーディンガー表現の場合のハミルトニアンは

$$H_{\text{Sch}} := -\frac{\hbar^2}{2m}\frac{d^2}{dx^2} + \frac{k}{2}x^2$$

と表されるので，$H_{\text{Sch}}$ の固有値 $E \in \mathbb{R}$ を直接的に求めようとすれば，固有ベクトル方程式 $H_{\text{Sch}}\psi = E\psi$，すなわち，

$$-\frac{\hbar^2}{2m}\frac{d^2}{dx^2}\psi(x) + \frac{k}{2}x^2\psi(x) = E\psi(x)$$

($\psi \in C^2(\mathbb{R}) \cap L^2C(\mathbb{R})$) という微分方程式を解かなければならない（これは陽に解ける）．

**!注意 10.11** ハイゼンベルク表現と同値でない，CCR の表現を用いた場合には，$H$ のスペクトルは上の $\{E_n\}_{n \in \mathbb{Z}_+}$ と異なる可能性がある．

## 演習問題

1. 注意 10.2 において定義した関係は同値関係であることを示せ．
2. $\mathcal{H}$ を有限次元複素ヒルベルト空間とし，$S_1, S_2, S_3$ は $\mathcal{H}$ 上の自己共役作用素で

$$[S_1, S_2] = i\hbar S_3, \quad [S_2, S_3] = i\hbar S_1, \quad [S_3, S_1] = i\hbar S_2$$

を満たすものとする[27]．$\dim \mathcal{H} = N < \infty$ とおく．この問題の目的は各 $S_k$ の固有値を考察することである[28]．

(i) $S_\pm := (S_1 \pm iS_2)/\sqrt{2}$ とおくとき

$$[S_3, S_\pm] = \pm\hbar S_\pm, \quad [S_+, S_-] = \hbar S_3$$

が成り立つことを示せ．

(ii) $\lambda\hbar \in \sigma_{\text{p}}(S_3)$ とし，対応する固有ベクトルを $\psi_\lambda$ とすれば，$S_3(S_\pm\psi_\lambda) = (\lambda \pm 1)\hbar S_\pm\psi_\lambda$ が成り立つことを示せ．したがって，$S_+\psi_\lambda \neq 0$ ならば $(\lambda+1)\hbar$ は $S_3$ の固有値であり，$S_-\psi_\lambda \neq 0$ ならば $(\lambda-1)\hbar$ は $S_3$ の固有値である．

---

[27] このような作用素の組 $(S_1, S_2, S_3)$ を**角運動量代数の有限次元自己共役表現**という．
[28] 与式は巡回置換 $S_1 \to S_2, S_2 \to S_3, S_3 \to S_1$ に対して不変であるから，$S_1, S_2, S_3$ のうちどれか 1 つの作用素の固有値がわかればよい．ここでは $S_3$ の固有値を求める．命題 9.50 によって，$\sigma(S_k) = \sigma_{\text{p}}(S_k) \neq \emptyset$ であり，$S_k$ の相異なる固有値の数は $N$ 以下である．

(iii) $S_3$ の最大固有値を $j\hbar$, その固有ベクトルの 1 つを $\psi_j$ とし, $\psi_{j-1} := S_-\psi_j, \psi_{j-2} := S_-\psi_{j-1}, \psi_{j-k} := S_-\psi_{j-k+1} = S_-^k \psi_j \ (k=1,2,\cdots)$ とする. このとき, $S_3\psi_{j-k} = (j-k)\hbar \psi_{j-k} \ (k=1,2,\cdots)$ を示せ.

(iv) $k=1,2,\cdots$, に対して
$$c_k := \frac{\hbar^2}{2}[j(j+1) - (j-k)(j-k+1)]$$
とおく. このとき, $S_+\psi_{j-k} = c_k \psi_{j-k+1}$ を示せ.

(v) $2j+1$ は自然数であって（したがって, $j$ は非負整数または半奇数）, $j\hbar, (j-1)\hbar, \cdots, -(j-1)\hbar, -j\hbar$ は $S_3$ の固有値であることを示せ.
ヒント：$S_3$ の固有値の個数の有限性を用いよ.

(vi) $S_1, S_2, S_3$ の作用のもとで不変な部分空間が $\{0\}$ または $\mathcal{H}$ であるとき, $\{S_1, S_2, S_3\}$ は**既約**であるという（定義）. $\{S_1, S_2, S_3\}$ が既約であるとき, $N = 2j+1$ であり, $\sigma_p(S_3) = \{m\hbar \mid m = -j, -j+1, \cdots, j-1, j\}$ を示せ. この場合, 各固有値 $m\hbar$ の多重度は 1 であることも示せ.

**!注意 10.12** $S_+$ は**昇作用素**, $S_-$ は**降作用素**と呼ばれる場合がある.

**!注意 10.13** (vi) の仮定のもとで, $\sigma_p(S_1) = \sigma_p(S_2) = \sigma_p(S_3) = \{m\hbar \mid m = -j, -j+1, \cdots, j-1, j\}$.

3. (10.16), (10.17) を証明せよ.

4. $\mathbb{Z}_+$ の $n$ 個の直積空間 $\mathbb{Z}_+^n = \{k = (k_1, \cdots, k_n) \mid k_j \in \mathbb{Z}_+, j = 1, \cdots, n\}$ から $\mathbb{C}$ への写像 $\psi: \mathbb{Z}_+^n \to \mathbb{C}; \ k \mapsto \psi(k) \in \mathbb{C}$ で $\sum_{k \in \mathbb{Z}_+^n} |\psi(k)|^2 < \infty$ を満たすものの全体を $\ell^2(\mathbb{Z}_+^n)$ で表す. 任意の $\psi, \phi \in \ell^2(\mathbb{Z}_+^n)$ に対して, $\langle \phi, \psi \rangle := \sum_{k \in \mathbb{Z}_+^n} \phi(k)^* \psi(k)$ を定義する.

(i) 対応 $(\phi, \psi) \mapsto \langle \phi, \psi \rangle$ は $\ell^2(\mathbb{Z}_+^n)$ の内積であることを示せ.

(ii) $\ell^2(\mathbb{Z}_+^n)$ はヒルベルト空間であることを示せ.

(iii) $p = (p_1, \cdots, p_n) \in \mathbb{Z}_+$ に対して, $E_p \in \ell^2(\mathbb{Z}_+^n)$ を $E_p(k) := \delta_{p_1 k_1} \cdots \delta_{p_n k_n}$ によって定義する. このとき, $\{E_p\}_{p \in \mathbb{Z}_+^n}$ は $\ell^2(\mathbb{Z}_+^n)$ の完全正規直交系であることを示せ.

(iv) $\ell^2(\mathbb{Z}_+^n)$ の部分集合
$$\ell_0(\mathbb{Z}_+^n) := \{\psi \in \ell^2(\mathbb{Z}_+^n) \mid \text{ある番号 } n_0 \text{ があって} \ |k| \geq n_0 \text{ ならば } \psi(k) = 0\}$$
は部分空間であることを示せ.

(v) $\ell_0(\mathbb{Z}_+^n)$ は稠密であることを示せ.

**5.** (前問の続き) $\ell^2(\mathbb{Z}_+^n)$ において線形作用素 $a_j$ $(j=1,\cdots,n)$ を次のように定義する：

$$D(a_j) := \left\{ \psi \in \ell^2(\mathbb{Z}_+^n) \,\bigg|\, \sum_{k \in \mathbb{Z}_+^n} (k_j + 1)|\psi(k + e_j)|^2 < \infty \right\},$$

$$(a_j \psi)(k) := \sqrt{k_j + 1}\, \psi(k + e_j), \quad \psi \in D(a_j).$$

ただし，$e_j := (0, \cdots, 0, \overset{j\,\text{番目}}{1}, 0, \cdots, 0) \in \mathbb{Z}_+^n$．

(i) $D(a_j)$ は稠密であることを示せ．

(ii) $a_j$ の共役作用素 $a_j^*$ について次が成り立つことを示せ．

$$D(a_j^*) = \left\{ \psi \in \ell^2(\mathbb{Z}_+^n) \,\bigg|\, \sum_{k \in \mathbb{Z}_+^n} k_j |\psi(k - e_j)|^2 < \infty \right\},$$

$(a_j^* \psi)(k) = 0, \quad k_j = 0$ のとき

$(a_j^* \psi)(k) = \sqrt{k_j}\, \psi(k - e_j), \quad k_j \geq 1.$ $\psi \in D(a_j^*)$．

(iii) $a_j^\# \ell_0(\mathbb{Z}_+^n) \subset \ell_0(\mathbb{Z}_+^n)$ であり，$\ell_0(\mathbb{Z}_+^n)$ 上で

$$[a_j, a_l^*] = \delta_{jl}, \quad [a_j, a_l] = 0, \quad [a_j^*, a_l^*] = 0$$

が成り立つことを示せ．

**6.** $\mathcal{H}$ をヒルベルト空間，$\mathcal{D}$ を $\mathcal{H}$ で稠密な部分空間，$A_j$ $(j=1,\cdots,n)$ を $\mathcal{H}$ 上の線形作用素で次の性質を満たすものとする：(a) $\mathcal{D} \subset D(A_j^\#)$, $A_j^\# \mathcal{D} \subset \mathcal{D}$. (b) $\mathcal{D}$ 上で交換関係

$$[A_j, A_k^*] = \delta_{jk}, \quad [A_j, A_k] = 0$$

を満たす．

(i) $\mathcal{D}$ 上で交換関係 $[A_j^*, A_k^*] = 0$ が成り立つことを示せ．

(ii) $\alpha_j, \beta_j \in \mathbb{C}$ を $\alpha_j \beta_j = \hbar/2$ を満たす任意の定数として，線形作用素 $Q_j, P_j$ を

$$Q_j := \alpha_j (A_j^* + A_j), \quad P_j := i\beta_j (A_j^* - A_j)$$

によって定義する．このとき，$\mathcal{D}$ 上で

$$[Q_j, P_k] = i\hbar, \quad [Q_j, Q_k] = 0, \quad [P_j, P_k] = 0$$

が成り立つことを示せ．

**7.** (10.23) を証明せよ．

# 付録 A

# 集合論の基礎事項

## A.1 基本的概念

対象の集まりであって，それが曖昧さなく概念的に特徴づけられるものを**集合** (set) と呼ぶ．集合 $X$ に属する対象を $X$ の**元** (element) または**要素**という．対象 $x$ が集合 $X$ に属することを $x \in X$ または $X \ni x$ と記し，対象 $y$ が集合 $X$ に属さないことを $y \notin X$ と記す．

対象 $x_1, x_2, \cdots$ からなる集合を $\{x_1, x_2, \cdots\}$ のように表す（列記法）．集合 $X$ に属し，条件 $C$ を満足する対象 $x$ の集合を $\{x \in X \mid C\}$ と記す（説明法）．

対象 $a$（記号，概念等）を対象 $b$ によって定義することを $a := b$ と書く[1]．

■ **例 A.1** ■ (i) 自然数全体の集合：$\mathbb{N} := \{1, 2, 3, \cdots\}$. (ii) 整数全体の集合：$\mathbb{Z} := \{\cdots, -2, -1, 0, 1, 2, 3, \cdots\}$. (iii) 素数全体の集合：$\{2, 3, 5, 7, \cdots\}$. (iv) 有理数全体の集合：$\mathbb{Q} := \{n/m \mid n, m \in \mathbb{Z}, m \neq 0\}$. (v) 実数の全体 $\mathbb{R}$. (vi) 複素数の全体 $\mathbb{C} := \{z \mid z = x + iy, x, y \in \mathbb{R}\}$ （$i$ は虚数単位で，$i^2 = -1$）．(vi) ユークリッド平面における 3 角形の全体．

$A, B$ を集合としよう．

$A$ の元がすべて $B$ に属するとき（すなわち，$x \in A$ ならば $x \in B$），$A$ は $B$ の**部分集合** (subset) であるいい，$A \subset B$ または $B \supset A$ と記す．

$A \subset B$ かつ $B \subset A$ のとき，$A$ と $B$ は**集合として等しい**といい，$A = B$ と記す．

$A \subset B$ かつ $A \neq B$ のとき，$A$ は $B$ の**真部分集合**であるという．

$A \cup B := \{x \mid x \in A \text{ または } x \in B\}$ を $A$ と $B$ の**和集合** (union) という[2]．

$A$ に属する $B$ の元をすべて取り去り，残った元の集まりからできる集合を

---

[1] これは，等号が定義であることをはっきりと指示したいときに用いる．「$a := b$」を「$a \stackrel{\text{def}}{=} b$」と書く場合もある．
[2] **合併集合**または**結び**ともいう．

$A-B$ と書き，$A$ と $B$ の**差集合**または単に**差** (difference) という：$A - B := \{x \mid x \in A \text{ かつ } x \notin B\}$．この場合，もし，$A$ の元がすべて $B$ に属するならば，$A$ に属する $B$ の元をすべて取り去ると何も残らないから，$A-B$ は，本来の意味では集合にはなりえない．だが，集合という言葉の使い方を拡張し，このような状態も1つの集合とみなし，これを**空集合** (emptyset) と呼ぶ．象徴的にいえば，空集合とは，元を有しない集合である．空集合は，通常，$\emptyset$ という記号で表される[3]．したがって，$A \subset B$ ならば $A - B = \emptyset$．

$A - B = A \setminus B$ という記法も用いる．

$A \cap B := \{x \mid x \in A \text{ かつ } x \in B\}$ を $A$ と $B$ の**共通部分** (intersection) という[4]．

$A \cap B = \emptyset$ のとき（$A$ と $B$ が共通の元をもたないとき），$A, B$ は**互いに素**であるとか**交わらない**という．

$A$ が集合 $X$ の部分集合であるとき，$A^c := X - A$ を $A$ の $X$ における**補集合** (complement) という．したがって，$X = A \cup A^c, A \cap A^c = \emptyset$．

集合の集まりを**集合族**という．

集合 $\Lambda$ の各元 $\lambda$ に対して，集合 $A_\lambda$ が1つ定まるとき，集合族 $\mathsf{A} = \{A_\lambda\}_{\lambda \in \Lambda}$ ができる．この場合，$\Lambda$ を集合族 $\mathsf{A}$ の**添え字集合** (index set) と呼ぶ．

集合族 $\mathsf{A} = \{A_\lambda\}_{\lambda \in \Lambda}$ の**和集合**は

$$\bigcup_{\lambda \in \Lambda} A_\lambda := \{x \mid \text{ある } \lambda \in \Lambda \text{ が存在して，} x \in A_\lambda\}$$

によって，**共通部分**は

$$\bigcap_{\lambda \in \Lambda} A_\lambda := \{x \mid \text{すべての } \lambda \in \Lambda \text{ に対して } x \in A_\lambda\}$$

によって定義される．

## A.2　直積

集合 $A$ の元 $a$ と集合 $B$ の元 $b$ の対 $(a, b)$ の全体

$$A \times B := \{(a, b) \mid a \in A, b \in B\}$$

---

[3] 空集合の概念の存在は，集合の概念が対象の集まりというよりは，むしろ，対象の存在形式であることを示唆する．集合の概念を厳密に定義するには，公理論的な定式化が必要である．集合論全般については，たとえば，赤 摂也『集合論入門』（培風館）を参照．しかし，本書を理解する上での集合論の知識は，この付録の程度で十分である．

[4] **積**または**交わり**ともいう．

を $A$ と $B$ の**直積** (direct procuct) という. この場合, 2 つの対 $(a,b),(a',b')$ $(a,a' \in A, b, b' \in B)$ が等しいとは, $a = a'$ かつ $b = b'$ が成り立つときをいう (対の相等の定義). $A \times B$ の元を**順序対**ともいう[5].

■ **例 A.2** ■  $\mathbb{N} = \{1,2,\cdots\}$ を自然数全体の集合とし, $A = \{1,2\}, B = \{l,m,n\}$ $(l,m,n \in \mathbb{N})$ とすれば

$$A \times B = \{(1,l),(1,m),(1,n),(2,l),(2,m),(2,n)\}.$$

■ **例 A.3** ■  実数全体の集合を $\mathbb{R}$ で表す. $\mathbb{R}$ と $\mathbb{R}$ の直積 $\mathbb{R} \times \mathbb{R} = \{(x,y) \mid x,y \in \mathbb{R}\}$ は実数の順序対の全体である. しばしば, $\mathbb{R} \times \mathbb{R} = \mathbb{R}^2$ と記す.

2 つの集合の直積の概念は $n$ 個の集合の直積の概念へと拡張される. $A_1,\cdots,A_n$ を空でない集合とする. 各集合 $A_i$ の元 $a_i$ からつくられる組 $(a_1,\cdots,a_n)$ $(a_i \in A_i)$ の全体

$$A_1 \times \cdots \times A_n := \{(a_1,\cdots,a_n) \mid a_i \in A_i, i = 1,\cdots,n\}$$

を $A_1,\cdots,A_n$ の**直積**と呼ぶ. ただし, 2 つの組 $(a_1,\cdots,a_n),(b_1,\cdots,b_n) \in A_1 \times \cdots \times A_n$ が等しいとは, $a_i = b_i, i = 1,\cdots,n$ が成り立つときをいう (相等の定義). $A_1 \times \cdots \times A_n = \prod_{i=1}^n A_i$ と記す場合もある. $\prod_{i=1}^n A_i$ の任意の元 $a = (a_1,\cdots,a_n)$ に対して, $a_i$ $(i = 1,\cdots,n)$ を $a$ の**第 $i$ 成分**という.

■ **例 A.4** ■  $\mathbb{R}$ の $n$ 個の直積

$$\mathbb{R}^n := \underbrace{\mathbb{R} \times \cdots \times \mathbb{R}}_{n \text{ 個}} = \{(x_1,\cdots,x_n) \mid x_i \in \mathbb{R}, i = 1,\cdots,n\}$$

は, $n$ 個の実数の組の全体である.

■ **例 A.5** ■  複素数全体 $\mathbb{C}$ の $n$ 個の直積

$$\mathbb{C}^n := \underbrace{\mathbb{C} \times \cdots \times \mathbb{C}}_{n \text{ 個}} = \{(z_1,\cdots,z_n) \mid z_i \in \mathbb{C}, i = 1,\cdots,n\}$$

は, $n$ 個の複素数の組の全体である.

■ **例 A.6** ■  $D \neq \emptyset$ を $\mathbb{R}^n$ の部分集合とするとき, $\mathbb{R} \times D = \{(t,x) \mid t \in \mathbb{R}, x \in D\}$.

---

[5] $A = B$ の場合, $a \neq b$ ならば, $(a,b)$ と $(b,a)$ は異なる元である.

# A.3 同値関係と商集合

【定義 A.1】 $G$ を $X$ の直積集合 $X \times X$ の空でない部分集合とする．$x, y \in X$ に対して，$x \overset{G}{\sim} y$ であることを $(x, y) \in G$ によって定義し，これを **$G$ によって定まる関係**または単に**関係** (relation) という．$G$ が何であるかが了解されているとき，または一般論においては，$x \overset{G}{\sim} y$ をしばしば単に $x \sim y$ と記す．

■ 例 A.7 ■ $G = \{(x, x) \mid x \in X\} \subset X \times X$ のとき，$x \overset{G}{\sim} y$ は $x = y$ と同値である．すなわち，この場合の関係は $X$ における相等の関係である．

■ 例 A.8 ■ $G = \{(x, y) \mid x, y \in \mathbb{R}, x < y\} \subset \mathbb{R}^2$ のとき，$x \overset{G}{\sim} y$ は $x < y$ と同値である．すなわち，この場合の関係は $\mathbb{R}$ における大小関係である．

【定義 A.2】 $\sim$ を集合 $X$ における関係とする．

(i) すべての $x \in X$ に対して，$x \sim x$ が成り立つとき，関係 $\sim$ は**反射律**を満たすという．

(ii) $x \sim y$ ならば $y \sim x$ が成り立つとき，関係 $\sim$ は**対称律**を満たすという．

(iii) $x \sim y, y \sim z$ ならば $x \sim z$ が成り立つとき，関係 $\sim$ は**推移律**を満たすという．

!注意 A.1 上述の 3 つの律は互いに独立である．すなわち，3 つの中の任意の 1 つの律は満たすが，他の 2 つの律は満たさないような関係の例が存在する．

【定義 A.3】 集合 $X$ における関係 $\sim$ が反射律，対称律，推移律を満たすとき，この関係を $X$ における**同値関係** (equivalence relation) という．この場合，$x \sim y$ のとき，$x$ と $y$ は**同値**であるという．

■ 例 A.9 ■ 例 A.7 における関係は同値関係である．

■ 例 A.10 ■ 例 A.8 における関係は同値関係ではない．

$X$ における同値関係 $\sim$ を用いると，$X$ の元を次のようにして分類することができる．$X$ の元 $x$ と同値な元の全体を $[x]$ で表し，これを $x$ の**同値類** (equivalence class) という：$[x] := \{y \in X \mid y \sim x\}$．このとき，次の (i)〜(iii) が成り立つ（証明は容易）：

(i) すべての $x \in X$ に対して, $x \in [x]$.

(ii) $[x] = [y]$ であるための必要十分条件は $x \sim y$ である.

(iii) $[x] \neq [y]$ であるための必要十分条件は $[x] \cap [y] = \emptyset$ である.

これらの事実により,$X = \bigcup_x [x]$ (和集合は互いに同値でない元 $x$ についてとる) と表される.このことを $X$ の元は同値類によって類別されるという.

$X$ の同値類の全体 $\{[x] \mid x \in X\}$ を同値関係 $\sim$ による**商集合** (quotient set) と呼び,記号 $X/\sim$ で表す:$X/\sim := \{[x] \mid x \in X\}$.同値類 $[x]$ に属する任意の元を同値類 $[x]$ の**代表元**と呼ぶ.

## A.4 写像

$X, Y$ を空でない集合とする.

【定義 A.4】 $X$ の各元 $x$ に対して,$Y$ の元 $y$ を唯1つ定める対応 (規則) $f : x \mapsto y$ を $X$ から $Y$ への**写像** (mapping) という.この場合,$y = f(x)$ と記し ($x$ に対応する,$Y$ の元),$y$ を $x$ に対する $f$ の**像**という.$X$ を $f$ の**定義域** (domain) または**始域**,$Y$ を $f$ の**終域**という.$f$ が $X$ から $Y$ への写像であることを $f : X \to Y$ と表す.対応関係を具体的に示したい場合には,

$$f : X \to Y; \ x \mapsto f(x)$$

と書く.

$X$ の任意の部分集合 $D \neq \emptyset$ に対して,$D$ の元に対する,写像 $f : X \to Y$ の像の全体を $f(D)$ で表す:

$$f(D) := \{f(x) \mid x \in D\} \subset Y.$$

これを $D$ の $f$ による**像** (image) または $D$ に対する $f$ の**値域** (range) という.

$A \neq \emptyset$ を $X$ の部分集合とし,$f : X \to Y$ とするとき,各 $x \in A$ に対して,$f(x) \in Y$ を対応させると,これは $A$ から $Y$ への写像である.この写像を $f$ の $A$ への**制限**と呼び,記号的に $f|A$ で表す:$(f|A)(x) := f(x), \ x \in A$.

■ 例 A.11 ■ $I_X : X \to X$, $I_X(x) := x$, $x \in X$ によって定義される写像 $I_X$ (つまり,何も変えない写像) を $X$ 上の**恒等写像** (identity mapping) という.

■ **例 A.12** ■ $X$ から $\mathbb{R}$ への写像を $X$ 上の**実数値関数**という．

■ **例 A.13** ■ $X$ から $\mathbb{C}$ への写像を $X$ 上の**複素数値関数**という．

写像 $f: X \to Y$ に対して，直積 $X \times Y$ の部分集合

$$G(f) := \{(x, f(x)) \mid x \in X\}$$

を**写像 $f$ のグラフ**という．

**【定義 A.5】(写像の相等)** 2つの写像 $f: X \to Y$, $g: U \to V$ ($U, V$ は集合) が**等しい**というのは，$X = U, Y = V$ であって，かつすべての $x \in X$ に対して，$f(x) = g(x)$ が成り立つことである．

2つの写像 $f: X \to Y$, $g: Y \to Z$ ($Z$ は集合) が与えられると，各 $x \in X$ に対して，$Z$ の元 $g(f(x))$ が1つ定まる．したがって，この対応 $x \mapsto g(f(x))$ は $X$ から $Z$ への写像を定める．この写像を $g \circ f$ と書き，$f$ と $g$ の**合成写像**と呼ぶ：

$$(g \circ f)(x) := g(f(x)), \quad x \in X.$$

一般に，$X_1, \cdots, X_{n+1}$ ($n \in \mathbb{N}$) を集合とし，$f_i: X_i \to X_{i+1}$ ($i = 1, \cdots, n$) を写像とするとき，

$$(f_n \circ \cdots \circ f_2 \circ f_1)(x) := f_n(f_{n-1}(\cdots(f_2(f_1(x)))\cdots)), \quad x \in X_1,$$

によって定義される写像 $f_n \circ \cdots \circ f_2 \circ f_1: X_1 \to X_{n+1}$ を $f_1, \cdots, f_n$ の**合成写像**という．

特に，$X_1 = \cdots = X_{n+1} = X$ で $f_1 = \cdots = f_n = f$ のとき，

$$\underbrace{f \circ \cdots \circ f}_{n\text{ 個}} = f^n$$

と書き，これを $f$ の **$n$ 乗**という．

## A.5 写像の分類

写像を分類する上での基本的な概念を定義する．$f: X \to Y$ を写像とする．
$f(X) = Y$ のとき，$f$ は**全射** (surjection) または **$Y$ の上への写像**であるという．

$x \neq x'$ $(x, x' \in X)$ ならば，つねに $f(x) \neq f(x')$ であるとき，$f$ は **1対1** または**単射** (injection) であるという．

■ **例 A.14** ■ $A \neq \emptyset$ を $X$ の部分集合とし，写像 $i_A : A \to X$ を $i_A := I_X|A$ によって定義する．これは単射である．しかし，$A \neq X$ ならば，$i_A$ は全射ではない．写像 $i_A$ を $A$ の**包含写像** (inclusion mapping) という．

$f : X \to Y$ が単射のとき，$f(X) = Z$ とすれば，$Z$ から $X$ の写像 $g : Z \to X$ を $g(y) = x$ によって定義できる．ただし，$x$ は $f(x) = y$ となる $x \in X$ である（このような $x$ は $f$ の単射性により，$y$ から一意的に決まる）．$g$ を単射 $f$ の**逆写像** (inverse mapping) と呼び，記号的に $g = f^{-1}$ と表す．

$f : X \to Y$ が単射のとき，逆写像 $f^{-1}$ の定義域は $f(X)$ である．したがって，

$$f \circ f^{-1} = I_{f(X)}, \quad f^{-1} \circ f = I_X \tag{A.1}$$

が成り立つ．

■ **例 A.15** ■ $X$ の任意の空でない部分集合 $A$ に対して，包含写像 $i_A$ の逆写像 $i_A^{-1} : A \to A$ は $A$ 上の恒等写像である：$i_A^{-1} = I_A$．

全射かつ単射である写像を**全単射** (bijection) という．

■ **例 A.16** ■ 恒等写像は全単射である．

次の定理は，与えられた写像が全単射であるかどうかを判定する上で有用である．

【**定理 A.6**】 写像 $f : X \to Y$ が全単射であるための必要十分条件は，写像 $g : Y \to X$ で

$$f \circ g = I_Y, \quad g \circ f = I_X \tag{A.2}$$

を満たすものが存在することである．この場合，$g = f^{-1}$ である．

**証明** （必要性） $f$ は全単射であるとしよう．全射性より，$f(X) = Y$．これと (A.1) より，$g = f^{-1}$ として，(A.2) が成り立つ．

（十分性） (A.2) が成り立つとしよう．このとき，第 1 式より，任意の $y \in Y$ に対して，$x = g(y)$ とおけば $f(x) = y$．したがって，$f$ は全射である．$x \neq x'$, $x, x' \in X$，とすれば，(A.2) の第 2 式により，$x = g(f(x)), x' = g(f(x'))$ であるから，$g(f(x)) \neq g(f(x'))$．これは $f(x) \neq f(x')$ を意味する． ∎

# A.6 集合の対等と濃度

2つの集合 $X, Y$ について，$X$ から $Y$ への全単射が存在するとき，$X$ と $Y$ は**対等**であるといい，$X \sim Y$ と記す．

$X \sim \{1, \cdots, n\}$ $(n \in \mathbb{N})$ であるとき，$X$ の**濃度**は $n$ であるという．この場合，$X$ は**有限集合**であるという．

$X \sim \mathbb{N}$ であるとき，$X$ の**濃度**は**可算無限**であるといい，これを $\aleph_0$ で表す．この場合，$X$ は**可算無限集合**であるという（$\aleph$ は「アレフ」と読む）．

$X \sim \mathbb{R}$ であるとき，$X$ の**濃度**は**連続体濃度**をもつといい，これを $\aleph$ で表す．この場合，$X$ は**連続無限集合**であるという．

付録 B

# 3角関数と双曲線関数

$x, y$ は任意の実数(ただし,提示された関数について,その分母が 0 となる $x, y$ は除外する),$i$ は虚数単位を表す ($i^2 = -1$).

## B.1 指数関数と3角関数

指数関数: 任意の複素数 $z$ に対して,

$$e^z := \sum_{n=0}^{\infty} \frac{z^n}{n!}.$$

余弦(コサイン)関数:

$$\cos x := \frac{e^{ix} + e^{-ix}}{2} = \sum_{n=0}^{\infty} \frac{(-1)^n}{(2n)!} x^{2n}.$$

正弦(サイン)関数:

$$\sin x := \frac{e^{ix} - e^{-ix}}{2i} = \sum_{n=0}^{\infty} \frac{(-1)^n}{(2n+1)!} x^{2n+1}.$$

**オイラーの公式**:

$$e^{ix} = \cos x + i \sin x.$$

指数関数の指数法則

$$e^{ix} e^{iy} = e^{i(x+y)}$$

を用いることにより,次の諸公式が証明される.

$$\cos^2 x + \sin^2 x = 1.$$

加法定理:
$$\cos(x \pm y) = \cos x \cos y \mp \sin x \sin y,$$
$$\sin(x \pm y) = \sin x \cos y \pm \cos x \sin y.$$

倍角の公式:
$$\cos 2x = \cos^2 x - \sin^2 x,$$
$$\sin 2x = 2 \sin x \cos x.$$

### 他の 3 角関数

正接（タンジェント）関数:
$$\tan x := \frac{\sin x}{\cos x}.$$

余正接（コタンジェント）関数:
$$\cot x := \frac{\cos x}{\sin x}.$$

セカント関数:
$$\sec x := \frac{1}{\cos x}.$$

コセカント関数:
$$\operatorname{cosec} x := \frac{1}{\sin x}.$$

指数関数の微分法則
$$\frac{d}{dx} e^{\pm ix} = \pm i e^{\pm ix}$$
を用いると次の諸関係式が証明される．

$$\frac{d}{dx} \sin x = \cos x, \quad \frac{d}{dx} \cos x = -\sin x,$$
$$\frac{d}{dx} \tan x = \sec^2 x, \quad \frac{d}{dx} \cot x = -\operatorname{cosec}^2 x,$$
$$\frac{d}{dx} \sec x = \tan x \sec x, \quad \frac{d}{dx} \operatorname{cosec} x = -\cot x \operatorname{cosec} x.$$

## B.2　双曲線関数

双曲線余弦関数:
$$\cosh x := \frac{e^x + e^{-x}}{2} = \sum_{n=0}^{\infty} \frac{x^{2n}}{(2n)!}.$$

双曲線正弦関数:

$$\sinh x := \frac{e^x - e^{-x}}{2} = \sum_{n=0}^{\infty} \frac{x^{2n+1}}{(2n+1)!}.$$

したがって,

$$e^x = \cosh x + \sinh x.$$

指数関数の指数法則

$$e^x e^y = e^{x+y}$$

を用いることにより，次の諸公式が証明される．

$$\cosh^2 x - \sinh^2 x = 1.$$

加法定理:

$$\cosh(x \pm y) = \cosh x \cosh y \pm \sinh x \sinh y,$$
$$\sinh(x \pm y) = \sinh x \cosh y \pm \cosh x \sinh y.$$

倍数変数の公式:

$$\cosh 2x = \cosh^2 x + \sinh^2 x,$$
$$\sinh 2x = 2 \sinh x \cosh x.$$

**他の双曲線関数**

双曲線正接（タンジェント）関数:

$$\tanh x := \frac{\sinh x}{\cosh x}.$$

双曲線余正接（コタンジェント）関数:

$$\coth x := \frac{\cosh x}{\sinh x}.$$

双曲線セカント関数:

$$\operatorname{sech} x := \frac{1}{\cosh x}.$$

双曲線コセカント関数:

$$\operatorname{cosech} x := \frac{1}{\sinh x}.$$

指数関数の微分法則
$$\frac{d}{dx}e^{\pm x} = \pm e^{\pm x}$$
を用いると次の諸関係式が証明される．

$$\frac{d}{dx}\sinh x = \cosh x, \quad \frac{d}{dx}\cosh x = \sinh x,$$
$$\frac{d}{dx}\tanh x = \text{sech}^2 x, \quad \frac{d}{dx}\coth x = -\text{cosech}^2 x,$$
$$\frac{d}{dx}\text{sech}\, x = -\tanh x\, \text{sech}\, x, \quad \frac{d}{dx}\text{cosech}\, x = -\coth x\, \text{cosech}\, x.$$

# 付録 C

# 円錐曲線

　円錐曲線とは楕円，双曲線，放物線の総称である．名称の由来は，これらの曲線が円錐の切り口の形態として現れることによる[1]．切り口の位置と切り口に現れる図形との対応は次のようになる（図 C.1）．円錐の頂角の半分を $\alpha$，頂点 $P$ から底面への垂線が切り口となす角を $\theta$ とする．

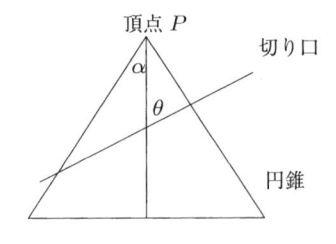

**図 C.1** 円錐曲線

$$\theta > \alpha \implies 楕円,$$
$$\theta = \alpha \implies 放物線,$$
$$\theta < \alpha \implies 双曲線.$$

　第 1 の場合で特に $\theta = \pi/2$ のとき，切り口は円になる．また，切り口が頂点 $P$ を通るときは退化して，2 本の直線や 1 本の直線あるいは点になる．
　以下，この付録では，円錐曲線の厳密な扱いを叙述する．

---

[1] 歴史的にはアポロニウス（紀元前 260 頃–200 頃，ギリシア）によるとされる．彼は円錐曲線について徹底的な詳しい研究を行い，全 8 巻からなる円錐曲線論を残した．

# C.1 楕円

$\mathbb{E}^2$ を 2 次元ユークリッド空間, $V_2$ をその基準ベクトル空間 (2 次元ユークリッドベクトル空間) とする. $\mathbb{E}^2$ の 2 点 $P, Q$ の距離を $\overline{PQ} = \|Q-P\|$ ($Q-P = \overrightarrow{PQ} \in V_2$) で表す ($\|\cdot\|$ は $V_2$ のノルム)[2].

$F, F'$ を $\mathbb{E}^2$ の 2 点とし, $a > 0$ を定数とする. 3 つの要素 $(F, F', a)$ から定まる部分集合

$$O_{F,F'}(a) := \{P \in \mathbb{E}^2 \mid \overline{FP} + \overline{F'P} = 2a\}$$

を**楕円**という. これは, つまり, 2 点 $F, F'$ からの距離の和 $\overline{FP} + \overline{F'P}$ がつねに一定で $2a$ に等しいような点 $P \in \mathbb{E}^2$ の集合のことである.

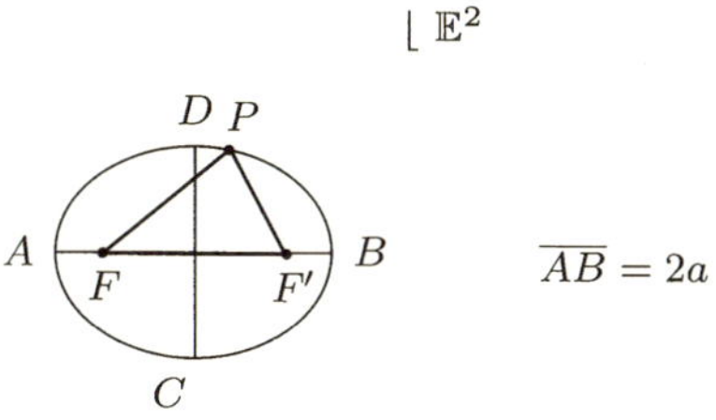

$\lfloor \mathbb{E}^2$

$\overline{AB} = 2a$

**図 C.2** 楕円のイメージ

$F, F'$ を**楕円の焦点**, $a$ を楕円 $O_{F,F'}(a)$ の**長半径**という[3].

$F = F'$ の場合の $O_{F,F'}(a)$ を点 $F$ を中心とする半径 $a$ の**円**という. つまり, 円は楕円の特殊な場合である.

$F \neq F'$ の場合, すなわち, 円でない楕円を考える (図 C.2). 線分 $FF'$ を含む無限直線が楕円 $O_{F,F'}(a)$ と交わる点をそれぞれ, $A, B$ とするとき, $AB$ を楕円 $O_{F,F'}(a)$ の**長軸**という.

$P = B$ または $P = A$ となるときを考えると, $\overline{AB} = 2a$ であることがわかる. また, 線分 $FF'$ の中点 $F + \dfrac{\overrightarrow{FF'}}{2}$ を通る, $FF'$ と垂直な無限直線が $O_{F,F'}(a)$ と交わる点をそれぞれ, $C, D$ とするとき, $CD$ を $O_{F,F'}(a)$ の**短軸**という. $\overline{CD}/2$

---

[2] (抽象) ユークリッド空間については 2 章を参照. しかし, ここでは, $\mathbb{E}^2$ は具象的な 2 次元ユークリッド空間 $\mathcal{R}^2 = \{(x,y) \mid x, y \in \mathbb{R}\}$ として読み進めて差し支えない. ただ, いずれにしてもアファイン空間であるという認識が重要である.

[3] ここで与えた楕円の定義は, 座標に依拠しない定義——内在的 (intrinsic) 定義——であることに注意. 幾何学的存在は座標系の設定に (構造的に) 先行する対象であるから, このような定義のほうが本質に即しているのである.

を $O_{F,F'}(a)$ の**短半径**という．線分 $AB$ と $CD$ の交点を $O_{F,F'}(a)$ の**中心**という．

上の定義からわかるように，1つの楕円は3つの要素 $(F, F', a)$ から決定される．これらを連続的に変えることにより，連続的に無数の相異なる楕円が得られる．

楕円の"形"と"大きさ"は，$\overline{FF'}$（焦点間の距離）と長軸の長さ——**長径**——$\overline{AB}$ によって定まる（図 C.2）．これらの長さの比

$$\varepsilon := \frac{\overline{FF'}}{2a} < 1 \tag{C.1}$$

が1に近づけば近づくほど楕円は短軸方向につぶれた形状になり，小さくなればなるほど円形に近づく．このゆえに，比 $\varepsilon$ を楕円 $O_{F,F'}(a)$ の**離心率**あるいは**扁平率**という．

## C.1.1　楕円の方程式の標準形

すでに注意したように，上述の楕円の定義は座標系の設定に依拠しない定義である．$\mathbb{E}^2$ に座標系をとることにより，楕円の座標表示——楕円の方程式——が得られる．座標系の設定の仕方は無数にあるから，楕円の座標表示も無数に存在することになる．座標表示は，本質的見地から見れば，いわば仮の姿なのだが，それでもそれなりの役割を担う．

まず，楕円の直交座標系での座標表示を求めよう．$(e_1, e_2)$ を $V_2$ の任意の正規直交基底とし，$\mathbb{E}^2$ に点 $O$ を定め，正規直交座標系 $(O; e_1, e_2)$ をとる．点 $P$ の座標を $(x, y) \in \mathbb{R}^2$ とする．すなわち，$\overrightarrow{OP} = xe_1 + ye_2$．いま，この座標系は $F, F'$ の座標がそれぞれ，$(-k, 0), (k, 0)$ となるように設定されているとしよう $(k = \|\overrightarrow{OF'}\| = \|\overrightarrow{OF}\|)$ [4]．

このとき，

$$\overrightarrow{F'P} = (x-k)e_1 + ye_2, \quad \overrightarrow{FP} = (x+k)e_1 + ye_2$$

であるから

$$r := \overline{FP}, \quad r' := \overline{F'P} \tag{C.2}$$

とおけば

$$r^2 = (x+k)^2 + y^2, \tag{C.3}$$

$$r'^2 = (x-k)^2 + y^2. \tag{C.4}$$

---

[4] $O = F + \dfrac{\overrightarrow{FF'}}{2}$ にとり，$e_1 = \overrightarrow{FF'}/\|\overrightarrow{FF'}\|$ とすればよい．

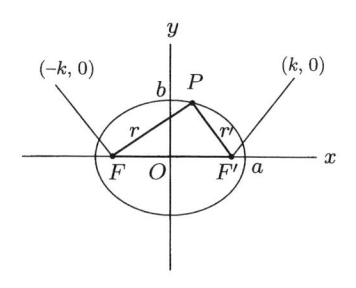

**図 C.3** 直交座標系による楕円の解析

楕円 $O_{F,F'}(a)$ の定義から
$$r + r' = 2a. \tag{C.5}$$
(C.3), (C.4) から, $r'^2 - r^2 = -4xk$. この式の左辺は $(r'+r)(r'-r) = 2a(r'-r)$ に等しいから
$$r' - r = -\frac{2k}{a}x \tag{C.6}$$
を得る. これと (C.5) を連立させて, $r, r'$ について解くと
$$r = a + \frac{k}{a}x, \quad r' = a - \frac{k}{a}x \tag{C.7}$$
が得られる. この $r$ を (C.3) に代入して $x, y$ について整理すれば
$$\left(1 - \frac{k^2}{a^2}\right)x^2 + y^2 = a^2 - k^2 \tag{C.8}$$
が得られる. 形をもう少し整えるために
$$b := \sqrt{a^2 - k^2} \tag{C.9}$$
とおけば
$$\frac{x^2}{a^2} + \frac{y^2}{b^2} = 1 \tag{C.10}$$
が導かれる. これを**楕円** $O_{F,F'}(a)$ **の方程式の標準形**という. $b$ は短軸の長さ(**短径**)の半分——**短半径**——に等しい. この場合, 離心率 $2k/(2a) = k/a$ は, $a, b$ を用いると
$$\varepsilon = \frac{\sqrt{a^2 - b^2}}{a} = \sqrt{1 - \frac{b^2}{a^2}} \tag{C.11}$$
と表される.

## C.1.2 極座標系での表示

楕円を極座標で表示すると便利な場合がある．原点を $F$ にとり，楕円 $O_{F,F'}(a)$ 上の点 $P$ の，点 $F$ に関する動径を $r$，直線 $FF'$ の向き（前項での座標系における $x$ 軸の正の向き）に関する偏角を $\theta$ とする（図 C.4）：

$$r = \overline{FP}, \quad \theta = \angle F'FP. \tag{C.12}$$

$(r, \theta) \in (0, \infty) \times \mathbb{R}$ は $P$ の変化に応じて変わる変数の組であり，これがここで考える極座標である[5]．

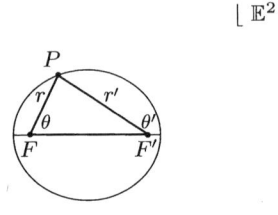

**図 C.4** 楕円の極座標（原点は $F$ または $F'$）

$x$ を前項のものとすれば，考察下の座標設定により

$$x = -k + r\cos\theta.$$

これを (C.7) の第 1 式に代入して $r$ について解けば

$$r = \frac{a^2 - k^2}{a} \cdot \frac{1}{1 - \dfrac{k}{a}\cos\theta}.$$

(C.1) から

$$k = a\varepsilon. \tag{C.13}$$

ゆえに

$$r = \frac{a(1-\varepsilon^2)}{1 - \varepsilon\cos\theta} = \frac{b^2}{a} \cdot \frac{1}{1 - \varepsilon\cos\theta}. \tag{C.14}$$

これを**楕円の極座標表示**あるいは**極方程式**という．

---

[5] いうまでもなく，原点をどこにとり，$x$ 軸をどのようにとるかで，極座標も変わる．

なお，$F'$ を原点にとった場合における，楕円 $O_{F,F'}(a)$ の極方程式は，$O_{F,F'}(a)$ を裏返して考え，(C.14) を使うことにより

$$r' = \frac{b^2}{a} \cdot \frac{1}{1 - \varepsilon \cos(\pi - \theta')} = \frac{b^2}{a} \cdot \frac{1}{1 + \varepsilon \cos \theta'} \tag{C.15}$$

となる．

## C.1.3　2次式と楕円

$O$ を $\mathbb{E}^2$ の点，$(e_1, e_2)$ を $V_2$ の正規直交基底とする（C.1.1 項のものと同じであるとは限らない）．正規直交座標系 $(O; e_1, e_2)$ における座標 $(x, y)$ が方程式

$$ax^2 - 2hxy + by^2 = c^2 \tag{C.16}$$

を満たす点の集合を $\mathcal{Q}$ とする．ただし，$a > 0, b > 0, c > 0, h \in \mathbb{R}$ は定数とする．この種の図形は，座標 $x, y$ の2次式で定義されるので2次曲線とか2次図形と呼ばれる[6]．$\mathcal{Q}$ が楕円を表す条件を求めよう[7]．

行列 $A$ を

$$A = \begin{pmatrix} a & -h \\ -h & b \end{pmatrix} \tag{C.17}$$

によって導入すると (C.16) は $\langle \boldsymbol{r}, A\boldsymbol{r} \rangle_{\mathbb{R}^2} = c^2$ と書ける．ただし，$\boldsymbol{r} = (x, y) \in \mathbb{R}^2$ であり，$\langle \cdot, \cdot \rangle_{\mathbb{R}^2}$ は内積空間 $\mathbb{R}^2$ の内積である．$\lambda \in \mathbb{R}$ とするとき，$A - \lambda I_2$ ($I_2 = \begin{pmatrix} 1 & 0 \\ 0 & 1 \end{pmatrix}$ は2次の単位行列) の行列式 $\det(A - \lambda I_2) = 0$ の解は

$$x_\pm := \frac{a + b \pm \sqrt{(a-b)^2 + 4h^2}}{2}$$

である．したがって，$A$ の固有値は $x_\pm$ である．固有値 $x_\pm$ に属する，$A$ の固有ベクトルでノルムが1のものを $\boldsymbol{u}_\pm \in \mathbb{R}^2$ とし，その成分表示を $\boldsymbol{u}_\pm = (u_{\pm,1}, u_{\pm,2})$ とする：

$$A\boldsymbol{u}_\pm = x_\pm \boldsymbol{u}_\pm. \tag{C.18}$$

---

[6] より一般的には，$ax^2 - 2hxy + by^2 + dx + fy + g = c^2 (a, b, c, d, f, g, h$ は実定数$)$ という方程式によって定義される．

[7] すでに見たように，$h = 0$ ならば，$\mathcal{Q}$ は楕円を表す．だが，この場合は，直交座標系を，2つの焦点を結ぶ方向が基底ベクトルの1つの方向に一致するようにとったという特殊事情が働いている．直交座標系を任意に選んだ場合の楕円の方程式は，一般には，$x, y$ の2次式で与えられる．

$A$ はエルミート行列であるから, $x_+ \neq x_-$ ならば, $\boldsymbol{u}_+$ と $\boldsymbol{u}_-$ は直交する：$\langle \boldsymbol{u}_+, \boldsymbol{u}_- \rangle_{\mathbb{R}^2} = 0$. $x_+ = x_-$ のときは, グラム–シュミットの直交化の方法により, $\boldsymbol{u}_+$ と $\boldsymbol{u}_-$ は直交しているとして一般性を失わない. $2 \times 2$ 行列 $T$ を

$$T = \begin{pmatrix} u_{-,1} & u_{+,1} \\ u_{-,2} & u_{+,2} \end{pmatrix}$$

によって定義すれば, $T$ は直交行列であり（すなわち, ${}^tTT = I_2 = T{}^tT$）（${}^tT$ は $T$ の転置行列）,

$${}^tTAT = \begin{pmatrix} x_- & 0 \\ 0 & x_+ \end{pmatrix}$$

が成り立つ（$A$ の対角化）. したがって

$$A = T \begin{pmatrix} x_- & 0 \\ 0 & x_+ \end{pmatrix} {}^tT.$$

そこで, 新しい変数 $X, Y \in \mathbb{R}$ を

$$\begin{pmatrix} X \\ Y \end{pmatrix} = {}^tT\boldsymbol{r} = \begin{pmatrix} u_{-,1}x + u_{-,2}y \\ u_{+,1}x + u_{+,2}y \end{pmatrix}$$

によって定義すれば $\langle \boldsymbol{r}, A\boldsymbol{r} \rangle_{\mathbb{R}^2} = x_- X^2 + x_+ Y^2$ と書ける. したがって, $\mathcal{Q}$ は, $X, Y$ を用いると

$$x_- X^2 + x_+ Y^2 = c^2 \tag{C.19}$$

と表示できる. 基底の変換 $(e_1, e_2) \mapsto (\bar{e}_2, \bar{e}_2)$ で

$$\bar{e}_1 = u_{-,1}e_1 + u_{-,2}e_2, \quad \bar{e}_2 = u_{+,1}e_1 + u_{+,2}e_2$$

となるものを考えると, $(\bar{e}_1, \bar{e}_2)$ は正規直交系であり, $xe_1 + ye_2 = X\bar{e}_1 + Y\bar{e}_2$ が成り立つ. したがって, (C.19) は正規直交座標系 $(O; (\bar{e}_1, \bar{e}_2))$ における, $\mathcal{Q}$ の座標表示である. ゆえに, C.1.1 項の結果により, $x_\pm > 0$ のとき, かつこのときに限り, $\mathcal{Q}$ は楕円を表すことがわかる. 一方, $x_\pm > 0$ は $ab > h^2$ と同値であることが簡単にわかる. よって, 次の結果を得る.

**【定理 C.1】** (C.16) で表される集合は, $ab > h^2$ のとき, かつこのときに限り楕円を表す. この場合, 半長径は $c/\sqrt{x_-}$ であり, 半短径は $c/\sqrt{x_+}$ である.

## C.2 双曲線

$\mathbb{E}^2$ において，2つの定点からの距離の差の絶対値が一定な点の集合を**双曲線**という．この場合，その2つの定点を**双曲線の焦点**という．具体的には，2つの点 $F, F' \in \mathbb{E}^2$ を焦点とする双曲線は

$$H_{F,F'}(a) = \{P \in \mathbb{E}^2 \mid |\overline{FP} - \overline{F'P}| = 2a\}$$

という形の集合のことである．ただし，$a > 0$ は定数とする．楕円の場合と同様に

$$\varepsilon = \frac{\overline{FF'}}{2a} \tag{C.20}$$

を双曲線 $H_{F,F'}(a)$ の**離心率**という．ただし，楕円の場合と異なり

$$\varepsilon > 1 \tag{C.21}$$

である（図 C.5 を参照）．

### C.2.1 双曲線の方程式の標準形

双曲線 $H_{F,F'}(a)$ の直交座標系での表示を求めよう．

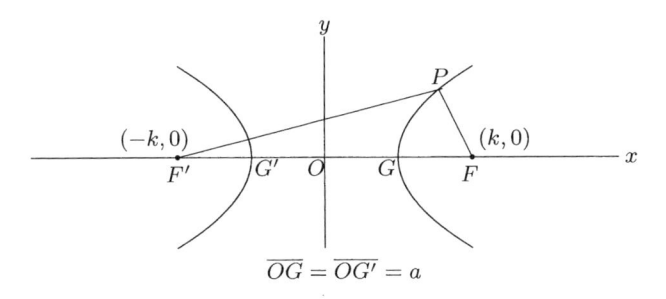

**図 C.5** 双曲線

正規直交座標系 $(O; e_1, e_2)$ をとり，点 $P \in \mathbb{E}^2$ の座標を $(x, y)$ とする（$\overrightarrow{OP} = xe_1 + ye_2$）．この座標系は $F, F'$ の座標がそれぞれ，$(k, 0), (-k, 0)$ となるように設定されているとする（$k > 0$）（図 C.5）．$\overline{F'P} = r', \overline{FP} = r$ とすれば，

$$r' - r = \pm 2a, \tag{C.22}$$

$$r^2 = (x - k)^2 + y^2, \tag{C.23}$$

$$r'^2 = (x + k)^2 + y^2. \tag{C.24}$$

楕円の場合と同様にして

$$r = \pm\left(\frac{k}{a}x - a\right), \tag{C.25}$$

$$r' = \pm\left(\frac{k}{a}x + a\right) \tag{C.26}$$

が得られる．これらを (C.23) または (C.24) に代入して整理すれば

$$\frac{x^2}{a^2} - \frac{y^2}{b^2} = 1 \tag{C.27}$$

が導かれる．ただし，

$$b := \sqrt{k^2 - a^2} \tag{C.28}$$

である（楕円の場合の $b$ とは異なることに注意）．(C.27) を**双曲線 $H_{F,F'}(a)$ の方程式の標準形**という．離心率は，$a, b$ を用いると，

$$\varepsilon = \frac{k}{a} = \sqrt{1 + \frac{b^2}{a^2}} \tag{C.29}$$

と表される．

## C.2.2 双曲線の極座標表示

$F$ を原点にとり，$x$ 軸の正の向きと線分 $FP$ のなす角を $\theta$ とすれば，(C.25) の正符号の式と $x - k = r\cos\theta$ によって

$$r = \frac{a(\varepsilon^2 - 1)}{1 - \varepsilon\cos\theta} = \frac{b^2}{a} \cdot \frac{1}{1 - \varepsilon\cos\theta} \tag{C.30}$$

が得られる．ただし，$\theta$ の動く範囲は $\cos\theta < 1/\varepsilon$ となる範囲である．

点 $P$ が図 C.5 における $H_{F,F'}(a)$ の左側の部分にある場合には

$$r' = \frac{b^2}{a} \cdot \frac{1}{1 + \varepsilon\cos\theta'} \tag{C.31}$$

となる．ただし，$\theta'$ は線分 $F'P$ と $x$ 軸の正の向きのなす角度である（(C.30) を $y$ 軸に関して鏡映して考えればよい）．

# C.3 放物線

1 点と 1 直線からの距離が等しい点の集合を放物線という．この場合，その定点を**放物線の焦点**，その直線を放物線の**準線**という．具体的にいえば，焦点を $F$,

準線を $\ell$ とする放物線は

$$\mathcal{P}_{F,\ell} := \{P \in \mathbb{E}^2 \mid \overline{FP} = \mathrm{dist}(P,\ell)\} \tag{C.32}$$

と表される．ただし，$\mathrm{dist}(P,\ell) := \inf\{\overline{PX} \mid X \in \ell\}$ （$P$ と $\ell$ との距離）．

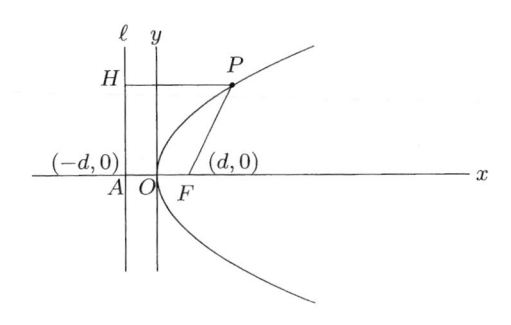

**図 C.6** 放物線

## C.3.1 放物線の方程式の標準形

図 C.6 のように正規直交座標系をとる（$d > 0$ は定数）．したがって，$\mathrm{dist}(P,\ell) = \overline{PH} = x + d$ であり，$\overline{FP} = \sqrt{(x-d)^2 + y^2}$ であるから，$P \in \mathcal{P}_{F,\ell}$ と

$$x + d = \sqrt{(x-d)^2 + y^2} \tag{C.33}$$

は同値．$x + d > 0$ にとってあるから，(C.33) の両辺を 2 乗しても同値である．したがって，$P \in \mathcal{P}_{F,\ell}$ と

$$y^2 = 4dx \tag{C.34}$$

は同値である．これを**放物線の方程式の標準形**という．

## C.3.2 放物線の極座標表示

$P \in \mathcal{P}_{F,\ell}$ とする．$\overline{FP} = r$ とし，線分 $FP$ が $x$ 軸の正の向きとなす角を $\theta \in (0, 2\pi)$ とすれば，$x = d + r\cos\theta$ であり，$y = r\sin\theta$ であるから，$r^2 \sin^2\theta = 4d(d + r\cos\theta)$．これを $r\cos\theta \in (-d, \infty)$ について解くことにより

$$r = \frac{2d}{1 - \cos\theta}. \tag{C.35}$$

これを**放物線の極方程式**という．

## C.4　円錐曲線の統一形

楕円，双曲線，放物線は極方程式を見ると同一の形をしていることがわかる．すなわち，$\varepsilon$ を正のパラメータとして

$$r = \frac{l_\varepsilon}{1 - \varepsilon \cos\theta} \tag{C.36}$$

という形である．ただし，$l_\varepsilon > 0$ は円錐曲線の種類ごとに異なる（$\varepsilon$ に依存する）定数である（図 C.7 を参照）．対応関係は次の通り：

$$\text{楕円} \longleftrightarrow 0 < \varepsilon < 1,$$

$$\text{放物線} \longleftrightarrow \varepsilon = 1,$$

$$\text{双曲線} \longleftrightarrow \varepsilon > 1.$$

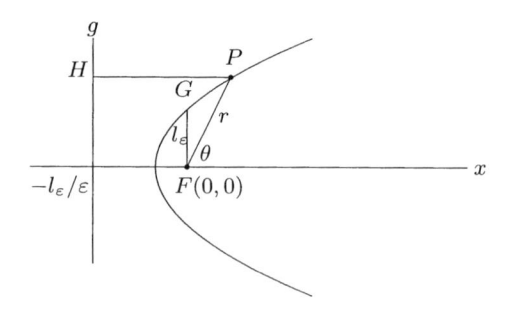

**図 C.7**　円錐曲線

定数 $l_\varepsilon$ は $\theta = \pi/2$ のときの動径 $r = \overline{FP}$ である．すなわち，図 C.7 でいうと，$l_\varepsilon = \overline{FG}$．図 C.7 の座標系において（原点は $F$，$y$ 軸の正の向きは $\overrightarrow{FG}$ の向きにとる），直線 $x = -l_\varepsilon/\varepsilon$ を考え，これを $g$ とする：

$$g: x = -\frac{l_\varepsilon}{\varepsilon}.$$

点 $P$ から $g$ に下した垂線の足を $H$ とする．このとき，$\overline{HP} = (l_\varepsilon/\varepsilon) + r\cos\theta$，$\overline{FP} = r$ と (C.36) によって

$$\frac{\overline{HP}}{\overline{FP}} = \frac{1}{\varepsilon}$$

が成り立つ．したがって，焦点を $F$ とする円錐曲線は，直線 $g$ と点 $F$ との距離の比が一定となるような点 $P$ の集合として特徴づけられることがわかる．直線 $g$ を円錐曲線の**準線**という．

# あとがき

　本書の主眼は，現代的な数理物理学の全体像を入門的なレヴェルで提示することであり，「まえがき」や序章で示唆したように，物理現象の数学的諸原理を座標から自由な絶対的アプローチのもとに叙述し，もって物理理論の数学的構造をその根源から理念的・概念的に明晰に把握することにある．そのため，具体的な問題を十分多く扱うことができなかった．これについては適当な本で補っていただきたい．また，微分形式に関する積分定理——総称的にストークスの定理と呼ばれる——についても，紙数の都合上，割愛せざるをえなかった．

　最後に，本書に関連する書物をいくつかあげておく．さらに進んだ学習をするための参考になれば幸いである．しかし，以下にあげる書物の選択は多分に個人的なものである．文献検索に関する筆者の怠惰のために良い本が見落とされていることを恐れる．この点は寛容を乞うしだいである[1]．

## I. ベクトル解析

この分野における絶対的アプローチの本は少ないように見える．

1. ニッカーソン，スペンサー，スティーンロッド『現代ベクトル解析』（原田重春・佐藤正次 訳），岩波書店，1974．

これは，絶対的アプローチによる本格的なベクトル解析の本である．私事で恐縮であるが，この本は筆者が学生時代に読んで感銘を受けた数学書の1つである．本書の1章〜6章を書く際にも参考にした．

　ベクトル，テンソル，微分形式およびストークスの定理について，非常に丁寧に書かれている入門的な本として

---

[1] 物理の本は，ありあまるほど出版されているので，ここでは，基本的にとりあげない．現代物理学を一望するには，江沢 洋『現代物理学』（朝倉書店，1996）を推薦する．

2. 志賀浩二『ベクトル解析30講』，数学30講シリーズ7，朝倉書店，1989

がある[2]．

## II. ニュートン力学と解析力学

古典力学の数理物理の名著として

3. アーノルド『古典力学の数学的方法』（安藤ほか訳），岩波書店，1980

がある．

本書では割愛した，常微分方程式論における基本的事項（解の存在定理，一意性定理等）ならびに解析力学のより詳しい数学的理論については

4. 伊藤秀一『常微分方程式と解析力学』，共立出版，1998

を参照されたい．この本には力学系の理論に関する文献も多く載っている．

次の2冊も，解析力学を本書よりも詳しく学ぶには，よい本であろう．

5. 保江邦夫『数理物理学方法序説6 解析力学』，日本評論社，2000．

6. 山本義隆・中村孔一『解析力学 I, II』，朝倉書店，1998．

## III. 電磁気学

本書と同様，絶対的アプローチによる本として

7. 有馬 哲・浅枝 陽『ベクトル場と電磁場』，東京図書，1993

がある．

電磁気の物理理論をじっくりと学ぶには

8. ファインマン，レイトン，サンズ『ファインマン物理学 III 電磁気学』（宮島龍興 訳），岩波書店，1974，

9. 同『ファインマン物理学 IV 電磁波と物性』（戸田盛和 訳），岩波書店，1974

を推薦する．

---

[2] ストークスの定理については，スピヴァック『多変数解析学』（斉藤正彦 訳），東京図書，1977 も参考になるであろう．これは多様体論の初歩を学ぶのにもよい本である．

## IV. 特殊相対性理論

次の2冊は,本書と同様の観点から,特殊相対性理論の数学的構造を論じている.

10. 有馬 哲ほか『ミンコフスキー空間と特殊相対性』,東京図書, 1993.

11. 前原昭二『線形代数と特殊相対論』,数学セミナー増刊,入門現代の数学 4,日本評論社, 1981.

もう少し物理よりものとして

12. シュッツ『相対論入門 上』(江里口良治・二間瀬敏史 訳),丸善, 1988

がある.

## V. 一般相対性理論

13. 佐藤文隆・児玉英雄『一般相対性理論』,岩波書店, 2000.

14. シュッツ『相対論入門 下』(江里口良治・二間瀬敏史 訳),丸善, 1988.

15. 保江邦夫『数理物理学方法序説 8 微分幾何学』,日本評論社, 2000.

## VI. 量子力学

本書に続いて読める本として次のものがある.

16. 拙著『ヒルベルト空間と量子力学』,共立出版, 1997.

17. 新井朝雄・江沢 洋『量子力学の数学的構造 I, II』,朝倉書店, 1999.

18. 保江邦夫『数理物理学方法序説 3 量子力学』,日本評論社, 2001.

量子力学の物理については,たとえば,

19. 江沢 洋『量子力学 (I), (II)』,裳華房, 2002

に懇切丁寧な論述が見られる.

有限自由度の量子力学の先に無限自由度の量子力学,すなわち,場の量子論がある.この理論の数学的基礎については,次の書物に詳しく論じられている.

20. 荒木不二洋『量子場の数理』,岩波講座 現代の物理学 21, 岩波書店, 1993.

21. 拙著『フォック空間と量子場 上下』, 日本評論社, 2000.

## VII. 数理物理学全般

　数理物理学の基礎事項に関して,本書でふれることができなかった部分については,次のシリーズを参照されたい.

22. 保江邦夫『数理物理学方法序説 1〜8』(1. 複素関数論, 2. ヒルベルト空間論, 3. 量子力学, 4. 確率論, 5. 変分学, 6. 解析力学, 7. 連続群論, 8. 微分幾何学) および別巻『物理数学における微分方程式』, 日本評論社, 2000〜2002.

　数理物理学の研究の最前線の動向については,次の解説論文集が参考になる.

23. 江沢 洋 編『数理物理への誘い』, 遊星社, 1994.

24. 荒木不二洋 編『数理物理への誘い 2』, 遊星社, 1997.

25. 江沢 洋 編『数理物理への誘い 3』, 遊星社, 2000.

26. 荒木不二洋 編『数理物理への誘い 4』, 遊星社, 2002.

# 演習問題解答

## 第1章

**1.** (i) 零ベクトルが2つあったとして, それらを $0, 0'$ とすれば, $0+0'=0, 0'+0=0'$ が成り立つ. 和の交換法則により, これらの式の左辺は等しい. したがって, $0=0'$. 次に, ベクトル $u$ の逆ベクトルが2つあったとして, それらを $u_1, u_2$ とすれば, $u+u_1=0, u+u_2=0$. 第1式の両辺に $u_2$ を加え, 和の結合法則および第2式を用いると $0+u_1=u_2+0$. ゆえに $u_1=u_2$.

(ii) 定義 1.1 の (II.3) において, $\alpha=\beta=0$ とすれば, $0u=0u+0u$. 両辺に $-0u$ を加えれば, 左辺は $0_V$ になり, 右辺は $0u$ になる. したがって, $0u=0_V$.

(iii) 定義 1.1 の (II.3) によって, $(-\alpha)u+\alpha u=(-\alpha+\alpha)u=0u=0_V$. したがって, $(-\alpha)u=-\alpha u$.

**2.** (i) $D=\{w_i\}_{i=0}^N$ とする ($w_i \neq w_j, i \neq j$). 仮に, ある番号 $i$ があって, $w_i=0_V$ とすれば, $0w_1+\cdots+0w_{i-1}+1w_i+0w_{i+1}+\cdots+0w_N=0_V$. これは, $\{w_i\}_{i=1}^N$ が線形独立でないことを意味する. ゆえに, すべての $i=1,\cdots,N$ に対して, $w_i \neq 0_V$.

(ii) $\{u_k\}_{k=1}^n \subset D, \sum_{k=1}^n a_k u_k=0$ とする. $D\setminus\{u_k\}_{k=1}^n=\{v_j\}_{j=1}^m$ とすれば, $\sum_{k=1}^n a_k u_k+\sum_{j=1}^m 0 v_j=0$. $D$ は線形独立であるから, $a_k=0, k=1,\cdots,n$. ゆえに, $\{u_k\}_{k=1}^n$ は線形独立.

**3.** $\sum_{i=1}^n a_i \boldsymbol{e}_i=0$ とする ($a_i \in \mathbb{K}$). 左辺を計算すると $(a_1,\cdots,a_n)$ に等しい. したがって, $a_i=0, i=1,\cdots,n$. ゆえに $(\boldsymbol{e}_i)_{i=1}^n$ は線形独立.

**4.** $\sum_{i=0}^n a_i p_i=0$ とする ($a_i \in \mathbb{K}$). したがって, 任意の $t \in \mathbb{R}$ に対して, $\sum_{i=0}^n a_i t^i=0$. $t=0$ とおくと, $a_0=0$. したがって, $\sum_{i=1}^n a_i t^i=0$. $t$ で微分して, $t=0$ とおけば, $a_1=0$. ゆえに, $\sum_{i=2}^n a_i t^i=0$. 今度は $t$ で2回微分して, $t=0$ とおけば, $a_2=0$. 以下, 同様にして, $a_i=0, i=0,\cdots,n$ が導かれる. ゆえに $(p_i)_{i=0}^n$ は線形独立.

**5.** (i) 仮定により, 同時には0でない数の組 $c_1,\cdots,c_n$ があって $\sum_{j=1}^n c_j u_j=0 \cdots (*)$ が成り立つ. $c_1,\cdots,c_n$ のうち, 0でないものの1つを $c_i$ とする. このとき, $a_j:=-c_j/c_i \ (j \neq i)$ とおけば, $(*)$ より, $u_i=\sum_{j \neq i} a_j u_j$ が成り立つ.

(ii) $u_1 \neq 0$ より，$\{u_1\}$ は線形独立．これと仮定により，番号 $k$ $(2 \leq k \leq n)$ で $u_1, u_2, \cdots, u_{k-1}$ が線形独立かつ $u_1, u_2, \cdots, u_{k-1}, u_k$ は線形従属となるものがある．したがって，同時には $0$ でない数の組 $b_1, \cdots, b_k$ があって $\sum_{j=1}^k b_j u_j = 0$. もし，$b_k = 0$ とすると，$\sum_{j=1}^{k-1} b_j u_j = 0$ となるから，$u_1, \cdots, u_{k-1}$ の線形独立性により，$b_1 = \cdots = b_{k-1} = 0$ となって，矛盾．したがって，$b_k \neq 0$. ゆえに $u_k = \sum_{j=1}^{k-1} (-b_j/b_k) u_j$. ゆえに題意が成立．

**6.** (i) 必要性は次元の定義から明らか．（十分性）$(u_i)_{i=1}^n \subset V$ を線形独立なベクトルの集合とする．このとき，任意の $u \in V$ に対して，$u_{n+1} = u$ とおくと，仮定により，$(u_1, \cdots, u_n, u_{n+1})$ は線形従属．したがって，演習問題5(ii)によって，ある番号 $k \in \{2, \cdots, n+1\}$ があって，$u_1, \cdots, u_{k-1}$ は線形独立で，$u_k$ は $u_1, \cdots, u_{k-1}$ の線形結合で表される．$(u_i)_{i=1}^n$ の線形独立性により，$k = n+1$ でなければならない．したがって，$u \in \mathcal{L}(\{u_i\}_{i=1}^n)$. これは $V = \mathcal{L}(\{u_i\}_{i=1}^n)$ を意味するから，$(u_i)_{i=1}^n$ は $V$ の基底である．ゆえに，$\dim V = n$.

(ii) （必要性）$V$ が無限次元とし，$(u_i)_{i=1}^k$ を線形独立な集合とする．無限次元性により，$u_1, \cdots, u_k$ の線形結合で表されないベクトル $u_{k+1} \in V$ が存在する．このとき，$u_1, \cdots, u_{k+1}$ は線形独立である．したがって，いまの議論を繰り返せば，ベクトル $u_{k+2} \in V$ で $u_1, \cdots, u_{k+1}, u_{k+2}$ は線形独立となるものが存在する．以下，同様に，任意の自然数 $n$ に対して，線形独立な $n$ 個のベクトルが存在することが示される．（十分性）(i)による．

(iii) 仮に $W$ が無限次元ならば，(i), (ii) によって，$V$ も無限次元となり，矛盾．$\dim W = m$ とする．もし，$m \geq n+1$ ならば，$W$ の中に線形独立な $(n+1)$ 個のベクトルが存在することになるから，(i)によって矛盾が生じる．ゆえに $m \leq n$. $\dim W = n$ とし，その基底を $(w_i)_{i=1}^n$ とする．$V$ の基底を $(e_i)_{i=1}^n$ としよう．このとき，$w_1, e_1, \cdots, e_n$ は線形従属であり，$w_1 \neq 0$ であるから，演習問題5(ii)により，番号 $k \in \{1, \cdots, n\}$ があって，$w_1, e_1, \cdots, e_{k-1}$ は線形独立かつ $e_k$ は $w_1, e_1, \cdots, e_{k-1}$ の線形結合で表される．そこで，$f_1 = e_1, \cdots, f_{k-1} = e_{k-1}, f_k = e_{k+1}, \cdots, f_{n-1} = e_n$ とすれば，$V = \mathcal{L}(\{w_1, f_1, \cdots, f_{n-1}\})$. 次に $w_2, w_1, f_1, \cdots, f_{n-1}$ は線形従属であり，$w_2, w_1$ は線形独立であるから，同様にして $V = \mathcal{L}(\{w_2, w_1, g_1, \cdots, g_{n-2}\})$ と書ける（$\{g_1, \cdots, g_{n-2}\} \subset \{f_i\}_{i=1}^{n-1}$）．以下，この手続きを繰り返せば，$V = \mathcal{L}(\{w_n, \cdots, w_2, w_1\})$ が示される．右辺は $W$ に等しいから，$V = W$ を得る．

**7.** 2 通りの証明を与える．(i)（直接証明）写像 $T : M_1 \dotplus M_2 \to M_1 \oplus M_2$ を $T(u+v) = (u, v), u \in M_1, v \in M_2$ によって定義する．これは明らかに線形であり，全射．$T(u+v) = 0$ ならば $(u, v) = 0$, したがって，$u = 0, v = 0$. ゆえに $u + v = 0$. よって，$T$ は単射．一意性は自明．(ii)（定理 1.22 を使う方法）$M_1$ の基底を $(e_i)_{i=1}^n$, $M_2$ の基底を $(f_j)_{j=1}^m$ とし，$\xi_i = (e_i, 0) \in M_1 \oplus M_2, i = 1, \cdots, n; \xi_{n+j} = (0, f_j) \in M_1 \oplus M_2, j = 1, \cdots, m$ とおく．このとき，$(\xi_i)_{i=1}^{m+n}$ は $M_1 \oplus M_2$ の基底である．一方，$\theta_i = e_i, i = 1, \cdots, n; \theta_{n+j} := f_j, j = 1, \cdots, m$ とおけば，$(\theta_i)_{i=1}^{n+m}$ は $M_1 \dotplus M_2$ の基底である．したがって，定理1.22により，同

型写像 $T: M_1 \dotplus M_2 \to M_1 \oplus M_2$ で $T\theta_i = \xi_i, i = 1, \cdots, n+m$ となるものが唯 1 つ存在する．$u+v = \sum_{i=1}^n u^i \theta_i + \sum_{j=1}^m v^j \theta_{n+j}$ であるから，$T(u+v) = \sum_{i=1}^n u^i \xi_i + \sum_{j=1}^m v^j \xi_{n+j} = (u,v)$．

**8.** 例 1.31 によって，$u_1 \wedge \cdots \wedge u_p = \sqrt{p!}\mathcal{A}_p(u_1 \otimes \cdots \otimes u_p)$ であるから

$$(u_1 \wedge \cdots \wedge u_p)(\phi^1, \cdots, \phi^p) = \frac{1}{\sqrt{p!}} \sum_{\sigma \in S_p} \mathrm{sgn}(\sigma) u_{\sigma(1)}(\phi^1) \cdots u_{\sigma(p)}(\phi^p)$$

$$= \frac{1}{\sqrt{p!}} \det\left(\phi^i(u_j)\right).$$

**9.** 前問によって，任意の $\phi_1, \cdots, \phi_p \in V^*$ に対して

$$\mathrm{sgn}(\sigma) \mathcal{A}_p(u_{\sigma(1)} \otimes \cdots \otimes u_{\sigma(p)})(\phi_1, \cdots, \phi_p)$$

$$= \frac{1}{p!} \sum_{\tau \in S_p} \mathrm{sgn}(\sigma\tau) \phi_1(u_{\sigma\tau(1)}) \cdots \phi_p(u_{\sigma\tau(p)})$$

$$= \frac{1}{p!} \sum_{\tau' \in S_p} \mathrm{sgn}(\tau') \phi^1(u_{\tau'(1)}) \cdots \phi^p(u_{\tau'(p)})$$

$$= \mathcal{A}_p(u_1 \otimes \cdots \otimes u_p)(\phi_1, \cdots, \phi_p).$$

**10.** 任意の $u_1, \cdots, u_p \in V$ に対して $(P_\sigma P_\tau)(u_1 \otimes \cdots \otimes u_p) = P_\sigma u_{\tau(1)} \otimes \cdots \otimes u_{\tau(p)}$
$= u_{\tau(\sigma(1))} \otimes \cdots \otimes u_{\tau(\sigma(p))} = P_{\tau\sigma}(u_1 \otimes \cdots \otimes u_p)$．これから，任意の $T \in \bigotimes^p V$ に対して $P_\sigma P_\tau(T) = P_{\tau\sigma}(T)$．ゆえに $P_\sigma P_\tau = P_{\tau\sigma}$．

**11.** (i) 定理 1.40(i), (ii) によって任意の $T \in \bigotimes^p V$ に対して，$\mathcal{S}_p(\mathcal{S}_p(T)) = \mathcal{S}_p(T)$．左辺は $\mathcal{S}_p^2(T)$ に等しい．ゆえに，$\mathcal{S}_p^2 = \mathcal{S}_p$．

(ii) 定理 1.40(iii),(iv) によって，任意の $T \in \bigotimes^p V$ に対して，$\mathcal{A}_p(\mathcal{A}_p(T)) = \mathcal{A}_p(T)$．左辺は $\mathcal{A}_p^2(T)$ に等しい．ゆえに，$\mathcal{A}_p^2 = \mathcal{A}_p$．

**12.** (i), (ii), (iii) は外積の定義に即して計算すればわかるので詳細は省略．

(iv) $T = u_1 \wedge \cdots \wedge u_p, S = v_1 \wedge \cdots \wedge v_q$ とすれば，$T \wedge S = \sqrt{(p+q)!/(p!q!)}$
$\mathcal{A}_{p+q}((u_1 \wedge \cdots \wedge u_p) \otimes (v_1 \wedge \cdots \wedge v_q))$．演習問題 9 の事実を繰り返し使えば，

$$\mathcal{A}_{p+q}((u_1 \otimes \cdots \otimes u_p) \otimes (v_1 \otimes \cdots \otimes v_q))$$
$$= (-1)^q \mathcal{A}_{p+q}((u_1 \otimes \cdots \otimes u_{p-1}) \otimes (v_1 \otimes \cdots \otimes v_q) \otimes u_p)$$
$$= (-1)^q (-1)^q \mathcal{A}_{p+q}((u_1 \otimes \cdots \otimes u_{p-2}) \otimes (v_1 \otimes \cdots \otimes v_q) \otimes u_{p-1} \otimes u_p)$$
$$= (-1)^{pq} \mathcal{A}_{p+q}((v_1 \otimes \cdots \otimes v_q) \otimes (u_1 \otimes \cdots \otimes u_p)).$$

したがって，$T \wedge S = (-1)^{pq} S \wedge T$．

(v) $p$ が奇数ならば $p^2$ も奇数であるから $(-1)^{p^2} = -1$．したがって，(iv) より，$T \wedge T = (-1)^{p^2} T \wedge T = -T \wedge T$．ゆえに $2T \wedge T = 0$．

**13.** $E_{i_1\cdots i_p} := \mathcal{S}_p(e_{i_1} \otimes \cdots \otimes e_{i_p})$ とおく. $\sum_{i_1 \leq \cdots \leq i_p} a_{i_1\cdots i_p} E_{i_1\cdots i_p} = 0$ とする $(a_{i_1\cdots i_p} \in \mathbb{K})$. $(\phi^i)_{i=1}^p$ を $(e_i)$ の双対基底とすれば, $j_1 \leq \cdots \leq j_p$ に対して, $\sum_{i_1 \leq \cdots \leq i_p} a_{i_1\cdots i_p} E_{i_{\sigma(1)}\cdots i_{\sigma(p)}}(\phi^{j_1}, \cdots, \phi^{j_p}) = 0$. 一方,

$$\sum_{i_1 \leq \cdots \leq i_p} \sum_{\sigma \in \mathsf{S}_p} a_{i_1\cdots i_p} E_{i_{\sigma(1)}\cdots i_{\sigma(p)}}(\phi^{j_1}, \cdots, \phi^{j_p}) = a_{j_1\cdots j_p}.$$

したがって, $a_{j_1\cdots j_p} = 0$. ゆえに $(E_{i_1\cdots i_p})_{i_1 \leq \cdots \leq i_p}$ は線形独立. 任意の $S \in \bigotimes_\mathrm{s}^p V$ は $E_{i_1\cdots i_p} (i_1 \leq \cdots \leq i_p)$ の線形結合で書けるから, $(E_{i_1\cdots i_p})_{i_1 \leq \cdots \leq i_p}$ は $S \in \bigotimes_\mathrm{s}^p V$ の基底である.

**14.** (i) 任意の $u \in V$ に対して, $u - u = 0 \in W$ であるから, $u \sim u$ (反射律). $u \sim v\ (v \in V)$ ならば $u - v \in W$ であるから, $v - u = (-1)(u-v) \in W$. したがって, $v \sim u$ (対称律). $u \sim v, v \sim w\ (v, w \in V)$ ならば, $u - v \in W, v - w \in W$ であり, $W$ は部分空間であるから $(u-v) + (v-w) \in W$. 左辺は $u - w$ に等しいから, $u - w \in W$. ゆえに $u \sim w$ (推移律).

(ii) $(\alpha u + \beta v) - (\alpha u' + \beta v') = \alpha(u - u') + \beta(v - v') \in W$ $(\because u - u', v - v' \in W)$.

(iii) (ii) によって, $u \sim u', v \sim v'$ ならば, $u + v \sim u' + v'$ であるから, $[u+v] = [u'+v']$. したがって, 和 $[u] + [v]$ は同値類の代表元の選び方によらず決まる. 同様にスカラー倍 $\alpha[u]$ も同値類の代表元の選び方によらず定義されている.

(iv) 和の交換法則, 結合法則およびスカラー倍の法則性は容易に確かめられる. 任意の $w \in W$ と $u \in V$ に対して, $[u] + [w] = [u+w] = [u]$ $(\because (u+w) - u = w \in W$ なので $u + w \sim u)$. したがって, $[w]$ はゼロベクトルである. いま, これを $O_{V/\sim}$ で表す. また, $[u] + [-u] = [u - u] = [0] = O_{V/\sim}$. したがって, $[u]$ の逆ベクトルは $[-u]$ である.

(v) $\dim V = n, \dim W = m \leq n$ とする. (a) $m = n$ のときは, $V/\sim\, = \{O_{V/\sim}\}$ であるから, $\dim V/\sim\, = 0 = n - n = \dim V - \dim W$. (b) $m < n$ の場合. $W$ の基底を $e_1, \cdots, e_m$ とすれば, $(n-m)$ 個のベクトル $e_{m+1}, \cdots, e_n \in V \setminus W$ で $e_1, \cdots, e_n$ が $V$ の基底となるものが存在する. $U = \mathcal{L}(\{e_i\}_{i=m+1}^n)$ とすれば, $V = W \dotplus U$. 任意の $u \in V$ は $u = \sum_{i=1}^n u^i e_i$ と展開できるから, $[u] = \sum_{i=1}^n u^i[e_i] = \sum_{i=m+1}^n u^i[e_i]$ $(\because [e_i] = O_{V/\sim}, i = 1, \cdots, m)$. 一方, $\{[e_i]\}_{i=m+1}^n$ は線形独立である. 実際, $\sum_{i=m+1}^n a_i[e_i] = O_{V/\sim} (a_i \in \mathbb{K})$ とすれば, 左辺は $[\sum_{i=m+1}^n a_i e_i]$ に等しいから, $\sum_{i=m+1}^n a_i e_i \in W$. $U \cap W = \{0\}$ であるから, $\sum_{i=m+1}^n a_i e_i = 0$. これと $(e_i)$ の線形独立性により, $a_i = 0, i = m+1, \cdots, n$. ゆえに $\{[e_i]\}_{i=m+1}^n$ は線形独立である. 以上から, $\{[e_i]\}_{i=m+1}^n$ は $V/\sim$ の基底である. したがって, $\dim V/\sim\, = n - m = \dim V - \dim W$.

**15.** $v_j = \sum_{i=1}^n v_j^i e_i$ と展開すれば $v_1 \wedge \cdots \wedge v_n = \sum_{i_1,\cdots,i_n=1}^n v_1^{i_1} \cdots v_n^{i_n} e_{i_1} \wedge \cdots \wedge e_{i_n}$. したがって, $\bigwedge^n A(v_1 \wedge \cdots \wedge v_n) = \sum_{i_1,\cdots,i_n=1}^n v_1^{i_1} \cdots v_n^{i_n}(Ae_{i_1} \wedge \cdots \wedge Ae_{i_n})$. $A$ および外積の線形性を使えば, 右辺は $Av_1 \wedge \cdots \wedge Av_n$ に等しいことがわかる.

**16.** $S = S_n T_n^{-1} T$ が成り立つ. $S$ と $T$ は同じ向きに属するから,$S_n T_n^{-1} > 0$. これは $T_n$ と $S_n$ が同符号であることを意味する.

# 第2章

**1.** $u_1 \wedge \cdots \wedge u_p = \sqrt{p!} \mathcal{A}_p(u_1 \otimes \cdots \otimes u_p)$ を用いると

$$\langle u_1 \wedge \cdots \wedge u_p, v_1 \wedge \cdots \wedge v_p \rangle$$
$$= \frac{1}{p!} \sum_{\sigma \in \mathsf{S}_p} \sum_{\tau \in \mathsf{S}_p} \mathrm{sgn}(\sigma)\mathrm{sgn}(\tau) \langle u_{\sigma(1)} \otimes \cdots \otimes u_{\sigma(p)}, v_{\tau(1)} \otimes \cdots \otimes v_{\tau(p)} \rangle$$
$$= \frac{1}{p!} \sum_{\sigma \in \mathsf{S}_p} \mathrm{sgn}(\sigma) \sum_{\tau \in \mathsf{S}_p} \mathrm{sgn}(\tau) g(u_{\sigma(1)}, v_{\tau(1)}) \cdots g(u_{\sigma(p)}, v_{\tau(p)}) \cdots (*).$$

そこで,$\tau(j) = \tau\sigma^{-1}(\sigma(j))$ と書けることに注意すると

$$(*) = \frac{1}{p!} \sum_{\sigma \in \mathsf{S}_p} \mathrm{sgn}(\sigma) \sum_{\tau \in \mathsf{S}_p} \mathrm{sgn}(\tau) g(u_1, v_{\tau\sigma^{-1}(1)}) \cdots g(u_p, v_{\tau\sigma^{-1}(p)}).$$

$\tau' = \tau\sigma^{-1}$ と和の変数を代え,$\mathrm{sgn}(\tau') = \mathrm{sgn}(\tau)\mathrm{sgn}(\sigma^{-1}) = \mathrm{sgn}(\tau)\mathrm{sgn}(\sigma)$ を用いると

$$(*) = \sum_{\tau' \in \mathsf{S}_p} \mathrm{sgn}(\tau') g(u_1, v_{\tau'(1)}) \cdots g(u_p, v_{\tau'(p)}) = \det(g(u_i, v_j)).$$

**2.** (i) 任意の $u_i, v_i \in V (i=1,\cdots,p)$ に対して

$$\langle u_1 \otimes \cdots \otimes u_p, \mathcal{S}_p(v_1 \otimes \cdots \otimes v_p) \rangle$$
$$= \frac{1}{p!} \sum_{\sigma \in \mathsf{S}_p} g(u_1, v_{\sigma(1)}) \cdots g(u_p, v_{\sigma(p)})$$
$$= \frac{1}{p!} \sum_{\sigma \in \mathsf{S}_p} g(u_{\sigma^{-1}(1)}, v_1) \cdots g(u_{\sigma^{-1}(p)}, v_p)$$
$$= \langle \mathcal{S}_p(u_1 \otimes \cdots \otimes u_p), v_1 \otimes \cdots \otimes v_p \rangle.$$

これから,任意の $T, S \in \bigotimes^p V$ に対して ($T, S$ は単テンソルの線形結合で表されるので) $\langle T, \mathcal{S}_p(S) \rangle = \langle \mathcal{S}_p(T), S \rangle$ が導かれる.したがって,$\mathcal{S}_p^* = \mathcal{S}_p$.

(ii) $\{E_\mathbf{i} \mid 1 \leq i_1 \leq \cdots \leq i_p \leq n\}$ が $\bigotimes_\mathsf{s}^p V$ の基底であることは1章の演習問題13による.$i_1, \cdots, i_p$ の相異なるものを小さい順に $l_1, \cdots, l_r (r \leq p, l_1 < \cdots < l_r)$ とする.$\mathbf{i}$ のうち,$l_k$ に等しいものの個数を $n_k$ とする ($n_k = \alpha_\mathbf{i}(l_k); n_1 + \cdots + n_r = p$).(i) の結果を用いると

$$\langle E_\mathbf{i}, E_\mathbf{i} \rangle$$

$$= \frac{p!}{\alpha_{\mathbf{i}}(1)!\cdots\alpha_{\mathbf{i}}(n)!} \langle e_{i_1} \otimes \cdots \otimes e_{i_p}, \mathcal{S}_p(e_{i_1} \otimes \cdots \otimes e_{i_p}) \rangle$$

$$= \frac{1}{\alpha_{\mathbf{i}}(1)!\cdots\alpha_{\mathbf{i}}(n)!} \sum_{\sigma \in \mathsf{S}_p} \langle e_{i_1}, e_{i_{\sigma(1)}} \rangle \cdots \langle e_{i_p}, e_{i_{\sigma(p)}} \rangle$$

$$= \frac{1}{n_1!\cdots n_r!} \sum_{\sigma \in \mathsf{S}_p} \delta_{l_1 i_{\sigma(1)}} \cdots \delta_{l_1 i_{\sigma(n_1)}} \delta_{l_2 i_{\sigma(n_1+1)}} \cdots \delta_{l_2 i_{\sigma(n_1+n_2)}} \cdots \delta_{l_r i_{\sigma(p)}}$$

$$= \frac{1}{n_1!\cdots n_r!} \cdot n_1!\cdots n_r! = 1.$$

したがって，$\|E_{\mathbf{i}}\| = 1$. また，任意の $\mathbf{i}, \mathbf{j}$ に対して，上と同様にして

$$\langle E_{\mathbf{i}}, E_{\mathbf{j}} \rangle$$
$$= \frac{1}{\sqrt{\alpha_{\mathbf{i}}(1)!\cdots\alpha_{\mathbf{i}}(n)!\alpha_{\mathbf{j}}(1)!\cdots\alpha_{\mathbf{j}}(n)!}} \sum_{\sigma \in \mathsf{S}_p} \langle e_{i_1}, e_{j_{\sigma(1)}} \rangle \cdots \langle e_{i_p}, e_{j_{\sigma(p)}} \rangle.$$

$\mathbf{i} \neq \mathbf{j}$ ならば，各 $\sigma$ に対して，$i_l \neq j_{\sigma(l)}$ となる $l$ がある．ゆえに上の式の右辺は $0$. 以上から，題意が成立．

**3.** 3 角不等式により，$\|u\| = \|(u-v)+v\| \leq \|u-v\| + \|v\|$. したがって，$\|u\| - \|v\| \leq \|u-v\|$. $u$ と $v$ の役割を交換すれば，求める不等式が得られる．

**4.** (d.1), (d.2) は明らか．(d.3) はノルムの 3 角不等式を使えばよい：$d_V(u,v) = \|(u-w)+(w-v)\| \leq \|u-w\| + \|w-v\| = d_V(u,w) + d_V(w,v)$.

**5.** 任意の $S \in \bigwedge^0 V = \mathbb{R}$ に対して $\langle *\tau_n, S \rangle \tau_n = S\tau_n = \langle 1, S \rangle \tau_n$. したがって，$\langle *\tau_n, S \rangle = \langle 1, S \rangle$. ゆえに，$*\tau_n = 1$. また，任意の $\omega \in \bigwedge^n V$ に対して，$\omega = \lambda \tau_n$ と書けるから $(\lambda = \varepsilon(\tau_n)\langle \tau_n, \omega \rangle \in \mathbb{R})$，$\langle *1, \omega \rangle \tau_n = \omega = \lambda \tau_n = \langle \varepsilon(\tau_n)\tau_n, \omega \rangle \tau_n$. したがって，$*1 = \varepsilon(\tau_n)\tau_n$.

**6.** (i) この場合の底変換の行列 $P = (P^i_j)$ は対角行列で $P^j_i = \delta^j_i \varepsilon_i$ となる場合であり，この $P$ は正則であるから $(\bar{e}_i)$ は基底である（もちろん，直接，線形独立性を示してもよい）．

(ii) $u = \sum_{i=1}^n u^i e_i = \sum_{i=1}^n u^i \varepsilon_i \bar{e}_i$ による．

(iii) $\Theta = \Theta_n e_1 \wedge \cdots \wedge e_n = \varepsilon_1 \cdots \varepsilon_n \Theta_n \bar{e}_1 \wedge \cdots \wedge \bar{e}_n$. したがって，基底 $\bar{e}_1 \wedge \cdots \wedge \bar{e}_n$ に関する $\Theta$ の成分は $(\prod_{i=1}^n \varepsilon_i)\Theta_n$.

**7.** $D \subset (D^\perp)^\perp$ は直交補空間の定義からわかる．$u \in (D^\perp)^\perp$ とする．直交分解定理（定理 2.15）によって，$u = u_D + v$ と書ける．ただし，$u_D \in D, v \in D^\perp$. $\langle u, v \rangle = 0, \langle u_D, v \rangle = 0$ であるから，$\langle v, v \rangle = 0$. $V$ は内積空間であるから，$v = 0$. したがって，$u = u_D \in D$. ゆえに $(D^\perp)^\perp \subset D$.

演習問題解答　527

**8.** (i) $u_1 \wedge \cdots \wedge u_p = \sqrt{p!}\mathcal{A}_p(u_1 \otimes \cdots \otimes u_p)$ を使うと，$b^\dagger(v)u_1 \wedge \cdots \wedge u_p = \sqrt{(p+1)!}\mathcal{A}_{p+1}(v \otimes \mathcal{A}_p(u_1 \otimes \cdots \otimes u_p))$. 一方，$\mathcal{A}_{p+1}(v \otimes \mathcal{A}_p(u_1 \otimes \cdots \otimes u_p)) = \mathcal{A}_{p+1}(v \otimes u_1 \otimes \cdots \otimes u_p)$. したがって，$b^\dagger(v)u_1 \wedge \cdots \wedge u_p = v \wedge u_1 \wedge \cdots \wedge u_p$.

(ii) 任意の $v_j \in V, j = 1, \cdots, p-1$ に対して，(i) を使うと $\langle b^\dagger(v)v_1 \wedge \cdots \wedge v_{p-1}, u_1 \wedge \cdots \wedge u_p\rangle = \sum_{\sigma \in S_p} \text{sgn}(\sigma)\langle v, u_{\sigma(1)}\rangle\langle v_1, u_{\sigma(2)}\rangle \cdots \langle v_{p-1}, u_{\sigma(p)}\rangle = \langle v_1 \wedge \cdots \wedge v_{p-1}, \sum_{j=1}^p (-1)^{j-1}\langle v, u_j\rangle u_1 \wedge \cdots \wedge \hat{u}_j \wedge \cdots \wedge u_p\rangle$. したがって，求める式が得られる．

(iii) $\psi = u_1 \wedge \cdots \wedge u_p$ とおくと，$b(u)b^\dagger(v)\psi = b(u)v \wedge \psi = \langle u, v\rangle \psi - \sum_{j=1}^p (-1)^{j-1}\langle u, u_j\rangle v \wedge u_1 \wedge \cdots \wedge \hat{u}_j \wedge \cdots \wedge u_p$. $b^\dagger(v)b(u)\psi = \sum_{j=1}^p (-1)^{j-1}\langle u, u_j\rangle v \wedge u_1 \wedge \cdots \wedge \hat{u}_j \wedge \cdots \wedge u_p \cdots (*)$. したがって，$\{b(u), b^\dagger(v)\} = \langle u, v\rangle$. また，$b^\dagger(u)b^\dagger(v)\psi = u \wedge v \wedge \psi = -v \wedge u \wedge \psi = -b^\dagger(v)b^\dagger(u)\psi$. したがって，$\{b^\dagger(u), b^\dagger(v)\} = 0$. 両辺の共役をとれば $\{b(u), b(v)\} = 0$ が得られる．

(iv) (iii) で $u = v$ の場合を考えればよい．

(v) (iii) の $(*)$ 式より，$b^\dagger(e_i)b(e_i)\psi = \sum_{j=1}^p u_1 \wedge \cdots \wedge (\langle e_i, u_j\rangle e_i) \wedge \cdots \wedge u_p$. $\sum_{i=1}^n \langle e_i, u_j\rangle e_i = u_j$ であるから，$N\psi = \sum_{j=1}^p \psi = p\psi$.

**9.** (i) $d(P, Q) = 0$ ならば，$P - Q = 0_V$. したがって，$P = Q + 0_V = T_{0_V}(Q) = I_{\mathcal{A}(\mathcal{V})}(Q) = Q$. したがって，距離の公理 $(\rho.1)$ が満たされる．$u = P - Q$ とおけば，$P = Q + u$. したがって，$P + (-u) = Q + (u + (-u)) = Q$. ゆえに，$-u = Q - P$. したがって，$d(Q, P) = \|-u\| = \|u\| = d(P, Q)$. よって，距離の公理 $(\rho.2)$ も満たされる．距離の公理 $(\rho.3)$ の成立を示すために，$R \in \mathcal{A}(V)$ を任意にとり，$v = P - R, w = R - Q$ とおく．したがって，$P = R + v, R = Q + w$. これは $P = Q + (w + v)$，すなわち，$P - Q = w + v$ を意味する．ゆえに，$d(P, Q) = \|w + v\| \leq \|w\| + \|v\| = d(R, Q) + d(P, R)$.

(ii) $\{P_n\}_{n=1}^\infty \subset (\mathcal{A}(V), d)$ を基本列とする．したがって，任意の $\varepsilon > 0$ に対して，番号 $n_0$ があって，$n, m \geq n_0$ ならば，$d(P_n, P_m) < \varepsilon$. 一方，$\mathcal{A}(V)$ に 1 点 $O$ を任意に固定し，$u_n := P_n - O \in V$ とすれば，$\|u_n - u_m\| < \varepsilon, n, m \geq n_0$. したがって，$\{u_n\}_n$ は $V$ の基本列である．よって，$V$ の完備性により，ベクトル $u \in V$ があって，$\lim_{n\to\infty} u_n = u$. そこで，$P := O + u$ とすれば，$\lim_{n\to\infty} d(P_n, P) = 0$ となる．ゆえに $(\mathcal{A}(V), d)$ は完備．

**10.** (i) $(V, g)$ が内積空間の場合，(2.43) より，$\|u \wedge v\|^2 = \|u\|^2\|v\|^2 - |\langle u, v\rangle|^2 \leq \|u\|^2\|v\|^2$.

(ii) まず，$(V, g)$ が内積空間の場合を考える．$u_n \wedge v_n - u \wedge v = (u_n - u) \wedge v_n + u \wedge (v_n - v)$ と変形し，内積空間のノルムに関する 3 角不等式および (i) を用いると $\|u_n \wedge v_n - u \wedge v\| \leq \|u_n - u\|\|v_n\| + \|u\|\|v_n - v\|$. 内積とノルムの連続性により，右辺は，$n \to \infty$ のとき 0 に収束する．したがって，題意が成立．次に，$(V, g)$ が不定計量空間の場合を考える．この場合，$(e_i)_{i=1}^p$ を $V$ の任意の正規直交基底とし，$u_n = \sum_{i=1}^p u_n^i e_i, v_n = \sum_{i=1}^p v_n^i e_i, u = \sum_{i=1}^p u^i e_i, v = \sum_{i=1}^p v^i e_i$ と展開

する．ただし，$u_n^i = \varepsilon(e_i)g(e_i, u_n), v_n^i = \varepsilon(e_i)g(e_i, v_n), u^i = \varepsilon(e_i)g(e_i, u), v^i = \varepsilon(e_i)g(e_i, v)$．このとき，$u_n \wedge v_n = \sum_{i,j=1}^{p} u_n^i v_n^j e_i \wedge e_j$．仮定と命題 2.56(i) より，$u_n^i v_n^j \to u^i u^j \ (n \to \infty)$．そこで，命題 2.56(ii) を $V$ が $\bigwedge^2 V$ の場合に応用すれば，題意が成立する．

# 第 3 章

**1.** 帰納法による．$n = 2$ のときは，3 角不等式である．$n = k$ まで問題の不等式が成立するとする．3 角不等式により $\|u_1 + \cdots + u_{k+1}\| \leq \|u_1 + \cdots + u_k\| + \|u_{k+1}\|$．これと帰納法の仮定により，$n = k + 1$ のときにも問題の不等式が成立することがわかる．

**2.** 求める接線の形は $\gamma(t) = F(t_0) + (t - t_0)v, \quad t \in [a, b]$ と書ける ($v \in V$ は定ベクトル)．$\dot{\gamma}(t) = v$ であるから，$v = \alpha F'(t_0)(\alpha \in \mathbb{K} \setminus \{0\}$ は定数)．したがって，$\gamma(t) = F(t_0) + \alpha(t - t_0)F'(t_0)$．

**3.** (i) $h$ の定義により，$\tau = L(h(\tau))$．両辺を $\tau$ で微分し，合成関数の微分法を使えば，$1 = h'(\tau)L'(h(\tau))$．一方，$L'(t) = \|F'(t)\|$．これら 2 つの式から示すべき関係式が得られる．

(ii) 合成関数の微分法により，$dX(\tau)/d\tau = h'(\tau)F'(h(\tau))$．これに (i) の式を代入すればよい．

(iii) (ii) によって，$\langle dX/d\tau, dX/d\tau \rangle = 1$ である．この両辺を $\tau$ で微分すればよい．

(iv) $dX/dt = (d\tau/dt)(dX/d\tau)$．したがって

$$\frac{d^2 X}{dt^2} = \frac{d^2 \tau}{dt^2} \frac{dX}{d\tau} + \frac{d\tau}{dt} \frac{d\tau}{dt} \frac{d^2 X}{d\tau^2}.$$

**4.** $dX/d\tau = f'(h(\tau))u_1/(|f'(h(\tau))|\|u_1\|)$．$\tau$ に関する右辺の微分は 0 になることがわかる．

**5.** $d^2 X/d\tau^2 = 0$ とすれば，$v_0 := dX/d\tau$ は定ベクトル．したがって，演習問題 3(ii) によって，$F'(t) = \|F'(t)\|v_0$．これを積分すれば，$F(t) = k(t)v_0 + F(a)$ ($k(t) := \int_a^t \|F'(s)\|ds$)．これは直線を表す．

**6.** この場合，$F'(t) = r\{(-\sin t)e_1 + (\cos t)e_2\} \cdots (*)$ であるから，$\|F'(t)\| = r$．したがって，$\tau = rt$．ゆえに，$X(\tau) = F(\tau/r)$．したがって，$d^2 X/d\tau^2 = r^{-2}F''(\tau/r)$．一方，$(*)$ をもう 1 回微分することにより，$F''(t) = -F(t)$．ゆえに $d^2 X/d\tau^2 = -r^{-2}F(\tau/r) = -\{(\cos t)e_1 + (\sin t)e_2\}/r$．これが曲率ベクトルである．したがって，曲率は $\|d^2 X/d\tau^2\| = 1/r$．ゆえに曲率半径は一定で $r$ に等しい (これはちょうど円の半径)．

**7.** $d(fg)(x)(y) = (fg)'(x,y), x \in D, y \in V$. 一方,

$$\begin{aligned}(fg)'(x,y) &= \lim_{h \to 0} \frac{f(x+hy)g(x+hy) - f(x)g(x)}{h} \\ &= \lim_{h \to 0} \left\{ \frac{f(x+hy) - f(x)}{h} g(x+hy) + f(x) \frac{g(x+hy) - g(x)}{h} \right\} \\ &= f'(x,y)g(x) + f(x)g'(x,y) \\ &= df(x)(y)g(x) + f(x)dg(x)(y).\end{aligned}$$

ゆえに求める結果が得られる.

**8.** $\|F(t)\| = \sqrt{r^2 + \|b\|^2}$, $F'(t) = -r(\sin t)e_1 + r(\cos t)e_2$. したがって, $\langle A(F(t)), F'(t) \rangle = (r^2 + \|b\|^2)^{-k/2} r^2$. よって, $\int_C \langle A(x), dx \rangle = \int_0^{2\pi} \langle A(F(t)), F'(t) \rangle dt = 2\pi (r^2 + \|b\|^2)^{-k/2} r^2$.

**9.** $\|F(t)\| = \sqrt{\|v\|^2 + \|u\|^2 t^2}, F'(t) = u$ であるから, $\langle X(F(t)), F'(t) \rangle = kt\|u\|^2 / (\|v\|^2 + \|u\|^2 t^2)^{\alpha/2}$. したがって, $I := \int_C \langle X(x), dx \rangle = \int_a^b [kt\|u\|^2/(\|v\|^2 + \|u\|^2 t^2)^{\alpha/2}] dt$. 変数変換 $s = t^2 \|u\|^2$ を行うと, $I = (k/2) \int_{a^2 \|u\|^2}^{b^2 \|u\|^2} (\|v\|^2 + s)^{-\alpha/2} ds$. これを $\alpha \neq 2$ の場合と $\alpha = 2$ の場合に分けて計算すれば題意が証明される.

**10.** (i) 3角不等式により, $\|F(t) - F(s)\| \leq \|F(t)\| + \|F(s)\|$. ノルムの連続性により, 写像 $f : t \mapsto \|F(t)\|$ ($f(t) := \|F(t)\|$) は $[a, b]$ 上で連続である. $[a, b]$ は有界閉集合であるから, $f$ は最大値をもつ. これを $M$ とすれば, $\|F(t)\| \leq M, t \in [a, b]$. したがって, $\|F(t) - F(s)\| \leq 2M$. ゆえに, $V \leq 2M < \infty$.

(ii) $V$ の定義によって, $\|F(t) - F(s)\| \leq V, t, s \in [a, b]$. したがって, $v(p, r) \leq \sup_{t,s \in C(p,r) \cap [a,b]} V = V$.

(iii) $\rho(p) = \infty$ とすれば, $a_n \to \infty \ (n \to \infty), v(p, a_n) < \varepsilon$ を満たす単調増大列 $\{a_n\}_{n=1}^{\infty}$ がある. したがって, ある番号 $n_0$ があって, $C(p, a_{n_0}) \cap [a, b] = [a, b]$. これは, $v(p, a_{n_0}) = V$ を意味し, 前提条件 $\varepsilon \leq V$ に反する. ゆえに $\rho(p) < \infty$.

(iv) 点 $p$ における $F$ の連続性により, 正数 $r_0 > 0$ が存在し, $t, s \in C(p, r_0) \cap [a, b]$ ならば, $\|F(t) - F(p)\| < \varepsilon/2$, $\|F(s) - F(p)\| < \varepsilon/2$ が成り立つ. これと3角不等式により, $\|F(t) - F(s)\| \leq \|F(t) - F(p)\| + \|F(p) - F(s)\| < \varepsilon$. ゆえに, $v(p, r_0) < \varepsilon$. これは $\rho(p) \geq r_0$ を意味する. ゆえに $\rho(p) > 0$.

(v) $q \in C(p, \rho(p)) \cap [a, b]$ とする. $q < p$ として一般性を失わない. $p - q < r < \rho(p)$ を任意にとり, $0 < r_1 < q - p + r$ とする. このとき, $C(q, r_1) \subset C(p, r)$. したがって, $v(q, r_1) \leq v(p, r) < \varepsilon$. ゆえに, $\rho(q) \geq r_1$. 極限 $r_1 \to q - p + r$ をとれば, $\rho(q) \geq q - p + r \cdots (*)$. また, $s + p - q < r_2, \rho(p) < s$ を満たす任意の正数 $s, r_2$ に対して, $C(p, s) \subset C(q, r_2)$ であるから, $v(p, s) \leq v(q, r_2)$. もし, $v(q, r_2) < \varepsilon$ ならば, $v(p, s) < \varepsilon$ であるから, $s < \rho(p)$. しかし, これは $s$ の取り方に矛盾する. したがって, $v(q, r_2) \geq \varepsilon$. ゆえに, $\rho(q) \leq r_2$. そこで, 極限

$r_2 \to s+p-q$ をとれば，$\rho(q) \leq s+p-q \cdots (**)$. さらに，$(*), (**)$ において，$r \to \rho(p), s \to \rho(p)$ という極限をとれば，$\rho(p) - (p-q) \leq \rho(q) \leq \rho(p) + (p-q)$. したがって，$|\rho(p) - \rho(q)| \leq p - q$.

(vi) (v) によって $\rho$ は有界閉区間 $[a, b]$ 上の連続関数であるから，ある点 $p_0 \in [a, b]$ において最小値 $\delta := \rho(p_0) > 0$ をもつ：$\rho(p) \geq \delta, p \in [a, b]$. したがって，$v(p, \delta/2) \leq v(p, \rho(p)) < \varepsilon$. ゆえに，$t, s \in C(p, \delta) \cap [a, b]$ ならば，$\|F(t) - F(s)\| < \varepsilon$. ところで，$t, s \in [a, b]$ が $|t - s| < \delta$ を満たすならば，$p = (t + s)/2$ とおけば，$t, s \in C(p, \delta/2) \cap [a, b]$. ゆえに $|t - s| < \delta$ ならば，$\|F(t) - F(s)\| < \varepsilon \cdots (***)$ が成り立つ.

(vii) 場合分けとして，$V \leq \varepsilon$ の場合が残っているが，この場合，$(***)$ は自明.

**11**. (i) 2 章演習問題 10(ii) を応用すればよい.

(ii) 絶対値が十分小さな実数 $h \neq 0$ に対して，

$$\frac{(F \wedge G)(t+h) - (F \wedge G)(t)}{h}$$
$$= \left(\frac{F(t+h) - F(t)}{h}\right) \wedge G(t+h) + F(t) \wedge \left(\frac{G(t+h) - G(t)}{h}\right).$$

$F, G$ の微分可能性と 2 章演習問題 10(ii) によって，右辺は，$h \to 0$ のとき，$\dot{F}(t) \wedge G(t) + F(t) \wedge \dot{G}(t)$ に収束する．したがって，題意が成立.

# 第 4 章

**1**. (i) $\boldsymbol{a} \in V$ を通り，定ベクトル $\boldsymbol{b} \in V$ の方向をもつ直線のパラメータ表示は $\boldsymbol{a} + s\boldsymbol{b}, \quad s \in \mathbb{R}$ である．この直線上を質点が運動するとすれば，各時刻 $t \in \mathbb{I}$ に対して，パラメータ $s_t \in \mathbb{R}$ が一意的に定まって，$\boldsymbol{X}(t) = \boldsymbol{a} + s_t \boldsymbol{b}$ と書ける．したがって，対応 $t \mapsto s_t$ を表す写像を $f$ とすれば求める結果を得る.

(ii) $d\boldsymbol{X}(t)/dt = f'(t)\boldsymbol{b} \cdots (*)$ ($f'(t) := df(t)/dt$). したがって，運動が等速度であることと，定ベクトル $\boldsymbol{v}_0 \in V$ が存在し，$f'(t)\boldsymbol{b} = \boldsymbol{v}_0$ と書けることは同値．両辺とベクトル $\boldsymbol{b}$ の内積をとれば，$f'(t) = \langle \boldsymbol{b}, \boldsymbol{v}_0 \rangle / \|\boldsymbol{b}\|^2$. 右辺を $c$ とおけば，$f(t) = ct + d$ を得る ($d$ は積分定数). 逆に，$f$ がこの形であれば，$d\boldsymbol{X}(t)/dt = c\boldsymbol{b}$ となるので，運動は等速度である.

(iii) (4.162) は，$\boldsymbol{b} = \frac{\boldsymbol{X}(t) - \boldsymbol{a}}{f(t)}$ ($f(t) \neq 0$ とする) が成り立つことを意味するので，$(*)$ にこれを代入すれば，(4.163) を得る.

(iv) $V$ の基底を 1 つとり，これを $\boldsymbol{e}_1, \cdots, \boldsymbol{e}_d$ とする．したがって，$\boldsymbol{X}(t) = \sum_{i=1}^{d} x_i(t) \boldsymbol{e}_i, \boldsymbol{a} = \sum_{i=1}^{d} a_i \boldsymbol{e}_i$ と展開できる ($x_i : \mathbb{I} \to R, a_i \in \mathbb{R}$). これを (4.163) に代入し，$\boldsymbol{e}_1, \cdots, \boldsymbol{e}_d$ の 1 次独立性を使えば，$x_i'(t) = g(t)(x_i(t) - a_i)$. この方程式は，容易に解けて $x_i(t) = a_i + b_i f(t)$ が得られる．ただし，$f(t) := \exp \int_0^t g(s) ds$, $b_i \in \mathbb{R}$ は定数である．そこで，$\boldsymbol{b} := \sum_{i=1}^{d} b_i \boldsymbol{e}_i$ とすれば (4.162) が得られる.

**2.** (i) $s$ を固定して，$\psi(t) = \gamma_{\phi(X,s)}(t) = \phi_t \phi_s(X)$ とおく．このとき $d\psi(t)/dt = W(\phi(\phi(X,s),t)) = W(\psi(t))$．また，$\psi(0) = \phi(X,s)$．一方，$\eta(t) = \phi(X, s+t)$ とおくと $d\eta(t)/dt = W(\phi(X, s+t)) = W(\eta(t))$ であり，$\eta(0) = \phi(X,s)$．したがって，解の一意性により，$\psi(t) = \eta(t), t \in \mathbb{R}$．ゆえに $\phi_t \phi_s(X) = \phi_{s+t}(X)$．これがすべての $X \in V$ について成り立つから，$\phi_t \phi_s = \phi_{s+t}$．

(ii) ある $t_0 \in \mathbb{R}$ で交わったとすれば，$\phi(X, t_0) = \phi(Y, t_0)$．したがって，$\phi_{t_0}(X) = \phi_{t_0}(Y)$．左から $\phi_{-t_0}$ をほどこし，(i) と $\phi_0 = I$（恒等写像）であることを使えば，$X = Y$ を得る．だが，これは矛盾．

(iii) 任意の $X \in \Gamma$ に対して，$X$ を通る流線：$t \mapsto \phi(X, t)$ が存在するから，$X \in \{\gamma_X(t) \mid t \in \mathbb{R}\}$．したがって，$\Gamma \subset \bigcup_{X \in \Gamma} \{\gamma_X(t) \mid t \in \mathbb{R}\}$．逆の包含関係は自明．

**3.** (4.71) 式と $\dot{\boldsymbol{X}}_i(t)$ の内積をとり，$i = 1, \cdots, n$ について和をとれば，

$$\sum_{i=1}^{n} \frac{m_i}{2} \frac{d}{dt} \|\boldsymbol{v}_i(t)\|^2 = \sum_{i=1}^{n} \left\langle \dot{\boldsymbol{X}}_i(t), \boldsymbol{F}_i(\boldsymbol{X}(t)) \right\rangle = -\frac{d}{dt} U(\boldsymbol{X}(t)).$$

この両辺を $t_0$ から $t$ まで積分すればよい．

**4.** (i),(ii) 与えられた運動方程式を 1 回積分すれば，$\dot{\boldsymbol{X}}(t) = \boldsymbol{v}_0 + t\boldsymbol{a}/m$．これをさらに積分すれば $\boldsymbol{X}(t) - \boldsymbol{x}_0 = \boldsymbol{v}_0 t + t^2 \boldsymbol{a}/2m$．したがって，$\boldsymbol{X}(t) - \boldsymbol{x}_0$ は $\boldsymbol{v}_0$ と $\boldsymbol{a}$ で生成される部分空間内のベクトルである．

(iii) $x_1(t) = t, x_2(t) = t^2/2m$ であるから，$x_2(t) = x_1(t)^2/2m$．これは $x_1$-$x_2$ 平面（$\mathbb{R}^2$）における放物線を表す．

**5.** 地表の 1 点 $O$ を原点にとり，鉛直上向きを $y$ 軸の正方向，水平右方向を $x$ 軸の正の向きにとり，$V = \mathbb{R}^2$ での運動として考える．$\boldsymbol{e}_1 = (1, 0), \boldsymbol{e}_2 = (0, 1) \in \mathbb{R}^2$ とする．時刻 $t$ の位置を $\boldsymbol{X}(t) = (X_1(t), X_2(t)) \in \mathbb{R}^2$ とすれば，運動方程式は $md^2\boldsymbol{X}(t)/dt^2 = -mg\boldsymbol{e}_2$．また，$\boldsymbol{X}(0) = h\boldsymbol{e}_2, \dot{\boldsymbol{X}}(0) = v_0 \boldsymbol{e}_1$．したがって，前問を $\boldsymbol{a} = -mg\boldsymbol{e}_2, \boldsymbol{v}_0 = v_0 \boldsymbol{e}_1, \boldsymbol{x}_0 = h\boldsymbol{e}_2$ として応用すれば，$\boldsymbol{X}(t) = h\boldsymbol{e}_2 + v_0 t \boldsymbol{e}_1 - gt^2 \boldsymbol{e}_2/2$．

**6.** $\boldsymbol{Y}(t) = \dot{\boldsymbol{X}}(t)$ とおけば，$\dot{\boldsymbol{Y}}(t) = (k/m)\boldsymbol{Y}(t)$．$V$ の正規直交基底 $(\boldsymbol{E}_i)_{i=1}^d$ を用いて $\boldsymbol{Y}(t) = \sum_{i=1}^{d} Y_i(t) \boldsymbol{E}_i$ と展開すれば，$\dot{Y}_i(t) = (k/m) Y_i(t)$．したがって，$Y_i(t) = e^{kt/m} Y_i(0)$．ゆえに $\dot{X}_i(t) = e^{kt/m} Y_i(0)$．これを積分すれば $X_i(t) = \frac{m}{k} e^{kt/m} Y_i(0) + X_i(0)$．したがって，$\boldsymbol{X}(t) = \frac{m}{k} e^{kt/m} \boldsymbol{Y}(0) + \boldsymbol{X}(0) = \frac{m}{k} e^{kt/m} \boldsymbol{v}_0 + \boldsymbol{x}_0$．これは $\boldsymbol{v}_0$ と平行な無限半直線を表す．

**7.** $(\boldsymbol{X}_i(t) - \boldsymbol{x}_0) \wedge \boldsymbol{p}_i(t) = m_i [\boldsymbol{r}_i(t) + \boldsymbol{X}_c(t) - \boldsymbol{x}_0] \wedge [\dot{\boldsymbol{r}}_i(t) + \dot{\boldsymbol{X}}_c(t)] = m_i \boldsymbol{r}_i(t) \wedge \dot{\boldsymbol{r}}_i(t) + m_i \boldsymbol{r}_i(t) \wedge \dot{\boldsymbol{X}}_c(t) + m_i (\boldsymbol{X}_c(t) - \boldsymbol{x}_0) \wedge \dot{\boldsymbol{r}}_i(t) + m_i (\boldsymbol{X}_c(t) - \boldsymbol{x}_0) \wedge \dot{\boldsymbol{X}}_c(t)$．一方，$\sum_{i=1}^{n} m_i \boldsymbol{r}_i(t) = 0$．したがって，$\sum_{i=1}^{n} m_i \boldsymbol{r}_i(t) \wedge \dot{\boldsymbol{X}}_c(t) = 0, \sum_{i=1}^{n} m_i (\boldsymbol{X}_c(t) -

$\boldsymbol{x}_0) \wedge \dot{\boldsymbol{r}}_i(t) = 0$. ゆえに $\boldsymbol{J}(t;\boldsymbol{x}_0) = \sum_{i=1}^n m_i \boldsymbol{r}_i(t) \wedge \dot{\boldsymbol{r}}_i(t) + \sum_{i=1}^n m_i (\boldsymbol{X}_c(t) - \boldsymbol{x}_0) \wedge \dot{\boldsymbol{X}}_c(t) = \boldsymbol{S}(t) + \boldsymbol{L}_c(t;\boldsymbol{x}_0)$.

**8.** 運動方程式とベクトル $\boldsymbol{X}(t)$ の内積をとり,左辺を変形すると

$$m \frac{d\langle \dot{\boldsymbol{X}}(t), \boldsymbol{X}(t) \rangle}{dt} = mv(t)^2 + \langle \boldsymbol{F}(\boldsymbol{X}(t)), \boldsymbol{X}(t) \rangle$$

を得る.両辺を $t$ について $0$ から $T$ まで積分して,$T$ で割ると

$$\frac{1}{T} \left[ m\langle \dot{\boldsymbol{X}}(t), \boldsymbol{X}(t)\rangle \right]_0^T = \frac{1}{T} \int_0^T mv(t)^2 dt + \frac{1}{T} \int_0^T \langle \boldsymbol{F}(\boldsymbol{X}(t)), \boldsymbol{X}(t)\rangle dt.$$

仮定により,$|\text{左辺}| \leq 2mC/T^{1-\alpha} \to 0 \ (T\to\infty)$ であるから,証明すべき式が出る.

**9.** (i) 単位元が 2 つあったとして,それらを $e, e'$ とすれば,$a = e'$ として (G.2) を使えば,$e'e = e'$. 一方,$e$ を $e'$ と見て $a = e$ の場合を考えると $e'e = e$. したがって,$e = e'$.

(ii) $a \in G$ の逆元が 2 つあったとして,それらを $a_1, a_2$ とすれば $a_1 a = e$. 両辺を $a_2$ に作用させ,$ea_2 = a_2, aa_2 = e$ を用いると $a_1 = a_2$.

**10.** $n = 2$ の場合をまず考える.たとえば,$A = \begin{pmatrix} 0 & 1 \\ 1 & 0 \end{pmatrix}, B = \begin{pmatrix} 1 & 0 \\ 0 & -1 \end{pmatrix}$ は $\mathrm{GL}(2, \mathbb{K})$ の元である.$AB$ と $BA$ を計算すると,$AB = \begin{pmatrix} 0 & -1 \\ 1 & 0 \end{pmatrix}, BA = \begin{pmatrix} 0 & 1 \\ -1 & 0 \end{pmatrix}$ となるので $AB \neq BA$. すなわち,$A$ と $B$ は非可換.$n \geq 3$ のとき,$\mathrm{GL}(2,\mathbb{K})$ の任意の元 $X$ に対して,$n$ 次の行列 $\widetilde{X}$ を $\widetilde{X}_{ij} := X_{ij}, i, j = 1, 2; \widetilde{X}_{ii} := 1, i = 3, \cdots, n; \widetilde{X}_{ij} := 0 \, (i \neq j, j \geq 3$ または $i \geq 3$ のとき) によって定義する.このとき,$\det \widetilde{X} = \det X \neq 0$ であるから,$\widetilde{X} \in \mathrm{GL}(n, \mathbb{K})$. 容易にわかるように,$X, Y \in \mathrm{GL}(2, \mathbb{K})$ に対して,$\widetilde{(XY)} = \widetilde{X}\widetilde{Y}$ であるから,$X, Y$ が非可換であれば,$\widetilde{X}, \widetilde{Y}$ も非可換である.

**11.** 演習問題 2(ii) より,$\phi_t$ は単射である.演習問題 2(i) により,任意の $X \in \Gamma$ に対して,$\phi_t \phi_{-t}(X) = X$ であるから,$\phi_t$ は全射である.よって,$\phi_t$ は全単射であり,$\phi_t^{-1} = \phi_{-t} \in \mathsf{G}_W$. また,$\phi_t \phi_s = \phi_{t+s} \in \mathsf{G}_W$. よって,$\mathsf{G}_W$ は $\Gamma$ 上の変換群.

**12.** $x, y \in M$ とし,$f_t(x) = f_t(y)$ とする.両辺に $f_{-t}$ をほどこすと,$f_0(x) = f_0(y)$ となる.$f_0 = I_M$ であるから,$x = y$. ゆえに $f_t$ は単射.任意の $x \in M$ に対して,$y = f_{-t}(x)$ とすれば,$f_t(y) = x$. したがって,$f_t$ は全射.ゆえに $f_t$ は $M$ 上の変換である.$f_t^{-1} = f_{-t} \in \{f_s \mid s \in \mathbb{R}\}$ であり,$f_t f_s = f_{t+s} \in \{f_r \mid r \in \mathbb{R}\}$ であるから,$\{f_s \mid s \in \mathbb{R}\}$ は変換群である.

# 第5章

**1.** 仮に $S_R^1$ の座標近傍系が1つの開集合 $J \subset \mathbb{R}$ だけからなるとすれば，同相写像 $f: S_R^1 \to J$ が存在する．$S_R^1$ は $\mathbb{R}^2$ の有界閉集合であるから，$J = f(S_R^1)$ は有界閉集合である．しかも $S_R^1$ は連結集合であるから $J$ も連結である．したがって，$J$ は有界な連結開集合であり，かつ有界な閉集合．これは $J$ が有界開区間かつ有界閉区間であることを意味するから矛盾．

**2.** 前問の解で $S_R^1$ の代わりに $S_R^2$ を考えればよい（論法はまったく同じ）．

**3.** $E(t) = T(t) + U(\boldsymbol{X}(t))$（力学的エネルギー）とおくと $E(t) = 2T(t) - L(t)$. したがって，$\dot{E}(t) = 2\dot{T}(t) - \dot{L}(t)$. 一方

$$\dot{L}(t) = \sum_{\alpha=1}^d \left\{ \ddot{q}_\alpha(t) \frac{\partial L(t)}{\partial \dot{q}_\alpha(t)} + \dot{q}_\alpha(t) \frac{\partial L(t)}{\partial q_\alpha(t)} \right\}$$

$$= \sum_{\alpha=1}^d \frac{d}{dt} \dot{q}_\alpha \frac{\partial L(t)}{\partial \dot{q}_\alpha(t)} \ (\because \text{ラグランジュ方程式})$$

$$= \sum_{\alpha=1}^d \frac{d}{dt} \dot{q}_\alpha \frac{\partial T(t)}{\partial \dot{q}_\alpha(t)} \ (\because U(\boldsymbol{X}(t)) \text{ は } \dot{q}_\alpha \text{ によらない})$$

$$= 2 \frac{d}{dt} T(t) \ (\because (5.15) \text{ 式})$$

ゆえに $\dot{E}(t) = 0$. したがって，$E(t)$ は $t$ によらない定数．

**4.** (5.29) から $\ddot{X} = \ddot{\theta} l \cos\theta - \dot{\theta}^2 l \sin\theta$, $\ddot{Y} = \ddot{\theta} l \sin\theta + \dot{\theta}^2 l \cos\theta$. これと (5.30) から，$\ddot{X} = -g\sin\theta\cos\theta - \dot{\theta}^2 l \sin\theta$, $\ddot{Y} = -g\sin^2\theta + \dot{\theta}^2 l \cos\theta$ が得られる．

**5.** 運動方程式は $\ddot{\theta} = -(g/l)\theta \cdots (\diamond)$ であるから，1次元調和振動子のそれと同じ形である．4章，4.3.5項の結果を使えば，$(\diamond)$ の一般解は $\theta(t) = A\cos(\sqrt{g/l}\,t) + B\sin(\sqrt{g/l}\,t)$ で与えられる（$A, B$ は実定数）．初期条件 $\theta(0) = \alpha, \dot{\theta}(0) = 0$ を考慮すると，$A = \alpha, B = 0$ がわかる．ゆえに求める解は $\theta(t) = \alpha\cos(\sqrt{g/l}\,t)$. これは周期 $T = 2\pi\sqrt{l/g}$, 振幅 $\alpha$ の周期運動である．

**6.** (i) 運動方程式 (5.30) は $\ddot{\theta}(t) = -U'(\theta(t))$ という形をしている．ただし，$U(\theta) = -(g/l)\cos\theta$. ゆえにエネルギー保存則により，$\dot{\theta}(t)^2/2 - (g/l)\cos\theta(t) = E$（定数）．$t = 0$ での条件から，$E = -(g/l)\cos\beta$. したがって，示すべき式が得られる．

(ii) (i) の式の左辺は非負であるから，$\cos\theta(t) \geq \cos\beta$ でなければならない．$\beta \in (0, \pi)$ であるから，これは $|\theta(t)| \leq \beta$ を意味する．

(iii) 3角関数の性質を使うと

$$\cos\theta - \cos\beta = 2\left(\sin^2\frac{\beta}{2} - \sin^2\frac{\theta}{2}\right).$$

これと (i) の式によって

$$\dot{\theta}(t) = \pm 2\omega\sqrt{\sin^2\frac{\beta}{2} - \sin^2\frac{\theta(t)}{2}}.$$

$t=0$ のとき, $\theta(0) = \beta$ であり, (ii) の事実があるから, $t=0$ の直後は $\theta(t)$ は $\beta$ よりも小さくなる ($\because$ もし, $\theta(t) = \beta, t \in [0,\delta]$ とすれば, $\ddot{\theta}(t) = 0, t \in [0,\delta]$ であるから, 運動方程式から $\sin\beta = 0, t \in [0,\delta]$. だが, $\beta \in (0,\pi)$ であるから, これは矛盾). すなわち, ある $t_0 > 0$ があって $0 \le t \le t_0$ ならば $\theta(t)$ は単調減少: $\dot{\theta}(t) < 0$. したがって, $0 \le t \le t_0$ ならば

$$\dot{\theta}(t) = -2\omega\sqrt{\sin^2\frac{\beta}{2} - \sin^2\frac{\theta(t)}{2}}.$$

区間 $I_0 = [0, t_0]$ での関数 $\theta(\cdot)$ の逆写像を $f$ とすれば, $f(\theta(t)) = t, df/d\theta|_{\theta=\theta(t)} = (d\theta(t)/dt)^{-1}$. したがって,

$$\omega f'(\theta) = -\frac{1}{2}\frac{1}{\sqrt{\sin^2\frac{\beta}{2} - \sin^2\frac{\theta}{2}}}.$$

両辺を $\theta = \beta$ から $\theta = \theta(t)$ まで積分すれば,

$$\omega t = -\frac{1}{2}\int_\beta^{\theta(t)} \frac{1}{\sqrt{\sin^2\frac{\beta}{2} - \sin^2\frac{\theta}{2}}} d\theta \cdots (*).$$

右辺は $-\beta \le \theta(t) \le \beta$ である限り意味をもち, $\theta(t)$ の単調減少関数. ゆえに, $t_0 \ge \tau/2$. したがって, 特に, $0 \le t \le \tau/2$ において $(*)$ が成り立つ.

(iv) (iii) の式により, $t = \tau/2$ は $\theta(t) = -\beta$ となる最初の時刻である. (i) の式によって, $\dot{\theta}(\tau/2) = 0$. (iii) の場合と同様の考察により, $t = \tau/2$ の直後は $\dot{\theta}(t) > 0$ となる. したがって, この場合は

$$\dot{\theta}(t) = 2\omega\sqrt{\sin^2\frac{\beta}{2} - \sin^2\frac{\theta(t)}{2}}$$

であるので $t > \tau/2$ に対して, $\dot{\theta}(t) > 0$ である限り

$$\omega\left(t - \frac{\tau}{2}\right) = \frac{1}{2}\int_{-\beta}^{\theta(t)} \frac{1}{\sqrt{\sin^2\frac{\beta}{2} - \sin^2\frac{\theta}{2}}} d\theta.$$

したがって，$t=\tau$ のとき $\theta(t)=\beta$ でなければならない．これは，$t=0$ で $\theta=\beta$ の位置を出発した振り子が $t=\tau$ にもとの位置にもどることを示す．ゆえに，この振り子は周期 $\tau$ の周期運動をする．

(v) まず，
$$\tau := \frac{2}{\omega}\int_0^\beta \frac{1}{\sqrt{\sin^2\frac{\beta}{2}-\sin^2\frac{\theta}{2}}}d\theta$$
と書ける．変数変換 $k=\sin(\theta/2)/\sin(\beta/2)$ を行うと
$$\tau = \frac{4}{\omega}\int_0^1 \frac{1}{\sqrt{1-k^2}}\cdot\frac{1}{\sqrt{1-k^2\sin^2\frac{\beta}{2}}}dk$$
となる．$\sin(\beta/2)\to 0$ $(\beta\to 0)$ であり，$\int_0^1 dk/\sqrt{1-k^2}=\pi/2$ であるから，$\lim_{\beta\to 0}\tau=(4/\omega)(\pi/2)=2\pi/\omega=T$．

**7.** 演習問題 3 と同様．

# 第6章

**1.** $(e_i)_{i=1}^3$ を $V$ の正規直交基底とし，$x=\sum_{i=1}^3 x_i e_i$ と展開する．$c_i$ $(i=1,2,3)$ を実定数で $c_1+c_2+c_3=\rho_0$ を満たすものとする．$u:V\to V$ を $u(x)=c_1 x_1 e_1+c_2 x_2 e_2+c_3 x_3 e_3$ によって定義すれば，$\mathrm{div}\,u(x)=c_1+c_2+c_3=\rho_0$．

**2.** $(e_i)_{i=1}^3$ を $V$ の正規直交基底で $e_1\times e_2=e_3, e_2\times e_3=e_1, e_3\times e_1=e_2$ となるものとする．このとき，$L(x)=(\omega_2 x_3-\omega_3 x_2)e_1+(\omega_3 x_1-\omega_1 x_3)e_2+(\omega_1 x_2-\omega_2 x_1)e_3$．$(ijk)=(123),(231),(312)$ とすれば，$L(x)_i=(\omega_j x_k-\omega_k x_j)$ であるから，$(\mathrm{rot}\,L(x))_i=\partial_j L(x)_k-\partial_k L(x)_j=2\omega_i$．ゆえに $\mathrm{rot}\,L(x)=2\omega$．

**3.** (i) $\mathrm{div}\,\mathrm{rot}\,u = *d**du = *d^2 u = 0$．

(ii) $\mathrm{rot}\,\mathrm{grad}\,f = *ddf = 0$．

(iii) $\mathrm{rot}\,(\mathrm{rot}\,u) = *d(*du) = \delta du = -\Delta u - d\delta u = -\Delta u + \mathrm{grad}\,\mathrm{div}\,u$．

**4.** 演習問題 2 の解答のように正規直交基底 $(e_i)$ をとり，$u=\sum_{i=1}^3 u_i e_i, v=\sum_{i=1}^3 v_i e_i, w=\sum_{i=1}^3 w_i e_i$ と展開する．このとき，
$$\begin{aligned}u\times(v\times w) &= [u_2(v_1 w_2-v_2 w_1)-u_3(v_3 w_1-v_1 w_3)]e_1\\ &\quad+[u_3(v_2 w_3-v_3 w_2)-u_1(v_1 w_2-v_2 w_1)]e_2\\ &\quad+[u_1(v_3 w_1-v_1 w_3)-u_2(v_2 w_3-v_3 w_2)]e_3\\ &= (u_1 w_1+u_2 w_2+u_3 v_3)v_1 e_1-(u_1 v_1+u_2 v_2+u_3 v_3)w_1 e_1\\ &\quad+(u_2 w_2+u_3 w_3+u_1 w_1)v_2 e_2-(u_2 v_2+u_3 v_3+u_1 v_1)w_2 e_2\\ &\quad+(u_3 w_3+u_1 w_1+u_2 w_2)v_3 e_3-(u_3 v_3+u_1 v_1+u_2 v_2)w_3 e_3\\ &= \langle u,w\rangle v-\langle u,v\rangle w.\end{aligned}$$

**5.** (i) 演習問題 2 の解答のように正規直交基底 $(e_i)$ をとって考える. このとき, $\psi_i(x) = f(x)(a_j x_k - a_k x_j)$. ただし, $(ijk) = (123), (231), (312)$. したがって,

$$(\mathrm{rot}\,\psi(x))_i = \partial_j \{f(x)(a_i x_j - a_j x_i)\} - \partial_k \{f(x)(a_k x_i - a_i x_k)\}$$
$$= [(\mathrm{grad}\,f(x)) \times (a \times x)]_i + 2f(x)a_i.$$

あとは前問を使って, $(\mathrm{grad}\,f(x)) \times (a \times x)$ を変形すればよい.

(ii) $\partial_i \psi_i(x) = (\partial_i f(x))(a_j x_k - a_k x_j) = (\mathrm{grad}\,f(x))_i (a \times x)_i$. したがって, $\mathrm{div}\,\psi(x) = \sum_{i=1}^3 \partial_i \psi_i(x) = \langle \mathrm{grad}\,f(x), a \times x \rangle$.

**6.** (i) $S_a := \{x \in V \mid a \times x = 0\} = \{x \in V \mid \|a\|\|x\| = |\langle a, x \rangle|\}$ は内積とノルムの連続性を用いることにより, 閉集合であることがわかる. したがって, $D = V \setminus S_a$ は開集合.

(ii) $f(x) := 1/\|a \times x\|^2$ とすれば $\phi(x) = f(x) a \times x$ と書ける (演習問題 5 の $\psi$ の形). 容易にわかるように, $f(x) = 1/(\|a\|^2 \|x\|^2 - \langle a, x \rangle^2)$. これから

$$\mathrm{grad}\,f(x) = -2f(x)^2 (\|a\|^2 x - \langle a, x \rangle a)$$

と計算される. したがって $\langle \mathrm{grad}\,f(x), x \rangle a - \langle \mathrm{grad}\,f(x), a \rangle x = -2f(x)a$. したがって, 前問 (i) によって, $\mathrm{rot}\,\phi(x) = 0$. また, $\langle x, a \times x \rangle = 0, \langle a, a \times x \rangle = 0$ であるから, $\langle \mathrm{grad}\,f(x), a \times x \rangle = 0$. したがって, 前問 (ii) によって, $\mathrm{div}\,\phi(x) = 0$.

**7.** (i) $\dim W = n$ とし, $(e_i)_{i=1}^n$ を $W$ の正規直交基底とする. したがって, $u(x) = \sum_{i=1}^n u_i(x) e_i$ と展開できる $(u_i : D \to \mathbb{R})$. このとき, $u'(x, y) = \sum_{i=1}^n u'_i(x, y) e_i = \sum_{i=1}^n \langle \mathrm{grad}\,u_i(x), y \rangle e_i \cdots (*)$. したがって, $u'(x, y)$ は $y$ について線形.

(ii) $x = \sum_{i=1}^n x_i e_i$ と展開する. $(*)$ を用いると

$$\mathrm{tr}\,u'(x) = \sum_{i=1}^n \langle e_i, u'(x)(e_i) \rangle$$
$$= \sum_{i=1}^n \left\langle e_i, \left( \sum_{j=1}^n \langle \mathrm{grad}\,u_j(x), e_i \rangle \right) e_j \right\rangle$$
$$= \sum_{i=1}^n \langle \mathrm{grad}\,u_i(x), e_i \rangle$$
$$= \sum_{i=1}^n \frac{\partial u_i(x)}{\partial x_i}$$
$$= \mathrm{div}\,u(x).$$

(iii) (i) の $(*)$ によって, 任意の $z \in V$ に対して, $\langle y, u'(x)(z) \rangle = \sum_{i=1}^n y_i \langle \mathrm{grad}\,u_i(x), z \rangle = \langle \mathrm{grad}\,[\sum_{i=1}^n y_i u_i(x)], z \rangle = \langle \mathrm{grad}\,(\langle u(x), y \rangle), z \rangle$. これは $u'(x)^*(y) = \mathrm{grad}\,(\langle u(x), y \rangle)$ を意味する.

(iv) (i) の (∗) によって，$u'(x)(y) = \sum_{i,j=1}^{3} y_j \partial_j u_i(x) e_i$. また，(iii) によって，$u'(x)^*(y) = \sum_{i,j=1}^{3} y_j \partial_i u_j(x) e_i$. したがって，$X_i = \sum_{j=1}^{3} y_j (\partial_j u_i(x) - \partial_i u_j(x))$ とおけば $u'(x)(y) - u'(x)^*(y) = \sum_{i=1}^{3} X_i e_i$. 容易にわかるように，$X_1 = y_2(\partial_2 u_1(x) - \partial_1 u_2(x)) + y_3(\partial_3 u_1(x) - \partial_1 u_3(x)) = [(\operatorname{rot} u(x)) \times y]_1$. 同様にして $X_k = [(\operatorname{rot} u(x)) \times y]_k, k = 2, 3$ もわかる.

## 第7章

**1.** $T = t_1 e_2 \wedge e_3 + t_2 e_3 \wedge e_1 + t_3 e_1 \wedge e_2$ とすれば

$$Tu = t_1(\langle u, e_3 \rangle e_2 - \langle u, e_2 \rangle e_3) + t_2(\langle u, e_1 \rangle e_3 - \langle u, e_3 \rangle e_1)$$
$$+ t_3(\langle u, e_2 \rangle e_1 - \langle u, e_1 \rangle e_2).$$

これと $u = \sum_{i=1}^{3} u_i e_i, u_i = \langle u, e_i \rangle$ を用いると

$$Tu = (u_2 t_3 - u_3 t_2) e_1 + (u_3 t_1 - u_1 t_3) e_2 + (u_1 t_2 - u_2 t_1) e_3 = u \times t.$$

ただし，$t := \sum_{i=1}^{3} t_i e_i$. 一方，$t = *T$ であることは $*(e_i \wedge e_j) = e_k \ [(ijk) = (123), (231), (312)]$ による.

**2.** $\dot{E}(t) = m \langle \ddot{X}(t), \dot{X}(t) \rangle - \langle F(X(t)), \dot{X}(t) \rangle$. 一方，運動方程式と $\langle B(X(t))\dot{X}(t), \dot{X}(t) \rangle = 0$ (2章，命題2.33の応用) によって $m \langle \ddot{X}(t), \dot{X}(t) \rangle = \langle F(X(t)), \dot{X}(t) \rangle$. したがって，$\dot{E}(t) = 0$. ゆえに $E(t)$ は $t$ によらない定数.

**3.** (i) $\dot{X}(t) \times e_3 = \dot{X}_2(t) e_1 - \dot{X}_1(t) e_2$ を運動方程式に代入し，成分を比較すればよい.

(ii) $\ddot{Z}(t) = \ddot{X}_1(t) + i \ddot{X}_2(t) = \omega \dot{X}_2(t) - i\omega \dot{X}_1(t) = -i\omega(\dot{X}_1(t) + i\dot{X}_2(t))$ (∵ $i^2 = -1$ に注意).

(iii) (∗) を $t$ について 0 から $t$ まで積分すると $\dot{Z}(t) = -i\omega Z(t) + C \cdots (\#)$. ただし，$C = \dot{Z}(0) + i\omega Z(0) = \dot{Z}(0)$ (∵ $Z(0) = 0$). $f(t) = Z(t) e^{i\omega t}$ とおくと，$\dot{f} = \dot{Z}(0) e^{i\omega t}$. したがって，$f(t) = \dot{Z}(0) e^{i\omega t}/(i\omega) + D$ ($D$ は定数). ゆえに $Z(t) = f(t) e^{-i\omega t} = D e^{-i\omega t} + \dot{Z}(0)/(i\omega)$. $0 = Z(0) = D + \dot{Z}(0)/(i\omega)$ であるから，$D = -\dot{Z}(0)/(i\omega) = -c$.

(iv) $-1 = e^{-i\pi}$, および $|c| = \|\dot{r}(0)\|/|\omega|$ によって，

$$Z(t) = c + \|\dot{r}(0)\| e^{-i(\omega t - \alpha + \pi)}/|\omega|.$$

両辺の実部と虚部を比較すれば求める結果を得る.

(v) 直接計算.

(vi) $\ddot{X}_3(t) = 0$ を積分すると $\dot{X}_3(t) = \dot{X}_3(0)$. これと $X_3(0) = 0$ によって，$X_3(t) = \dot{X}_3(0) t$.

**4.** いまの場合，電荷密度の成分 $\rho(\boldsymbol{x})$ は，$\|\boldsymbol{x}\| \leq a$ のとき $\rho(\boldsymbol{x}) = \rho_0$，$\|\boldsymbol{x}\| > a$ のとき，$\rho(\boldsymbol{x}) = 0$．したがって，式 (7.55) から $\phi(\boldsymbol{x}) = \dfrac{\rho_0}{4\pi\varepsilon_0} I(\boldsymbol{x}) \cdots (*)$．ただし，

$$I(\boldsymbol{x}) := \int_{\|\boldsymbol{y}\| \leq a} \frac{1}{\|\boldsymbol{x} - \boldsymbol{y}\|} dy_1 dy_2 dy_3.$$

この積分を計算するために，$\|\boldsymbol{x} - \boldsymbol{y}\| = \sqrt{\|\boldsymbol{x}\|^2 - 2\langle \boldsymbol{x}, \boldsymbol{y} \rangle + \|\boldsymbol{y}\|^2}$ に注意する．$\boldsymbol{x} \neq 0$ を任意に固定し，$(y_1, y_2, y_3)$ について，3次元の極座標表示

$$y_1 = r\sin\theta\cos\eta, \quad y_2 = r\sin\theta\sin\eta, \quad y_3 = r\cos\theta,$$
$$r = \|\boldsymbol{y}\| = \sqrt{y_1^2 + y_2^3 + y_3^2}$$

をとる $(r > 0, \theta \in (0, \pi), \eta \in (0, 2\pi))$．ただし，$\langle \boldsymbol{x}, \boldsymbol{y} \rangle = \|\boldsymbol{x}\|\|\boldsymbol{y}\|\cos\theta$ となるように $\boldsymbol{y}$ の成分表示を決める（$z$ 軸を $\boldsymbol{x}$ 方向にとる）．このとき，変数変換による積分要素の対応は $dy_1 dy_2 dy_3 \longrightarrow r^2 \sin\theta d\theta d\eta$．したがって，

$$I(\boldsymbol{x}) = 2\pi \int_0^a dr\, r^2 \int_{-1}^1 dt \frac{1}{\sqrt{\|\boldsymbol{x}\|^2 - 2\|\boldsymbol{x}\|rt + r^2}}.$$

ただし，$t = \cos\theta$ の変数変換をした．$(\sqrt{c_1 + c_2 t})' = c_2/(2\sqrt{c_1 + c_2 t})$ ($c_1, c_2$ は定数) を使えば

$$\int_{-1}^1 dt \frac{1}{\sqrt{\|\boldsymbol{x}\|^2 - 2\|\boldsymbol{x}\|rt + r^2}} = \frac{1}{\|\boldsymbol{x}\|r}(\|\boldsymbol{x}\| + r - |\|\boldsymbol{x}\| - r|).$$

したがって

$$I(\boldsymbol{x}) = \frac{2\pi}{\|\boldsymbol{x}\|} \int_0^a dr\, r(\|\boldsymbol{x}\| + r - |\|\boldsymbol{x}\| - r|).$$

被積分関数には絶対値の部分があるから，$\|\boldsymbol{x}\| > a$ の場合と $\|\boldsymbol{x}\| \leq a$ の場合に分けて計算する．結果は

$$I(\boldsymbol{x}) = \begin{cases} \dfrac{4\pi a^3}{3\|\boldsymbol{x}\|} & ; \|\boldsymbol{x}\| > a \text{ のとき} \\ \dfrac{2\pi}{3}(3a^2 - \|\boldsymbol{x}\|^2) & ; \|\boldsymbol{x}\| \leq a \text{ のとき} \end{cases}$$

これを $(*)$ に代入すればよい．

**5.** (i) たとえば，$\boldsymbol{e}^{(1)} : D \to \mathbb{R}^3$ を $\boldsymbol{e}^{(1)}(\boldsymbol{k}) := (k_2, -k_1, 0)/\sqrt{k_1^2 + k_2^2}$ によって定義する．$\boldsymbol{k} \notin \ell_3$ により，$k_1^2 + k_2^2 \neq 0$ であるから，$\boldsymbol{e}^{(1)}$ は $D$ 上できちんと定義されていて連続であることがわかる．直接計算により，$\|\boldsymbol{e}^{(1)}(\boldsymbol{k})\| = 1, \langle \boldsymbol{k}, \boldsymbol{e}^{(1)}(\boldsymbol{k}) \rangle = 0$．$\boldsymbol{e}^{(2)} : D \to \mathbb{R}^3$ を $\boldsymbol{e}^{(2)}(\boldsymbol{k}) := \boldsymbol{k} \times \boldsymbol{e}^{(1)}(\boldsymbol{k})/\|\boldsymbol{k}\|$ によって定義すれば，これも連続なベクトル場である．この $(\boldsymbol{e}^{(1)}, \boldsymbol{e}^{(2)})$ は題意にいうベクトル場の一例を与える．

(ii) $\square e^{ic\|\boldsymbol{k}\|t - \langle \boldsymbol{k}, \boldsymbol{x} \rangle} = 0$ は直接計算による．これから，第1式が出る．第2式は $\partial_j \boldsymbol{u}_{\boldsymbol{k}}(t, \boldsymbol{x})_j = -i\sum_{r=1}^2 e_j^{(r)}(\boldsymbol{k}) k_j a^{(r)}(\boldsymbol{k}) e^{ic\|\boldsymbol{k}\|t - \langle \boldsymbol{k}, \boldsymbol{x} \rangle}$ と $\langle \boldsymbol{e}^{(r)}(\boldsymbol{k}), \boldsymbol{k} \rangle = 0$ による．

(iii) (ii) より, $\Box \boldsymbol{A}_k(t,\boldsymbol{x}) = 0, \operatorname{div} \boldsymbol{A}_k(t,\boldsymbol{x}) = 0$. したがって, 題意が成立.

(iv) $\boldsymbol{E}_k(t,\boldsymbol{x}) = -\partial \boldsymbol{A}_k(t,\boldsymbol{x})/\partial t,\ \boldsymbol{B}_k = *\mathrm{rot}\, \boldsymbol{A}_k$ に従って計算すればよい.

(v) $a^{(r)}$ に関する積分条件により, $\boldsymbol{A}(t,\boldsymbol{x})$ は, $t, x_j$ について2回偏微分可能であり, 微分と積分が交換できる. これと (iii) を使えばよい.

# 第8章

**1.** (i) $\dot{\gamma}(\chi) = a(\cosh\chi)e_0 + a(\sinh\chi)e_1$ であるから, $\langle \dot{\gamma}(\chi), \dot{\gamma}(\chi)\rangle = a^2(\cosh^2\chi - \sinh^2\chi) = a^2 > 0$.

(ii) (i) の計算によって, $\tau(\chi) = \int_\alpha^\chi a d\chi/c = a(\chi - \alpha)/c$.

**2.** (i) この $\gamma$ が点 $be_1$ と点 $ae_0$ を通る直線であることは容易にわかる. $\dot{\gamma}(s) := ae_0 - be_1$. したがって, $\langle \dot{\gamma}(s), \dot{\gamma}(s)\rangle = a^2 - b^2 > 0$.

(ii) (i) の計算によって, $\tau(s) = \int_0^s \sqrt{a^2 - b^2} ds/c = \sqrt{a^2 - b^2} s/c$.

**3.** $\langle x+y, x+y\rangle = \langle x,x\rangle + 2\langle x,y\rangle + \langle y,y\rangle$ であり, 仮定により, 右辺の第1項と第3項は負, 第2項は非負であるから, 全体として負.

**4.** $x, y \in V_M^0$ とするとき, $\langle x,y\rangle = 0$ ならば $x, y$ は線形従属であることを示せよ. $x = \sum_{\mu=0}^3 x^\mu e_\mu, y = \sum_{\mu=0}^3 y^\mu e_\mu$ とすれば, $x^0, y^0 \neq 0$. $\hat{x}^j = x^j/x^0, \hat{y}^j = y^j/y^0$ とし, $X = e_0 + \sum_{j=1}^3 \hat{x}^j e_j, Y = e_0 + \sum_{j=1}^3 \hat{y}^j e_j$ とすれば, $x = x^0 X, y = y^0 Y$ と書ける. $X, Y \in V_M^0$ である. $\hat{\boldsymbol{x}} = (\hat{x}^1, \hat{x}^2, \hat{x}^3),\ \hat{\boldsymbol{y}} = (\hat{y}^1, \hat{y}^2, \hat{y}^3) \in \mathbb{R}^3$ とおく. $\langle x,y\rangle = 0$ より, $\langle X, Y\rangle = 0$ であるから $1 = \langle \hat{\boldsymbol{x}}, \hat{\boldsymbol{y}}\rangle_{\mathbb{R}^3}.\ \|\hat{\boldsymbol{x}}\|_{\mathbb{R}^3}, \|\hat{\boldsymbol{y}}\|_{\mathbb{R}^3} = 1$ であるから, $|\langle \boldsymbol{x},\boldsymbol{y}\rangle_{\mathbb{R}^3}| = \|\boldsymbol{x}\|_{\mathbb{R}^3}\|\boldsymbol{y}\|_{\mathbb{R}^3}$. これは, シュヴァルツの不等式の等号条件によって, $\boldsymbol{x}, \boldsymbol{y}$ が線形従属であることを意味する. したがって, $\boldsymbol{y} = \boldsymbol{x}$ または $\boldsymbol{y} = -\boldsymbol{x}$. $\boldsymbol{y} = \boldsymbol{x}$ ならば $X = Y$ となるので $x, y$ は線形従属である. $\boldsymbol{y} = -\boldsymbol{x}$ の場合は $Y = e_0 - \sum_{j=1}^3 \hat{x}^j e_j$ であるが, この場合, $\langle X, Y\rangle = 1 + 1 = 2 \neq 0$ であるから, 不適.

**5.** 与式を積分すれば $\dot{x}(\tau) = (\tau/m)F + v$. ただし, $v = \dot{x}(0) \in V_M$. したがって, $\langle \dot{x}(\tau), \dot{x}(\tau)\rangle = (\tau/m)^2 \langle F, F\rangle + 2(\tau/m)\langle F, v\rangle + \langle v, v\rangle$. これが $\tau = 0$ の近傍にあるすべての $\tau$ について $c^2$ に等しいためには, $\langle v, v\rangle = c^2, \langle F, F\rangle = 0, \langle F, v\rangle = 0$ でなければならない. したがって, $v$ は時間的ベクトルである. ゆえに, $v$ と直交する $F$ は空間的ベクトルである (命題8.4). しかし, これは $\langle F, F\rangle = 0$ と両立しない.

**6.** $\langle \dot{x}(\tau), \dot{x}(\tau)\rangle = c^2$ は

$$\left(\frac{F(\tau)}{m} + v^0\right)^2 - \left(\frac{a\tau}{m} + v^1\right)^2 = c^2$$

と同値.

**7.** (i) $\dot{x}(\tau) = c\cosh\frac{a\tau}{c}e_0 + c\sinh\frac{a\tau}{c}e_1$. これと $\cosh^2\theta - \sinh^2\theta = 1$ を用いると $\langle\dot{x}(\tau),\dot{x}(\tau)\rangle = c^2$ が出る.

(ii) (i) から, $\ddot{x}(\tau) = a\sinh\frac{a\tau}{c}e_0 + a\cosh\frac{a\tau}{c}e_1$. したがって, $\mathcal{F}(\tau) = (a/m)\sinh\frac{a\tau}{c}e_0 + (a/m)\cosh\frac{a\tau}{c}e_1$.

(iii) 与式より, $t = (c/a)\sinh(a\tau/c)\cdots(*)$. また, (i) より, $v(t) = c|\sinh\frac{a\tau}{c}|(d\tau/dt)$. $(*)$ と $d\tau/dt = \sqrt{1-v(t)^2/c^2}$ によって, $v(t) = a|t|\sqrt{1-v(t)^2/c^2}$. これを $v(t)$ について解けば求める結果を得る.

**8.** 4次元運動保存則より, $p_1 + p_2 = p_3 + p_4 \cdots$(i). 質量保存則から, $m_1 + m_2 = m_3 + m_4 \cdots$(ii). (i) から $\langle p_1+p_2, p_1+p_2\rangle = \langle p_3+p_4, p_3+p_4\rangle$. これと $\langle p_i, p_i\rangle = m_i^2 c^2$ を使うと, $m_1^2 c^2 + m_2^2 c^2 + 2\langle p_1, p_2\rangle = m_3^2 c^2 + m_4^2 c^2 + 2\langle p_3, p_4\rangle \cdots$(iii). 一方, (ii) により, $m_1^2 + m_2^2 = (m_1+m_2)^2 - 2m_1 m_2 = (m_3+m_4)^2 - 2m_1 m_2 = m_3^2 + m_4^2 + 2(m_3 m_4 - m_1 m_2)$. これと (iii) により, 求める式が得られる.

**9.** 入射する光子の 4 次元運動量 $q$ は $q = (h\nu/c)(e_0 + e_1)$ として一般性を失わない ($x^1$ 軸の正の向きに入射). 衝突後の光子の 4 次元運動量を $Q = (h\nu'/c)e_0 + \sum_{j=1}^{3} Q^j e_j$ とする. 衝突前の質点 $m$ の 4 次元運動量 $p$ は $p = mce_0$ であり, 衝突後の 4 次元運動量は $P = (E/c)e_0 + \sum_{j=1}^{3} P^j e_j$ と書ける. エネルギー運動量保存則により

$$\frac{h\nu}{c} + mc = \frac{h\nu'}{c} + \frac{E}{c} \cdots (*)$$
$$\frac{h\nu}{c} = Q^1 + P^1, \quad Q^2 + P^2 = 0, \quad Q^3 + P^3 = 0 \cdots (**)$$

$\mathbf{Q} = (Q^1, Q^2, Q^3) \in \mathbb{R}^3, \mathbf{P} = (P^1, P^2, P^3) \in \mathbb{R}^3$ とおくと $\|\mathbf{Q}\|_{\mathbb{R}^3} = h\nu'/c$. $\theta$ の定義により, $\cos\theta = \langle (1,0,0), \mathbf{Q}\rangle_{\mathbb{R}^3}/\|\mathbf{Q}\|_{\mathbb{R}^3} = Q^1 c/h\nu'$. したがって, $Q^1 c = h\nu'\cos\theta$. また, $E^2 = \|\mathbf{P}\|_{\mathbb{R}^3}^2 c^2 + m^2 c^4$. $(**)$ により, $\mathbf{P} = -\mathbf{Q} + (h\nu/c)(1,0,0)$ であるから, $\|\mathbf{P}^2\|_{\mathbb{R}^3}^2 = \|\mathbf{Q}\|_{\mathbb{R}^3}^2 - 2Q^1(h\nu/c) + (h\nu/c)^2 = (h\nu'/c)^2 - 2(h\nu)(h\nu')\cos\theta/c^2 + (h\nu/c)^2$. したがって,

$$E^2 = (h\nu')^2 - 2(h\nu)(h\nu')\cos\theta + (h\nu)^2 + m^2 c^4.$$

一方, $(*)$ から, $E^2 = (h\nu - h\nu' + mc^2)^2$. ゆえに $(h\nu')^2 - 2(h\nu)(h\nu')\cos\theta + (h\nu)^2 + m^2 c^4 = (h\nu - h\nu' + mc^2)^2$. これを整理すれば求める式が得られる.

**10.** 曲線のパラメータを座標時間 $t$ にとりなおし, $\gamma(s) = cte_0 + \sum_{i=1}^{3} x^i(t)e_i$ とおく. したがって, $\gamma^0(s) = ct, \gamma(s)^i = x^i(t)$. $t_0 = \gamma^0(\alpha)/c, t_1 = \gamma^0(\beta)/c$ とおくと $\dot{\gamma}^0(s) = c(dt/ds), \dot{\gamma}^i(s) = (dt/ds)\dot{x}^i(t)$ であるから

$$L(\gamma) = \int_{t_0}^{t_1} |h(t)|\sqrt{c^2 - \sum_{i=1}^{3} \dot{x}^i(t)^2}\, dt.$$

ただし, $h(t) = dt/ds = \dot{\gamma}^0 \left((\gamma^0)^{-1}(ct)\right)/c$. したがって, $L$ の停留曲線の満たすラグランジュ方程式は

$$\frac{d}{dt}\frac{-\dot{x}^i(t)}{\sqrt{c^2 - v(t)^2}} = 0.$$

ただし, $v(t) = \sqrt{\sum_{i=1}^{3} \dot{x}^i(t)^2}$. ゆえに, $\dot{x}^i(t) = k_i\sqrt{c^2 - v(t)^2}$. ただし, $k_i$ は定数. 両辺を2乗して, $i$ について加えれば $v(t)^2 = k^2(c^2 - v(t)^2)$. ただし, $k^2 = \sum_{i=1}^{3} k_i^2$. これから, $v(t)^2 = k^2 c^2/(1+k^2)$. したがって, $c^2 - v(t)^2 = c^2/(1+k^2)$. そこで, $u_i = k_i c/\sqrt{1+k^2}$ とおけば, $\dot{x}^i(t) = u_i$ であるから, $x^i(t) = u_i t + w_i$. ここで, $w_i$ は定数. したがって, $u = \sum_{i=1}^{3} u_i e_i, w = \sum_{i=1}^{3} w_i e_i$ とし, $\hat{\gamma}(s) := tce_0 + tu + w$ とすれば, これが求める停留曲線である. この曲線は, ローレンツ座標系 $(e_\mu)_\mu$ で3次元的速度が一定 $(u)$ の等速直線運動を表す. さらに, この運動は $L$ を最小にするものであることが次のようにしてわかる. 実際, 積分不等式 $\|\int_\alpha^\beta \dot{\gamma}(s)ds\| \leq L(\gamma)$ により, 任意の $\gamma$ に対して, $L(\gamma) \geq \|b-a\|$. $b - a = c(t_1 - t_0)e_0 + u(t_1 - t_0)$ であるから, $\|b - a\| = (t_1 - t_0)\sqrt{c^2 - \sum_{i=1}^{3} u_i^2}$. 一方,

$$L(\hat{\gamma}) = \int_\alpha^\beta \|\dot{\hat{\gamma}}(s)\|ds$$

$$= \int_\alpha^\beta \left|\frac{dt}{ds}\right|\sqrt{c^2 - \sum_{i=1}^{3} u_i^2}\, ds$$

$$= (t_1 - t_0)\sqrt{c^2 - \sum_{i=1}^{3} u_i^2}$$

$$= \|b - a\|.$$

ゆえに $L(\gamma) \geq L(\hat{\gamma})$.

# 第9章

**1.** 別にユニタリ作用素 $W : \mathcal{H} \to \mathcal{K}$ で $W\Psi_n = \Phi_n = U\Psi_n$ を満たすものがあるとする. 任意の $\Psi \in \mathcal{H}$ は $\Psi = \sum_{n=1}^{\infty} \langle \Psi_n, \Psi \rangle \Psi_n$ と展開できるので, $W, U$ の連続性により, $W\Psi = \sum_{n=1}^{\infty} \langle \Psi_n, \Psi \rangle W\Psi_n = \sum_{n=1}^{\infty} \langle \Psi_n, \Psi \rangle U\Psi_n = U\Psi$. したがって, $W = U$.

**2.** (i) 容易. (ii) $U_A$ の線形性は容易. 任意の $f, g \in L^2C[a, b]$ に対して $\langle U_A f, U_A g \rangle_{L^2C[c,d]} = (b-a)/(d-c) \int_c^d f(A^{-1}(x))^* g(A^{-1}(x)) dx$. 変数変換 $y = A^{-1}(x)$ を行うと, 右辺は $\int_a^b f(y)^* g(y) dy = \langle f, g \rangle_{L^2C[a,b]}$ に等しい. したがって, $U_A$ は内積を保存する. 任意の $h \in L^2C[c, d]$ に対して, $f(x) = \sqrt{(d-c)/(b-a)}h(A(x))$, $x \in [a, b]$ とおけば, $f \in L^2C[a, b]$ であって, $U_A f = h$ が成り立つ. したがって, $U_A$ は全射である. 以上から, $U_A$ はユニタリである.

**3.** $\mathcal{H}_1$ が完備であるとしよう. 仮定によって, ユニタリ変換 $U : \mathcal{H}_1 \to \mathcal{H}_2$ が存在する. $\{\Psi_n\}_{n=1}^\infty$ を $\mathcal{H}_2$ のコーシー列とする. $\Phi_n = U^{-1}\Psi_n$ とおけば, $U\Phi_n = \Psi_n$ であるから, $U$ の内積保存性により, $\|\Phi_n - \Phi_m\| = \|\Psi_n - \Psi_m\|$. したがって, $\{\Phi_n\}_n$ は $\mathcal{H}_1$ のコーシー列である. $\mathcal{H}_1$ の完備性により, $\Phi_n \to \Phi$ $(n \to \infty)$ となる $\Phi \in \mathcal{H}_1$ が存在する. $U$ の連続性により, $\Psi_n \to U\Phi$ $(n \to \infty)$ となる. したがって, $\{\Psi_n\}_n$ は収束列である. ゆえに $\mathcal{H}_2$ は完備である.

**4.** 演習問題 2, 3 によって, $L^2C[0,1]$ が完備でないことを示せばよい. $L^2C[0,1]$ の点列 $\{u_n\}_{n=3}^\infty$ を次のように定義する : $0 \le x \le \frac{1}{2}$ ならば $u_n(x) = 1$ ; $\frac{1}{2} \le x \le \frac{1}{2} + \frac{1}{n}$ ならば $u_n(x) = -n(x - \frac{1}{2}) + 1$ ; $\frac{1}{2} + \frac{1}{n} \le x \le 1$ ならば $u_n(x) = 0$. $n > m$ と $m > n$ のそれぞれの場合に, $\|u_n - u_m\|^2$ を直接計算することにより, $\{u_n\}_{n=3}^\infty$ は $L^2C[0,1]$ のコーシー列であることがわかる. もし, $\{u_n\}_{n=3}^\infty$ がある $u \in L^2C[a,b]$ に収束したとすると $\int_0^1 |u_n(x) - u(x)|^2 dx \to 0$ $(n \to \infty)$ が成り立つ. ところが $\int_0^1 |u_n(x) - u(x)|^2 dx \ge \int_0^{1/2} |1 - u(x)|^2 dx$. したがって, $u(x) = 1$, $0 \le x \le \frac{1}{2}$. 同様に, $\lim_{n\to\infty} \int_{1/2+1/n}^1 |u(x)|^2 dx = 0$ であるから, $\int_{1/2}^1 |u(x)|^2 dx = 0$. したがって, $u(x) = 0$, $\frac{1}{2} \le x \le 1$. だが, これらの結果は $u$ が $x = \frac{1}{2}$ で不連続であることを示し, $u$ が連続であるという仮定に反する. ゆえに $\{u_n\}_{n=3}^\infty$ は $L^2C[0,1]$ の中では収束しない.

**5.** (i) $f_n$ の連続性を示すのは容易 ($|x|^n, e^{-x^2}$ は連続関数であり, 連続関数の積は連続関数). $x = (x_1, \cdots, x_d) \in \mathbb{R}^d$ と表し, $f_n$ を

$$f_n(x) = (1 + x_1^2) \cdots (1 + x_d^2)|x|^n e^{-|x|^2} \cdot \frac{1}{(1 + x_1^2) \cdots (1 + x_d^2)}$$

と書く. $x_j^2 \le |x|^2$ を使えば,

$$f_n(x) \le (1 + |x|^2)^d |x|^n e^{-|x|^2} \cdot \frac{1}{(1 + x_1^2) \cdots (1 + x_d^2)}.$$

$(1 + |x|^2)^d |x|^n e^{-|x|^2}$ は $|x|^{n+2k} e^{-|x|^2}$ $(k = 0, 1, \cdots, d)$ という形の関数の和になる. 一方, 微分法の応用により, 関数 $h(t) = t^m e^{-at^2}, t \ge 0$ $(m \ge 0, a > 0)$ は有界な関数であることがわかる $(t = \sqrt{m/(2a)}$ で最大値をとる$)$. したがって, $C := \sup_{x \in \mathbb{R}^d} (1 + |x|^2)^d |x|^n e^{-|x|^2} < \infty$. ゆえに

$$\int_{\mathbb{R}^d} |f_n(x)|^2 dx \le C^2 \int_\mathbb{R} \frac{1}{(1 + x_1^2)^2} dx_1 \cdots \int_\mathbb{R} \frac{1}{(1 + x_d^2)^2} dx_d < \infty.$$

よって, $f_n \in L^2C(\mathbb{R}^d)$.

(ii) $\sum_{j=0}^n a_j f_j = 0$ とする $(a_j \in \mathbb{C})$. したがって, 任意の $x \in \mathbb{R}^d$ に対して, $\sum_{j=0}^n a_j f_j(x) = 0$. $t = |x|$ とおけば, $\sum_{j=0}^n a_j t^j = 0$, $t \ge 0$. $t = 0$ とすれば, $a_0 = 0$. したがって, $\sum_{j=1}^n a_j t^j = 0$. $t$ で微分して, $t = 0$ とおけば, $a_1 = 0$. 以下, 同様にして, $a_0 = \cdots = a_n = 0$ が得られる.

**6.** $a_n := \langle \Psi_n, \Psi \rangle$ とおく．このとき

$$d(z_1, \cdots, z_N)^2 = \|\Psi\|^2 - 2\sum_{n=1}^{N} \text{Re}(z_n^* a_n) + \sum_{n=1}^{N} |z_n|^2$$

$$= \sum_{n=1}^{N} |z_n - a_n|^2 - \sum_{n=1}^{N} |a_n|^2 + \|\Psi\|^2$$

$$\geq -\sum_{n=1}^{N} |a_n|^2 + \|\Psi\|^2.$$

最後の不等号で等号が成立するのは，$z_n = a_n, n = 1, \cdots, N,$ の場合である．よって，$d(z_1, \cdots, z_N)$ を最小にするのは $z_n = \langle \Psi_n, \Psi \rangle, n = 1, \cdots, N,$ の場合であり，その最小値は $\sqrt{\|\Psi\|^2 - \sum_{n=1}^{N} |\langle \Psi_n, \Psi \rangle|^2}$ である．

**7.** (i) $\Phi_1, \Phi_2 \in D(T^*)$ とすれば，$\Theta_{\Phi_1}, \Theta_{\Phi_2} \in \mathcal{H}$ が存在して，すべての $\Psi \in D(T)$ に対して，$\langle \Phi_j, T\Psi \rangle = \langle \Theta_j, \Psi \rangle$ $(j = 1, 2)$．これから，任意の $\alpha, \beta \in \mathbb{K}$ に対して，$\langle \alpha \Phi_1 + \beta \Phi_2, T\Psi \rangle = \langle \alpha \Theta_1 + \beta \Theta_2, \Psi \rangle$．したがって，$\alpha \Phi_1 + \beta \Phi_2 \in D(T^*)$ であって，$T^*(\alpha \Phi_1 + \beta \Phi_2) = \alpha \Theta_1 + \beta \Theta_2 \cdots (*)$．ゆえに，特に，$D(T^*)$ は部分空間である．

(ii) $(*)$ と $\Theta_j = T^* \Phi_j$ を使えば，$T^*$ の線形性が出る．

**8.** $\phi_n$ が連続関数であることは容易にわかる．$\|\phi_n\|^2 = (b-a)^{-1} \int_a^b 1 dx = 1$. さらに，$n \neq m$ のとき

$$\langle \phi_n, \phi_m \rangle = \frac{1}{b-a} \int_a^b e^{2\pi i(m-n)(x-a)/(b-a)} dx$$

$$= \frac{1}{2\pi i(b-a)(m-n)} (e^{2\pi i(m-n)} - 1) = 0.$$

**9.** (i) ベッセルの不等式により，無限級数 $\sum_{n=1}^{\infty} |\langle e_n, \Psi \rangle|^2$ は収束する．したがって，級数論の初歩的定理（級数 $\sum_{n=1}^{\infty} a_n$ $(a_n \in \mathbb{R})$ が収束すれば，$\lim_{n \to \infty} a_n = 0$）によって，$\lim_{n \to \infty} |\langle e_n, \Psi \rangle|^2 = 0$．これは $\lim_{n \to \infty} \langle e_n, \Psi \rangle = 0$ を意味する．

(ii) 仮に，題意にいう $\Psi \in \mathcal{H}$ が存在したとしよう．このとき，$\|e_n - \Psi\|^2 = 1 - 2\text{Re}\langle e_n, \Psi \rangle + \|\Psi\|^2$ であるから，仮定と (i) によって，$0 = 1 + \|\Psi\|^2$．右辺は 1 以上であるから矛盾．

**10.** $P$ の線形性は $P_n$ のそれから従う．任意の $\Psi \in \mathcal{H}$ に対して，ノルムの連続性により，$\|P\Psi\| = \lim_{n \to \infty} \|P_n \Psi\|$．一方，$\|P_n \Psi\| \leq \|P_n\| \|\Psi\| \leq \|\Psi\|$ であるから，$\|P\Psi\| \leq \|\Psi\|$．したがって，$P$ は有界線形作用素である．任意の $\Phi \in \mathcal{H}$ に対して，$\langle \Psi, P\Phi \rangle = \lim_{n \to \infty} \langle \Psi, P_n \Phi \rangle = \lim_{n \to \infty} \langle P_n \Psi, \Phi \rangle = \langle P\Psi, \Phi \rangle$．ゆえに $P^* = P$．さらに，$\langle \Psi, P^2 \Phi \rangle = \langle P\Psi, P\Phi \rangle = \lim_{n \to \infty} \langle P_n \Psi, P_n \Phi \rangle =$

$\lim_{n\to\infty} \langle \Psi, P_n^2 \Phi \rangle = \lim_{n\to\infty} \langle \Psi, P_n \Phi \rangle = \langle \Psi, P\Phi \rangle$. したがって, $P^2 \Phi = P\Phi$. ゆえに $P^2 = P$. 以上から, $P$ は正射影作用素である.

**11.** 任意の $\Psi \in \mathcal{H}$ に対して, $\|T_n\Psi - T\Psi\|^2 = \|T_n\Psi\|^2 - 2\text{Re}\,\langle T_n\Psi, T\Psi\rangle + \|T\Psi\|^2$. $T_n$ に関する偏極恒等式を使うと, 任意の $\Phi, \Theta \in \mathcal{H}$ に対して, $\lim_{n\to\infty}\langle\Phi, T_n\Theta\rangle = \langle\Phi, T\Theta\rangle$ がわかる. したがって, $\langle T_n\Psi, T\Psi\rangle \to \langle T\Psi, T\Psi\rangle = \|T\Psi\|^2$ ($n\to\infty$). ゆえに $\|T_n\Psi - T\Psi\|^2 \to 0$ ($n\to\infty$).

**12.** 前問によって, 任意の $\Psi \in \mathcal{H}$ に対して, $\lim_{\varepsilon\downarrow 0}\|E(\lambda-\varepsilon)\Psi\| = \|E(\lambda-0)\Psi\|$, $\lim_{\varepsilon\downarrow 0}\langle\Psi, E(\lambda-\varepsilon)\Psi\rangle = \langle\Psi, E(\lambda-0)\Psi\rangle \cdots (*)$ を示せばよい. $E(\cdot)$ が正射影作用素であることを使えば, $\|E(\lambda-\varepsilon)\Psi\|^2 = \langle\Psi, E(\lambda-\varepsilon)\Psi\rangle \cdots (**)$. 右辺は $\varepsilon \downarrow 0$ のとき, 単調増加であり, 上から $\|\Psi\|^2$ で抑えられるから, $\lim_{\varepsilon\downarrow 0}\|E(\lambda-\varepsilon)\Psi\|^2$ は存在する. 特に, $\varepsilon = a_n$ (補題 9.65(ii)) とすれば, 補題 9.65(ii) によって, この極限は $\|E(\lambda-0)\Psi\|^2$ に等しくなければならない. したがって, また, $(**)$ によって, $(*)$ の第 2 式も成り立つことになる.

**13.** $a := \sup_{\Xi \in \mathcal{H}, \|\Xi\|=1}|\langle\Xi, \Theta\rangle|$ とおく. シュヴァルツの不等式によって, $\|\Xi\| = 1$ のとき, $|\langle\Xi,\Theta\rangle| \le \|\Theta\|$ であるから, $a \le \|\Theta\|$. $\Theta \ne 0$ のとき, $\Xi = \Theta/\|\Theta\|$ とすれば, $\|\Xi\| = 1$ であり, $|\langle\Xi,\Theta\rangle| = \|\Theta\|$. したがって, $a \ge \|\Theta\|$. これは, $\Theta = 0$ のときも成り立つ (等号で成立). 以上から, $a = \|\Theta\|$.

**14.** (必要性) $U$ はユニタリであるとする. このとき, 内積保存性 ($\langle U\Psi, U\Phi\rangle = \langle\Psi,\Phi\rangle, \Psi, \Phi \in \mathcal{H}$) より, $\langle U^*U\Psi, \Phi\rangle = \langle\Psi,\Phi\rangle$. したがって, $U^*U\Psi = \Psi$. ゆえに $U^*U = I$. $U$ の全射性により, 任意の $\Theta \in \mathcal{K}$ に対して, $U\Psi = \Theta$ となる $\Psi \in \mathcal{H}$ がある. したがって, $UU^*\Theta = UU^*U\Psi = U\Psi = \Theta$. ゆえに $UU^* = I$.

(十分性) $U^*U = I$ は $U$ の内積保存性を導く (上の変形の逆をたどればよい). また, $UU^* = I$ は $U$ の全射性を導く ($U(U^*\Theta) = \Theta, \Theta \in \mathcal{K}$ に注意).

**15.** (i) 任意の $\Psi \in \mathcal{D}$ に対して, $[A+B, C]\Psi = (A+B)C\Psi - C(A+B)\Psi = AC\Psi - CA\Psi + BC\Psi - CB\Psi = [A,C]\Psi + [B,C]\Psi$. $[A, B+C]$ については, $[A, B+C] = -[B+C, A]$ といまの結果を使えばよい (もちろん, 直接計算してもよい).

(ii) (i) と同様.

(iii) $n, m$ に関する帰納法による.

**16.** (i) は命題 9.50 と命題 9.56(i) による.

(ii) $\ker(H - E_j) = \mathcal{H}_j$ とすれば, 命題 9.56(ii) によって, $\mathcal{H}_j \perp \mathcal{H}_k, j \ne k$. そこで, $\mathcal{K} = \bigoplus_{j=1}^r \mathcal{H}_j$ とすれば, $\mathcal{H} = \mathcal{K} \oplus \mathcal{K}^\perp$ と分解できる. 任意の $\psi \in \mathcal{K}^\perp$ と $\phi_j \in \mathcal{H}_j$ に対して, $\langle\phi_j, H\psi\rangle = \langle H\phi_j, \psi\rangle = E_j\langle\phi_j,\psi\rangle = 0$. したがって, $H\psi \in \mathcal{K}^\perp$. そこで, $H_\perp := H|\mathcal{K}^\perp$ とすれば, $H_\perp$ は $\mathcal{K}^\perp$ 上の自己共役作用素である. $H_\perp$ の固有ベクトルは $H$ の固有ベクトルであるが, $\mathcal{K}$ の構成からいって, $H_\perp$

は固有ベクトルをもってはならない．したがって，$\mathcal{K}^\perp = \{0\}$．ゆえに，$\mathcal{H} = \mathcal{K}$．これから，$N = \dim \mathcal{K} = \sum_{j=1}^r m_j$．

(iii) (ii) の証明から，任意の $\psi \in \mathcal{H}$ に対して，$\psi_j \in \mathcal{H}_j$ が唯1つあって，$\psi = \sum_{j=1}^r \psi_j \cdots (*)$ と書ける．正射影定理により，$\psi_j = P_j \psi$．ゆえに $\psi = \left(\sum_{j=1}^r P_j\right)\psi$．$\psi \in \mathcal{H}$ は任意であったから，$I = \sum_{j=1}^r P_j$．

(iv) $(*)$ より，$H\psi = \sum_{j=1}^r E_j \psi_j = \left(\sum_{j=1}^r E_j P_j\right)\psi$．したがって，$H = \sum_{j=1}^r E_j P_j$．

(v) 直接計算．

(vi) $a < E_1, E_r < b$ とし，区間 $[a,b]$ の分割 $\Delta$ を $a = t_0 < t_1 < \cdots < t_n = b$ とする．このとき，

$$\Sigma_\Delta := \sum_{k=1}^n t_k [E_H(t_k) - E_H(t_{k-1})] = \sum_{k=1}^n t_k \sum_{t_{k-1} < E_j \leq t_k} P_j.$$

これと (iv) により，任意の $\psi \in \mathcal{H}$ に対して

$$\Sigma_\Delta \psi - H\psi = \sum_{t_0 < E_j \leq t_1} (t_1 - E_j) P_j \psi + \sum_{t_1 < E_j \leq t_2} (t_2 - E_j) P_j \psi + \cdots$$
$$+ \sum_{t_{n-1} < E_j \leq t_n} (t_n - E_j) P_j \psi.$$

したがって

$$\|\Sigma_\Delta \psi - H\psi\| \leq \sum_{t_0 < E_j \leq t_1} |t_1 - E_j| \|P_j \psi\| + \sum_{t_1 < E_j \leq t_2} |t_2 - E_j| \|P_j \psi\| + \cdots$$
$$+ \sum_{t_{n-1} < E_j \leq t_n} |t_n - E_j| \|P_j \psi\|.$$

任意の $\varepsilon > 0$ に対して，番号 $n_0$ があって，$n \geq n_0$ ならば $|t_k - t_{k-1}| \leq \varepsilon, k = 1, \cdots, n$．したがって，$t_{k-1} < E_j \leq t_k$ ならば $|t_k - E_j| \leq \varepsilon$．これと $\|P_j \psi\| \leq \|\psi\|$ を使えば

$$\|\Sigma_\Delta \psi - H\psi\| \leq \varepsilon \left(\sum_{t_0 < E_j \leq t_1} 1 + \sum_{t_1 < E_j \leq t_2} 1 + \cdots + \sum_{t_{n-1} < E_j \leq t_n} 1\right) \|\psi\| = r\varepsilon \|\psi\|.$$

ゆえに s-$\lim_{\Delta \to 0} \Sigma_\Delta \psi = H\psi$．すなわち，$H = \int_{[a,b]} \lambda dE_H(\lambda)$．右辺は $a < E_1, b > E_r$ によらないから，$a \to -\infty, b \to \infty$ として，求める結果を得る．

**17.** (i) $M > N$ とするとき，$\|e_M(T) - e_N(T)\| \leq \sum_{n=N+1}^M \frac{\|T^n\|}{n!} \leq \sum_{n=N+1}^M \frac{\|T\|^n}{n!} \to 0 \ (N, M \to \infty)$．$N > M$ の場合も同様．

(ii) $\|e_N(T)\| \leq \sum_{n=0}^N \|T\|^n / n! \leq e^{\|T\|}$．$N \to \infty$ とノルムの連続性（ヒルベルト空間の場合と同様）により，求める不等式を得る．

(iii) 任意の $\Psi, \Phi \in \mathcal{H}$ に対して，$\langle \Phi, e^T \Psi \rangle = \lim_{N \to \infty} \langle \Phi, e_N(T) \Psi \rangle = \lim_{N \to \infty} \langle e_N(T)^* \Phi, \Psi \rangle$．一方，$e_N(T)^* = e_N(T^*)$ であるから，最右辺は $\langle e^{T^*} \Phi, \Psi \rangle$ に等しい．したがって，$(e^T)^* \Phi = e^{T^*} \Phi$．ゆえに $(e^T)^* = e^{T^*}$．

(iv) $T$ と $K$ の可換性により，任意の $N, M \in \mathbb{N}$ に対して，$e_N(T) e_M(K) = e_M(K) e_N(T)$．$N \to \infty$ とすれば，$e^T e_M(K) = e_M(K) e^T$．次に $M \to \infty$ とすれば $e^T e^K = e^K e^T$．一方，$T$ と $K$ の可換性により，

$$e_N(T+K) = \sum_{n=0}^{N} \sum_{r=0}^{n} \frac{{}_nC_r T^{n-r} K^r}{n!} = \sum_{r=0}^{N} \frac{K^r}{r!} \sum_{k=0}^{N-r} \frac{T^k}{k!}$$

$$= e_N(K) e^T + \sum_{r=0}^{N} \frac{K^r}{r!} A_r^{(N)}.$$

ただし，$A_r^{(N)} = -\sum_{k=N-r+1}^{\infty} \frac{T^k}{k!}$．さらに

$$\| \sum_{r=0}^{N} \frac{K^r}{r!} A_r^{(N)} \| \leq \sum_{r=0}^{N} \frac{\|K\|^r}{r!} \sum_{k=N-r+1}^{\infty} \frac{\|T\|^k}{k!}$$

$$= e_N(\|K\|) e^{\|T\|} - e_N(\|K\| + \|T\|)$$

$$\stackrel{N \to \infty}{\longrightarrow} e^{\|K\|} e^{\|T\|} - e^{\|K\| + \|T\|} = 0.$$

ゆえに，$\|e_N(T+K) - e_N(K) e^T\| \to 0$ $(N \to \infty)$．一方，ノルムの連続性により，$\|e_N(T+K) - e_N(K) e^T\| \to \|e^{T+K} - e^K e^T\|$ $(N \to \infty)$．したがって，$e^{T+K} - e^K e^T = 0$．

(v) (iv) において，$K = -T$ とおけば，$T$ と $-T$ は可換であるから，$e^T e^{-T} = e^{-T} e^T = e^0 = I$ が成り立つ．したがって，$e^T$ は全単射で $(e^T)^{-1} = e^{-T}$．

(vi) $n = 1$ のときは容易．$n \geq 2$ については $\|\mathrm{ad}_T^n(S)\| \leq 2\|T\| \|\mathrm{ad}_T^{n-1}(S)\|$ と帰納法による．

(vii) (vi) によって $\|\mathrm{ad}_T^n(S) t^n / n!\| \leq 2^n |t|^n \|T\|^n \|S\| / n!$．$\sum_{n=0}^{\infty} 2^n |t|^n \|T\|^n \|S\| / n! (= e^{2|t| \|T\|} \|S\|)$ は収束するから，この不等式を用いると，$A_N(t) = \sum_{n=0}^{N} \mathrm{ad}_T^n(S) t^n / n!$ はコーシー列をなし，$A(t) = \text{u-}\lim_{N \to \infty} A_N(t)$ となる $A(t) \in \mathcal{B}(\mathcal{H})$ が存在することが示される．$A(t) = \sum_{n=0}^{\infty} \mathrm{ad}_T^n(S) t^n / n!$ と書く．任意の $\Psi, \Phi$ に対して，$f(t) = \langle \Phi, e^{tT} S e^{-tT} \Psi \rangle = \langle e^{tT^*} \Phi, S e^{-tT} \Psi \rangle$ とおく．このとき，$t$ は微分可能であって $f'(t) = \langle T^* e^{tT^*} \Phi, S e^{-tT} \Psi \rangle + \langle e^{tT^*} \Phi, S(-T) e^{-tT} \Psi \rangle = \langle e^{tT^*} \Phi, [T, S] e^{-tT} \Psi \rangle$ が成り立つことがわかる．以下，同様にして，$f^{(n)}(t) = \langle \Phi, e^{tT} \mathrm{ad}_T^n(S) e^{-tT} \Psi \rangle$ がわかる．したがって，$\theta \in (0, 1)$ とするとき，

$$\frac{|f^{(n)}(\theta t) t^n|}{n!} \leq \frac{(2|t|)^n \|T\|^n}{n!} \|S\| \|\Phi\| \|\Psi\| e^{2|t| \|T\|} \to 0 \quad (n \to \infty).$$

ゆえに，$f$ は $t = 0$ のまわりに，テイラー展開ができて，

$$f(t) = \sum_{n=0}^{\infty} \frac{f^{(n)}(0)}{n!} t^n = \sum_{n=0}^{\infty} \frac{\langle \Phi, \mathrm{ad}_T^n(S) \Psi \rangle t^n}{n!} = \langle \Phi, A(t) \Psi \rangle.$$

よって，$e^{tT}Se^{-tT} = A(t)$.

# 第10章

**1.** $\Psi, \Phi, \Xi \in \mathcal{H} \setminus \{0\}$ を任意にとる．$\Psi = 1 \cdot \Psi$ であるから，$\Psi \sim \Psi$（反射律）．$\Psi \sim \Phi$ ならば $\Psi = \alpha\Phi$ となる $\alpha \in \mathbb{C} \setminus \{0\}$ がある．したがって，$\Phi = \alpha^{-1}\Psi$. ゆえに $\Phi \sim \Psi$. よって，対称律が成立．$\Psi \sim \Phi, \Phi \sim \Xi$ ならば $\Psi = \alpha\Phi, \Phi = \beta\Xi$ となる $\alpha, \beta \in \mathbb{C} \setminus \{0\}$ があるから，$\Psi = (\alpha\beta)\Xi$. $\alpha\beta \neq 0$ であるから，$\Psi \sim \Xi$. ゆえに推移律も成り立つ．

**2.** (i) 直接計算による．

(ii) (i) により，$S_3 S_\pm \psi_\lambda = (\pm\hbar S_\pm + S_\pm S_3)\psi_\lambda = (\pm\hbar S_\pm + \lambda\hbar S_\pm)\psi_\lambda = (\lambda \pm 1)\hbar S_\pm \psi_\lambda$.

(iii) (ii) と帰納法による．

(iv) $k$ に関する帰納法で証明する．$S_+ \psi_{j-1} = S_+ S_- \psi_j = \hbar S_3 \psi_j + S_- S_+ \psi_j = j\hbar^2 \psi_j$ ((ii) と固有値 $j\hbar$ の最大性により，$S_+ \psi_j = 0$)．一方，$c_1 = j\hbar^2$. したがって，$k = 1$ のとき成立．次に $S_+ \psi_{j-k} = c_k \psi_{j-k+1}$ とする．このとき，$S_+ \psi_{j-k-1} = S_+ S_- \psi_{j-k} = \hbar S_3 \psi_{j-k} + S_- S_+ \psi_{j-k} = [(j-k)\hbar^2 + c_k]\psi_{j-k}$. 一方，$(j-k)\hbar^2 + c_k = c_{k+1}$. よって，$(k+1)$ のときも成り立つ．

(v) $S_3$ の固有値の個数は有限個であるから，ある $k$ があって，$\psi_{j-k+1} \neq 0$ かつ $\psi_{j-k} = 0$ となる．したがって，(iv) から，このような $k$ に対しては $c_k = 0$. これから，$k = 2j+1$. したがって，$2j+1$ は自然数である．この場合，$j\hbar, \cdots, (j-k+1)\hbar$ は $S_3$ の固有値であり，$j - k + 1 = -j$ であるから，固有値についての事実が出る．

(vi) $\psi_{j-k}, k = 0, 1, \cdots, 2j$, で生成される部分空間を $D$ とすれば，$S_3, S_\pm$ が $D$ を不変にすることは，$S_3 \psi_{j-k} = (j-k)\hbar \psi_{j-k}, S_+ \psi_{j-k} = c_k \psi_{j-k+1}, S_- \psi_{j-k} = \psi_{j-k-1}, S_+ \psi_j = 0, \psi_{-j-1} = 0$ より明らか．一方，$S_1 = (S_+ + S_-)/\sqrt{2}, S_2 = (S_+ - S_-)/(i\sqrt{2})$ であるから，$D$ は $S_1, S_2$ によっても不変である．したがって，$D$ は $S_1, S_2, S_3$ によって不変．ゆえに，既約性により，$D = \mathcal{H}$ ($\because D \neq \{0\}$). $\dim D = 2j+1$ であるから（エルミート作用素の異なる固有値に属する固有ベクトルは直交するから，$\psi_{j-k}, k = 0, \cdots, 2j$, は線形独立），$N = 2j + 1$. もし，$S_3$ が $j\hbar, (j-1)\hbar, \cdots, -(j-1)\hbar, -j\hbar$ 以外に固有値をもてば，それに属する固有ベクトルは $\psi_{j-k}$ に直交するから，$N > 2j+1$ となって矛盾．ゆえに，$S_3$ は $j\hbar, (j-1)\hbar, \cdots, -(j-1)\hbar, -j\hbar$ 以外に固有値をもたない．これらの固有値の数は $(2j+1)$ 個であるから，各固有値の多重度は $1$ でなければならない．

**3.** $\phi = \{\phi(n)\}_{n \in \mathbb{Z}_+} \in D(a^*)$ とすれば，任意の $\psi \in D(a)$ に対して，$\langle a^*\phi, \psi\rangle = \langle \phi, a\psi\rangle$. 右辺は $\sum_{n=1}^{\infty} \sqrt{n}\phi(n-1)^* \psi(n)$ と変形できる．一方，左辺は $\sum_{n=0}^{\infty} (a^*\phi)(n)^* \psi(n)$. したがって，$\sum_{n=0}^{\infty} (a^*\phi)(n)^* \psi(n) = \sum_{n=1}^{\infty} \sqrt{n}\phi(n-1)^* \psi(n)$. $\psi(n) \neq 0, \psi(m) = 0, n \neq m$ なる元 $\psi$ をとれば $(a^*\phi)(0) = 0$; $(a^*\phi)(n) = \sqrt{n}\phi(n-1), n \geq$

1 が得られる．$\sum_{n=0}^{\infty}|(a^*\phi)(n)|^2 < \infty$ より，$\sum_{n=1}^{\infty}n|\phi(n-1)|^2 < \infty$. したがって，(10.16) の右辺の集合を $\mathcal{D}_*$ とすれば，$D(a^*) \subset \mathcal{D}_* \cdots (*)$ であり，(10.17) が成り立つことがわかる．(*) の逆を示すために，$\phi \in \mathcal{D}_*$ とし，$\eta = \{\eta(n)\}_{n\in\mathbb{Z}_+}$ を $\eta(0) = 0$; $\eta(n) := \sqrt{n}\phi(n-1), n \geq 1$ によって定義すれば，$\eta \in \ell^2(\mathbb{Z}_+)$ であり，任意の $\psi \in D(a)$ に対して，$\langle \phi, a\psi \rangle = \langle \eta, \psi \rangle$. これは $\phi \in D(a^*)$ かつ $a^*\phi = \eta$ を意味する．よって，$D(a^*) = \mathcal{D}_*$.

**4.** (i), (ii) は，$\ell^2$ の場合と同様．

(iii) 任意の $p, p' \in \mathbb{Z}_n^+$ に対して $\langle E_p, E_{p'} \rangle = \sum_{k \in \mathbb{Z}_+^n} \delta_{p_1 k_1} \cdots \delta_{p_n k_n} \delta_{p'_1 k_1} \cdots \delta_{p'_n k_n} = \delta_{p_1 p'_1} \cdots \delta_{p_n p'_n}$. 右辺は $p = p'$ のとき 1, $p \neq p'$ ならば 0. したがって，$\{E(p)\}_{p \in \mathbb{Z}_+^n}$ は正規直交系．完全性を示すために，すべての $p \in \mathbb{Z}_+^n$ に対して，$\langle \psi, E_p \rangle = 0$ となる $\psi \in \ell^2(\mathbb{Z}_+^n)$ があったとしよう（すなわち，$\psi \in (\{E(p)\}_{p \in \mathbb{Z}_+^n})^\perp$）．左辺は $\psi(p)^*$ に等しいから，$\psi(p) = 0$. これがすべての $p \in \mathbb{Z}_+^n$ に対して成り立つから，$\psi = 0$. ゆえに，定理 9.7(iv) によって，$\{E(p)\}_{p \in \mathbb{Z}_+^n}$ は完全である．

(iv) $\psi, \phi \in \ell_0(\mathbb{Z}_+^n)$ ならば，ある番号 $n_0, n_1$ があって $|k| \geq n_0$ ならば $\psi(k) = 0$, $|k| \geq n_1$ ならば $\phi(k) = 0$. したがって，$n_0, n_1$ の大きいほうを $n_2$ とすれば，$|k| \geq n_2$ のとき，任意の $\alpha, \beta \in \mathbb{C}$ に対して，$\alpha \psi(k) + \beta \phi(k) = 0$.

(v) $E(p) \in \ell_0(\mathbb{Z}_n^+)$ と (iii) による．または次のように直接示してもよい．任意の $\psi \in \ell^2(\mathbb{Z}_+^n)$ に対して，$\psi_N \in \ell_0(\mathbb{Z}_+^n)$ を次のように定義する：$\psi_N(k) := \psi(k)$ ($|k_j| \leq N, j = 1, \cdots, n$ のとき); $\psi_N(k) := 0$ ($|k_j| > N$ となる $j$ があるとき). このとき，$\|\psi - \psi_N\|^2 = \sum_{k \in \mathbb{Z}_+^n}|\psi(k)|^2 - \sum_{|k_j| \leq N, j=1,\cdots,n}|\psi(k)|^2 \to 0$ ($N \to \infty$).

**5.** (i) $\ell_0(\mathbb{Z}_+^n) \subset D(a_j)$ と演習問題 4(v) による．

(ii), (iii) は演習問題 3 と同様．

**6.** (i) 任意の $\Psi, \Phi \in \mathcal{D}$ に対して，$0 = \langle \Psi, [A_j, A_k]\Phi \rangle = \langle [A_k^*, A_j^*]\Psi, \Phi \rangle$. したがって，$[A_k^*, A_j^*]\Psi = 0$.

(ii) $[Q_j, P_k] = i\alpha_j\beta_k\{[A_j^*, A_k^*] - [A_j^*, A_k] + [A_j, A_k^*] - [A_j, A_k]\} = 2i\alpha_j\beta_k\delta_{jk}$ による．他の場合も同様．

**7.** $[L_1, L_2] = [Q_2P_3 - Q_3P_2, Q_3P_1 - Q_1P_3] = Q_2[P_3, Q_3]P_1 + [Q_3, P_3]P_2Q_1 = -i\hbar Q_2 P_1 + i\hbar P_2 Q_1 = i\hbar L_3$. 他の 2 つの交換関係も同様．

# 索引

**事項索引**

**【欧文】**
CAR の表現　478
CCR の表現　473

$n$ 次元実座標空間　13
$n$ 次元数空間　39
$n$ 次元数ベクトル空間　13
$n$ 次元複素座標空間　13
$n$ 次元ユークリッドベクトル空間　78
$n$ 次元ユニタリ空間　70
$n$ 次の単位行列　14
$n$ 点系に対する一般ラグランジュ方程式　237
$n$ 点系のラグランジュ関数　238
$n$ 量子状態　490
$(n+1)$ 次元ミンコフスキーベクトル空間　79

$p$ 階対称テンソル　52
$p$ 階テンソル　50
$p$ 階の単テンソル　50
$p$ 階反対称テンソル　52
$p$ 階反変テンソル　50
$p$ 重対称テンソル積　52
$p$ 重テンソル積　50
$p$-ベクトル　52

$U(1)$-ゲージ群　324

$V$-値関数　15
$V$-値ベクトル場　15

**【ア】**
アインシュタインの場の方程式　395
アカデメイア　4
アファイン空間　37
アファイン座標系　41
アファイン写像　41
アファイン同型　41
アファイン同型写像　41
アファイン変換　41
アーベリアン　206

**【イ】**
位相　112, 302, 323
位相空間　112
位相写像　113
位相速度　303
位相多様体　226
位相的場の理論　9
位相の速さ　303
いたるところ空間的　356
いたるところ光的　356
いたるところ時間的　356
位置作用素　476
1 次形式　32
1 次結合　16
1 次従属　16
1 次独立　16
位置ベクトル　40
一様運動　148
一様連続性　121
一般化運動量　250
一般化座標　223, 224
一般線形群　206
一般相対性理論　8, 393

一般ラグランジュ方程式　232
イデア　4, 5
イデア説　4

**【ウ】**
ヴィリアル定理　220
宇宙線物理学　384
運動　147
運動エネルギー　181, 375
運動曲線　354
運動量　154
運動量作用素　476
運動量保存則　181

**【エ】**
エネルギー運動量ベクトル　375
エネルギー運動量保存則　379
エネルギー固有状態　466
エネルギー成分　375, 386
エネルギー量子仮説　318
エルミート共役　76
エルミート行列　76
エルミート計量　68
エルミート作用素　434
エルミート性　67
円偏り波　309
演算積　95
円錐曲線　506

**【オ】**
オイラーの公式　502
オイラー–ラグランジュ方程式　238

## 索引

### 【カ】

開球　103
解空間　204
開集合　103, 112
階数　27
外積　46, 55
解析力学　8
回転　270
回転群　207, 216
回転対称　216, 235
回転対称性　216
解の一意性の問題　155
解の存在の問題　154
外微分　264
外微分作用素　264, 266
ガウスの法則　297
可換　206, 414
核　27
角運動量代数　478
核子　317
角振動数　302
角速度　167
拡大　416
拡大定理　417
角度　78
核力　317
かけ算作用素　425
重ね合わせ　304
重ね合わせの原理　304
可算無限　501
可算無限集合　501
加速運動　153
加速度　141, 153
合併集合　494
荷電物質場　319
荷電粒子に対する非相対論的運動方程式　298
可分　406
可閉　429
可閉作用素　429
加法群　206
ガリレイの落体の法則　166
関係　497
換算質量　162
関数空間　241
慣性　153
慣性系　347
慣性座標系　347
慣性質量　153
慣性の法則　164
完全　404

完全正規直交系　404
観測可能量　465
観測量　465
完備　106
完備化　424
完備性　420

### 【キ】

幾何学的ベクトル　40
基準ベクトル空間　37
擬スカラー　58
期待値　431
奇置換　52
基底状態　466
基底状態エネルギー　466
軌道　147
軌道角運動量　185, 477
軌道角運動量保存則　186
基本列　106
逆3角不等式　342
逆行列　24
逆時的　340
逆シュヴァルツ不等式　342
逆置換　51
逆ベクトル　11
強極限　441
強収束する　441
強スティルチェス積分　445
共通部分　495
強微分　454
強微分可能　454
共変ベクトル　34
共役作用素　97, 426
共役写像　97
共役な運動量　250
行列 $M$ から定まる線形作用素　26
行列式　58, 60
行列表示　32
強連続　454
強連続1パラメータユニタリ群　454
極限　99, 102
極限値　117
極座標系　190
局所座標　223
局所座標系　224
局所的ゲージ対称性　326
局所的ゲージ変換　326
局所的な第1種のゲージ変換　325

曲線　120
極値　247
極値関数　247
極値曲線　247
極方程式　510
曲率　140
曲率半径　140
虚部　436
距離　102, 408
距離関数　102
距離関数の連続性　103
距離空間　102
虚粒子　387, 388
キリスト教　6
擬リーマン空間　394
擬リーマン多様体　8, 394
近傍　103, 113

### 【ク】

空間座標　357
空間座標反転　114
空間の曲線　356
空間的双曲の超曲面　351
空間的並行性　214
空間的並進の並行性　218
空間的ベクトル　340
空間的領域　340
空間反転　214
空間反転群　215
空間反転対称　215
空間反転対称性　215
空間並進　217
空集合　495
偶置換　51
区分的に滑らか　122
クライン–ゴルドン方程式　302
グラディエント　135
クロネッカーのデルタ　14
クーロンゲージ　316
クーロン力　286
クーロン電場　310
クーロンの法則　286
クーロンポテンシャル　310
群　205
群の公理　205

### 【ケ】

形而上的世界　8
形而上的領域　8, 358
計量　67

索引　551

計量テンソル　68
計量テンソル場　394
計量同型　81
計量同型写像　81
計量ベクトル空間　67
ゲージ固定　314
ゲージ条件　314
ゲージ対称性　311, 313
　　——の原理　327
ゲージ場の方程式　327
ゲージ場の理論　328
ゲージ不変性　313
ゲージ変換　312
ケプラーの法則　177
源　301
元型　366
元型的理念　6
経験的幾何学　1
原子核　317
原子番号　317
現象界　8
現象的多重性　462
原論　5

【コ】

弧　138
光円錐ベクトル　340
交換子　413
降作用素　492
光子　318
光錐　340
合成写像　499
合成力　151
拘束系　223
光速度不変の原理　355
交代　46
剛体　147, 220
光的曲線　356
光的ベクトル　340
光電効果　318
光量子　318
光量子仮説　318
恒等写像　26, 498
勾配　135
勾配ベクトル　135
合力　151
公理論的方法　6
互換　51
コーシー　74
コーシー列　106
弧長　138

古典的物質場　319
古典場の理論　319
古典物理学　317
固有空間　61
固有時　360
　　——の反転　382
固有多項式　63
固有値　61, 431
固有ベクトル　61, 432
コンパクト性　242
コンプトン散乱　392, 398

【サ】

差　495
最近接元　409
サイクロトロン振動数　334
最小化関数　246
最小化曲線　246
最小作用の原理　248
最小値　246
最低エネルギー　466
差集合　495
座標　41
座標関数　134
座標近傍　223
座標近傍系　223
座標系の変換行列　25
座標時間　357
座標軸　43
座標表示　18
座標変換　226
作用　241
作用積分　240
作用素代数の理論　9
作用素値汎関数　447
作用素ノルム　414
作用点　150
作用汎関数　240
作用-反作用の法則　152
3角不等式　73
3次元的運動量成分　371, 386
3次元的速度　358
3次元的速さ　358
散乱　391
散乱角　398
散乱現象　391

【シ】

始域　498
磁荷　288

磁界　288
時間依存しない抽象シュレーディンガー方程式　468
時間軸　147
時間的可逆性　212
時間的局所解　155
時間的曲線　356
時間的双曲的超曲面　351
時間的大局解　155
時間的直線　363
時間的ベクトル　340
時間的領域　340
時間反転　212
時間反転群　212
時間反転対称性　212
時間並進　211
時間並進対称性　212
磁極　288
時空融合体　358
時空連続体　358
自己共役　434
自己共役拡大　435
自己共役作用素　434
自己共役表現　474
自己準同型写像　32
自己随伴（共役）行列　76
指数作用素　459
磁束密度　292
磁束密度場　292
実 $n$ 次元数ベクトル空間　13
実行列　13
実計量ベクトル空間　67
実線形汎関数　33
質点　147
　　——の運動方程式　372
実内積空間　69
実ヒルベルト空間　107
実部　436
実ベクトル空間　12
質量中心　160
質量保存の法則　390
始点　120
磁場　288, 291, 292
自明な部分空間　15
射影空間　465
斜交座標系　224
射線　465
写像　498
写像空間　241
写像の相等　499
シュヴァルツの不等式　72, 74

終域 498
周期 167
集合 494
集合族 495
重心 160
収束 102
収束する 99
収束列 100, 102
終点 120
自由度 223
自由なダランベール波動方程式 302
自由なド・ブロイ場 321
自由ベクトル 40
自由落下 165
自由粒子 163, 372
重力加速度 166
重力場 166
縮退 432
縮退度 432
縮約 50
シュレーディンガー表現 476
循環座標 239, 257
瞬間速度 149
瞬間の速さ 149
瞬間変化率 149
順時的 340
順序対 496
準線 514, 516
準同型写像 207
昇作用素 492
商集合 498
状態の相等原理 464
状態のヒルベルト空間 464
状態ベクトル 464
焦点 507
商ベクトル空間 66
正法眼蔵 4, 365
消滅作用素 480, 490
剰余スペクトル 432
初期位相 302
初期時刻 468
初期条件 155
初期状態 468
初期値 155
諸仏諸尊 6
真空状態 490
真空の誘電率 286
真言密教 6
振動の重ね合わせ 173
振動量 142

振幅 302
真部分集合 494

【ス】

推移律 497
随伴作用素 97
推力 171
数域 431
数ベクトル 13
数理物理学 3
数理物理学的精神 7
スカラー 11
スカラー乗法 11
スカラー場 130
スカラー倍 11
スカラーポテンシャル 309
スピノール 472
スピン 470
スピン角運動量 220, 470
スピン固有状態 471
スペクトル族 441, 452
スペクトル定理 452

【セ】

正規直交基底 71
正規直交基底の完全性 80
正規直交系 71
正規直交座標系 71, 110
制限 417
制限（縮小） 416
正弦振動 173
正弦波 302
静止エネルギー 376
静磁気力に関するクーロンの法則 288
正射影 80, 410
正射影作用素 439
正射影定理 410
正準エネルギー運動量ベクトル 378
正準交換関係 473
正準反交換関係 115, 478
生成作用素 480, 490
生成される部分空間 16
生成子 457
正則 24
正定値 69
正定値性 72
静的思考 2
正の基底 58
正の向き 58

成分関数 119
成分表示 18, 45
世界線 354
積 28, 495
接線 123
絶対空間 164
絶対性理論 365
絶対的同型 29
絶対無 6, 358
絶対無分節体 366
接ベクトル 122
0次元 21
ゼロテンソル 44
ゼロベクトル 11
禅 4, 365
全運動量 192
全軌道角運動量 192
線形演算子 26
線形空間 11
線形形式 32
線形結合 16
線形座標系 18, 41
線形作用素 26, 412
　　　——の相等 412
線形作用素論 9
線形写像 26
線形従属 16
線形性 26, 67
線形独立 16
線形波動方程式 301
線形汎関数 32
線形復元力 171
全質量 159
全射 499
線積分 138
線速度 284
全単射 500
前ヒルベルト空間 69
線分 20

【ソ】

像 498
相運動 157
双曲角 343
双曲線 506, 513
相曲線 157
双曲的超曲面 351
相空間 157
相速度 157
相対位置ベクトル 161
相対運動 161

索　引　553

相対性理論　143
相対速度　162
相対的同型　29
相対論的運動方程式　382
相対論的量子場の理論　393
双対基底　33
双対空間　33, 420
双対ベクトル場　262
相点　157
相補的　463
相流　219
添え字集合　495
測地線　395
速度　141, 153
速度ベクトル場　157
束縛状態　466
束縛なしの運動　224
束縛ベクトル　40
素粒子　319

【タ】

台　452
第1宇宙速度　170
第1種の楕円積分　259
第1変分　245
第2種ゲージ変換　312
第2双対空間　35
第$i$座標　13
第$i$座標軸　18
第$i$成分　13
大局的ゲージ対称性　325
大局的な第1種ゲージ変換　324
対称化作用素　54
対称行列　76
対称作用素　434
対称性　67
対称部分　99
対称律　497
代数的テンソル積　44
帯電体　288
大日如来　6
代表元　498
$\tau$-反転　382
楕円　506, 507
　——の極座標表示　510
互いに素　495
タキオン　388
多重度　432
多体量子系　464
縦波　307

多様体論　8
ダランベール作用素　280
ダランベールシアン　280
ダランベール波動方程式　301
単位接ベクトル　140
単位の分解　441
単位ベクトル　71
短軸　507
単射　500
単純固有値　432
単振動　172
短半径　509

【チ】

値域　27, 498
力の作用線　151
力の重畳原理　151
力の場　152
置換　51
　——の符号　52
置換作用素　53
稠密　402
着力点　150
抽象シュレーディンガー方程式　468
抽象ベクトル空間　12
抽象ユークリッド空間　110
中心力場　191
中心力　191
中性子　317
超関数論　9
長径　508
長軸　507
長半径　507
超平面　43
調和関数　279
調和形式　279
調和振動　172
調和振動子　172
調和ベクトル場　275
直積　496
直線　43, 121
直線運動　148
直線偏り波　308
直線偏り平面波　306
直線座標系　18
直和　15, 23
直和ヒルベルト空間　401
直和分解　23
直交　71
直交群　206, 216

直交系　71
直交座標系　225
直交射影　440
直交分解　411
直交変換　81
直交補空間　72

【ツ】

対消滅　393

【テ】

定義域　498
定義関数　447
定数磁場　311
定点　452
底変換の行列　25
ディラック方程式　384
停留関数　246
停留曲線　246
デュボア・レイモンの補題　244
電位　310
展開　18
電界　288
展開係数　18
電荷の保存則　297
電荷密度　290, 291
電気素量　317
天球の音楽　3
電気量密度　290
電子　317
電磁気学　8
電磁的4次元運動量　382
電磁的ゲージ場　332
電子場　318
電子波　318
電磁場　289
電磁波　301, 305
電磁場テンソル　331
電磁ポテンシャル　310
電磁誘導　287
点スペクトル　432
電束　296
テンソル　44
　——の双線形性　44
テンソル積　44, 50
電場　288, 291
電流密度　290, 291
点列　99

## 【ト】
等位面 137
導関数 122
等距離線形作用素 416
動径 167, 187
同型 207
同型写像 29, 207
動径単位ベクトル 187
等時性 258
透磁率 288
同相 105, 113
同相写像 105, 113
等速直線運動 148
等速度運動 148
同値関係 497
等長線形作用素 416
同値類 497
等ポテンシャル面 137
東洋哲学 5, 365
動力学 467
特殊相対性原理 366
特殊相対性理論 8, 338
特殊ユニタリ群 207
時計の遅れ 360, 361
ド・ブロイ場 319
ド・ブロイ方程式 321
トポロジー 112
トレース 36

## 【ナ】
内積 69, 118
　——の連続性 101
内積空間 69
内積の連続性 101
滑らか 121
ナルベクトル 340

## 【ニ】
2階共変テンソル 46, 48
2階対称共変テンソル 48
2階対称テンソル 46
2階対称反変テンソル 46
2階反対称共変テンソル 48
2階反対称テンソル 46
2階反対称反変テンソル 46
2階反変テンソル 46
2乗総和可能な数列の空間 399
ニュートリノ 386
ニュートン近似 370
ニュートンの運動の法則 153
ニュートンの運動方程式 154
ニュートンの第1法則 164
ニュートンの第3法則 152
ニュートンの第4法則 151
ニュートン-マクスウェル方程式 299
ニュートン力学 7, 156

## 【ノ】
濃度 501
ノルム 68, 414
　——の連続性 101

## 【ハ】
配位空間 153, 223
ハイゼンベルクの交換関係 473
ハイゼンベルクの不確定性関係 486
ハイゼンベルク表現 475
π中間子 317
ハウスドルフ空間 113
パウリのスピン行列 472
波数 302
波数ベクトル 303
パーセヴァルの等式 405
発散 271
波動源 301
波動作用素 280
波動力学 462
波動-粒子の2重性 318, 462
場の量子論 319
パピルス 1
ハミルトニアン 252
ハミルトン関数 252
ハミルトンの運動方程式 256
ハミルトンの原理 248
ハミルトンの正準運動方程式 256
波面 305
汎関数 240, 241
反交換子 115, 478
反射律 497
反対称化作用素 54
反対称共変テンソル場 261
反対称 $p$ 階反変テンソル場 266
反対称部分 99
汎導関数 245
般若心経 8, 365

## 【ヒ】
反変テンソル場 266
反変ベクトル 34
万有引力定数 178
万有引力の法則 177
反粒子 383

非可換 206
非可換幾何学 9
非線形ド・ブロイ方程式 321
非線形波動方程式 302
非相対論的極限 371
非相対論的ハミルトニアン 477
非退化性 67
微分可能 121
微分可能多様体 226
微分形式 132, 261
微分係数 121, 132
微分積分学の基本定理 139
非有界 414
ピュタゴラスの定理 71
表現 207
表現定理 82
標準基底 18
標準的同型 29
標準的ミンコフスキー空間 111
標準的ユークリッド空間 110
標準同型 85
標準内積 70
標準ミンコフスキー計量 70
標準ミンコフスキー内積 70
ヒルベルト空間 107
ヒルベルト空間表現 478
ヒルベルト空間論 9

## 【フ】
ファラデーの電磁誘導の法則 297
フェルミオン 472
フェルミ場 481
フェルミ粒子 472
不確定さ 485
複素 $n$ 次元数ベクトル空間 13
複素行列 13
複素計量ベクトル空間 67
複素線形汎関数 33
複素内積空間 69
複素ヒルベルト空間 107

索引 555

複素ベクトル空間 12
符号 79
仏教 5, 365
フックの法則 171
物質場 319
物理的空間 143
不定計量 69
不定計量ベクトル空間 69
負定値 69
不定内積 69
不定内積空間 69
負の基底 58
負の向き 58
部分アファイン空間 19, 43
部分空間 15
部分群 206
部分集合 494
普遍的同型 29
ブラックホール 396
プラトン哲学 4, 365
プランク–アインシュタインの
　　関係式 320
プランクの輻射公式 318
振り子の等時性 258
分解定理 345
分節形式 365

【ヘ】

閉拡大 430
閉球 104
閉曲線 120
平均速度 148
平均値の定理 130
閉形式 268
平行 43
平行移動 37
平行移動不変性 363
平行四辺形の法則 151
閉作用素 429
閉集合 113
並進群 208
並進対称性 218, 379
閉部分空間 408
閉包 103, 430
平面 43
平面波 305
ベクトル 11
ベクトル $a$ による $W$ の平行
　　移動 19
ベクトル空間 10
　　——の公理系 11

ベクトル磁場 296
ベクトル積 94
ベクトル値積分 126
ベクトル電流密度 296
ベクトル場 138
ベクトル列 99
変換 208
変換群 208
偏極恒等式 436
偏微分作用素 425
変分原理 248
変分方程式 246
変分法の基本補題 244
扁平率 508

【ホ】

ポアンカレ対称性 363
ポアンカレの補題 269
ポアンカレ不変性 363
ポアンカレ変換 354
ポアンカレ変換群 354
包含写像 500
放物線 506
放物線の極方程式 515
星型集合 132
補集合 495
ボース場 481
ボース粒子 472
ボソン 472
保存量 180, 239
保存力 182, 184
ホッジ * 作用素 92
ポテンシャル 184
ポテンシャルエネルギー 182,
　　184
ポテンシャルエネルギー運動量
　　379
ボルン–ハイゼンベルク–ヨルダ
　　ンの交換関係 473
本質的に自己共役 435

【マ】

マクスウェル–シュレーディン
　　ガー方程式 327
マクスウェル–ド・ブロイ方程
　　式 327
マクスウェル方程式 295
交わり 495
マンダラ 6

【ミ】

右連続性 441
ミンコフスキー空間 8, 111
ミンコフスキー的長さ 359

【ム】

無限次元 17
無限次元解析学 9
無限自由度 474
無限自由度の CCR 473
無限論理 7
結び 494

【メ】

面積速 188
面積速度 189
面積速度一定の法則 189
面ベクトル 88

【ヤ】

躍動的思考 2

【ユ】

有界 414, 422
有界線形汎関数 420
有限次元 17
有限集合 501
有限自由度 474
有限生成 16
有向線分 39
誘電率テンソル 295
誘導電場 310
ユークリッド幾何学 2
ユークリッド空間 110
ユニタリ群 207
ユニタリ不変性 433
ユニタリ変換 81, 433

【ヨ】

陽子 317
要素 494
余弦振動 173
余弦波 303
横波 307
4 次元運動量 371
4 次元加速度ベクトル 368
4 次元時空 290
4 次元速度 367
4 次元速度ベクトル
　　367, 387
4 次元的ゲージ変換 332

4次元的等速直線運動 368
4次元的等速度運動 368
4次元的速さ 367
4次元電流密度 332
4次元力ベクトル 377
4次元ローレンツ多様体 394
ヨハネ福音書 6
余微分 276
余微分作用素 276

【ラ】
ラグランジアン 233
ラグランジュ関数 233
ラグランジュ形式 239
ラグランジュ方程式 233
ラプラシアン 280
ラプラス–ベルトラーミ作用素 279

【リ】
力学的エネルギー 182
力学的エネルギー保存則 182
力場 152
離心率 508, 513
リースの表現定理 421
理念 4
リーマン多様体 8
流線 219

流束密度 275
量子群 9
量子系 463
——の物理量 465
量子状態空間 490
量子調和振動子 486
量子的軌道角運動量の成分 477
量子的粒子 463
量子電磁力学 289
量子ド・ブロイ場 322
量子場 481
——の理論 319
量子力学 8, 365
理論幾何学 2, 3

【レ】
零行列 14
零写像 14, 15, 32
零点エネルギー 490
零ベクトル 11
レゾルヴェント集合 432
連続 104
——の方程式 275, 297
連続曲線の長さ 129
連続写像 113
連続スペクトル 432
連続性 415

連続線形汎関数 420
連続体濃度 501
連続の方程式 275, 297
連続微分可能 121
連続無限集合 501

【ロ】
ロゴス 6
ローレンツ基底 346
ローレンツ群 349
ローレンツゲージ 314
ローレンツ座標系 347
ローレンツ座標変換 348
ローレンツ写像 349
ローレンツ写像群 351
ローレンツ条件 314
ローレンツ対称性 351
ローレンツ力 298
ローレンツ不変 354
ローレンツ不変性 350, 363
ローレンツ変換 349
論証幾何学 2

【ワ】
和 11
歪対称 46
和集合 494, 495

## 人名索引

アインシュタイン 8
アーメス 1
アリストテレス 4
アンペール 287

井筒俊彦 6, 365

ヴェーバー 287

エウドクソス 4
エルステッド 287

オイラー 238

カントール 6

クライン 302

クロネッカー 14
クーロン 286

ゲーテ 4
ケプラー 177

ゴルドン 302

シュレーディンガー 9, 462

ゼノン 7

ソクラテス 4

ダランベール 280
タレス 1, 2

テアイテトス 4
ディドロ 280
デヴィッソン 319
デュボア・レイモン 244

道元 4, 365
ド・ブロイ 318
トムソン 319

ニュートン 7, 149
ニールス・ボーア 463

ハイゼンベルク 9, 462
ハウスドルフ 113
パウリ 472
バッハ 3
ハミルトン 8, 252

| | | |
|---|---|---|
| ピュタゴラス　3 | ベルトラーミ　279 | ユークリッド　5, 109 |
| ヒルベルト　107 | ヘンリー　287 | |
| | | ヨルダン　473 |
| ファインマン　384 | ポアソン　316 | |
| ファラデー　287 | ポアンカレ　269 | ライプニッツ　7 |
| フェルミ　472 | ボース　472 | ラグランジュ　8, 232 |
| フォン・ノイマン　9, 482 | ボルン　473 | ラプラス　279 |
| フック　171 | | |
| プラトン　4, 365 | | リース　421 |
| プランク　318 | マクスウェル　8, 289 | リーマン　8 |
| | | |
| ヘラクレイデス　4 | ミンコフスキー　8, 70, 111 | ローレンツ　298 |

## 著者紹介

### 新井 朝雄
あら い　あさ お

1976年　千葉大学理学部物理学科卒業
1979年　東京大学大学院理学系研究科修士課程修了
現　　在　北海道大学 名誉教授，理学博士
研究分野　数理物理学，数学
主要著書　『フォック空間と量子場　上下』（日本評論社），
　　　　　『ヒルベルト空間と量子力学』（共立出版），
　　　　　『量子力学の数学的構造 I, II』（共著，朝倉書店），
　　　　　『場の量子論と統計力学』（共著，日本評論社），
　　　　　『現代物理数学ハンドブック』（朝倉書店），
　　　　　『量子現象の数理』（朝倉書店），
　　　　　『現代ベクトル解析の原理と応用』（共立出版），
　　　　　『熱力学の数理』（日本評論社），
　　　　　『相対性理論の数理』（日本評論社），
　　　　　Analysis on Fock Spaces and Mathematical Theory of Quantum Fields (World Scientific)，
　　　　　Inequivalent Representations of Canonical Commutation and Anti-Commutation Relations (Springer)

---

物理現象の数学的諸原理
―現代数理物理学入門―

2003 年 2 月 20 日　初版 1 刷発行
2024 年 5 月 1 日　初版 8 刷発行

| | |
|---|---|
| 著　者 | 新井朝雄 © 2003 |
| 発行者 | 南條光章 |
| 発行所 | 共立出版株式会社 |
| | 東京都文京区小日向 4-6-19 |
| | 電話　東京(03)3947-2511 番（代表） |
| | 郵便番号 112-0006 |
| | 振替口座 00110-2-57535 |
| | URL　www.kyoritsu-pub.co.jp |
| 印　刷 | 加藤文明社 |
| 製　本 | ブロケード |

検印廃止
NDC 413, 415, 421
ISBN978-4-320-01726-9

一般社団法人
自然科学書協会
会員

Printed in Japan

JCOPY ＜出版者著作権管理機構委託出版物＞
本書の無断複製は著作権法上での例外を除き禁じられています．複製される場合は，そのつど事前に，出版者著作権管理機構（TEL：03-5244-5088，FAX：03-5244-5089，e-mail：info@jcopy.or.jp）の許諾を得てください．

◆色彩効果の図解と本文の簡潔な解説により数学の諸概念を一目瞭然化！

ドイツ Deutscher Taschenbuch Verlag 社の『dtv-Atlas事典シリーズ』は、見開き2ページで1つのテーマが完結するように構成されている。右ページに本文の簡潔で分り易い解説を記載し、かつ左ページにそのテーマの中心的な話題を図像化して表現し、本文と図解の相乗効果で理解をより深められるように工夫されている。これは、他の類書には見られない『dtv-Atlas 事典シリーズ』に共通する最大の特徴と言える。本書は、このシリーズの『dtv-Atlas Mathematik』と『dtv-Atlas Schulmathematik』の日本語翻訳版である。

## カラー図解 数学事典

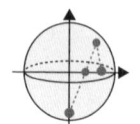

Fritz Reinhardt・Heinrich Soeder [著]
Gerd Falk [図作]
浪川幸彦・成木勇夫・長岡昇勇・林 芳樹 [訳]

数学の最も重要な分野の諸概念を網羅的に収録し、その概観を分り易く提供。数学を理解するためには、繰り返し熟考し、計算し、図を書く必要があるが、本書のカラー図解ページはその助けとなる。

【主要目次】 まえがき／記号の索引／序章／数理論理学／集合論／関係と構造／数系の構成／代数学／数論／幾何学／解析幾何学／位相空間論／代数的位相幾何学／グラフ理論／実解析学の基礎／微分法／積分法／関数解析学／微分方程式論／微分幾何学／複素関数論／組合せ論／確率論と統計学／線形計画法／参考文献／索引／著者紹介／訳者あとがき／訳者紹介

■菊判・ソフト上製本・508頁・定価6,050円(税込)■

## カラー図解 学校数学事典

Fritz Reinhardt [著]
Carsten Reinhardt・Ingo Reinhardt [図作]
長岡昇勇・長岡由美子 [訳]

『カラー図解 数学事典』の姉妹編として、日本の中学・高校・大学初年級に相当するドイツ・ギムナジウム第5学年から13学年で学ぶ学校数学の基礎概念を1冊に編纂。定義は青で印刷し、定理や重要な結果は緑色で網掛けし、幾何学では彩色がより効果を上げている。

【主要目次】 まえがき／記号一覧／図表頁凡例／短縮形一覧／学校数学の単元分野／集合論の表現／数集合／方程式と不等式／対応と関数／極限値概念／微分計算と積分計算／平面幾何学／空間幾何学／解析幾何学とベクトル計算／推測統計学／論理学／公式集／参考文献／索引／著者紹介／訳者あとがき／訳者紹介

■菊判・ソフト上製本・296頁・定価4,400円(税込)■

www.kyoritsu-pub.co.jp　　共立出版　　(価格は変更される場合がございます)